高坝建设与运行管理的技术进展

——中国大坝协会2014学术年会论文集

贾金生　纪进旭　李洪泉　范福平　主编

黄河水利出版社
·郑州·

图书在版编目(CIP)数据

高坝建设与运行管理的技术进展:中国大坝协会2014学术年会论文集/贾金生等主编.—郑州:黄河水利出版社,2014.9

ISBN 978-7-5509-0933-5

Ⅰ.①高…　Ⅱ.①贾…　Ⅲ.①高坝-水利工程-学术会议-文集　Ⅳ.①TV649

中国版本图书馆CIP数据核字(2014)第223003号

出 版 社:黄河水利出版社

地址:河南省郑州市顺河路黄委会综合楼14层　　邮政编码:450003

发行单位:黄河水利出版社

发行部电话:0371-66026940、66020550、66028024、66022620(传真)

E-mail:hhslcbs@126.com

承印单位:河南地质彩色印刷厂

开本:787 mm×1 092 mm　1/16

印张:53

字数:1290千字　　印数:1—1 000

版次:2014年9月第1版　　印次:2014年9月第1次印刷

定价:200.00元

会议组织机构

组织委员会

主　席：

汪恕诚　中国大坝协会理事长、水利部原部长

副主席：

程念高　中国华电集团公司总经理、中国大坝协会副理事长

匡尚富　中国水利水电科学研究院院长、中国大坝协会副理事长

寇　伟　中国华能集团公司副总经理、中国大坝协会副理事长

周厚贵　中国能源建设集团有限公司副总经理、中国大坝协会副理事长

贾金生　中国水利水电科学研究院副院长、国际大坝委员会荣誉主席、中国大坝协会副理事长兼秘书长

张启平　国家电网公司总工程师、中国大坝协会副理事长

刘志广　水利部国际合作与科技司巡视员、中国大坝协会常务理事

孙继昌　水利部建设与管理司司长、中国大坝协会常务理事

赵　卫　水利部安全监督司督察专员

委　员（按姓氏笔画排序）：

刘明达　贵州黔源电力股份有限公司总经理

严　军　国电大渡河流域水电开发公司副总经理

吴世勇　雅砻江流域水电开发有限公司副总经理、中国大坝协会常务理事

吴关叶　中国电建集团华东勘测设计研究院有限公司总工程师

余　英　中国葛洲坝集团股份有限公司副总工程师、中国大坝协会理事

张志强　贵州乌江水电开发有限责任公司总经理

张国新　中国水利水电科学研究院结构材料研究所所长、中国大坝协会副秘书长、中国大坝协会理事

杨　骏　中国长江三峡集团公司中水电国际投资有限公司副总经理、中国大坝协会副秘书长

邹丽春　中国电建集团昆明勘测设计研究院有限公司副总经理、中国大坝协会理事

陈　柯　贵州省水利学会秘书长

范福平　中国电建集团贵阳勘测设计研究院有限公司副总经理兼总工程师、中国大坝协会理事

宗敦峰　中国电力建设股份有限公司总工程师

袁湘华　华能澜沧江水电有限公司党组副书记、总经理

谭界雄　国家大坝安全工程技术研究中心副主任

冯峻林　中国电建集团昆明勘测设计研究院有限公司总经理

刘　靖　贵州黔源电力股份有限公司董事长

江小兵　中国葛洲坝集团股份有限公司总工程师

何海源　中国电建集团华东勘测设计研究院有限公司副院长

杨朝晖　贵州省水利厅总工程师、贵州水利学会理事长

陈云华　雅砻江流域水电开发有限公司总经理

涂扬举　国电大渡河流域水电开发公司总经理、党委副书记,中国大坝协会理事

潘继录　中国电建集团贵阳勘测设计研究院有限公司总经理

技术委员会

主　席：

陈厚群　中国工程院院士、中国大坝协会常务理事、国际大坝委员会大坝抗震专委会副主席

副主席：

张建云　南京水利科学研究院院长、中国工程院院士、中国大坝协会副理事长

刘志明　水利水电规划设计总院副院长、中国大坝协会副理事长

魏山忠　长江水利委员会副主任、中国大坝协会副理事长

苏茂林　黄河水利委员会副主任、中国大坝协会副理事长

张宗富　中国国电集团公司总工程师、中国大坝协会副理事长

周建平　中国电力建设股份有限公司总工程师、中国大坝协会副秘书长

委　员（按姓氏笔画排序）：

艾永平　华能澜沧江水电有限公司总工程师、中国大坝协会理事

孙昌忠　中国葛洲坝集团三峡建设工程有限公司总工程师

李　昇　水电水利规划设计总院副院长、中国大坝协会副理事长

李文学　黄河勘测规划设计有限公司董事长兼党委书记、中国大坝协会常务理事

李世东　大唐国际发电股份有限公司总经理助理

李洪泉　贵州黔源电力股份有限公司副总经理、中国大坝协会理事

吴晓铭　国电大渡河流域水电开发公司代理总工程师、副总工程师

张秀丽　国家能源局大坝安全监察中心总工程师

张宗亮　中国电建集团昆明勘测设计研究院有限公司副总经理兼总工程师

杨宝银　贵州乌江水电开发有限责任公司副总经理、中国大坝协会常务理事

杨家修　中国电建集团贵阳勘测设计研究院有限公司副总经理

胡中平　长江勘测规划设计研究院副总工程师

徐泽平　中国水利水电科学研究院教高、中国大坝协会副秘书长

郭绪元　雅砻江流域水电开发有限公司规划发展部主任

温续余　水利水电规划设计总院副总工程师、中国大坝协会副秘书长

序

党的十八大和十八届三中全会提出了一系列生态文明建设和生态文明制度建设的新理念、新思路、新举措。今年上半年,中央财经领导小组全体会议专题研究国家水安全战略,习近平总书记提出“节水优先、空间均衡、系统治理、两手发力”的治水新思路,赋予了新时期治水工作新内涵、新任务和新要求,为强化水管理、保障水安全指明了方向。

水库大坝工程建设和管理是治水的重要方面,是推进民生水利新跨越、打造中国能源升级版、实现全面建成小康社会目标的重要支撑。必须坚持和落实节水优先方针,必须把握确有需要、生态安全、可以持续原则,更多运用成熟适用技术和现代信息技术,在发挥水库大坝防洪、发电、灌溉、航运等效益的同时,更好地发挥其生态功能,推动水库大坝规划、设计、建设与管理再上新台阶。

为了加强水利水电行业的交流与合作,推进水库大坝技术进步,中国大坝协会成立以来,组织召开了多次国内国际学术交流会议,参会人数逐年增加,会议成果得到各级领导的高度赞扬和各会员单位的充分肯定。2014 年 10 月,中国大坝协会 2014 学术年会将在贵州省贵阳市召开,国内、国际专家学者将共同分享水库大坝建设与管理的最新成果,共同交流推进行业改革发展的新思考、新经验。

会前,各方面专家学者踊跃提交研究论文成果,经过有关专家的评审,收集了 118 篇论文正式出版。论文集涉及的内容主要包括:

(1)高坝建设关键技术方面:涵盖了高坝工程优化设计、施工和管理等方面的最新进展,以及喀斯特岩溶地区的勘察处理技术研究成果。

(2)水库大坝与水电站的运行管理方面:重点选取了流域集中式管理方法、安全监测评估和修补加固技术等成果。

(3)水利水电工程新技术、新产品和新工艺方面:重点推介了胶结颗粒料新坝型及筑坝技术等。

(4)水电开发与生态文明建设的理念和实践方面:介绍了多个重大工程环境影响评估、生态保护技术研究的系列成果。

希望论文集的出版能为大会的成功召开奠定良好的基础,也能为水利水电行业的决策者、投资者、设计者、研究人员和工程师们提供有价值的参考。

这次会议由贵州乌江水电开发有限责任公司、贵州黔源电力股份有限公司、中国电建集团贵阳勘测设计研究院有限公司和贵州省水利学会承办,同时得到了中国水利水电科学研究院、中国华能集团公司、中国大唐集团公司、中国长江三峡集团公司、中国电力建设集团有限公司、华能澜沧江水电有限公司、国电大渡河水电开发有限公司、雅砻江流域水电开发有限公司、长江勘测规划设计研究有限责任公司、中国葛洲坝集团三峡建设工程有限公司、中国电建集团昆明勘测设计研究院有限公司、中国电建集团华东勘测设计研究院有限公司等单位的大力支持，在此一并表示感谢！

中国大坝协会理事长
大会组织委员会主席

2014 年 9 月

目 录

第二篇　水库大坝与水电站的运行管理

第三篇 水利水电工程的新技术、新产品和新工艺

第四篇 水电开发与生态文明建设的理念和实践及其他

大会特邀论文

我国高坝建设及运行安全问题探讨

郑守仁

（长江水利委员会　湖北　武汉　430010）

摘要：大坝水库是防止洪水旱灾、开发利用及保护水资源、发挥综合效益的重要工程措施。我国是世界上建设大坝水库最多、各种坝型高度最高的国家，高坝水库安全问题关系到人民生命财产安全和国家经济社会可持续发展，成为社会各界关注的热点问题。通过分析我国高坝建设情况、运行现状、安全存在的问题，借鉴世界各国部分大坝水库失事破坏的经验教训，探讨了我国高坝建设及运行安全防范对策措施。

关键词：高坝　大型水库　安全　对策　探讨

1　概　述

水资源主要指与人类社会生活、生产和生态环境密切相关而又能不断补给更新的淡水（包括地表水和地下水）资源，大气降水是其主要补给源。我国多年平均水资源总量为28 124亿 m^3，我国人均水资源量为2 220 m^3，仅为世界平均值的1/4。预计到2030年我国人口增至16亿时，人均水资源量将降到1 760 m^3，接近国际公认的警戒线。按国际上现行的标准，人均水资源量小于1 700 m^3 的为用水紧张的国家，因此我国未来水资源的形势是严峻的[1]。我国人均水资源不足，而且时间、空间分布不均，受大陆季风影响，降水量年内分配极不均匀，各地降雨主要发生在夏季，大部分地区每年汛期连续4个月降水量占全年的60%～80%，致使江河洪水流量与枯水流量相差悬殊，易形成春旱夏涝。降水量年际剧烈变化，造成江河特大洪水和严重枯水，频繁出现洪水及干旱灾害，洪水严重威胁我国江河两岸人民生存和地区经济社会发展，成为中华民族的心腹之患。我国高度重视江河治理和保护，取得了举世瞩目的成就。在江河干流拦河筑坝，形成蓄洪水库、调节河川径流，防止洪水及干旱灾害，开发利用及保护水资源，发挥防洪、发电、灌溉、供水、航运等综合效益，是维护江河健康，人水和谐共处，促进经济社会又好又快发展的重要工程措施。

我国水库库容大于1.0亿 m^3 的为大型水库。大坝高度在70 m以上的为高坝，水电工程拱坝高度超过100 m定为高坝，水利工程拱坝仍按高度大于70 m定为高坝。高坝水库可有效调蓄洪水，利用和保护水资源，为人类带来巨大的利益，但也存在安全风险，有极少数水库，因大坝设计、施工存在质量缺陷，加之运行管理不当，遭遇极端天气强降雨或突发性地震地质灾害，致使大坝出现重大事故甚至溃坝失事，严重危及大坝下游人民的生命财产安全和地区经济社会发展。为此，确保高坝水库安全是关系国计民生的重大问题，必须要求水利水电工程精心设计、精心施工，严格监理，保证工程质量；同时加强对已建高坝水库运行安全风险管理，建立健全水利水电工程安全保障体系，确保高坝水库安全，做到万无一失。

2　我国高坝水库建设及运行现况

2.1　我国高坝水库建设情况

20 世纪 90 年代以来,我国大坝建设在世界各国中不仅数量上居首位,而在大坝高度也明显增高。2005 年世界在建坝高大于 60 m 的大坝 393 座,分布在 47 个国家,其中我国 98 座,伊朗 61 座,土耳其 55 座,日本 43 座,印度 17 座,我国为正在修建高坝最多的国家。截至 2009 年,我国已建、在建坝高 100 ~ 150 m 的大坝 124 座,坝高 150 ~ 200 m 的大坝 27 座,坝高 200 ~ 300 m 大坝的 12 座,坝高大于 300 m 的大坝 1 座。我国已建成运行的水布垭面板堆石坝(坝高 233 m)为世界最高的混凝土面板堆石坝,龙滩碾压混凝土重力坝(坝高 216.5 m)为世界最高的碾压混凝土重力坝,沙牌碾压混凝土拱坝(坝高 132 m)为世界最高的碾压混凝土拱坝,小湾双曲拱坝(坝高 292 m)为世界最高的双曲拱坝。正在建设的锦屏一级双曲拱坝(坝高 305 m)为世界在建最高的双曲拱坝,双江口土石坝(坝高 314 m)仅次于塔吉克斯坦在建的罗贡土质心墙土石坝(坝高 335 m)。目前,我国已建、在建坝高 200 m 以上的超高大坝列入表 1。

表 1　我国已建和在建坝高超过 200 m 的超高大坝汇总

序号	坝名	河流	省县	坝型	坝高(m)	总库容(亿 m^3)	装机容量(MW)	建设情况
1	双江口	大渡河	四川马尔康	砾石土心墙堆石坝	314	31.15	2 000	在建
2	锦屏一级	雅砻江	四川盐源	双曲拱坝	305	77.6	3 600	在建
3	两河口	雅砻江	四川雅江	心墙堆石坝	295	120.31	2 700	在建
4	小湾	澜沧江	云南凤庆	双曲拱坝	294.5	150.43	4 200	蓄水发电
5	溪洛渡	金沙江	云南永善 四川雷波	双曲拱坝	285.5	126.7	12 600	在建
6	糯扎渡	澜沧江	云南思茅市	心墙堆石坝	261.5	237.03	5 850	在建
7	拉西瓦	黄河	青海贵南	双曲拱坝	250	10.79	4 200	完建
8	二滩	雅砻江	四川攀枝花	双曲拱坝	240	61.8	3 300	完建
9	长河坝	大渡河	四川康定	心墙堆石坝	240	4.00	2 400	在建
10	水布垭	清江	湖北巴东	面板堆石坝	233	45.80	1 600	完建
11	构皮滩	乌江	贵州余庆	双曲拱坝	232.5	64.55	3 000	完建
12	江坪河	溇水	湖北鹤峰	面板堆石坝	219	13.66	450	在建
13	龙滩	红水河	广西天峨	碾压混凝土重力坝	216.5	298.3	5 400	蓄水发电
14	大岗山	大渡河	四川雅安	双曲拱坝	210	7.42	2 600	在建
15	光照	南盘江	贵州关岭	碾压混凝土重力坝	200.5	32.45	1 040	完建

据我国 2012 年完成的第一次全国水利普查成果,全国(不含港澳台地区)已建、在建的

水库总数为98 002座，其中大型水库756座。我国水库数量、坝高100 m以上高坝数量，正在建设的200 m以上特高坝数量均居世界第一位。我国已建、在建库容大于50亿m^3的超大型水库列入表2。

表2 我国已建、在建库容超过50亿m^3的超大型水库汇总

序号	工程名称	河流	省县(市)	总库容（亿m^3）	坝型	坝高(m)	装机容量(MW)	建设情况
1	三峡	长江	湖北宜昌市	450.4(393.0)	重力坝	181	22 500	蓄水发电
2	丹江口	汉江	湖北丹江口	339.0(290.5)	宽缝重力坝	117	900	加高扩建
3	龙滩	红水河	广西天峨	298.3(272.7)	碾压混凝土重力坝	216.5	5400	蓄水发电
4	龙羊峡	黄河	青海共和	276.3(247)	重力拱坝	178	1 280	完建
5	糯扎渡	澜沧江	云南思南市	237.03(217.49)	心墙堆石坝	261.5	5 850	在建
6	新安江	新安江	浙江建德	220.0(178.4)	宽缝重力坝	105	662.5	完建
7	小湾	澜沧江	云南凤庆	150.43(145.57)	双曲拱坝	294.5	4 200	蓄水发电
8	水丰	鸭绿江	辽宁丹东市	147.0(121.1)	重力坝	106	765	完建
9	新丰江	新丰江	广东河源	138.96	大头坝	105	315	完建
10	溪洛渡	金沙江	云南永善 四川雷波	126.7(115.7)	双曲拱坝	285.5	12 600	在建
11	小浪底	黄河	河南洛阳市	126.5	土壤斜心墙堆石坝	154	1 800	完建
12	两河口	雅砻江	四川雅江	120.31	心墙堆石坝	295	2 700	在建
13	丰满	松花江	吉林省吉林市	107.8(81.2)	重力坝	90.5	1 004	完建
14	天生桥一级	南盘江	贵州安龙 广西隆林	102.6	面板堆石坝	178	1 200	完建
15	东江	耒水	湖南资兴	91.5(81.2)	双曲拱坝	157	500	完建
16	柘林	修水	江西永修	79.2(50.1)	土石坝	63.6	180	完建
17	锦屏一级	雅砻江	四川盐源	77.6	双曲拱坝	305	3 600	在建
18	构皮滩	乌江	贵州余庆	64.55(55.64)	双曲拱坝	232.5	3 000	完建
19	白山	松花江	吉林木华甸	62.15	重力拱坝	149.5	1 500	完建
20	二滩	雅砻江	四川攀枝花市	61.8(58.0)	双曲拱坝	240	3 300	完建
21	刘家峡	黄河	甘肃永清	61.2(57.0)	重力坝	147	1 138	完建
22	百色	右江	广西百色市	56.6	碾压混凝土重力坝	130	540	完建
23	瀑布沟	大渡河	四川汉源	53.9(50.64)	砾石土心墙堆石坝	186	3 300	完建
24	向家坝	金沙江	云南水富 四川宜宾	51.63(49.77)	重力坝	161	6 000	在建

注：括号内数字为正常蓄水位以下库容。

2.2 我国高坝水库运行现况

我国高度重视高坝水库运行安全工作,1987 年水利电力部颁布了《水电站大坝安全管理办法》,规定由大坝安全监察中心负责实施水电站定期检查(简称定检),对每座大坝的安全状况定期进行检查并作出大坝安全等级评价,同时采取多种措施对大坝存在的隐患进行加固处理,以保障安全运行。1991 年 3 月国务院颁布《水库大坝安全管理条例》,使我国水库大坝安全管理走上法制轨道。根据该条例规定,1995 年水利部制定颁布了《水库大坝定期检查鉴定办法》《水库大坝注册登记办法》,并开展了全国水库大坝注册登记工作,1998 年完成了大型水库登记。水利部大坝安全管理中心对全国大中型水库进行了定检工作,1998 年检查出大型病险水库 100 座,中型病险水库 800 多座,并进行了除险加固处理。

1996 年电力工业部颁布了《水电站大坝安全注册规定》,1997 年电力系统开展了水电站大坝安全注册工作,1998 年国家电力监管委员会大坝安全监察中心完成了电力系统 96 座大坝第一轮定检工作,摸清了 20 世纪 80 年代末以前投入运行的大坝安全现状,检查出 2 座险坝、7 座病坝,其余 87 座为正常坝。2005 年完成了电力系统 120 座水电站大坝第二轮定检工作,查出病坝 7 座,其余 113 座为正常坝[2]。检查出的险坝和病坝存在病害及安全隐患严重,正常坝下也不同程度存在一些缺陷及影响安全运行的因素。对病险坝及时进行了除险加固处理,对正常坝存在的缺陷问题进行了缺陷修复、补强加固和安全监测设施更新改选工作,将一些病险坝加固处理清除异常病害隐患使其成为正常坝,并使正常坝的缺陷得到不同程度的消除和修复,提高了安全度。

水利部 1991 年统计资料显示,截至 1990 年底,全国水库溃坝失事总数 3 242 座,其中大型水库溃坝失事 2 座,占总溃坝数的 0.06%。大型水库溃坝失事的为 1975 年 8 月河南省板桥水库和石漫滩水库,大坝均为土石坝,坝高分别为 24.5 m 和 25.0 m,库容分别为 4.90 亿 m^3 和 1.17 亿 m^3,两座大坝溃决死亡数万人,是世界上迄今为止最为惨痛的溃坝事件。我国 1991 年前溃坝失事的最大坝高 55 m,尚无高坝溃坝失事记录。1993 年 8 月,青海省沟后水库溃坝失事,该坝为混凝土面板砂砾石坝,最大坝高 71 m,是我国至今溃坝高度最高的大坝,但水库库容仅 300 万 m^3,属小型水库。我国 2001 ~ 2010 年,发生溃坝失事的水库 48 座,年均不到 5 座,且均为小型水库,年均溃坝率 0.06‰,远低于世界公认的 0.2‰的低溃坝率水平。上述资料说明我国高坝水库运行安全状况总体良好。

3 我国高坝水库建设及运行安全存在的问题

3.1 我国高坝水库工程的特点

(1)我国高坝水库大多位于西部地区,已建在建坝高大于 150 m 的高坝 36 座有 29 座;坝高超过 200 m 的特高坝 15 座,有 12 座位于我国西部长江上游及黄河上游干支流和澜沧江、红水河、南盘江;库容大于 50 亿 m^3 的特大型水库 25 座,有 17 座位于西部各省(自治区)、市。

(2)我国西部大多为崇山峻岭地区,高坝坝址地形地质条件复杂,不良地基及滑坡崩塌体处理难度大,大坝及电站厂房等水工建筑物布置困难,且存在高陡边坡稳定和地下电站大型洞室群高地应力围岩稳定问题。

(3)我国西部地区为强地震区,高坝设计地震烈度高,强震对高坝水库的安全影响至关重要,高坝水库抗震安全问题突出。

(4)我国西部地区尤其是西南地区河流径流量较大,高坝水库泄洪流量大,高坝泄流孔和两岸泄洪洞泄洪能量集中,消能防冲难度大。

(5)我国西部地区高坝水库坝址河谷狭窄,覆盖层深厚,施工场地及道路在陡峻岩体劈山凿洞,施工难度大。高坝建设期间,坝址大型洞室群施工和两岸高陡岩石开挖及高坝施工安全风险大。

上述高坝水库工程的特点,成为我国高坝设计施工的难点,对我国水利水电工程建设和科学技术水平的提高是机遇,也是挑战。同时,高坝尤其是坝高超过200 m的特高坝建设及运行安全存在着较大的风险。

3.2 我国高坝水库工程存在的问题

3.2.1 高坝水库工程设计

我国水利水电勘测设计研究院在高坝水库工程设计中,遵照国家颁布的水利水电工程勘测设计规范规程,进行了大量勘测规划设计和科学试验研究工作,并借鉴国内外水利水电工程实践经验,精心设计,设计成果达到了工程设计深度及精度要求,为高坝水库工程安全可靠、技术先进提供了支撑保障。但我国200 m以上特高坝与低于200 m的大坝设计准则并无区别,尚未对特高坝制定设计规范和技术标准,导致特高坝安全储备较低。有的工程投入的勘测设计力量不足,造成工程勘测设计深度不够,有的尚未达到国家规定的水利水电工程设计阶段工作深度的要求;有的工程设计采用的水文、地质、地震等资料及参数不准确,坝基开挖至设计高程,岩体不合要求,造成二次开挖,有的拱座岩体缺陷较多,致使加固处理量增加,严重影响工程进度。河南省板桥水库和石漫滩水库按水库的库容大小所确定的防洪标准并不低,但因限于当时水文资料系列短,所计算的设计和校核洪水流量偏小,以致相应配套的水库泄洪能力偏低,成为导致溃坝失事的主要原因。说明水利水电工程设计可靠是保障高坝水库安全的前提,设计质量问题将给工程留下隐患,直接影响高坝水库工程运行安全。

3.2.2 高坝水库工程施工

我国西部地区高坝坝址山洪和滑坡、崩塌、泥石流等地质灾害频繁,严重威胁参加建设的人员生命财产安全,增加工程施工难度。在高坝工程建设过程中,施工企业克服各种困难,保证了工程建设顺利进行。绝大多数施工企业严格执行国家颁布的水利水电工程施工规范和相关施工标准,按设计院提供的设计图和施工技术要求,精心施工,创建了一批优质高坝工程。但也有极少数施工企业的质量管理体系不健全,工程项目施工层层转包,有的承包单位未按设计要求和相关施工规范控制质量,出现的施工质量事故较多;有的承包单位在锚杆锚索和坝基灌浆等隐蔽工程项目施工中偷工减料,伪造灌浆资料,留下安全隐患;有的工程使用不合格的原材料而产生重大质量问题;有的工程金属结构及机电设备加工制造工艺粗糙,安装误差超标导致质量事故等。青海省沟后混凝土面板砂砾石坝溃决失事后检查发现面板顶止水设一道橡胶止水带,且施工质量低劣:橡胶止水带没有浇入防浪墙底板混凝土内,不起止水作用;橡胶止水带黏接较好处被撕裂,面板顶部水平接缝的橡胶止水带施工存在质量问题,水库水位超过该水平接缝后直接进入砂砾石坝体,使上部坝体很快饱和并渗透破坏,导致面板失去支撑被折断,在库水直接冲刷下大坝溃决。说明水利水电工程施工存在的质量事故和缺陷,将给工程遗留病害隐患,危及工程运行安全,工程施工质量是高坝水库运行安全的基础。

3.2.3　高坝水库运行管理

我国高坝水库运行设有专门的管理机构,运行管理较规范,水库调度和大坝监测检查及维护检修规章制度较完善。但有的水库管理机构,运行管理机制不健全,有的水库未编制运行规程;有的水库大坝未埋设监测设施或已埋设的监测设施损坏,不能满足安全监测要求;有的水库溢洪道闸门及启闭机年久失修不能正常使用;有的高坝没有设置水库放空设施,尚不具备干地检修条件,例如湖南省白云水电站大坝为混凝土面板堆石坝,坝高 120 m,库容 3.6 亿 m^3,1996 年竣工,2011 年发现大坝下部漏水严重,因未设放空洞,致使检修加固难度增大;部分水库随着使用年限的增长,大坝筑坝材料老化、劣化,金属结构及机电设备损坏,水库泥沙淤积侵占调节库容,地震地质灾害影响等,使水库大坝失事风险增加,水库安全问题突出。1991 年统计全国水库大坝因"重建轻管"、管理经费未落实,维护运行不良、工程年久失修,管理不当、调度失误而引起失事的占 8.2%,说明水库大坝建成投入运行后,运行管理、监测检查、维护检查等工作是保障水库大坝安全的重要手段。

3.2.4　水库泥沙淤积问题

我国江河泥沙含量较高,尤其是北方多沙河流中修建的水库泥沙淤积较为严重,有的水库大坝未布置排沙设施,水库因泥沙淤积侵占调节库容,导致水库功能降低,部分水库被泥沙淤满而报废。黄河三门峡水库大坝为混凝土重力坝,最大坝高 106 m,设计正常蓄水位 350 m,大坝坝顶高程 353 m,库容 159 亿 m^3。1960 年 9 月蓄水运行后水库泥沙淤积严重,库区泥沙淤积,使陕西省渭河下游成为地上悬河,增加防洪防涝难度。至 1964 年 10 月,水库高程 330 m 以下库容损失 62.9%,严重影响水库的功能,被迫将坝体已封堵的 8 个导流底孔混凝土堵头拆除打开改建成排沙孔,并增建 2 条排沙洞和改建 4 条发电引水钢管为排沙钢管,水库水位 315 m 时,总泄流能力达 9 064 m^3/s,超过原设计大坝泄流量的 2 倍,使水库泥沙淤积得到缓解。水库调度采用"蓄清排浑"(汛期泄洪排沙,汛末蓄清水)运行方式,将水库淤积的泥沙尽量冲排至坝下游,使高程 330 m 以下保持有效库容 30 亿 m^3 左右,但水库防洪及发电功能大为降低,装机容量由原设计 1 160 MW 减至 400 MW;有些水库运行几年后,泥沙淤积占侵有效库容超过 50%,严重影响高坝水库功能的发挥。有的水库失去调节径流功能,使其防洪标准降低,对大坝安全构成隐患,并危及到大坝度汛安全。

4　高坝水库安全防范对策探讨

4.1　世界各国大坝水库失事破坏的经验教训

4.1.1　地质勘探深度不够导致大坝水库失事破坏

法国马尔帕塞坝为双曲拱坝,最大坝高 66.0 m,1954 年 9 月建成,1959 年 12 月大坝溃决失事。该坝地质勘探仅在河床内打 2 个钻孔,孔深分别为 10.4 m 和 25.0 m,坝址没有完整的地质报告,大坝溃决失事后补充勘探发现左岸拱座岩体有软弱夹层,拱座受力后产生不均匀变形而滑移,导致坝体溃决失事[3]。

意大利瓦依昂拱坝为双曲拱坝,坝顶高程 725.5 m,最大坝高 262.0 m,坝顶弧长 190.5 m,坝基属中侏罗系石灰岩层,坝址河谷狭窄,水平拱作用明显。水库总库容 1.69 亿 m^3,于 1960 年 3 月开始蓄水,至 1963 年 9 月库水位分 3 段(650 m、700 m、710 m)抬升。1963 年 9 月 28 日~10 月 9 日,连降 2 周大雨,库水位升至 710 m,坝上游左岸滑坡体长 1.8 km、宽

1.6 km,体积达2.7亿 m^3,在30~45 s内全部下滑填满坝上游长1.8 km的水库,堆料高出水库水面150 m,离坝最近处仅50 m。该坝挡水仅3年半时间,因地质勘探不充分,对近坝库岸地质评估失误而导致事故,造成水库失效和大坝报废[3]。瓦依昂水库失事后,世界各国在大坝建设中,高度重视水库库岸稳定问题。

4.1.2 设计不当导致大坝水库失事破坏

美国提堂坝为厚心墙(低塑性粉土)土石坝,最大坝高93.0 m,水库总库容3.18亿 m^3。大坝河床部位覆盖层开挖截水齿槽深度达30 m,底宽9.1 m,两侧坡比1:2,从基岩面回填防渗土料,基岩布设帷幕灌浆防渗。1975年10月水库开始蓄水,1976年6月右岸坝肩出现严重渗漏,漏洞迅速扩大,数小时后大坝溃决失事。分析溃坝的主要原因是设计不当和施工质量控制不严所致。防渗心墙土料的内部冲蚀没有采取保护措施,心墙土体挡水后发生水力劈裂,逐步形成管涌而导致土石坝溃决失事,坝体土料1/3被冲失[3]。

4.1.3 施工质量差导致大坝水库失事破坏

意大利格莱诺坝为混凝土连拱坝,坝高35 m,坝顶长224 m。该坝设计为重力坝,施工时未经设计许可就将上部改为钢筋混凝土连拱坝,下部圬工砌体直接铺砌在基岩面,坝基岩体未进行灌浆,也没有修筑截水墙,基岩与砌体间黏结差,几处出现宽达6 mm裂缝,砌体采用石灰浆代替水泥砂浆砌筑;混凝土骨料未清洗,胶结差,架空孔隙强渗水,钢筋为用过的残料,整个大坝施工质量极差,1923年建成蓄水后,坝体开裂、沉陷而失事破坏[3]。

4.1.4 运行管理不善导致大坝水库失事破坏

法国马尔帕塞拱坝失事的主要原因是地质问题,但该坝建成运行4年内,未对大坝进行检查,坝内没有埋设观测仪器,说明运行管理存在问题[3]。通常大坝失事前有预兆,若在该坝上设置观测系统,坝体不均匀变形引起坝内应力重分布的过程在失事前反映,及时发现问题并进行处理,可防止大坝失事。

上述世界各国部分大坝水库失事破坏的经验教训,表明大坝水库地质勘探工作的重要性,坝基和近坝库岸失稳而导致大坝水库失事;设计不当,施工质量问题以及运行管理不善是大坝水库失事破坏的主要因素。

4.2 高坝水库建设及运行安全防范对策

(1)高坝建设期应把施工安全放在首位,落实预防措施,确保人员安全。

我国高坝位于高山峻岭地区、地形地质条件复杂,施工难度大。高坝建设期,各参建单位要把施工安全放在首位,建立健全工程施工安全监管机构,制定坝址高陡山体滑坡、崩塌、泥石流等地质灾害和山洪预防措施,确保施工区人员生命财产安全,避免施工机械设备遭受损坏。坝址大型洞室群施工相互干扰,进出洞口高陡边坡多;两岸陡峻岩体开挖支护及高坝施工中存在高空垂直交叉作业,安全风险大,各施工单位要制订预案,加强监测,落实各项安全措施,防范于未然,确保施工人员安全。

(2)设计可靠是高坝水库运行安全的前提,施工质量优良是其安全的基础。

我国已成功建设各类坝型坝高超过200 m的特高坝,主管部门应组织进行总结特高坝设计、施工、运行实践经验,研究制定特高坝设计和施工技术标准,规范特高坝建设、运行管理、维护加固和应急处置,进一步完善水利水电工程技术标准体系。水利水电工程设计是高坝建设的龙头,其工程设计采用的水文、地质、地震等基础资料要准确,勘测深度及范围应满足高坝设计及其水库的要求,库区地质环境和坝址地质问题要查清。对高坝水库应设置放空孔(洞),为检修加固处理创造条件。高坝设计方案及其重大技术问题应通过设计计算分析和科学试验研究,并借鉴国内外已建类似高坝工程的实践经验,深入进行对比分析优选,精心设计,做到高坝设计可靠、技术先进,为高坝安全提供技术支撑,是保障高坝水库安全的前提。水利水电工程施工质量关系到高坝工程的成败,要建立健全水利水电工程质量保证体系,做到每道工序严格监理,精心施工。应用新技术、新工艺、新材料,依靠科技创新提高工程施工质量和金属结构及机电设备制造安装质量,创建优质水利水电工程,为高坝水库运行安全奠定可靠基础。

(3)高坝水库蓄水分段实施,为高坝运行安全提供可靠依据。

高坝水库蓄水位抬升大多超过100 m,蓄水位可分段逐步抬升,适时监测坝体及坝基变形、应力应变、渗流渗压变化情况。各项监测资料与设计计算成果对比,分析高坝挡水工作性态,评价其安全状态,相机抬升水位。对坝基存在地质缺陷及坝体存在施工质量缺陷,并按设计要求进行补强加固处理的高坝尤为重要,分阶段抬升水位,加强安全监测,以验证设计,弥补人为判断的不确切性,为高坝运行安全提供可靠依据。发现问题,及时处理,防范于未然,做到万无一失。

(4)精心管理,加强监测和维护是保障高坝水库运行安全的重要手段。

高坝水库建成运行后,首先要精心维护,大坝及电站、通航等建筑物自身及基础受运行条件及自然环境等因素影响,随运行时间增长会逐渐老化、劣化,需要经常进行维护;其次要完善高坝水库安全监测系统,安全监测是了解大坝等水工建筑物工作性态的耳目,为评价其安全状况和发现异常迹象提供依据,以便制定水库调度运行方式,研究大坝等建筑物检修加固处理措施,在出现险性时发布警报以预防大坝水库失事破坏、减免其造成的损失,高坝水库布置的安全监测设施应有专班进行观测,并适时更新改造监测设备,完善安全监测系统,实现监测自动化;再次要经常例行检修,高坝水库运行过程中要建立健全定期检查和维护检修制度,对安全监测和巡视检查发现大坝等建筑物异常状况及缺陷问题,及时进行检修,并采取补强加固处理,消除异常病险。通过精心维护、监测、检修等重要手段,及时消除隐患,以防范于未然,保障高坝大坝运行安全。

(5)定期安全检查鉴定是保障高坝水库运行安全的重要支撑。

水利部大坝安全管理中心和国家电力监管委员会大坝安全监察中心分别对全国水利工程水库大坝和水电工程电站大坝进行安全定期检查和注册工作,对规范我国高坝水库运行管理,加强对大坝等水工建筑物运行状况监测和综合评价、检查监控异常部位安全隐患、及时进行加固处理、保障高坝水库运行安全发挥了重要作用。高坝水库投入运行后进行定期(5a)安全检查鉴定,通过对大坝等建筑物外观检查和监测资料分析,诊断其实际工作性态和安全状况,查明出现异常现象的原因,对其重点部位及施工缺陷部位进行系统排查,摸清影响大坝水库安全的主要问题,制定维护检修和处险加固处理方案,为控制水库运行调度提供依据;通过对水库合理控制运用,在保证高坝水库安全的前提下进行大坝补强加固处理,使其缺陷得到修复,消除异常及病害隐患,从而提高大坝的耐久性,延长大坝水库使用年限,为保障其运行安全提供重要支撑。

5　结　语

我国已成为当今世界上建设大坝水库数量最多、各种坝型高度最高的国家。高坝尤其是特高坝建设及运行安全直接关系到人民生命财产安全和国家经济社会可持续发展，已成为社会各界关注的热点问题。水利水电工程项目业主、设计、施工、监理、运行单位要本着对国家负责、对历史负责、对工程负责的精神，精心组织、精心设计、精心施工、严格监理，依靠科技创新，做到高坝设计可靠，确保高坝工程质量，高标准严要求建设优质高坝工程。各级主管部门及高坝水库运行管理部门要认真贯彻执行国务院颁布的《水库大坝安全管理条例》等水利水电工程法规，建立健全水库调度及大坝运行、维护、监测、检修等规章制度，强化高坝水库安全管理，精心维护检修，对高坝水库运行状况适时监控，发现病害及潜在隐患问题及时处理，消除病害隐患，加强高坝水库全生命周期的风险分析，提高对其安全风险预防和监控能力，以确保高坝水库建设及运行安全。

参考文献

[1] 钱正英，张光斗. 中国可持续发展水资源战略研究综合报告及各专题报告[M]. 北京：中国水利水电出版社，2001.

[2] 邢林生，谭秀娟. 我国水电站大坝安全状况及修补处理综述[C]//水工混凝土建筑物病害评估与修补文集. 北京：中国水利水电出版社，2001.

[3] 刘宁. 国内外大坝失事分析研究[M]. 武汉：湖北科技出版社，2002.

通过特高压电网实现西南水电基地电力大规模远距离高效率外送和消纳

张启平　董　存　冀肖彤

（国家电网公司　北京　100031）

摘要：特高压输电技术的发展为我国大型水电、火电和可再生能源基地的集约开发和高效外送提供了不可或缺的输送通道。本文详细介绍了我国西南大型水电基地配套外送的三个特高压直流工程技术特点和安全运行情况，并结合国家能源发展战略，论述了承载和消纳来自远方能源基地的大规模电力流的电网保障措施。

关键词：水力发电　梯级水电　特高压直流　特高压交流

1　川西南水电发展现状

我国水能资源居世界首位，目前可开发水电资源主要集中在四川、云南和西藏等西南地区[1]，约占全国的82%，主要河流有金沙江、雅砻江、大渡河和澜沧江等。截止2014年6月，川西南各流域已投产227座水电站，装机容量达5 235万kW。其中，金沙江流域1 367万kW，电站数17座；雅砻江流域1 516万kW，电站数31座；大渡河流域1 156万kW，电站数60座；岷江流域458万kW，电站数41座；嘉陵江流域357万kW，电站数20座；其他青衣江、涪江等流域381万kW，电站数58座。

金沙江流域目前已建成了溪洛渡、向家坝大型梯级电站。其中，溪洛渡水电站装机容量1 260万kW，总库容为129.1亿m^3，属不完全年调节水库，设计年发电量570.7亿kWh；向家坝水电站紧邻溪洛渡下游，总装机容量600万kW，总库容为51.6亿m^3，属日调节水库，设计年发电量308.8亿kWh。上述两个工程均以发电为主，兼顾防洪和灌溉。

雅砻江流域目前已建成锦西、锦东、官地、二滩等大型梯级电站。其中，锦西电站装机容量360万kW，总库容为79.8亿m^3，属年调节水库，设计年均发电量166.2亿kWh；锦东电站装机容量480万kW，总库容为0.18亿m^3，属日调节水库，设计年均发电量242亿kWh；官地水电站装机容量240万kW，总库容为7.6亿m^3，属日调节水库，设计年平均发电量110亿kWh；二滩水电站装机容量330万kW，总库容为61.37亿m^3，属季调节水库，设计年均发电量170亿kWh。上述工程任务以发电为主，兼有防洪、拦沙等综合利用效益。

岷江、大渡河等流域梯级水电站数目众多，装机规模较小，大型水电站仅瀑布沟一座。瀑布沟电站装机容量360万kW，总库容为53.4亿m^3，属季调节水库，设计年均发电量145亿kWh，工程以发电为主，兼有防洪、拦沙等综合效益。

2　西南水电配套送出特高压直流工程及其特点

为保障西南水电可靠外送，“十一五”以来，国家电网公司组织国内权威规划设计机构完成了经营区内西南水电各主要流域梯级电站输电系统规划设计。研究提出，金沙江下游电站容量大、位置集中，以外送为主，通过向家坝—上海、溪洛渡—浙西 ±800 kV 特高压直流和溪洛渡—广州 ±500 kV 直流送电华东和南方电网；雅砻江下游电站距离负荷中心较近，兼顾自用和外送，“十二五”通过锦屏—苏南 ±800 kV 特高压直流送电华东。据此规划，国家电网公司已成功建设投运了三条特高压直流外送工程，确保了西南水电电量送得出、落得下和用得上。

2.1 西南水电外送三大特高压直流输电工程

向家坝—上海、锦屏—苏南、溪洛渡—浙西三大特高压直流均西起四川，途经贵州、重庆、湖北、湖南、安徽、江西等省份，落点位于长三角核心区的上海、苏州、金华，送电距离分别为 1 907 km、2 059 km 和 1 679 km，是现有国内外输电距离最长的大型水电送出工程，总容量 2 160 万 kW，如图 1 所示。

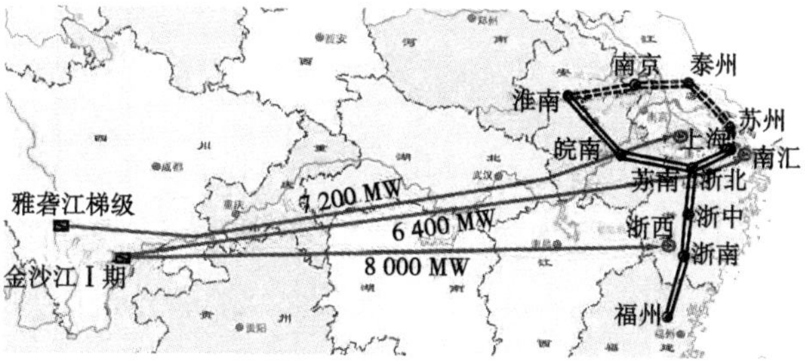

图 1　三大特高压直流示意图

2.1.1 向家坝—上海 ±800 kV 特高压直流示范工程

向家坝—上海 ±800 kV 特高压直流示范工程是世界第一条输电容量超过 500 万 kW 的特高压直流工程，线路全长 1 907 km，输送功率 640 万 kW，由我国自主设计和建设，设备国产化率 67%，配套向家坝电站(8 ×75 万 kW)以及其他富余水电(40 万 kW)。工程于 2010 年 7 月投运，目前已安全运行近 4 年，累计输送水电 610 亿 kWh，2011 年获得国家优质工程金质奖。

2.1.2 锦屏—苏南 ±800 kV 特高压直流工程

锦屏—苏南 ±800 kV 特高压直流工程，将特高压直流输送容量从 640 万 kW 提升到 720 万 kW，输电距离首次突破 2 000 km，达到 2 059 km，创造了特高压直流输电的新纪录。该工程配套锦屏一级电站(6 ×60 万 kW)、二级电站(8 ×60 万 kW)、官地电站(4 ×60 万 kW)。工程于 2012 年 12 月投运，目前已安全运行 1 年半。截止 2014 年 5 月底，已累计输电 356 亿 kWh。工程设备国产化率 90%，推动了我国高端装备制造业创新发展。

2.1.3 溪洛渡—浙西 ±800 kV 特高压直流工程

溪洛渡—浙西 ±800 kV 特高压直流工程将特高压直流输送容量从 720 万 kW 提升到 800 万 kW，线路全长 1 653 km，配套溪洛渡左岸电站 9 ×70 万 kW 以及其他富余水电 170 万 kW。溪浙工程成功攻克了额定电流为 5 000 A 特高压大容量直流设备应用、重冰区线路建设等一系列关键技术，进一步巩固扩大了我国在特高压输电领域的技术领先优势，占领了世界输电技术新的制高点。2014 年 7 月 3 日，溪浙工程调试完成后持续满载稳定运行，再创直流输电的新纪录。

2.2　西南水电外送三大特高压直流输电工程技术特点及运行情况

2.2.1　三大特高压直流工程技术特点

一是输电效率高。三大特高压直流输电工程额定电压 ±800 kV,额定输电容量 640 ~ 800 万 kW,输电距离 1 679 ~2 059 km,额定功率下的输电损耗为 6% ~7.9% ,是世界上输电容量最大、输电距离最远、效率最高的直流输电工程。

二是可靠性指标先进。特高压直流工程采用单极双换流器模块化对称设计,如图 2 所示。单极闭锁故障风险降低了 50% 。由于每个换流模块相对独立,单个换流模块故障情况下,其他换流模块仍可以继续运行。运行的可靠性指标大大提升,能量不可用率低于 0.5% ,双极强迫停运率低于 0.05 次/年,远小于 ±500 kV 直流工程的 0.1 次/年。

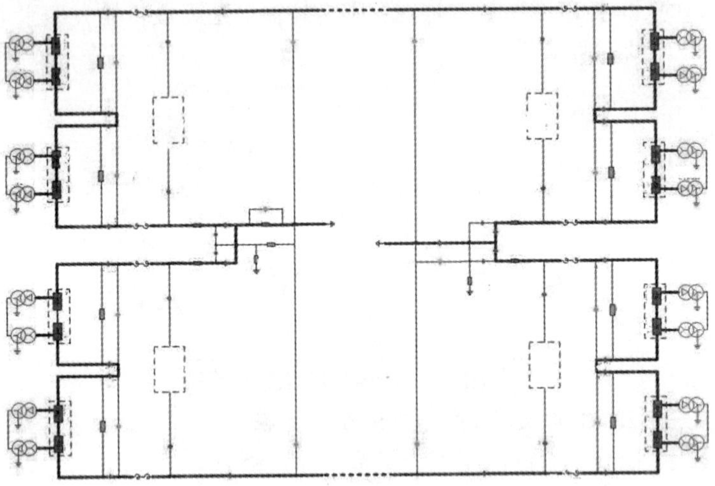

图 2　特高压直流接线示意图

三是环保指标严格。通过采用大截面、多分裂导线技术,特高压直流输电线路的电磁环境指标优于 ±500 kV 直流工程;通过采取 GIS 等设备、共用接地极、优化线路路径和换流站平面布置等措施,有效减少了工程占地面积。

四是运行方式灵活。特高压直流输电系统可以单极双换流器运行、单极单换流器对称运行、双极换流器不对称运行、双极双换流器对称运行等多种方式,并在各种方式下能够进行大地金属回线转换操作,方式灵活,故障单元隔离简便。

2.2.2　三大特高压直流工程运行情况

三大特高压直流工程投运以来运行平稳,各项指标达到或优于设计指标,有力缓解了华东地区用电紧张局面,促进了西南清洁能源消纳,成为解决我国能源资源与电力负荷逆向分布问题的重要绿色通道。

2.2.2.1　三大直流运行情况

复奉、锦苏直流系统投运至今,其能量可用率、直流输电系统单双极强迫停运次数以及单阀组强迫停运次数等各项指标均优于设计指标和 ±500 kV 直流输电系统运行指标(见表 1)。三大特高压直流投运至今未发生换流站原因造成的单、双极强迫停运。

2.2.2.2　运行中存在的主要问题

一是线路走廊狭窄,在某些不可抗力情况下,有发生三个大直流同停风险。复奉、锦苏直流在浙江湖州、嘉兴地区较长范围内只能与淮沪特高压交流工程同走廊架设，一旦发生雷雨、台风等自然灾害或外力破坏事故，存在两回直流以及交流线路同时发生故障风险，对电网安全形成威胁。

二是受端电网特高压交流网架建设滞后，不能承受两个以上大直流跳闸的冲击。对于受端华东电网，若发生两回特高压直流双极闭锁，会引起相关交流线路严重越限、系统频率跌至49.5 Hz以下，损失的负荷将超过全网负荷的4%，达到《电力安全事故应急处置和调查处理条例》规定的电网事故等级。若故障发生在低谷时段，系统最低频率将跌破49.2 Hz，逼近华东低频减载启动频率(49.0 Hz)。

表1　2013年特高压直流输电系统运行可靠性指标

直流系统	换流站	工程能量可用率(%)	换流站			线路故障导致双极强迫停运次数(次)	线路故障单极强迫停运次数(次)
			单极强迫停运次数	双极强迫停运次数	单阀组强迫停运次数		
复奉直流	复龙	94.43	0	0	2	0	0
	奉贤	95.89	0	0	0		
锦苏直流	锦屏	88.81	0	0	0	0	2
	苏州	93.31	0	0	1		

此外，任意一回直流双极闭锁情况下，为保证送端电网安全，需要送端四川电网快速切除10台大型水电机组，一旦安控拒动，会导致送端系统出现垮网风险。

2.2.3　三大特高压直流工程效益分析

三大特高压直流工程将西南清洁水电送往华东长三角负荷中心，总输送容量2 160万kW，按照年利用小时数4 500 h计算，年输送电量972亿kWh，相当于4 356万t原煤，减排二氧化碳7 096万t、二氧化硫和氢氧化物14.6万t、烟尘2.91万t。

2013年，仅通过向家坝—上海和锦屏—苏南特高压工程，四川外送电量就达690亿kWh，带来经济增加值200亿元左右，减少火电燃煤约2 260万t，减排二氧化碳约4 800万t、二氧化硫约62万t。

3　电网与电源发展适应性研究

能源资源的自然布局往往与能源需求呈逆向分布且相去甚远，这一特征在我国更为显著。根据国家能源战略和“十二五”发展规划以及大气污染防治行动计划，未来有待进一步开发建设的大型水电基地主要分布在金沙江、雅砻江、澜沧江、怒江和大渡河的中上游。到2020年，开发规模将达到1.95亿kW，外送规模近9 000万kW；未来有待进一步开发的大型火电和风电、太阳能发电基地主要分布在晋、陕、蒙、宁、新五个省区，到2020年，火电装机容量达6.4亿kW，外送规模为4.2亿kW；风电装机容量为2亿kW，外送规模9 000万kW；太阳能发电装机容量5 000万kW，外送规模3 000万kW。上述电力能源的消纳市场主要位于华东、华北和华中东部12省区，输电距离在1 000～3 000 km范围内。根据测算，到2020年注入上述12省区的电力流达3.5亿kW[2-3]，其中，华东东四省为1.3亿kW，华北东四省为1.15亿kW，华中东四省为1.05亿kW，具体平衡情况详见表2。

表2　2020年国家电网电力平衡表　（单位：万kW）

	装机容量	检修备用	发电功率	高峰负荷	输入功率	输出功率
华北东四省	20 677	4 530	13 667	25 161	11 494	0
华东东四省	27 549	5 979	19 870	32 918	13 048	0
华中东四省	17 435	5 440	11 995	22 475	10 481	0
华东中部12省	65 661	15 949	45 532	80 554	35 023	0
西北电网	36 215	10 318	25 897	12 846	0	13 051
东北电网	20 533	7 624	12 909	10 084	875	3 700
山西电网	10 283	1 423	8 860	4 640	0	4 220
安徽电网	5 787	973	4 814	4 494	1 000	1 320
川渝电网	14 710	3 004	11 706	9 346	3 100	5 460
蒙西、锡盟电网	15 836	3 821	12 015	4 183	0	7 832
三峡电厂	2 200	300	1 940	0	0	1 940
境外电力	2 970	495	2 475	0	0	2 475
合计	174 195	43 907	126 147	126 147	39 998	39 998

如何将如此远距离、大规模的电力流安全高效的输送到受端电网并确保其受得进、降得下、用得上，是国家电网发展必须解决的重大课题。为此，国家电网公司早在2004年就开始组织国内外科研单位对远距离、大容量、高效率的特高压交直流输电技术进行研究攻关并取得重大突破[4]。目前，已投运“三交四直”特高压工程并已发挥了巨大的经济效益和社会效益。已列入工程计划的“四交四直”特高压工程正在抓紧开展工作，将在2017年全部投入运行。

通过对图3所示三个不同的“三华”电网规划方案仿真计算研究，得出如下结论：

方案(1)(图3(a))和方案(2)(图3(b))存在145和79条交流线路发生“n－1”短路故障导致电网电压失稳，不满足《电力系统安全稳定导则》的基本要求。方案(3)(图3(c))不存在线路“n－1”故障失稳的情况，完全可以满足《电力系统安全稳定导则》要求，可以保证来自远方的3.5亿kW电力流安全高效配送和消纳，并适应2020年后的电力发展要求[5-7]。届时，我国电源结构将得到明显优化。煤电装机比重由2010年的70.5%下降到2020年的59.5%；可再生能源装机比重由25%提高到34.1%，到2020年，清洁能源发电量占全国发电量的26%，如图4所示。

4　结　论

实践表明，特高压输电工程是西南巨型水电群安全高效送出的必备工程。三大直流的相继投运以及各级电网输电能力的提升，为实现水电资源的优化配置提供了可靠保障。随

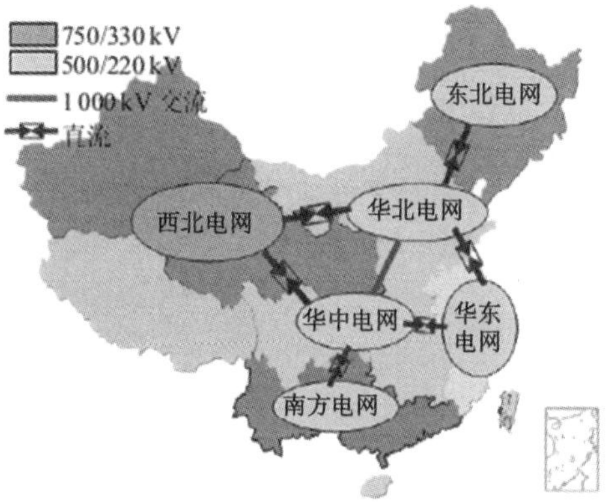

(a) “三华” 500 kV 异步方案

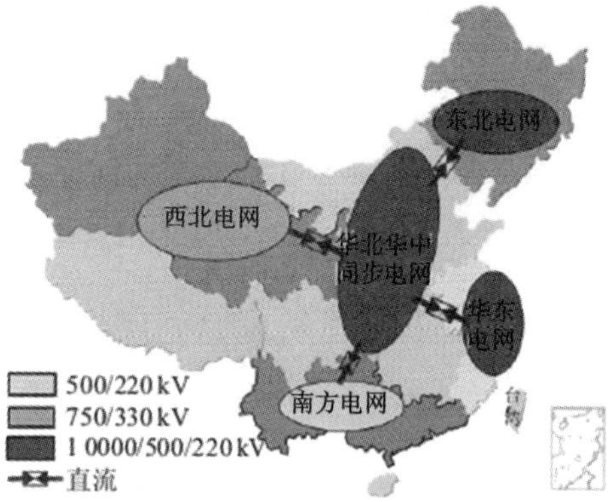

(b) “三华” 1 000 kV 异步方案

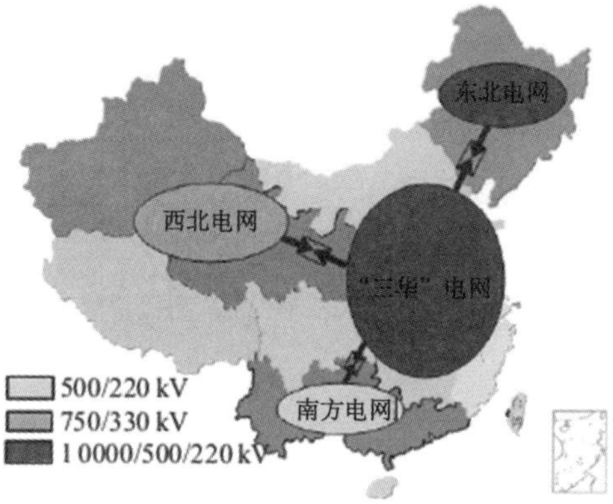

(c) “三华” 1 000 kV 同步方案

图 3　“三华”不同规划方案

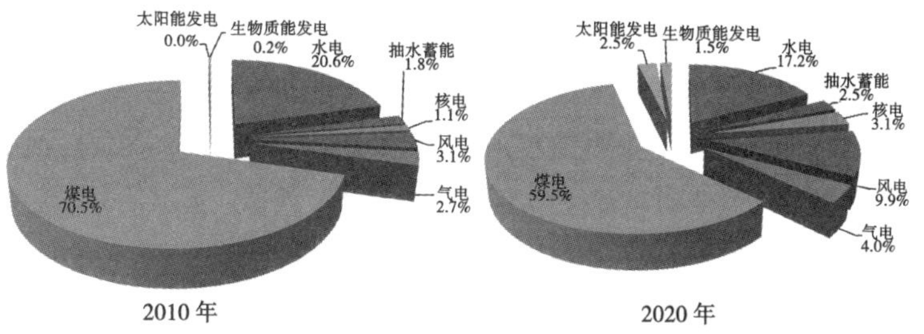

图 4　全国电源结构

着国家能源战略规划的实施，西电东送、北电南送电力流将大幅增加，三华异步联网的结构不能满足安全稳定性要求，需要加快建设以特高压为骨干网架、各级电网协调发展的坚强智能电网。促进大煤电、大水电、大核电、大型可再生能源发电基地的集约高效开发和安全经济配送，为我国经济社会发展提供可持续的电力供应保障。

参考文献

[1] 刘振亚. 中国电力与能源[M]. 北京：中国电力出版社，2012：91-98.
[2] 张启平. 加快转变电网发展方式，保障能源电力可持续发展[N]. 国家电网报，2013-8-13.
[3] 舒印彪，张文亮，周孝信，等. 特高压同步电网安全性评估[J]. 中国电机工程学报，2007，27(34)：1-6.

[4] 刘振亚. 特高压交直流电网[M]. 北京:中国电力出版社,2013:90-122.
[5] 国家电网公司促进清洁能源发展研究[R]. 国家电网公司. 2010.
[6] 国家电网公司. 国家电网公司“十二五”电网发展规划[R]. 北京:国家电网公司,2012.
[7] 刘振亚,张启平. 国家电网发展模式研究[J]. 中国电机工程学报,2013,33(7):1-10.

第一篇　高坝建设关键技术及岩溶勘察处理技术

高面板砂泥岩堆石坝施工控制变形技术浅谈

陈　杰　李洪泉

（贵州黔源电力股份有限公司　贵州　贵阳　550002）

摘要：以董箐电站大坝料源特性、坝体分区设计方案，分析高面板砂泥岩堆石坝变形控制的重点是堆石体施工期压缩模量控制、在施工中主要采取平层填筑、二次加水、冲碾、分期蓄水等控制方法，使蓄水期产生的有害变形量尽可能小，使总体变形在设计指标之内，为高面板砂泥岩料堆石坝筑坝技术发展进行了有益的探索和推广。

关键词：董箐　砂泥岩堆石坝　变形控制　压缩模量　分期蓄水　总变形

1　项目概况

董箐水电站位于贵州省西南部的北盘江下游，电站正常蓄水位 490 m，水库总库容 9.55 亿 m^3，装机容量为 4×220 MW。电站枢纽由钢筋混凝土面板堆石坝、左岸开敞式溢洪道、右岸放空洞、右岸引水系统、右岸岸边地面厂房等建筑物组成，大坝总填筑方量 1 100 万 m^3，主要填筑料为砂岩、泥岩混合料，其中泥岩填料占总量的 30%～35%，这是国内首次在 150 m 级高面板堆石坝中大比例采用砂泥岩混合料作为筑坝材料。

图 1　董箐工程全貌

2 坝体主要填筑材料特性

董箐坝体填筑料砂岩为钙质石英砂岩及粉砂岩，泥岩为钙质泥岩、泥质泥晶灰岩及泥质砂屑泥晶灰岩组成，其 CaO、SiO_2 及 Al_2O_3 含量高（其中 SiO_2 平均含量高达51%），砂岩的饱和抗压强度为70.85～89.67 MPa，属于硬岩类，而泥岩类岩石的抗压强度为12.66～21.73 MPa。在可研阶段对砂泥岩混合料饱和状态在高应力状态下，压缩模量分别为57.0 MPa，，相应压缩系数分别为0.023 MPa^{-1}，接近中硬岩标准。同时通过碾压试验表明，振动碾压（层厚80 cm，碾压10遍）后渗透系数为 5.68×10^{-2}～9.68×10^{-2} cm/s，当加水15%时，试验干密度为2.201～2.209 g/cm^3，根据国内面板堆石坝筑坝经验，该种砂泥岩堆石料经过严格的施工控制手段，其压缩模量、干密度等关键指标能够满足高面板堆石坝的填筑要求。

3 坝体设计分区方案

根据高面板坝的受力特点和渗流要求，本工程设计在堆石体的填筑分区主要原则为：①从上游到下游的坝料变形模量基本相当，以保证蓄水后坝体变形尽可能小，从而减小面板和止水系统遭到破坏的可能性。②各区之间应满足水力过渡要求，从上游向下游坝料的渗透系数递增，相应下游坝料应对其上游区有反滤保护作用。③分区应尽可能简单，以利于施工，便于坝料运输和填筑质量的控制。坝体分成垫层区（2A 区）、过渡区（3A 区）、排水堆石区（3F 区）和砂泥堆石区（3B 区）。垫层区及过渡区坡度均为1∶1.4，水平宽度分别为3 m和4 m。过渡区下游侧为排水堆石区，排水堆石区上游坡度1∶1.4，下游坡度1∶1.3，390.0 m高程以下全部为排水堆石区，390.0～391.6 m高程为水平过渡区。391.6 m高程以上排水堆石区后为砂泥岩堆石区。大坝下游平均坡度1∶1.5。坝下游面设厚度为1.0 m的反滤层和1.0 m的干砌块石护坡。周边缝下设特殊垫层区（2B 区），上游430.00 m高程以下设黏土铺盖区（1A 区）和石渣盖重区（1B 区）。

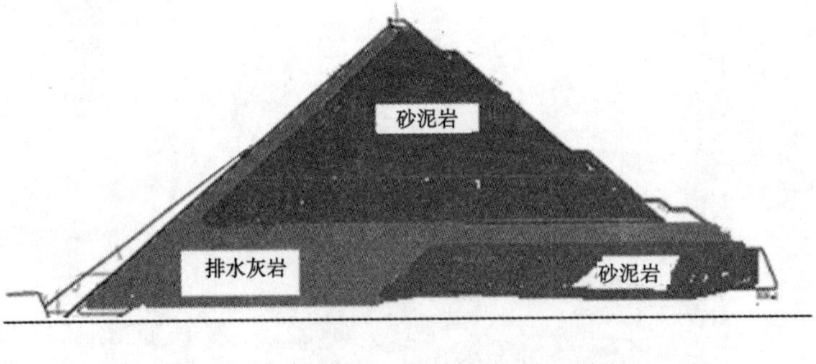

图2 董菁水电站面板堆石坝分区

4 坝体变形控制主要方法

董箐电站大坝对变形控制主要采用了对施工期压缩模量有效控制；坝体平层填筑及分期蓄水等方法，具体如下文所示。

4.1 施工期堆石压缩模量控制

坝体堆石的压缩模量是坝体变形性质的最主要指标，是衡量堆石质量的标准。根据设计及国内经验，修建150 m级面板堆石坝压缩模量超过50 MPa是可行的。董箐大坝填筑采用德国宝马公司生产的 BOMAG BW225D 型全液压自行式振动碾,施工严格按划好的行车线进行碾压,采用前进、后退全振动的方法,前进与后退一个循环按 2 遍计,错位采用前进法。碾迹重叠控制在 10 ~ 15 cm 以内,行车速度控制在 2 km/h 内。在填筑至最高 435 m 时取 378 m 高程沉降仪监测数据进行分析,所有点压缩模量均小于 50 MPa,如表 1 所示。

表 1　董箐堆石压缩模量计算统计(2008 年 4 月前)

序号	时间	坝体上游侧填筑高程(m)	坝体下游侧填筑高程(m)	坝体最大沉降(mm)	仪器高程(m)	堆石压缩模量(MPa)
1	2007 - 10 - 30	424	421	529.59	378	42
2	2007 - 11 - 30	428	428	553.2	378	44
3	2007 - 12 - 30	435	435	577.4	378	48
4	2008 - 2 - 20	435	443.2	655.9	378	42
5	2008 - 4 - 20	435	455	741.8	378	37

通过常规碾压数据分析有必要增加措施,以提高堆石压缩模量,减小坝体变形,以增大堆石压缩模量,具体有:

变形控制措施一,在坝体 460 m 高程至 484 m 高程区域采用冲碾压实技术进行施工,为保证冲碾质量,要严格保证在冲压过程中的运行速度,速度过慢,则冲击力不足,难以对填筑体取得应有的压实效果;速度过快,则可能冲压轮顶点作用于填筑表面后迅速离开,冲击力没有足够的时间向下层填筑面传递,影响下层的作用效果。冲击压实机的运行速度遵循先慢后快、先轻后重的原则,冲压初期速度控制在 10 ~ 12 km/h 左右,待填筑体具有一定强度后速度提高到 12 ~ 15 km/h。

表 2　各分区坝料施工填筑冲碾参数

材料分区	填筑材料	铺料方式	铺料层厚(cm)	冲碾遍数	洒水量(%)	备注
排水堆石区	料场爆破灰岩料	进占法	120	27 遍	15	冲碾机具:蓝派公司生产的 LICP - 3 冲击压实机
砂泥岩堆石区	溢洪道开挖料	进占法	120	27 遍	15	冲碾速度:(12 ~ 15)km/h

变形控制措施二,堆石料两次洒水以加强洒水措施,洒水量是筑坝材料填筑碾压施工参数之一,适量加水对提高大坝堆石体压实密度、减少坝体运行期沉降量是有益的。董箐大坝在填筑前对排水堆石料进行了洒水量比较试验,如图 3 所示。

试验成果表明,洒水对排水堆石料的填筑碾压是有益的,在相同碾压遍数下,洒水量由 5% 增加到 15%,其干密度值略有所增大。

4.2　严控坝体填筑高差

严格按平层填筑上升方式控制坝体整体上升,先填一层过渡料后填筑一层垫层料,过渡料和垫层料填筑两层后再填筑主堆石料,以达到坝体同步上升的要求。过渡料铺好后用反铲及人工清除上游界面大粒径料,并清出上游边线,保证垫层料的宽度。同时,过渡料往下

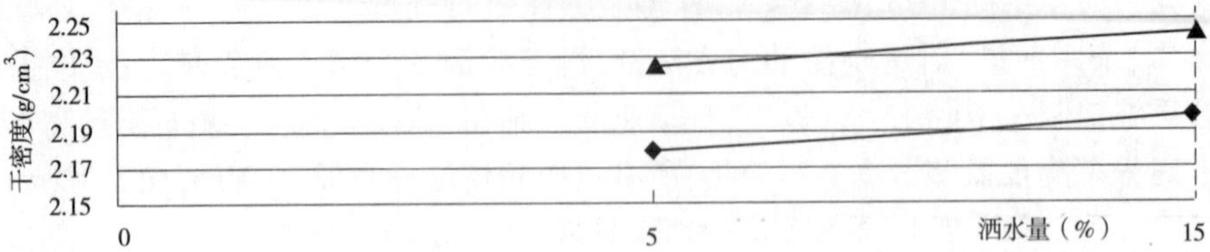

图3　排水堆石料洒水量与干密度关系曲线图

游方向超填1~2 m左右;垫层料与过渡料要骑缝碾压。第二层垫层料和过渡料以及过渡料和相邻的上游堆石料骑缝碾压。大坝填筑施工坝面作业顺序见图4。

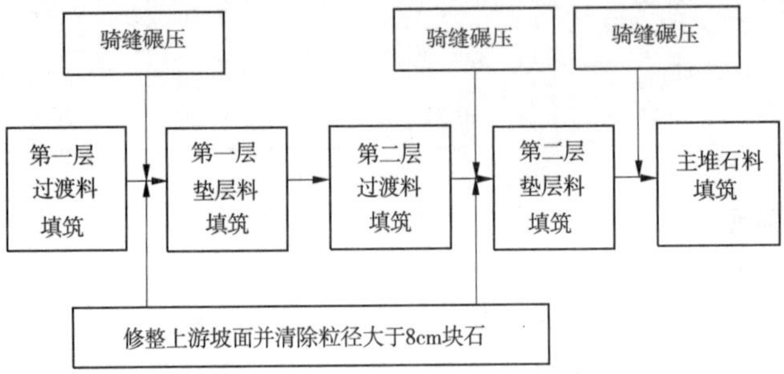

图4　大坝填筑施工坝面作业顺序

在填筑施工过程中，每层铺料前,先用石灰线标出各填筑区域,明确分区界线,填筑铺料方向平行于坝轴线,特殊垫层料、垫层料采用后退法卸料,过渡料、两岸接坡料、堆石料全部采用进占法填筑,对局部存在的超径石料,用击碎机及时破碎解小或剔除到坝后用于干砌石;垫层料、过渡料由挖掘机摊铺,人工配合整平,堆石料的铺料厚度按72~88 cm控制,过渡料、垫层料的铺料厚度按36~44 cm控制。

4.3　蓄水过程采用分三期控制

坝高150 m以上级面板堆石坝工程需特别重视蓄水过程,董箐电站在蓄水后充分吸取国内某电站因快速蓄水而产生的质量事故经验教训,严格控制蓄水过程,做到分时段蓄水,具体按以下分期蓄水控制:

(1)董箐大坝于2008年12月填筑至491.2 m高程(基本达到坝顶494 m高程),为使坝体沉降变形尽可能在蓄水前完成,此时董箐大坝填筑完成后并未急于下闸蓄水,而是于2009年8月20日水库开始蓄水,故蓄水前又用了长达8个月的沉降周期。

(2)2009年12月至2010年3月,蓄到死水位483 m高程左右,通过放空洞泄水,控制库水位上升速度,在些期间水库蓄水停顿时长达4个月。

(3)死水位以上按40 cm/d控制蓄水上升速度。2010年4月26日水位为483.34 m高程,2010年5月9日水位为488.91 m高程。

4.4　严控坝前黏土铺盖施工

根据工程经验,坝前黏土铺盖对于面板自愈修复功能作用,董箐大坝黏土铺盖在施工中首先将上游基坑内的积水抽干,封堵好河床趾板区预埋的反向排水管,并要求监理按旁站部位对该隐蔽工程联合验收;并充分利用即将淹没的库区水田泥土来作为黏土主要来源,黏土填筑铺料厚度300 mm,盖重区的铺料厚度600 mm。在上游黏土填筑后即填筑盖重区石渣料，使上游黏土铺盖区和盖重区之间的填筑高差不大于600 mm，并进行洒水碾压夯实。

5　实施效果分析

采取以上措施后通过监测数据分析可知，董箐坝体砂泥岩堆石压缩模量有增大趋势，均大于56 MPa，干密度均2.2 g/cm³以上，均满足设计指标要求。在蓄水后采取分期控制措施后，蓄水期的坝体有害变形又降低了59%。待坝体变形基本稳定后，最后才蓄水至正常蓄水位高程。这样大坝及面板适应坝体变形是分步骤的，其适应能力更强，不容易产生结构性的破坏。具体各项主要指标检测成果表如表3、表4、表5所示。

表3　董箐堆石压缩模量统计表

序号	时间	坝体上游侧填筑高程(m)	坝体下游侧填筑高程(m)	坝体最大沉降(mm)	仪器高程(m)	堆石压缩模量(MPa)
1	2008-8-10	461.8	461.8	1 037.7	403.5	58
2	2008-10-20	486	486	1 563.7	425	59
3	2008-12-25	491.2	491.2	1 654.1	425	61
4	2009-2-20	491.2	491.2	1 715.8	425	58
5	2009-4-20	491.2	491.2	1 740.7	425	58
6	2009-6-20	491.2	491.2	1 770.2	425	57
7	2009-8-20	491.2	491.2	1 782.8	425	56

表4　董箐堆石料干密度统计表

填筑坝料	设计层厚(cm)	实际铺厚(cm)	洒水量%	冲碾遍数	平均干密度(g/cm³)	平均孔隙率(%)	频数
排水料	120	116	15	27	2.241	17.65	23
砂泥岩堆石料	120	116	15	27	2.234	17.46	23

表5　水库蓄水后坝体最大沉降分析表

序号	时间	水库水位(m)	最大沉降(mm)	沉降差(mm)	沉降差占总变形比例	备注
1	2009-8-20	372	1 782.8			蓄水后总变形为270.4 mm
2	2010-3-27	483.85	1 943.2	160.4	59%	

6　结　语

大坝经过四年蓄水运行的考验，监测数据表明：坝体最大沉降2 053.2 mm，占坝高的1.37%，坝体87%的沉降变形在蓄水前完成，蓄水后沉降为270.4 mm，仅占总沉降量的

13%，稳定渗漏量约 20 L/s 左右，各项技术指标均满足设计及规范要求。

董箐电站首次在 150 m 级高面板堆石坝中大比例采用软硬岩混合材料（砂泥岩含量 67%，其中软岩含量达 30% -35% 左右），通过大坝填筑施工中对高差的控制，并在传统碾压基础上增加冲击碾，以及填筑过程中增加二次加水等施工控制手段来提高砂泥岩堆石压缩模量，同时在蓄水阶段采取分三期控制坝体变形，使蓄水期产生的有害变形量尽可能小，最大限度地让有害变形转化为无害变形，从而达到减小坝体总变形。该技术的成功应用突破了面板坝在常规料源选择上的局限性，为高面板砂泥岩料堆石坝筑坝技术发展进行了有益的探索和推广。

参考文献

[1] 贵阳勘测设计研究院有限公司. 董箐水电站关键技术研究[R].

[2] 杨启贵，熊泽斌，等. 水布垭高面板堆石坝变形控制[J]. 人民长江. 2007(38)：52-54.

[3] 湛正刚，陈本龙，等. 高面板堆石坝变形控制技术及控制指标[R].

构皮滩水电站防渗帷幕处理及效果

吴经千　肖　军

（乌江水电开发有限责任公司构皮滩电站建设公司　贵州　余庆　564408）

摘要:构皮滩水电站是亚洲岩溶地区已建成的最大水电站,大坝为混凝土双曲拱坝,坝高232.5 m,坝址地处喀斯特岩溶地区,工程地质、水文地质条件复杂,防渗帷幕线路总长1 897 m,防渗帷幕面积约36万 m^2,堪称世界岩溶地区之最。防渗帷幕施工质量的好坏是大坝能否正常蓄水、电站能否正常运行的关键。本文主要介绍构皮滩水电站防渗帷幕施工工艺、施工质量控制措施、特殊地层处理方法以及帷幕灌浆成果资料分析,从上述角度对岩溶地区防渗帷幕施工进行探讨。

关键词:岩溶地区　双曲拱坝　防渗帷幕　施工质量控制

1　工程概况

构皮滩水电站位于贵州省余庆县境内,是乌江流域规划开发的第7个梯级电站,控制流域面积43 250 km^2,多年平均径流量226亿 m^3,电站正常蓄水位630 m,死水位为590 m,水库总库容64.54亿 m^3,调节库容29.02亿 m^3,死库容26.62亿 m^3,具有年调节性能。工程开发的主要任务是发电,兼顾航运、防洪等综合利用。电站装机容量3000MW(5×600 MW),多年平均发电量96.82亿kWh。

工程由大坝、泄洪消能建筑物、电站厂房、通航及导流建筑物等组成。大坝为混凝土抛物线型双曲拱坝,大坝建基面高程410 m,最大坝高232.5 m,坝址处于喀斯特岩溶发育区,工程地质和水文地质条件复杂,是亚洲岩溶地区已建成的最大水电站和最高的双曲拱坝。为了阻截基岩渗漏通道,削减坝基及绕坝渗漏量,降低拱坝基础的扬压力和两岸抗力体的渗透压力,确保拱坝及地下厂房结构安全和抗力体稳定,拱坝坝肩和两岸山体采用灌浆帷幕防渗,防渗帷幕线路总长1 897 m,面积约36万 m^2。

2　构皮滩水电站防渗帷幕设计

2.1　地形地貌、地质条件

构皮滩水电站坝址处为典型“V”字形对称峡谷,两岸山体高耸雄厚。河谷狭窄,岸坡陡峻,两岸高程550 m以上,岸坡坡度30°~40°,550 m以下为55°~65°,部分近直立。坝址出露地层从上游至下游依次为二叠系至寒武系中、下统,其中石炭系、泥盆系及志留系上统缺失,第四系零星分布,河床坝段坝基主要坐落在 P_{1m}^{1-1} 层上,P_{1m}^{1-1} 层为两岸拱座主要抗力岩体,两岸坝基坐落在 P_{1m}^{1-2}、P_{1m}^{1-3} 层上。防渗线路主要穿过 P_{1m}^{2-2}、P_{1m}^{2-1}、P_{1m}^{1}、P_{1q}、S_{2h} 各层,除 S_{2h} 以外，其余各层均为碳酸盐类灰岩，P_{1m}层岩体透水性较强，P_{1q}以微－弱透水为主，局部中等－强透水性，S_{2h}层为黏土岩及粉砂质黏土岩，隔水性能好，是坝址可靠的隔水层。坝址区岩溶发育，左岸发育5号、7号岩溶系统，右岸发育6号、8号及W_{24}岩溶系统，其中8号岩溶系统位于右岸坝段防渗线路上，W_{24}岩溶系统为枢纽区最大岩溶系统，其主管道从防渗帷幕至岸坡出口直线距离约550 m，发育有高约60 m、宽约10 m的岩溶大厅，贯穿整个右岸地下厂房，与右岸山体防渗线路相交两次，较大程度上增加了帷幕施工的难度。

2.2 防渗线路布置

根据坝址区水文地质、地质条件，布置了大坝及两岸帷幕和排水系统、水垫塘封闭帷幕和排水系统，其主要目的是使大坝及两岸帷幕轴线沿拱坝基础廊道向两岸山体展布，左岸从坝头向山体延伸到S_{2h}层，右岸先从坝头向上游偏转，绕过厂房上游侧，再向下游转折至S_{2h}层。帷幕采用分层搭接，搭接长度7.5 m，左岸、右岸分别布置4层、5层灌浆平洞，左岸灌浆平洞高程分别为435 m、500 m、570 m、640.5 m，右岸灌浆平洞高程为415 m、465 m、520 m、590 m、640.5 m。防渗帷幕线路全长1897 m，防渗帷幕面积约36万m^2，最大灌浆孔深210 m。水垫塘封闭帷幕沿水垫塘侧墙及二道坝底部布置，上游与主帷幕相接。

2.3 防渗标准和底线

大坝廊道、两岸山体近坝部位及地下厂房区帷幕灌后基岩透水率小于1 Lu，两岸山体远坝部位及水垫塘封闭帷幕灌后基岩透水率小于3 Lu。水垫塘封闭帷幕透水率小于3 Lu。帷幕底线一般深入到透水率小于防渗标准的岩层以下5～10 m，遭遇溶洞则深入溶洞下限5～10 m，规模较大的顺河向断层及其影响带，局部加深20～30 m。

2.4 帷幕灌浆孔布置

大坝坝基、两岸近河段布置双排帷幕灌浆孔，孔距2 m，上游排深入至设计底线，下游排孔深为帷幕深度的1/2～1/3。地下厂房周边布置双排灌浆孔，孔距2～2.5 m，孔深入至防渗底线。两岸远端布置单排灌浆孔，孔距2 m。灌浆按分排分序加密的原则，先施工下游排后施工上游排，每排按先导孔－Ⅰ、序孔－Ⅱ、序孔－Ⅲ、序孔的顺序施工，采取“小口径钻进、孔口封闭孔内循环、自上而下分段连续钻灌、由稀变浓”的施工工艺。

水垫塘封闭帷幕上游侧、下游侧均布置单排灌浆孔，孔距2～2.5 m，二道坝底部布置双排灌浆孔，孔距2～2.5 m，深入设计底线。灌浆采用孔内堵塞法。

2.5 灌浆材料

采用水泥浆液灌注，水泥采用强度等级P. O42.5的普通硅酸盐水泥，浆液一般采用2:1、1:1、0.5:1三种水灰比。

2.6 灌浆压力、段长

根据在帷幕灌浆工艺试验结果，结合以往工程经验，制定了灌浆压力、段长控制标准，具体参数详见表1。

表1　帷幕灌浆段长及相应灌浆压力表

分段		第一段	第二段	第三段	第四段	第五段及以下各段
左岸500 m、435 m,右岸465 m、413 m,灌浆平洞灰岩部位,8-21坝段	段长(m)	2	3	5	5	5
	压力(MPa)	2.3~3.5	3.0~3.5	4.5	6	6
右岸520 m灌浆平洞灰岩部位、5-7及22-23坝段	段长(m)	2	3	5	5	5
	压力(MPa)	1.7	2.5	3.0	4.5	6
左岸640.5 m、570 m,右岸640.5 m、590 m,灌浆平洞灰岩部位、坝肩压浆板部位,1-4、25-27坝段	段长(m)	2	3	5	5	5
	压力(MPa)	1.0	1.5	3.0	4.5	6
左、右岸灌浆平洞洞段S_{2h}软岩部位及灌浆孔底部S_{2h}软岩帷幕灌浆	段长(m)	2	3	5	5	5
	压力(MPa)	0.5~0.7	1.0	2.0	3.0	4.5
二道坝及水垫塘封闭帷幕灌浆	段长(m)	2	3	5	5	5
	压力(MPa)	0.5~0.7	1.0	1.5	2.0	2.0

3　构皮滩水电站防渗帷幕施工质量控制

帷幕灌浆为隐蔽工程且施工技术要求严格,施工质量直接关系到水库能否正常蓄水、大坝及地下厂房等水工建筑物能否正常运行,因此须从灌浆准备、灌浆施工过程、灌浆质量检查等角度着手加强施工质量管控。

3.1　帷幕灌浆

3.1.1　帷幕灌浆试验

在启动帷幕施工前选定了两个帷幕试验区,第一试验区位于右岸坝顶公路隧洞,第二试验区位于右岸464 m高程公路隧洞,通过帷幕灌浆试验,得出结论:防渗帷幕采用孔口封闭灌浆是可行的,初步拟定的灌浆参数基本能够适应岩体的地质特性,灌浆效果可以满足防渗标准的要求。

3.1.2　钻孔

孔位与设计位置的偏差不得大于10 cm,钻孔孔斜不得超设计孔距范围(2 m或2.5 m),第1段、第1段以下10 m内均至少测1次孔斜,以下各段每20 m孔深应测量一次孔斜,若发现偏差,及时采取措施纠偏,必要时重新开孔。对于先导孔、物探孔和质量检查孔等取芯孔，岩芯获得率应达到80%以上，必要时要求采用双管和缩短段长的方式进行施工。

3.1.3　钻孔冲洗及裂隙冲洗

对帷幕灌浆孔、灌浆质量检查孔、物探孔和观测孔进行钻孔冲洗，对坝基接触段（第1段）进行裂隙冲洗。钻孔冲洗应冲至回水澄清后10 min结束，且总的时间要求，单孔不少于30 min，串孔不少于2 h，孔内残存的沉积物不得超过20 cm。对要求裂隙冲洗的孔段，单孔冲洗采用压力脉动冲洗方式进行，压力为坝基灌浆压力的80%，且不大于1 MPa。

3.1.4　灌前压水试验

帷幕灌浆孔采用"简易压水"进行压水试验；帷幕先导孔和质量检查孔采用单点法进行压水试验，对特殊部位根据实际情况采用五点法。压水试验分段与相应的灌浆分段一致，压力一般为灌浆压力的80%，若灌浆压力大于1 MPa时，采用1 MPa作为压水试验压力，若小于1 MPa，则采用0.3 MPa作为压水试验压力。

3.1.5　自动记录仪检查

灌浆前对每一台自动记录仪进行校验，机械压力表与记录仪读数、比重秤测量浆液密度与记录仪读数、实测流量与记录仪读数均必须保持一致，校验合格后贴封条方可投入使用。

3.2　**帷幕灌浆施工**

3.2.1　灌浆密度控制

帷幕灌浆施工采用2:1、1:1、0.5:1三级水泥浆，开灌水灰比采用2:1灌注，灌浆过程中由稀到浓逐级变换。当灌浆压力不变，注入率持续减小时，或当注入率保持不变而灌浆压力持续升高时，不得改变水灰比；当某一比级浆液注入量已达300 L以上，或灌注时间已达1 h，而灌浆压力和注率均无显著改变时，应换浓一级水灰比灌注；当注入率大于30 L/min时，根据施工具体情况，可越级变浓。帷幕灌浆在规定的压力下，注入率不大于1.0 L/min时，继续灌注60 min，可结束灌浆。

根据前期灌浆过程中的实例，有些孔段呈现透水率大但吸浆量不一定大的特点，在灌前压水透水率在50～100 Lu或压水注入率30～50 L/min时，可采用1:1的浆液灌注。

浆液由集中制浆站统一配制，然后通过中转站送至各机组，各机组根据不同的需要进行调制使用，浆液性能测试主要在集中制浆站和机组进行。集中制浆在浆液配制时用比重秤、温度计对浆液性能进行测试，若有偏差，立即对称量计或水温进行调整。各机组在灌浆过程中，每隔15～30 min测定一次浆液密度和浆液温度，浆液密度偏差不得超过±0.05，浆液温度应保持在5～40 ℃，低于或超过此标准应做废浆处理。

3.2.2　灌浆压力控制

在灌浆过程中，灌浆压力一般按两种方法进行控制：一次升压法和分级升压法，一次升压法即是在灌浆开始时将压力尽快升到规定压力，注入率不限。在规定压力下，每一级浓度浆液的累计吸浆量达到一定限度后，变换浆液配合比，逐级加浓，随着浆液浓度逐级增加，裂隙的逐渐减少，直达结束标准。此种方法适用于透水性小、裂隙不甚发育的坚硬、完整岩石的灌浆；分级升压法即在灌浆过程中将压分为几段，逐级升高到规定的压力值，这是主要针对大吸浆量所采用的方法，以注入率来控制灌浆压力，最终达到设计压力，该法需要与浆液变浓技术措施相结合。构皮滩电站灌浆压力和注入率对应关系如表2所示。

表2　灌浆压力与注入率关系

灌浆压力(MPa)	0.5－1	1－2	2－3	3－5	5－6
注入率(L/min)	>50	50－30	30－20	20－10	<10

3.2.3　灌浆封孔

全孔灌浆结束后，如果灌浆操作正常且均达到结束标准，灌注0.5∶1的浆液采用“置换和压力灌浆封孔法”封孔，封孔压力为灌浆孔第一段灌浆压力。灌浆封孔结束24 h后拆除封闭装置。待孔内水泥凝固后，灌浆孔上空余部分大于2 m时用机械压浆封孔法继续封孔，小于2 m时可用浓水泥浆或砂浆封填密实。

3.3　灌后质量检查

灌后质量检查是以检查孔压水试验成果为主，结合钻孔取芯资料、钻孔测斜情况、灌浆记录和物探测试成果等综合评定。检查孔压水试验在灌浆结束后14 d后进行，检查孔数量为灌浆孔数的10%，有双排帷幕灌浆孔的重点部位一个单元工程内至少布置一个检查孔，单排帷幕灌浆孔部位按相应部位灌浆孔总数的2%布置少量检查孔。帷幕灌浆压水试验合格标准：混凝土与基岩接触段及其下一段的合格率为100%，以下各段合格率应为90%以上，不合格段的透水率值不超过设计规定值的100%且不集中。

各类钻孔的封孔质量逐孔目测检查，每单元抽1～2孔进行钻孔取芯检查，钻孔取芯在原孔钻孔，检查封孔结石情况、胶结状态、密实度、芯样获得率、采取率等。对封孔水泥结石不密实、未完全凝固或有渗水现象等不合格时，扫孔重新灌浆封孔。

灌前、灌后采用钻孔电磁波CT进行测试，灌前测试寻找到多处岩溶洞穴、裂隙密集带、强透水带的位置及规模，为帷幕灌浆提供依据，指导帷幕灌浆。灌后测试用于检查灌浆效果，灌后测试检查结果表明电磁波吸收系数大的区域明显减少、灌浆效果良好。

此外，业主单位委托第三方质检机构对帷幕灌浆质量、帷幕封孔质量进行抽检，根据抽检成果资料，帷幕质量满足设计要求。

4　特殊地层处理

4.1　膏状浆液灌浆

左岸640 m高程灌浆平洞在帷幕灌浆过程中吸浆量大，通过对先导孔和物探孔岩芯描述综合分析，孔深10～30 m段为中厚层生屑灰岩与少量碳泥质灰岩，全段岩芯破碎，裂隙密集发育，裂隙面微风化，并有溶蚀孔洞，无充填，前期针对灌浆单耗量大的孔段采用水泥砂浆灌注，水泥砂浆配比为0.6∶1∶(1～1.8)，但效果不明显，吸浆量依然较大。该段存在两条倾角约60°的断层，结合灌浆情况推测在距该部位一定范围可能存在较大的溶洞或溶槽，并且与之连通的裂隙较大。为此，采用灌注膏状浆液封堵裂隙通道，膏状浆液配比为1∶1.82∶0.19(水∶灰∶膨润土)，吸浆量得到了有效控制，施工效果良好。

4.2　高压旋喷处理

右岸590 m高程灌浆平洞K0＋618～K0＋630段帷幕施工遭遇溶洞，溶洞填充物以砂为主，钻孔过程中发生严重塌孔现象，钻孔和灌浆无法正常继续，采用高压旋喷的方法进行处理，高压旋喷采用双重管工艺，喷射压力15～35 MPa，通过高压水、气、浆液扰动地层，使水泥浆和充填物充分融合形成具有抗压、抗渗能力的复合体，对出砂较多的部位采用降低提速、反复旋喷的方法以保证质量。经过高压旋喷处理，帷幕钻孔过程未再出现塌孔现象，灌后压水所有孔段透水率小于防渗标准值 $q \leqslant 1$ Lu，满足防渗要求。对水泥结石芯样做抗压强度试验，其试验结果满足设计要求值。

4.3 追挖回填和加强灌浆综合处理

W_{24}岩溶系统为枢纽区最大岩溶系统，并与右岸 EL465 m 灌浆平洞相交，在 EL465 m 灌浆平洞 K0 +678 桩号处揭露出溶洞，导致 EL465 m 灌浆平洞 K0 +600 ~ K0 +678 m 段帷幕灌浆施工时，多个灌浆孔与溶洞相串。前期对此采用了对 K0 +678 处溶洞追挖清理后回填混凝土的方案，帷幕灌浆施工得以正常进行，为进一步加强帷幕施工质量，提高防渗效果，后期决定对该部位进行加强灌浆处理，加强灌浆分两个部位进行：

(1)在 K0 +668.2 ~ K0 +681.2 m 段布置 9 排溶洞加强灌浆孔共 14 环，环间距 1.0 m，孔深 15 m，施工过程中，多个孔在钻孔过程中遇到充填黄泥、砂的溶洞，在施工过程中加强了灌前冲洗，洗出大量细砂，从灌后质量检查孔均可见水泥结石充填，而未见黄泥砂，表明灌浆前或灌浆过程中对砂置换较干净。

(2) W_{24}岩溶系统主支管道溶洞不具备充填物清挖和回填混凝土条件，因此将 465 m 高程灌浆平洞原帷幕灌浆底线加深至高程 370 m，在 K0 +604.7 ~ K0 +639.2 m 段增加一排帷幕灌浆孔，孔距为 1.5 m，距下游侧边墙 0.60 m，倾向下游，顶角均为 4.5°，该排帷幕主要对 W_{24}岩溶系统起加强灌浆作用。通过对注入量进行分析，Ⅰ序、Ⅱ序、Ⅲ序孔灌入水泥平均单耗递减趋势明显，灌后质量检查合格。

4.4 防渗墙处理

左岸高程 640 m 灌浆平洞 K0 +274 ~ K0 +294 段 10 ~45 m 深处穿越细砂层，钻进过程塌孔严重，单孔及群孔冲洗均无法达到回水澄清，压水试验透水率几乎无穷大，而采用 2∶1的水泥浆液灌注数百升就不吸浆，灌浆结束待凝扫孔仍无法避免塌孔。为此，采用高压喷射灌浆置换加固细砂层再实施帷幕灌浆，但高压旋喷后检查孔取芯表明高压旋喷墙体连续性不理想。采用 1 m 厚的塑性防渗墙进行处理，塑性混凝土防渗墙质量控制标准为：渗透系数 $k \leqslant 1 \times 10^{-5}$ cm/s；允许渗透比降 $J \geqslant 15$；28 d 抗压和抗折强度不小于 1 MPa；弹性模量为 400 ~ 1 000 MPa，对防渗墙帷幕灌浆的缺口采取补强灌浆处理。完成后布置检查孔 1 个，压水 14 段，最大透水率为 0.98 Lu，最小透水率为 0.34 Lu，平均透水率为 0.73 Lu，满足设计要求。

5 构皮滩水电站防渗帷幕灌浆成果资料分析

5.1 单位注入量、灌前透水率分析

通过分析左岸、右岸帷幕灌浆成果表(详见表 3、表 4)，可看出：

(1)单位注入量与灌浆次序有着密切关系，在排与排、序与序之间存在明显变化，先施工的下游排单位注入量大于后施工的上游排，对于各排孔，随着Ⅰ序、Ⅱ序、Ⅲ序孔施工的逐步加密，单位注入量呈现递减趋势，反映出下游排的灌浆对上游排起作用，Ⅰ序孔的灌浆对Ⅱ序孔的灌浆起作用，Ⅰ序孔、Ⅱ序孔对Ⅲ序孔的灌浆也起到了一定作用，符合灌浆规律。此外，高程越高的部位，帷幕灌浆吸浆量越大。

(2)通过帷幕灌浆灌前压水试验分析，随着灌浆逐步加密，平均透水率有逐渐降低的趋势，表明极严重的裂隙、溶洞等渗流通道逐步被浆液充填，裂隙充填物逐步挤压密实，透水率降低，使基岩防渗能力提高。

表3　左岸帷幕灌浆主要成果表

部位	排序	灌浆次序	孔数	灌浆段长	单位注入量(kg/m)	平均透水率(Lu)
左岸高程435 m平洞	下游排	Ⅰ	16	1 561.19	546.1	5.49
		Ⅱ	16	1 420.22	373.6	2.84
		Ⅲ	32	2 956.50	106.1	1.48
	上游排	Ⅰ	15	626.38	154.3	1.96
		Ⅱ	15	655.32	124.3	1.64
		Ⅲ	30	1 310.64	50.6	1.16
右岸高程500 m平洞	下游排	Ⅰ	55	3 500.38	489.3	5.69
		Ⅱ	54	3 268.61	274.1	4.54
		Ⅲ	108	6 543.29	97.2	1.77
	上游排	Ⅰ	22	1 146.93	182.1	2.36
		Ⅱ	22	1 161.72	147.0	2.33
		Ⅲ	45	2 351.55	85.3	0.87
左岸高程570 m平洞	下游排	Ⅰ	50	3 591.88	553.6	4.93
		Ⅱ	48	3 452.81	255.6	1.76
		Ⅲ	96	6 910.64	57.5	0.52
	上游排	Ⅰ	15	777.50	68.7	0.27
		Ⅱ	15	818.41	79.4	0.22
		Ⅲ	30	1 617.41	23.0	0.31
左岸高程640 m平洞	下游排	Ⅰ	48	3 379.61	1 674.50	43.75
		Ⅱ	47	3 391.19	799.08	20.84
		Ⅲ	95	6 711.41	643.41	16.36
	上游排	Ⅰ	46	3 029.58	551.05	8.13
		Ⅱ	46	2 902.37	408.64	5.36
		Ⅲ	87	5 665.51	289.57	4.0
左岸坝肩压浆板及1号~10号坝段	下游排	Ⅰ	24	1 208.04	398.2	5.56
		Ⅱ	24	1 103.79	263.4	7.22
		Ⅲ	52	2 616.66	160.3	3.7
	上游排	Ⅰ	25	1 104.66	211.0	3.44
		Ⅱ	26	1 127.44	139.3	3.07
		Ⅲ	52	2 273.03	90.7	2.43
合计			1 256	78 184.67	360.2	

表4　右岸帷幕灌浆主要成果

部位	排序	灌浆次序	孔数	灌浆段长	单位注入量(kg/m)	平均透水率(Lu)
右岸高程415 m灌浆平洞	下游排	Ⅰ	26	2 031.37	477.6	16.37
		Ⅱ	27	2 005.02	320.0	3.68
		Ⅲ	52	3 481.13	149.5	1.71
	上游排	Ⅰ	26	1 319.14	195.3	1.89
		Ⅱ	26	1 287.26	147.7	1.56
		Ⅲ	53	2 666.28	42.7	0.80
		补	19	1 672.90	14.5	0.28
右岸高程465 m灌浆平洞	下游排	Ⅰ	103	7 502.97	456.3	4.01
		Ⅱ	103	7 241.64	294.4	2.80
		Ⅲ	207	14 334.55	153.8	1.36
	上游排	Ⅰ	89	6 439.39	213.7	1.63
		Ⅱ	89	6 383.51	154.9	1.34
		Ⅲ	175	12 688.38	85.6	1.08
右岸高程520 m灌浆平洞	下游排	Ⅰ	109	6 695.03	794.4	7.86
		Ⅱ	109	6 624.94	488.6	3.45
		Ⅲ	218	13 207.57	273.1	2.38
	上游排	Ⅰ	83	4 953.80	253.6	2.39
		Ⅱ	84	5 014.30	160.5	2.13
		Ⅲ	165	9 856.04	74.7	1.49
右岸高程590 m灌浆平洞	下游排	Ⅰ	110	8 138.32	696.3	7.58
		Ⅱ	108	8 072.07	482.9	5.11
		Ⅲ	216	16 146.22	292.7	3.70
	上游排	Ⅰ	77	5 939.40	358.1	3.68
		Ⅱ	79	6 092.42	271.3	3.18
		Ⅲ	156	12 031.26	166.0	2.46
右岸高程640 m灌浆平洞	下游排	Ⅰ	92	3 974.86	1 315.4	27.83
		Ⅱ	91	3 944.63	798.9	10.47
		Ⅲ	184	7 932.90	601.2	6.55
	上游排	Ⅰ	42	2 031.76	492.8	4.66
		Ⅱ	42	2 037.15	332.5	3.29
		Ⅲ	83	4 022.88	197.6	2.29

续表 4

部位	排序	灌浆次序	孔数	灌浆段长	单位注入量(kg/m)	平均透水率(Lu)
11 号~27 号坝段及右岸压浆板	下游排	Ⅰ	43	3 562.19	416.3	4.54
		Ⅱ	46	3 555.69	343.5	3.59
		Ⅲ	90	7 043.74	178.9	2.11
	上游排	Ⅰ	45	2 354.73	178.7	1.94
		Ⅱ	44	2 428.89	112.0	1.34
		Ⅲ	91	4 810.24	62.8	1.05
合计			3 402	219 524.57	12 048.8	—

5.2　帷幕灌浆质量检查

帷幕灌浆检查孔共 913 个，压水段数 7 903 段，透水率情况、各部位防渗标准、压水试验合格率如表 5 所示，均满足设计要求。

表 5　帷幕灌浆检查孔压水情况表

部位	检查孔数	压水段数	透水率分布(Lu)(区间段数/频率%)			透水率最大值(Lu)	防渗标准(Lu)	合格率(%)
			≤1.0	1~3	>3			
左岸高程 435 m 平洞	15	146	146/100	0/0	0/0	0.6	1	100
左岸高程 500 m 双排段	21	284	284/100	0/0	0/0	0.96	1	100
左岸高程 500 m 单排段	18	227	217/95.6	10/4.4	0/0	1.74	3	100
左岸高程 570 m 双排段	19	288	288/100	0/0	0/0	0.98	1	100
左岸高程 570 m 单排段	18	266	214/80.5	52/19.5	0/0	2.50	3	100
左岸高程 640 m 双排段	11	172	167/97.1	3/1.7	2/1.2	10.38	1	97
左岸高程 640 m 单排段	19	274	120/43.8	154/56.2	0/0	2.64	3	100
右岸高程 415 m 平洞	19	293	293/100	0/0	0/0	0.78	1	100
右岸高程 465 m 双排段	57	839	838/99.9	1/0.1	0/0	2.58	1	99.9
右岸高程 465 m 单排段	36	593	349/58.6	244/41.4	0/0	2.10	3	100
右岸高程 520 m 双排段	60	755	754/99.9	1/0.1	0/0	2.04	1	99.9
右岸高程 520 m 单排段	38	459	451/98.3	8/0.7	0/0	1.40	3	100
右岸高程 590 m 双排段	43	685	685/100	0/0	0/0	0.94	1	100
右岸高程 590 m 单排段	36	560	353/63.0	206/36.8	1/0.2	3.88	3	99.8
右岸高程 640 m 双排段	41	434	434/100	0/0	0/0	0.94	1	100
右岸高程 640 m 单排段	26	225	167/74.2	56/24.9	2/0.9	3.24	3	99.1
左岸压浆板及 1~10 坝段	25	245	245/100	0/0	0/0	0.98	1	100

续表 5

部位	检查孔数	压水段数	透水率分布(Lu)(区间段数/频率%)			透水率最大值(Lu)	防渗标准(Lu)	合格率(%)
			≤1.0	1~3	>3			
11~27 坝段及右岸压浆板	42	682	681/99.9	0/0	1/0.1	5.80	1	99.9
右岸高程 415 m 衔接	22	25	25/100	0/0	0/0	0.76	1	100
右岸高程 465 m 衔接双排	67	71	71/100	0/0	0/0	0.82	1	100
右岸高程 465 m 衔接单排	16	16	14/87.5	2/12.5	0/0	1.93	3	100
右岸高程 520 m 衔接双排	58	58	58/100	0/0	0/0	0.90	1	100
右岸高程 520 m 衔接单排	25	40	40/100	0/0	0/0	2.12	3	100
右岸高程 590 m 衔接双排	54	54	54/100	0/0	0/0	0.84	1	100
右岸高程 590 m 衔接单排	28	28	19/67.9	9/32.1	0/0	1.74	3	100
泄洪洞帷幕	3	35	35/100	0/0	0/0	0.16	1	100
2 号导流洞帷幕	6	45	45/100	0/0	0/0	0.78	1	100
左岸高程 435 m 衔接双排	13	16	16/100	0/0	0/0	0.32	1	100
左岸高程 500 m 衔接双排	30	30	30/100	0/0	0/0	0.78	1	100
左岸高程 500 m 衔接单排	10	10	9/90	1/10	0/0	1.02	3	100
左岸高程 570 m 衔接双排	20	31	31/100	0/0	0/0	0.8	1	100
左岸高程 570 m 衔接单排	17	17	17/100	0/0	0/0	0.52	3	100

6 结　语

构皮滩水电站坝址处于喀斯特岩溶地区，工程地质和水文地质条件复杂，通过制定合理的帷幕灌浆技术参数、严格施工质量控制、突出特殊情况的针对性分析和研究，岩溶高度发育带来的复杂问题能够得到有效解决。投入运行近五年，水工建筑物稳定运行，各项安全监测指标正常，2014 年 7 月中旬，乌江流域遭遇强降雨天气，出现持续洪水过程，入库洪峰达 16 900 m^3/s，达 20 年一遇洪水标准，库水位蓄至电站下闸蓄水以来最高水位 629.93 m，库水位 625 m 以上共历时 27 d，期间大坝基础廊道、各高程灌浆平洞渗流、渗压值均处于正常范围，构皮滩水电站成功经受住高水位考验是其防渗帷幕处理取得良好效果的有力验证，相关技术研究成果可供强岩溶地区类似工程参考和借鉴。

参考文献

[1] 向能武，陈文理，等. 构皮滩水电站 W_{24} 岩溶系统发育特征及工程处理[J]. 人民长江，2010(11)：12-15.
[2] 姚春雷，叶伟峰. 构皮滩水电站防渗排水设计. 人民长江[J]. 2006(3)：44-47.
[3] 刘加龙，徐年丰，等. 构皮滩水电站防渗帷幕线上典型岩溶及处理技术[J]. 人民长江，2011(11)：44-46.

盖下坝超薄拱坝优化设计总结

张喜武

（中水东北勘测设计研究有限责任公司　吉林　长春　130021）

摘要：盖下坝水电站大坝为国内最高的椭圆型混凝土双曲拱坝，厚高比0.106，亚洲同量级拱坝厚高比最小。设计过程中根据坝址区实际地形、地质条件，因地制宜进行拱坝体形优化、坝基开挖方式优化、泄洪消能系统及坝体构造等方面的设计优化，在设计中进行了大胆的尝试，为高山窄谷拱坝设计提供了参考。

关键词：双曲拱坝　坝头洞挖　柔性防渗　泄洪系统　泄洪功率　差动坎小差动坎

1　工程概况

盖下坝水电站位于重庆市云阳县和奉节县境内长江一级支流长滩河中上游河段，距下游长江入口处故陵镇约45 km，距云阳县城约72 km，水库总库容3.54亿 m^3，电站总装机容量132 MW，最大坝高160 m。大坝及泄水建筑物为一级建筑物，消能建筑物为三级建筑物，引水发电建筑物为三级建筑物。

2　拱坝布置

坝址区位于云阳县云峰乡盖下坝村下游约2 km的老鸦峡河段上，坝址两岸地形高耸陡峻，基岩裸露，呈狭窄的V型河谷，两岸谷坡坡度60°~85°，坡顶高程600~700 m，相对高差320~420 m，岩层走向与河流流向间夹角约50°~80°，与坝轴线近于平行，属典型的高山峡谷地形，拱坝下游立视见图1。

图1　拱坝下游照片

坝址区出露基岩主要为三叠系下统嘉陵江组第四段第一层中厚层—薄层状石灰岩夹泥质白云岩和角砾状灰岩。坝址区局部地段次级小褶皱发育，岩层产状为：走向基本垂直河流流向，倾向上游，偏左岸，倾角40°~65°。

枢纽布置由混凝土双曲拱坝及左岸引水发电系统组成。混凝土双曲拱坝包括溢流坝段、挡水坝段。最大坝高160.00 m（拱坝基本体形141 m），坝顶高程394.00 m，坝顶长153.2 m。溢流坝段布置在主河床上，两岸布置挡水坝段；泄水建筑物采用坝顶表孔跌流。泄洪表孔共3孔,每孔宽12.00 m,堰顶高程379.00 m,坝下布置水垫塘,水垫塘长181.00 m,底宽20.00 m。

3　设计优化

3.1　拱坝体形优化

拱坝体形设计采用"拱坝体形优化程序(ADASO)"初选体形,并经过坝肩抗滑稳定复核计算确定体形。经优化,选定的拱坝体形为椭圆拱圈双曲拱坝。拱坝基本体形混凝土方量为19.7万m^3,拱坝体形优化成果得到中国工程院朱伯芳院士认可,并为本工程题词"最薄高拱坝"(2012年6月27日),拱坝及水垫塘剖面图见图2,拱坝基本体形特征参数见表1。坝体最大高度160 m,垫座高度19 m,拱坝基本体形最大坝高141 m,厚高比0.106。混凝土垫座顶高程为253 m,最低建基高程为234 m。通过减小顶拱中心角减少了左坝头洞挖跨度,降低了对左坝头上部山体的扰动;减小了拱圈中心角,尽最大可能实现拱坝的扁平,减小拱端向下游侧推力,使拱端推力合力方向尽可能推向两岸山体,有利于坝肩稳定。

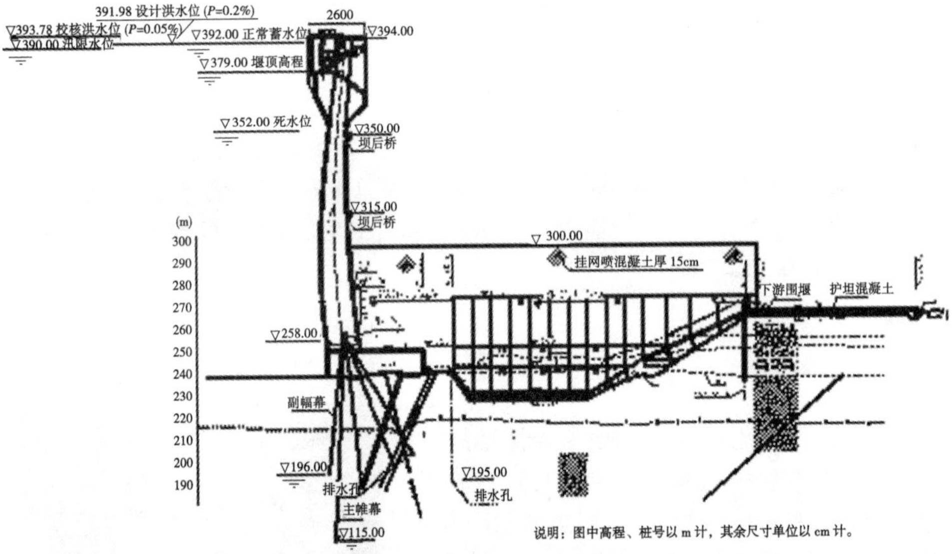

图2　拱坝及水垫塘布置图(1∶500)

表1　拱坝基本体形特征参数

项目	参数值
坝顶高程(m)	394
最大坝高(m)	141
顶拱上游面弧长(m)	153.2
坝顶中心线弧长(m)	148.15
坝顶中心线弦长(m)	132.54
拱冠梁顶宽(m)	6
拱冠梁底宽(m)	14.962

续表 1

项目	参数值
顶厚/底厚(拱冠梁)	0.4
最大拱端厚度(m)	22.958(295 m 高程左拱端)
坝体弧高比	1.087
坝体厚高比	0.106
最大半中心角(°)	45.509(355 m 高程右拱端)
最大中心角(°)	89.157(335 m 高程)
顶拱中心角(°)	83.626
坝体柔度系数	10.34
坝体体积(m^3)	19.7×10^4

3.2 开挖方式优化

坝址区呈狭窄的 V 型河谷,坝址处无阶地。设计正常蓄水位 392 m,谷宽 100 ~ 120 m。坝址两岸地形高耸陡峻,基岩裸露,两岸谷坡坡度 60° ~ 80°,山体高程 600 ~ 700 m,相对高差 150 ~ 300 m,岩层走向与河流流向间夹角 50° ~ 80°,与坝轴线近于平行。

由于左岸坝头为掏槽开挖型式,通过体形调整,减小了拱坝顶拱中心角,进而减小了拱坝坝头洞挖的跨度,改善了左坝头洞挖受力条件,对山体稳定是有利的。本工程左岸洞挖方案,在国内类似工程中首次尝试。苏联托克托古尔坝曾尝试类似设计方案,但在开挖后山体崩塌,未能形成坝肩,最后被迫修改了坝型[1]。由于优化设计过程减小了坝顶中心角,左坝头洞挖跨度减小约 20%,为左岸坝头及坝肩开挖成“洞”创造了有利的条件,左坝开挖过程后效果见图 3。

图 3　左坝头洞挖后照片

拱肩槽采用全径向掏槽开挖、左坝头洞挖方案属国内首创,国际先进。此开挖方案较常规大开挖方案减少开挖量 220 万 m^3,大大减少了开挖量和高边坡支护工程量,减少了弃渣量,减少了土地资源的占用,避免了坝顶以上高边坡的开挖和支护,降低了施工难度,规避了施工风险,最大程度上减小了对原生态环境的影响。

3.3 坝体结构设计优化

3.3.1 基础无盖重固结灌浆

本工程拱坝两岸岸坡陡峭,常规盖重固结灌浆无法实施,设计过程中坝基深部固结采用无盖重固结灌浆,接触段岩体进行埋设固结灌浆管,在坝体浇筑后实施分期固结。固结灌浆孔深 9 m,表部 3 m 范围内固结灌浆管引至下游,坝体浇筑后,接触段岩体进行埋管二次固结灌浆,实践证明固结灌浆效果良好。

3.3.2　取消坝体排水孔及排水廊道

由于本工程无冰冻问题，且属于超薄拱坝，取消了坝体排水孔，进而取消了坝体排水廊道，节省了直接投资，更重要的是大大节省了施工工期，减少了施工干扰，便于混凝土入仓、平仓、震捣，对于保证混凝土浇筑质量是有益的。此项设计优化在国内同级工程建设中也是大胆尝试，并取得了良好效果。

3.3.3　拱坝垫座优化

根据地质资料，左岸坝肩有 F_3 断层，F_3 断层在 250～325 m 高程近似垂直于拱推力方向，但其在 295 m 高程已出露于上游拱间槽，275 m 高程处 F_3 断层在左坝肩出露，但在拱肩槽开挖时挖除。在 253 m 高程以下设置基础混凝土垫座填塞，其拱肩稳定的影响范围只在 253～275 m 高程，即 F_3 断层本身的产状与混凝土垫座的存在，两者限制了其对坝肩稳定的不利影响；岩石层面倾角 50°～70°，为陡倾，同时由于拱间槽的开挖将其挖断，使其不能与 F_3 断层构成影响拱肩稳定的完整的典型滑块。

根据开挖后的实际地质情况对盖下拱坝垫座结构进行调整，将原设计台阶开挖方案调整为顺势清基，按开挖后的实际地形，调整垫座模型进行有限元仿真模拟。最初设计垫座上游伸出坝体上游面 10 m，后采用有限元仿真模拟垫座从 10 m、5 m、3 m、0 m 四种方案分析垫座稳定、应力和变形情况。

在正常蓄水位温降情况下，垫座的安全系数由 6.10 逐渐减小到 3.63，垫座的最大横河向位移和最大顺河向位移，随着垫座的不断减短的情况下，是逐渐增大的，说明随着垫座的减短，垫座变形逐渐增大，对垫座稳定不利，但安全系数均满足规范大于 3.5 的要求。

垫座上游面与坝体基本一齐，这样上游面的第一主拉应力得到了很好地释放，消除了一部分应力集中的影响；随着垫座伸出上游不断减短的情况下，最大第三主应力逐渐减小。

坝体底部的第一主应力逐渐减小，坝体底部的第三主应力逐渐增大。随着垫座的减短，坝底应力集中范围变小，且应力集中的部位由原先的坝底 253 m 高程往坝体下部垫座基面扩散，而坝体上其他部位的第一主应力基本不变，第三主应力也基本不变。由此，可以说明垫座减短，坝体应力集中范围减小，应力集中部位出现在垫座基面，拉力区范围较小。四种工况下垫座上游的最大等效应力均小于规范要求。

3.3.4　坝体上游增设柔性防渗涂层

（1）本工程在技施阶段取消了坝体排水孔，对于提高混凝土浇筑质量，加快浇筑进度是有好处的，然而取消坝体排水孔，坝体内渗透压力势必有增大趋势，提高混凝土抗渗性能对减少坝体渗透压力进而减小水力劈裂是有好处的。提高混凝土抗渗性能的常规办法是增加混凝土水泥用量，但增加水泥用量导致混凝土水化热增加，加大了温度控制成本和难度，且效果不理想。坝体上游面喷涂柔性防渗材料解决了在不增加混凝土中水泥用量的前提下，提高坝体防渗性能的矛盾，喷涂聚脲施工见图 4。

（2）本工程取消了坝体排水廊道，保留了基础灌浆廊道，由于坝体较薄，为了尽量减少扬压力对坝肩稳定的影响，基础灌浆廊道距离大坝上游面较近。所以采取一定的防护措施提高混凝土抗渗能力对保证混凝土耐久性，减少裂缝产生和开展是有宜的。

（3）大坝施工中产生的裂缝大多是坝体内外温差引起的表面裂缝或水平施工缝张开，而混凝土坝上游面的表面裂缝，有在蓄水之后发展为深层裂缝的可能，如美国德沃夏克坝和加拿大雷沃斯托克坝的情况[2]。所以混凝土坝的保温、防裂、防渗等一系列问题是相互关

图4　拱坝上游喷涂聚脲

联的，也是人们极为关心的问题。本工程原计划坝体上游防渗与施工期保温结合，同步进行，后由于施工进度问题分布实施。

（4）拱坝施工过程中温度控制要求严格，温控、养护措施落实不到位，混凝土在施工期极易出现细微裂缝，而这种裂缝在蓄水后在水力劈裂的作用下有进一步开展的可能，由微裂缝发展成规模比较大的裂缝，影响坝体整体性、耐久性，甚至影响工程的正常使用，这在混凝土坝施工中也是经常出现的问题。大坝上游柔性防渗涂层有效地限制了细微裂缝进一步开展，有效弥补了混凝土脆性材料抗裂性能差的不足。

（5）坝体施工过程中分层浇筑，水平施工缝处理不当会出现沿水平施工缝的渗漏通道，由于混凝土入仓机械故障、送电线路故障、天气原因等各方面因素，施工冷缝在施工过程中也很难完全避免，这都是很多工程建设过程中出现的施工质量缺陷，给坝体蓄水后的渗漏埋下了隐患，而且处理难度极大，处理成本较高。坝体上游面柔性防渗涂层的设置可有效地对水平施工缝及施工冷缝等质量缺陷进行补救，截断层间渗漏通道，避免蓄水后处理混凝土浇筑质量缺陷带来的坝体渗漏的难题。

（6）在运行期，坝体一旦出现裂缝，在高水头下进行裂缝修补难度大、代价高，这也是水工界的共识。借鉴碾压混凝土坝上游面薄膜防渗的经验，在高拱坝上游面设置柔性防渗体系，可以防止高拱坝运行期微裂缝开展，减少或避免水下裂缝修补加固，为工程的运行、维护创造有利条件，降低了运行维护成本。

图5　泄洪消能系统

3.4　泄洪、消能系统优化

在宣泄100年一遇洪水时，消能塘内水面宽度仅为48～51 m、长约150 m，水垫深度不足30 m。而100年一遇洪水泄洪功率为3 235 MW，单位水体承受的泄洪功率达到20.2 kW/m^3，与国内外其他工程相比泄流量偏大，消能塘偏小，如此大的泄洪功率相对窄小的水垫塘使消能防冲问题极为突出。与国内和国际代表性拱坝工程泄洪系统比较，盖下坝水电站泄洪消能系统布置型式先进，单位水体消能率国内同类工程最大，泄洪消能系统见图5。

表孔末端的挑流体形是消能的关键，利用双层差动小挑坎分散水流，适当调整中间孔、右孔差动坎高度，让水舌分区分层入水，纵向拉开，减少入水单宽流量、分散消能，尽可能减小水垫塘底板受力。

对于盖下坝工程，河谷狭窄，泄洪功率偏大、坝下游消能水体有限，因河道狭窄加之拱坝各孔射流向心集中的作用，要实现水舌横向、纵向有较大的扩散，仅仅依靠单层差动坎来解决坝下游水垫塘消能问题则很困难。

本工程采用在差动坎上再叠加小差动坎的双层差动坎措施，使表孔末端出口水股分三层出流、水舌在横向适当地分散充满河道，纵向拉开，使水舌入水范围增大，入水单宽流量减小。小差动坎的挑流导向作用使射流集中强度减小；水舌空中发生交叉碰撞，在入水前损耗部分能量，有效地减小了下泄水流对水垫塘底板的冲击荷载与脉动荷载，提高了消能效果，使底板最大动水冲击压力 ΔP 满足规范和设计要求。差动坎上再叠加小差动坎的布置型式新颖，消能效果较好[3]。

4　结　语

本工程设计过程中充分考虑了实际地形、地质条件，从拱坝体形、开挖方式、拱坝构造、运行维护及消能防冲等方面综合考虑，进行了设计优化。实现了节省工程量，缩短工期，改善坝肩受力条件、

减少坝体开挖量、弃渣量、减少土地资源占用，降低对原生态环境的破坏和影响，解决了高山窄谷拱坝泄洪消能设备布置的难题，结构设计在满足规范要求前提下，方便施工和运行维护，为类似工程设计提供了参考。截至发稿，大坝已经蓄水发电两年，蓄水高度基本达到正常高水位 392.0 m(最高达到 391.49 m)，监测成果变化量相对平稳，大坝监测无明显异常测值，横缝开度变化趋于平稳，坝体应力状态正常，变形量小于设计值；坝体混凝土与基岩面接触总体良好；垫座混凝土接缝开度较小且变化基本趋于平稳；垫座与坝体间接缝处于压缩状。坝基下游则无明显渗压，坝基变形较小，大坝蓄水后上游照片见图6。

图6　蓄水后拱坝上游照片

参考文献

[1] 李瓒,陈兴华,郑建波,等.混凝土拱坝设计[M].北京:中国电力出版社,2000.
[2] 朱伯芳,高季章,陈祖煜,等.拱坝设计与研究[M].北京:中国水利水电出版社,2002.
[3] 陈坤孝,冯继军,戴旭东,等.盖下坝水电站工程拱坝技术研究与应用[M].北京:中国水利水电出版社,2012.

碾压混凝土高拱坝防裂技术综述

崔 进 陈毅峰 谭建军

（中国电建集团贵阳勘测设计研究院有限公司 贵州 贵阳 550081）

摘要：本文主要总结介绍碾压混凝土高拱坝在防裂结构、原材料选择、温度控制、接缝灌浆等方面防裂技术的发展过程、控制重点及难点、发展研究方向等。

关键词：碾压混凝土拱坝 防裂技术 防裂结构 抗裂性能指标 温度控制 接缝灌浆

1 概 述

碾压混凝土拱坝筑坝技术应用始于20世纪80年代初，1988年、1990年南非首先分别建成了尼尔浦特(Knellpoort)、沃尔韦登斯(Wolwedans)碾压混凝土重力拱坝。我国1990年开展了《碾压混凝土拱坝筑坝技术研究之普定碾压混凝土拱坝筑坝新技术研究》课题，被列入“八五”国家重点科技攻关项目，于1994年建成了当时世界上最高的贵州普定水电站碾压混凝土重力拱坝，坝高75 m，开创了我国碾压混凝土拱坝筑坝的先河。

通过普定碾压混凝土拱坝的实施经验和国家“八五”、“九五”科技攻关一系列科研成果的取得，先后建成了甘肃龙首（坝高80 m）、新疆石门子（坝高110 m）、湖北招徕河（坝高107 m）、陕西蔺河口（坝高96.5 m）、贵州大花水（坝高132 m）、四川沙牌（坝高122 m）等工程，目前在建的还有贵州善泥坡、四川立洲、湖北青龙、牛栏江象鼻岭、北盘江万家口子等碾压混凝土高拱坝。经过20多年设计、科研、施工和管理等方面人员的不断研究、实践和改进创新，碾压混凝土拱坝发展成为一种技术成熟、经济优越、施工快速、节能环保的筑坝技术，为我国水电建设乃至国民经济做出了卓越的贡献。

碾压混凝土拱坝防裂问题从碾压混凝土在拱坝上应用之初就得到高度重视，因为拱坝为大体积混凝土结构，受温度应力、基础约束、施工条件、外界环境等影响，会在坝体和表面产生裂缝，这些裂缝产生位置、产生时间、发展情况，不但不易预测，且往往难以控制和补救。坝体开裂将直接影响拱坝整体性传力，从而影响坝体安全。因此，碾压混凝土拱坝的防裂技术研究有着重大意义。本文结合设计与施工过程中的每个环节，综述碾压混凝土高拱坝在原材料选择、防裂结构、温度控制等方面防裂技术的发展过程、控制难点及重点、发展研究方向等。

2 碾压混凝土拱坝防裂结构

碾压混凝土拱坝防裂结构首先是合理的体型、合理的混凝土分区等，但最重要的是对坝体分缝的设置，一般来说在坝体布置横缝、诱导缝、周边缝等。

2.1 诱导缝、横缝的结构型式

诱导缝的设置原理类似“邮票孔”，引导应力在诱导缝部位释放，靠其本身对其所受拉应力的放大来使坝体形成缝。

我国的碾压混凝土拱坝诱导缝、横缝成缝模式主要经历了两次演变："普定模式"以及"沙牌模式"。普定拱坝诱导缝是采用两块对接的多孔混凝土成缝板，如图1所示，成缝板事先预制，成缝方式是在埋设层碾压混凝土施工完成后，挖沟掏槽埋设多孔混凝土成缝板，这种施工方法对仓面的干扰相对较大，不利于碾压混凝土快速施工技术优势的发挥。在沙牌拱坝中对其进行了改进，如图2所示，诱导缝结构采用预制混凝土重力式模板组装形成，优点是既保留了"普定"模式防裂效果，又先安装再碾压施工，大大降低了施工干扰。目前，国内大部分碾压混凝土拱坝工程都在采用经过改进后的"沙牌模式"，只是在细部结构上作局部调整。

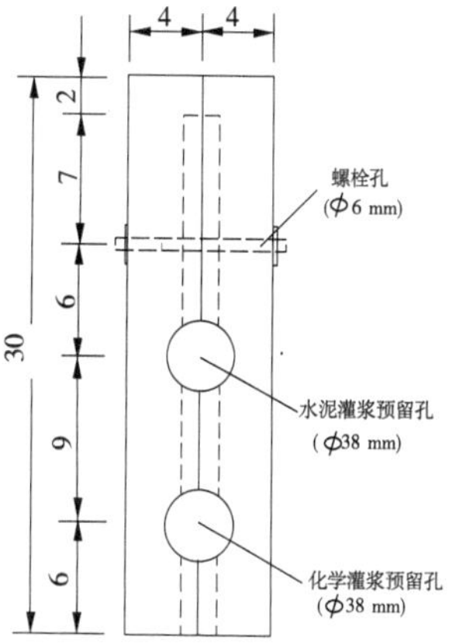

图1　普定预制诱导板图　（单位：cm）

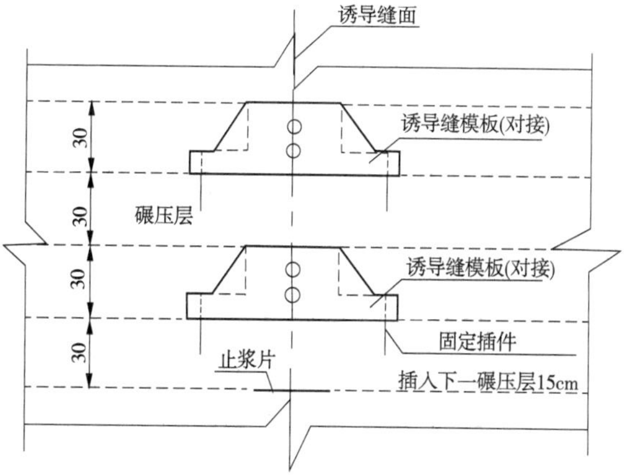

图2　沙牌诱导缝预制块图　（单位：cm）

2.2　诱导缝缝面结构布置

诱导缝总是造成断面削弱，但削弱多少为宜也是一个问题，过少则可能释放不了多少应力，过多则将影响坝体的整体安全性。从国内外已有资料来看，削弱面积为1/6～1/3。大花水碾压混凝土拱坝诱导缝测缝计监测资料显示均有不同程度张开，而诱导缝附近未发现裂缝，证明诱导缝作用效果较好。

2.3　缝布置或组合布置型式

对于碾压混凝土拱坝，横缝、诱导缝的布置通常都放在一起讨论，利用各自不同的构造特点，起着协同防裂的效果。拱坝横缝的间距通常指相邻两横缝间沿坝轴线方向的弧段长度，一般认为缝距越小，其防止坝体发生不规则开裂的效果越好，但横缝过多将会造成施工难度加大，坝体整体受破坏，因此横缝间距的选取需要综合考虑各种因素，并经数值分析验证。在初步选取时目前最有效的办法是采用工程类比法。南非的 Knellpoort 坝和 Wolwedans 是世界上第一座和第二座碾压混凝土拱坝，由于设计者难以对坝体的应力变化分布及坝体开裂情况进行准确的认识，所以慎重的选择了"密间距诱导缝"方案，即在拱坝上下游沿轴线方向每10 m左右设置了诱导缝，以期有组织的开裂消散坝体内温度应力。

从表1的国内部分已建碾压混凝土拱坝分缝来看，最大分缝段长度均较长，大部分在30～80 m。

表 1　国内部分已建碾压混凝土拱坝分缝特性

工程名称	所属省份	最大坝高(m)	坝顶弧长(m)	分缝条数	分缝型式	最大分缝段长度(m)
溪柄	福建	63	93	5	5 条应力释放短缝	
普定	贵州	75.0	195.65	4	2 条诱导缝 +2 条横缝	80
温泉堡	河北	48.0	187.87	5	2 条诱导缝 +3 条横缝	34.4
龙首	甘肃	80.0	140.8	4	2 条诱导缝 +2 条横缝	65.4
沙牌	四川	130.0	250.3	4	2 条诱导缝 +2 条横缝	69.7
石门子	新疆	109.0	169.3	4	4 条应力短缝 +1 横缝	80.0
蔺河口	陕西	96.5	311.0	8	5 条诱导缝 +3 条横缝	49.33
招徕河	湖北	107.0	198.05	4	4 条诱导缝	76.98
大花水	贵州	134.5	198.43	4	2 条诱导缝 +2 条周边缝	85.0
三江口	重庆	70.0	234.46	4	4 条诱导缝	56.0
威后	广西	77.0	271.31	4	2 条诱导缝 +2 条横缝	61.68
象鼻岭	贵州	141.50	444.56	6	2 条诱导缝 +4 条横缝	86.0
善泥坡	贵州	110.00	204.29	5	5 条诱导缝 +2 条周边缝	86.99
万家口子	云南	167.50	423.12	8	2 条横缝 +6 条诱导缝	83.0

根据工程实践，碾压混凝土拱坝横缝、诱导缝的间距不宜过大，即使从理论上计算分析，采用较大的横缝、诱导缝间距仍能满足拱坝的应力要求，但需要建立在对温控措施予以严格控制的基础上，一旦在温控措施实施上稍有疏忽，或者遇到不利气候条件，将会造成坝体开裂，而为了降低坝体开裂带来的安全隐患，往往将付出较大的代价。所以笔者建议在坝体有条件布置条件下，诱导缝间距控制在 30 ~ 50 m 为宜，横缝间距可放宽 60 ~ 80 m。另外，横缝、诱导缝的间距还需充分考虑拱坝基础形状（如岸坡陡缓程度）的基础约束情况，所以对于碾压混凝土高拱坝更是要采取全过程三维仿真研究，结合施工期碾压混凝土防裂、运行期坝体应力等确定分缝布置、缝面结构型式（诱导缝还是横缝；诱导缝削弱面积比；径向扭曲缝还是竖向垂直缝等）。

2.4　缝剖面型式

一般横缝（诱导缝）在剖面上布置有控制高程的径向扭曲缝和以某一高程径向的竖向垂直缝两种办法，目前在一些应用径向扭曲缝的工程出现施工期开裂在诱导缝周边产生的情况，有研究人员提出径向扭曲缝不利于沿缝有规律张开造成，这需要进一步研究或工程实践论证。

3　碾压混凝土原材料选择的防裂要求

3.1　影响碾压混凝土抗裂性能的参数

(1)物理力学性能:主要有抗拉强度和抗压弹模。混凝土的抗拉强度值越高抗裂能力越好;而混凝土的弹模值越低,其抗裂能力越好,弹模值越高表明混凝土的脆性大,其抗裂能力差。

(2)热学性能:主要有热膨胀系数和绝热温升。混凝土的热膨胀系数越低其抗裂性能越好。混凝土的绝热温升值越低,表明混凝土的抗裂性能越好。

(3)变形性能:主要有极限拉伸值、自生体积变形、徐变。混凝土的极限拉伸值越大其抗裂性能越好。混凝土的自生体积变形有膨胀也有收缩,当自变为膨胀时,可补偿因温降产生的收缩变形,这对混凝土抗裂性有利;当自变为收缩变形时对混凝土抗裂不利。混凝土徐变愈大,应力松弛也大,对混凝土抗裂性能有利。

3.2　影响碾压混凝土抗裂能力的原材料及配合比

从原材料方面考虑,影响碾压混凝土抗裂性能的主要有以下几种:

(1)水泥,主要为水泥的 MgO 含量,由于 MgO 的水化热水化反应产物 $Mg(OH)_2$ 的体积比原来的大数倍,混凝土的体积会缓慢膨胀。为此,在水泥一般选用水泥熟料中 MgO 的含量大于 2% 的,可利用水泥熟料中的 MgO 达到补偿部分温降收缩的目的。

(2)选用热膨胀系数小的骨料,骨料重量占混凝土重量的 80% 以上,骨料的热膨胀系数决定了混凝土的热膨胀系数。碾压混凝土采用的骨料种类主要有灰岩、白云岩、花岗岩、玄武岩、砂岩、天然骨料等代表性岩石,骨料的岩性及矿物成分不同,其热膨胀系数差别很大,例如很纯的灰岩拌制的混凝土,混凝土的热膨胀系数只有 5×10^{-6}/℃左右,而由花岗岩、玄武岩、砂岩、天然骨料等拌制的混凝土,其热膨胀系数可达 10×10^{-6}/℃左右,在相同的温度变幅的条件下,灰岩混凝土的温度应力将比石英岩或石英砂岩混凝土的小 50%,对混凝土的抗裂性能有利。

表 2 为国内几个碾压混凝土拱坝的三级配碾压混凝土的抗裂性能相关指标。

表 2　国内部分工程碾压混凝土抗裂性能相关指标

工程名称	地点	抗压强度(90d)(MPa)	抗拉强度(90d)(MPa)	极限拉伸值(90d)($\times10^{-6}$)	抗压弹模(90d)(GPa)	自生体积变形(90d)($\times10^{-6}$)	热膨胀系数(90d)($\times10^{-6}$/℃)	说明
石门子	新疆	27.9	2.35	78	29.8	32	10.2	掺膨胀剂、天然骨料
龙首	甘肃	27.1	2.20	76	28.8	40	10.5	掺 MgO、天然骨料
大花水	贵州	29.5	2.40	86	35.8	-10.6	5.45	灰岩
善泥坡	贵州	31.6	2.38	84	38.3	-11.2	5.63	
立洲	四川	33.9	2.50	87	35.6	-12.8	5.62	
象鼻岭	贵州	29.2	2.52	74	33.1	-13.2	7.2	玄武岩

4　碾压混凝土拱坝温度控制

固然有很好碾压混凝土防裂结构、原材料热学及物理力学抗裂特性，如果不做好施工期坝体温度控制，仍然可能会产生较大温度应力从而引起坝体裂缝。所以要从原材料堆存、制冷系统控制出机口温度，在运输及入仓、浇筑环境等环节中防止温度倒灌控制浇筑温度，并后期开展通冷却水措施、坝面养护等进行降温控制坝体最高温度及内外、基础、上下温差，系统进行碾压混凝土拱坝的温度控制。本文主要介绍坝体温度控制标准、通冷却水控制两个方面。

4.1　温度控制标准选择

碾压混凝土拱坝温度控制标准一般来说沿用常态混凝土拱坝相关要求，分强约束区、弱约束区、其他分别控制内外温差、基础温差及上下温差，控制标准一般如下：

基础温差：10 ℃ ~ 18 ℃

内外温差：15 ℃ ~ 20 ℃

上下温差：18 ℃ ~ 20 ℃

实际上以上控制是沿用常态混凝土拱坝柱状浇筑的要求，对于碾压混凝土拱坝是较为粗放的，主要存在两个方向不足：

（1）没有考虑碾压混凝土拱坝诱导缝既释放应力又传递力特点；

（2）没有考虑施工期温度应力带入大坝下闸蓄水后运行期情况。

目前，国内一些科研高校、设计院已经结合某些工程采用了有限元三维仿真计算技术来复核施工期温度应力场，分析坝体抗裂能力，确定控制标准。但在考虑施工期温度荷载带入运行期情况还研究较少，所以笔者建议，碾压混凝土高拱坝应结合其坝体结构特点、气象特点、材料特性，开展全过程三维仿真分析，充分分析坝体在施工期、运行期坝体温度应力场以及坝体抗裂能力，选择满足施工期防裂、运行期合理温度荷载情况下的温度控制标准，乃至整个防裂措施，应作为工程技术人员下步重点研究的方向。

4.2　坝体通冷水措施

为了防止施工期碾压混凝土拱坝温差较大造成开裂、蓄水前降至封拱温度，一般分一期冷却、中期冷却、二期冷却进行混凝土冷却降温。一期、中期冷却作用为防止混凝土由于内外、基础基础温差而开裂，二期冷却作用主要是使坝体温度接缝灌浆到达设计封拱温度要求。

（1）一期通水在混凝土浇筑完成终凝之后进行，即可通天然河水进行冷却，水温与混凝土内监测温度差宜小于 20 ℃，进出水口每 12 h 交换一次，降温速率控制在 0.5 ℃/d 以内。通水时间持续 20 d 以上，并满足一期冷却温度要求，可根据埋设监测仪器测得的温度资料对通水时间作适当延长。

（2）中期通水冷却根据混凝土内部温度与未来预计气温差适当时候进行，通水持续时间根据坝内监测温度动态管理，降温速率控制在 0.3 ℃/d 以内。

（3）二期冷却在大坝蓄水前最后一个冬季进行，尽量安排在 11 月至次年 2 月进行，降温速率控制在 0.3 ℃/d 以内，达到设计封拱温度后进行封拱。

（4）冷却水管采用高密度聚乙烯 HDPE 管；要求具有较好的抗压性能及较大的导热系

数，导热系数≥1.6 kJ/(m·h·℃)，拉伸屈服应力≥20 MPa；纵向回缩率≤3%；液压环向应力：在20 ℃时，1 h内承受≥10 MPa应力不破裂、不渗漏；每根冷却水管长度不大于250 m。

(5)通冷却水流量控制在20~25 L/min，在水管出口设置流量计和闸阀，以控制通水流量。

5　碾压混凝土拱坝接缝灌浆

拱坝设计中均假定拱坝作为连续完整的构造承担各种荷载，在进行分缝后，坝体连续性被打断，因此通过灌浆使坝缝具有与坝体混凝土相等或接近的力学强度，保证坝缝具有必需的抗裂能力。

5.1　灌浆系统结构布置

碾压混凝土拱坝的接缝灌浆设计一般需要考虑重复灌浆。重复灌浆的实现其核心就是出浆盒的设计。出浆盒需满足灌浆管路内的水或浆液能在一定的压力下顺利流出，且不能使外面的水或浆液回流。

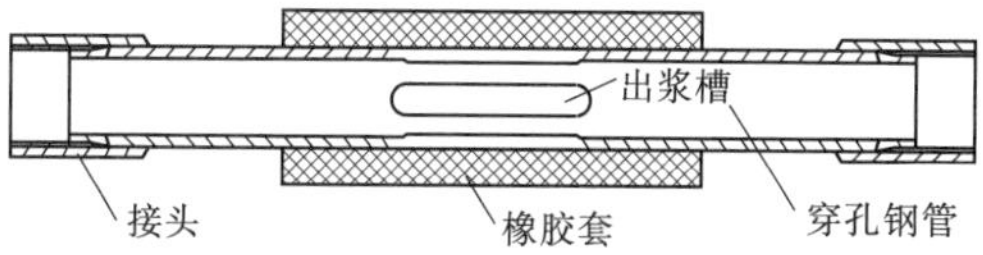

图3　出浆盒结构图

5.2　接缝灌浆时机

虽然碾压混凝土拱坝采用重复灌浆系统，但碾压混凝土拱坝的第一次封拱时机尤为重要，坝体温度越接近准稳定温度场，坝体的运行条件越好，毕竟第二次灌浆效果不确定影响因素较多(如灌浆系统老化或被破坏等)，所以灌浆第一次封拱灌浆应在坝体温度降低，满足设计要求后低温季节为宜。

5.3　灌浆材料及压力

灌浆材料是缝面能否保证与坝体连成整体的关键，材料应以水泥为主，如收缩缝张开度小于0.5 mm，一般采用超细水泥或环氧树脂浆液的化学材料灌浆。

灌浆压力的控制，一般要求在灌浆时坝体不产生超过相关规定的拉应力，可采取在相邻缝内通水平压、相邻缝区同时灌浆等措施，经验表明接缝灌浆压力宜选择0.3~0.8 MPa。

6　结　语

碾压混凝土拱坝从最初探索到发展到目前建设150 m高的水平，均得到高度重视，形成较为成熟的防裂综合方案，但仍然有些问题值得继续深入研究和探讨。总结如下：

(1)根据碾压混凝土拱坝建设的不同规模、气象特点、原材料特性、施工条件等因素，选择合理的防裂结构和温控设计标准，建议开展全过程三维仿真分析坝体温度、应力场后综合考虑确定，并应充分考虑坝体下闸蓄水后运行期的温度荷载对拱坝安全的影响。

(2)充分深入碾压混凝土不同岩性骨料、掺合料、配合比、外加剂等不同龄期情况下的防裂性能指标特点。

(3)结合碾压混凝土生产、运输、浇筑等特点，应采取原材料堆存及冷却、加冷水、遮阳措施、仓面小气候、养护等温度控制措施。

(4)根据碾压混凝土浇筑完成后经历季节温度、约束条件、施工条件、达到封拱温度条件等综合考虑采取相应冷却方案，应合理确定通水部位、开始时机、持续时间、通水流量、通水温度等参数。

(5)碾压混凝土拱坝下闸蓄水前，择机开展诱导缝、横缝等的封拱灌浆是非常必要的，应综合分析选择灌浆分区、灌浆压力等参数，并应结合缝的张开度选择灌浆材料。

特高拱坝谷幅缩窄成因及对大坝变形和应力的影响分析

刘有志[2]　张国新[1,2]　程　恒[1]　刘　毅[1,2]　李金桃[2]

(1. 中国水利水电科学研究院　流域水循环模拟与调控国家重点实验室　北京　100038；
2. 中国水利水电科学研究院　北京　100038)

摘要:基于国内多个特高拱坝谷幅、弦长变形监测资料,采用反馈仿真的手段,研究分析了导致特高拱坝施工及蓄水期出现谷幅和弦长缩窄的成因与机理,认为库盆水压导致河谷变窄的量值较为有限,基础开挖和蓄水对下部岩体扰动产生的蠕变变形是河谷收缩的一个主要原因,仿真反馈分析结果也证实了这一论断。最后以某特高拱坝为例,进一步分析了河谷收缩对大坝后期运行整体位移和应力的影响,并提出了要加强后期跟踪观测分析、扩大坝区和库区变形观测范围的建议。

关键词:高拱坝　谷幅缩窄　蓄水　变形　应力　工作性态

1　前　言

继国内首座200 m级以上的二滩拱坝建成后,目前我国的特高拱坝建设进入了一个新的阶段,小湾拱坝(295 m)已正常运行2年,溪洛渡(285.5 m)和锦屏一级(305 m)已接近正常蓄水位,大坝整体工程质量优良,表明我国特高拱坝设计与建设水平已实现里程碑式的跨越。

高拱坝建设取得成功的同时,也发现了一些新的现象,值得我们去思考,对于进一步修正和完善我们的设计规范、丰富设计思想与理念,也均会有较大的益处。比如上面提到的几座刚建成的特高拱坝在最高温度、悬壁高度、同冷区高度控制与设定、坝踵应力、库盆水压、后期温度回升等问题的认识都有过一个由浅入深的过程,这些问题在以往的工程建设中均未曾出现或者说并不突出,但对200 m级别以上的高拱坝可能起到不可忽视的作用。锦屏一级和溪洛渡两个拱坝均按全坝不高于27～29 ℃、同冷区高度为两个灌区进行控制,其悬臂高度均大大超过当前的规范要求60 m,最高达到83 m;小湾和溪洛渡拱坝施工期及蓄水后期均有明显的温度回升现象,溪洛渡后期温度回升幅度最大值达到10.9 ℃,且仍处于缓慢回升过程中。特高拱坝一般建于高山峡谷地区,拱座两岸边坡高且陡峭,地质作用及自重作用具有较高地应力,边坡开挖及蓄水对原已稳定的边坡形成扰动从而引起向下向内的蠕变变形,蓄水时由于库盘变形下沉也会导致水面以上两岸岩体向河床的变形,其结果会引起谷幅的缩窄,我国在建的几座特高拱坝都测出了不同程度谷幅缩窄的现象。

对于上述问题,朱伯芳[1]、张国新[2-3]、刘有志等在特高拱坝的温控标准、措施与方法等方面提出了系统的思路与方法,对于悬臂高度的控制,他们认为应综合考虑悬臂、自重和温

基金项目:973项目(2013CB036406,2013CB035904);十二五科技支撑项目(2013BAB06B02);中国水科院科研专项;流域水循环模拟与调控国家重点实验室科研专项。

度应力的组合应力进行控制；管俊峰[4]等也就高拱坝悬臂控制问题开展了相关的研究，认为需进行个性化控制；在温度回升问题，张国新等[5]提出双曲线模型，对混凝土后期温度回升内在原因和对大坝整体工作性态的影响进行了详细的阐述；孙明仁[6]也曾从水化反映的角度研究了大坝出现后期温度回升现象的原因，开展过这方面研究的还有黄耀英等[7]；对于坝踵应力问题，张国新、周秋景等[8-10]研究认为高拱坝设计有可能出现拉应力，但实际上坝踵处未必会出现拉应力，还有杨清平[11]、何侃[12]等学者也就坝踵应力问题开展了相关的研究。

对于施工和蓄水期的谷幅缩窄和弦长变短问题，目前还未见到相关的研究，本文基于几个典型特高拱坝的现场监测资料，研究分析导致特高拱坝出现谷幅和弦长缩短的可能原因和内在机理，并就这种现象对大坝整体变形和应力发展造成的可能影响进行探讨，为后继类似工程的建设与设计提供参考。

2　高拱坝谷幅弦长监测资料类比与变形成因分析

综合如表 1 所示的几个特高拱坝的谷幅和弦长方面的监测资料，可以看到 A 拱坝的变形，自大坝 2005 年河床开挖至今累计收缩位移达 97.43 mm；B 拱坝自 2012 年有观测资料起至 2014 年，累计谷幅变形最大达到 39.66 mm；C 拱坝的监测资料显示，坝顶高程以上及远坝区的下游谷幅测值均表明山体呈朝向河谷变形的趋势，最大累计谷幅收缩达 11.99 mm，其中蓄水期为 10 mm。

表 1　典型工程谷幅、弦长监测数据对比

工程编号	最大谷幅变形(mm)	蓄水期谷幅变化(mm)	蓄水期谷幅最大变化速率(mm/月)
A 拱坝	97.43	15	1.46
B 拱坝	39.66	39.66	2.25
C 拱坝	11.99	10	1

分析上述资料（如图 1 ~ 图 3 所示）可以发现，A 拱坝的谷幅缩短基本上随着开挖的进展而逐渐发展，表明基岩开挖后的卸荷扰动对此变形有直接影响，而蓄水后库盆水压的存在、库区渗流场的改变及坝基蠕变也将影响到谷幅的变化，从渗流作用角度来分析，水位以下受水压力作用，将往左右两岸扩展，水位以上岩体由于渗透力作用、卸荷及下部挤压作用则会使得上部岩体往河谷方向变形。B 拱坝开挖早期缺乏监测数据，但蓄水后坝体呈现持续往河谷收缩的趋势，鉴于河谷的收缩变形与蓄水过程并没有呈现明显的相关性，可以认为，基础开挖后左右两岸岩体卸荷作用、库盆水压、蓄水后的渗流作用将是促使谷幅出现变窄现象的主要因素。C 拱坝自开始施工以来的监测资料表明，坝顶高程以上及远坝区的下游谷幅测线测值均显示山体呈朝向河谷变形的趋势，表明基础开挖、大坝蓄水后的两岸基础受力变化均会影响到大坝河谷的变形趋势。

综合上述分析，认为导致大坝谷幅和弦长收窄变形，其主要原因是蓄水库盆水压荷载，开挖及蓄水扰动触发的基础蠕变荷载，使大坝开挖时就呈现整体往内收缩变形，大坝蓄水后，水位以下将往左右两岸变形，但水位以上仍以收窄变形为主。

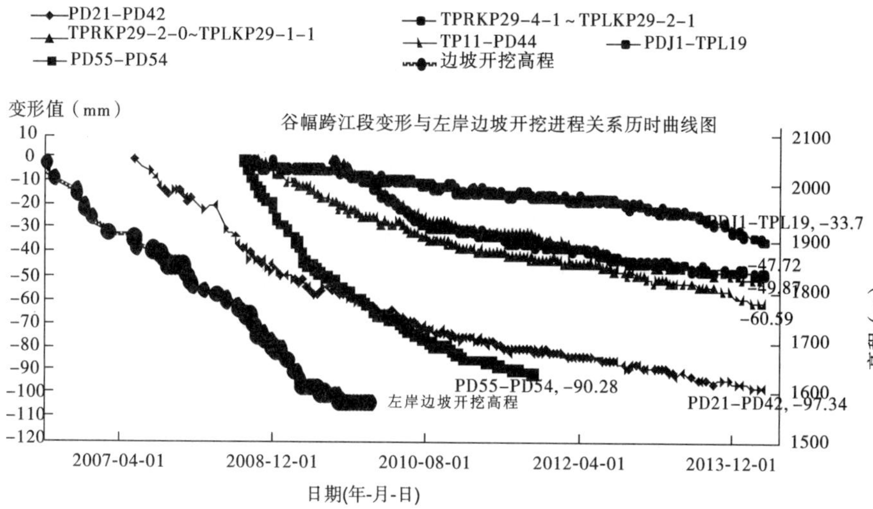

(a)谷幅

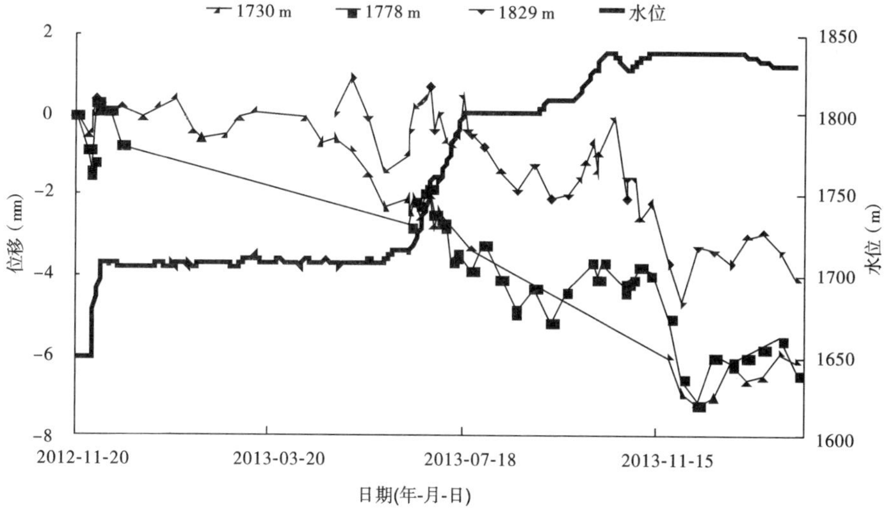

(b)弦长

图 1 A 拱坝谷幅、弦长变化监测曲线

3 谷幅、弦长缩窄变形反演分析

以 B 拱坝为例，自 2012 年 11 月 15 日起至 2014 年 8 月 26 日，大坝蓄水上游水头达到 276 m 时，垂线径向累计变形最大值为 13.3 mm，弦长累计发生收缩变形为 25 mm，以此作为反馈资料对大坝基础受力变形规律进行反演分析。

根据垂线变形时效回归成果以及弦长实测成果反映出的变形规律，反演仿真分析时考虑多种不同的河谷收窄时效变形组合情况，主要反演方案如表 2 所示。

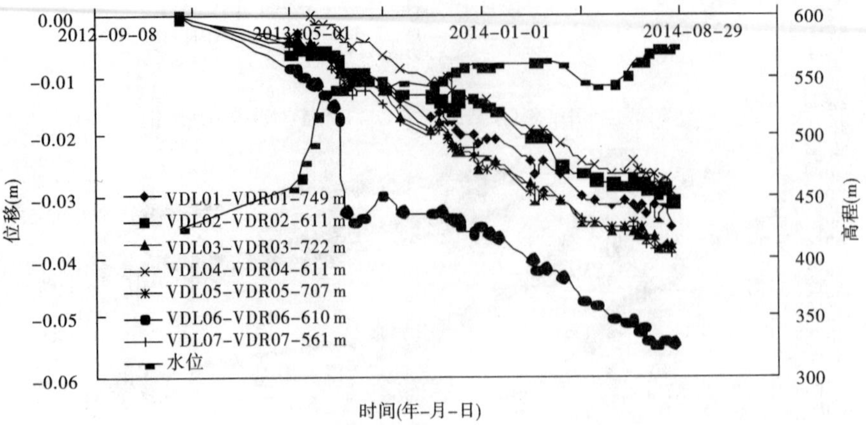

(a)大坝上下游侧谷幅位移监测曲线

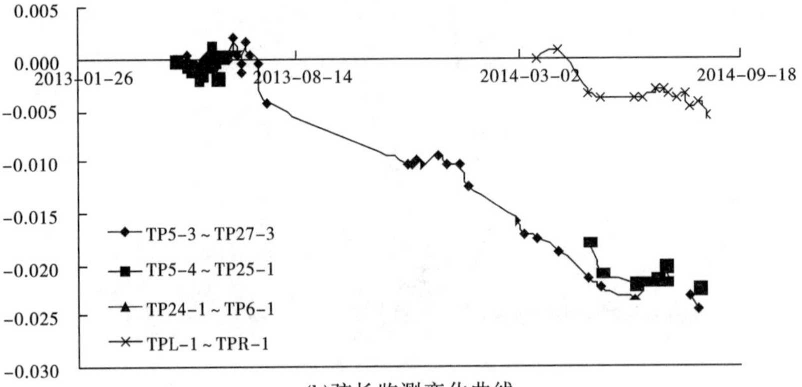

(b)弦长监测变化曲线

图 2　B 拱坝谷幅、弦长监测曲线

表 2　河谷变形反演分析方案

变形组合	荷载	温度荷载和坝段时效变形
组合 1	温度 + 自重 + 水压 + 坝基时效变形	(1)温度荷载包括施工期水化反应温度荷载、后期温升和环境温度; (2)时效变形:2012 年 12 月 15 日至 2014 年 8 月 26 日期间,左岸山体持续变形累计 25 mm,右岸山体持续变形 25 mm、累计变形为 50 mm
组合 2	温度 + 自重 + 水压 + 坝基时效变形	(1)温度荷载包括施工期温升、温降、后期温升和环境温度; (2)时效变形:2012 年 12 月 15 日至 2014 年 8 月 26 日期间,左岸山体持续变形累计 35 mm,右岸山体持续变形 35 mm,累计变形为 70 mm
组合 3	温度 + 自重 + 水压 + 坝基时效变形	(1)温度荷载包括施工期温升、温降、后期温升和环境温度; (2)时效变形:2012 年 12 月 15 日至 2014 年 8 月 26 日期间,左岸山体持续变形累计 15 mm,右岸山体持续变形 15 mm,累计变形为 30 mm

综合对比分析上述几个工况的反馈仿真计算结果,主要结论如下:

(1)图 4(a) ~ (c)所示的弦长反演分析结果表明,当左右两岸变形总量为 50 mm 左右,在水压、自重、温度和时效变形等荷载综合作用下的弦长和垂线位移仿真计算值与实测值较

谷幅测线编号	位置	右岸点号	左岸点号	初始值时间	投影面高程	08/2/1	09/12/31	10/12/27	11/10/30	12/10/30	12/12/25
GF-1	EL. 1020m 抗力体洞上方	C4-Re-TP-01	C4-Le-TP-01	2009/9/23	EL. 1034m		0.8	-0.51	0.21	0.69	-2.72
GF-2	EL. 1060m 抗力体洞前	C4-Rd-TP-01	C4-Ld-TP-01	2009/7/24	EL. 1060m		1	-0.67	0.30	0.00	-2.07
GF-3	EL. 1085m 抗力体洞前	C4-Rc-TP-01	C4-Lc-TP-01	2009/7/24	EL. 1085m		1	-0.93	2.54	0.13	-2.94
GF-4	EL. 1150m 抗力体洞前	C4-Rb-TP-01	C4-Lb-TP-01	2009/10/11	EL. 1150m		-1.1	0.23	1.95	0.50	-4.81
GF-5	EL. 1190m 抗力体洞前	C4-Ra-TP-01	C4-La-TP-01	2009/7/24	EL. 1190m		-0.9	-2.09	无法观测	1.06	-2.82
GF-6	坝下游监测控制网点	C5	C6	2008/2/1	EL. 1120m	0	1.6	0.14	1.75	1.24	-2.09
GF-7	坝下游监测控制网点	C1	C2	2008/2/1	EL. 1246m	0	-4.2	-3.19	-5.74	-11.99	-6.48
GF-8	坝下游监测控制网点	C9	C8	2008/2/1	EL. 1084m	0	2.6	0.65	-0.58	0.37	-1.51
GF-9	坝下游监测控制网点	G1	G2	2008/2/1	EL. 1218m	0	1.8	-2.21	-1.63	未测	-5.11
GF-10	坝上游监测控制网点	C3	C4	2008/2/1	EL. 1289m	0	-0.4	2.14	3.98	3.31	1.32

注：累计变形量为观测值成初始值，谷幅张开为正，反之为负。部分边没有测值是由于施工干扰。

(a) 小湾拱坝谷幅监测累计变形量 (mm)

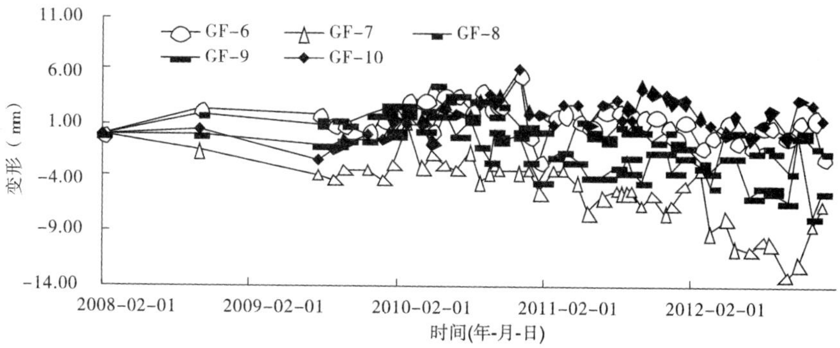

(b)谷幅变形监测点过程线

图3　C 拱坝谷幅、弦长变化监测曲线

为吻合，表明对于大坝的整体变形效应而言，左右两岸开挖扰动后的山体持续变形时效特性在其中占有较为明显的分量，而水压提升、库盆压力对两岸河谷收窄的变形影响则较为有限。

（2）反馈计算结果表明，考虑左右两岸山体变形时，大坝蓄水 600 m 高程时，顺河向最大位移约为 18 mm，轴向 38.0，竖向 66 mm。与不考虑左右两岸变形相比，顺河向往下游位移变小，大坝轴向位移（弦长缩短）变小，竖向位移变大。

4　谷幅缩窄对大坝应力影响

反馈仿真计算结果表明，考虑河谷变窄荷载后大坝坝踵的应力呈现为压应力增大，下游侧出现拉应力增量，压应力减小，并随着水位的上升规律性变化。蓄水到水头 276 m 后，大坝上下游坝踵坝趾处均以压应力为主，量值在 3 ~ 5 MPa 左右，不会出现明显不利的拉应力，大坝整体工作性态良好。

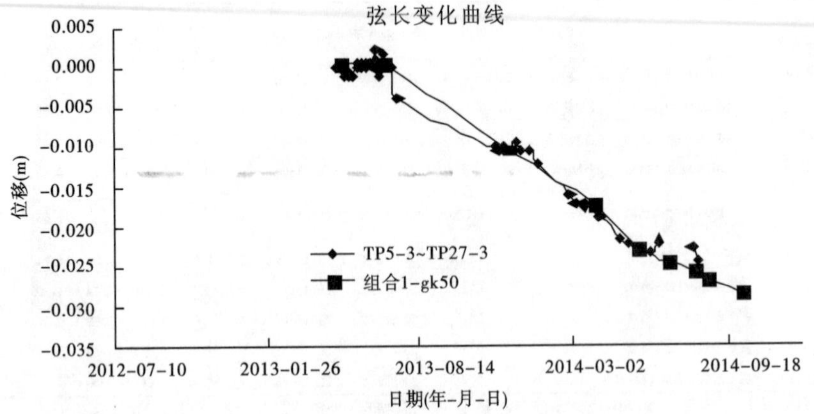

(a)组合1-累计变形为50 mm

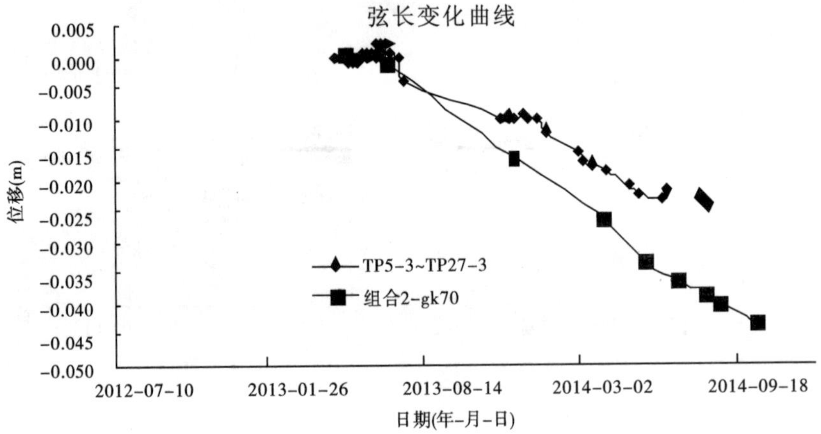

(b)组合2-累计变形为70 mm

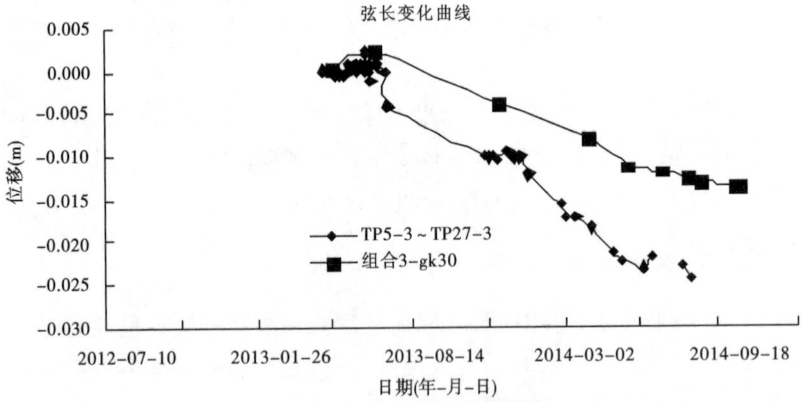

(C)组合3-累计变形为30 mm

图4　不同荷载组合情况下弦长实测值与仿真值对比曲线

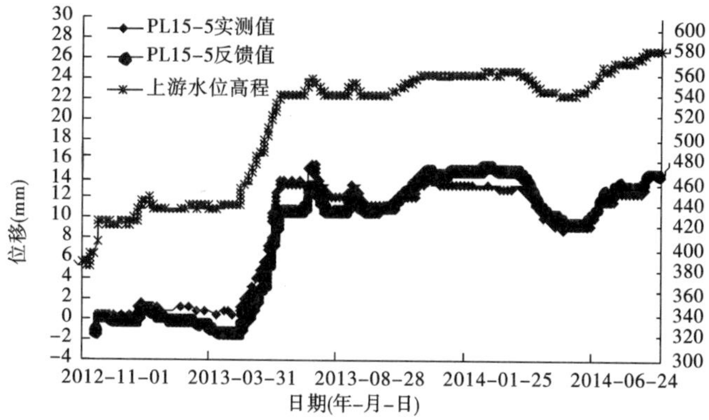

(a)395高程

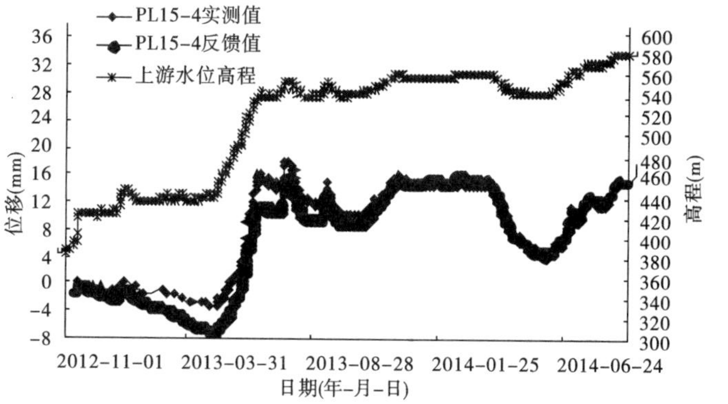

(b)470高程

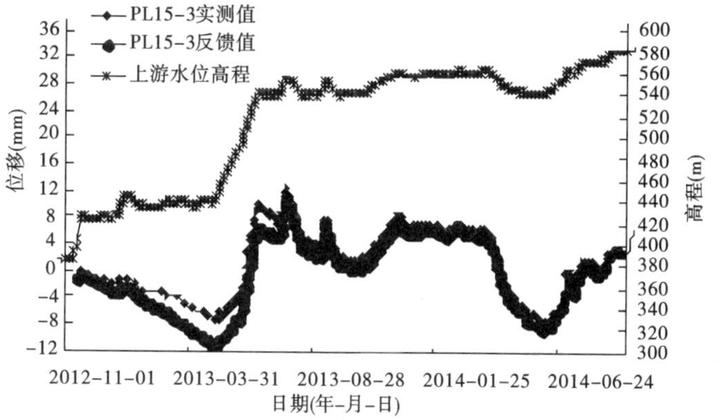

(c)527高程

图5　15#拱冠梁坝段典型高程垂线径向位移反馈值与计算值对比

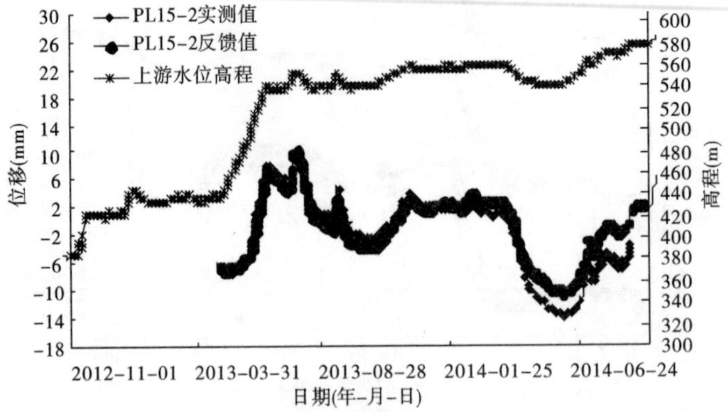

(d)563高程

续图 5

表 3　蓄水过程中考虑山体变形与不考虑山体变形时不同高程垂线仿真计算值对比

时间(年－月－日)(水头：m)	395(mm)高程径向位移		470(mm)高程径向位移		527(mm)高程径向位移		563(mm)高程径向位移	
	考虑	不考虑	考虑	不考虑	考虑	不考虑	考虑	不考虑
2012－11－15(68)～2013－05－04(126)								
2013－05－04(126)～2013－06－24(216)	11.98	13.00	18.35	20.43	17.84	20.70	17.00	20.35
2013－06－24(216)～2013－12－10(236)	3.13	6.15	3.75	9.87	1.50	9.92	－1.35	8.51
2013－12－10(236)～2014－04－01(236)	0.19	2.15	－0.83	3.14	－1.87	3.60	－2.38	4.04
2014－04－01(236)～2014－05－25(216)	－4.88	－3.74	－10.05	－7.76	－12.47	－9.31	－12.95	－9.23
2014－05－25(216)～2014－07－03(236)	2.51	3.20	4.67	6.06	5.10	7.02	4.57	6.83
2014－07－03(236)～2014－08－26(256)	3.09	3.93	6.01	7.72	7.16	9.51	6.94	9.70
2014－08－26(256)～2014－10－01(276)	3.80	4.62	8.02	9.66	10.75	13.03	12.01	14.68
合计	21.79	31.28	30.64	49.84	28.44	54.9	23.84	54.88

表 4　10#、15#和 20#坝段考虑河谷收窄时坝踵和坝趾应力

坝段	大坝蓄水水头	竖向应力(MPa)	
		坝踵	坝趾
10#	68～126	-3.15(-0.35)	-1.06(0.09)
	126～216	-2.02(-0.47)	-2.20(0.12)
	216～236	-2.32(-0.82)	-2.3(0.22)
	236～256	-3.81(-1.36)	-2.29(0.36)
	256～276	-2.51(-1.45)	-2.74(0.39)
15#	68～126	-6.14(-0.43)	-2.52(0.015)
	126～216	-4.97(-0.58)	-2.96(0.02)
	216～236	-5.11(-1.0)	-3.10(0.035)
	236～256	-5.68(-1.65)	-3.00(0.056)
	256～276	-5.25(-1.77)	-3.12(0.060)
20#	68～126	-3.42(-0.32)	-1.43(0.07)
	126～216	-2.4(-0.5)	-2.26(0.09)
	216～236	-2.7(-0.9)	-2.44(0.16)
	236～256	-3.05(-1.5)	-2.52(0.28)
	256～276	-2.8(-1.6)	-2.8(0.30)

注：表中( )内的值为河谷变窄荷载导致的应力增量，压应力为正，拉应力为负。

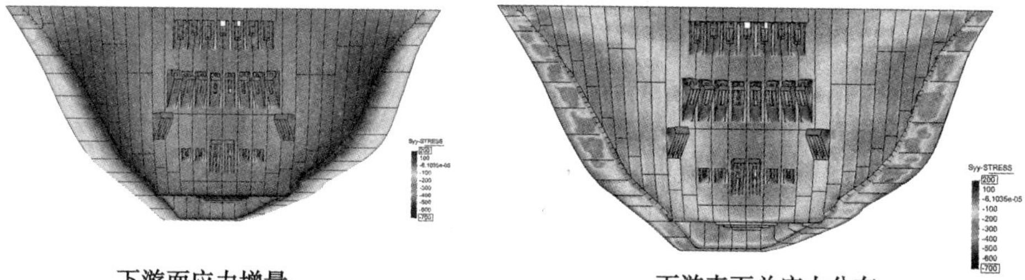

下游面应力增量　　　　下游表面总应力分布

图 6　考虑两岸向内收窄变形后的下游面应力分布图　(单位:0.01 MPa)

5　小　结

(1)特高拱坝蓄水后，水位将往左右两岸变形，使河谷变宽，但库盘水压产生的河谷缩量值较为有限，远小于目前已有的几座特高拱坝谷幅变形的实测值，回归反演结果表明，基础开挖和蓄水对下部岩体扰动产生的蠕变变形是河谷收缩的一个主要原因。

(2)两岸山体的收窄变形，从大坝整体变形的角度来看，总体上会使得大坝顺河向向上变形，从而减小蓄水径向位移，使得往下游的变形变小，弦长变短，而竖向位移增大。

(3)从应力的角度来看，河谷收窄的变形会增加上游坝踵的压应力，在下游坝趾引起拉应力增量，但其应力影响较为有限，B 拱坝蓄水至正常蓄水位时工作性态良好。

(4)对特高拱坝，两岸山体收窄变形对大坝长期安全运行的影响仍有待进一步的追踪观测，同时这种现象的出现也提醒我们坝区的安全监测工作在大坝基础开挖早期阶段就应当开展。

(5)建议在坝区及库区扩大变形观测范围。

参考文献

[1] 朱伯芳. 小温差早冷却缓慢冷却是混凝土坝水管冷却的新方向[J]. 水利水电技术，2009(1)：1-6.

[2] 张国新，樊启祥，刘有志，等. 特高拱坝温控标准与措施的优化研究[J]. 水利学报，2012(43)，52-55.

[3] 张国新，刘毅，李松辉，等. "九三一"温度控制模式的研究与实践[J]. 水利水电技术，2014(2)：179-184.

[4] 管俊峰，朱晓旭，林鹏，等. 特高拱坝悬臂高度个性化控制的分析研究[J]. 水利学报，2013(1)：97-100.

[5] 张国新，刘毅，谢敏，等. 高掺粉煤灰混凝土的水化热温升组合函数模型及其应用[J]. 水力发电学报，2012，31(4)：201-205.

[6] 孙明伦，雷爱中. 混凝土中水泥水化模型的分析[C]//水工大坝混凝土材料与温度控制交流会，2009. 170-176.

[7] 黄耀英，周绍武，周宜红，等. 施工期混凝土高拱坝已灌区温度回升解析[J]. 力学与实践，2013(4)：36-39.

[8] 张国新，周秋景. 高拱坝坝踵应力实测与弹性计算结果差异原因分析[J]. 水利学报，2013(6)：640-645.

[9] 张国新，刘毅，朱伯芳，等. 高拱坝真实工作性态仿真的理论与方法[J]. 水力发电学报，2012(4)：167-172.

[10] 张国新，陈培培，周秋景. 特高拱坝真实温度荷载及对大坝工作性态的影响[J]. 水力发电学报，2014(2)：127-134.

[11] 杨清平，李俊杰. 重力坝坝踵应力控制标准的研究[J]. 东北水利水电，2011(11)：41-44.

[12] 何侃，徐磊，杜谢贵，等. 小湾拱坝蓄水期坝踵应力应变性态分析及预测[J]. 电能源科学，2012(11)：48-52.

观音岩工程强溶蚀区坝基置换与处理的探讨

明　亮　彭继川

（葛洲坝集团有限公司观音岩水电站施工项目部　四川　攀枝花　675702）

摘要：观音岩水电站属大型水电工程，工程建设存在坝基岩体钙质流失、溶蚀及地下水低平、相对隔水层较深等工程地质难题，对坝基变形稳定、抗滑稳定存在重要影响。强溶蚀带内的岩体结构多呈碎块状，密集或较密集地分布有大量的溶蚀裂隙，溶蚀裂隙间接触不紧密，张开度大，有的可达几十厘米，且存在较多的溶蚀空洞，其中充填物松散或无充填。强溶蚀带会对坝基基岩整体性造成破坏，降低岩体强度，溶蚀的程度亦对坝体各处不均匀沉降造成不同程度上的影响。因此，通过对观音岩左岸大坝坝基强溶蚀区的处理，为相似工程的地质缺陷处理方式提供科学、可靠的施工依据及对同类型地质缺陷处理起到一定的借鉴参考作用。

关键词：大坝坝基　左岸标段　强溶蚀区　处理

1　观音岩工程简介

观音岩水电站位于云南省丽江市华坪县与四川省攀枝花市交界的金沙江中游河段，为金沙江中游河段规划的八个梯级电站的最末一个梯级，上游与鲁地拉水电站相衔接。

观音岩水电站为一等大（1）型工程，以发电为主，兼有防洪、灌溉、旅游等综合利用功能。水库正常蓄水位 1 134 m，库容约 20.72 亿 m^3，电站装机容量 3 000 MW（5 ×600 MW）。

枢纽主要由挡水、泄洪排沙、电站引水系统及坝后厂房等建筑物组成。引水发电系统建筑物布置在河中，岸边溢洪道布置在右岸台地里侧，导流明渠溢洪道布置在导流明渠位置。

挡河大坝由左岸、河中碾压混凝土重力坝和右岸黏土心墙堆石坝组成为混合坝，坝顶总长 1158 m，其中混凝土坝部分长 838.035 m，心墙堆石坝部分长 319.965 m。混凝土坝部分坝顶高程为 1 139.00 m，心墙堆石坝部分坝顶高程为 1 141.00 m，两坝型间坝顶通过 5% 的坡相连。碾压混凝土重力坝部分最大坝高为 159 m，心墙堆石坝部分最大坝高 71 m。

2　观音岩工程坝基地质状况

观音岩水电站坝址位于塘坝河河口上游河段，长约 3 km。河谷为斜向谷，两岸地形不对称，山体雄厚。左岸受大平坝背斜和岩性控制，1 120 m 高程以下为宽 250 ~ 300 m 的缓坡，总体坡度小于 20°，为斜向顺向坡；高程 1 120 m ~ 1 280 m 地形较陡，坡度为35° ~ 40°，为斜逆向坡。右岸Ⅲ级阶地保留完整，形成干坪子台地，台地外缘高程约 1 080 m，坡度 35° ~ 40°。干坪子阶地阶面较平坦，长约 2.1 km，宽 400 ~ 700 m，平均坡度小于 10°，阶面后缓岸坡地形坡度 25° ~ 30°。坝段出露的主要地层主要为侏罗系中统蛇店组（J_2S）。各层岩石组成统计如表 1 所示：

表 1　J_{2S}岩性组合比例统计

地层		厚度(m)	各类岩性所占比例(%)		
			细砂岩类(其中砾岩)	粉砂岩	泥质岩类
J_{2S}^{3}	J_{2S}^{3-6}	>50	16.9	31.1	52
	J_{2S}^{3-5}	80～110	67.7	16.6	14.5
	J_{2S}^{3-4} *	90～100	40.7	35	26.3
	J_{2S}^{3-3}	110～130	71.5	17.3	11.2
	J_{2S}^{3-2}	10～20	12.7	69.7	17.6
	J_{2S}^{3-1}	100～130	74.2	14.8	11
J_{2S}^{2}	J_{2S}^{2-2}	90～100	70.2(8.7)	25.3	4.5
	J_{2S}^{2-1}	150～170	73.7(29.2)	17.2	9.1
J_{2S}^{1}	J_{2S}^{1-3b}	12～20	18.4	37.6	44.1
	J_{2S}^{1-3a}	50	54.8	33.9	11.3
	J_{2S}^{1-2}	35～40	80.3	14.4	5.3
	J_{2S}^{1-1}	150	23.4	36.8	39.8

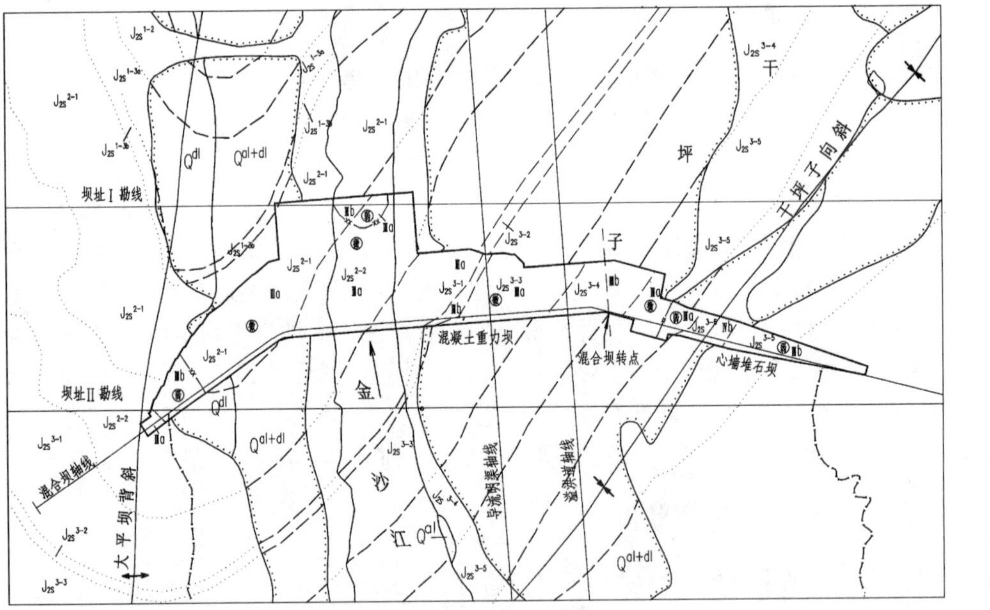

图 1　坝基岩体质量分类示意图

观音岩水电站坝址区 J_{2S}^{2} 和 J_{2S}^{3} 下部钙质砾岩、钙质含砾砂岩、钙质砂岩中，由于地下水的作用，沿层理方向或陡倾角裂隙产生溶蚀现象，局部形成小型溶洞，勘探揭露喀斯特洞穴最大直径约 3 m，喀斯特最大发育深度约 150 m；右岸干坪子台地含钙质岩体沿缓倾角卸荷裂隙或层面产生钙质流失，在裂隙或层面两侧形成半胶结状砂土，在缓倾角卸荷裂隙中还存在软塑状白色高岭土。

坝址区钙质砂砾岩的溶蚀主要可分为：砾岩溶蚀和砂岩钙质流失两种类型。其中砾岩钙质溶蚀表现尤为突出，形成规模较大的囊状空腔或孔洞；而砂岩则表现为钙质流失、岩石质量变轻，溶蚀呈砂土状或砂糖状。

河床部位房建基面高程 980 m，基岩为 J_{2S}^{2-1}、J_{2S}^{2-2}、J_{2S}^{3-1}，为弱风化底部和微风化顶部岩体，以坚硬的（含砾）砂岩、砾岩为主，占 70% 左右，以厚层至巨厚层状结构为主。根据岩性组合、岩体结构及岩体风化，按坝基岩体质量分类该段以 $Ⅲ_a$ 类为主，总体以微风化为主，局部厂基弱风化 J_{2S}^{2-1} 为 $Ⅲ_b$ 类，但岩层中 J_{2S}^{2-1} 钙质砂岩、砾岩的溶蚀现象发育，须对建基面揭露的溶蚀孔洞及泥质岩层按Ⅳ类岩体、甚至Ⅴ类考虑进行必要的处理。

溶蚀发育规律：由于左岸坝基分布的岩体主要为 J_{2S}^{2-1} 以铁钙质砾岩、含砾细粒石英砂岩及细粒石英砂岩为主，岩体中钙质含量较高，且受干坪子向斜和大平坝背斜的挤压作用，节理裂隙较发育，溶蚀现象更强烈，钻孔 ZK160 溶蚀洞穴最大达 5 m，ZK142 中孔深 76.72 ~ 102.67 m 为断续的溶蚀洞穴，充填砂砾土，总之通过钻孔资料分析，左岸坝基溶蚀现象是普遍存在，但强弱有区别，大平坝背斜以西，溶蚀较弱，表现为沿裂隙局部溶蚀，背斜以东溶蚀逐渐增强，钻孔 ZK114、ZK142、ZK160 区域 J_{2S}^{2-1} 溶蚀最强，主要发育深度高程在 1 050 ~ 925 m。鉴于左岸溶蚀孔洞较发育，对强烈溶蚀部位以挖除为主，对其余部分采用高压灌浆进行处理。

为了解观音岩坝址区砂砾岩的钙质溶蚀历史，成都理工大学在平硐调查中针对砂、砾岩的不同溶蚀类型，选取电子自旋共振（ESR）法对其溶蚀残余物进行年龄测定。测试结果表明：坝址区钙质溶蚀时间在 $5.8\times10^4 \sim 12.5\times10^4$ 年之间，对应金沙江河谷发育历史，该时段介于金沙江中下游河谷阶地中的Ⅱ、Ⅲ阶地发育期之间。即坝址区钙质溶蚀发生在Ⅲ阶地（中更新世晚期，0.14Ma. BP）形成之后，Ⅱ阶地（晚更新世晚期，(25 660 ± 300) a. BP）形成之前。

3　基础加固方案的制订背景及原则

岩溶发育区域，在开挖过程中一般存在大量渗水，对开挖施工极为不利，极易造成开挖进度的滞后。因此，首先应在开挖过程中根据基岩渗水量进行抽排水规划，以便开挖结束后可以立即进行后续相关工作。

观音岩左岸大坝坝基及厂基开挖时，由于场地存在岩溶发育区段，依据工程地质勘察资料及现场开挖状况，岩溶发育区段基岩普遍存在不同标高或不同部位的溶蚀沟槽、破碎岩等，且溶蚀沟槽、裂隙中均充填软、流塑状黏土。这种沿岩石层面及裂隙形成的溶蚀构造，形态复杂，大小不一，具有相互连通的特征。

故此，溶蚀发育区的地基在垂直和水平方向上其物质成分、软硬、强弱程度及岩石完整性均具有较为明显的差异，其承载力、变形较大。

为此，要充分研究工程地质勘察资料并结合实际制订一个科学合理、经济可行的坝基加固处理方案，以解决溶蚀区段内坝基的稳定性问题，保证上部结构的安全和正常使用。

本项方案制订主要依据工程地质勘察资料及现场开挖状况，经综合分析、研究，并进行方案论证对比，坚持实事求是、科学合理、经济可行的原则，做到具体问题具体分析；总体以加固溶蚀发育区为基础，采用多种形式：重点部位，工程地质条件复杂地段采用深挖处理；浅层部位采用挖掘剔除软弱层回填 C20 微膨胀混凝土，以达到加固地基的目的。

4　坝基地质缺陷分类及处理

4.1　风化岩体分类及处理

风化岩体分类及处理如下所述。

4.1.1　全强风化带地基的处理

全强风化带:岩体风化剧烈,强度低,应全部挖出。

4.1.2　弱风化上带地基的处理

弱风化上带:声波纵波波速变化剧烈,岩体强度不均匀,卸荷松弛现象明显,节理常张开,部分充填次生泥,原则上应全部挖除。

4.1.3　弱风化下带地基的处理

弱风化下带及微风化岩体:节理微张至闭合,充填物多为钙膜、铁膜,岩块咬合紧密,一般整体强度较高,可充分利用此带岩体,经必要的工程处理后作为建基面。

4.1.4　对Ⅳ级及以下结构面、较薄的泥质岩层的处理

根据现场开挖揭露的地质条件,坝基建基面受陡倾角溶蚀条带及中缓断层的影响,对有软弱填充物的中陡倾角结构面($\alpha \geq 45°$),应将其构成物质全部挖除。

开挖底部宽度应大于其破碎带宽度,并不得小于50 cm,两侧开挖坡比根据结构面倾角确定,但应缓于1∶0.5,开挖深应大于宽度的1.5倍。

有软弱填充物的中缓倾角结构面($\alpha < 45°$),应自上盘向下开挖,将破碎岩体影响带及填充物等挖除,至出露下盘的新鲜或较完整的基岩为止,保留的上盘完整岩体的最小厚度不得小于1.0 m或按设计要求。

无软弱填充物的硬性结构面可以不做开挖处理。

所有断层、挤压带等地质缺陷,如果超过大坝建基面的上、下游轮廓线以外,应沿延伸方向跟踪开挖,延伸扩挖长度不小于2.0倍的扩挖深度。

4.1.5　混凝土坝基础面溶蚀、沙化、泥岩等地质缺陷的处理

(1)宽度大于0.5 m的软弱带处理。

两侧开挖坡比按1∶0.5控制,开挖后的槽内边坡设置插筋,槽内沿开挖体型满铺一层钢筋网,且槽顶部亦铺设一层钢筋网,然后浇筑微膨胀混凝土,具体详见图2。

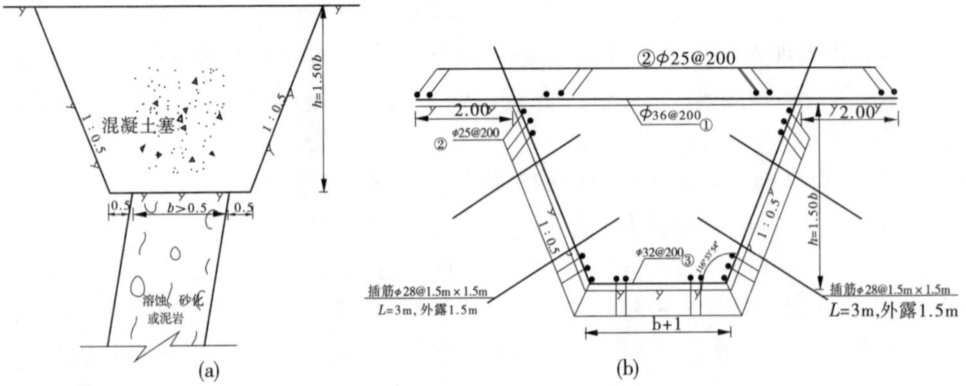

图2　宽度大于0.5 m软弱带处理

(2)宽度小于0.5 m的软弱带处理。

对于宽度小于0.5 m的软弱带,仅在槽顶部铺设一层钢筋网即可,具体见图3。

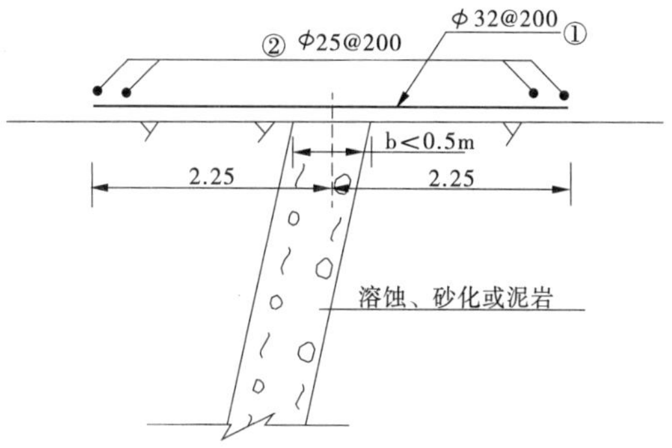

图3　软弱带处理剖面示意图(二)(宽度小于0.5 m)

4.2　卸荷带地基的处理

卸荷裂隙对建基面强度、变形和渗透稳定影响较大。

卸荷带内缓倾结构面发育,不利于建基面抗滑稳定,因此强卸荷带对建基面抗滑及变形稳定极为不利,原则上应全部挖出。

卸荷带以下的弱风化带下部及微风化岩体的卸荷裂隙,发育数量、延伸长度有限,可通过灌浆措施处理,提高其强度并降低岩体渗透性,必要时再采取一定锚固措施加固后,可保留在建基面内。其中揭露、探测到的溶蚀岩体需采取清挖、灌浆等处理措施。

4.3　钙质溶蚀及流失岩体的地基的处理

建基面岩层以侏罗系中统蛇店组(J_{2S})钙质砂岩、砾岩为主,岩层中钙质溶蚀或流失现象发育。

砾岩在强卸荷带溶蚀较强烈,钙质流失后的残余物质原地堆积,次生泥通过陡倾角裂隙,充填到溶蚀孔洞中,因此卸荷带应全部挖除。

在弱风化下带以下砾岩溶蚀孔洞中钙质流失后的残余物一般保持原结构呈卵砾石砂土状堆积其中。强溶蚀发育深度一般至110~120 m,最深至150~160 m,发育到建基面以下深部岩层。

钙质砂岩岩体表现为钙质流失、岩石质量变轻,产生溶蚀则呈砂土状或砂糖状,钙质砂岩溶蚀现象一般沿陡倾裂隙或层面发生。

建基面岩层的钙质溶蚀和钙质流失对建基面抗滑稳定及变形稳定不利,需采取加固处理措施。首先,建基面开挖揭露的溶蚀及钙质流失岩体,必须按其宽度加深开挖,设计相应的混凝土塞;其次,对探测的建基面以下岩体溶蚀孔洞,在考虑到清挖、置换的同时,还应考虑用特殊灌浆法,加深灌浆深度、加强灌浆工艺等方法。

4.4　层间挤压带及断层地基的处理

建基面范围断裂构造不发育,构造主要表现层间挤压错动面(带),在弱风化下带及微风化带内,破碎带宽度一般小于20 cm,多为碎裂岩、岩屑夹泥或部分泥化,对出露在建基面上的层间挤压错动面作槽挖处理。

在大坪坝背斜与干坪子向斜公共翼中部发育切层面的缓倾断层或挤压带,对坝基抗滑稳定不利，必须采取部分坝基清挖切断断层在坝基下延伸的措施。

5 地质缺陷处理后效果评价

观音岩左岸大坝坝基地质缺陷经以上原则处理后，经大唐观音岩业主邀请专家组对观音岩左岸大坝坝基进行鉴定后，专家组一致认为观音岩左岸大坝坝基完全符合建设大坝的要求。

6 结 语

具有溶蚀力的水对可溶性岩石进行溶蚀作用而形成岩溶。岩溶不良地质构成的地基常常会引起地基变形破坏，必须加强岩溶地基稳定性分析评价，其发展趋势必将是由定性过度到定量。岩溶地基有多种处理措施，应根据不同的岩溶情况采取不同的处理措施，今后要努力探寻适应岩溶地区的基础型式，发展置换和灌浆技术的施工工艺，确定最佳的施工参数，更好的指导现场施工，可为类似工程提供借鉴和参考。

参考文献

[1] 中华人民共和国国家经济贸易委员会. DL/T 5144—2001 水工混凝土施工规范[S]. 北京：中国经济出版社，2002.

[2] 中华人民共和国能源局. DL/T 5112—2009 水工碾压混凝土施工规范[S]. 北京：中国电力出版社，2009.

[3] 金沙江中游河段观音岩水电站施工详图设计技术要求：《永久水工建筑物混凝土施工技术要求（第B版）》0305 – S – SQ – JSYQ – 10. 中国水电顾问集团昆明勘测设计研究院.

[4] 高强，李开德. 金沙江中游观音岩水电站钙质砂砾岩溶蚀发育规律及机理[R]. 昆明：中国水电顾问集团昆明勘测设计研究院.

[5] 夏凯生. 乌江下游岩溶地貌形态、发育与演化研究[D]. 重庆：西南大学，2011.

[6] 金瑞玲，彭跃能，李献民. 岩溶地基稳定性评价方法[J]. 公路与汽运，2003(99)：29-31.

溪洛渡水电站双曲拱坝混凝土温度控制与防裂施工技术

周政国　韩咏涛

（中国水利水电第八工程局有限公司　湖南　长沙　410004）

摘要：混凝土温度控制是拱坝防裂的关键技术问题。在本工程施工期间，针对溪洛渡拱坝工程及其混凝土的特征，采取了一系列温控防裂措施，温度裂缝得到了有效控制。对类似工程建设有重要的参考价值。

关键词：溪洛渡水电站　双曲拱坝　温度控制　预冷混凝土　通水冷却

1　工程概况

溪洛渡水电站位于四川省雷波县与云南省永善县接壤的金沙江溪洛渡峡谷中，拦河大坝为混凝土抛物线型双曲拱坝，坝顶高程 610.00 m，最大坝高 285.50 m。大坝分为 31 个坝段，横缝间距约 22 m，大坝混凝土总量约 672.4 万 m^3，混凝土强度等级主要为 $C_{180}40$ 和 $C_{180}35$，级配主要为三、四级配。混凝土浇筑采取不分纵缝的通仓浇筑方式，最大仓面面积 1872 m^2。

本工程坝址区属干热气候，夏季气温较高，最高温度常达 40 ℃以上，持续时间长，太阳辐射热强，雨季暴雨频繁，冬、春季多风且气候干燥，寒潮降温频繁；大坝混凝土呈高弹模、低极限拉伸、低徐变、自身体积变形呈收缩及混凝土干缩变形大等特征，混凝土呈现高脆性，自身抗裂能力较差；大坝中部孔洞多，结构复杂，孔口约束大；坝体混凝土采用不分纵缝的通仓薄层浇筑方式，下部浇筑仓面尺寸大，基岩的约束作用较大；陡坡坝段坡度在 70°以上，长宽比大，基岩的约束作用也较大；混凝土温降过程缓慢，内外温差引起的内部约束时间长，易产生表面裂缝，并易引起劈头裂缝，影响大坝结构安全。因此，混凝土温度控制是本工程施工的关键问题之一，在施工期间必须对混凝土采取严格的温度控制措施，防止裂缝产生，保证结构的整体性，在施工中采取了一系列的温度控制措施，截至 2014 年 3 月，拱坝工程共浇筑混凝土约 677 万 m^3，其中自 2010 年 1 月至 2011 年 12 月连续浇筑混凝土约 376 万 m^3，未发现温度裂缝，接缝灌浆灌注 29 个灌区，未发现异常。

2　基本资料

2.1　气象、水文资料

溪洛渡水电站所处的位置属中亚热带亚干热气候区。根据坝区中心场设立的气象站 1989～1997 年资料，坝址处多年平均气温 19.7 ℃，极端最高气温 41.0 ℃，极端最低气温 0.3 ℃，坝址处多年平均相对湿度 66%，最大相对湿度 77%，最小相对湿度 13%。

2.2　混凝土原材料

水泥采用华新堡垒牌 P·MH42.5 中热水泥，MgO 含量在 4.2～5.0%之间；粉煤灰采用华珞电厂生产的Ⅰ级灰；外加剂采用 JM－ⅡC、ZB－1A 高效减水剂和 ZB－1G 引气剂；粗骨料采用玄武岩轧制而成，细骨料采用灰岩轧制而成。

2.3 混凝土热学性能

混凝土主要热学性能见表1。

表1 混凝土主要热学性能

混凝土级配	混凝土标号	绝热温升(℃)	导温系数(m^2·h)	导热系数(kJ·m^{-1}·h^{-1}·$℃^{-1}$)	比热(kJ·kg^{-1}·$℃^{-1}$)	线胀系数(10^{-6}·$℃^{-1}$)
三级配	$C_{180}35$	28.8	0.002 3	5.83	0.985	7.3
	$C_{180}40$	29.7	0.002 3	5.83	0.985	7.3
四级配	$C_{180}35$	25.7	0.002 3	5.83	0.985	7.3
	$C_{180}40$	26.3	0.002 3	5.83	0.985	7.3

2.4 混凝土性能试验资料

2.4.1 混凝土极限拉伸及弹性模量

大坝180天龄期混凝土极限拉伸在$0.97\times10^{-4}\sim1.16\times10^{-4}$之间，180天龄期混凝土抗压弹模在36.4～47.1 GPa之间，180天龄期混凝土抗拉弹模在33.8～49.7 GPa之间。

2.4.2 混凝土徐变参数

大坝混凝土各龄期徐变参数检测结果见表2。

表2 混凝土徐变参数检测结果统计表

强度等级	龄期(d)	持荷时间(d)								
		0	3	7	14	28	45	90	180	360
$C_{180}40$	7	0	13.3	17.4	21	25.2	27.6	31.5	34.6	37.4
	28	0	6.4	8	9.7	11	12.4	14.3	15.6	17.5
	90	0	2.7	3.4	4.1	4.4	6	7.2	8.4	9.9
	180	0	1.9	2.5	3	4	4.5	5.5	6.6	7.9
$C_{180}35$	7	0	13.7	17.8	21.9	26	29.2	32.6	35.6	39
	28	0	6.8	8.6	10.5	12.3	13.6	16	18	20
	90	0	3.7	4.4	5.4	6.3	7.3	8.6	10	11.1
	180	0	2.9	3.3	4.1	4.8	5.6	6.6	7.8	8.8

2.4.3 混凝土自身体积变形

大坝混凝土180天龄期以后自生体积变形值普遍在$-20\times10^{-6}\sim-40\times10^{-6}$范围区间内。

2.4.4 混凝土干缩变形

大坝混凝土干缩变形试验成果见表3。

表3　混凝土干缩试验成果表

试验编号	水胶比	级配	干缩试验值(10^{-6})								
			3 d	7 d	14 d	21 d	28 d	38 d	50 d	60 d	90 d
H-01	0.41	四	-26	-63	-114	-151	-191	-252	-279	-294	-332

3　温控标准

3.1　分期冷却

大坝混凝土采取分三期九个阶段冷却方式，即一期冷却（分为一期控温和一期降温两个阶段）、中期冷却（分为中期一次控温、中期降温和中期二次控温三个阶段）和二期冷却（分为二期冷却降温、一次控温、灌浆控温和二次控温四个阶段）对大坝混凝土进行冷却降温。混凝土分期冷却过程及控制内容见图1。

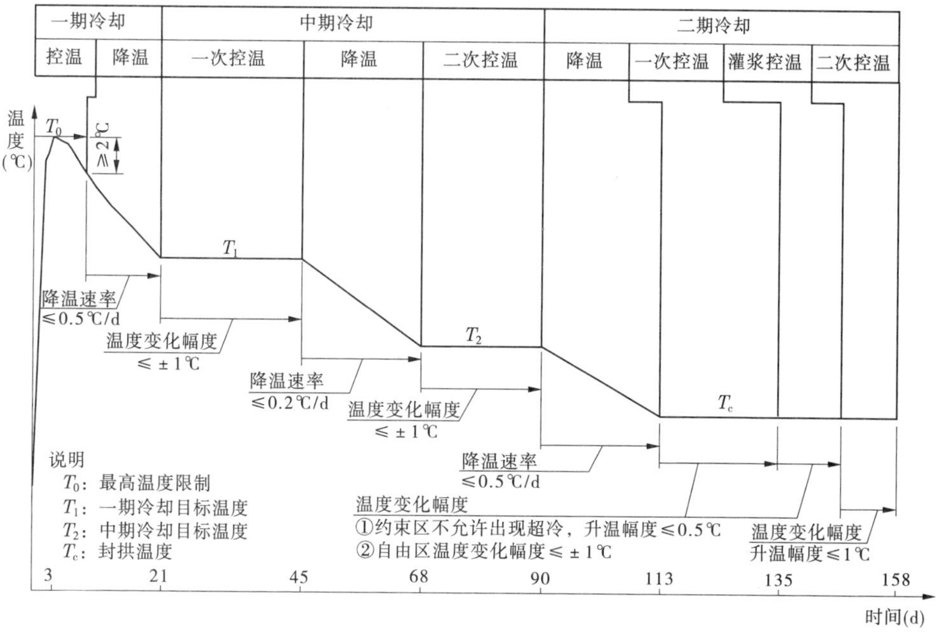

图1　分期冷却降温过程示意图

3.2　温度梯度

（1）坝段各灌区温度梯度控制示意见图2。

（2）温度梯度分区及循环示意见图3，基础约束区各温度梯度分区形成过程示意见图4，孔口约束区各温度梯度分区形成过程示意见图5。

（3）同冷区、过渡区和盖重区应进行同步降温过程，降温过程和降温幅度应满足：①已灌区：进行二期冷却二次控温，温度为设计封拱温度 T_c；②灌浆区：进行二期冷却一次控温，温度为设计封拱温度 T_c；③同冷区：通过二期冷却降温过程，温度由中期冷却目标温度 T_2 降为设计封拱温度 T_c，降温幅度为 T_2-T_c；④过渡区：通过中期冷却降温过程，温度由一期冷却目标温度 T_1 降为中期冷却目标温度 T_2，降温幅度为 T_2-T_1；⑤盖重区：底层混凝土通

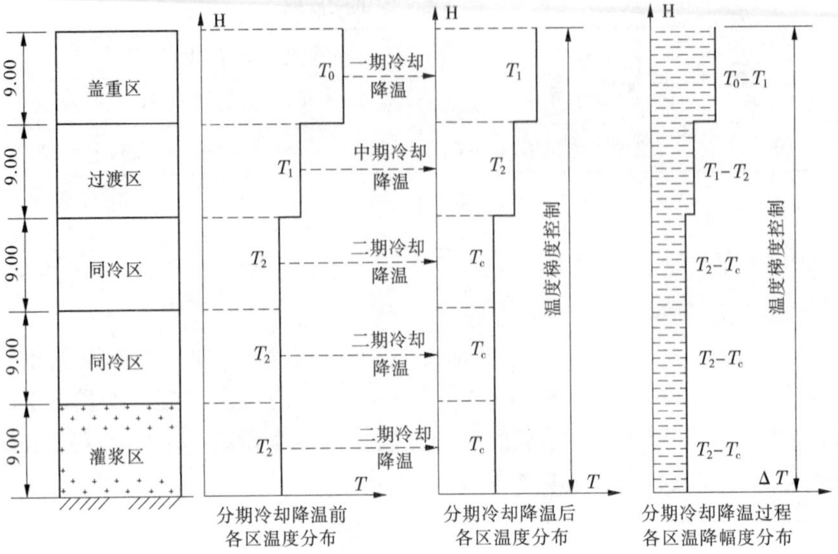

图 2 混凝土温度梯度控制示意图

过一期冷却降温过程，温度由最高温度 T_0 降为一期冷却目标温度 T_1，降温幅度为 $T_0 - T_1$。

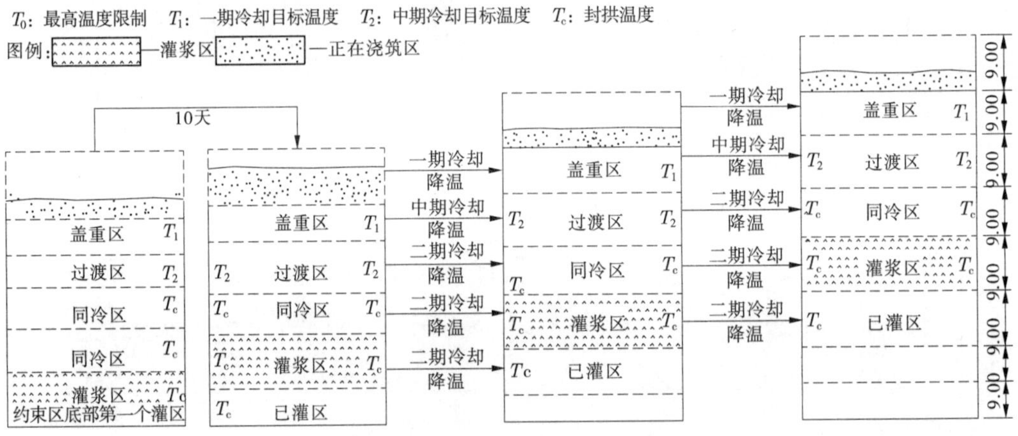

图 3 温度梯度分区循环示意图

3.3 容许最高温度、内外温差、封拱温度、相邻块高差控制及混凝土浇筑间歇时间

拱坝容许最高温度为 27 ℃；控制混凝土内外温差≤16 ℃；大坝封拱温度根据坝段、高程及结构等设计，分别为 12 ℃、13 ℃、14 ℃、16 ℃；相邻坝段高差≤12 m，整个大坝最高和最低坝块高差控制在 30 m 以内；混凝土浇筑应保持连续性，混凝土最小层间歇期为 5 天，最大层间歇期不超过 28 d。

4 混凝土施工温度控制

4.1 温度控制特点

（1）混凝土抗裂性能相对较差，温控技术要求相对严格。

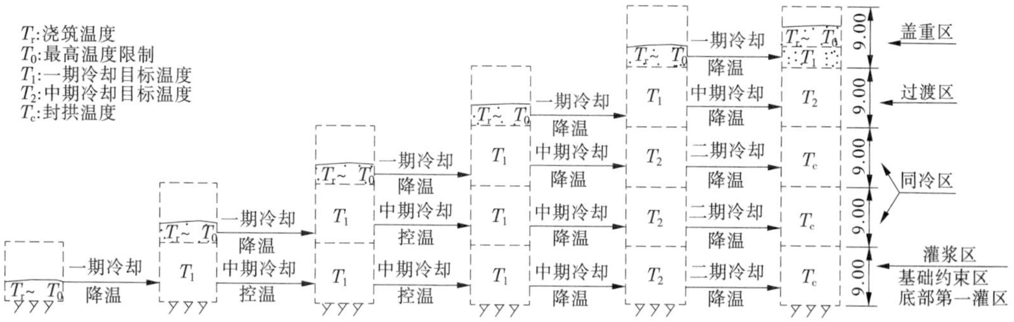

图4　基础约束区温度梯度分区形成过程示意图

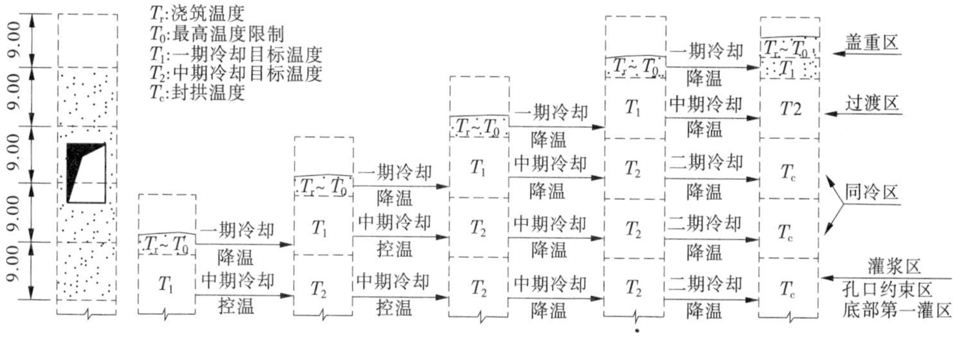

图5　孔口约束区温度梯度分区形成过程示意图

(2)坝体基础约束、孔口约束较大。

(3)通水冷却采用小温差、早冷却、缓慢冷却、分3期9个阶段连续通水方式,冷却过程要求做到“个性化、精细化”的冷却通水。

(4)采用2个同冷区的温度梯度控制要求,岸坡低坝段及孔口低坝段往往成为冷却过程和接缝灌浆的制约因素,导致悬臂高度增加,进一步要求大坝均匀上。

(5)拱坝工程处于干热河谷中,需要对混凝土进行精细化的保护。

4.2　温度控制措施

4.2.1　原材料质量控制

在国家或行业标准的基础上调严了各混凝土原材料的各检测值的合格标准或范围,同时采取驻厂监造和工地现场抽查等措施,从而减小混凝土品质、性能的波动。

4.2.2　优化混凝土配合比设计

在混凝土生产过程中,根据原材料品质状况、气候条件、施工条件、技术要求等的实时变化对大坝混凝土施工配合比进行微调,通过优化混凝土配合比,在节约胶凝材料用量的条件下,保证混凝土施工配合比实时、动态地满足了设计指标和施工要求。混凝土各项指标满足设计要求。

接缝混凝土尽量采用三级配富浆混凝土,以降低混凝土单位水泥用量,减少混凝土水化热温升。

4.2.3　合理安排混凝土施工时段和程序

采取在低温季节和低温时段提高混凝土施工强度，尽量多浇混凝土。同时，基础约束区混凝土、底孔、深孔和表孔等重要结构部位，在设计规定的间歇期内连续均匀上升，其余部位基本做到短间歇均匀上升。相邻坝段及最高与最低坝段高差符合设计允许高差要求。

4.2.4　合理控制浇筑层厚和间歇时间

施工时基础强约束区及结构条件限制区按 1.5 m 浇筑，其他采用 3.0 m 浇筑。层间间歇期一般不小于 5 d，也尽量避免大于 14 d。强约束区和重要结构部位加严控制。

4.2.5　防止冷击致裂防范措施

夏季白天浇筑混凝土时，表面混凝土最高温度不易控制，遇到气温骤降的恶劣天气等时有可能由于内外温差过大导致早龄期开裂。针对该难题采取了混凝土表面流水养护、混凝土浇筑前两小时提前喷雾降低仓面温度和老混凝土表面温度及调整冷却水管布置等措施，减少冷击产生的开裂风险。

通过采用精细模拟与现场反馈仿真的手段系统分析，上述措施可以有效抑制冷击致裂风险。

4.2.6　混凝土早期干缩龟裂控制

溪洛渡拱坝坝址所在的金沙江干热河谷，高温季节浇筑混凝土收仓后由于日照及河风影响使得混凝土表面失水较快，易产生混凝土表面龟裂。施工时采取持续仓面喷雾至混凝土初凝后以补充混凝土表面失水。

4.2.7　特殊结构个性化温度控制措施

溪洛渡陡坡坝段坡度在 70°以上，受基础开挖影响，基础部位结构复杂，长宽比大，基础约束面积大；溪洛渡孔口坝段设有 25 个泄洪孔洞，特别是高位底孔为一个坝段布置两条临时导流底孔，流道两侧墙长宽比大，约 15∶1，钢筋密集，小级配混凝土用量大，本身温控难度较大。经过分析研究采用优化混凝土级配和标号、混凝土中掺加 PVA 纤维、间歇期控制及加强浇筑温度控制和通水冷却等措施控制陡坡坝段最高温度不高于 25 ℃等，减少了混凝土的水化热温升、提高了混凝土的自身抗裂能力和减小了温度应力。

4.2.8　混凝土出机及浇筑温度控制

拱坝混凝土由布置在右岸的两个混凝土生产系统供给，分别是 600 混凝土生产系统和 610 高线混凝土生产系统，预冷混凝土生产能力分别是 250 m^3/h 和 500 m^3/h。

4.2.8.1　混凝土出机温度控制

拱坝工程全年浇筑预冷混凝土，4～10 月按 7 ℃控制，其他月份按 9 ℃控制。

（1）骨料在储存和运输过程中的温控措施：600 混凝土生产系统成品料仓为露天成品料仓，610 高线混凝土生产系统成品料仓为竖井地下料仓，料仓储存量为满足混凝土浇筑高峰期 4～5 天的骨料需求量。实测采用竖井地下料仓可使骨料温度可低于当月平均气温 2 ℃左右。

（2）骨料预冷：溪洛渡工程中混凝土骨料预冷采用两次风冷系统，风冷后温度控制标准为：特大石和大石 -1～1.5 ℃，中石 0～0.5 ℃，小石 1～1.5 ℃。实测骨料两次风冷后骨料温度可降至 -2～1.5 ℃，其中特大石和大石 -1～1.5 ℃，中石 -2～ -1.2 ℃，小石 -1～1.5 ℃。

（3）加冷水和片冰拌和混凝土：通过调整水（冷水）和冰的比例，可以拌制出出机温度为

7 ~9 ℃的混凝土。

(4)出机温度实施效果:经过上述措施,温度混凝土出机温度可控制在 7 ~9 ℃,符合率为 97.95%。

4.2.8.2　混凝土浇筑过程温度控制

混凝土浇筑温度检测 15 426 次,最大 19.5 ℃,最小 5.2 ℃,平均 10.8 ℃,符合率 96.9%。

4.2.9　混凝土通水冷却

在混凝土浇筑过程中,把冷却水管埋设在坝体内部并通冷却水,以此削减坝体混凝土内部的最高温度和将坝体混凝土内部温度强迫冷却至目标温度。

4.2.9.1　冷却水管设计

(1)水管选择:冷却水管主要采用 DN40 ×2 mm 和 DN32 ×2 mm 的 HDPE 塑料水管,导热系数为 1.66 kJ/(m · h · °C)。在有基础固结灌浆的部位,为了精确定位铺设冷却水管,采用 DN28 mm 钢管。

(2)冷却水管布置:冷却水管铺设呈“S”形布置,布置间距为 1.5(1.0) ×1.5 m(水平 ×层高)。单根“S”形支管的长度不大于 300 m。施工时,冷却水管采用自制“U”形卡固定。为防止在混凝土浇筑过程中冷却水管破损,采取了拉线定位铺设、振捣车定位振捣及在混凝土浇筑过程中保持冷却水管内持续通水等措施,发现堵塞及漏水现象立即处理。

4.2.9.2　后冷系统设计

(1)后冷水车间:在左右岸坝肩槽下游侧对称布置 6 级移动式冷水站。布置高程分别为 383 m 马道、412 m 平台、463 m 马道、517 m 马道、559 m 马道以及 610 m 平台,根据大坝上升情况进行分期施工。2013 年 8 月前共布置 2 台 YDLS - 160 型和 9 台 YDLS - 300 型,制冷水能力为 3 020 m^3/h,经过实践验证,冷水机组制冷容量完全满足坝体通水冷却要求。

(2)输水管路系统:从冷水站引至坝后栈桥的供水管按两套布置,分别通 8 ~10 ℃冷水和 14 ~16 ℃冷水。坝后栈桥按每隔 2 个灌区进行布置。供水管路采用普通焊接钢管,所有钢管外包 3 ~5 cm 厚橡塑保温,以减少制冷水温度回升。冷水供水主管管径为 ϕ426 mm ×8 mm。

4.2.9.3　通水冷却施工

一、冷却分期

溪洛渡拱坝混凝土通水冷却分为三期进行,即一期、中期和二期。

(一)一期通水冷却

混凝土下料浇筑即开始进行一期冷却,分为一期通水冷却控温和一期通水冷却降温两个阶段。

(1)一期冷却控温阶段通水冷却:①控温目标:混凝土最高温度 T_0 不应超过 27 ℃;②通水温度及流量:通水温度为 8 ~10 ℃,通水流量为 2.0 ~2.5 m^3/h;③控温施工:采用混凝土浇筑前后理论温度曲线对比实际混凝土温度曲线进行控温施工。根据温度测量成果,当混凝土温度达到偏离理论温度曲线,一般约 2 ℃左右,预计混凝土温度将超过设计允许值时,提前采取加大通水流量措施等进行控温。根据温度测量成果,混凝土温度达到实测最高温度后,当日降温幅度达 2 ℃时,立即换为通 14 ~16 ℃制冷水,开始一期冷却降温控制。

(2)一期冷却降温阶段通水冷却:①降温目标:使浇筑层混凝土温度降低至一期冷却目

标温度 T_1，一期冷却目标温度为约束区 20 ℃，非约束区 22 ℃，同时要求降温阶段最大日降温速率≤0.5 ℃/d，且冷却降温过程应连续平顺，防止由于通水不足及通水中断等原因造成的温度回升；②通水温度及流量：通水温度为 14 ~ 16 ℃，通水流量为 1.2 ~ 1.5 m^3/h。一期冷却降温过程中，随着混凝土温度逐步下降，水管冷却的效率会由所降低，应及时调整通水流量，确保温降速率满足要求；③控温施工：一期冷却降温过程中，应动态调整通水流量，避免温降速率过大。同时，为防止一期冷却降温幅度过大，一期冷却降温接近目标温度时，应加大温度观测频次，在混凝土温度达到设计值后，及时调整通水措施，进入中期冷却一次控温阶段。

（二）中期通水冷却

混凝土中期冷却在一期冷却结束后开始进行，分为中期一次控温、中期降温和中期二次控温三个阶段。中期通水温度与混凝土温度之差控制在 15 ℃以内。

（1）中期冷却一次控温阶段通水冷却：①控温目标：使混凝土温度维持在一期冷却目标温度 T1 附近，混凝土温度变化幅度不超过 1 ℃，混凝土龄期大于 45 d 后，应结合下部接缝灌浆施工计划及温度梯度控制要求，及早安排进行中期冷却降温；②通水温度及流量：通水宜采取不间断通水方式，通水温度为 14 ~ 16 ℃，通水流量为 0.3 ~ 0.5 m^3/h；③控温施工：为防止一次控温阶段温度变化幅度过大，应根据温度测量成果及混凝土龄期情况等动态调整控温通水流量和通水时间，避免出现多次短间歇通水冷却现象。

（2）中期冷却降温阶段通水冷却：①降温目标：使混凝土温度降低至中期冷却目标温度 T_2，中期冷却目标温度为 16 ℃（封拱温度为 12 ℃和 13 ℃控制标准）和 18 ℃（封拱温度为 14 ℃和 16 ℃控制标准），同时要求降温阶段日降温速率≤0.2 ℃/d，混凝土温度达到中期冷却目标温度后，开始进行二次控温；②通水温度及流量：中期冷却降温原则上采用连续通制冷水的方式实现，通水温度为 14 ~ 16 ℃，通水流量 1.0 ~ 1.2 m^3/h；③控温施工：降温过程中，应根据温度测量成果，及时调整通水流量，确保降温速率满足要求。中期冷却降温接近目标温度时，应加大温度观测频次，在混凝土温度达到设计值后，及时调整通水措施，进入中期冷却二次控温阶段。

（3）中期冷却二次控温阶段通水冷却：①控温目标：使混凝土温度维持在中期冷却目标温度 T_2 附近，混凝土温度变化幅度不超过 1 ℃；②通水温度及流量：通水温度为 14 ~ 16 ℃，通水流量为 0.3 ~ 0.5 m^3/h；③控温施工：为防止二次控温阶段温度变化幅度过大，应根据温度测量成果及混凝土龄期情况等动态调整控温通水流量和通水时间，避免出现多次短间歇通水冷却现象。

（三）二期通水冷却

混凝土满足二期冷却龄期要求及其他相关要求后，即开始进行二期通水冷却，共分为二期冷却降温、二期一次控温、灌浆控温和二期二次控温四个阶段。二期通水冷却时，二期通水温度与混凝土温度之差控制在 10 ℃以内。

（1）二期冷却降温阶段通水冷却要求：①降温目标：使混凝土温度降低至设计封拱温度 T_c，降温阶段日降温速率≤0.3 ℃/d。二期冷却降温开始时，混凝土的龄期不小于 90 d；②通水温度及流量：二期冷却降温采用连续通制冷水的方法实现，通水温度为 8 ~ 10 ℃，通水流量 1.2 ~ 1.5 m^3/h；③控温施工：降温过程中，应根据温度测量成果，及时调整通水流量，确保降温速率满足要求。中期冷却降温接近目标温度时，应加大温度观测频次，在混凝土温度达到设计值后，及时调整通水措施，进入二期冷却一次控温阶段。

（2）二期冷却一次控温阶段通水冷却：①控温目标：使混凝土温度维持在设计封拱温度 T_c 附近，要求约束区混凝土不允许出现超冷，温度升高幅度应≤0.5 ℃，自由区温度变化幅度应≤1.0 ℃；②通水温度及流量：二期冷却一次控温采用间歇通水方法实现，通水温度为8～10 ℃，通水流量0.2～0.5 m^3/h，间歇模式为：根据温度测量成果，升温幅度较大时开始通水，达到封拱温度时结束通水；③控温施工：为防止一次控温阶段温度变化幅度过大，应根据温度测量成果，混凝土温度回升值偏大时，应及时进行通水冷却，混凝土温度接近允许值下限时，应及时调整通水措施。

（3）二期冷却灌浆控温阶段通水冷却：①控温目标：和一次控温阶段相同；②通水温度及流量：和一次控温阶段相同，闷水测温期间应停止通水冷却；③控温施工：在接缝灌浆以前，应在各灌区选取3～4层冷却水管进行闷温测温，结合温度计测温成果，综合判定是否达到设计封拱温度，不满足要求的灌区，还应继续通水冷却，直至达到要求为止。

（4）二期冷却二次控温阶段通水冷却：①控温目标：使混凝土温度维持在设计封拱温度 T_c 附近，要求混凝土温度升高幅度应≤1.0 ℃，直至上部灌区接缝灌浆开始时结束；②通水温度及流量：采用间歇通水方法实现，通水温度为8～10 ℃，通水流量0.2～0.5 m^3/h，间歇模式为：根据温度测量成果，升温幅度较大时开始通水，达到封拱温度时结束通水；③控温施工：由于大坝混凝土中粉煤灰掺量较高，且室内混凝土绝热温度升温过程与实际施工环境温度存在较大差异，导致混凝土水化热释放过程较长。为防止二次控温阶段温度回升幅度过大，应根据温度测量成果，混凝土温度回升接近允许升温幅度时，应及时进行通水冷却。

二、坝体内部温度控制

根据热导理论，采用时差法计算各时段混凝土内部温度，结合定时测量水温、流量等情况和坝体内部埋设的温度计监测数据，利用施工管理信息系统形成一套符合工程实际的较为完整的数据库，专职温控质量技术人员以此指导和控制混凝土通水冷却施工，通过“日指令”及时调整冷却水流量或水温，使坝体混凝土均衡降温。

二期冷却过程中，当坝体内部温度计读数到达接缝灌浆温度时，采用部分管路闷温的方法测量坝体内部温度情况，闷温时间为3～5 d，其接缝灌浆温度取值以闷温法成果为主。接近基岩的灌区及各灌区岸坡坝段混凝土在进行二期冷却过程中受地温影响较严重，在该区域冷却至接缝灌浆温度后，让接近基岩的2～3层管路继续通水，不进行闷温，但可以适当减小通水流量，防止地温倒灌。

4.2.9.4　通水冷却施工情况

截至2014年3月底，大坝混凝土共计浇筑仓号为2 078个，共进行64 144次一冷降温监测，平均日降温速率为0.17 ℃，一期降温速率符合率为95.6%；共进行64 415次中冷降温监测，平均日降温速率为0.11 ℃，中期降温速率符合率为94.6%；共进行44 075次二冷降温监测，平均日降温速率为0.16 ℃，二期降温速率符合率为97.9%。降温速率总体满足设计要求。

4.2.10　混凝土表面保温及养护

混凝土表面保温及养护是预防混凝土表面裂缝（温度裂缝和干缩裂缝）的重要措施之一。

4.2.10.1　混凝土表面保温

大坝混凝土的保温工作从9月底开始施工，混凝土表面保温材料主要为聚乙烯卷材保温被（导热系数≤0.044 W/(m·℃)）、高密挤塑板（导热系数≤0.044 W/(m·℃)）和聚氨酯保温材料（导热系数≤0.03 W/(m·℃)）。保温材料技术参数均满足设计要求。

（1）仓面保温施工在混凝土收仓、冲毛完成后时覆盖，仓面保温材料采用厚4 cm聚乙烯卷材保温被保温，并洒水保持混凝土表面湿润但不积水。

（2）横缝面保温采用5 cm厚的聚乙烯卷材保温。大坝上下游面采用粘贴高密挤塑板全年保温，上游坝面粘贴厚度为5 cm，下游坝面除基础强约束区为5 cm外，其余坝面粘贴厚度均为3 cm。

（3）大坝坝面廊道口和流道口采用聚乙烯卷材封闭门保温处理。

（4）大坝闸墩牛腿倒悬部位及流道表面采用喷涂2 cm聚氨酯保温保护。

4.2.10.2　混凝土养护

从4月底开始，停止大坝混凝土表面、横缝面的保温施工，以养护为主。仓面养护采用旋转喷头不间断、连续喷水养护，对于边角部位无法旋喷的采用人工洒水辅助养护，确保仓面保持湿润；横缝面养护采用花管进行流水养护。花管固定模板支架上，随模板上升而升高。同样对于局部花管流水不到的地方采用人工洒水辅助养护，确保横缝面保持湿润。

5　实施效果分析

5.1　最高温度控制效果

最高温度整体控制在设计范围内，最高温度符合率为93.8%。分析最高温度超标主要原因：

（1）河床坝段强约束区混凝土按1.5 m升层，温度计埋设在距混凝土面75 cm处，温度计受夏季高温影响。

（2）一些结构采用小级配混凝土，小级配混凝土水泥用量大、放热量大，导致最高温度超标。

5.2　混凝土裂缝检查情况

截至2014年3月底，除在2009年大坝基础约束区因固结灌浆施工引起混凝土长间歇等原因产生少量裂缝和在2012年1月2日因揭开聚乙烯卷材保温被后遇温度骤降等原因在深孔流道侧墙产生1条裂缝外。2010年1月至2011年12月连续浇筑混凝土约376万m^3，没有发现温度裂缝；高程560 m以下上下游坝面抽条检查、底孔流道抽条检查，未发现裂缝。

6　结　语

自大坝开始浇筑以来，施工期混凝土裂缝的产生得到有效控制，已经顺利按期完成1～30灌区一期、中期后二期通水工作，完成1～29灌区接缝灌浆工作，未发现异常。实践证明，本工程混凝土温度控制施工是成功的。

坝体混凝土温度控制施工实践过程中有如下体会：

（1）原材料：选用合理的混凝土原材料和配合比，改善混凝土的力学、热学性能。

（2）浇筑温度及进度：合理安排混凝土施工时段，在低温季节应多浇快浇混凝土；合理分层,严格控制混凝土层间间歇时间,各坝段间做好跳仓浇筑规划。

(3)通水冷却:大坝通水冷却分为3期9个阶段,需要组织专职质控人员进行精心管理和精心施工,保证冷却水管的通畅,提高制冷水的回收率,提高冷水机组的工作效率;依据坝体内部温度及制冷水温度情况,采用"日指令"及时调整通水流量,确保混凝土均衡降温,且降温速率满足设计要求;做好制冷水主、干及支管的保温,可减少制冷水温度回升;混凝土浇筑过程中冷却水管破损不仅影响浇筑施工,而且一旦冷却水进入混凝土内部后,在混凝土强度较低时易对混凝土产生"水力渗透"破坏,需要进一步研究措施。

(4)做好坝体保温工作,可减小外界气温对坝体混凝土温度的影响,保证坝体内部均匀冷却,提高冷却效果。

(5)超前研究和确定技术方案和预案;针对天气变化和施工过程中产生的各种信息(如浇筑温度超标、混凝土冷却过程线偏离理论线及混凝土间歇期超标等),制定预案和预警,纳入施工组织管理;充分利用"大坝工程信息管理系统",实现工程信息快速反馈、快速反应和快速处置;根据仿真分析成果,指导现场施工。

(6)进一步研究混凝土防裂计算参数,使仿真成果进一步贴合实际以指导施工。

(7)计算机技术、信息技术和电子技术等已经融入了溪洛渡水电站混凝土双曲拱坝温度控制技术,形成双曲拱坝"数字化"混凝土温度控制技术,为消除人为因素的影响,将逐步完善以形成"智能化"混凝土温度控制技术。

参考文献

[1] 朱伯芳.大体积混凝土温度应力与温度控制[M].北京:中国电力出版社,1999.

[2] 张国新,等.溪洛渡高拱坝施工期全坝全过程反馈仿真关键技术问题与温控防裂措施优化分析[M].成都:四川大学出版社,2012.

[3] 中国水电顾问集团公司成都勘测设计研究院.金沙江溪洛渡水电站大坝施工技术要求(Ⅱ版)5拱坝混凝土温度控制施工技术要求[R].2009.

[4] 周政国,韩咏涛,陈刚,等.金沙江溪洛度水电站拱坝坝体通水冷却施工技术[J].贵州水力发电,2011,25(4).

光照水电站大坝快速施工设计优化及关键技术的应用

吴文盛　李洪泉

（贵州黔源电力股份有限公司　贵州　贵阳　550002）

摘要：贵州光照水电站大坝是目前世界上已建成最高的碾压混凝土重力坝，最大坝高 200.5 m，碾压混凝土总量为 240 万 m^3。大坝于 2006 年 2 月开始铺筑碾压混凝土，2008 年 2 月浇筑到坝顶，用两年时间完成一座 200.5 m 高的大坝，创造了高碾压混凝土坝快速施工的新纪录。本文介绍贵州光照水电站大坝施工过程的设计优化及关键施工技术应用。

关键词：光照水电站　碾压混凝土重力坝　快速施工　设计优化　关键施工技术应用

1　工程概况

贵州光照水电站位于贵州省关岭县和晴隆县交界的北盘江中游，是北盘江干流茅口以下梯级开发的龙头电站。枢纽工程由碾压混凝土重力坝，右岸引水系统及地面厂房组成。电站装机容量 1 040 MW，安装 4 台 260 MW 水轮发电机组，多年平均发电量 27.54 亿 kWh。水库正常蓄水位 745 m，总库容 32.45 亿 m^3，主要以发电为主，兼顾其他综合效益。

大坝为全断面碾压混凝土重力坝，最大坝高 200.5 m，是目前世界上已建成最高的碾压混凝土重力坝。大坝混凝土总量为 280 万 m^3，其中碾压混凝土总量为 240 万 m^3，常态混凝土 40 万 m^3。大坝于 2006 年 2 月开始铺筑碾压混凝土，2008 年 2 月浇筑到坝顶，工程月高峰浇筑碾压混凝土 22.18 万 m^3，日高峰浇筑碾压混凝土 1.36 万 m^3，用两年时间建成一座 200.5 m 高的大坝，创造了高碾压混凝土坝快速施工的新纪录。光照大坝建设速度快、施工高效、质量优良，通过五年多的运行表明，大坝运行情况良好。总结光照水电站大坝浇筑强度高、工期较快的原因，笔者认为，设计优化、技术创新是推动光照水电站大坝实现快速施工的重要原因。以下对大坝快速施工设计优化及关键施工技术应用作简要论述。

2　重视设计管理，加强设计优化，充分发挥设计的龙头作用

光照水电站项目业主对设计实行全过程跟踪管理，重点是加强设计优化，对工程质量、进度、投资进行有效控制，确保建设项目安全可靠、经济适用。在工程施工准备前形成设计优化策划，在此基础上对重大的设计方案进行论证、细化、落实优化具体措施，在工程施工过程中，采取措施，确保各项优化措施落到实处。

2.1　优化大坝底孔

光照水电站大坝结构原设计有两个 4×6 m 的放水底孔，一个布置在 9# 坝段，一个布置在 12# 坝段，每个孔安装钢衬体及加固件 669 t，锚筋 45 t，结构钢筋 1 624 t，三道闸门金属结构及预埋件总质量 623 t，三套启闭机（卷扬机）总质量 132 t，底孔工作弧门支承结构锚索总

重98.7 t。由于大坝放水底孔及出口段结构复杂，混凝土品种多，技术要求高，施工工艺复杂、难度大，每个底孔结构施工工期约3个月，直接影响到大坝混凝土浇筑全断面直线上升速度，关系到2007年光照水电站工程能否安全度汛、按期下闸蓄水、首台机组发电的大问题。业主审时度势，要求中水贵阳勘测设计研究院对取消左岸9#坝段放水底孔的可行性、必要性进行研究分析，经设计单位反复论证，并按重大设计修改的审批程序，报水电水利规划设计总院批准，优化设计取消9#坝段的放水底孔，为加快大坝混凝土的浇筑进度起到了积极的作用，为2007年光照水电站工程安全度汛、按期下闸蓄水发电奠定了坚实的基础，并节约工程投资3 000多万元。

2.2　减薄坝基垫层混凝土，加快了总体施工进度，有利于强约束区混凝土的温度控制

原设计光照大坝坝基垫层混凝土厚度3 m，混凝土量约3.1万m^3，分层、分块单元仓号40个以上，对施工进度影响较大，经参建各方共同研究后设计同意将坝基垫层混凝土厚度减薄至1.5 m，垫层常态混凝土量减少1.5万m^3，单元仓号数量减少到只有20个，大大加快了总体施工进度，施工质量更有保证，节约了工程投资。

2.3　取消左、右岸EL.612 m以下坝肩垫层常态混凝土

原设计光照水电站左、右岸EL.612 m以下坝肩有垫层混凝土约7.4万m^3，分层分块单元仓号数量多，按每天浇筑两块也需要3个月的时间，严重制约了直线工期，经参建各方共同研究后设计取消了左、右岸EL.612 m以下坝肩垫层常态混凝土，改为机拌变态混凝土，既保证了工程质量，又加快了施工进度。

2.4　抬高大坝EL.558 m廊道底部高程，有利于工程施工

光照大坝底部EL.558 m原设计设置两横五纵廊道，廊道将坝基分成18个小豆腐块施工，由于受混凝土入仓条件的限制，混凝土浇筑需要较长的时间，大坝坝基为EL.555 m，设计要求坝基的固结灌浆需有4.5 m的盖重，如廊道底部高程设置在EL.558 m，则在混凝土浇筑的过程中，坝基的固结灌浆工作无法进行，混凝土浇筑厚度至4.5 m时又要停下来进行固结灌浆，坝基的固结灌浆和廊道层的混凝土浇筑无法交叉进行，将占用大坝混凝土浇筑的直线工期，经参建各方研究后设计同意将底部EL.558 m廊道抬高至EL.559.5 m，先将坝基碾压混凝土仓面浇筑至EL.559.5 m，提供出工作面进行固结灌浆，固结灌浆、廊道模板安装和小豆腐块混凝土浇筑工序同时进行，形成流水作业，实践证明，该项方案变更加快工期25～30 d。

2.5　减薄大坝放水底孔钢衬体底部常态混凝土厚度，加快了施工进度

原设计大坝放水底孔钢衬体底部常态混凝土厚度5 m，钢衬的锚筋长度为1.6 m。为了有利于结构施工，加快放水底孔钢衬体的施工进度，经参建各方研究后设计同意将放水底孔钢衬板底部常态混凝土厚度从5 m改为3 m，不仅加快了钢衬体施工，也节约了工程投资，保证了施工质量。

3　加快大坝施工的主要措施及关键技术应用

3.1　大坝上游围堰加高，取消度汛缺口

存在的问题：大坝基坑围堰原设计按十年一遇的枯期流量设计，枯水时段为当年的11月6日至次年5月15日，设计流量为1 120 m^3/s。围堰结构为土石过水围堰，上游围堰堰顶为EL.596.5 m。该围堰设计标准偏低，围堰经常过水，过水后使基坑的清理和恢复混凝

土浇筑困难，影响施工进度。为了2006年安全度汛，原计划洪水期大坝工程采用导流洞与大坝预留缺口联合度汛的方式，缺口留在10#、11#坝段，宽度41 m，缺口高程为578 m，左、右坝段挡水高程为594 m。如按该方案施工，缺口部位的混凝土必须进行防裂保护，挡水坝段混凝土浇筑入仓道路困难，缺口高程太低，汛后抽水和清理仓面恢复施工困难，缺口部位的混凝土停歇时间长，新老混凝土结合面由于温差大，易造成该部位的混凝土开裂等。

采取的措施：利用山区洪水暴涨暴落的特点，采用实测统计分析法，适当提高上游围堰挡水标准，利用围堰以上库容调节洪水位，以增加主汛基坑施工时段。通过对历年水文资料、导流洞实际泄洪能力、上游库容增加后库容消减洪峰能力等分析，并经参建各方的专家咨询、计算校核，经研究后一致同意将上游围堰加高6 m混凝土刚性围堰。并委托南京河海大学结合现场施工实际情况，进行了水力模型试验，根据水力模型试验的结果，进行分析研究后设计同意取消大坝预留度汛缺口。

效果：加高后的围堰成功地挡截了四场洪水，最大洪峰流量为2 220 m^3/s，为大坝混凝土连续浇筑赢得了宝贵的时间，同时又为取消大坝预留度汛缺口创造了有利条件，取消大坝预留度汛缺口后，延长主汛施工时段5个月。由于主汛施工时段的延长，带来了一系列技术方案的优化，如：全断面通仓浇筑碾压混凝土；加快了工程建设工期，节约了施工成本。

3.2　大坝高温期全断面通仓碾压

目前国内碾压混凝土大坝高温期施工，一个碾压仓的面积一般控制在3 000～6 500 m^2，以作为高温期施工的一项措施。受控于此，施工过程中往往将一个水平设计断面切割成若干个施工小块，这种方法，不仅增加了准备工作量，同时无法充分发挥碾压混凝土强度高，施工快的特点。为体现碾压混凝土施工连续性好、施工强度高、施工速度快的优势，经过研究和分析，光照水电站碾压混凝土大坝在高温期采用大坝通仓全断面施工，最大浇筑仓面积突破了21 000 m^2，有效地加快了施工进度，充分展现了碾压混凝土的施工优势。

本措施对加快光照水电站施工进度的作用：

(1)减少了准备工作量。如在准备工作方面，通仓浇筑法取消了坝横0+000模板，每仓减少模板安装500 m^2。在道路方面，将两条道路合并为一条，平均两仓减少道路填筑量3 000～5 000 m^3。

(2)充分发挥碾压混凝土强度高、施工快的特点。如：在浇筑量方面，日浇筑量由原来的3 000～5 000 m^3上升至9 000～13 582 m^3，一个5万～6万m^3仓块，一般在5 d完成施工，大坝施工进度直线上升。

3.3　采用斜层碾压施工工艺等综合措施确保碾压混凝土通仓浇筑质量

3.3.1　碾压混凝土通仓浇筑可能存在的主要问题分析

(1)混凝土覆盖不及时。

快速覆盖是保证碾压混凝土层间结合质量的重要措施之一。通仓施工混凝土，一次浇筑面积由原来的6 000～10 650 m^2增加至12 000～21 300 m^2，如果混凝土拌和、运输、仓面设备不足及施工方法的不当，势必造成混凝土覆盖不及时，混凝土V_C值增大，层间结合质量下降，或初凝，形成冷缝等。

(2)拌和楼出机口温度波动。

经计算光照大坝碾压施工要求控制浇筑温度在20 ℃以下，相应出机口温度要求控制在15 ℃以下，光照水电站控制出机口温度的主要措施是在冷风仓和拌和楼料仓进行一二次风冷。由于浇筑强度提高，水泥、骨料温度高，骨料在风冷料仓的时间过短，降温时间不足，至使拌和出机口温度上升。

(3)混凝土降温失控。

内外温差大是混凝土出现裂缝的致命因素之一，混凝土浇筑后水化热的作用温升快，如果不及时降温，外部气温的波动，可能导致混凝土内外温差大而开裂。当浇筑面积大，混凝土施工快后，温控的工作量也相应增大，如果组织、监控不严，可能造成降温失控。

(4)其他可能出现的问题。如配合比、仓面喷雾、运输温升的合理性等。

3.3.2　针对问题采取的对策

(1)采取斜层碾压施工工艺。

原方案采用平层碾压施工工艺，其仓面面积6 000～10 650 m^2。按0.3 m碾压层6 h覆盖控制施工，其小时浇筑量是300～532.5 m^3。仓面增大后，浇筑面积变为12 000～21 300 m^2，若平层碾压，要求小时浇筑量为600～1 065 m^3。本工程大坝共配备混凝土拌和楼四座。碾压混凝土主要由左岸三座强制式拌和楼生产，总小时生产碾压混凝土能力为660 m^3，不能满足大仓面平层碾压最低入仓强度要求。若采用斜层碾压工艺，按3 m层高，选择坡比1:(10～12)，最大覆盖面积是5 100～6 120 m^2，按0.3 m碾压层6 h进行控制，小时浇筑量是255～306 m^3。

(2)加强设备和人员投入，根据进度要求和相应辅助设施的配置，按日生产10 000 m^3平均生产能力配置准备、运输、平仓、碾压、成缝、喷雾等设备和作业人员。

(3)采取综合温控措施。

①降低混凝土的水化热温升。

选用水化热低的中热水泥，在满足施工图纸要求的混凝土强度、耐久性和和易性的前提下，改善混凝土骨料级配，高掺优质的掺合料(粉煤灰)和高温型外加剂以适当减少单位水泥用量，延缓初凝时间。

②对混凝土运输进行遮盖，缩短混凝土覆盖时间，控制运输、平仓、振碾过程温度，保证混凝土施工连续。

③采用空中、地面交叉喷雾，形成仓面“小气候”，保持仓面湿度，降低仓面温度5～7 ℃，控制 V_C 值过快增大，保证混凝土有良好的可碾性。

④埋设冷却水管进行通水冷却。

按设计埋设冷却水管，在冷却水管被混凝土覆盖后即通水冷却，一期通水时间不少于20 d(按混凝土温降时间定)，高温期通10～15 ℃制冷水，中期冷却通水时间由计算和测温结果定确定，一般为2个月左右。通水水温与混凝土内部温度之差不超过20 ℃，日降温不超过1 ℃。

采取上述综合措施后，有效地控制了碾压仓面，做到快速碾压、快速覆盖，在不改变现有混凝土生产、运输、浇筑能力的前提下，大大缩短了碾压混凝土层间间隔时间，提高了混凝土层间结合力，节省了机械设备、人员的配置，并通过加大对斜层碾压施工中各关键细节的控制力度，克服了光照地区高温多雨的气候环境对施工的不良影响，确保了碾压混凝土通仓浇筑的质量。

3.4　碾压混凝土斜坡满管输送系统

光照水电站大坝共有碾压混凝土240万 m^3，为国内首次使用大口径满管斜坡碾压混凝土输送系统。大坝 EL. 623.5 m 高程以下采用汽车入仓，EL. 623.5 ~ EL. 745.5 m 采用皮带机 + 满管 + 仓面汽车入仓。满管分两次布置，输送最大高差 81.7 m，两条管月最大输送量 22.18 万 m^3；日最大输送量 1.11 万 m^3，单条小时最大输送量 536 m^3，工程使用满管输送总碾压混凝土总量 153 万 m^3。

满管斜坡碾压混凝土输送系统由于管径大，装车速度快(装 9 m^3 混凝土 8 ~ 10 s)，与负压溜管比较，解决了汽车装料时的分离问题，由于满管斜坡碾压混凝土输送系统是密闭和全遮盖系统，运输过程中，其 V_C 值损失较小，保证了混凝土质量；且具有造价低，使用方便、维修时间少等优点。

实际效果：光照水电站大口径满管斜坡碾压混凝土输送系统的采用，大大提高了碾压混凝土斜坡输送入仓速度，减少了施工成本投入，有效加快了光照碾压混凝土坝的筑坝速度，并保证了混凝土质量。大坝混凝土两次钻孔取芯 1 041.42 m，经试验检测，各项质量指标满足设计及规范要求，质量优良。10 m 以上整长芯样 7 根，占取芯进尺的 8.6%，其中单根 ϕ150 mm 整长芯 14.70 m、14.73 m、15.33 m，达到世界碾压混凝土取芯领先水平。

3.5　表孔溢流堰混凝土同步上升

光照水电站大坝泄洪坝段包括 3 孔表孔坝段和 1 个底孔坝段。表孔溢洪道孔口宽 16.0 m，堰顶高程 725.00 m，堰面采用 WES 曲线 $y = 0.041\ 3 \times 1.85$，孔口中间分缝，闸墩中墩宽 4.5 m，边墩宽 4 m，采用预应力闸墩。孔口安装平板检修闸门和弧形工作闸门。泄洪任务全部由表孔承担，下游消能采用窄缝式挑流消能。表孔混凝土分开浇筑方法与同步浇筑方法工期比较见表 1。

表 1　表孔混凝土分开浇筑方法与同步浇筑方法工期比较

施工方法	升层数(3 m/层)	每层仓面数(个)	总仓数	每层需工期(d)	工期(d)	说明
分开浇筑	16	3	48	10 ~ 12	160 ~ 192	EL. 662.8 ~ EL. 710 m
同步浇筑	16	1	16	5 ~ 6	80 ~ 96	EL. 662.8 ~ EL. 710 m

表孔溢流堰混凝土同步上升取得的成效

(1)采用同步浇筑法后，常态混凝土和碾压混凝土同步上升，常态混凝土与碾压混凝土一样每 0.3 m 为一个升层批次，入仓、平仓、振动都有较好的控制，严格保证了混凝土质量。

(2)改变碾压混凝土坝常态混凝土和碾压混凝土脱开浇筑的传统施工方法，加快了溢洪道的成型速度，提前工期 96 d，尽早为弧门安装和预应力锚索的施工提供了工作面，实现了电站预期发电目标。

3.6　大坝碾压混凝土仓面喷雾方法改进

在碾压混凝土大坝施工过程中，由于日照、风力、湿度低等因素的影响，使得碾压混凝土仓面水分蒸发快，而导致 V_C 值增大，混凝土拌和物发白，碾压层久压不泛浆，进而影响碾压混凝土的层间结合质量。为保持湿润环境，改善浇筑仓面温度，目前的主要做法是用喷雾机或手持冲毛枪进行仓面喷雾，形成“小气候”。光照水电站碾压混凝土大坝施工过程中，采用了空中为主，仓面为辅的交叉立体喷雾方法，使仓面喷雾更加简单、容易，具有一定的技术、经济可比性。

改进后的交叉喷雾方法效果：

在距地面 15 ~ 30 m，垂直水流方向，架设水平喷水管，水雾在水压力作用下喷射而出，下落过程中经空气阻力和风力的作用进一步雾化，在浇筑仓面上空形成水雾盖，达到改变浇筑场温度、湿度的目的。

3.7　大坝表孔弧形工作门采用架桥机安装

光照水电站大坝表孔三个，设三扇三支臂弧形工作门 16 × 21 m ~ 21 m，支铰单重 53.6 t，门叶单重 48 t，单扇弧形工作门门体总重 480 t。采用跨度 50 m、起吊能力 150 t 的架桥机安装方案，将单扇门体分为 20 个起吊单元，实现了 4 ~ 7 d 吊装一扇弧形工作门、60 d 安装三扇弧形工作门的施工记录。

光照水电站大坝施工过程中由于采取了上述设计优化和技术创新措施，实现了两年时间建成一座 200.5 m 高的大坝，而且大坝质量优良，各项技术指标符合设计及规范要求，创造了高碾压混凝土坝快速施工的新纪录，并于 2012 年获得第六届国际 RCC 里程碑奖。经五年多的运行，各项监测指标表明，大坝运行情况良好。

光照水电站在施工过程中还进行了一系列其他技术创新和技术工艺优化，如：高流态自密实混凝土的配合比研究及应用，人工砂添加石粉工艺的应用、灌浆廊道衬砌一次成型技术、采用钢模板预制廊道技术等。

参考文献

[1] 贵阳勘测设计研究院，贵州北盘江电力股份有限公司，等. 光照 200 m 级高碾压混凝土重力坝筑坝技术研究总报告[R].

[2] 周威，刘雯，等. 光照高碾压混凝土坝入仓施工工艺研究[R]. 贵阳：贵阳勘测设计研究院施工分院.

对现行拱坝规范中拱座稳定计算公式修正方法的探讨

庞明亮　胡云明　饶宏玲　邵敬东

（中国电建集团成都勘测设计研究院　四川　成都　610072）

摘要:本文从不同类型的拱座岩体在承载后呈现的不同破坏特性入手,分析了现行拱坝设计规范按拱坝建筑物级别分别选用剪摩公式或纯摩公式进行拱座稳定分析的局限性,提出了按滑块的滑移模式确定可以提供抗力的结构面的个数,按提供抗力的结构面的破坏型式确定抗力项的计算公式及与之相匹配的的材料分项系数,在此基础上对拱座稳定计算公式进行了初步的修正与探讨。并结合我国西南山区在建的几座 300 m 级特高拱坝的部分拱座典型滑块稳定分析的算例进行了验证。

关键词:拱座稳定　滑移模式　抗剪断破坏　抗剪破坏　剪摩公式　纯摩公式　修正公式

1　现行规范中拱座稳定计算公式及解读

现行电力行业的《混凝土拱坝设计规范》(DL/T 5346—2006)[1]规定:用刚体极限平衡法分析拱座稳定时,1、2 级拱坝及高拱坝应满足承载能力极限状态设计表达式(1),其他则应满足承载能力极限状态设计表达式(1)或(2):

$$\gamma_0\psi\sum T\leqslant\frac{1}{\gamma_{d1}}\left(\frac{\sum f_1N}{\gamma_{m1f}}+\frac{\sum C_1A}{\gamma_{m1c}}\right)\tag{1}$$

$$\gamma_0\psi\sum T\leqslant\frac{1}{\gamma_{d2}}\frac{\sum f_2N}{\gamma_{m2f}}\tag{2}$$

式中:γ_0 为结构重要性系数,对应于安全级别为Ⅰ、Ⅱ、Ⅲ级的建筑物,分别取 1.1、1.0、0.9;ψ 为设计状况系数,对应于持久状况、短暂状况、偶然状况,分别取 1.00、0.95、0.85;T 为沿滑动方向的滑动力;N 为垂直于滑动方向的法向力;f_1、f_2 分别为抗剪断摩擦系数及抗剪摩擦系数;C_1 为抗剪断凝聚力;A 为滑裂面的面积;γ_{d1}、γ_{d2}分别为两种计算情况的结构系数,分别取 1.2 与 1.1;γ_{m1f}、γ_{m1c}、γ_{m2f}为两种表达式的材料性能分项系数,分别取 2.4、3.0 与 1.2。

公式(1)与公式(2)的本质区别在于对于岩体抗力[2]的表达形式不同,分别对应于拱座岩体不同破坏模式下的岩体抗力设计值。根据岩体构造及其破坏特性,拱座岩体的破坏可分为脆性破坏和塑性破坏两种典型类型。一般坚硬或半坚硬岩体的破坏属于脆性破坏型,对于脆性破坏型岩体,应以比例极限强度作为这类岩体抗力强度的设计值,而抗力强度的标准值目前通常是采用峰值强度,故剪摩公式中对应的材料分项系数主要反映的是峰值强度向比例极限强度的转化系数,同时还考虑了设计值与标准值在保证率上的差别。这种破坏类型岩体的抗力项需同时考虑 f 值及 C 值的作用,拱座稳定计算应采用设计表达式(1),即通常所说的剪摩公式。

一般软弱岩体、具有断层或裂隙的破碎岩体、岩体中的软弱夹层的破坏则属于塑性破坏型，此时岩体抗力强度的设计值与标准值均为岩体的屈服强度，其对应的材料分项系数仅仅反映了设计值与标准值在保证率上的差别，故同样为摩擦力的材料分项系数，纯摩公式的材料分项系数 γ_{m2f}的数值仅为剪摩公式 γ_{m1f}的一半。另一方面，这类岩体 C 值一般很小，可忽略不计而作为安全储备，拱座稳定计算应采用设计表达式(2)，即通常所说的纯摩公式。

简而言之，剪摩公式与纯摩公式的主要区别在于岩体抗力项的表达形式不同，这里的不同主要包括两方面的含义：一方面，根据岩体在承载后呈现出的不同的破坏类型，剪摩公式同时考虑了 f 值及 C 值提供的抗力，而纯摩公式仅仅考虑了 f 值提供的抗力。另一方面，由于剪摩公式与纯摩公式中对 f 值的标准值及设计值的取值类型不同，导致剪摩公式与纯摩公式中的材料分项系数差别很大，如前文所述，剪摩公式中的 f 值的材料分项系数 γ_{m1f}为2.4，而纯摩公式中的 f 值的材料分项系数 γ_{m2f}仅为1.2。

2　现行规范中拱座稳定计算公式的局限性

我国现行拱坝设计规范规定采用纯摩公式分析拱座稳定只适用于3级及3级以下拱坝，而对1、2级拱坝及高拱坝应按剪摩公式分析拱座稳定。但在实际工程应用中，该规定有其不合理之处，主要体现在以下两方面：

一方面，当可能滑动面是由断层、大规模延伸的裂隙结构面等特定结构面组成时，由滑面承载后呈现的破坏类型判断，应采用纯摩公式进行拱座稳定分析。此时的抗剪参数 f 应根据针对特定结构面开展的大剪试验资料进行统计分析，取其屈服强度值。1、2级拱坝及高拱坝同样存在这种受结构面控制的塑性及弹塑性的破坏情况，而目前国外[3]也多趋向于采用纯摩公式来分析沿这种特定结构面组成滑块的抗滑稳定安全度。从国内拱坝设计的实际应用来看，李家峡、二滩、锦屏一级、溪洛渡、大岗山等工程的拱座稳定分析中，也把纯摩分析作为主要手段之一。故规范规定1、2级拱坝及高拱坝无论滑动面性状及构成如何，均应按剪摩公式进行拱座稳定分析的要求是不完全合理的。

另一方面，实际工程中经常出现同时由大规模特定结构面与包含非优势裂隙的岩体组合成的滑块的抗滑稳定计算问题。此时，如果滑块可能的滑移模式为双滑，其一个滑移面呈现抗剪断破坏的特征，应该按剪摩公式考虑其抗力项的组成及对应的材料分项系数；而另一个滑移面呈现抗剪破坏的特点，则应按纯摩公式考虑其抗力项的组成及对应的材料分项系数。此时无论选用纯摩公式还是剪摩公式进行拱座稳定计算，均无法客观真实的反映这种滑移模式下不同类型的两个组合面抗力项的组成情况。

基于以上两方面的原因，有必要突破目前拱坝设计规范按拱坝建筑物级别选用剪摩或纯摩计算公式的限制，在考虑滑块的滑移模式及滑移面的破坏类型的基础上对规范公式(1)及公式(2)进行合理的修正。

3　对拱座稳定计算公式的修正方法

按照法国人隆德(Pierre Londe)提出的八种拱坝坝肩岩体滑移类型[4]，坝肩可能滑块在外荷载合力矢量的作用下，可能出现3种稳定状态，分别为可能滑移状态、超稳状态、失稳状态。超稳状态指的是外荷载合力矢量方向指向山体内部，组成滑块的滑面都处于纯粹受压状态，没有平行于滑面的分矢量，此时滑块滑动力为零，稳定安全度无穷大。失稳状态指的是外荷载合力矢量方向指向临空面，且该合力矢量可以分解为平行于滑块交棱线的滑动分矢量，却几乎没有垂直于各滑面的分矢量，此时滑块的稳定安全度无穷小。可能滑移状态指的是外荷载合力矢量指向山体外部，且该合力矢量向各滑移面分别分解后，在一个或者两个滑面上存在垂直于滑面且指向滑块外部的分量，此时滑块是否滑移，取决于滑动面提供的抗力的大小。在这三种稳定状态中，可以定量计算稳定安全度的是可能滑移状态。

对于可能滑移状态，根据能够提供阻滑力的滑移面的个数，又可以分为单滑与双滑两种滑移模式。当外荷载合力矢量分解的结果显示某两个滑面上存在垂直于滑面且指向滑块外部的分量时，该滑块滑移模式即为双滑模式，此时组成滑块的某两个滑移面会同时提供阻止滑移的抗力。当矢量分解的结果显示仅有一个滑面上存在垂直于滑面且指向滑块外部的分量时，该滑块滑移模式即为单滑模式，此时只有一个滑移面会提供阻止滑移的抗力。根据刚性块体的假设，一个单一滑块沿三个平面滑动是不可能的。

对于单滑模式，滑块沿某一个滑移面上的某一方向滑动，只有一个结构面（滑移面）能够提供支撑岩体稳定的抗力。此时根据该结构面的破坏特征，用刚体极限平衡法分析拱座稳定时，应满足的承载能力极限状态设计表达式应分以下两种情况分别选取。

第一种情况，若该滑移面遵循抗剪断破坏的特征，则该滑块的抗力项由单个滑移面上的摩擦力及凝聚力两部分组成，应满足的承载能力极限状态设计表达式为：

$$\gamma_0 \psi T \leqslant \frac{1}{\gamma_{d1}}\left(\frac{f_1 N}{\gamma_{m1f}} + \frac{C_1 A}{\gamma_{m1c}}\right) \tag{3}$$

亦即该类型的滑块的抗力与作用效应之比应满足下式的要求：

$$K = \frac{1}{\gamma_{d1}\gamma_0\psi}\left(\frac{f_1 N}{\gamma_{m1f} T} + \frac{C_1 A}{\gamma_{m1c} T}\right) \geqslant 1 \tag{4}$$

第二种情况，若该滑移面遵循抗剪破坏的特征，则该滑块的抗力项仅由单个滑移面上的摩擦力组成，应满足的承载能力极限状态设计表达式为：

$$\gamma_0 \psi T \leqslant \frac{1}{\gamma_{d2}} \frac{f_2 N}{\gamma_{m2f}} \tag{5}$$

亦即该类型的滑块的抗力与作用效应之比应满足下式的要求：

$$K = \frac{1}{\gamma_{d2}\gamma_0\psi} \frac{f_2 N}{\gamma_{m2f} T} \geqslant 1 \tag{6}$$

对于双滑模式，滑块沿某两个滑移面的交线滑动，两个结构面（滑移面）都能够提供支撑岩体稳定的抗力。此时，根据滑移面破坏类型不同，抗力项的组成及其对应的材料分项系数取值也各不相同，可分为以下三种情况。

第一种情况，若双滑模式下滑块的两个滑动面（记为 α 面、β 面，体现在公式中 f、C、N 及 A 的下标中，下同）均遵循抗剪断破坏的特征，则滑块的抗力项由 α 面及 β 面上各自的摩擦力及凝聚力共同组成，应满足的承载能力极限状态设计表达式为：

$$\gamma_0 \psi T \leqslant \frac{1}{\gamma_{d1}}\left(\frac{f_\alpha N_\alpha}{\gamma_{m1f}} + \frac{C_\alpha A_\alpha}{\gamma_{m1c}} + \frac{f_\beta N_\beta}{\gamma_{m1f}} + \frac{C_\beta A_\beta}{\gamma_{m1c}}\right) \tag{7}$$

式中：$f_\alpha N_\alpha$ 为由 α 面上的摩擦力产生的阻滑力；$C_\alpha A_\alpha$ 为由 α 面上的凝聚力产生的阻滑力；$f_\beta N_\beta$ 为由 β 面上的摩擦力产生的阻滑力；$C_\beta A_\beta$ 为由 β 面上的凝聚力产生的阻滑力，下同。

即该类型的滑块的抗力与作用效应之比应满足下式的要求：

$$K = \frac{1}{\gamma_0 \psi \gamma_{d1}}(\frac{f_\alpha N_\alpha}{\gamma_{m1f} T} + \frac{C_\alpha A_\alpha}{\gamma_{m1c} T} + \frac{f_\beta N_\beta}{\gamma_{m1f} T} + \frac{C_\beta A_\beta}{\gamma_{m1c} T}) \geqslant 1 \tag{8}$$

第二种情况，若双滑模式下滑块的两个滑动面（记为 α 面、β 面）均遵循抗剪破坏的特征，则该滑块的抗力项由两个滑移面各自的摩擦力组成，应满足的承载能力极限状态设计表达式为：

$$\gamma_0 \psi T \leqslant \frac{1}{\gamma_{d2}}(\frac{f_\alpha N_\alpha}{\gamma_{m2f}} + \frac{f_\beta N_\beta}{\gamma_{m2f}}) \tag{9}$$

亦即该类型的滑块的抗力与作用效应之比应满足下式的要求：

$$K = \frac{1}{\gamma_0 \psi \gamma_{d2}}(\frac{f_\alpha N_\alpha}{\gamma_{m2f} T} + \frac{f_\beta N_\beta}{\gamma_{m2f} T}) \geqslant 1 \tag{10}$$

第三种情况，若双滑模式下滑块的一个滑动面（记为 α 面）遵循抗剪断破坏的特征，另一个滑动面（记为 β 面）遵循抗剪破坏的特征，则该滑块的抗力项由 α 面的摩擦力、α 面的凝聚力及 β 面的摩擦力等三部分共同组成，应满足的承载能力极限状态设计表达式为：

$$\gamma_0 \psi T \leqslant \frac{1}{\gamma_{d3}}(\frac{f_\alpha N_\alpha}{\gamma_{m1f}} + \frac{C_\alpha A_\alpha}{\gamma_{m1c}} + \frac{f_\beta N_\beta}{\gamma_{m2f}}) \tag{11}$$

亦即该类型的滑块的抗力与作用效应之比应满足下式的要求：

$$K = \frac{1}{\gamma_0 \psi \gamma_{d3}}(\frac{f_\alpha N_\alpha}{\gamma_{m1f} T} + \frac{C_\alpha A_\alpha}{\gamma_{m1c} T} + \frac{f_\beta N_\beta}{\gamma_{m2f} T}) \geqslant 1$$

上述各公式中的分项系数的意义及取值与现行规范相同。修正公式（11）及（12）中结构系数 γ_{d3} 的取值，考虑到规范剪摩公式中的结构系数 γ_{d1} 为 1.2，而规范纯摩公式中的结构系数 γ_{d2} 为 1.1，为尽可能的减小由于结构系数的取值误差带来的拱座稳定分析结果的误差，将 γ_{d3} 暂定为 1.15。由于现行规范中的结构系数 γ_{d1} 与 γ_{d2} 是在经验安全系数的基础上套改得来的，因此 γ_{d3} 的取值就不可避免的具有了一定的套改的属性，其取值的合理性与普适性尚有待于对多个工程作深入研究后进行校准与验证。

综上，用刚体极限平衡法分析拱座稳定时，应满足的承载能力极限状态设计表达式，以及与之相对应的抗力与作用效应之比的计算公式应分五种情况按表 1 选取。

表 1　考虑滑移模式及滑移面破坏类型后的拱座稳定分析修正公式

滑移模式	单滑		双滑		
滑移面破坏类型	抗剪断破坏	抗剪破坏	两个滑面均为抗剪断破坏	两个滑面均为抗剪破坏	抗剪断破坏 + 抗剪破坏
承载能力极限状态设计表达式	式（3）	式（5）	式（7）	式（9）	式（11）
滑块的抗力与作用效应之比 K	式（4）	式（6）	式（8）	式（10）	式（12）

4　基于修正公式的拱座稳定典型实例分析

在运用本文提出的修正公式进行拱座稳定分析时，首先计算出作用在滑块上的所有外荷载的合力矢量，然后对该合力矢量分别沿垂直于各结构面与平行于各结构面进行矢量分解。该分解过程既可以利用 AutoCAD 软件，按三维图解的方法完成，也可采用程序求解矢量方程组的方式完成，或采用赤平极射投影法进行图解完成，本文不再赘述。

在此基础上，根据提供抗力的结构面的个数及该结构面的破坏模式按表 1 选取合适的修正公式进行滑块的抗力与作用效应之比的计算。

下面以锦屏一级、溪洛渡及大岗山等拱坝的拱座稳定分析中遇到的部分典型滑块为例，进行抗滑稳定计算，计算分析的成果见表 2。

表 2　部分拱坝典型滑块拱座稳定分析实例

序号	所属工程及岸别	组成滑块的结构面类别及产状			滑移类别	适用修正公式	修正公式计算成果	规范公式计算成果
		侧滑面	底滑面	下游切割面				
1	锦屏一级右岸	f13 断层：N58°E/SE∠72°	绿片岩：N45°E/NW∠35°	SN 向裂隙：SN/∠90°	单滑（沿绿片岩）	式(4)	0.81	0.81
2	大岗山左岸	裂隙 3：N28°E/NW∠70°	断层 f_{145}：N33°E/NW∠11°	裂隙 4：N80°W/NE∠70°	单滑（沿断层）	式(6)	1.59	0.98
3	锦屏一级左岸	NE 向优势裂隙：N60°E/SE∠70°	层内剪断岩体：N25°E/SE∠5°	—	双滑	式(8)	1.15	1.15
4	锦屏一级左岸	f5 断层：N45°E/SE∠71°	f2 断层：N25°E/NW∠40°	—	双滑	式(10)	3.03	1.72
5	溪洛渡左岸	非优势裂隙：N20°W/SW∠70°	层间错动 C3：N30°W/NE∠5°	—	双滑	式(12)	1.17	0.98

注：表中各公式的计算成果均表示的是滑块的抗力与作用效应之比，该比值大于 1.0 即可认为满足对应的承载能力极限状态设计表达式的要求。

5　修正公式与规范公式计算成果差异探讨

表 2 列出了中国水电顾问集团成都勘测设计研究院近年来设计的主要拱坝部分典型滑块的拱座稳定计算成果。这 5 个典型滑块的算例刚好代表了前述 5 种修正公式的应用实例。根据本文的建议，由外荷载合力矢量分解结果得出，表中滑块 1 及滑块 2 为沿底滑面的单滑模式，滑块 1 底滑面为半坚硬岩体，其破坏型式呈现典型的脆性破坏的特点，故适用修正公式(4)计算抗力与作用效应之比；滑块 2 底滑面为破碎软弱岩体，其破坏型式呈现典型的塑性破坏的特点，故适用修正公式(6)计算抗力与作用效应之比。由外荷载合力矢量分解结果得出，表中滑块 3、滑块 4 及滑块 5 为沿侧滑面及底滑面交棱线滑动的双滑模式，滑块 3 侧滑面及底滑面均为半坚硬岩体，其破坏型式呈现典型的脆性破坏的特点，故适应修正公式(8)计算抗力与作用效应之比；滑块 4 侧滑面与底滑面均为破碎软弱岩体，其破坏型式呈现典型的塑性破坏的特点，故适用修正公式(10)计算抗力与作用效应之比；滑块 5 侧滑面为半坚硬岩体，其破坏型式呈现典型的脆性破坏的特点，而底滑面为破碎软弱岩体，其破坏型式呈现典型的塑性破坏的特点，故适用修正公式(12)计算抗力与作用效应之比。

由于所列拱坝均为特高拱坝，属于 1 级建筑物，按现行规范的要求应适用剪摩公式（即公式(1)）进行拱座稳定分析计算。而根据本文前面的分析，只有当提供抗力的所有结构面都呈现抗剪断破坏特征时,才能够按剪摩公式计算岩体抗力,此时拱座稳定分析适用修正公式(4)或修正公式(8),这两个公式本质上与规范公式(1)是一致的,所以采用修正公式(4)或(8)计算出的抗力作用效应比与现行规范公式是一致的;提供抗力的结构面都呈现抗剪破坏特征时,应按纯摩公式计算岩体抗力,此时拱座稳定分析适用修正公式(6)或修正公式(10),这两个公式本质上与规范公式(2)是一致的,所以采用修正公式(6)或(10)计算出的抗力作用效应比与现行规范公式(2)是一致的;提供抗力的二个结构面,一个呈现抗剪断破坏特征,另一个呈现抗剪破坏特征时,应分别按剪摩公式及纯摩公式中的抗力项计算相应结构面提供的抗力,此时适用修正(12),该公式是对规范公式(1)及(2)抗力项的融合,所以采用修正公式(12)计算出的抗力作用效应比与现行规范公式计算成果有一定的差异。从不同性状的拱座岩体或结构面在承载后呈现的不同的应力应变曲线特性来看,采用本文推荐的修正公式进行拱座稳定分析是更能够客观真实的反映拱座稳定情况的。

6　结　语

现行规范笼统的按拱坝建筑物的级别分别选用剪摩公式或纯摩公式进行拱座稳定分析,而没有考虑滑移面的受力及破坏特性,具有一定的局限性。本文从不同性状的拱座岩体或结构面在承载后呈现不同的破坏特征入手,提出了按滑块的滑移模式确定可以提供抗力的结构面的个数,按提供抗力的结构面的破坏类型确定抗力项的组成及与之相匹配的的材料分项系数,在此思路的基础上提出了针对单一滑块的 5 个拱座稳定计算修正公式。5 个不同的修正公式分别适用于单一滑块的拱座稳定分析中可能出现的全部 5 种实际组合情况。需要指出的是,本文对拱座稳定计算公式适用范围和表达型式的修正,还只是初步的探讨,其中结构系数的取值仍然沿用了现行规范的规定,也不可避免的具有套改的属性,取值的合理性与普适性尚有待于对多个工程作深入研究后进行校准与验证。

参考文献

[1] DL /T 5346—2006 混凝土拱坝设计规范[S]. 北京:中国电力出版社, 2007.
[2] GB 50199—94 水利水电工程结构可靠度设计统一标准[S]. 北京:中国计划出版社,1994.
[3] 美国垦务局. 拱坝设计[M]. 北京:水利电力出版社,1984.
[4] Lond P, Vigier G. Stability of slopes ,1970.

300 m 级高面板堆石坝饱和 – 非饱和渗流分析

王　蒙　张合作　湛正刚

（中国电建集团贵阳勘测设计研究院有限公司　贵州　贵阳　550081）

摘要：目前，300 m 级高面板堆石坝渗透稳定是主要关注问题之一，特别是垫层区水平宽度的确定缺少计算支持，面板破损或止水失效等极端工况下的渗流场分布以及部分分区的渗透稳定情况需深入研究。笔者依托如美面板堆石坝工程，采用饱和 – 非饱和渗流理论，对多种垫层与过渡料水平宽度进行组合计算，通过总结渗流要素变化规律，从防渗角度提出了 300 m 级高面板堆石坝合适的垫层宽度；另外，对如美面板堆石坝建立三维有限元模型，模拟了面板破损和止水失效的极端工况下的坝体渗流场分布规律和垫层的渗透稳定性，提出了 300 m 级高面板堆石坝加强防渗性能的范围。

关键词：300 m　高面板堆石坝　垫层水平宽度　面板破损　止水失效　饱和 – 非饱和　防渗增强范围

混凝土面板堆石坝是目前世界上公认的一种比较经济的坝型，自 20 世纪 80 年代引入我国以来得到了蓬勃的发展，现已成为我国水利水电建设事业最具比选性的坝型之一[1]。继天生桥一级、洪家渡、三板溪和水布垭等 200 m 级高面板堆石坝建成以来，我国在高面板堆石坝方面积累了丰富的设计、施工和运行经验。近些年来，我国金沙江、怒江、澜沧江及黄河上游等诸多河流有许多适宜建设高面板堆石坝的坝址，坝高都在 250 ~ 300 m。无论是从我国面板堆石坝的筑坝技术经验，还是从我国水电发展的需求来看，我国面板堆石坝都迫切着从 200 m 及上升至 300 m 级[2]。

变形控制与渗流控制等问题是 300 m 级高面板堆石坝最突出的问题[3]，特别是近些年来一些高面板坝因为变形过大使得面板发生破损、止水张开，进而导致坝体发生渗漏，使得坝工界对于面板的渗流控制有了更深刻的认识。而根据工程经验，良好的垫层级配和足够的宽度是保证垫层渗透问题的必要条件，因此一些大型工程针对垫层的渗透破坏进行了专项的研究，但主要是基于室内进行的渗透破坏试验，以掌握垫层材料的特性，大多工程主要还是根据工程类比进行的垫层料设计。所以对于垫层料特性的合理设计目前还缺少充足的理论和计算分析支撑。另外，当面板破损或止水失效时，坝体局部集中渗流场如何分布，坝体是否会发生渗透破坏，通过哪些措施可以改善面板破损或止水失效后坝体集中渗流场，减小坝体渗漏量，也是目前面板坝渗流比较关注的问题。本文主要针对以上两方面，依托如美 315 m 高面板堆石坝采用饱和 – 非饱和渗流计算方法进行渗流分析，从渗流角度探讨了垫层料设计、面板破损情况下的渗流场分布规律等研究。

1　饱和－非饱和渗流求解理论[4]

1.1　求解方程

多孔介质各向异性饱和－非饱和非恒定达西渗流控制方程[5]为

$$\frac{\partial}{\partial x_i}\left[k_{ij}^s k_r(h_c)\frac{\partial h_c}{\partial x_j}+k_{i3}^s k_r(h_c)\right]-Q=[C(h_c)+\beta S_s]\frac{\partial h_c}{\partial t} \tag{1}$$

式中：h_c 为压力水头；k_{ij}^s为饱和渗透系数张量；k_r 为相对透水率，$0<k_r\leqslant 1$；C 为比容水度，$C=\partial\theta/\partial h_c$，在正压区 $C=0$；β 为饱和－非饱和选择常数，在非饱和区等于0，在饱和区等于1；θ 为体积含水率；S_S 为弹性贮水率，饱和土体的 S_S 为一个常数，在非饱和土体中 $S_S=0$，当忽略土体骨架及水的压缩性时对于饱和区也有 $S_S=0$；Q 为源汇项。

当计算稳定渗流场时，只需令控制方程式(1)右端项为零即可。对于土石坝工程，坝体坝基内部一般不存在渗流源汇项，因此式(1)中 $Q=0$。如果按饱和渗流场求解，只需令式(1)中 $k_r(h_c)=1$ 中即可。

1.2　定解条件

非恒定饱和－非饱和渗流求解时的定解条件如下：

初始条件

$$h_c(x_i,0)=h_c(x_i,t_0)\quad i=1,2,3 \tag{2}$$

边界条件

$$h_c(x_i,t)|_{\Gamma_1}=h_{c1}(x_i,t)- \tag{3}$$

$$-\left[k_{ij}^s k_r(h_c)\frac{\partial h_c}{\partial x_j}+k_{i3}^s k_r(h_c)\right]n_i\bigg|_{\Gamma_2}=q_n(t) \tag{4}$$

当问题简化为只按饱和渗流理论计算渗流场时，相对渗透系数 $k_r(h_c)=1$，除满足式(2)～式(4)外，还需增加逸出面边界和自由面边界，分别为

$$-\left[k_{ij}^s k_r(h_c)\frac{\partial h_c}{\partial x_j}+k_{i3}^s k_r(h_c)\right]n_i\bigg|_{\Gamma_3}\geqslant 0\text{ 且 }h_c|_{\Gamma_3}=0 \tag{5}$$

$$-\left[k_{ij}^s k_r(h_c)\frac{\partial h_c}{\partial x_j}+k_{i3}^s k_r(h_c)\right]n_i\bigg|_{\Gamma_4}=0\text{ 且 }h_c|_{\Gamma_4}=0 \tag{6}$$

1.3　面板破损或止水失效渗流特性模拟

面板破损或止水失效是面板堆石坝的一种极端工况，特别是对于300 m级的高面板堆石坝，面板发生破损或者止水失效后，坝体内部的渗流场极为复杂，采用合理的破损区模拟方法是正确计算这种极端工况下的渗流场的前提。对于面板破损条件下的渗流分析，目前考虑破损区的方法有水力等效连续体模型和非连续体裂缝模型[6]。前者给予破损区一定的等效渗透系数，将破损区等效为连续介质，应用较为简单实用，且计算结果较为合理；后者采用无厚度的缝单元来模拟面板裂缝或失效止水，该方法虽然计算效率较高，但当破损区域较大，或者面板裂缝较宽时计算假定与实际相差较大。

考虑到本文所模拟面板破损区宽度，采用上述第一种方法模拟破损区或止水失效位置，局部渗流行为用立方定律来描述采用立方定律[7]：

$$v_f=k_f J_f=\frac{g b_f^2}{12\mu}J_f \tag{7}$$

式中：v_f、k_f、J_f 分别为缝中平均流速、等效渗透系数和水力坡降；b_f 为缝宽；μ 为水的黏滞系数。

2　垫层水平宽度的确定

垫层料应据有较高的抗渗坡降(抗渗强度),同时满足垫层和上游铺盖、下游过渡层之间的层间反滤关系,确保在面板开裂或者接缝漏水时可以承担较高的水头,下游堆石区水位较低,提高大坝的安全性;同时垫层的设计应考虑施工期临时挡水的渗透稳定性。本次选择垫层料最大粒径 80 mm,小于 5 mm 含量宜为 35% ~55% ,小于 0.075 mm 的含量宜为 4% ~8% 。

为从防渗角度探究 300 m 级高面板堆石坝垫层料合理的水平宽度,本文针对如美面板堆石坝,不考虑面板作用,将垫层料设置 3 m、5 m、6 m、8 m 和 10 m 五种水平宽度,过渡料设置 4 m、6 m、8 m、10 m 和 12 m 五种水平宽度,分别将各种水平宽度的垫层料与过渡料组合,共计 25 种组合方案进行饱和 - 非饱和渗流计算。垫层料与过渡料饱和渗透系数分别取 5×10^{-4} cm/s 和 1×10^{-2} cm/s,上游水位 2 895 m,下游水位 2 595 m。坝体分区及上下游水位如图 1 所示。

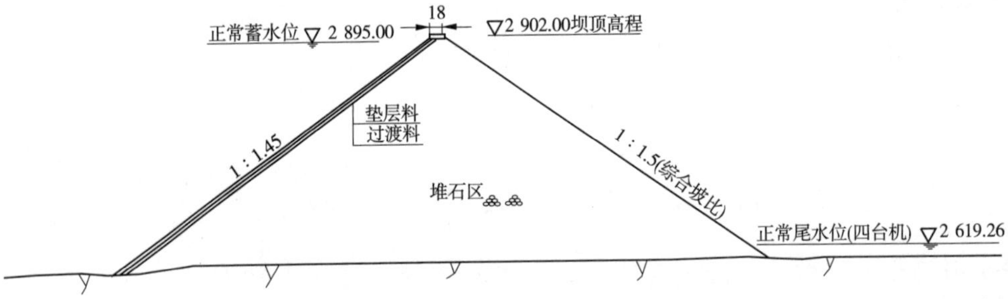

图 1　坝体典型分区及上下游水位

图 2 给出了过渡料不同水平宽度下浸润线高程、渗流量和垫层料最大渗透坡降随垫层料水平宽度变化曲线。计算结果表明,由于过渡料相对垫层料渗透系数较大,相同垫层水平宽度条件下,过渡料水平宽度对浸润线高程、单宽渗流量和垫层最大渗透坡降影响较小,从防渗角度来看,增加过渡料水平宽度对提高面板堆石坝的防渗意义不大。随垫层宽度增加上述渗流要素均出现减小趋势,可见垫层料宽度的增加能起到减低浸润线,减小渗漏量,降低垫层本身渗透坡降的作用;同时也印证了当面板破坏或止水失效情况下垫层料能起到第二道防渗防线的作用。所以,适当增加垫层料宽度能提高面板堆石坝整体的防渗性能。

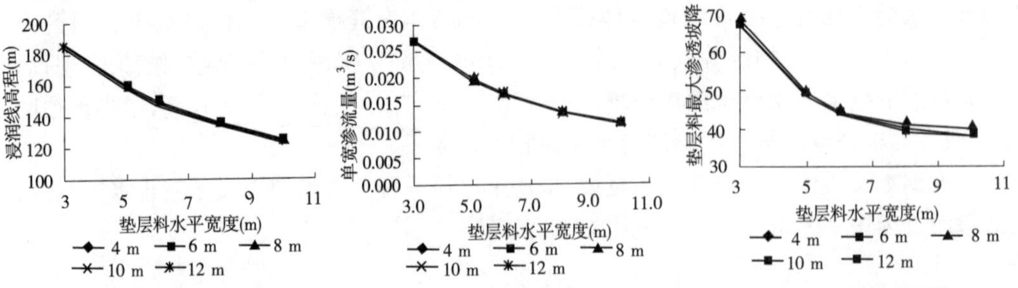

(a) 浸润线高程　　(b) 渗流量　　(c) 垫层最大坡降

图 2　过渡料不同水平宽度下各渗流要素随垫层料水平宽度变化曲线

另外，从各渗流要素随垫层料水平宽度的变化速率可知，浸润线高程、单宽渗流量以及垫层料最大渗透坡降随垫层料水平宽度的增加，减小速率逐渐降低，垫层料最大渗透坡降的变化尤为明显。由图2可知，当垫层料水平宽度大于6 m时，其水平宽度的增加所引起各渗流要素的减小程度大幅度降低。考虑到增加垫层料水平宽度会增加坝体填筑的成本，另外对坝体变形控制或面板挠度控制等方面的影响[2]，所以对于300 m级超高面板堆石坝在忽略面板情况下，从防渗角度看，垫层料水平宽度可取6 m。类比目前200 m级高面板的垫层宽度一般为3～5 m，其中以4 m居多，考虑300 m级高坝垫层的宽度应满足施工期挡水、面板渗漏后的渗透稳定及机械设备施工要求。结合本次研究，300 m级面板坝的垫层宽度宜选择6 m，既安全又经济。

3　面板破损或止水失效渗漏特性三维分析

为模拟坝体在面板破坏或止水失效工况下的渗流场，研究坝体各分区的渗流特性及渗透稳定性，本文针对如美面板堆石坝建立三维有限元模型，模型设置竖向破损区与水平破损区。设置竖向破损区主要模拟坝体运行中面板垂直缝止水失效或者面板受到过大的纵向压力面板被压碎破损；设置水平破损区主要模拟周边缝止水失效或该处面板破损。竖向破损区共设置两处，分别为1号和2号破损区，两处破损区均位于坝体最大剖面，1号破损区位于周边缝上方，2号破损区底端位于高程2 775.00 m（约二分之一坝高）。水平破损区为3号，设置在最低高程处（河床部位），沿周边缝方向。1号、2号、3号破损区的宽度 t 分别为5 cm、10 cm、20 cm和40 cm，长为30 m。破损区分布位置见图3，有限元计算模型见图4。

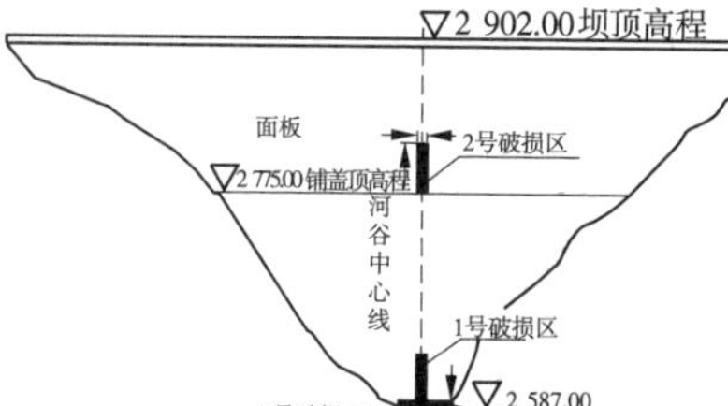

图3　破损区分布位置示意图

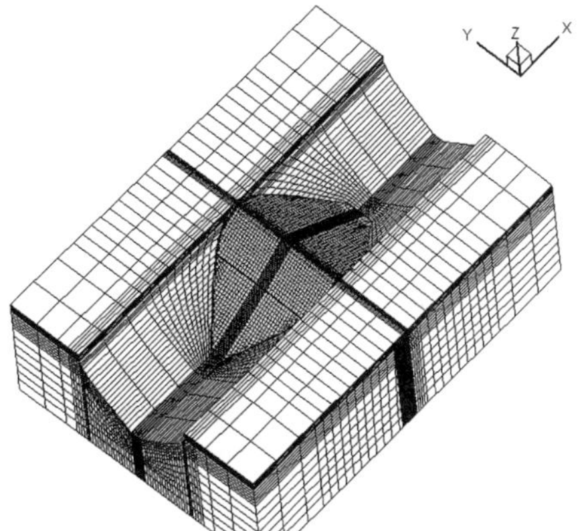

图4　有限元计算模型

正常工况下，由于混凝土面板起着主要的防渗作用，水头几乎完全由面板削减，总水头线主要集中分布于面板内部；当面板破损或止水失效时，在破损区附近，总水头线主要集中于垫层内部，垫层上游面破损区中心总水头线极密，说明当面板或止水出现问题时，垫层料可以起到一定程度的防渗作用，可以作为第二道防渗防线，随远离破损区中心距离增加总水头线迅速消散并趋于稳定，如图5所示。当面板破损或止水失效时，坝体浸润面有不同程度抬高，但相对正常工况变幅在5 m之内，相对坝高可以忽略。

图6给出了各分析方案下渗漏量变化情况。通过破损区的渗漏量显示，由于低高程压力水头较大，故低高程破损区较高高程渗漏量大，所以低高程出现渗漏时要更加危险；随破

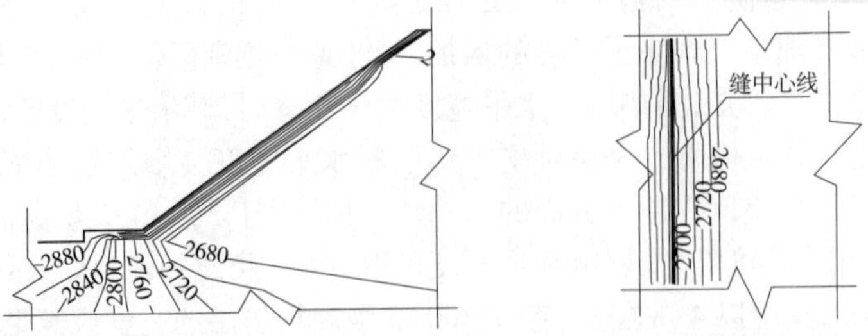

(a) 顺河向剖面　　(b) 平行面板方向剖面

图5　破损区附近总水头线分布

损取宽度增加,渗漏量增加,且出现多个渗漏点时坝体的渗漏量均大于分别存在单一渗漏点时的渗漏量之和,说明当面板出现破损或止水失效时,随着渗漏点增加,这种渗漏会不断恶化,而加剧这种集中渗漏的发展。

当面板出现破损或止水失效时,由于库水直接作用在垫层料上,破损区域的垫层料渗透坡降骤然增加,发生渗透破坏的可能性也随之增加,计算显示,当面板破损或止水失效时,该位置的垫层料渗透坡降最大能达到90,如果过渡料不能对垫层料起较好的反滤作用,垫层料在如此大的渗透坡降作用下必然会发生渗透破坏。

计算结果表明,破损区附近垫层料最大渗透坡降随破损区宽度的增加而增加,但这种增加速率在较小宽度时更加明显,如图7所示。针对单一破损区,垫层料渗透坡降在破损区中心处最大,随远离破损区而减小并趋于稳定,且这种变化趋势在不同破损区宽度下相似,如图8、图9所示,其中 y 坐标为沿坝轴线方向,$y=0$ 表示破损区中心。由计算结果可推测,在一定破损区宽度范围内,由于面板破损或止水失效所引起的渗漏的影响范围水平方向约为8 m,沿高程方向为15 m,文献[18]也曾提出过这种集中渗漏的影响范围,但仅对于100 m级的面板堆石坝。针对该计算结果,在设计施工面板堆石坝时,特别是300 m级高面板堆石坝,可以预先在可能发生面板破损或止水失效的位置及附近范围增加垫层或过渡料的设计标准,如适当增加垫层水平宽度、在保证强度和经济性的情况下适当调整垫层料级配、在垫层和过渡料之间增加一层过渡区等方式,使其设计级配能对反滤料起到完全的反滤作用。同时应注意加强可能破坏区域堆石的排水设计。

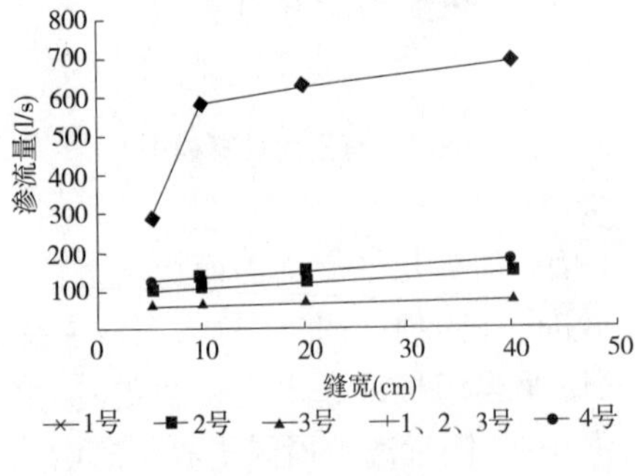

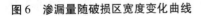

图6　渗漏量随破损区宽度变化曲线

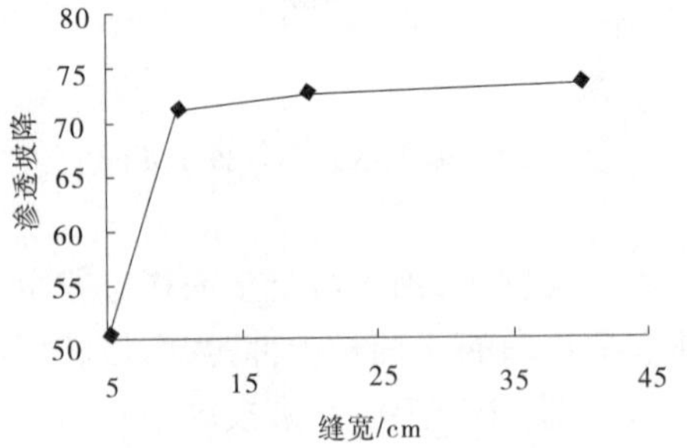

图7　垫层渗透坡降随破损区宽度变化曲线

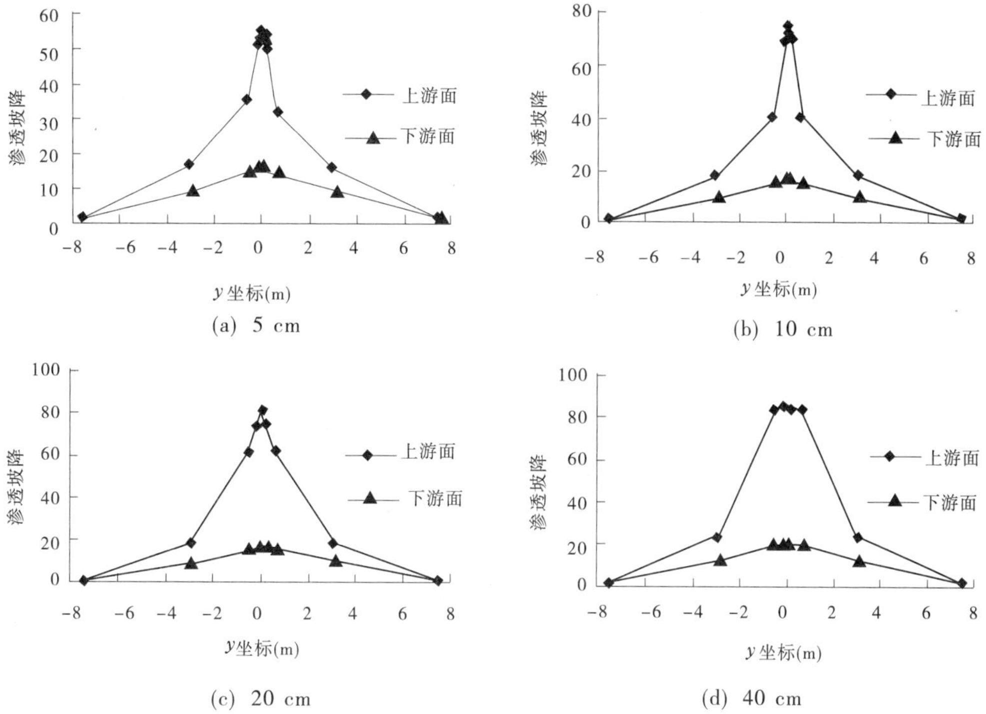

图8　面板出现竖向破坏时破损区附近垫层渗透坡降随 y 坐标变化曲线

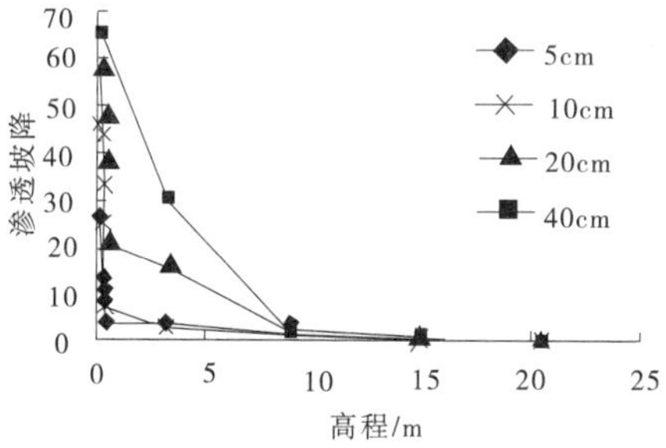

图9　面板出现水平破坏时附近垫层渗透坡降随高程变化曲线

4　结　论

(1)依托如美面板堆石坝工程，通过对不同水平宽度垫层料与过渡料组合进行渗流场及渗透稳定性分析，从浸润线、渗流量和渗透坡降三方面对300 m级高面板堆石坝提出水平宽度6 m的垫层料是合适的。

(2)面板破损或止水失效时，在破损区附近总水头线主要集中于垫层内部，垫层料渗透坡降骤然升高，垫层料起到了第二道防渗防线的作用，同时在较大的渗透坡降作用下，垫层发生渗透破坏的可能性较大，所以在垫层料作为第二道防渗防线的设计理念下，其安全设计的重要性显得尤为重要。

(3)当坝体出现渗漏点时，随着渗漏点的增加，渗流场会恶化，加剧集中渗漏的危害性。

(4)基于本文计算结果，针对300 m级高面板堆石坝的设计，可以在可能出现面板破损或止水失效的位置 8 ~15 m 范围内增加面板、止水、垫层或过渡料等防渗相关部位的设计标准，使发生坝体发生集中渗漏时的破坏程度减低到最小。

参考文献

[1] 曹克明，汪易森，徐建军，等. 混凝土面板堆石坝[M]. 北京：中国水利水电出版社，2008.

[2] 杨泽艳，苏立群，等. 300 m 级高面板堆石坝适应性及对策研究课题研究报告[R]. 北京：水利水电规划设计总院，2011.

[3] 湛正刚，蔡大咏. 300 m 级面板堆石坝筑坝技术预测及探讨[C]. 大坝技术及长效性能国际研讨会，2011.

[4] 岑威钧，王蒙，石从浩，等. 降雨条件下多裂隙膨胀岩渠坡稳定性分析[J]. 郑州大学学报(工学版)，2014, 35(2): 10-14.

[5] 毛昶熙，段祥宝，李祖贻，等. 渗流数值计算与程序应用[M]. 南京：河海大学出版社，1999.

[6] 陈守开，严俊，李建明. 面板堆石坝垂直缝破坏下三维渗流场有限元模拟[J]. 岩土力学，2007, 32(11): 73-86.

[7] 朱岳明，龚道勇，章洪，等. 碾压混凝土坝渗流场分析的缝面渗流平面单元模拟法[J]. 水利学报，2003(3): 63-68.

[8] 张嘎，张建民，洪镝. 面板堆石坝面板出现裂缝工况下的渗流分析[J]. 水利学报，2005, 36(4): 420-425.

基于 CATIA 与 ABAQUS 软件的拱坝建模及坝肩稳定评价

李　波　居　浩　李　刚

（中国电建集团贵阳勘测设计研究院有限公司　贵州　贵阳　550081）

摘要：通过分析变厚度双曲拱坝拱圈方程，得到构筑拱圈的基本参数。基于三维设计软件 CATIA，利用其强大的曲面设计功能，实现了变厚度双曲拱坝参数化建模，利用知识工程创建拱圈模板，实现拱坝建模，提高了拱坝建模效率。基于前人的研究成果，本文结合工程实例，将 CATIA 模型导入有限元分析软件 ABAQUS，实现了模型对接。模拟了对坝肩稳定具有重要影响的节理和软弱夹层，简要分析了拱坝坝肩岩体渐进破坏发展过程、可能的失稳模式及坝肩稳定安全系数。推广了 CATIA 和 ABAQUS 软件在水利工程中的应用。

关键词：CATIA　ABAQUS　双曲拱坝　坝肩稳定

1　引　言

CATIA 与 ABAQUS[1-3] 均是由法国达索（Dassault）飞机公司开发的高端辅助、制造、分析软件。CATIA 以其强大的曲面设计功能在机械、飞机、汽车、船舶等设计领域得到了广泛的应用。ABAQUS 是一套功能强大的有限元软件，其解决问题的范围从相对简单的线性分析到许多复杂的非线性问题，除了能解决大量结构（应力/位移）问题，还可以模拟诸如热传导、质量扩散、热电耦合分析、声学分析、岩土力学分析（流体渗透/应力耦合分析）及压电介质分析。该两款软件在水利水电行业中得到了一定程度的应用，本文基于该两种软件实现双曲拱坝的建模和计算分析。

水工建筑物形状复杂且参数严密，完全依靠曲线建模，CATIA 强大的三维参数化曲面建模功能，可以完全抛开传统的“多点拟合成线”，直接输入方程形成曲线，提高了曲线、曲面建模的精确度。将 CATIA 三维模型直接导入 ABAQUS 软件，可进行应力应变、渗流温控等有限元分析，大大提高了建模和计算效率。

2　CATIA 拱坝建模

拱坝体型从单曲、双曲发展为多心圆、抛物线、椭圆、对数螺旋等多种体型，对拱坝建立仿真模型的难度越来越大。一般的三维软件虽然可以制作出形状逼真、曲面光滑的模型，但是无法控制模型参数和精度，达到与实物完全一致的效果[4]。因此如何准确高效的建立计算模型，受到计算分析人员的重视。

2.1　变厚度双曲拱坝拱圈方程

以抛物线双曲拱坝为例，变厚度拱圈方程为：

上游面方程　$y_u = y + t\cos\varphi/2$；$x_u = x + t\sin\varphi/2$

下游面方程　$y_d = y - t\cos\varphi/2$ ；$x_d = x - t\sin\varphi/2$ ；

其中 $t = T + (T_a - T)(1 - \cos\varphi)/(1 - \cos\varphi_a)$ ；左拱圈轴线方程 $y = Y_c - \frac{x^2}{2R_l}$ ；右拱圈轴线方程；$y = Y_c - \frac{x^2}{2R_r}$ 。

式中：T 为拱冠厚；t 为拱圈任意位置厚度；T_a 为拱端厚；φ 为拱轴线任意位置法线与拱坝中心线的夹角 $\tan\varphi = -x/R$ ；φ_a 为拱端中心角；R_l 为左拱端处曲线半径；R_r 为右拱端处曲线半径；Y_c 为拱冠梁中心坐标；(x、y) 为拱圈轴线任意位置坐标；(x_u、y_u) 为对应于拱圈轴线位置处的法线方向坝体上游面坐标；(x_d、y_d) 为对应于拱圈轴线位置处的法线方向坝体下游面坐标。

拱坝体型程序文件(见图 1)可以得到拱冠梁剖面上、下游曲线方程 $f_1(z)$ 、$f_2(z)$ ，左、右拱圈拱冠处曲率半径圆心线方程 $f_3(z)$ 、$f_4(z)$ (见图 2)，左、右拱圈中心线弦长 L_l 、L_r ，坝顶拱圈中心线拱冠梁处 Y_c 值，可以导出：任一高程拱冠梁厚度 $T = |f_1(z) - f_2(z)|$ ，左、右拱圈拱冠处曲率半径 $R_1 = |f_2(z) - f_3(z) + T/2|$ 、$R_r = |f_2(z) - f_4(z) + T/2|$ ，左、右拱端中心角 $\varphi_l = \arctan(L_l/R_l)$、$\varphi_r = \arctan(L_r/R_r)$ ，任一高程拱冠中心坐标 $y_c = Y_c - (\frac{f_1(z) + f_2(z)}{2})$ 。

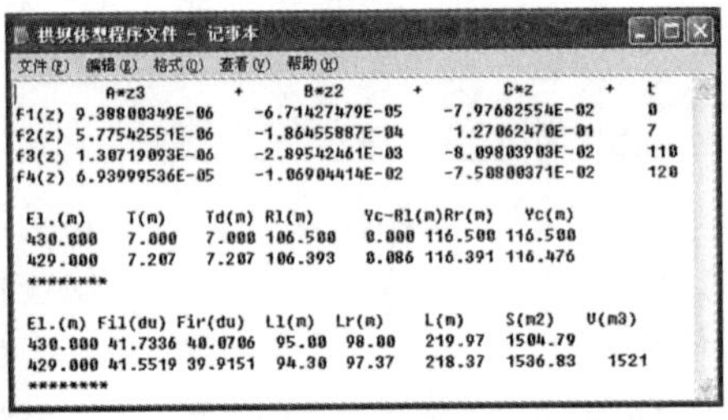

```
拱坝体型程序文件 - 记事本
文件(F) 编辑(E) 格式(O) 查看(V) 帮助(H)
          A*z3           +        B*z2          +          C*z          +    t
F1(z) 9.38800349E-06     -6.71427479E-05      -7.97682554E-02         0
F2(z) 5.77542551E-06     -1.86455887E-04       1.27062470E-01         7
F3(z) 1.30719093E-06     -2.89542461E-03      -8.09803903E-02         110
F4(z) 6.93999536E-05     -1.06904414E-02      -7.50800371E-02         120

 El.(m)    T(m)    Td(m) Rl(m)     Yc-Rl(m)Rr(m)   Yc(m)
 430.000   7.000   7.000 106.500   0.000 116.500 116.500
 429.000   7.207   7.207 106.393   0.086 116.391 116.476
 ********

 El.(m) Fil(du) Fir(du)  Ll(m)  Lr(m)    L(m)   S(m2)   V(m3)
 430.000 41.7336 40.0706  95.00  98.00   219.97  1504.79
 429.000 41.5519 39.9151  94.30  97.37   218.37  1536.83   1521
 ********
```

图 1　拱坝体型程序文件

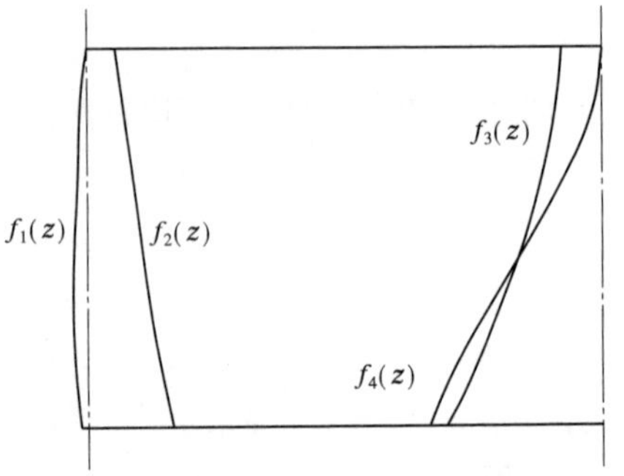

图 2　拱冠梁剖面

通过以上分析可知：对一确定的拱坝，已知拱坝变量 $f_1(z)$、$f_2(z)$、$f_3(z)$、$f_4(z)$、Y_c ，输入任一高程 z 及 L_l 、L_r 、T_a ，便可得到该高程拱圈。

2.2　CATIA 参数化拱坝建模

绘制第一个拱圈截面是双曲拱坝建模的难点，其基本思想为：首先创建一条直线使其长度等于左弦长 L_l ，通过给定的法则曲线 x_u、y_u、x_d、y_d ，使其分别形成左拱圈上、下游面曲线，之后利用混合设计、投影等命令，在对应高程上形成左侧拱圈。利用相同原理形成右侧拱圈，连接左右拱端，接合形成完整拱圈(见图 3)。利用知识工程创建模板实现其他高程拱圈建模。

可根据精度需要，选择若干高程，完成各高程拱圈建模之后，通过多截面实体形成大坝雏形(见图 4)。通过 CATIA 零件设计、创成式设计等模块，完成大坝泄流冲沙底孔、溢流表

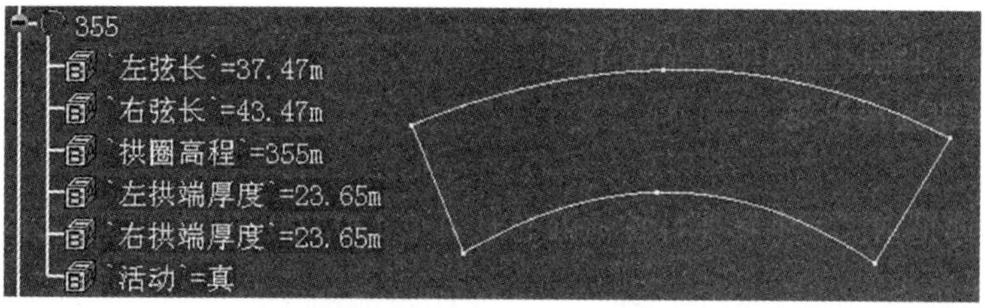

图3　CATIA 拱圈建模

孔、诱导缝等,最终形成拱坝三维实体建模(见图5)。

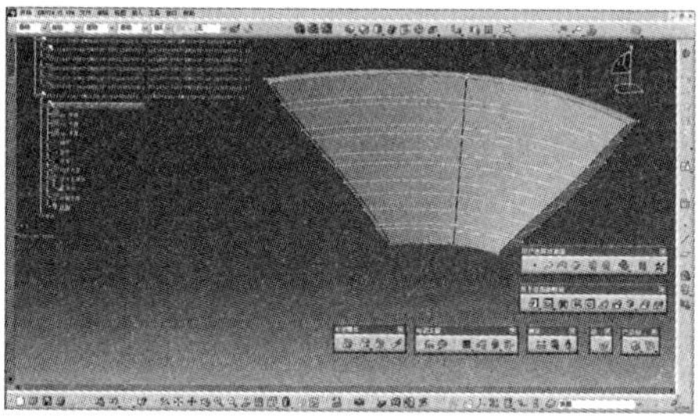

图4　拱坝雏形

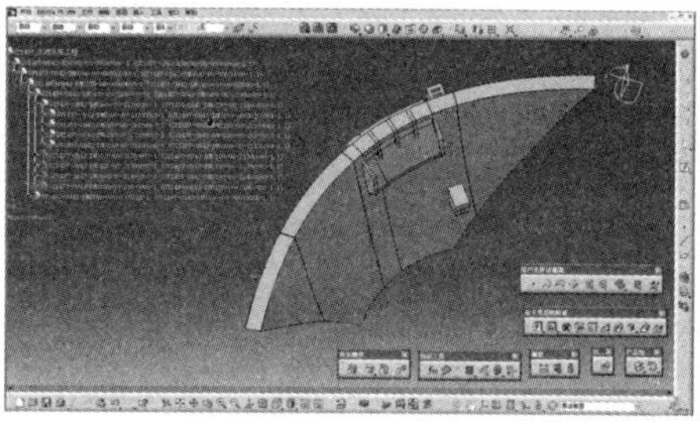

图5　拱坝

3　应用实例

3.1　三维有限元模型

基于CATIA软件,建立某水电站三维地形及大坝模型(见图6),将其导入软件ABAQUS,划分网格,得到有限元计算模型(见图7)。如实模拟了组成右岸坝肩滑移块体的上游破裂面、下游侧滑面、水平底滑面(见图8)。坝体网格采用六面体单元,地基网格采用四面体单元。计算范围为:基础深度取最大坝高的2倍左右,顺河向和横河向基岩范围均取2倍坝高。横河向左、右岸边界取水平法向位移约束;底部基础取为固定端约束。

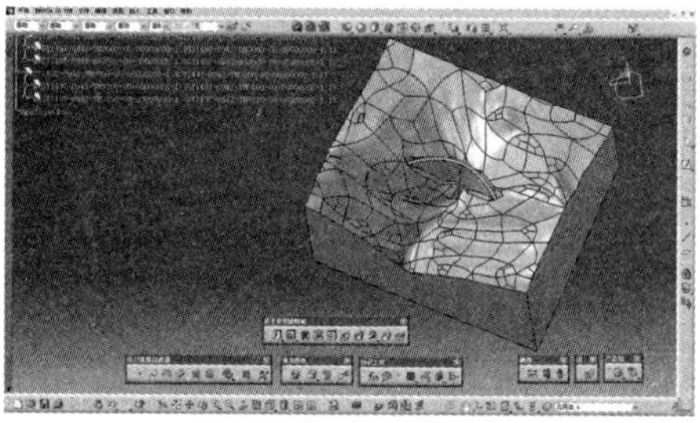

图6　CATIA 三维模型

图7　有限元计算网格

3.2　材料参数

计算考虑了初始地应力、自重应力、水压力、坝基周边扬压力等。其中坝体及坝基材料的力学特性指标见表1。

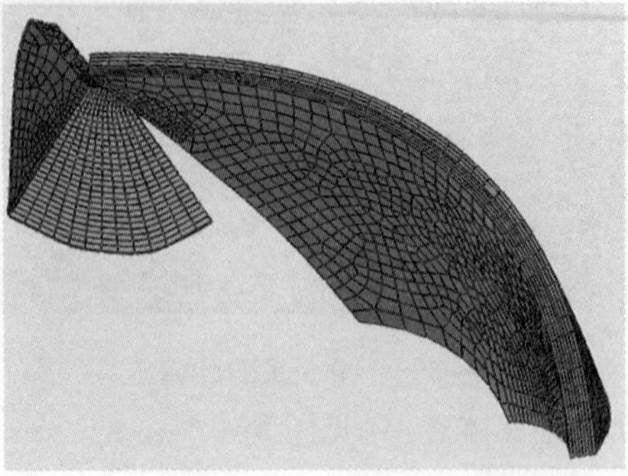

图8　坝肩右岸滑移块体

表1　计算材料参数

材料	弹模(GPa)	泊松比	凝聚力 C(MPa)	摩擦角(°)	容重(kg/m³)
坝体 C20 混凝土	25.5	0.167	—	—	2 400
基岩	5.0	0.20	0.90	45	2 600
侧滑面	4.0	0.25	0.40	25	2 200
底滑面	2.0	0.25	0.10	25	2 200

3.3　坝肩滑移体渐进破坏过程

为了了解坝肩滑移块体的渐进破坏过程,正常蓄水位工况下,采用等比例降强度折减法对坝肩渐进破坏过程进行了计算分析。随着折减系数的增大,坝肩滑移块体屈服区如图9所示。云图中 Avg:75%表示应力磨平和光滑的系数,这是因为实际计算出来的节点应力转到单元应力以后因为各种原因可能相邻单元的应力就不连续,出现突跳了。为了让结果连续,需要对单元的应力进行磨平,即有限元后处理中由积分点应力值得到节点应力值的平均阈值。

由图9可得,折减系数 $K=1$ 时,组成坝肩滑移块体的结构面在拱端径向张拉面、底滑面局部部位出现受压屈服。随着折减系数的增大,岩体参数的减小,$K=4$ 时,拱端径向张拉面、底滑面均出现了较大范围的屈服区。当 K 值继续增大至4.5时,坝肩滑移块体出现大范围屈服,计算已不再收敛,可认为此时拱坝坝肩失稳。基于有限元的强度折减法,该拱坝强度储备系数位于4~4.5,参照拱坝规范及类似工程,认为该拱坝坝肩系统是稳定的。

4　结　语

(1)本文实现了变厚度双曲拱坝在 CATIA 软件中参数化建模,并将其模板化。通过分析拱圈方程,得到构筑拱圈的基本参数。输入基本参数便可得到精确的拱圈曲线,根据需要可选择若干高程拱圈,最终形成拱坝三维建模。

(2)将 CATIA 模型导入有限元分析软件 ABAQUS,实现了 CATIA 在有限元分析前处理建模中的应用,尤其是较为复杂的曲面、曲线模型。将两种软件结合使用,大大提高了建模速度和分析效率。

(3)通过应用实例,简要分析了拱坝坝肩失稳模式及安全系数。利用强度折减法对坝肩滑移块体的渐进破坏过程分析表明:坝肩滑移块体首先在与坝肩接触的底滑面部位出现屈服,然后逐渐扩大至侧滑面,随着岩体参数的降低,屈服范围的扩张,坝肩最终失稳破坏。

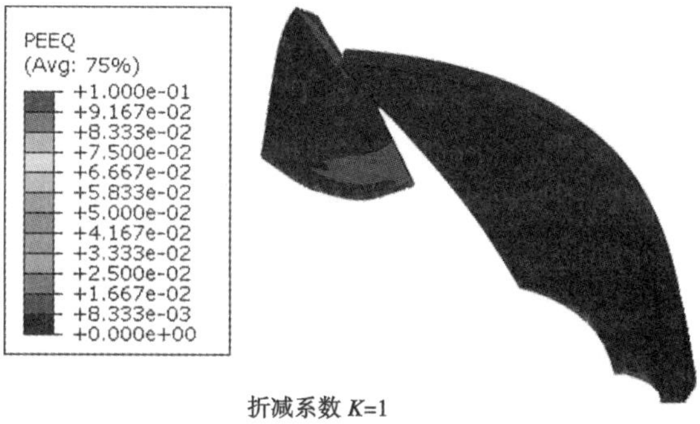

折减系数 $K=1$

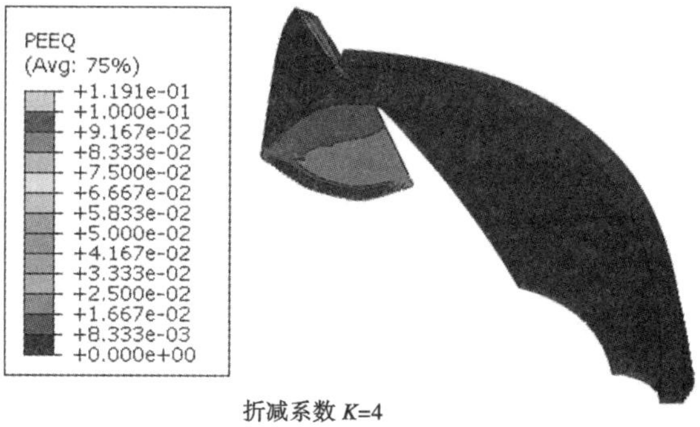

折减系数 $K=4$

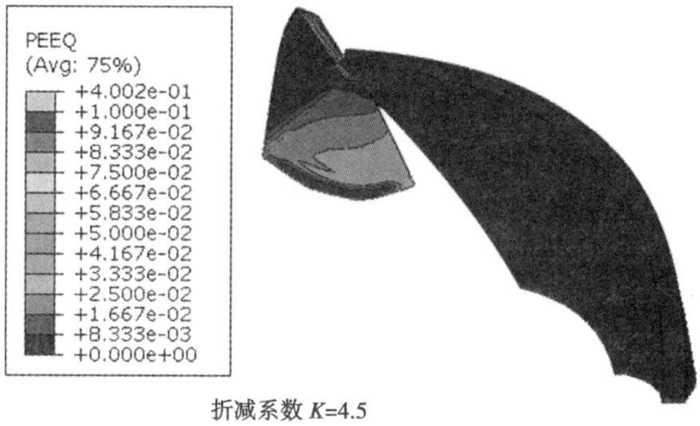

折减系数 $K=4.5$

图9　坝肩滑移块体屈服区示意图(PEEQ 图)

利用数值分析方法时,采用强度储备安全系数作为坝肩稳定安全系数,其值依赖于坝肩临界失稳状态的判据,建议采用两种或两种以上判据来综合确定坝肩稳定安全系数[5]。

参考文献

[1] 石亦平,周玉蓉. ABAQUS 有限元分析实例详解[M]. 北京:机械工业出版社,2007.

[2] 曹金凤,石亦平. ABAQUS 有限元分析常见问题解答[M]. 北京:机械工业出版社,2009.

[3] 王金昌,陈页开. ABAQUS 在土木工程中的应用[M]. 杭州:浙江大学出版社,2006.

[4] 黄艳芳,李小帅. CATIA 软件在双曲拱坝设计中的应用初探[J]. 人民长江, 2009, 40(21): 26-28.

[5] 李波,田斌. 基于 ABAQUS 的拱坝坝肩稳定分析[J]. 水电能源科学,2010,28(7):57-58,172.

蟒河口水库岩溶渗漏分析及防渗处理措施研究

董昊雯　胡玉明

（黄河勘测规划设计有限公司　河南　郑州　450003）

摘要：蟒河口水库位于华北平原西部太行山南麓，坝址多年平均年径流量仅 1444 万 m^3，水库总库容 1094 万 m^3，碾压混凝土重力坝坝高 77.6 m。坝址区整体上处于盘古寺断层的影响区，次级断层、裂隙等构造发育，岩体破碎，坝基地层为固山组、张夏组灰岩（为太行山区主要岩溶发育层位），坝基稳定隔水层的埋深大于 250 m，水文地质条件极其复杂，渗漏问题非常突出。因此，防渗方案的合理选择和设计无论对工程安全、工程投资，还是对工程开发目标的实现都具有重大影响。通过对蟒河口水库工程区岩溶发育特征、岩体透水性、地质构造发育特征和规律进行详细分析，并结合现场施工过程中的压水试验和初期蓄水过程中的渗漏监测等手段，系统研究了蟒河口水库的渗漏条件和渗漏形式，采用三维有限元渗流模拟计算对防渗措施效果进行了分析研究；针对左岸坝肩和右岸单薄分水岭岩体破碎、断层和裂隙等构造极其发育的特点，研究了垂直防渗和水平防渗等多种处理方案，经过技术、经济比较，创新性采用"钢筋混凝土面板 + 帷幕灌浆"防渗新技术，该技术用于岩溶地区高水头、中型水库防渗，在国内外尚无先例。蟒河口水库右岸单薄分水岭采用钢筋混凝土面板掺加聚丙烯纤维防渗，不仅保证了山体稳定，而且投资省，防渗效果好，方便施工和后期运行管理，综合效益显著，为地质条件复杂的岩溶地区水库防渗处理提供了科学的实践依据。

关键词：岩溶渗漏　防渗　钢筋混凝土面板　帷幕灌浆　高水头　蟒河口水库

1　工程概况

蟒河口水库位于河南省济源市西北 15 km 的北蟒河出山口，控制流域面积 94 km^2，占全流域面积的 56%。水库的开发任务是防洪、补充改善济源市地下水环境、城市供水、灌溉、发展水产养殖及旅游。蟒河口水库设计洪水位为 315.16 m，校核洪水位为 317.45 m，正常蓄水位为 313 m，正常蓄水位以下库容为 905 万 m^3，总库容为 1 094 万 m^3，属中型Ⅲ等工程。大坝采用碾压混凝土重力坝，最大坝高 77.6 m，为 3 级建筑物。大坝由挡水坝段、溢流坝段和引水坝段组成，坝顶长度 220.5 m。

蟒河口水库天然来水量偏少，多年平均来水量仅 1 444 万 m^3/a，且多以洪水为主。水库处于太行山山口部位，坝址区整体上处于盘古寺断层的影响区，次级断层、裂隙等构造发育，岩体破碎，坝基地层为固山组、张夏组灰岩（为太行山区主要岩溶发育层位），坝基稳定隔水层的埋深大于 250 m。工程的地形、地质条件决定了水库存在较为严重的渗漏问题。根据初步估算，要保证水库的供水计划，水库的渗漏量必须控制在 100 L/s 以下。因此，水库防渗方案的合理选择和设计无论是对工程安全、工程投资，还是对工程开发目标的实现都具有重大影响。

2　工程地质条件及岩溶渗漏分析

2.1　工程地质条件

2.1.1　区域地质与地震

工程区的大地构造位置位于华北断块区南部，秦岭断褶带北侧。区域构造较为发育：其主要断裂有北东，北西及近东西向三组。蟒河口水库地震动峰值加速度为0.10 g，反应谱特征周期为0.40 s，地震基本烈度相当于7度。

2.1.2　水文地质分区

工程区处于由两条大断层（F_1、F_3）和泗坪断层组构成的一个近似三角形块体，西部边界为泗坪断层组（F_5）及其向山前盆地延伸方向一线，东北侧边界为F_1断层（盘谷寺分支断层），南侧边界为盘谷寺断层F_3。以上三条断层（组）因断层错距大，高达数百米，从根本上错断了原有地层间的水力联系，从地层岩性分析能构成该区域的水文地质边界。

工程区分为3个水文地质区域：边界断层以外的基岩山区、工程库区和F_3断层南侧山前盆地区。边界断层以外的基岩山区地表水常年径流，地下水位一般高于工程运用水位；F_3断层南侧山前盆地区表层松散层含水层水位一般为190～240 m，下层奥灰水水位在140～160 m，具有承压性；而工程库区地下水位一般低于河床（坝址区2007年4～7月观测水位220～230 m），但在汛期以及20世纪五六十年代，东、西干渠修建前，蟒河基本为常年流水，地下水整体由北向南径流。

2.1.3　工程区基本地质条件

蟒河口水库位于中低山区，坝址区附近河床地面高程255～257 m，最高回水位至泗坪水库坝脚附近，长度约3.5 km。库区阶地分为四级，Ⅰ、Ⅱ级较Ⅲ、Ⅳ级分布广泛。

工程区出露地层主要有寒武系中统徐庄组（$\in_2x$）、张夏组（$\in_2z$）和寒武系上统崮山组（$\in_3^1$）、长山组（$\in_3^{2-1\sim2-5}$）、凤山组（$\in_3^3$）及第四系（Q）。其中，分布最稳定的隔水层，为徐庄组（$\in_2x$）中下部紫红、灰绿色页岩地层，在F_1～F_4断层间层顶板高程在100 m左右，在F_3～F_4断层间层顶板高程在－50 m左右，埋深较深。

坝址区构造断层发育，主要发育F_4、F_2、F_{18}、F_{16}、F_{49}等，透水性较强；节理主要发育2组，均为高角度裂隙。第①组：近东西向，走向为NE80～90；第②组：近南北向，走向为NW350～NE5，倾角一般80～90。在右岸坝下的6个溶洞中，均见沿第①组近东西向节理发育，沿大裂隙、节理密集带一般发育有溶隙缝，部分有溶洞，这些裂隙与断层组合在一起易构成渗水通道。

2.2　岩溶渗漏分析

2.2.1　工程区岩溶发育特征及岩体的透水性

（1）工程区岩溶发育特征符合区域岩溶发育规律，从岩性方面分析，寒武系中上统、奥陶系上统的灰岩、白云岩岩体中岩溶现象发育；从空间分布来看，岩溶发育符合沿构造线、傍坡临岸的规律。

库坝区新岩溶发育较弱，有明显的随一定高程减弱的现象，岩溶发育深度在坝址区一般在210～220 m高程以上。库区沿断层（如F_1、F_5、F_4的东北段）存在深远、连通的岩溶型渗漏通道的可能性不大，本工程的主要渗漏地段是F_2断层与F_4断层连线的南侧区块。

（2）工程区断层等构造线多呈张扭性质，构造带岩体疏松，岩溶现象较为发育；通过对不同部位岩体大于100lu透水率段分布特征统计发现，岩体透水率大于100lu段和构造断层的相关较为密切。坝址区地层岩性基本为可溶性岩石，对岩溶发育、岩体透水率的差异性影响较低，仅$\in_3^{2-2}$层泥灰岩对岩溶发育具有一定程度的“层控型”性质。根据工程构造断层、节理密集带、大节理等发育特征及规律来看，工程区岩体的透水性存在沿断层及近东西构造线方向渗透特性强的特点。

(3)从岩体埋深对岩体透水率的影响分析来看，在坝址区地形破碎、构造发育的前提下，岩体在一定高程以上的岩溶发育、岩体透水性主要受地质构造、地下水活动控制。在一定高程以下，岩体随风化卸荷作用的进一步减弱，地下水活动降低(2007年坝址区观测稳定水位在219～230 m)，岩溶发育现象减弱、岩体透水性降低。

2.2.2 水库渗漏条件分析

(1)左坝肩已存在$F_{49\text{-}2}$断层等相互平行的近东西向大裂隙、节理密集带连通性构造型渗漏通道，且左坝肩—F_2断层段，由于L_1、L_2等近东西向节理密集带及大节理等构造线的存在，构成向下游F_3断层集中渗漏通道或构造网络状渗漏；右岸单薄分水岭上游河床段，存在有F_4～F_2断层间的三角形构造破碎带，且处于F_4、F_2断层的上盘，岩体破碎，透水性强，同样存在裂隙与断层组合而成的连通性渗漏通道。

(2)工程区的渗漏形式以沿断层、张裂隙等带状渗漏为主，同时由于裂隙岩体的不均匀性、岩溶发育的连通性等特点，存在非均质的带状、网络状渗漏形式。

(3)根据坝址区岩溶发育以及岩体透水性特征，结合断层、节理等构造发育程度以及地下水的渗流特征，建议工程防渗底界为200 m高程。

(4)库水渗漏可以分为库区渗漏和近坝区渗漏两个部分，经估算库水通过F_5断层及F_4断层向左岸的库外漏量为30万～40万m^3/年。

3 防渗处理思路

根据近坝区地质条件分析，坝址区存在F_4～F_2断层间的三角形构造破碎带，右岸单薄分水岭分布有F_{22}、F_{21}、F_{20}、L_{38}等断层及大节理，该段岩体破碎，透水性强，对工程防渗处理影响很大。

坝址区距F_3断层仅500 m，受F_3断层影响，本区构造发育、地形单薄、岩体破碎；从岩溶发育的规律来看，本区岩溶发育现象相对较强，岩体透水性较强。水库蓄水后，该区将形成沿F_{16}、F_{18}、F_{49}及近东西向的大节理、节理密集带向下游的集中渗漏或网络状渗漏。左坝肩上游至F_2断层间，符合地下水向东南渗流的特征，且存在L_1、L_2等近东西向节理密集带，形成向下游F_3断层的集中渗漏或构造网络渗漏。

根据地质勘察成果，大坝左坝肩山体为坡向河谷，三面临空的单薄谷坡地形，岩性为$\in_3^{2-5}$～$\in_3^{2-1}$的白云岩与泥质白云岩，岩体类别为Ⅱ、Ⅲ、Ⅳ类。由于受盘古寺断裂(F_3)的影响，山体内断层～分支小断层发育，尤其是横切山体的F_{49}断层，加之$\in_3^{2-1}$与$\in_3^{2-2}$接触段的软弱夹层，造成左岸坝肩山体的不稳定性。大坝右岸根据分水岭构造发育情况及地形地貌条件分析，存在两处单薄山体，分别位于右坝肩和玉皇岭。右坝肩存在断层F_{18}和F_{16}，玉皇岭山体存在断层F_{50}和F_{16}，以及裂隙L_{23}和L_{12}，构成山体的不稳定因素和主要渗漏通道。加之$\in_3^{2-1}$与$\in_3^{2-2}$接触段的软弱夹层，且层面倾向下游，造成右岸分水岭山体的不稳定性(见图1)。

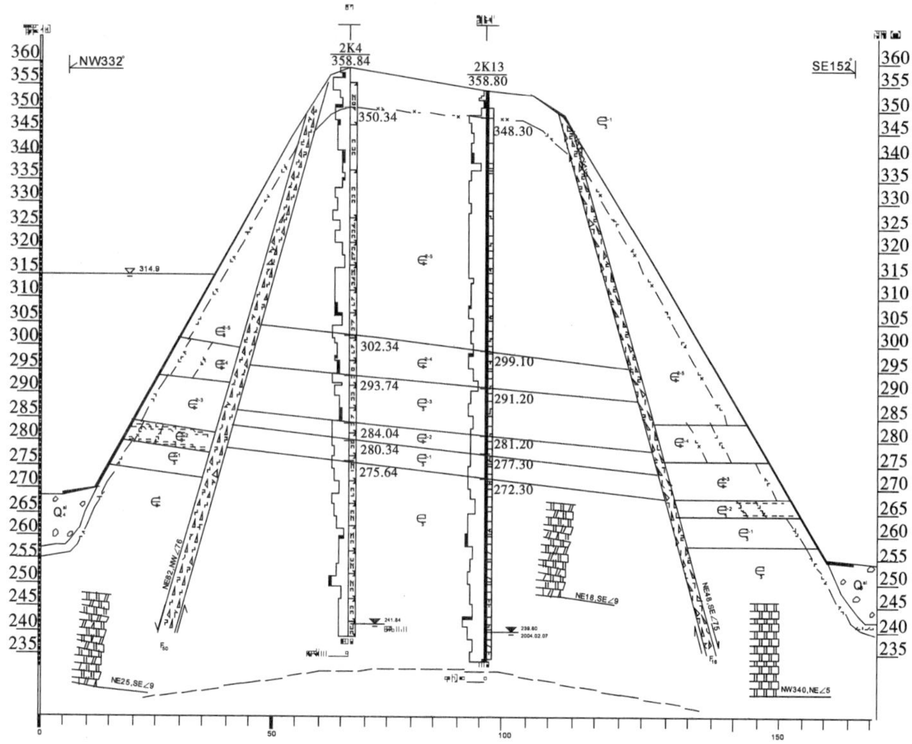

图1　右岸分水岭边坡稳定计算简图

基于坝址区的渗漏特性和影响坝肩稳定的不利因素,防渗方案针对以下两个方案进行技术经济比较(见图2)。方案1为左右岸钢筋混凝土面板+帷幕灌浆;方案2为左岸钢筋混凝土面板+帷幕灌浆、右岸全帷幕。

4　近坝区渗流分析及防渗处理措施研究

4.1　渗流分析的目的

为了较好地发挥蟒河口水库的经济效益,保证水库的有效库容是关键。但是该水库库区断层纵横交错,地质条件非常复杂,渗漏问题非常严重,必须采取有效的防渗处理措施保证水库开发要求的蓄水量。然而,这些防渗措施的效果如何相对较难评价,因此需要通过三维有限元渗流模拟计算,了解整个库区的渗漏状况,找出主要的、控制性的渗漏区域及通道。并针对不同工况、不同防渗方案的库区模型进行渗流计算分析,评估防渗措施的效果,为工程设计提供科学的参考依据。

4.2　近坝区三维渗流模型

4.2.1　模型范围的确定

蟒河口水库渗漏问题的研究边界,可以概化为一个三角形区域进行研究,即以 F_1 断层为东北侧边界,以泗坪断裂组(F_5)及其向 F_3 断层的延长线为西南侧边界,以 F_3 断层为南侧边界。

本次三维渗流计算模型范围不包括 F_1 断层和 F_5 断层附近区域,研究的重点是与近坝区关系密切区域的渗漏问题。由于 F_2 和 F_4 断层的渗透性较大,影响宽度也较大,所以上游

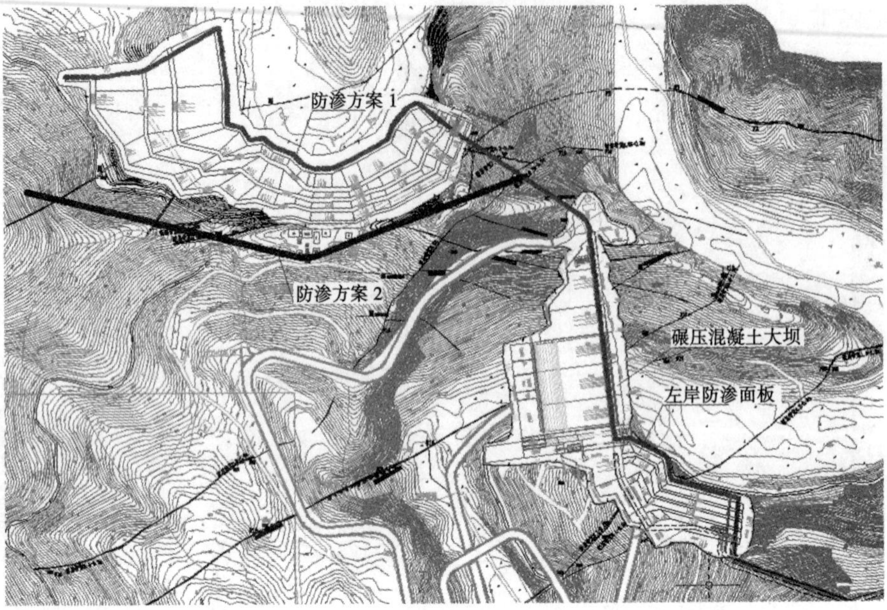

图 2　蟒河口水库防渗方案示意图

需要把 F_2 和 F_4 断层考虑在内。F_2 和 F_1 在向 F_3 汇集的下游段趋于平行，近似认为 F_2 和 F_3 之间无水量交换，取 F_2 断层以北约 150 m 作为上边界；取 F_4 断层以上约 150 m 作为右边界，其上游部分不再考虑；下游因为 F_3 断层范围较宽，透水性很强，故选 F_3 下盘作为下游边界。三维渗流计算模型范围见图 3。

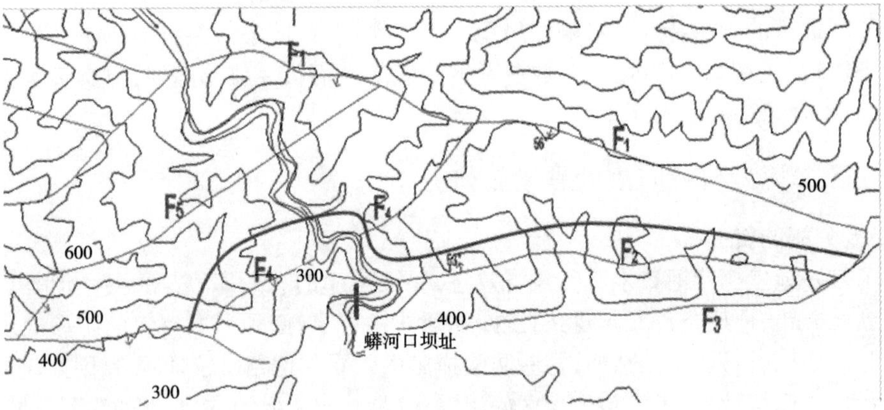

图 3　三维渗流模型范围示意图

4.2.2　岩层的划分

根据库区水文地质调查成果，将岩体在垂直方向近似划分为强透水层、中透水层和微透水层共三层。岩层划分见图 4。

4.2.3　模型的建立

蟒河口水库近坝区三维渗流计算模型共有节点 130 860 个，单元 119 742 个，如图 5 所示。

4.3　近坝区三维渗流分析

不同工况下近坝区的渗流量见表 1。

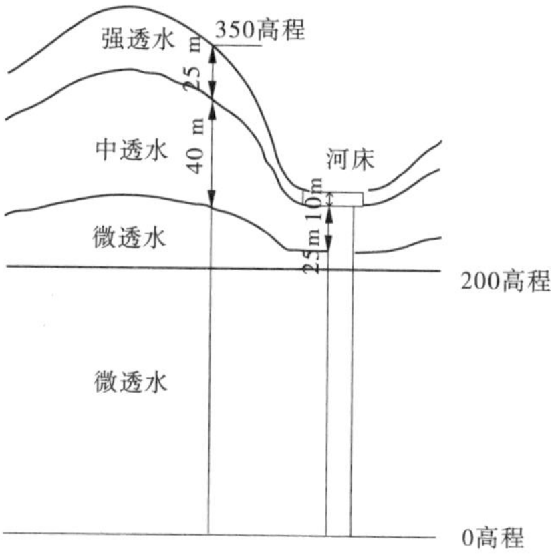

图4　岩层划分示意图

图5　三维渗流模型坝址区主视图

表1　不同工况下近坝区的渗流量　（单位：万 m^3/a）

上游水位	315.16 m		313 m		303.9 m		277 m	
下游水位	190 m	230 m	190 m	230 m	190 m	230 m	190 m	230 m
无帷幕					1 344.40	1 297.54		
防渗方案1	599.17	556.03	568.94	525.72	462.42	418.68	232.12	182.83
防渗方案2	592.28	547.67	564.88	520.12	463.20	418.00	233.73	183.94

根据三维渗流计算分析，得出以下结论：

（1）近坝区仅有大坝防渗的情况下，当上游水位为303.9 m，下游水位分别为190 m和230 m时，每年的渗漏量分别为1 344.4万 m^3 和1 297.54万 m^3，其中坝后河床的渗漏量达到了近坝区总渗漏量的76%～81.8%，必须采取有效的防渗措施。

（2）在大坝防渗的基础上，设置防渗方案1或方案2后，近坝区的渗漏量大幅减小。虽然渗流计算结果表明两者的防渗效果相差不大，但方案1降低水头效果要优于方案2，同时考虑到近坝区工程地质条件复杂,方案 1 在右岸单薄分水岭设置防渗面板,对近坝区防渗更加有益。

5 防渗工程设计

5.1 防渗工程布置

防渗方案 1 在右岸单薄分水岭临水侧设置防渗面板,将山体表面的 F_{22}、F_{21}、F_{20}、L_{38} 等断层及大节理全部封闭,防渗面板在河床部位设趾板,帷幕线沿右坝肩灌浆洞、防渗面板两端斜坡段和河床趾板布置。河床帷幕沿坝基灌浆洞轴线布置,与左右两岸形成完整体系。左岸在 1# ~4# 坝段上游布置防渗面板,防渗面板在河床部位设趾板,长度约 80 m。帷幕线在坝轴线桩号 0 +067.00 处折出坝外,沿河床趾板、防渗面板端部斜坡段至坝顶高程 317.6 m,然后沿左岸山脊的灌浆洞轴线布置,封闭范围至 F_2 上游 30 m。

5.2 方案比较

两方案近坝区年均渗漏量基本一致,为 420 万 ~460 万 m^3,但方案 1 降低水头效果要好于方案 2。因此,方案 1 的防渗效果优于方案 2。

对于岩体较破碎、节理裂隙和断层贯通的单薄山体,方案 1 在山体表面布置防渗面板,趾板下设置帷幕灌浆,使山体扬压力明显减小,单薄山体的整体稳定性得到有效保障;而方案 2 临水侧断层切割的山体在库水位骤降工况下处于不稳定状态,需要采取锚固措施。因此,采用方案 1 有利于单薄分水岭的整体稳定性。

方案 1 的防渗面板和帷幕灌浆施工场地大,布置方便,干扰小,灌浆工程量小,运行期维修管理方便。方案 2 的帷幕线从山顶经过,需要增加两条约 460 m 长的灌浆洞,灌浆工程量大、强度高,施工干扰大;另外,在山体破碎、节理裂隙和断层发育的情况下,帷幕灌浆质量也不易保证。

经技术经济比较,方案 1 较方案 2 节约投资 163 万元。因此采用方案 1。

5.3 防渗工程设计

5.3.1 防渗面板设计

坝址区两岸山体坡高 100 m 左右,为岩质边坡,组成边坡岩石为 $\in_3^{2-1}$ ~ $\in_3^{2-5}$ 白云岩和泥质(条带)白云岩,结构以厚层—中厚层状结构为主。左坝肩 F_{49} 断层附近岩体破碎,山体单薄,采用钢筋混凝土面板防护,面板沿左岸山体向上游封闭长度约 80 m,将防渗帷幕布置在防渗面板位于河床的趾板线上,南端与坝体帷幕连接,北端沿边坡至最高水位以上,并在左坝肩山体内设置排水洞减小面板下的扬压力。右岸分水岭山体单薄,近东西向张裂隙和近南北向的断层分布较多,岩体破碎,在临水侧采用钢筋混凝土面板封闭,封闭范围从右坝肩 F_2 至 F_4 断层的坝顶高程 317.6 m 以下部分山体。根据山体岩石不同风化程度和现状边坡情况,按照稳定边坡进行开挖,根据地质勘察结果和稳定计算分析,左、右岸防渗面板的开挖边坡坡比为 1:0.3 ~1:2.3,单级坡坡高 10 ~20 m,马道宽 2 ~3 m。

钢筋混凝土面板厚度 30 cm,采用 C25 聚丙烯纤维混凝土,板下均布砂浆锚杆 $\phi20$,死水位高程 277 m 以下锚杆长度 3 m,间、排距 1.5 m;死水位—汛限水位高程 303.9 m 之间,锚杆长度 3 m,间、排距 1.2 m;汛限水位—校核洪水位 317.45 m,锚杆长度 6 m,间、排距 1.2 m。面板间分缝间距 8 ~12 m,缝间设置 PVC 止水,临水面采用聚硫密封胶封口。

面板在河床部位设钢筋混凝土趾板,宽 6 m,厚 0.5 m,沿趾板布置帷幕灌浆。

分水岭防渗面板坝顶高程 317.6 m 以上坡度根据地形、地质条件不同,采用 1∶0.3,单级坡高 10 m,马道宽 2 m,坡面采用挂网喷混凝土和锚杆支护,锚杆长 3 m,间距 1.5 m,在施工过程中根据现场地质情况对支护型式进行调整。

防渗面板剖面如图 6 所示。

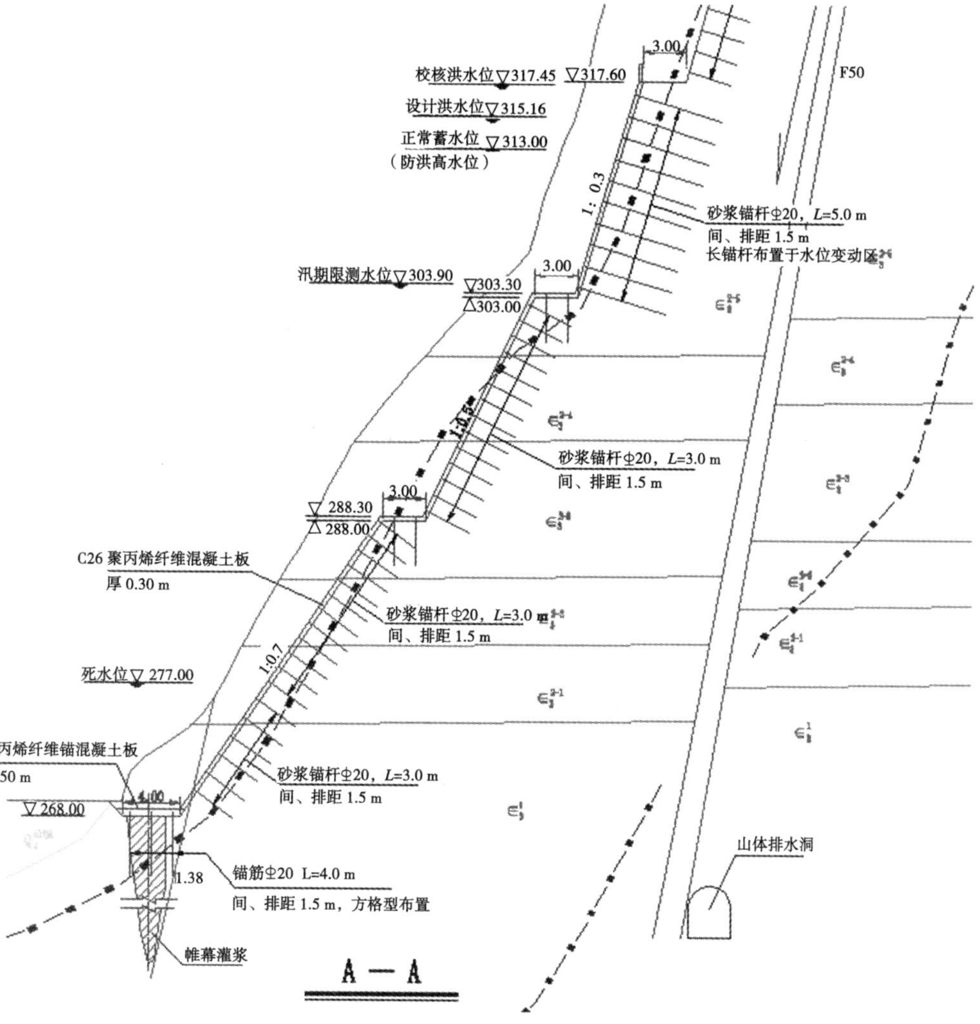

图 6 防渗面板剖面图

5.3.2 帷幕灌浆设计

根据渗流分析结果,大坝两岸山体帷幕灌浆深度按渗透系数小于 3 lu 控制,帷幕底高程确定为 200 ~ 180 m,帷幕灌浆排数根据岩石的透水率确定,断层及影响带附近布置 2 ~ 3 排,其余部位布置 1 ~ 2 排。主、副帷幕孔均垂直布置,孔距 2 m,排距 1.0 m,副帷幕孔深度为主帷幕孔的 2/3。

左岸防渗面板帷幕在大坝桩号 0 + 067.0 处折出坝外,沿左岸防渗面板趾板轴线布置,穿过 F_{49} 断层后至面板边缘,然后折向山顶至高程 317.60 m 平台,沿左岸山脊至 F_2 断层上游 30 m。斜坡及转角部位采用斜孔灌浆,扇形布置,断层带及其影响带部位采用交叉孔灌浆,确保帷幕质量。大坝灌浆在基础灌浆廊道和坝顶钻孔。右岸沿右坝肩灌浆洞布置帷幕灌浆孔，并沿右岸防渗面板两侧边坡和河床趾板封闭，右岸帷幕底高程为 200 ~ 180 m。

5.3.3　灌浆洞、排水洞设计

左岸结合山体稳定和防渗面板的布置，在面板下游侧 260 m 高程设置排水洞；排水洞末端垂直洞轴线向南布置 20 m 长灌浆洞，然后折向东西向布置灌浆洞长 93 m，并沿左岸山脊至 F_2 断层上游 30 m 布置帷幕灌浆洞，左岸防渗面板以外帷幕线总长度为 600 ~ 700 m，在 260 m 和 317.6 m 高程分别布置灌浆洞。

右岸在大坝桩号 0 + 220.5 至右岸防渗面板区域之间设置两层灌浆洞，高程分别为 260 m 和 317.6 m，长度分别为 170 m 和 104 m；防渗面板下游侧设 260 m 高程排水洞，总长度 364 m。

灌浆洞及排水洞采用城门洞型，尺寸为 3.0 m × 3.5 m，纵坡采用 1.5‰，两岸山体渗水沿排水洞通过坝内钢管引出坝外。排水洞采用系统锚杆支护，断层及影响带采用钢筋混凝土衬砌，厚 30 cm。排水洞上游侧洞顶设 ϕ100 排水孔，间距 9 m，深度 20 m，基础以下排水孔间距 3 m，深度 20 m。灌浆洞采用钢筋混凝土衬砌，厚度 30 cm。

6　防渗效果与评价

由于蟒河口水库天然来水量偏小，且坝址位于蟒河的出山口处，距下游盘谷寺区域断层（F_3）仅 500 m，左、右坝肩均存在单薄山梁，地质构造发育，库盆地层为可溶性岩石，相对隔水层埋藏较深，非汛期坝址区地下水位低于河床基岩面 20 ~ 30 m。左坝肩—F_2 断层段存在 L_1、L_2 等近东西向宽大裂隙，构成向下游 F_3 断层集中渗漏通道和构造网络状渗漏；右岸单薄分水岭上游河床段，存在 F_4 ~ F_2 断层间的三角形构造破碎带，且处于 F_4、F_2 断层的上盘，岩体破碎，透水性强，同样存在裂隙与断层组合而成的连通性渗漏通道。因此，工程区的渗漏形式以沿断层、张裂隙等带状渗漏为主，同时由于裂隙岩体的不均匀性、岩溶发育的局部连通性等特点，存在非均质的带状、网络状渗漏。

本工程结合坝址区的地形、地质条件，创新性采用“钢筋混凝土面板 + 帷幕灌浆”防渗新技术，并在钢筋混凝土面板中掺加聚丙烯纤维，不仅保证了两岸坝肩单薄山体的稳定，而且投资省，防渗效果好，方便施工和后期运行管理，综合效益显著。目前，蟒河口水库已通过竣工验收，为地质条件复杂的岩溶地区水库防渗处理提供了科学的实践依据。

丹江口大坝加高工程闸墩预应力加固

于　杰[1]　黄朝军[1]　杨宏伟[2]　杜宝平[3]

(1. 南水北调中线水源有限责任公司　湖北　丹江口　442700；
2. 南水北调中线丹江口大坝加高工程质量监督项目站　北京　100000；
3. 中国水利水电建设工程咨询西北有限公司　陕西　西安　710000)

摘要：丹江口大坝加高工程是南水北调中线的水源工程，须对大坝14～17坝段、19～24坝段共10个坝段20个闸墩进行预应力加固。本文主要介绍丹江口大坝加高工程闸墩预应力锚杆(索)加固的施工技术。锚杆(索)监测数据表明，预应力锚杆(索)施工满足设计要求。

关键词：丹江口大坝加高　闸墩　预应力锚杆(索)

1　工程概况

丹江口水库为南水北调中线的水源地。丹江口水利枢纽由两岸土石坝、混凝土坝、升船机、电站厂房等建筑物组成，初期工程于1973年建成。大坝加高于2005～2013年实施完成，大坝加高后，坝顶高程由162 m抬高至176.6 m，正常蓄水位由157 m抬高至170 m。大坝加高过程中检查发现初期工程溢流坝闸墩中部存在多条水平层间缝，闸墩加高后，部分层间缝位于闸墩下部，这些水平层间缝削弱了闸墩的刚度和整体性，对闸墩加高后的结构受力性能有不利影响。另一方面在溢流坝段闸孔泄洪时，一侧泄洪、另一侧闸孔关闭，这种工况下闸墩非对称受力，闸墩上游端部分区域存在拉应力区，使原先已存在的层间缝局部有张开趋势，在闸孔泄流震动荷载作用下将影响闸墩的耐久性。为此须对14～17坝段、19～24坝段共10个坝段20闸墩进行预应力加固施工。

处理措施为在每个闸墩顶部布置5束200吨级预应力锚杆(索)，具体布置为：闸墩上游侧三束有黏结锚杆+闸墩尾部二束无黏结锚索，闸墩尺寸长约30 m，宽3.5 m。孔位布局为：第一排孔位距坝轴线上游1.5 m，往上游各孔位间距分别为7 m、3.9 m、5 m、4.4 m。有黏结锚杆由精扎螺纹钢和多层内锚头，中段为有黏结精扎螺纹钢组成，三束有黏结锚杆长度分别为42 m、46 m、50 m；无黏结锚索由钢绞线的内锚固段8 m和锚头即孔口段5 m范围为有黏结段，中部为无黏结钢绞线段组成，，两束锚索长度分别为48 m、50 m。

2　预应力锚杆(索)加固施工

2.1　主要施工流程及试验内容

锚杆(索)施工工艺流程包括有黏结锚杆施工和无黏结锚杆施工两个方面。有黏结锚杆施工的流程为：施工准备→钻孔、扩孔→洗孔及抽水→锚杆制作与安装→灌浆→张拉→锚头保护→观测→安全防护措施。无黏结锚索施工的流程为：施工准备→钻孔→洗孔及抽水→锚索制作与安装→灌浆→张拉→锚索锚头保护→观测→安全防护措施。

闸墩预应力工艺性试验选择在右10坝段初期坝顶指定试验区域进行，试验内容主要包括钻孔、扩孔、锚杆制安、张拉、灌浆等几项工序。在施工过程中严格控制每道工序的施工质量，并由监理组织参建各方进行了联合验收，所有项目满足相关规范及设计技术要求，可指导施工。

2.2 钻孔、扩孔、洗孔及抽水施工

2.2.1 钻孔

采用XY－2型地质钻机，配金刚石钻头用清水做冲洗液回转钻孔。钻孔均为铅垂孔，孔径 大于165 mm，孔斜不大于3‰。内锚段需观察混凝土密实程度，如不密实需加深钻孔深度。锚孔钻进过程中，如遇混凝土架空或失水严重等情况时，立即停钻进行固结灌浆处理，再继续钻进。

2.2.2 扩孔

有黏结锚杆扩孔分三次成型，专用扩孔钻头按照设计图在专业厂家订做加工。按照底层、中层、上层的顺序分三次进行扩孔作业。

底层扩孔：按照底层扩孔位置距孔底0.5 m的要求组装扩孔钻头，并进行下钻作业，当扩孔钻头下至孔底后，在钻杆上做标记，当钻进行程达到扩孔钻头最大行程时，并且钻杆扭矩明显减少，底层扩孔完毕起钻；复核钻头刀口上缘与钻头底板间的长度并记录。

中间层扩孔：按照中间层扩孔位置距孔底3.5 m的要求组装扩孔钻头；同扩底层扩孔的工艺过程扩孔完毕起钻，复核钻头刀口上缘与钻头底板之间的长度并记录。

上层扩孔：按照上层扩孔位置距孔底6.5 m的要求组装扩孔钻头，同扩底层扩孔的工艺过程扩孔完毕起钻，复核钻头刀口上缘与钻头底板之间的长度并记录。

扩孔完成后用摄像头观测扩孔间距、扩孔质量及扩孔部位混凝土的表观质量，

2.2.3 洗孔及抽水

钻(扩)孔完毕，将水管伸入孔底，通过大流量水流(高压水)从孔底向孔外进行冲洗，直至回水清净延续5～10 min。洗孔完毕后，对钻孔进行全孔抽水和采用高压风吹干吹净，并做好孔口保护。

2.3 有黏结锚杆施工

2.3.1 锚杆制备、锚头安装

一束锚杆主要包括6根精轧螺纹钢筋(25 mm)、三层内锚头、灌浆管、对中支架等组成。

自锁锚头装置按照设计图在专业厂家订做加工。预应力锚杆自锁锚头由楔块和支座组成，材料为Q235B，楔块分成6瓣，组装合拢后的圆筒外径155 mm，楔块张开后的张开角为26.56°，楔块长161 mm。具体结构见图1。

精轧螺纹钢以2根一组分别与一个内锚头对穿并用螺母连接，用注缝胶灌密实。其他未用螺母连接的钢筋与锚头楔块座之间允许相对滑动，可灵活调整锚头位置。三层内锚头组装间距与实际扩孔间距保持一致。锚头安装时用绳索或铁丝将楔块捆绑，以防扰动造成锚头的损坏。各层锚头安装完毕后，安装灌浆管、对中支架。

2.3.2 锚杆入孔吊装

在孔口位置安装支座钢垫板并座浆，使得垫板内圆孔中心与钻孔中心一致。将锚杆分段在孔口进行连接组装，先将内锚段吊入孔内，下放锚杆时，待各层锚头上方的楔块局部入

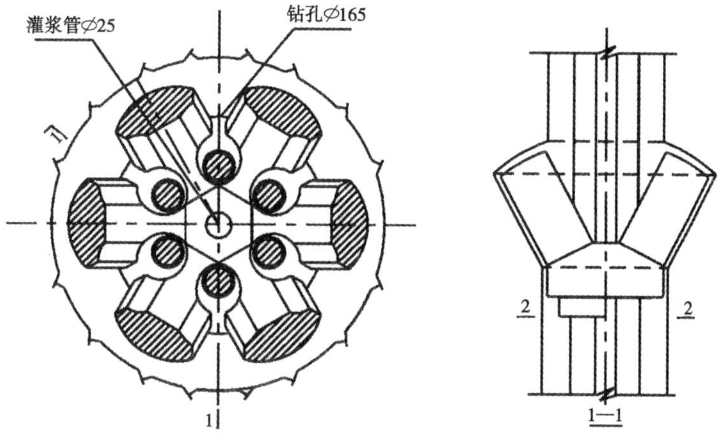

图1　预应力锚杆自锁装置

孔后方可解开捆绑的绳索或铁丝。采取防护措施防止锚杆内锚段直接掉入孔内。安装注浆管,对中支架,边吊装边接长锚杆,直至全部入孔,待锚杆下落至孔底部位后,提升锚杆至卡紧状态,以确认锚头已至扩孔部位后,拧紧锚固板锁紧螺帽,固定就位,若发现锚头未卡入扩孔内,下放锚杆重新提起直至楔块卡入扩孔内。锚杆外露端长度大于 2 m 便于安装张拉设备。安装 2 cm 厚封口垫板,安装螺母、支架及穿心千斤顶。

锚杆入孔固定后,通过穿心千斤顶预张拉的方法调节各层锚头与锚孔扩孔部位的间距,使得楔块与扩孔部位上边缘完全贴合。锁紧对应的螺母,分别完成各层锚头与扩孔壁的局部调节。

2.3.3　锚杆灌浆

为充分发挥扩孔自锁锚头的锚固效果,采取单层锚头局部范围先灌浆后张拉的方式进行预应力施加,即单层锚头上方 2 m 以下范围内局部灌浆,见图 2,待灌浆料强度接近加固坝体混凝土强度后,进行该层锚头的张拉,按同样方法进行其他层锚杆的预应力施加。

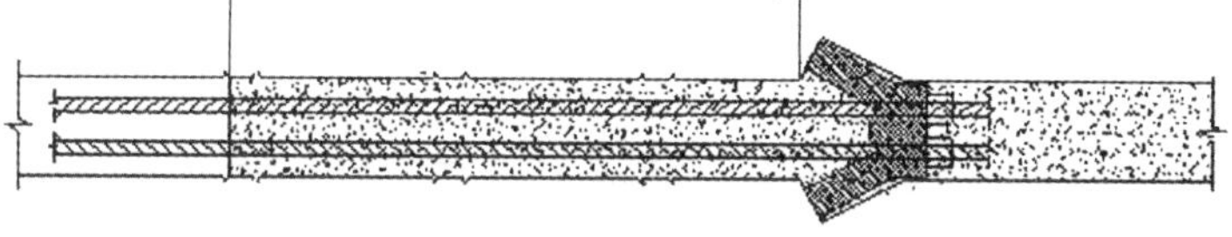

图2　锚头灌浆段示意

内锚头灌浆:分三次采用高强无机灌浆料进行灌浆,按照理论进浆量制作定量容器,在孔口利用浆液自重进行定量灌浆作业,确保锚固端位置的准确。注浆过程中随着浆液面升高同时上拔注浆管,并保证注浆管出口始终埋入浆液内 1 m。

张拉段灌浆时间及灌浆材料:完成第三层锚杆张拉、锁定和应力调整完成 1d 后无异常即可进行孔口段灌浆。灌浆采用水泥灌浆,水泥采用 42.5 普通硅酸盐水泥,水灰比为 0.4:1。

张拉段灌浆方法:浆液面上升速度不大于 2 m/min。注浆时注浆管进浆,排气管上安装压力表，采用有压循环注浆法。开始注浆时，敞开排气管，以排出气体、水和稀浆，回浓浆时逐步关闭排气阀，使回浆压力达到0.2～0.3 MPa，吸浆率小于0.4 L/min时，再屏浆30 min即可结束。

2.3.4 张拉施工

先对张拉设备进行“油压值－张拉力”的率定。在进行各层锚头的锚固灌浆。待灌浆料强度达到设计要求后进行各层锚头的张拉。单层锚头张拉前，按照每层自由段长度计算每层锚杆的理论伸长值。张拉时记录每一级荷载伸长值和稳压时的变形量，且与理论伸长值进行比较，如果实测伸长值大于计算值的10%或小于5%，查明原因并作相应的处理。张拉过程中，必须缓慢加载，升荷速率每分钟不宜超过设计应力的1/10，当达到每一级控制力后稳压5 min即可进行下一级张拉，达最后一级张拉后，稳压10 min即可锁定。

张拉作业根据内锚头安装及灌浆情况按照底层、中层、上层三个阶段进行，待灌浆料强度接近加固坝体混凝土强度后，进行该层锚头的张拉，按同样方法进行其他层锚杆的预应力施加。锚杆正式张拉前，预张拉200 kN张拉力，观察锚孔口的钢座板是否发生旋转，若发生旋转，做出标记。千斤顶卸载后，调整张拉板转角，与孔口钢座板转角相同，继续预张拉200 kN，直至钢底座不再旋转为止。

每级200 kN，直至2 000 kN，进行超张拉，超张拉荷载值为2 200 kN，并锁紧锚固螺母，或按规范分级张拉至超载锁定，记录相应数据。锚杆张拉时及时准确记录油压表读数、千斤顶伸长值等。考虑到锁紧瞬间的预应力损失，预应力施加时应进行超张拉。张拉至相应荷载后，锁紧对应精轧螺纹钢筋的锚固螺母，并卸载千斤顶，观测锁紧后钢筋应变读数。张拉过程中，如果锚头周围拉力过大，立即停止张拉，分析原因，提出整改方案。

2.3.5 外锚头保护

张拉锁定完毕，卸下反力锚固板及千斤顶后从锚固钢板外端量起，留60 mm钢筋，锚头作永久的防锈处理。锚头坑进行混凝土回填。

2.4 无黏结锚索施工

2.4.1 锚索制作及安装

锚索在钻孔的同时于现场进行编制，按常规进行钢绞线下料→内锚固段与孔口段去皮洗油→钢绞线编号→编制锚索体→安装内隔离支架与灌浆管→安装波纹管与外对中支架→安装导向帽。

钢绞线下料：第一组下料长度：孔深＋1.5 m，第二组下料长度：孔深－6.5 m，第三组下料长度：孔深－2.5 m。波纹管下料：孔深－5.65 m，灌浆管下料长度等于孔深。内锚固段绑扎成波纹形状，由钢绞线剥除外保护胶皮洗净油层形成。张拉段采用直线形状。

内锚固段与孔口段去皮洗油：内锚固段锚固长度为8 m，孔口段锚固长度为5 m；误差在1 cm以内。内锚固段与孔口段钢绞线按设计的锚固段长度去皮洗油，以确保钢绞线与水泥胶结体之间有牢固的黏结力。

钢绞线编号：将钢绞线和灌浆管平摊于工作台上，整个钢绞线分为三组，并在出口段(外端)用不同的颜色或挂牌区别。第一组钢绞线号1、2、3、4共4根，每根长度为孔深＋1.5 m；第二组绞线号5、7、8、10、12、13共6根，每根长度为孔深－6.5 m；第三组绞线号6、9、11、14共4根，每根长度为孔深－2.5 m。每束钢绞线内锚固段长度均为8 m，每组之间锚固段头部错开4 m(见图3、图4)。

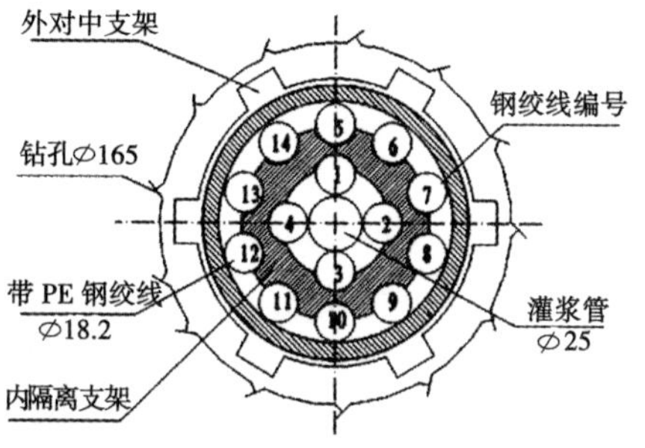

图 3　钢绞线编号及布置

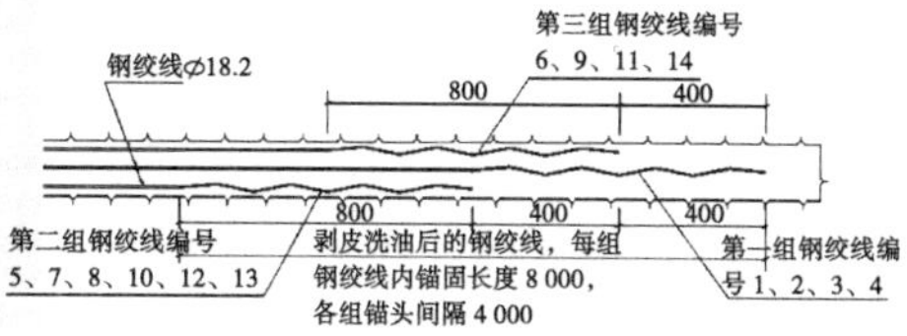

图 4　锚索头部锚固段示意图

编制锚索体：将灌浆管、内圈钢绞线、外圈钢绞线捆扎成一束。钢绞线和灌浆管之间用隔离支架分离，支架间距在内锚固段为 1.0 m，两对隔离支架间绑扎一道无锌铅丝成枣核状，绑扎时保证钢绞线相对位置关系、不得交叉；自由段隔离支架间距为 2.0 m。

安装对中支架：在波纹管外侧安置成型的对中支架，以保证锚索安装在钻孔中心，周围有均匀间隙，便于锚索对中就位，并使波纹管周围有均匀厚度的灌浆凝固体。灌浆管要平顺，在灌浆时可随着浆液面升高上拔灌浆管，不得弯曲、破损，已安装的灌浆管在灌浆前检查其是否通畅，管口临时封闭，并挂牌编号。

将编好的锚索运送至孔口位置，通过孔口上方安装的下索滑轮进行穿索。穿索采用人工配合卷扬牵引的方法。锚索曲率半径一般不得小于 5 m(最小不小于 3 m)。

2.4.2　锚索灌浆

锚索内锚固段 8 m 和锚头即孔口段 5 m 范围为有粘结段，中部为无黏结段。锚索孔灌浆需分两段进行，即端头锚固段灌浆和锚索孔口段灌浆。锚索安装后先进行端头锚固段灌浆，待锚索张拉后再进行锚索孔口段灌浆。锚固段灌浆采用高强无机灌浆料，在进行锚固段灌浆时，严格控制锚索孔内浆液面上升速度不大于 2 m/min，浆液面距锚索顶部 PE 护套段下 1 m 即停止注浆。采用有压循环灌浆法，开始灌浆时，敞开排气管，以排出气体、水和稀浆，回浓浆时逐步关闭排气阀，使回浆压力达到 0.2 ~ 0.3 MPa，吸浆率小于 0.4 L/min 时，再屏浆 30 min 即可结束。孔内锚固段灌浆完成后，将加工好的孔口灌浆管、孔口钢套管、钢垫板进行安装。

2.4.3　张拉与锚固施工

灌浆达到规定强度，即可进行张拉。张拉前要计算每根锚索的理论伸长值。锚索张拉时，锚具上孔的排列位置须与前端工作锚的孔位一致，不允许在千斤顶穿心孔中发生钢绞线交叉现象。张拉时记录每一级荷载伸长值和稳压时的变形量，且与理论伸长值进行比较，如果实测伸长值大于计算值的 10% 或小于 5%，查明原因并作相应的处理。先对单根钢绞线进行预紧，预紧时单根张拉力 30 kN，再将锚索按不同的锚头位置分三组，每组一起分级张拉至超载锁定。张拉时按以下拉力分级进行，并进行及时准确的记录。

自由段长度一致的编为一组，1、2、3、4 钢绞线为第一组，对应张拉力为 $q = 628.6$ kN，5、7、8、10、12、13 钢绞线为第二组，对应张拉力为 $q = 942.8$ kN，6、9、11、14 钢绞线为第三组，对应张拉力为 $q = 628.6$ kN，分级张拉标准：逐根预紧→$0.5q$→$0.75q$→$1.0q$→$1.1q$(超载锁定)。

张拉过程中，升荷速率每分钟不宜超过设计应力的 1/10，当达到每一级控制力后稳压 5

min 即可进行下一级张拉，达最后一级张拉后，稳压 10 min 即可锁定。稳压后的 48 h 内，若锚束应力下降到设计张拉值以下时进行补偿张拉。

2.4.4 锚索锚头保护

锚索张拉锁定完毕，卸下工具锚及千斤顶后从工作锚具外端量起，留 60 mm 钢绞线，锚头作永久的防锈处理。锚头坑进行混凝土回填。

3 锚固结果分析

为观测预应力锚杆(索)在张拉过程中及张拉完成后预应力变化情况，在闸墩预应力施工过程中按设计要求安装了测力计，测力计安装在 17#、21# 及 24# 溢流坝段各闸墩上分别选取 1 个锚杆和锚索进行测力计的安装，共计 6 套测力计进行预应力张拉观测，根据观测结果表明，目前预应力锚固孔预应力变化情况均满足设计技术要求(大于 2 000 kN)并趋于稳定，闸墩预应力加固施工符合设计要求。

4 结　语

丹江口大坝初期工程闸墩预应力锚杆加固是丹江口大坝初期工程缺陷处理项目之一，预应力锚杆(索)的施工质量关系到闸墩结构的安全。施工单位在业主、设计及监理单位的指导与协调下，精心组织施工，在施工过程中严格控制每道施工工序，待每道工序施工完毕后进行工序验收，确保每道工序都满足设计要求。锚杆测力计的观测数据表明，预应力锚杆施工质量优良，各项指标均满足设计要求。

坝基渗流对重力坝抗滑稳定性的影响分析

王志鹏[1] 张 野[2] 贺双喜[1] 张 高[1]

(1. 中国电建集团贵阳勘测设计研究院有限公司成都分院 四川 成都 610031;
2. 四川润蜀工程勘察设计院 四川 成都 610031)

摘要:本文应用通用离散元软件 UDEC 结合强度折减法,对某混凝土重力坝在考虑坝基节理裂隙渗流与否这两种工况下,进行了稳定性分析。通过对模型中可变形块体和节理单元的强度参数进行折减,使其不能再达到平衡状态,此时的折减系数即重力坝的抗滑安全稳定性系数。本文首先在计算过程中对模型关键点部位的位移变化情况进行记录分析,结果更清楚的显示了坝体的变形情况和受力特点,而后将两种工况下计算所得的折减系数与等安全系数法的计算结果进行了对比,对比结果显示考虑渗流工况下的抗滑安全稳定性系数与等安全系数法的结果比较接近,其值偏于安全。分析结果表明岩体渗流对坝体稳定性有显著效应,同时为更好的了解坝体及坝基软弱结构面的位移变化规律及描述坝体失稳机理提供了参考。

关键词:离散元方法 强度折减法 稳定性分析 UDEC

1 概 述

混凝土重力坝以其良好的安全性和经济性在世界范围内被广泛采用,随着大坝规模及高度的提升,混凝土重力坝的安全性日益受到关注。然而高混凝土坝库容大,地质、环境条件复杂,且多位于高烈度地震区,一旦失事,后果极其严重,不但重创国民经济,还会带来极大的生命财产损失和难以恢复的生态破坏[1]。因此,这给工程的安全性带来了更大的挑战,同时也给工程界如何评判坝基抗滑稳定在理论和技术上带来了新的难题。

坝基节理岩体渗流的存在,严重地影响着大坝的安全稳定性。因此,研究节理岩体中裂隙的渗流特性,对于研究重力坝的抗滑稳定具有十分重要的意义。1959 年,法国的 Malpasset 拱坝失事以后,裂隙岩体渗流问题日益受到人们的重视[2-4]。与孔隙渗流的多孔介质相比,节理岩体渗流的特点有:渗透系数的非均匀性十分突出;渗透系数各向异性非常明显;应力环境对岩体渗流场的影响显著;岩体渗透系数的影响因素复杂,影响因子难以确定。

针对以上问题,本文结合工程实例就坝基渗流对重力坝抗滑稳定性的影响进行了分析研究。首先应用离散元软件 UDEC 对模型关键点部位的位移变化情况进行记录分析,结果清楚的显示了坝体的变形情况和受力特点,而后将考虑坝基渗流与不考虑坝基渗流这两种工况下的折减系数结果与等安全系数法的计算结果进行对比,对比结果显示考虑渗流工况下的抗滑安全稳定性系数与等安全系数法的结果比较接近,其值偏于安全[4]。分析结果表明岩体渗流对坝体稳定性有显著效应,为更好的了解坝体及坝基软弱结构面的位移变化规律及描述坝体失稳机理提供了参考。

2 离散元及强度折减法的基本原理

2.1 离散元法基本原理

离散元法是用来解决不连续介质问题的数值模拟方法。该方法把节理岩体看作由离散的岩块和岩块间的节理面所组成,允许岩块平移、转动和变形,而节理面可被压缩、分离或滑动。因此,岩体被看作一种不连续的离散介质。其内部可存在大位移、旋转和滑动乃至块体的分离,从而可以较为真实地模拟节理岩体中的非线性大变形特征。

离散元法的一般求解过程为:将求解空间离散为离散元单元阵,并根据实际问题用合理的连接元件将相邻两单元连接起来;单元间相对位移是基本变量,由力与相对位移的关系可得到两单元间法向和切向的作用力;对单元在各个方向上与其他单元间的作用力以及其他物理场对单元作用所引起的外力求合力和合力矩,根据牛顿运动第二定律可以求得单元的加速度;对其进行时间积分,进而得到单元的速度和位移。从而得到所有单元在任意时刻的速度、加速度、角速度、线位移和转角等物理量[5]。

2.2 强度折减法的基本原理

强度折减法是 Zienkiewicz 等 1975 年首次在土工弹塑性有限元数值分析中提出的,其含义是在外荷载保持不变的情况下,边坡内土体所发挥的最大抗剪强度与外荷载在边坡内所产生的实际剪应力之比[6]。强度折减法的基本原理是将材料的强度参数 c 、$\tan\varphi$ 值同时除以一个折减系数 RF(Reduction factor),得到一组新的 c' 、φ' 值,然后作为新的材料参数进行试算,通过不断地增加折减系数 RF,反复分析研究对象,直至其达到临界破坏,此时得到的折减系数即为安全系数 FS。其分析方程为:

$$c' = c/RF \tag{1}$$

$$\varphi' = \arctan(\tan\varphi/RF) \tag{2}$$

强度折减法的原理十分简单,应用中的关键问题是临界状态判定问题。目前主要有特征点的位移法、结构面某一幅值的广义剪应变的贯通、结构面塑性区的贯通、计算不收敛等方法判断坝体的失稳破坏。本文采用关键点位移与时间关系曲线发散和计算不收敛作为坝体的失稳判据[7]。

3 UDEC 程序简介及模型选择

UDEC 是基于离散单元法理论的一款计算分析程序。离散单元法最早由 Peter Cundall 在 1971 年提出理论雏形,最初意图是在二维空间描述离散介质的力学行为,Cundall 等人在 1980 年开始又把这一方法思想拓展到研究颗粒状物质的微破裂、破裂扩展和颗粒流动问题。物理介质通常呈现不连续特征,以岩体为例,具有不同岩性属性的岩块(连续体)和结构面(非连续特征)构成岩体最基本的两个组成要素,与有限元技术、FLAC/FLAC3D 等通用连续力学方法相比较,属于非连续力学方法范畴的 UDEC 程序基于离散的角度来对待物理介质,以最为朴素的思想分别描述介质内的连续性元素和非连续性元素。本文中可变形块体模型选择是岩土工程中最常用的本构模型 Mohr-Coulomb 模型,结构面模型为 Mohr-Coulomb 模型。

4　算例分析

4.1　概况

某坐落在节理岩体上的混凝土重力坝坝高 100 m，坝顶宽度 10 m，下游面坡度 1∶0.78，坝底厚度 80 m，坝基基础范围为 200 m×400 m。模型图如图 1 所示。

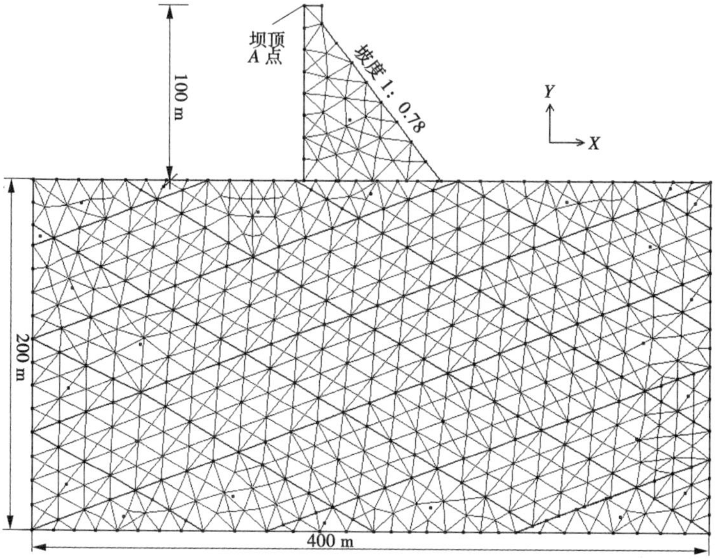

图 1　工程模型

4.2　力学参数及关键点的选择

如上 3.2、3.3 节所述，模型中可变形块体及结构面模型均选择为 Mohr-Coulomb 模型，坝体和坝基的力学参数如表 1～表 2 所示，同时选取 4 个点作为监测点，监测点位置如图 2 所示。

表 1　坝体及坝基变形和强度参数

材料	密度（kg/m^3）	弹性模量（GPa）	泊松比	内摩擦角（°）	抗拉强度（MPa）	黏聚力（MPa）
坝体	2 400	20	0.167	38	1.2	2.0
坝基	2 650	10	0.26	38	0.0	1.2

表 2　节理变形和强度参数

节理组	法向刚度（GPa/m）	剪切刚度（GPa/m）	内摩擦角（°）	抗拉强度（MPa）	黏聚力（MPa）
1	1.0	1.0	35	0.0	1.0
2	1.0	1.0	35	0.0	1.0

4.3　强度折减分析方法及过程

在 UDEC 中安全系数的定义与有限元或有限差分中强度折减的安全系数定义是类似

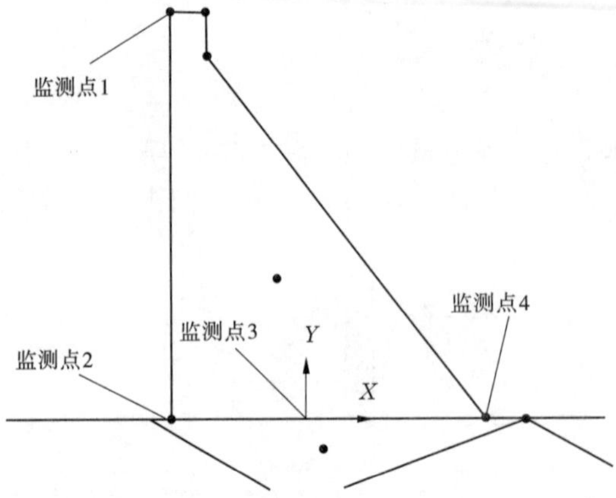

图 2　监测点位置图

的。即对可变形块体及结果面的强度参数 c、φ 值进行折减，当折减系数进一步增加，则系统进入不平衡状态（类似于有限元计算中的计算不收敛），认为此时的折减系数就是重力坝抗滑稳定性的安全系数[10]。

4.4　计算结果分析

在考虑坝基渗流工况下，最终计算结果如图 3 ~ 图 8 所示，当折减系数由 2.50 增加至 2.51 时，坝体位移趋势明显，各监测点对应的位移与时间关系曲线发散，计算不再收敛。综合判断此时坝体失稳，安全系数为 2.51。从图 3 ~ 图 6 可看出，破坏前后位移矢量图和位移与时间关系曲线变化明显，因此可将关键点位移与时间关系曲线发散和计算不收敛作为坝体的失稳判据[6]。在不考虑坝基渗流工况下，最终计算结果如图 9 ~ 图 14 所示，当折减系数由 2.58 增加至 2.59 时，坝体位移趋势开始明显，监测点对应的位移与时间关系曲线开始发散，计算不再收敛。综合判断此时坝体失稳，安全系数为 2.59。由以上分析可知，考虑坝基渗流作用的计算结果小于不考虑坝基渗流作用的计算结果，说明考虑渗流作用的计算结果是偏于安全的。为验证结论的正确性，同时应用等安全系数法进行了计算，并将结果进行了比较分析。

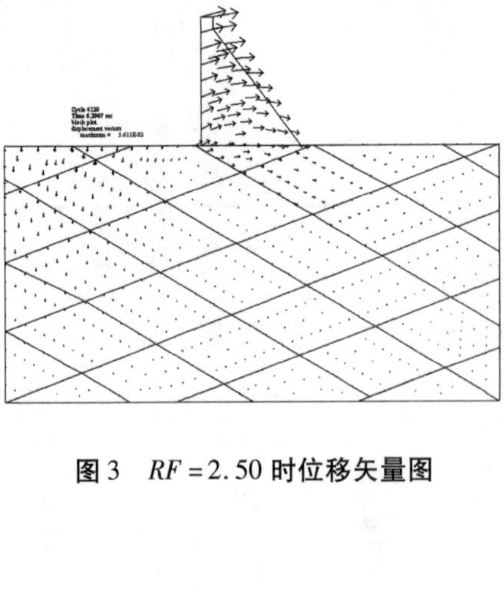

图 3　$RF = 2.50$ 时位移矢量图

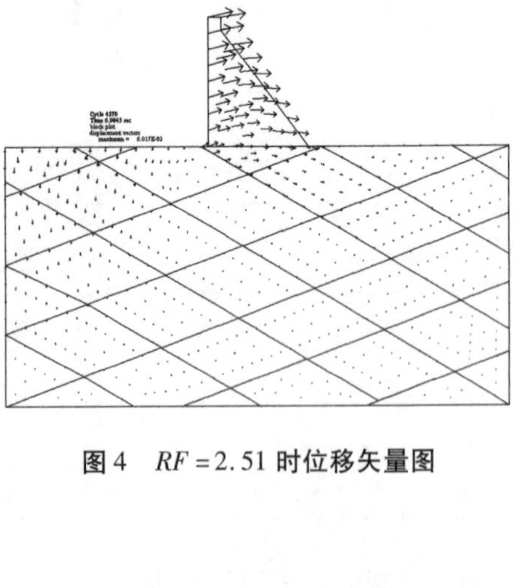

图 4　$RF = 2.51$ 时位移矢量图

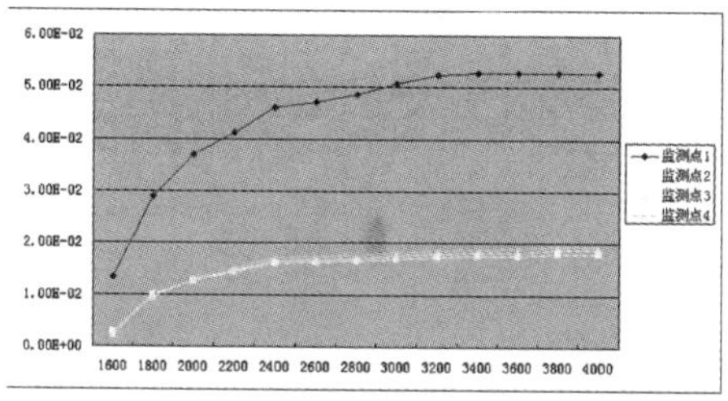

图5　$RF=2.50$ 时关键点位移与时间步的关系曲线

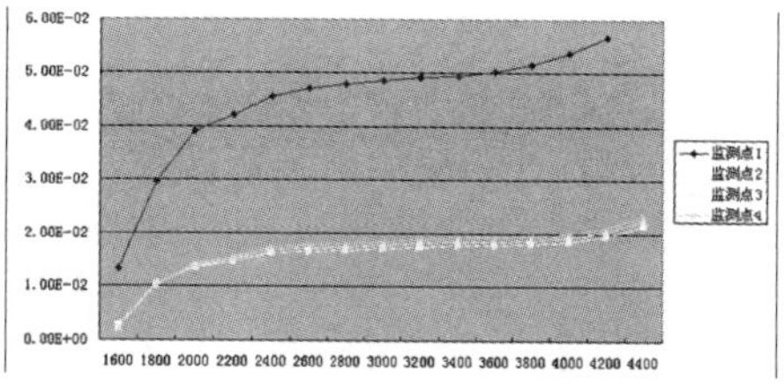

图6　$RF=2.51$ 时关键点位移与时间步的关系曲线

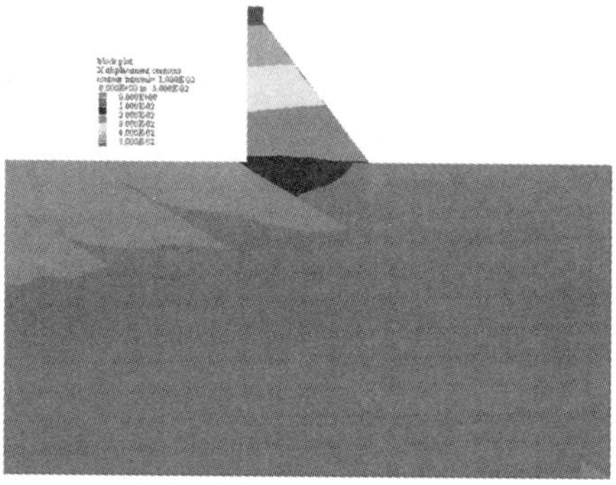

图7　$RF=2.50$ 时大坝位移云图

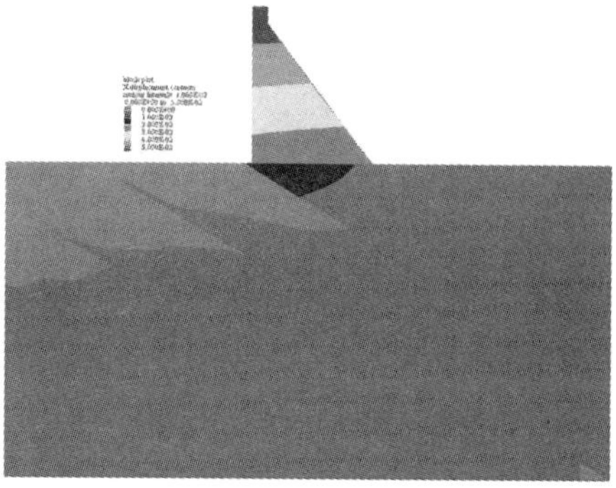

图8　$RF=2.51$ 时大坝位移云图

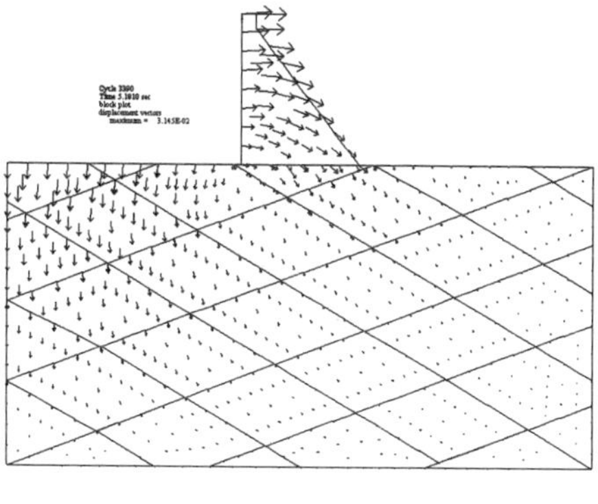

图9　$RF=2.58$ 时位移矢量图

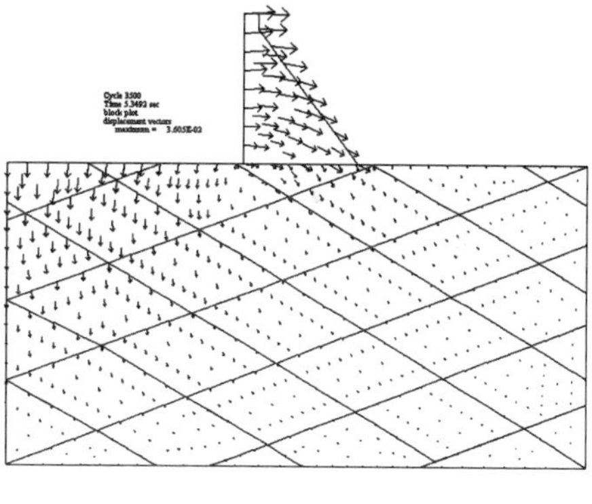

图10　$RF=2.59$ 时位移矢量图

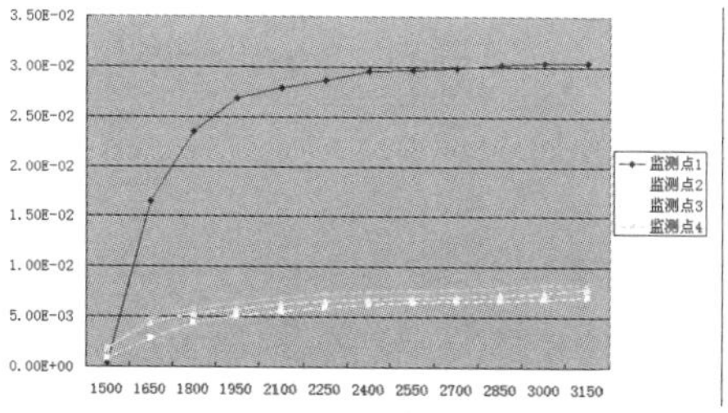

图11　$RF=2.58$ 时关键点位移与时间步的关系曲线

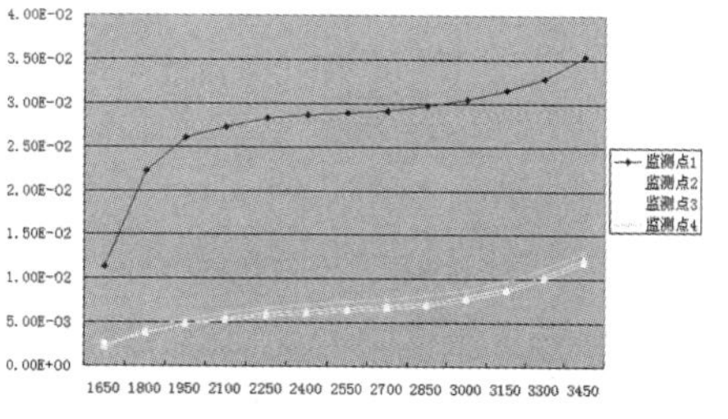

图12　$RF=2.59$ 时关键点位移与时间步的关系曲线

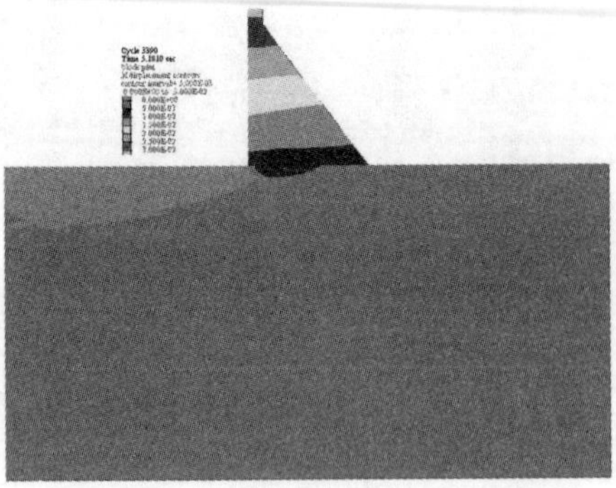

图 13　$RF = 2.58$ 时大坝位移云图

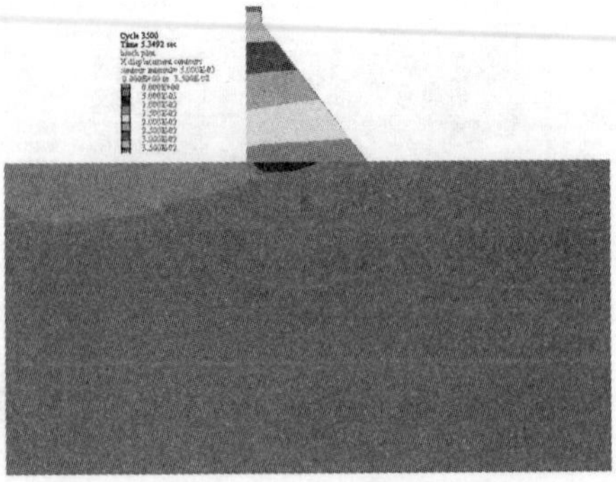

图 14　$RF = 2.59$ 时大坝位移云图

4.5　等安全系数法

刚体极限平衡法是坝基抗滑稳定分析中的主要方法,并在实际工程中得到广泛应用。它分为:剩余推力法、被动抗力法和等安全系数法,其中等安全系数法较前两种方法更为合理,且规范至今采用。等安全系数法安全系数如以下各式,公式中各个符号说明参见混凝土重力坝设计规范(SL 319—2005)。计算剖面图如图 15 所示。

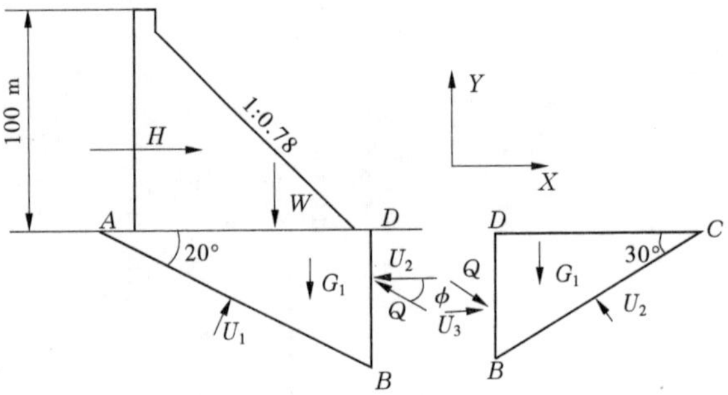

图 15　刚体极限平衡法受力示意图

考虑 ABD 块的稳定,则有:

$$K_1' = \frac{f_1'[(W + G_1)\cos\alpha - H\sin\alpha - Q\sin(\varphi - \alpha) - U_1 + U_3\sin\alpha)] + c_1'A_1}{(W + G_1)\sin\alpha + H\cos\alpha - U_3\cos\alpha - Q\cos(\varphi - \alpha)} \tag{3}$$

考虑 BCD 块的稳定,则有:

$$K_2' = \frac{f_2'[G_2\cos\beta + Q\sin(\varphi + \beta) - U_2 + U_3\sin\beta)] + c_2'A_2}{Q\cos(\varphi + \beta) - G_2\sin\beta + U_3\cos\beta} \tag{4}$$

令 $U_2 = U_3 = 0$ 及 $K_1' = K_2' = K'$,经试算得,$K_1' = K_2' = K' = 2.52$,$Q = 4\ 936.2$ kN。

表 4 所列为 UDEC 计算的坝体抗滑稳定安全系数与等安全系数法计算的结果。从表 3 中可以看出考虑渗流时的计算结果与等安全系数法的计算结果比较接近,而不考虑渗流时差别较大,表明岩体渗流对坝体稳定性有显著效应,结果为更好的了解坝体及坝基软弱结构面的位移变化规律及描述坝体失稳机理提供了参考。

表3　UDEC 与等安全系数法结果比较

计算方法	UDEC 计算结果		等安全系数法结果
	考虑渗流	未考虑渗流	
安全系数	2.51	2.58	2.52

5　结　论

本文应用通用离散元软件 UDEC 结合强度折减法,对某混凝土重力坝在考虑坝基节理裂隙渗流与否这两种工况下,进行了稳定性分析。结果显示在考虑坝基渗流工况下,坝体安全系数为 2.51;在不考虑坝基渗流工况下,坝体安全系数为 2.59,大于在考虑坝基渗流工况下的安全系数,说明考虑坝基渗流工况下的安全系数是偏于安全的,同时应用等安全系数法进行计算得到的坝体安全系数为 2.52,综合对比结果显示考虑渗流工况下的安全稳定性系数是偏于安全的。分析结果表明岩体渗流对坝体稳定性有显著效应,为更好的了解坝体及坝基软弱结构面的位移变化规律及描述坝体失稳机理提供了参考,研究结果同时表明将关键点位移与时间关系曲线发散和计算不收敛作为坝体的失稳判据是可行的。

参考文献

[1] 陈在铁. 高拱坝失效模式与失效概率[J]. 南京航空航天大学学报,2007,39(4):530-531.

[2] 徐光黎,潘别桐. 岩体结构模型与应用[M]. 武汉:中国地质大学出版社,1993.

[3] 荣美峰,等,岩石力学与工程[M]. 北京:科学出版社,2002.

[4]张有天. 从岩石水力学观点看几个重大工程事故[J]. 水利学报,2003(5):1-10.

[5] 王泳嘉. 离散单元法——一种使用于节理分析的数值方法[C]//第一届全国岩石力学数值计算及模型试验讨论会论文集. 成都:西南交通大学出版社,1986:32-37.

[6] 段庆伟,陈祖煜,王玉杰. 重力坝抗滑稳定的强度折减法应用及探讨[J]. 中国水利学会第四届青年科技论坛论文集,2008:447-448.

[7] 宁宇,徐卫亚,等. 应用离散元强度折减对复杂边坡进行稳定性分析[J]. 岩土力学,2007,28(10).

[8] 蔡美峰. 岩石力学与工程[M]. 北京:科学出版社,2002.

[9] Itasca Consulting Group. Universal distinct element code(version 4.0) user's guide[R]. Minneapolis:Itasca Consulting Group,Inc. ,2004.

[10] Dawson E M,Roth W H. Drescher A Slope stability analysis by strength reduction[J]. Geotechnique,1999,49(6):835-840.

[11] 中华人民共和国水利部. SL 319—2005 混凝土重力坝设计规范[S]. 北京:中国水利水电出版社,2005.

[12] 常晓林,蒋春艳,周伟,等. 岩质坝基稳定分析的等安全系数法及可靠度研究[J]. 岩石力学与工程学报,2007(8):1594-1602.

溪洛渡大坝混凝土强度统计分析

张艳红　胡　晓　杨　陈　朱洪东　焦　健

（中国水利水电科学研究院工程抗震研究中心　北京　100048）

摘要：抗拉强度和抗压强度是常用的两种混凝土强度指标。抗拉强度可以采用轴向拉伸试验、弯曲试验和劈裂抗拉强度试验测定，抗压强度由立方体抗压强度试验测定。大坝混凝土的材料试验常采用全级配大试件和湿筛小试件两种形式。不同尺寸试件、不同类型试验的混凝土强度指标存在一定的统计关系。本文结合溪洛渡大坝工程，对全级配混凝土及湿筛混凝土的各种静、动强度试验结果进行总结，研究混凝土强度的率效应、尺寸效应，分析各强度指标之间的定量关系，并与国内、外规范及相关成果进行比较，为实际工程提供可参考的依据。

关键词：水工材料　强度参数　强度试验　全级配混凝土　湿筛混凝土　加载率

混凝土强度是大坝（抗震）设计及安全性评价中的一个重要指标。大坝混凝土一般为全级配混凝土，其最大骨料粒径可达 150 mm，骨料含量高，由于骨料效应和尺寸效应的影响，全级配混凝土的强度特征与湿筛混凝土存在较大差异。

大坝混凝土的抗拉强度可以采用轴向拉伸试验、弯曲试验、劈裂抗拉强度试验测定。轴向拉伸试验[1,2]能给出混凝土最真实的拉伸强度值，但是，试验结果往往受到混凝土内部缺陷或一些外部因素的影响，如：混凝土试件表面的干裂程度及微裂缝的发展情况、试件与材料试验机的连接方式等。此外，全级配混凝土大试件的制作及在试验机上的安装也十分困难，因此轴拉试验在实际工程中较少采用。相比较而言，弯曲试验和劈拉试验在试验室中容易实现，因而常被采用。例如：美国陆军工程师兵团《Gravity Dam Design》[3]、《Earthquake Design and Evaluation of Concrete Hydraulic Structures》[4]及美国联邦紧急事务管理局 FEMA《Earthquake Analyses and Design of Dams》[5]等均采用劈裂抗拉强度试验、弯曲试验来确定混凝土的抗拉强度。我国现行的混凝土拱坝设计规范[6]和水工建筑物抗震设计规范[7]也认为，坝体混凝土受拉，主要是处于剪切受拉和弯曲受拉状态，采用劈拉强度或弯拉强度比较合适。

各种强度指标是从不同的角度反映了混凝土的抗力性能，各指标之间往往存在一定的统计规律性。例如，我国规范[6]根据较多的试验资料分析，建议湿筛混凝土抗拉强度取为 0.08 倍的抗压强度，规范[7]也建议，湿筛混凝土动态抗拉强度取为动态抗压强度的 8%。文献[3]给出混凝土拉、压强度关系为

$$f_{\mathrm{f}} = 1.33 f_{\mathrm{ts}} = 2.3 (f_{\mathrm{cc}})^{2/3} \tag{1}$$

式中，f_{f} 表示抗弯强度；f_{ts} 表示劈拉强度；f_{cc} 表示抗压强度。强度单位均为 psi。

将式（1）中各强度单位改为 MPa 后成为

$$f_f = 1.33f_{ts} = 0.44f_{cc}^{2/3} \quad (2)$$

在地震作用下，大坝混凝土的应变率显著提高，应变率的增加直接影响到混凝土的拉、压强度值。我国水工建筑物抗震规范[7]规定，湿筛混凝土动态抗拉强度、抗压强度可较其静态值提高30%。根据Bruhwiler[8]的研究成果，文献[4]给出混凝土的静、动强度关系为：动态抗压强度较静态抗压强度提高15%，动态抗拉强度较静态抗拉强度提高50%。文献[9]建议，碾压混凝土的动态抗拉强度等于静态抗拉强度乘以系数1.5。

目前，全级配大坝混凝土的试验数据依然十分缺乏，特别是动态加载时的试验资料。结合溪洛渡大坝工程，本文研究人员在中国水利水电科学研究院15 MN大型材料试验机上开展了全级配混凝土与湿筛混凝土的静态、动态试验研究，本文对其中的强度试验成果进行了分析和总结。

1　试验简介

采用中国水利水电科学研究院15 MN大型MTS材料试验机进行试验。该设备在国内动态试验机中加载能力最大。试验机的载荷测量采用2.5 MN载荷传感器和15 MN压差传感器。系统位移测量采用Temposonic数字位移传感器，传感器与制动器整合在一起。试验机的铰接座组件旋转角度为+90°或−30°、倾斜角度为±8°，可用于静态试验和循环试验。材料试验机采用了MTS FlexTest数字控制系统，支持32测量通道返回信号控制。该试验机可满足大坝全级配混凝土的静/动试验要求。

在该试验机上，对溪洛渡大坝全级配混凝土及相应的湿筛混凝土进行了静态、动态轴向拉伸试验、弯曲试验、劈裂抗拉强度试验及抗压强度试验[10,11]，如图1所示。

溪洛渡大坝混凝土有三种设计强度等级$C_{180}40$（水胶比0.41，35%粉煤灰掺量）、$C_{180}35$（水胶比0.45，35%粉煤灰掺量）、$C_{180}30$（水胶比0.49，35%粉煤灰掺量）。混凝土坍落度控制在4～6 cm，含气量控制在5%～6%。每立方米$C_{180}40$、$C_{180}35$、$C_{180}30$全级配混凝土中水/水泥/粉煤灰/砂/石分别为82 kg/130 kg/70 kg/511 kg/1 843 kg、82 kg/118 kg/64 kg/538 kg/1 833 kg、83 kg/110 kg/59 kg/563 kg/1 816 kg，粗骨料特大石:大石:中石:小石的比例为30:25:20:25。全级配混凝土试件全部用插入式高频振捣器插捣成型：劈裂抗拉强度试件、抗压强度试件用450 mm×450 mm×450 mm钢模，混凝土分二层装料，分层振捣；弯曲试件用450 mm×450 mm×1 700 mm mm钢模，混凝土分三层装料，分层振捣；轴向拉伸试件用Φ450×1 350 mm钢模，混凝土分五层装料，分层振捣。湿筛混凝土试件全部用振动台成型：劈裂抗拉强度试件、抗压强度试件用150 mm×150 mm×150 mm钢模成型；弯曲试件用150 mm×150 mm×550 mm钢模成型；轴向拉伸试件用100 mm×100 mm×550 mm八字钢模成型。

本文对试验中大坝混凝土222个试件的强度值进行了整理和统计分析。由于混凝土试件的配合比、制作日期及养护条件等存在差异，222个试件被分为Ⅰ～Ⅵ共六组。由于本次试验侧重于研究混凝土的动态性能，试验结果中的静态强度数据不足，因此，本文还援引了文献[12]的部分成果作为补充。

2　试验结果分析

表1～表5汇总了本次大坝混凝土材料试验中所有全级配混凝土和湿筛混凝土的轴向拉伸试验、弯曲试验、劈裂抗拉强度试验及抗压强度试验的动态与静态强度结果（表中括号

(a) 轴向拉伸试验

(b) 劈裂抗拉强度试验

(c) 弯曲试验

(d) 抗压强度试验

图 1　全级配混凝土试验照片

内数据引自文献[12])。试验中采用冲击方式施加动荷载,加载速率的确定方式是:考虑实际混凝土大坝的基本周期 T 为 0.81 s,冲击荷载的施加是使试件在 0.25 T 时间内达到破坏荷载。考虑材料试验机上、下压盘对立方体抗压强度试件上、下表面具有一定的摩擦及约束作用,试验时在试件上、下表面与试验机压盘之间分别铺设油膜、未铺设油膜,以对比分析端部约束条件对抗压强度值的影响。表中,f、F 分别表示湿筛小试件、全级配大试件的强度;下标 cc1、cc2、t、f、ts 分别表示不铺设油膜时抗压强度试验、铺设油膜时抗压强度试验、轴向拉伸试验、弯曲试验、劈裂抗拉强度试验;上标 s、d 分别表示静态试验、动态试验。

表 1　混凝土抗弯强度试验结果

试件分组	龄期	f_f^s (MPa)	有效个数/总个数	f_f^d (MPa)	有效个数/总个数	F_f^s (MPa)	有效个数/总个数	F_f^d (MPa)	有效个数/总个数
Ⅰ	28 d	(3.41)		5.09	4/5	(2.42)		3.40	4/5
	90 d	4.45	3/3	6.32	3/3	2.84	4/4	4.20	5/5
	180 d	5.10 (5.93)	3/3	7.40	3/4	(3.65)		4.50	5/5
Ⅲ	>360 d	4.47	3/5	5.63	3/3	3.26	3/5	4.59	2/3
Ⅴ	>360 d	4.81	3/3	6.34	3/3	3.12	4/4	4.41	3/4
Ⅵ	>360 d	3.53	3/3	5.16	3/4	3.12	4/4	4.07	3/4

注:本试验共 82 个试件(大试件 43 个,小试件 39 个),有效试件 71 个(大试件 37 个,小试件 34 个)。

表 2　混凝土轴拉强度试验结果

试件分组	龄期	f_t^s (MPa)	有效个数/总个数	f_t^d (MPa)	有效个数/总个数	F_t^s (MPa)	有效个数/总个数	F_t^d (MPa)	有效个数/总个数
Ⅰ	28 d	(2.59)				(1.23)			
	180 d	(4.21)				(2.08)			
Ⅱ	>360 d	2.75	3/3	3.75	4/4	1.90	2/2	2.71	2/2
Ⅲ	>360 d	2.49	3/5	3.25	3/5	1.37	2/4	2.44	4/5
Ⅳ	>360 d	2.86	1/1	3.33	4/5	2.02	2/2	2.64	3/3
Ⅴ	180 d	(3.96)				(1.74)			

注:本试验共 41 个试件(大试件 18 个,小试件 23 个),有效试件 33 个(大试件 15 个,小试件 18 个)。

表 3　混凝土劈拉强度试验结果

试件分组	龄期	f_{ts}^s (MPa)	有效个数/总个数	f_{ts}^d (MPa)	有效个数/总个数	F_{ts}^s (MPa)	有效个数/总个数	F_{ts}^d (MPa)	有效个数/总个数
Ⅰ	28 d	(2.27)		3.08	3/3	(1.47)			
	90 d	3.03 (2.85)	3/3	3.25	3/6	(2.24)			
	180 d	(3.42)		3.33	3/3	(2.33)		3.25	3/3
Ⅴ	180 d	(3.26)				(2.20)			
Ⅵ	180 d	(2.99)				(1.97)			

注:本试验共 18 个试件(大试件 3 个,小试件 15 个),有效试件 15 个(大试件 3 个,小试件 12 个)。

表 4　混凝土抗压强度试验结果(无油膜)

试件分组	龄期	f_{ccl}^s (MPa)	有效个数/总个数	f_{ccl}^d (MPa)	有效个数/总个数	F_{ccl}^s (MPa)	有效个数/总个数	F_{ccl}^d (MPa)	有效个数/总个数
Ⅰ	28 d	22.71 (31.30)	3/3		27.09	3/3	(33.00)		
	90 d	41.56 (40.20)	3/3		49.98	3/3	(42.50)		
	180 d	50.97 (51.00)	3/3	60.49	3/3	50.34* (47.90)	3/4	60.14*	3/3
Ⅲ	>360 d	57.76	3/6	62.77*	4/7			62.74*	4/4
Ⅴ	180 d	(44.50)				(45.20)			
Ⅵ	180 d	(40.90)				(42.50)			
	>360 d			53.66	3/3				

注:本试验共 45 个试件(大试件 11 个,小试件 34 个),有效试件 38 个(大试件 10 个,小试件 28 个)。上标 * 表示该组立方体试件是由弯曲试验后的试件切割得到。表 5 同。

表5　混凝土抗压强度试验结果(有油膜)

试件分组	龄期	f^s_{cc2} (MPa)	有效个数/总个数	f^d_{cc2} (MPa)	有效个数/总个数	F^s_{cc2} (MPa)	有效个数/总个数	F^d_{cc2} (MPa)	有效个数/总个数
Ⅱ	>360 d					36.06	3/3		
Ⅲ	>360 d	36.13	3/4	44.47	3/4	34.67	3/3	36.80/46.88*	3/3
Ⅳ	>360 d			50.73	3/3			46.65	4/5
Ⅴ	>360 d			38.85	4/6				
Ⅵ	>360 d			31.10	3/5				

注:本试验共36个试件(大试件14个,小试件22个),有效试件29个(大试件13个,小试件16个)。

2.1　加载速率对混凝土强度的影响

将表1~表5中混凝土动态强度与相应的静态强度的比值,即动态强度提高因子,列于表6中。

表6　混凝土的动态强度提高因子

试件分组	龄期	$\frac{f^d_{ts}}{f^s_{ts}}$	$\frac{f^d_t}{f^s_t}$	$\frac{f^d_f}{f^s_f}$	$\frac{f^d_{cc1}}{f^s_{cc1}}$	$\frac{f^d_{cc2}}{f^s_{cc2}}$	$\frac{F^d_{ts}}{F^s_{ts}}$	$\frac{F^d_t}{F^s_t}$	$\frac{F^d_f}{F^s_f}$	$\frac{F^d_{cc1}}{F^s_{cc1}}$	$\frac{F^d_{cc2}}{F^s_{cc2}}$
Ⅰ	28 d	1.36		1.49	1.19				1.40		
	90 d	1.07 1.14		1.42	1.20				1.48		
	180 d	0.97		1.45	1.19		1.39		1.23	1.19	
Ⅱ	>360 d		1.36					1.43			
Ⅲ	>360 d		1.31	1.26	1.09	1.23		1.78	1.41		1.06
Ⅴ	>360 d		1.16	1.32				1.31	1.41		
Ⅵ	>360 d			1.46					1.30		
以上平均值		1.14	1.28	1.40	1.17	1.23	1.39	1.51	1.37	1.19	1.06

由表6中的结果,可以得到如下认识:

(1)湿筛混凝土的动态劈拉强度提高因子为1.14、动态轴拉强度提高因子为1.28、动态抗弯强度提高因子为1.40,分别小于、接近、大于我国水工建筑物抗震设计规范[7]的给定值(1.30),但是均小于《Earthquake Design and Evaluation of Concrete Hydraulic Structures》[4]的给定值(1.50)。

(2)试件上、下表面未铺设油膜时,湿筛混凝土的动态抗压强度提高因子为1.17,接近于《Earthquake Design and Evaluation of Concrete Hydraulic Structures》[4]的给定值(1.15),但是小于我国水工建筑物抗震设计规范的给定值(1.30)。

(3)全级配混凝土的动态劈拉强度提高因子、动态轴拉强度提高因子分别为1.39、1.51,均大于湿筛混凝土的相应值;全级配混凝土的动态抗弯强度提高因子为1.37,接近于湿筛混凝土的相应值。

(4)无油膜时全级配混凝土的动态抗压强度提高因子为1.19,与湿筛混凝土的相应值接近;有油膜时湿筛混凝土的动态抗压强度提高因子为1.23,大于无油膜时的相应值;有油膜时全级配混凝土的动态抗压强度提高因子为1.06,小于无油膜时的相应值。可见,不同的端部约束及摩擦情况下,混凝土的动态抗压强度提高因子存在差别。

2.2　试件的尺寸效应及骨料效应的影响

为研究试件尺寸效应及骨料效应对混凝土强度的影响,将表1~表5中全级配大试件与湿筛小试件的强度进行比较,比值列于表7中。

表7　试件的尺寸效应及骨料效应对混凝土强度的影响

试件分组	龄期	$\frac{F^s_{ts}}{f^s_{ts}}$	$\frac{F^s_{t}}{f^s_{t}}$	$\frac{F^s_{f}}{f^s_{f}}$	$\frac{F^s_{cc1}}{f^s_{cc1}}$	$\frac{F^s_{cc2}}{f^s_{cc2}}$	$\frac{F^d_{ts}}{f^d_{ts}}$	$\frac{F^d_{t}}{f^d_{t}}$	$\frac{F^d_{f}}{f^d_{f}}$	$\frac{F^d_{cc1}}{f^d_{cc1}}$	$\frac{F^d_{cc2}}{f^d_{cc2}}$
Ⅰ	28 d	0.65	0.47	0.71	1.05				0.67		
	90 d	0.74 0.79		0.64	1.06				0.66		
	180 d	0.68	0.49	0.72 0.62	0.99 0.94		0.98		0.61	0.99	
Ⅱ	>360 d		0.69					0.72			
Ⅲ	>360 d		0.55	0.73		0.96		0.75	0.82	1.00	0.83
Ⅳ	>360 d		0.71					0.79			0.92
Ⅴ	180 d	0.67	0.44		1.02						
	>360 d			0.65					0.70		
Ⅵ	180 d	0.66			1.04						
	>360 d			0.88					0.79		
以上平均值		0.70	0.56	0.71	1.02	0.96	0.98	0.75	0.71	1.00	0.88

由表7可见:

(1)大、小试件的静态劈拉强度比值、静态轴拉强度比值、静态抗弯强度比值分别为0.70、0.56、0.71,动态劈拉强度比值、动态轴拉强度比值、动态抗弯强度比值分别为0.98(仅有一组试验数据,其结果有待今后试验补充)、0.75、0.71。总体来看,混凝土静、动抗拉强度受骨料效应和尺寸效应影响均十分显著。实际上,混凝土的拉伸断裂总是从材料内部最薄弱面开始发生(如骨料与砂浆的黏结面、初始裂隙或缺陷等),对全级配大试件而言,由于大骨料的存在,薄弱面面积增大,荷载作用下这些薄弱面出现应力集中导致开裂的可能性比湿筛小试件增加,因而,全级配大试件的抗拉强度低于湿筛小试件。试件尺寸效应和骨料效应的影响程度与试验类型、加载速率等因素有关。

(2)若试件上、下表面与试验机之间未铺设油膜时,大、小试件的静态抗压强度比值为1.02,动态抗压强度比值为1.00;若试件上、下表面与试验机之间铺设油膜时,大、小试件的静态抗压强度比值为0.96,动态抗压强度比值为0.88。可见,由于粗骨料的骨架作用,抗压强度不及抗拉强度受试件的骨料效应及尺寸效应影响显著。

2.3　不同强度之间的定量关系

为了分析不同强度之间的定量关系，将本次试验中混凝土静态抗拉强度与静态抗压强度的比值、动态抗拉强度与动态抗压强度的比值及不同端部约束及摩擦情况下抗压强度的比值列于表8、表9中。

表8　混凝土不同静态强度之间的关系

试件分组	龄期	$\frac{f^s_{ts}}{f^s_{cc1}}$	$\frac{F^s_{ts}}{F^s_{cc1}}$	$\frac{f^s_t}{f^s_{cc1}}$	$\frac{F^s_t}{F^s_{cc1}}$	$\frac{f^s_f}{f^s_{cc1}}$	$\frac{F^s_f}{F^s_{cc1}}$	$\frac{f^s_{cc2}}{f^s_{cc1}}$	$\frac{f^s_f}{(f^s_{cc1})^{2/3}}$	$\frac{F^s_f}{(F^s_{cc1})^{2/3}}$	$\frac{f^s_{ts}}{(f^s_{cc1})^{2/3}}$	$\frac{F^s_{ts}}{(F^s_{cc1})^{2/3}}$
Ⅰ	28 d	0.10 0.07	0.04	0.11 0.08	0.04	0.11	0.07		0.34	0.24	0.28 0.23	0.14
	90 d	0.07 0.07	0.05			0.11	0.07		0.37	0.23	0.25 0.24	0.18
	180 d	0.07 0.07	0.05 0.05	0.08 0.08	0.04 0.04	0.10 0.12	0.07 0.08		0.37 0.43	0.27 0.28	0.25 0.25	0.17 0.18
Ⅲ	>360 d			0.04		0.08		0.63	0.30			
Ⅴ	180 d	0.07	0.05	0.09	0.04						0.26	0.17
Ⅵ	180 d	0.07	0.05								0.25	0.16
以上平均值		0.07	0.05	0.08	0.04	0.10	0.07	0.63	0.36	0.26	0.25	0.17

表9　混凝土不同动态强度之间的关系

试件分组	龄期	$\frac{f^d_{ts}}{f^d_{cc1}}$	$\frac{F^d_{ts}}{F^d_{cc1}}$	$\frac{f^d_t}{f^d_{cc1}}$	$\frac{F^d_t}{F^d_{cc1}}$	$\frac{f^d_f}{f^d_{cc1}}$	$\frac{F^d_f}{F^d_{cc1}}$	$\frac{f^d_{cc2}}{f^d_{cc1}}$	$\frac{F^d_{cc2}}{F^d_{cc1}}$	$\frac{f^d_f}{(f^d_{cc1})^{2/3}}$	$\frac{F^d_f}{(F^d_{cc1})^{2/3}}$	$\frac{f^d_{ts}}{(f^d_{cc1})^{2/3}}$	$\frac{F^d_{ts}}{(F^d_{cc1})^{2/3}}$
Ⅰ	28 d	0.11				0.19				0.56		0.34	
	90 d	0.07				0.13				0.47		0.24	
	180 d	0.06	0.05			0.12	0.07			0.48	0.29	0.22	0.21
Ⅲ	>360 d			0.05	0.04	0.09	0.07	0.71	0.75	0.36	0.29		
Ⅵ	>360 d					0.10		0.58		0.36			
以上平均值		0.08	0.05	0.05	0.04	0.13	0.07	0.65	0.75	0.45	0.29	0.27	0.21

以下对几组不同的强度关系进行分析：

(1)劈拉强度与抗压强度的关系。湿筛混凝土的静态/动态劈拉强度为相应的静态/动态抗压强度(无油膜)的7%～8%，接近于我国混凝土拱坝设计规范的给定值(8%)。全级配混凝土的静态/动态劈拉强度为相应的静态/动态抗压强度(无油膜)的5%，小于湿筛混凝土的相应比值。湿筛混凝土的静态/动态劈拉强度与相应的静态/动态抗压强度的比值 $f_{ts}/(f_{cc1})^{2/3}$ 为0.25～0.27，略小于《Gravity Dam Design》[3]的给定值(0.33，该比值中劈拉强度是针对圆柱体试件进行的)；对全级配混凝土而言，比值 $F_{ts}/(F_{cc1})^{2/3}$ 为0.17～0.21，小于湿筛混凝土的相应比值。

(2)轴拉强度与抗压强度的关系。湿筛混凝土的静态/动态轴拉强度为相应的静态/动态抗压强度(无油膜)的5% ~8%,略小于我国混凝土拱坝设计规范的给定值(8%);对全级配混凝土而言,该比值为4%,小于湿筛混凝土的相应比值。

(3)抗弯强度与抗压强度的关系。湿筛混凝土的静态/动态抗弯强度为相应的静态/动态抗压强度(无油膜)的10% ~13%,大于我国混凝土拱坝设计规范的给定值(8%);对全级配混凝土而言,该比值为7%,小于湿筛混凝土的相应比值。湿筛混凝土的静态/动态抗弯强度与相应的静态/动态抗压强度的比值$f_f / (f_{cc1})^{2/3}$为0.36 ~0.45,接近于《Gravity Dam Design》的给定值(0.44);对全级配混凝土而言,比值$F_f / (F_{cc1})^{2/3}$为0.26 ~0.29,小于湿筛混凝土的相应比值。

(4)试件端部约束及摩擦对混凝土抗压强度的影响。有油膜时湿筛混凝土的静态/动态抗压强度为无油膜时相应值的63% ~65%;有油膜时全级配混凝土的动态抗压强度为无油膜时的75%。可见,油膜的铺设可以减少试件上、下表面与试验机压盘之间的摩擦,并显著降低了混凝土的抗压强度。从破坏形式上看,若试件上、下表面未铺设油膜时,试件主要表现为剪切破坏,剪切破坏多沿骨料表面和砂浆内部发生;若试件上、下表面铺设油膜时,试件存在一定程度的劈裂破坏,裂缝断口较整齐,裂缝面的挤压和摩擦症状不如无油膜时显著,破坏多沿骨料表面和砂浆内部发生。冲击荷载作用下,岩石骨料破坏比例增加。

(5)总体而言,加载速率对混凝土拉压强度的比值影响不大。

3 结 论

本文针对溪洛渡大坝混凝土,研究混凝土强度的率效应、尺寸效应及不同强度指标之间的定量关系,研究结果表明:

(1)动态抗拉强度提高因子受试验类型影响较大。对湿筛混凝土而言,动态抗弯强度提高因子(1.40)最大;动态劈拉强度提高因子(1.14)最小;动态轴拉强度提高因子(1.28)居中,与我国水工建筑物抗震设计规范给定的值1.30接近;均小于《Earthquake Design and Evaluation of Concrete Hydraulic Structures》给定的值1.50。对全级配混凝土而言,动态劈拉强度提高因子、动态轴拉强度提高因子均大于湿筛混凝土的相应值;动态抗弯强度提高因子接近于湿筛混凝土的相应值。

(2)湿筛混凝土的动态抗压强度提高因子(1.17)与《Earthquake Design and Evaluation of Concrete Hydraulic Structures》给定的值1.15接近,小于我国水工建筑物抗震设计规范给定的值1.30。全级配混凝土的动态抗压强度提高因子为1.19,与湿筛混凝土的相应值接近。不同的端部约束及摩擦情况下,混凝土的动态抗压强度提高因子存在一定的差别。

(3)混凝土抗拉强度受骨料效应和尺寸效应影响十分显著。大、小试件的静态劈拉强度比值、静态轴拉强度比值、静态抗弯强度比值分别为0.70、0.56、0.71,动态轴拉强度比值、动态抗弯强度比值分别为0.75、0.71。抗压强度受骨料效应和尺寸效应影响不大,大、小试件的抗压强度比值为1.00 ~1.02(无油膜)、0.88 ~0.96(有油膜)。

(4)加载速率对混凝土拉压强度的比值影响不大。对湿筛混凝土而言,劈拉强度、轴拉强度、抗弯强度分别为抗压强度的7% ~8%、5% ~8%、10% ~13%,分别接近、略小于、大于我国混凝土拱坝设计规范给定的值8%;劈拉强度与抗压强度的比值$f_{ts} / (f_{cc1})^{2/3}$为

0.25～0.27，略小于《Gravity Dam Design》给定的值0.33；抗弯强度与抗压强度的比值 $f_f/(f_{cc1})^{2/3}$ 为0.36～0.45，接近于《Gravity Dam Design》给定的值0.44。对全级配混凝土而言，劈拉强度、轴拉强度、抗弯强度与抗压强度的比值均小于湿筛混凝土的相应比值。

(5)混凝土抗压强度受试件端部约束及摩擦的影响较大。减小端部约束及摩擦时，混凝土抗压强度降低。

参考文献

[1] 陈玉泉，杜成斌，周围，等. 全级配混凝土轴向拉伸应力－变形全曲线试验研究[J]. 水力发电学报，2010, 29(5): 76-81.

[2] 张艳红，胡晓，杨陈，等. 全级配混凝土动态轴拉试验[J]. 水利学报，2014，45(6)：720-727.

[3] U. S. Army Corps of Engineers. EM 1110-2-2200 Gravity Dam Design [S]. Washington, DC 20314-1000. 1995.

[4] U. S. Army Corps of Engineers. EM 1110-2-6053 Earthquake Design and Evaluation of Concrete Hydraulic Structures[S]. Washington, DC 20314-1000. 2007.

[5] Federal Guidelines for Dam Safety: Earthquake Analyses and Design of Dams [S]. FEMA 65. 2005.

[6] 中华人民共和国国家发展和改革委员会. DL/T 5346—2006 混凝土拱坝设计规范 [S]. 北京：中国电力出版社，2002.

[7] 中华人民共和国国家经济贸易委员会. DL 5073—2000 水工建筑物抗震设计规范 [S]. 北京：中国电力出版社，2002.

[8] Bruhwiler, E. Fracture of Mass Concrete under Simulated Seismic Action [J]. Da m Engineering, 1990, 1, Issue 3.

[9] U. S. Army Corps of Engineers. E P1110-2-12 Seismic Design Provisions for Roller Compacted Concrete Dams [S]. Washington, DC 20314-1000. 1995.

[10] 中华人民共和国水利部. SL 352—2006 水工混凝土试验规程 [S]. 北京：中国水利水电出版社，2006.

[11] 中华人民共和国国家经济贸易委员会. DL/T 5150—2001 水工混凝土试验规程 [S]. 北京：中国电力出版社，2002.

[12] 水利部水工程建设与安全重点试验室. 金沙江溪洛渡水电站全级配混凝土性能试验报告 [R]. 北京：中国水利水电科学研究院，2010.

达维水电站重叠式枢纽布置

陈海坤

（中国电建集团贵阳勘测设计研究院有限公司　贵州　贵阳　550002）

摘要:布置在狭窄河床上的混凝土高坝枢纽,如何妥善处理"厂、坝、泄"三者的关系是至关重要的。本文就峡谷区混凝土高坝枢纽的两种典型布置型式,全面系统介绍了达维水电站碾压混凝土重力坝坝型进行地下厂房式分散枢纽与坝后厂前挑流重叠式枢纽的比较研究,并对选定的重叠式枢纽进行了泄洪消能布置及模型试验研究,进行了厂、坝重叠结构设计及分析研究,解决了可能存在的问题。这种坝后厂前挑流式重叠布置型式在峡谷地区具有良好的适应性及运用前景,值得研究、可资借鉴。

关键词:峡谷地区　达维水电站　重叠式枢纽布置　坝后厂前挑流式厂房

1　引　言

在我国高山峡谷地区,采用坝式开发的高混凝土坝枢纽,往往受地形地质条件的限制,给泄洪、消能布置带来了很多困难,"厂、坝、泄"三者的矛盾也更加突出。所以,如何处理好厂房、大坝、泄水建筑物三者之间的关系便成了峡谷地区高混凝土坝枢纽布置的核心问题。当然,布置在狭窄河床上的混凝土高坝枢纽,主要泄洪系统往往布置于坝身,可归结为厂、坝集中或分散布置这两种典型的枢纽布置型式。

在高山峡谷地区,分散布置的厂房往往选择地下式,把主河床全部留给泄洪系统,总的来说,具有如下优点:①可以避免地面厂房尤其是岸边式厂房的高边坡开挖及不利地质条件处理问题;②可以减少压力水道的长度,简化或省掉调压系统;③有利于枢纽泄洪消能布置,可减少泄洪时雨雾对电站运行的影响;④地下厂房最大的优点是真正做到了厂坝分离,开阔了施工场面,有利于施工导流,减少了施工干扰,大大提高了施工速度。当然,分散布置的地下厂房枢纽除了以上优点外,仍有施工难度大、施工系统复杂的弊端,还有厂内噪音大,照明、通风、防潮条件差的不足,这些弊端与提前发电的效益一般是不能比拟的。理论与实践经验表明:地下式厂房可使工程布置具有较大的灵活性,能因地制宜利用有利的自然条件。

集中布置的混凝土高坝枢纽往往布置为坝后式厂房,具有引水道短、布置紧凑、工程投资较省,运行管理集中的优点,兼有厂内通风、防潮、照明条件好的优势。但厂坝结构较为复杂,施工干扰相对较大。坝后厂前挑流或厂顶溢流式重叠布置型式更能充分利用河床空间,合理解决厂、坝、泄布置上"争"位置的矛盾,在峡谷地区有明显优点也存有缺点,值得研究。

高山峡谷地区这两种典型枢纽布置上谁优谁劣,应具体比较论证确定。达维水电站地处川西高山峡谷地区,设计中考虑到工程地质条件和枢纽建筑物组成的特点,在认真进行调查研究、水工模型试验和计算分析研究的基础上,采取了将坝身溢洪道、主副厂房等建筑物多层重叠布置的形式，即坝后厂前挑流的重叠式枢纽，这种高坝枢纽布置形式在高山峡谷地区具有良好的适应性。现将此种重叠式枢纽布置的选择及设计体会介绍如下。

2 重叠式枢纽布置选择

达维水电站地处川西高山峡谷地区，系大渡河上游干流脚木足河上水电规划的第3个梯级，采用坝式开发。正常蓄水位2 686 m，相应库容1.766亿 m^3，最大坝高111 m，装机3×100 MW。工程具有“大坝较高、泄量较大、河谷狭窄”的特点，坝址位于热水塘沟口至下游河流转弯段近800 m河段上，水库集水面积17 683 km^2，多年平均流量207 m^3/s，最大洪量在3 550～4 160 m^3/s。坝址河谷狭窄，呈对称的“V”型近横向谷，两岸基岩裸露，河流纵坡约2.28‰。两岸岸坡陡峭，地形下陡上缓，枯期水面宽约30 m，正常蓄水位时谷宽145～185 m，坝址区河床覆盖层厚10～15 m。坝址河段主要为中陡倾的砂板岩夹千枚岩地层，岩体卸荷不明显，坝址下游左岸分布规模较大的宝岩堆积体。枢纽区地震设计烈度为Ⅶ度，地震动峰值加速度为101 cm/s^2。

根据上述自然条件，对坝型曾进行混凝土面板堆石坝、黏土心墙堆石坝、碾压混凝土重力坝和拱坝四种坝型全面比较。对于当地材料坝方案，考虑右岸地形缓于左岸、有利于布置岸边泄洪系统，同时利用左岸河边滩地地形、将厂房紧靠坝后占据部分河道布置为岸边地面厂房，采用“混凝土面板堆石坝或黏土心墙堆石坝挡水、右岸溢洪洞和导流洞改建的泄洪放空洞泄洪、左岸引水系统及岸边地面厂房”的枢纽布置格局。对于混凝土坝方案则采用“碾压混凝土重力坝或拱坝挡水、坝身泄洪、左岸地下引水发电系统”的枢纽布置格局，进行坝型比较。相比之下，当地材料坝坝型泄量较混凝土坝方案多约17%，岸边泄洪系统工程量较大，且其泄洪雨雾对左岸宝岩堆积体影响相对较大。左岸坝后占据部分河床布置的地面厂房工程量较小。其导流洞虽与泄洪洞结合利用，但导流标准高。当地材料坝两种坝型方案工程投资相当，大坝投资较混凝土坝为小，但泄洪系统投资大，枢纽工程投资（约23.1亿元）总体较混凝土坝方案（约21.3亿～21.6亿元）多约8%。而混凝土坝坝型枢纽采用坝身泄洪，水流归槽好，泄洪雾化对下游宝岩堆积体影响较小。左岸地下引水发电系统工程量相对较大，但其导流标准较低，施工条件总体上略优于当地材料坝方案。重力坝和拱坝方案比较，因岩体总体偏软，拱坝方案坝肩、坝基开挖及坝肩稳定处理工程量均较大，建坝技术难度略大、投资略大。因此，择优推荐碾压混凝土重力坝为选定坝型。

在选定碾压混凝土重力坝坝型的基础上，根据地形地质条件，综合考虑泄洪建筑物和发电厂房布置，进一步对枢纽布置方案进行研究。可研阶段考虑将预可研坝线适当上移约270 m后，河谷上部宽度将增加约40 m（2 686 m时谷宽185 m），具备重叠式布置河床厂房的条件，地层参数基本相当，并且泄洪对下游堆积体的影响将进一步减轻。在此基础上进行枢纽布置比选，最终归结为左岸地下厂房枢纽与重叠式河床厂房枢纽两种布置方案进行深入比选。

2.1 左岸地下厂房枢纽方案

碾压混凝土重力坝最大坝高111 m，坝顶全长约225 m，由左、右岸非溢流坝段和中间溢流坝段组成，坝体方量约60万 m^3。上游坝坡1∶0.2，下游坝坡为1∶0.75。溢流坝段布置于河床，最大泄量3 400 m^3/s，坝身布置3个8 m×14 m（宽（高）的表孔和1个4 m×5 m（宽×高）的泄水底孔，均采用挑流消能形式。地下厂房布置于大坝下游约150 m的左岸山体内，采用三洞三机供水方式,不需设调压井。进水口布置在大坝上游侧左岸,经三条长约 230 m、内径 7.5 m 的引水隧洞建厂发电,尾水洞长约 200 m。厂房洞室在平面上呈"一"字型布置,主厂房与主变洞两大洞室平行布置,出线平台布置在大坝左岸端部。厂房洞室开挖总长 115.70 m,主厂房净跨度为 17.8 m,主机间开挖高度 56.55 m,厂内安装 3 台单机 100 MW 水轮发电机组,尾水出口采用斜向出水。施工采用右岸枯期 20 年一遇洪水隧洞导流方式。

2.2　重叠式枢纽布置方案

拦河大坝、坝身溢洪道与坝后厂房为重叠布置,溢流坝段与坝后厂房采用"上分下连"的连接形式,上部分离断面保证基本三角形断面不受厂房削弱。坝身布置 3 个 8 m×14 m(宽×高)的表孔和 1 个 4 m×5 m(宽×高)的泄水底孔。选择表孔出口采用厂前差动式挑流消能型式,挑角 23°~30°,坝上泄洪时水流从坝后厂房上空挑过,厂房藏于水舌之下,坝后厂房下游设置长约 95 m 的水垫塘进行消能;引水系统采用坝式进水口,三条坝内埋管平行穿过加厚的溢流大坝中墩,连接至厂房。电站厂房为坝后厂前挑流式,布置在重力坝溢流坝段后,采用全封闭结构。主机间和安装间"一"字排列,总尺寸为 99.3 m×23 m×55.2 m(长×宽×高),主机间几乎占据了整个河床宽度。并在溢流坝段内部设置上游副厂房,下游依次布置下游副厂房、尾水闸墩、尾水渠等。安装间上游为右岸非溢流坝段,上游设置 GIS 及出线平台。主要进厂交通为设置在右岸的进厂交通洞及尾水平台公路。施工采用左岸全年隧洞导流方式。

方案比选结论:

(1)左岸地下厂房虽以Ⅲ类围岩为主,但受断层、裂隙等不良地质构造影响,围岩局部稳定性差,总体地质条件不甚明朗;坝后厂房方案可避免地下引水发电系统进、出口边坡稳定及地下洞室围岩稳定问题,厂房基础地质条件较好,两侧开挖边坡不高,其地质条件明朗且较优。

(2)重叠式坝后厂房方案与分散式地下厂房方案相比,引水线路大为缩短、引水系统工程量等较小、枢纽工程投资节省约 6 500 万元(约占枢纽投资的 3.2%),枢纽布置紧凑,具有厂房运行管理及通风条件略好等优势。但厂坝重叠布置、结构复杂,技术难度相对较大。重叠枢纽泄洪系统布置受到坝后厂房的一定限制,其挡水及泄水工程投资相比略大。

(3)坝后厂房方案采用全年隧洞导流方式,地下厂房方案可采用枯期或全年导流方案,其导流工程量相对较小。两种方案施工场内交通和场地布置基本相同;坝后厂房的施工与坝体施工存在一定的干扰,厂顶混凝土封拱施工工艺较复杂,施工进度保证性相对较差;地下厂房方案厂、坝相对独立,施工干扰小。对于地下厂房方案,如采用全年施工则工期较坝后厂房方案短,如采用枯期导流则与其工期大体相当。

综合比较,两种枢纽布置格局方案均是可行的,各有优缺点。坝后厂房方案对本工程狭窄河谷的地形地质条件有较好的适应性,工程投资较省。因此,选择坝后厂前挑流式重叠布置枢纽为推荐方案,详见图 1、图 2。

3　重叠式枢纽泄洪消能布置研究

根据达维大坝泄量较大、河谷狭窄、采用 RCC 重力坝和坝后厂房的条件,充分利用坝身泄洪,通过厂顶溢流与坝后厂前挑流两种厂顶过流型式的比较后,选取溢流表孔挑越厂顶泄洪的形式,经比较选择 3 个 8 m×14 m(宽×高)的溢流表孔和 1 个 4 m×5 m(宽×高)的泄

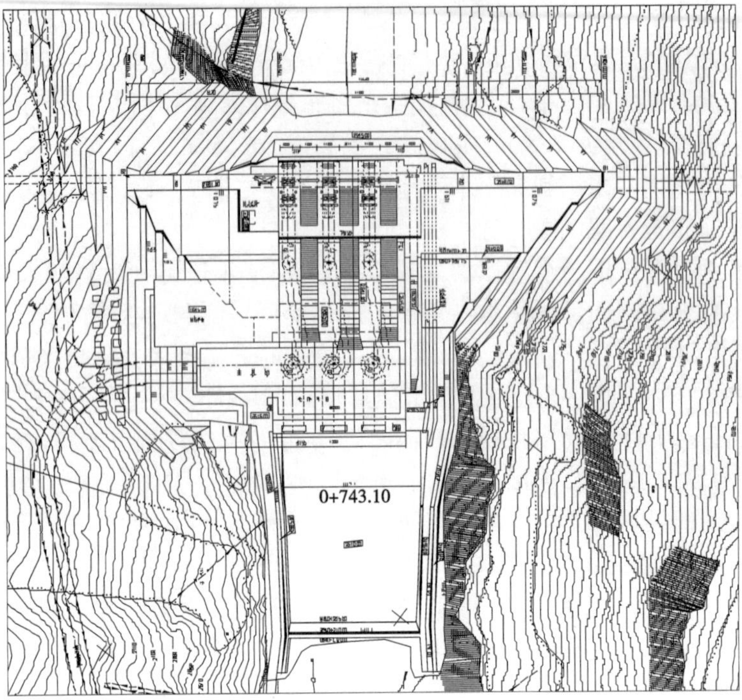

图 1　达维水电站重叠式枢纽平面布置图

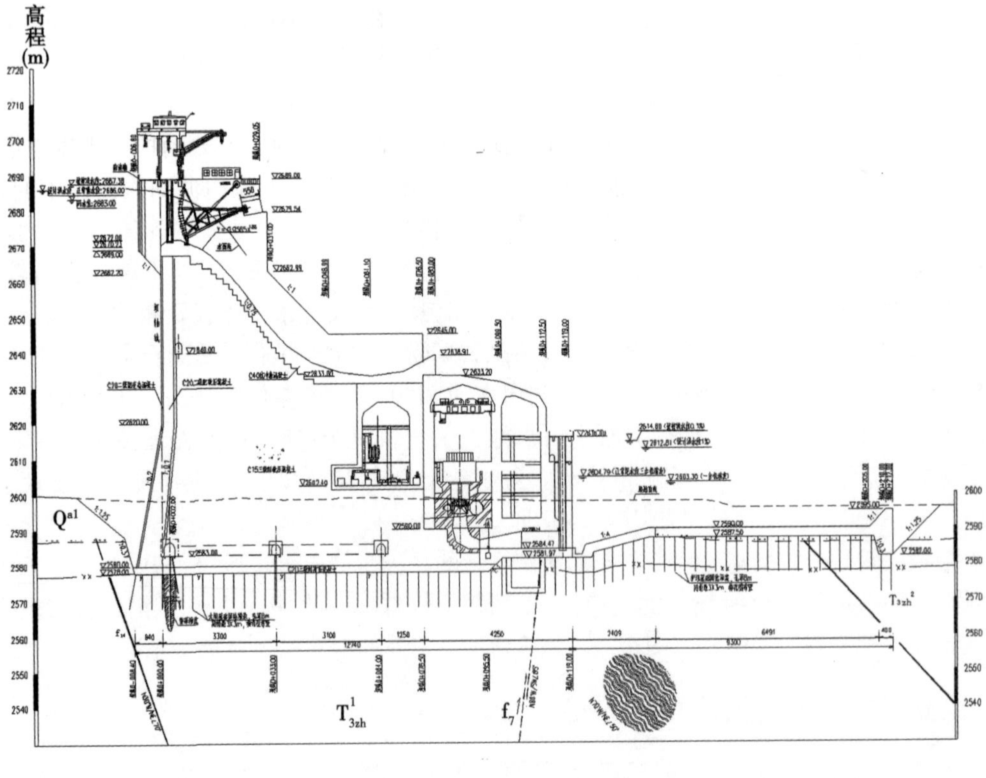

图 2　坝后厂前挑流式重叠布置剖面图

水底孔相结合的泄洪布置方案，最大泄量 3 400 m^3/s。其中，3 个表孔最大泄量 2 857 m^3/s，最大单宽流量约 119 $m^3/(s \cdot m)$。为了验证并优化泄洪布置及体型设计，特别是这种坝后厂前挑流型式在泄洪闸门启闭瞬间的水力过渡过程，小流量打击厂顶的作用力大小和性质以及对厂房结构的影响等问题，在水工模型上进行了试验研究。

经整体模型试验验证，三个表孔弧形闸门的开度大于 0.3 ~ 0.4 m 时，水流在出口处已经起挑（此时小流量薄水舌尚会局部扫击厂顶），临界闸门开度为 3 ~ 4 m（对应临界下泄流量 300 ~ 340 m^3/s），水舌冲击点扫过厂顶的时间约 20 ~ 150 s，超过上述开度或流量，水流迅速挑过厂顶，跌落于下游水垫塘内。闸门从关闭状态开启到临界开度过程中，试验量测到的水流打击厂顶的局部压力最大值为 6.7 ×9.8 ~7.1 ×9.8 kPa，水流冲击的范围很小，仅占整个厂顶面积的 2% ~3%，受水舌冲击的部位压力迅速减小，因此整个机组段上受到的总压力并不大，对厂房结构的安全不起主要作用。试验表明，水流冲击厂顶的脉动荷载峰值不甚明显，小流量下优势频率为 2.0 次/秒，这种流态在运行中出现的时间很短。当然，小流量情况下亦可优先启用泄水底孔泄洪。

在试验研究中，对表孔进行了“厂前窄缝挑流方案”与“厂前双层差动扩散挑流方案”的比较研究。窄缝挑流出口断面呈“Y”型，最小宽度为 4 m、收缩长度为 10 m，由于孔口侧向急剧收缩，迫使水舌向三维空间扩散，水舌下缘脱离厂顶，但出射水流略有翻卷；优化选择的厂前双层差动扩散式消能工是利用在加厚的闸墩内布置电站进水口及两个边表孔和中表孔挑角不同（两边孔挑角 23°，仅内侧扩散，出口宽 9.4 m；中间孔出口适当延伸挑过厂顶，挑角 30°，两侧横向扩散，扩散半径 50 m，出口宽 11.8 m）的条件，由对称的左、右表孔和中表孔分别形成左、中、右三层水舌，表孔挑距 105 ~ 115 m，两边孔及中间孔入水宽度分别约为 28 m 和 50 m。左侧底孔出口经贴角转向，挑距为 57 ~ 82 m，入水宽度为 5.5 m 左右。厂房后设长约 95 m 的水垫塘，宽度 56 m，末端设置尾坎。试验表明，这种厂前差动扩散挑流消能工配合水垫塘泄洪消能，有效利用了水上和水下两个消能空间，消力池内波动及回流不明显，对电站发电影响不大，较好地解决了狭窄河道坝后厂前挑流泄洪消能问题。

4　重叠式枢纽厂坝结构主要设计问题研究

采用厂坝联合结构，使坝体部分底宽减小，同时表孔挑坎下部又布置有副厂房，也对坝体基本断面削弱较大。河床溢流坝段设计时，保证其基本三角形断面不受厂房削弱。上游副厂房宽 14 m，其对应坝体断面最窄处约 53 m。三维有限元分析表明，除局部压应力较大外，上游坝面未出现拉应力，抗剪断强度的安全度是足够的。上游副厂房孔洞周边除角点处局部应力集中外，各工况下的拉压应力量值不大，适当加强该部位配筋后，可满足要求。

高坝重叠式枢纽布置，由于厂、坝两者体量相差甚多，受荷面相反，且量级相差甚远，两者之间接缝的变位很难协调一致。厂坝连接方式根据国内外厂坝联合受力工程的实践经验，实质上是研究厂房水下部分及溢流顶板与坝体的接合问题。设计曾研究了三种连接形式：一为“上分下连”，在上部的厂坝间设缝，使厂坝分开，下部厂房与坝体连成整体；二为“上部铰接”，在前方式的基础上，在厂顶设一刚性连杆；三为“整体连接”，即厂坝间不设缝。经三维有限元分析，最终选定“上分下连”形式，这种型式厂房应力条件好，受力明确，施工干扰相对小。根据计算分析，拟将厂房水轮机层以下大体积混凝土部分与大坝的平面接缝进行灌浆，使其联合受力，连接缝顶高程选在 2 600 m 附近，缝面设键槽，灌浆高度约 22 m，蓄水前进行并缝灌浆，分阶段灌注，以尽量减少大坝加给厂房结构的推力，改善缝面及厂房应力状态；此高程以上为 5 ~ 10 cm 宽缝，缝中填聚氯乙烯泡沫板，严格进行溢流厂房厂坝分缝止水设计，防止水流渗进缝内，并考虑缝中集水排除。

厂房位于溢流表孔后，在闸门启闭始末均有小流量冲击厂顶，因此尽量将表孔延伸挑过厂顶，并将主副厂房布置成封闭结构，厂顶为半径 60 m 的扁拱结构，厚度为 3 m。厂坝相靠接触面顶部向下游水平变位不超过 4 mm，接触面下部最大压应力约 2.8 MPa，至上部约为 0.1 MPa，静力工况下厂、坝之间传力约占坝前推力的 35% ~ 40%。灌浆缝上部预留 5 ~ 10 cm 宽缝，以备主、副厂房上部框架相对自由变位，缝顶最大约 2.5 cm 相对变位，故预留缝宽是有余地的。在不同开度泄洪脉动压力作用于厂顶的情况下，厂房结构的振动响应(加速度、位移及应力)均较小，顺河向最大均方根加速度为 0.38 m/s^2，最大均方根位移为 1.1 mm，振动应力也较小(约 0.23 ~ 0.45 MPa)，远远小于混凝土的动态抗拉和抗压强度。可见，坝后厂前挑流对厂房结构影响较小，从国内建成的乌江渡、漫湾工程，土耳其卡拉卡亚等类似工程实际运行情况来看，当小流量打击厂顶时，厂内机组运行正常，运行人员毫无感觉，可以排除厂顶泄流结构产生有害振动的可能性。

5 结 语

布置在狭窄河床上的高坝枢纽，如何妥善处理好“厂、坝、泄”三者的关系是枢纽布置的核心问题，重叠式布置适用于峡谷混凝土高坝枢纽。达维水电站在预可行性研究阶段和可研阶段大量勘察、设计和科研试验工作的基础上，经充分比较，最终选择为碾压混凝土重力坝坝型、坝后厂前挑流重叠式布置枢纽方案。推荐采用的重叠式枢纽布置格局对本工程狭窄河谷适应性好，得到了专家的肯定。达维工程采取了坝后厂前挑流的重叠式枢纽布置，虽然带来了一些复杂的技术问题，厂坝施工时相互也有一定的干扰，并应重视施工导流及安全度汛问题。但通过优化泄洪布置体型及厂房上部结构能解决泄流振动、小流量打击厂顶等水力学及泄洪消能问题，通过结构研究合理选取厂坝连接方式，通过合理的施工组织及措施能尽量克服存在的施工干扰、加快施工进度。该种重叠布置型式能充分利用河床空间，合理解决厂、坝、泄布置上“争”位置的矛盾，在峡谷地区有其显著的优点，可以说是一种较好的枢纽布置型式。

参考文献

[1] 陈宗梁. 卡拉卡亚水电站工程的布置—厂房顶溢流结合挑流消能[J]. 水力发电 1981,6:80-83.
[2] 刘信真. 乌江渡水电站重叠式枢纽布置[J]. 水力发电,1983,3:27-33.
[3] 傅树红,黄伟. 漫湾水电站枢纽布置[J]. 水力发电,1993,6:25-28.
[4] 四川大学水力学与山区河流开发保护国家重点实验室. 四川省脚木足河达维水电站水工模型试验报告[R]. 2012.
[5] 中国水电顾问集团贵阳勘测设计研究院. 四川省脚木足河达维水电站坝址、坝型及枢纽布置比选专题报告[R]. 2010.

新疆呼图壁河石门沥青混凝土心墙砂砾石坝设计

程瑞林 罗光其 张合作

（中国电建集团贵阳勘测设计研究院有限公司 贵州 贵阳 550081）

摘要：新疆呼图壁河石门水电站沥青混凝土心墙砂砾石坝坝高106 m，为目前世界上已建和在建同类坝型最高坝之一。工程区属高烈度、高寒冷地区，坝址区河谷狭窄。本文简要介绍了枢纽布置、大坝特点、结构设计、心墙变形与应力、坝基处理、心墙与左岸高陡岸坡接触处理、抗震措施及工程运行情况等。

关键词：石门水电站 沥青混凝土心墙砂砾石坝 设计

1 工程概况

石门水电站是新疆呼图壁河中游河段规划的第三个梯级，距呼图壁县57 km，距乌鲁木齐市127 km。水库总库容7 975 × 10^4 m^3，装机容量95 MW，具有灌溉、防洪、发电等综合效益，呼图壁河流域灌溉面积105万亩，工程兴建后可将下游105万亩灌溉面积的设计保证率达到75%。枢纽由沥青混凝土心墙砂砾石坝、右岸泄洪冲沙（兼导流）洞、右岸溢洪洞、左岸引水系统及地面厂房组成。

石门水电站为Ⅲ等中型工程，水工建筑物中泄水建筑物、进水口、引水隧洞、厂房、消能防冲等主要建筑物级别为3级；沥青混凝土心墙砂砾石坝为2级，其他主要建筑物为3级。工程区地震基本烈度为8度，本工程按乙类工程抗震设防，抗震设计烈度采用场地基本烈度8度。

坝址区多年平均降水量为408 mm，主要集中在春夏两季；多年平均气温为6.4 ℃，实测极端最高气温为39.1 ℃，实测极端最低气温为 -30.4 ℃。多年月平均气温最高为20.7 ℃；最大冰厚0.86 m，呼图壁河石门段冰厚0.6 ~0.8 m。各季节最大风速差距不大，在5 ~7 m/s之间[1]。

库坝区地震动峰值加速度为0.184 g，特征周期为0.4 s；厂房区地震动峰值加速度为0.209 g，特征周期为0.4 s。工程区地震基本烈度为8度。

2 枢纽区地质条件

2.1 地质条件

坝址河段河道较顺直，坝址位于峡谷入口处，河谷上陡下缓，为横向谷，河水面高程1 142 ~1 150 m，河床宽20 ~50 m。1 210 m高程以下河谷呈基本对称"V"型，1 210 ~1 220 m高程左岸为一宽缓的Ⅳ级阶地平台，1 220 m高程以上为陡壁地形，右岸1 180 ~1 220 m以上沿 J_3k^1 与 J_2q^{2-5} 分界线之上均为陡壁，陡壁以下为35° ~50°的斜坡。

坝址区出露地层主要为 J_2q^{2-2} ~ J_2q^{2-5} 中厚层—厚层泥岩、粉砂质泥岩、泥质粉砂岩及砂岩互层地层，两岸仅上部涉及 J_3k^1 厚层块状岩屑砂岩与少量 J_3k^2 厚层块状砾岩地层。河床砂砾石层厚度 8 ~ 12 m，两岸崩积、坡积、残积堆积体一般厚度 2 ~ 5 m，右岸坝轴线下游分布 4# 崩塌堆积体，厚 5 ~ 18 m。Ⅳ级阶地黄土厚 5 ~ 10 m，砂卵砾石层厚 5 ~ 30 m[1]。

2.2　天然建筑材料

坝址区天然建筑砂砾料源丰富，块石料源少。砂砾石料场地形平坦，开采运输方便，距坝址 0.8 ~ 2.0 km。料源为早期河流冲积、冰积的阶地砂卵砾石堆积层，砂砾石岩性为硅质岩、花岗岩、流纹岩、凝灰岩、灰岩、砂岩、石英等，石质致密、坚硬，抗风化能力强，其表层覆盖有 1 ~ 3 m 不等的风积黄色粉砂质黏土。最大粒径 600 mm，大于 200 mm 含量 1% ~ 8%，200 ~ 60 mm 粒径含量 26% ~ 31%，小于 5 mm 粒径含量 20% ~ 25%，不均匀系数 C_u = 66 ~ 92，曲率系数 C_c = 2 ~ 3.6，渗透系数为 $n \times 10^{-2}$ cm/s。

3　混凝土心墙砂砾石坝结构设计

3.1　坝轴线位置的确定

坝址位于峡谷入口处，地形上游宽下游窄，呈喇叭口状，从节省坝体工程量和缩短泄洪系统长度考虑，坝轴线尽量靠下游，同时利用下游峡谷口的老坝为原则确定。

3.2　坝体剖面设计

3.2.1　大坝轮廓

坝顶高程 1 243.00 m，防浪墙顶高程 1 244.50 m。河床段心墙建基面高程为 1 137.00 m，最大坝高 106.00 m，坝顶全长 312.51 m，坝顶宽 10 m，坝体最大底宽约 392 m。大坝上游坝坡为 1∶2.2，并于 1 210.00 m 高程设置 3 m 宽马道；下游坝坡为 1∶2.0，并于 1 210.00 m、1 180.00 m高程设 3 m 宽马道。在实施过程中，考虑若需对泄洪冲沙（兼导流）洞检修，增设了坝后"之"字形公路。沥青混凝土心墙砂砾石坝横剖面图见图 1。

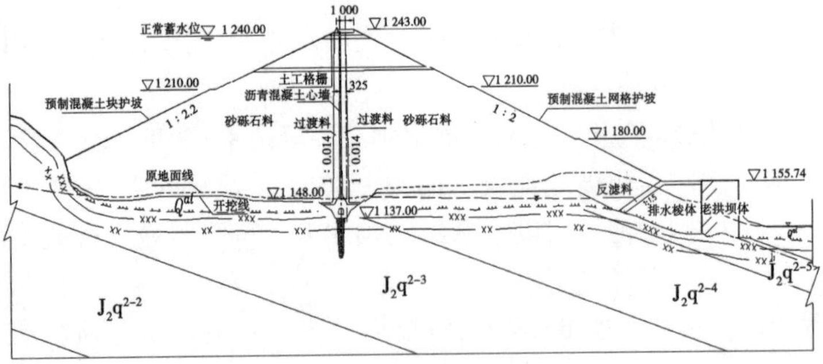

图 1　沥青混凝土心墙砂砾石坝横剖面图

3.2.2　坝体分区

防渗体采用沥青混凝土心墙，厚 0.6 ~ 1.2 m，在心墙上、下游两侧设置过渡层，协调沥青混凝土心墙和坝壳砂砾石料间的变形。坝壳料采用天然砂砾石料，坝体上游面采用预制混凝土块护坡，混凝土预制块为边长 30 cm 的六边形，厚 0.15 m，中部设直径为 10 cm 的圆孔，下游面采用混凝土预制框架护坡，框架间距 2.0 m。同时，考虑左岸岸坡陡峻，在心墙下游侧设置 4 m 厚的排水区，采用料场筛分料，粒径控制在 5 ~ 80 mm。并在下游坝脚设置排水棱体,采用料场筛分过渡料大于 80 mm 的弃料。

3.2.3　沥青混凝土心墙设计

(1)心墙结构设计。沥青混凝土心墙为碾压式,位于坝体中部,坝轴线上游,心墙轴线距坝轴线 3.25 m。心墙顶高程 1 242.50 m,顶部厚 0.60 m,按 13 m 高差一个台阶扩大 0.1 m,河床段至 1 151 m 高程心墙厚为 1.20 m,心墙底部与混凝土基座连接,底部高程 1 148 m,心墙通过 3 m 的渐变段加厚为 2.50 m。

(2)沥青混凝土心墙与基础连接。心墙底部坐落在混凝土基座上,对作为沥青混凝土与常态混凝土的结合面过渡材料的 2 cm 厚砂质沥青玛琋脂。并在沥青混凝土心墙与基座连接的中部设置铜止水。

(3)沥青混凝土配合比技术指标。

①沥青。沥青混凝土心墙选用的沥青为新疆克拉玛依石油化工公司所生产的 90 号道路石油沥青,该沥青各项指标均满足规范要求。在 25 ℃下针入度为 88(0.1 mm),软化点为 48 ℃,延度为 175 cm(5 cm/min,15 ℃)。

②粗骨料。本工程骨料选用距坝址 140 km 以外的硫磺沟和谐矿业矿山石灰岩骨料,运输至工地破碎、筛分。

③细骨料。细骨料采用人工砂和天然砂各占 50%。

④填料。填料应采用碱性石粉,宜采用石灰岩、白云岩、大理岩或其他碳酸岩等易加工的碱性沉积岩石加工。实际采用的是与昌吉市屯河水泥厂生产的碱性矿粉。其表观密度为 2.68 g/cm^3,亲水系数为 0.99,含水率为 0.3%。

⑤配合比。通过 36 种不同沥青混凝土配合比试验对比,最终选用的沥青混凝土配合比见表 1,沥青混凝土三轴试验成果见表 2。

表 1　沥青混凝土配合比

矿料级配	筛孔(mm)											油石比
	19	16	13.2	9.5	4.75	2.36	1.18	0.6	0.3	0.15	0.075	
通过率(%)	100	93.44	86.61	76.08	57.95	44.1	33.71	26.01	20	15.45	12	6.6

注:级配指数为 0.4。

表 2　沥青混凝土三轴试验成果(E-B 模型)

配合比	密度(g/cm^3)	K	n	φ(°)	C(MPa)	R_f	体积变形参数	
							K_b	m
6.6	2.414	495.9	0.525	24.90	0.74	0.76	2 394.4	0.613

3.2.4　过渡层设计

过渡层的砂砾料必须级配良好、致密坚硬,具有较强的抗风化能力,要求最大粒径不超过 80 mm、中值粒径 $d_{50}=9\sim12$ mm、含泥量 <5%,压实渗透系数不小于 1×10^{-2} cm/s,与沥青混凝土心墙同步摊铺和碾压,压实后的孔隙率 $n\leqslant20\%$,相对密度不低于 0.8。过渡层应具有良好的排水性和渗透稳定性,同时,上游侧过渡层给后期可能出现的渗漏处理提供级配良好的灌浆区。

3.2.5　坝壳料设计

该区选用大坝上游左岸的天然砂砾石料作为大坝坝壳填筑料。天然砂砾石岩性为硅质岩、花岗岩、流纹岩、凝灰岩、灰岩、砂岩、石英等，石质致密、坚硬，抗风化能力强，不易软化破碎，饱和抗压强度≥40 MPa。颗粒级配要求连续，最大粒径不大于 600 mm，$P_{5\ mm}=15\sim25\%$，$P_{0.075\ mm}=0\sim5\%$，，压实后的相对密度 Dr≥0.8，孔隙率 $n\leqslant22\%$。渗透系数 $n\times10^{-2}$ cm/s。

3.3　基础处理

3.3.1　坝基开挖

心墙基座以弱风化岩体作为基础持力层，开挖进入弱风化岩体 1～2 m，河床坝基开挖深度 10 m 左右，至 1 137 m 高程；左岸挖除Ⅳ级阶地砂卵砾石层至弱风化岩体；右岸挖除崩积、坡残积堆积体至弱风化岩体。心墙基础范围内基岩开挖坡比1∶0.5，覆盖层开挖坡比 1∶1.5。

大坝基础：左岸清除Ⅳ级阶地表层第四系洪水沉积黄土，以下部较密实的砂卵砾石层，作砂砾石填筑区坝基持力层；河床清除黏土或淤泥等松散堆积层；右岸岸坡为残坡积及崩塌堆积层（含 1#滑坡体）全部予以挖除。

3.3.2　心墙与左岸高陡岸坡接触处理

左岸 1 220 m 高程以上为陡壁地形，与水平夹角为 80°，实际开挖坡比为 1∶0.1。根据规范要求，心墙与基础连接部位坡度不宜陡于 1∶0.25，故需对该部位进行修坡处理，采用混凝土结构回填至坡比为 1∶0.25。同时，在混凝土混凝土基座上游侧设置铜止水。

3.3.3　固结灌浆和帷幕灌浆

为了改善地基的不均匀性，增加整体性，提高基础承载能力，减小基础压缩变形等，对心墙基础混凝土和基岩连接的底板进行固结灌浆，其中 1 168.00 m 高程以上固结灌浆深 5 m，排距 3 m，每排 5 孔；1 168.00 m 高程及其以下固结灌浆深 8 m，排距 3 m，每排 5 孔。

河床部位防渗帷幕伸入透水率为 3 Lu 的相对隔水层，并按 0.5 倍坝高考虑。两岸防渗帷幕伸入透水率为 3 Lu 的相对隔水层，并按低于地下水位 10～20 m 考虑。左岸近坝区（坝顶 20 m 以内）、坝基及右岸采用双排孔，孔距 2.5 m，左岸远坝区（坝顶 20 m 以外）采用单排孔，孔距 2.0 m。

3.4　抗震措施

本工程按乙类工程抗震设防，抗震设计烈度采用场地基本烈度 8 度，在坝体结构设计时主要考虑了以下抗震工程措施：

（1）坝顶超高。坝顶超高考虑了地震时坝体和坝基产生的附加沉陷和水库地震涌浪。为了安全起见，地震附加沉陷按坝高的 1% 计，取 1.0 m，地震涌浪高度取值 1.0 m，大于动力计算得到的坝顶最大垂直地震永久变形值。

（2）坝坡防护及加筋。高堆石坝坝体上部加速度反应较大，坝体上部变形和加速度增大，该部位土体将最先失去平衡而产生滑动。本工程在坝体 1/3 坝高处设置了马道，在 1 220 m高程以上设置土工格栅，以增强坝顶部位坝体的整体性和稳定性，减小地震引起的永久变形，进而提高坝体的抗震能力。

（3）放空水库。泄洪冲沙（兼导流）洞可以在地震预报时提前放低水库水位或大坝发生震害时，可以及时放空库水，避免或减小对大坝下游的安全威胁。

4 大坝计算分析

4.1 渗流分析

计算分析表明,沥青混凝土心墙的防渗作用非常明显,坝基防渗帷幕的防渗效果也是显著的。主要计算分析成果如下:

(1) 在设计渗控方案条件下,坝体内最大渗透坡降为0.078(允许渗透坡降0.1),沥青混凝土心墙内最大渗透坡降为63.3,防渗帷幕内最大渗透坡降为0.388,坝体和坝基各部位的渗透坡降均在允许范围以内。

(2) 各种工况下坝体总的渗流量不大,最大总渗流量为0.241 m^3/s,由于沥青混凝土心墙渗透系数非常小,坝基和坝肩的渗漏量占总渗流量的大部分,而通过坝体的渗流量较小。

(3)水位骤降期间,上游水位从正常蓄水位1 240.00 m降至死水位1 185.00 m,上游坝体内浸润线与库水位最大差值为1.12 m,虽有一定滞后,但不是很显著,说明水位骤降对坝体渗流影响不太大。通过对坝壳料渗透系数和库水位下降速率的敏感性分析,认为坝壳渗透系数和水位降速对上游坝坡稳定有影响,建议在进行水库泄洪(放水)时,在条件允许的情况下,应尽量使水位降落速度控制在2 m/d,以减轻对坝坡的稳定带来不利影响。

4.2 坝体应力变形分析

根据石门沥青混凝土心墙砂砾石坝的填筑程序和水库蓄水工程[2],对大坝进行三维有限元计算分析,成果见表3。

根据大坝静力计算结果,坝体最大沉降量发生在最大横剖面约1/3~1/2最大坝高的坝轴线附近,最大沉降数值为53.2 cm,沉降量与坝高之比为0.51%,符合一般规律。

在正常水位条件下,坝壳和过渡层的最大垂直位移差为2.7 cm,最大水平位移差为0.8 cm;过渡层和心墙的最大垂直位移差为4.2 cm,最大水平位移差为0.1 cm,数值均不大,表明沥青混凝土心墙与过渡层的变形是比较协调的,其应力也都在材料强度的允许范围之内。

4.3 动力分析

(1)石门水电站沥青混凝土心墙堆石坝在两条人工地震波作用下,坝体动力反应的加速度最大值都大多发生在坝顶附近,各向加速度最大放大倍数为2.48,最小为1.94,符合100 m级土石坝的一般规律。

(2)坝体顺河向动位移最大值1.62 cm,竖直向最大值0.60 cm,坝轴向最大值1.06 cm,量级总体不算太大。坝体顺河向最大动拉应力与静应力叠加值为-200.94 kPa,竖直向最大动拉应力与静应力叠加值-234.22 kPa,坝轴向最大动拉应力与静应力叠加值-176.08 kPa,全部为受压状态。

(3)心墙顺河向动位移最大值1.64 cm,竖直向最大值0.62 cm,坝轴向最大值1.15 cm,量级总体不算太大。在两条人工地震波作用下,心墙顺河向动拉应力最大值分别为70.46 kPa、79.13 kPa,竖直向拉应力最大值分别为149.98 kPa、106.56 kPa,坝轴向拉应力最大值分别为149.37 kPa、174.1 kPa;将动拉应力与静应力叠加后,心墙左、右岸坝顶附近有局部出现最大413.2 kPa的拉应力。针对左、右岸出现拉应力部位,采用改性沥青混凝土。

(4)根据坝体地震永久变形计算结果,坝体在设计地震作用下的最大震陷位移为31.6 cm,不到最大坝高的0.5%,地震永久变形占坝高的比值不大。

表 3　坝体应力变形分析成果

<table>
<tr><th colspan="3">工况
项目</th><th>竣工时</th><th>蓄满时</th></tr>
<tr><td rowspan="7">坝体</td><td>沉降/占坝高百分比(cm)</td><td>向下</td><td>52.1/0.49%</td><td>53.2/0.51%</td></tr>
<tr><td rowspan="2">顺河向水平位移(cm)</td><td>向上游</td><td>15.5</td><td>15.4</td></tr>
<tr><td>向下游</td><td>11.2</td><td>24.7</td></tr>
<tr><td>第一主应力(kPa)</td><td></td><td>839</td><td>1225</td></tr>
<tr><td>第三主应力(kPa)</td><td>压应力</td><td>2326</td><td>2518</td></tr>
<tr><td>竖直向正应力(kPa)</td><td>压应力</td><td>1825</td><td>2010</td></tr>
<tr><td>顺河向正应力(kPa)</td><td>压应力</td><td>1196</td><td>1357</td></tr>
<tr><td rowspan="10">沥青
混凝土
心墙</td><td>沉降/占坝高百分比(cm)</td><td>向下</td><td>37.6</td><td>36.3</td></tr>
<tr><td rowspan="2">顺河向水平位移(cm)</td><td>向上游</td><td>9.4</td><td>9.5</td></tr>
<tr><td>向下游</td><td>8.1</td><td>6.7</td></tr>
<tr><td>竖直向正应力(kPa)</td><td>压应力</td><td>1800</td><td>1418</td></tr>
<tr><td rowspan="2">坝轴向正应力(kPa)</td><td>压应力</td><td>453</td><td>383</td></tr>
<tr><td>拉应力</td><td>150</td><td>200</td></tr>
<tr><td>第三主应力(kPa)</td><td>压应力</td><td>1801</td><td>1420</td></tr>
<tr><td rowspan="2">顺河向正应力(kPa)</td><td>压应力</td><td>355</td><td>326</td></tr>
<tr><td>拉应力</td><td>145</td><td>207</td></tr>
<tr><td>第一主应力(kPa)</td><td>拉应力</td><td>334</td><td>449</td></tr>
</table>

4.4　坝坡稳定

本次计算采用了瑞典圆弧法、毕肖普法和有限元法，坝坡最小抗滑稳定安全系数计算成果汇总见表 4。

表 4　坝坡最小抗滑稳定安全系数计算成果汇总表

<table>
<tr><th>运行条件</th><th>工况</th><th>方法</th><th>设计要求
安全系数</th><th>上游坝坡
安全系数</th><th>下游坝坡
安全系数</th></tr>
<tr><td rowspan="6">正常运用</td><td rowspan="3">稳定渗流期
上游正常蓄水位，下游无水</td><td>瑞典法</td><td>1.25</td><td>1.757</td><td>1.758</td></tr>
<tr><td>毕肖普法</td><td>1.35</td><td>1.916</td><td>1.768</td></tr>
<tr><td>有限元法</td><td>—</td><td>2.012</td><td>1.856</td></tr>
<tr><td rowspan="3">稳定渗流期
上游死水位，下游无水</td><td>瑞典法</td><td>1.25</td><td>1.812</td><td>1.777</td></tr>
<tr><td>毕肖普法</td><td>1.35</td><td>1.957</td><td>1.798</td></tr>
<tr><td>有限元法</td><td>—</td><td>2.055</td><td>1.888</td></tr>
</table>

续表 4

运行条件	工况	方法	设计要求安全系数	上游坝坡安全系数	下游坝坡安全系数
非常运用Ⅰ	竣工期 上下游无水	瑞典法	1.15	1.858	1.792
		毕肖普法	1.25	2.002	1.822
		有限元法	—	2.102	1.913
	上游水位为校核洪水位， 下游水位为校核尾水位	瑞典法	1.15	1.755	1.712
		毕肖普法	1.25	1.911	1.743
		有限元法	—	2.006	1.830
	上游水位从正常蓄水位 骤降至死水位	瑞典法	1.15	1.795	1.714
		毕肖普法	1.25	1.912	1.767
		有限元法	—	2.007	1.855
非常运用Ⅱ	上游正常蓄水位，下游无水	瑞典法	1.05	1.476	1.419
		毕肖普法	1.15	1.612	1.428
		有限元法	—	1.693	1.500

上述稳定分析结果表明，沥青心墙砂砾石坝上、下游坝坡在各工况下，最小抗滑稳定安全系数均大于规范要求，说明沥青心墙砂砾石坝坝坡稳定满足要求。

5　工程运行情况

水库 2013 年 10 月 3 日开始蓄水，库水位从 1 169.1 m 开始蓄水，2014 年 5 月 31 日库水位为 1 201.6 m（正常蓄水位为 1 240 m），目前水位最大变幅 32.5 m。主要监测成果如下：

（1）心墙上游磁环最大累计沉降量为 438.5 mm，占坝高的 0.41%；下游最大累计沉降量为 473 mm，占坝高的 0.45%，坝体累计沉降量较小，碾压较密实。

（2）沥青心墙应变位移量（心墙压缩），上游面最大变形为 16.6 mm、下游最大变形为 -14.1 mm，最大压缩应变分别为 0.011 和 0.009。

（3）心墙 - 过渡料测缝计（心墙下游侧与坝壳料沿上下游方向相对位移）最大位移量为 -20.3 mm；心墙 - 过渡料之间的相对错动最大值为 -19.8 mm。

（4）两岸岸坡混凝土廊道顶部与心墙接触部位的相对错动最大值为 13.2 mm。

（5）心墙下游最高水位为 1 146.9 m，低于坝后量水堰高程。

目前，各种监测仪器工作正常，测值符合一般规律且大都在正常范围内。

6　结　语

石门沥青混凝土心墙砂砾石坝最大高度 106 m，处于世界已建同类坝型前列。目前已下闸蓄水运行半年时间，坝体和心墙变形基本稳定。目前水库最高蓄水位仅 1 201.6 m，尚未达到正常蓄水位。坝后量水堰未见出水，其坝体变形和渗漏情况尚需进一步监测。

参考文献

[1] 中国水电顾问集团贵阳勘测设计研究院. 新疆呼图壁河石门水电站可行性研究报告[R]. 2008.7.

[2] 三峡大学. 新疆呼图壁河石门水电站沥青混凝土心墙砂砾石坝应力变形三维仿真分析报告[R]. 2011.5.

高堆石坝混凝土面板温度应力有限元仿真分析

王瑞骏　李　阳　郭兰春

（西安理工大学水利水电学院　陕西　西安　710048）

摘要：本文考虑面板与垫层之间的接触摩擦特性，应用笔者此前建立的温度场与温度应力的接触摩擦单元计算模型，对某已建的高堆石坝混凝土面板进行了温度场与温度应力的有限元仿真分析，获得了该坝施工期及运行期的面板温度场与温度应力的变化及分布规律。通过与该坝面板温度实测结果的对比，证明所获得的面板温度的变化规律是基本符合实际的，也进一步证明上述接触摩擦单元计算模型是合理的。

关键词：水工结构　接触摩擦单元　计算模型　混凝土面板　温度应力

研究表明[1-4]，温度应力是引起堆石坝混凝土面板产生裂缝的主要原因之一。但面板的结构特点决定了面板的温度应力取决于面板本身的温度变化及垫层对面板的接触约束这两个方面的因素。关于面板与垫层之间接触约束的模拟问题，传统的面板应力计算方法或者将面板与垫层视作一体或者按弹性约束处理，这无疑夸大了垫层对面板的约束作用，从而夸大了面板温度应力的幅值。后来，文献[5]提出一种按摩擦约束模拟的方法，在一定程度上考虑到了面板与垫层之间接触面的不连续、非线性的变形特性，比传统方法有了较大的进步。但该方法将面板与垫层之间的接触仅按固定和摩擦两种状态来概括，未反映出二者之间可能出现的自由未接触状态。笔者基于一般外荷载作用下的接触摩擦单元理论，在系统分析面板与垫层之间接触面的接触摩擦特性的基础上，研究建立了温度场与温度应力的接触摩擦单元计算模型[6]，该模型按三种可能的接触状态（固定、滑动及自由）考虑了接触面的接触摩擦特性对面板温度场及温度应力的影响。研究表明[6]，应用该模型可以较为准确合理地模拟接触面的温度场及温度应力。本文拟采用该模型，对某已建的高堆石坝混凝土面板的温度场与温度应力进行有限元仿真分析，并将分析计算结果与相应的实测结果进行比较，以验证分析计算结果的准确性，并进一步验证该模型的合理性。

1　接触摩擦单元温度场与温度应力的计算模型

1.1　温度场计算模型

如果将面板与垫层之间的接触视作点—面接触问题，则接触摩擦单元的热传导矩阵可表示为[6]

$$[K_c]^e = \begin{cases} \dfrac{1}{R_c}\{N\}^e \cdot \{N\}^{eT} & \text{固定或滑动} \\ [0] & \text{自由} \end{cases} \tag{1}$$

式中，R_c 为接触摩擦单元的接触热阻，可由试验确定；$\{N\}^e$ 为接触摩擦单元形函数列阵。

节点热荷载向量可表示为

$$\{F_c\}^e = q^e\{N\}^e \tag{2}$$

式中，q^e 为面板单元表面到垫层接触节点的热流量。

1.2　温度应力计算模型

考虑变温作用时，接触摩擦单元的等效单元刚度—约束方程可表示为[6]

$$\begin{Bmatrix} 0(SC')^{\mathrm{T}} \\ SC'R^{\mathrm{T}}SR \end{Bmatrix}\begin{Bmatrix} \Delta\alpha \\ \Delta\sigma \end{Bmatrix} = \begin{Bmatrix} \Delta F \\ 0 \end{Bmatrix} + \begin{Bmatrix} F_{\mathrm{T}}^{e} - (SC'')^{\mathrm{T}}\Delta\sigma \\ Sa^{*} - (I - R^{\mathrm{T}})SR\Delta\sigma \end{Bmatrix} \tag{3}$$

接触摩擦单元的等效刚度—约束矩阵 K_c 及等效荷载向量 $f_{c\mathrm{T}}$，分别为[6]

$$K_c = \begin{Bmatrix} 0(SC')^{\mathrm{T}} \\ SC'R^{\mathrm{T}}SR \end{Bmatrix}, f_{c\mathrm{T}} = \begin{Bmatrix} F_{\mathrm{T}}^{e} - (SC'')^{\mathrm{T}}\Delta\sigma \\ S\alpha^{*} - (I - R^{\mathrm{T}})SR\Delta\sigma \end{Bmatrix} \tag{4}$$

式中，$\Delta\alpha$、ΔF 分别为整体坐标系中增量节点位移矢量和增量等效节点力矢量；$\Delta\sigma$ 为局部坐标系中增量节点接触应力矢量；a^* 为约束荷载矢量；C'、C'' 为坐标转换矩阵；S、R 为导出矩阵；上述各矢量（矩阵）的具体表达式或确定方法见文献[7]；F_{T}^{ew} 为由变温 T 引起的应变 $\{\varepsilon_{\mathrm{T}}^{0}\}$ 所产生的等效节点荷载，$\{\varepsilon_{\mathrm{T}}^{0}\}$、$F_{\mathrm{T}}^{ew}$ 可分别表示为[6]

$$\{\varepsilon_{\mathrm{T}}^{0}\} = [\varepsilon_{\mathrm{T}x}^{0}, \varepsilon_{\mathrm{T}y}^{0}, \gamma_{\mathrm{T}xy}^{0}]^{\mathrm{T}} = \alpha(1+\mu)T[1,1,0]^{\mathrm{T}} \tag{5}$$

$$F_{\mathrm{T}}^{e} = \iint_{e}[B]^{\mathrm{T}}[D]\{\varepsilon_{\mathrm{T}}^{0}\}\,\mathrm{d}x\mathrm{d}y \tag{6}$$

式中，α 为热胀系数；$[B]$ 为单元应变矩阵；$[D]$ 为单元弹性矩阵。

式(4)所表示的接触摩擦单元的等效刚度—约束矩阵 K_c 及等效荷载向量 $f_{c\mathrm{T}}$ 可按标准的有限元集成规则叠加到整体温度应力计算的总刚度矩阵和总荷载向量中。

实际计算时，对于每个时间步 t_i，首先假定单元处于某种接触状态（固定、滑动及自由），确定相应的约束荷载矢量 a^*，然后按式(3)进行增量节点接触应力及接触位移的试算，检验是否与原假定状态一致，若一致则计算结束，否则采用试算解为新的假定状态，进行新一轮迭代直至收敛。进行接触状态判定时，法线方向的容许应力$[\sigma]$取最大拉应力，切线方向的容许应力$[\tau]$按 Mohr – Coulomb 准则确定[7]。

2　应用实例

某已建的高混凝土面板堆石坝最大坝高 139 m，坝顶全长 429 m，坝顶宽 10 m，上游坝坡坡比 1∶1.4，下游局部坝坡 1∶1.5 ~ 1∶1.4，综合坝坡 1∶1.81。钢筋混凝土面板顶端厚 0.3 m，底部最大计算厚度 0.76 m。面板按坝体应力变形计算结果设置竖向缝，受拉区竖缝间距 6 m，受压区竖缝间距 12 m。沿高程方向不设缝。这样，大坝混凝土面板共分为 38 块，最大单块长度为 219 m。面板混凝土强度等级为 C25，面板内配置一层双向钢筋。面板混凝土浇筑施工时段选定为 2004 年 4 月 1 日 ~ 6 月 30 日，8 月中旬水库开始蓄水，9 月初发电。面板混凝土施工采用分序跳仓、单块一次性滑模浇筑的施工方法，滑模平均滑升速度为 1.5 m/h。大坝标准剖面见图 1[8]。

2.1　计算方法及有限元网格剖分

由于每块面板是独立且一次性连续浇筑的，而且相邻块之间的浇筑时间相差 14 d 左

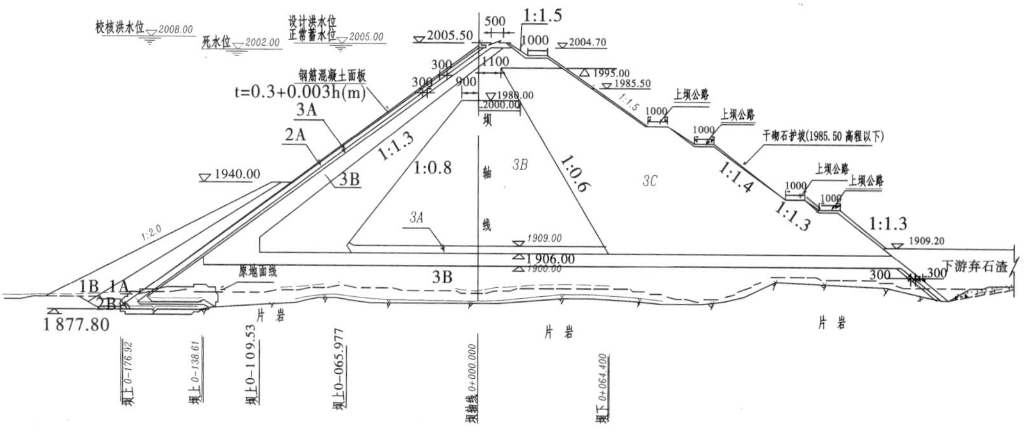

图 1　大坝标准剖面图

右[8]，故相邻面板块之间温度场的相互影响很小，基本可以忽略不计；同时，由于面板沿坝轴线方向分缝、呈平面受力状态，所以相邻面板块之间温度应力的相互影响也很小。因此，选取大坝标准剖面（相应面板为 F9）按平面问题进行面板温度场和温度应力的非线性有限元分析。采用 4 结点等参元对大坝标准剖面进行网格剖分。为了保证面板单元的计算精度，将面板分三层且按照使单元各边大致正交的原则进行面板单元的剖分。面板下游的垫层及过渡层，按照网格从密到疏的原则逐步渐变。同时，在趾板下部的岩石地基中，将网格适当加密。在面板与垫层之间，按照点—面接触关系设置一系列接触摩擦单元。

2.2　计算参数

坝址区气温、水温及地温等气象资料采用工程附近气象站的统计资料；坝体材料热力学参数见表 1[8]。

表 1　坝体材料热力学参数表

材料	密度 ρ (kg/m^3)	平均比热 c (kJ/(kg·℃))	导温系数 α (m^2/h)	导热系数 λ (kJ/(m·h·℃))	表面放热系数 β (kJ/(m^2·h·℃))	线膨胀系数 α ($\times 10^{-6}$℃)
面板、趾板混凝土	2 397	0.979 3	0.003 76	8.83	83.72	10.05
垫层料、过渡料	2 150	0.88	0.003 27	6.18	41.20	5.03
堆石料	2 200	0.735	0.002 73	4.42	29.47	7.04
基岩	2 450	1.05	0.003 09	7.95	53.0	9.05

2.3　计算工况

根据该大坝实际施工情况，2004 年 4 月 5 日～8 月 10 日为面板 F9 的施工期，2004 年 8 月 11 日以后为其运行期。施工期面板 F9 计算工况为：面板浇筑温度取当时气温，坝体其他材料的初始温度取面板浇筑开始时的平均气温，面板表面采用覆盖 2.5 cm 厚稻草席的保护措施，对应的等效放热系数 $\beta = 12.54$ kJ/(m^2·h·℃)。运行期面板 F9 计算工况为：取正常高水位（∇2005 m）的蓄水总历时为 1 个月，水库水温与历时及水库水深的关系按坝址区多年旬平均气温拟合确定[9]。在施工期温度场及温度应力计算的基础上，在不间断的时间域上进行运行期面板 F9 温度场及温度应力的计算。

2.4　面板温度场的仿真计算及结果分析

施工期及运行期面板中心层面不同高程处的结点温度随时间的变化过程分别见图 2、

图 3。

从图 2 可以看出，混凝土浇筑后面板中心各高程处的节点温度均急剧升高，中心各节点升温时间约 20 h；中心节点最高温升值与面板的厚度有关，厚度较大的面板底部中心最高温升为 27.1 ℃，而厚度较薄的面板顶部中心最高温升为 22 ℃。产生这种温升快、最高温升值与面板厚度大体成正比现象的主要原因在于所采用的混凝土的水化热特性及表面保护措施。达到最高温升值后，面板中心各节点的温度又开始下降，17 d 左右面板中心各节点温度降到与气温基本一致。由此产生的面板中心最大温降底部为 23.2 ℃ ，顶部为 19.6 ℃。同时可以看出，在最大降温后与气温基本同步变化的一段时间里，面板中心各节点的温度稍低于气温，其原因应与面板表面有保护，且面板后垫层温度相对较低、面板混凝土本身导温相对滞后等因素有关。

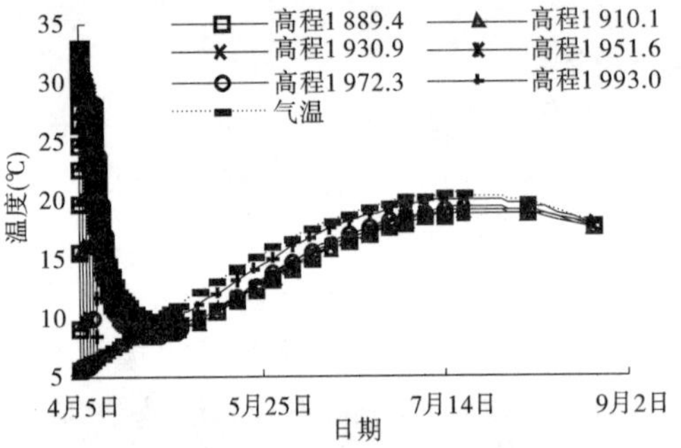

图 2　施工期面板中心温度历时图

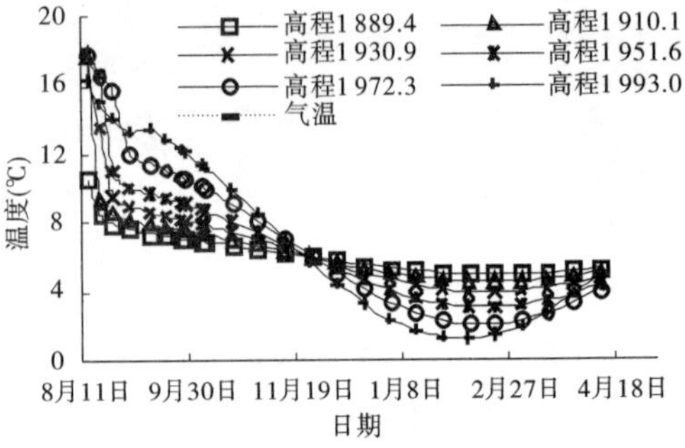

图 3　运行期面板中心温度历时图

运行期面板经历了第一个冬季气温降温过程，气温由蓄水时的约 19.5 ℃降到次年 1 月中旬的最低温度 -3.5 ℃（拟合值），气温降幅 23 ℃。由于气温的变化影响到了水温的变化，因而导致面板的温度也发生变化。从图 3 可以看出，在此过程中，面板中心各节点温度的降幅均呈现随水深的增大而增大的变化规律，最大温度降幅为 17.5 ℃，发生在面板顶部中心节点处。

2.5　面板温度应力的仿真计算及结果分析

计算表明，由于面板长度远大于其宽度及厚度，其最大温度应力总是发生在顺坝坡方向，因此面板温度应力分析的重点是顺坡向的温度正应力。在温度应力计算中，考虑了面板混凝土的弹性模量、徐变度等随时间变化的因素，坝体其他材料和基岩的弹性模量和泊松比等根据设计资料并参照类似工程的有关资料进行选取。根据前述面板温度场的计算结果，不难发现，面板温度应力分析的重点时刻应是浇筑初期最高温升后的最大温降时。最大降温结束时面板表面及中心层面上顺坝坡方向的温度应力分布见图 4，运行期面板表面顺坝坡方向各节点温度正应力的历时变化见图 5。

从图 4 可以看出，发生最大温降时，由于面板此时整体处于降温段，所以在面板表面和中心均出现拉应力。而且，由于面板顶部为自由端，底部设有周边缝，面板伸缩时可自由变形，因此面板因温降而收缩时的最大拉应力发生在面板中部，即高程约为一半坝高的位置。由于面板表面收缩受到面板中心的约束，因此面板表面最大拉应力大于面板中心最大拉应力，面板表面的最大拉应力为 0.79 MPa，面板中心的最大拉应力为 0.59 MPa。从图 5 可以看出，在蓄水过程中，面板表面各节点的温度应力均伴随着蓄水有所增大，其中面板底部表面增幅最大,其值为0.4 MPa。这与蓄水导致表面尤其是底部表面降温有关。此后,面板表面温度又降到基本与水温保持一致。当面板经历了第一个冬季气温降温过程以后,由于面板底部厚度较大,表面受到中心及底面的约束,因此大致在次年1月中旬,在面板中下部表面产生最大拉应力,其值为0.37 MPa。

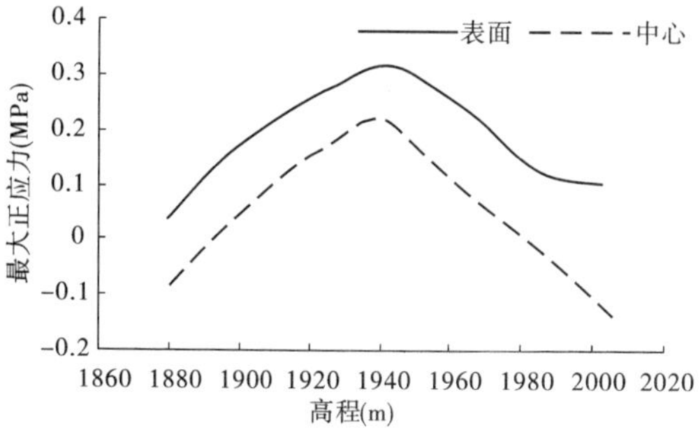

图4 最大降温结束时顺坡向最大正应力分布图

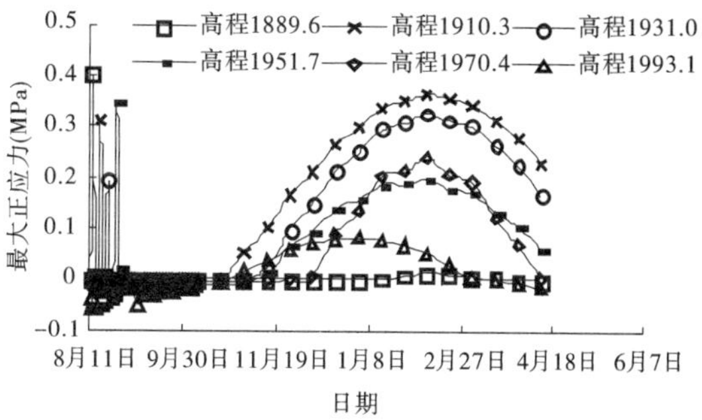

图5 运行期面板表面顺坡向最大正应力历时图

3 与温度观测结果的对比

该面板坝在坝体最大断面(坝左0+121.50)的面板中心部位沿坡面方向共布设了7只温度计,从上至下依次为T-B-01~T-B-07,对应测点高程依次为1 995.344~1 888.480 m。起始观测时间最早为2004年4月5日(T-B-01)、最晚为2004年4月10日(T-B-02),其余测点为2004年4月7日。温度观测时间间隔不等,面板混凝土浇筑初期一般为1~3 d,以后时间间隔逐渐增大,具有2004年4月(2005年10月共140余组面板中心温度观测结果。其中,实测施工期面板中心温度历时结果见图6。

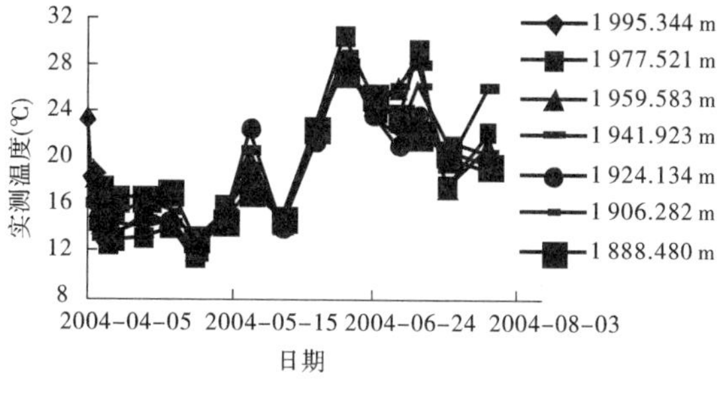

图6 实测施工期面板中心温度历时图

由于起始观测时间一般均比面板混凝土实际浇筑时间约晚2 d,因此测点T-B-07~T-B-03测得的初始温度大致应为水化热最高温升以后降温段的时间末段温度。

将施工期面板中心温度场的计算结果(见图2)与图6进行比较,可以看出:①计算结果所揭示的面板温度在达到最高温升后将较快降温到与气温基本一致,然后又随气温发生同步变化的规律,在实测结果中得到了验证;②计算表明,在随气温发生同步变化时,面板顶部的温度变幅略大于面板底部的温度变幅。这也与实测结果基本一致。

但也可以看出,计算结果与实测结果存在一定的差异:①面板从最高温升降到与气温基本一致的历时实测结果比计算结果略长;②降到与气温基本一致时,面板中心温度实测值最大约为13.20 ℃,计算值最大约为11 ℃,实测值略大于计算值;③实测施工期面板中心达到最高温度的时间为2004年6月16日，最高温度为30.4 ℃，位于面板顶部偏下，而计算结果为2004年7月15日、20.2 ℃、位于面板顶部，计算与实测结果相比，最高温度出现时间较晚，最高温度值较小，但最高温度出现的部位二者基本一致。上述计算与实测结果存在差异的原因可能有：①计算所采用的环境气温是根据坝址区多年旬平均气温资料经过拟合获得的气温函数值，气温随时间按平滑曲线变化[9]；而实际施工时，环境气温的变化往往呈现随机性，因而面板温度的变化也难免呈现一定的短历时或长历时的随机性。②从图6可以看出，在实际施工期中，面板发生了6次温度的骤升或骤降，这应与环境气温的骤升或骤降直接有关。正由于此原因，可能使得实测的上述温度值及其发生的时间与计算结果出现一定的偏差。

综上所述，面板温度的观测结果证明本文所获得的面板温度的变化规律是基本符合实际的。

4 结 语

(1)混凝土面板的温度应力除与其弹性模量、徐变度及面板温升或温降幅度等因素有关外，还与面板与垫层之间的接触摩擦特性有关。本文应用笔者建立的面板与垫层之间接触面的温度场与温度应力的接触摩擦单元计算模型，进行了混凝土面板温度场与温度应力的仿真分析，获得了施工期及运行期面板温度场与温度应力的变化及分布规律。通过与面板温度实测结果的对比，证明所获得的面板温度的变化规律是基本符合实际的，也进一步证明上述接触摩擦单元计算模型是合理的。

(2)通过本文分析发现，施工期面板顺坡向最大温度拉应力发生在最高温升后最大温降时的面板中部表面上。运行期面板的温度应力基本随气温和水温的变化而变化，面板表面各节点的温度应力均伴随着蓄水有所增大，其中面板底部表面增幅最大。当面板经历了第一个冬季气温降温过程以后，面板中下部相应表面产生最大拉应力。

参考文献

[1] 麦家煊，孙立勋. 西北口堆石坝面板裂缝成因的研究[J]. 水利水电技术，1999(5)，32-34.

[2] 罗先启，刘德富，黄峄. 西北口面板堆石坝面板裂缝成因分析[J]. 人民长江，1996(9)，32-34.

[3] 杨德福，马锋玲，何树祥，等. 混凝土面板温度收缩应力及相关参数分析[J]. 实验研究，2002(7)，59-69.

[4] 王瑞骏，王党在，陈尧隆. 混凝土面板堆石坝施工期面板温度应力仿真分析[J]. 西北农林科技大学学报，2004(10)，123-126.

[5] 张国新，彭静. 考虑摩擦约束时面板温度应力的有限元分析[J]. 水利学报，2001(11)，75-79.

[6] 王瑞骏，李章浩，等. 面板与垫层之间接触面的温度应力计算模型研究[J]. 水力发电学报，2006(3)，58-61.

[7] 雷晓燕，G. Swoboda，杜庆华. 接触摩擦单元的理论及其应用[J]. 岩土工程学报，1994(3)，23-32.

[8] 国家电力公司西北勘测设计研究院. 黄河公伯峡水电站工程混凝土面板堆石坝设计说明[R]. 2001.

[9] 朱伯芳，王同生，等. 水工混凝土结构的温度应力与温度控制[M]. 北京：水利电力出版社，1976.

向家坝水电站二期纵向围堰联合体抗滑稳定分析

张美丽　王　锋　张　丽

（中国水利电力对外公司　北京　100120）

摘要：向家坝水电站二期纵向围堰为碾压混凝土重力式围堰，结构上的特点是选用沉井作为围堰大坝上游段地基深厚覆盖层的处理方案，围堰与沉井联合挡水，为此围堰与沉井组成的联合体的抗滑稳定尤为重要。本文选取四种荷载组合工况，采用刚体极限平衡法和弹塑性有限元法对围堰联合体多折面建基面、多滑面浅层滑动面进行了抗滑稳定计算分析。两种计算结果表明，各围堰与沉井组成的联合体在四种荷载组合工况下抗滑稳定满足安全运行。

关键词：围堰联合体　刚体极限平衡法　弹塑性有限元法　抗滑稳定

1　引　言

向家坝水电站上游段二期纵向围堰为碾压混凝土重力式围堰，最大堰高达 95 m。大坝上游段地基覆盖层深达 45 ~ 62 m，围堰地基处理是二期纵向围堰设计的关键，直接影响一期工程施工进度。经过多方案比选，对二期纵向围堰大坝上游段桩号二纵上 0 - 168.900 m ~ 二纵上 0 ±000.000 m 段，选定了结构可靠、施工方法可行的 10 个沉井作为地基覆盖层处理方案，故桩号二纵上 0 - 168.900 m ~ 二纵上 0 ±000.000 m 段由先施工的沉井和后期浇筑的碾压混凝土联合挡水，围堰结构由沉井和后浇筑碾压混凝土组成（以下简称“联合体”），因此联合体能否安全运行是本工程的关键技术问题。基于此，本文采用刚体极限平衡法和弹塑性有限元法对联合体的建基面及浅层抗滑稳定进行了计算分析。桩号二纵上 0 - 168.900 m ~ 二纵上 0 ±000.000 m 段联合体布置图如图 1 所示。

2　计算荷载组合与类型

计算荷载组合为：①施工期工况：围堰在一期基坑中的完建工况，左、右侧均无水，左侧覆盖层顶部高程 260.00 m，右侧挡土石高程按各计算断面施工期实际情况确定；②低水位运行工况：围堰挡水位均为 266.50 m，左侧覆盖层顶部高程 260.00 m，右侧挡土石高程按各计算断面实际情况确定；③正常运行工况：围堰挡水位均为 303.563 m，左侧覆盖层顶部高程 260.00 m，右侧挡土石高程按各计算断面实际情况确定；④非常运行工况：围堰挡水位均为 305.000 m，左侧覆盖层顶部高程 260.00 m，右侧挡土石高程按各计算断面实际情况确定。

考虑的主要荷载类型有自重、水压力、浪压力、土压力、扬压力。

3　刚体极限平衡法抗滑稳定分析

该方法的计算模型是通过 ANSYS 有限元软件建立三维有限元模型，之后取其中间剖面

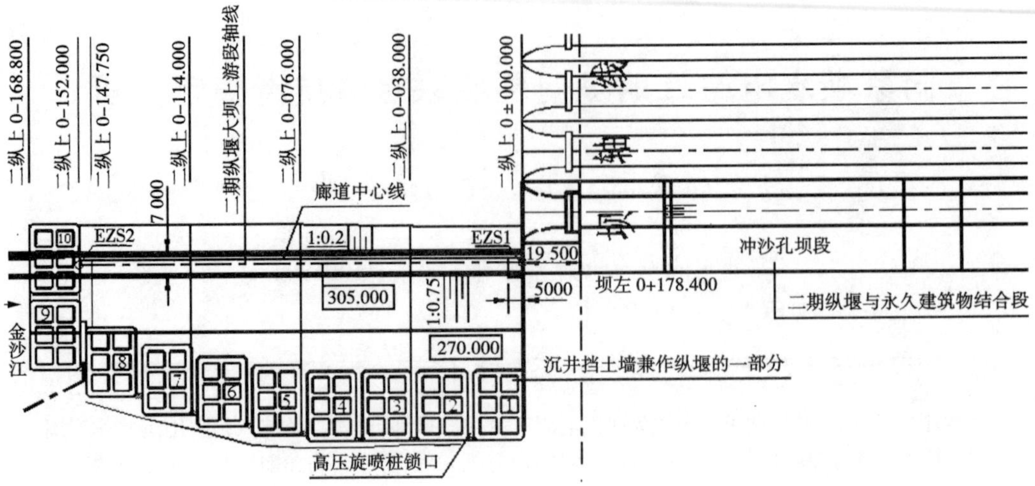

图 1　二纵上 0 − 168.900 m ~ 二纵上 0 ± 000.000 m 段联合体布置

进行计算。

3.1　联合体多折面建基面抗滑稳定计算方法及计算结果分析

3.1.1　计算方法

二期围堰结构由沉井和后浇筑的碾压混凝土组成，沉井底部与围堰底部的高程不同，故围堰与沉井组成的联合体建基面为折面。《混凝土重力坝设计规范》(SDJ 21—78)[1]对多折面建基面的抗滑稳定没有特定的计算公式，出于对深浅层多滑面计算方法的研究，把多滑面的计算方法应用到建基面的计算。基本思想与刚体极限平衡法深层抗滑稳定分析的“等 K 法”基本相同。假定每个折面的抗滑稳定安全系数均相等，$K_1 = K_2 = K_3 = \cdots = K_n$ 求得每个折面间的抗力 $Q_i(i = 1,2,\cdots,n-1)$，再将其带入式(1)、式(3)及式(5)中任意一式，即可求得整个建基面的抗滑稳定安全系数。本文联合体建基面为三折面，因此针对三折面建基面给出抗滑稳定的计算公式，如图 2 所示，其中 AB、BC 及 CD 三段为折面建基面。

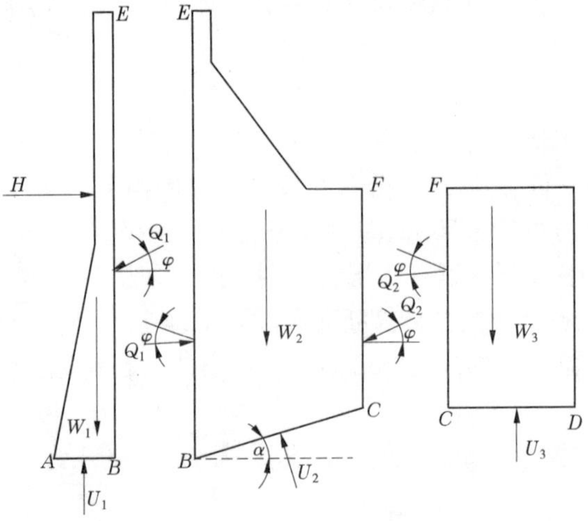

图 2　三折面建基面示意图

$$K_1 = f_1(W_1 - Q_1\sin\varphi - U_1) + c_1A_1 \tag{1}$$

$$K_1 = \frac{K_1}{(H - Q_1\cos\varphi)} \tag{2}$$

$$K_2 = f_2[W_2\cos\alpha - (Q_2 - Q_1)\sin(\varphi + \alpha) - U_2)] + c_2A_2 \tag{3}$$

$$K_2 = \frac{K_2}{[(Q_1 - Q_2)\cos(\varphi + \alpha) - W_2\sin\alpha]} \tag{4}$$

$$K_3 = f_3(W_3 - Q_2\sin\varphi - U_3) + c_3A_3 \tag{5}$$

$$K_3 = \frac{K_3}{Q_2\cos\varphi} \tag{6}$$

式中:f_1、c_1、f_2、c_2、f_3、c_3 分别为折面 AB、BC、CD 上的摩擦系数和凝聚力;A_1、A_2、A_3 分别为折面 AB、BC、CD 的长度;W_1、W_2、W_3 分别为作用于折面 AB、BC、CD 上的总垂直力(不包括扬压力);H 为作用于整个坝体上的总水平力;α 为折面 BC 与水平面的夹角;U_1、U_2、U_3 分别为折面 AB、BC、BD 面上的扬压力;Q_1、Q_2 分别为 BE、CF 面上的抗力;φ 为 Q_1、Q_2 与水平面的夹角。

根据式(1)~式(6)求出 Q_1、Q_2 的取值范围,保证 Q_1、Q_2 大于零,然后编制程序进行试算,求出抗滑稳定安全系数。

3.1.2 计算结果分析

《水电工程围堰设计导则》[2]中规定,混凝土围堰首先应核算围堰建基面的抗滑稳定,保证围堰设计在自重、水压力和其他荷载作用下,具有足够的稳定性,不致于发生通过堰基的滑动。围堰抗滑稳定安全系数如表1所示。

表1　围堰抗滑稳定安全系数

围堰类型	级别	抗滑	备注
土石围堰	Ⅲ	≥1.2	边坡稳定
	Ⅳ、Ⅴ	≥1.05	
混凝土围堰	Ⅲ Ⅳ、Ⅴ	≥1.05	按抗剪强度公式计算
		≥3.0	按抗剪断强度公式计算
		≥2.5	按抗剪断强度,看来排水失效

各联合体在不同工况下建基面抗滑稳定安全系数如表2、表3所示,其中 K' 为抗剪断系数,K 为抗剪系数。

由计算结果可知,联合体建基面在各种工况下,抗剪断安全系数在排水有效时均大于允许安全系数3.0,在排水失效时均大于允许安全系数2.50,抗剪安全系数均大于允许安全系数1.05,故各联合体在四种荷载组合工况下采用该计算方法建基面都能满足抗滑稳定要求。

表 2　施工期与低水位运行工况联合体建基面计算结果

联合体号	施工期工况				低水位运行工况			
	不考虑扬压力		考虑扬压力		排水有效	排水失效	排水有效	排水失效
	K'	K	K'	K	K'	K	K'	K
联合体一	31.64	10.75	30.65	10.15	23.29	7.81	21.47	6.73
联合体二	19.34	6.48	18.69	6.09	153.44	51.15	143.00	44.93
联合体三	16.39	5.57	15.76	5.20	205.24	67.71	190.78	59.09
联合体四	12.08	4.53	11.61	4.24	205.88	68.20	191.12	59.41
联合体五	16.87	5.78	16.21	5.39	149.16	54.95	138.57	48.60
联合体六	14.26	4.91	13.72	4.58	55.28	18.37	51.77	16.28
联合体七	15.98	5.68	15.36	5.31	16.75	5.75	15.71	5.14
联合体八	26.51	9.89	25.68	9.40	14.59	5.45	13.60	4.86

表 3　正常运行与非常运行工况联合体建基计算结果

联合体号	正常运行工况				非常运行工况			
	采取排水措施		排水失效		采取排水措施		排水失效	
	K'	K	K'	K	K'	K	K'	K
联合体一	5.08	1.76	4.49	1.40	4.89	1.69	4.31	1.35
联合体二	6.57	2.25	5.78	1.79	6.28	2.15	5.53	1.72
联合体三	6.99	2.42	6.06	1.85	6.64	2.29	5.74	1.74
联合体四	5.77	2.22	5.01	1.78	5.45	2.11	4.73	1.68
联合体五	9.52	3.50	8.45	2.87	8.90	3.28	7.89	2.68
联合体六	21.88	8.19	17.02	5.86	19.17	7.19	15.06	5.19
联合体七	14.70	5.59	13.17	4.68	13.28	5.05	11.88	4.22
联合体八	10.78	4.26	9.57	3.56	9.83	3.89	8.72	3.24

3.2　联合体浅层滑动面抗滑稳定计算方法及计算结果分析

3.2.1　计算方法

该计算方法在选择滑出点时，是在围堰左侧底部及沉井右侧底部断开，把此部分作为抗力体或滑动块，然后向左或向右搜索滑出点进行试算，通过多次试算，确定最不利的滑出位置，并把此位置对应的安全系数作为联合体浅层滑动面整体的安全系数。

联合体四为多滑面情况，计算方法采用多滑面的等 K' 法广义计算公式进行计算，其他联合体为双滑面情况，采用《混凝土重力坝设计规范》(SL 319—2005)[3] 等安全系数法进行计算。

受深层抗滑计算传统等 K 法思想的启发，文献[4]提出了适用于多滑面的等 K' 法广义计算公式。坝基多滑面体系基本剖面如图 3 所示，图 4 为其中某一单条块具体受力示意图。

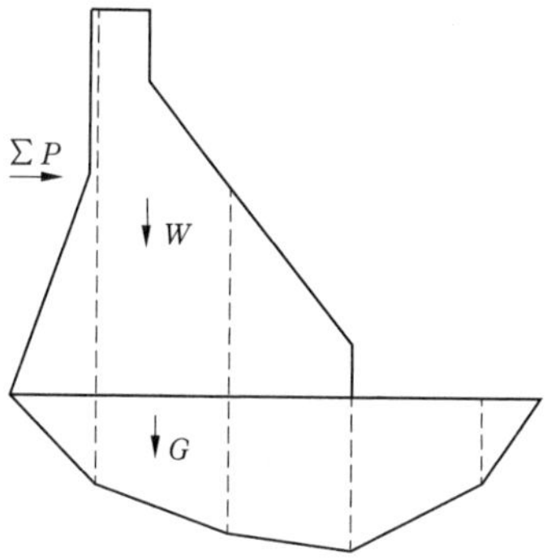

图 3　坝基抗滑稳定计算剖面示意图

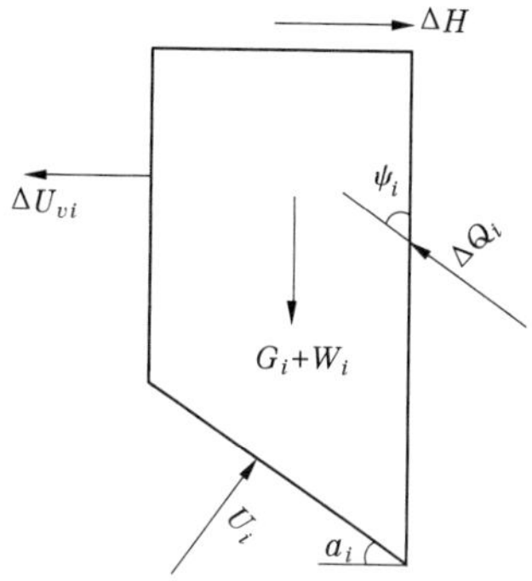

图 4　坝基单个条块受力示意图

$$R_i(\cdot) = f_i[(G_i + W_i)\cos\alpha_i - \Delta Q_i\sin(\varphi_i - \alpha_i) - U_i + \Delta U_{vi}\sin\alpha_i - \Delta H\sin\alpha_i] + c_iA_i \tag{7}$$

$$S_i(\cdot) = [(G_i + W_i)\sin\alpha_i + \Delta H\cos\alpha_i - \Delta Q_i\cos(\varphi_i - \alpha_i) - \Delta U_{vi}\cos\alpha_i] \tag{8}$$

式中：f_i、c_i 分别为该块滑体的摩擦系数、黏聚力；G_i 为该块滑体重量；W_i 为该块滑体上覆坝体重量；α_i 为底滑面倾角，以倾向下游为正；ΔQ_i 为该滑块两侧剪力合力，以指向上游为正；φ_i 为 ΔQ_i 与水平向的夹角，假定为已知；U_i 为该滑块底面所受水压力；ΔU_{vi} 为侧面水压合力；ΔH 为滑块所受其他水平向荷载。

定义各条块安全系数为 K' 如式(9)所示，各条块具有同等的唯一的安全度 K'，此时滑动体系达到极限平衡，即坝基整体体系安全系数为 K'：

$$K_i' = \frac{R_i\left(\dfrac{f_K}{\gamma_m}, \alpha_K\right)}{\gamma_0\gamma_d\varphi S_i(\gamma_G G_K, \gamma_Q Q_K, \alpha_K)} \tag{9}$$

$$K_1' = K_2' = \cdots = K_n' \tag{10}$$

其中 γ_0、γ_d、φ、γ_m、γ_G、γ_Q 为分项系数，其取值假定为已知定值。对于同一坝基断面而言，γ_0、γ_d、φ 三值数值相同，则式(10)可简化得到

$$\frac{R_1\left(\dfrac{f_K}{\gamma_m}, \alpha_K\right)}{S_1(\gamma_G G_K, \gamma_Q Q_K, \alpha_K)} = \frac{R_2\left(\dfrac{f_K}{\gamma_m}, \alpha_K\right)}{S_2(\gamma_G G_K, \gamma_Q Q_K, \alpha_K)} = \cdots = \frac{R_n\left(\dfrac{f_K}{\gamma_m}, \alpha_K\right)}{S_n(\gamma_G G_K, \gamma_Q Q_K, \alpha_K)} \tag{11}$$

上式可得到方程 $n-1$ 个，其中含有 n 个未知数 ΔQ_i，再由坝基体系内力平衡条件可得

$$\sum_{i=1}^{n} \Delta Q_i = 0 \tag{12}$$

由式(11)、式(12)联立可以求解得到各滑块侧向接触面间的剪力 ΔQ_i，返回代入式(9)可得到坝基安全系数 K'。

3.2.2　计算结果分析

(1)施工期与低水位运行工况。

对于施工期工况，经过试算分析联合体一与联合体六由于其浅层滑动面比较深，向左与向右都不存在失稳的情况（试算的标准是保证 Q 与 k 都为正值）；对于低水位运行工况，经过试算分析只有联合体五、七、八存在浅层滑动情形，其他联合体因作用在滑动块与抗力体块上的计算荷载相当，不存在滑动情形。存在滑动的联合体计算结果如表 4 所示。

表 4　施工期与低水位运行工况存在滑动的联合体浅层计算结果

联合体号	施工期工况	低水位运行工况	
		排水有效	排水失效
	K'	K'	
联合体二	31.304	—	—
联合体三	11.358	—	—
联合体四	10.868	—	—
联合体五	10.043	18.594	17.614
联合体七	10.413	8.375	7.943
联合体八	11.559	5.397	5.174

在施工期与低水位运行工况下，存在滑动联合体沿浅层滑动面向左滑动，且在最不利滑出点位置时，其抗滑稳定安全系数均远远大于允许安全系数 2.50，均满足稳定要求，具有足够的安全度。

（2）正常运行与非常运行工况。

各联合体在正常运行与非正常运行工况下浅层抗滑稳定计算结果如表 5 所示。

表 5　正常运行与非正常运行工况联合体浅层计算结果

联合体号	正常运行工况		非正常运行工况	
	K'		K'	
	排水有效	排水失效	排水有效	排水失效
联合体一	11.029	10.524	10.062	9.599
联合体二	5.294	4.985	5.006	4.720
联合体三	3.076	2.830	2.946	2.709
联合体四	3.057	2.759	2.905	2.617
联合体五	5.940	5.412	5.325	4.843
联合体六	9.096	8.681	8.304	7.923
联合体七	9.091	8.548	8.092	7.592
联合体八	49.501	47.244	31.436	30.016

在正常运行工况及非常运行工况下，联合体无论是排水有效还是排水失效，浅层抗滑稳定安全系数均大于其允许安全系数 2.50，故均满足抗滑稳定要求，具有足够的安全度。

4　联合体弹塑性有限元法抗滑稳定分析

4.1　计算方法及失稳判据

由刚体极限平衡法的计算结果可以得知，各联合体在四种荷载组合工况下无论是建基面还是浅层滑动面，按刚体极限平衡法计算时是满足稳定要求的。基于此，本文选取了浅层滑动面比较浅的几个剖面进行了平面有限元计算。

对于有限元计算分析，本文根据设计院提供的施工图建立合理的有限元模型，由于覆盖层与围堰及沉井混凝土材料性质相差较大，计算时在围堰与覆盖层及沉井与覆盖层间建立无厚度的接触单元；采用平面应变模型，网格为 4 节点的四边形单元，地基的计算域外边界采用法向约束，用 ABAQUS 软件进行计算分析；采用等比例降强度的方法，用基于强度储备的安全系数来评价所选取典型剖面的安全度，计算分析联合体破坏模式、渐进破坏过程等。

选用通过考察坝基系统的塑性屈服区（破坏区域）是否贯通来判别系统是否达到其极限承载力，此时的强度储备系数也可以用来表征系统的最终安全度。

由于在施工期工况沉井右侧的一期围堰还未拆除，而在低水位运行、正常运行及非常运行工况时沉井右侧的一期围堰已经拆除，且右侧挡土石高程按各计算断面的实际情况确定，故四种荷载组合工况的计算概化模型不同。为了突出塑性屈服区的贯通情况，本文典型剖面的等效塑性应变图是去掉二期围堰左侧与沉井右侧覆盖层给出的。

4.2　材料屈服和破坏准则的选取

对于坝体混凝土和坝基岩体的屈服准则和破坏准则，本文采用岩土工程中广泛使用的各向同性的 Mohr-Coulomb 准则，它可以用下面的表达式来表示：

$$F = \alpha I_1 + \sqrt{J_2} - k = 0 \tag{13}$$

其中 α、k 均为材料常数。

对于坝基岩体中有厚度的软弱夹层或者断层，因为这些地质结构的屈服或者破坏均带有明显的方向性，本文采用带拉断的各向异性的 Mohr-Coulomb 准则判别其屈服或者破坏。

对于围堰混凝土与坝基岩体交界的建基面，本文在建基面上设置一薄层单元并取为节理材料进行模拟，薄层单元的屈服准则采用各向异性 Mohr-Coulomb 准则。

4.3　计算结果分析

（1）施工期及低水位运行工况。

对于施工期工况，选取了浅层滑动面较浅的二纵上 0 + 035.900 m、0 + 056.900 m、0 + 092.900 m、0 + 111.900 m、0 + 149.900 m 等五个典型剖面进行计算分析，典型剖面计算概化模型及等塑性应变图如图 5 ~ 图 9 所示；对低水位运行工况，由于围堰左侧覆盖层及水压力作用与右侧覆盖层作用相当，很难存在滑动情况，为此选取差距较大的二纵上 0 + 092.900 m、0 + 130.900 m、0 + 149.900 m 等三个典型剖面计算分析，典型剖面计算概化模型及等效塑性应变图如图 10 ~ 图 12 所示。两种工况下典型剖面强度储备系数值见表 6。

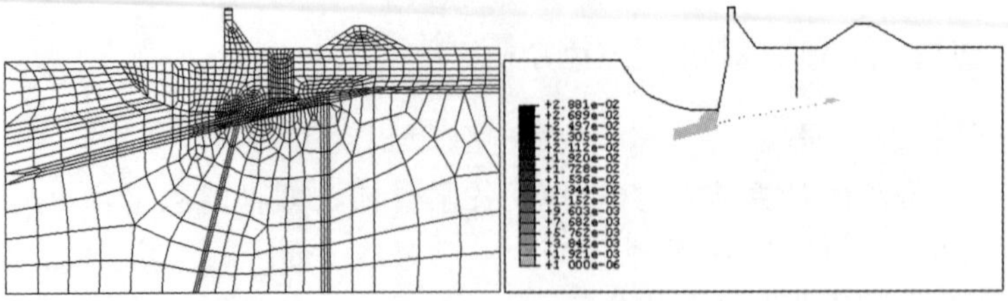

图 5　施工期工况二纵上 0 + 035.900 m 剖面与等效塑性应变

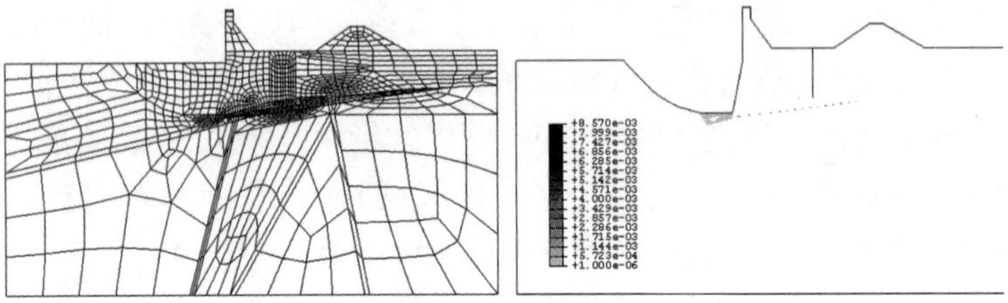

图 6　施工期工况二纵上 0 + 056.900 m 剖面与等效塑性应变

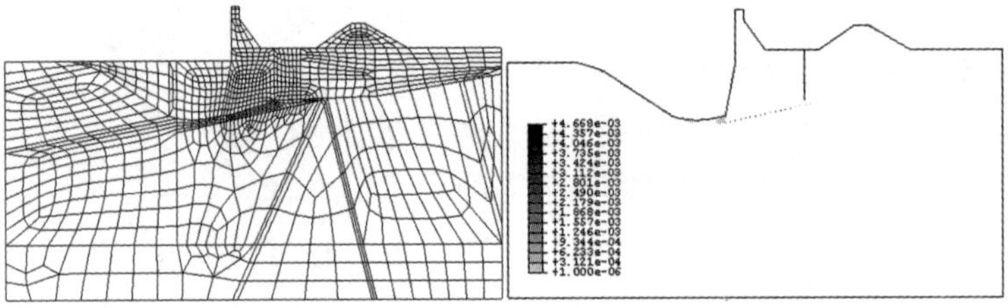

图 7　施工期工况二纵上 0 + 092.900 m 剖面与等效塑性应变

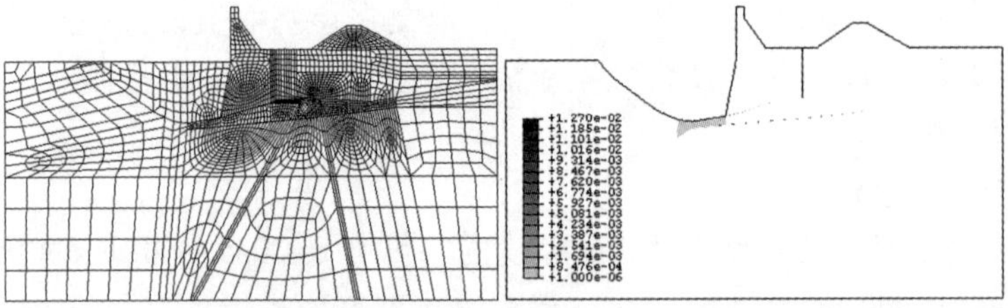

图 8　施工期工况二纵上 0 + 111.900 m 剖面与等效塑性应变

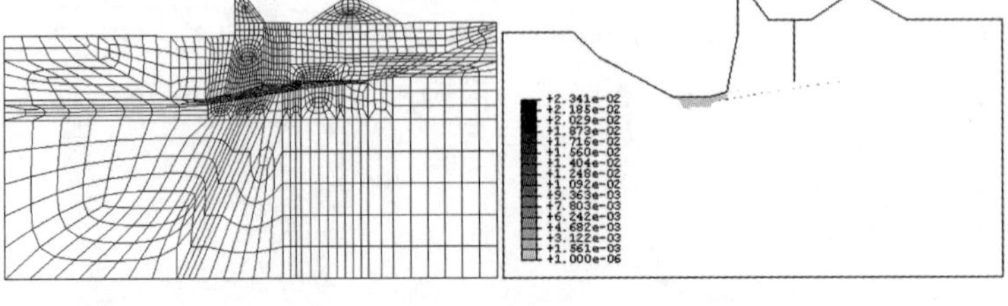

图 9　施工期工况二纵上 0 + 149.900 m 剖面与等效塑性应变

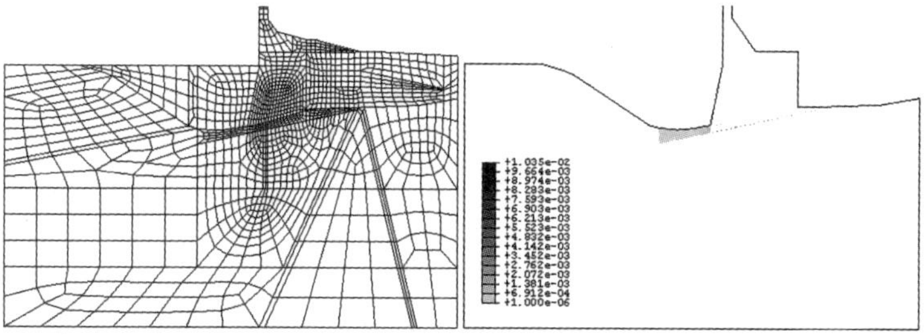

图10　低水位运行工况二纵上0+092.900 m剖面与等效塑性应变

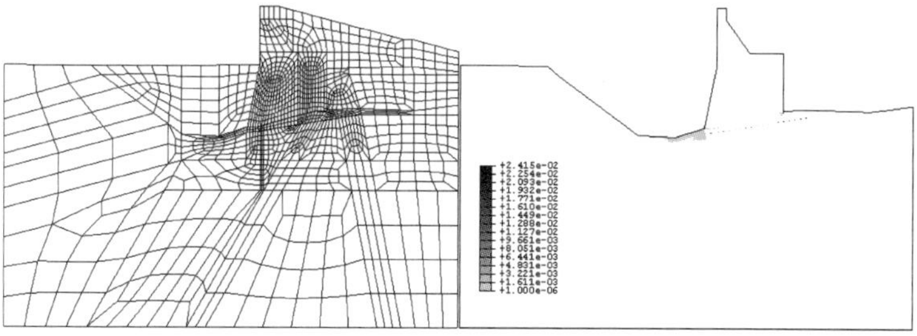

图11　低水位运行工况二纵上0+130.900 m剖面与等效塑性应变

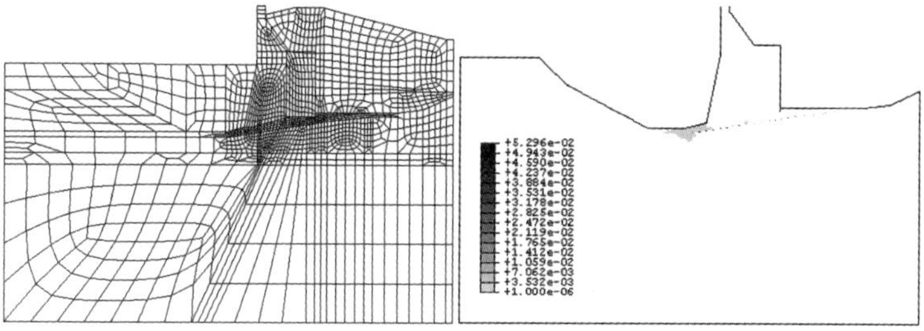

图12　低水位运行工况二纵上0+149 .900 m剖面与等效塑性应变

表6　施工期与低水位运行工况典型剖面强度储备系数

工况情况	典型计算剖面	所对应的联合体	强度储备系数
施工期工况	二纵上0+035.900	联合体二	5.3
	二纵上0+056.900	联合体四	5.2
	二纵上0+092.900	联合体五	3.6
	二纵上0+111.900	联合体六	7.8
	二纵上0+149.900下	联合体八	5.5
低水位运行工况	二纵上0+092.900	联合体五	7.9
	二纵上0+130.900	联合体七	6.5
	二纵上0+149.900	联合体八	4.0

通过计算分析研究，在施工期与低水位运行工况下，典型剖面破坏先都是从围堰左侧下

端的浅层滑动面处开始，随着强度的逐渐降低，滑动面的屈服区逐渐增大，当强度储备系数降到一定程度后，屈服区迅速贯通，形成一个滑移通道，联合体沿着这一通道从围堰左侧底部滑出。当浅层滑动面完全贯通时建基面只有部分单元屈服，堰踵单元压应力与剪应力最大，发生压剪破坏。由上表可知，典型剖面在上述两种工况下浅层滑动是满足抗滑稳定要求的。

(2)正常运行和非常运行工况。

对正常运行和非常运行工况来说，选取二纵上 0 + 035.900 m、0 + 056.900 m、0 + 092.900 m、0 + 111.900 m 等四个剖面。所选典型剖面计算概化模型及等效塑性应变如图 13 ~ 图 16 所示，强度储备系数值见表 7。

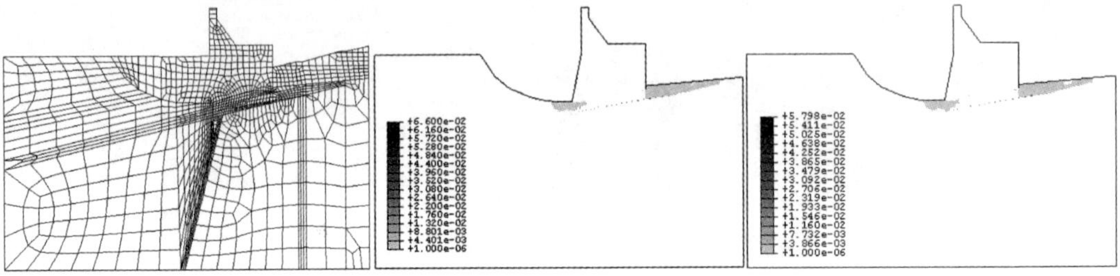

图 13　二纵上 0 + 035.900 m 剖面与正常运行及非正常运行等效塑性应变

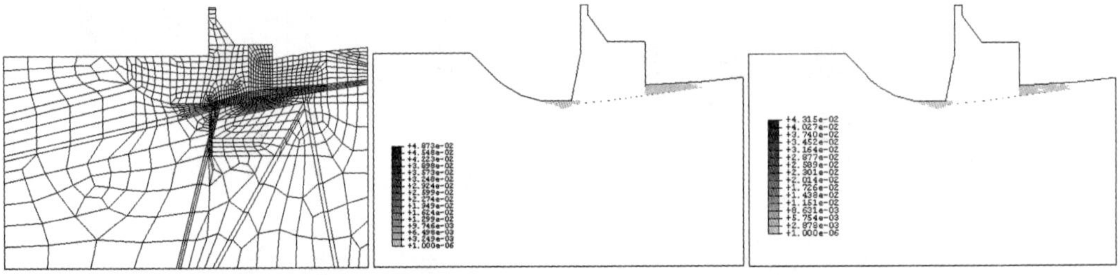

图 14　二纵上 0 + 056.900 m 剖面与正常运行及非正常运行等效塑性应变

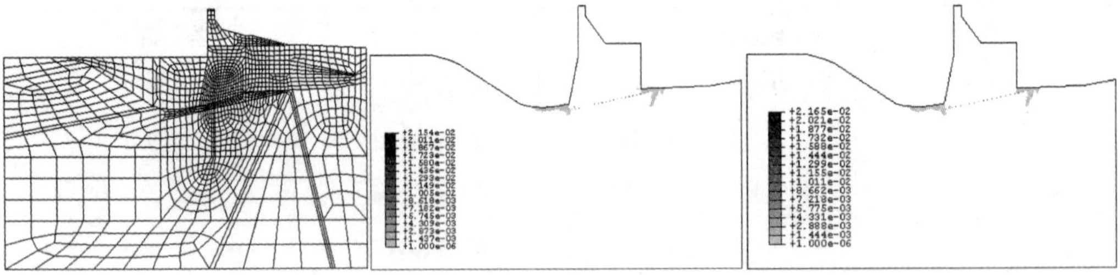

图 15　二纵上 0 + 092.900 m 剖面与正常运行及非正常运行等效塑性应变

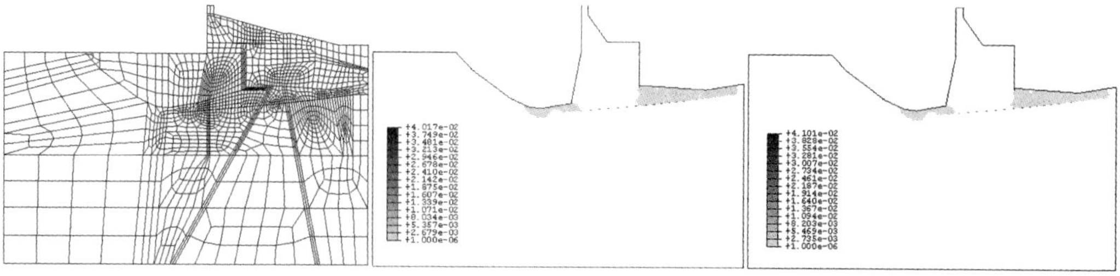

图16 二纵上0+111.900 m剖面与正常运行及非正常运行等效塑性应变

表7 典型剖面强度储备系数

工况情况	典型计算剖面	所对应的联合体	强度储备系数
正常运行工况	二纵上0+035.900	联合体二	5.4
	二纵上0+056.900	联合体四	3.9
	二纵上0+092.900	联合体五	7.3
	二纵上0+111.900	联合体六	5.9
非常运行工况	二纵上0+035.900	联合体二	5.1
	二纵上0+056.90	联合体四	3.8
	二纵上0+092.900	联合体五	6.7
	二纵上0+111.900	联合体六	5.6

通过计算分析研究可知，在正常运行工况和非常运行工况下，典型剖面破坏首先都是从围堰与沉井组成的联合体右侧下端的浅层滑动面处开始，随着强度的降低，滑动面的屈服区逐渐增大，当强度储备系数降到一定程度后，屈服区迅速贯通，上下游形成一个滑移通道，联合体沿着这一通道从沉井右侧滑出，且最大等效塑性应变发生在沉井右下侧一段的软弱面上。沉井右下刃脚出现较大的压应力和剪应力，发生压剪破坏。由表7可知，典型剖面在上述两种工况下浅层滑动是满足抗滑稳定要求的。

由上述所取典型剖面在四种荷载组合工况下抗滑稳定的有限元计算分析可知，上述较危险剖面的抗滑稳定安全系数都比较大，那么由此剖面组成的联合体其浅层滑动也是满足要求的，同时可以推得，未进行有限元计算的较深滑动面抗滑稳定也是满足要求的，故联合体在上述四种工况下浅层滑动是具有足够安全度的。

5 结 语

本文通过选用刚体极限平衡法和弹塑性有限元法对向家坝水电站二期混凝土重力式围堰联合体多折面建基面和多滑面浅层滑动面进行了抗滑稳定分析，两种方法的计算结果均表明，在施工期工况、低水位运行工况、正常运行和非常运行工况下各联合体建基面和浅层滑动面的安全系数均大于规范规定的允许安全系数，纵向围堰联合体具有足够的安全度。因此，选用沉井作为二期纵向围堰大坝上游段地基覆盖层处理方案是正确的，围堰与沉井组成的联合体抗滑稳定满足安全运行。

参考文献

[1] 中华人民共和国水利电力部. SDJ 21—78 混凝土重力坝设计规范[S]. 北京:水利电力出版社,1979.
[2] 中华人民共和国水利部. NB/T 35006—2013 水电工程围堰设计导则[S]. 北京:中国电力出版社,2013.
[3]中华人民共和国水利部. SL319—2005 混凝土重力坝设计规范[S]. 北京:水利水电出版社,2005.
[4]武汉大学水利水电学院高坝结构组. 混凝土重力坝抗滑稳定机理和深层抗滑稳定设计表达式及分项系数专题研究[R]. 2006.

基于 ANSYS 的混合线型拱坝参数化建模及应力分析

梁 建 李宝春 窦艳飞

（安徽省·水利部淮委水利科学研究院 安徽 合肥 230088）

摘要：在拱坝应力分析中，有限单元法在计算理论上优于拱梁分载法，并已经广泛应用于拱坝的仿真计算和应力分析。在弹性理论假定下，结构突变部位有限元应力值与有限元网格尺寸密切相关，特别是近基础部位附近存在着严重的应力集中现象。为了解决这一问题，一些学者提出了等效应力法。等效应力法由于拱坝线型的不同，采用的参数计算办法不同。本文基于 ANSYS 实现了混合线型拱坝的参数化建模及应力分析，通过对拉西瓦水电站拱坝进行建模及应力分析，验证了其准确性和实用性。

关键词：拱坝 等效应力 混合线型 有限单元法

1 引 言

在拱坝应力分析中，有限单元法在计算理论上优于拱梁分载法，并已经广泛应用于拱坝的仿真计算和应力分析。在弹性理论假定下，结构突变部位有限元应力值与有限元网格尺寸密切相关，特别是近基础部位附近存在着严重的应力集中现象。为了解决这一问题，一些学者提出了等效应力法[1-8]。等效应力法由于拱坝线型的不同，采用的参数计算办法不同。通过对几种常用的拱坝线型的归纳分析，刘国华得出混合线型拱坝[9]。本文主要是基于 ANSYS 对混合线型拱坝的建模及应力分析进行参数化，通过输入不同的参数，可得到不同线型的拱坝模型，进而对拱坝应力进行分析。以黄河拉西瓦高拱坝为例，李晓军[10]分别作了抛物线、椭圆线和对数螺旋线三种体形的优化分析，得出结论对数螺旋线线型拱坝是最适合拉西瓦高拱坝的线型。

2 混合线型拱坝的体型模型

几种常见线型的拱坝曲率半径随中心角（以拱冠梁处为零点，左岸为负，右岸为正）的变化方程可用极坐标表示如下：

圆弧 $R=$常数　　抛物线 $R=R_0/\cos^3\varphi$

对数螺旋 $R=R_0e^{k\varphi}$　　悬链线 $R=R_0/\cos^2\varphi$

椭圆线 $R=R_0/(\cos^2\varphi+\alpha\sin^2\varphi)^{3/2}$　　双曲线 $R=R_0/(\cos^2\varphi-\alpha\sin^2\varphi)^{3/2}$

综合上述这些曲率半径方程，可以归纳出如下混合型拱圈曲率半径方程：

$$R = R_0e^{k\varphi}/(\cos^2\varphi+\alpha\sin^2\varphi)^{\beta} \tag{1}$$

式中：α、β、k、R_0 为待选参数，选定不同的参数值，可以得到上述各种线型或介于它们之间的特殊线型。

由混合曲线拱圈的构造方式可以知道它的体型布置机动灵活，能够很好地适应各个部位不同的地形和地质条件。采用混合线型拱圈进行拱坝体型设计，可以在坝体的不同高程和左右岸，依据最佳的适应需要，自动地选用不同的拱圈线型，其优化余地较大。

混合拱圈线型的拱圈中心线参数方程可描述为：

$$X_c = \int_0^{\varphi} [R_0 e^{k\varphi} / (\cos^2\varphi + \alpha\sin^2\varphi)^{\beta}] d\varphi \tag{2}$$

$$Y_c = Y_0 + \int_0^{\varphi} [R_0 e^{k\varphi} \sin\varphi / (\cos^2\varphi + \alpha\sin^2\varphi)^{\beta}] d\varphi \tag{3}$$

(X_c, Y_c)：拱圈中心线上点的坐标，下标 c 代表中心线；Y_0：拱冠梁中心线上点的 Z 坐标，下标 0 代表拱冠梁位置。

3　混合线型拱坝应力分析

某拱坝最大坝高 34.3 m，为混合线型双曲拱坝，坝顶弧长 166 m，底部厚度 7.03 m，坝顶厚 2.99 m，厚高比 0.205，弦高比 4.84。拱坝最大中心角 107.79°，最小中心角 67.01°。坝体最大倒悬度上游面为 0.18，下游面为 0.30。

本次计算荷载组合为：正常蓄水位 + 自重 + 泥沙压力 + 温降。拱梁分载法计算结果如下：上游坝面最大主拉应力 0.55 MPa，最大主压应力 1.04 MPa，下游坝面最大主拉应力 0.38 MPa，最大主压应力 1.39 MPa。

以四面体单元为例，有限元计算模型见图 4 ~ 图 6，由拱梁分载法、有限元法及街道应力法的结果分析见表 1。

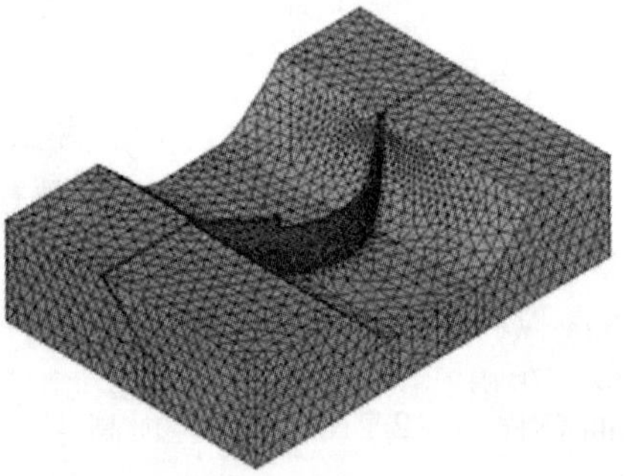

图 1　混合线型拱坝及坝基模型

图 2　混合线型拱坝模型

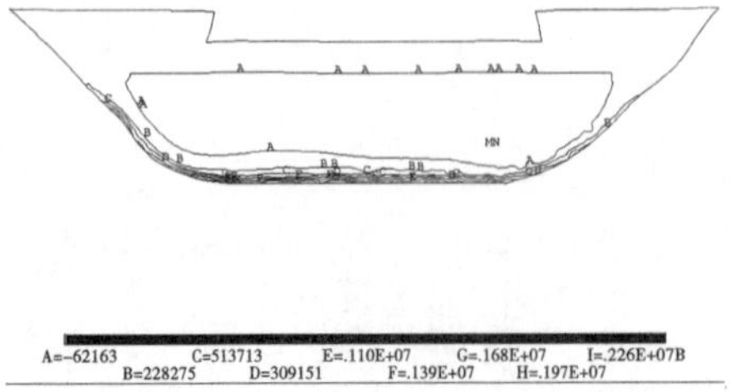

图 3　混合线型拱坝坝体上游面第一主应力(MPa)

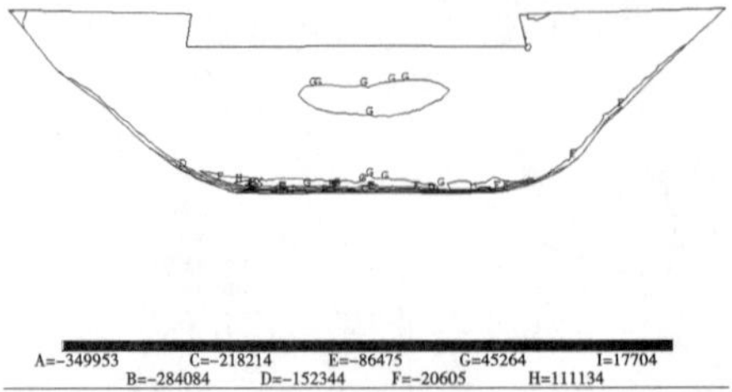

图 4　混合线型拱坝坝体下游面第一主应力(MPa)

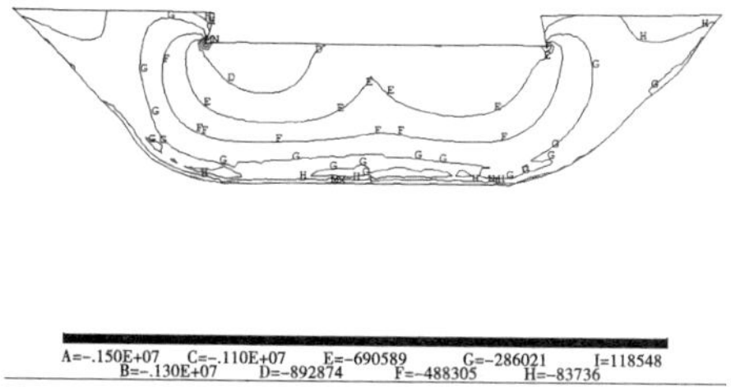

图5　混合线型拱坝坝体上游面第三主应力(MPa)

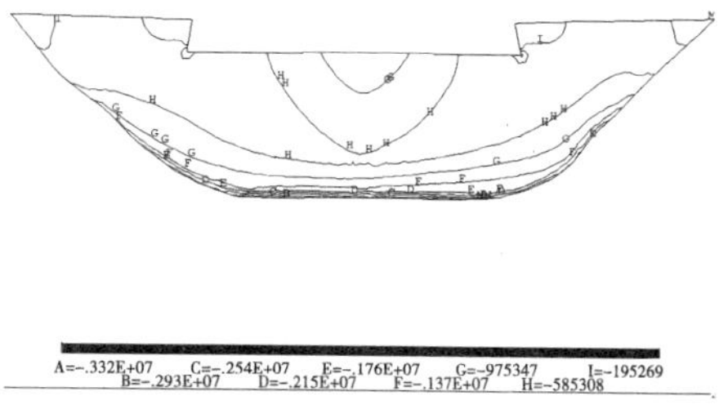

图6　混合线型拱坝坝体下游面第三主应力(MPa)

表1　拱梁分载法、有限元法与等效应力法计算结果对比

应力(MPa)	上游坝面		下游坝面	
	最大主拉应力	最大主压应力	最大主拉应力	最大主压应力
拱梁分载法	0.55	1.04	0.38	1.39
有限元	2.41	1.60	0.21	3.51
对应等效应力	0.66	1.17	0.166	1.29

计算结果表明:有限元等效应力法求出的最大主压应力与多拱梁法求得的最大主压应力值比较接近;有限元等效应力法求出的最大主拉应力较多拱梁法求得的主拉应力略大一些。

4　拉西瓦水电站概况及应力分析

拉西瓦水电站位于青海省贵德县与贵南县交界地,是黄河上游干流龙羊峡—青铜峡中的第二个梯级水电站,坝址位于龙羊峡峡谷出口4.5 km的石门处,上游32.8 km处为已经建成的龙羊峡水电站,下游75.5 km处为已建的李家峡水电站。拉西瓦水电站是以发电为主、综合利用的大型水利枢纽工程,装机4 200 MkW,是我国西电东送的骨干工程。

设计挡水建筑物坝顶高程为+2 460 m,建基面高程为+2 210 m,最大坝高为250 m。坝址河谷陡峭,呈V字形;两岸河谷基本对称,平均坡度为40°~45°。

设计挡水建筑物为坝高250 m、底宽50 m的对数螺旋线双曲拱坝。水库正常设计水位为+2 452 m,坝前百年淤沙高程为+2 296 m。

针对最不利基本荷载组合进行了优化分析:正常库水位水压力(+2 452 m)+坝体自重+泥沙压力(+2 230.0 m)+设计正常温降+下游最低尾水水位水压力(+2 243.5 m)。

本文仅对最优化的对数螺旋线型的拱坝优化体形进行分析,采用六面体20结点等参单元。利用本文方法对拉西瓦拱坝进行建模分析,结果见图7~图10。

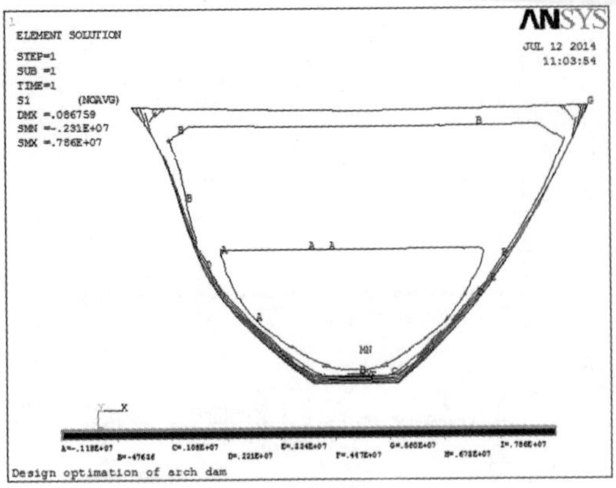

图 7　坝体上游面第一主应力(MPa)

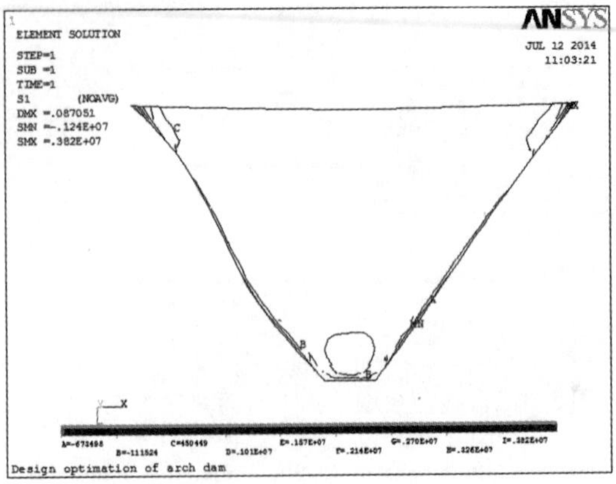

图 8　坝体下游面第一主应力(MPa)

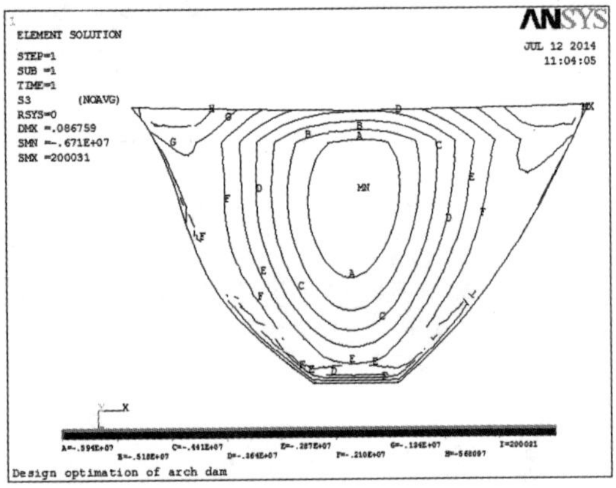

图 9　坝体上游面第三主应力(MPa)

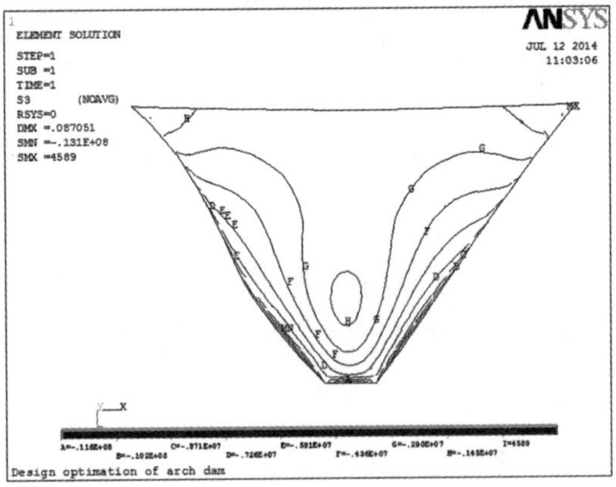

图 10　坝体下游面第三主应力(MPa)

表 2　有限元法与等效应力法计算结果对比

应力(MPa)	上游坝面		下游坝面	
	最大主拉应力		最大主压应力	
有限元	7.86	-6.71	3.82	-13.10
对应等效应力	1.39	-6.58	1.26	-6.40

有限元计算在边界处产生明显的应力集中,经过等效应力计算后,峰值明显降低且分布均匀。计算结果符合有限元等效应力计算与拱梁分载法对比规律:有限元等效应力法消除了应力集中的影响,所求得的最大主应力比有限元直接得出的主应力值要小得多并且满足规范要求。

5　结　语

本文在 ANSYS 中实现了混合线型拱坝的有限元等效应力计算,并将得到的计算结果与

拱梁分载法的计算结果进行了对比,验证了其准确性和实用性,主要取得了以下成果:

(1)本文实现了混合线型拱坝有限元等效应力的计算,通过变换拱坝混合线型的不同参数,即可得到相应拱坝的等效应力,自动化程度较高。

(2)算例表明:基于本文方法所开发的拱坝等效应力计算程序对四面体单元和六面体单元均适用,且计算结果可信。

(3)三维有限元计算分析结果表明拱坝设计方案合理为工程项目的实施提供了技术依据。

综上,本文改进了现有的混合线型拱坝的有限元等效应力计算方法,提高了计算效率,对实际工程应用有一定的参考价值。

参考文献

[1] 傅作新,钱向东. 有限单元法在拱坝设计中的应用[J]. 河海大学学报, 1991(2):8-15.
[2] 李同春. 网格尺寸对拱坝等效应力分析的影响[J]. 水利学报, 2004, 35(9):83-86.
[3] 李同春. 改进的拱坝等效应力分析方法[J]. 河海大学学报, 2004, 32(1):104-107.
[4] 朱伯芳. 拱坝的有限元等效应力及复杂应力下的强度储备[J]. 水利水电技术,2005, 36(1):42-47.
[5] 李守义,周伟,等. 基于 ANSYS 的拱坝等效应力研究[J]. 水力发电学报, 2007, 26(5):38-41.
[6] 武亮,叶文明,何仕华. 基于 ANSYS 的拱坝等效应力分析[J]. 水利水电技术,2006, 37(9):27-29.
[7] 宋佩峰. 有限元法在拱坝体形优化中的应用研究[D]. 西安:西安理工大学, 2007:57-59.
[8] 朱伯芳,高季章,陈祖煜,等. 拱坝设计与研究[M]. 北京:中国水利水电出版社, 2002.
[9] 张海南,刘国华. 混合线型拱坝的优化设计[J]. 水利水电技术, 1999, 1:8-12.
[10] 李晓军. 基于有限单元法的高拱坝体形优化设计[R]. 西北农林科技大学, 2008.

强震作用下高拱坝动力损伤过程分析

程　恒　张国新

（中国水利水电科学研究院流域水循环模拟与调控国家重点实验室　北京　100038）

摘要：本文结合沙牌高拱坝，将坝体 - 地基 - 库水作为整个系统，综合考虑无限地基辐射阻尼效应、坝体混凝土的损伤、坝体横缝的动力接触非线性效应、坝肩可能滑动岩块结构面的接触非线性以及坝基岩体的材料非线性等因素的影响，采用有限元时域方法，分析了拱坝系统在强震作用下的非线性地震响应，对坝体的破损过程进行了研究。

关键词：强震　高拱坝　辐射阻尼　接触非线性　损伤

1　引　言

我国的高拱坝多建于西部地区，而西部是我国主要的地震区，地震发生的强度和频度很高，这些高坝一旦遭受强震毁坏，将会对下游地区造成严重的次生灾害。因此，研究高拱坝在强震作用下的破损过程，较为真实地对其抗震安全性进行评价，具有重要的现实意义。

拱坝在地震作用下的动力响应受诸多复杂因素交互影响，如无限地基辐射阻尼效应、坝体横缝动力接触非线性、坝体混凝土的损伤、坝基岩体的材料非线性等。目前，学者们针对上述单一因素对拱坝地震响应的影响研究已取得了一些有益的成果，但对考虑多因素耦合作用的拱坝地震响应的研究成果还较少。本文结合沙牌高拱坝，将坝体 - 地基 - 库水作为整个开放的波动体系考虑，建立了考虑无限地基辐射阻尼效应、坝体横缝动力接触非线性、坝体混凝土的损伤、坝肩可能滑动岩块结构面的接触非线性以及坝基岩体的材料非线性等因素相互作用的耦合分析模型，采用时域分析方法，对拱坝进行了非线性地震反应分析，对其在强震作用下的破损过程进行了研究。

2　计算方法

2.1　考虑无限地基辐射阻尼效应的地震动输入机制

在对拱坝进行地震反应分析时，准确反映地震动能量向远域地基逸散的所谓“辐射阻尼”的影响，以及合理确定与其相应的地震动输入机制是确保分析结果正确的重要前提。本文在进行拱坝地震反应分析时，采用等效黏弹性边界单元模拟无限地基辐射阻尼。边界单元的材料参数如下[1,2]：

$$\tilde{G} = hK_{BT} = \alpha_T h\left(\frac{G}{R}\right) \tag{1}$$

$$\tilde{E} = \frac{hK_{BN}(1+\tilde{\nu})(1-2\tilde{\nu})}{(1-\tilde{\nu})} = \alpha_N h\left(\frac{G}{R}\right)\frac{(1+\tilde{\nu})(1-2\tilde{\nu})}{(1-\tilde{\nu})} \tag{2}$$

$$\tilde{\eta} = \left(\frac{\rho R}{3G}\right)\left(2\frac{c_s}{\alpha_T} + \frac{c_p}{\alpha_N}\right) \tag{3}$$

式中：K_{BN}、K_{BT} 分别为黏弹性人工边界弹簧的法向与切向刚度；α_T 与 α_N 分别为切向与法向黏弹性人工边界修正系数；R 为散射波源至人工边界的距离；$\hat{\nu}$ 为等效一致黏弹性边界单元的泊松比；ρ 和 G 分别为介质的密度和剪切模量；h 为等效边界单元的厚度；c_s、c_p 分别为 S 波和 P 波的波速。

在进行地震波动输入时，设 $u_{bi}^f(t)$ 为原连续介质边界节点 b 在 i 方向上的入射场或自由场，A_b 为边界节点 b 的影响面积，$\sigma_{bi}^f(t)$ 为由边界入射场或自由场波动产生的应力场，则在边界节点 b 在 i 方向上所需要施加的荷载为[3]：

$$F_{bi}^f(t) = K_{bi}u_{bi}^f(t) + C_{bi}\dot{u}_{bi}^f(t) + \sigma_{bi}^f(t)A_b \tag{4}$$

式中：K_{bi}、C_{bi} 分别为边界节点 b 在 i 方向上的人工边界参数；$\sigma_{bi}^f(t)$ 可由广义胡克定律求出。

2.2　混凝土损伤模型

对于混凝土材料，其应力—应变关系可表示为

$$\sigma = (1-D)\tilde{\sigma} = (1-D)E_0:\varepsilon^e = (1-D)E_0:(\varepsilon - \varepsilon^p) \tag{5}$$

式中：σ 为真实应力张量；$\tilde{\sigma}$ 为有效应力张量；E_0 为材料的初始弹性张量；ε^p 为塑性应变；D 为损伤变量。

塑性应变率可通过塑性流动法则确定，塑性应变率可表示为

$$\dot{\varepsilon}^p = \dot{\lambda}\frac{\partial \Phi(\tilde{\sigma})}{\partial \tilde{\sigma}} \tag{6}$$

式中：塑性势函数取 Drucker-Prager 型函数：

$$\Phi = \alpha_p I_1 + \sqrt{2J_2} \tag{7}$$

其中：λ 为塑性不变量；I_1、J_2 分别为应力第一不变量和偏应力第二不变量；α_p 为与材料体积膨胀有关的参数。

本文采用 Lubliner[4] 提出的，并经 Lee 和 Fenves[5] 修正的函数作为混凝土的屈服准则，在有效应力空间内，屈服面的数学表达式为

$$F(\tilde{\sigma},\varepsilon^p) = \frac{1}{1-\alpha}(\alpha\tilde{I}_1 + \sqrt{3\tilde{J}_2} + \beta(\varepsilon^p)[\tilde{\sigma}_{\max}]) - \tilde{\sigma}_c(\varepsilon_c^p) \tag{8}$$

式中：$\tilde{I}_1$ 为有效应力第一主不变量；$\tilde{J}_2$ 为有效应力偏量第二不变量；$\tilde{\sigma}_{\max}$ 为有效应力最大代数特征值；$\langle\cdot\rangle$ 表示的含义为 $\langle x\rangle = \frac{|x|+x}{2}$；$\alpha = \frac{\sigma_{b0}-\sigma_{c0}}{2\sigma_{b0}-\sigma_{c0}}$，$\sigma_{b0}$，$\sigma_{c0}$ 分别为双轴受压和单轴受压时的初始屈服应力；$\beta(\varepsilon^p) = \frac{\tilde{\sigma}_c(\varepsilon_c^p)}{\tilde{\sigma}_t(\varepsilon_t^p)}(1-\alpha)-(1+\alpha)$，$\tilde{\sigma}_c(\varepsilon_c^p)$、$\tilde{\sigma}_t(\varepsilon_t^p)$ 分别为有效抗压强度和抗拉强度。

由于混凝土材料抗拉强度远低于其抗压强度，材料的损伤主要是由拉应力超过抗拉强度引起的。因此，本文仅考虑混凝土动态拉伸损伤的演化规律。对于单轴应力状态，选取的混凝土单轴应力—应变关系表达式为

$$\sigma(\varepsilon_t) = \begin{cases} E_0\varepsilon_t & , \quad \varepsilon_t \leqslant \varepsilon_0 \\ f_{t0}e^{-a(\varepsilon_t-\varepsilon_0)} & , \quad \varepsilon_t > \varepsilon_0 \end{cases} \tag{9}$$

式中：f_{t0} 为混凝土初始抗拉强度；ε_0 为混凝土开裂时的应变；a 为控制下降段的软化系数，与混凝土的断裂能 G_f 有关。

为了避免网格尺寸影响分析结果的唯一性，应力—应变关系曲线下降段的软化系数应满足

$$a = \frac{f_{t0} l_t}{G_f} \tag{10}$$

式中：l_t 为断裂带宽度的特征长度（对于平面单元，取积分点区域面积的平方根；对于实体单元，取积分点区域体积的立方根）。

由于在地震荷载作用下，材料在受拉损伤后再反向受压会导致其刚度的恢复，因此本文引入一个以有效主应力为自变量的权重因子 $r(\bar{\sigma})$ 体现弹模恢复的"单边效应"。权重因子定义为

$$r(\bar{\sigma}) = \frac{\sum_{i=1}^{3} [\bar{\sigma}_i]}{\sum_{i=1}^{3} |\bar{\sigma}_i|}$$

由式(5)、式(9)、式(10)可以得到复杂应力状态下混凝土的损伤变量：

$$D = r(\bar{\sigma})\left(1 - \frac{\varepsilon_0}{\varepsilon_1 - \varepsilon_{t\max}^{p}} e^{-a(\varepsilon_1 - \varepsilon_0)}\right) \tag{11}$$

式中：ε_1 为最大拉应变；$\varepsilon_{t\max}^{p}$ 为塑性应变的最大主值。

2.3　拱坝横缝及坝基岩体软弱结构面的模拟

在地震作用下，拱坝横缝及坝基岩体软弱结构面会呈现出往复开合、滑动的动力接触非线性效应。本文在对拱坝进行非线性地震反应分析时，采用约束函数接触算法[6-8]对拱坝的横缝及坝基岩体软弱结构面进行模拟。

3　强震下拱坝动力损伤过程分析

3.1　有限元网格划分

基于我国沙牌高拱坝工程，对其在强震作用下的动力损伤过程进行了分析。大坝坝顶高程 1867.5 m，最大坝高 130 m，大坝正常蓄水位为 1 866 m，死水位高为 1 825 m，淤沙高程为 1 796 m，淤沙浮容重为 500 kg/m^3。对拱坝系统进行整体三维有限元离散，考虑坝体横缝及诱导缝的影响，其中诱导缝按横缝进行模拟。大坝整体有限元网格和坝体及左、右岸坝肩滑动块体分别如图 1、图 2 所示。

坝体混凝土材料参数取为：弹性模量 $E = 18$ GPa，泊松比 $\mu = 0.167$，密度 $\rho = 2\ 400$ kg/m^3，线膨胀系数 $\alpha = 1.0 \times 10^{-5}$ /℃，横缝间的摩擦系数 $f = 0.7$，抗拉强度 $f_t = 2.5$ MPa，抗压强度 $f_c = 25$ MPa，断裂能 $G_f = 325$ N/m。根据《水工建筑物抗震设计规范》（DL 5073—2000），在地震作用下坝体动态弹性模量和强度较静态弹性模量和强度提高 30%。坝基岩体采用 Mohr-Coulomb 材料模型模拟，材料参数及强度指标如表 1 所示，左右坝肩各组潜在滑移面综合强度指标如表 2 所示。

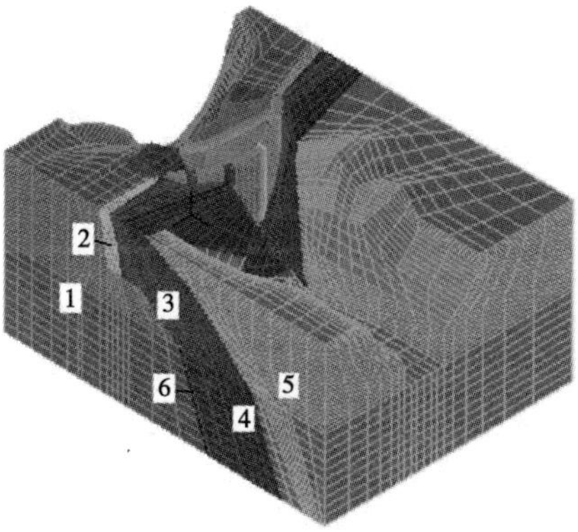

图1　大坝整体有限元网格

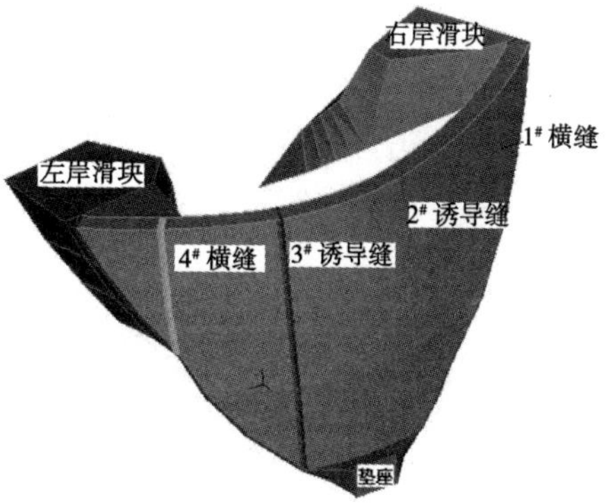

图2　坝体及左右岸坝肩滑块

表1　坝基岩体力学参数

岩体序号	弹性模 E (GPa)	泊松比 μ	摩擦系数 f	黏聚力 c (MPa)	密度 ρ (kg/m³)
1	17.5	0.23	1.2	1.2	2 700
2	11.0	0.25	1.0	1.0	2 700
3	9.0	0.26	0.72	0.20	2 700
4	5.0	0.30	0.67	0.20	2 600
5	9.0	0.27	0.65	0.20	2 600
6	5.0	0.31	0.60	0.30	2 700

表2　各组潜在滑移面综合强度指标

边界结构面	抗剪断强度		抗剪强度
	摩擦系数 f'	黏聚力 c(MPa)	摩擦系数 f
左岸侧向切割面	0.99	0.86	0.74
左岸底滑面	1.11	1.10	0.80
右岸侧向切割面	1.00	0.88	0.75
右岸底滑面	1.12	1.13	0.82

计算荷载组合为:正常蓄水位+淤沙+坝体自重+设计温降+地震荷载。本文采用 Rayleigh 阻尼来表征系统的总阻尼矩阵,阻尼比 $\zeta = 0.05$ 。动水压力按 Westergaard 附加质量公式进行模拟。

3.2　地震加速时程曲线

坝址基岩水平加速度峰值为4.52 m/s^2，三条不同相位的地震时程曲线分别作为三个方向输入的地震动，竖向加速度取水平向的2/3。加速度时程曲线如图3所示。计算时间步长为0.02 s，历时43 s。

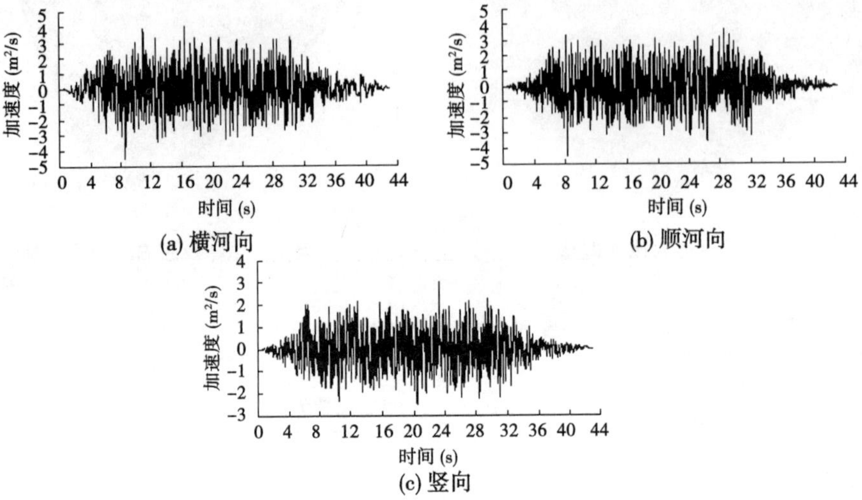

(a) 横河向　(b) 顺河向　(c) 竖向

图3　加速度时程曲线

3.3　计算成果分析

基于上述有限元模型和材料参数，计算了拱坝在强震作用下的非线性地震响应。图4给出了拱坝坝体在不同时刻的损伤分布情况。在 $t=3.72$ s时，上游坝面中下部拱端及垫座首先发生损伤；随着地震时程的发展，坝体的损伤程度不断加剧，在 $t=8.44$ s时，上游坝面拱端的损伤范围已由中下部扩展至上部；到 $t=9.54$ s时，坝体与垫座交界处的上游侧出现了一定范围的损伤，此时下游坝面中部也出现了一定程度的损伤；此后，坝体损伤的区域不断增加，损伤程度更加严重；到地震结束（$t=43$ s）时，下游坝面中部出现了较大的损伤区域，但坝体并未出现大范围的贯穿性损伤区域，说明坝体的整体性保持完好。

4　结　论

本文考虑诸多复杂因素交互影响，如无限地基辐射阻尼效应、坝体横缝动力接触非线性、坝体混凝土的损伤、坝基岩体的材料非线性等，对我国沙牌高拱坝在强震作用下的动力损伤过程进行了分析。计算表明，在强震作用下，拱坝震后上游拱端、下游坝面中部出现了较大的损伤区域，但坝体并未出现大范围的贯穿性损伤区域，说明大坝整体性保持完好。

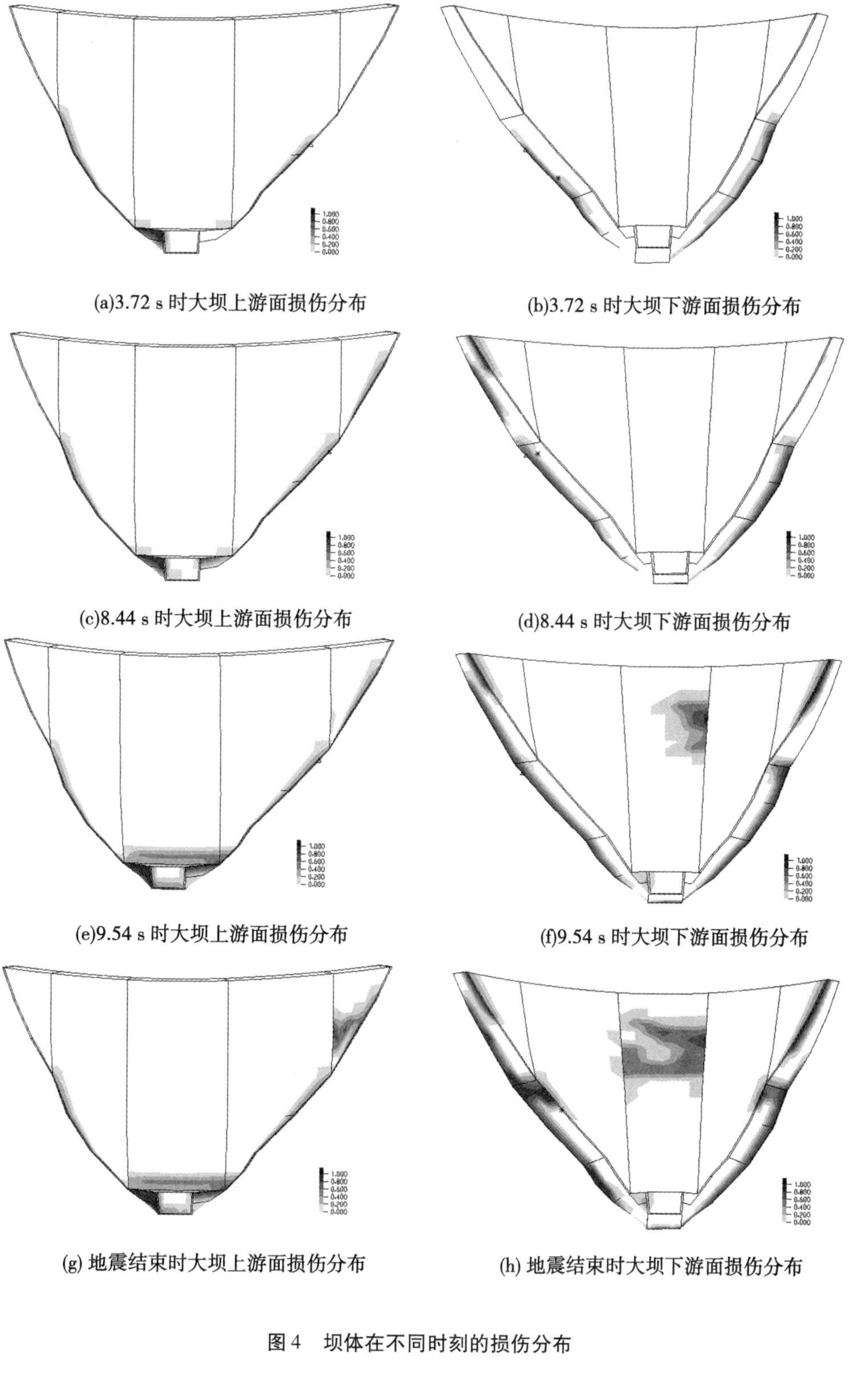

(a)3.72 s 时大坝上游面损伤分布　(b)3.72 s 时大坝下游面损伤分布

(c)8.44 s 时大坝上游面损伤分布　(d)8.44 s 时大坝下游面损伤分布

(e)9.54 s 时大坝上游面损伤分布　(f)9.54 s 时大坝下游面损伤分布

(g) 地震结束时大坝上游面损伤分布　(h) 地震结束时大坝下游面损伤分布

图 4　坝体在不同时刻的损伤分布

参考文献

[1] 刘晶波，谷音，杜义欣. 一致粘弹性人工边界及粘弹性边界单元[J]. 岩土工程学报，2006，28(9)：1070-1075.

[2] 谷音，刘晶波，杜义欣. 三维一致粘弹性人工边界及等效粘弹性边界单元[J]. 工程力学，2007，24(12)：31-37.

[3] 杜修力，赵密. 基于黏弹性边界的拱坝地震反应分析方法[J]. 水利学报，2006，37(9)：1063-1069.

[4] J. Lubliner, J. Oliver, S. Oller, E. Onate. A plastic-damage model for concrete[J]. International Journal of Solids and Structures, 1989, 25(3): 299-326.

[5] Lee J, Fenves L G. Plastic-damage model for cyclic loading of concrete structures[J]. Journal of Engineering Mechanics, 1998, 124(8): 892-900.

[6] Bathe K J, Chaudhary A. A solution method for planar and axisymmetric contact problems[J]. Int. J. Num. Meth. in Eng., 1985, 21:65-88.

[7] Eterovic A, Bathe K J. On the treatment of inequality constraints arising from contact conditions in finite element analysis[J]. Computers and Structures, 1991, 40(2): 203-209.

[8] Bathe K J, Bouzinov PA. On the constraint function method for contact problems[J]. Computers and Structures, 1997, 64(5): 1069-1085.

柬埔寨额勒赛工程区气候地质特点与面板堆石坝施工中重要问题的处理

乐建华

（中国华电额勒赛下游水电项目（柬埔寨）有限公司　北京　100031）

摘要：柬埔寨额勒赛工程地处柬埔寨西南濒临泰国边境处，距金边约 350 km，工程区降水量约 5 000 mm/年，工程区均为水平层状结构岩层，以砂岩与泥岩互层为主。额勒赛工程上电站大坝高 125 m，为混凝土面板堆石坝。在大坝施工过程中遇到降雨强度大、雨季填筑易产生类泥夹层、帷幕施工困难多等问题。通过参建各方共同努力，施工期大坝最大沉降约为 40 cm，达到中国同类型大坝中上水平。同时，工程施工工期约为 29 个月，比柬埔寨同类工程提前 14 个月以上，与中国同类工程相比也毫不逊色，甚至略有提前。对中国规范在中南半岛沿海强降雨区域适用性作了初步探讨，就降雨量与工程计划工期、雨强与排水标准、平层岩体结构中渗透系数等值线存在形式等提出存在问题，并给出解决建议。

关键词：柬埔寨额勒赛　面板堆石坝　气候　地质　中国规范　适用性

1　概　述

额勒赛下游水电站位于柬埔寨王国西南部沿海毗邻泰国的戈公（Koh Kong）省北部的额勒赛河上，距金边公路里程约 350 km（见图 1）。额勒赛下游水电站分上、下两级，主要任务是发电。电站总装机 338 MW（上电站 206 MW，下电站 102 MW），是中国华电集团公司在柬埔寨投资兴建的第一个电源项目，也是柬埔寨王国目前建设规模最大的水电项目。项目多年平均发电量 11.99 亿 kWh，采用 BOT（建设—运营—移交）方式投资开发，施工准备期 1 年，建设期 4 年，运营期 30 年。

额勒赛下游水电站上电站大坝为面板堆石坝，坝顶高程 266.00 m，坝顶长 428.8 m，最大坝高 125.00 m，坝顶宽度 8.7 m。上下游坝坡均为 1∶1.4，上游坝坡采用钢筋混凝土面板防渗，面板厚度从 0.3 m 渐变到 0.65 m。面板与趾板间设周边缝，面板设垂直缝。堆石坝设计填筑总量约 340 万 m^3（压实方），坝体填筑料岩性主要为砂岩。面板与趾板混凝土量 4.1 万 m^3，帷幕灌浆工程量 31 500 m。

2　额勒赛工程区气候特点

2.1　流域气候基本情况

额勒赛河发源于柬埔寨西南部戈公省东北部海拔 600 ~ 1 200 m 的豆蔻山脉南坡，流域面积约 1 558 km^2，其中上电站坝址控制集雨面积 1 481 km^2。工程区属热带季风气候，降水充沛，干、湿季节分明，旱季从 11 月至翌年 4 月，雨季从 5 月到 10 月，超过 80% 的降雨量发生在雨季。雨季来水量约占全年来水量的 93.9%，11 月以后，降水量也随之减少，流域内进

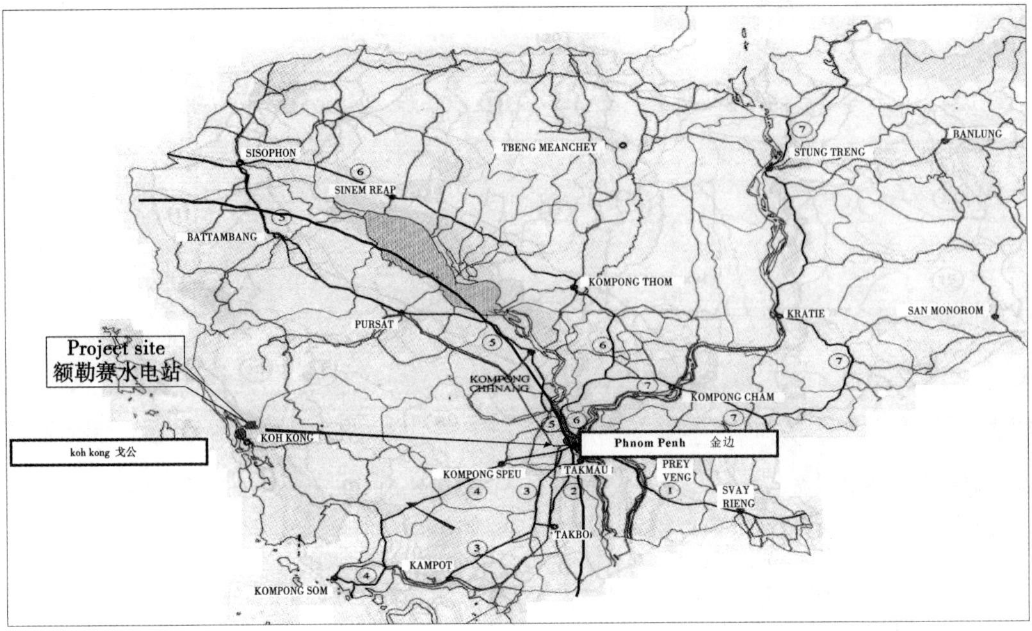

图 1　额勒赛水电站地理位置示意图

入枯水期，枯水期来水量约占全年来水量的 6.1%，年内分配极不均匀。额勒赛下游水电站水情自动测报系统站网布置见图 2。

2.2　流域气候特点

每年柬历新年(4 月 14 ~16 日)后，工程区进入雨季。气候逐渐由亚洲季风(西南吹向东北)控制，大量泰国湾暖湿气流在季风作用下源源不断从海洋吹向流域，在流域内沿山坡爬升时，其中水汽即凝结成雨水降下。每年 5 ~6 月降雨一般为直接由季风导致的集中降雨;7 ~10 月的降雨除季风影响外，还增加了中国南海及其以东太平洋台风影响。当中国东南或南方海面上台风系统形成时，由于台风旋转方向与当地季风方向一致，往往加速泰国湾暖湿气流向流域的补给，致流域出现连续较长时间的强降雨，2011 年夏季席卷泰国全国的洪水即由台风“洛坦”与季风组合影响，当时亦在本流域形成连续强降雨。雨季连续降雨短则 5 ~7 d，长则十几天、二十几天，是流域雨季的主要天气过程。连续强降雨后一般会出现间隔一周到 10 d 左右的晴朗天气，期间伴有阵雨。柬历送水节(11 月中旬至下旬，每年不同)后，工程区逐渐转由北方冷空气控制(主风向为北风)，此时冷空气经长途跋涉虽已属强弩之末，但仍可将流域内的水汽赶入大海，并限制泰国湾洋面上蒸发的水汽进入流域，由此形成长达半年的旱季，期间可能偶有降水，但均属局部气候，基本上不能形成影响流域径流的降雨，但对工程施工可能造成一定影响。

据观测，流域降雨从入海口到分水岭呈明显衰减态势，越接近海边，其衰减梯度越大，越接近分水岭，其衰减梯度越小。近海年降雨衰减梯度接近 150 mm/km。

图2　额勒赛下游水电站水情自动测报系统站网布置

表1　额勒赛工程区建设期各季度雨量一览表　（单位：mm）

年份	季度				
	1	2	3	4	合计
2011	331	1 257	3 190	482	5 260
2012	181	1 783	1 796	267	4 027
2013	130	1 055	2 788	585	4 558

3　额勒赛工程区地质特点

3.1　地质构造

柬埔寨位于相对稳定的中南半岛的中部，地跨东印支板块（Ⅰ3）、毛淡棉—金边移动板块（Ⅱ2）两个二级大地构造单元。工程区位于毛淡棉—金边移动板块（Ⅱ2）中的豆蔻山—大海西印支褶皱带（Ⅱ24）三级大地构造单元中的菩萨中生代坳陷（Ⅱ24－2）四级构造单元内。水电站附近25 km范围内无区域性断裂通过，坝址5 km范围内构造不发育。工程区内碎屑岩岩层倾角平缓，节理不发育，岩体较完整，褶皱和断裂活动不强烈。本区晚近期以来，地壳处于缓慢抬升、广遭剥蚀、构造活动相对微弱的稳定时期。工程区实拍图见图3。

图3　工程区地质构造实拍图

3.2　地层岩性

工程区地层岩性较单一，岩层近水平，岩性主要为侏罗系中统石英砂岩、紫红色泥岩、泥质砂岩等。以砂岩为主的砂岩岩组与以泥岩为主的泥岩岩组相间分布，层位相对较稳定，相邻泥岩层多为渐变过渡，泥岩砂岩间层面清晰，厚度10～45 m。

4　面板堆石坝施工中重要问题的处理

额勒赛下游水电项目上电站面板堆石坝施工中遭遇问题与当地气候、地质特点直接相关。

4.1　连续降雨对施工进度影响问题的处理

设计一枯月均强度28.3万 m^3/月，一汛与二枯月均强度14.1万 m^3/月。然而，由于准备工期过短，坝体开始填筑时，主要上坝道路未按招标文件要求完成混凝土路面，加上当年雨季提前，一枯实际月均强度仅10万 m^3/月，一汛实际月均强度仅5万 m^3/月，坝体填筑进度受到严重制约。

为解决此问题，我们采取了提高上游围堰防洪标准（由枯期10年一遇提高到全年10年一遇）、全面硬化上坝主干道、硬化场内主要上坝施工道路、选择近坝备用料场等措施，提高大坝填筑效率，在二枯时填筑月强度达到22万 m^3，二汛时填筑月强度达到15万 m^3，大大促进了大坝填筑进度，到三枯初期基本完成大坝填筑，抢回了滞后的工期。

4.2　坝体填筑遭遇问题的处理

料场（实采部分）以灰白色石英砂岩为主，间有紫红色－淡紫红色泥质砂岩，偶有紫红色粉砂岩、泥岩。其中，砂岩软化系数为0.5～0.77。大坝填筑碾压过程中，碾压层面出现粉细砂层，在雨季施工时该粉细砂层形成5～10 cm厚的类泥状物，经室内试验，其最不利渗透系数均值为 1.07×10^{-4} cm/s，仅为设计对主堆石区要求渗透系数的万分之一。为确保大坝渗透系数满足设计要求，在实际施工中采取了用推土机现场刮除，收集后清运出场的办法。同时，建设单位委托科研单位就其中最不利组合进行三维模拟计算，以确认其对大坝渗透稳定的影响。

科研单位经研究分析后得出结论：存在泥质夹层条件下，（额勒赛项目上电站）大坝竖向渗透性能满足坝坡稳定要求，蓄水期及运行期坝体稳定可以得到保证。

表2　大坝填筑料设计要求与检验结果

<table>
<tr><th>填筑料种类</th><th>干密度(g/cm³)</th><th>孔隙率(%)</th><th>渗透系数(cm/s)</th><th>说明</th></tr>
<tr><td>特殊垫层(2B)</td><td>2.20</td><td>17.1</td><td>1.23×10^{-3}</td><td rowspan="5">平均值</td></tr>
<tr><td>过渡区(3A)</td><td>2.19</td><td>17.6</td><td>4.6×10^{-4}</td></tr>
<tr><td>垫层区(2A)</td><td>2.23</td><td>16.3</td><td>9.2×10^{-4}</td></tr>
<tr><td>主堆石区(3B)</td><td>2.17</td><td>18.0</td><td>3.23×10^{-1}</td></tr>
<tr><td>次堆石区(3C)</td><td>2.08</td><td>21.8</td><td>8.1×10^{-2}</td></tr>
<tr><td>垫层区(2A)</td><td>≥2.19</td><td>≤18</td><td rowspan="3">$A\times10^{-3}\sim10^{-4}$</td><td rowspan="5">设计要求</td></tr>
<tr><td>过渡区(3A)</td><td>≥2.14</td><td>≤20</td></tr>
<tr><td>特殊垫层(2B)</td><td>≥2.19</td><td>≤18</td></tr>
<tr><td>主堆石区(3B)</td><td>≥2.11</td><td>≤21</td><td rowspan="2">$>10^{-2}$</td></tr>
<tr><td>次堆石区(3C)</td><td>≥2.06</td><td>≤23</td></tr>
</table>

4.3　防渗帷幕施工遭遇问题的处理

设计关于两岸趾板基础岩体渗透系数描述：左岸高 $q<3$ Lu，埋深一般15～30 m，中低高程一般约25 m，与岩体弱风化下限基本相当；右岸高高程 $q<3$ Lu，埋深35～45 m，中低高程一般20～35 m，与岩体弱风化下限基本相当。据此，趾板防渗帷幕设计方案为：EL.200.00 m以下为双排帷幕（左右岸同），排距2 m，孔距3 m，主帷幕孔深约40 m，副帷幕孔深约20 m，呈梅花型布置；EL.200.00 m以上为单排帷幕（左右岸同），孔距2 m，帷幕孔深约40 m。

然而，实际灌浆结果表明，右岸存在EL.150.00～EL.160.00、EL.185.00～EL.195.00、EL.205.00～EL.215.00三个相对异常带，表现为各帷幕孔在上述岩层段进行简易压水与灌浆时经常出现无法起压、无回水（浆）现象，部分孔段出现待凝、复灌达10余次情况，最高复灌次数达到15次。之后，经现场各方讨论，确定对高高程帷幕灌浆孔深度统一布设到EL.185.00，对低高程帷幕灌浆孔深度统一布设到EL.145.00，并采用适当降低灌浆压力、无回浆孔段掺沙、适当延长屏浆与待凝时间等措施，有效推进了灌浆进度，保证了帷幕灌浆效果。

水库蓄水情况表明，帷幕灌浆效果达到预期目的。

5　中国规范在中南半岛沿海强降雨区域适用性初步探讨

在处理大坝施工中重要问题的过程中，我们对中国规范的使用边界条件作了一定研究，现就其在中南半岛沿海强降雨区域适用性作针对性初步探讨。

5.1　降雨量与工程计划工期

工程区近三年年均雨量为4 615 mm，最大值达5 260 mm。相比之下，中国除台湾与西藏局部地区外,年降水量的最大的地方(广西防城港),其均值也不超过2 650 mm(据防城气象信息网公开数据),仅占工程区年均降雨的57.4%。

工程区5~10月雨量超过3 500 mm,占全年总量的80%,给现场施工造成了严重困扰。如此恶劣条件,若用基于中国气候条件制定的施工规范来安排工期计划,则可能出现较大偏差——雨季有效施工时间短,雨季工作量被迫大幅缩减。

因此,采用中国施工规范计算柬沿海强降雨区域项目施工工期时,应充分考虑雨季降雨影响因素。根据额勒赛项目施工经验,不考虑道路改善因素(如采用混凝土路面),当地雨季工作量只能按国内汛期的1/4~1/3计。

5.2 雨强与排水标准

额勒赛工程区雨季降雨量大、强度高,实测雨强极值达72 mm/h,每年均有实测值超过60 mm/h情况。高强度连续降雨对建筑物、道路等的排水设施是严峻考验。额勒赛工区内道路按四级设计,根据《公路排水设计规范》(JTGTD 33—2012),则其设计雨强即便套用国内最高标准也仅46.44 mm/h(3年一遇),远不能满足现场排水需求。

建筑排水也存在类似问题,厂房屋面按重要公共建筑设计,根据《建筑给水排水设计规范》(GB 50015—2009),其设计雨强即便套用国内最高标准也仅63.18 mm/h(10年一遇),亦不能满足日常降雨排水要求。

因此,中国排水标准欲在中南半岛沿海强降雨区域实施,须进行针对性调整。建议设置区域调整系数,根据近年观测,其系数选择一般项目可按1.5~2.0选择,重要项目可按2.0~2.5选择。

5.3 平层岩体结构中渗透系数等值线存在形式

根据《水利水电工程地质勘察规范》(GB 50487—2008),针对坝址区应调查岩土的渗透性、相对隔水层的埋深、厚度和连续性,并提供坝基(防渗线)渗透剖面图。即根据岩土的渗透性画出5 Lu、3 Lu、1 Lu线等,并作为水工防渗设计的依据。也就是说,数十年的中国水电建设经验表明,各坝址区应存在铅直方向连续的渗透系数等值线,且一般随着埋深加大,渗透系数降低。

然而,额勒赛上电站趾板帷幕灌浆结果表明,该经验并不适用于额勒赛工程区这类平层结构岩体。前述灌浆情况表明,坝基岩体存在明显的异常透水带。究其原因,本工程区岩体主要为平层结构,当砂岩与泥岩分别沉积成形后,由于两种岩体组分上的差异,在成岩过程中的两者收缩比是不同的,这就导致泥岩与砂岩接触面出现不连续接触情况;加之当地褶皱和断裂活动不强烈,则各接触面间缝隙几乎得不到充填,由此形成了连通性很好的渗漏通道。宏观上这些岩体就表现为不透水(泥岩)—强透水(接触面)—弱透水(砂岩)互层。因此,平层岩体结构中渗透系数等值线在铅直方向是不连续的,即可能有一条近水平的3lu线(泥岩),其下方可能是一条近水平的30 Lu线(接触面),紧接着,可能是一条近水平的10 Lu线(砂岩)……

因此,在平层岩体结构中,不能盲目套用中国工程的经验,不要试图找出铅直方向连续的渗透系数等值线,更不能以此作为水工防渗设计依据。建议根据地勘资料,结合工程实际,选择合理的防渗设计方案。

6　工程实施效果

额勒赛项目在大坝施工过程中遇到降雨强度大、雨季填筑易产生类泥夹层、帷幕施工困难多等问题。通过参建各方共同努力，施工期大坝最大沉降约为 40 cm，达到中国同类型大坝中上水平。工程施工工期约为 29 个月，比柬埔寨同类工程提前 14 个月以上，比中国同类工程也毫不逊色，甚至略有提前。项目两个电站 4 台机组于 2013 年 9～12 月陆续发电，比 BOT 协议约定工期提前 9 个月，在创造了良好的经济效益同时，赢得柬方各界的广泛赞誉，树立了中国企业良好正面形象。

7　结　语

柬埔寨额勒赛工程区气候、地质特点与中国绝大部分地区差异较大。通过解决额勒赛项目上电站面板堆石坝施工中的重要问题，对中国规范在中南半岛沿海强降雨区域适用性进行了初步探讨。就降雨量与工程计划工期，提出适当压缩雨季工作量，避免工期安排过紧；就雨强与排水标准，提出设置区域调整系数，解决排水标准不适用问题；就平层岩体结构中渗透系数等值线存在形式，提出平层岩体结构中渗透系数等值线在铅直方向是不连续的，并建议避免陷入"寻找铅直方向连续渗透系数等值线"误区，应根据地勘资料结合工程实际，寻求防渗解决方案。

参考文献

[1] 柬埔寨额勒赛下游水电站可行性研究补充报告[R]. 中国水电顾问集团北京勘测设计研究院.

[2] 中华人民共和国交通部. JTGT_D33—2012 公路排水设计规范[S]. 北京：中国人民交通出版社，2012.

[3] 中华人民共和国住房和城乡建设部. GB 50487—2008 水利水电工程地质勘察规范[S]. 北京：中国计划出版社，2009.

[4] 中华人民共和国住房和城乡建设部. GB 50015—2009 建筑给水排水设计规范》[S]. 北京：中国建筑工业出版社，2009.

沿海地区水库波浪爬高公式探讨

施　征[1,2]　陈焕宝[1,2]

(1. 浙江省水利河口研究院　浙江　杭州　310020;
2. 浙江省水利防灾减灾重点实验室　浙江　杭州　310020)

摘要:水库波浪爬高计算方法很多,但不同公式计算结果相差较大。本文分析了风速对淡溪水库波浪爬高的影响,且与实际情况进行了对比分析。结果表明鹤地水库公式更加适用于淡溪水库的坝高设计。

关键词:淡溪水库　波浪爬高　鹤地水库公式

1　引　言

大坝设计标准中表达高度指标是坝顶高程[1]。根据现有实践经验和理论研究来看,大坝坝顶高程等于水库静水位与坝顶安全超高相加所得,而坝顶安全超高为最大风雍水面高度、波浪在坝坡上的爬高和安全加高三者之和。我国水库众多,由于面积大、周边边界空旷地带的水库吹程远,极易形成大的风浪,如三峡库区的浪高可高达 1 m。因此,在确定堤坝顶高程时,风浪是必须考虑的重要因素[2]。

淡溪水库位于浙江省乐清市淡溪上,淡溪发源于乐清与永嘉交界的北雁荡山麓,流经乐清市虹桥镇,汇入柳虹平原河网,最后流入乐清湾海域,是一条独流入海的溪流。淡溪水库坝址位于淡溪镇石龙头村上游(东经 120°59′,北纬 28°15′),距乐成镇 18 km,距虹桥镇 5 km。

淡溪水库工程除险加固初步设计,采用设计洪水标准为 50 年一遇,校核洪水标准为 2000 年一遇。水库大坝原为黏土斜墙砂壳坝,坝基为黏土齿槽辅以短铺盖防渗。除险加固项目在上游坝坡设悬挂式混凝土防渗墙与复合土工膜防渗。现大坝坝高 33.1 m,坝顶高程 49.96 m,坝顶长 442 m,坝顶宽 5 ~6 m。

波浪爬高计算的常用方法有蒲田试验站公式、鹤地公式、官厅公式、安得烈扬诺夫公式和《堤防设计规范》推荐公式等。土石坝设计通常参照《碾压式土石坝设计规范》(SL 274—2001)进行波浪计算,其中对于波浪和护坡的计算有如下规定:

波浪的平均波高和平均波周期宜采用蒲田试验站公式计算,即

$$\frac{gh_m}{W^2} = 0.13\mathrm{th}\left[0.7\left(\frac{gH_m}{W^2}\right)^{0.7}\right]\mathrm{th}\left\{\frac{0.0018\left(\frac{gD}{W^2}\right)^{0.45}}{0.13\mathrm{th}\left[0.7\left(\frac{gH_m}{W^2}\right)^{0.7}\right]}\right\}$$

式中:h_m—平均波高,m;W—计算风速, m/s,设计采用多年平均年最大风速的 1.5 倍,校核

采用多年平均年最大风速；D—风区长度，m；H_m— 水域的平均水深，m；g—重力加速度，9.81 m/s^2。

对于丘陵、平原地区水库，当 $W<26.5$ m / s、$D<7\ 500$ m 时，波浪的波高和平均波长可采用鹤地公式计算，即

$$\frac{gh_{2\%}}{W^2} = 0.006\ 25W^{1/6}\left(\frac{gD}{W^2}\right)^{1/3}$$

$$h_{2\%} = 2.23 \times h_m$$

式中　$h_{2\%}$——累积频率为2%的波高，m。

2　水库波浪爬高公式比选

影响波高的主要因素有风速、风向、风区长度、水深、水域形状、地形局部变化等情况。本文主要讨论风速变化对淡溪水库波浪爬高的影响。

淡溪水库计算风区长度为2 800 m，校核工况下水域平均水深约为16 m，计算风速取10、15、20、25、30 m/s，分别采用莆田试验站公式和鹤地公式计算平均波高，不同风速下计算结果对比见图1。

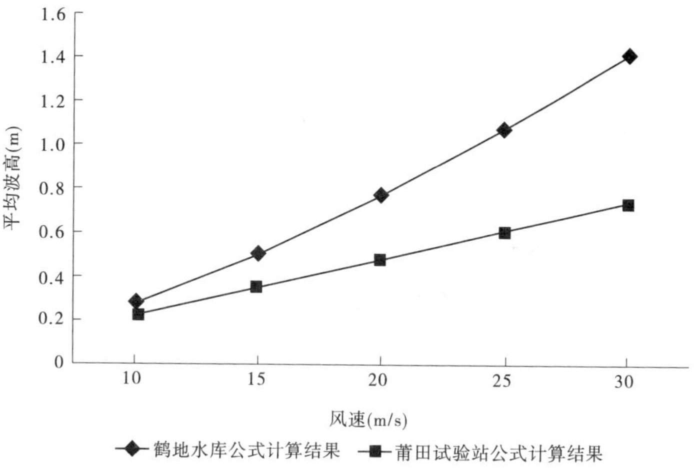

图1　平均波高计算结果对比图

由图1可知，对于淡溪水库而言，采用鹤地水库计算的平均波高对风速的变化更为敏感，即随着风速的变大，鹤地水库计算所得的平均波高增加较快。在所选取的计算风速下，鹤地水库公式计算结果皆大于莆田试验站计算结果。

按碾压式土石坝设计规范（SL 274—2001）规定，淡溪水库波浪的平均波高和平均波长的计算可采用莆田试验站公式或鹤地水库公式。

淡溪水库在高水位运行期间，特别是2012年11#“海葵”、2013年23#“菲特”台风时，发现水库波浪爬高较大，2013年上半年迎水坡马道附近又出现混凝土盖板被掀起。为比选波浪计算公式，使得计算结果更加符合实际情况，项目组通过实地调研、与水库一线员工深入交流、查阅相关资料等形式，获得淡溪水库“海葵”、“菲特”台风期间数据如表1所示：

表 1　淡溪水库“海葵”、“菲特”台风数据表

台风编号	日期	时间	水位(m)	最大风速(m/s)	风向	波浪爬高(m)
201323 菲特	10.7	22:14	40.02	21.6	WSW	3.5
201211 海葵	8.8	8:00	38.41	15.7	W	2.7

采用莆田试验站公式和鹤地水库公式分别计算“海葵”、“菲特”台风期间淡溪水库累积频率为 1% 的波浪爬高,并与实际波浪爬高做对比,见表 2。

表 2　不同公式计算淡溪水库“海葵”、“菲特”期间风浪爬高比较表

台风编号	水位(m)	莆田试验站公式计算累积频率为 1% 的波浪爬高(m)	鹤地水库公式计算累积频率为 1% 的波浪爬高(m)	实际波浪爬高(m)
201323 菲特	40.02	2.82	3.35	3.5
201211 海葵	38.41	1.97	2.23	2.7

从表 2 可以看出,鹤地水库公式的计算结果与实际情况更为接近,所以推荐淡溪水库采用鹤地水库公式进行计算。

3　结　论

通过计算对比发现,鹤地水库公式结算结果一般都大于莆田公式计算结果,而且它对风速的变化更为敏感;同时,由于淡溪水库处于沿海地区,受台风风暴影响较大,所以使用鹤地水库计算波浪爬高的结果更合理。因此,部分沿海地区水库更适宜用鹤地水库公式计算波浪爬高。

参考文献

[1] 向旭. 广东省海堤风浪爬高计算的探讨[J]. 水利规划,1997,1:45-48.
[2] 李建习,沈小雄,赵利平,周旦. 影响库区波浪爬高因素的分析[J]. 水电能源科学,2007,25(5):95-98.
[3] 郑殿祥,周荣星,金瑞清,等. 平原水库波浪爬高计算方法探讨[J]. 人民黄河,2009,3(31):86-87.

清水塘水电站二期过水围堰的水力学设计

陈稳科

（葛洲坝第六工程有限公司　云南　昆明　650000）

摘要:结合清水塘水电站2008年防洪度汛要求及二期工程建筑物的布置,对二期过水围堰进行了合理的设计,在保证二期工程顺利进行的同时,确保了2008年清水塘水电站安全度汛,为过水围堰的设计提供了借鉴。

关键词:过水围堰设计　清水塘水电站　水力学设计

1　概　述

清水塘水电站位于沅水干流中游的怀化市辰溪县境内,为湖南省境内沅水干流梯级开发的第六级电站。坝址位于辰溪县仙人湾乡清水塘村上游0.5 km处,是一个以发电为主,兼顾航运等综合利用的水电枢纽工程。

枢纽建筑物主要包括大坝、电站厂房、船闸和护岸工程四部分。水库正常蓄水位139 m,电站装机容量128 MW。大坝为河床溢流坝,坝顶高程154.5 m,最大坝高36.50 m。溢流坝位于河床中部,堰顶高程124.0 m,共设13孔20×15 m弧形闸门。船闸位于河床右岸,为Ⅳ级船闸,设计吨位500 t,闸室有效尺寸取100 m×12 m×3 m(长×宽×槛上水深)。

本工程采用分期导流,一期围堰左岸发电厂房及左岸5孔(1^#^~6^#^闸墩)溢流坝,由右岸主河道泄流及通航;二期围堰剩下的8孔溢流坝和船闸,由一期已建成的溢流坝5^#^孔泄流及通航,在二期围堰施工前形成厂房不过水小基坑以确保厂房继续上升。

施工进度情况:2007年8月底提供第一孔闸门安装;2007年10月中旬完成一期溢流坝段的全部土建施工;10月底完成厂房围堰的挡水条件;11月中旬完成5孔闸门的安装。11月初开始拆除一期上下游土石围堰;11月中旬开始二期围堰的截流戗堤进占;12月26日完成二期围堰截流, 2008年3月底完成二期围堰加高培厚防护等工作,具备挡水和过水条件。

2　设计标准

根据招标文件,受上游黄溪口镇水位的影响,二期围堰采用过水围堰,挡水标准为6 000 m^3/s,过水标准为全年5年一遇洪水,相应流量为13 500 m^3/s。

3　二期围堰的水力计算

(1)设计流量:$Q=6\ 000\ m^3/s$。

(2)行近流速。

河床宽度　$B=350$ m,

根据“坝址水位—流量关系表”计算得出下游水位高程为 133.12 m,河床按 124 m 高程计算得出河水深 $h=9.12$ m,则行近流速 $V_0=Q/Bh=1.88$(m/s)。

(3)束窄后仅有 5 孔过流 $B=nb=5\times20=100$(m),$V_c=Q/\varepsilon Bh=7.31$ m/s(ε 为侧收缩系统,取 0.9)。

(4)水位壅高。

根据公式 $Z=\dfrac{V_c^2}{\varphi^2 2g}-\dfrac{V_c^2}{2g}$ 可估算 $Z=3.59$ m。

(5)上下游水位及围堰高程。

下游水位:133.12 m。

下游围堰高程:133.12 + 0.5 = 133.62(m)(安全超高 0.5 m)。

上游水位:133.12 + 3.59 = 136.71(m)。

上游围堰高程:136.71 + 0.5 + 0.3 = 137.51(m)(安全超高 0.5 m,浪高 0.3 m)。

(6)戗堤设计高程。

计划在 2007 年 11 月 15 日 ~ 12 月 31 日进行围堰戗堤的进占并截流,故截流后的流量按前年 11 月 ~ 次年 1 月 5 年一遇的洪水标准,$Q=2\ 010\ m^3/s$。

采用上述同样的方法计算得出如下结果:

下游水位:130.02 m　　　　下游围堰戗堤高程 130.52 m

上游水位:130.92 m　　　　上游围堰戗堤高程 131.72 m

(7)上下游围堰断面图见图 1、图 2。

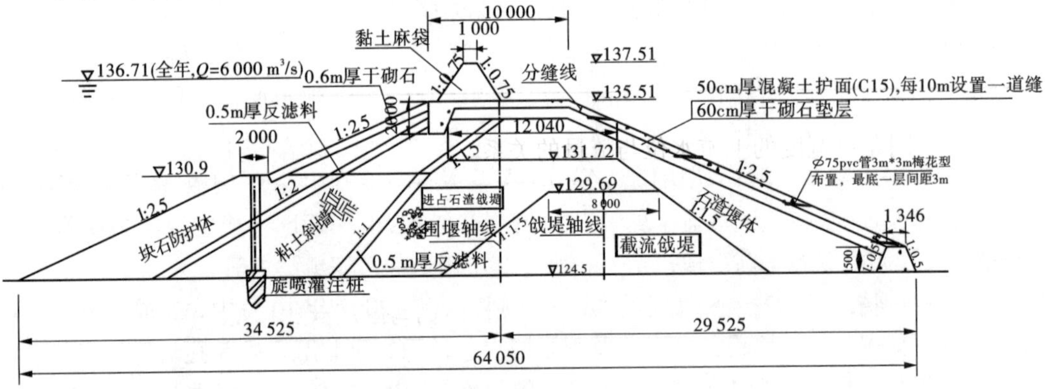

图 1　上游围堰断面图　(尺寸单位:mm)

4　截流设计水力计算

(1)截流流量的选择。

计划在 2007 年 12 月实施截流。截流时间较短,一般为 3 ~ 5 d,故取 12 月 5 年一遇的月平均流量 $Q=550\ m^3/s$。

(2)溢流坝 5 孔泄流量与上游水位的关系。

过流量断面按非淹没出流无坎宽顶堰计算

宽度:$B=nb=100$ m。

流量系数:$m=0.385$。

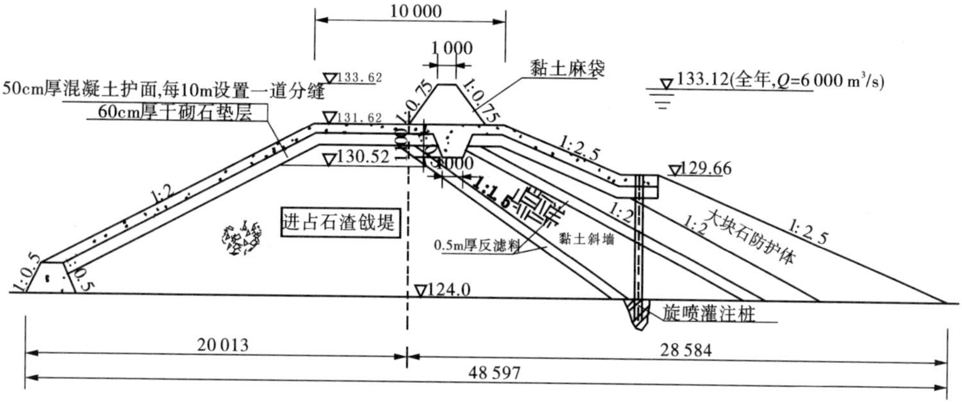

图2　下游围堰断面图　(尺寸单位:mm)

侧收缩系统:$\varepsilon = 1 - 0.2[(n-1)\xi_0 + \xi_k]\dfrac{H_0}{nb}$

查得边墩形 $\xi_k = 1.0$,闸形状系数 $\xi_0 = 0.45$。

则 $\varepsilon = 1 - 5.6 \times 10^{-3} H_0$

根据公式 $Q = \varepsilon m B\sqrt{2g}H_0^{3/2}$ 计算不同的上游水位时的5孔泄流量,见表1。

表1　上游水位($H_上$)与泄流量(Q_d)的关系

H_0(m)	0.5	1	1.5	2	2.5
$H_上(m) = H_0 - \dfrac{V_0^2}{2g}$	0.49	0.98	1.48	1.98	2.47
Q_d(m^3/s)	60.12	169.59	310.66	476.94	664.66

(3)不同龙口宽度的上游水位与流量的关系。

纵向混凝土围堰以右岸为主河道,平均河床底高程为▽ 124.5 m,一期工程施工段河床平均底高程为▽ 127.0 m,二者差值为2.5 m。

采用同样的方法计算各不同龙口宽度时的上游水位与流量的关系,见表2。

表2　不同龙口宽度时的上游水位($H_上$)与泄流量(Q_d)关系

$H_上 = H_0 - \dfrac{\alpha V_0^2}{2g}$(m)	0.5	1	1.5	2	2.5	2.99	3.49	3.98	4.48	4.97
H_0(m) / Q_g(m^3/s) / B(m)	0.5	1	1.5	2	2.5	3	3.5	4	4.5	5
100	60.1	176.9	311	477	665					
90	54.09	159.21	279.9	429.3	598.5					
80	48.08	141.52	248.8	381.6	533	696.8				
70	42.07	123.83	217.7	333.9	466.5	609.7				
60	36.06	106.14	186.6	286.2	400	522.6	667			
50	30.05	88.45	155.5	238.5	332.5	435.5	547.5	667		

续表 2

$H_上 = H_0 - \dfrac{\alpha V_0^2}{2g}$ (m)	0.5	1	1.5	2	2.5	2.99	3.49	3.98	4.48	4.97
H_0(m) / Q_g(m^3/s) / B(m)	0.5	1	1.5	2	2.5	3	3.5	4	4.5	5
40	24.04	70.76	124.4	190.8	266	348.4	438	533.6	634.8	
30	18.04	53.07	93.2	143.08	199.4	261.37	328.5	400.2	476.1	555.9
20	12.02	35.38	62.2	95.4	133	174.2	219	266.8	317.4	370.6
10	6.01	17.69	31.1	47.7	66.5	87.1	109.5	133.4	158.7	185.3
5	3.01	8.85	15.55	23..85	33.25	43.55	54.75	66.7	79.35	92.65

(4)根据 3、4 两项计算成果绘制综合泄水曲线，根据该图可计算出不同宽度时龙口的泄流量及上游水位，见图 3。

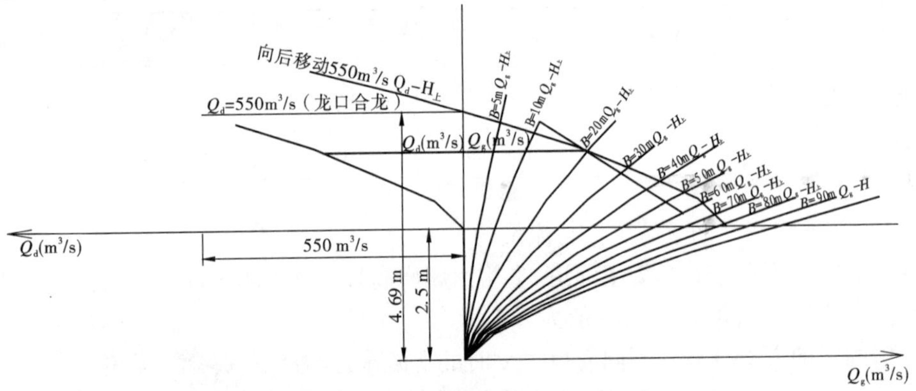

图 3　泄水曲线图

(5)不同龙口宽度的水力特性见表 3。

从综合泄水曲线图中可以看出，当龙口宽度为 90 m、100 m 时，龙口满足 550 m^3/s 的泄流量，一期闸坝 5 孔还不会过水。在龙口宽度为 40 ~ 80 m，龙口泄流量与上游水位关系曲线的斜率 $K = \tan\alpha < 1$，故上游围堰截流的宽度定为 30 m。当龙口合龙后，上游水深为 4.69 m，上游河床按▽ 0.69 m(加安全高 0.5 m)，为满足双车道同时进占，则顶宽设计为 8 m，上下游边坡按 1∶1.5 计算得，直径为 1 ~ 1.5 m 预制混凝土块 2 500 m^3。

下游围堰迟于上游围堰截流，流速较小，按▽ 129.19 m 高程进占，直至截流。

表 3　不同龙口宽度的水力特性

龙口宽 B (m)	上游水位 $H_{上}$ (m)	龙口流量 Q_g (m^3/s)	龙口水深 $H_p=\sqrt[3]{\frac{Q_g^2}{gb^2}}$ (m)	龙口平均单宽流量 $\delta=\frac{Q_g}{B}$ ($m^3/(s.m)$)	龙口平均流速 $V=\frac{\delta}{hp}$ (m/s)	块石直径 $V=k\sqrt{2g\frac{r_1-r}{2}D}$ (m)
80	2.54	545.44	1.68	6.82	4.06	0.86
70	2.71	525.32	1.79	7.50	4.19	0.92
60	2.91	498.67	1.92	8.31	4.33	0.98
50	3.12	462.13	2.06	9.24	4.49	1.06
40	3.34	409.83	2.20	10.25	4.65	1.14
30	3.60	344.04	2.38	11.47	4.82	1.22
20	3.92	259.49	2.58	12.97	5.02	1.33
10	4.28	147.37	2.81	14.74	5.24	1.44
5	4.48	78.9	2.94	15.78	5.37	1.51
0	4.69	—	—	—	—	—

注:①该计算过程中,龙口过水断面全部按矩形断面,而实际过水断面为梯形与实际情况略有偏大。

②表中 V_1 为块石容重,取 2.2t/m^3,V 为水的容重,K 为块石在水中的稳定系数,取 0.9。

③当龙口缩短到 10 ~ 5 m 时,过水断面将会变成三角断面,龙口水深、龙口流量、单宽流量等将会迅速减小。

5　围堰的布置

5.1　上游围堰

上游围堰靠右岸端点为现有冲沟的位置具体坐标为(-340.5,136.5)。向下游约倾18°与纵向混凝土围堰相连,坐标为(-121.5,65.5)。上下游均为1:2.5的坡面,上游在高程▽130.9 m设置宽2 m的马道。土石围堰堰顶高程▽135.51 m,宽10 m,堰顶设置2 m高的黏土麻袋为自溃堰体,土石围堰堰顶及下游坡面浇筑50 cm C15混凝土。上下游坡脚为块石防护体。围堰防渗体采用黏土斜墙防渗,底宽为8.5 m。

5.2　下游围堰

下游围堰为保证主体建筑物在干地施工,选择右岸端点为右岸护坡圆弧起点的位置,具体坐标为(-343.25,-319.82),向上游方向倾斜约46.32°,与纵向混凝土围堰相连,桩号为(-121.5,-87.6)。迎水面坡度为1:2.5,在▽129.66 m高程设置宽2 m的马道。背水面为1:2.0坡度。土石围堰堰顶宽10 m,高程为▽131.62 m,堰顶及上下游坡面为混凝土护面,为50 cm厚C15混凝土。采用黏土斜墙防渗,底宽为5.6 m。堰顶设置2 m高的黏土麻袋为自溃堰体。

6　结　语

通过对清水塘水电站二期过水围堰顶高程、施工布置及结构方面合理的设计,在保证二期工程顺利进行的同时,确保了2008年清水塘水电站安全度汛,为类似工程过水围堰的设计提供了借鉴。

参考文献

[1] 清华大学水力学教研组. 水力学(上册)[M]. 北京:高等教育出版社,1965.

[2] 日本土木学会. 水力学公式集(中译本下册)[M]. 北京:人民铁道出版社,1976.

[3] 武汉水利电力学院水力学教研室. 水力学[M]. 北京:人民教育出版社,1974.

[4] 黄河水利委员会水利科学研究所. 溃坝水流计算方法初步探讨[J]. 科技成果选编,1977(1).

[5] 现行水利水电新规范(2000~2001)实用全书编委会. 水利水电工程施工导流设计导则[M]. 吉林科学技术出版社,2002.

[6] 水工建筑物. 土石坝[M]. 3版. 水利水电出版社,1980.

[7] 湖南省水利水电勘测设计研究总院. 湖南省沅水清水塘水电站工程初步设计报告[R]. 2006.

深覆盖层均质坝基渗透特性研究

田业军　张合作

（中国电建集团贵阳勘测设计研究院有限公司　贵州　贵阳　550081）

摘要：本文采用 AutoBANK-Seep 渗流计算软件对深覆盖层均质坝基进行了系列的平面有限元稳定渗流场数值计算，分析了坝基稳定渗流场的分布规律，重点通过坝基渗透系数、坝基透水层厚度、坝高（上下游水位差）、防渗体渗透系数、防渗体深度和厚度对坝基渗透坡降和渗流量的影响敏感性分析，总结了深覆盖层均质坝基渗透特性，提出了深覆盖层均质坝基渗透控制的建议。

关键词：深覆盖层　均质坝基　数值计算　渗透特性

1　前　言

随着我国水利水电建设的快速发展和“西电东输”水电项目的陆续实施建成，国内水电开发项目的建设重心将逐步转向有丰富的水力资源但开发难度较大的地区，近期和将来将更多遇到在深覆盖层上建坝的问题，如我国大渡河干支流、金沙江中上游、怒江中上游、西藏和新疆的一些河流上建坝均存在覆盖层基础问题。尤其是厚度大于 40 m 的深覆盖层，采用全挖方案，可能会导致投资太大或工期太长等问题，有的覆盖层太深，想完全挖除几乎不可能，而直接在覆盖层上建坝面临着坝基渗漏和覆盖层地基的渗透稳定问题，需采用封闭式或悬挂式竖直防渗体进行基础防渗处理，如何选择竖直防渗体的深度及厚度是值得关注和探讨的问题。本文采用 AutoBANK-Seep 渗流计算软件，以心墙堆石坝为例，对深覆盖层均质坝基稳定渗流场进行平面有限元数值计算和分析，研究了深覆盖层均质坝基渗透特性，为深覆盖层坝基竖直防渗体的设置提供参考意见。

2　深覆盖层均质坝基渗透特性

深覆盖层河床基础一般具有结构松散、岩性不连续、成因类型复杂、物理力学性质呈较大的不均匀性、透水性较强等特性[1]，土层的渗透系数一般为 $1\times10^{-5}\sim1\times10^{-1}$ cm/s。对于以较密实的砂卵砾石为主的多孔介质形成的深覆盖层坝基适用于连续介质力学理论，坝基土体符合达西定律，渗流满足拉氏方程，所以可通过数值计算对深覆盖层均质坝基的渗透特性进行分析研究。

本文对深覆盖层坝基渗流场的数值计算分析模型主要考虑为心墙堆石坝的均质土基，采取典型的坝体结构型式以及拟定常规的计算参数，计算模型见图 1，坝体及坝基平面有限元渗流计算网格剖分见图 2。通过对模型的渗流场数值计算，得到无竖直防渗体和有竖直防渗体的坝基流网图分别见图 3、图 4，坝基渗透坡降分布规律分别见图 5、图 6。

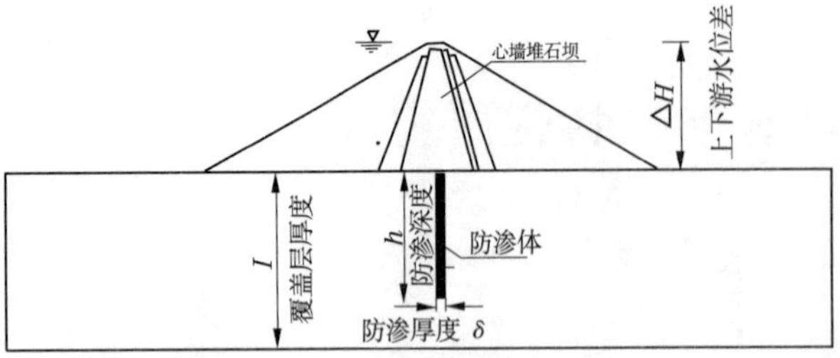

图 1　深覆盖层坝基渗流场数值计算模型

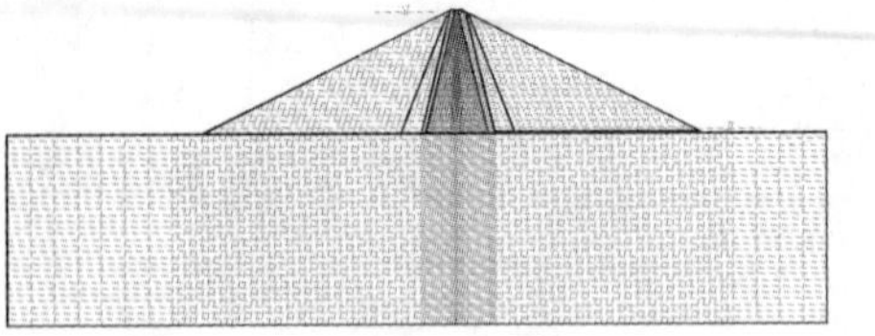

图 2　坝体及坝基平面有限元渗流计算网格剖分图

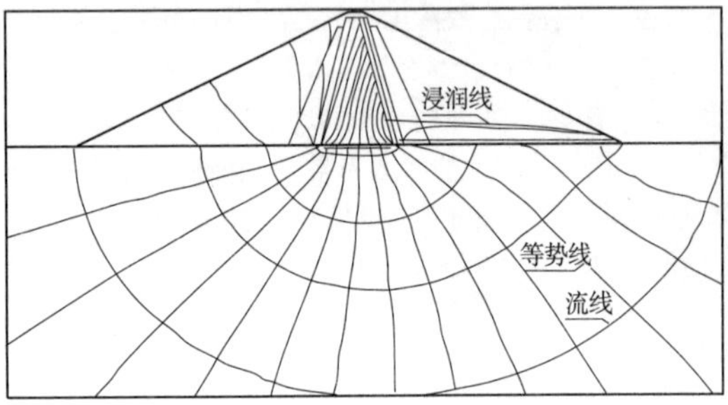

图 3　坝体及坝基流网图一(无竖直防渗体)

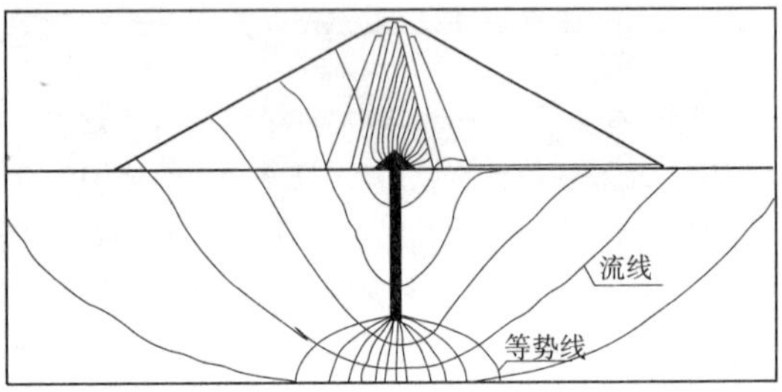

图 4　坝体及坝基流网图二(有竖直防渗体)

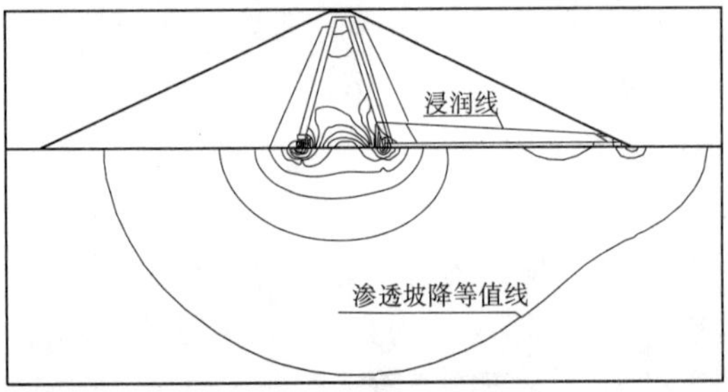

图 5　渗透坡降等值线图一(无竖直防渗体)

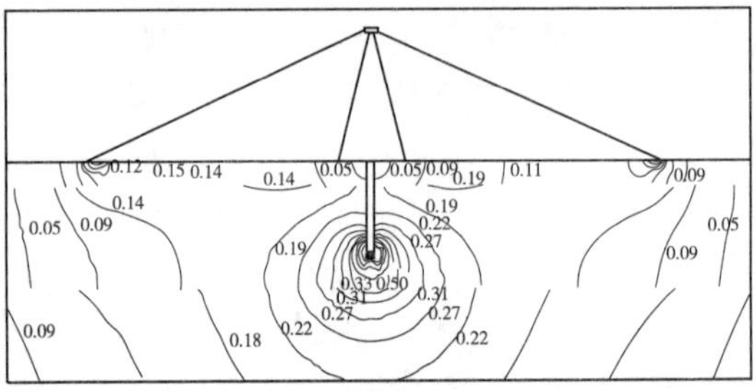

图 6　渗透坡降等值线图二(有竖直防渗体)

坝体及坝基的渗流场特征值的分布规律均符合心墙堆石坝渗流场的规律。坝基不设竖直防渗体时,坝基压力水头从上游到下游逐渐减小,且等势线密集在心墙区及心墙底部,此区域水头变化快,渗透坡降大,渗透坡降等值线在心墙底部上、下游两侧及坝趾附近出现集中现象。坝基设竖直防渗体时,坝基压力水头从上游到下游逐渐减小,等势线密集在心墙区及心墙底部的防渗体,在心墙及防渗体内水头变化快,渗透坡降大,渗透坡降等值线在防渗体底部及坝趾附近一定范围出现集中现象。根据坝基土体的破坏机理及坝基防渗理念,坝趾处的最大渗透坡降(出逸坡降)和坝基渗漏量是最值得工程和计算分析关注的。通过计算成果对比分析,竖直防渗体是减小坝基渗漏量、以及减小坝基浅表层和坝趾部位的渗透坡降的有效措施。

文献和本次计算中均发现影响坝基渗漏量和坝址最大渗透坡降的主要因素包括两类:一类是坝基土层及防渗体材料的渗透性能因素,主要包括基础土层渗透参数 k_t、防渗体渗透

系数 k_f 以及两者的相关关系；另一类是坝基、防渗体及坝体的几何尺寸因素，主要包括坝基透水层总厚度 T、坝高 ΔH（上、下游水位差）、防渗体深度 h、厚度 δ 等。

3　深覆盖层均质坝基渗透敏感性分析

为研究各因素对坝基渗透特性的影响程度，需进行大量的计算后进行敏感性分析，敏感性分析的目标参数选取工程上普遍关注的单宽渗流量 q（或渗漏量 Q）和坝址最大渗透坡降 J，变量参数分别为基础土层渗透参数 k_t、坝基透水层总厚度 T、坝高 ΔH（上、下游水位差）、防渗体渗透系数 k_f、防渗体深度 h、防渗体厚度 δ。

3.1　坝基渗透系数对目标参数的敏感性分析

通过对不同渗透系数的覆盖层坝基进行了渗流计算，根据计算成果，坝基渗透系数与坝趾最大渗透坡降、单宽渗流量的关系分别见图 7、图 8。

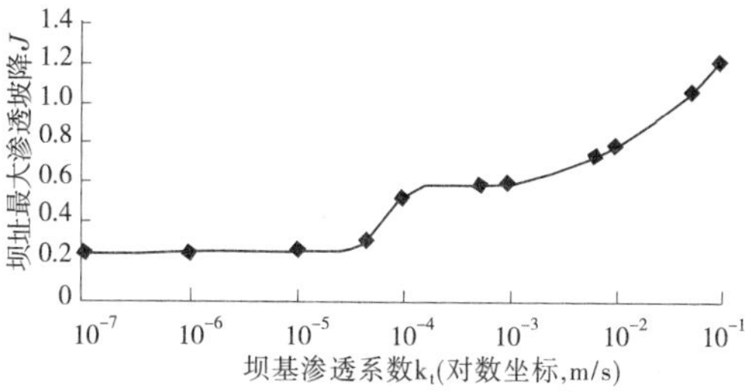

图 7　坝基渗透系数与坝趾最大渗透坡降关系图

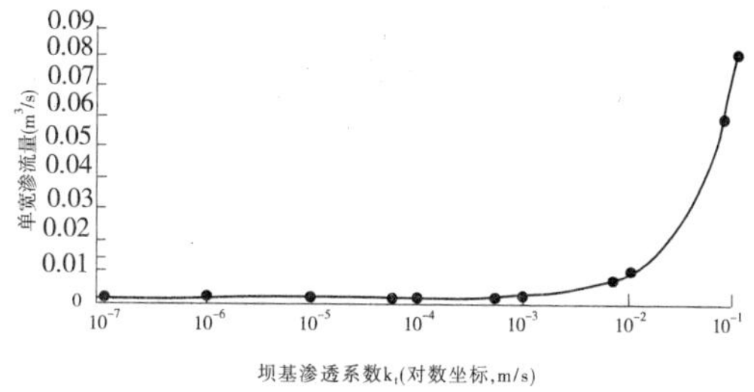

图 8　坝基渗透系数与单宽渗流量关系图

根据图 7 可知：坝趾的最大出逸坡降随坝基渗透系数减小而减小；当坝基渗透系数大于 1×10^{-3} cm/s 时，坝基渗透系数的变化对坝趾渗透坡降值影响较大；当坝基渗透系数在 $1\times10^{-4}\sim1\times10^{-3}$ cm/s 之间时，坝基渗透系数对坝趾的渗透坡降影响比较小；当坝基渗透系数在 $5\times10^{-5}\sim1\times10^{-4}$ cm/s 之间时，坝基渗透系数的变化对坝趾的渗透坡降影响很大；当坝基渗透系数小于5×10^{-5} cm/s时，坝基渗透系数的变化对坝趾的渗透坡降影响极小。当坝基渗透系数大于 5×10^{-5} cm/s 时，在不设防渗措施的情况下，坝趾渗透坡降较大，一般难于满足工程控制要求；当坝基渗透系数小于 5×10^{-5} cm/s 时，坝趾渗透坡降值较小，且逐渐倾于定值。由于坝基渗透系数在 $1\times10^{-4}\sim1\times10^{-3}$ cm/s 之间时，坝基渗透系数变化对坝趾的渗透坡降影响比较小，所以在深覆盖层的实际工程中，渗透稳定控制的重点应该是表层的透水性较强的土层（渗透系数大于 1×10^{-3} cm/s），通过改变这些土层的渗透系数，对于减小坝趾渗透坡降非常有效果，如采用竖直防渗体将这些土层隔断。但若要真正满足工程的渗透控制要求，最好使坝基渗透系数小于 5×10^{-5} cm/s，或将防渗体伸入到渗透系数小于 5×10^{-5} cm/s的土层里；同理，防渗体要起到好的防渗效果，渗透系数应该小于 5×10^{-5} cm/s。

根据图 8 可知：单宽渗流量随坝基渗透系数减小而减小；当坝基渗透系数小于 1×10^{-3} cm/s 时，单宽渗流量就很小了，趋近于 0，可以满足一般工程的渗漏控制要求，此时坝基渗透系数的变化对单宽渗流量的影响也非常小；当坝基渗透系数大于 1×10^{-3} cm/s 时，单宽渗流量随坝基渗透系数的增大而增大，且渗透系数越大对单宽渗流量的影响越大。所以对于深覆盖层工程中的渗漏控制重点应该是表层的透水性较强的土层（渗透系数大于 1×10^{-3}

cm/s)，并且利用渗透系数在 1×10^{-3} cm/s 左右的土层这一防渗特性是非常有效果的，也是有价值的。渗漏控制对基础渗透系数的要求要低于坝趾渗透坡降控制对基础渗透系数的要求。

从对单宽渗流量和坝趾最大渗透坡降的影响程度来分析，渗透系数大于 1×10^{-1} cm/s 的土层对坝趾最大渗透坡降和单宽渗流量影响非常大，渗透系数介于 $1\times10^{-3}\sim1\times10^{-1}$ cm/s 的土层对坝趾最大渗透坡降和单宽渗流量影响较大，渗透系数介于 $5\times10^{-5}\sim1\times10^{-3}$ cm/s 的土层对渗透稳定和单宽渗流量影响小，渗透系数小于 5×10^{-5} cm/s 的土层对渗透稳定和单宽渗流量影响极小。深覆盖层内不同渗透系数土层的渗透特性见表 1。

表 1　坝基不同渗透系数土层的渗透特性

渗透系数 k(cm/s)	渗透性	对坝趾渗透坡降的影响程度	对单宽渗流量的影响程度
$>10^{-1}$	强透水性	强	强
$10^{-3}\sim10^{-1}$	中透水性	中	中
$10^{-5}\sim10^{-3}$	弱透水性	弱	极弱
$<10^{-5}$	极弱透水性	极弱	无

3.2　坝基覆盖层厚度对目标参数的敏感性分析

根据计算成果，坝基覆盖层厚度与坝趾最大渗透坡降 J、单宽渗流量 q 的关系分别见图 9、图 10。坝基渗透系数越大，覆盖层厚度 T 对坝趾最大出逸坡降 J 及单宽渗流量 q 的影响越大，当坝基渗透系数小于 1×10^{-2} cm/s 时，坝趾最大出逸坡降 J 及单宽渗流量 q 对覆盖层厚度 T 的大小敏感性弱。

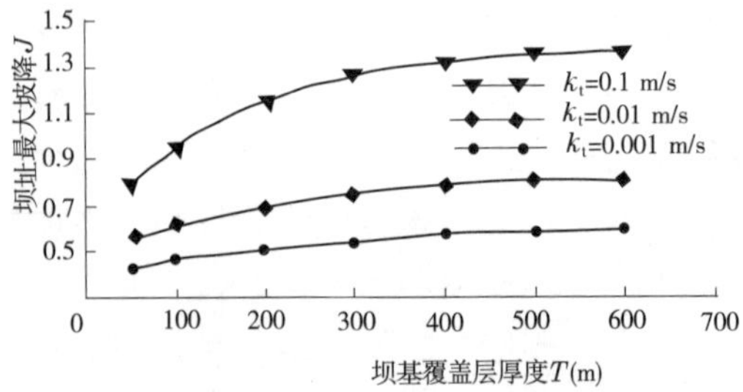

图 9　坝基覆盖层厚度与坝趾最大渗透坡降关系图

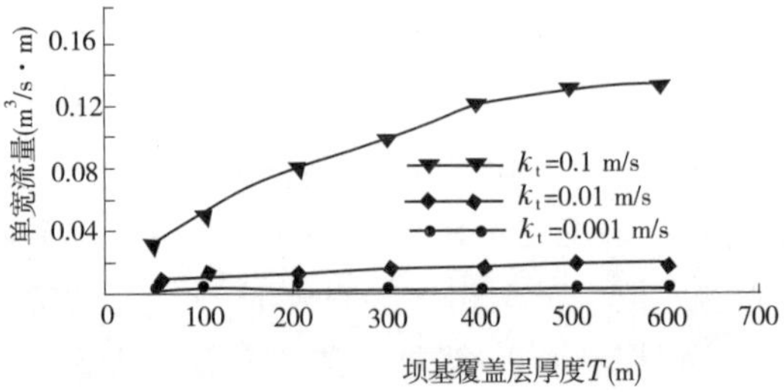

图 10　坝基覆盖层厚度与单宽渗流量关系图

通过覆盖层厚度对坝基渗漏量和坝址最大渗透坡降的影响分析，发现当坝基覆盖层厚度达到一定程度后，再增加覆盖层的厚度，坝基渗漏量和坝趾最大渗透坡降都基本不再发生变化，表明覆盖层存在有效渗透深度。有效渗透深度与坝基渗透系数和坝高有一定的关系，坝基渗透系数越大，有效渗透深度越深，坝越高，有效渗透深度越深。根据计算成果分析，深覆盖层的中、强透水性坝基的有效渗透深度见表 2。在渗流计算与分析时要注意渗透系数大于 1×10^{-2} cm/s 的坝基土层厚度的影响，当坝基渗透系数小于 1×10^{-1} cm/s 时，坝基覆盖层厚度考虑 500 m 厚对计算和分析结果影响极小。

表2　深覆盖层中、强透水性坝基渗流的有效渗透深度

坝高(m)	坝基渗透系数(cm/s)	有效渗透深度 T'(m)	$T'/\Delta H$
100	1×10^{-1}	400	4
	1×10^{-2}	300	3
	1×10^{-3}	300	3
200	1×10^{-1}	500	2.5
	1×10^{-2}	400	2
	1×10^{-3}	400	2
300	1×10^{-1}	600	2
	1×10^{-2}	500	1.7
	1×10^{-3}	500	1.7

3.3　坝高对目标参数的敏感性分析

在本次研究中，坝高对应着相应的上、下游水位差，即100 m的坝高对应着100 m的上、下游水位差。为研究不同的坝高（上、下游水位差）对坝基渗漏量和坝趾最大渗透坡降的影响，分别对不同的坝高进行了渗流计算分析，坝高与坝趾最大渗透坡降、单宽渗流量的关系分别见图11、图12。

根据图11可知，坝高对坝趾附近最大渗透坡降影响不大，两者的相关性也不大。虽然坝越高，水头也越高，但坝基越宽，渗径也越长。根据图12可知，坝高对单宽渗流量有影响，坝越高，单宽渗流量越大；坝基渗透系数越大，坝高对单宽渗流量的影响越大，反之则小。

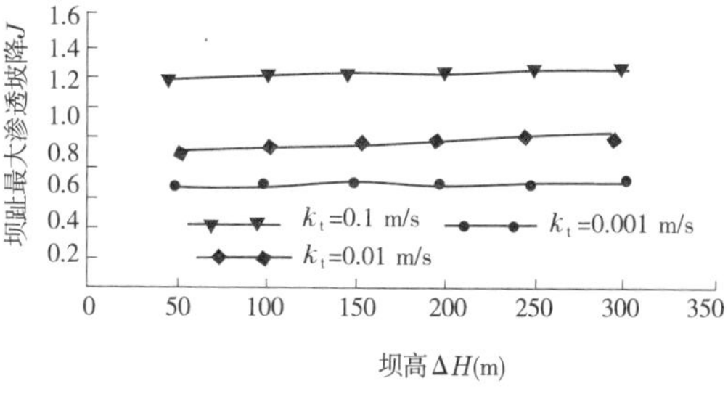

图11　坝高与坝趾最大渗透坡降关系图

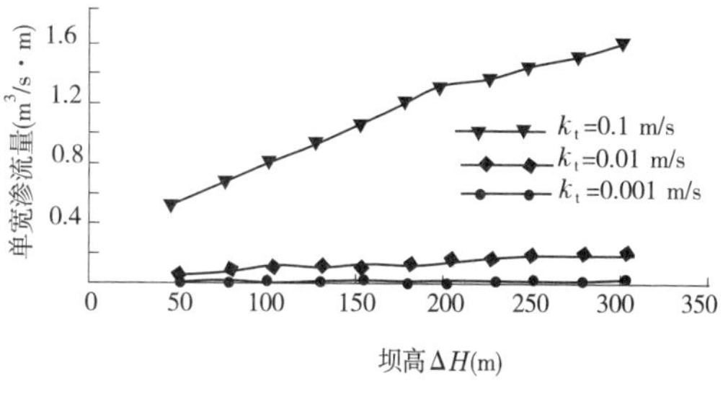

图12　坝高与单宽渗流量关系图

3.4　防渗体渗透系数对目标参数的敏感性分析

根据计算成果，防渗体渗透系数与坝趾最大渗透坡降、单宽渗流量的关系分别见图13、图14。防渗体渗透系数对坝基渗漏量和坝趾最大出逸坡降的影响主要按竖直防渗方式来分析：防渗体为悬挂式时，当防渗体渗透系数小于1×10^{-4} cm/s，即坝基渗透系数大于防渗体渗透系数的100倍，坝基渗漏量和坝趾处的渗透坡降对防渗体的渗透系数变化敏感性弱，防渗体起到了防渗效果。但坝趾处的渗透坡降还是较大，相对于未设防渗体时仅减小了20%～25%，再想努力减小防渗体的渗透系数来降低坝基渗漏量和坝趾处的渗透坡降，效果就特别差，工程意义也不大。防渗体为封闭式时，当帷幕渗透系数小于1×10^{-5} cm/s，即坝基土体渗透系数大于防渗体渗透系数的 1 000 倍，坝基渗漏量和坝趾处的渗透坡降都很小，且随防渗体的渗透系数变化很小，一般都可以满足防渗要求。

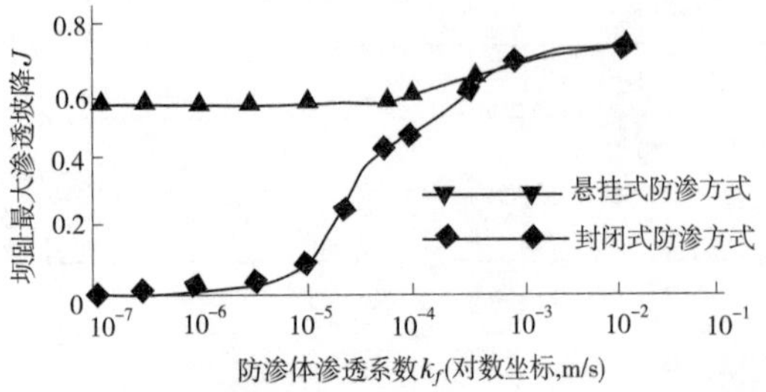

图 13　防渗体渗透系数与坝趾最大渗透坡降关系图

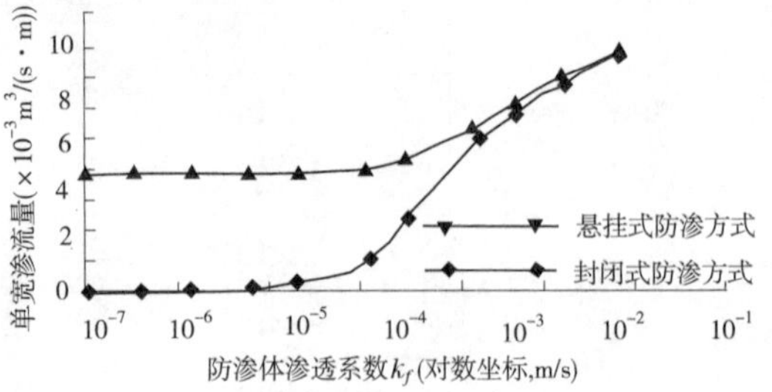

图 14　防渗体渗透系数与单宽渗流量关系图

3.5　防渗深度对目标参数的敏感性分析

根据计算成果，防渗深度与坝趾最大渗透坡降、单宽渗流量的关系分别见图 15、图 16。防渗深度对坝基渗漏量和坝趾最大出逸坡降的影响主要从坝基土层的渗透性能和竖直防渗方式两方面来分析：①从坝基透水性的强弱情况分析，当坝基渗透系数大于 1×10^{-2} cm/s 时，防渗深度变化对坝基渗漏量和坝趾最大出逸坡降影响较大；当坝基渗透系数小于 1×10^{-2} cm/s 时，防渗深度变化对坝基渗漏量和坝趾最大出逸坡降影响较小。②从竖直防渗体的型式分析，当竖直防渗体为悬挂式时，防渗体的深度变化对坝基渗漏量和坝趾最大出逸坡降影响较小，坝趾最大渗透坡降较大，一般难于满足渗透稳定要求；当竖直防渗体为封闭式时，坝基渗漏量及坝趾处渗透坡降均很小，一般能满足工程需要，其深度的变化对坝基渗漏量和坝趾最大出逸坡降基本无影响。

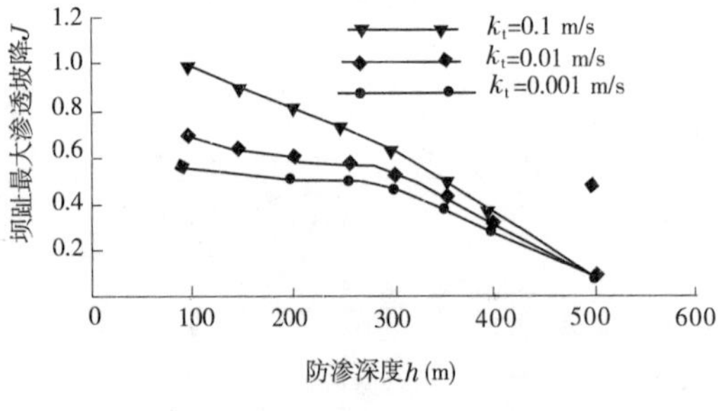

图 15　防渗深度与坝趾最大渗透坡降关系图

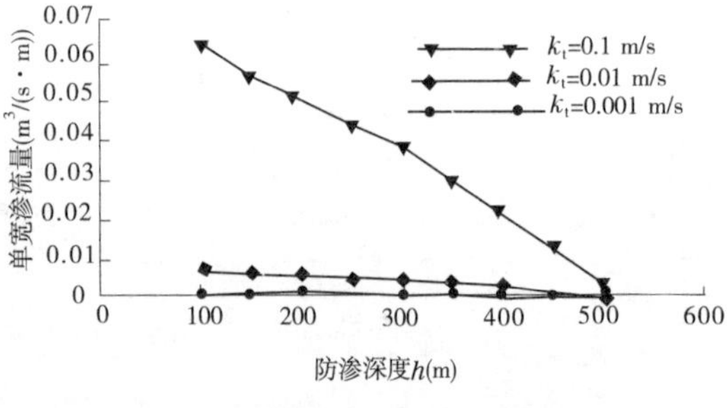

图 16　防渗深度与单宽渗流量关系图

3.6　防渗厚度对目标参数的敏感性分析

根据计算成果，防渗厚度与坝趾最大渗透坡降、单宽渗流量的关系分别见图 17、图 18。无论竖直防渗体为封闭式还是悬挂式，防渗厚度的变化对坝基渗漏量和坝趾渗透坡降的影响都很小。在深覆盖层工程中，防渗墙的厚度一般为 0.6 ~ 1.5 m，防渗帷幕厚度一般为 2 ~ 40 m，防渗帷幕的厚度变化范围较大，从坝基渗透稳定和渗漏量数值计算成果来看，防渗体的厚度对其影响较小，不需要做得太厚。但防渗体的厚度对本身的渗透坡降影响较大，防渗体越厚，本身承受的渗透坡降越小，对防渗体本身的渗透稳定更有利。

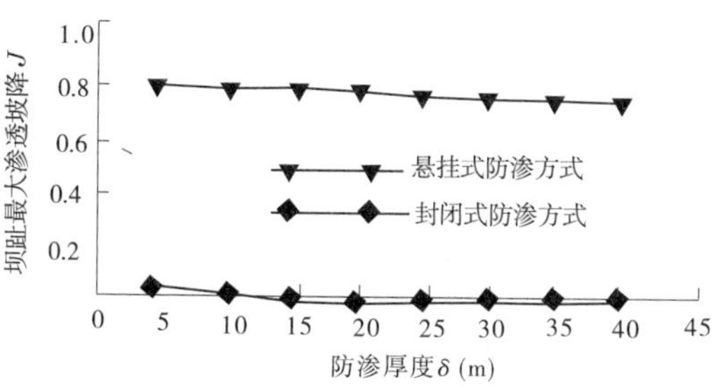

图 17　防渗厚度与坝趾最大渗透坡降关系图

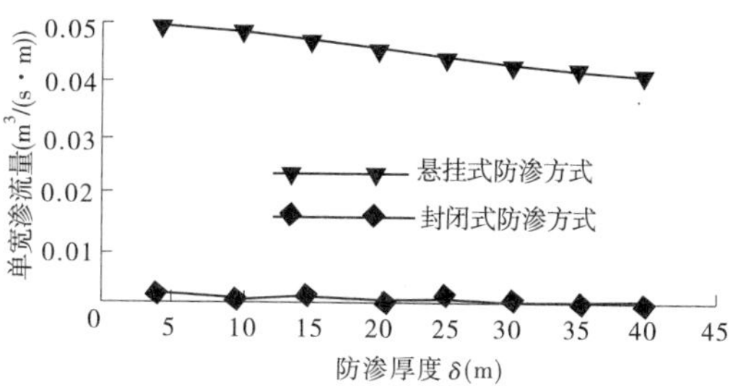

图 18　防渗厚度与单宽渗流量关系图

4　竖直防渗体的设置建议

通过对深覆盖层均质坝基渗透特性及其敏感性研究，从控制坝基渗漏量和减小坝趾渗透坡降方面考虑，可总结出竖直防渗体的几点建议。

(1)对于中、强透水性($k \geqslant 10^{-3}$ cm/s)覆盖层坝基，竖直防渗体是减小坝基浅表层和坝趾部位的渗透坡降以及渗漏量的有效措施；防渗体深度越深，防渗效果越好；防渗体的渗透系数与坝基透水层的渗透系数比值越小防渗效果越好；防渗厚度对防渗效果影响很小。

(2)对于弱透水性及极弱透水性($k < 10^{-3}$ cm/s)的覆盖层坝基，竖直防渗体对减小坝基浅表层和坝趾部位的渗透坡降以及渗漏量的效果不明显，所以弱透水层可作为悬挂式竖直防渗体依托层。

(3)覆盖层较浅，投资不大的情况，宜采用封闭式竖直防渗体，防渗体底部伸入到渗透系数小于 5×10^{-5} cm/s 基岩内部 0.5 ~ 1.0 m，其防渗效果基本能满足坝基渗透稳定和渗漏控制的要求。

(4)覆盖层较深，或采用封闭式竖直防渗体的投资巨大，宜采用悬挂式防渗体，防渗体底部至少要深入到渗透系数小于 1×10^{-3} cm/s 土层，若坝趾处的渗透坡降仍不满足渗透稳定要求，或防渗深度无法达到渗透系数小于 1×10^{-3} cm/s 土层，就需采取下游盖重、反滤保护等其他工程措施相结合。

(5)由于防渗体厚度对坝基渗透特性影响极小，在保证防渗体质量的情况下，防渗体厚度的选择主要考虑防渗材料的耐久性、防渗体本身的渗透稳定、工艺或机具的最小尺寸要求和经济性等因素，已建工程中防渗体厚度一般取 0.6 ~ 1.2 m。

(6)对于透水性较强的深覆盖层坝基，竖直防渗体主要保护的是表层渗透系数大于 1×10^{-3} cm/s 的土层。要保证较好的防渗效果，封闭式防渗体的渗透系数宜小于被保护土层的渗透系数的 1/1 000，考虑到下部介于 $5 \times 10^{-5} \sim 1 \times 10^{-3}$ cm/s 的土层的天然防渗作用，封闭式防渗体的渗透系数一般介于 $1 \times 10^{-5} \sim 1 \times 10^{-6}$ cm/s 即可。悬挂式防渗体的渗透系数宜小于被保护土层的渗透系数的 1/100，同样考虑到下部渗透系数相对较小的土层的天然防渗作用，悬挂式防渗体的渗透系数介于 $1 \times 10^{-4} \sim 1 \times 10^{-5}$ cm/s 即可，不建议提高标准。

5　结　语

本文以心墙堆石坝为例，通过系列的数值计算分析，总结了深覆盖层均质坝基渗透特性，并对影响坝基渗漏量和坝址渗透坡降的相关参数进行了敏感性和规律分析，计算分析结果和规律与已有工程研究结论基本一致。同时根据本次研究成果，提出了深覆盖层坝基竖直防渗体的设置思路和建议。鉴于本次计算分析的模型的局限性，同时考虑不同深覆盖层坝基土层的复杂性，所以结论仅供类似工程参考，具体工程需结合实际情况进行分析。在之后的研究工作中将对其他坝型、典型覆盖层坝基（渗透系数逐渐变化的成层土体，尤其是存在透镜体的坝基）的渗流特性做进一步分析，并对防渗体本身的渗透特性和布置位置等进行深入研究。

参考文献

[1] 陈海军，任光明，聂德新，等. 河谷深厚覆盖层工程地质特性及其评价方法[J]. 地质灾害与环境保护，1996.

[2] 丁树云，蔡正银. 土石坝渗流研究综述[J]. 人民长江，2008，39(2).

[3] 刘杰. 土石坝渗流控制理论基础及工程经验教训[M]. 北京：中国水利水电出版社，2006.

[4] 毛昶熙. 渗流计算分析与控制[M]. 北京：中国水利水电出版社，2003.

[5] 毛昶熙，段祥宝，李祖贻. 渗流数值计算与程序应用[M]. 南京：河海大学出版社，1999.

[6] 白勇，柴军瑞，曹境英，等. 深厚覆盖层地基渗流场数值分析[J]. 岩土力学，2008.

[7] 蔡元奇，朱以文，唐红，等. 在深厚覆盖层坝基上建堆石坝的防渗研究[J]. 武汉大学学报，2005.

[8] 杨秀竹，陈福全，雷金山，王星华. 悬挂式帷幕防渗作用的有限元模拟[J]. 岩土力学，2005.

[9] 魏茂杰，孙雪琦，陶振常. 基坑防渗帷幕插入相对不透水层中深度的浅析[J]. 防渗技术，2001.

[10] 许季军，张家发，程展林. 堤防半封闭式防渗墙防渗机理及设计参数研究[J]. 人民长江，2001.

[11] 李建华，侍克斌，李永运. 加设垂直防渗体的土石坝渗流计算方法初探[J]. 人民黄河，2008.

[12] 王晓燕，党发宁，田威，等. 大渡河某水电站围堰工程中悬挂式防渗墙深度的确定[J]. 岩土工程学报，2008.

[13] 毛海涛，侍克斌，马铁城. 新疆透水地基上土石坝防渗墙有效深度研究[J]. 人民长江，2008.

[14] 蒋建国. 悬挂式防渗墙防渗效果初探[J]. 中国水利，2005.

[15] 张建荣. 土石坝渗流安全刍议[J]. 湖南水利水电，2007(6).

盖下坝岩溶库岸地质勘探、渗漏分析及防渗方案优化

张喜武[1]　吕永明[1]　冯继军[2]　杨宏正[2]

(1. 中水东北勘测设计研究有限责任公司　吉林　长春　130021；
2. 重庆能源投资集团云能发电有限公司　重庆　401121)

摘要：盖下坝水电站库区处于嘉陵江组碳酸盐岩地层，河床及两岸出露的基岩主要为三叠系下统嘉陵江组第三、四段地层。其中嘉陵江组第三段为强岩溶地层，岩溶多沿构造线发育，形成岩溶洼地、漏斗、落水洞、溶洞、地下暗河、溶蚀裂隙等多种岩溶形态，库区存在岩溶管道集中渗漏的可能。本文介绍了水库建设前期地质勘探与渗漏分析评价，施工期根据开挖揭露地质情况补充了地质勘查以及物探等手段对岩溶库岸防渗处理进行了优化，水库蓄水后运行正常，印证最初的渗漏分析和施工期的防渗优化的合理性，为类似岩溶库岸勘探和处理提供了参考。

关键词：岩溶　食盐示踪法　孔内成像　大地电磁 CT　地下水位观测　三维渗流计算

1　工程概况

盖下坝水电站位于长滩河的中上游，坝址区位于重庆市云阳县和奉节县境内，坝址距下游云阳县堰平乡约 12 km，距云阳县城约 57 km。盖下坝水电站总库容 3.54×10^{8} m^3，电站总装机容量 132 MW。水库控制流域面积 1 077 km^2，多年平均流量为 32.0 m^3/s。枢纽由挡水建筑物、泄水建筑物、引水系统建筑物、发电厂房等组成。工程规模为大(2)型，工程等别为Ⅰ等；大坝及泄水建筑物为 1 级建筑物，消能建筑物为 3 级建筑物。水库正常蓄水位 392 m，正常蓄水位以下库容为 3.30 亿 m^3，调节库容为 1.81 亿 m^3，具有年调节性能。

2　库区地质条件

盖下坝水电站水库区总体地势南高北低，山高谷深。河流总体流向由南向北斜切齐耀山背斜轴部嘉陵江组碳酸盐岩地层，河床及两岸出露的基岩主要为三叠系下统嘉陵江组第三、四段地层。其中，嘉陵江组第三段为强岩溶地层，岩溶多沿构造线发育，形成岩溶洼地、漏斗、落水洞、溶洞、地下暗河、溶蚀裂隙等多种岩溶形态。

河床及两岸出露的基岩主要为中—薄层状灰岩夹少量白云质灰岩及泥灰岩，灰岩夹白云岩、含泥质、白云质灰岩、灰岩夹角砾状灰岩。库区地处齐耀山背斜区，褶皱构造发育。区内岩溶在平面分布及岩溶发育程度方面主要受地层岩性、地质构造等的影响，岩溶发育方向受控于地质构造，主要沿岩层走向发育。

3　库区渗漏分析与评价

组成库岸的岩层主要由三叠系下统嘉陵江组(T_1j)可溶岩和中统巴东组(T_2b)非可溶

岩组成,岩层走向与库岸斜交或垂直。长滩河干流为库区两岸山体地下水的排泄基准面,属补给型河流。长滩河左岸与低邻谷之间多被东南翼巴东组相对不透水层所阻隔,形成封闭条件。仅于龙驹坝背斜部位的齐草沟与干鸡沟之间存在缺口;长滩河右岸齐耀山背斜核部嘉陵江组易溶岩地层,沿构造线向长江下游延伸,无地层封闭条件。

水库蓄水后,存在以下可能渗漏:水库右岸向长江的渗漏,齐草沟库尾向泥溪河干鸡沟的渗漏,近坝库区左岸峡门垭口的渗漏,大鱼泉暗河系统向库外的渗漏,近坝库区右岸吴家垭口的渗漏。

3.1　水库右岸向长江渗漏的分析

沿齐耀山背斜轴部嘉陵江组(T_1j)可溶岩地层的延伸方向,长滩河与长江相距 66 km。长滩河谷底高程 270 ~ 401 m,奉节、白帝城谷底高程 90 m 左右,河间地块地形分水岭偏向长滩河一侧,在马家槽、落钟山一带,地面高程 1 500 ~ 1 781 m,距长滩河 18 km。据调查,分水岭两侧有 S30(流量 50 L/s)和 S11(流量 24.2 L/s)等岩溶大泉出露,高程在 700 m 以上,据此推测长滩河与长江之间存在地下水分水岭且分水岭水位不会低于正常蓄水位;另外 S307 岩溶泉距长滩河 36 km,用较为保守的岩溶地下水水力坡降 1% 推算,地下水分水岭处水位高程应在 470 ~ 480 m,远高于正常蓄水位,故不存在库水向长江渗漏问题。

3.2　齐草沟库区向干鸡沟、泥溪河渗漏的分析

齐草沟库区左岸西距泥溪河 12 ~ 15 km,大部分地段有区域性隔水地层巴东组地层分布,不存在向临谷渗漏问题。

在正常蓄水位 392 m 处分水岭两侧库内上阳沟与库外干鸡沟相距 8.5 km。干鸡沟沟口高程约 300 m,为库外低邻谷。两沟之间在火埠塘(云峰乡政府)一带形成地下水分水岭,高程为 650 ~ 675 m,分水岭宽约 1 km。S79 距火埠塘约 10 km,按岩溶地下水水力坡降 1% 推算,火埠塘一带地下水位为 400 m,高于正常蓄水位。

盖下坝至齐草沟约 2 km 库岸到火埠塘分水岭约 4.5 km,且部分被巴东组相对不透水层覆盖,不利于岩溶发育,岩溶地下水水力坡降相对高些。按照小学校沟与马家沟之间单薄分水岭 T_1j^4 地层中 ZK59 钻孔地下水位 302 m,与长滩河相距 800 m,推算该钻孔与长滩河之间水力坡降为 2.8%,据此水力坡降,火埠塘一带地下水位为 406 m,亦高于设计正常蓄水位。故库水会通过干鸡沟向泥溪河渗漏。库尾火埠塘分水岭工程地质剖面见图 1。

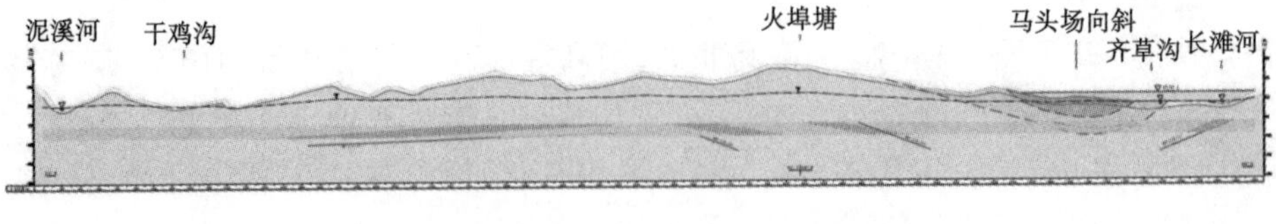

图 1　库尾水埠塘分水岭工程地质剖面图(03 - 03)

3.3　近坝库区左岸峡门垭口渗漏的分析

近坝库区左岸为一河湾地块,岭脊高程 510 ~ 660 m,垭口两侧为一走向近垂直于分水岭的冲沟,冲沟内常年流水,正常蓄水位高程 392 m 处,分水岭宽度约 1.2 km,处于 T_1j^4 与 T_2b^1 地层分界线附近,属库水外渗的危险地段。

峡门垭口的地层为三叠系中统巴东组泥岩、泥灰岩、页岩和下统嘉陵江组的灰岩、角砾状灰岩,分水岭上、下游均未发现贯穿性岩溶形态。地表水下渗到地下岩体中的水量有限,

在地下岩体中形成岩溶管道比较困难。

垭口发育一条压性断层，破碎带结构较紧密，并充填泥质，其渗透性较小。据钻孔资料，垭口处地下水位高程320.6 m，低于正常蓄水位71.4 m；正常蓄水位附近及以下为弱—微透水岩体，故库水通过峡门口垭口向库外外渗的可能性不大。左岸峡门垭口分水岭纵(05—05)、横(01—01)工程地质剖面见图2、图3。

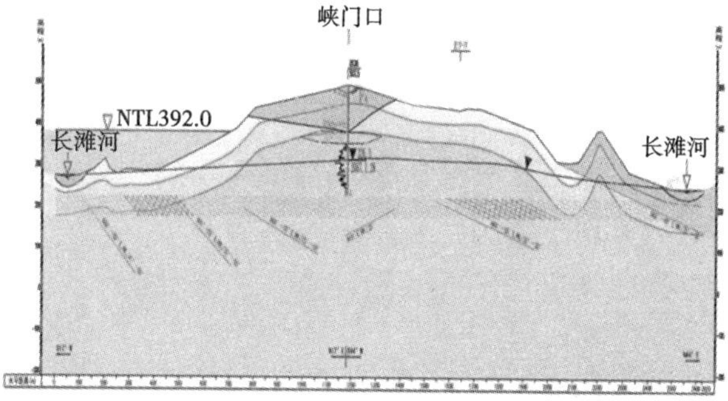

图2　近坝库区左岸峡门口分水岭工程地质剖面图(05－05)

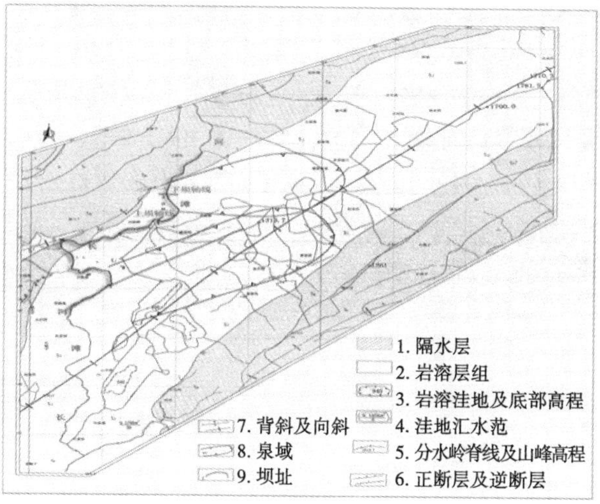

图3　近坝库区左岸上峡门口分水岭地质剖面图(01－01)

3.4　库区右岸岩溶管道渗漏分析

库区右岸地形起伏，呈北东向条形山脊，与构造线走向基本一致。在坝址附近，山脊被NW～近SN走向的苦草堝沟岩溶干谷所切割，地表分水岭高程一般为800～1 700 m，相对高差500～1 200 m。

区内中等—强岩溶发育区，褶皱构造发育。右岸有近EW向的F2断层自长滩河右岸母猪笼穿过苦草堝沟及吴家垭口，向苦树塘方向延伸。出露长度约3 km。破碎带组成物结构紧密，透水性较弱，属中等透水岩土体。

库区右岸岩溶发育特征与区域岩溶发育规律基本一致，岩溶发育亦以垂直发育为主。大量的地表水通过岩溶漏斗、落水洞、岩溶洼地汇入地下，形成多个排水系统。

在长滩河右岸河边自上游向下游依次发育有大鱼泉暗河S52、母猪笼泉S211、下坝址泉S40、下坝址下游冉家营泉S33，坝址右岸发育有苦草堝沟岩溶干谷，以及沿齐耀山背斜轴向分布的山原期峰丛洼地上发育的诸多落水洞，构成复杂的岩溶水运动系统。库区右岸地表水系见图4。

库区右岸石灰岩地层中岩溶较为发育，岩溶形态复杂。工作的重点是要查明各岩溶管道之间的水力联系，以及水库蓄水后各岩溶管道之间有无可能通过岩溶系统发生向库外的管道渗漏。为分析大鱼泉暗河（S52）、长滩河右岸河边下坝址泉水（S40）、母猪笼泉水（S211）及下坝址下游冉家营泉水（S33）的补给来源及其相互之间的水力联系，采用食盐示踪法进行地下水连通试验。投放地点选择在近坝库区右岸齐耀山背斜南东翼吐祥镇梭坝村大堰塘雀儿笼落水洞（K300），洞口高程920 m，垂直深度约20 m，底部为一直径约10 m的水塘，来自于马口驿方向的地表水流，流量约100 L/s跌入洞内潭水中，继而向NW方向潜入地下。观测地点选在下列地点：①奉节县安坪乡下坝村泉水S307，高程300 m；②库区右岸大鱼泉暗河出口S52，高程290 m；③近坝库区右岸河边母猪笼泉水S211，高程272 m；④下坝址右岸河边泉水S40，高程265 m；⑤下坝址右岸下游冉家营泉水S33，高程324 m。投盐点及各观测点详细资料见表1，投盐点及各观测点分布见图5。

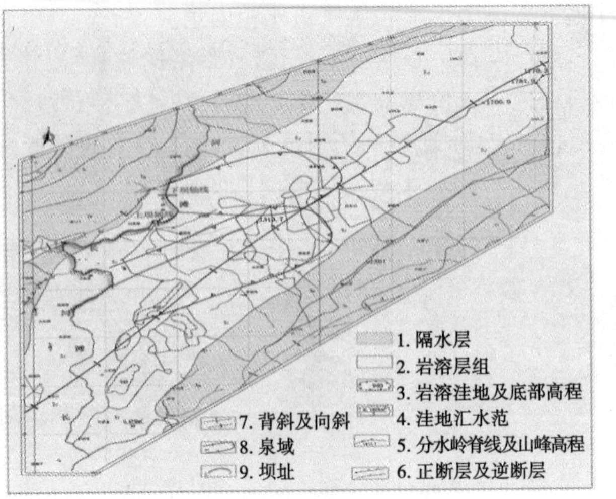

图4　库区右岸地表水系分析示意图

表1　连通试验各观测点汇总

编号	位置		流量（L/s）	流域面积（km^2）	出露高程（m）	高差（m）	距离（km）	水力坡降 i	观测时间（d）
投入点	K300	右岸大堰塘雀儿笼落水洞	100		920				
观测点	S307	右岸安坪乡下坝村	340	34	300	620	26.3	2.36	4
	S52	大鱼泉暗河出口	100～150	10～15	290	630	8.46	7.45	4
	S211	河右岸母猪笼	3.7～5.0	0.4～0.5	272	648	7.63	8.49	6
	S40	下坝址右岸河边	81.2	8	265	655	6.25	10.48	6
	S33	下坝址右岸下游冉家营	26.3	3	324	596	5.03	11.85	6

为了进一步调查苦草堉沟沟底鱼鳅凼附近及苦草堉沟右岸峨眉沟一带的岩溶管道发育情况及地下水位埋深，从苦草堉沟沟底猪圈门至鱼鳅凼附近布置大地电磁测深剖面1 km，测试结果见图6。

经分析，大鱼泉暗河与S40泉应属于相互独立的岩溶体系，S40泉应属于右岸下后槽至磨子山一带向长滩河下游排泄的岩溶水地下水，受巴东组地层阻挡汇集后集中溢出形成的。

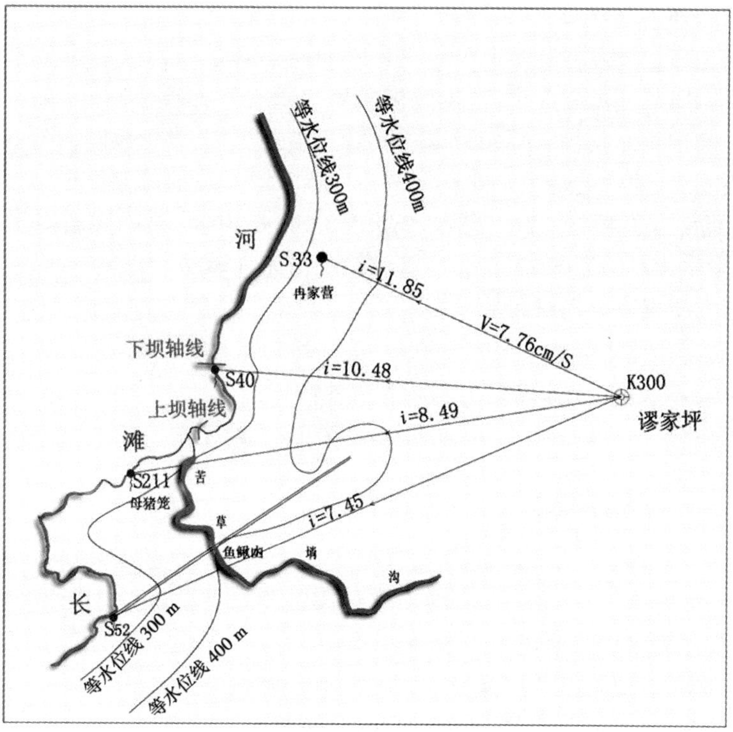

图 5　连通试验投入点与观测点位置示意图

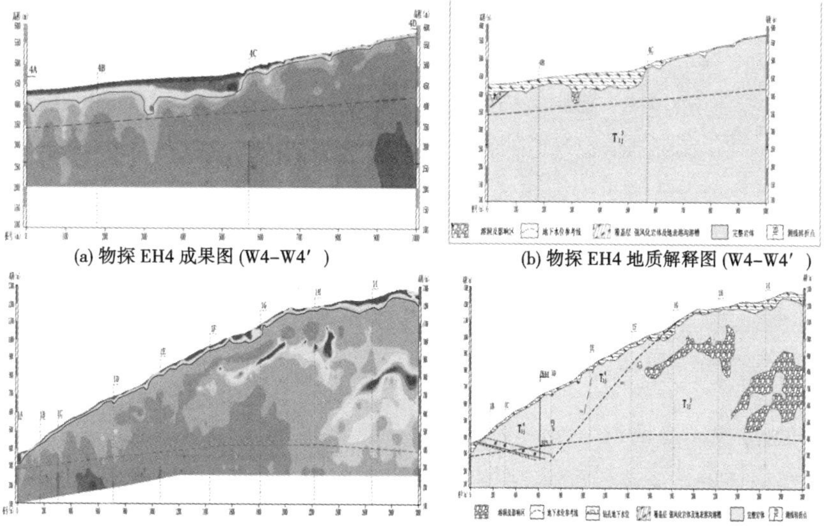

(a) 物探 EH4 成果图 (W4–W4′)

(b) 物探 EH4 地质解释图 (W4–W4′)

(c) 物探 EH4 成果图 (W1–W1′)

(d) 物探 EH4 地质解释图 (W1–W1′)

图 6　物探 EH4 测试结果图

另据调查,在马口驿龙洞湾一带 S30 岩溶泉流量为 50L/s,泉水出露高程为 970 m,可判定为地下水的涌出点。说明库区右岸马口驿一带地下水位 970 m 左右。S30 岩溶泉水涌出后在龙洞湾形成地表径流,流入 SW 方向 7 km 处的谬家坪雀儿笼落水洞(K300)潜入地下,成为长滩河右岸冉家营泉水 S33 的主要补给水源。

为分析大鱼泉暗河的补给范围,采用水量均衡法[1]计算暗河水的补给量与排泄量,根据计算结果,结合地形及地质测绘资料分析,雨季大鱼泉暗河水最远补给源大约在磨子山—横山子一带,该地带地面高程在 1 300 m 左右 。同时在库区长滩河右岸分别取地下水及河水水样 28 组进行氢氧同位素测试,根据测试成果推断大鱼泉暗河地下水的补给源高程应在 1 300 m 左右。与前述水均衡分析结果基本吻合。由此可知,大鱼泉暗河与 S40 泉的泉域相对独立,水库蓄水后,库水通过大鱼泉暗河回流向 S40 泉排泄的可能性很小。

S211 泉水的汇水面积仅 1 km^2 左右,属大鱼泉暗河与 S40 泉两大岩溶系统间独立的汇水系统。不会发生经母猪笼 S211 泉岩溶管道系统向库外渗漏。

3.5　近坝库区右岸吴家垭口渗漏的分析

近坝库区右岸苦草墒沟的下游侧分水岭,为一垭口地形(吴家垭口),垭口地面高程 540 m。正常蓄水位 392 m 处,吴家垭口分水岭宽度 430 m。

组成吴家垭口分水岭的地层岩性为 T_1j^4 灰岩、角砾状灰岩,岩溶只发育在岩体的表部,分水岭上、下游均未发现贯穿性岩溶渗漏通道。F2 断层虽然贯穿垭口,但由于断层破碎带组成物质结构紧密,透水性较弱。

据钻孔资料,垭口地下水位高程为 313.4 ~ 325.5 m,低于正常蓄水位 66.5 ~ 78.6 m。由于自右坝头—吴家垭口—ZK44 一带地下水位均低于正常蓄水位,水库蓄水后,存在溶隙性渗漏问题。采用分水岭无地表水入渗补给时地下水动力学公式计算[2],以水文地质试验成果为渗漏计算参数,计算出的渗漏量为 568 m^3/d,对水库运行无大的影响。吴家垭口分水岭工程地质纵(04—04)、横(02—02)剖面见图 7、图 8。

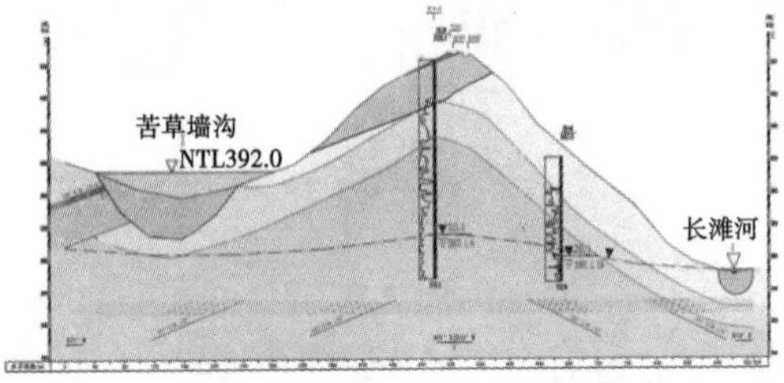

图 7　吴家垭口分水岭工程地质纵剖面图

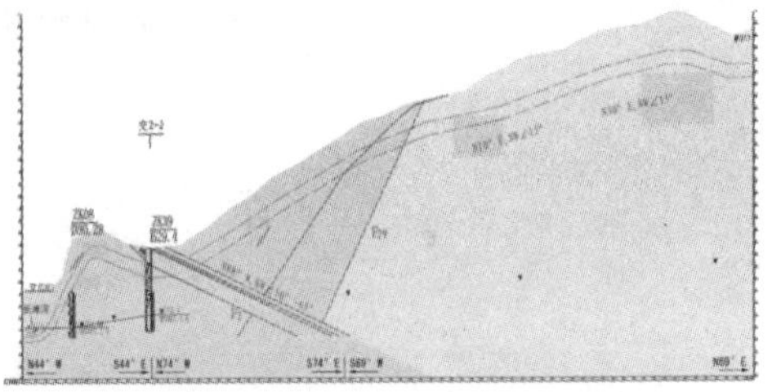

图 8　吴家垭口分水岭工程地质横剖面图

4　岩溶库岸防渗处理优化

4.1　可研阶段库岸防渗措施

大坝两岸山体的地下水位较低,但岩石的透水率较小,左岸河间地块灰岩和泥岩接触带钻孔发现小溶洞,有可能存在渗漏通道,而右岸也可能存在大渔泉暗河和 40# 泉的渗漏通道。下闸蓄水后一旦发现有异常漏水情况,对左岸 F8 断层及灰岩和泥岩接触带进行帷幕灌浆处理,处理长度为 184 m,高程为 280.00 ~ 392.00 m,帷幕灌浆总量 11 335 m,灌浆从地表施工,钻灌比为 1.49。

右岸沿帷幕灌浆线路在 394.00 m 高程打灌浆平洞,与大坝坝肩防渗帷幕衔接。对右坝肩至 F2 断层进行帷幕灌浆防渗处理,处理范围为 658 m 长范围(其中 F2 断层帷幕灌浆防渗处理 150 m)高程为 269.00 ~ 392.00 m,处理工程量为 35 618 m,钻灌比为 1.03。对帷幕灌浆防渗处理以外的部位,在洞内先布置检查孔,用物探手段找漏水通道,并实施对漏水通道的灌浆封堵，按 200 m 长度范围预留帷幕灌浆，灌浆高程为 280.00 ~ 392.00 m，预留帷幕灌浆工程量为 12 320 m，钻灌比为 1.03。右岸灌浆洞延长至正常蓄水位与地下水交点处，总长 1 411 m，为城门洞型，断面 2.5 m × 3.5 m（长 × 宽），顶拱采用喷混凝土支护。

4.2　技施阶段岩溶库岸防渗优化

4.2.1　物探检查

技施阶段右岸防渗帷幕根据地质情况设计开挖 1 400 m 库岸处理平洞，平洞分两期开挖，一期开挖长度 640 m，凭借开挖的平洞对右岸库岸进行物探检查、压水试验，根据检查结果调整库岸防渗措施。

利用右岸开挖的 640 m 灌浆平洞，布置了 17 个探测钻孔，每两个相邻钻孔组成一个 CT 剖面，共计组成 16 个连续的 CT 剖面，各 CT 剖面深度 88.00 ~ 141.00 m 不等。

17 个灌浆探测孔均进行钻孔数字成像，累计成像深度 1 819 m，可详细提供沿钻孔孔壁的层理、节理裂隙、溶洞、溶蚀带、断层破碎带的位置、产状，亦可为电磁波 CT 成果图的推断解释提供佐证。检测孔位见图 9。

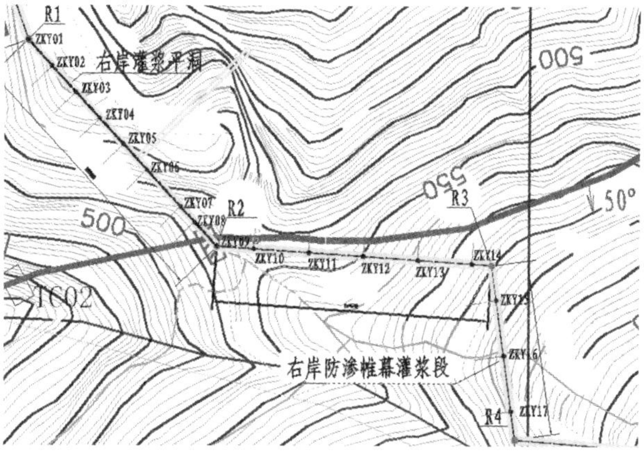

图 9　物探检测孔布置示意图

右岸灌浆平硐桩号 0 + 0 ~ 0 + 640 测段，通过 16 对电磁波 CT 和 17 个钻孔数字成像探测可得出如下初步结论：

（1）在测段内溶洞不甚发育，规模较小，呈零星分布，未发现有洞径大于 3 m 的溶洞。

（2）本区灰岩的溶蚀现象比较发育，主要沿节理面和层理面以及小断层呈条带状和串珠状发育，各个测段都有分布。其中，桩号 0 + 0 ~ 0 + 388 测段，层理面闭合，溶蚀带多沿节理面发育。桩号 0 + 388 ~ 0 + 640 测段，层理面多张开，溶蚀带多沿层理发育。其中规模较大溶蚀段位于桩号 0 + 160 ~ 0 + 205（CT06 - 07 剖面）、0 + 438 ~ 0 + 488（CT13 - 14 剖面）、0 + 588 ~ 0 + 638（CT16 - 17 剖面）等测段。

本区溶蚀带在 310 m 高程以上比较发育，在 310 m 高程以下较不发育。从 CT 图像上难以直观判定防渗漏重点部位（桩号 0 + 0 ~ 0 + 240 测段）溶蚀带比防渗漏次重点部位发育，但依据钻孔数字图像统计结果，防渗漏重点部位的溶蚀发育孔段累计长度与钻孔深度百分比在 22% ~ 34%，平均 25.6%，而防渗漏次重点部位溶蚀带发育孔段累计长度百分比为 5% ~ 24%，平均 12.3%，可直观判定防渗漏重点部位溶蚀发育。

（3）未发现新的较大断层破碎带。

4.2.2 地下水位观测

右岸库岸灌浆平洞开挖洞段布置了 17 个地下水位观测点,2011 年 8 月 17 日测得钻孔地下水见表 2,右岸库岸地下水位观测及压水试验成果见右岸库岸防渗渗透剖面图。

表 2 右岸 394 灌浆洞勘探孔地下水位一览

	ZK02	ZK04	ZK06	ZK07	ZK08	ZK09	ZK10	备注
埋深(m)	108.5	102	110.6	106.5	94.3	100.5	93.6	
	ZK11	ZK12	ZK13	ZK14	ZK15	ZK16	ZK17	备注
埋深(m)	37.8	31.6	51.6	82.3	62.1	59.4	64.5	

4.2.3 技施阶段补充勘探结论

根据物探检查结果,取消了剩余右岸库岸防渗灌浆平洞,将右岸库岸防渗重点放在了 f8 断层破碎带。

右岸自右坝头至吴家垭口分水岭地下水位较低,岩溶地质条件复杂,且有横贯分水岭的断层和陡倾角张节理分布,不能完全排除管道性渗漏的可能性,从右岸 315 灌浆洞 0 + 000 ~0 + 640 m 钻孔数字成像及对孔 CT 探测结果分析,CT 测试深度范围内未见有较大规模的渗漏通道,仅在局部形成小规模且零星分布的小溶洞,但受钻孔造孔质量和岩性限制,测试无法测得发生孔内事故及破碎岩石部位构造连通情况。但是沿陡倾角裂隙发育的岩溶也说明有渗漏的可能,从 394 库岸防渗堵漏平洞地质钻孔揭露的情况看,0 + 000 ~ 0 + 330 m 段,地下水位 284 ~ 300 m,与 F1 和 f9 陡倾角张性断层及 315 灌浆平洞内 0 + 130 m 处的岩溶有关; 0 + 330 ~ 0 + 435 m 地下水位 342 ~ 362 m,相对较高;而 0 + 435 桩号以后段,由于洞轴线偏离地下分水岭,地下水位降低,但由于 ZK15 钻孔下部岩石破碎,出现卡钻后钻杆折断,孔内遗留长度达 56 m,也不排除有岩溶存在的可能;0 + 465 m 的泥质白云岩中,存在有较大的溶洞,地下水位偏低可能与此有关;ZK17 号孔孔深约 50 m 和 80 m 处岩芯采取率低,且波速异常,与岩溶有关。

4.2.4 近坝岩溶库岸三维渗流计算

4.2.4.1 计算方案

根据技施阶段开挖揭露地质情况及物探检查结果给定地形及地质构造资料,建立三维渗流数值模型,对库区三维非线性有限元渗流进行数值模拟分析,结合设计方案进行渗流敏感性分析与研究,为设计决策提供必要的技术参数,优化库区防渗设计方案以达到安全可靠、经济合理[4]。对如下四种防渗措施方案进行有限元计算,比选最佳方案,四个防渗方案见表 3。

表 3 四种防渗措施方案

方案编号	方案名称	方案内容
方案一:P1	不进行库岸防渗	无库岸防渗设施
方案二:P2	按可研阶段原则设置右岸库岸防渗	右岸连续设置库岸防渗帷幕
方案三:P3	优化库岸防渗方案 A	有针对性的设置右岸库岸防渗帷幕,左岸进行防渗帷幕灌浆
方案四:P4	优化库岸防渗方案 B(左岸防渗取消)	有针对性的设置右岸库岸防渗帷幕,左岸防渗帷幕灌浆取消

为了进行帷幕深度的敏感性分析，在实际帷幕深度基础上增减一定深度值，得到如下7种帷幕底高程用于敏感性分析，帷幕深度敏感性分析方案见表4。

表4　帷幕深度敏感性分析方案

方案编号	h160	h155	h150	h145	h140	h135	h130
帷幕底高程(m)	160	155	150	145	140	135	130

为了进行帷幕厚度敏感性分析，在实际帷幕厚度基础上增减一定厚度值，得到如下4种帷幕厚度用于敏感性分析，帷幕厚度敏感性分析方案见表5。

表5　帷幕厚度敏感性分析方案

方案编号	d1.5	d2.0	d2.5	d3.0
坝基帷幕厚(m)	1.5	2.0	2.5	3.0

结合4种防渗措施方案，7种帷幕深度敏感性分析方案和4种帷幕厚度敏感性分析方案，计算分析以下112种组合方案。

4.2.4.2　模型边界条件

根据渗流计算分析一般原则和特点，结合盖下坝工程实际情况和计算要求建立有限元模型。对模型进行有限元离散时，断层和帷幕采用六面体单元进行模拟，其余地基部分都用四面体单元进行模拟。整个计算模型离散后得288966个结点，1447467个单元，其中六面体单元86775个，四面体单元1360692个。模型的上下游河谷面为已知水头的边界条件，上游水位为392 m、下游水位270 m，模型的其他边界都是不透水边界，采用有限元方法进行稳定渗流场的计算，对以下几个方面进行了仿真模拟。

(1)地基范围和分层。模拟地基的范围在平面方向为3 000 m×2 200 m，拱坝近似位于地基平面范围的中心；模拟地基的范围在高度方向为876 m，上部超出坝顶高程82 m，底部低于建基面652 m。

(2)断层的模拟。由于地基中断层及软弱夹层错综复杂，在模型中仅对地基中F8、F3、F1、f3(F2)、f5、f7、f4、f9、f8、f1、f2和f6等12条断层进行了模拟。

(3)岩溶的模拟。库区存在岩溶较发育的地区，且透水率较大，在模型中对于右岸3处透水率在10～100 Lu的岩溶区域和河床坝基2处透水率在10～100 Lu的岩溶区域进行模拟。

4.2.4.3　计算结论

(1)渗流量在整个剖面上的分布规律是：越靠近河床渗流量越大，越远离河床渗流量越小；右岸3处集中渗漏通道被断层f8连通，渗流量较大，此处有必要进行帷幕灌浆。在实际帷幕厚度2 m、帷幕底高程145 m情况下，方案一～四的典型剖面渗流量分别为7 596.9 m^3/d、2 001.8 m^3/d、2 345.0 m^3/d和2 348.2 m^3/d。

(2)方案二的渗漏量明显小于方案一，说明右岸3处集中渗漏通道的渗流量较大，方案二进行右岸连续帷幕灌浆作用显著；方案三和四渗漏量十分接近，说明左岸F8处渗流量不大，进行左岸帷幕灌浆对减少渗流量作用不大，方案三不经济；方案四和方案二的渗流量相差不大，说明有针对性地进行右岸帷幕灌浆对于减少渗流量作用已经十分明显，方案二不经济。故防渗方案四最为经济有效。

(3)渗透坡降在断面上的分布规律与渗漏量分布规律基本相同,实际工程条件下最大渗透坡降为2.34,不会发生渗透破坏。

(4)随着帷幕厚度的增加,通过断面的渗漏量逐渐减小;随着帷幕底高程的降低,通过断面的渗漏量也逐渐减小;对于方案一,增加帷幕厚度对于减少渗流量的效果相比增加深度减少渗流量的效果要好;对于方案二、三和四,增加帷幕深度对于减少渗流量的效果相比增加厚度减少渗流量的效果要好;但总体上,当帷幕厚度和深度增加到一定程度时,再增加帷幕深度和厚度则对渗流量的减少作用将会减弱。

4.3　防渗优化方案的确定

根据开挖揭露右岸岩石情况,结合物探检查及压水试验结果、三维渗流计算成果,考虑帷幕深度、厚度、范围和渗透系数等综合因素对库岸防渗处理方案进行了调整。有针对性地设置右岸库岸防渗帷幕,取消左岸防渗帷幕灌浆,右岸库岸防渗平洞开挖640 m。右岸315灌浆平洞在开挖时0+130 m处的溶洞内黄泥掉落,在其上部形成较大空腔,对该部位进行混凝土回填,回填后进行帷幕灌浆。

5　水库运行情况

盖下坝水电站2012年8月下蓄水,2013年和2014年均达到正常蓄水位,水库蓄水后未发现向长江的渗漏、齐草沟库尾向泥溪河干鸡沟的渗漏,坝下游河谷和S40、S33岩溶泉流量稳定,与水库蓄水无相关性,左岸峡门垭口未发现渗漏情况,近坝库区右岸吴家垭口未发现明显渗漏通道,山体局部存在渗水点,渗漏量很小,水质清澈,渗漏量稳定。根据水库入库流量过程与出库流量过程统计可知,水库基本没有发生反常的库岸渗漏。

6　结　语

水库岩溶渗漏一般是碳酸盐岩地区建坝的主要工程地质问题之一[1],通过前期地质勘查,进行水库渗漏分析、岩溶管道分析;以及施工期通过地质钻孔、孔内电视、地质雷达、压水试验、地下水位观测手段等综合手段对岩溶库岸进行进一步补充勘查,根据补充勘查取得的岩溶情况资料,进行岩溶库岸三维渗流计算,通过技术、经济比较,最终确定岩溶库岸的处理方案和相关技术参数,通过岩溶库岸防渗处理优化减少了工程投资,缩短了工期,为工程建设做出了重大贡献。

参考文献

[1] 徐福兴,陈飞. 水库岩溶问题研究[C]// 西部水利水电开发与岩溶水文地质论文选集.
[2] 重庆盖下坝水电站成库建坝条件论证报告[R]. 中水东北勘测设计研究有限责任公司,2008.

岩溶地区水电站厂坝防渗系统运行风险分析及预控

李家常　张翔宇

（贵州乌江水电开发有限责任公司东风发电厂　贵州　清镇　551408）

摘要：本文在介绍贵州乌江流域东风水电站（以下称“东风电站”）及其厂坝区防渗系统、水库运行情况的基础上，结合东风水电站防渗系统、大坝近20年的原型运行监测资料，运用高拱坝变形理论，分析了该拱坝的应力变位特征和拱坝坝肩的整体稳定性及其与坝区防渗系统的关系；最后运用风险指数法、Navier-Stokes方程和Louis和Peuga试验结果等对厂坝区防渗系统运行的风险进行分析，同时提出了相应的预防控制建议，为后续工作的开展提供了依据和有益参考。本文所用方法和思路可以为相同或类似工程提供参考。

关键词：岩溶　水电站　厂坝　防渗　风险　预控

1　概　述

东风水电站位于贵州省清镇市和黔西县交界的乌江干流鸭池河段上，是乌江水电梯级开发的第二级，距贵阳市88 km。工程以发电为主，总库容10.25亿 m^3，属不完全年调节水库。东风水电站主要由拦河大坝、引水系统、地下厂房、泄洪系统组成。拦河坝为混凝土双曲拱坝，最大坝高162.0 m，坝顶中心弧长254.35 m，坝顶宽6.0 m，底宽25.0 m，厚高比为0.163，是当时亚太地区已建成的拱坝中最薄的高拱坝之一；防渗帷幕轴线长3 664.5 m，帷幕最大深度达268 m；大坝左右岸及河床帷幕灌浆隧洞总长8.57 km，防渗总面积55万 m^2；帷幕灌浆采用4～5 MPa压力灌注，共完成227个帷幕灌浆单元，工程量约32.15万 m。电站原设计总装机容量为510 MW，经2003～2005年的改造增容、扩机后，现装机容量为695 MW。为确保东风电站的安全稳定运行，作者于2012年6～9月对该电站厂坝区防渗帷幕的运行监测资料进行了分析，在此基础上提出了《贵州乌江东风水电站防渗帷幕运行分析报告》（以下简称“分析报告）及立项进行专题研究的建议，目前该项专题研究正在进行中；本文对上述部分工作进行了总结，与各位同仁探讨。

2　防渗帷幕建设与处理情况

2.1　防渗帷幕设计情况

2.1.1　主要工程地质条件

坝址为深切U形峡谷。坝肩及坝基岩性为三叠系下统永宁镇组下段中厚层、厚层夹薄层灰岩，下游与深部有夜郎组九级滩页岩分布。坝址区为单斜构造，岩层缓倾上游偏左岸。断层规模一般较小，破碎带宽0.01～3 m，但近地表多有溶蚀充填黏土或有小孔洞，与建筑物关系密切的有 F_6、F_7、F_{33}、F_{34}、F_{38}与 F_{18}等6条断层。岩体以裂隙性微至弱透水为主，局部为岩溶裂隙性透水,其下部有九级滩页岩作为防渗依托。

2.1.2　防渗帷幕设计

东风电站地处复杂的岩溶区,经过多年大量的岩溶水文地质勘察后,将绕建筑物地区的渗漏与库首右岸从上游鱼洞暗河向下游凉风洞暗河的河弯水库渗漏区别对待:前者为渗控性质的处理,后者为防漏性质的处理。同时在防渗处理线路的设置上,将建筑物地区与水库区相结合,且水库区在两暗河之间的地下水分水岭上布置。根据防渗与防漏的不同要求确定防渗标准、底线、结构及灌浆参数,参见表1。

表1　帷幕灌浆有关设计参数

位置		排数	孔距(m)	排距(m)	压力(MPa)	防渗标准(Lu)	备注
左岸库区	975.5 m 灌浆廊道	1~2	3.0	1.1	3~4	3~5	
	915 m 灌浆廊道	2	3.0	1.1	4~5	1~3	
	860 m 灌浆廊道	2	3.0	1.1	5	1	
坝基 830 m 灌浆廊道		2	2.5	1.1	5	1	
左、右坝肩		2~3	0.5~2.0	0.5~0.6	3~4	1~3	
右岸厂前区	978 m 灌浆廊道	2	2.5	1.1	4	3	
	915 m 灌浆廊道	2	2.5	1.1	4	1	
	851 m 灌浆廊道	2	2.5	1.1	5	1	
右岸库区	978 m 灌浆廊道	1~2	3.0	1.1	3	5	在断层处加密为2排
	915 m 灌浆廊道	1~2	3.0	1.1	4	5	
	851 m 灌浆廊道	1~2	3.0	1.1	5	3	

2.2　防渗帷幕施工及处理情况

东风电站坝址区岩溶发育,在大坝两岸及河床布置了较长的防渗帷幕线,防渗帷幕轴线长3 664.5 m,帷幕最大深度达268 m;大坝左右岸及河床防渗帷幕灌浆隧洞总长8.57 km,防渗总面积55万 m^2;防渗帷幕灌浆采用4~5 MPa压力灌注,共完成227个帷幕灌浆单元,工程量约32.15万 m,经压水试验检查,透水率小于设计值,合格率达到100%,优良率达到78.9%,施工质量满足设计要求。

水库运行后相继发现各廊道存在少量渗水、滴水现象,尤其左右坝肩较为严重;另右岸高程851 m廊道上游边墙底部,2号、3号发电引水隧洞之间发现出水冒气点,为此,对左岸高程915 m廊道及851 m廊道的坝肩及厂房部位进行了帷幕及固结补强灌浆处理,并对851 m廊道与引水洞下平段交接部位作了帷幕补强灌浆。处理后廊道的渗水状况有所改善,渗、滴水点明显减少或消除。为了减少库水渗漏量,1999年对左岸高程975.5 m廊道端头向库区延长开挖的120 m隧洞进行防渗帷幕灌浆处理;2001年12月至2002年2月对左岸975.5 m帷幕灌浆二期工程进行施工。2004年汛前至2005年汛前,在对1#、2#、3#机组改造增容时,对引水系统下平段进行帷幕补强、固结补强灌浆处理。2005年8月检查发现右坝肩851 m高程廊道的渗水量由多年平均的1 500 mL/min增至4 150 mL/min(2005年8月

17 日，库水位为 955.21 m），通过对 851 m 高程廊道渗漏点排查发现廊道内桩号 0 + 760 上下游侧排水沟（大坝与坝肩结合处）出现两处地面渗水，经设计研究，确定在廊道 0 + 755 ~ 0 + 785段顶拱、底板各增加一排垂直帷幕加强灌浆孔，在上游侧边墙增加帷幕补强搭接孔；灌浆后在渗水点及其左右侧增加排水孔。该处理项目于 2009 年 12 月开工，2010 年 3 月完成。

3　防渗帷幕监测及其运行

3.1　帷幕运行监测设计

帷幕运行渗流渗压监测包括坝基纵横向扬压力监测、左右岸绕坝渗流监测、帷幕渗流监测及渗流量监测等。

3.1.1　坝基扬压力监测

坝基扬压力通过设置坝基排水孔、坝基测压管、坝内渗压计进行监测。测点布置情况见表 2、表 3 和图 1。

表 2　坝基测压管埋设情况表

序号	仪器编号	孔口高程(m)	孔底高程(m)	所在坝段
1	UP6 - 1	830	822.5	6#
2	UP6 - 2	830	822.8	6#上
3	UP6 - 3	830	822.7	6#中
4	UP6	830	822.5	6#下
5	UP7	830	822.5	7#
6	UP8	830	816.5	8#
7	UP9	830	815.5	9#
8	UP10	830	814.0	10#
9	UP10 - 1	830	813.0	10#上
10	UP10 - 2	830	813.3	10#中
11	UP10 - 3	830	812.5	10#下
12	UP11	830	820.8	11#

表 3　坝基渗压计埋设情况表

序号	仪器编号	埋设高程(m)	所在坝段	备注
1	P6	823.9	6#	已停测
2	P7	823.0	7#	已停测
3	P7 - 1	825.0	7#	正常
4	P7 - 2	825.0	7#	正常
5	P7 - 3	825.0	7#	正常
6	P8	816.8	8#	已停测
7	P9	815.5	9#	已停测
8	P10	814.2	10#	已停测
9	P11	821.0	11#	已停测
10	PS11	787.0	11#	正常

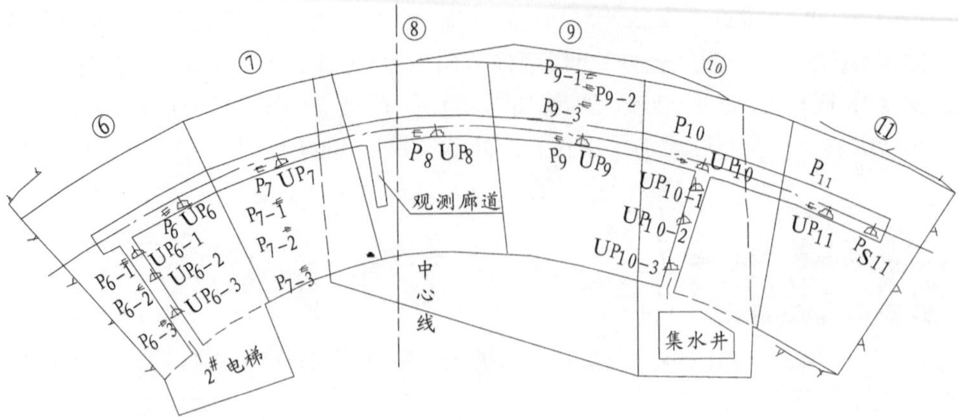

图1　坝基扬压力监测平面布置图

3.1.2　*左右岸绕坝渗流监测*

为监测拱坝两岸绕坝渗流情况，在大坝两岸灌浆廊道及排水洞中埋设渗压计21支，测点布置情况见图2、图3；渗压计测点高程分别布置在833～855 m。

3.1.3　*帷幕渗流监测*

为监测库区帷幕的防渗效果，在库区帷幕后布置了12个测点，2000年初、2007年6月先后在两坝肩新增了6个测压管、压力表。测点布置情况见图4。

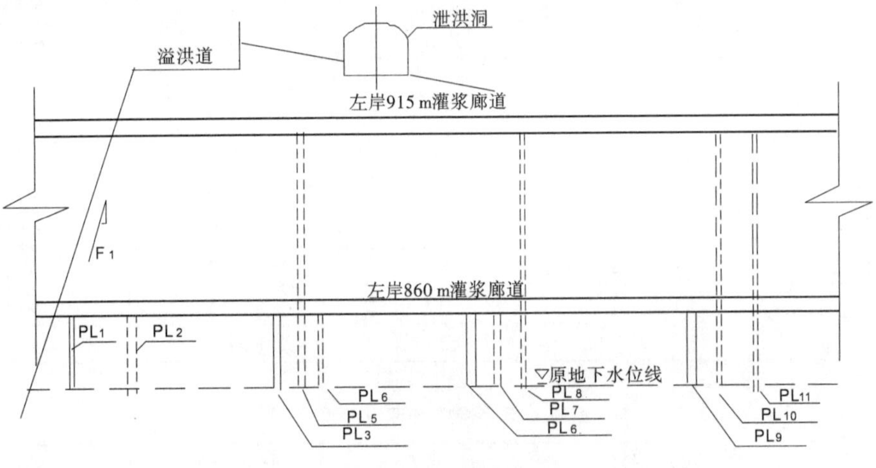

图2　左岸绕坝渗流监测布置示意图

3.1.4　*渗流量监测*

自东风电站下闸蓄水后，位于大坝下游约2 km的左岸边有一暗河渗流量增加，为此，把该暗河作为一处渗流监测点；因长期受汛期泄洪时的水流冲刷破坏，2005年汛后曾不能正常监测，为此2006年11月对其进行了修复处理。为监测拱坝两岸绕坝渗流情况，在大坝两岸灌浆廊道埋设6个量水堰。

3.2　防渗帷幕运行环境条件

3.2.1　*防渗帷幕运行水位*

上游水位：上游日平均最高水位为970.00 m，为设计的正常蓄水位，最低为849.8 m，最大年变幅为96.03 m，多年平均水位951.92 m。库水位基本在死水位936.0 m和正常蓄水

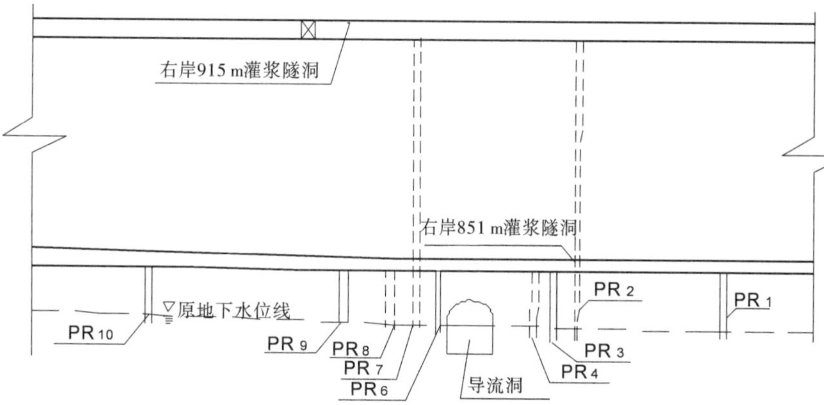

图3　右岸绕坝渗流监测布置示意图

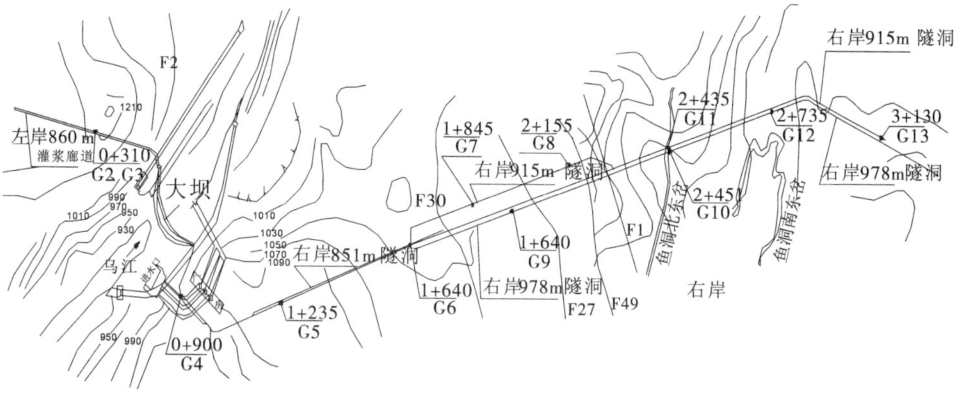

图4　帷幕后观测孔布置示意图

位 970.0 m 之间变动。第一次定期检查后 2005 ~ 2010 年间高水位在 962.25 ~ 969.95 m 之间，低水位在 936.00 ~ 944.13 m 之间，年变幅在 19.77 ~ 33.63 m 之间。东风水库属不完全年调节水库，上游水位无明显的周期变化，从多年月平均水位来看，7 ~ 11 月水位较高，在 958.24 ~ 962.03 m 之间，12 ~ 6 月水位较低，在 946.50 ~ 955.22 m 之间。

下游水位主要受发电及降雨的影响，变幅较小，年周期现象不明显。下游日平均最高水位为 842.98 m，最低水位为 835.77 m，历年变幅在 4.26 ~ 6.70 m 之间。多年平均尾水位 839.34 m。下游水位在设计尾水位范围内运行，水位年变幅较小。因此，帷幕运行水位为 14.03 ~ 133.53 m。

3.2.2　运行气温及有感地震

坝区日均气温呈明显的年周期变化，每年的 6 ~ 9 月气温较高，12 月及 1 月、2 月的气温较低。1996 ~ 2011 年期间，最高日均气温 31.0 ℃，最低日均气温为 -2.6 ℃，多年平均气温约为 16.67 ℃。多年月平均最低气温出现在 1 月，为 6.14 ℃；多年月均最高气温出现在 7 月，为 24.68 ℃。

自东风电站帷幕投入运行后，多次受到水库诱发地震及其他有感地震等的影响，尤其 5·12汶川地震，导致东风电站枢纽区产生有感地震 4.6 级，从大坝垂线系统的数据（地震前后）看，地震过程中的大部分测点测值发生了明显位移，切向位移的量值普遍比径向位移的量值要大，即切向位移最大位移变幅 3.32 mm，径向位移最大位移变幅 1.58 mm，且在地震过程中，地震引起 8#坝段 EL.945 m 高程的 20#测点切向位移超过了历史极值；另外，从扩建工程爆破施工期间的部分监测资料可看出，爆破地震对枢纽工程的影响较 5 · 12 汶川地震明显。

3.2.3　坝区降雨

一年中降雨主要集中在 5 ~ 8 月，7 月的降雨量最大，多年平均达 200.9 mm。最大日降雨量为 112 mm，发生在 2001 年 6 月 16 日。1994 ~ 2012 年期间，最大年降雨量为 1 123 mm（2008 年），多年平均年降雨量约为 958 mm。

3.2.4　爆破施工

东风电站扩建工程于 2003 年 8 ~ 9 月进行爆破施工试验，正式爆破施工于 2004 年 4 月开工、2005 年 1 月结束，近右坝肩前 100 m 隧洞开挖爆破允许单响药量一般均不小于 4.0 kg，100 m 以外隧洞开挖爆破允许单响药量一般均不小于 7.0kg，为研究扩建工程对东风水电站大坝、坝肩稳定影响，进行了右坝肩岩体整体稳定仿真破坏分析研究、右坝肩稳定分析及加固处理现场爆破试验。从理论上讲，爆破施工产生的爆破地震会对帷幕防渗能力及其安全运行存在不利影响，另从爆破施工期间的部分监测资料也可看出爆破地震对枢纽工程的影响较 2008 年 5 月 12 日（14:28）四川省汶川县发生 8.0 级地震时产生的有感地震明显，如从爆破施工期间的渗压成果和压力变化过程线看，监测点均呈增大趋势，以 PR5、PR9 变化较敏感，变幅分别为 0.9 m 和 0.6 m，其余各支变幅均在 0.4 m 以内。

4　帷幕监测资料分析与风险评价

4.1　帷幕监测资料分析

4.1.1　坝基扬压力

（1）在 1994 ~ 2003 年期间，坝基扬压力实测最高水位在 5.37 ~ 92.53 m 之间，最高扬压水位为 UP10，出现在 1996 年 12 月 15 日；在 2004 ~ 2012 年期间，坝基扬压实测最高在 0.18 ~ 86.53 m 之间，坝基扬压力实测最高水位为 UP8，发生在 2006 年 10 月 24 日，最大年变幅 35.91 m（UP8），发生在 2006 年。

（2）除 6#、10#坝段横向的几个测压管与上游水位关系不甚密切外，各坝段测压管孔内水位基本上与上游水位呈一定的相关关系。

4.1.2　渗漏量

（1）左右坝肩、地下厂房及左岸桥头暗河渗漏量最大值大部分发生在 2005 年或 2005 年后有明显增大趋势。

（2）从渗漏量变化的时间过程分析，帷幕存在弱化趋势，应加强分析研究工作。

4.1.3　绕坝渗流与帷幕渗压

（1）通过渗压计和测压管测得的左坝肩水位资料来看，与库水位有一定相关性，表明左岸存在一定绕坝渗流现象。

（2）右坝肩 PR9 水位最高，达到 944.90 m，最大年变幅也为该孔，达 69 m。右坝肩测孔水位与库水位有一定相关，表明也存在一定的绕坝渗流现象。

（3）上游库水位的变化对测点水位影响较大，库水位升高，孔内水位升高，库水位降低，孔内水位降低，与库水位有一定相关性，表明两岸存在一定绕坝渗流现象；廊道钙化及物沉积物的调查表明渗控系统析出物仍大量析出，在巡检中发现的左岸 EL.915 m 隧洞等（如位于桩号 0+300 的渗水点测值增幅较大等)渗水量较大且在库水位达到 EL. 942 m 及以上时泄洪洞边墙排水孔渗水量较大;同时,通过对位于 851 m 廊道靠地下厂房右端墙上游侧 PR_9 渗压计的长期监测资料发现,该测点渗压系数达 0.8 左右,渗压值较大。

4.2 帷幕风险评价

4.2.1 帷幕渗漏与应力的关系

设水流服从 Darcy 定律,则由 Navier—Stokes 方程[1]可知渗透系数 K 可用式(1)表示,即

$$K = (\beta \rho g b_i^3 / (12 \mu C s) \tag{1}$$

式中,β 为帷幕孔隙、裂隙内连通面积与总面积之比;ρ 为水的密度;g 为重力加速度,b 为帷幕孔隙、裂隙宽度;μ 为水的黏滞系数;C 为孔隙、裂隙内粗糙度修正系数;$C=1+8.8(e/2b)^{1.5}$,e 为裂隙不平整度;s 为孔隙、裂隙间距。

由式(1)不难看出,当帷幕应力发生变化时,将引起帷幕孔隙、裂隙的改变,从而引起帷幕防渗性能的变化;1976 年 Louis 和 Peuga 根据大量在裂隙岩体中各种深度的钻孔抽水试验结果,得出应力对渗透系数影响的经验公式为:

$$K = K_o \exp(-\alpha \sigma^2) \tag{2}$$

$$\sigma \approx rH - P \tag{3}$$

式中,K_0为地表渗透系数;rH 为覆盖岩层的重量;P 为水压力;α 为系数,取决于岩石的裂隙性态[2];上述试验公式表明,当帷幕应力发生变化时,帷幕防渗性能也将产生变化中。此外,从文献[3]、[4]可知(见图 5),在设计使用期内,帷幕衰减(可靠度降低)随时间而增加;同时,由东风电站防渗系统近二十年的原型运行监测资料计算得到的渗压指数表明,在近二十年的运行期中,渗压指数呈增大趋势,如图 6 所示。

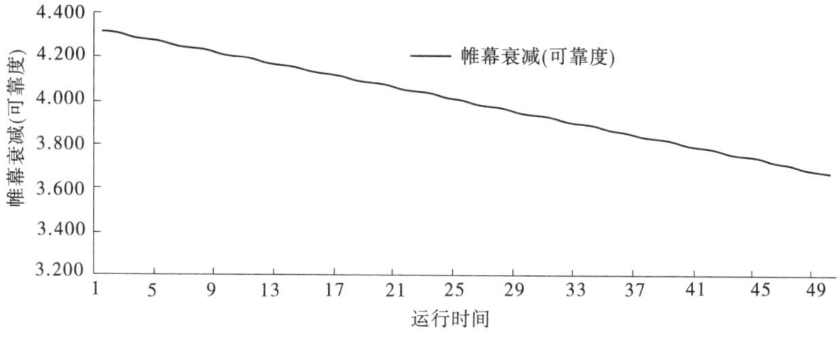

图 5 帷幕衰减(可靠度)—运行时间关系图

综上所述,从理论、试验均已证明,帷幕渗漏与其所处运行环境、应力的关系密切,运行环境、应力的变化都直接影响到帷幕抗渗能力,也将影响帷幕衰减速度及其安全寿命。

4.2.2 风险指数与评价

通过对国内外主要风险评价方法、原理的对比,结合本工程实际,本文采用作者针对国际大坝委员会(ICOLD)第 41 期会刊所推风险指数存在的不足所提出的 I 指数法[5]对厂坝区防渗系统运行的风险进行分析;通过计算,东风电站的 I 指数值为 2738。其中,由帷幕衰减产生的 I 指数值为 375,增幅约 13.7%。

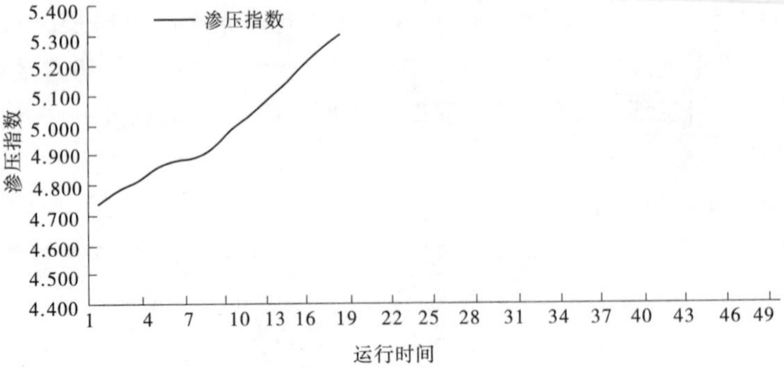

图6　渗压指数—运行时间关系图

5　结论与建议

(1)综上所述,两坝肩、库区存在一定的绕坝渗流现象、库区帷幕后的渗压水位普遍偏高,目前虽不至于影响坝体和坝肩的稳定,但应引起足够重视,尤其是紧靠地下发电厂房的帷幕弱化趋势。根据西班牙、捷克、苏联及我国陈村、新安江、丰满等国内外工程实例灌浆帷幕的运行、加固情况,贵州乌江东风水电站防渗帷幕已明显进入衰减期,有必要结合该电站防渗帷幕运行情况进行分析研究工作。

(2)由于东风电站厂坝区岩溶发育,加之老厂房系统位于右坝肩上游库区内,厂房与库水的隔断依赖于厂坝区布置的防渗帷幕,且新、老地下厂房水力联系密切;所以,帷幕失效不仅可能导致坝肩失稳、水淹厂房,而且可能导致坝体失稳。同时,开展帷幕衰减与耐久性研究分析,也可为坝身缺陷分析提供参考。

(3)文中重点对帷幕渗透压力及相关情况进行了分析,有许多问题有待进一步研究,如渗流场与应力场的耦合、渗流场与应力场、温度场的耦合等,因此需进一步作专题研究。

参考文献

[1] 张电吉,等.裂隙岩体渗透性分析研究[C]//勘察科学技术,2003(1):26.

[2] Gomez - Hernandez J J, Hedricks Franssen H J, Cassiraga E F. Stochastic analysis of flow response in athree - dimensional fractured rock mass block[J]. International Journal of Rock Mechanics & Mining Science2001,38:31-44.

[3] 李清富,等.工程结构可靠性原理[M].郑州:黄河水利出版社,1999.

[4] 赵国潘.工程结构可靠性理论与应用[M].大连:大连理工大学出版社,1996.

[5] ICOLD. ZHangxiangyu —I INDEX INNOVATION AND APPLICATION IN RISK CONTROL OF WATER CONSERVANCY AND HYDROPOWER ENGINEERING[C]// International Commission On Large Dams 82st Annual Meeting Symposium. 05 June2014. Indonesia.

冷却水管在薄壁混凝土结构中的应用研究

王振红[1] 刘 毅[1,2] 张国新[1,2]

(1. 中国水利水电科学研究院 结构材料所 北京 100038;
2. 中国水利水电科学研究院 流域水循环模拟与调控国家重点实验室 北京 100038)

摘要:混凝土结构施工期容易产生裂缝,而结构早期的内外温差、后期的基础温差是这类裂缝产生的主要原因,因此施工期的温度控制就成为问题的关键。针对这一问题,提出将用于大体积混凝土结构的水管冷却技术应用于薄壁混凝土结构来减小内部温度和内外温差。结合混凝土温度场的基本原理和水管冷却的精确算法,通过三维有限单元法对某水闸在埋设和未埋设冷却水管情况下的温度场进行对比分析,结果显示冷却水管能起到很好的温控效果,值得应用推广。该方法对类似工程具有一定的参考价值。

关键词:水闸 冷却水管 温控防裂 内外温差 混凝土温度场

1 前 言

在南水北调工程当中,有很多渡槽、倒虹吸、涵洞、挡土墙和泵站等混凝土结构,这类结构相对大坝而言比较单薄,施工期的混凝土裂缝问题一直是工程界所面临的一大难题,它影响因素众多,形成机理复杂。从裂缝成因[1-4]分析来看,国内普遍认同温度荷载是引起裂缝的重要因素,解决问题的途径主要从两个方面来进行着手:一种是减小早期混凝土结构的内外温差,一种是减小底板对上部结构的约束,或者说减小后期的温降幅度。可以看出,无论从哪一方面着手,都涉及混凝土的温度,因此,混凝土的温度控制就成为问题的关键。

水闸等薄壁混凝土结构大都采用高性能混凝土[5-6],其绝热温升高,而且在结构型式、施工工艺等方面与大坝等大体积混凝土也有所不同。针对这一问题,本文提出将用于大体积混凝土结构的水管冷却技术[7-12]应用于水闸等薄壁混凝土结构来减小内部温度和内外温差。依托曹娥江河口大闸工程,分析了水管冷却技术在该工程中的温控防裂效果,可以为类似工程在施工期的温控防裂提供参考。

2 计算原理与方法

2.1 不稳定温度场基本理论和有限元方法

在计算域 R 内任何一点处,不稳定温度场 $T(x,y,z,t)$ 须满足热传导方程

$$\frac{\partial T}{\partial t} = a\left(\frac{\partial^2 T}{\partial x^2} + \frac{\partial^2 T}{\partial y^2} + \frac{\partial^2 T}{\partial z^2}\right) + \frac{\partial \theta}{\partial \tau} \tag{1}$$

式中:T 为温度,℃;a 为导温系数,m^2/h;θ 为混凝土绝热温升,℃;t 为时间,d;τ 为龄期,d。

基金项目:973 项目(2013CB036406,2013CB035904);十二五科技支撑项目(2013BAB06B02);中国水科院科研专项;流域水循环模拟与调控国家重点实验室科研专项。

利用变分原理,对式(1)采用空间域离散,时间域差分,引入初始条件和边界条件后,可得向后差分的温度场有限元计算递推方程

$$\left([H]+\frac{1}{\Delta t_n}[R]\right)\{T_{n+1}\}-\frac{1}{\Delta t_n}[R]\{T_n\}+\{F_{n+1}\}=0 \tag{2}$$

式中:$[H]$为热传导矩阵;$[R]$为热传导补充矩阵;$\{T_n\}$、$\{T_{n+1}\}$分别为结点温度列阵;$\{F_{n+1}\}$为结点温度荷载列阵;n 为时段序数;Δt 为时间步长。

根据递推公式(2),由已知上一时刻的结点计算温度$\{T_n\}$可以推出下一时刻的结点温度$\{T_{n+1}\}$[13]。

2.2　水管冷却混凝土温度场计算原理与方法

由于水管当中的水是流动的,且水的温度也未知,因此沿程水温的增量计算是一个非常复杂的问题,图1是任意一段带有冷却水管的混凝土单元。根据傅立叶热传导定律和热量平衡条件,水管壁面单位面积上的热流量为 $q=-\lambda\partial T/\partial n$ 。水管壁厚很小,无需考虑水管本身热能的变化。考察在 dt 时段内在截面 W_1 和 W_2 之间混凝土和管中水流之间的热量交换情况:

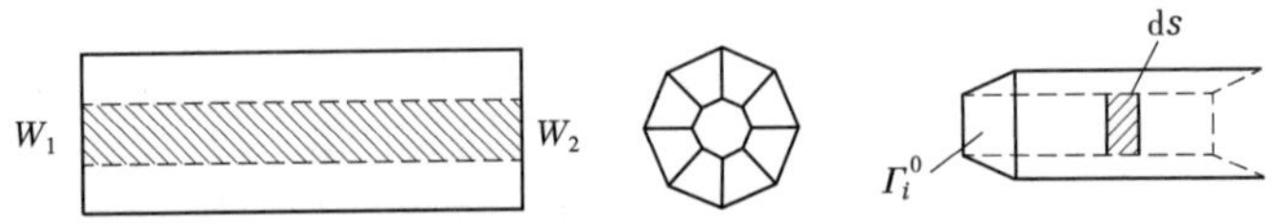

图1　水管冷却水与混凝土之间的热交换示意

经水管壁面 Γ^0 从混凝土向水体释放或吸收的热量为

$$dQ_c=\iint_{\Gamma^0}q_i ds\mathrm{d}t=-\lambda\iint_{\Gamma^0}\frac{\partial T}{\partial n}\mathrm{d}s\mathrm{d}t \tag{3}$$

从水管段元入口断面 W_1 进入管中水体的热量为

$$dQ_{w1}=c_w\rho_w T_{w1}q_w\mathrm{d}t \tag{4}$$

从水管段元出口断面 W_2 从水体流出的热量为

$$dQ_{w2}=c_w\rho_w T_{w2}q_w\mathrm{d}t \tag{5}$$

其中:q_w、c_w 和 ρ_w 分别为冷却水的流量、比热和密度;T_{w1}、T_{w2} 分别为水管段元的入口水温和出口水温。

两个截面之间的水体由于增温或降温所增加或减少的热量为

$$dQ_w=\int_{l_{1i}}^{l_{2i}}c_w\rho_w\left(\frac{\partial T_{wP}}{\partial t}\mathrm{d}t\right)\cdot A_p\mathrm{d}l \tag{6}$$

式中:T_{wP} 为 W_1 和 W_2 截面之间水体的温度;l 为水管沿程坐标;A_p 为水管过流面积。

热量的平衡条件为

$$dQ_{w2}=dQ_{w1}+dQ_c-dQ_w \tag{7}$$

将式(3)~式(6)代入式(7),得

$$\Delta T_{wi}=\frac{-\lambda}{c_w\rho_w q_w}\iint_{\Gamma^0}\frac{\partial T}{\partial n}ds+\frac{A_P}{q_w}\int_{l_{1i}}^{l_{2i}}\frac{\partial T_{wp}}{\partial t}dl \tag{8}$$

考虑到水管中水体的体积很小,且通常水管的入口水温与出口水温变化不是很大,式(8)可简化为

$$\Delta T_{wi} = \frac{-\lambda}{c_w \rho_w q_w} \iint_{\Gamma^0} \frac{\partial T}{\partial n} ds \tag{9}$$

具体有限元计算时,曲面积分 $\iint_{\Gamma^0} \frac{\partial T}{\partial n} ds$ 可沿冷却水管外缘面逐个混凝土单元地作高斯数值积分。

由于冷却水的入口温度已知,利用上述公式,对每一根冷却水管沿水流方向可以逐段推求沿程管内水体的温度. 设某一根冷却水管共分成 m 段,入口水温为 T_{w0} ,第 i 段内水温增量为 ΔT_{wi} ,则显然有

$$T_{wi} = T_{w0} + \sum_{j=1}^{i} \Delta T_{wj} \quad i = 1,2,3,\cdots,m \tag{10}$$

2.3　水管冷却混凝土温度场的迭代求解

在式(9)和式(10)中,水管的沿程水温计算与边界法向温度梯度 $\partial T/\partial n$ 有关,因此带冷却水管的混凝土温度场是一个边界非线性问题,温度场的解无法一步得出,须采用迭代解法逐步逼近真解。

第一次迭代时可先假定整根冷却水管的沿程初始水温均等于冷却水的入口温度,由式(2)求得混凝土温度场的解后,用式(9)和式(10)得到水管的沿程水温;再以此水温作为水管中各处水体的初始水温,重复上述过程,直到混凝土温度场和水管中冷却水温都收敛于稳定值,迭代结束。计算精度控制准则可简单地取为

$$\max(|T_{w_i}^{k} - T_{w_i}^{k+1}|) < \varepsilon \quad i = 1,2,\cdots, m \quad \varepsilon > 0 \tag{11}$$

式中:k 为迭代次数;ε 为事先给定允许误差[13]。

结合有冷却水管的混凝土试块的室内非绝热温升试验和淮河入海水道二河新泄洪闸现场试验,对水管冷却算法的准确性和计算效率进行了验证。结果证明,该算法不但理论上严密,而且迭代计算的效率也高,精度也好。同时在姜塘湖退水闸、周公宅拱坝、曹娥江大闸等工程的应用中取得了良好的温控防裂效果[4-6]。

3　工程应用

3.1　工程概况

某大闸枢纽工程位于浙江省绍兴市,钱塘江主要支流曹娥江河口,属河口大闸,是浙东引水工程的配水枢纽。工程为Ⅰ等工程,主要建筑物为一级建筑物,挡潮泄洪闸总净宽 560 m,共设 28 孔,闸孔净宽 20.0 m,闸墩长度达到 25 m、高 10.5 m、厚 4 m,闸底板厚 2.5 m,长 26 m。大闸采用高性能矿渣混凝土,施工期的温控防裂任务复杂而艰巨。配合比见表 1。

表 1　大闸混凝土温控试验配合比

混凝土标号	PO.42.5 水泥	磨细矿渣	二水石膏	砂	5～20 mm 小石	20～40 mm 中石	40～80 mm 大石	南科院外加剂	水
C30 三级配	104.1	181.5	11.9	529.0	451.0	451.0	602.0	2.0	119.0
C30 二级配	138.3	241.0	15.8	588.0	654.0	654.0	—	3.0	158.0

注:三级配混凝土用于闸底板,二级配混凝土用于闸墩。

3.2　计算模型

考虑工程的结构形式以及结构的对称性,取一半结构参与计算。闸墩表面附近温度受

环境温度影响较大,早期温度梯度和应力梯度大,同时表层混凝土的温度和应力变化情况也正是混凝土温控防裂研究的重点,为计算精确设置相对较薄的单元。为了模拟分层浇筑过程,计算网格在高度方向上的单元厚度取0.4 m,为一个浇筑层的厚度。计算模型的单元和结点总数分别为21 719和26 177个,典型点和水管布置见图2,带冷却水管的计算网格如图3所示(地基取部分网格)。

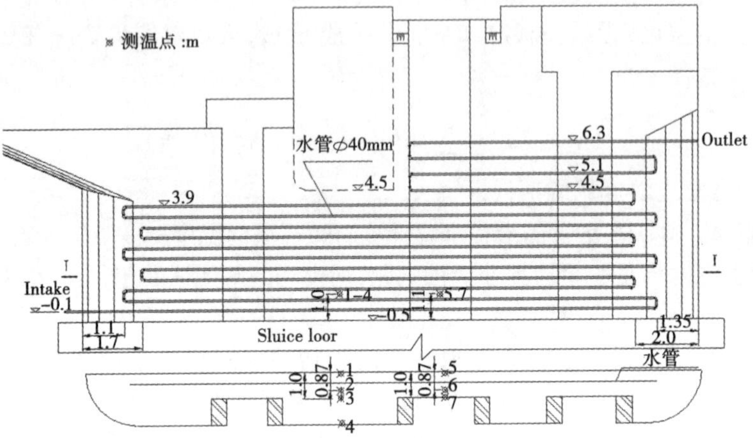

图2　典型点和水管布置图

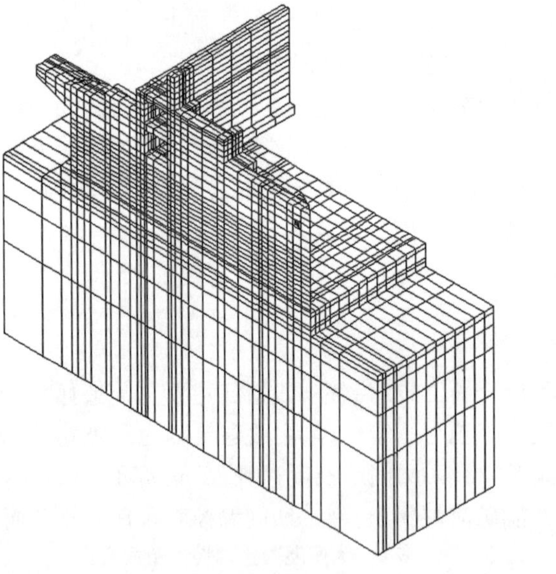

图3　仿真计算网格

针对裂缝成因,采取的温控防裂措施包括:在原材料方面,通过具体的实验优化混凝土配合比,并采用外加剂以减少水泥用量和降低混凝土自身体积收缩;在施工工艺方面,对于底板,在混凝土浇筑完毕后上表面覆盖一层草袋进行保温养护,对于闸墩,则采用适度表面保温和内部降温相结合的防裂措施,即闸墩的浇筑采用钢模板,外贴土工布进行保温,同时在闸墩内部埋设冷却水管。冷却水管通水时间3.0 d,水温22 ℃,通水流量8.00 m^3/h, 8 d拆模。

3.3　计算结果分析

分析以典型点和典型剖面典型时刻的温度为对象，典型点布置见图2。为了更好地对比冷却水管的温控效果，笔者还进行了未埋设冷却水管时的温度场仿真计算，限于篇幅，这里仅以1号和3号点为分析对象，仿真计算结果见图4和图5。

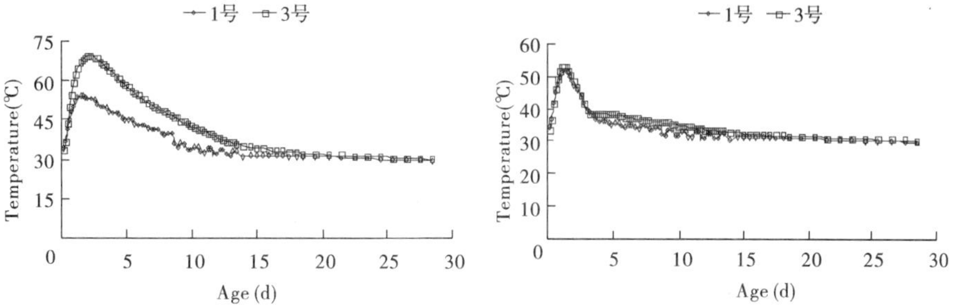

(a)无水管　　(b)有水管

图4　特征点1号和3号的温度过程线

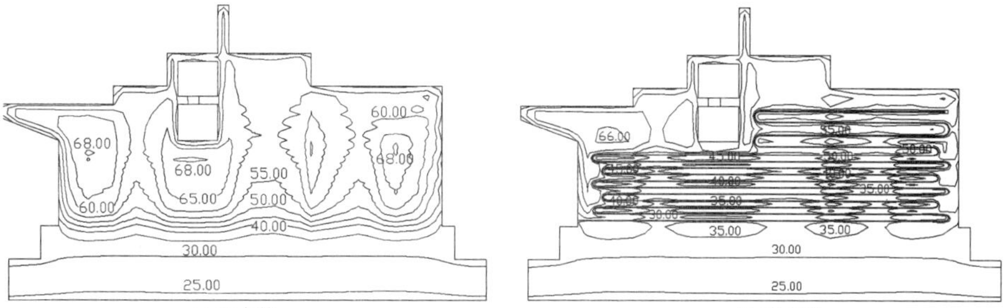

(a) 无水管　　(b) 有水管

图5　浇筑完2 d时中间剖面的温度等值线(℃)

从计算结果可以看出，混凝土是在高温季节浇筑，且采用的是高性能矿渣混凝土，水化反应比较剧烈，闸内混凝土温度普遍较高。

混凝土中未埋设冷却水管时，混凝土在浇筑完2 d左右达到最高温度，其中1号点最高温度53.1 ℃，3号点最高温度69.5 ℃，内外温差约16.4 ℃（见图4）。过大的内外温差使混凝土内外收缩不一致，产生相互约束，内部为压应力，表面为拉应力，很容易产生早期裂缝。（图5显示）从温度等值线可以看出，闸墩混凝土温度场规律分布比较明显，体积较大部位高达68 ℃，而3个门槽部位由于厚度较小、散热快，温度明显较低，比同高程的其他部位低近10 ℃，但也达到近60 ℃，见图5(a)。另外，1号表面点由于受环境温度影响显著，温度会随气温有所波动，拆模后波动略有增加，见图4(a)。随着时间的推移和混凝土热量的散发，水闸温度逐渐降低。

混凝土中埋设冷却水管后，由于冷却水的导热降温，混凝土温度明显降低。混凝土1号点最高温度变为50.1 ℃，内部3号点降温显著，变为51.6 ℃，内外温差仅为1.5 ℃。体积较大处为45～50 ℃，门槽处为35 ℃左右，可见冷却水管削峰减差效果明显，可以起到很好的温控防裂效果。需要说明的是，在混凝土浇筑完3 d时，无论1号点还是3号点温度都有明显转折发生，究其原因主要是水管停止冷却通水，混凝土温降速率减小。另外，由于冷却水温较低，水管周围混凝土的温度梯度较大，因此要防止水温太低而形成管壁附近过大的温差。

总之,由于合理选择了原材料,施工阶段又采取了适度的表面保温和内部降温相结合的温控防裂新方法,这个工程取得了良好的温控效果,从现场反馈信息得知,在完工的闸墩上没有发现裂缝产生。

4 结 语

(1)对于薄壁混凝土结构工程,其混凝土绝热温升高,内外温差和基础温差比较大,再加上结构型式相对单薄,裂缝一旦出现都将是贯穿性裂缝,严重影响结构的使用寿命,尤其是结构薄弱处,应给予足够的重视。

(2)冷却水管具有很好的降温作用,能够很好地改善结构的温度分布,降低结构地内外温差和基础温差,尤其对高性能薄壁混凝土结构,温控效果更是明显。

(3)水管冷却方法是一种经济上合理、技术上可行的温控措施,且在施工现场具有很大的灵活性。但影响因素众多,建议施工前进行多参数、多工况的仿真计算分析,确定适时合理的水管间距、冷却水温和通水时间,确保获得较好的温控防裂效果。

参考文献

[1] G De Schutter. Finite element simulation of thermal cracking in massive hardening concrete elements using degree of hydration based material laws [J]. Computers and Structures,80 (2002): 2035-2042.

[2] 张子明,郭兴文,杜荣强. 水化热引起的大体积混凝土墙应力与开裂分析[J]. 河海大学学报,2002, 30(5):12-16.

[3] 丁宝瑛,王国秉,黄淑萍,等. 国内混凝土坝裂缝成因综述与防止措施[J]. 水利水电技术,1994(4): 12-18.

[4] 马跃峰,朱岳明,刘有志,等. 姜唐湖退水闸泵送混凝土温控防裂反馈研究[J]. 水力发电,2006,32(1): 33-35.

[5] 马跃峰,朱岳明,曹为民,等. 闸墩内部水管冷却和表面保温措施的抗裂作用研究[J]. 水利学报,2006, 37(8):963-968.

[6] 曹为民,吴健,闪黎. 水闸闸墩温度场及应力场仿真分析[J]. 河海大学学报,2002,30(5):48-52.

[7] J. H. Hattel, J. Thorborg. A nu merical model for predicting the thermo mechanical conditions during hydration of early-age concrete [J]. Applied Mathematical Modeling,27 (2003): 1-26.

[8] Kawaraba. H, Kanokogi. T, Tanabe. T. Develop ment of the FEM progra m for the analysis of pipe cooling effects on the thermal stress of massive concrete, Trans JCI,1986(8), P:125-130.

[9] Bofang Zhu. Effect of cooling by water flowing in nonmetal pipes embedded in mass concrete[J]. Journal of Construction Eng. ASCE,1999,125(1).

[10] B. F. Zhu. Finite element analysis of the effect of pipe cooling in concrete dams (in Chinese). Journal of Shuli Xuebao, 1985(4):27-36.

[11] N. Liu, G. T. Liu, Sub-structural FEM for the thermal effect of cooling pipes in mass concrete structures(in Chinese). Journal of Shuli Xuebao, 1997(12):43-49.

[12] 朱岳明,徐之青,贺金仁,等. 混凝土水管冷却温度场的计算方法[J]. 长江科学院院报,2003, 20(2): 19-22.

[13] 朱伯芳. 大体积混凝土温度应力与温度控制[M]. 北京:中国电力出版社,1998.

某寒冷地区电站压力钢管保温设计

郝　鹏　张合作　杨　鹏　罗光其

（中国电建集团贵阳勘测设计研究院有限公司　贵州　贵阳　550081）

摘要：压力钢管保温设计和施工是寒冷地区压力钢管冬季正常运行的保障。本文以新疆地区某水电站为例，对寒冷地区压力钢管温度变化和最大拉应力进行数值仿真和分析，并结合初期运行的监测资料进行验证，结果表明，压力钢管温度分析、数值仿真以及保温设计是合理有效的。

关键词：寒冷地区　压力钢管　保温设计　数值仿真　监测资料

根据国内水电工程建设发展情况，目前大多数在建和拟建的工程分布在西部地区，大部分地区区域气候呈极端最低温数值低、年度及昼夜温差大的特点。水工建筑物运行环境越来越严酷，作为引水发电系统重要建筑物——压力钢管保温设计要求也日趋严格。本文结合新疆地区某完建电站压力钢管建设运行情况，对寒冷地区压力钢管温度变化进行分析和数值仿真，并根据后期运行的监测资料进行验证，为同类型压力钢管保温设计提供借鉴参考。

1　概　述

水电站正常蓄水位 1 240 m，水库总库容 7 975 万 m^3，装机容量 95 MW。电站枢纽由拦河沥青心墙砂砾石堆石坝及枢纽区渗控工程，洞式溢洪道、泄洪冲沙（兼导流）洞，左岸一洞两机引水系统和岸边地面厂房等建筑物组成。本工程为Ⅲ等中型工程。水工建筑物中泄水建筑物、进水口、引水隧洞、厂房、消能防冲等主要建筑物级别为 3 级；土石坝坝高超过 80 m，因此大坝级别按 2 级建筑物设计；次要建筑物为 4 级，临时性建筑物为 5 级。地震基本烈度均为Ⅷ度。

2　压力钢管布置设计

2.1　地质条件

压力钢管位于Ⅳ级缓坡阶地，地面高程 1 155 ~ 1 250 m，地形坡度 5° ~ 30°，地表为砂卵砾层，厚 0 ~ 25 m，下伏地层为 K_1tg^a 薄层、K_1tg^b 薄层、极薄层、中厚层粉砂质泥岩、泥岩、泥质粉砂岩、粉砂岩等，岩性软弱，强度低，属易风化、易崩解岩类。

2.2　气象资料

流域具有中温带大陆性干旱气候的特征，又有垂直气候分带的特点。冬季受西伯利亚反气旋的影响，处在蒙古冷高压控制下，气温低，降水少，以严寒晴朗天气为主。

多年平均气温为 6.4 ℃，实测极端最高气温为 39.1 ℃，实测极端最低气温为 -30.4

℃,多年月平均气温最高为 20.7 ℃(7 月)。多年月平均气温最低为 -10 ℃(1 月)。水文站多年月平均气温见表 1。根据《水工建筑物抗冰冻设计规范》(GB/T 50662—2011)中关于气候分区的划分规定,最冷月平均气温 $t_a < -10$ ℃时,为严寒区;最冷月平均气温 -10 ℃ $\leqslant t_a \leqslant -3$ ℃时,为寒冷区。本工程最低月平均气温为 -10 ℃,按寒冷地区考虑。

表 1 多年月平均气温统计 (单位:℃)

测站	1 月	2 月	3 月	4 月	5 月	6 月	7 月	8 月	9 月	10 月	11 月	12 月	年值
石门站	-10	-8	-1.7	8.4	14.1	18.6	20.7	19.9	15	6.8	-2.1	-6.6	6.4
县气象站	-16.6	-13.3	-1.0	11.3	18.6	23.6	25.6	23.6	17.3	8.1	-2.9	-12.7	6.8

2.3 压力钢管布置

压力钢管始于调压井后,主管管径 4.2 m,总长 1 225.8 m,其中主管前 198.8 m 为埋藏式压力钢管,上平段 847 m 为浅埋式钢衬钢筋混凝土管,斜坡段为钢衬钢筋混凝土明管,总长 145 m。埋管段回填素混凝土 0.6 m,钢衬钢筋混凝土管上平段管线基本沿山坡浅埋布置,外包混凝土厚 0.6 m,覆土厚度 5 m,斜坡段采用钢衬钢筋混凝土明管型式,外包混凝土厚 0.8 m,外包 10 cm 厚保温板。钢衬钢筋混凝土管配双层钢筋,钢管管材采用 Q345R 钢材,壁厚 16 ~ 30 mm。

3 压力钢管温度分析和数值仿真

3.1 设计要点

寒冷地区压力钢管设计应考虑以下几个方面:

(1)管体保温,避免低温季节机组短暂停运期间钢管内部水体结冰发生结构冻胀破坏;

(2)限制结构纵向温度变形,尽量避免在温度及内水荷载作用下管身结构发生开裂情况。

3.2 温度分析和数值仿真

3.2.1 温度分析

影响压力钢管温度的外部环境包括库水温度、地基稳定温度及气温。首先分析库水,对于压力钢管较危险季节为冬季,冬季入库流量小,对库水温度影响较小,可以认为冬季库水温度为稳定分层型。冬季初期运行水位为 1 210 m,取水口高程为 1 175 m,库水深度约为 35 m,由于库水深度小于 50 m,库底水温会受到外界气温一定的影响,库底年平均水温 4 ~ 6 ℃,冬季取 4 ℃[1]。假定压力钢管内水体部温度基本等于库水温度,为恒温。地基表面及附近温度受气温影响较大,地基深处温度取值为多年平均气温[1]。

外界空气温度年度呈现周期性变化,年平均温度为 6.4°,采用余弦曲线模拟气温变化。由于采用外包保温材料,传热过程比较缓慢,采用多年月平均气温来模拟气温对钢管及外包混凝土的影响更合适。年度气温变化公式 $T_a = 6.4 + 15.35\cos\left[\frac{\pi}{6}(\tau - 6.5)\right]$[1],其中 T_a 为气温;τ 为时间,月露在空气中的表面与大气传热为对流边界条件,钢管内表面和地基深处取固定温度边界条件。

3.2.2 计算模型

为了对压力钢管保温措施的保温效果进行评估,优选保温措施参数,采用有限元软件进行数值模拟。有限元计算软件采用 ANSYS,选用 SOLID70 单元模拟基岩、外包混凝土、外包保温材料和回填覆土。在计算分析中,基本采用 8 节点 6 面体等参单元进行有限元离散,局部采用 6 节点 5 面体(三棱柱)单元过渡。离散后计算模型的有限元网格中:单元总数共有 14 889 个,结点总数为 30 432 个。

温度场有限元计算采用参数见表 2。

表 2　温度场有限元计算采用参数

项目	导热系数 kJ/(m·月·℃)	比热 kJ/(kg·℃)	密度(kg/m³)
1. 钢筋混凝土	6 023	0.908	2 500
2. 保温材料[1]	91.7	1.3	900
3. 地基	5 278	0.920 5	2 660
4. 回填干燥砂卵砾层料	2 482	0.9	2 000
5. 回填砂卵砾层料(冻土层)[2]	9 928	0.9	2 000

3.2.3　温度场计算结果

对钢管进行了全年度 12 个月温度场模拟,现仅列多年月平均气温最低月(见图 1)及多年月平均气温最高月(见图 2)模拟结果:

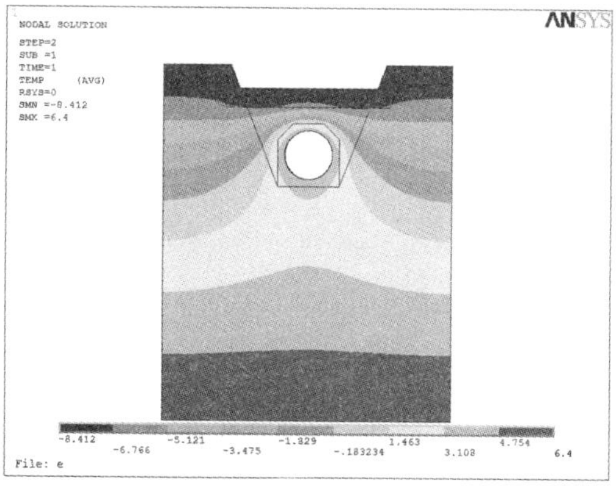

图 1　多年月平均气温最低月(1 月)

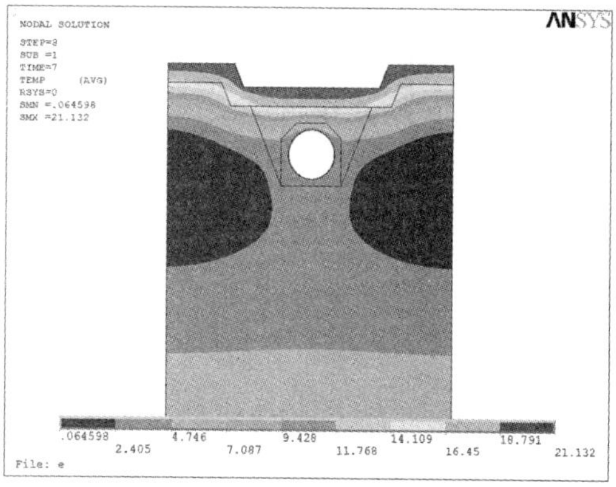

图 2　多年月平均气温最高月(7 月)

3.2.3.1　浅埋式钢衬钢筋混凝土管

选取管道混凝土结构离覆土地表最近的两个特征点(见图 3)来分析其年度温度变化特征。特征点温度年度历时变化曲线见图 4。

由温度场模拟结果(见图 5、图 6)可知,在对钢管进行 3 m 厚覆土回填后,管身混凝土结构受外界气温影响较小,在最高及最低月与管内水体温度最大差值分别为 2.2 ℃及 1.9 ℃,保温效果明显。

选取管道混凝土结构四个特征点(见图 7)来分析其年度温度变化特征。特征点温度年度历时变化曲线见图 8。

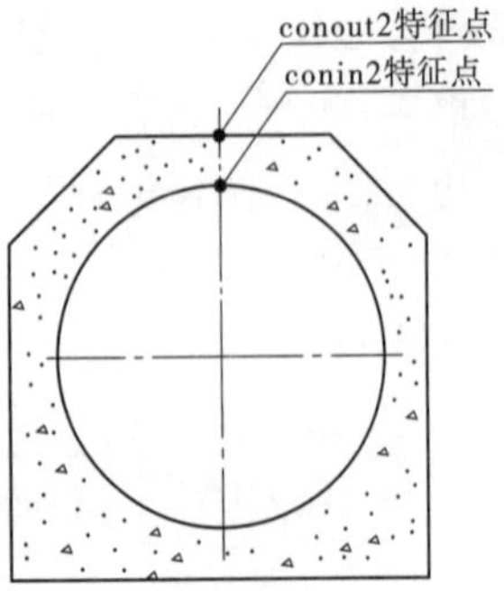

图3　计算特征点

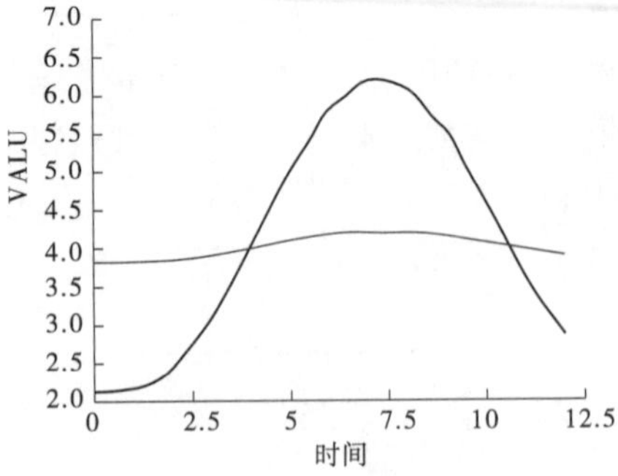

图4　特征点温度历时变化曲线

3.2.3.2　钢衬钢筋混凝土明管

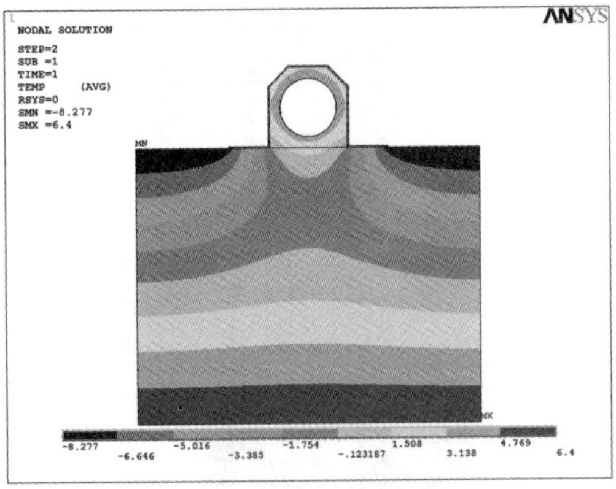

图5　多年月平均气温最低月（1月）模拟情况

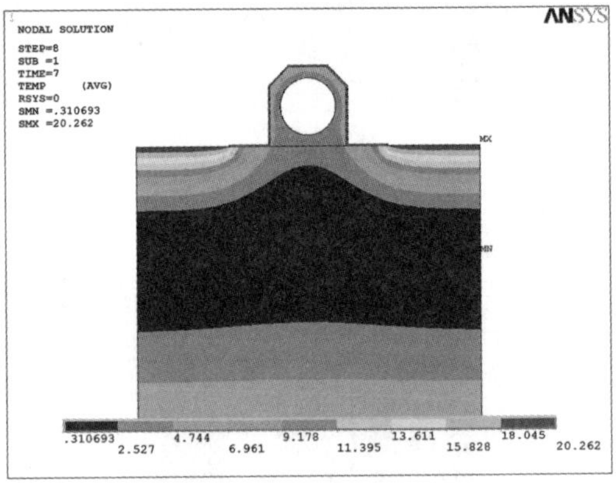

图6　多年月平均气温最高月（7月）模拟情况

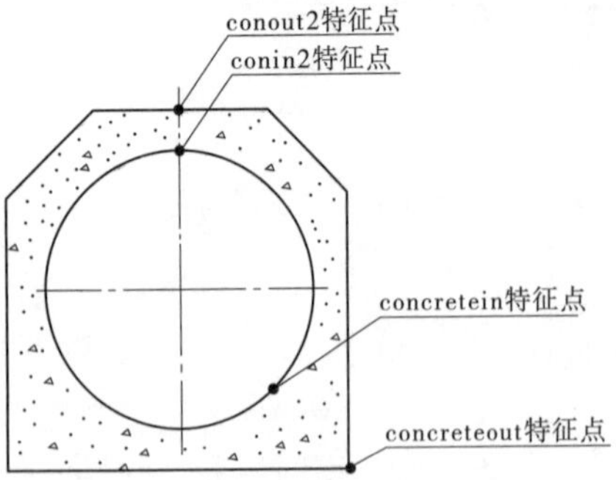

图7　计算特征点

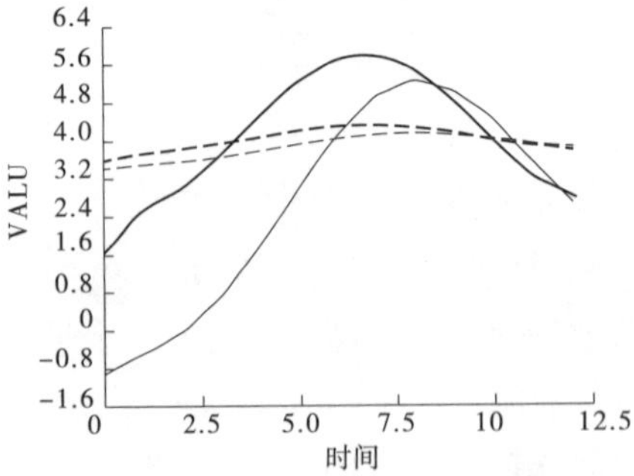

图8　特征点温度年度历时变化曲线

由温度场模拟结果可以看出，混凝土底角处受外界气温影响较大，最低温度为 -0.8 ℃，最高温度为5.2 ℃；其余部位受外界气温影响较小，结构顶部特征点最低温度为1.6 ℃，最高温度为5.8 ℃，结构内部特征点最低温度和最高温度差别不大，为3.5 ℃左右，最高温度为4.2 ℃，保温层保温效果良好，选取保温层参数合适。

3.2.4　应力计算结果

由于温度应力计算过程复杂，对于某些有数值解的特殊结构，可利用建立三维有限元模型进行结构应力计算，然后叠加温度应力数值解来求得总的应力。明管段混凝土出现裂缝后冻融循环对于结构的破坏最大，选取明管段进行计算分析。

为了对压力钢管及外包混凝土的应力进行计算，确定合适的封管温度，采用有限元软件进行数值模拟。有限元计算软件采用 ANSYS，选用 SOLID45 单元模拟外包混凝土、基岩、外包保温材料。在计算分析中，基本采用 8 节点 6 面体等参单元进行有限元离散，局部采用 6 节点 5 面体（三棱柱）单元过渡。离散后计算模型的有限元网格中：单元总数共有 53 621 个，结点总数为 55 245 个。

有限元计算应力采用参数见表 3。

表 3　有限元计算应力采用参数

项目	弹性模量（MPa）	泊松比	密度（kg/m^3）
1. 钢筋混凝土	25 500	0.167	2 500
2. 钢管	206 000	0.25	7 800
3. 地基	2 000	0.3	0

在计算结果中截取主拉应力和主压应力进行分析，见图 9 ~ 图 12。

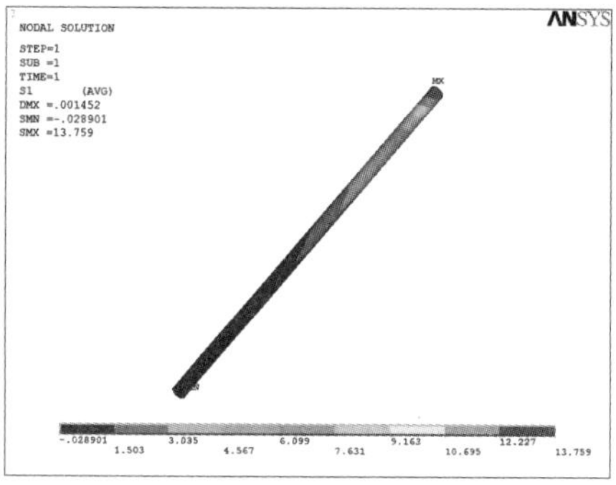

图 9　钢管主拉应力

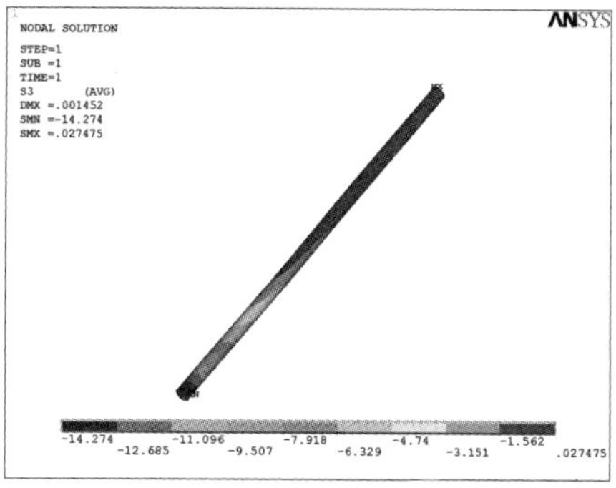

图 10　钢管主压应力

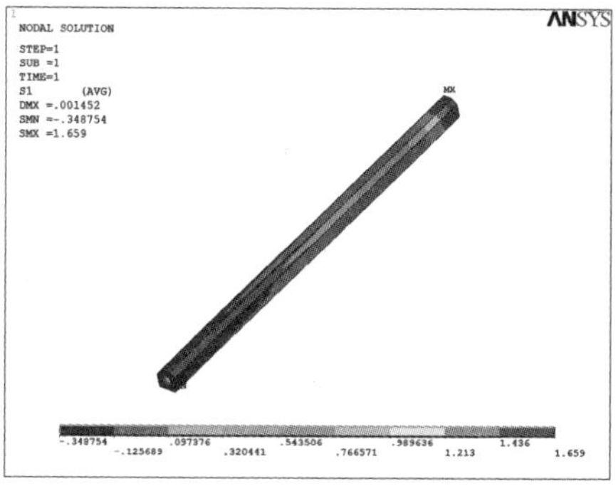

图 11　混凝土主拉应力

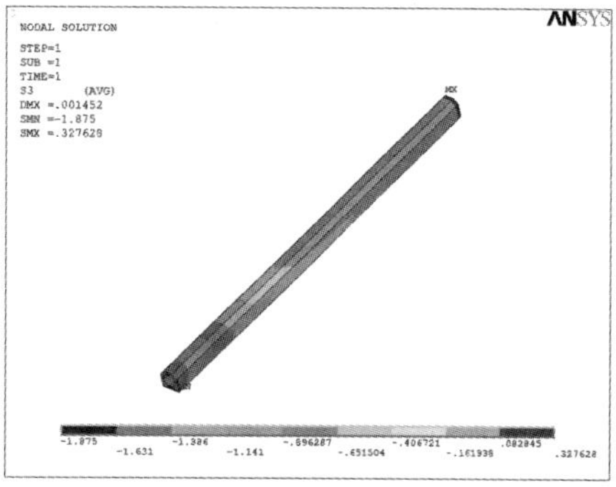

图 12　混凝土主压应力

通过计算结果可以看出，钢管最大拉应力约为13.76 MPa，最大压应力约为14.27 MPa；混凝土最大拉应力约为1.66 MPa，最大压应力约为1.88 MPa。钢管上端部11 m左右范围内为镇墩，体积较大，拉应力超标数值不大，可均匀分散到镇墩承担。镇墩外混凝土最大拉应力为1.2 MPa。

考虑到总拉应力为结构拉应力基础上加上温降的温度应力叠加效果，计算出温降的温度应力数值，再加到有限元结构应力计算结果上，对其应力水平进行评价。

初拟温降控制在4°以内，最大温度拉应力计算如下：

对于岩石基础上的单层梁，$h=2.9\ \mathrm{m}$，$l=64.4\ \mathrm{m}$，$E=25\ 500\ \mathrm{MPa}$，$E_f=2\ 000\ \mathrm{MPa}$，$\mu=0.167$，$\mu_f=0.3$，$r=\dfrac{h}{l}=\dfrac{2.9}{64.4}=0.045$，$\eta=\dfrac{E}{E_f}=\dfrac{25\ 500}{2\ 000}=12.75$，梁内发生均匀温差 $T=4\ ℃$，得出：

$$T_m = 4\ ℃$$
$$\Psi = 0$$

自生应力为0。

$$\Delta = 331.2\eta + \frac{90}{r} + \frac{54}{r^2} + \frac{45}{r^3} + \frac{11.25}{\eta r^4} = 331.2 \times 12.75 + \frac{90}{0.045} + \frac{54}{0.045^2} + \frac{45}{0.045^3} + \frac{11.25}{12.75 \times 0.045^4} = 741\ 892$$

$$B_1 = \left(\frac{22.5}{\eta r^3} + 180\right)\frac{E\alpha T_m}{(1-\mu)\Delta} + \frac{36E\alpha\Psi h}{(1-\mu)r\Delta} = \left(\frac{22.5}{12.75 \times 0.045^3} + 180\right) \times \frac{25\ 500 \times 1 \times 10^{-5} \times 4}{(1-0.167) \times 741\ 892} = 0.032$$

$$A_2 = \left(\frac{67.5}{\eta r^2} - 36\right)\frac{E\alpha T_m}{(1-\mu)\Delta} = \left(\frac{67.5}{12.75 \times 0.045^2} - 36\right) \times \frac{25\ 500 \times 1 \times 10^{-5} \times 10}{(1-0.167) \times 741\ 892} = 0.004\ 3$$

$$P_0 = -lB_1 = -64.4 \times 0.032 = -2.077$$

$$M_0 = l^2\left(B_1 r - \frac{A_2}{3}\right) = 64.4^2 \times \left(0.032 \times 0.045 - \frac{0.004\ 3}{3}\right) = 0.138$$

约束应力按照下式计算：

$$\begin{Bmatrix}\sigma_{上缘}\\ \sigma_{下缘}\end{Bmatrix} = \frac{P_0}{2h} \pm \frac{3M_0}{2h^2} = \frac{-2.077}{2 \times 2.9} \pm \frac{3 \times 0.138}{2 \times 2.9^2} = -0.358 \pm 0.025$$

温度最大拉应力为0.383 MPa，叠加镇墩外最大1.2 MPa的结构拉应力，总拉应力最大值为1.583 MPa，配以钢筋可以满足抗裂要求。因此，要求封管温度不大于8°，不小于0°。

3.3 保温措施实施

3.3.1 浅埋式钢衬钢筋混凝土管

该管段保温措施为覆土回填，施工工艺较简单。为减少开挖、节省工程投资直接就地取材，将管槽开挖砂卵砾层料回填。同时完成管槽开挖开口线以外的截水沟设置，保证外水可靠引排。

3.3.2 钢衬钢筋混凝土明管

该管段采用外覆保温材料措施，由于涉及防渗涂层、保温材料及保护固定装置施工，对施工工艺要求较高，具体如下：

防渗涂层沥青玛瑺脂是由沥青和填料按一定的比例热拌均匀而成的,其配合比通过现场试验确定,应具有高温不流淌、低温不裂等技术要求。

沥青玛瑺脂涂层充分干燥后,进行外覆保温材料施工,保温层厚度为10 cm。保温板安装之前,须保证浇筑的外包混凝土水化热充分发散且混凝土温度达到稳定温度后方可安装。保温板按环向安装,板宽方向平行钢管轴向,沿轴向设施工缝,为保证保温材料保温效果,保温板接缝处必须接合紧密。

外层镀锌铁皮安装时,其上一块压住下一块,搭接长度5 cm左右,铁皮每隔一定间距(根据铁皮板宽确定,一般采用1.5 m)采用压条扁钢和镀锌膨胀螺栓与管身混凝土结构及基础面进行固定。

3.4　监测资料分析

该电站于2013年实现年度双投,现已经过一个冬季运行检验,表4为部分压力钢管外包混凝土监测温度。从管身埋设的温度计测值来看,外界气温已经为负温,而采取保温措施的混凝土温度均在4°左右,说明采用的两种保温方式效果明显,同时与温度仿真计算结果高度吻合,说明温度仿真计算选取边界条件合理,计算结果可信,所采取的防冻设计措施合理。

表4　石门压力管道外包混凝土温度监测资料

埋设部位	保温措施	时间(年-月-日)	温度监测值
管1+132.852	外覆保温材料	2014-01-13	3.7
		2014-01-20	3.5
		2014-01-26	3.2
管1+057.852	覆土保温	2014-01-13	4.1
		2014-01-20	3.7
		2014-01-26	3.2
外界气温		2014-01-13	-6.6
		2014-01-20	-6.8
		2014-01-26	-7.5

4　结　语

本文结合工程实际,采用ANSYS有限元软件对结构温度场和应力进行模拟。昼夜温差大,通过保温措施可大幅削减昼夜温差和年温差变化的影响,并根据数值模拟结果提出了可行的封管温度要求,解决了本工程压力钢管的附加温度应力问题。从数值模拟结果及工程监测资料反馈来看,该电站所选取的抗冻措施合理有效,且本文对于压力钢管温度场边界条件、计算方法的选取是可信的。虽然我们对钢管的防冻设计进行了理论分析和运行初期监测资料检验,不过仍需对防冻保温措施和后期运行监测资料进行进一步研究,进一步提高压力钢管防冻设计和温度仿真计算水平。

参考文献

[1] 朱伯芳. 大体积混凝土温度应力与温度控制[M].2 版.北京,中国水利水电出版社,2012.

[2] 肖琳,等. 含水量与孔隙率对土体热导率影响的室内实验[J].解放军理工大学学报,2008,9(3):1-1.

北盘江中游马马崖一级水电站库首补朗堆积体地质条件及成因研究

郑克勋　万进年

（中国电建集团贵阳勘测设计研究院有限公司　贵州　贵阳　550081）

摘要：补朗堆积体位于北盘江中游马马崖一级水电站坝址上游补朗河段右岸，其下游边界距坝轴线1.8 km，分布面积约0.77 km^2，体积2 319万m^3。堆积体规模巨大，地质条件复杂，其稳定性对电站安全运行影响较大。根据物质组成，结合成因分析，将堆积体沿河流方向分为Ⅰ～Ⅲ三个区，其中Ⅱ区又细分为$Ⅱ_1$、$Ⅱ_2$、$Ⅱ_3$亚区。Ⅰ区厚度5～55 m，主要为冲洪积和化学沉积而成，上部钙华胶结较好；Ⅱ区厚度9.5～88.3 m，$Ⅱ_1$和$Ⅱ_2$区为古滑坡成因，上部为孤块石区，下部为碎块石土，剪切带主要为含砾黏土和粉土质砾，局部见剪切面；$Ⅱ_3$区为残坡积和$Ⅱ_2$区前缘滑塌堆积而成，Ⅲ区与Ⅱ区同步形成，为古滑坡堆积和崩坡积，物质组成与Ⅱ区类似。通过钻探、洞探、物探和地质分析，发现堆积体底面沿横向及纵向均有丘状起伏，对堆积体整体稳定有利。根据地貌、堆积体物质组成和基岩面形状分析，堆积体三个分区形成与北盘江河谷演化和后缘发育的卡沙坪冲沟密切相关，广泛分布的可溶岩是堆积体形成的物质基础，上游段陡壁地形与顺向坡结构是堆积体形成的主要因素之一，另外一个重要的控制性条件是卡沙坪冲沟丰富的地表水和地下水。边坡经受长期风化、卸荷及水流侵蚀作用，同时接受冲洪积、崩坡积及化学沉积而形成。综合分析认为，补朗堆积体天然状态下整体稳定，水库蓄水后可能引起Ⅰ区前缘水下塌岸，$Ⅱ_3$区正常蓄水位附近的局部塌滑，不会影响堆积体整体稳定，不存在高速滑坡问题，对电站安全运行不构成制约性影响。

关键词：补朗堆积体　成因研究　河谷演化　古滑坡　化学沉积

1　前　言

补朗堆积体地处贵州省关岭县和兴仁县交界的北盘江干流中游马马崖一级水电站库区右岸，下游距离大坝1.8 km。电站大坝高109 m，正常蓄水位585 m，抬高水位约80 m，相应库容1.365亿m^3，死水位580 m。堆积体的稳定性对电站建设和安全运行有至关重要的影响。

堆积体地貌见图1，横向（顺河向）长780～980 m，纵向上宽650～900 m，呈弧形状分布，分布高程510～790 m，高差280 m，面积约0.77 km^2，厚5～90 m，体积约2 319万m^3。堆积体规模巨大，物质组成多样、水文地质条件特殊，地质条件复杂，根据物质组成，结合成因分析，将补朗堆积体分为Ⅰ～Ⅲ三个区，其中Ⅱ区又细分为$Ⅱ_1$、$Ⅱ_2$、$Ⅱ_3$亚区。

2　基本地质条件和分区

2.1　基本地质条件

2.1.1　地形地貌

补朗堆积体位于北盘江流域中下游山原地区，属溶蚀－侵蚀、剥蚀型高山峡谷地貌；从地表分水岭至河谷，地形呈台阶状下降，堆积体两岸山盆期、宽谷期、峡谷期地貌特征明显。山盆期地面高程 1 100～1 300 m，主要为残存峰丛和峰丛之间的岩溶洼地，宽谷期剥夷面表现为 800～1 000 m 高程不等的峰丛地貌和 700～800 m 高程的槽谷或平台。补朗堆积体地质平面简图见图 2。

图 1　补朗堆积体全景

北盘江由北西向南东进入补朗河段，在补朗河段流向为 S11°E，下游渐转为 S75°E，河流整体略呈反“S”形。河床高程 508～504 m，宽 30～40 m。左岸山体较完整，相对高差 500 m 左右，整体坡度 50°～60°。堆积体所在的右岸地形变化较大，上游为山盆期剥夷面残存的峰丛地貌，最高峰峰顶高程 1 275.1 m，高程 700 m 附近地形较缓，对应北盘江宽谷期剥夷面。堆积体后缘为卡沙坪沟，沟口即堆积体后缘为李家村寨，房屋密集，人口较多。堆积体下游边界地貌特征不明显，由堆积体较为顺畅地过渡为基岩边坡。

卡沙坪沟在堆积体内分成三股主要水流，从下游往上游形成三条明显的冲沟，大体上以最上游的Ⅲ号冲沟为界，堆积体地貌上差异较大。其下游以缓坡—斜坡地形为主，局部为陡坎；Ⅲ号冲沟上游以斜坡—陡坡为主，中间存在较高的悬坡。

2.1.2　地层和构造

与补朗堆积体有关的基岩地层为三叠系中统杨柳井组（T_2y）薄层、中厚层灰岩和关岭组第二段（T_2g^2）灰岩、白云岩，夹层发育。基岩均为可溶性碳酸盐岩类，堆积体后缘卡沙坪

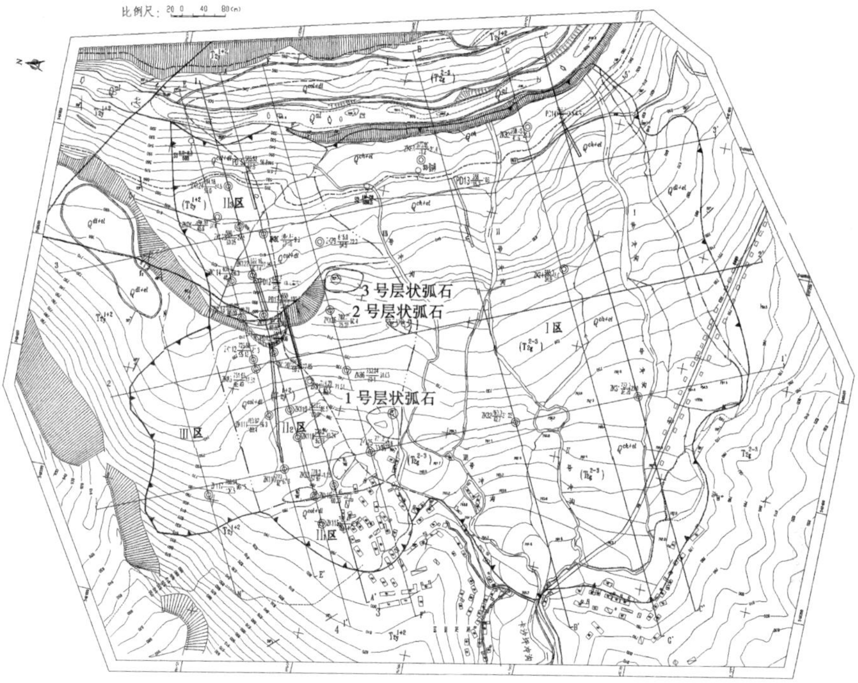

图2　补朗堆积体工程地质平面简图

冲沟之中溶洞和岩溶管道较发育，堆积体下伏基岩内也发育溶洞。堆积体位于法朗向斜南西翼，总体产状 N30°～45°W，NE∠10°～25°，下伏基岩为顺向坡。主要发育两组裂隙：①N10°～30°E，NW∠70°～85°；②N10°～30°W，SW（NE）∠65°～85°，以陡倾为主，①组裂隙控制形成了堆积体上游陡壁面。

2.1.3　水文地质条件

补朗堆积体后缘的卡沙坪冲沟，长约 5 km，流域面积达 21 km^2，沟口高程约 760 m。冲沟内常年有水，并有多处泉水出露，最大的为 S_{86}，枯期流量 80～150 L/s，汛期可超过 1 m^3/s，泉水形成的地表溪流在堆积体表面沿三条主要冲沟分成三股水流，堆积体上已开垦为梯田，常年有水。堆积体下部出露 S_1～S_3 三处较大泉水，S_1 泉水位于Ⅱ区前缘覆盖层与基岩接触部位。S_2 和 S_3 泉水位于 560～580 m 宽缓平台后侧，泉水后缘为灰华陡坎，堆积体上部的部分水流在局部架空的覆盖层位置渗入地下，遇宽缓平台胶结较好的钙华阻水，重新于地表出露，形成该两处泉水。其他覆盖层内的地下水沿岸边覆盖层与基岩接触带面状排泄，在岸边陡坎上形成较厚的钙华。钻孔地下水位一般位于基岩面上下，如果基岩面比较平缓，则地下水排泄不畅，堆积体接触带位于地下水位以下；反之，如果基岩面较陡，地下水位大多位于基岩内。根据三维模型统计，接触带处于饱和状态的面积约占一半。通过一个汛、枯期的观测发现，钻孔最高水位与最低水位相差 0.52～8.62 m，平均 4.3 m。

2.2　堆积体物质组成及分区

以补朗堆积体Ⅲ号冲沟为界，其下游为Ⅰ区，覆盖层深 5～55 m，体积约 1 114 万 m^3，典型剖面见图 3。其中，680 m 高程以上深 5～31.5 m，成分为灰华夹砂质土、黏土，局部夹碎块石；680 m 高程以下深 20～55 m，物质组成以灰华夹黏土、孤块石夹黏土为主，局部为砂、砂卵砾石或层状孤石；灰华沉积胶结良好，多见微理面。堆积体与下伏基岩接触带在中上部为灰华胶结物，或者灰华夹碎块石，中下部为厚 30 ~ 50 cm 的碎石混合土层，细粒部分为粉土质砾，接触带未见早期滑动所形成的擦痕。接触带以下的基岩主要为关岭组上部(T_2g^{2-3})中厚层、薄层夹厚层灰岩、泥晶灰岩和白云岩，由于风化和裂隙切割，岩体呈镶嵌碎裂结构，使得接触带细部起伏较大，局部呈锯齿状。

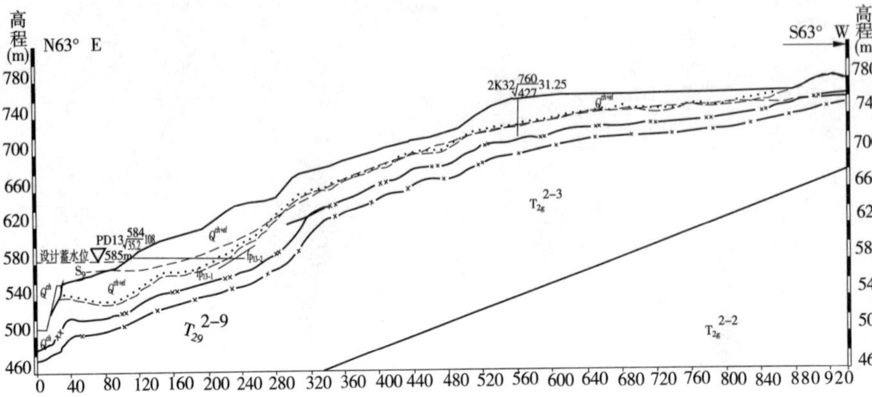

图 3　补朗堆积体 Ⅰ 区典型地质剖面示意图(B - B′)

Ⅲ号冲沟上游为Ⅱ区，体积约 995.5 万 m^3，纵向上呈条带状展布，后缘约呈弧状，至 W_1 和 W_2 两个地表洼地为$Ⅱ_1$ 区，体积约 74.8 万 m^3，前缘 660 m 高程以下由缓坡—斜坡间夹平台组成，地形开阔，为$Ⅱ_3$ 区，体积约 195.2 万 m^3。$Ⅱ_1$ 和$Ⅱ_3$ 区之间地形起伏较大，形成陡壁和山包，为$Ⅱ_2$ 区，体积约 725.5 万 m^3。根据平洞、钻孔揭露，Ⅱ区覆盖层深度 9.5 ~ 88.3 m，中上部深，下部及后缘浅，主要由孤、块石、碎石及似层状岩体、黏土等组成。其中 660 m 以上多为似层状岩体，以下以孤、块石、碎石土为主，形成明显的双层结构，典型剖面见图 4。

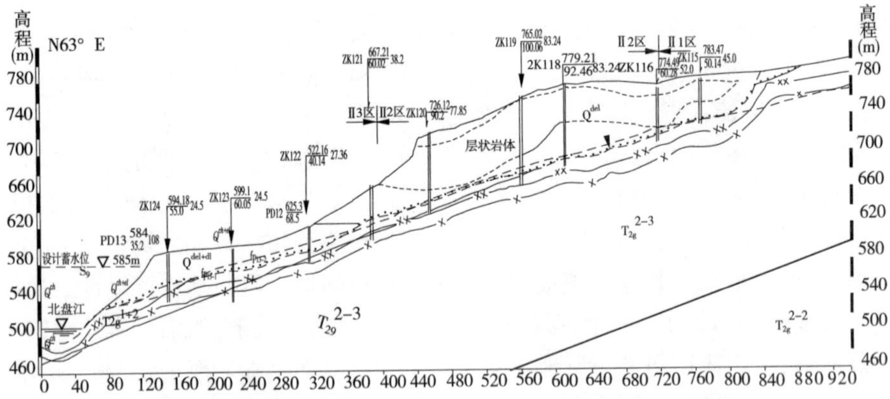

图 4　补朗堆积体 Ⅱ 区典型地质剖面简图(Ⅰ—Ⅰ′)

堆积体Ⅱ区与基岩接触带在纵向剖面总体倾角 12 ~ 18°，与下部基岩略有切层，接触面多有起伏，局部形成小陡坎或丘状凸起，横向上呈波状起伏。钻孔和平洞所取接触带土样(厚 0.5 ~ 1 m)物质组成基本一致，主要为粉土质砾，局部为含砾黏土，接触带土长期受上部荷载作用，密实度较好，除了 PD101 的支洞位置接触带的含砾黏土中见有剪切面外，其他部位未见发生过后期的滑动和变形痕迹。下伏基岩以 T_2y^{1+2} 底部的中厚层与薄层互层状白云岩夹灰岩为主，岩体较破碎，在薄层和极薄层白云岩中，常呈碎块状。

堆积体北侧陡壁下覆盖层厚度很大，在地形上为斜坡，与Ⅱ区明显不同，基覆面形状为椅子状，后侧高陡，前部平缓，应单独划分出来，即为Ⅲ区，其物质组成与Ⅱ区类似。

3　堆积体成因分析

3.1　河谷演化史

研究区发育了高原期—山盆期—宽谷期三级剥夷面，宽谷期后进入峡谷期。高原期残存于较高的分水岭山地中，高程 1 300 m 以上，当时地下水系基本以面状水系为主。到了山盆期，地面高程 1 100 ~ 1 300 m，随着地壳抬升速度的不断加快，面状水系平衡被打破，山盆Ⅰ期便开始形成冲沟、洼地及岩溶管道系统，片状水流转向集中水流，河流开始形成；山盆Ⅱ期，北盘江已具雏形，河流快速下切，左岸的高陡岸坡开始形成，右岸为顺向坡，坡面基本顺层面发育。

进入宽谷期后，早期北盘江发育更加成熟，在相对稳定时期，河流以侧向侵蚀为主，河谷发育呈宽谷地形，形成“北盘江宽谷期”剥夷面，高程 700 ~ 800 m。期间岩溶发育，河道不断加宽，河流侧蚀该陡壁脚，多处形成倒悬。此时，在堆积体下游马马崖一级坝址左岸 D6 堆积体下部形成古河槽，在 700 m 高程左右发现了砂卵石沉积。马马崖二级坝址附近发育了下瓜暗河、下瓜台地、小花江古河槽及台地，在右岸上九盘和下岩一带相应高程开始出现溶塌堆积体。补朗河段河流偏右岸，在现堆积体上游 700 m 高程左右形成平台地形，过去应与卡沙坪冲沟沟口相接，该冲沟初具规模，堆积体对岸也在陡壁中嵌入了上层斜坡地形。

进入峡谷期后，由于地壳强烈间歇性抬升，河流急剧下切 200 ~ 300 m，河槽深嵌于北盘江宽谷期台地以下。北盘江干流阶地发育不明显，主要集中于支流，但在堆积体上下游 700 m 高程以下仍能找到四级阶地痕迹。各级阶地高出河水面相对高差分别为：Ⅰ级阶地 5 ~ 15 m，Ⅱ级阶地 30 ~ 40 m，Ⅲ级阶地 70 ~ 90 m，Ⅳ级阶地 120 ~ 150 m。根据堆积体接触带形状，可以在 $Ⅱ_3$ 区前缘局部找到Ⅱ级阶地，高程为 530 ~ 540 m，Ⅰ区前缘和 $Ⅱ_3$ 区基岩面均可见Ⅲ级阶地，高程为 560 ~ 580 m。

3.2　堆积体形成与演化过程

从前述地貌、堆积体物质组成和基岩面形状分析，补朗堆积体三个分区形成过程与北盘江河谷和卡沙坪冲沟演化密切相关，广泛分布的可溶岩是堆积体形成的物质基础，上游侧陡壁地形与顺向坡构造是堆积体形成的决定性因素之一，另外一个重要的控制性条件是卡沙坪冲沟丰富的地表水和地下水。堆积体是水流物理化学侵蚀、风化、滑坡、崩塌，坡积、冲洪积、化学沉积、崩积等共同作用而形成。

对应宽谷期，北盘江在补朗河段形成向右岸突出的河湾，河流长期稳定于 700 ~ 800 m 高程，在该时段河床基岩面高程基本一致。在Ⅰ区后缘李家寨形成一条宽缓冲沟，即现在卡沙坪冲沟的雏形，该冲沟汇水面积较大，以地表溪流为主，按照现在 S_{86} 号岩溶泉水的流量估计，冲沟内地表水平均流量可达 0.1 m^3/s，雨季可超过 1 m^3/s，洪水时可达每秒十余立方米，沟口位于Ⅰ区后缘，在此注入北盘江干流。

宽谷期结束后，随着地壳的抬升，北盘江逐渐向左岸收缩，下蚀能力增加，干流位于 $Ⅱ_2$ 区前缘，河床下切至 560 ~ 580 m 高程经历了较长时间，即Ⅲ级阶地形成前期。卡沙坪冲沟沟口向北盘江干流延伸，切割原北盘江右岸 700 ~ 800 m 高程平台，路线主要沿Ⅰ区和Ⅱ区之间，Ⅱ区下游侧形成深切冲沟，此时的 $Ⅱ_1$ 区、$Ⅱ_2$ 区和Ⅲ区为宽谷期形成的台地和坡地，高程在 600 ~ 800 m。由于临河的前缘、下游侧的卡沙坪冲沟的切割，$Ⅱ_1$ 区、$Ⅱ_2$ 区和Ⅲ区两面临空，右岸存在 NE 走向的一组陡倾角裂隙，岩层缓倾为顺向坡，夹层发育，在某次地震、洪水等外力作用下，$Ⅱ_1$ 区、$Ⅱ_2$ 区和Ⅲ区发生了一次大规模的滑坡。滑坡受左岸岸坡阻挡，行程不远，滑坡体下部被碾碎，形成碎块石土，上部仍然保留的层状孤石较为完整，$Ⅱ_1$ 区形成拉裂缝，根据现层状岩体区分布范围推测，滑距 50 ~ 100 m。滑坡体封堵了北盘江，形成堰塞湖，并经历了较长的一段时间才将前缘物质冲走，使得滑坡中后部位的滑体得以自然密实和局部胶结。

卡沙坪冲沟内的丰富水流转向Ⅰ区分散排泄进入北盘江干流，雨季冲沟上游来水携带着大量砂砾、黏土，在Ⅰ区地面上形成瀑布或片流，由于流速变慢，其挟带的颗粒不断沉积，一部分充填到坡积的较大块体间的缝隙内，大多数堆积到表面，形成堆积体上部的主要物质成分；枯季流水化学沉积占主导地位，形成Ⅰ区地表和堆积体内的大量灰华。

Ⅲ级阶地形成后，地壳又一次上升，北盘江继续下切，Ⅱ区前缘的滑坡堆积体被冲走。卡沙坪冲沟主要的水流已经位于Ⅰ区，但较为分散，水流的差异性侵蚀使得Ⅰ区前缘的基岩面略低于Ⅱ区，形成不连续的Ⅱ级阶地基岩台地。主要的侵蚀过程结束后，Ⅱ级阶地转为接受卡沙坪冲沟流水挟带的细颗粒沉积和化学沉积，Ⅰ区覆盖层逐渐增厚。$Ⅱ_3$ 区底部基岩面基本形成，局部区域形成残坡积的碎石土层。

在河流进一步下切至现代河床的过程中，$Ⅱ_2$ 区滑坡体前缘的不稳定部位发生多次局部的解体和垮塌，堆积于 $Ⅱ_3$ 区底部基岩面上，在地表形成 590 m 左右高程的覆盖层宽缓平台，即现在的 $Ⅱ_3$ 区，也有部分物质进入河床。河床和 $Ⅱ_3$ 区前缘松散物质受河水冲刷，部分基岩重新裸露。而 $Ⅱ_2$ 区后侧的滑坡堆积体已有钙质胶结，具备一定自稳能力，形成高 30 ~ 40 m 的覆盖层悬坡。堆积体上游的悬坡继续发生风化崩解，形成坡积物盖在 $Ⅱ_2$ 区、$Ⅱ_1$ 区和Ⅲ区表面，形成层状岩体区表面的一层碎块石。

北盘江右岸山体雄厚，大多为可溶岩，地下水丰富，冲沟在地表水侵蚀和堆积共同作用的过程中，基岩中也遭受地下水的持续侵蚀，形成岩溶管道，PD17 平洞内基岩中即发现了溶洞。

4　稳定性分析与评价

补朗堆积体Ⅰ区主要是在河流下切形成的阶地上，不断接受 S_{86} 号岩溶泉挟带的碳酸钙、细砂及黏土等沉积而成，其接触带为分期、分次形成，形成历史长，钙华胶结较好，不会构成统一滑面。而且，堆积体总体地形较缓，基岩面呈台阶状上升，正常蓄水位(585 m)附近基岩面开阔。同时，天然状态下因 S_{86} 岩溶泉水四季从堆积体冲沟排向北盘江，沿途渗入堆积体内部，又在下部平缓区域有泉水点排泄，堆积体内部物质饱水程度较高，尤其接触带经常处于饱水状态。因此，水库蓄水后，水文地质条件改变不大，该区不会整体滑动，其破坏形式主要表现为水下塌岸与库岸再造。

Ⅱ区堆积体形成历史长，$Ⅱ_1$ 区和 $Ⅱ_2$ 区为古滑坡成因，下部为碎块石土，上部为层状岩体和块碎石，$Ⅱ_3$ 区为后期残坡积和 $Ⅱ_2$ 区前缘垮塌堆积而成。从地表调查来看，除岸边 590 m 高程以下局部有垮塌现象外，以上部位没有继续变形迹象，平洞内的覆盖层内部段未见拉裂缝和早期滑动痕迹。在 PD101 下游支洞发现剪切面，但在 PD101 主洞、其他平洞和钻孔中未发现剪切面和后期破坏痕迹。堆积体现状整体稳定。

水库蓄水主要对Ⅱ$_3$区前缘有影响，水位频繁的变化对其坡脚稳定不利，应用两段法预测最终塌岸宽度，设计洪水位 586.88 m，水下稳定岸坡角按照碎石土的 φ 值取 29°，水上稳定坡角取 40°，塌岸宽度从正常蓄水位水边线向岸内可达 25 ~ 55 m，前缘可能产生的塌岸与库岸再造，对堆积体Ⅱ$_3$区的稳定不利。由于堆积体较深部位主要集中在Ⅱ$_2$区（660 m 高程以上），Ⅱ$_2$区前缘天然状态已有悬坡切脚，坡面有不同程度的钙质胶结，悬坡以下覆盖层较浅（一般 10 ~ 30 m），且坡度较缓，Ⅱ$_3$区的塌岸对以上部位影响较小。

Ⅲ区覆盖层深厚，但下部 700 m 高程平台较宽，对覆盖层边坡稳定有利，该区整体稳定性较好。

综合分析认为，补朗堆积体天然状态下处于稳定状态，水库蓄水可能引发Ⅰ区正常蓄水位以下的塌岸，引发Ⅱ$_3$区前缘的塌岸与库岸再造，不会影响其整体稳定，不存在高速滑坡问题，对电站建坝、成库不构成制约性影响。

构皮滩水电站混凝土双曲拱坝关键技术综述

邵增富

（贵州乌江水电开发有限责任公司构皮滩发电厂　贵州　余庆　564408）

摘要：构皮滩水电站大坝为混凝土抛物线型双曲拱坝，最大坝高 232.5 m，是喀斯特强岩溶地区世界第一高拱坝。坝址地处深窄峡谷，地形地质条件复杂，喀斯特岩溶系统极其发育。通过采用无盖重固结灌浆、改进型模板、混凝土入仓方式、合理温控措施、新型预应力锚索等新工艺、新设备、新技术，有效缓解混凝土连续浇筑上升矛盾，加快施工进度，大坝运行后工况良好，整体施工质量优良。

关键词：构皮滩水电站　拱坝　关键技术

1　引　言

构皮滩水电站位于乌江干流中游、贵州省中部的余庆县境内，是乌江干流水电开发的第七个梯级电站，电站装机容量 3 000 MW，以发电为主，兼顾航运、防洪及其他综合利用，是贵州省最大的水电工程和“西电东送”的标志性工程。构皮滩水电站为Ⅰ等工程，工程枢纽由大坝、泄洪消能建筑物、电站厂房、通航建筑物、渗控工程及导流建筑物组成。

构皮滩水电站大坝为混凝土抛物线型双曲拱坝，最大坝高 232.5 m，是喀斯特强岩溶地区世界第一高拱坝。坝址地处深窄峡谷，地形地质条件复杂，喀斯特岩溶系统极其发育，主要涉及 W24 等五大岩溶系统。坝身孔口多，分三层共布设了 6 个表孔、7 个中孔、2 个放空底孔和 4 个导流底孔共 19 个孔口，设计工况泄洪功率 33 000 MW。主要技术难点及特点如下：

（1）混凝土浇筑强度高。大坝混凝土工程量大，工期紧，浇筑强度高，坝体混凝土约 273 万 m^3。大坝混凝土浇筑采取不分纵缝通仓薄层施工，坝体上升速度快，混凝土运输强度大，且坝址处于峡谷，施工配套设施一体化作业要求高。

（2）固结灌浆与坝体上升的矛盾。在拱坝施工过程中，坝体混凝土浇筑与固结灌浆施工矛盾极为突出，相互制约，有效解决这一矛盾至关重要。

（3）岩溶发育且处理难度大。坝基及坝肩溶蚀发育且分布广泛，主要存在 K280 等较大岩溶系统，施工条件受限，岩溶处理与坝体混凝土浇筑及固结灌浆施工干扰大。

（4）孔口多且结构复杂。构皮滩水电站拱坝共有 19 个孔口，进出口均设计有悬臂结构，最大悬臂达 21.6 m，须研究悬臂结构模板以保障施工安全、质量及进度。

（5）混凝土温控难度大。大坝混凝土施工重点是防止裂缝产生，尤其对于拱坝，温控措施的合理选择直接影响混凝土裂缝多少，是保障拱坝施工质量的前提。

2　关键技术

2.1　大坝基础处理关键技术

2.1.1　裸岩无盖重固结灌浆的应用[1]

拱坝固结灌浆与混凝土浇筑上升存在固有矛盾，为降低固结灌浆对大坝混凝土浇筑上升的干扰，加快施工进度，构皮滩水电站大坝固结灌浆采用“表层加密无盖重固结灌浆为主，混凝土盖重与无盖重相结合固结灌浆为辅”的施工方法，有效缓解固结灌浆对大坝连续浇筑的制约，有利于缩短工期。

表层加密无盖重固结灌浆Ⅰ序、Ⅱ序孔间排距按2.5 m×2.5 m控制，表层加密孔钻孔孔距2.5 m×2.5 m，在Ⅰ序、Ⅱ序孔间内插，钻孔方向垂直于开挖基岩面。Ⅰ序孔灌浆压力采用0.3～0.7MPa，Ⅱ序孔采用0.5～1.0 MPa，III序加密孔为0.5～1.0 MPa。

裸岩无盖重固结灌浆的重点是灌前基岩面清理及封闭，以达到岩石封闭的效果，保证无盖重固结灌浆时能够起压。裂隙封闭材料采用抗压强度(3 d)不小于42.5 MPa的快硬硫铝酸盐水泥或其他具有高强度、速凝特性、无腐蚀性的化学防水材料。

经质量检查，各坝段透水率均≤3 Lu，压水检查合格率100%。透水率、单位注入量随Ⅰ、Ⅱ、Ⅲ序孔递减明显。灌前灌后物探测试表明，表层加密灌浆后声波提高值高于全孔声波提高值，满足固结灌浆设计要求。

2.1.2　多层立体作业处理坝基缺陷

构皮滩坝址地处喀斯特强岩溶地区，各类溶蚀、溶洞、层间错动等地质缺陷分布广泛。坝基范围主要出露有Fb112、Fb113层间错动带、风化－溶滤带、K280大型岩溶系统、KM1溶蚀带等地质缺陷。其中KM1溶蚀带位于坝基下游侧，采用高压固结灌浆处理密实；Fb112、Fb113层间错动带及风化－溶滤带采用左右岸共布置28条置换洞进行置换回填处理，K280位于右岸拱肩中部，采用开挖回填方式处理。

置换洞及K280岩溶系统处理与坝基固结灌浆、大坝混凝土浇筑存在上下立体交叉作业干扰，施工难度大，合理的施工组织至关重要。置换洞施工采用在坝肩布置通道方式，开挖渣料下坝基，混凝土通过各级马道泵送工作面施工。K280岩溶系统发育规模大，处理开挖量达2万余m^3，垂直高差达110 m，采取分期分层施工方式，前期利用拱坝正在基坑开挖时段，先对溶洞进行较大规模的开挖及清理；中期结合现场条件，从已有洞室布设施工支洞进入溶洞底部形成出渣通道；后期在坝肩上游预留施工竖井清理剩余充填物，有效解除了对大坝的施工制约与交叉施工安全问题，溶洞处理与坝基固结灌浆及大坝浇筑得以平行施工，保证大坝的施工进度。

2.2　大坝混凝土施工关键技术

2.2.1　成套混凝土浇筑方案

根据构皮滩坝址地形地貌特点，选择布置三台30 t平移式缆机作为混凝土主要运输设备，配备10台混凝土侧卸式汽车环线单向运输，并强化各配套设施的一体化作业，有效保障混凝土生产、运输、浇筑衔接有序，提高混凝土浇筑强度，有利缩短工期。

因地制宜，合理布设拌和系统。充分利用坝址附近地形条件，根据优化空间布置的原则，将混凝土拌和系统布置于大坝上游约200 m处的三叉口冲沟内。混凝土拌和系统主要包括两座4×3.3 m^3和一座3×1.5 m^3拌和楼，砂石骨料通过皮带运输至拌和系统。经实际生产，最高月高峰生产强度达 12.4 万 m^3，满足大坝高峰强度需求。

混凝土运输采用“侧卸式汽车水平运输 + 缆机垂直运输”的入仓方式。侧卸式汽车为 9.6 m^3 罐，采用单向环形运输方式，运输距离 0.8 km，结合混凝土拌合系统及缆机生产效率，侧卸式汽车运输效率为 4 台次/h。垂直运输采用 3 台 30 t 平移式中速缆机配 9.6 m^3 吊罐的施工方案，3 台缆机布置在同一高程，缆机跨度 700.0 m，平台轨道长 180.0 m，仓面较大时采用两台缆机同时作业方式，坝体下部施工时缆机的生产率为 3.0 万 ~ 3.5 万 m^3/(月 · 台)，浇筑高峰时段缆机的生产率为 3.6 万 ~ 4.0 万 m^3/(月 · 台)，3 台缆机月浇筑能力为 10.8 万 ~ 12 万 m^3/月。

根据坝体分缝情况，仓面面积为 500 ~ 1 200 m^2，采用平铺法浇筑，每台缆机配备一台平仓机和一台振捣机，平仓、振捣生产率要求达到 120 m^3/h 以上，加快施工速度并保证振捣重量。

2.2.2 优化悬臂结构模板形式[2]

大坝坝身孔洞较多(3 层 19 个)，结构形状复杂，外挑悬臂长，钢筋密集且埋件多，施工仓面狭窄，模板架立困难。为加快施工进度，减少各施工工序间干扰影响，降低施工难度，悬臂部位主要采用了预埋爬升锥外支撑装配式钢桁架悬臂模板。

外支撑装配式钢桁架悬臂模板由三角架、渐变桁架、标准桁架以及锚固装置 4 部分组成。三角架和标准桁架为各坝段底孔悬臂通用构件，是可以实现相互周转利用的构件，标准桁架高 3 m，对应 3 m 浇筑分层设计；渐变桁架针对各坝段悬臂结构与拱坝体形的相贯线不同进行单独设计制作。施工安装时先通过已浇筑层内预埋锚固装置固定三角架，然后安装渐变桁架、标准桁架和锚固装置形成悬臂支撑平台，之后进入立模、扎钢筋等工序，随着混凝土浇筑层逐层施工逐层安装标准桁架及锚固装置，直至悬臂结构混凝土施工完成。

2.2.3 混凝土温控措施

混凝土温度控制设计时，开展温度场及温度应力三维仿真计算分析[3]，明确了坝体设计允许温度见表 1，便于大坝混凝土分区分时段进行混凝土最高温度控制。

表 1 坝体设计允许高温度 (单位:℃)

坝体	部位	12 ~ 2 月	3 月、11 月	4 月、10 月	5 月、9 月	6 ~ 8 月
溢流坝段 11 ~ 17#	基础强约束区	24	27	29 ~ 30	29 ~ 30	29 ~ 30
	基础弱约束区	24	27	30	32	32
	非约束区	24	27	30	33	36
非溢流坝段 1 ~ 5#、24 ~ 27#	基础强约束区	25	28	32	32	32
	基础弱约束区	25	28	32	34	35
	非约束区	25	28	32	34	38
非溢流坝段 6 ~ 10#、18 ~ 23#	基础强约束区	25	28	29 ~ 30	29 ~ 30	29 ~ 30
	基础弱约束区	25	28	32	32	32
	非约束区	25	28	32	33	38

具体温度控制措施如下：

（1）原材料及配合比优化。选用强度等级为42.5的中热水泥，并掺30% Ⅰ级粉煤灰降低水泥用量。采用微膨胀水泥，可以一定程度减少后期混凝土温降产生的徐变温度应力，有利于防裂。优选弹性模量较小、极限拉伸系数适中、热膨胀系数较小灰岩作为混凝土骨料。

（2）严格控制浇筑温度。主要从降低混凝土出机口温度和减少运输途中及仓面浇筑过程中温度回升两方面控制。降低混凝土出机口温度主要采取预冷骨料及加冰拌和等措施，使4～10月浇筑基础约束区混凝土时混凝土出机口温度达到7℃，6～8月浇筑脱离基础约束区混凝土时混凝土出机口温度不高于14 ℃；通过减少混凝土运输时间、仓面浇筑时间、仓面喷雾等措施，控制混凝土从出机口至仓面混凝土温度回升系数在0.25以内，高温季节尽量利用夜间浇筑混凝土。

（3）合理控制浇筑层厚及间歇期。对于大坝基础约束区浇筑层厚采用1.5～2 m，脱离基础约束区浇筑层厚采用2.0～3.0 m。对于有严格温控防裂要求的基础约束区和重要结构部位，应控制层间间歇期5～10 d。

（4）分期通水冷却措施。初期通水冷却主要是高温季节削减浇筑层水化热温升，混凝土最高温升可削减3～6 ℃。中期通水用于削减坝体内外温差，每年10月开始通江水使坝体越冬时内部温度不高于20～22 ℃。后期通水是使坝体冷却至接缝灌浆温度，拱坝下部采用6～8 ℃制冷水通水降温，上部采取通江水和通制冷水相结合的措施。

（5）后期养护及表面保温。混凝土浇筑完成后，及时进行混凝土养护保湿，连续养护时间不少于28 d。上游坝面死水位以下采用30 mm厚聚乙烯苯板覆盖保温，大坝下游面、横缝面和水平面采用18 mm厚高发泡聚乙烯卷材保温被覆盖保温，保温后混凝土表面等效放热系数为2.47 W/(m^2·℃)。

经系列温度控制措施，大坝混凝土未发生贯穿性裂缝，仅由于2008年雪凝天气期间出现了少量仓面裂缝。

2.3　分束U形锚索在大坝闸墩上的首次运用[4]

U形锚索国内最早运用于二滩水电站中孔闸墩，优化了直线锚索所需要的拉锚洞及二次灌浆，简化施工程序，但也暴露出穿索及施工困难的明显弱点。为解决穿索困难的问题，构皮滩水电站中孔闸墩采用了分束U形锚索结构见图1，减低施工难度及成本。

分束U形锚索采用单根穿索法施工，在安装分束管座和直线段钢管时，在孔道内预埋牵引钢丝绳，每根钢丝绳对应一根钢绞线。钢丝绳两端采用与锚具孔位排布相同的限位板固定做好标记，以确保穿索时钢铰线两端位置能准确对应。穿索时，只需在上端将牵引钢丝绳与钢绞线连接，在下端用人工或小型卷扬机牵引即可完成穿索。单根钢绞线可在5 min内完成穿索，所需操作人员和机具少，极大缩短穿索时间，降低施工成本和安全风险。

3　结　语

通过采用多项施工技术及工艺，构皮滩水电站大坝历时55个月全部浇筑完成。经质量检查，大坝未出现贯穿性裂缝，温度控制满足设计要求，运行后各部位应力、变形、渗流渗压测值正常，构皮滩水电站大坝施工质量优良。

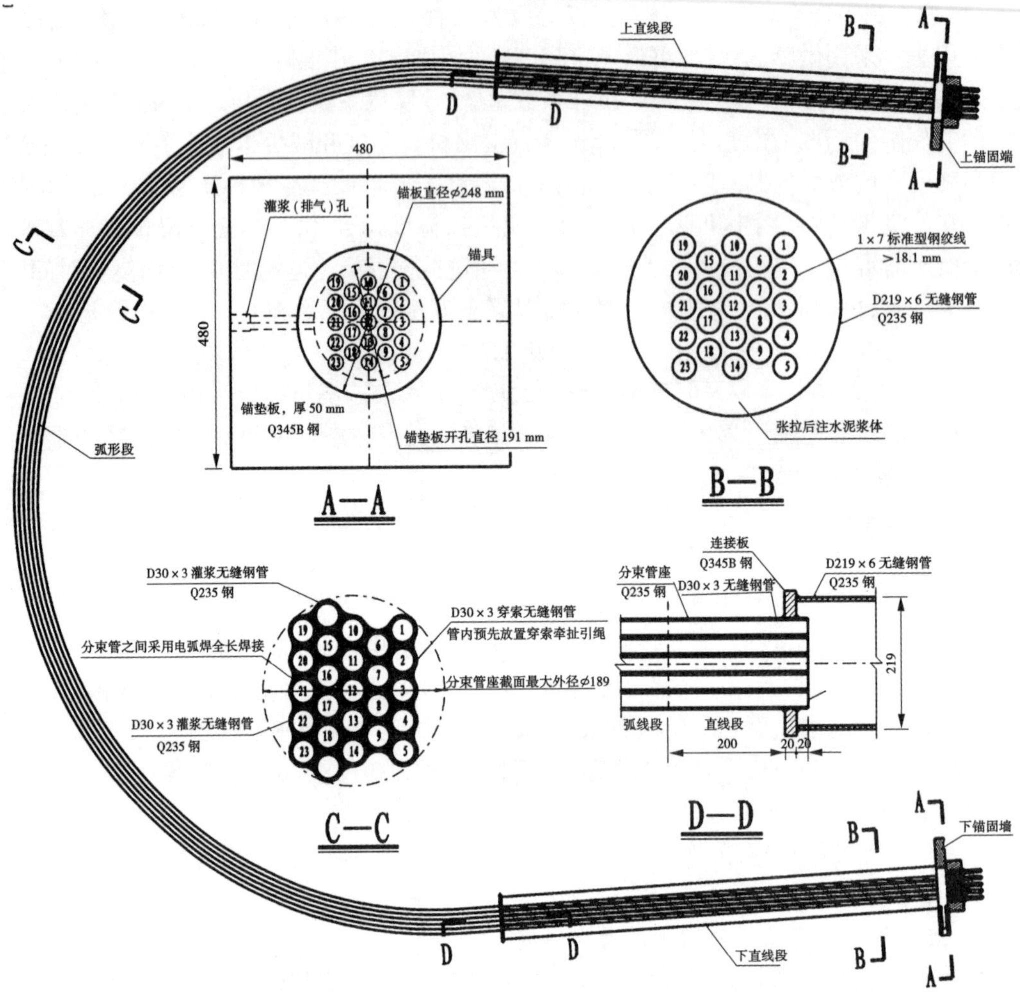

图 1　构皮滩水电站中孔闸墩分束 U 形锚索结构图

参考文献

[1] 彭爱华,傅建,刘加龙,等. 裸岩无盖重固结灌浆研究及其在构皮滩水电站工程中的应用[C]//2008 年南方十三省水电学会联络会暨学术交流会论文集. 北京:中国水力发电工程学会,2008.

[2] 罗继忠,邵增富,周政国. 构皮滩水电站双曲拱坝导流底孔悬臂模板的设计与施工[J]. 贵州水力发电,2009,23(1):56-58.

[3] 袁建华,杨学红. 构皮滩水电站高拱坝温度控制设计和实践[J]. 贵州水力发电,2010,24(5):28-31.

[4] 余昕卉,胡清义,曹去修. 构皮滩水电站拱坝中孔预应力闸墩分束 U 形锚索结构设计[J]. 贵州水力发电,2010,24(2):11-14.

光照200 m级碾压混凝土重力坝实测温度特点解析

汤世飞

（贵州黔源电力股份有限公司光照发电厂　贵州　晴隆　561400）

摘要：本文结合光照水电站大坝的特点，从施工期温度变化规律、分布式光纤测温系统应用、超高掺粉煤灰碾压混凝土温度、运行期坝体温度等方面，对混凝土实测温度进行总结，对其各阶段影响因素进行简要解析，并对光照大坝自身的温度特点作出评价。通过分析、研究光照200 m级碾压混凝土坝实测温度的特征，抛砖引玉，为今后同类型高坝的温控设计、施工及运行管理提供借鉴，以推动我国筑坝技术的提升。

关键词：光照水电站　大坝　温度　解析

1　工程概况

光照水电站位于贵州省关岭县和晴隆县交界的北盘江中游，距贵阳市222 km。枢纽工程由碾压混凝土重力坝、坝身溢流表孔、放空底孔、右岸引水系统及地面厂房等组成。碾压混凝土重力坝坐落在三叠系永宁镇组灰岩、泥质灰岩地层上，由河床溢流坝段和两岸挡水坝段组成。坝顶全长410 m，最大坝高200.50 m，为目前世界已建成的最高碾压混凝土重力坝，坝顶宽12 m，坝底最大宽度159.05 m。大坝混凝土2005年5月3日开始浇筑齿槽垫层混凝土，当月浇筑4 000 m^3，2005年6月1日基坑充水，2006年2月11日开始第一仓碾压混凝土施工，由于汛期来水偏枯，当年汛期实现全年施工，2006年底大坝施工浇筑达到622 m高程，2007年年底大坝浇筑至728.5 m高程，2008年7月大坝基本浇筑完成，2009年10月，枢纽工程全部完成。

2　光照碾压混凝土坝的特点

2.1　气象条件对温控不利

光照水电站所在流域属于亚热带高原季风气候区，坝址多年平均气温18 ℃，极端最高气温39.9 ℃，极端最低气温 -2.2 ℃，年内以7月气温最高，多年平均值为25.1 ℃，以1月最低，多年平均值为8.7 ℃；多年平均水温17.9 ℃，多年平均相对湿度82%。

各月多年平均气温显示，4～10月平均气温在21.5 ℃以上，表明混凝土在高温下施工期长，而1月和12月昼夜温差大，对混凝土温度控制要求高。

2.2　混凝土施工强度大

光照大坝混凝土总量约280万 m^3，其中，碾压混凝土约240万 m^3，大坝碾压混凝土采用了全断面斜层碾压工艺，最大浇筑仓面达2.2万 m^2，日浇筑强度达13 582 m^3，月浇筑强度达到22.25万 m^3，在如此高强度的施工条件下，施工期混凝土温度居高不下。

2.3　温控标准严

光照大坝的温控标准如下：

基础温差：基础约束范围0～0.2 L，常态垫层混凝土和碾压混凝土分别为20 ℃和16 ℃，允许最高温度分别为35 ℃和31 ℃；0.2～0.4 L碾压混凝土为18 ℃，允许最高温度为33 ℃；稳定温度均为15 ℃。

上、下层温差：浇筑高度大于0.5 L时为18 ℃，浇筑块侧面长期暴露时取16 ℃。

内、外温差：不大于15 ℃。

实际施工中，承包商采取了控制混凝土浇筑最高温度、通河水或制冷水冷却，加强表面保护等方法或措施，但未能完全达到设计文件要求的温控措施标准。

3　实测温度特点解析

3.1　常规温度计监测成果

3.1.1　基岩温度

（1）基岩温度在浇筑初期，有一个快速升温的过程，温升时间约1年；随后随着水泥水化热的散发等，岩基温度呈现明显的降温过程。

（2）越靠近坝基，基础温度受坝体水化热的影响越大，其变幅和最大温升也大，实测基岩最高温度为26.8 ℃，最大温升约5 ℃；在坝基最下部的温度变幅很小，常年稳定在22.5 ℃，说明坝体混凝土温升对建基面15 m以下岩体的温度影响很小。

3.1.2　坝体温度

（1）坝体温度在测温装置埋设初期，水化热急剧增加，混凝土温度迅速升高，在4～7 d的时间内，达到首次温度峰值；随后，受通水冷却和自然散热的影响，温度开始降低，历时约一个月后，受上部混凝土热传递的影响，温度又开始上升，达到第二次温度峰值，其后，随着热量的不断消散，混凝土温度逐渐开始下降。典型温度计实测温度变化过程见图1。

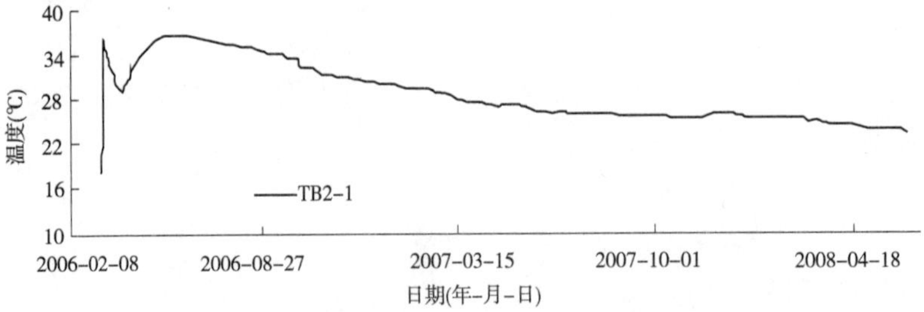

图1　典型温度计实测温度变化过程

（2）大坝施工后，在溢流坝段及非溢流坝段坝体中部均存在高温区。其中，非溢流坝段高温区位于坝体中上部，溢流坝段位于坝体中下部。

（3）混凝土最高温度的超温现象较普遍，最高温度为33.5～43.55 ℃，一般情况下，高温季节埋设仪器最高温度较低温季节埋设仪器高。点超温率较高，在统计的21个时段中，有8个时段的点超温率大于40%。

3.2　分布式光纤测温系统成功应用

分布式光纤测温系统是近年来发展起来的一种新技术，自20世纪90年代后期在新疆石门子水库首次应用以来，分别在三峡、百色、景洪、索风营等工程得以应用，但大多为少量科研试验性质。

光照大坝首次全坝体大范围布置测温光纤，获得了大量的温度数据，有助于对混凝土早期温度分布与变化情况深入了解，降低温控成本，反馈设计，优化标准。具体表现在：

(1)分布式光纤测温系统实测大坝混凝土温度能够准确地反映施工期不同强度等级和形态的混凝土水化热温升情况，能真实了解混凝土浇筑层面温度的变化规律。

由于高程 630 m 以下大部分碾压混凝土的是自下游向上游浇筑，因此当下游已浇筑混凝土结束水化热过程时，上游侧混凝土往往才刚刚开始升温。这个现象在常规温度计上无法显示，同时，当上游侧混凝土达到首次温度峰值时，下游侧混凝土已进入降温阶段。这种由于施工顺序不同，造成的温度场在时间和空间上的差异，在所有的光纤实测温度中均得到了很好的表现。

(2)光纤测温系统真实的反映了不同坝段、不同区域的温度分布情况，对正确的认识早期混凝土内部温度场分布和后期变化提供了有效的参考。

在大坝的结构上，高程 616 m 以下设有岸坡廊道，廊道附近的混凝土温度变化幅度较大，梯度也较大，这种现象所有的光缆上都有所反映。由于上游侧混凝土为防渗混凝土，上游侧温度较高，坝体中部次之，下游后期温度较低。典型断面温度分布情况见图 2。

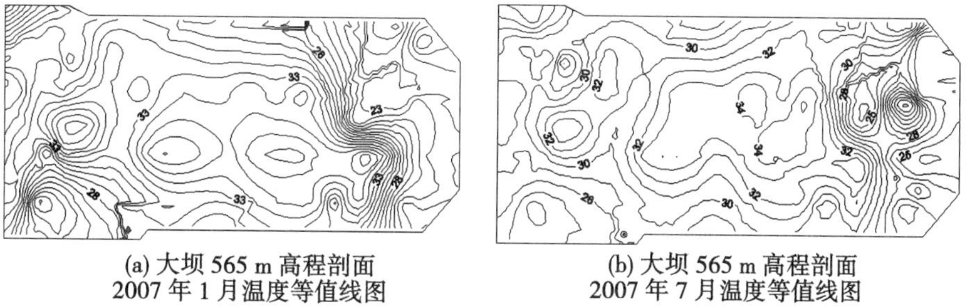

(a) 大坝 565 m 高程剖面
2007 年 1 月温度等值线图

(b) 大坝 565 m 高程剖面
2007 年 7 月温度等值线图

图 2　典型断面温度分布情况

(3)在混凝土浇筑初期，由于冷却通水降温的影响，在光缆的温度曲线上间隔的出现波谷，表明此处距离冷却水管近，混凝土温度较低，温度测值也就相应的比附近的混凝土低。随着冷却通水的停止以及混凝土内部热交换，原来出现温度波谷的区域已经和附近混凝土的温度基本相近了，表现在曲线上则是波谷逐渐消失。这种由于施工工艺的影响，造成混凝土内部早期温度的差异，在大部分光缆温度曲线上均有表现。

(4)通过对监测成果的及时分析，可充分掌握不同工程部位实际温度及变化状态，以利通过不同部位的冷却循环管线，针对性地进行混凝土温控工作，节省温控费用。

3.3　超高掺粉煤灰碾压混凝土应用效果

在大坝 13～16 号坝段，高程 745.50～748.90 m 进行现场超高掺粉煤灰碾压混凝土的应用和测试。混凝土方量共约 2 000 m^3。

三级配碾压混凝土原配合比中水泥用量 60.8 kg/m^3、粉煤灰用量 91.2 kg/m^3、水用量 76 kg/m^3；超高掺粉煤灰混凝土水泥用量 40 kg/m^3、粉煤灰用量 120 kg/m^3、水用量 67.2 kg/m^3。与传统的碾压混凝土相比，水泥用量减少 34%，粉煤灰用量增加 32%，用水量减少 12%。

监测成果显示：同一坝段中，三级配普通碾压混凝土入仓温度 22 ℃、浇筑温度 29.60 ℃，最高 40.8 ℃，而超高掺粉煤灰混凝土入仓温度 22 ℃、浇筑温度 26.30 ℃、最高温度 33 ℃，排除浇筑温度、浇筑时间等因素的影响，超高掺粉煤灰混凝土水泥用量的减少对降低最高温度的效果显著。从控制混凝土温度的角度看，超高掺粉煤灰混凝土值得推广。

两种混凝土温度对比见图 3。

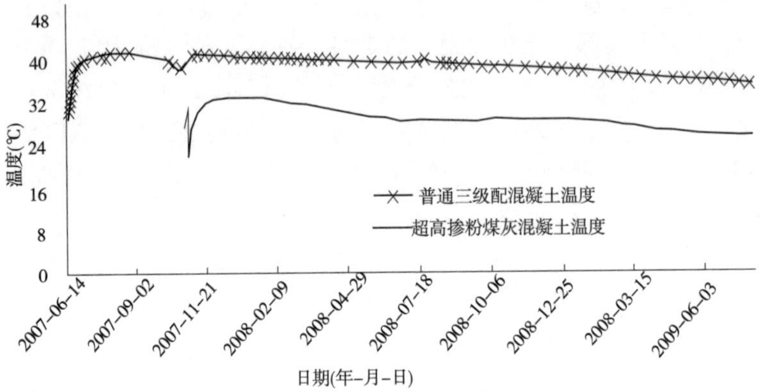

图 3　两种混凝土温度变化过程对比

3.4　初运行期大坝温度特征

大坝自 2009 年进入实际运行期，近 5 年来，大坝温度表现出以下特征：

(1) 蓄水后大坝上游面高温季节、低温季节温度梯度变化不大。下游坝面受环境温度的影响较大，其高温季节温度梯度小，低温季节温度梯度相对较大；同时由于大坝下游面对南方，下游面温度受阳光幅射的影响也较大，受阳光幅射时间长的上部温度较下部温度大。

11 号坝段运行期温度等值线见图 4。

(2) 从离下游面不同深度的坝体温度计年变幅统计，在 2012 年以前，气温对坝体内部温度的影响范围可达到近 40 m，2012 年以后，气温影响效果已不显著；从 2009 年到 2013 年，坝体内部温度总体呈现缓慢下降的趋势，但变化幅度很小，大坝达到稳定温度场还需很长的时间。温度变幅统计见表 1。

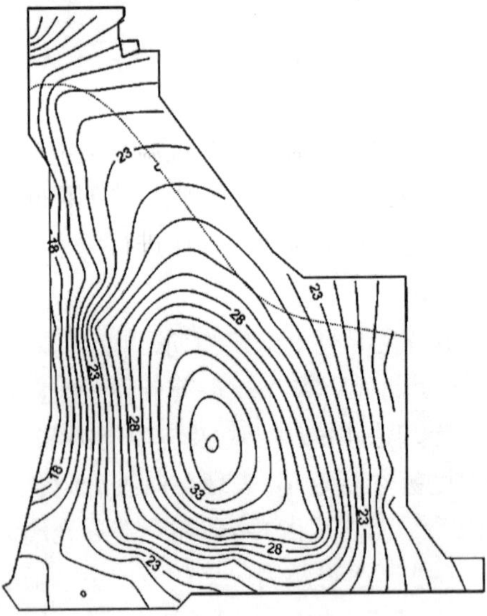

图 4　11 号坝段运行期温度等值线图

(2) 水库温度计测值主要受环境温度的影响，呈明显的年周期变化，越深处水温年内变幅愈小。

(3) 接近坝基部位的测点受气温及水温的影响很小，温度基本不变，现已基本趋于稳定状态。

(4) 目前 6 号坝段实测最高温度 26 ℃，11 号坝段实测最高温度 34.85 ℃，14 号坝段最高温度 28.15 ℃，远高于稳定温度 15 ℃，大坝处在没有内部热源而仅受外部环境温度（气温、水温、地温）变化影响下的准稳定阶段。

表 1 运行期温度变化幅度统计

序号	温度计编号	距下游面(m)	年温度变幅(℃)				
			2009 年度	2010 年度	2011 年度	2012 年度	2013 年度
1	T11 - 3	87.5	1.2	0.95	1	0.85	0.4
2	T11 - 7	69	1.35	0.85	0.8	1.05	0.7
3	T11 - 10	63	0.45	0.8	1.05	0.65	0.7
4	T11 - 13	61	0.7	0.3	0.05	0.45	0.35
5	T11 - 16	62	1.75	0.35	0.3	0.4	0.3
6	T11 - 19	63	0.45	0.25	0.25	0.55	0.25
7	T11 - 32	67	0.15	0.25	0.35	0.75	0.75
8	T11 - 35	39	0.5	0.85	0.8	0.75	0.9
9	T11 - 38	26	8.4	1.35	0.95	1.75	0.6
10	T11 - 41	21	4.6	3.55	2.05	1.9	0.85

4 结 语

(1)混凝土坝的气候条件、施工强度、温控标准等都对温控有一定的制约，同时，施工期存在较多影响因素，使得混凝土施工期温度呈现出整体分布均匀、局部变化较大的特点，碾压混凝土普遍出现二次温升现象，坝体内部温度较高，未能完全达到的温控措施标准，但坝体碾压混凝土内基本未出现温度裂缝。

(2)光照大坝首次全坝体大范围布置测温光纤，获得了大量的温度数据，有助于对混凝土早期温度分布与变化规律进行深入了解，结合工程进度提出相应的措施，降低温控成本，反馈设计，优化标准。

(3)高碾压混凝土坝运行期的特点主要有：坝体内部温度下降缓慢，气温影响深度有限，进入准稳定温度阶段，达到稳定阶段尚需很长时间。

(4)超高掺粉煤灰混凝土水泥用量的减少对降低最高温度的效果显著。从控制混凝土温度的角度看，超高掺粉煤灰混凝土值得推广。

(5)通过分析、研究光照 200 m 级碾压混凝土重力坝实测温度的特征，抛砖引玉，为今后同类型高坝的温控设计、施工及运行管理提供借鉴，以推动我国筑坝技术的提升。

参考文献

[1] 储海宁. 混凝土坝内部观测技术[M]. 北京：水利电力出版社，1989.
[2] 李珍照，大坝安全监测[M]. 北京：中国电力出版社，1997.
[3] 蒋剑. 分布式测温光纤在光照大坝碾压混凝土中的应用探讨[J]. 水力发电，2008(3)：55-58.

贵州北盘江董箐水电站混凝土面板堆石坝软硬岩料筑坝技术

杨宁安　李　文

（贵州黔源电力股份有限公司董箐电站建设公司　贵州　黔西南　562202）

摘要：随着混凝土面板堆石坝技术的发展，因地制宜地利用坝址区的堆石料已成为筑坝时普遍需考虑的问题。董箐面板堆石坝主堆石及次堆石区全部采用基础开挖及溢洪道开挖砂岩（硬岩）和泥岩（软岩）混合料填筑，不分主次堆石坝，取消了专门的次堆石区，全部按主堆石区考虑，采用同一压实密度。国内外资料显示，在坝体下游次堆石区采用少量软岩料或软硬岩混合料是基本可行的，但没有在坝体结构中的主、次堆石区全部采用软硬混合料来填筑的实例，董箐水电站首次大方量采用砂岩（硬岩）、泥岩（软岩）混合料全断面填筑坝高为 150 m 的混凝土面板堆石坝，该种筑坝材料和坝体结构形式，用于高面板堆石坝国内外尚属首次。大坝经过近 5 年蓄水运行的考验，2014 年 2 月监测数据表明，坝体最大沉降占坝高的 1.38%，蓄水后沉降为 289.2 mm，仅占总沉降量的 13.9%，稳定渗漏量约 20L/s；周边缝、垂直缝及挠度变形均在设计范围内；水下面板检查未发现集中渗漏及其他异常情况，坝体运行正常。董箐水电站混凝土面板堆石坝采用软（泥岩）硬（砂岩）混合料全断面填筑是成功的。

关键词：水电站　堆石坝

1　工程概况

董箐水电站位于贵州省西南部的北盘江（茅口以下）下游贞丰与镇宁的交界河段上，右岸属贞丰县，距贞丰县约 38 km，左岸属镇宁县，距镇宁县约 101 km。开发任务是“以发电为主，航运次之，兼顾其他”。工程枢纽由钢筋混凝土面板堆石坝、左岸开敞式溢洪道、右岸放空洞、右岸地面式引水发电系统、右岸斜面升船机（预留）及左、右岸导流洞等建筑物组成。董箐水电站水库正常蓄水位 490 m，死水位 483 m，总库容 9.55 亿 m^3，调节库容 1.438 亿 m^3，属日调节水库。装机容量 880 MW（4×220 MW），龙滩正常蓄水位 375 m 时，多年平均年发电量 30.26 亿 kWh，保证出力 172 MW；龙滩正常蓄水位 400 m 时，多年平均年发电量 24.76 亿 kWh，保证出力 140 MW。

面板坝坝顶长 678.63 m，坝顶高程为 494.50 m，最大坝高 150 m，坝体最大底宽约 476 m，是目前我国已建第一座采用软硬岩混合石料填筑的高混凝土面板堆石坝。大坝总填筑量约 891.9 万 m^3，其中软（泥岩）硬岩（砂岩）约 596 万 m^3、灰岩排水堆石料 200 万 m^3。大坝剖面见图 1。

2　坝体布置

坝轴线位于洗鸭沟下游 380 m 处，轴线方位 N74°11′48″E，与河流大致正交。坝基、坝肩岩体均为三叠系中统边阳组第一段（T_2b^1）灰色厚层块状砂岩、粉砂岩夹少量泥页岩。混

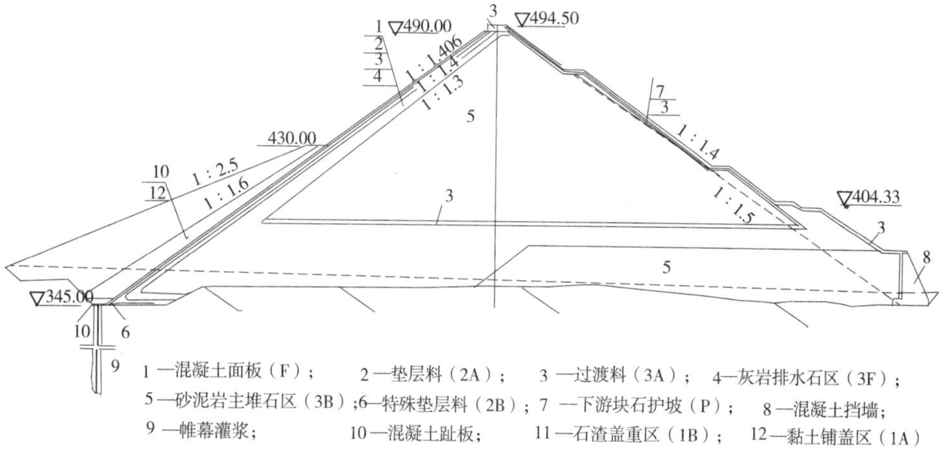

图 1　董箐水电站面板堆石坝最大断面示意

凝土面板堆石坝最大坝高 150 m,坝体最大底宽约 476 m,坝顶高程 494.5 m,坝顶全长 678.63 m,上游坝坡 1∶1.4,下游 403.5 m 高程以上坝坡 1∶1.4,综合坝坡 1∶1.5,378 m 高程以下采用 1∶0.5 坡比混凝土挡墙,下游坝坡设三层 10 m 宽坝后公路。

3　坝体断面分区

根据面板坝的受力特点和渗流要求,董箐水电站大坝堆石体的填筑分区主要原则为:

(1) 从上游到下游的坝料变形模量基本相当,以保证蓄水后坝体变形尽可能小,从而减小面板和止水系统遭到破坏的可能性。

(2) 各区之间应满足水力过渡要求,从上游向下游坝料的渗透系数递增,相应下游坝料应对其上游区有反滤保护作用。

(3) 分区应尽可能简单,以利于施工,便于坝料运输和填筑质量的控制。

根据以上原则和坝址附近坝料岩性特点,以及下游水位过高的实际情况,董箐面板坝 391.60 m 高程以上堆石区采用溢洪道厚层、中厚层砂岩(硬岩)、粉砂岩夹泥岩(软岩)开采料作筑坝材料。董箐面板坝砂泥岩堆石区渗透系数为 10^{-2} cm/s 级,设置强排水区。结合砂泥岩筑坝材料的研究以及坝体稳定、应力计算分析,对大坝断面分区进行优化,减少排水堆石料的使用,增加砂泥岩筑坝材料的应用。坝体主要填筑分区为垫层区、过渡区、排水堆石区、主堆石区、块石护坡及上游防渗补强区(详见图 1)。坝体总填筑方量约为 1 024.8 万 m^3(含上游黏土料及石渣料 133.9 万 m^3),其中砂泥岩堆石料约为 595.6 万 m^3。

3.1　垫层区

垫层区采用等宽 3 m,同时在岸坡及坝基部位向下游延伸 20～30 m。原设计水平趾板区垫层料延伸宽度为 30 m,其余部位为 20 m,为方便施工,大坝填筑沿趾板内坡部位垫层区宽度统一采用 20 m 进行控制。垫层区上游面坡度 1∶1.40。趾板与面板接触带下部设特殊垫层料区

3.2　过渡区

过渡区包括上游过渡区、水平过渡区、岸坡过渡区及下游过渡区。

上游过渡区采用等宽 4.0 m,其下游坡度为 1∶1.4。在岸坡与坝基部位顺应垫层料的需要,向下游延伸,将垫层料包住。

水平过渡区厚 1.6 m,位于 390.00 ~ 391.60 m 高程部位砂泥岩堆石料与水平排水灰岩堆石料接触带,可使砂泥岩堆石体内细小颗粒不被渗水带入灰岩排水堆石区内,以保证排水堆石区的排水性能。

岸坡过渡区厚 2.0 m,位于堆石料与岸坡接触带,以保证堆石与岸坡接触部位碾压密实且砂泥岩堆石料少受外界环境影响。

下游过渡区厚 1.0 m,指下游 402.50 m 高程以上块石护坡与堆石料间,以防止堆石料受外界环境影响而发生风化崩解。

过渡料采用灰岩爆破料,过渡区填筑料约 66.2 万 m^3。

3.3 排水堆石区

由于主堆石料采用砂岩、泥岩混合料,渗透系数仅为 $A\times10^{-2}$ cm/s,渗透性能不是很好,为保证坝体排水通畅,在上游设竖向排水区,顶高程 491.20 m,宽度约 5.0 m,底高程 390.00 m,宽度约 14.9 m,下游侧坡比 1∶1.3。在坝轴线上游侧 390.00 m 高程以下设水平排水堆石区,同时在坝轴线下游侧 378.00 ~ 390.00 m 高程区域设排水堆石区。排水堆石料采用灰岩爆破料。

3.4 主堆石区

坝体 391.60 m 高程以上为砂泥岩主堆石区。根据工期需要,结合砂泥岩筑坝材料的研究成果,长期泡在水下的砂泥岩料,其岩性基本没有发生变化,为增加砂泥岩筑坝材料的应用,节约工程投资,坝轴线下游侧 378.00 m 高程以下也采用砂泥岩堆石料填筑。主堆石料采用溢洪道开挖爆破砂泥岩料。

3.5 下游块石护坡区

下游混凝土挡墙 378.00 m 高程以上部位坝体外侧设块石护坡,厚度为 1.0 m。块石护坡料采用灰岩爆破料。

3.6 上游防渗补强区

为封堵面板可能出现的裂缝以及张开了的周边缝和板间缝,在上游坝面 430.00 m 高程以下设置了黏土铺盖,顶宽 4 m,坡比 1∶1.60,下游面紧贴面板和趾板。铺盖上游面铺设石渣盖重,石渣盖重顶宽 6 m,坡比为 1∶2.5。此外沿两岸周边缝,黏土铺盖从河床趾板一直延伸至 485.00 m 高程(死水位为 483.00 m 高程);在周边缝附近设置粉煤灰保护,以起到止水自愈作用;同时在 430.00 m 以下面板上部设置石渣盖重。

4 大坝填筑程序及分期

4.1 设计分期

Ⅰ期填筑由坝基至 EL. 424 m 高程,顶宽 40 m,下游面填筑到 370 m,分区接缝边坡 1∶2.5,填筑时段为 2007 年 1 月 16 日 ~ 5 月 15 日,Ⅱ期填筑填筑高程由 EL. 370 ~ EL. 445 m,填筑时段为 2007 年 5 月 16 日 ~ 11 月 30 日,$Ⅲ_1$ 期填筑填筑高程由 EL. 445 m ~ EL. 465 m,坝前预留 40 m 宽,填筑坡比按 1∶1.4 预留,填筑时段为 2008 年 2 月 1 日 ~ 3 月 31 日,$Ⅲ_2$ 期填筑填筑高程由 EL. 445 m ~ EL. 491.2 m,填筑时段为 2008 年 4 月 1 日 ~ 6 月 30 日。设计填筑分期见图 2。

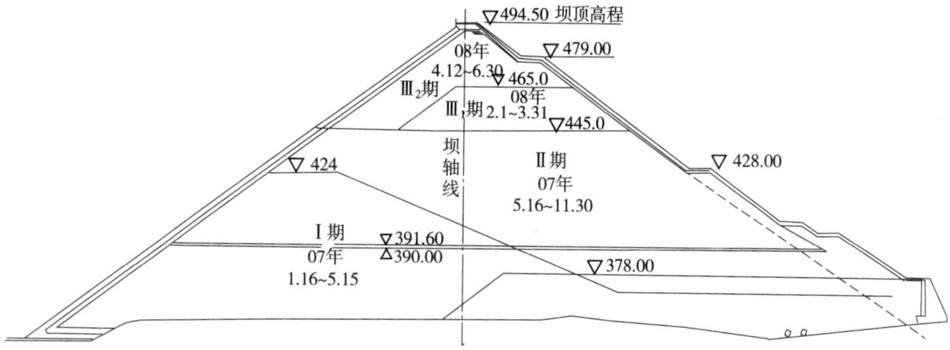

图 2　设计填筑分期情况

4.2　实际填筑分期

根据工程具体情况，将坝体填筑规划分成六期进行：Ⅰ期填筑全断面填筑至 EL. 378 m 高程后起临时断面至 EL. 424 m 高程，顶宽 50 m，分区接缝边坡按 1∶1.5 考虑，不同高程的填筑区采用坝内斜坡道连接，Ⅱ期填筑填筑高程由 EL. 378 m ~ EL. 435 m。Ⅲ$_1$ 期填筑填筑高程由 EL. 435 m ~ EL. 461.8 m，坝前预留 45 m 宽为浇筑一期面板施工场地，同时也为了浇筑一期面板预留堆石沉降时间，填筑坡比按 1∶1.5 预留。Ⅲ$_2$ 期填筑填筑高程由 EL. 435 m ~ EL. 491.2 m。Ⅴ期进行坝前黏土铺盖和石渣盖重的填筑。Ⅵ期进行 EL. 491.20 m 高程以上部分，结合坝顶结构完成填筑施工。实际填筑分期情况见图 3。

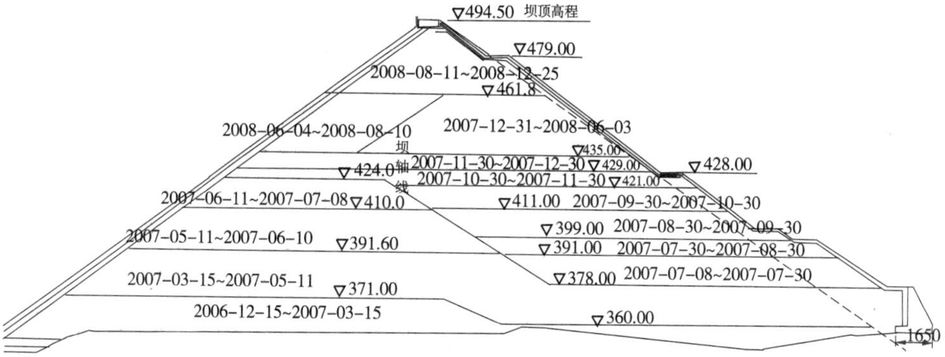

图 3　实际填筑分期情况

4.3　大坝填筑施工方法

4.3.1　坝体分区技术要求

坝体分区填筑材料技术要求见表 1。

4.3.2　大坝填筑施工程序

大坝填筑施工主要工序有坝料开采、坝料装运、卸料、摊铺平整、洒水、振动、冲击碾压实、质量检测验收等。大坝填筑施工程序见图 4。

表 1 坝体填筑材料分区技术要求

材料分区	垫层区及特殊垫层区(2A)	过渡区(3A)	堆石区(3B)	排水堆石区(3F)	反滤料(3C)	岸坡过渡区(3AA)
材料	人工加工灰岩料	料场开挖灰岩料	溢洪道开挖砂泥岩料	料场开挖灰岩料	料场开挖灰岩料	料场开挖灰岩料
D_{max}(mm)	40 ~ 80 (<40)	200 ~ 300	400 ~ 800	500 ~ 800	100 ~ 200	200 ~ 300
$D<5$ mm(%)	30 ~ 50	15 ~ 30	4 ~ 20	4 ~ 20	15 ~ 30	15 ~ 30
$D<0.075$ mm(%)	3 ~ 8	0 ~ 5	0 ~ 4	0 ~ 4	0 ~ 5	0 ~ 5
设计干密度(t/m^3)	2.25	2.20	2. 192	2. 192	2.20	2.192
孔隙率(%)	17.34	19.16	19.00	19.46	19.16	19.46
碾压层厚(mm) 振碾	40	40	80	80	40	80
碾压遍数 振碾	6	6	10	10	6	10
加水量	体积比 15%	体积比 20%	体积比 15%	体积比 15%	体积比 20%	体积比 15%

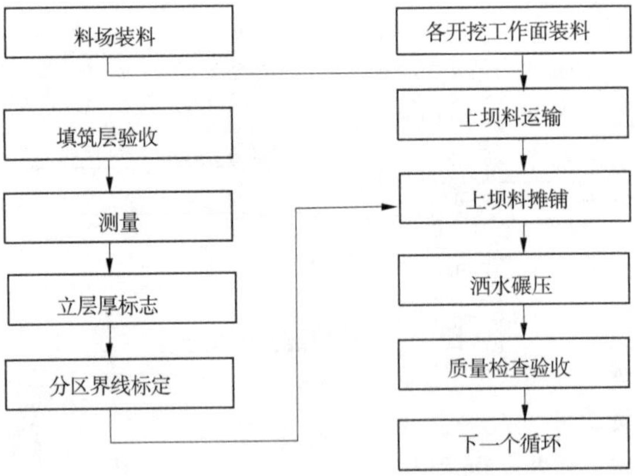

图 4 大坝填筑施工程序框图

5 坝体填筑过程质量控制

在主坝填筑施工过程中,严把各道工序质量关,找出质量控制的关键点及控制点,采取一系列保证措施,使各道工序始终处于受控状态,从而保证填筑施工质量。大坝坝基开挖、清理干净并验收合格后,进行基础找平,然后开始坝体填筑施工;垫层和过渡层填筑待相应高程的趾板混凝土浇筑完毕进行。填筑程序主要包括坝料开采、坝料装卸、摊铺与平整、坝面洒水、振动碾压实以及质量检测验收等工序。

5.1　坝料摊铺质量控制

每层铺料前，先用石灰线标出各填筑区域，明确分区界线，左右岸坡清楚标明高程和填筑边线，在堆石区及过渡区、垫层区分别放置用钢筋或方木制作标尺用于控制铺料层厚，避免发生超填和超厚现象；填筑铺料方向平行于坝轴线，特殊垫层料、垫层料采用后退法卸料，过渡料、两岸接坡料、堆石料全部采用进占法填筑，自卸汽车卸料后，采用推土机摊料平整，坝面配置挖掘机和液压击碎机各一台，推土机铺料时前端有块石料集中的地方，用挖掘机分开摊铺，再充填细石料，有利于碾压密实，对局部存在的超径石料，用击碎机及时破碎解小或剔除到坝后用于干砌石；垫层料、过渡料由挖掘机摊铺，人工配合整平。根据碾压试验成果，堆石料的铺料厚度按 72～88 cm 控制，过渡料、垫层料的铺料厚度按 36～44 cm 控制。

5.2　洒水质量控制

洒水采用坝外洒水与坝面洒水配合的方式，在坝外各交通要道口设置坝外加水点，通行车辆由此通过，进行加水。在大坝左右岸各布置供水系统，用消防软管接至工作面，填筑碾压前进行洒水，左右岸派专人负责洒水，按照水管流量进行计量，根据水力计算公式计算出水管流量，按时间控制洒水量，根据填筑强度和设计洒水量，左右岸同时不间断洒水，满足施工需要，根据各填筑区的设计洒水量，在坝面上拖动水管均匀洒水，高强度填筑时，洒水车配合洒水，洒水量满足设计要求。

5.3　碾压质量控制

坝面填筑碾压配备 25 t 自行式宝马振动碾，碾压行进方向平行坝轴线，采用进退错距法碾压，速度控制在 2 km/h 左右，根据碾压试验成果，碾压遍数为 10 遍，滚筒错距控制在 20 cm 左右，靠近岸坡采用顺向碾压，振动碾碾压不到的边角部位，用液压振动夯夯实。特殊垫层料采用 25 t 自行式宝马振动碾，局部用小型手扶式宝马振动碾压实；边角辅以人工夯实，上游坡面碾压采用 D8 推土机牵引 10 t 斜平两用振动碾进行。根据填筑质量检测结果，采用 25 t 自行式振动碾碾压 10 遍时，能够达到设计要求。

5.4　岸坡位置填筑

两岸岸坡 2 m 范围用过渡料（接坡料）填筑，与堆石体同步进行，铺料用推土机推平后，挖掘机剔除所有超径块石，洒水后用 25 t 自行式振动碾碾压，顺上下游方向进行碾压，碾压时滚筒尽量靠近岸坡，局部碾压不到的边角用小型手扶式宝马振动碾压实。

5.5　填筑质量检测控制

根据设计及规范的大坝填筑取样频率，填筑到一定的方量时进行各填筑区挖坑试验，用注水法进行，对各填筑区的压实干密度和孔隙率以及颗粒级配等参数进行检测，并根据试坑的试验数据，对大坝填筑质量进行评定；压实检测项目和取样次数如下：堆石料 25 000 m^3/次，过渡料 5 000 m^3/次，垫层料 1 500 m^3/次；其中渗透系数检测不少于 10 次，上游坡面 500～3 000 m^2/次。

6　大坝运行状态

董箐水电站水库于 2009 年 8 月 20 日开始下闸蓄水，运行至今，坝体最大沉降 2 072 mm，占坝高的 1.38%，蓄水后沉降为 289.2 mm，仅占总沉降量的 13.9%，稳定渗漏量约 20 L/s；周边缝、垂直缝及挠度变形均在设计范围内；水下面板检查未发现集中渗漏及其他异常情况,面板无结构性裂缝和挤压破坏。坝体运行正常。董箐水电站混凝土面板堆石坝采用软(泥岩)硬(砂岩)混合料全断面填筑是成功的。

7　结　语

(1)传统的面板坝包括规范要求的面板坝分区,均考虑了次堆石区的存在。董箐面板坝在实施过程中,采用不分主、次堆石区,同一压实密度控制。采用同一压实密度后,有利于坝体上、下游均匀变形,坝体变形减小的同时,也会使面板运行工况更好,结构性裂缝可有效地减少。坝体不分主次堆石区后,实际上也简化了坝体分区设计,有利于施工速度的提高。

(2)坝体施工期的变形控制采用了压缩模量控制方法;分期面板施工前采取了预沉降措施、分期蓄水措施,有效地控制了坝体有害变形,混凝土面板未发现结构性裂缝。

(3)采用了冲击碾、大型振动碾等施工技术,提高了堆石体的压缩模量,并比较了两种碾压方式的细料含量情况,论证了冲击碾也适用于软硬岩堆石料。

(4)董箐水电站混凝土面板堆石坝自建成投运至今,坝体最大沉降 2 072 mm,占坝高的 1.38%,蓄水后沉降为 289.2 mm,仅占总沉降量的 13.9%,稳定渗漏量约 20 L/s;周边缝、垂直缝及挠度变形均在设计范围内;水下面板检查未发现集中渗漏及其他异常情况,坝体运行正常。

参考文献

[1] 曹克明,等. 混凝土面板堆石坝[M]. 北京:中国水利水电出版社,2008.
[2] 湛正刚,等. 董箐水电站面板堆石坝设计,2009.
[3] 关志诚. 混凝土面板堆石坝筑坝技术与研究[M]. 北京:中国水利水电出版社,2005.
[4] 蒋涛,付军,周小文. 软岩筑面板堆石坝技术[M]. 北京:中国水利水电出版社,2010.

思林水电站大坝混凝土施工综述

孙华刚　廖基远

（乌江水电开发有限责任公司思林电站建设公司　贵州　思南　565109）

摘要：思林水电站碾压混凝土重力坝最大坝高117 m，坝顶全长310.0 m，大坝碾压混凝土入仓方案主要为采用胶带机水平运输、岸坡真空溜槽、自卸汽车仓内转料。通过优化混凝土配合比，合理安排混凝土施工程序和进度，采取综合温控措施，加强混凝土表面保护等措施确保了混凝土施工质量。截至目前，思林水电站碾压混凝土重力坝已运行了5年，通过施工期及运行期的巡视检查及安全监测分析反馈，大坝运行稳定、无异常现象。

关键词：思林　水电站　碾压混凝土　重力坝　施工

1　工程概况

思林水电站大坝为全断面碾压混凝土重力坝，由左右岸挡水坝段和河床溢流坝段组成，坝顶高程452 m，最大坝高117 m，坝顶长310 m，坝底宽80.61 m，底长47 m；坝体分16个坝段，长16～28.5 m。在溢流坝段设7孔13 m×21.5 m（宽×高）的溢流表孔，溢流表孔沿大坝中心线对称布置，单孔宽度13 m。

大坝工程混凝土总量95.4万 m^3，其中碾压混凝土77.5万 m^3，常态混凝土17.9万 m^3。其中坝体碾压混凝土70.5万 m^3，消力池填塘碾压混凝土7万 m^3。

2　工程主要施工特点

（1）大坝工程合同总工期41个月，其中从混凝土开始浇筑到具备下闸蓄水条件工期只有17个月，坝体碾压混凝土有效施工时间短，强度高，上升速度快；从2006年11月8日正式开盘浇筑至2008年6月2日收仓结束，在受雪灾凝冻影响的情况下，共269天实际完成77.1万 m^3，最高月浇筑强度达到14万 m^3。

（2）坝址区河谷为"V"形，右岸下陡上缓，390 m高程以上开挖边坡为45°～51°，390 m高程以下开挖边坡为68°～80°，大坝最大高度达117 m，混凝土入仓设施布置难度大。

3　混凝土关键工艺施工方法

3.1　混凝土生产

混凝土生产系统：2座HZ240－2S4000L型双卧轴强制式混凝土拌和楼，搅拌机为2台BHS双卧轴强制变速式搅拌机，出料容积为2×4 m^3。其生产能力为：常态混凝土480 m^3/h，碾压混凝土440 m^3/h。

混凝土生产系统布置于大坝右岸三个不同高程的平台（见图1）：500.0 m高程平台上

布置1个变电所;480.0 m高程平台布置外加剂车间(外加剂池上部为外加剂配制室)、一次风冷料仓、一次风冷车间、水泵房; 452.0 m高程平台布置2座混凝土搅拌楼($1^{\#}$拌和楼在上游侧,配备冷风机,高温季节生产预冷混凝土;$2^{\#}$拌和楼布置下游侧)、二次风冷车间、6个胶凝材料储罐、混凝土实验室等设施及办公调度楼等。3个平台上分别布置系统生产给排水设施。

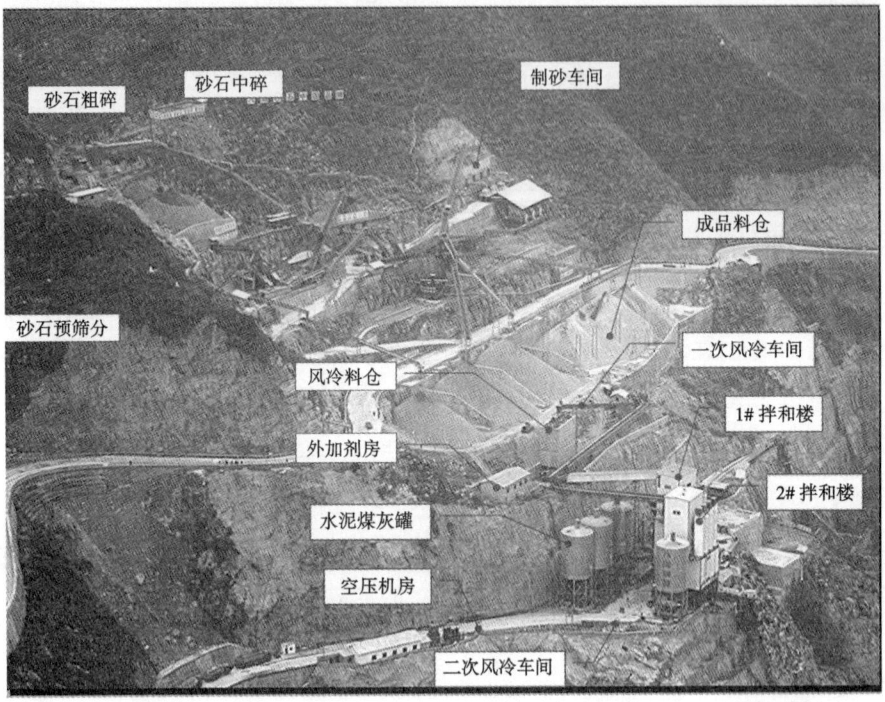

图1 砂石及混凝土拌和系统现场照片

该系统布置方案的优点:系统布置紧凑、工艺合理;砂石系统成品料仓设在拌和系统右上方487 m高程平台,进料方便;在拌和楼底既可布置高速皮带直接供料,也可用汽车在楼下接料,出料顺畅;系统布置于右坝肩下游,距坝肩较近,为布置皮带输送系统创造有利条件,利于混凝土的快速入仓,减少运输环节、投资和动力消耗,提高劳动生产率。

3.2 碾压混凝土施工

坝体内部为$R_{Ⅰ}$三级配碾压混凝土$C_{90}-15$;坝体上、下游面为$R_{Ⅱ}$二级配防渗碾压混凝土$C_{90}-20$;坝体上、下游面为$Cb_{Ⅰ}$二级配防渗变态混凝土$C_{90}-20$;模板周边及不便碾压的部位为$Cb_{Ⅱ}$三级配变态混凝土$C_{90}-15\sim20$;溢流段台阶为加聚丙烯纤维的$Cb_{Ⅲ}$变态混凝土$C_{90}-25$。

3.2.1 碾压混凝土分区规划分块分层

根据大坝的结构、开挖体型、施工导流和水流控制方案并结合施工总进度计划,将大坝碾压混凝土整体分为9个区,分区规划见图2。

3.2.2 碾压混凝土分层分块

碾压混凝土分块、分层在满足设计要求的前提下,在坝基强约束区部位升层在3~4.5 m,尽可能采取大升层,以最大限度地发挥碾压混凝土快速施工的特点。碾压混凝土分层厚度一般为3~9 m,最大浇筑厚度达25 m。

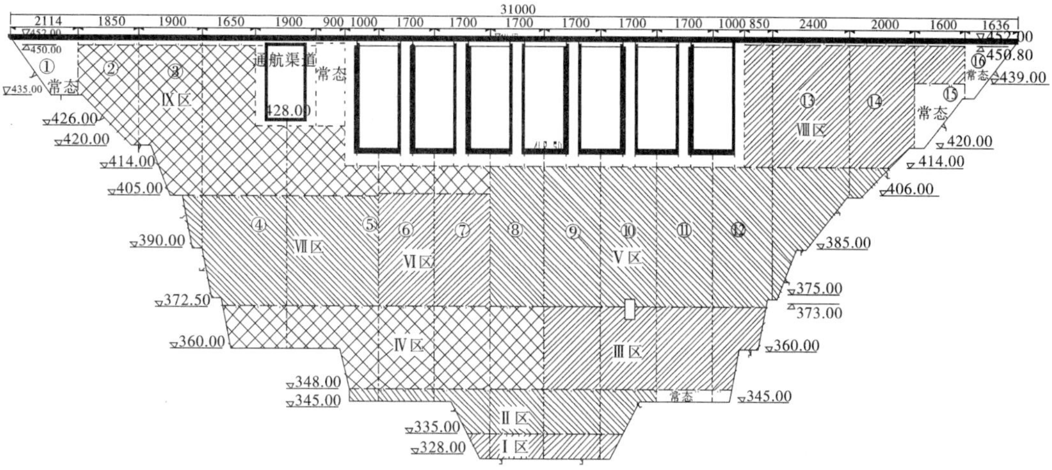

图 2　大坝碾压混凝土分区规划

溢流坝段下游采用戽式消力池消能，戽池长 69.88 m，池底混凝土面最低高程为 353 m。

消力池河床部位碾压混凝土分 3 层浇筑，350 m 高程以上为 3 m 厚抗冲耐磨常态混凝土底板。分层见表 1。

3.2.3　碾压混凝土入仓方式

根据水平及垂直运输布置，大坝碾压混凝土入仓方案主要采用胶带机水平运输、岸坡真空溜槽、自卸汽车仓内转料，如图 3 所示，具体入仓方式如下：

（1）大坝 328 ~ 334 m 高程：由下游供料线供应，即 2#拌和楼 + 胶带机 + 下游缓降溜管 + 仓面自卸汽车转料。

（2）大坝 334 ~ 344 m 高程：下游供料线供应为主，即以 2#拌和楼 + 胶带机 + 下游缓降溜管 + 仓面自卸汽车转料为主；1#拌和楼 + 自卸汽车 + 溜槽 + 仓面自卸汽车转料为辅助。

（3）大坝右岸 344 ~ 439 m 和左岸 344 ~ 372.5 m 高程：由上游供料线供应，即 1#（2#）拌和楼 + 胶带机 + 1#（2#）真空溜槽（ + 胶带机） + 仓面自卸汽车转料。

（4）大坝右岸 439 ~ 450.8 m 和左岸 327.5 ~ 426.0 m 高程入仓：1#（2#）拌和楼 + 胶带机 + 仓面自卸汽车转料。

（5）大坝左岸 426 ~ 450 m 高程入仓：1#（2#）拌和楼 + 自卸汽车 + 溜管 + 仓面自卸汽车转料。

（6）消力池 328 ~ 350 m 高程入仓：由下游供料线供应，2#拌和楼 + 胶带机 + 下游缓降溜管 + 仓面自卸汽车转料。

表 1　碾压混凝土分层统计

序号	工程部位	坝段	层数	起止高程(m)	层高(m)
1	大坝坝体	7# ~ 10#	第一层	328 ~ 331	3
		7# ~ 10#	第二层	331 ~ 334	3
		7# ~ 10#	第三层	334 ~ 336.5	2.5
		7# ~ 10#	第四层	336.5 ~ 341	3.5
		7# ~ 10#	第五层	341 ~ 344	3
		5# ~ 11#	第六层	344 ~ 348	4
		9# ~ 12#	第七层	348 ~ 351.5	3.5
		9# ~ 12#	第八层	351.5 ~ 356	4.5
		9# ~ 12#	第九层	356 ~ 369	3
		9# ~ 12#	第十层	369 ~ 373	4
		9# ~ 12#	第十一层	373 ~ 375	2
		8# ~ 13#	第十二层	375 ~ 377.7	2.7
		8# ~ 13#	第十三层	377.7 ~ 385	7.3
		8# ~ 13#	第十四层	385 ~ 392	7
		8# ~ 13#	第十五层	392 ~ 396	4
		8# ~ 14#	第十六层	396 ~ 406	10
		8# ~ 14#	第十七层	406 ~ 414	8
		12# ~ 15#	第十八层	414 ~ 439	25
		12# ~ 15#	第十九层	439 ~ 450	11.8
		4# ~ 8#	第七层	348 ~ 351.5	3.5
		4# ~ 8#	第八层	351.5 ~ 360	4.5
		4# ~ 8#	第九层	360 ~ 372.5	12.5
		6# ~ 7#	第十层	372.5 ~ 392	19.5
		6# ~ 7#	第十一层	392 ~ 405	13
		3# ~ 5#	第十层	372.5 ~ 392	19.5
		3# ~ 5#	第十一层	392 ~ 398	6
		3# ~ 5#	第十二层	398 ~ 405	7
		3# ~ 7#	第十三层	405 ~ 414	9
		2# ~ 5#	第十四层	414 ~ 426	12
		2# ~ 4#	第十五层	426 ~ 450	24
2	消力池		第一层	328 ~ 334	6
			第二层	334 ~ 342	8
			第三层	342 ~ 350	8

4　混凝土温度控制

4.1　混凝土温控措施分析

碾压混凝土以 $C_{90}-15$ 三级配为主，$C_{90}-20$ 二级配为上游防渗层混凝土，量较少，厚度也较薄，故温控重点在 $C_{90}-15$ 三级配碾压混凝土上。本工程温控措施宜利用水管冷却为

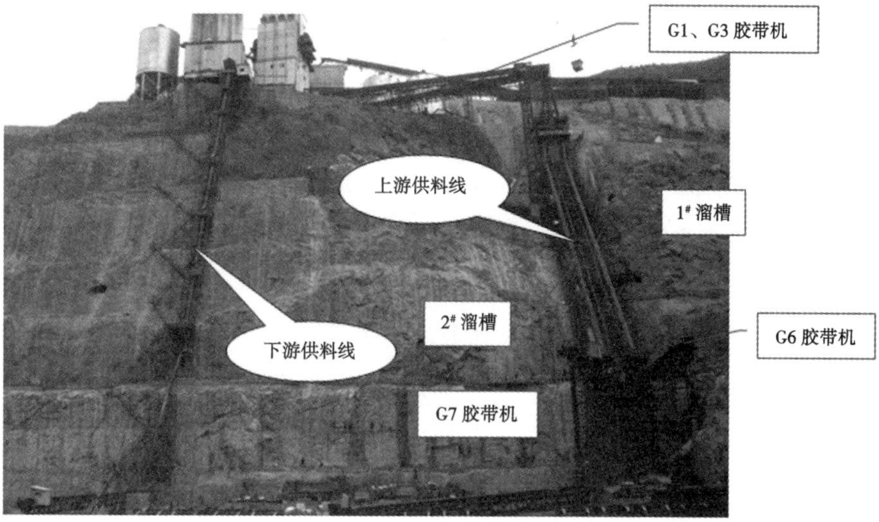

图3　拌和楼 + 胶带机 + 真空溜槽 + 胶带机运输

主，不够时再进行混凝土预冷。根据计算结果，结合大坝浇筑分层及进度安排，针对不同部位、不同时段、不同浇筑厚度的温控措施组合见表2。

4.2　拌和系统制冷配制

根据温控计算成果，思林大坝5～9月施工时，需对混凝土进行预冷。根据施工进度安排，计算得最大入仓强度为160 m^3/h。拌和系统预冷混凝土生产能力为180 m^3/h，完全满足大坝施工需要。计算需要配备的制冷容量：一次风冷装机容量为 200×10^4 kcal/h，二次风冷装机容量为 150×10^4 kcal/h，制冷水装机容量为 25×10^4 kcal/h，制冷装机总容量为 375×10^4 kcal/h。

4.3　通水冷却

(1)冷却水管材料。

采用高密度聚乙烯冷却水管，外径32 mm，壁厚2 mm，导热系数为1.66 kJ/(m·h·℃)。

(2)坝内冷却水管布置。

埋设的冷却水管的垂直间距为1.5 m或1.8 m(根据不同季节温度选用)，水平间距为1.5 m，上下层错位布置，埋设时水管距上下游坝面、接缝面、坝内孔洞周边为0.75 m和1.5 m。通水管单根长度不大于200 m。管路结合坝体通水计划就近引入下游坝面，做好标记记录。水管用“n”型 ϕ8 钢筋与仓面固定，确保混凝土平仓时水管不跑位。

(3)通水。

高温季节施工大体积碾压混凝土及基础强约束区的常态混凝土需进行通水冷却；碾压混凝土通水冷却时间根据混凝土内部温度确定，常态混凝土通水冷却时间一般为20 d左右。通水冷却可削减2～4 ℃最高温度峰值，还可使高温季节浇筑的混凝土达到最高温度后降低至25～27 ℃。混凝土浇筑前需通0.35 MPa压力水，检查管路的畅通情况及减小水管内外压力。冷却水管上覆盖第一层混凝土后即开始通水冷却，采用通河水，控制水温与混凝土温差≤20 ℃，通水流量为20～25 L/min，控制降温速率≤1 ℃/d。每12 h水流换向一次，使坝体混凝土冷却均匀。通水采取动态控制，在混凝土内部温度处于上升阶段时，加强其内部温度监测，必要时可加大通水强度，以确保混凝土内部温度控制在设计允许的范围内。同时当混凝土内部温度达到其峰值后，可适当放宽通水要求，避免出现不必要的超冷。

表 2　碾压混凝土温控措施　（单位：℃）

区域	层厚	项目	11 月～翌年 3 月	4 月、10 月	5 月、9 月	6～8 月
强约束区	1.5 m	允许[T_{max}]	33.0	33.0	33.0	33.0
		要求浇筑温度	自然	自然	20.0	17.0
		要求出机口温度	自然	自然	16	12.9
		温控组合措施	自然	自然	BCD	BCD
	3 m	要求浇筑温度	自然	自然	17.0	17.0
		要求出机口温度	自然	自然	15.3	12.0
		温控组合措施	自然	自然	BCD	BCD
	6 m 及以上	要求浇筑温度	自然	自然	17.0	17.0
		要求出机口温度	自然	自然	13.5	12.9
		温控组合措施	自然	A	BCD	BCD
弱约束区	3 m	允许[T_{max}]	36.0	36.0	36.0	36.0
		要求浇筑温度	自然	自然	21.0	20.0
		要求出机口温度	自然	自然	20.8	16.0
		温控组合措施	自然	自然	BC	BCD
	6 m 及以上	要求浇筑温度	自然	自然	18	18
		要求出机口温度	自然	自然	13.5	13.0
		温控组合措施	自然	A	BCD	BCD
非约束区	3 m	允许[T_{max}]	36.0	37.0	38.0	38.0
		要求浇筑温度	自然	自然	自然	22.0
		要求出机口温度	自然	自然	自然	18.0
		温控组合措施	自然	自然	B	BCD
	6 m 及以上	要求浇筑温度	自然	自然	22	20.0
		要求出机口温度	自然	自然	18.0	15.5
		温控组合措施	自然	A	BCD	BCD

注：表中“自然”表示自然浇筑。温控组合措施中，A 表示通河水冷却，B 表示通 10 ℃制冷水冷却，C 表示一次风冷，D 表示二次风冷。同时，在高温条件下施工大仓面混凝土时，均需采取喷雾措施，必要时还需进行流水养护。

4.4　混凝土温控与防裂综合措施

由于大坝块体尺寸大、施工期暴露面多，环境气温变化大，一年四季均需进行大体积碾压混凝土施工，混凝土施工强度大，夏季高温历时长，冬、春两季气温骤降频繁，因此在施工过程中，采取以下综合措施，使混凝土内部最高温度及内外温差控制在设计允许的范围内，预防混凝土裂缝的产生。

4.4.1　优化配合比设计提高混凝土抗裂能力

混凝土开浇前，进行配合比及生产工艺优化设计。选择发热量较低的中热水泥、较优骨料级配和优质粉煤灰，优选复合外加剂（减水剂和引气剂），降低混凝土单位水泥用量，以减少水化热温升和延缓水化热发散速率，提高混凝土抗裂能力。

混凝土施工中采取有效措施优化混凝土配合比，保证混凝土所必须的极限拉伸值（或抗拉强度）、施工匀质性指标及强度保证率。在施工过程中强化施工管理，严格工艺，保证施工匀质性和强度保证率达到设计要求，改善混凝土抗裂性能，提高混凝土抗裂能力。

4.4.2　合理安排施工程序和进度

合理安排混凝土施工程序和施工进度，防止基础贯穿裂缝，减少表面裂缝。在施工中做到：基础约束区混凝土、表孔等重要结构部位，在设计规定的间歇期内连续均匀上升，不出现薄层长间歇；其余部位基本做到短间歇均匀上升。

4.4.3　降低浇筑温度

采取综合温控措施，降低混凝土出机温度和浇筑温度。控制从出机口到浇筑的温度回升系数在0.30以内。为减少预冷混凝土温度回升，严格控制混凝土运输时间和仓面浇筑坯覆盖前的暴露时间，混凝土运输机具设置保温设施，并减少转运次数，使高温季节预冷混凝土自出机口温度及仓面混凝土温度满足浇筑温度要求。高温季节尽量利用夜间浇筑混凝土。同时加强仓面喷雾管理，降低施工区域局部小环境温度；混凝土碾压或振捣好后，及时用保温被覆盖，以减少外部环境温度的传入。

4.4.4　混凝土表面保护

当日平均气温在2～4 d内连续下降6 ℃以上时，对龄期5～60 d的混凝土暴露面，尤其是基础块、上下游面、廊道孔洞及其他重要部位，采用保温被进行表面保护，保温材料贴挂牢固，覆盖搭接严密。气温骤降期间适当推迟拆模，尤其防止在傍晚气温下降时拆模。

4.4.5　加强管理，全面提高施工质量，增强混凝土抗裂能力

（1）加强施工管理，提高施工工艺；建立混凝土温控质量保证体系，对混凝土生产、施工各工序环节的温控采取全过程质量控制。

（2）加强对各项原材料的质量控制，按规定检验，不合格材料严禁使用。

（3）提高混凝土的均匀性、密实性，控制大体积混凝土离差系数*CV*值满足设计要求。

（4）保证混凝土浇筑强度，合理安排施工工序，尽量做到短间歇、连续均衡上升。

5　裂缝处理

大坝混凝土裂缝共31条，其中大坝上游面裂缝5条，坝体内层间裂缝6条，大坝下游面裂缝1条，大坝闸墩裂缝10条，消力池裂缝3条。裂缝产生原因：温升过高、结构复杂产生的应力集中、未达龄期过流面过流引起冷击，过大的施工集中荷载等。裂缝经过灌浆、化学灌浆、铺设限裂钢筋网等方法处理后，满足设计要求。

6　结　语

思林水电站大坝工程中碾压混凝土浇筑手段的创新，即保证了工程质量，又加快了施工速度，缩短了大坝施工周期。从检测成果来看，混凝土成品各项检测指标均满足规范和设计要求，大坝外观质量良好，经检测，成型结果满足设计要求，工程整体质量受控。

截止目前,大坝已运行了 5 年,受最高挡水位 440. 39 m(超过正常蓄水位 440 m)及泄洪考验,通过施工期及运行期的巡视检查和安全监测分析反馈,大坝运行稳定,无异常现象。

参考文献

[1] 夏国文,吴湘建,金鹏飞. 大坝工程施工技术[R]. 中国水利水电第八工程局有限公司. 2012,3.

[2] 刘富万,王梅林,陈新均,等. 贵州乌江思林水电站枢纽工程竣工安全鉴定土建工程监理自检报告[R]. 中国水利水电建设工程咨询昆明公司,2011,6.

[3] 颜义忠,金城,张风强,等. 贵州乌江思林水电站枢纽工程竣工安全鉴定设计自检报告[R]. 中国水电顾问集团贵阳勘测设计研究院,2011,6.

[4] 杨光忠,等. 大坝碾压混凝土快速入仓技术研究应用技术研究报告[R]. 2010,6.

溪洛渡水电站拱坝施工工艺

张建清　周政国　申莉萍

（中国水利水电第八工程局有限公司　湖南　长沙　410004）

摘要：溪洛渡电站拦河大坝为抛物线双曲拱坝，最大坝高 285.5 m，混凝土总量约为 670 万 m^3，是我国在建 300 级薄壁双曲拱坝之一，拱坝工程具有“三高一大”（高地震区、高拱坝、高水头、大泄量）的特点，为世界泄洪孔洞最多的大坝。在本工程施工期间，针对溪洛渡拱坝工程特征，采取了一系列的施工措施，确保工程优质、高效、快速施工。本文对溪洛渡电站拱坝施工工艺进行了全面阐述，可为 300 m 级特高拱坝快速施工提供借鉴。

关键词：溪洛渡水电站　双曲拱坝　混凝土　施工工艺

1　概　述

溪洛渡水电站位于四川省雷波县和云南省巧家县相接壤的金沙江溪洛渡峡谷，是一座以发电为主，兼有防洪、拦沙和改善库区及下游段航道条件等综合利用效益的巨型水电水利工程。水库正常蓄水位 600 m，水库总库容 126.7 亿 m^3，调节库容 64.6 亿 m^3，发电及防洪共用库容 46.5 亿 m^3，总装机容量 13 860 MW，国内仅次于长江三峡电站，位居世界第三大水电站。

拦河大坝采用抛物线双曲拱坝，坝顶高程 610 m，坝高 285.5 m，顶拱弧长 678.65 m，拱冠顶厚 14 m，拱冠底厚 61 m，拱端最大厚度 64 m，厚高比 0.216，弧高比 2.44。坝身泄水设施由 7 个表孔、8 个深孔组成，初期设置 10 个临时导流底孔。表孔口尺寸为(7 ~ 12.5)m × 13.5 m（宽 × 高，下同），深孔出口尺寸为(8 ~6)m ×6.7 m，坝身孔口最大泄量 30 902 m^3/s，坝址地震基本烈度为 8 度，具有典型的“三高一大”（高地震区、高拱坝、高水头、大泄量）的特点。

2009 年 3 月 27 日开始浇筑坝体混凝土，由于受地质缺陷处理和固结灌浆量增加影响，截至 2009 年底，坝体混凝土施工进度相对于合同工期滞后约 11.5 个月。工程随后采取了增加资源、优化施工工艺等措施，2014 年 3 月 6 日，拱坝坝体浇筑全线贯通封顶，1#、6#导流洞于 2012 年 12 月 30 日实施下闸，2013 年 5 月 4 日 3#、4#导流底孔下闸，水库开始蓄水，2013 年 6 月首台机组发电。

2014 年 6 月 3 日，大坝 4#坝段 608.98 m 高程成功取出了一根长 20.59 m、直径 19.7 cm 的混凝土芯样，该长度刷新了常态混凝土取芯样的世界纪录。

2　主要施工技术特点

（1）混凝土工程工期紧，月上升高度大，浇筑强度高。进度计划调整后最高月强度 19.5

万 m^3,最高年强度为 213 万 m^3,须采取综合机械化施工。

(2)全坝从拱冠断面向两岸按坝顶中心弧长 22 ~ 24 m 设径向横缝,将坝体自左至右分成 31 个坝段。坝段不设纵缝,最大仓面面积 1 872 m^2。横缝面设有球形键槽和接缝灌浆系统,待坝体内部温度达到设计要求温度时,横缝面须进行水泥灌浆施工。

(3)抛物线形双曲拱坝体形结构要求严,须研究大型模板施工与保证拱坝体形的措施。

(4)大坝混凝土属于典型的高弹模、低极拉混凝土,且自身体积变形呈较大的收缩性,混凝土总体抗裂性能不高。加上坝址气温昼夜温差大,气温骤降现象多,混凝土温控防裂问题突出。

(4)混凝土施工须严格控制浇筑温度、混凝土内部最高温度及混凝土封拱温度。

(5)拱坝泄流设施结构进、出口均设计有悬臂结构,最大悬臂斜长达成 45.17 m(1#深孔),须研究悬臂结构模板以保障施工安全、质量及进度。

(6)拱坝两坝肩建基面及地质缺陷处理不仅施工难度大,而且安全因素多,与拱坝固结灌浆施工相互制约和干扰。

(7)拱坝泄洪深孔采用全面钢衬保护,断面形状为矩形,其安装直接占用相应坝段浇筑上升工期,底部混凝土浇筑施工难度大。

3 拱坝基础处理施工

3.1 大坝建基面开挖施工

拱坝左右岸坝肩边坡开挖高度为 10 m,前沿块分层高度为 15 m。上下游侧高边坡采用预裂爆破技术和马道建基面保护层一次开挖成型相结合的技术方案,拱肩槽建基面采用 YQ100B 钻机自上而下逐步剥离精细化施工。鉴于底板建基面岩体地质的特殊性,为尽可能减少保护层开挖时底板建基面单位面积上爆破振动叠加综合损伤程度,采取小孔径小规模梯段分层,按 35 ~ 40 倍药径控制最底一层保护层厚度,为此将 5.5 m 厚保护层分为顶部 3.5 m 厚梯段和底部 2 m 厚保护层。通过双层水平光面爆破施工方法,将底板建基面薄壳状角砾熔岩基本完整保留下来。在保证建基面工程质量的前提下,快速完成拱坝建基面开挖。

3.2 地质缺陷层处理施工

拱坝坝肩分布有 $Ⅲ_2$、$Ⅳ_1$ 级,为不可利用岩体,属于地质缺陷,左岸地质缺陷有三个区域,分布在高程 360 ~ 409 m,右岸地质缺陷有五个区域,分布在高程 328 ~ 590 m,采用挖除置换混凝土的处理方案。

拱坝河床坝基一下岩体均一性较差,$Ⅲ_1$ 级岩体内部夹有 $Ⅲ_2$ 级岩体等,采用挖除置换混凝土、加强固结灌浆及锚桩的处理方案。

3.3 固结灌浆

拱坝固结灌浆采用有混凝土盖重固结灌浆施工工艺、无混凝土盖重及岩体表层引管盖重灌浆施工工艺和无混凝土盖重及有混凝土盖重相结合固结灌浆施工工艺进行施工。

河床和缓坡坝段采用混凝土盖重固结灌浆,为了不影响坝体混凝土的浇筑,固结灌浆施工安排在每个浇筑层的间歇期进行;陡坡坝段先利用上部 5 m 厚岩体作为盖重进行下部岩体固结灌浆,0 ~5 m 岩体采用混凝土盖重灌浆,局部可采用引管有盖重灌浆,并充分利用坝体廊道和下游贴角部位进行有盖重灌浆,无混凝土盖重灌浆一般超前两个坝段施工。盖重固结灌浆孔排距有两种1.5 m×1.5 m和1.5 m×2.0 m。

4　拱坝混凝土综合机械化施工

4.1　混凝土拌和系统

4.1.1　高线混凝土拌和系统

高线混凝土拌和系统布置在拱坝右岸下游三个平台，包括粗细骨料竖井、胶凝材料储罐、混凝土拌和楼、制冷楼、二次筛分楼、一次风冷车间、外加剂室及机修值班室与仓库等。

（1）砂石料运输：粗骨料采用胶带机从塘房坪骨料加工系统成品料仓接料点运至粗骨料储料竖井，粗骨料储料竖井共4个，直径ϕ12 m，高70～76 m，总容积33 000 m^3，满足高峰4 d混凝土生产用量。粗骨料从骨料竖井底部地弄用胶带机双线给二次筛分楼供料。粗骨料经过冲洗、分级后由胶带机将粗骨料送入一次风冷料仓，然后经保温廊道给任意一座拌和楼供料。细骨料采用胶带机从马家河坝骨料加工系统成品料仓接料点运至细骨料储料竖井。细骨料储料竖井共2个，直径ϕ10 m，高55 m，总容积8 600 m^3，满足高峰期3 d混凝土生产用量。细骨料由竖井底部地弄用胶带机给两座拌和楼供料。

（2）水泥、粉煤灰系统：胶凝材料储罐由5个1 500 t金属水泥罐组成，其中2罐存储水泥，计3 000 t，可满足高峰月平均日浇筑强度4 d的需要；用3罐存储粉煤灰，计3 600 t。

（3）外加剂车间：车间共配3个成品储液池，其中1个为引气剂池，2个为减水剂池。

（4）混凝土拌和楼：系统布置在高程610 m平台，共布置2座4×4.5 m^3型自落式混凝土搅拌楼，单座楼主要技术参数：新常态混凝土320～360 m^3/h（四级配），预冷混凝土250 m^3/h。2008年6月17日两座搅拌楼已具备投产运行条件，2010年9月达到生产高峰15.7万 m^3。

（5）预冷系统：系统采用骨料两次风冷、加冰、加冷水拌和的混凝土预冷工艺，确保混凝土出机口温度满足设计7 ℃要求。一次风冷车间布置在骨料调节仓附近的高程610 m平台，与风冷骨料仓旁的空气冷却器及冷风机系统组成一次风冷系统，一次风冷配置制冷装机容量6 402 kW（标准工况550（万kcal/h）。制冷楼紧邻拌和楼布置，供混凝土拌和楼二次风冷、制冷水及片冰，二次风冷配置制冷装机容量4 656 kW（标准工况400（万kcal/h），制冰系统装机容量为4 656 kW（标准工况400（万kcal/h），制冷水系统装机容量为582 kW（标准工况50（万kcal/h）。

4.1.2　新增600拌和系统

右岸高程600 m新增混凝土系统拌和楼布置在4#路隧洞下游出口左侧四个高程平台。搅拌楼、胶凝材料储库和外加剂车间布置于高程597 m平台。制冷平台布置在高程618 m高程平台，细骨料储库和一次风冷调节料仓高程630 m平台。粗骨料储存和系统办公用地布置在高程638 m平台。

（1）砂石料运输：粗骨料从塘房坪粗骨料加工系统用胶带机转运存在高程638 m调节料仓内。细骨料采用胶带机从高线混凝土系统高程705 m平台接料，胶带机运输存至高程638 m调节料仓内。粗骨料堆容量为8 800 m^3，能满足高峰月浇筑强度1.5 d的需要；细骨料堆容量为3 650 m^3，能满足高峰月浇筑强度1.8 d的需要。调节料仓底部设地弄，骨料经布置在地弄内的胶带机运输至风冷料仓。

（2）水泥、粉煤灰系统：胶凝材料储罐由5个1 100 m^3金属水泥罐组成，其中3罐存储水泥，储存总量4 500万t，可满足高峰月7.5 d的需要量，2罐存储粉煤灰，总储量1 600 t，可满足高峰月5天的需要量。料罐底设气化喷射泵将胶凝材料输送至拌和楼相应储罐。

(3)外加剂车间：车间共配4个成品贮液池，2个配药池，可同时配备两种外加剂。

(4)混凝土拌和楼：新增600系统布置一座4×4.5 m^3 自落式拌和楼，主要技术参数：常态混凝土320~360 m^3/h(四级配)，预冷混凝土250 m^3/h。

高线混凝土拌和系统和新增600拌和系统联合月生产最高为21.59万 m^3。

(5)预冷系统：预冷系统采用二次风冷、拌和加片冰及冷水的综合预冷措施，一次风冷配置制冷容量4 656 kW(标准工况400(万kcal/h)，二次风冷配置制冷容量2 328 kW(标准工况200(万kcal/h)。制冰及制冷水配置制冷容量3 375.6 kW(标准工况290(万kcal/h)。

4.2 缆机和混凝土供料线布置

混凝土垂直运输采用平移式缆索起重机方案。根据调整进度计划，新增一台30t中速平移式缆机，与原布置的4台缆机共轨布置。主车布置在右岸高程720 m高程平台，副车布置在左岸高程700 m平台，缆索设计跨距为750 m，轨道长250 m，缆机可以覆盖整个拱坝区域，两台缆机主索允许靠近的最小距离为11 m。缆机小车水平运输速度7.5 m/h，垂直运输速度3.5 m/min，加上与之配套的9 m^3 混凝土侧卸运输车和9.0 m^3 立罐，结合不摘钩工艺以提高缆机生产率。

缆机单月吊运混凝土强度最高达到21.59万 m^3，单台缆机最高月吊运混凝土强度达到5.3万 m^3，在同等工程条件下，位居国内缆机运行效率之首。

高程610 m平台场内布置高线混凝土供料循环线，混凝土运输线长850 m，回车线主要为混凝土运输洞；拱坝受料平台宽为5.0 m，高程为605 m。

4.3 混凝土平仓振捣

混凝土采用平铺法浇筑。为满足拱坝通仓长块大面积浇筑和9.0 m^3 料罐入仓要求，采用一台缆机配备一台SD13S型平仓机和一台VBH13S－8EH型振捣车，平仓机小时生产能力150 m^3/h 以上，振捣车生产率150 m^3/h 以上；同时配备一定数量的手持式振捣器用于边角、止水、止浆、廊道附近及钢筋密集部位的振捣。

4.4 施工缝处理

水平施工缝采用高压水冲毛工艺，在混凝土浇筑完成24 h左右开始冲毛处理，冲毛时机为高压水冲混凝土表面不拉槽，合格标准为：尽去乳皮、泛露粗砂，微露小石；清洗洁净、无积水、无积渣杂物，无松动骨料，骨料外露不超过1/3。

横缝面亦采用高压水冲洗，达到净去乳皮、光面的要求。

施工用水、气主管布置在坝后平台或栈桥上，用支管随先浇块上升，每2~3个坝段共用一套水气设施。冲毛用水要求干净，不含泥沙，以免磨损冲毛机，合格标准为净去乳皮。

缝面冲毛后清洗干净，保持清洁、湿润，在浇筑上一层混凝土前，将层面松散物及积水清除干净后，在混凝土浇筑第一坯层采用40 cm厚富浆三级配混凝土作为接缝材料。

5 模板设计和施工

双曲拱坝的上下游面为空间曲面，横缝面为平面，泄洪设施进出口结构设有悬臂结构。横缝面上设有键槽和接缝灌浆系统。浇筑分层为1.5 m和3 m，接缝灌浆分区高度为9 m。

5.1　模板形式与尺寸的选择

（1）横缝面模板。横缝面采用多卡悬臂模板，规格为3.0 m×3.3 m（宽×高，下同）和2.0 m×3.3 m，横缝面上下游止水片处采用自行加工的定型悬臂模板，靠近上下游坝面局部采用少量组合钢模板拼装。横缝面上设置球形键槽，每块面板上配9个球形键槽，球形键槽直径为100 cm，球冠高度20 cm，每个球形键槽控制范围为以球冠中心为中心的1 m×1 m正方形。

（2）上、下游模板。拱坝上游面模板按设计曲面的外切线布置，下游面模板按设计曲面的弦线布置，模板宽度以偏离设计曲线最大距离不大于1 cm为选择标准。上下游模板采用定型悬臂大模板，所有上游坝面和下游坝面高程467 m以上部位使用3.6 m×3.3 m和2 m×3.3 m悬臂模板，下游坝面高程467 m以下部位采用3 m×3.3 m、2 m×3.3 m悬臂钢模板。立模时按上游设计弧面的切线方向，切点位于模板中间，上游面偏离距离5.8～9.2 mm，下游偏离5.8～9.8 mm，均满足不大于1 cm的要求。

（3）拱坝悬臂结构。拱坝悬臂结构采用外撑装配式模板、改造悬臂模板和混凝土预制模板。

5.2　模板结构与布置

横缝面采用悬臂大模板，规格为3.0 m×3.3 m和2.0 m×3.3 m，分别由钢面板、（背愣）桁架支撑结构、锚锥及操作平台组成。横缝面上设置球形键槽。

拱坝上、下游面采用定型悬臂大模板，局部采用散钢模，定型悬臂大模板规格3.0 m×3.3 m、2.0 m×3.3 m和3.6 m×3.3 m，由钢面板、钢立柱、可调斜撑杆、三角支撑架、爬升锥及操作平台等6部分组成，模板面板采用21 mm厚WISE板和6 mm厚的钢面板两种型式。模板整体结构受力明确，刚度大，具有经受多次拆移和重复使用而不变形的特点。

拱坝悬臂结构采用外撑装配式模板、改造悬臂模板和混凝土预制模板三种结构。外撑装配式模板由三角架、渐变桁架、标准桁架以及锚固装置四部分组成。改造悬臂模板规格均为1.8 m×3.85 m，由钢面板、钢立柱、可调斜撑杆、三角支撑架、爬升锥及操作平台等6部分组成。混凝土预制模板规格为2.0 m×3.61 m，由钢筋混凝土面板、钢桁架两部分组成。

6　温控措施

施工技术要求：拱坝容许最高温度为27 ℃，控制混凝土内外温差不大于16 ℃。

6.1　混凝土浇筑温度控制

为降低混凝土的浇筑温度，除选择合适的胶凝材料和较好的混凝土配合比外，通过对骨料进行预冷和采用冷水、加冰屑拌和混凝土等措施来实现。

（1）骨料预冷。骨料在风冷骨料仓中一次风冷后，分别由胶带机送到拌和楼料仓，进行二次风冷，将骨料冷却到设计温度。骨料两次风冷后，温度可降至-2～4 ℃。

（2）制冰、冷水。冷水和片冰是由紧邻拌和楼的制冰楼提供的，根据设计需要，通过调整水和冰的比例，可以拌制出出机温度为7 ℃的混凝土。

在采取上述措施的同时，还应加快混凝土浇筑速度，减少混凝土表面受外界气温的影响；利用喷雾降低仓面环境温度，同时也可减少混凝土表面水分蒸发；高温季节在浇筑坯层上覆盖保温被，减少混凝土的温度回升。

6.2　混凝土通水冷却

为了削减混凝土内部水化热温升，控制混凝土最高温升，在拱坝下游侧水垫塘马道布置五级移动式冷水车间，在坝体内埋设循环管道通水冷却，混凝土最高温升可削减 3 ~ 6 ℃。

6.2.1　冷水车间

移动式冷水站左右岸对称布置，就近分层布置在坝后边坡马道上，先后分五层布置，高程分别为 355 m 平台、412 m 平台、463 m 马道、517 m 马道及 559 m 马道。冷水站按最大冷水用量进行设备配置，根据拱坝混凝土各个高程及时段混凝土冷却用水量调配各级冷水机组的数量。整个后冷水系统共配置 12 台套冷水机组：2 台 YDLS – 160 型，额定制冷水能力为 185 m^3/h，10 台 YDLS – 300 型，额定制冷水能力为 415 m^3/h。

每层冷水站管一定高程范围内的坝体冷却，对应区混凝土冷却完成后，即将该层冷水站及管道拆除，转入下一循环中使用。供水主管在坝肩沿坝趾处布置，在坝后顺坝下游面临时钢栈桥或永久坝后桥面布置，主管在拱坝中心处用一对常闭阀门连接，必要时左右两岸可相互补充。支管并联在主管上，沿坝后临时钢爬梯布置在坝下游面上。

6.2.2　坝内冷却水管

冷却水管采用高密度聚乙烯（HDPE）塑料冷却水管，导热系数≥1.6kJ（m · h · ℃），HDPE 塑料管，主管内径 32.60 mm，壁厚 3.70 mm，支管规格：内径 28.00 mm，壁厚 2.00 mm。拱坝混凝土浇筑层厚一般为 1.5 m 和 3.0 m，冷却水管埋置第 1 坯层和第 4 坯层，呈 s 形布置。冷却水管采用专用接头连接，在混凝土浇筑过程中采用 U 形钢筋插入混凝土定位。

6.2.3　通水冷却

通水冷却降温要求分为两个阶段，2010 年 2 月前采用Ⅰ版施工技术要求，之后采用Ⅱ版施工技术要求，两个版本的通水冷却要求基本一致，仅降温速率上要求不同。以下仅介绍Ⅱ版要求。混凝土通水冷却分为三期进行，即一期、中期和二期。

（1）一期冷却：一期通水冷却分为一期通水控温和降温两个阶段，通水温度分别为 8 ~ 10 ℃和 14 ~ 16 ℃。根据混凝土温度测量成果，当混凝土温度达到实测最高温度后，当日降温幅度达 2 ℃时，开始一期冷却降温控制，日降温幅度不大于 0.5 ℃/d，当混凝土温度达到 20 ℃（约束区）和 22 ℃（非约束区）后进入中期冷却一次控温阶段。

（2）中期冷却：混凝土中期冷却在一期冷却结束后开始进行，分为中期一次控温，中期降温和中期二次控温三个阶段。中期通水温度与混凝土温度之差控制在 15 ℃以内。中期一次控温使混凝土温度维持在一期冷却目标温度附近，温度变幅小于 1 ℃。当混凝土龄期大于 45 d，结合计划安排转为降温阶段，降温速率不大于 0.2 ℃/d，当达到中期目标温度后转为中期二次控温，二次控温使混凝土温度维持在中期冷却目标温度附近，温度变幅不大于 1 ℃。中期通水冷却通水温度为 14 ~ 16 ℃。

（3）二期冷却：混凝土满足二期冷却龄期要求及其他相关要求后，即开始进行二期冷却，共分为二期一次降温、二期一次控温、灌浆控温和二期二次控温四个阶段。二期一次降温日降温速率不大于 0.3℃/d，当达到设计封拱温度后转为二期一次控温、灌浆控温和二期二次控温，使混凝土温度维持在封拱温度附近，温度升高不大于 0.5 ℃，不允许出现超温，温度变幅不大于 1 ℃。二期通水温度为 8 ~ 10 ℃。

（4）通水冷却施工情况：截止到 2014 年 3 月，共浇筑 2 090 仓，统计最高温度 2 056 仓，其中 1 879 仓最高温度符合温控设计要求，总体符合率 91.4%，最高温度控制总体处于受控状态。共进行64 144次一冷降温监测,平均日降温速率为0.17 ℃;共进行64 415次中冷降温监测,平均日降温速率为0.11 ℃;共进行44 075次二冷降温监测,平均日降温速率为0.16 ℃,降温速率总体满足设计要求。

6.3　混凝土表面保温

根据溪洛渡坝区气候特点,坝址区11月~次年3月底气温骤降频繁坝址气温骤降频繁,为降低混凝土内外温差及防止寒潮冲击,减少混凝土表面裂缝,防止产生深层裂缝,拱坝混凝土的保温工作从9月底开始施工,混凝土表面保温材料主要为聚乙烯卷材保温被(导热系数≤0.044W/(m·℃))、高密挤塑板(导热系数≤0.044W/(m·℃))和聚氨酯保温材料(导热系数≤0.03W/(m·℃))。保温材料技术参数均满足设计要求。各部位保温措施如下:

(1)仓面保温施工在混凝土收仓、冲毛完成后及时覆盖,仓面保温材料采用厚4 cm聚乙烯卷材保温被保温,并洒水保持混凝土表面湿润但不积水。

(2)横缝面保温采用5 cm厚的聚乙烯卷材保温。拱坝上下游面采用粘贴高密挤塑板全年保温,上游坝面粘贴厚度为5 cm,下游坝面除基础强约束区为5 cm外,其余坝面粘贴厚度均为3 cm。

(3)拱坝坝面廊道口和流道口采用聚乙烯卷材封闭门保温处理。

(4)拱坝闸墩牛腿倒悬部位及流道表面采用喷涂2 cm厚聚氨酯保温保护。

6.4　混凝土养护

从4月底开始,停止拱坝混凝土表面、横缝面的保温施工,以养护为主。仓面养护采用自动旋转喷头不间断、连续喷水养护,对于边角部位无法旋喷的采用人工洒水辅助养护,确保仓面保持湿润;横缝面养护采用花管进行流水养护,花管采用φ25塑料管,每隔20~30 cm钻一直径1 mm左右的小孔,孔口对混凝土壁面通常温水养护。花管固定模板支架上,随模板上升而升高。同样对于局部花管流水不到的地方采用人工洒水辅助养护,确保横缝面保持湿润。

6.5　混凝土温控效果

6.5.1　最高温度控制效果

本工程在施工中严格采取了前述综合温度控制措施,取得了较好的效果。最高温度整体控制在设计范围内,统计成果详见表1。

表1　拱坝混凝土最高温度检测统计

混凝土强度等级标号	测温仓次	仪埋(组)	最高点温度(℃)	最高温度(℃)	最高温度平均值(℃)	允许最高温度(℃)	平均富裕度(℃)	仓次分析			测点分析		
								符合(仓)	符合率(%)	超温(仓)	符合(组)	符合率(%)	超温(组)
$C_{180}40$	979	1984	38.9	38.9	25.3	27	1.7	910	93.0	68	1 703	85.8	281
$C_{180}40$	31	58	32.3	32.3	28.5	29	0.5	27	87.1	4	53	91.4	5
$C_{180}35$	703	1 336	28.4	27.1	24.2	27	2.8	703	100.0	0	1 334	99.9	2
$C_{180}30$	199	388	27	27	23.9	27	3.1	199	100.0	0	388	100.0	0

注:最高温度超标主要原因:①河床坝段强约束区混凝土按1.5 m升层,温度计埋设在距混凝土面75 cm处,夏季高温温度计受气温影响;②一些结构采用小级配混凝土,小级配混凝土水泥用量大、放热量大,导致最高温度超标。

6.5.2 混凝土裂缝检查情况

截至目前，除在 2009 年冬季拱坝基础约束区因固结灌浆施工引起混凝土长间歇等原因产生少量裂缝和在 2012 年 1 月 2 日因揭开聚乙烯卷材保温被后遇温度骤降等原因在深孔流道侧墙产生 1 条裂缝外。目前已经连续浇筑混凝土达 670 万 m^3，没有发现温度裂缝；拱坝上下游坝面抽条检查、底孔流道抽条检查，未发现裂缝。

7 接缝灌浆

(1) 拱坝共设置 30 条横缝，将拱坝分为 31 个坝段。接缝灌浆包括 30 条横缝 31 层灌区（包括河床置换混凝土块），灌区数量约 612 个，面积 24 万余 m^2。

(2) 除置换区及顶层外，接缝灌浆分区高度均为 9 m，坝体接缝灌浆系统采用“球面键槽”与“灌浆槽”加拔管形成的升浆管的布置形式，单个系统由与进、回浆管相连的灌浆区底部进浆槽和顶部排气槽、拔管形成的升浆槽以及相应的键槽构成，灌区采用止浆片封闭。

(3) 拱坝横缝在进行接缝灌浆施工前，必须满足以下设计条件：①灌浆区混凝土冷却至设计要求的封拱温度；②横缝张开度满足接缝灌浆要求（不小于 0.5 mm）；③灌浆区以上满足同冷区、过渡区、盖重区的温度梯度要求，且相应灌区冷却至设计目标温度；④灌浆区混凝土最小龄期满足设计不小于 120 d 的要求。

(4) 接缝灌浆采用 0.45∶1 单一比级，缝面顶部最大灌浆压力为 0.35 MPa，缝面顶部最大增开度不大于 0.5 mm。

(5) 目前已经全部完成拱坝接缝灌浆施工，骑缝钻孔取芯检查，缝面水泥结石密实。

8 钢衬施工

拱坝泄洪深孔采用全断面钢衬保护，钢衬断面形状为矩形。深孔钢衬标准节典型断面尺寸为 10.5 m×5.2 m（内壁）。每条钢衬外壁设有加劲肋板，每块钢衬为面板和其加劲肋板构件的焊接结构件，面板所用钢材为不锈钢复合钢板（以下简称复合钢板），基层厚度 20 mm，复层（过流面）厚度 4 mm。基层材质为 Q345C 钢板，复层材质为双相不锈钢钢板，加劲肋材料为 Q345C，厚度 20 mm，宽度 0.2 m，横向加劲板间距 0.5 m，锚筋为螺纹钢。

钢衬采用分节制作，钢衬运输、吊装的最大吊装单元尺寸为 12.5 m×5.6 m×2.5 m，最大单节单元质量为 26.9 t。钢衬主要采用两节组拼后两台缆机抬吊上坝工艺，部分采用单节吊运上坝工艺，钢衬安装就位后焊接连接成整体。

钢衬下部 1 m 范围内采用高流态混凝土（扩展度为 550～600 mm）对称入仓浇筑，靠近钢衬底部无法浇筑到的部位开设混凝土入仓及振捣孔后采用混凝土泵泵送浇筑，人工平仓、振捣，钢衬侧、顶部混凝土采用缆机吊 9 m^3 立罐入仓，人工配合振捣车平仓、振捣。混凝土浇筑完成后采用敲击法检查钢衬底部混凝土脱空并采用接触灌浆方式处理。

钢衬接触灌浆采用“预埋拔管灌浆槽 + 补钻孔灌浆”相结合灌浆方式，预埋灌浆系统灌浆压力控制在 0.1 MPa，灌后补灌压力控制在 0.15 MPa。

9 施工信息管理系统

溪洛渡拱坝施工管理的综合应用系统应用了无线手持式数据采集、二维三维工程可视化技术、工作流技术等高新尖端技术，实现了包括混凝土浇筑、混凝土温控、混凝土质量管理及固结灌浆在内的4个业务功能模块，以及综合查询与预警功能。

系统基本实现了如下应用成果：形成覆盖建设部、监理、施工单位的拱坝施工数据的采集与权限控制下的数据共享平台；实现拱坝浇筑过程中较为全面的关键施工、质检数据的记录；形成以浇筑仓号为中心的计划、施工、质量等数据综合提取、分析功能；提供拱坝浇筑形象的三维显示功能；实现现场PDA数据采集与无线组网，实现现场数据的即时采集功能；提供坝体浇筑过程中全面的温控记录与温控综合查询与分析功能；提供拱坝固结灌浆施工过程数据全面采集与管理功能；实现了现场施工关键信息的预报警功能，以及现场各类生产报表的自动汇总功能。

溪洛渡拱坝施工管理的综合应用系统实现了从实体大坝到数字大坝，再到智能大坝，借助现代化的信息和管理手段，实现了大坝建设的全方位控制与管理。

10　混凝土质量控制

(1)拱坝混凝土施工工法。通过施工工法对提供拱坝施工质量起到很好的促进作用。

(2)浇筑仓面工艺设计和浇筑“云图”。通过进行仓面工艺设计作为施工指导，使混凝土浇筑控制工作变得清晰，便于施工人员操作执行，同时质量检查人员和监理工程师的现场检查。实行混凝土“浇筑云图”制度，确保质量具有可追溯性。

(3)模板选择和设计。采用大型悬臂模板，整体刚度大，面板光滑，能保证混凝土外观质量。

(4)除河床坝段外，各部位从基岩面开始采用3 m层高浇筑，施工缝少，整个拱坝各坝段浇筑分层统一高程，使水平接缝整齐美观。

(5)混凝土生产管理严谨，混凝土运输、仓面控制和浇筑能力充足，满足混凝土浇筑强度要求。

(6)设置了专门的混凝土缺陷修补人员，试验室统一配备修补材料，使得混凝土外观缺陷修补后颜色同老混凝土一致。

(7)严格执行“三检制”。分层逐级把关，首先以班组自检为基础，做好内部质量的复检、终检。

(8)严格控制混凝土浇筑温度和混凝土通水冷却，采用动态跟踪削峰冷却技术，控制混凝土最高温度满足设计要求。

(9)严格按设计要求进行混凝土表面保护工作，保温期间设专人检查，发现问题及时处理。

11　取得的成果

(1)截至2014年4月，溪洛渡大坝工程未出现危害性裂缝。大坝工程共完成6 498个单元，经监理工程师组织质量评定合格率100%，优良率93.7%。

(2)混凝土月浇筑强度突破20万m^3(最高月浇筑混凝土21.59万m^3)，年度突破200万m^3(全年最高浇筑混凝土217万m^3)，26 d完成大坝泄洪深孔钢衬底板混凝土施工，全年未发现温度裂缝，创造了水电系统单个项目混凝土浇筑新纪录、深孔钢衬混凝土施工组织先进水平，21 d更换缆机主索，刷新了常态混凝土取芯样的世界纪录。

(3)大坝混凝土连续浇筑达670万m^3，没有发现温度裂缝；拱坝上下游坝面抽条检查、底孔流道抽条检查,未发现裂缝。

12 结 语

300 m 级特高拱坝施工时一个极其复杂的过程,其施工工期长、强度高、施工约束条件复杂,溪洛渡拱坝在施工过程中进行产学研协作科研攻关,运用了计算机仿真技术,分析制约特高拱坝施工的关键技术,总结出一套特高拱坝关键施工技术,对类似特高拱坝具有极大的参考价值。

参考文献

[1] 金沙江溪洛渡水电站大坝施工技术要求(Ⅱ版)[R]. 中国水电顾问集团公司成都勘测设计研究院,2009.

[2]《金沙江溪洛渡水电站大坝土建及金属结构安装工程施工招标文件》(合同编号:XLD/0888 招标编号:TGT - XLD/TJ200607D 第Ⅱ卷 技术条款)

[3] 周政国. 溪洛渡水电站混凝土双曲拱坝温度控制施工技术[J]. 中国农村水利水电,2013.

溪洛渡拱坝后期温度回升影响因子及权重分析

杨　萍　刘　玉　李金桃　刘有志　程　恒

（中国水利水电科学研究院　结构材料研究所　北京　100038）

摘要：本文以溪洛拱坝为例，在对其后期温度回升监测资料进行系统统计分析的基础上，采用有限元仿真分析方法，对可能导致大坝内部温度回升的几个主要因素：地温、上游水温、气温和残余水热对温度回升的影响进行了定量分析。结果表明，溪洛渡拱坝靠近基础约束区的温度回升主要是由地基倒灌和残余水化热所引起的，对于远离基础约束区的混凝土，其内在温度回升主要由残余水化热所致，而气温、水温等单因素的影响在刚刚完成封拱灌浆后2～3年之内的贡献较为有限，对5～10年后内部温度回升则会有较明显的贡献。分析认为，有效减小大坝后期温度回升的关键是通过对混凝土胶凝材料的优化调整来控制后期残余水化热，以减小后期温度回升所可能带来的不利影响。

关键词：特高拱坝　高拱坝　水化热　温度回升　通水冷却

1　概　述

据统计我国已建和在建高拱坝及特高拱坝中，大坝混凝土在封拱灌浆和后期通水冷却措施结束后均有不同程度的温度回升现象，如小湾拱坝实测温度回升最大达8～10 ℃；二滩拱坝建成5～6年坝体平均温度最大比设计温度高出了3～5 ℃；溪洛渡拱坝目前实测温度回升最大为5～9 ℃。

引起混凝土拱坝封拱后后期温升的原因是多方面的，比如拱坝一般采用低温封拱，封拱后外界的地温、气温以及库水温将高于设计值，会形成一种热量倒灌效应引起内部温升；坝体内胶凝材料的后期发热过程也会引起坝体内部的温度回升；混凝土配合比中高掺粉煤灰及低温浇筑对水泥早期发热的抑制作用会使得拱坝封拱后仍有较大发热量。

引起的大坝温度回升中，不同温度回升因素对大坝工作性态的影响是有差异的。一般情况下，温度下降会在大坝混凝土中引起拉应力，温度上升会引起压应力，而拱坝作为超静定结构，温升荷载下在坝体大部分部位引起压应力的同时，也会在局部引起拉应力。因此，在大坝设计施工中，应避免出现过大的温升荷载。由于边界温度变化引起的温度回升会成为永久温度荷载作用于坝体，而胶凝材料的后期发热则会由于散热量大于内部发热量而逐步回落，最终消失，因此胶凝材料发热引起的温度回升不会成为永久荷载作用于坝体。但是温度回升和回落可能是一个较长的过程，从而使坝体较长的时间处于与设计状态不一致的现象，同时由于混凝土材料存在徐变效应，封拱后的温度上升和回落会在坝体内部留下残余应力，因此分析导致大坝后期温度回升的影响因素，量化不同回升因素对温度回升影响的权

基金项目：973项目（2013CB036406，2013CB035904）；十二五科技支撑项目（2013BAB06B02）；中国水科院科研专项；流域水循环模拟与调控国家重点实验室科研专项。

重,并由此提出针对性的应对措施,将有利于我们对大坝施工及蓄水运行安全的控制与管理。

2　大坝混凝土温度回升监测资料分析

以溪洛渡拱坝为例,为了解大坝横缝灌浆及通水完成后,混凝土后期温度回升情况以及混凝土残余水化热发热过程,收集了到 2014 年 8 月 24 日为止的横缝测缝计的温度监测资料,其中,对 5#、10# 和 15# 坝段混凝土坝横缝测缝计的测温资料进行了整理分析,相关资料整理如下:表 1 ~ 表 3 分别为 15#、10# 与 5# 坝段内部横缝测缝计监测到的后期温升整理结果。图 1 为典型坝段各灌区坝内部监测温度过程曲线。

表 1　15# 坝段二冷末混凝土温升监测值统计(横缝测缝计)

灌区	高程(m)	二冷末温度(℃)	回升最高温度(℃)	灌区温度回升(℃)	二冷末时间(年－月－日)	回升最高温度时间(年－月－日)	混凝土分区
1#	328.7	12.0	22.9	10.9	2010－08－10	2014－08－24	A 区
2#	337.7	14.0	22.4	8.4	2010－09－06	2014－08－24	A 区
4#	358.0	11.8	17.5	5.7	2010－11－29	2014－08－24	A 区
6#	373.8	12.8	15.8	3.0	2011－01－26	2014－08－24	A 区
8#	388.7	12.7	16.6	3.9	2011－04－28	2014－08－24	B 区
9#	403.7	12.5	18	5.5	2011－05－24	2014－06－22	B 区
11#	418.7	12.1	18.8	6.7	2011－08－14	2014－08－24	B 区
12#	430.7	12.0	16.7	4.7	2011－10－11	2014－05－26	B 区
14#	442.7	12.0	16.9	4.9	2011－12－29	2014－08－17	B 区
16#	463.7	12.4	16.1	3.7	2012－02－17	2014－08－24	B 区
17#	475	12.1	15.8	3.7	2012－03－23	2014－07－14	B 区
20#	499.7	12.0	16.8	4.8	2012－04－30	2014－05－06	A 区
21#	508.7	11.9	16.4	4.5	2012－06－10	2014－07－07	A 区
22#	517.7	10.9	15.8	4.9	2012－08－06	2014－08－24	A 区
23#	523.7	10.3	14.9	4.6	2012－09－03	2014－08－03	A 区
24#	535.7	12.9	15.4	2.5	2012－09－22	2014－08－03	A 区
25#	544.7	11.1	15.5	4.4	2012－10－30	2014－08－03	A 区
26#	554.7	12.0	15.9	3.9	2012－12－06	2014－08－24	A 区

表2　10#坝段二冷末混凝土温升监测值统计

灌区	高程(m)	二冷末温度(℃)	回升最高温度(℃)	灌区温度回升(℃)	二冷末时间(年-月-日)	回升最高温度时间(年-月-日)	混凝土分区
7#	382.7	12.3	19.5	7.2	2011-03-23	2014-07-07	A区
8#	388.7	12.5	19.0	6.5	2011-04-28	2014-8-17	A区
9#	403.7	12.4	16.9	4.5	2011-05-24	2014-06-29	A区
11#	418.7	13.5	18.4	4.9	2011-08-14	2014-08-17	B区
12#	430.7	12.1	15.0	2.9	2011-10-11	2014-08-03	B区
14#	442.7	12.1	14.8	2.7	2011-12-29	2014-08-03	B区
15#	455.3	12.4	15.9	3.5	2012-02-17	2014-08-24	B区
16#	463.7	12.2	16.2	4.0	2012-03-23	2014-08-17	B区
17#	475.0	12.2	15.6	3.4	2012-04-30	2014-05-20	B区
18#	481.3	12.6	15.4	2.8	2012-06-10	2014-06-16	B区
19#	490.7	12.2	14.9	2.7	2012-08-06	2014-07-21	B区
20#	499.7	12.0	14.7	2.7	2012-09-03	2014-08-25	B区
21#	508.7	12.8	14.9	2.1	2012-09-22	2014-07-14	B区
22#	517.7	12.6	15.5	2.9	2012-10-30	2014-08-04	B区
23#	523.7	13.0	16.3	3.3	2012-12-06	2014-07-14	C区
24#	535.7	12.2	16.2	4.0	2012-12-28	2014-07-13	C区
25#	544.7	12.2	16.2	4.0	2013-01-30	2014-06-29	C区

表3　5#坝段二冷末混凝土温升监测值统计

灌区	高程(m)	二冷末温度(℃)	回升最高温度(℃)	灌区温度回升(℃)	二冷末时间(年-月-日)	回升最高温度时间(年-月-日)	混凝土分区
14#	445.7	11.8	15.9	4.1	2011-12-29	2014-06-29	A区
15#	455.3	12.3	16.0	3.7	2012-02-17	2014-06-29	A区
16#	463.7	12.0	16.4	4.4	2012-03-23	2014-07-20	A区
17#	475	12.4	16.6	4.2	2012-04-30	2014-08-18	A区
18#	481.3	12.9	16.6	3.7	2012-06-10	2014-07-21	A区
19#	490.7	12.1	15.6	3.5	2012-08-06	2014-07-21	A区

续表 3

灌区	高程(m)	二冷末温度(℃)	回升最高温度(℃)	灌区温度回升(℃)	二冷末时间(年-月-日)	回升最高温度时间(年-月-日)	混凝土分区
20#	499.7	13.0	14.6	1.6	2012-09-03	2014-07-14	A 区
21#	508.7	13.0	14.6	1.6	2012-09-22	2014-07-14	A 区
22#	517.7	13.5	17.3	3.8	2012-10-30	2014-07-14	A 区
23#	523.7	13.0	15.1	2.1	2012-12-06	2014-07-07	A 区
24#	535.7	12.5	15.0	2.5	2012-12-28	2014-07-13	B 区
25#	544.7	12.6	14.9	2.3	2013-01-30	2014-07-13	B 区

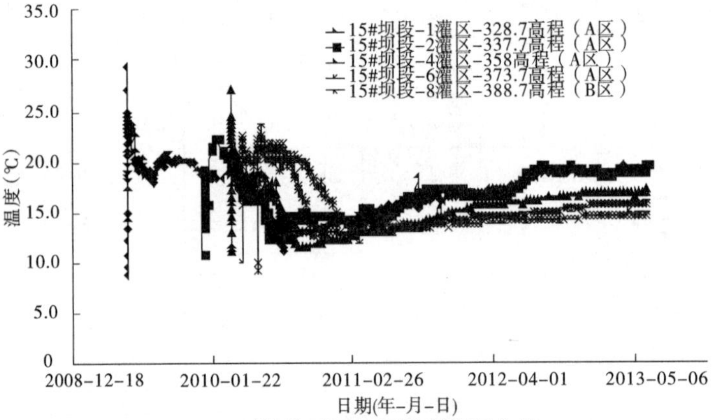

(a)15#坝段不同高程温度监测曲线

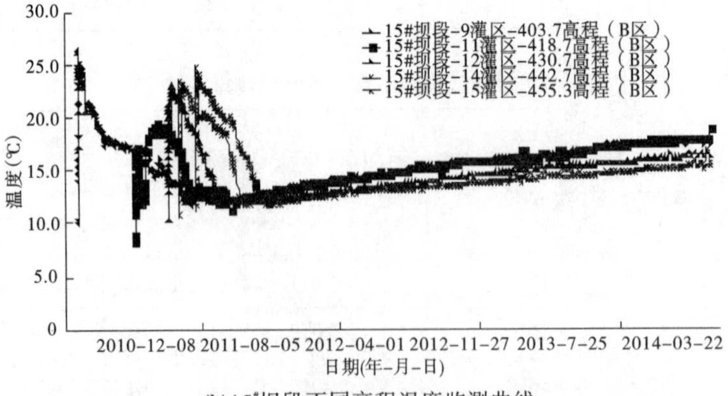

(b)15#坝段不同高程温度监测曲线

图 1　典型坝段不同灌区典型高程坝内监测温度曲线

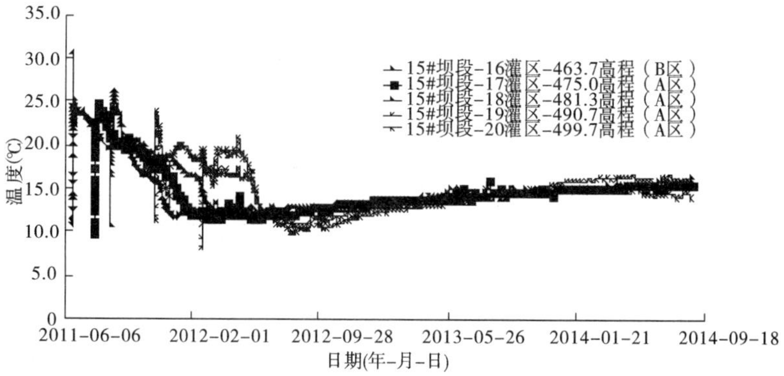

(c)15#坝段不同高程温度监测曲线

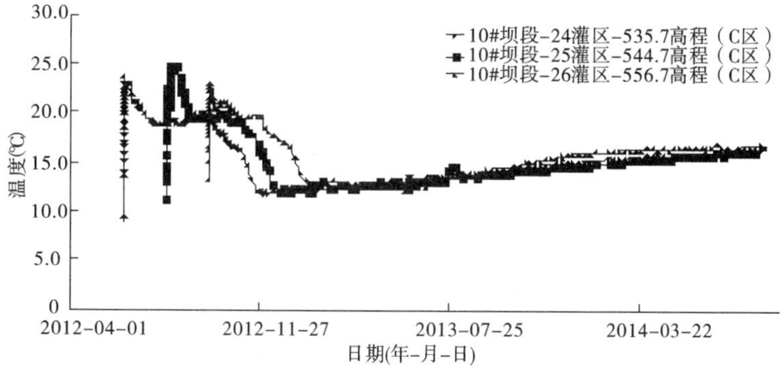

(d)10#坝段不同高程温度监测曲线

续图 1

从监测资料表 1 可以看出，截至 2014 年 8 月中旬，15#坝段 A 区混凝土各灌区平均温度回升在 5.23 ℃，其中个别灌区最大温度值达到 10.9 ℃；B 区混凝土各灌区平均温度回升在 4.72 ℃。总体而言，A 区混凝土温度回升普遍高于 B 区混凝土，这与水管停水时间（各灌区灌浆时间）后的监测时间长短和材料分区有一定关系。

10#坝段坝内部监测温度整理结果见表 2。从表中可以看出，A 区混凝土各灌区温度平均回升 6.06 ℃；B 区混凝土各灌区温度平均回升 3.15 ℃；C 区混凝土各灌区温度平均回升 3.37 ℃，分别比一年前升高 2.47 ℃、1.64 ℃、1.13 ℃。

5#坝段坝内部监测温度整理结果见表 3。从表中可以看出，A 区混凝土各灌区温度平均回升 3.27 ℃；B 区混凝土各灌区温度平均回升 2.4 ℃，分别比一年前增加 1.52 ℃和 0.95 ℃。

由上可见，大坝混凝土在完成封拱灌浆后的 2～4 年内部基本都持续处于一个回升状态。

3　溪洛渡拱坝后期回升影响因素及权重分析

一般而言，影响溪洛渡拱坝后期温度回升的影响因素主要包括以下几个方面：地温、气温、上游水温、残余水化热。这几个因素在不同的时刻，不同的部位可能对大坝内部的温度场产生影响。

3.1　温度回升定性分析

由上述图表所列的典型坝段各灌区坝内部监测温度过程曲线不难看出，截至 2014 年 8 月，二冷停水后大坝内部温度回升随高程增加而减小，分析其原因有以下几点：

(1)越靠近下部的灌区，二冷停水时间越长，监测的时间也越长，且约束区为 C40 混凝土，水泥强度等级高，相应水化热也高，后期残余水化放热相对更多；

(2)上下游边界条件的不同：施工期上游 2011 年 12 月左右开始填渣，至 2012 年 5 月填至 370 m 高程，然后开始蓄水，在 2011 年 12 月之前，上游坝面 340 m 高程以下长期有施工用水影响也可能会影响到内部温度的回升趋势。

(3)由于不同材料分区混凝土配合比不同，水泥及粉煤灰的用量不同，使得混凝土后期的残余发热量及过程也不同，且下部坝体厚度相对较厚不利于散热。

3.2　大坝混凝土温度回升定量分析

为定量研究不同影响因素对大坝温度回升的影响，建立三维拱坝模型，采用有限元全过程仿真方法对相关参数的贡献进行分析。

3.2.1　计算模型

整体计算网格如图 2 所示。

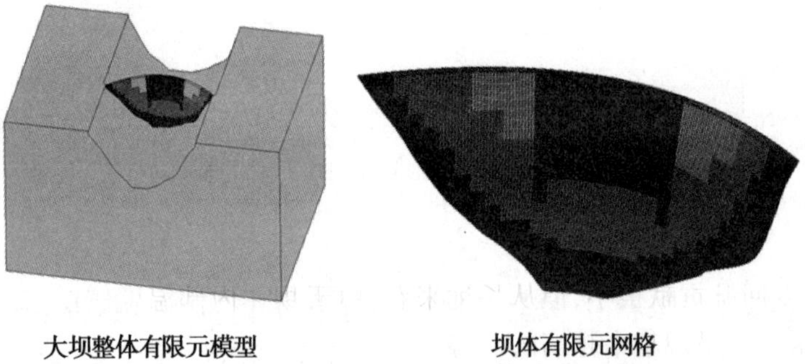

图 2　整体计算网格示意图

3.2.2　计算条件及工况

主要考虑以下几个方面的典型工况(见表 4)，以分别反映不同的影响因子对大坝温度回升的影响。

表 4　计算工况

工况编号	计算条件	说明
工况 1	坝体初始温度为封拱温度 13 ℃，假定基础地温为 24 ℃，大气温度 13 ℃，分析基础温度对坝体温度场的影响	地温的影响
工况 2	坝体初温、地温及环境温度均为 13 ℃，考虑上游蓄水水温的影响：假定 2011 年 1 月开始有水，水位 332 m，水温为 20 ℃，2011 年 12 月水位开始慢慢上升至(340 m，2012 年 3 月底缓慢上升至 370 m，之后按正常蓄水进度进行蓄水	上游水温的影响
工况 3	坝体初始温度 13 ℃，基础温度为 13 ℃，环境温度为实际气温资料，大坝按实际浇筑进度，研究分析环境温度的影响	气温的影响

续表 4

工况编号	计算条件	说明
工况 4	在工况 3 的基础上，调整混凝土导热系数：工况 3 导热系数为 9.17 kJ/(m·h·℃)，工况 4 为 6.67(kJ/m·h·℃)。对比导热系数对混凝土后期温度回升的影响	导热系数的影响
工况 5	坝体初温、地温及环境温度均为 13 ℃，采用上阶段报告中给的绝热温升模型，研究回升的情况(与实际后期温升值对比一下)	绝热温升的影响
工况 6	同时考虑工况 2、工况 3、工况 5 的计算条件，地温初温取 24 ℃，坝段初温取 13 ℃，导热系数取 9.17 kJ/(m·h·℃)，按实际浇筑进度，蓄水过程为 2011 年 1 月开始有水，水位 332 m，水温为 20 ℃，2011 年 12 月水位开始缓慢上升至 340 m，2012 年 3 月前水温 20 ℃。2012 年 3 月底缓慢上升至 370 m，之后按正常蓄水进度进行蓄水，水温取实际水温，气温为环境温度	地温 + 水温 + 气温 + 绝热温升的影响
工况 6 - 2	在工况 6 的基础上，调整地温 14 ℃	地温敏感性分析
工况 6 - 3	在工况 6 的基础上，调整地温 16 ℃	地温敏感性分析
工况 6 - 4	在工况 6 的基础上，调整地温 18 ℃	地温敏感性分析

3.2.3　温度回升成因分析

图 3 ~ 图 6 为不同因素对坝体混凝土后期温度回升的影响对比图。对比结果显示：

(1)在大坝完成封拱灌浆后的早期阶段，单因素如上下游蓄水水温、环境温度对坝体混凝土内部的温度回升贡献很小，但从长远来看，由于坝体内部温度较低，在这些因素的影响下，内部温度未来会呈现越来越高的趋势；

(2)对于靠近基础的混凝土，地温的影响也很明显，越靠近基础，地温影响占的比重大，但地基的影响持续 2 ~ 3 年后就会达到一个平衡状态。另外，基础与混凝土接触区域的基础内部一定范围的温度梯度分布情况也会影响到其对混凝土后期回升的量值。当地温全部取 24 ℃这一较高的值时，基础回升的影响已超过了实测值，表明这种地温的初始温度取值是不合理的，但当考虑二冷对建基面以下一定范围内基础温度影响，距表面 5 m 左右的区域地温 14 ~ 18 ℃时，计算值比较接近监测曲线。

(3)对于远离基础的大坝混凝土，地温的影响越来越小，混凝土的残余水化热导致的温度升量的比重较大，仿真计算结果表明，封拱灌浆后的近 2 年内的后期温升量 80% 以上基本由残余水化热所贡献。在 10 ~ 15 年，外界环境温度常年变化对内部温升的贡献与残余水化的贡献将达到一个平衡。

(4) 综上可见，溪洛渡拱坝封拱灌浆完成后的靠近基础区的温度回升主要由大坝残余水化热和基础倒灌所引起，远离基础后的温度回升，大都由残余水化热所致。

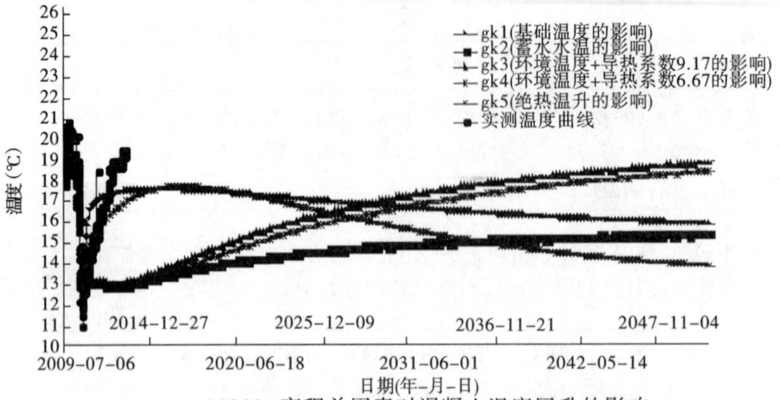

(a)328m高程单因素对混凝土温度回升的影响

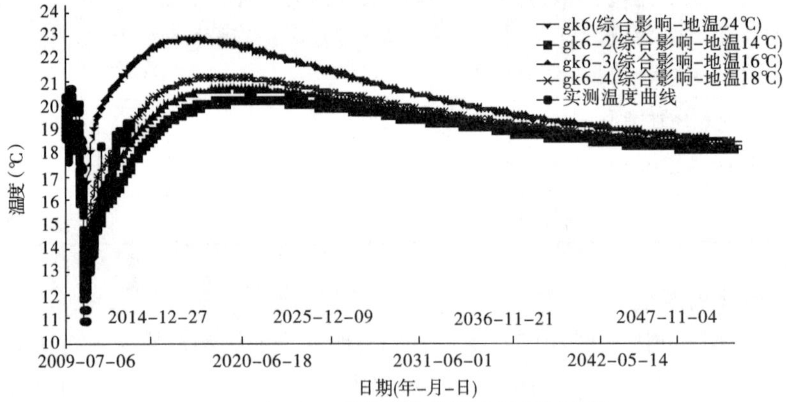

(b)328m高程坝体混凝土温度过程线

图 3　不同工况 328 m 高程温度计算曲线

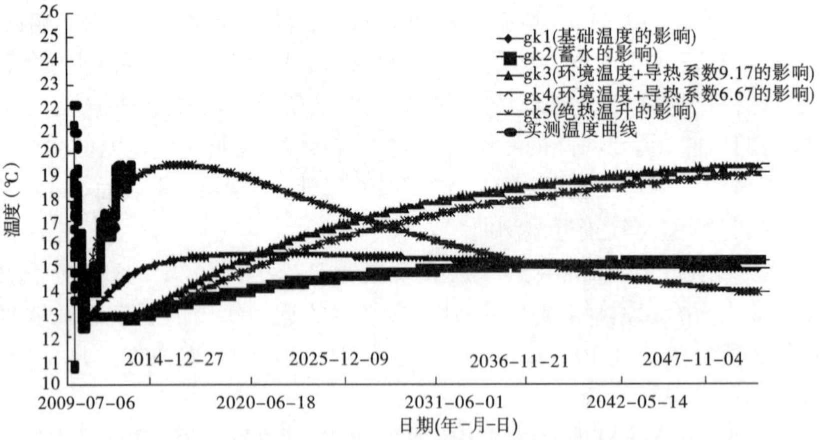

(a)338 m高程单因素对混凝土温度回升的影响

图 4　不同工况 338 m 高程温度计算曲线

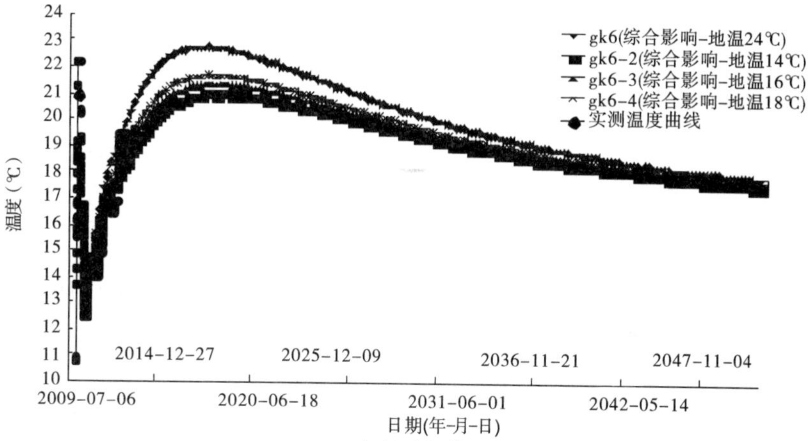

(b)338 m高程对坝体混凝土温度过程线

续图 4

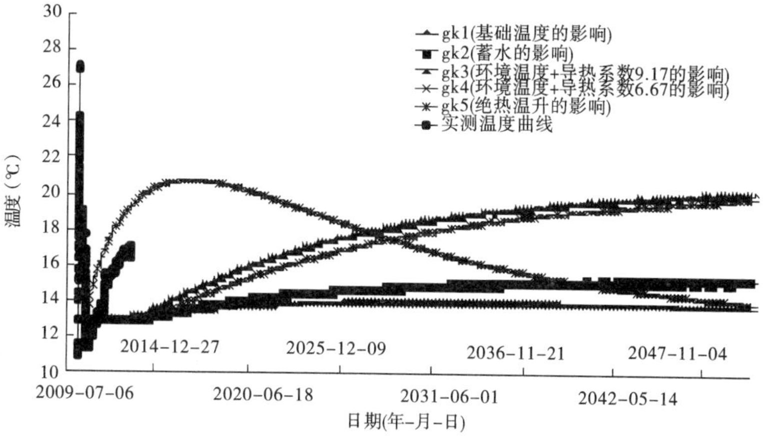

(a)356 m高程单因素对混凝土温度回升的影响

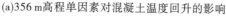

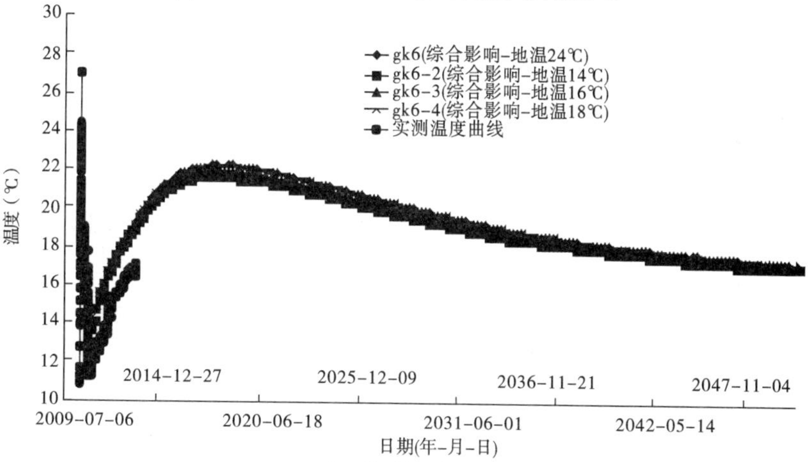

(b)356 m高程坝体混凝土温度过程线

图 5　不同工况 356 m 高程温度计算曲线

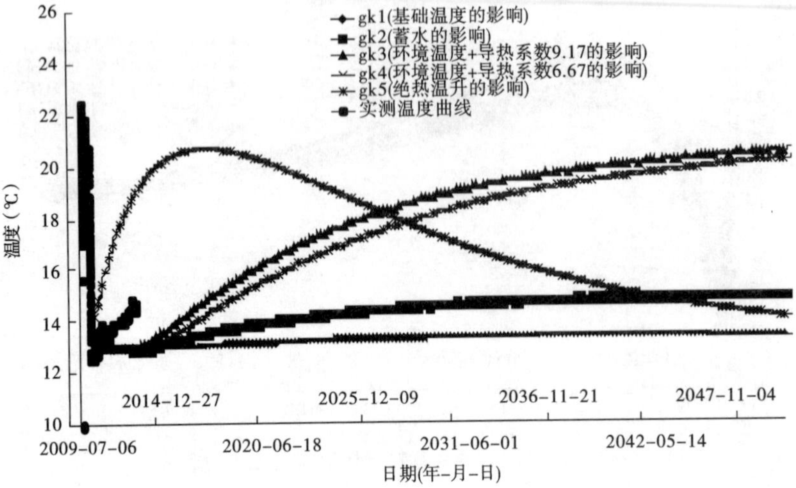

(a)374 m高程单因素对混凝土温度回升的影响

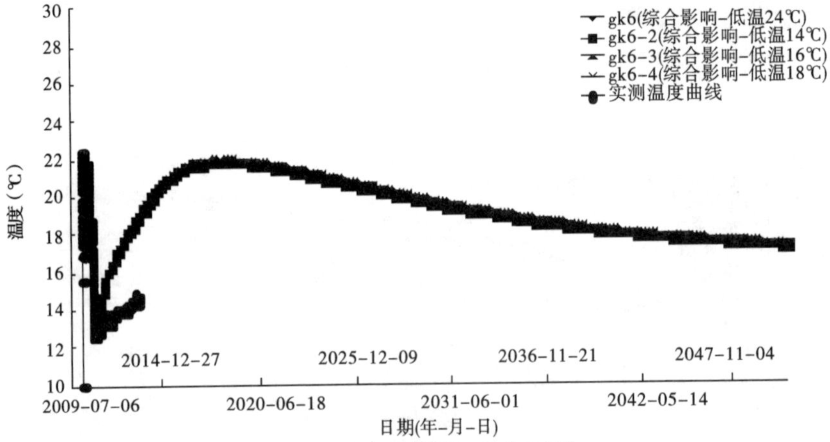

(b)374 m高程坝体混凝土温度过程线

图6　不同工况 374 m 高程温度计算曲线

4　结　论

本文以溪洛渡拱坝为例，在对其后期温度回升监测资料进行系统统计分析的基础上，采用有限元反馈仿真分析方法，对可能导致大坝内部温度回升的几个主要因素：地温、上游水温、气温和残余水热对温度回升的影响进行了定量分析。结果表明，溪洛渡拱坝靠近基础约束区的温度回升主要是由地基倒灌和残余水化热所引起的，对于远离基础约束区的混凝土，其内在温度回升主要由残余水化热所致，而气温、水温等单因素的影响在刚刚完成封拱灌浆后早期 2 ~ 3 年的影响较为有限，对 5 ~ 10 年后的温度回升则会有较明显的贡献。

因此，要有效减小大坝的后期温度回升的残余影响，其关键是通过对混凝土胶凝材料的优化调整来控制后期残余水化热的温升，这样才可有效降低这种后期温度回升所可能带来的不利影响。

参考文献

［1］朱伯芳.大体积混凝土温度应力与温度控制［M］.北京:中国电力出版社,1999.
［2］张国新.大体积混凝土结构施工期温度场、温度应力分析程序包 SAPTIS 编制说明及用户手册［Z］.1994-2014.

善泥坡水电站窑洞式开挖施工技术

黄　健　龙恩胜

（贵州黔源电力股份有限公司　贵州　兴义　562400）

摘要：善泥坡水电站工程左右岸坝肩开挖，面临地址条件复杂，无施工交通等不利情况，采取窑洞式开挖坝肩岩体，有利于减少开挖及支护工程量，最大限度内减少对坝肩山体表层岩体的破坏；有利于大坝安全运行。

关键词：窑洞　导洞　扩挖　支护

1　工程概况

善泥坡水电站坝址位于善泥坡峡谷出口段，河谷为“U”形谷，左岸为一高耸的陡壁，陡壁顶高程 1 200 m 左右，相对高差 400 m，之上为一缓坡，坡度 20°～35°，峰顶在 1 800 m 高程以上。右岸 830 m 以下为 40°～50°的陡坡，830～960 m 为一陡壁，960 m 以上为一缓坡，坡度为 30°～35°。上游左岸发育Ⅰ号冲沟，下游右岸发育Ⅱ号冲沟，切深均达 50～100 m，各沟均无常年性流水。

左、右窑洞处于左右岸交通洞的端头部位（见图 1），坝基岩性为 P_1q^2 厚层灰岩，顺河向裂隙发育，河床以沿裂隙、溶蚀裂隙的分散渗漏为主，属裂隙型渗漏，其渗漏量较小，但钻孔的透水率统计情况表明，20～40 m 范围内的基岩透水率仍然较大；下伏 P_{1L} 地层中泥页岩夹层发育。

(a)

(b)

图 1　左、右窑洞示意

窑洞断面尺寸均为 10.4 m×8.2 m，右岸长度为 42 m，左岸长度为 37 m，断面形式为城门洞形，窑洞底板高程为 887.2 m，顶拱高程为 895.4 m。支护采用锚杆（含随机锚杆）、网喷混凝土和锚索联合支护方式进行，洞内及洞脸内圈主要以锚杆和网喷混凝土为主，锚杆长度4.5 m和9 m，采用直径ϕ25 mm和ϕ28 mm钢筋，间排距为20×20 cm。洞脸外圈及窑洞上下游侧设有锚索，锚索为1 500 kN级，锚索长度40 m，锚固段为6.0 m，间距5.0 m。

左右岸窑洞石方开挖总量为5 882 m^3，各类锚杆共计222根，喷射混凝土238.34 m^3，挂网钢筋6.2 t。

2 窑洞开挖施工方式方法

为了保证窑洞开挖的顺利施工，窑洞开挖时先行开挖一条导洞，导洞断面为2.5 m×2 m，城门洞形，循环进尺拟定为2～3 m；待导洞开挖完成后，及时对洞脸进行加固支护；洞脸支护完成后，再对窑洞进行扩挖，每一循环进尺为1～2 m。上下游坝肩开挖方式见图2。

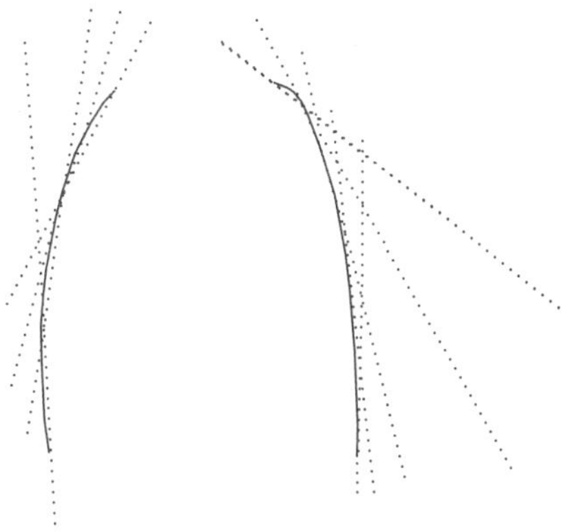

图2 上下游坝肩开挖方式示意

本工程坝区岩层产状N10°W，SW∠12°，倾上游偏左岸，河谷为横向谷，沿河床纵向岩层视倾上游约10°，微新岩体中层面多较新鲜，为硬性挤压面，局部充填方解石及铁泥质，抗剪（断）强度较高。坝肩岩体倾角较缓，总体倾向上游，为一横向谷，在开挖坝肩时上游面采用切线开挖法，下游面采用割线开挖法；可实现使坝肩开挖后更好趋近于设计的拱坝坝肩形体。

开挖后形成的一个倒悬勘进山体的立面槽，可不用支模直接浇筑坝肩混凝土，节省施工支模工序。

因开挖时强制将岩体下部卸荷后形成倒悬，需在洞脸外圈及窑洞上下游侧布设锚索，锚索为1 500 kN级，锚索长度40 m，锚固段为6.0 m，间距5.0 m。

2.1 导洞开挖施工方法

导洞开挖采用全断面开挖，钻孔采用YT－28手风钻造孔，为防止洞室超挖，循环进尺控制在2～3 m。

爆破采用直孔空孔掏槽，掏槽孔间排距30 cm×30 cm，最大孔深3.3 m，光爆孔间距50 cm、孔深3.1 m、线装药密度150 g/m；主爆孔间排距90 cm×60 cm，孔深3.1 m，单耗为1.47 kg/m^3，爆破网络采用非电毫秒延期雷管微差延时网络起爆。

出渣采用人工配合反铲出碴，CAT320c反铲装车，25 t自卸汽车运输。CAT320c反铲配合橇挖、排险、清面。

2.2　窑洞扩挖施工方法

窑洞扩挖采用 YT－28 手风钻造孔，制作一台 5 t 的钢结构台车，钻孔在台车上进行。

采用“短进尺、小药量、弱爆破、多循环”方式施工，循环进尺控制在 1.0～2 m。

扩挖采用手风钻钻孔，爆破孔间排距 90 cm×100 cm，单耗为 0.97 kg/m^3；周边采用光面爆破，光爆孔间距 50 cm、孔深 2.2 m、线装药密度 220 g/m，爆破网络采用非电毫秒延期雷管微差延时网络起爆。

出渣采用 ZLC－40 装载机装车，25 t 自卸汽车运输，CAT320c 反铲配合橇挖、排险、清面。

2.3　支护施工

窑洞支护主要为锚杆加挂网喷混凝土以及锚索施工。

洞脸锁口支护在导洞开挖完成后进行，洞内支护施工随开挖施工进行，支护工作面滞后开挖工作面 6～9 m，开挖工作面装药的同时进行挂网及锚杆钻孔施工，爆破出渣时，进行清理基岩面、喷混凝土和锚杆安装灌浆施工。合理调整支护施工工序，保证各项作业穿插进行。

2.4　窑洞开挖优缺点

窑洞式开挖能大幅度降低开挖工程量，加快施工进度，降低工程投资，减少工程施工对环境的破坏：

(1)相对于明槽开挖，窑洞式开挖能减少开挖工程量 80%～90%；

(2)窑洞式开挖能尽快的进入到施工建基面施工，加快开挖施工进度，为混凝土回填创造条件；

(3)窑洞式开挖大幅度减少了开挖工程量，虽然增加了部分施工措施，但增加的施工措施与减少的工程量相比来说是微不足道的；

(4)最重要的是窑洞式开挖，因为是仅仅针对建基面部分进行开挖，对建基面以上部分的山体没有影响，相对于明槽开挖，对环境的破坏降到了最低。

缺点是：

(1)增加了施工难度，加大施工组织的复杂程度，施工方法、工艺、措施上要进行全方位全面考虑；

(2)因开挖不是大面积组织对施工面进行，减少了前期施工交通的布置，对后期组织大坝施工会带来一定的影响。

窑洞式开挖主要适用于开挖建基面标高与开挖山体标高相差较大，两侧边坡陡峻边坡陡峻且山体岩石产状为水平或缓倾角。

3　施工程序

洞室开挖施工程序为：测量放线→布孔→钻孔→装药→爆破→通风排烟→安全处理→出渣→支护→下一循环。

测量放线：每一循环作业前，都要进行测量放样。洞室放样需标出顶拱圆弧中心和周边有代表性的控制点，以保证开挖施工的准确性。

布孔：施工技术人员根据测量放线成果及爆破设计，进行现场布孔，用红漆标出主要钻孔的孔位，以便钻孔施工。

钻孔:采用手风钻钻孔,钻孔角度和孔深,应符合爆破设计的规定,已造好的钻孔,需进行保护。对于因堵塞无法装药的钻孔,应予吹孔或补钻,钻孔经检查合格后方可装药。

装药:爆破孔采用 ϕ32 mm 药卷装药,光爆孔采用导爆索串联 ϕ25 mm 药卷间隔装药。

爆破:爆破网络采用非电毫秒微差孔内延时网络,电雷管起爆方式。

通风排烟:采用通风机通风的方式改善洞内空气质量。

安全处理:出碴之前,应有专职负责安全处理人员将掌子面及顶拱的松动岩体和危石进行处理,避免事故发生。

出渣:洞内运输采用装载机直接转运至导洞洞口,直接装车,25 t 自卸汽车运输至渣场。

支护:岩石破碎的洞段,爆破完后及时采用锚杆、喷锚等方法进行支护,必要时视地质情况采用钢支撑支护。

图3　左右岸窑洞式坝肩开挖效果

4　结　语

采用窑洞式开挖与开槽明挖相比较,可减小拱坝坝肩边坡的开挖高度和范围,降低工程边坡安全风险,节省开挖工程量约 80%,节省直接投资约 800 万元,缩短工期,具有较好的综合经济和社会效益。善泥坡水电站窑洞式开挖施工技术取得了很好的效果,确保了山体顶部表层岩体不受破坏,节省了工期,降低了工程造价,同时使工程总体布置设计紧凑、合理。

参考文献

[1] 庞进武,刘世煌,周容芳,等. 续建山西省后河重力拱坝工程的经验教训[J]. 水利水电工程若干问题的调研与探讨. 2006.

木里河立洲水电站大坝施工工艺研究

刘淑芳[1]　杨堉果[2]

（1. 中国电建集团贵阳勘测设计研究院有限公司　贵州　贵阳　550081；
2. 四川省交通运输厅交通勘察设计研究院　四川　成都　610017）

摘要：立洲水电站位于四川省凉山彝族自治州木里县木里河干流河道上，枢纽建筑物由碾压混凝土拱坝、坝身泄洪系统、右岸引水系统及地面厂房组成，其中引水系统长约17 km，为电站的关键线路工程。工程采用枯期导流，导流时段为11月至次年5月，大坝主要利用枯期施工。由于坝址两岸地形陡峭，坝肩开挖高差大，施工道路布置困难，工期又较紧张，大量的设备、材料需运至工作面，因此需合理的规划开挖作业；另外，虽然大坝混凝土总量不大，但是由于坝顶至坝基高差大，达132 m，因此也需要合理的规划碾压区并进行混凝土浇筑方案设计。本文针对立洲水电站大坝的实际状况，进行大坝的施工工艺研究，提出了安全可靠、经济可行的大坝施工方案。

关键词：大坝　开挖　浇筑

1　工程概述

木里河立洲水电站位于四川省凉山彝族自治州木里县木里河干流河道上，系木里河干流（上通坝—阿布地河段）水电规划“一库六级”的第六个梯级，采用混合式开发，上游接固增水电站，下游为锦屏一级水电站库区。坝址处控制流域面积8 603 km^2，多年平均流量为131 m^3/s。立洲水电站枢纽工程正常蓄水位2 088 m，最大坝高132 m，电站装机容量355 MW（包含生态机组10 MW），多年平均发电量为15.52亿kW·h，水库总库容1.897亿m^3，正常蓄水位以下库容1.787亿m^3，调节库容0.82亿m^3，电站采用混合式开发，具有季调节性能，开发任务以发电为主，兼顾下游生态用水。

主体枢纽建筑物由碾压混凝土拱坝、坝身泄洪系统、右岸引水系统及地面厂房组成。

2　施工工艺

2.1　施工条件

2.1.1　建筑物条件

拦河坝坝顶高程2 092 m，坝底高程1 960.00 m，最大坝高132 m，坝顶宽7.0 m，最大底宽26.0 m，大坝由左右岸非溢流坝段和中间溢流坝段组成，坝轴线长175.86 m，坝段间设诱导缝。在河床段2 080 m高程设有2个溢流表孔，孔口断面11 m×7 m；另在2 030 m高程设有1个泄洪中孔，孔口断面5 m×6 m，均安装弧形工作闸门进行控制。坝体防渗采用二级配碾压混凝土自身防渗。坝体除基础垫层、溢流头部、闸墩、下游消能防冲建筑物等采用常态混凝土外，其余均采用碾压混凝土；坝体下游溢流面、泄洪中孔采用强度等级较高的二级配抗冲耐磨混凝土。

2.1.2　地形地貌条件

坝轴线大致与河床正交，河谷呈“U”形，枯季河水位高程1987.7 m，河面宽24 m，水深6 m，水库正常蓄水位2 088 m高程，谷宽约118 m。河谷两头宽中间窄，总体形态“哑铃”型，坝轴线位于“哑铃”中部。左岸2 010 m以下为倒坡，2 010～2 020 m平均坡角63°左右，2 020 m为一平台，平台宽33 m，2 020 m以上为72°。右岸2 035 m高程以下为85°的陡壁，2 035～2 085 m坡度稍缓，坡角57°，2 085 m以上为80°的陡壁。坝基及坝肩涉及地层均为Pk厚层大理岩化灰岩、灰岩。

2.1.3　混凝土供应条件

大坝混凝土浇筑总量约40.67万m^3，所需混凝土由坝区混凝土系统生产，该混凝土系统布置在1#公路与2#公路交叉口的岸边台地上，距离大坝直线距离800 m左右，高程为2 010 m。

2.1.4　导截流安排

本工程关键线路是引水工程，大坝不占直线工期，因此选用枯期导流，导流时段选择11月至次年5月。

2.2　大坝开挖施工

大坝开挖总量为131.57万m^3，因大坝不是关键线路工程，采用枯期时段导流，因此大坝的开挖主要安排在枯期时段。截流后、围堰堆筑完成，具备挡水条件后，第三年5月至第四年11月初完成大坝左右岸1 985 m高程常枯水位以上部分坝肩开挖，完成开挖量118.0万m^3，最高月开挖强度为8.42万m^3/月；第四年11月至第五年1月底完成1 960～1 985 m高程部位的开挖，完成开挖量13.56万m^3，平均开挖强度为6.78万m^3/月。

本工程原始地形两岸边坡陡峭，坡度为1:0.1～1:0.3，左岸坝肩开挖高程在2 220 m，右岸坝肩开挖高程在2 240 m，边坡开挖坡度为1:0.1，每15 m垂直高度设1层马道。鉴于坝肩开挖高差大，工程量大，两岸边坡陡峻，施工道路布置困难，工期非常紧张，而大量的设备、材料需运至工作面，所以在坝肩2 240 m高程布置一台走索，其主要任务为：①开挖设备的吊运；②材料的辅助吊运；③部分金属结构及设备的安装吊运等。

开挖必须遵循自上而下的原则。由于本工程两岸山体陡峻，大坝开挖石渣下河集渣，两坝肩开挖分别利用左岸4#公路及右岸2#公路从河床出渣，左岸出渣由左岸4#公路经左岸3#公路、梯级公路至1#渣场；右岸出渣利用右岸2#公路经进场公路至1#弃渣场。道路布置见图2。

土方明挖直接用2 m^3反铲挖除，石方明挖采用分层分梯段微差挤压爆破的方式进行，永久坡面处采用预裂爆破技术。开挖分层台阶高10～15 m，钻孔选用YQ－100潜孔钻，局部辅以手风钻，3～5 m^3挖掘机配20 t自卸汽车出渣，石渣运往弃渣场。

大坝开挖程序示意图见图1。

2.3　混凝土浇筑施工

拦河坝混凝土由大坝和护坦两部分组成，共40.67万m^3，其中碾压混凝土31.29万m^3，常态混凝土9.4万m^3。坝体碾压混凝土浇筑高峰时段平均强度为3.8万m^3/月，常规混凝土为1.35万m^3/月。

大坝混凝土浇筑采用自卸汽车、真空溜管＋Mybox、高架门机、缆索联合浇筑方案，另外辅以混凝土输送泵入仓的方式，完成护坦的施工。

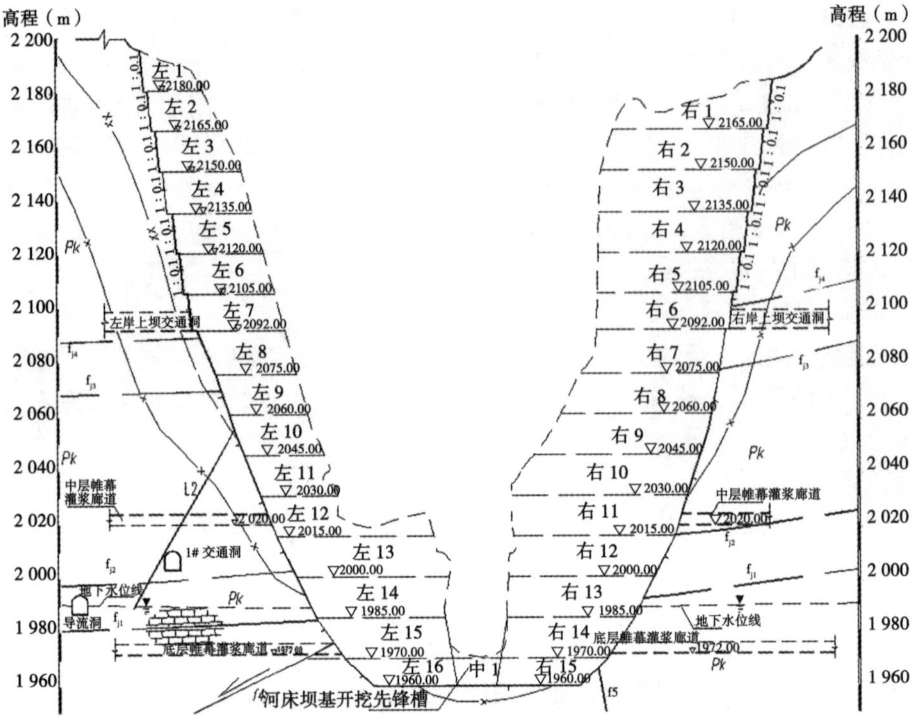

图 1　大坝开挖程序示意图(上游下视)

大坝混凝土浇筑方案布置见图 2。

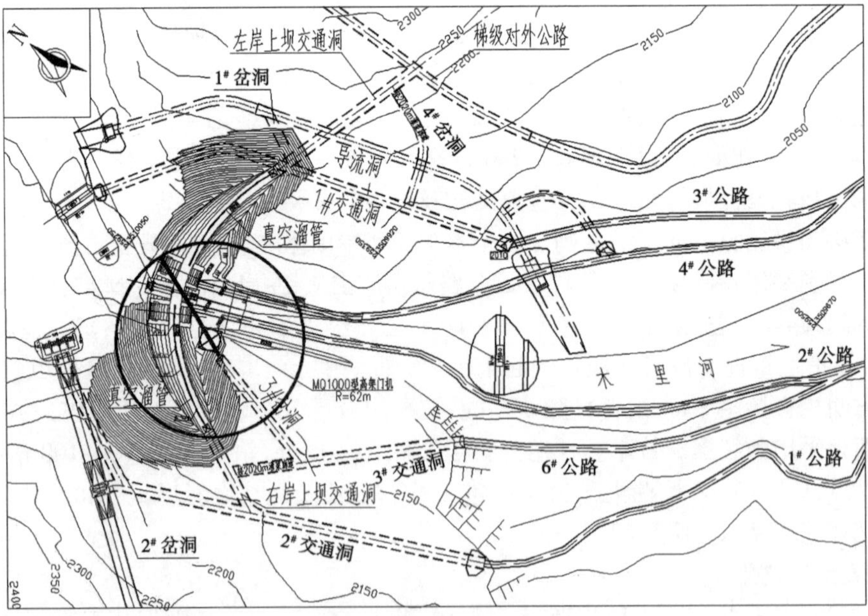

图 2　大坝混凝土浇筑平面布置

2.3.1　大坝混凝土施工规划

(1)由于坝顶 2 092 m 至坝基高差大,约 132 m,混凝土垂直运输采用真空溜管 + Mybox 管,混凝土拌和系统布置在右岸下游,根据左右岸地形及设计开挖边坡、大坝自卸汽车直接入仓高度及大坝最大仓面，在左右岸各布置一条真空溜管 + Mybox 管，由坝顶 2 092 m 高程至 1 990 m 高程，高差 102 m，倾角 61°。在坝肩预浇一受料平台，真空溜管受料斗布置于预浇受料平台，管身沿开挖面布置，真空溜管每 20 m 加设 Mybox 管，真空溜管末端接混凝土缓冲装置。跨中孔及表孔布置皮带机，皮带宽 0.8 m、长 25 m，另外也可采用钢栈桥跨越。

(2)第四年汛前完成大坝垫层混凝土浇筑，汛后进行固结灌浆、坝体碾压混凝土浇筑，至第五年 5 月，坝段上升至 1 980 m 高程后，汛期坝体全断面过水，第五年汛后坝体继续上升，至第六年 5 月坝体全断面上升至 2 060 m 高程，汛期利用导流洞及中孔联合泄流，汛后至第六年 12 月底大坝全线上升至坝顶。

大坝施工至 2 030 ~ 2 042 m 高程时由于中孔将仓面分开，于是在浇筑中孔左岸混凝土时，中孔部位布置皮带机来输送混凝土，也可采用钢栈道跨越；当大坝浇筑超过 2 042 m 以后，可通仓浇筑施工，至 2 081 m 高程又被表孔分隔，左右岸碾压混凝土分别由两岸真空溜管入仓施工。

(3)在大坝右岸坝后 2 020 m 高程布置的 MQ1000 型高架门机，主要负责大坝中孔、溢流坝段及闸墩常态混凝土浇筑及施工机械、建筑材料等的垂直运输，工期紧张时，在坝肩 2 240 m 高程布置的缆机也可作为混凝土浇筑的辅助入仓方式。

(4)大坝碾压混凝土划分为 3 个碾压区施工。1 990 m 高程以下仓面由自卸汽车直接入仓。1 990 m 高程以上采用真空溜管 + Mybox 管、中间皮带机运输或钢栈道跨越，仓内自卸汽车转运的浇筑方法。

1#碾压区：1 954 ~ 1 990 m 高程，碾压混凝土量 13.7 万 m^3，其中 1 954 ~ 1 990 m 高程混凝土由 20 t 自卸汽车沿右岸 2#公路直接入仓，运距 1.4 km。

2#碾压区：1 990 ~ 2 071 m 高程，碾压混凝土量 10.13 万 m^3，用 20t 自卸汽车载混凝土经 1#公路、2#交通洞、右岸上坝交通洞或经对外公路左岸过坝隧洞、左岸上坝交通洞至坝顶转真空溜管入仓。浇筑中孔层混凝土时，可采取皮带机或临时钢绗架桥过中孔方案。洞内运距 0.22 km，洞外运距 1.2 km。

3#碾压区：2 071 ~ 2 092 m 高程，碾压混凝土量 7.46 万 m^3。表孔左岸坝段用 20 t 自卸汽车运混凝土至左岸坝顶，经左岸真空溜管入仓施工；表孔右岸坝段用 20t 自卸汽车运输混凝土经 1#公路、2#交通洞、右岸上坝交通洞转真空溜管入仓施工。洞内运距 0.2 km，洞外运距为 1.75 km。

(5)在护坦布置 1 台 10 t 履带式起重机和 2 台混凝土输送泵，负责浇筑护坦边墙、尾坎和护坡常态混凝土。

(6)常态混凝土全部由大坝下游右岸混凝土拌和系统供给。由 3 m^3 混凝土搅拌车 + 3 m^3 吊罐由坝后高架门机及缆机吊运入仓施工。

2.3.2　大坝混凝土仓内施工

仓内施工作业：仓面采用 3 m × 3.1 m 和 3 m × 3.2 m 承插式大模板立模，混凝土从拌和楼经自卸汽车运输 1.3 km 至坝肩转真空溜管进入仓内，再由 10 ~ 15t 自卸汽车仓内转运铺料，平仓机或 80HP 推土机平仓，13.5 t 振动碾(BW - 202AD 和 BW - 201AD)配 1 t 手扶式振动碾(BW75S)进行碾压施工。

铺料与平仓：仓面上采用自卸汽车两点叠压式卸料、推土机串联摊铺的作业方法，铺料方向从左向右，铺料条带从上游向下游平行于坝轴线布置。每一碾压层摊铺厚度 30 cm。

碾压：大碾作业时，先无振碾 2 遍，后有振碾 6 ~ 8 遍，再无振碾 1 ~ 2 遍；小碾作业时，先无振碾 2 遍，后有振碾 28 ~ 30 遍，再无振碾 1 ~ 2 遍。

碾压混凝土升程高度：本工程大坝混凝土碾压采用全断面通仓浇筑碾压方式施工，因而不存在相邻碾压块间高差限制问题，施工是连续上升的，其升程高度由温度控制要求和建筑物空洞限制决定。

层面与缝面的处理措施：

正常层面：

(1)避免或改善层面碾压混凝土骨料分离状况，尽量不让大骨料集中在层面上，以免被压碎后形成层间薄弱面和渗漏通道。

(2)如层面泌水现象，应采用适当的排水措施，并控制 *VC* 值。

(3)如碾压完毕的层面被仓面施工机械振动破坏，应立即整平处理并补碾密实。

(4)上游防渗区二级配碾压混凝土层面在铺筑上层碾压混凝土前应铺一层水泥粉煤灰净浆或水泥净浆。

(5)碾压混凝土层面应保持清洁，如被机械油污染，应立即挖除被污染的碾压混凝土，重新补填补碾密实。

超过初凝时间的碾压层面：对超过初凝时间但未超过终凝时间的层面，可先铺设 10 ~ 15 mm 厚的水泥砂浆、粉煤灰水泥砂浆或水泥净浆、水泥粉煤灰净浆垫层后，再摊铺碾压混凝土进行碾压施工。

超过终凝时间的层面：当间隔时间在 24 h 以内，可以采取铺砂浆垫层的方式处理；当间隔时间超过 24 h 时按施工缝面进行处理。

施工缝面处理方法如下：

①高压水(或风砂枪、机械刷)清除碾压混凝土表面乳皮，使之成为毛面(以露砂为准)。

②清扫缝面并冲洗干净，在新碾压混凝土浇筑覆盖之前应保持洁净，并使之处于湿润状态。

③在已处理好的施工缝面上按照条带均匀摊铺一层 1.5 ~ 2.0 cm 厚的水泥砂浆垫层，然后开始铺筑碾压混凝土。

3 结 语

立洲水电站大坝工程工程量不大，但是坝高达 132 m，地形陡峭，由于大坝不是关键工程，电站采用枯期导流，因此大坝的施工主要利用枯期时段，利用地形地质条件巧妙布置走索来解决材料、施工设备及金属结构的吊运；联合设置高架门机、真空溜管 + Mybox 管、皮带机等设备完美地解决了大坝的混凝土浇筑问题。合理的施工工艺保证了大坝的施工质量和工期。

参考文献

[1] 中华人民共和国水利部. DL/T 5397—2007 水电工程施工组织设计规范[S]. 北京：中国电力出版社，2007.

[2] 木里河立洲水电站可行性研究施工组织设计报告[R]. 中国电建集团贵阳勘测设计研究院有限公司.

[3] 水利水电工程施工组织设计手册 3：施工技术[M]. 北京：中国水利水电出版社，2005.

思林水电站大坝裂缝分析与处理

廖基远

（乌江水电开发有限责任公司思林电站建设公司　贵州　思南　565109）

摘要：思林水电站碾压混凝土重力坝最大坝高 117 m，坝顶全长 310.0 m。大坝浇筑混凝土总量约 95.4 万 m^3；施工过程中共发现裂缝 31 条，裂缝采用凿槽、骑缝化学灌浆和限裂钢筋等方法处理后满足设计要求。截至目前，思林水电站碾压混凝土重力坝已运行了 5 年，大坝原施工中的裂缝未出现发展，大坝运行情况良好。

关键词：思林　大坝　裂缝　分析　处理

1　工程概述

思林水电站碾压混凝土重力坝坝顶高程 452 m，大坝上游面为垂直坝坡、下游面坝坡 1∶0.70，最大坝高 117 m，坝顶全长 310.0 m，坝顶宽 14 m，坝底宽 80.61 m，底长 47 m，在河床溢流坝段设 7 孔 13×21.5 m（宽×高）的溢流表孔。大坝浇筑混凝土总量约 95.4 万 m^3，其中碾压混凝土方量约 77.5 万 m^3，常态混凝土方量约 17.9 万 m^3。

大坝混凝土施工过程中共发现裂缝 31 条，其中大坝上游面裂缝 5 条，坝体内层间裂缝 6 条，大坝下游面裂缝 1 条，大坝闸墩裂缝 10 条，消力池裂缝 2 条，溢流面裂缝 7 条。大多数缝宽均在 0.2 mm 以下，其中缝宽 >0.2 mm 的有 10 条，缝长 4～102 m。

2　裂缝分布、原因分析

2.1　临时底孔裂缝

2.1.1　裂缝形成原因分析

（1）临时底孔常态混凝土未设施工缝，临时底孔顶板混凝土为 C25 二级配常态混凝土，大坝混凝土为 C15 三级配碾压混凝土，两种不同的混凝土在凝固干缩的过程中，其凝期和强度的不一致是导致裂缝产生的主要原因和直接原因。

（2）临时底孔混凝土顶板于 2007 年 4 月 28 日浇筑结束，2007 年 5 月 2 日左岸坝段开仓，其中一个皮带机的基础置于裂缝上游侧底孔顶板正上方，该部位顶板混凝土由于龄期短，承受集中周期荷载。

2.1.2　裂缝分布

2007 年 4 月 28 日临时底孔坝体部分常态混凝土与本坝段碾压混凝土同时浇筑至 375 m 高程，在 5 月 12 日发现多条裂缝（裂缝特性见表 1），在 375 m 高程平面可见裂缝，裂缝宽度 0.2 mm，顶部裂缝深度 1.5 m。

表 1　临时底孔裂缝特性

裂缝编号	端点 1			端点 2		
	坝纵	坝横	高程(m)	坝纵	坝横	高程(m)
1	0 +49.02	0 +27.00	373.5	0 +48.03	0 +27.00	370.0
2	0 +42.96	0 +27.00	373.5	0 +43.09	0 +27.00	370.0
3	0 +20.88	0 +27.00	373.5	0 +20.96	0 +27.00	370.0
4	0 +48.11	0 +24.00	373.5	0 +48.56	0 +24.00	370.0
5	0 +36.46	0 +24.00	373.5	0 +36.40	0 +24.00	370.0
6	0 +18.85	0 +24.00	373.5	0 +19.12	0 +24.00	370.0
7	0 +52.95	0 +25.80	373.5	0 +43.11	0 +26.36	373.5
8	0 +42.98	0 +27.00	373.5	0 +43.05	0 +24.00	373.5
9	0 +34.66	0 +27.00	373.5	0 +31.68	0 +25.89	373.5
10	0 +30.43	0 +27.00	373.5	0 +30.50	0 +24.11	373.5
11	0 +30.41	0 +26.58	373.5	0 +26.05	0 +26.70	373.5
12	0 +20.91	0 +27.00	373.5	0 +18.81	0 +27.00	373.5
13	0 +22.08	0 +26.17	373.5	0 +13.70	0 +27.00	373.5
14	0 +13.70	0 +27.00	373.5	0 +13.46	0 +24.00	373.5
15	0 +13.06	0 +25.45	373.5	0 +05.83	0 +25.94	373.5
16	0 +07.86	0 +25.58	373.5	0 +04.98	0 +25.87	373.5

2.2　消力池左导墙 8#、16#块、右导墙及底板 15#、22#、18# ~23#块裂缝

2.2.1　裂缝原因分析

(1)导墙由于分块长度较长、水泥水化热过高等原因形成温度干缩裂缝。

(2)底板裂缝由于混凝土处于基础强约束区、水泥水化热过高、混凝土强度未达到龄期汛期过水,混凝土表面受水冷击造成。

2.2.2　裂缝分布

(1)8#、16#块左导墙在坝纵 0 + 119. 2、0 + 112. 3、0 + 105. 2、0 + 084. 1、0 + 080. 8、0 +119.4、0 +112.3、0 +109.6、0 +105.2、0 +084.2、0 +080.56、353 ~356 各出现一条裂缝,裂缝宽度约 0.2 mm。

(2)15#块底板 353 m 高程,坝左 0 +041.0 及坝纵 0 +106.5 各出现一条裂缝,裂缝宽度约 0.2 mm。

(3)22#块底板 353 m 高程,坝左 0 +17 ~0 +34,坝纵 0 +124 出现一条裂缝,裂缝宽度约 0.2 mm。

(4)18# ~23#块底板 353 m 高程、坝纵 0 +129.807 ~0 +135.367 坝左 0 +051.0 ~ 坝右 0 +051.0 出现一条裂缝,裂缝宽 1 ~3 mm,估计深度为 3 m。

(5)右导墙 375.9 ~378.8 m 高程、坝纵 0 +058.416 ~0 +058.440 出现一条裂缝,裂缝

宽度0.1~0.2 mm,裂缝深度为2.9 m。

2.3　4#、5#、6#、7#、10#、13#坝段裂缝

2.3.1　裂缝原因分析

(1)6#、7#坝段由于混凝土浇筑后未达到设计龄期即度汛,混凝土表面受水冷击而造成。

(2)13#坝段右岸392.0廊道衬砌段与坝体分缝,局部应力集中及温度应力导致产生裂缝。

(3)4#、5#坝段汛期度汛缺口未采取布设面层钢筋等保护措施,且电梯井转角部位应力集中及该部位地质原因超挖回填的高标号常态混凝土加大了混凝土温升,而素混凝土不能承担过大的温度应力。

(4)10#坝段裂缝由于一期混凝土预留台阶转角部位应力集中导致产生裂缝。

2.3.2　裂缝分布

(1)6#、7#坝段在372.50 m高程、下游碾压混凝土与变态混凝土交界处(坝纵0+050.00)出现一条贯穿性裂缝。

(2)6#坝段393.0~406.0 m高程、坝纵0+00.0~0+33.0、坝左0+51.0出现四条裂缝,裂缝宽度约0.2 mm。

(3)13#坝段坝右0+081.0、396.83~428.47 m高程出现一条裂缝,裂缝宽0.1~0.2 mm。经压水检查,405 m高程以下裂缝深度不超过6.0 m,405~417.95 m高程之间裂缝深度不超过8 m,417.95 m高程以上裂缝深度不超过2 m。

(4)4#、5#坝段在372.50 m高程、5#坝段裂缝从坝左0+051.00、坝纵0+35.39发育到坝左0+079.50、坝纵0+026.74,4#坝段裂缝从坝左0+79.5、坝纵0+19.97经电梯井下游转角处发育到坝左0+96.5、坝纵0+24.76,中间被电梯井隔断,从电梯井内部可观察到裂缝深度约9 m,裂缝宽度0.2 mm。

(5)5#坝段380~387.5 m高程、坝左0+066.83~0+066.88出现一条裂缝,裂缝宽度0.1~0.2 mm,经探缝检查,裂缝深度为1~2 m。

(6)10#坝段389.2~397.8 m高程混凝土在坝纵0+38.998(左)和坝纵0+39.308(右)各出现一条裂缝,裂缝宽度约0.1 mm。

2.4　5#通航坝段裂缝

2.4.1　原因分析

水泥水化热过高等原因形成温度干缩裂缝。

2.4.2　裂缝分布

(1)5#通航坝段423.0~426.0 m高程、坝纵0-3.25~0+00.50、坝左0+71.35出现一条裂缝,裂缝宽度约0.2 mm。

(2)5#通航坝段428 m高程、坝纵0+34~0+39.8、坝左0+65.4~0+73.5,出现二条裂缝,裂缝长33.25 m;448.5 m高程、坝纵0-5.75~0+14、坝左0+68.622~0+70.4,坝纵0-3.97~0-2.884、坝左0+61~0+73.5,出现二条裂缝,裂缝长5.8 m,缝深2 m左右。裂缝宽度约0.2 mm。

2.5　13#坝段检修门库、下游面裂缝

2.5.1　原因分析

水泥水化热过高等原因形成温度干缩裂缝。

2.5.2　裂缝分布

(1)13#坝段下游面 408.437 ~ 410.105 m 高程出现一条裂缝,裂缝宽 0.1 ~ 0.2 mm。

(2)13#坝段检修门库 432.9 m 高程、坝纵 0 + 3.85 ~ 0 + 4.85,坝右 0 + 75,裂缝宽度约 0.1 mm,深 1 m。

2.6　13#、14#、15#、16#坝段上游面裂缝

2.6.1　原因分析

水泥水化热过高等原因形成温度干缩裂缝。

2.6.2　裂缝分布

(1)13#坝段上游面 388 ~ 397 m 高程、坝右 0 + 71.5 ~ 0 + 73.5 出现一条裂缝,裂缝宽度约 0.2 mm。

(2)14#坝段上游面 418.5 ~ 441 m 高程、坝右 0 + 102 ~ 0 + 102.5,缝长 22.5 m;435 ~ 441 m 高程、坝右 0 + 107.5,缝长 5.5 m;435 ~ 452 m 高程、坝右 0 + 102.5 ~ 0 + 103,缝长 17 m,分别各出现一条裂缝,裂缝宽 0.2 ~ 0.3 mm。

(3)15#坝段 432.9 ~ 439.4 m 高程、坝右 0 + 118.8 出现一条裂缝,裂缝宽度约 0.2 mm。

(4)16#坝段 439.2 ~ 450.8 m 高程、坝右 0 + 135.8 出现一条裂缝,裂缝宽度约 0.2 mm。

2.7　7#、8#、9#、12#闸墩坝段闸墩裂缝

2.7.1　裂缝原因分析

12#闸墩裂缝由于水泥与外加剂不相适应性、混凝土初凝时间出现异常、混凝土初凝时收缩和温升不一致形成。其余均为温升过高、结构复杂产生的应力集中而产生裂缝。

2.7.2　裂缝分布

(1)7#坝段闸墩 414.0 m 高程、坝左 0 + 25.8、坝纵 0 + 018.0 ~ 0 + 044.6 出现一条裂缝,裂缝宽 0.1 ~ 0.2 mm,经探缝检查,裂缝深度为 1 ~ 1.5 m。

(2)7#坝段闸墩 423.0 m 高程、坝左 0 + 25.8、坝纵 0 + 017.0 ~ 0 + 038.5 出现一条裂缝,裂缝宽 0.1 ~ 0.2 mm,经探缝检查,裂缝深度为 1 ~ 1.5 m。

(3)8#坝段闸墩 432.0 ~ 436.5 m 高程、坝纵 0 + 25.45 出现一条裂缝,裂缝宽度约 0.1 ~ 0.4 mm。

(4)9#坝段闸墩 432.0 ~ 436.5 m 高程、坝纵 0 + 018.076 和坝纵 0 + 027.2 各出现一条裂缝,裂缝宽 0.1 ~ 0.4 mm,裂缝深度为 2.5 m。

(5)12#边墩混凝土浇筑层厚为 3.0 m,采用通仓薄层浇筑,流水养护。浇筑完毕 3 天后拆模,发现最底层混凝土未初凝,第二天拆模上部已初凝。在检查中发现出现 3 条竖向裂缝,其中右侧一条,左侧两条,裂缝宽度约 0.2 mm,沿 398 m 高程有一条水平向冷缝,缝内有渗水现象。3 条竖向裂缝:起 396.06 m 高程、止 400.5 m 高程(坝纵 0 + 33.5、坝横 0 + 57.5),起 398.11 m 高程、止 400.5 m 高程(坝纵 0 + 38.5、坝横 0 + 57.7),起 398.42 m 高程、止 400.5 m 高程(坝纵 0 + 37.9、坝横 0 + 57.7)。

(6)12#坝段闸墩 432.0 ~ 436.5 m 高程、坝纵 0 + 026.2 和坝纵 0 + 031.0 各出现一条裂缝,裂缝宽 0.1 ~ 0.2 mm。

(7)12#坝段闸墩436.5~441.35 m高程、坝纵0+014.0出现一条裂缝,裂缝宽0.1~0.2 mm。

2.8 大坝8#~12#坝段闸墩检修门槽至工作门槽裂缝(414~418.5 m高程)

2.8.1 裂缝原因分析

裂缝主要由受凝冻寒流影响长时间超低冰冻和门槽部位属于削弱区造成。

2.8.2 裂缝分布

大坝8#~12#闸墩,在10#~12#和8#闸墩工作门槽处出现裂缝,9#闸墩检修门槽处出现裂缝,裂缝宽0.2~0.6 mm。

2.9 1#~7#孔溢流面裂缝(表面裂缝)

2.9.1 裂缝产生的主要原因

温升过高,结构表面产生裂缝。

2.9.2 裂缝分布

(1)1#孔溢流面共有10条裂缝,缝长共计91.1 m,缝宽为0.2 mm以下。

(2)2#孔溢流面共有11条裂缝,缝长共计81.7 m,缝宽为0.2 mm以下。

(3)3#孔溢流面共有10条裂缝,缝长共计71.5 m,缝宽为0.2 mm以下。

(4)4#孔溢流面共有13条裂缝,缝长共计91 m,缝宽为0.2 mm以下。

(5)5#孔溢流面在高程392.7~417 m共有7条裂缝:分别在坝纵0+12、0+15.5、0+19、0+22、0+30、0+36.8、0+42.7,缝长共计91 m,缝宽为0.2 mm以下。

(6)6#孔溢流面在高程392.3~417 m共有10条裂缝:分别在坝纵0+12、0+15.5、0+17.5、0+21、0+22、0+30、0+36.8、0+38、0+39.5、0+42.3,缝长共计91 m,缝宽为0.2 mm以下。

(7)7#孔溢流面在高程393.7~417 m共有8条裂缝:分别在坝纵0+12、0+15.5、0+17.5、0+22、0+23、0+30、0+36.8、0+41.27,缝长共计78 m,缝宽为0.2 mm以下。

3 大坝混凝土裂缝处理及评价

3.1 大坝裂缝情况统计及处理方法

大坝裂缝处理方法主要有四种(各部位处理方法详见表2):

(1)对裂缝进行凿槽,裂缝两侧5~10 cm,深度10 cm,槽内用M20砂浆填平。

(2)探缝孔兼灌浆孔:孔径为ϕ42 mm,孔距4 m,排距0.5 m,共布置5排,分别为距裂缝左右0.5 m、1.0 m、1.5 m,孔深为超裂缝0.5 m。

(3)化学灌浆:沿裂缝布骑缝灌浆孔,孔向为铅直孔,孔径为ϕ42 mm,孔距1.0 m,孔深为0.5 m。钻孔结束后采用高压水进行孔内冲洗,并采用高压风与水结合的方法进行缝的连通性检查。吹干孔内积水后安装灌浆管及阻塞器,采用PSI-130快速堵漏剂进行封孔,孔口处采用PSI-HY环氧胶泥进行加强封闭。采用PSI-CW环氧灌浆材料灌浆,灌浆压力0.3 MPa。

(4)在裂缝部位铺设限裂钢筋网:规格有布置ϕ28@15~20和ϕ25@20、层间距10~20 cm,有一层、二层、三层3种。

表 2　混凝土裂缝情况统计及处理方法

序号	裂缝性质	部位	裂缝特征			处理方法简述
			缝宽（mm）	缝深（m）	缝长（m）	
1	竖向	5#坝上游面高程 380 ~ 387.5 m	0.1 ~ 0.2	1 ~ 2	7.5	化学灌浆
2	层间	13#坝检修门库高程 432.9 m	0.1	4 ~ 8	33.37	化灌,3 层钢筋网
3	竖向	13#坝上游面高程 388 ~ 397 m	0.2	1 ~ 1.0	9	化学灌浆
4	竖向	14#坝上游面高程 418.5 ~ 441 m	0.2 ~ 0.3	1 ~ 1.0	45	化学灌浆
5	竖向	15#坝上游面高程 422.9 ~ 439.4 m	0.2	1 ~ 1.5	16.5	化学灌浆
6	竖向	16#坝上游面高程 439.2 ~ 450.8 m	0.2	1 ~ 1.5	11.6	化学灌浆
7	层间	4# ~ 5#坝段高程 372.5 m	0.2	9	42.03	化灌,3 层钢筋网
8	层间	5#坝段通航渠道底板高程 426 m	0.2		8	化灌,2 层钢筋网
9	层间	大坝 6# ~ 7#坝段高程 372.5 m	0.2		14.8	1 层钢筋网
10	竖向	13#坝下游面高程 8.437 ~ 410.105 m	0.1 ~ 0.2	1 ~ 2	4.5	化学灌浆
11	层间	临时底孔顶板高程 375 m	0.2	1.5	10	2 层钢筋网
12	层间	临时底孔顶板高程 375 m	0.2	1.5	8	2 层钢筋网
13	层间	7#坝段闸墩高程 414 m	0.1 ~ 0.2	1 ~ 1.5	26.6	化灌、限裂和加强钢筋网各 3 层，
14	层间	7#坝段闸墩高程 423 m	0.1 ~ 0.2	1 ~ 1.5	11.5	化灌、限裂和加强钢筋网各 3 层
15	层间	8#坝段闸墩高程 418.5 m	0.2 ~ 0.6	4.5	4	化灌,2 层钢筋网
16	层间	8#坝段闸墩高程 436.5 m	0.1 ~ 0.4	4.5	4	化灌,3 层钢筋网
17	层间	9#坝段闸墩高程 418.5 m	0.2 ~ 0.6	4.5	4	化灌,2 层钢筋网
18	层间	9#坝段闸墩高程 436.5 m	0.1 ~ 0.4	2.5	4	化灌,3 层钢筋网
19	层间	10#坝段闸墩高程 418.5 m	0.2 ~ 0.6	4.5	4	化灌,2 层钢筋网
20	层间	11#坝段闸墩高程 418.5 m	0.2 ~ 0.6	4.5	4	化灌,2 层钢筋网
21	层间	12#坝段闸墩高程 418.5 m	0.2 ~ 0.6	4.5	4	化灌,2 层钢筋网
22	层间	12#坝段闸墩高程 441.35 m	0.1 ~ 0.4	3.5	4	化灌,3 层钢筋网
23	层间	消力池 15#块底板高程 353 m	0.2	较浅	37	化学灌浆
24	层间	消力池 18# ~ 23#块 底板高程 353 m	1 ~ 3	3	102	化灌,2 层钢筋网
25	表面	1#孔溢流面	0.2 以下		91.1	化学灌浆

续表 2

序号	裂缝性质	部位	裂缝特征			处理方法简述
			缝宽（mm）	缝深（m）	缝长（m）	
26	表面	2　孔溢流面	0.2 以下		81.7	化学灌浆
27	表面	3#孔溢流面	0.2 以下		71.5	化学灌浆
28	表面	4#孔溢流面	0.2 以下		91.0	化学灌浆
29	表面	5#孔溢流面高程 397.2 ~ 417 m	0.2 以下		91	化学灌浆
30	表面	6#孔溢流面高程 392.3 ~ 417 m	0.2 以下		91	化学灌浆
31	表面	7#孔溢流面高程 393.7 ~ 417 m	0.2 以下		78	化学灌浆

3.2　大坝裂缝检查情况及评价

裂缝处理施工过程经检查合格，压水试验检查透水率均满足小于 0.3 Lu 的设计要求，所有已完成的混凝土施工缺陷处理均满足设计要求。

4　结　语

思林水电站大坝及消力池混凝土施工未发生质量事故，局部混凝土施工时由于温升过高、结构复杂产生的应力集中、未达龄期过流面过流引起冷击、过大的施工集中荷载等产生裂缝。裂缝主要存在 31 条裂缝，裂缝大部分宽度在 0.2 mm 以内，经过处理后满足设计要求。

截止目前，思林水电站大坝已运行了 5 年，最高挡水位 440.39 m（超过设计正常蓄水位 440 m）；通过施工期及运行期的巡视检查及安全监测分析反馈，大坝原施工中的裂缝未出现发展、开展，大坝运行情况良好。

参考文献

[1] 夏国文，吴湘建，金鹏飞. 大坝工程施工技术[J]. 中国水利水电第八工程局有限公司，2012.
[2] 刘富万，王梅林，陈新均，等. 贵州乌江思林水电站枢纽工程竣工安全鉴定土建工程监理自检报告[R]. 中国水利水电建设工程咨询昆明公司，2011.
[3] 颜义忠，金城，张风强，等. 贵州乌江思林水电站枢纽工程竣工安全鉴定设计自检报告[R]. 中国水电顾问集团贵阳勘测设计研究院，2011.

锦凌水库大体积混凝土冬季施工技术研究

陈稳科

（葛洲坝第六工程有限公司　云南　昆明　650000）

摘要：锦凌水库2009年冬季采取搭建大跨度暖棚、并在暖棚内布设适当保温措施，根据环境温度进行热工计算，满足冬季大体积混凝土的施工要求。显著缩短工程施工工期、保证混凝土冬季施工质量。社会、经济效益显著。

关键词：锦凌水库　冬季　大体积混凝土

1　概　述

锦凌水库工程位于锦州市境内的小凌河干流上，坝址位于锦州市近郊区的后山河营子村，距锦州市9.5 km，水库最大坝高48.3 m，总库容8.08×10^8 m^3。所在地区最冷月平均气温为－8.2 ℃，属寒冬带气候，冬季漫长寒冷，从11月中旬到次年3月中旬为封冻期，封冻天数达120 d。

锦凌水库布置有左岸土坝长499.0 m，右岸土坝长351.5 m；引水坝段长20.0 m，底孔坝段长40.0 m，溢流坝段长177.5 m，挡水坝段总长54.0 m，左、右岸连接段坝顶均为3.0 m。

锦凌水库混凝土合同工程量为49.6万m^3，受冬季气候影响，施工工期紧，施工任务重。

2009年12月12日基坑开挖并验收完成，当时锦凌水库工地平均气温低于－15℃，不仅施工环境极其恶劣，而且受温控限制，坝基混凝土浇筑无法进行，这给本来就紧张的工期带来了很大的压力。

锦凌水库主汛期为6月30日~9月20日，考虑到2010年防洪度汛的需要，缩短整个工程周期，根据辽宁省省政府关于在全省建设领域开展冬期施工的部署，早日使本工程创造社会效益和经济效益，对坝址所在地气象资料及对各类暖棚结构与性能进行可行性分析与研究后，采取搭建大跨度暖棚、并在暖棚内布设适当保温措施，满足冬季混凝土拌和需要，同时满足冬季大体积混凝土的施工浇筑要求。

2　施工方法

为满足2009年冬季混凝土浇筑保温需要，暖棚结构采用型钢及钢檩条搭设屋架，中间屋脊线处设立柱作支撑。主体结构为门式钢架结构，梁、柱均为等截面热轧H型钢，屋架为BH型钢，材质均为Q345B，外层面为冷弯C型钢檩条，各类支撑均采用钢支撑。外铺采暖层及塑料布，专用卡扣固定采暖层，在暖棚塑料薄膜上再覆盖一层彩条布，并采用钢管排架挂塑料布帘方式再将暖棚划分为四个小空间，最大程度减少热量的散失。在暖棚内配置

D－20暖风机、碘钨灯、木炭炉、红外线加热器、LSH1.0－0.4－AⅡ蒸汽锅炉进行供暖，保持暖棚内温度不低于5 ℃。同时投入5.5 kW通风机进行通风，保持棚内空气新鲜，火炉放出二氧化碳不会使新浇混凝土表面碳化，保证施工人员在大暖棚内安全施工，同时保证混凝土施工质量。

基坑暖棚搭设长度为锦凌水库混凝土坝基（含临时拌和站区域），桩号范围0＋524.5～0＋884.5，总长360 m；跨度为坝体宽度及搭设宽度之和，跨度分为61 m和45 m两种；总建筑面积216 000 m^2。檐口平均高度为8 m，沿坝轴线方向每隔6 m设置一跨，进棚大门设置在下游左、右端各一扇，宽度不小于4 m，另根据需要设置8条应急通道。大暖棚共投入钢结构680.92 t。

暖棚施工过程分为四个施工段进行控制管理，第一阶段为基础部分；第二阶段为构件制作阶段；第三阶段为结构吊装阶段；第四阶段为维护部分。施工中应按照“先地下、后地上”，“先主体、后围护”的原则组织施工。

2.1　暖棚在单位时间内的耗热量计算

锦凌水库搭设暖棚一方面为本工程的坝基混凝土作业面保温，同时为暖棚内临时混凝土拌和系统进行保温。暖棚在单位时间内的耗热量可按下列公式计算：

$$Q_0 = Q_1 + Q_2 \tag{1}$$

$$Q_1 = \sum AK(T_b - T_a) \tag{2}$$

$$Q_2 = \frac{Vnc_\alpha\rho_\alpha(T_b - T_a)}{3.6} \tag{3}$$

式中，Q_0为暖棚总耗热量，W；Q_1为通过围护结构各部分的散热量之和，W；Q_2为由通风换气引起的热损失，W；A为围护结构的总面积，m^2；K为围护结构的热传系数，W/(m^2·K)，计算式为$K = \dfrac{1}{0.04 + \dfrac{d_1}{\lambda_1} + \cdots + \dfrac{d_n}{\lambda_n} + 0.114}$；$d_1$，…，$d_n$为围护各层的厚度，m；$\lambda_1$，…，$\lambda_n$为围护各层的热导率W/(m·K)；$T_b$为棚内气温，℃；$T_a$为室外气温，℃；$V$为暖棚体积，$m^3$；$n$为每小时换气次数，一般按两次计算；$c_\alpha$为空气的比热容，取1 kJ/(kg·K)；$\rho_\alpha$为空气的表观密度，取1.37 kg/$m^3$；3.6为换算系数，1 W＝3.6 kJ/h。

2.2　大暖棚利用太阳能蓄热

暖棚围护结构采用双层塑料薄膜中间加15 mm厚泡沫条（0.1 mm＋15 mm＋0.1 mm），根据热工计算参数：传热系数按保守取4.7W/(m^2·K)＝4.041 kcal/(m^2.R.C)，冬季太阳辐射照度：136.5 W/m^2＝117.4 kcal/(h·m^2)，冬季白天日光温度正常时，充分利用太阳能，经计算，大棚蓄热可使环境温度增加20 ℃左右。

在日照强度不足的条件下，根据现场实测温度，增加辅助加热，始终保持大棚内温度不低于5 ℃。

2.3　拌和楼冬季保温

冬季施工拌和楼布置在大暖棚内，减少原材料、混凝土拌和物热量损失。拌和楼搅拌混凝土前先用热水冲洗搅拌机10 min，投料顺序为：石→砂→水，搅拌均匀后再投入水泥和掺合料→外加剂，搅拌时间不少于180 s。根据环境温度和原材料温度条件，通过现场试验实测及热工计算确定原材料升温。

2.3.1　骨料热力计算

根据细骨料棚所需的体积可知其加热至5 ℃所需的热量为

$$Q = cm\Delta t = 1.4 \times 10^2 \times 20\ 124 \times 13 = 366 \times 10^6 (\mathrm{J})$$

则16个煤炉同时加热放热量为

$$Q_1 = q\ m = 3.66 \times 10^6 \times 16 = 58.6 \times 10^6 (\mathrm{J})$$

由于在此过程中,须考虑一定的热量损失,热量有效利用率为0.6,则实际利用的热量为

$$Q_2 = 58.6 \times 10^6 \times 0.6 = 35.16 \times 10^6 (\mathrm{J})$$

所以将细骨料棚加热至5 ℃每个煤炉所需要的煤的质量为

$$m = Q/Q_2 = 366 \times 10^6 / 35.16 \times 10^6 = 10.41 (\mathrm{kg})$$

所需煤的总质量为:$m = 10.41 \times 16 = 166.6(\mathrm{kg})$

根据实际1 kg煤燃烧的时间为0.4 h,则将细骨料棚内的温度加热至5 ℃所需要的时间为$t = 10.41 \times 0.4 = 4.2(\mathrm{h})$。

由于在加热期间有热量损失,则每个小时损失的热量为:

$$Q_3 = 58.6 \times 10^6 \times 0.4 = 23.4 \times 10^6 (\mathrm{J})$$

为使细骨料棚内保持恒温,则需保持燃烧的煤炉为:

$$n = Q_3/c = 23.4 \times 10^6 / 3.66 \times 10^6 = 6.5(个)$$

考虑到实际细骨料棚为4个,如果选择7个煤炉将无法分配,所以为保持骨料棚的恒温,需使8个煤炉保持燃烧状态。

2.3.2　拌和用水加热

拌和用水采用燃煤锅炉在外加剂室加热后,通过水管接入拌和机内,以供应混凝土搅拌过程的所有用水。

锅炉的供应能力必须达到每小时9 t的热水。

热力计算如下:

要使每小时供应2 t的热水需要的热量为;

$$Q = 4.2 \times 10^2 \times 2\ 000 \times 60 = 504 \times 10^6 (\mathrm{J})$$

则需要燃烧的煤的质量为:

$$m = Q/c = 672 \times 10^6 / 3.34 \times 10^6 = 202 (\mathrm{kg})$$

由于热量损失,取热量折算系数为0.9,则实际燃烧的煤的质量为$m = 202/0.9 = 224$(kg)。

对原材料(水、砂、石)进行加热,使混凝土在搅拌、运输和浇灌以后,还储备有相当的热量,以使水泥水化放热较快,并加强对混凝土的保温,以保证新浇混凝土具有足够的抗冻能力。

通过对提高混凝土出机口温度以及减少运输、浇筑及养护过程中混凝土热量的流失。以保证水泥水化过程顺利进行,具体测试可以写预埋温度探测器,使混凝土性能满足设计要求。

根据现场气温,拟混凝土的出机温度不小于16 ℃,采用的配合比C_{90}20F200/Ⅲ,水泥:细骨料:粗骨料:粉煤灰:水=208:550:1 410:52 计算如下:

$$t_w = 0.22(C + S + G + F)T/W - 0.22(Ct_c + St_s + Ft_f + Gt_g)/W \tag{4}$$

式中，T 为混凝土出机温度，取 16 ℃；C、S、G、F、W 分别为水泥、砂、石、粉煤灰、水的质量，kg；T_w、t_c、t_s、t_f、t_g 分别为水、水泥、砂、粉煤灰、石的温度，其中 t_s 为 5 ℃，t_c、t_f、t_g 均为 1 ℃；

代入式(4)中得：$t_w=52.51$ ℃，取 t_w 为 60 ℃；

因此将拌和用水加热至 60 ℃完全可以使混凝土的出机温度达到 16 ℃。

从出机到入模浇捣前的过程中温度降低由热工计算公式：

$$T_s = (\alpha t + 0.32n)(T_0 - T_d) \tag{5}$$

式中，T_0 为混凝土的出机温度，取 16 ℃；T_d 为室外平均气温。取 -8 ℃；t 为混凝土出机到浇捣过程中的时间，取 0.33 h；n 为混凝土的运输次数，n 为 1；α 为温度的损失系数，α 取为 0.25。

计算得：$T_s=9.66$ ℃。

混凝土的入模温度为

$$T = T_0 - T_s \tag{6}$$

由上式计算得：$T=6.34$ ℃，温度满足入模要求。

2.4　大暖棚内混凝土保温

混凝土浇筑后 2 d 内，保温棚内各种加温设备不撤离，模板外侧的保温被继续覆盖，保持浇筑的混凝土仓面正常保温。混凝土浇筑 48 h 后，强度达到 2.5 MPa，方可进行拆模。

拆模温差的控制：根据观测混凝土芯部、混凝土表层与环境温度，确定拆模时间，尽量选择在中午气温最高时段拆模。拆模过程中进行测温，确保混凝土内外温差小于 20 ℃，降温速度不大于 10 ℃/h。

防止拆模时浇筑块的温度与外界温差大，首先将模板预先撬开混凝土结构面 10～15 cm，适当改变混凝土边界环境，既加速混凝土降温，又不使混凝土内外温差过大。

混凝土拆模后，其表面先用塑料薄膜封闭，再用 10 cm 厚聚乙烯泡沫板覆盖，每隔 2 m 用木条将保温材料压贴固定在混凝土表面上，以使混凝土表面形成密不透风的保温、保湿层。

3　结　语

针对水利水电工程施工气候条件所限，特别是冬季混凝土施工常会因人为因素造成施工进度缓慢和施工质量出现纰漏的现象。大暖棚蓄热进行冬季混凝土施工的大力推广势必将大大改进原有的生产模式，提高劳动生产率，更好保证混凝土施工质量，降低劳动成本。通过对锦凌水库冬季施工工艺的应用，其冬季混凝土施工质量、施工进度、安全环保得到了业主和监理工程师的肯定，为我们在严寒气候条件下进行混凝土施工打下了良好的基础，为集团公司乃至水电施工同行在今后严寒地区工程施工提供经验与借鉴，取得了良好的社会效益。

参考文献

[1] 朱伯芳，大体积混凝土温度应力与温度控制[M]. 北京：中国水电出版社，1999.
[2] 丁宝瑛. 混凝土坝温度控制设计优化[J]. 水利学报，1982(3).
[3] 中华人民共和国水利部. SL 303—2004 水利水电工程施工组织设计规范[S]. 北京：水利水电出版社，2004.

[4] 中华人民共和国水利电力部. SDJ 207—82 水工混凝土施工规范[S]. 北京:水利水电出版社,1982.
[5] 中华人民共和国国家经济贸易委员会. DL/T 5144—2001 水工混凝土施工规范[S]. 北京:中国水电出版社. 2002.
[6] 祁庆和. 水工建筑物[M]. 3 版. 北京:中国水利水电出版社,2001.

第二篇　水库大坝与水电站的运行管理

锦屏一级大坝初期蓄水工作性态分析

吴世勇　曹　薇

（雅砻江流域水电开发有限公司　四川　成都　610051）

摘要:锦屏一级水电站位于雅砻江下游,总装机容量 3 600 MW,双曲拱坝最大坝高 305 m,为世界第一高拱坝。水库正常蓄水位 1 880 m,死水位 1 800 m,属年调节水库。项目于 2003 年开始筹建,2013 年 8 月首台机组投产发电,2013 年年底大坝全线浇筑到顶,计划 2014 年实现机组全部投运。锦屏一级水电工程规模巨大,地质条件复杂,枢纽工程初期蓄水工作分为四个阶段进行。2012 年 11 月电站右岸导流洞下闸蓄水,12 月导流底孔开闸转流,坝前水位达到1 706.77 m,实现第一阶段蓄水目标;2013 年 7 月水库初期蓄水至设计死水位 1 800 m,完成第二阶段蓄水;2013 年 9 月导流底孔下闸封堵,10 月水库初期蓄水至 1 840 m,完成第三阶段蓄水;第四阶段蓄水为导流底孔封堵施工完成后,计划 2014 年 6 月开始蓄水,9 月蓄水至设计正常蓄水位 1 880 m。本文针对锦屏一级水电站截至第三阶段蓄水过程中的大坝结构应力变形、渗流控制等蓄水安全关键技术问题,综合运用监测分析和数值计算两种手段,基于监测和计算、预测成果进行了全面分析和总结,在此基础上对锦屏一级大坝初期蓄水工作性态进行了初步分析评价。锦屏一级工程的实践,对高坝安全运行研究具有借鉴作用。

关键词:锦屏一级水电站　大坝蓄水　工作性态　安全评价

1　概　况

1.1　工程概况

雅砻江是长江上游金沙江的最大支流,发源于青海省巴颜喀拉山南麓,自西北向东南流经四川省西部,于攀枝花市汇入金沙江。干流全长 1 571 km,天然落差 3 830 m,初拟 21 级水电站开发方案。锦屏一级水电站位于四川省凉山彝族自治州盐源县和木里县境内的雅砻江干流上,为雅砻江下游卡拉—江口河段控制性水库,具有年调节能力,对下游梯级补偿调节效益显著。

锦屏一级水电站采用堤坝式开发,主要开发任务为发电。电站装机容量 6 ×600 MW,多年平均发电量 166.2 亿 kWh。水库正常蓄水位 1 880 m,死水位 1 800 m,总库容 77.6 亿 m^3,调节库容 49.1 亿 m^3,属年调节水库。项目于 2005 年开工建设,2013 年年8 月首台机组投产发电,2013 年底大坝全线浇筑到顶,计划 2014 年实现机组全部投运。

电站为一等大(1)型工程,枢纽主要建筑物由挡水、泄洪、消能及引水发电等建筑物组成。其中,电站挡水建筑物为混凝土双曲拱坝,坝顶高程 1 885 m,最大坝高 305 m,为世界第一高拱坝;泄洪建筑物由坝身 4 个表孔、5 个深孔、2 个放空底孔、坝后复式水垫塘以及右

基金项目:国家科技支撑计划(2013BAB05B05)。

岸 1 条有压接无压泄洪洞组成；引水发电建筑物布置在右岸山体内，由进水口、压力管道、主厂房、主变室、尾水调压室、尾水隧洞组成。

1.2　蓄水历程

锦屏一级水电工程规模巨大，地质条件复杂，枢纽工程初期蓄水工作分为四个阶段进行。2012 年 11 月电站右岸导流洞下闸蓄水，12 月导流底孔开闸转流，坝前水位达到 1 706.77 m，实现第一阶段蓄水目标；2013 年 7 月水库初期蓄水至设计死水位 1 800 m，完成第二阶段蓄水；2013 年 9 月导流底孔下闸封堵，10 月水库初期蓄水至 1 840 m，完成第三阶段蓄水；第四阶段蓄水为导流底孔封堵施工完成后，计划 2014 年 6 月开始蓄水，9 月蓄水至设计正常蓄水位 1 880 m。下闸蓄水后大坝坝前水位高程变化情况见图 1。

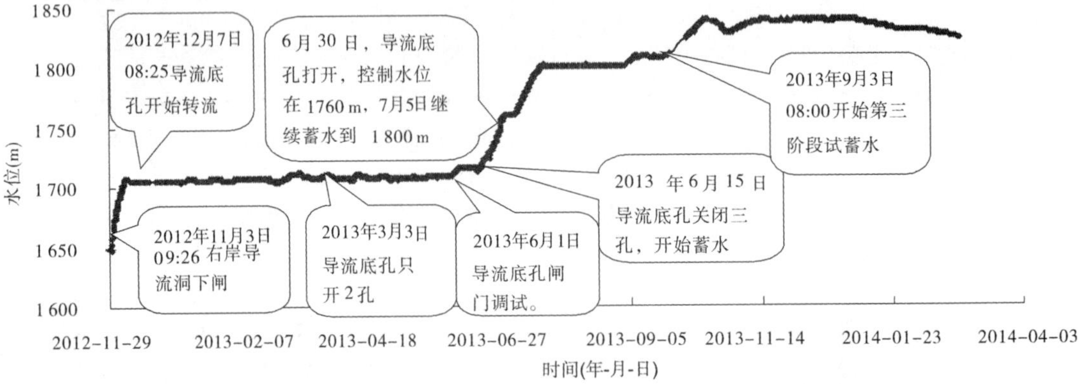

图 1　大坝蓄水过程示意图

1.3　大坝监测设计

锦屏一级大坝作为世界第一高拱坝，工程规模巨大，初期蓄水历时近两年，蓄水周期长、水位抬升幅度大，同时工程区地处深山峡谷，地质条件复杂，蓄水过程中大坝工作性态的跟踪和分析尤为重要。

为确保大坝初期蓄水的安全运行，锦屏一级大坝开展了全面的安全监测项目，监测范围涵盖了大坝及坝基、垫座、坝身泄水孔口、水垫塘及二道坝，主要监测设计内容包括变形监测（大坝变形监测布置见图 2，大坝接缝监测布置见图 3）、应力应变监测（大坝应力应变监测布置见图 4）、温度监测、渗流渗压监测、环境量监测及专项监测等。截至 2014 年 2 月，共布设监测仪器设施 3 462 套（4 379 支）。

2　大坝工作性态分析

2.1　监测成果分析

通过对水库初期蓄水大坝监测资料分析可知，截至蓄水第三阶段，在 1 840 m 高程水位下，大坝蓄水前后变形主要集中在坝体径向变形和坝基渗流，坝体切向变形、坝基应力和位移总体无明显变化，大坝处于弹性工作状态。

2.1.1　坝基和抗力体变形

大坝两岸基础存在变形，坝基径向变形右岸 16# 坝段为 10.76 mm；切向变形较小，左岸 11# 坝段为 1.6 mm，右岸 19# 坝段为 0.38 mm；坝基接触缝处于压缩状态且变化量小于 0.1 mm。

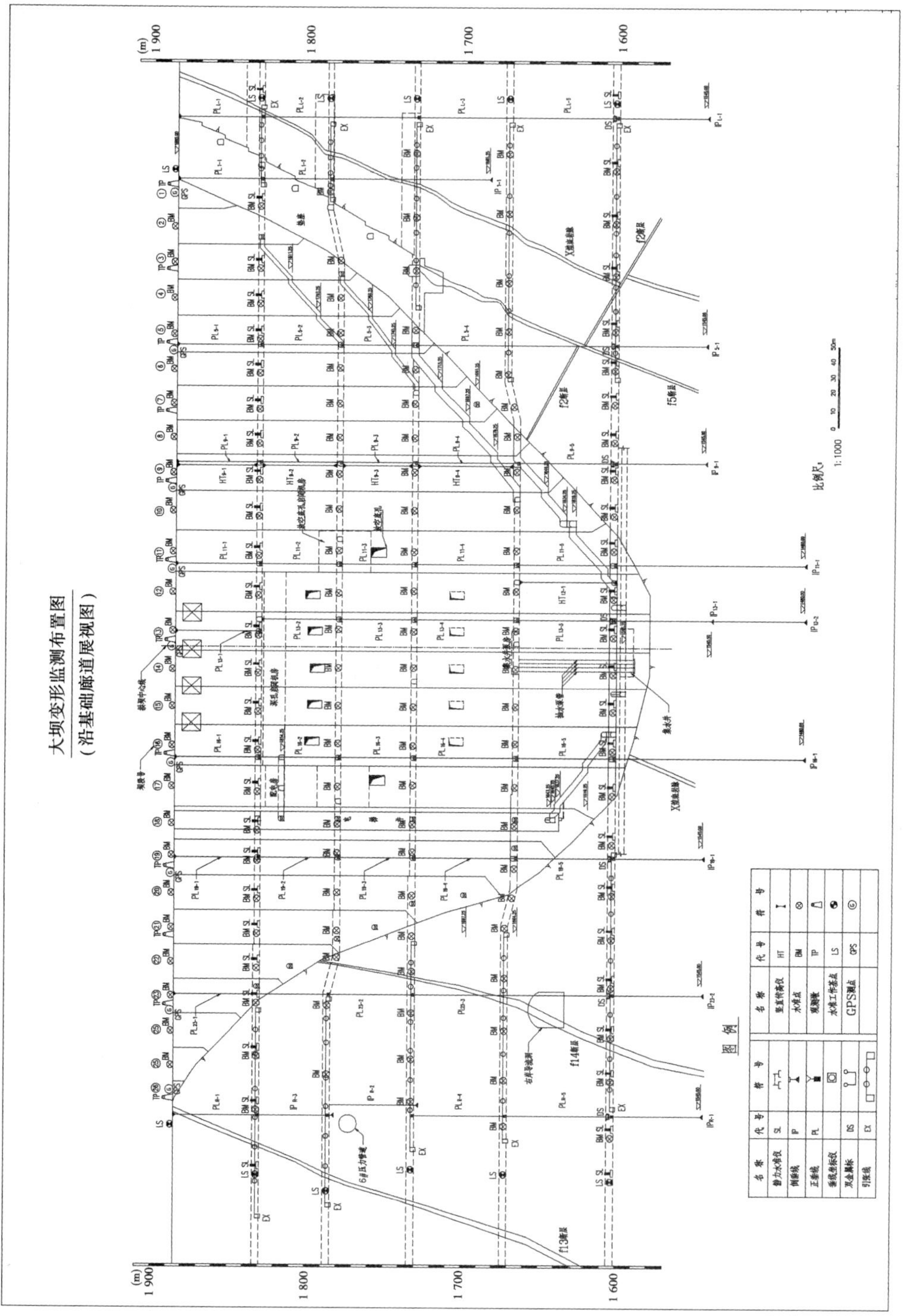

图 2 大坝变形监测布置图

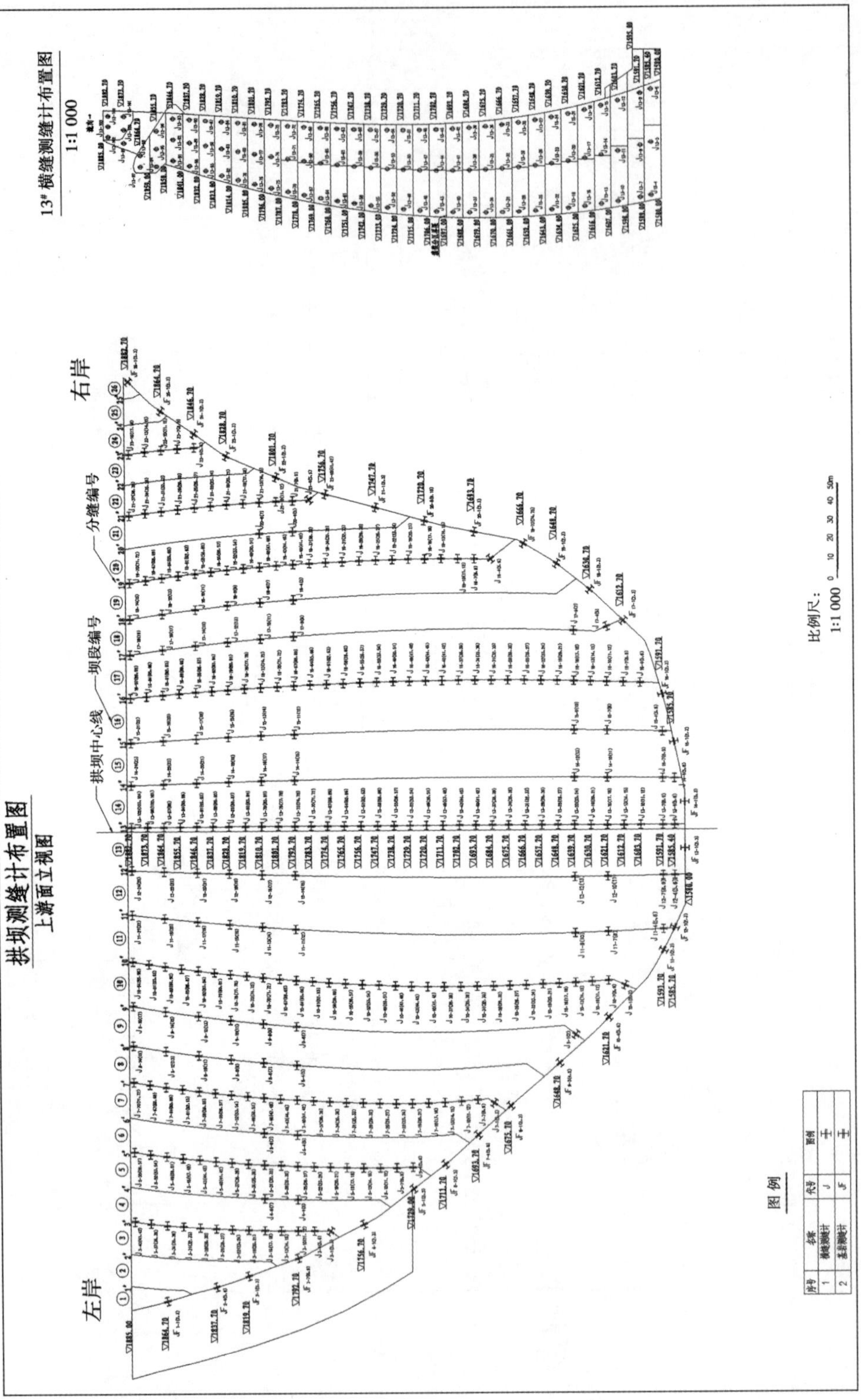

图 3 大坝接缝监测布置图

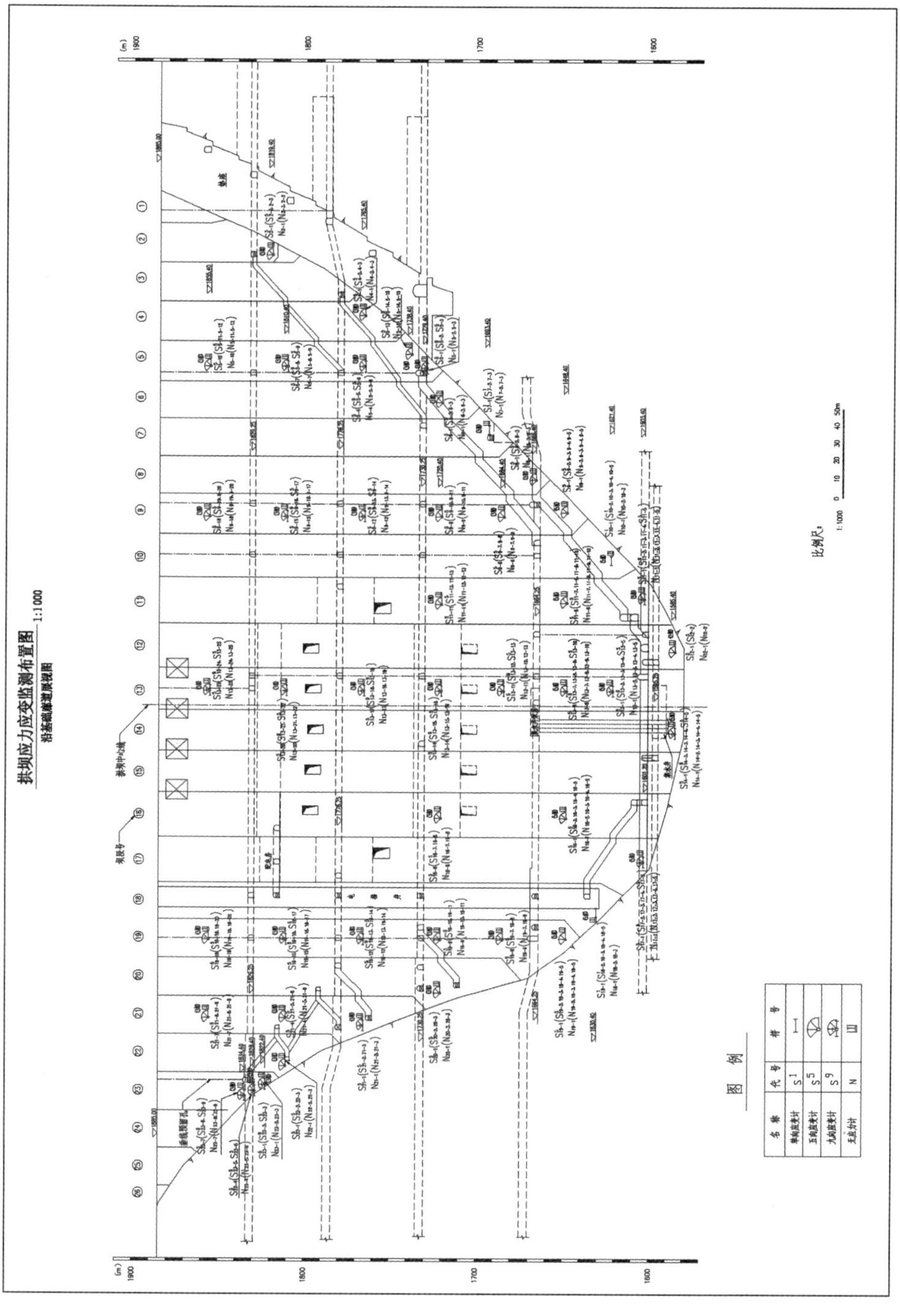

图 4　大坝应力应变监测布置图

2.1.2　坝体变形

坝体水平变形表现为向下游、向两岸侧变形，坝体变形与库水位呈现良好相关性，且整体变形量级不大。大坝最大径向变形为26.49 mm，位于13#坝段1 730 m高程部位；最大切向变形为5.87 mm，位于左岸11#坝段1 730 m高程部位。

坝体垂直变形呈现拱冠大、向两岸逐渐减小的特点，最大垂直变形为17.39 mm。

蓄水以来大坝弦长缩短4～6 mm，未出现明显异常；坝体横缝处于压缩状态且变化量小于0.1 mm。

2.1.3　大坝应力

（1）设计控制标准。按照现行拱坝设计规范，混凝土的强度控制标准采用分项系数确定，锦屏一级大坝坝体材料分为三区，各区混凝土的控制标准见表1。

表1　坝体抗压、抗拉强度控制标准　　（单位：MPa）

混凝土抗压强度标准值			$C_{180}30$ C区		$C_{180}35$ B区		$C_{180}40$ A区	
设计状况		计算方法	主压应力	主拉应力	主压应力	主拉应力	主压应力	主拉应力
持久状况		拱梁分载法	6.82	1.20	7.95	1.20	9.09	1.20
		有限元法	8.52	1.50	9.94	1.50	11.36	1.50
短暂状况		拱梁分载法	7.18	1.35	8.37	1.58	9.58	1.80
		有限元法	8.97	1.77	10.47	2.06	11.96	2.36
偶然状况	校核洪水情况	拱梁分载法	8.02	1.51	9.36	1.76	10.70	2.01
		有限元法	10.03	1.97	11.70	2.30	13.37	2.63
	地震情况	拱梁分载法	14.13	2.62	16.49	3.06	18.84	3.50

注：1. 混凝土抗拉强度取抗压强度的8%；

2. 混凝土动态抗压强度较其静态标准值提高30%，动态抗拉强度为动态抗压强度的10%。

（2）监测结果。坝体应力状态基本正常，拱坝基本处于受压状态，压应力沿坝轴线由河床向两岸逐渐减小。坝踵、坝趾区是坝体应力的重点关注部位，左岸12#坝段坝踵压应力6.63 MPa、坝趾压应力3.27 MPa。

2.1.4　渗流渗压

大坝渗控工程相关设计控制标准如下：防渗帷幕处扬压力折减系数 $\alpha_1 \leq 0.4$，拱坝坝基主排水幕处扬压力折减系数 $\alpha_2 \leq 0.2$，深井泵房设计抽排能力为450 m^3/h。

坝基渗压除PDZ－2测点（左岸1 778 m高程帷幕洞坝基和垫座部位）渗压折减系数达到0.47外（进行补强灌浆后折减系数不再增加），其余测点折减系数为0～0.39，排水孔后折减系数为0～0.08，均小于设计控制值，帷幕防渗效果良好。

坝基渗流量监测成果显示，左岸坝基1 595 m高程排水廊道曾发生的最大渗漏量为39.26 L/s，1 601 m高程以上排水和灌浆廊道合计渗流量6.58 L/s，左岸合计渗流量45.84 L/s；右岸合计渗流量6.32 L/s（含施工水）。

坝体、坝基渗压监测值基本正常，渗控工程运行正常，总渗漏量小于设计抽排能力，处于可控状态。

2.2　反馈分析

大坝初期蓄水监测反馈分析主要通过对坝体变形量的反馈进行坝体及坝基变形模量等力学参数反演，反映当前大坝实际的变形和应力情况，并为下一蓄水阶段大坝工作性态的精确预测奠定基础。

2.2.1　技术路线

反馈分析通过选取具有代表性的时段，选取代表拱坝变形特征的目标点，以目标点的监测位移为目标值，借由统计模型和有限元数值模型，通过不断调整坝基及坝体材料的变形模量，使计算变形逼近目标点的监测位移，采用监测位移与计算位移的均方差来衡量计算位移对监测位移的吻合情况，均方差最小的参数组合为本阶段的最优反馈参数，由此进行了分时段的坝体和坝基变形模量反馈分析。

2.2.2　反馈分析时段及目标点选择

通过对施工及蓄水过程的分析，反演分析选择四个时段。第一时段为2011年12月1日至2012年7月15日，即水准监测资料起始至蓄水前，坝前水位不超过1 650 m，变形主要受自重及施工期温度场控制；第二时段为2012年11月30日至12月7日，导流洞下闸蓄水期间，水位蓄至1 706 m，历时较短，大坝变形增量主要由水荷载引起；第三时段为2013年6月5日至7月20日，水位由1 716 m上升到1 801 m，大坝变形增量主要由水荷载引起；第四时段为2013年9月3日至10月15日，水位蓄至1 839 m，大坝变形增量主要由水荷载引起。

依据不同反馈分析时段拱坝变形的主要影响因素，反馈分析目标点选取对应四个时段如下：第一时段反馈目标点选取1 601 m、1 664 m廊道水准监测的沉降变形；第二、三、四时段反馈目标点选择大坝垂线监测剖面测点（5#、9#、11#、13#、16#、19#坝段坝体的垂线水平位移，包括径向位移和切向位移矢量之和）。

2.2.3　坝体及坝基变形参数反演

反馈坝体混凝土弹性模量（简称弹模）与试验成果的对比见表2，反馈坝基变形模量（简称变模）与试验成果的对比见表3。依据对比分析可知，反馈坝体弹模与设计弹模差别较大，考虑到设计弹模的取值方法、室内试验和现场试验弹模的弹模数值以及试验弹模为180 d龄期，则反馈的坝体弹模36.8～38.4 GPa与实际情况较为吻合；反馈坝基变模基本高于设计变模，综合考虑岩体变模试验成果、设计变模取值方法、坝基固结灌浆后钻孔变模提高等因素，反馈的岩体变模总体合理。

表2　反馈坝体弹模与试验成果对比

混凝土	设计弹模（GPa）	反馈弹模（GPa）	室内试验弹模（GPa，180 d）	现场试验弹模（GPa，180 d）	反馈弹模/室内试验弹模	反馈弹模/现场试验弹模（180 d）
坝体A区	24.0	38.4	36.00	30.7	1.07	1.25
坝体B区	23.5	37.6	34.00	30.5	1.11	1.23
坝体C区	23.0	36.8	31.00	28.3	1.19	1.30

表 3　反馈坝基变形模量与试验成果对比

基岩	反馈变模(GPa)	割线模量 $E_0(H)$(GPa)	反馈变模/割线模量
Ⅱ岩体	41.6	31.53	1.32
$Ⅲ_1$ 岩体	17.7	14.12	1.25
$Ⅲ_2$ 岩体(两岸)	10.4	10.3	1.01
$Ⅲ_2$ 岩体(河床)	16.0	10.3	1.55
$Ⅳ_1$ 岩体	4.8	—	—
$Ⅳ_2$ 岩体	3.2	1.2	2.67
Ⅴ岩体	0.6	0.63	0.95

2.2.4　大坝变形及应力反馈分析

基于现阶段反馈的坝体和坝基岩体变形模量，借由统计模型和有限元计算模型，开展了截至蓄水第三阶段的大坝变形及应力分析。坝体抗压、抗拉强度设计控制标准见表 1。

大坝 1 800 ~ 1 840 m 高程的水平变形增量计算值与监测值对比表见表 4。对比结果显示，增量位移计算值与监测值基本吻合，变形规律基本一致。

表 4　1 800 ~ 1 840 m 高程水平变形增量计算值与监测值对比表

高程(m)	监测仪器	径向变形增量(mm)		切向变形增量(mm)	
		计算值	监测值	计算值	监测值
1 829	PL11 - 2	14.75	14.88	1.11	2.23
1 778	PL11 - 3	14.18	15.76	2.29	2.69
1 730	PL11 - 4	10.77	13.4	3.15	2.49
1 664	PL11 - 5	4.06	6.96	2.82	1.33
1 601	IP11 - 1	0.28	2.17	0.50	0.41
1 829	PL16 - 2	9.79	10.13	-5.16	-2.23
1 778	PL16 - 3	10.34	12.1	-5.72	-1.88
1 730	PL16 - 4	9.01	11.13	-5.36	-1.41
1 664	PL16 - 5	4.58	7.29	-3.52	-0.87
1 601	IP16 - 1	0.61	3.01	-0.91	-0.34
1 829	PL19 - 2	3.66	5.36	-4.92	-2.19
1 778	PL19 - 3	3.71	6.45	-5.45	-1.79
1 730	PL19 - 4	2.44	5.26	-4.99	-1.28
1 664	PL19 - 5	0.82	2.96	-3.00	-0.7

注：径向、切向为正表示向下游、向左岸；为负表示向上游、向右岸。

依据计算结果，以大坝浇筑时刻为基准，蓄水至 1 840 m 时，坝体径向变形指向下游，切向变形指向两岸。径向变形最大值为 27.8 mm，位于左岸 12# 坝段 1 850 m 高程；切向变形最大值为 7.5 mm，位于右岸 18# 坝段 1 860 m 高程。与此同时，坝体上下游面关键部位仍均处于受压状态，1 840 m 水位时上游面最大梁向压应力为 8.7 MPa，拱向最大压应力 5.2 MPa，最大拉应力一般都小于设计控制标准 1.5 MPa，下游面最大梁向压应力 6 MPa，变化趋势符合一般规律。

2.2.5　下阶段大坝变形及应力预测

基于现阶段反馈的坝体和坝基岩体变形模量，借由统计模型和有限元计算模型，开展了下阶段 1 880 m 水位下坝体应力及变形预测。坝体抗压、抗拉强度控制标准见表 1。

预测结果显示，以大坝浇筑时刻为基准，蓄水至 1 880 m 时，坝体变形规律与 1 840 m 时基本相同，最大位移位置进一步上移。径向变形指向下游，切向变形指向两岸。径向变形最大值为 60.0 mm，位于左岸 12# 坝段 1 860 m 高程；切向变形最大值为 13.0 mm，位于右岸 18# 坝段 1 860 m 高程。

根据预测结果，蓄水至 1 880 m 时，坝体应力分布规律与 1 840 m 时基本相同。水位从 1 840 m 抬升至 1 880 m 的过程中，上游坝踵大拉应力区由 1 590 ~ 1 730 m 扩展到 1 590 ~ 1 780 m，上游拉应力增量最大值为 1.55 MPa，位于 1 730 m 高程左岸，略高于设计控制标准 1.5 MPa，下游坝趾压应力普遍增加约 2 MPa，最大值为 3.68 MPa，位于 1 700 m 高程左岸。

综上可知，蓄水至 1 880 m 正常蓄水位高程后，大坝变形及应力分布规律正常。

3　结论与建议

3.1　工作性态评价

本文采用监测分析和数值计算相结合的手段，综合相关监测成果和数值反馈分析成果，可知截至第三蓄水阶段，锦屏一级大坝坝体、坝基、抗力体等部位的变形、应力测值均在设计预测范围之内，渗压、渗漏量较小，大坝初期蓄水工作性态正常，相关分项检查项目评价情况见表 5。

表 5　大坝初期蓄水工作性态评价

项目		蓄水前后变化	评价
监测分析	大坝及基础变形监测值	1. 坝基径向变形最大 10.76 mm，切向变形最大 1.6 mm； 2. 坝体径向变形最大 26.49 mm，切向变形最大 5.87 mm	监测结果显示大坝变形符合一般规律，量值均在设计控制指标范围以内
	应力监测值	拱坝基本处于受压状态，压应力沿坝轴线由河床向两岸逐渐减小。坝踵、坝趾区是坝体应力的重点关注部位，坝踵压应力 6.63 MPa、坝趾压应力 3.27 MPa	坝体应力状态基本正常，量值均在设计控制指标范围以内
	渗控工程	1. 帷幕后折减系数均小于 0.4（除 PDZ－2 测点外），排水孔后折减系数均小于 0.2，各层抗力体平洞渗压基本无变化； 2. 最大渗流量 39.26 L/s，其余大坝各层廊道渗流量较小，第三阶段蓄水时无明显变化	渗压监测值基本正常，总渗漏量小于设计抽排能力，渗控工程运行状态良好

续表 5

项目		蓄水前后变化	评价
数值计算	反馈分析算值	1. 坝体变形：水位上升至 1 840 m 时，径向变形最大值为 27.8 mm，切向变形最大值为 7.5 mm； 2. 大坝应力：水位上升至 1 840 m 时，坝体上下游面关键部位仍均处于受压状态，1 840 m 水位时上游面最大梁向应力为 8.7 MPa，拱向最大压应力 5.2 MPa，最大拉应力一般都小于设计控制标准 1.5 MPa，下游面最大梁向应力 6 MPa，变化趋势符合一般规律	计算结果显示大坝变形符合一般规律，量值均在设计控制指标范围以内

3.2　相关建议

基于现阶段反馈的坝体和坝基岩体变形模量，预测结果显示大坝 1 880 m 水位时坝体应力、变形等主要指标均在设计控制范围之内。而反馈分析是一个分阶段的动态实施过程，在大坝蓄至下一水位时，需要分析实测变形情况，进行新一轮的评价、预测工作。因此，在下阶段水库水位从 1 840 m 抬升至 1 880 m 的过程中，应加强监测资料整理和反馈分析研究，按照“分期蓄水、监测反馈、逐步检验、动态调整”的原则，密切关注大坝工作性态，确保锦屏一级大坝第四阶段蓄水目标的顺利完成。同时，针对大坝蓄水后的长期运行过程，应坚持安全为先、长期开展安全监测和分析工作，确保大坝的永久安全运行。

参考文献

[1] 易魁，肖海斌，等. 300 m 级拱坝蓄水安全运行关键技术研究及工程应用[C]//中国大坝协会 2013 学术年会暨第三届堆石坝国际研讨会. 郑州：黄河水利出版社，2013：281-287.

[2] 锦屏一级水电站水库初期蓄水大坝及边坡安全监测分析与评价专题报告[R]. 中国电建集团成都勘测设计研究院有限公司，2014.

[3] 李蒲健，魏鹏，等. 拉西瓦水电站首次蓄水期拱坝主要性态综述[J]. 水力发电，2009，35（11）：12-15.

水电站大坝安全信息化建设与应用

陈振飞

（国家能源局大坝安全监察中心　浙江　杭州　310014）

摘要：对电力行业水电站大坝安全信息化建设取得的成果、关键技术进行了介绍，总结了近年来系统建设与应用情况，并结合大坝管理模式与计算机技术等方面的发展，对大坝安全信息化建设的发展方向进行了展望。

关键词：大坝安全　信息化　建设　应用

为了加快电力行业水电站大坝运行安全信息化建设，进一步提高大坝安全管理水平，国家电力监管委员会于2006年发布了《水电站大坝运行安全信息报送办法》和《水电站大坝运行安全信息化建设规划》。自2006年以来，各大坝主管单位和运行单位与国家能源局大坝安全监察中心（简称大坝中心）一起积极推进大坝安全信息化建设工作，截至2014年9月，已经建成了覆盖全国400多座水电站、上百家发电公司以及多个监管单位的全国水电站大坝安全远程管理统一信息平台，并实现了290余座大坝运行安全信息上报主系统，大坝安全信息化建设取得了重要成效，为水电站大坝安全监督管理和运行管理提供了重要的技术保障。

1　系统建设与应用成果

1.1　系统结构

全国水电站大坝安全远程管理系统由运行单位子系统、发电公司分系统和大坝中心主系统组成。最上面为位于大坝中心的远程管理主系统，中间为各发电公司分系统，最下面为各电站子系统，如图1所示。

运行单位子系统部署在各水电站运行单位，主要面向水工专业管理人员，实现各类大坝安全信息的采集与录入、管理与查询、计算与分析、监控报警、资料整编、图形报表制作等日常工作。

发电公司分系统部署在各发电公司，面向水工综合管理人员，公司分系统一般包含了子系统中除数据采集和录入外的其他功能。对于建立了公司分系统的单位，需要通过公司内部专用网络将运行单位子系统内的信息实时传输至公司分系统。

大坝安全远程管理主系统部署在大坝中心，包括了主系统网站和一序列后台服务软件，面向全国电力行业的大坝安全管理人员，包括监管单位、集团公司、发电公司以及运行单位人员。电站子系统或者公司分系统可以通过电力专网或者互联网将信息上传至主系统。

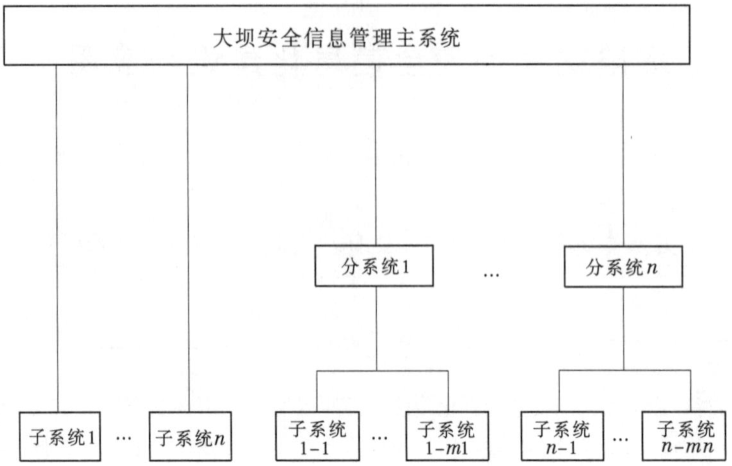

图1　系统结构图

1.2　关键技术研究

1.2.1　基于服务的多平台统一访问

大坝安全相关的所有信息集中部署在服务器上，通过 Web 服务进行远程发布，PC 客户端应用、浏览器应用以及移动客户端的应用都可以通过访问统一的远程服务来实现，更好地简化了系统的开发与维护工作，能够很好地实现跨硬件平台和软件平台的应用。

1.2.2　与各类系统集成

通过对国内外常见的监测系统、水情系统、外部变形测量系统等不同系统的研究，开发了针对各类常见系统的数据接口软件，能够方便地实现与各类系统的数据集成。

1.2.3　自动化数据远程采集

利用电厂现有的安全监测自动化采集系统，在不增加任何硬件设备和网络资源的条件下以软件方式实现了对大坝安全监测自动化系统的远程采集与访问控制，该技术已经在雅砻江公司系统得到应用。

1.2.4　数据远程传输

利用网络传输技术实现了基于电力专网、互联网、移动通信网络以及北斗卫星通信等多种通信方式，能够适应各种监测系统的数据远程传输系统。该系统支持大量客户端的并发访问，支持数据加密与压缩，具有良好的保密性。

1.3　系统建设与应用情况

自 2007 年至今，共计有 290 多座大坝完成了信息化建设，并实现了大坝运行安全信息向主系统的报送。其中，有大约 60% 的大坝新建了系统或者对系统进行了升级改造，其余大坝在现有系统基础上将信息上报到主系统。黄河水电公司、五凌电力公司、国网新源公司、大唐国际公司、澜沧江公司、雅砻江公司等一批发电公司完成了公司大坝安全信息分系统建设。

黄河水电公司将龙羊峡等 6 座水电站大坝安全信息接入到公司分系统，利用公司分系统实现大坝安全信息的统一管理，现场站主要实现数据的采集和录入校核工作，通过公司的大坝安全信息化建设与应用提高了工作效率，有效整合了公司的水工专业人力资源，提升了公司的大坝安全管理水平。

雅砻江公司建立了公司的大坝管理中心，并通过建设公司统一的大坝安全信息系统实现对已经投运和在建水电站的大坝安全管理。整个系统的全部信息存储在公司总部集控中心，在二滩电厂设有异地备份。通过系统建设与应用，实现了对各水电站的安全监测、水情、强震、泄洪振动、巡视检查、大坝注册、定期检查等大坝安全相关信息的统一管理，大大提高了工作的标准化和规范化水平，成为公司流域化管理的重要支撑平台之一。

大坝安全信息化建设成果在大坝安全日常管理与监控、定期检查、应急处置等工作中发挥了重要作用。据最新统计，主系统网站访问量已达 112 万余次，在宣传大坝安全政策、交流大坝安全信息、了解大坝安全状态等方面发挥了积极作用。2013 年，主系统监控平台共有 8 万余条异常报警信息，经大坝中心专业人员甄别分析，将其中的一千余条信息反馈给 193 座大坝运行单位，及时发现了大坝结构性态或监测系统存在的问题。信息化建设成果为定检专家组及时了解和掌握大坝最新运行性态、综合分析评判大坝结构安全性发挥了重要的作用，还为地震及特大洪水等极端工况下的大坝运行调度和科学决策提供了重要技术支持。在 2010 年 7 月底到 8 月初的第二松花江洪水期间，大坝中心通过监控白山、丰满大坝的运行安全状况，对丰满大坝 5 号坝段下游涌水、局部坝段渗流量加大等情况进行分析，及时判断出大坝可以承受正常蓄水位和校核洪水位的荷载，为安全度汛提供了决策依据。

2　发展方向

2.1　公司集中管理

随着近年来国内水电行业的大规模开发建设，投入运行的电站越来越多，出现了有经验的水工专业人员不足的现象，为了整合人力资源，提高工作效率，部分发电公司成立了专门的大坝管理机构，对整个发电公司或流域内水电站群的大坝进行统一集中管理，已经成为大坝管理的一个发展方向。通过发电公司大坝安全信息系统的建设和应用，能够优化人力资源配置，提高大坝安全管理工作的标准化和规范化水平，有利于流域梯级电站的统一调度和管理，是实现发电公司大坝安全集中管理，提高大坝安全管理水平必不可少的技术手段。

2.2　云计算平台

云计算是分布式计算、网络存储、虚拟化、负载均衡等计算机以及网络技术发展融合的产物，在近年来发展迅速，并开始在一些大型企业集团得到应用。云计算平台具有虚拟化、可靠性高、通用性强、扩展性好、按需服务等特点，是大型企业建立数据中心的首要选择，对于大型发电公司，所管辖的水电站数量众多，因此大坝运行安全信息量也非常庞大，作为公司数据中心运营信息的一个重要组成部分，基于云计算平台的大坝安全信息系统也将成为未来的重要发展方向。

2.3　基于 BIM 技术的大坝安全全生命周期管理

大坝从设计、施工到建成投运后的运行管理由不同单位不同人员来完成，而在工程建设阶段的各类文档报告、现场照片、图纸资料、施工过程数据、监测数据等对后期的大坝运行管理和日常维护有着重要的价值。如何让不同阶段、不同单位、不同人员在统一的平台上协同工作是水电工程建设和运行管理需要解决的一个重要课题。

近年来，BIM(Building Information Modeling，即建筑信息模型)技术在建筑行业得到了大量应用，国内水电工程行业在三维设计方面也取得了巨大进步，在建设期大坝施工过程监控与管理方面也取得了重要的成果。基于 BIM 技术研究开发兼顾工程不同阶段,集成大坝三维模型和地质勘探、工程设计、施工过程、安全监测等不同信息的大坝安全全生命周期管理系统对于进一步提升大坝安全管理水平有着重要的意义。

3 结 语

通过近年来的大坝安全信息化建设,电力行业水电站大坝安全信息化取得了重要成效,在大坝安全日常管理、大坝运行性态监控和特殊条件下的大坝安全决策分析等方面发挥了重要作用。电力行业水电站多为高坝大库,随着一批巨型水电工程陆续投入运行,如何更好地利用信息化手段对大坝运行安全进行管理是整个行业面临的一项重要挑战。我们将继续优化系统架构,提升服务能力,为大坝安全信息化建设成果更好地应用到监管单位和各发电企业而不断努力。

土石坝漫顶溃口洪水过程概化计算模型

邓　刚[1]　赵博超[1]　温彦锋[1]　于　沭[1]　赵择野[2]　陈　锐[3]

(1. 中国水利水电科学研究院　流域水循环模拟与调控国家重点实验室　北京　100038;
2. 华北电力大学　可再生能源学院　北京　102206;
3. 哈尔滨工业大学深圳研究生院　土木与环境工程学院　深圳　518055)

摘要:论文基于溃口立面形状的倒梯形假定和单宽溃口过流的宽顶堰假定建立了一定库水位下的溃口洪水流量和溃口单宽流速计算公式。以恒定值的溃口冲刷速度作为溃坝过程中溃口冲刷深度发展的控制指标,认为溃口达洪峰流量时溃口深度停止发展,且溃坝结束时溃口流量与入库流量达平衡,根据概化的溃口洪水流量过程,建立了土石坝漫顶溃口洪水过程的概化计算模型。模型解析化程度高,未知量可不经迭代直接求解,能较好地用于梯级水库防洪应急调度和流域风险分析。模型应用于板桥水库溃坝的实例分析,通过对模型参数的反演,说明模型具有较好的适应性。

关键词:土石坝　溃口　洪水过程　概化　模型

1　引　言

水库大坝存在溃坝风险,据水利部大坝安全管理中心2008年普查资料[1],1954~2007年,我国有3503座大坝发生溃决,其中98%以上为土石坝。大量实例证明,漫顶和管涌(渗透破坏)是导致土石坝溃决的两个主要原因,据国内调查,漫顶破坏所占溃坝总数比例达51%[2]。与混凝土坝一般表现为瞬时溃决不同,土石坝溃决存在一个渐进发展过程,漫顶溃决时间可能持续若干小时,溃坝洪水流量逐步增大,至峰值流量后逐步减小。溃口洪水流量过程决定了下游影响的范围和程度,是下游预警和应急处置的重要依据。参数化、解析化的获取溃口洪水流量过程,是梯级水库群应急调度、确定水库群各枢纽的风险等级的技术基础;在一定精度下快速、简单获取溃口洪水流量过程,对于溃坝应急处置决策的及时性、合理性具有重要意义。

溃口洪水过程受许多因素影响,自20世纪60年代开始,国内外在总结溃坝案例现场调查资料和溃坝机理模型试验的基础上提出了多个数学模型,这些模型一般可分为两类,一类是基于参数的模型,较为简单,对溃坝机理涉及较少;另一类为基于物理过程的模型,在土力学、水力学和泥沙运动力学等多学科融合的基础上,根据溃口逐步冲刷的机理建立模型,通过迭代求解溃口洪水过程。国内中国水利水电科学研究院、南京水利科学研究院等也分别

基金项目:国家重点基础研究发展计划暨973计划课题(2013CB036404);国家科技支撑计划课题(2013BAB06B02);流域水循环模拟与调控国家重点实验室人才培育课题(岩实验室运行1402);流域水循环模拟与调控国家重点实验室自主研究课题(岩实验室科研1412)。

提出了多个适用于不同的计算模型(陈祖煜等[3]，2014;陈生水[2]，2012)。

在梯级水库群风险分析及梯级间风险转移分析、应急处置和调度中,迫切需要一种能参数化、解析化描述的溃口流量过程分析模型,也即介于上述两类模型之间的既反映溃坝机理,又易于参数化描述、解析化计算的分析模型。本文尝试从溃口形状和宽顶堰的假定出发,通过溃口流量过程线基本形状的概化解耦,建议了一个土石坝漫顶溃口洪水过程的概化分析模型。

2　溃口模式假定及特征时刻溃口流量

2.1　溃口形状假定

一般认为,土石坝溃口在垂直于河流走向的立面上呈倒梯形,逐步向下深入发展。本模型中也假定溃口在立面上为一倒梯形,底宽 B_b,顶宽 B_t,平均宽度为 $B_{ave}=(B_b+B_t)/2$。从已有溃坝案例看,溃口高宽比对不同工程差异较大。一般假定 $B_{ave}=nH_K$,其中 H_K 为溃口深度,n 为系数,具有较高不确定性。

从简单和利于计算角度出发,假定溃口两侧坡角等于溃口处土体内摩擦角,溃口内水深为 h,溃口水流浸润面积顶宽为 b,则有 $2h/(b-B_b)=\tan\phi$,如图1所示。假定任一时刻库水位为 H,溃口底高程为 z,原坝顶高程为 z_0,溃坝起始时间为0,当时库水位为 H_0,且有 $H_0=z_0$;达到溃坝洪峰流量的时间为 t_1,当时库水位为 H_1,溃口最低点高程为 z_1;流量减少至上游来水流量所需时间为 t_2,当时库水位为 H_2,溃口最低点高程为 z_2。

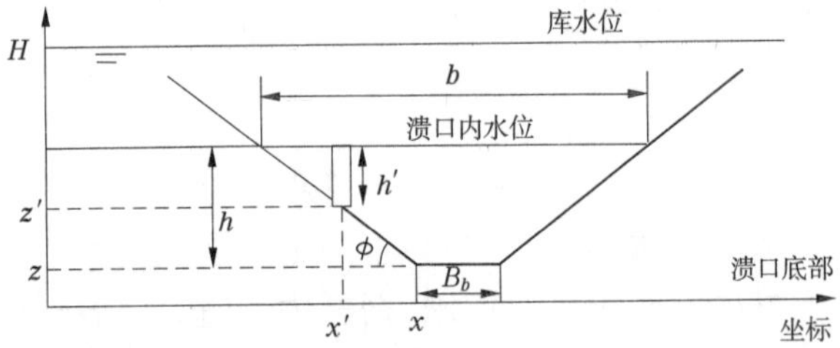

图1　溃口形状假定

在分析溃口洪水过程时,考虑到土石坝顶宽较大、坝坡较缓,溃决后的坝顶宽度若干倍于坝顶上的水头,因此溃口洪水过程一般能满足宽顶堰假定条件,为此将溃口内各位置均假定为单位宽度的宽顶堰,溃口任一位置“宽顶堰”顶高程假定为 $z'(x)$,则该位置的堰前水头为 $(H-z')$。由于溃坝时基本为自由出流,根据宽顶堰流量计算公式,溃口中任一位置单宽上的流量可以采用下式计算

$$q'=m\sqrt{2g}(H-z')^{\frac{3}{2}} \tag{1}$$

其中,m 为流量系数,反映进口形状、缩窄等的影响,可取一常数。

将任一位置处堰上水深假定为 h',应有 $h'=z+h-z'$。假定各位置单位的水深范围内从水面到溃口表面的流速为均一值 v',则位置单宽内的流速可采用下式计算

$$v'=\frac{q'}{h'}=m\sqrt{2g}(H-z')^{\frac{3}{2}}\frac{1}{z+h-z'} \tag{2}$$

假定自库水位到溃口的水头跌落系数为 k,由于溃口最深处堰上水深为 h,则 $k=h/(H-z)$,即 $h=k(H-z)$。

将各宽顶堰单宽流量从溃口底部向两侧积分，可得溃口总流量

$$Q_{out} = 2\int_0^{\frac{b}{2}} q'dx' = B_b m\sqrt{2g}(H-z)^{\frac{3}{2}} + 2\int_z^{z+h}\frac{q'}{\tan\phi}dz'$$
$$= B_b m\sqrt{2g}(H-z)^{\frac{3}{2}} + \frac{2}{\tan\phi}\int_z^{z+h} m\sqrt{2g}(H-z')^{\frac{3}{2}}dz' \quad (3)$$

即

$$Q_{out} = B_b m\sqrt{2g}(H-z)^{\frac{3}{2}} + \frac{4m\sqrt{2g}}{5\tan\phi}\{(H-z)^{\frac{5}{2}}[1-(1-k)^{\frac{5}{2}}]\} \quad (4)$$

2.2　溃口停止发展时刻溃口流量

在溃坝发生过程中的任一时刻，可假定水库瞬时水位不变，因溃口流量同时取决于水库水位和溃口深度。因此，只要溃口仍在向下发展，溃口流量将继续增大。当溃口停止发展时，溃口流量不再增加并达洪峰流量。溃坝过程中的库水位和溃口底高程发展过程如图 2 所示。

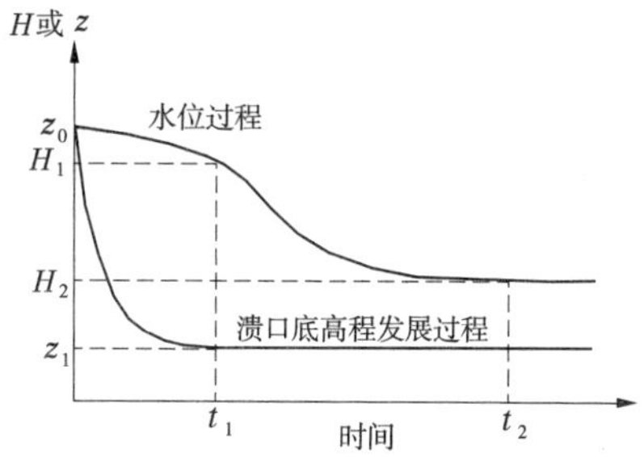

图 2　溃坝过程中的库水位和溃口底高程发展过程

假定 v_b 为溃口所在土体材料的抗冲流速，根据式(2)，在溃口停止发展时刻，在溃口底部应满足 $v_b = v'$，即

$$v_b = \frac{m}{k}\sqrt{2g(H_1 - z_1)} \quad (5)$$

假定溃口底高程随时间线性变化，并假定溃口所在土体冲刷速度为 v_c，则冲刷溃口停止发展时刻 t_1 满足下式

$$t_1 = \frac{z_0 - z_1}{v_c} \quad (6)$$

其中，z_1 为溃口极限冲刷深度对应的溃口底高程，也即溃口停止发展时的溃口最深处高程。

由此，溃口停止发展时溃口流量即洪峰流量

$$Q_{peak} = B_b m\sqrt{2g}(H_1 - z_1)^{\frac{3}{2}} + \frac{4m\sqrt{2g}}{5\tan\phi}\{(H_1 - z_1)^{\frac{5}{2}}[1-(1-k)^{\frac{5}{2}}]\} \quad (7)$$

2.3　溃坝结束时刻溃口流量

在溃坝结束时刻，溃口流量与入库流量达到平衡，即

$$Q_{out} = Q_{in} = B_b m\sqrt{2g}(H_2 - z_1)^{\frac{3}{2}} + \frac{4m\sqrt{2g}}{5\tan\phi}\{(H_2 - z_1)^{\frac{5}{2}}[1-(1-k)^{\frac{5}{2}}]\} \quad (8)$$

由于自洪峰流量达到之后，溃口深度即停止发展，因此 $z_1 = z_2$。

3　水量平衡关系与模型求解

3.1　溃口洪水流量过程概化

溃坝过程中来水流量假定恒定为 Q_{in}，各时刻溃口洪水流量假定为 Q_{out}，溃口最大洪水流量即溃口洪峰流量假定为 Q_{peak}，土石坝溃口洪水流量过程可概化为三角形过程，如图3 所示。

溃坝的溃口流量过程可以分段表示为

当 $0 < t < t_1$

$$Q_{out} = Q_{peak}\frac{t}{t_1} \tag{9}$$

当 $t_1 < t < t_2$

$$Q_{out}(t) = Q_{peak} - (Q_{peak} - Q_{in})\frac{t - t_1}{t_2 - t_1} \tag{10}$$

假定溃坝全过程中水库水量变化值为 ΔV,则

$$\Delta V + Q_{in}t_2 = Q_{peak}\frac{t_1}{2} + (Q_{peak} + Q_{in})\frac{t_2 - t_1}{2} \tag{11}$$

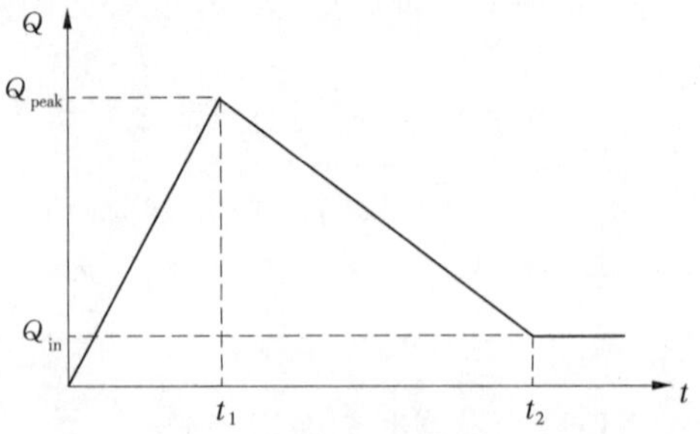

图 3　溃口洪水流量过程概化

由上式可得

$$Q_{peak} = \frac{2\Delta V}{t_2} + Q_{in}\frac{t_1 + t_2}{t_2} \tag{12}$$

3.2　溃口启动到溃口停止发展时的水量平衡

自溃口启动到溃口停止发展,入库洪量与水库库容减少量之和应等于出库洪量,即

$$V_{reservior}(H)\mid_{H_0}^{H_1} + t_1 Q_{in} = \int_0^{t_1} Q\mathrm{d}t \tag{13}$$

其中

$$H_0 = z_0 \tag{14}$$

考虑到本文提出的溃口洪水流量过程概化公式(9),可见

$$Q = Q_{peak}\frac{t}{t_1} \tag{15}$$

于是

$$V_{reservior}(H)\mid_{z_0}^{H_1} = Q_{peak}\frac{t_1}{2} - Q_{in}t_1 \tag{16}$$

其中,$V_{reservior}(H)$为水库库容—水位函数关系。

3.3　溃口平衡后的水量平衡

在达到溃口平衡后,溃口形态可认为不再发生变化,而水头不断降低,直到进出水量平衡。在这个过程中,有

$$V_{reservior}\Big|_{H_1}^{H_2} + Q_{in}(t_2 - t_1) = \int_{t_1}^{t_2} Q\mathrm{d}t \tag{17}$$

考虑到本文提出的溃口洪水流量过程概化公式(10),可见

$$Q = Q_{peak} - (Q_{peak} - Q_{in})\frac{t - t_1}{t_2 - t_1} \tag{18}$$

于是

$$V_{reservior}(H)\Big|_{H_1}^{H_2} + Q_{in}(t_2 - t_1) = Q_{peak}\frac{t_2 - t_1}{2} + Q_{in}\frac{t_2 - t_1}{2} \tag{19}$$

即

$$V_{\text{reservior}}(H)\mid_{H_1}^{H_2}=(Q_{\text{peak}}-Q_{\text{in}})\frac{t_2-t_1}{2} \tag{20}$$

3.4　溃坝全过程水量平衡

当溃口流量终止时,考虑溃坝全程

$$V_{\text{reservior}}(H)\mid_{H_0}^{H_2}+Q_{\text{in}}t_2=\int_0^{t_2}Q\mathrm{d}t=Q_{\text{peak}}\frac{t_2}{2}+Q_{\text{in}}\frac{t_2-t_1}{2} \tag{21}$$

即

$$V_{\text{reservior}}(H)\mid_{H_0}^{H_2}=Q_{\text{peak}}\frac{t_2}{2}-Q_{\text{in}}\frac{t_1+t_2}{2} \tag{22}$$

3.5　模型求解

模型中含有 t_1、t_2、z_1(假定 $z_1=z_2$)、H_1、H_2、Q_{peak}等6个未知量。

对于溃口启动到溃口停止发展过程,利用水量平衡方程(16)提供的冗余条件,联立式(5)~式(7)和式(16),可解出 t_1、z_1、H_1 和 Q_{peak}等4个未知量。将其代入(8),可解出 H_2;将 t_1、H_1、H_2 和 Q_{peak}代入式(22),即可解得 t_2。

于是,根据溃口洪水流量过程概化公式(9)和公式(10),即获得土石坝漫顶溃口洪水过程。

4　工程实例

1975年8月发生的"75·8"大洪水中,河南驻马店地区淮河上游汝河水系一系列水库溃决,板桥水库溃决是其中较引人关注的一个案例。板桥水库库容4.9亿 m^3,坝高24.5 m,坝顶高程116.34 m。

1975年8月7日23时5分,板桥水库库水位与防浪墙顶(高程117.64 m)平齐,8日凌晨1时,库水位超出防浪墙顶0.30 m,开始冲刷坝顶和下游面。8日凌晨1时30分开始出现决口并发生溃坝,2时57分出现最大溃坝流量78 100 m^3/s,至7时,库水位降至98.2 m,相应库容仅0.047亿 m^3。溃坝过程历时5.5 h,下泄总水量约7.1亿 m^3。溃坝结束时,坝顶和下游砂壳被冲光,黏土心墙顶部被冲走,溃口口门底高程86.0 m,底宽210.0m,顶宽372.0 m[4-8]。

为简单计,本文采用反分析方法,通过已知资料反算变异性较大的部分模型参数,并与实际对比,验证模型的适应性。

材料根据溃坝过程的历史记载可知,$t_1=4\ 572$ s、$t_2=19\ 800$ s、$z_1=z_2=86.0$ m、$H_1=114.65$ m、$H_2=98.20$ m、$Q_{\text{peak}}=78\ 100\ m^3/s$,且有 $H_0=z_0=117.6$ m。

取流量系数 $m=0.35$,水头跌落系数 $k=0.8$,心墙土体内摩擦角 $\phi=30°$。

据本文建议的模型,由式(5),$v_b=10.5$ m/s;由式(6),$v_c=6.9$ mm/s。可见,反分析获得的土体抗冲流速和冲刷速度数值具有一定合理性。同时,该参数反映出溃口处土体即心墙土体具有抗冲流速高、冲刷速度快的特点,类似应力变形中的"脆性"。两个数值均远高于唐家山堰塞湖溃坝过程反演分析获得的相应参数[3]($v_b=2.7$ m/s,$v_c=1.3$ mm/s),可能正是该特性导致了板桥水库极大的溃口洪峰流量。

由式(7)可计算得 $B_b=286$ m,实测值为210 m,计算值与实际值量值相当,误差为36%。

5 结 语

本文基于溃口立面形状的倒梯形假定和单宽溃口过流的宽顶堰假定建立了一定库水位下的溃口洪水流量和溃口单宽流速计算公式。以恒定值的材料冲刷速度作为溃坝过程中溃口冲刷深度发展的控制指标，认为溃口达洪峰流量时溃口深度停止发展，且溃坝结束时溃口流量与入库流量达平衡，根据概化的溃口洪水流量过程，建立了土石坝漫顶溃口洪水过程的概化分析模型。

模型解析化程度高，未知量可不经迭代直接求解，能较好指导梯级水库防洪应急调度和流域风险分析。模型应用于板桥水库溃坝的实例分析，通过对模型参数的反演，说明模型具有较好的适应性。

对于一定的水库枢纽，土石坝溃口处的材料的抗冲流速是土石坝抵御漫顶破坏能力的决定性因素，较高的抗冲流速有利于增强土石坝抵抗漫顶超高水头的能力；溃口处材料的冲刷速度是溃口洪峰流量和达洪峰流量时间的决定性因素，较低的材料冲刷速度有利于降低溃口洪峰流量，并延长达洪峰流量的时间，可有效降低工程溃坝影响，为工程防洪调度提供更充分的时间。板桥水库出现较大洪峰流量，可能主要源于心墙料较高的抗冲流速和较大的冲刷速度。

参考文献

[1] 水利部大坝安全管理中心. 全国水库垮坝登记册[Z]. 南京：水利部大坝安全管理中心，2008.

[2] 陈生水. 土石坝溃决机理与溃坝过程模拟[M]. 北京：中国水利水电出版社，2012.

[3] Chen Zuyu, Ma Liqiu, Yu Shu, et al. Back analysis of the draining process of Tang jiashen Barrier Lake[J]. Journal of Hydraulic Engineering.

[4] 李东法. 板桥水库抗洪抢险及失事过程[J]. 河南水利，2008 (5)：9-10.

[5] 河南省水利厅水旱灾害专著编辑委员会. 河南水旱灾害[M]. 郑州：黄河水利出版社，1999.

[6] 赵春明，等. 20 世纪中国水旱灾害警示录[M]. 郑州：黄河水利出版社，2002.

[7] 汝乃华，牛运光. 大坝事故与安全[M]. 北京：中国水利水电出版社，2001.

[8] Xu Yao. Analysis of dam failure and diagnosis of distresses for dam rehabilitation[D]. Thesis of the Hong Kong University of Science and Technology, Hong Kong, 2010.

乌江渡大坝安全性态分析评价

冀道文

（贵州乌江水电开发有限责任公司 贵州 贵阳 550002）

摘要：乌江渡大坝坝址地质构造复杂，岩溶发育，河谷狭窄，岸坡竣陡，大坝为上重下拱的拱形混凝土重力坝，最大坝高165 m，防渗采用悬挂式高压水泥灌浆帷幕，厂房布置在坝后，主副厂房为全封闭式钢筋混凝土结构，两侧安装场和副厂房为厂顶溢流，主厂房则在坝身溢洪道挑流鼻坎下方。左岸坝段预留垂直升船机的缺口用钢筋混凝土叠梁封闭。

乌江渡大坝在建设期间没有可借鉴的成功经验情况下，有效地解决了在岩溶和构造发育、地质条件复杂情况下高坝坝型选择和地基处理、岩溶地区高坝防渗、狭谷地区高坝泄洪和枢纽总布置、近坝岸坡稳定、水库诱发地震、坝址附近缺乏天然砂石料等难题。

经过30多年的运行，经过电厂对大坝外部变形、内部应力、扬压力等持续观测、维护，合理水库调度，大坝各种指标良好，其性态分析表明处于喀斯特岩溶地区的乌江渡大坝安全状况良好。

关键词：乌江渡大坝 变形 应力 扬压力 安全 稳定

1 概 述

乌江渡大坝坝址地质构造复杂，岩溶发育，河谷狭窄，岸坡竣陡，大坝为上重下拱的拱形混凝土重力坝。乌江渡大坝在建设期间没有可借鉴的成功经验情况下，有效地解决了在岩溶和构造发育、地质条件复杂情况下高坝坝型选择和地基处理、岩溶地区高坝防渗、狭谷地区高坝泄洪和枢纽总布置、近坝岸坡稳定、水库诱发地震、坝址附近缺乏天然砂石料等难题。

经过30多年的运行、维护，电厂对大坝外部变形、内部应力、扬压力等持续观测、维护，合理水库调度，大坝各种指标良好，其性态分析表明处于喀斯特岩溶地区的乌江渡大坝安全状况良好。

2 大坝变形性态分析

2.1 坝体垂线测点分析

各典型坝段正、倒垂线测点人工观测资料中，上下游方向水平位移在1992年7~8月表现为明显偏大的向上下游方向的尖点型或波动型突变，在2011年12月~2012年6月均出现了阶跃型突变，以图1所示测点为例。

将上述时段的上游水位、气温和降雨等环境资料与其他时段相比，均无明显差异；此时段前期较长时段内，库水位无骤升情况，且坝体未进行过结构加固改造；查此时段垂直位移和坝基扬压水位，也没有明显异常。由大坝定检资料可知，坝体垂线测点存在倒垂浮筒内油位太浅，正垂油桶内存在积水、防风效果差等问题，因此分析认为该时段内测值的突变由上

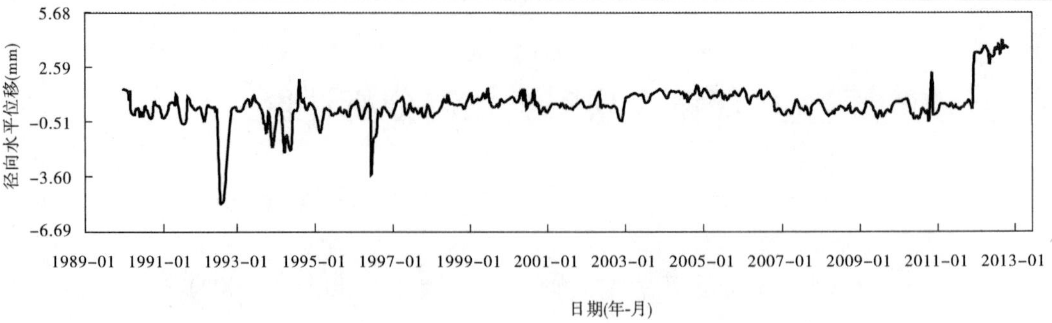

图1 13#坝段(▽699)径向水平位移变化过程线图(人工监测)

述原因引起。

2.2 坝顶视准线Ⅰ、坝身视准线Ⅱ

乌江渡大坝坝顶及坝身水平位移监测分别由坝顶视准线Ⅰ、坝身视准线Ⅱ实现。坝顶视准线Ⅰ及坝身视准线Ⅱ各测点时程变化过程线能反映坝体的周期变形规律，但据现场调查时观测人员反映，因运行时间较长，各测点及工作基点混凝土观测墩的强制对中基座存在对中及固定效果差的情况，其观测精度相对较差。

2.3 坝身"V"形引张线测量分析

径(y)向水平位移以8#坝段(▽670)垂线测点为例，其人工和自动化径向水平位移时程变化过程线分别如图2所示。

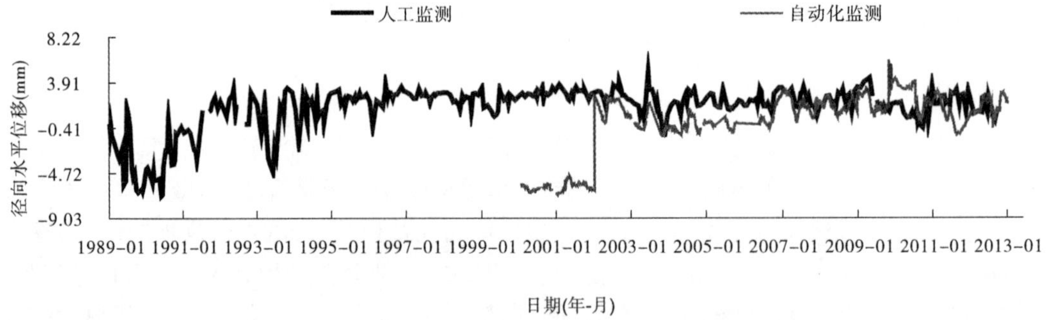

图2 8#坝段(▽670)垂线径向水平位移变化过程线图

由图2可知，典型坝段正、倒垂线测点人工和自动化观测径向水平位移均呈现年周期性变化，变化规律基本相似。具体表现为：向下游的水平位移较大值(或向上游的水平位移较小值)均一般出现在低温季节，向上游的水平位移较大值(或向下游的水平位移较小值)均一般出现在高温季节，符合混凝土重力式拱坝受温度变化影响的基本规律。

除因倒垂浮筒内油位太浅，正垂油桶内存在积水、防风效果差、自动化系统基准值选取等因素产生的异常测值外，各典型坝段正、倒垂线测点径向水平位移人工及自动化观测时程变化过程线均在合理范围内周期性波动，且无明显的趋势性变化。

切(x)向水平位移以8#坝段(▽640)垂线测点为例，其人工和自动化切向水平位移时程变化过程线图分别如图3所示。

由图3可知，自2002年1月起，8#坝段正、倒垂线测点自动化测值与人工测值出现分

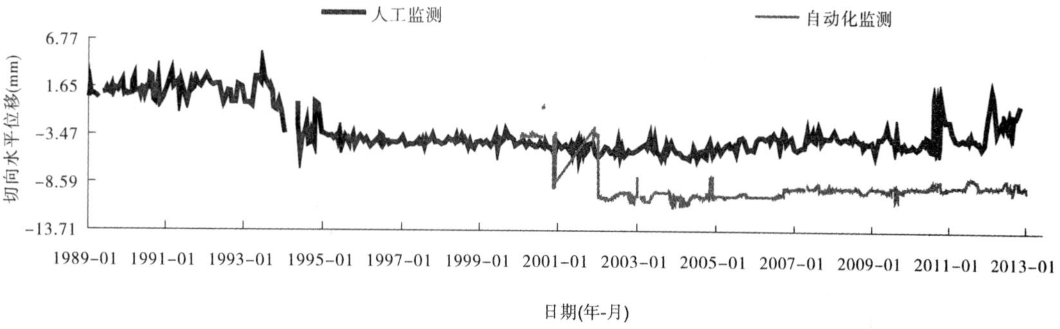

图3　8#坝段(▽640)垂线切向水平位移变化过程线图

离,但两者分离后过程线规律性基本一致。初步断定是由双向垂线坐标仪受人工扰动导致基准值变化所致。

2000年1月~2001年1月期间,典型坝段正、倒垂线测点自动化观测切向水平位移存在较多的"须状"测值。初步分析认为,倒垂浮筒内油位太浅、正垂油桶内存在积水等原因对于造成垂线测值出现偶然"须状"误差,但廊道防风效果差是造成上述现象的主要原因。

2.4　视准线及引张线水平位移

(1)坝顶视准线Ⅰ各测点水平位移基本呈年周期性变化,变化规律基本相似。具体表现为:向下游的水平位移较大值(或向上游的水平位移较小值)均一般出现在低温季节,向上游的水平位移较大值(或向下游的水平位移较小值)均一般出现在高温季节,符合混凝土重力坝受温度变化影响的基本规律。

(2)坝顶视准线Ⅰ因长度达433.2 m,其观测过程中易受大气折光影响,且各测点均位于低于坝面0.1 m的位置,导致观测误差较大、测值随时间波动幅度较大。

(3)坝身视准线Ⅱ与坝身"V"形引张线对应测点变化规律保持一致;因大坝708.0 m高程以下横缝灌浆,为整体式拱形重力坝,而708.0 m以上设伸缩缝,坝身视准线Ⅱ及坝身"V"形引张线水平位移年变化周期性不明显,表明其受水位和温度影响较小,时效影响较大。

2.5　坝顶及坝基几何水准点垂直位移

除坝顶水上Ⅱ-2#、水上Ⅱ-3#测点外,坝顶几何水准测点垂直位移变化过程线均呈明显的年周期性变化,与库水位及坝址气温表现为良好的正相关性,其中坝址气温对垂直位移的影响表现为一定的滞后性。具体表现为:各测点垂直位移一般在每年的9~10月出现峰值(下沉量最大),在每年2~3月出现谷值(上抬量最大)。

3　大坝渗流状态

3.1　坝基扬压水位

乌江渡坝基扬压水位通过直接埋设于坝基的差阻式渗压计与布置于坝基廊道内的测压孔进行观测。

多年扬压水头变幅方面,由于部分异常波动现象的存在,渗压计所测数据变幅明显要大于测压管所测数据变幅。除去两支测值明显失真的仪器以及埋设于帷幕前的P13-1外,渗压计测值多年变幅在18.91~37.56 m。由于位于帷幕前,渗压计P13-1多年扬压水头变幅达到了 58.36,要大于位于帷幕后的各支渗压计,符合坝基渗流的一般规律。逐年平均扬压水位统计情况反映出除少数失真渗压计外,其他测点均体现为比较平稳的变化趋势,说明坝基础所受扬压力情况较为稳定,没有出现较为危险的工况,基础帷幕工作性能良好。

3.2　坝基扬压水位及水头分布状况分析

根据多年扬压水位(水头)的统计成果,以测压孔测值为原始数据,绘制多年最高、最低以及平均扬压水位沿不同横断面分布图(见图4)。

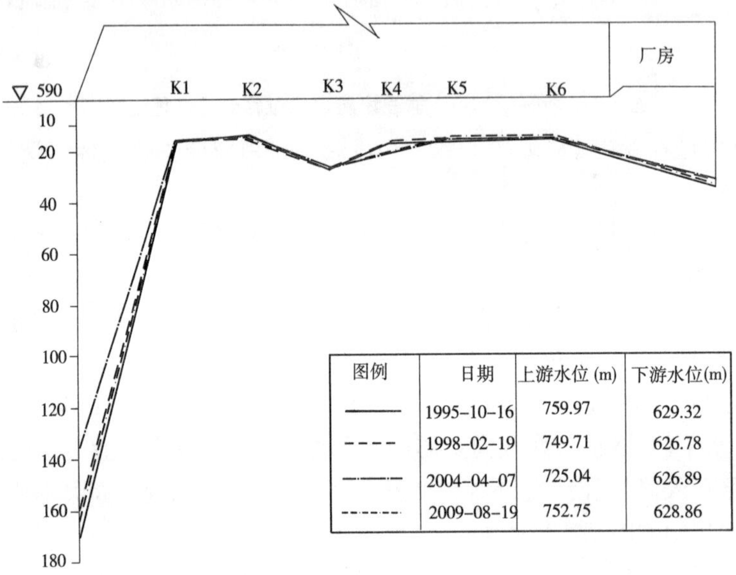

图4　坝基多年最高、最低以及平均扬压水位沿不同横断面分布图

由坝基扬压力水位和相应的扬压水柱沿拱坝轴线及上下游方向的分布可以看出:

坝基多年平均扬压水位沿坝轴线分布与坝基面地形基本一致,即河床部位低,向两岸逐渐增高。坝基多年平均扬压水头沿坝轴线的分布总体上表现为河床部位高于岸坡部位,且右岸高于左岸。

坝基扬压水头分布情况并没有显著变化,各种工况下扬压力折减系数均较低,仅为10% ~20%,远低于设计允许值,基础帷幕防渗效果显著;坝基扬压水头在坝基面上沿上下游分布表现为上游较高,下游较低,符合一般渗流规律。坝基扬压水位一般均低于下游水位(下游有水情况)或仅高于坝基面几米,从大坝安全运行角度来看,大坝实际运行情况要远优于设计工况。

3.3　坝体渗压变化规律

将坝体渗压监测共5支渗压计实测压力水头变化过程线绘于图5。

由图5可知:除去可靠性分析章节中提及的不可信数据,各渗压计所测数据过程线较为平稳,可以认为坝体渗压较为稳定。所有仪器均出现过测值为负的测值,仪器基准值选取不合理,测值已不能反映实际渗压大小,仅能从变化趋势上说明,坝体渗压无异常变化,较为平稳。

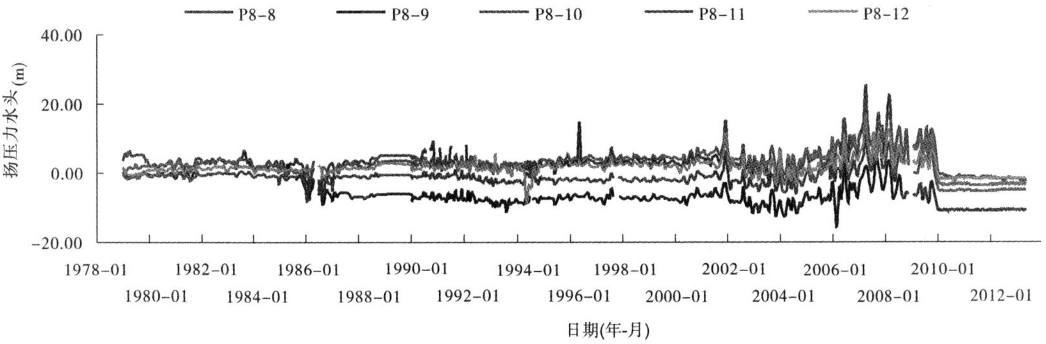

图 5　坝体渗压水头变化过程线图

4　拱坝实测应力状态

4.1　拱坝实测混凝土应力状态

4.1.1　应力应变 ε' 的计算

应变计实测效应量为混凝土综合应变 ε_m，包括两部分：由应力因素引起的混凝土应力应变 ε' 和由非应力因素引起的混凝土"非应力应变 ε_0"，即

$$\varepsilon_m = \varepsilon' + \varepsilon_0 \tag{1}$$

计算混凝土实测应力时，需要的是"应力应变 ε'"。ε' 目前尚无法直接观测，而是通过在混凝土内埋设的应变计(组)观测混凝土"综合应变 ε_m"和在应变计(组)附近 1 ~ 1.5 m 范围内埋设的无应力应变计(简称"无应力计")观测混凝土"非应力应变 ε_0"，然后在 ε_m 中扣除 ε_0 得到 ε'，即

$$\varepsilon' = \varepsilon_m - \varepsilon_0 \tag{2}$$

4.1.2　应变的平衡

假定五向应变计(组)埋设方向如图 6 所示，根据弹性力学的点应力假定，应变计测值(有效应变，即应变计组所测得应变扣除无应力计所测的自由体积变形应变)存在如下关系：

$$\varepsilon_1 + \varepsilon_3 = \varepsilon_2 + \varepsilon_4 \tag{3}$$

令

$$\Delta = (\varepsilon_1 + \varepsilon_3) - (\varepsilon_2 + \varepsilon_4) \tag{4}$$

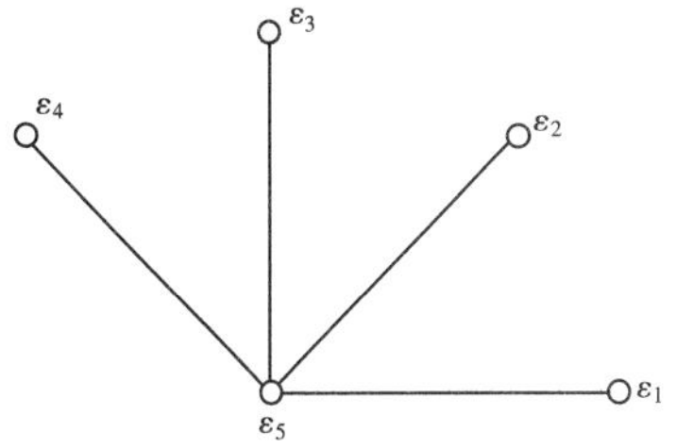

图 6　五向应变计(组)埋设示意图

若 $\Delta > 10 \times 10^{-6}$ 则需要进行应变的平衡工作，按 1/4 分配，即

$$\left.\begin{aligned}\Delta\varepsilon_1 = \Delta\varepsilon_3 = -\frac{\Delta}{4}\\ \Delta\varepsilon_2 = \Delta\varepsilon_4 = \frac{\Delta}{4}\end{aligned}\right\} \tag{5}$$

对于七向应变计组的应变平衡相当于两组五向应变计组的应变平衡，计算原理相同，此处不再赘述。

4.1.3　单轴应变计算

对于空间应力状态，若考虑泊松效应，则单轴应力引起的应变 ε_x'、ε_y'、ε_z' 按下式计算：

$$\left.\begin{aligned}\varepsilon'_x &= \frac{1}{1+\mu}\varepsilon_x + \frac{\mu}{(1+\mu)(1-2\mu)}(\varepsilon_x+\varepsilon_y+\varepsilon_z)\\ \varepsilon'_y &= \frac{1}{1+\mu}\varepsilon_y + \frac{\mu}{(1+\mu)(1-2\mu)}(\varepsilon_x+\varepsilon_y+\varepsilon_z)\\ \varepsilon'_z &= \frac{1}{1+\mu}\varepsilon_z + \frac{\mu}{(1+\mu)(1-2\mu)}(\varepsilon_x+\varepsilon_y+\varepsilon_z)\end{aligned}\right\} \tag{6}$$

当空间应变计组存在问题时则可以确定平面应变状态，对于平面应变状态，在式(6)中令 $\varepsilon_z=0$，泊松比 μ 采用0.167。

4.1.4 实测应力计算

有效弹模法是最为简单的一种计算方法，就是利用有效弹性模量代替瞬时弹性模量来计算实际应力，即

$$\sigma_x = E_s\varepsilon'_x,\sigma_y = E_s\varepsilon'_y,\sigma_z = E_s\varepsilon'_z \tag{7}$$

式中，E_s 为有效弹性模量：

$$\left.\begin{aligned}E_s(t,\tau_1) &= \frac{E(\tau_1)}{1+\psi(t,\tau_1)}\\ \psi(t,\tau_1) &= c(t,\tau_1)E(\tau_1)\end{aligned}\right\} \tag{8}$$

用有效弹模法计算实际应力，可以对混凝土的徐变影响有所考虑，但和实际徐变相差较大，计算结果存在较大误差，只有在混凝土的龄期已很长时，采取有效弹模法计算实际应力才比较准确。

鉴于此，本次混凝土实测应力计算采用有效弹模法进行。结合历次定检坝体混凝土应力分析成果，本次取有效弹模为 $E_s=0.032\times10^6$ MPa。

4.1.5 拱坝混凝土应力变化特征

通过上述监测资料的可靠性分析，在适当剔除处理各测点测值粗差（或错误）、异常值的基础上，本节对乌江渡大坝第三次定检以来（2005年12月之后）仍能获取观测读数的各应变计组和无应力计测点所对应的应力计算值进行特征值统计，由统计特征值可知：

(1)3#坝段7向应变计组 $S^7$3－1埋设于699.2 m高程。总体来看，该部位混凝土3向单轴应力多年平均值均表现为压应力。其 x 向、y 向、z 向应力平均值分别为－1.38 MPa、－0.46 MPa和－0.76 MPa。与拱形结构的承载特征相对应，左右岸方向压应力平均值最大。

(2)4#坝段7向应变计组 $S^7$4－1位于660.2 m高程。由统计成果可知，该部位混凝土应力值变幅相对较小，其 x 向、y 向、z 向应力多年最大变幅分别为1.49 MPa、2.48 MPa和2.35 MPa，对应混凝土3向单轴应力分别在－0.92～0.57 MPa、－0.90～1.58 MPa、－1.55～0.80 MPa，应力变幅较小，表明该部位混凝土受力状态稳定，无趋势性突变发生。

(3)8#坝段原设计共埋设2组9向、19组5向、10组3向、3组2向应变计组以及单向应变计若干。因埋设时段较长，历次定检时段均有仪器损坏。截至2013年6月底，只有个别3向应变计组和无应力计仍能正常获得观测读数，目前该坝段应变计组完好率仅10%左右。

(4)13#坝段3向应变计组 $S^3$13－2位于679.92 m高程，其对应桩号为0＋018.96。根据统计成果，该部位 x 向、y 向、z 向单轴应力平均值分别为－0.38 MPa、0.84 MPa、－0.32 MPa，即左右岸方向和竖向呈受压状态，左右岸方向呈拉应力状态。3向单轴应力平均值均

较小,表明该部位混凝土应力变化稳定,无明显突变或趋势性变化。其中竖直方向应力多年变幅最大,应力介于 -0.93 ~0.96 MPa。

4.2　拱坝混凝土应力随时间变化规律

如前所述,自 1982 年坝体浇筑完成以来,各坝段混凝土应变计组和无应力计已埋设 30 年之久。根据原始观测资料,截至 2013 年 6 月 30 日,绝大多数应变计组和无应力计已损坏。

为了解第三次定检以来(2005 年 12 月 ~2013 年 6 月)坝体应力分布情况,通过应力计算值粗差(或错误)剔除、异常值诊断及时程变化规律可靠性分析:

(1)总体来看,1982 年 9 月 ~1998 年 12 月期间,633.2 m 高程 3 轴单向应力过程线变化平顺,无“尖点型”或“台阶型”突变发生。其中左右岸方向(x 向)和竖直向(z 向)均表现为数值较小的压应力,应力值分别在 -0.25 MPa 和 -1.32 MPa 之间变化。顺水流方向应力值表现为拉应力状态,拉应力测值在 0.85 MPa 左右。

(2)1998 年 12 月,该部位 3 向单轴应力均出现“台阶型”突变,其中最大突变值(z 向)达5.3 MPa 左右。通过查阅同时段外部环境量计荷载运行状况,与其他时段并无明显差异。因此,初步认为上述突变为仪器飘零所致,非该部位应力真实反映;受扩机工程影响,2000 年6 月 ~2005 年 12 月观测时段,该组应变计组和无应力计停测。2006 年 1 月 ~2009 年 3 月,各仪器恢复观测,其应力计算值仍保持突变时工况,但过程线较为平顺,表明应力已基本稳定。

5　结　语

通过对大坝外部变形、应力等指标分析,大坝水平、垂直位移变形已基本趋于稳定,随上游水位、气温呈较为明显的周期性变化,各效应量测值也基本在原设计监控指标范围内。

大坝基础扬压力较为稳定,受库水位影响小,坝基扬压力年变幅值最大仅为 4.24 m,实测扬压力折减系数仅为 10% ~20% ,远低于设计值,基础的防渗效果显著。

从目前大坝内部埋设的尚能够正常工作的应变计反映的情况来看,坝体混凝土应力状况基本稳定,实测应力统计平均值介于 -1.5 ~1.5 MPa,应力分布安全、合理。

大坝闸墩、副厂房等部位的钢筋计,各测点所反映的钢筋受力情况基本稳定,同时也符合各个受力部位钢筋受力的一般规律。

综上,大坝安全性态较好,大坝运行正常。

参考文献

[1] 谭靖夷,黄广. 乌江渡工程施工技术(水利电力部第八工程局)[M]. 北京:水利电力出版社,1987.
[2] 乌江渡发电厂水工部. 乌江渡水电站大坝第一、二、三次安全定期检查总结资料汇编[G].

三峡水库试验性蓄水优化调度研究与实践

徐　涛

（三峡水利枢纽梯级调度通信中心　湖北　宜昌　443133）

摘要：与初步设计相比，三峡水库自2008年试验性蓄水运用以来，运行环境发生了较大变化，如长江上游建成一批大中型水库、水文气象预报技术提高，以及防洪、发电、航运、供水、生态等对水库调度需求的增加。与此同时，三峡水库还经历了2010年、2012年大水（入库流量70 000 m^3/s量级洪水）和2011年全流域来水偏少的考验，通过拦洪削峰调度，有效缓解了中下游的防洪压力，并在2010～2013年连续四年完成175 m蓄水目标。为适应新的调度运行环境，2009～2013年，三峡水库开展了一系列优化调度，分别采取了中小洪水调度、汛限水位浮动、提前蓄水等措施，以提升三峡工程的防洪、发电、航运、供水等综合效益。同时，开展有利于四大家鱼繁殖的生态调度试验，试图拓展三峡工程的生态效益；通过开展实施消落期库尾减淤和汛期沙峰调度试验，拉、排库尾及库区的泥沙淤积来持续保证三峡水库的有效库容。水库运行调度成果表明：工程实现并提高了初步设计提出的防洪、发电、航运等效益，拓展了抗旱、泥沙、生态等其他效益，因此三峡水库优化后的调度方式满足三峡工程175 m正常运行。

关键词：三峡水库　优化调度　试验性蓄水

三峡水库自2003年6月蓄水至135 m进入围堰发电期运行以来，枢纽工程建设、移民安置、地质灾害治理等各方面进度比初步设计有所提前，同时在泥沙淤积明显好于初步设计预测的情况下，适时抬高了汛末蓄水位。2006年10月，三峡水库提前一年蓄水至156 m，进入初期运行期。2008年9月28日，三峡水库开始175 m试验性蓄水，较初步设计暂定的2013年蓄水至175 m提前了5年[1]。

与初步设计相比，进入175 m试验蓄水期以来水库运行环境发生了显著变化，如上游水库群陆续兴建、水文气象预报水平提高[2]、来水来沙减少[3]等。各方面从防洪、发电、航运、供水、生态等对三峡水库调度提出了更高需求。如汛期下游防汛和航运部门提出对55 000 m^3/s以下的中小洪水进行拦蓄，以减轻下游防汛和两坝间通航压力；为满足下游生产生活用水需求，蓄水期10月最小下泄流量由初步设计的5 500 m^3/s左右提高至2010年以来的8 000 m^3/s，枯水期1～4月最小下泄流量由初步设计的5 500 m^3/s左右提高至6 000 m^3/s；希望三峡水库采取调度措施，创造有利于四大家鱼繁殖的水力学条件，减少库尾及整个库区泥沙淤积等。

根据三峡水库运行条件的变化，为满足各方面的调度需求，三峡集团围绕提前蓄水、汛限水位动态控制、中小洪水调度等开展了大量研究工作[4~7]，为三峡水库实现初步优化提供了理论基础。2009年，根据《三峡水库优化调度方案》，三峡水库调度针对防洪、发电、航运、供水、生态等诸多目标逐步实现了初步优化。与初步设计调度方式相比，2009年主要在以下几个方面实现了优化：汛期汛限水位最高允许上浮至146.5 m；根据防汛和航运需求，首次实施了中小洪水调度;汛末从 9 月 15 日开始蓄水,但仍未能蓄水至 175 m,最高蓄水位为 171.43 m。2010 ~ 2013 年,在 2009 年优化调度的基础上,采取了汛末蓄水与前期防洪运用相结合,进一步提前至 9 月 10 日开始蓄水,增加 9 月份蓄水量等优化措施,连续四年实现了 175 m 蓄水目标。2011 年以来,三峡水库在泥沙减淤和生态调度方面进行了积极探索。2011 ~ 2013 年,三峡水库于汛前和汛初开展生态调度试验,促进了四大家鱼繁殖。2012 ~ 2013 年,实施了库尾减淤和沙峰调度试验,取得了较好的减淤效果。此外,采取了增设靠泊设施、快速检修等提高三峡船闸通过能力措施。实践证明,这些优化措施在保证枢纽运行安全的同时,提升了防洪、发电、航运、供水等综合效益,并拓展了生态等其他效益。

1　水库优化调度研究

1.1　提前蓄水

三峡水库汛末蓄水调度是实现三峡综合利用效益,协调多目标需求的最关键的水库调度方式。只有蓄满水,三峡工程才能在枯水季节充分发挥航运、供水、发电效益。初步设计规定三峡水库 10 月初开始蓄水,蓄水期间最小下泄流量不低于保证出力对应的发电流量(约 5 500 m^3/s)。然而,与初步设计相比,2003 ~ 2012 年,10 月份月均流量减少了约4 000 m^3/s(见表 1),水量约 107 亿 m^3,而下游供水需求由初步设计的 5 500 m^3/s 提高至 2010 年以来的 8 000 m^3/s,下泄水量增多了 67 亿 m^3。此外,对宜昌站 10 月的 5 年、10 年、30 年、50 年滑动平均流量进行了分析(见图 1),结果也表明:10 月出现较枯水频次明显增多,来水的减少明显不利于三峡水库的正常蓄水运用。因此,三峡水库要达到初步设计的蓄满率,需提前至 9 月份蓄水。

表 1　基于历史资料与初步设计的 9、10 月份三峡来水量分析

月份	多年均值（1882 ~ 2012 年）	初设成果（1951 ~ 1990 年）	20 世纪 90 年代以来（1991 ~ 2012 年）	蓄水以来（2003 ~ 2012 年）
9	26 100	26 300	22 300	22 800
10	18 900	18 600	15 800	14 600

注:流量单位为 m^3/s。

在对三峡水库 9 月份蓄水的防洪风险和泥沙淤积影响进行充分论证的前提下,三峡水库蓄水调度实现了逐步优化。2008 年,三峡工程首次进行 175 m 试验性蓄水。开始蓄水时间为 9 月 28 日,起蓄水位 145.27 m,基本按照初步设计的方式蓄水,最高蓄水位 172.8 m。2009 年,三峡水库从 9 月 15 日开始蓄水,9 月底水位按 158 m 控制。由于上、下游持续干旱等原因,最高蓄水位仅为 171.43 m。2010 ~ 2012 年,三峡水库进一步提前至 9 月 10 日蓄水,采取了汛末蓄水与前期防洪运用相结合的方式,充分利用汛末洪水资源,增加了 9 月份蓄水量,连续三年实现了 175 m 蓄水目标,见表 2。其中,8 月底、9 月 10 日和 9 月底最高水位分别达到了 158.58、160.2 m 和 169.4 m。

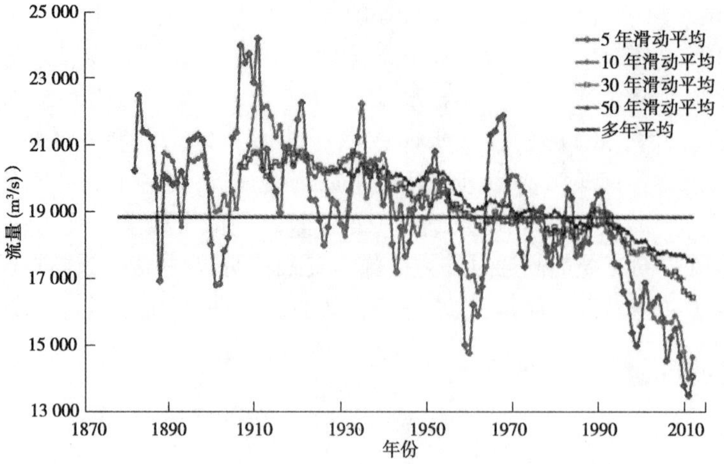

图 1　宜昌站 10 月份来水滑动平均过程

表 2　2008 年以来试验性蓄水过程　（单位：m）

年份	起蓄时间	8 月底水位	起蓄水位	9 月底水位	最高蓄水位
2008	9 月 28 日	145.85	145.27	150.23	172.8
2009	9 月 15 日	146.45	145.87	157.5	171.43
2010	9 月 10 日	158.58	160.20	162.84	175
2011	9 月 10 日	150.02	152.24	166.16	175
2012	9 月 10 日	150.08	158.92	169.40	175

采用 1991 ~ 2013 年 23 年来水资料，计算不同调度方式下三峡水库的蓄满率。根据目前下游的供水需求，9、10 月最小下泄流量按不低于 10 000 m^3/s、8 000 m^3/s 计算。则 9 月 10 日开始蓄水，8 月底水位 150 m，9 月 10 日 160 m，9 月底水位 169 m 的蓄水方式蓄满率为 95.7%，较初步设计蓄水方式（10 月 1 日从 145 m 开始蓄水）可提高 52.2%。三峡水库蓄水至 175 m 后，航运、供水、发电效益得以充分发挥。

1.2　中小洪水调度

三峡水库设计的核心效益目标在于防御长江上游大洪水。当发生较大洪水时（三峡入库流量大于 55 000 m^3/s），三峡水库根据下游防洪需求进行防洪运用。现实情况下，一方面由于大洪水比较稀遇，使得满足防洪运用的条件非常稀少，致使水库的防洪库容利用程度较低。根据 1882 ~ 2012 年宜昌站日流量资料统计，55 000 m^3/s 以上洪水平均每年出现天数仅 1.3 d。另一方面，对于发生频率相对较高的中小洪水（三峡入库流量 55 000 m^3/s 以下），近年来，防汛和航运部门均提出了拦蓄需求，以减轻下游的防汛压力，改善两坝间的通航条件。同时，随着三峡水雨情遥测系统的逐步建立与完善，流域水文气象预报的预见期和预报精度有了显著提高[2]。在此情况下，2009 年汛期以来，三峡水库以不降低水库防洪标准、风险可控为前提，对中小洪水进行了调度尝试。

2009 ~ 2013 年汛期，三峡水库累计防洪运用 22 次（其中中小洪水调度 15 次），累计蓄洪总量 857.2 亿 m^3，见表 3。2010 年、2012 年三峡最大入库洪峰流量均超过 70 000 m^3/s，最高蓄洪水位达到了 163.11 m。

三峡水库实施中小洪水调度,防洪、航运、发电、生态效益得到了充分发挥。三峡水库实施中小洪水调度充分发挥了削峰、错峰作用,年最大洪水削峰率高达 29.6% ~54.8%,有效降低了长江中下游干流的水位,使荆江河段沙市水位控制在警戒水位以下、城陵矶站水位未超过保证水位,有效缓解了中下游地区的防洪压力,避免了一部分洲滩民垸被扒口行洪,防止了洪水可能造成的灾害,节省了大量防汛经费,减少了防汛人员上堤人数和时间,为中下游地区的人民生活和经济发展提供了安全保障,三峡工程的防洪效益得到了体现。同时,利用洪水退水时机,三峡水库适时减小下泄流量,集中疏散了两坝间积压的中小船舶,缓解了通航压力。此外,中小洪水调度抬高了运行水位,改善了机组运行工况,增加了发电量;改变水体理化环境,也有利于抑制水库支流藻类水华的发生。

表 3　2009 ~2013 年三峡汛期防洪调度统计

年份	最大洪峰及出现时间		最大下泄流量	最大削峰量	蓄洪次数	总蓄洪量（亿 m^3）	6 月 10 日至蓄水前最高调洪水位(m)	6 月 10 日至蓄水前平均水位(m)
	（m^3/s）	出现时间	（m^3/s）	（m^3/s）				
2009	55 000	8 月 6 日	39 600	16 300	2	56.5	152.89	146.34
2010	70 000	7 月 20 日	40 900	30 000	7	266.3	161.02	151.54
2011	46 500	9 月 21 日	29 100	25 500	4	187.6	153.84	147.86
2012	71 200	7 月 24 日	45 800	28 200	4	228.4	163.11	152.44
2013	49 000	7 月 21 日	35 000	14 000	5	118.4	156.04	149.05

1.3　利用汛限水位变幅,拦"洪水尾巴"多发电

三峡水库汛期按照初步设计规定的汛限水位 145 m 运行,机组发电水头较低,洪水资源利用程度也明显偏低。为充分利用洪水资源,2008 ~2013 年汛期,根据《三峡水库优化调度方案》,考虑 1 天的预见期,允许汛限水位变幅上限按照 146.5 m 运行。目前,水文气象预报水平仍在不断提高,若考虑更长预见期,未来汛限水位浮动范围可进一步提高[4,5]。

此外,汛期实时调度中,三峡水库水位偏高控制,非弃水时可减少发电单耗,弃水时可增加机组有效水头多发电。在电站处于弃水和不弃水的小洪水期,洪水前可提前将三峡水库的水位通过机组降低到接近下限值。洪水过后尽量将三峡水库的水位抬高至上限,三峡水库重复利用可增发电量。

按照目前三峡水库允许的变幅 144.9 ~146.5 m,库容 7.9 亿 m^3。在出现大于20 000 m^3/s 的洪水时,将三峡水库水位降到下限,在洪水退到小于发电用水流量之前,将三峡水库水位升到上限。

如 2014 年 6 月下旬,三峡水库迎来两波洪峰量级为 20 000 m^3/s 左右的洪水过程。实时调度过程中,充分利用汛期三峡水库有限的运行水位变幅,依靠准确的水文气象预报,预报预泄,在洪峰未到之前,增加电站出力,拉低三峡库水位,最低预泄至 145.31 m,最高涨至 146.43 m,重复利用库容 5.6 m^3,增发电量约 0.24 亿 kWh。

不过,"拦洪水尾巴"重复利用库容要和短期水文预报结合起来使用,否则,不仅得不到重复利用库容的"水量效益",可能损失因水库水位下降而起的"水头效益"。

2　泥沙优化调度研究

三峡水库蓄水运用以来，上游年均来沙 1.91 亿 t，较初步设计减少了 60% 以上。水库总体淤积量也随之大幅减少，年均淤积泥沙 1.44 亿 t，仅为论证阶段预测值的 42% 左右。而三峡水库采取的提前蓄水、中小洪水调度、汛限水位变幅等优化调度措施，与初步设计调度方式相比，增加了水库淤积。但由于入库泥沙大幅减少，优化调度方式下的淤积量仍远小于初步设计计算值。在此情况下，三峡水库采取库尾减淤调度、沙峰调度等措施，以进一步减小库尾及库区泥沙淤积，使水库更长时间保持有效库容。

2.1　库尾减淤试验

三峡水库蓄水运用以来，汛前集中消落期成为主要的走沙期。为增大消落期走沙能力，避免库尾局部河段淤积引起的碍航问题，对消落期减淤调度方式进行了研究。研究成果表明，当坝前水位从 160 ~ 162 m 起调、寸滩流量 7 000 m^3/s 以上，日降幅大于 0.4 m，库尾走沙效果良好。在此研究基础上，2012、2013 年消落期，三峡水库开展了库尾减淤调度试验。

2.1.1　2012 年库尾减淤调度

2012 年 5 月 7 日 ~ 18 日，三峡水库首次实施了库尾减淤调度试验，总计历时 12 d。试验期间，寸滩平均流量为 6 850 m^3/s，三峡水库水位累计降幅达 5.21 m（坝前水位从 161.97 m 降落至 156.76 m），日均水位降幅 0.43 m。库尾减淤调度前后实测地形表明，重庆主城区河段冲刷 101.1 万 m^3，冲刷量与前期预测值基本相当。

2.1.2　2013 年库尾减淤调度

2013 年 5 月 13 日 ~ 20 日，三峡水库再次实施了库尾减淤调度试验，总计历时 7.5 天。试验期间，寸滩平均流量 6 209 m^3/s，三峡水库水位累计降幅达 4.43 m（坝前水位从 160.17 m 逐渐消落至 155.74 m），日均水位降幅 0.59 m。实测资料表明，水库库尾大渡口—涪陵段（含嘉陵江段，总长约 169 km）河床冲刷量为 441.3 万 m^3（大于 2012 年减淤调度期间实测冲刷量 241.1 万 m^3），其中，重庆主城区河段冲刷泥沙 33.3 万 m^3，铜锣峡—涪陵河段冲刷泥沙 408.0 万 m^3。

与 2012 年减淤调度期间观测成果相比，本次减淤调度对促进铜锣峡—涪陵河段河床冲刷的效果要明显一些，主要表现在：一方面，库尾河段河床冲刷量明显要大，2012 年同期铜锣峡至涪陵段冲刷量为 140.0 万 m^3，本次调度期间其冲刷量为 408.0 万 m^3，增大了 1.9 倍。另一方面，2012 年减淤调度期间，铜锣峡—涪陵河段沿程有冲有淤，以青岩子的蔺市镇为界，表现为“上冲、下淤”，铜锣峡至蔺市镇段（长 86.2 km）冲刷泥沙 293.9 万 m^3，蔺市镇至涪陵河段（长 23.2 km）则淤积泥沙 153.8 万 m^3；本次调度期间则表现为全线冲刷，见图 2；特别是库尾重点淤沙河段洛碛和青岩子河段，在本次调度期间均有一定的冲刷，其冲刷量分别为 18.2 万 m^3、124.5 万 m^3，而 2012 年调度期间洛碛河段冲刷 161.4 万 m^3，青岩子河段则淤积泥沙 36.2 万 m^3（主要集中在牛屎碛段，淤积量为 58.3 万 m^3）。

2.2　汛期沙峰调度

汛期，三峡入库洪峰从寸滩到达坝前 6 ~ 12 h，沙峰传播时间则在 3 ~ 7 d。沙峰调度就是根据入库水沙情况，利用洪峰、沙峰传播时间的差异，通过调节枢纽下泄流量，使上游进入水库的沙峰能够更多的输移至坝前，随下泄水流排放至下游。2012、2013 年 7 月，三峡水库实施了沙峰调度。监测结果表明，沙峰调度期间，排沙效果明显。

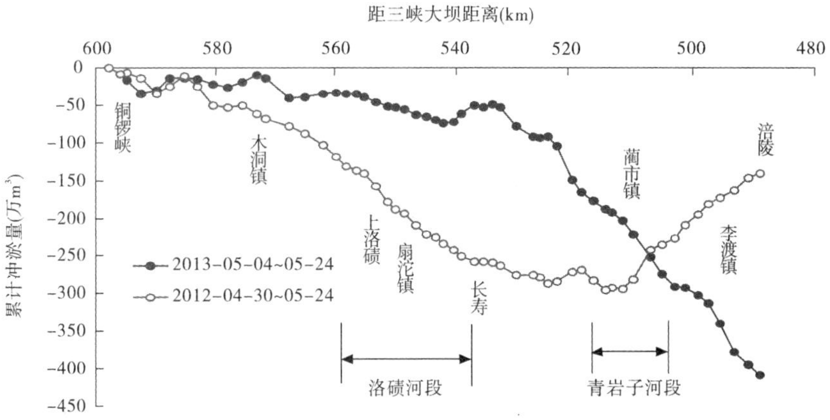

图2 2012、2013年减淤调度期间库尾河段沿程冲刷对比

2.2.1 2012年沙峰调度

2012年7月，三峡入库总沙量为10 830万t，出库总沙量为3 020万t，库区淤积泥沙7 810万t，水库排沙比为28%。坝前平均水位155.26 m，高于2008~2011年同期，水库排沙比高于前几年同期水平，见表4。

表4 2012年7月三峡入、出库沙量与同期对比

时间	入库沙量(亿t)	出库沙量(亿t)	水库淤积(亿t)	水库排沙比(%)	坝前平均水位(m)
2008年7月	5 620	510	5 110	9	145.59
2009年7月	5 540	720	4 820	13	145.86
2010年7月	11370	1 930	9 440	17	151.03
2011年7月	3 500	260	3 240	7.4	146.26
2012年7月	10 830	3 020	7 810	28	155.26

2.2.2 2013年沙峰调度

2013年7月，三峡上游朱沱、寸滩站分别于7月12日、13日出现7.95 kg/m³、6.29 kg/m³的沙峰。根据泥沙预报，入库沙峰前锋预计于7月19日到达坝前，沙峰最大含沙量为0.8~1.1 kg/m³（实际沙峰峰值为0.95 kg/m³，达到时间为7月23日）。为及时实施沙峰排沙调度，7月19日调度三峡水库出库流量增加至35 000 m³/s，在三峡电站全部机组投入全力运行的情况下，开启6个排沙孔排沙、泄洪，直至7月21日超出其运行水位条件后关闭排沙孔，开启2个泄洪深孔。

实测资料表明，水库排沙效果明显。7月19日，三峡水库出库含沙量为0.34 kg/m³，至23日增大至0.93 kg/m³，这也是三峡水库蓄水运用以来出库的实测最大含沙量，25日出库含沙量降为0.80 kg/m³。

据初步统计分析，7月11~18日三峡入库沙量约5 740万t，按照沙峰传播时间计算，7月19~26日三峡水库排沙约1 760万t，排沙比约31%，有效减轻了水库泥沙淤积。

3 生态调度研究

长江干流四大家鱼自然繁殖期为4~7月，水温达到18 ℃后（最适繁殖水温为21~24

℃),水位上涨、流量增大、流速增加,刺激家鱼产卵。三峡水库蓄水以来,每年4月底至5月初,三峡水库坝前可能存在水温分层现象,下泄低温水可能使水库下游“四大家鱼”的产卵时间推迟;水库泄洪可能使下泄水流中造成氮气过饱和,使水库下游鱼类发生“气泡病”;每年四大家鱼产卵高峰的5、6月,天然情况的涨水过程可能被水库调平均匀下泄发电,从而影响水库下游荆江河段“四大家鱼”产卵繁殖[8]。

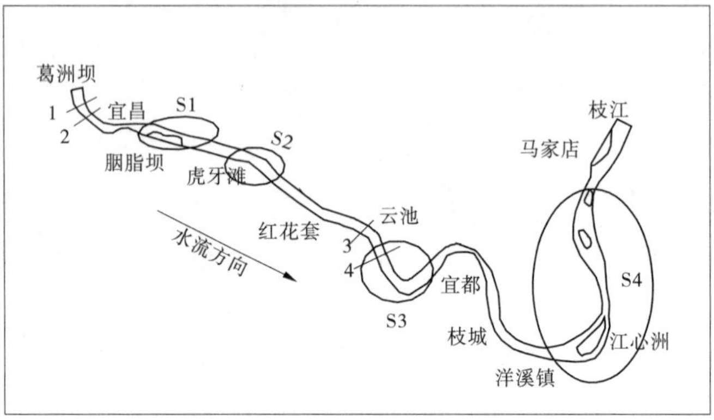

图3　长江四大家鱼产卵地

为了减缓三峡水库对水库下游四大家鱼产卵繁殖的影响,开展有利于四大家鱼产卵繁殖的生态调度措施,必须首先确定四大家鱼产卵繁殖高峰期5月和6月生态水文目标。以宜昌水文站作为水文控制站,其水文变化过程能够反映三峡水库下游四大家鱼产卵繁殖水文条件,分析时段选择三峡水库蓄水前1982 ~2002年,具体水文指标主要包括流量、水位、水温、含沙量,涨水过程包括涨水次数、历时、涨水率等,以各指标的平均值作为各个指标的生态水文目标,统计结果见表5。

表5　四大家鱼产卵场5、6月生态水文目标

月份	水文变量	流量(m^3/s)	水位(m)	水温(℃)	涨水次数	涨水历时(d)	流量上涨率($m^3/(s·d)$)	水位上涨率(m/d)
5月	均值	11 200	42.99	21.4	2.5	5	1 560	0.63
	变化范围	7 400 ~16 700	41.25 ~44.63	20 ~22.7	1 ~5	2 ~12	660 ~2750	0.32 ~0.95
	生态水文目标	8 850 ~13 600	42.01 ~43.97	20.66 ~22.12	2 ~3	3 ~8	910 ~2 200	0.41 ~0.85
6月	均值	18 300	44.85	23.6	3	5.5	2 140	0.57
	变化范围	11 600 ~22 600	41.53 ~46.78	22.7 ~24.5	1 ~5	3 ~12	1 000 ~4 130	0.30 ~0.98
	生态水文目标	15 500 ~21 100	43.40 ~46.30	23.04 ~24.15	2 ~4	3 ~8	1 360 ~2 930	0.40 ~0.74

根据统计,即可保证四大家鱼产卵,在每年5月,保证涨水次数2 ~3次,每次涨水持续时间为3 ~8 d,每天流量上涨率为910 ~2 210 m^3/s,水位上涨率0.41 ~0.85 m/d;在6月,保证涨水次数2 ~4次,每次涨水持续时间为3 ~8 d,每天流量上涨率为1 360 ~2 930 m^3/s,水位上涨率为0.40 ~0.74 m/d[9]。

根据上述要求,三峡工程2011年和2012年汛前开展了以促进四大家鱼自然繁殖为目标的生态试验性调度。2011年6月16 ~19日,三峡水库首次开展生态调度试验。期间,三峡水库日均出库流量逐日增大。2012 年 5 月 25 ~ 31 日和 6 月 20 ~ 27 日，三峡水库实施了两次生态调度。调度期间，出库流量先逐步减少后持续加大。

从四大家鱼产卵监测情况看，在水温条件满足四大家鱼产卵的情况下，2011 年和 2012 年的三次生态调度过程中均监测到四大家鱼产卵现象。其中，2011 年，宜都断面监测到了三次产卵，推算总卵苗数 1.31 亿粒；2012 年，宜都断面监测到 6 次产卵，推算总卵苗数 5.15 亿粒。两年的生态调度试验对四大家鱼的产卵繁殖产生了积极的促进作用，凸显了三峡工程的生态效益。

4　总　结

三峡工程举世瞩目，它的建成投产标志着中华民族用智慧与力量铸就了又一个奇迹。工程具有防洪、发电、航运等多项综合利用任务，不仅可大大缓解长江中下游防洪压力，避免长江中下游地区饱受洪灾之苦，还可为经济建设提供巨大的能源支持；同时改善了长江流域航运条件，充分发挥了长江“黄金水道”的作用，对带动长江流域区域经济的迅速发展亦具有重要作用。在面对枯水期向下游供水、抗旱和河口压咸等需求提出的新要求时，三峡水库通过调整水库下泄流量，在一定程度上既保障了下游供水安全，又维护了河流生态健康。然而，三峡水库蓄水运用以来，随着经济社会的发展、水文泥沙条件的变化、上游大型水库的逐步建设，必将对三峡水库运行提出新的、更高的要求，为适应新的运行环境，三峡水库采取了提前蓄水、中小洪水调度、汛限水位浮动、泥沙减淤、生态等优化调度措施。这些优化措施在保证枢纽运行安全的前提下，提升了三峡工程的防洪、发电、航运、供水等综合效益，拓展了生态等其他效益。未来，考虑水文气象预报水平的不断提高，兼顾上游梯级水库群联合优化调度的新目标，三峡水库调度方式还有待持续优化，其综合效益可以得到进一步提升。

参考文献

[1] 张曙光，周曼．三峡枢纽水库运行调度[J]．中国工程科学，2011，13(7)：61－65.

[2] 陈桂亚，郭生练．水库汛期中小洪水动态调度方法与实践[J]．水力发电学报，2012，31(4)：22-27.

[3] 李志远．基于来沙量减少的三峡水库运行水位的思考[J]．长江科学院院报，2012，29(10)：11-15.

[4] 郭家力，郭生练，李天元，等．三峡水库提前蓄水防洪风险分析模型及其应用[J]．水力发电学报，2012，31(4)：16-21.

[5] 李义天，甘富万，邓金运，等．三峡水库汛限水位优化调度初步研究[J]．水力发电学报，2008，27(4)：1-6.

[6] 陈建，李义天，邓金运．汛限水位优化调度对三峡水库泥沙淤积的影响[J]．水力发电学报，2012，31(1)：183-187.

[7] 周研来，郭生练，刘德地，等．三峡梯级与清江梯级水库群中小洪水实时动态调度[J]．水力发电学报，2013，32(3)：20-26.

[8] 吴凤燕，付小莉．葛洲坝下游中华鲟产卵场三维流场的数值模拟[J]．水力发电学报，2007，26(2)：114-118.

[9] 郭文献，夏自强，王远坤，等．三峡水库生态调度目标研究[J]．水科学进展，2009，20(4)：554-557.

丹江口水利枢纽初期工程纵向裂缝检查与处理

李方清[1]　田　凡[2]　黄朝君[1]　杨小云[1]

(1. 南水北调中线水源公司　湖北　丹江口　442700;
2. 西北公司丹江口监理中心　湖北　丹江口　442700)

摘要:丹江口水利枢纽初期工程于20世纪50年代末开工建设,1973年全部建成。工程建成后的运行维护过程中,陆续发现存在不少裂缝,较大规模的裂缝有右岸转弯坝段143 m高程水平裂缝、18坝段竖向劈头缝、3~7坝段纵向裂缝等。必须对初期工程裂缝等缺陷进行妥善处理后,才能在此基础上进行加高改造。对于类似前两类的裂缝,很多都是采用上堵下排等方式处理,处理技术相对成熟。而纵向裂缝本身由于其发生相对较少,处理相对复杂,所以本文主要阐述3~7坝段纵向裂缝的检查与处理。通过水平钻孔、声波、孔内电视录像等方式查清了该裂缝,最深12 m左右;采取布设水平锚杆、回填廊道、高程162 m坝顶布设限裂钢筋等措施进行了妥善处理。

关键词:丹江口水利枢纽　纵向裂缝　检查　处理

丹江口水利枢纽工程是治理开发汉江的骨干工程,也是南水北调中线的水源工程。工程于20世纪50年代就开始进行规划设计,中间为混凝土重力坝,两岸接黏土心墙土石坝,轴线总长3 442.0 m,坝顶高程176.6 m,混凝土坝最大坝高117.0 m,正常蓄水位170.0 m,库容290.5亿m^3。鉴于当时的施工水平和国家财力等原因,决定分期建设,初期工程规划为:坝顶高程162.0 m,正常蓄水位157.0 m,库容174.5亿m^3,河床混凝土坝段100 m高程以下按后期工程规模完建,坝体下游面大部分预留键槽。初期工程于1958年9月开工建设,1973年年底完成。按最终规模的改扩建工程即丹江口大坝加高工程于2005年9月26日开工,2014年年底完工。

初期工程完建后的运行维护过程中,陆续发现存在不少裂缝,较大规模的裂缝有右岸转弯坝段143 m高程水平裂缝、18坝段竖向劈头缝、3~7坝段纵向裂缝等。对于类似前两类的裂缝,多采用上堵下排等方式处理,处理技术相对成熟。本文主要阐述3~7坝段纵向裂缝的检查与处理。

1　坝体结构

丹江口水利枢纽混凝土大坝共58个坝段,从右到左依次为右13~右1坝段、1~44坝段,其中,右13~7坝段称为右岸联结坝段,8~13坝段为深孔坝段,14~24坝段为表孔坝段(其中,18坝段为非溢流坝段),25~32坝段为厂房坝段,33~44坝段为左岸联结坝段。2~32坝段坝轴线为直线,其右侧坝段坝轴线往上游偏转、左侧坝段坝轴线往下游偏转。

3~7坝段(其中3坝段分为$3_{左}$、$3_{右}$两个坝段)位于右岸联结坝段的直线坝段,每个坝段的轴线长度均为 17 m，总长 102 m。6 个坝段中，除 7 坝段在坝段靠中部高程 148.0 m 以上设有门库外，其他基本为实体坝段。初期工程坝顶平面图见图 1，典型横剖面图见图 2。

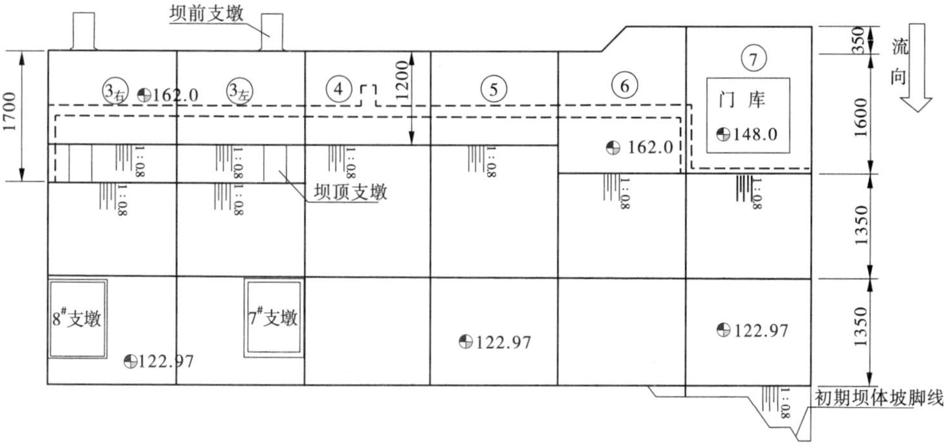

图 1　初期工程 3 ~ 7 坝段坝顶平面示意图（隐去了电梯井、管理房等）

2　裂缝检查

2.1　丹江口大坝加高工程之前的检查情况

1980 年检查发现，$3_{左}$ ~ 6 坝段高程 158.0 m 电缆廊道拱顶或拱顶偏下游侧均有纵向裂缝，基本贯穿 $3_{左}$ ~ 6 坝段，总长 57.8 m，缝宽 0.5 ~ 1.0 mm。1993 年检查时，该裂缝左端向下发展到廊道底部，并沿底板裂至 6 坝段横向廊道底板台阶处，缝宽 5 mm，电缆廊道原有纵向裂缝渗水，7 坝段右侧门库开裂。1996 年汛后发现 7 坝段门库右侧裂缝已裂至高程高程 150.0 m 廊道，缝宽在 5 mm 以上。2002 年，6、7 坝段横缝处裂缝最深达 12 m，裂缝贯穿电缆廊道顶拱，在 6 坝段廊道顶部沿裂缝可见混凝土碎裂块；裂缝底部疑是延伸至高程 150.0 m 横向廊道顶拱。沿裂缝面均有渗水，局部缝面可见白色游离钙聚积，最大缝宽已达 9 mm。运行期间，该裂缝处于发展状态，但未进行处理。

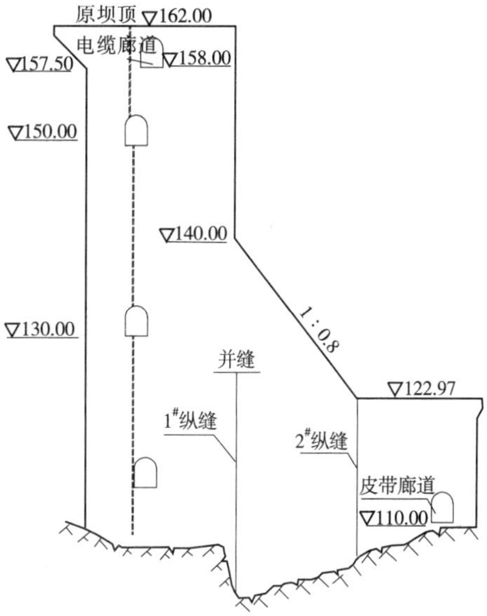

图 2　典型横剖面图（6 坝段）

2.2　裂缝详查

由图 1、图 2 可知，裂缝所在部位高程 145.0 m 以上坝体厚度从 3 坝段至 6 坝段依次为 17.0 m、12.0 m、16.0 m，高程 158.0 m 电缆廊道下游侧距离下游面的水平距离为 2.0 ~ 6.0 m。也就是上述裂缝距离下游直立面的距离有可能小于 2.0 m，如此性态的纵向裂缝将对坝体结构受力产生极为不利的影响，必须彻底查清裂缝的规模并进行妥善处理，才能在此基础上进行贴坡加高。

为此,考虑到该裂缝靠近下游坝面,结合处理措施,在下游坝面向上游方向钻孔取芯,并采用电视录像、注水、压风等方法检查裂缝向下延伸情况。

2.2.1　检查孔布置

7 坝段坝顶设有坝顶门库,门库侧壁厚度 2.0 m,自门库内基本可观察裂缝向下延伸的情况,且裂缝并未发展到门库底板,7 号坝段不需要再布置钻孔进行深度检查。

为查清 3 ~6 坝段坝顶裂缝与高程 130.0 m、150.0 m、158.0 m 各层廊道纵向裂缝的连通情况,在 3 ~6 坝段下游面高程 157.0 ~129.0 m 自上而下布置了 8 层检查孔,共 88 个,孔径 110 mm,孔向沿大坝的横断面方向,沿水平向下倾 5° ~10°。钻孔布置见图 3、图 4。

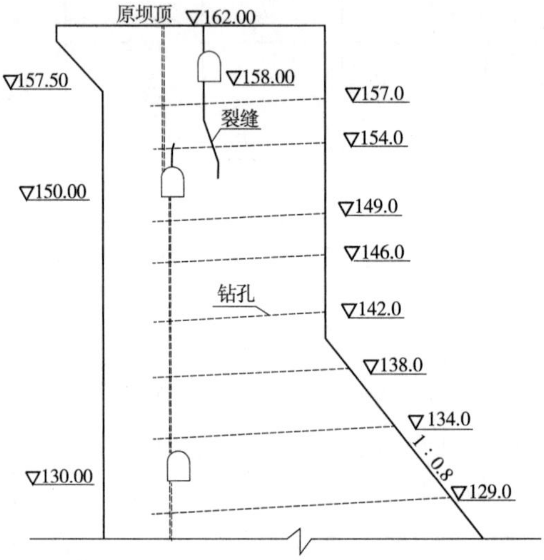

图 3　6 坝段检查孔布置以及裂缝大样图

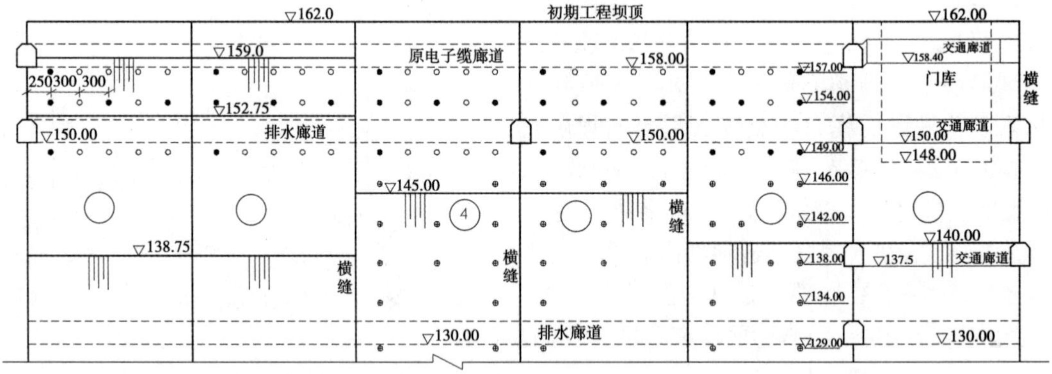

图 4　3 ~7 坝段纵向裂缝钻孔检查示意图(下游立视)

2.2.2　裂缝检查结果

从加高工程之前对 3 ~7 坝段坝顶纵向裂缝的检查情况看,裂缝深度较大,运行期间,该裂缝处于发展状态。加高工程开工后的检查工作于 2006 年 9 月 19 日开始施工,2007 年 1 月 18 日完成,施工中又增加了一层(高程 161.3 m)钻孔,共完成 Φ110 mm 钻孔 120 个,钻孔取芯 1 401.04 m,孔内电视录像 936.60 m,单孔声波检测 304.60 m。检查结果表明:①裂缝在 3 左、3 右、4 坝段基本只穿过高程 158.0 m 廊道顶板;②5、6 坝段裂缝自坝顶穿过高程

158.0 m 廊道，在廊道底板开始向下游倾斜，在高程 150.0 m 廊道下游坝体内高程 148.0 ~ 154.0 m 范围尖灭，最大深度不超过高程 148.0 m 高程；③3 ~ 6 坝段高程 150.0 m 廊道顶板的纵向裂缝为另一条贯穿坝段的廊道裂缝，裂缝自廊道顶板向上延伸约 3 m；④$3_{左}$ ~ 6 坝段高程 130.0 m 廊道顶部裂缝属一般的廊道裂缝。裂缝典型断面分布见图 3。

2.3　裂缝成因分析及其对加高后坝体的影响

2.3.1　*初步分析*

本处为坝体下游断面变化段，由于布设有门库的 7 坝段为薄壁结构，边角处易产生裂缝；6 坝段左侧是丰满门机轨道梁端（丰满门机下游侧轨道梁跨门库布置，轴线约在门库靠下游 1/3 处）及 400 t 门机轨道挡头，受力条件复杂，初期工程 158.0 m 廊道 1980 年检查时已发现裂缝，受气温年变化、库水位变化影响以及 1990 ~ 1992 年间因施工丰满门机在此处频繁运行，导致原有裂缝有所发展。

2.3.2　*数值分析*

以初期工程 4 坝段作为典型进行了平面有限元分析，分析结果表明：坝体在自重、水压力及渗透压力作用下，位移分布连续，纵向裂缝不会形成，坝体作为一个整体在外荷载作用下发生变形，除各高程廊道顶部及底部出现不超过 0.4 MPa 的拉应力外，坝体其他部位基本处于受压状态。坝体在温度荷载作用下开裂，按拟定条件，坝体开裂深度为 144.57 m，比裂缝实际开裂高程略低。因此，本部位的纵向裂缝主要是由温度荷载引起的。

在坝体贴坡和加高部分完成后的有限元分析表明：①纵向裂缝基本处于张开状态，但张开度明显减小，且张开度随气温发生周期性的变化。一方面由于新浇筑混凝土的保护作用，初期坝体温度变化幅度明显减小；另一方面坝体下游贴坡混凝土和上游水压对初期大坝体的压紧作用，裂缝深度没有向下开展的趋势，随着坝前水位上升裂缝的开度减小。②大坝加高之后坝踵应力没有明显的恶化，加高完成之后坝前水位抬高至 170 m 高程，不同季节坝踵应力变化范围为 -2.0 ~ -9.3 MPa，坝踵一直是处于受压状态。

3　裂缝处理

3.1　处理方案

根据裂缝检查资料和现场施工实际情况，为保证裂缝处理顺利进行和尽可能不对贴坡混凝土施工造成影响，形成了裂缝处理方案，即对高程 149.0 m 以下检查孔封孔和 149 m 以上锚筋施工；高程 158 m 廊道内凿毛、裂缝处理、混凝土回填、廊道回填后顶部回填灌浆；高程 158.0 m 廊道上方坝面，清除坝顶铺装层、裂缝灌浆、坝顶布设限裂筋等。

3.2　裂缝处理施工

裂缝处理施工于 2007 年 4 月 19 日开始，2008 年 11 月 26 日完成。施工分为两个阶段进行，第一阶段为高程 149.0 m 以下检查钻孔封孔、高程 149.0 m 以上锚筋施工；第二阶段为廊道内碳化层凿除、廊道回填区裂缝处理、廊道回填等。

（1）4 ~ 6 坝段高程 149.0 m 以下裂缝检查孔封孔：采用 M20 水泥砂浆封孔。先逐孔进行冲洗，将灌浆管插入孔底，注入 M20 水泥砂浆，拔管后卡塞加压灌浆，注浆饱满密实凝固后，取出灌浆塞，对孔口部位进行人工二次封孔。封孔高程为 146.0 m、142.0 m、138.0 m、134.0 m、129.0 m，共计 5 层 36 孔，559.02 m。

（2）高程 149.0 m 以上锚筋施工：①对 3 右 ~ 6 坝段高程 157.0 m、154.0 m、149.0 m 的

3层裂缝检查孔内插入锚筋,每孔插入两根长9.0 m的Ⅱ级Φ36 mm钢筋至孔底,并用M20水泥砂浆灌浆封孔,共72孔。②在高程158.5 m、159.0 m及161.3 m、160.5 m、159.5 m布设的裂缝锁口锚杆孔(孔径Φ76 mm),在孔内插入Ⅱ级Φ36 mm钢筋至孔底,并用M20水泥砂浆灌浆封孔,共计:长9.0 m,126根;长6.5 m,193根;长4.5 m,66根。

(3)高程158.0 m廊道内裂缝处理:①Ⅱ类裂缝处理,沿裂缝切梯形槽(槽宽7.5 cm,深5.0 cm),槽内嵌填M40预缩砂浆(分层回填)与表面混凝土平齐。②Ⅳ类裂缝处理,沿裂缝切梯形槽(槽宽7.5 cm,深5.0 cm),钻裂缝灌浆斜孔(与缝面夹角45°~60°孔径Φ18 mm,孔距20.0~50.0 cm,孔深穿过裂缝),冲洗钻孔和缝面后埋灌浆管并检查其贯通性,再用M40预缩砂浆嵌填梯形槽与表面混凝土平齐。待预缩砂浆固化后采用LPL材料化学灌浆处理,灌浆压力最高控制在0.4 MPa。灌浆后对裂缝进行钻孔压水检查,同时骑缝钻孔取芯检查浆材结石情况(7条裂缝缝内灌浆饱满,填充效果较好)。

(4)高程158.0 m廊道混凝土回填施工:①先进行廊道内碳化层凿除。②在3~6坝段高程162.0 m钻混凝土回填孔(至廊道顶拱),孔径Φ225 mm,间距200 cm,采用R_{28}150二级配泵送混凝土对高程158.0 m廊道分坝段进行封堵回填。③廊道回填28 d后,在高程162.0 m钻风钻孔(孔径Φ42 mm,孔深1.85 m左右进入回填混凝土10.0 cm)进行廊道顶部水泥回填灌浆,灌浆孔分两序实施,灌浆水灰比0.5∶1,灌浆压力控制在0.25 MPa。

(5)坝顶面纵向裂缝处理:在完成廊道回填灌浆和坝顶铺装层清理后,对坝顶纵向裂缝进行了相应处理。共处理Ⅱ类缝2条,Ⅳ类缝5条(采用HK-G-2改性环氧化学灌浆处理)。

(6)并缝措施:在坝顶沿纵向裂缝设置两层裂缝钢筋,钢筋直径Φ32 mm,钢筋间距20 cm。

4 裂缝监测

4.1 裂缝开度变化

埋设在3左~5坝段坝顶纵向裂缝上的裂缝计K01YL3Z、K01YL4、K01YL5测值表明:裂缝开度变化稳定,一般测值均小于0.15 mm,最大幅度0.3 mm,埋设在3~7坝段其他裂缝计测值基本小于0.2 mm。测值变化不受温度影响。由此认为经处埋后裂缝的开度不存在张开现象,裂缝处于闭合状态。

4.2 钢筋应力

与3~7坝段的裂缝计成组埋设的钢筋计测值表明:裂缝面上的锚固钢筋应力最大为10.8 MPa,变化幅度约为23.0 MPa,测值具有与温度变化负相关持性,但没有随时间而增大的现象。

4.3 7坝段裂缝监测

7坝段坝顶4号裂缝、门库右侧裂缝及高程157.5 m横向廊道7坝段右侧布设4组测缝测点的裂缝同属为1条裂缝。裂缝计K01YL7测值为-0.03~0.18 mm,变化幅度约为0.22 mm,不受温度影响;右J08YL7最大约为0.23 mm,缝面未现张大趋势,现已基本处于稳定;4组测缝标点各测点处缝面开度变化规律及变幅基本一致,2005~2006年期间,缝面呈现逐渐张开增大趋势,2006年后开合度年周期变幅明显变小,缝面开合度渐趋于稳定;钢筋计R01YL7S测值变化范围为 -10.01~7.46 MPa,变化幅度小于18.0 MPa。门库左侧裂缝计左 J07YL7 最大开度 0.39 mm,缝面未现张大趋势,现已基本处于稳定。

仪器的监测数据及相应过程线真实反映了初期工程大坝裂缝变化状态;仪器监测成果表明,裂缝处理所采取的工程措施可行,效果明显。

5　结　语

从结构安全角度看,纵向裂缝的危害性丝毫不亚于劈头缝,对比分析丹江口大坝加高工程所处理的初期工程裂缝,3 ~7 坝段纵向裂缝的处理更是得到了参建各方以及南水北调相关专家的高度重视,从裂缝的检查到处理方案的确定直至完成处理,凝结了建设者不少心血。限于篇幅,本文只是作了简要的概括总结,希望能给读者裨益。

参考文献

[1] 康子军,李方清,杨小云. 丹江口大坝下游坡面裂缝检查与处理[J]. 湖北水力发电,2008(5).

[2] 张平安,等. 故县水库大坝溢流面反弧段裂缝分析与处理[J]. 大坝与安全,2000(1).

[3] 李才,朴灿日. 丰满大坝溢流坝段闸墩加固技术[J]. 水利水电技术,2000(10).

全国病险水库大坝管理系统开发与病害分析

赵　春[1]　贾金生[1,2]　郑璀莹[1,2]

(1. 中国水利水电科学研究院　北京　100038；
2. 中国大坝协会　北京　100038)

摘要：水库大坝安全是我国政府高度重视的问题之一。近年来，政府投入大量资金进行病险水库除险加固，取得了显著的成效。根据水利部编制的各期病险水库除险加固规划，我国病险水库总量在5.61万座左右，数量多，项目管理难度大。紧密围绕政府部门的管理需求，作者开发了《全国病险水库大坝管理子系统》，目的在于为行业管理部门和工程单位提供及时的服务。本文对全国病险水库大坝管理系统的开发进行了概述，并对大中型病险水库的主要病害特征进行了初步分析，可为同类系统的开发和应用提供参考。

关键词：病险水库　除险加固　管理系统　大坝

1　概　述

水库大坝安全是我国政府高度重视的问题之一。近年来，我国政府先后启动多个病险水库除险加固规划的编制和实施，总计投入资金近2 000亿元进行病险水库除险加固，取得了显著的成效。根据水利部编制的各期病险水库除险加固规划，我国病险水库总量在5.61万座左右，项目数量庞大，分布广泛，总体工程量浩大。与此同时，病险水库除险加固工程类型多样、程序复杂。病险水库除险加固工程建设程序主要包括前期工作、投资计划、建设管理等重要环节，对于大中型项目，其建设管理程序根据《病险水库除险加固工程项目建设管理办法》(发改农经2005〔806〕号)执行。对于小型病险水库项目，在2007年财政部和水利部联合发布《重点小型病险水库除险加固项目管理办法》之后，按照地方负总责的原则，由中央给予定额补助并负责监督检查，由地方根据初设批复情况分解下达到具体项目，资金缺口由地方筹措解决。总的来说，由于各地具体情况复杂，加上项目量大面广、管理环节颇多、时间紧迫，我国病险水库除险加固项目管理难度极大。

针对我国病险水库除险加固项目数量庞大、程序复杂等导致管理工作难度很大的实际情况，有关部门非常重视，采取技术手段来加强病险水库除险加固项目的投资计划管理、前期工作管理和工程建设管理，以保障规划工作的顺利实施。受水利部委托，紧密围绕政府部门的管理需求，作者开发了全国病险水库大坝管理系统，目的在于为行业管理部门和工程单位提供及时的服务。该子系统基于Web方式，采用符合我国行政区划分级管理特点的管理模式，将全国30多个省级、300多个市级和近2 900个县级行政区划全部纳入用户体系，具有很强的远程数据管理功能，为规划数据核查、基础信息采集、加固进度填报、查询统计分析等工作提供了有力的技术手段和管理平台。自投入运行以来，基于系统编写了多期《全国病险水库除险加固工程前期工作进展情况通报》，在及时掌握和督促除险加固工作进度，保

障各项规划顺利实施等方面发挥了非常重要的作用。该系统的显著特点为:

(1)采用数据库技术对病险水库除险加固投资计划工作进行管理,提高了管理工作的效率和信息管理标准化、规范化的程度。

(2)采用基于Web的应用系统用于病险水库除险加固前期工作的信息采集和管理,有力地促进了各地除险加固前期工作的进度。

(3)首次建立了相对完备的全国病险水库除险加固项目库,为进一步的技术归纳、总结和开发奠定了一定的基础。

(4)首次建立了病险水库除险加固管理部门的全国用户体系,极大地促进了系统的应用和除险加固项目管理工作。

(5)开发了一系列基于数据库的Java动态数据图表展示技术。

本文从数据库设计、系统功能和应用等方面对全国病险水库大坝管理系统的开发进行了概述,并对专项规划中的大中型病险水库的主要病害特征进行了初步分析,可为同类系统的开发和应用提供参考。

2　系统的数据库设计

通过参考全国水利普查有关数据表格,并结合水利电力行业同类数据库系统的开发经验,建立了覆盖范围最为全面的病险水库除险加固工程技术管理信息数据库。本数据库纳入各期全国性规划的病险水库信息,既包括病险水库的工程基本信息、防洪技术参数、水工建筑物信息、水库效益指标、运行管理等工程情况,也涵盖了水库除险加固的前期工作、投资计划、建设管理、资金管理以及实施情况,建立了病险水库除险加固数据管理平台。

2.1　数据库管理对象

系统管理对象为列入各期全国性规划的病险水库的主要信息,共计5.61万座,见图1。经过需求分析,确定本系统应包含的主要数据内容为:①全国病险水库基本情况;②规划实施项目基本情况;③病险水库安全鉴定及核查情况;④病险水库除险加固工程初步设计审查、复核、批复等情况;⑤地方政府对配套资金的承诺及到位情况;⑥病险水库除险加固工程投资建议计划情况;⑦病险水库除险加固工程投资计划下达情况;⑧病险水库除险加固工程实施进展情况;⑨病险水库除险加固工程竣工验收情况;⑩管理中涉及的各类文档和多媒体信息。

2.2　主要数据表格

2.2.1　病险水库除险加固工程信息表

主要存储管理已加固完成、正在实施加固、将要实施加固的全部病险水库的基本信息、工程信息、除险加固过程信息,以及相关的技术信息。根据水行政管理部门实际工作中的具体需求,参考相关标准、规范、管理办法,并参考同类数据库的开发经验,该表共设计400多个字段,包括以下18个部分的内容:

(1)索引信息:为水库大坝的标识和索引信息,主要包含水库编号、名称、型别、库容、所在地点、所在流域、管理单位、主管部门、列入规划的情况等内容;

(2)工程基本信息:主要包括所在水系河流、详细地点、水库开工完工时间、坝址经纬度、主要建筑物、移民安置人口、建库审批文件、原设计施工单位等内容。

(3)防洪技术参数:主要包括水库的水位、库容、流量、洪水标准以及历史极值等内容。

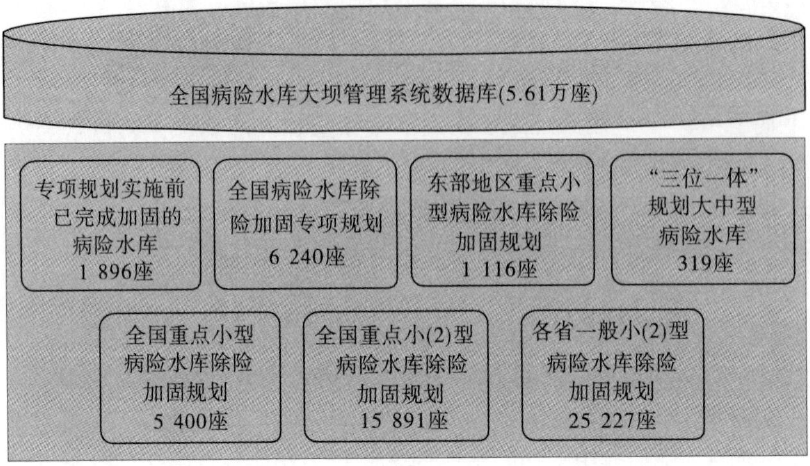

图1　全国病险水库大坝管理系统数据库对象框图

(4)水库效益指标:主要包括水库现状的防洪、供水、灌溉、发电、养殖、航运等方面的设计或实际效益指标。

(5)挡水建筑物主要信息:水库挡水建筑物(大坝)的主要参数,包括主坝的型式、尺寸,副坝数量、型式以及通航建筑物结构形式等内容。

(6)输泄水建筑物主要信息:水库泄水建筑物、输水建筑物、放水建筑物的主要信息,包括建筑物类型、进口高程、流量、闸门形式、启闭设备等内容。

(7)水库运行管理、防汛抢险主要信息:主要包括水库管理体制,管理人员数量,管理范围,水情测报、安全监测主要情况,洪水预报、调度、抢险预案的编制审批情况等内容。

(8)安全鉴定及核查:病险水库进行安全鉴定和安全鉴定核查的情况,包括组织、承担、审批单位的情况,安全鉴定报告书,核查意见等内容。

(9)除险加固初步设计:主要包括病险水库除险加固工程承担、审批单位的情况,初步设计复核、批复意见,前期工作,批准的除险加固建设内容、投资、工程量等内容。

(10)主要病险类型:规划病险水库的主要病险原因和加固措施,分析归纳出主要病险类型,并判别各座病险水库进行是否存在该类病险。

(11)主要资金信息:主要包括初步设计的初审、复核、批复投资,中央投资和地方配套的下达、到位、完成情况等内容。

(12)项目建设管理:主要包括“四制”的执行,开工完工,重大设计变更,质量事故,安全事故等内容。

(13)项目验收情况:主要包括蓄水安全鉴定、竣工验收、加固质量评定、工程量完成,遗留问题等内容。

(14)除险加固效益:主要包括水库安全是否达标,增加的防洪库容、供水量、灌溉面积,以及相应的经济效益等内容。

(15)水管体制改革:主要包括改革方案的制定和审批,分类定性、定岗定编,两费落实情况等内容。

(16)除险加固建设责任人:管理部门正式公布的病险水库除险加固责任人名单,包括政府、主管单位、建设单位的责任人姓名、单位、职务等信息。

(17)水库大坝安全责任人：管理部门正式公布的水库大坝安全责任人名单，包括政府、主管单位、管理单位的责任人姓名、单位、职务，以及公布年份等信息。

(18)系统管理信息：主要作为系统管理维护的信息，包括资料截止时间，数据维护人员签名，登录用户、登录IP、最后修改时间等内容。

2.2.2　安全鉴定成果信息表

水库大坝安全鉴定成果是评价大坝安全最主要的依据。由水库编号和安全鉴定时间作为安全鉴定信息的唯一标识。主要包括安全鉴定组织单位、承担单位、审定单位，大坝现场安全检查、工程质量评价、运行管理评价、防洪标准复核、结构安全评价、渗流安全评价、抗震安全复核、金属结构安全评价、工程存在的主要问题、加固建议、安全鉴定结论等内容。

2.2.3　病险水库投资台账表

病险水库的投资台账主要包括投资年份、投资文号、投资来源、中央投资、地方配套，以及下达投资、到位投资、完成投资等信息。

2.2.4　文档和多媒体信息表

与水库大坝管理相关的文档、图像及其他多媒体信息是系统管理的重要内容。本系统根据文档类型来进行分类管理，主要包括设计报告、工程图纸、技术文档、行政文件、图像照片、音频视频、其他文件等7类。除存储文档本身的内容外，还包括文件名称、文件大小、上传用户、上传时间等。

2.2.5　地方用户信息表

按照我国行政区划体系结构建立的内置用户信息表。保存地方“省—市—县”等三级用户的基本信息、联系信息、管理信息等，包括行政区划名称、级别、上级区划信息，并存储用户名称、单位名称、地址和邮编、联系人员电话、手机、传真、电子邮箱，以及用户当前状态(如激活、授权、撤销)等信息。

3　系统的结构与功能

3.1　系统的结构

系统分为两期开发。本文以当前正在运行的二期系统为例进行介绍。二期系统包括三个子系统：即省级用户子系统、市县用户子系统、后台管理子系统。市县用户主要承担具体的数据填报工作；省级用户负责对市县用户进行管理，并对填报数据负有审核责任；后台管理用户负责数据汇总分析，发布月报等。系统结构框图见图2。

3.2　系统的用户管理功能

系统按照我国行政区划结构已内置全部省级用户和下级用户，编码、名称及结构完全按照国家统计局公布的最新县及县以上全国行政区划代码进行设计。省级用户按照管辖范围内水库数量来激活市县用户，并赋予相应的水库管理权限。授权管理主要工作流程如下：

用户管理→激活下级用户→审核下级用户→对用户进行授权/撤销操作。

用户管理功能主要包括用户激活、用户审核、用户授权、用户撤销授权、密码重置等操作，界面如图3所示 。可按区划、用户级别、用户状态对用户管理信息进行查询，可分别查询管辖水库座数、未委托座数、已委托座数和水库基本信息等。

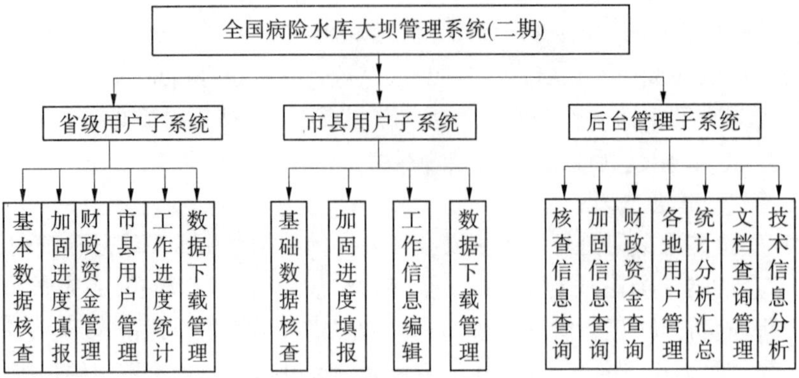

图2 全国病险水库大坝管理系统(二期)结构框图

图3 查询用户基本信息的界面

3.3 水库信息管理工作

信息填报用户都具有水库基本信息查询、基础数据核查、加固进度填报等功能。系统可按照“规划批次”、“水库型别”、“所在流域”、“水库库容”、“水库名称”、“水库地点”、“投资渠道”等进行基本信息组合查询，查询结果以表格形式显示，具有翻页、定位、排序等功能。为了修正规划报告中水库信息的错误，要求用户利用基础数据核查功能对水库名称、型别、库容、流域、地点等进行核实，并完善坝高、坝型、建成时间、主要病险、管理单位等内容。及时、准确地获取单座水库除险加固进度，是掌握和督促各地病险水库除险加固进度的先决条件。病险水库除险加固进度填写界面如图4所示，包括前期工作进度、建设实施进度、水库管理体制改革进度、工程投资情况、工程量完成情况等五项内容。

王阜安水库除险加固进度

基本情况						
水库编号	水库名称	所在省份	所在地市	所在县区	补助类型	水库库容
6C030001	王阜安水库	河北	石家庄市	灵寿县	地	180.0000

前期工作进度						
类别	安全鉴定	安鉴核查	初设初审	初设复核	初设批复	工作经费（万元）
完成时间	200705	200912	201010		201012	小计：0.0000
单位或文号	组织 灵寿县水务局	文号 冀水规计[2010]8号	编制 河北省水利水电勘测	文号	文号 冀水规划[2010]19	省级
投资（万元）	-	-	433.5800		280.0000	市县

建设实施进度					
项目开工时间	招投标完成时间	主体完工时间	全面完工时间	投入使用时间	竣工验收时间
201108	201104	201206	201209		201212

水管体制改革进度						
水库管理单位	完成改革时间	“两费”落实时间	工程维修经费应落实（万元）	工程维修经费已落实（万元）	公益性人员经费应落实（万元）	公益性人员经费已落实（万元）
洲台乡政府						

工程投资情况（万元）						
类别	小计	中央补助资金	地方配套资金			
			小计	省级	市级	县级
已安排投资	280.0000	180.0000	100.0000	100.0000		
已到位投资	280.0000	180.0000	100.0000	100.0000		
已完成投资	280.0000	180.0000	100.0000	-	-	-

工程量完成情况					
土石方应完成（万方）	土石方已完成（万方）	混凝土应完成（万方）	混凝土已完成（万方）	钢筋金结应完成（吨）	钢筋金结已完成（吨）
2.3400	2.3400	0.0300	0.0300	45.0000	45.0000

需要说明情况		填写人员姓名	郝敏霞	最后修改时间	2013-04-27 09:04:10

数据检查　提交修改　恢复原值　返回

图4　病险水库加固进度填报界面

3.4　水库大坝信息编辑

系统具有对水库大坝工程技术信息进行编辑的功能，见图5。信息编辑页面采用标签页的形式，便于信息的组织和查看。主要包括“位置信息”、“管理单位”、“基本信息”、“水文参数”、“效益参数”、“建设信息”、“监测与管理”等标签页。填写数据主要格式包括文字型、整数型、小数型、枚举型、时间型、文本型等，具有数据自动纠错功能。用户按照填写提示将信息编辑完毕后，可对数据进行有效性检查，之后提交数据库进行保存。

3.5　统计分析功能

统计分析功能是系统的核心功能，对各地填报信息进行统计分析，快速地形成报表，为编制《全国病险水库除险加固工程进展月报》提供基础数据。各省级用户可对本省各项规划病险水库的加固进度等进行统计；后台管理用户可对各省信息进行统计汇总，生成专门格式的病险水库数量统计表、进度统计表和资金统计表等。

3.6　文档查询与管理

病险水库除险加固项目实施过程中，存在大量的技术文档、图像等数据，如大坝安全鉴定报告书、初步设计报告批复意见等文件资料，是下达工程投资和工程设计、施工、监理等技术实施阶段的重要文件依据和技术资料。系统的电子档案查询管理功能较为完善，具有文档的添加、查看、下载、删除等各种功能，见图7。

3.7　技术分析

系统提供进行病险水库大坝技术分析的功能。用户可根据分析需要，对省份、流域、坝型、坝高、存在病险、病害特征、加固措施等条件进行设置。坝型按结构分为拱坝、重力坝、土

序号	名称（单位）	内容	填写说明
1	水库编号	SK3A150004	水库编号
2	水库名称	水库	水库名称的标准全称
3	水库型别	大二	根据库容划分的水库型别
4	所在省	山东省	主坝位置
5	所在市	烟台市	主坝位置
6	所在县	莱阳市	主坝位置
7	所在乡镇	沐浴店镇	主坝位置
8	所在村庄	沐浴村	主坝位置
9	详细地点	山东省烟台市莱阳市沐浴店镇沐浴村北600米	工程地理位置所在的县（市、区）、乡（镇、街道），工程跨区域的按主坝位置确定
10	跨区域说明		工程地理位置所在的县（市、区）
11	所在经度		山丘水库填写主坝轴线中点处地理坐标的经度；平原水库填写主进水闸轴线中点处地理坐标的经度。单位：° ′ ″。
12	所在纬度		山丘水库填写主坝轴线中点处地理坐标的纬度；平原水库填写主进水闸轴线中点处地理坐标的纬度。单位：° ′ ″。
13	流域机构	淮委	填水库所在管辖范围的流域机构名称
14	所在流域		填水库所在流域
15	所在水系		填水库所在水系
16	所在河流	五龙河	填写水库工程坝址（或闸址）所在具体河流名称
17	所在支流	蚬(xiǎn)河	填写水库工程坝址（或闸址）所在支流名称
18	水系详细说明	五龙河支流蚬(xiǎn)河的中下游	水库工程坝址（或闸址）所在的详细水系

图5　水库大坝信息编辑页面

石坝、面板堆石坝4大类，按材料分为混凝土坝、土坝、堆石坝、浆砌石坝等4大类，用来分析病险水库的坝型分布特征；对坝高和库容按照不同区间进行分类，用来分析水库大坝的规模分布特征。系统还可结合坝型对病害特征、加固措施等进行检索，并支持模糊查询的方式，查询结果可高亮显示，方便用户使用。图6为查询水库中"病害特征"包含"渗"、"加固措施"包含"灌浆"的案例。

4　大中型病险水库病害特征统计分析

4.1　数据样本分析

分析对象为《全国病险水库除险加固专项规划》中的1 182座大中型水库，其中大型86座，中型1 096座。按筑坝材料分类，土石坝1 078座，占总数的91.2%，浆砌石坝83座，占总数的7.0%，混凝土坝仅19座，占总数的1.6%，其他坝型2座。坝高分布情况为：30 m以上为463座，占总数的39.2%，15 m到30 m之间为511座，占总数的43.2%，15 m以下为208座，占总数的17.6%。按照地区划分统计，依次为：华东地区411座，华中地区340座，华南地区172座，华北地区119座，东北地区54座，西南地区53座，西北地区33座。

4.2　病害特征分类

根据水库大坝安全鉴定方法和安全鉴定报告书，结合国内大坝失事案例，将主要病险原因分为七个大类：

(1)防洪标准：经洪水复核许多水库存在防洪标准不足的问题，主要表现为坝顶高程不足，坝体防渗体(心墙)顶高程不足，水库泄洪能力不足，泥沙淤积导致库容不足等；

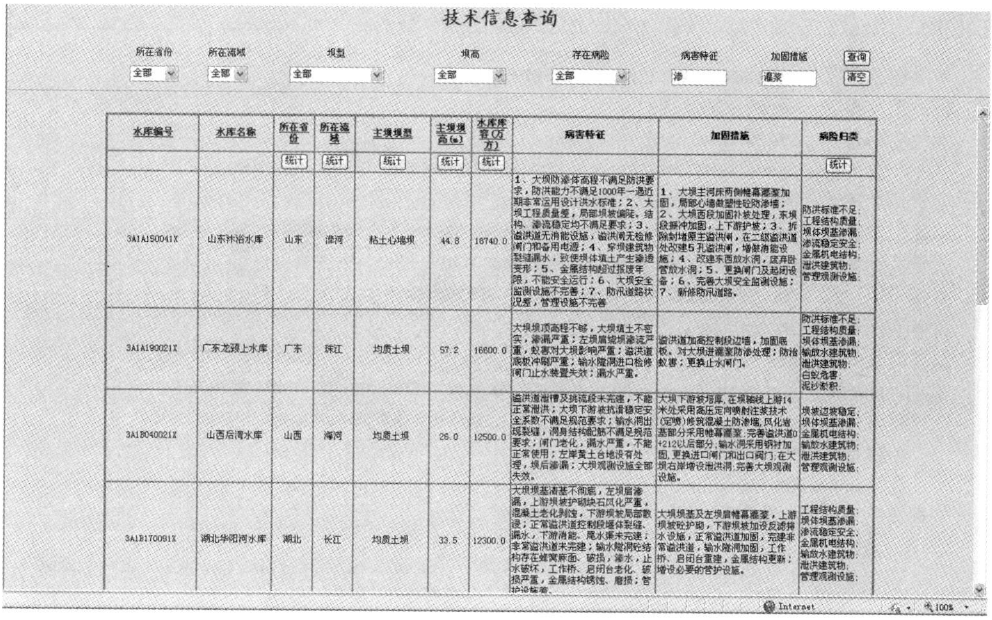

图6　技术信息查询界面

(2)工程质量:施工质量差,土料压实不均匀、含水量高,坝基未清基,混凝土破损、溶蚀、老化、强度降低、耐久性差;工程未完建、白蚁危害等;

(3)结构安全:坝体抗滑稳定安全系数不足,坝坡、边坡失稳,坝体单薄、断面不足,坝体裂缝,大变形,不均匀沉降,坝基裂缝,软弱夹层、断层;混凝土开裂,拉应力超规范;结构整体性差;护坡老化破坏、岸坡岩体崩塌;输放水建筑物、泄洪建筑物裂缝、断裂、露筋、剥离、冲蚀、漏水、坝脚侵蚀等结构破坏。

(4)渗流安全:坝体渗漏、坝基渗漏、绕坝渗流、接触冲刷、散浸、集中渗漏、流土、管涌、扬压力异常、渗透破坏、渗流稳定不安全等;

(5)抗震安全:抗震安全不满足、土层地震液化、地震引起开裂等;

(6)金属结构安全:金属机电设备老化、锈蚀、漏水、损坏,启闭失灵等;

(7)运行管理:管理设施、观测设施、防汛设备等缺失或者不足。

根据对1 182座病险水库病害特征的整理和进一步细化,提出15个主要的病害特征,作为统计分析的基础数据。这些病害特征分别为:防洪标准不足、工程质量问题、坝体坝基裂缝、坝体变形过大、坝坡边坡不稳、坝体坝基渗漏、渗流安全问题、抗震安全问题、地震液化问题、输放水建筑物破坏、泄洪建筑物破坏、金属机电结构破坏、白蚁危害、泥沙淤积问题、管理设施不足等。

4.3　病险水库主要病害特征分析

根据统计分析,泄洪建筑物破坏、坝体坝基渗漏、输放水建筑物破坏是病险水库最常见的三大病害特征,出现比例分别为74.6%、71.3%和69.1%。各种病害比例的统计情况见图7。较为典型的案例有:

泄洪建筑物破坏:安徽梅山水库,泄洪建筑物泄洪能力不足,闸门锈蚀严重、应力超标、运行中剧烈振动、事故闸门不能动水关闭;山东米山水库,溢洪道闸室抗滑稳定不满足规范要求,上下游边墙抗倾不稳定,护坦海漫及泄槽毁坏严重;湖南六都寨水库,溢洪道边墩裂缝

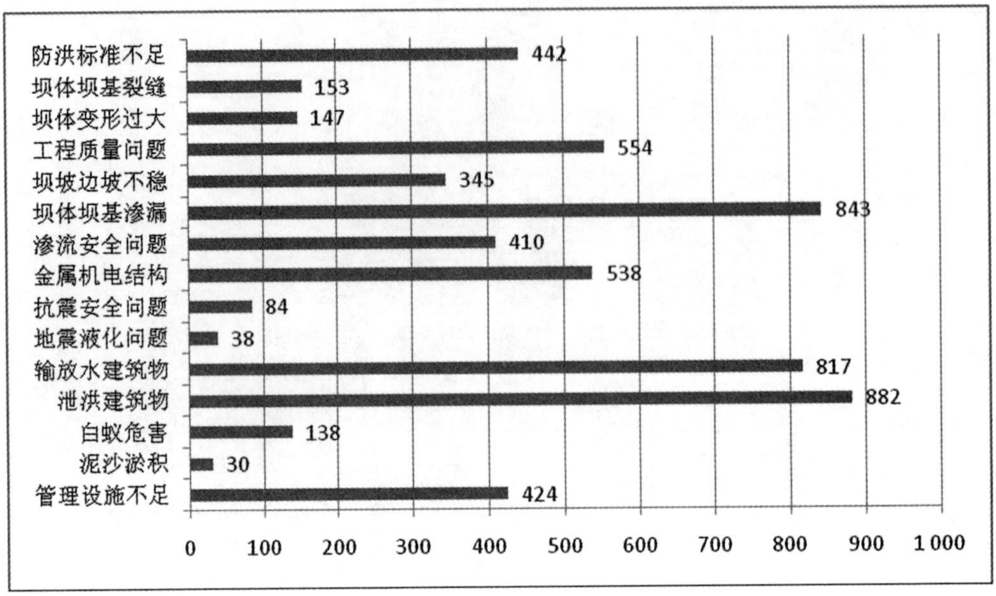

图7　大中型病险水库主要病害特征分类统计

较严重，碳化深度超标，消力池消能防冲标准低。

坝体坝基渗漏：广东龙颈上水库，大坝填土不密实导致渗漏严重，左坝肩绕坝渗流严重；江苏沙河水库，大坝填筑质量差，坝基渗漏，排水凌体不满足要求；河南宿鸭湖水库，大坝渗水，坝下游出现管涌、翻砂，大面积沼泽化。

输放水建筑物破坏：山西后湾水库，输水洞出现裂缝，洞身结构配筋不满足规范要求；吉林海龙水库，输水洞运行中强烈振动，土体与洞壁脱离，形成渗漏通道，无法正常运行，危及大坝安全；湖北华阳河水库，输水隧洞混凝土结构存在蜂窝麻面、破损、渗水、止水破坏等问题。

将各种病害按地理分布进行统计分析，主要结论如下：

(1)泄洪建筑物破坏病害以华中地区、华东地区比例最高，分别达到84.7%和78.8%，高于全国平均水平74.6%；西北地区、西南地区该项病害比例分别为51.5%、49.1%，低于平均水平。

(2)坝体坝基渗漏病害以华中地区为最高，达84.1%，西南地区和华东地区也高于全国平均水平。东北地区和华北地区该项病害比例分别为38.7%和48.1%，低于平均水平。

(3)防洪标准不足问题以东北地区(61.3%)、华北地区(55.6%)和西北地区(54.5%)较高，高于全国平均水平；华南地区比例为26.7%，低于平均水平。

(4)西南地区抗震安全问题比例最高，为22.6%；西北地区泥沙淤积问题比例最高，为18.2%。

选择均质土坝、黏土心墙坝和浆砌石重力坝三种数量较多的坝型进行分析，结果表明不同坝型最常见的病害存在明显区别：对于土石坝，泄洪建筑物破坏、输放水建筑物破坏是最常见的病害，心墙坝与均质土坝相比坝体渗漏问题有所减轻；对于浆砌石坝，坝体坝基渗漏是最主要的病害，泄洪建筑物破坏、输放水建筑物破坏等问题则明显低于土石坝。

5 结 语

经过长时间的探索、研究、实践、总结，本系统已在水利行业进行全国病险水库除险加固工程管理与监督工作中发挥了重要的作用，主要表现在以下几个方面：

（1）系统的基本数据核查功能保障了规划的顺利印发和实施，加固进度填报功能为及时掌握全国各地病险水库除险加固工程进度提供了技术手段和基础数据。

（2）利用系统编制并发布了多期《全国病险水库除险加固工程进展情况通报》，促进了全国小型病险水库除险加固项目的顺利实施。

（3）系统建立了全国范围内稳定的、完整的用户体系，为各省市县病险水库除险加固管理工作者协同工作提供了统一的管理平台，并首次将全国范围内的 5.61 万座病险水库全部纳入管理并成功应用，为大范围、多对象的同类管理系统提供了有益的参考。

（4）利用系统数据进行的病险水库病害原因分析，得到的结论对病险水库除险加固管理具有较大的参考价值。

参考文献

[1] 国务院.水库大坝安全管理条例（中华人民共和国国务院令第 77 号）. 1991.

[2] 水利部规划计划司，中国水利水电科学研究院. 全国病险水库除险加固项目投资计划管理系统（二期）开发报告［R］.2012..

[3] 汝乃华，姜忠胜. 大坝事故与安全. 拱坝［M］. 北京：中国水利水电出版社，1999.

[4] 汝乃华，牛运光. 大坝事故与安全. 土石坝［M］. 北京：中国水利水电出版社，2001. 10.

澜沧江糯扎渡水电站枢纽工程安全监测自动化系统综述

刘德军[1]　葛培清[2]　何　滨[2]

(1. 长江空间信息技术工程有限公司(武汉)　湖北　武汉　430010;
2. 华能澜沧江水电有限公司　云南　普洱　665000)

摘要:糯扎渡水电站枢纽工程安全监测自动化系统涉及心墙堆石坝、导流洞、溢洪道、泄洪洞、引水发电系统及相关工程边坡等的安全监测。本文介绍了该系统建设与运行情况,包括系统结构、组成和主要功能等,着重叙述了现场监测站、监测管理站和远程监测中心站三级 100 M 级光纤以太网整体组网通信拓扑网络结构,内观、GNSS、测量机器人、强震观测等多个监测子系统集成,安全监测信息管理及综合分析系统软件功能等。

关键词:安全监测　自动化系统　光纤以太网　系统集成 糯扎渡水电站

1　工程概况

糯扎渡水电站位于云南省思茅市翠云区和澜沧县交界处的澜沧江下游干流上(坝址在勘界河与火烧寨沟之间),是澜沧江中下游河段八个梯级规划的第五级。工程以发电为主,兼有防洪、灌溉、养殖和旅游等综合利用效益,水库具有多年调节性能。水库总库容为 237.03 亿 m^3,电站装机容量 5 850 MW(9 × 650 MW)。该工程由心墙堆石坝,左岸开敞式溢洪道,左、右岸泄洪隧洞,左岸地下引水发电系统,地面 500 kV 开关站及导流工程等建筑物组成。

心墙堆石坝坝顶长 627.87 m、宽 18 m,最大坝高为 261.5 m,坝高位列中国第一、世界第三,上游坝坡坡度为 1∶1.9,下游坝坡坡度为 1∶1.8。开敞式溢洪道布置于左岸平台靠岸边侧(电站进水口左侧)部位,由进水渠段、闸室控制段、泄槽段、挑流鼻坎段及出口消力塘段组成。左岸泄洪隧洞全长 942.867 m,由有压洞段、闸门井段、无压洞段和出口明槽及挑流鼻坎段组成,隧洞后段与左岸 5 号导流隧洞结合。右岸泄洪隧洞总长 1 062.898 m,由进口有压洞段、检修闸门井段、工作闸门井段、无压洞段及挑流鼻坎段组成。引水建筑物包括电站进水口和引水道,电站采用单管单机供水,共布置 9 条引水道,各管道间平行布置。地下厂房包括主、副厂房,从右至左依次为副安装场、机组段、主安装场和地下副厂房四个部分;主厂房长 396 m,下部宽 29 m,顶宽 31 m,高 81.6 ~ 84.6 m。尾水建筑物包括尾水调压室、尾水隧洞、尾水闸门室和尾水渠。尾水调压室采用圆筒式调压井,三个圆筒按“一”字形布置,间距 102 m。尾水闸门室布置在尾水调压室上游 42.5 m 处,643.0 m 以上为启闭机室,断面尺寸为 11 m × 10 m(宽 × 高)。三个调压井后接三条尾水隧洞,直径为 18 m,1 号尾水隧洞长 478.921 m,2 号尾水隧洞长 467.971 m,3 号尾水隧洞长 464.355 m,其中 1 号尾水隧洞与 2 号导流隧洞相结合,结合段长 291.484 m。

糯扎渡水电站 2006 年 1 月工程开工,2007 年 11 月工程截流,心墙堆石坝从 2008 年 11

月开始填筑，于2012年12月填筑至坝顶高程，共经历5个填筑期和4个雨季停工期。2013年6月大坝工程全部完工。工程于2011年11月6日开始下闸蓄水，2012年7月蓄至死水位765 m高程，2013年10月17日，蓄水至正常蓄水位812 m高程。2012年9月首台（批）机组投产发电，2014年6月9台机组全部投产发电，计划2015年6月工程竣工。

2　系统总体结构

糯扎渡水电站枢纽工程安全监测自动化系统，涉及心墙堆石坝、导流洞、溢洪道、泄洪洞、引水发电系统及相关工程边坡等的安全监测。主要由自动化数据采集系统、通信系统、安全监测信息管理与综合分析系统等几个部分组成。

2.1　系统组成

糯扎渡水电站枢纽工程安全监测自动化系统按监测站、监测管理站和监测中心站三级设置，并具备异地远程连接流域安全监测中心的网络接口。根据糯扎渡工程建筑物的功能相似、部位接近和数采方式等特点，糯扎渡水电站枢纽工程安全监测自动化系统由8个监测子系统组成：内观自动化有3个子系统，即心墙堆石坝监测A子系统（含右岸坝肩边坡）、引水发电系统监测B子系统和边坡及泄水建筑物监测C子系统（含左、右岸泄洪洞，溢洪道和1~5号导流洞堵头）；表面变形外观自动化2个子系统，即大坝GNSS监测子系统、大坝及工程边坡测量机器人监测子系统；以及大坝强震观测与抗震措施监测子系统、光纤光栅渗漏与裂缝监测子系统和视频监控子系统。视频监控子系统目前仅为满足5个超站仪监测站的安防需要设置了视频监控点。视频图像作为大坝安全监测的重要辅助手段，可以更好地了解和检查大坝的工作状态和运行情况，以后可以根据实际需要进行扩展。枢纽工程安全监测自动化子系统构成情况详见表1。

表1　枢纽工程安全监测自动化子系统组成

序号	子系统名称	监测站数量	自动化采集接入仪器（点）
1	心墙堆石坝监测（A）子系统	15	696
2	引水发电系统监测（B）子系统	9	2 977
3	边坡及泄水建筑物监测（C）子系统	13	1 113
4	大坝GNSS监测子系统	2	59
5	大坝及工程边坡测量机器人监测子系统	5	136
6	大坝强震观测与抗震措施监测子系统	9	10（3分量）
7	光纤光栅渗漏与裂缝监测子系统	2	540
8	视频监控子系统	5	10
汇总		60	5 541

监测站，以就近接入为原则建立在现场各种监测仪器电缆牵引集中的位置，安装网络MCU或网络数采单元，满足现场数据采集自动化的要求，并修建观测房进行保护。心墙堆石坝、溢洪道和引水发电系统的监测站较为集中，泄洪洞、导流洞以及工程边坡监测仪器分布范围大，监测站比较分散。其中，A子系统设置15个监测站，接入仪器数量约为696支（点）；B子系统设置9个监测站，接入仪器数量约为2 977支（点）；C子系统设置13个监测站，接入仪器数量约为1 113支（点）；大坝GNSS监测子系统设置2个基准点监测站，接入59个GNSS监测点（含5个测量机器人工作基点）；大坝及工程边坡测量机器人监测子系

统,设置 5 个超站仪监测站,自动化观测 136 个监测点;大坝强震观测与抗震措施监测子系统设置 9 个强震仪监测站和 1 个抗震措施监测站,接入 10 套三分量加速度计和关键部位的少量土体位移计(组)、心墙渗压计;光纤光栅渗漏与裂缝监测子系统设置 2 个监测站,接入光纤光栅渗漏与裂缝监测仪器约 540 支。

监测管理站,位于左岸 EL. 821. 5 m 平台值守楼内,安装采集计算机、采集软件、数据库服务器,以及工作站计算机和相关外部设备。监测管理站内各子系统的采集计算机连接监测站相关的网络 MCU 或网络数采单元,通过各自的采集软件、硬件和通信网络,可以各自相对独立运行,互不干扰,按设定频次自动采集监测数据,按规定的格式统一转换、存储数据到各子系统数据库中;上位机工作站的安全监测信息管理及综合分析系统软件,自动更新汇总并管理数据库服务器中的原始数据库,实现系统集成。各子系统的采集计算机还可以接受上位机工作站特定用户反馈的相关采集控制指令。

监测管理中心站,设置在距离现场监测管理站近 30 km 的业主永久营地,安装工作站计算机、安全监测信息管理及综合分析系统软件,数据库服务器、WEB 服务器和信息发布软件及相关外部设备。监测管理中心站具备多个接口分别连接电厂 MIS 系统、数字大坝 - 工程质量与安全信息管理系统、数字大坝 - 工程安全评价与预警信息管理系统和异地远程流域安全监测中心。上位机工作站的安全监测信息管理与综合分析系统软件,对原始数据库数据进行可靠性检查,并自动更新和管理数据库服务器中的整编数据库。安全监测信息管理及综合分析系统主要满足枢纽工程及其安全监测历史档案数据的信息管理、监测成果综合分析评价、在线监测信息反馈和远程服务各个方面的要求。

2.2 网络结构型式

数据采集系统所采用的网络结构一般有星形结构、环形结构、总线结构和混合结构型式。根据糯扎渡工程规模巨大、建筑物布置比较分散、监测数据传输距离长易受外界干扰等特点,本工程安全监测自动化系统主要采用分布式、多级连接的星形网络拓扑结构型式。

星型拓扑结构中心节点设置在现场监测管理站,每个监测站都使用光纤有线通信方式直接与中心节点相连、每台网络 MCU 或网络数采单元都使用通信电缆与各自监测站节点相连构成的网络。星型拓扑结构的网络属于集中控制型网络,整个网络由中心节点执行集中式通信控制管理,各节点间的通信都要通过中心节点。每一个要发送数据的节点都将要发送的数据发送中心节点,再由中心节点负责将数据送到目标节点。因此,各个节点的通信处理负担都很小,只需要满足链路的简单通信要求。星型网络虽然需要的光纤线缆比总线型多,但光纤通信技术成熟,应用广泛,布线和连接器比总线型的要便宜、故障排除容易、单个节点故障不影响总体通信。此外,星型拓扑可以通过级联的方式很方便的将网络扩展到很大的规模。

监测中心站到监测管理站之间,采用企业内部局域网专用光纤连接组网。监测管理中心站通过公司专用网络接入异地远程流域监控监测中心。系统总体网络拓扑结构示意图如图 1 所示。

2.3 通信方式

糯扎渡水电站枢纽工程安全监测自动化系统,现场监测站(网络 MCU 或网络数采单元)、现场监测管理站和远程监测中心站三级统一采用 100 M 级光纤以太网整体组网通信,通信方式如下:

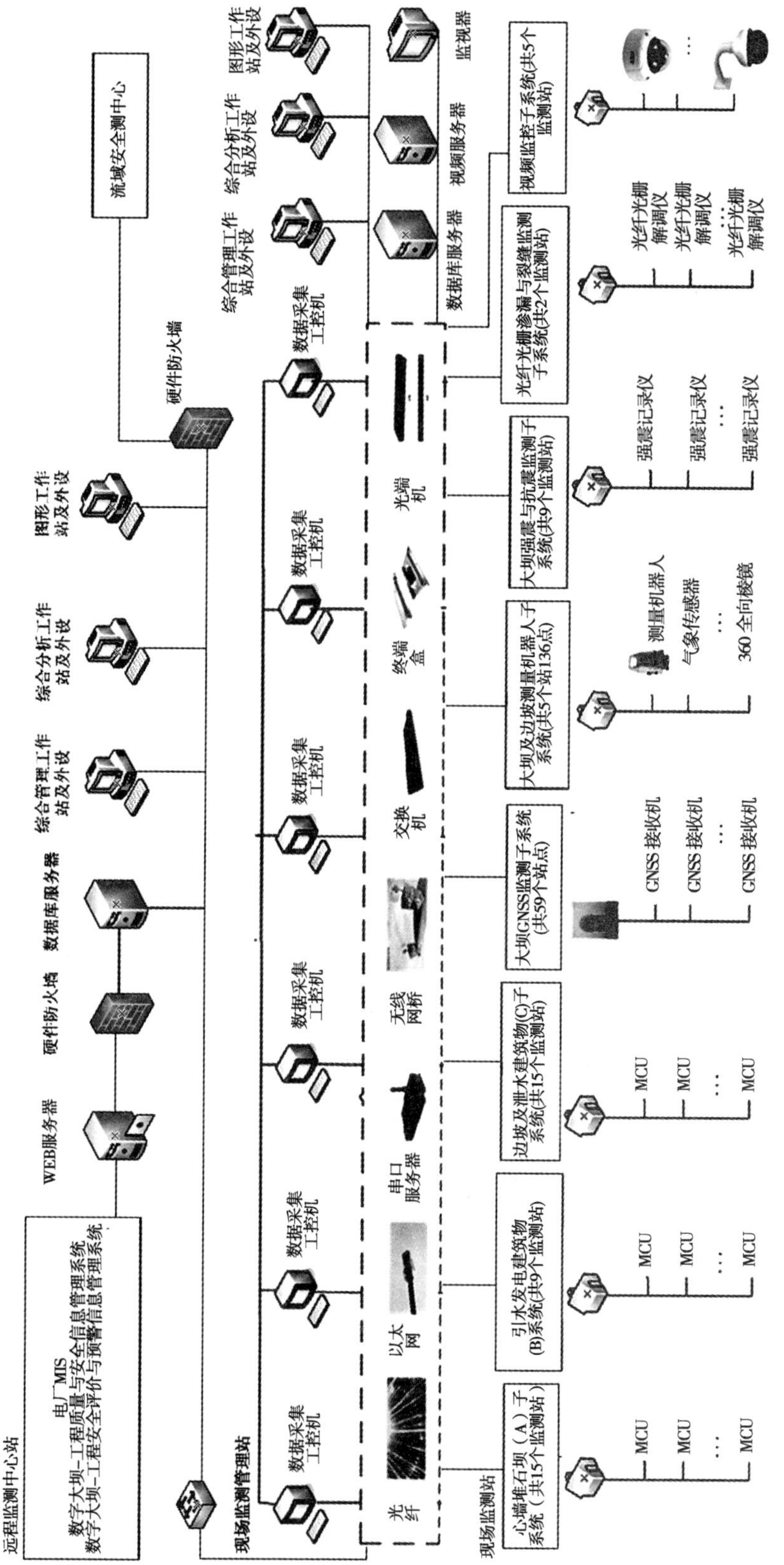

图1　系统总体网络拓扑结构示意图

(1)网络 MCU 或网络数采单元与监测站节点之间,采用通信电缆组网以太网协议通信方式。

(2)现场监测站和现场监测管理站之间,采用光纤组网使用以太网协议通信方式,将各路采集数据传输至监测管理站汇集存储。敷设光纤困难的孤岛监测站选择无线以太网协议通信方式。

(3)现场监测管理站和监测管理中心站之间,采用企业内部局域网专用光纤组网使用以太网协议通信方式,实现数据的安全、快速传输。

(4)监测管理中心站具备多个接口分别连接电厂 MIS 系统、数字大坝－工程质量与安全信息管理系统、数字大坝－工程安全评价与预警信息管理系统,接入企业内部局域网。与流域监控监测中心站之间,通过连接公司专用网络进行网络通信。通过远程以客户端、WEB 服务等方式具备定时向电厂 MIS 系统、数字大坝－工程质量与安全信息管理系统、数字大坝－工程安全评价与预警信息管理系统和异地流域安全监测中心自动报送相关监测信息的功能。主要包括:特定端口的计算机通过 C/S 模式能远程控制现场采集机,实现命令修改、采集、数据传输等,一般授权用户通过 B/S 模式远程浏览现场 WEB 服务器的相关信息。

2.4 系统安全性和数据流

为保护数据库以及数据的网络通信安全,防止非法入侵和使用,从软件、网络和数据流方面,对数据的存取控制、修改和传输的技术手段进行安全性防护。

应用软件安全性,主要依赖于硬件系统、操作系统、数据库以及网络通行系统的安全机制。在软件的设计方法上,应采用面向对象的方法,使数据和相关的操作局限在一个对象中,从而简化实现的复杂性。为保证关键计算机(采集计算机、数据服务器计算机等)安全可靠的运行,C/S 应用有运行环境的安全设计,通过对系统设置,既能保证其应用的顺利运行,同时也能使这些关键计算机减少病毒和黑客的攻击。B/S 应用可在不降低浏览器安全级别的情况下,顺畅地浏览系统相关信息。

网络安全性,采用系统控制权限、网络控制权限、网络端口访问限制等实现物理安全性管理与网络安全性管理。对于软件方面,系统的各工作界面应设置严格的访问操作权限,设置完善的登录日志。在硬件方面,广域网和局域网之间配置安全防护和隔离设备,主要采用硬件防火墙和高端网络交换机等

对于系统的数据流,严格按照下位机写入上位机;对于指令流,严格按照上位机控制下位机。

2.5 电源供电方式

监测管理中心站、现场监测管理站各分别配备一套交流不间断电源(UPS),蓄电池按维持设备正常工作满载 60 min 配置。监测站,从附近电源站点就近引入 220 V 交流电对设备进行供电。敷设光纤困难的孤岛监测站选择无线传输通讯方式,采用太阳能蓄电池供电。

2.6 防雷和接地方式

针对本自动化系统的防雷要求及雷击危害的两种方式,主要从直击雷防护和雷电感应过电压防护两方面进行。选择野外地形突出暴露的监测站,主要采用架设避雷针的方式进行直击雷防护防护。避雷针用 40 ×4 mm 镀锌扁钢下引同地网焊接,接入地网,接地电阻小于 10 Ω。

感应雷的防护主要从电源防雷、通信防雷、传感器防雷三个方面采取防护措施。根据糯扎渡电站工程的实际情况，监测中心站、管理站及部分现场监测站可直接利用工程地网，接地装置的电阻小于4 Ω。现场监测站电源系统，采用就近接入电源分散供电方式，为有效地减小雷电波入侵和感应过电压对监测站内的系统设备造成损害，对电源系统加装隔离变压器和电源防雷器进行过电压防护。网络MCU或数采单元内传感器的接口、通信接口都采取加装通讯防雷模块和传感器防雷模块防护措施。GNSS的天线馈线进入接收机前，采取加装信号避雷器/馈线避雷器防护措施。不论是电源避雷还是馈线避雷，避雷器必须接地良好，工作接地电阻不得大于4 Ω，设备接地、防静电接地、避雷器接地和电气设备接地共同连接地网。

3　系统主要功能

3.1　监测功能

系统具有数据在线采集、测值计算整理、数据图形报表输出、馈控采集、远程召测等采集功能。在线数据采集通过各数据采集单元与计算机原始数据库的接口通信软件，按测点编号进行通信采集，自动获得采集监测量的测值。具有选点测量、巡回测量、定时测量等多种数据采集方式，同时系统具有应答式和自报式2种测控方式，采集各类传感器数据。测值计算整理，即将原始数据库中的各类实测数据依据仪器的转换公式以及率定参数进行换算，并将换算结果存储到数据库中。

3.2　信息管理功能

安全信息管理系统主要包括数据录入和监测资料的管理，应将工程自建设以来的不同部位所有自动采集、人工观测资料、规程规范、图纸、技术报告、各种报表及工程档案等纳入本系统进行统一管理。可根据用户需求，对整编成果定制和输出各种布置图、过程线、分布图和特征值报表。

3.3　综合分析评价功能

安全监测综合分析评价系统主要包括信息查询、图形报表生成、信息可视化等功能，满足一般数据的计算分析、报表制作、曲线绘制、查询、建模分析和WEB信息发布等。

3.4　在线监测信息反馈功能

在线监测信息反馈系统主要包括数据在线快速安全评估和采集馈控两部分。快速安全评估是指一次采集完成后，利用该次实测数据对建筑物的安全状况作一个简便、快速的评估，为监测管理人员提供关注信息，以引起重视并开展更详细的安全分析和评估工作。采集馈控主要包括，对自动和人工采集的数据进行实时检查分析，若有可疑测点，则反馈相关信息到数据采集信息管理系统要求复测；或者通过安全监控指标或强震震级阈值触发模式，启动安全监测自动化系统加密观测方案。

3.5　远程服务功能

远程服务系统包括远程管理和监测信息定时上报功能。具备定时向电厂MIS系统、流域安全监测中心、数字大坝－工程质量与安全信息管理系统、数字大坝－工程安全评价与预警信息管理系统自动报送相关监测信息的功能。其工作主要包括：特定端口的机器通过C/S模式能远程控制现场采集机，实现命令修改、采集、数据传输等，一般授权用户通过B/S模式远程浏览现场WEB服务器的相关信息。

3.6 系统冗余功能

本系统采用2台数据库服务器进行镜像热备份,采集系统中各数据采集单元相互独立工作,可保证在通信故障时仍能照常采集并存储,且主要硬件设备具备一定比例的备件,以满足系统平均维修时间不超过24 h的相关要求。

糯扎渡水电站枢纽工程安全监测自动化系统按现场监测站(网络MCU或网络数采单元)、现场监测管理站和监测管理中心站三级设置,逐级向上系统的主要功能冗余也很明显:网络MCU或网络数采单元具有人工读数接口都可以观测读数,监测站和监测管理站都可以完成自动采集,监测管理中心站和监测管理站都可以完成自动采集、监测信息管理和综合分析,两者一定程度上互为备份。

4 系统建设与运行维护

4.1 分阶段建设

根据水库分阶段蓄水计划、首台机组发电以及整体工程进度要求,本系统的建设分为2个阶段。第1阶段,2012年7月1日前,完成首台(批)机组发电前需要接入自动化系统的所有监测设施:完成接入坝基、坝体EL. 802 m以下、引水发电系统、溢洪道基础、闸墩混凝土结构及溢流堰EL. 775 m以下、1~4号导流洞堵头、电站进水口边坡、溢洪道泄槽边坡、消力塘边坡、尾水出口边坡等需要接入自动化系统的监测仪器,经过3个月的试运行,投入正常工作。

第2阶段,2013年12月底,完成接入坝体EL. 802 m以上、左岸泄洪洞、5号导流洞堵头需要接入自动化系统的监测仪器,完成各子系统的安全监测自动化系统全部安装、在监测管理站和监测中心站予以集成,分层控制,实现安全监测信息管理系统层面集中对安全监测数据统一管理和分析,日常工作在监测中心站工作站计算机上可以全部完成。枢纽工程安全监测自动化系统经过3个月左右的试运行,具备投入考核运行的条件。

4.2 运行维护

本系统采用现场监测站、现场监测管理站和远程监测中心站三级100M级星型光纤以太网整体组网通信,完整意义上真正形成了星型高速局域网,技术成熟,优势明显:通信速率高,1Gb/s以太网技术也逐渐成熟,完全可以满足安全监测自动化系统网络不断增长的带宽要求;传输距离远;资源共享、控管一体化能力强;可持续发展潜力大,随着技术的不断发展,要求通信网络具有更高的带宽和性能,通信协议有更高的灵活性;实时性强,基于TCP/IP协议以太组网方式具备双工实时处理数据能力;出现故障容易查询,以太网采用星型网络结构,任何节点出现故障,监控中心均能及时发现,故障排除容易,而且单个节点故障不影响系统的总体运行;系统网络安全性有保障,通过在软、硬件方面采用系统控制权限、网络控制权限、网络端口访问限制等都可以实现物理安全性管理与网络安全性管理。

系统网络层次结构清晰,系统运行稳定,维护方便容易。星型网络拓扑通过级联的方式可以很方便地进行网络扩展规模、网络线路维护和改造。

5 结 语

糯扎渡水电站枢纽工程安全监测自动化系统涉及心墙堆石坝、导流洞、溢洪道、泄洪洞、引水发电系统及相关工程边坡等的安全监测,它成功地实现了现场监测站、现场监测管理站和远程监测中心站三级 100M 级光纤以太网整体组网通信,部分选择采用了无线传输、太阳能供电和视频监控技术。

该系统接入传感器数量多达 5 000 多支、多子系统集成规模大,数据采集传输通信速度快。系统主要功能包括按设定频次自动采集监测数据,并自动更新汇总管理原始数据库和整编数据库。系统还具备多个接口连接电厂 MIS 系统、数字大坝 - 工程质量与安全信息管理系统、数字大坝 - 工程安全评价与预警信息管理系统,接入企业内部局域网。通过实时访问上述系统相关数据,采用安全监控指标或强震震级阈值触发模式,启动安全监测自动化系统加密观测方案。

监测管理中心站通过公司专用网络与异地远程流域监控中心站互联通信。通过远程以客户端、WEB 服务等方式具备定时向电厂 MIS 系统、数字大坝 - 工程质量与安全信息管理系统、数字大坝 - 工程安全评价与预警信息管理系统和异地流域安全监测中心自动报送相关监测信息的功能。

该系统运行稳定可靠,为工程"分期蓄水、监测反馈、逐步检验、动态调控"如期实现 812 m 正常蓄水位蓄水、发电和运行,快速及时地提供了大量准确、可靠的安全监测数据,发挥了良好的经济效益和社会效益。

从水电站流域管理总体上考虑,大坝、水情水调、水电厂三位一体,安全监测、水情监测、闸门监控、视频监控自动化系统目前还是相对独立的,本系统的建成,必将为流域群坝信息系统集成,为流域管理实现一体化、智能化发展创造良好的条件。

参考文献

[1] 赵志仁,徐锐. 国内外大坝安全监测技术发展现状与展望[J]. 水电自动化与大坝监测,2010,34(5):52-57.

[2] 刘伟,邹青. 糯扎渡水电站安全监测自动化系统设计[J]. 水利发电,2013,39(12):64-69.

[3] 段国学,徐化伟,武方洁. 三峡大坝安全监测自动化系统简介[J]. 人民长江,2009,40(23):71-72.

黄河上游水电开发有限责任公司坝群安全管理模式及经验

张　毅[1]　李　季[1]　李长和[2]

(1. 黄河上游水电开发有限责任公司　青海　西宁　810008;
2. 黄河上游水电开发有限责任公司大坝管理中心　青海　西宁　810008)

摘要:黄河上游水电开发有限责任公司(简称黄河公司)所管黄河上游流域梯级水电站坝群安全管理模式最大的特点是专业化。专业化管理有效保证了集中专业人员开展坝群安全监测、信息统一管理和对水电站大坝安全进行远程控制管理,节约了人力资源,提高了工效。本文主要介绍黄河公司坝群安全管理模式和机构设置与职责划分、大坝运行情况、主要特点和具体做法、实践中积累的坝群管理经验等4个方面内容。可为流域性水电开发公司大坝安全管理提供借鉴和参考。

关键词:流域　水电站群　大坝安全　管理模式

1　引　言

黄河上游水电开发有限责任公司(简称黄河公司)是为适应国家西部大开发的需要,利用当时已建成的黄河龙羊峡和李家峡水电站为母体,以流域滚动开发为机制,加快黄河上游水电资源开发,建设黄河上游水电基地,推进“西电东送”和全国联网,于1999年10月在陕西省西安市挂牌成立,2000年正式运作。2002年电力体制改革后,黄河公司原属国家电力公司系统的股权全部划入中国电力投资集团公司(简称集团公司),现集团公司拥有黄河公司94.17%的股权。黄河上游干流梯级水电站布置示意图见图1。

黄河公司成立14年来,遵循“流域、梯级、滚动、综合”的开发原则,加快黄河上游水电资源开发。目前公司拥有运行水电站16座,在建水电站4座。龙羊峡水电站水库总库容274.19亿m^3,是黄河上最大的水库;拉西瓦水电站装机容量350万kW,是黄河流域大坝最高、总装机容量和单机容量最大的水电站;公伯峡水电站是公司成立后投资兴建的首座百万千瓦水电站,装机容量150万kW,工程被树为中国水电建设的样板工程,在工程建设中成功探索出的基本建设“八条经验”得到中国水电行业的普遍认可和推广,先后荣获“国家优秀设计金奖”、“中国电力优质工程奖”、中国建筑最高奖“鲁班奖”、“中国土木詹天佑奖”、“国家环境友好工程奖”、“新中国成立60年百项经典建设工程”等诸多荣誉,铸就了黄河上游水电建设史上的一座丰碑。

截至2013年12月底,公司电力总装机容量1 188.39万kW,其中水电装机容量1 072.84万kW。黄河干流10座运行水电站技术参数见表1。

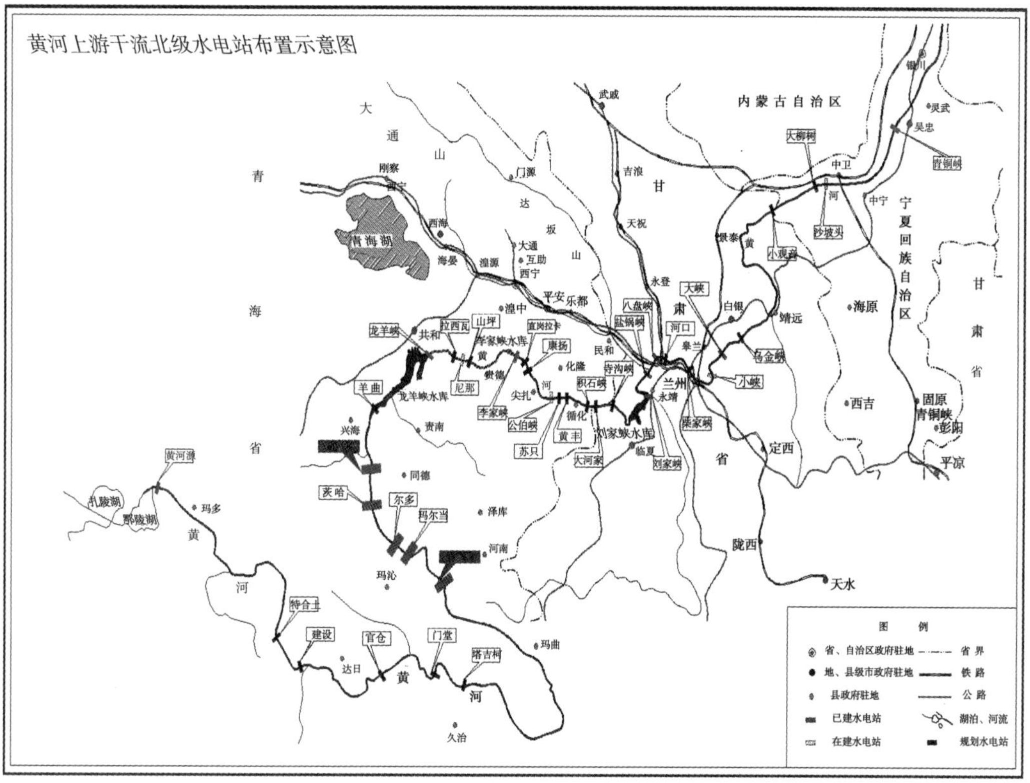

图1　黄河上游干流梯级水电站布置示意图

表1　黄河干流10座运行水电站技术参数表

电站名称	装机容量（万kW）	设计水头（m）	多年平均径流量（亿m^3）	设计年发电量（亿kWh）	水库总库容（亿m^3）	调节库容（亿m^3）	调节性能	正常蓄水位（m）	坝型
班多	36	37.5	178	14.12	1.18	0.02	日	2 760	混凝土重力坝
龙羊峡	128	122	203	59.42	274.19	193.60	多年	2 600	混凝土重力拱坝
拉西瓦	350	205	208	102.23	10.79	1.50	日	2 452	混凝土双曲拱坝
李家峡	160	122	209	59.00	17.44	0.60	日、周	2 180	混凝土双曲拱坝
公伯峡	150	99.3	221	51.40	6.31	0.59	日	2 005	混凝土面板堆石坝
苏只	22.5	16	222	8.79	0.455	0.14	日	1 900	组合坝（河床式厂房＋混凝土重力式闸坝＋堆石坝）
积石峡	102	66	221	33.63	2.94	0.45	日	1 856	混凝土面板堆石坝
盐锅峡	49.28	38	259	22.80	2.2	0.07	日	1 619	混凝土宽缝重力坝
八盘峡	22	18	315	11.00	0.22	0.08	日	1 578	混凝土重力坝
青铜峡	30.9	18	324	13.50	1.97	0.30	日、周	1 156	混凝土重力坝

2　大坝安全管理模式、机构设置与职责划分

黄河公司作为流域性水电开发公司，一贯高度重视水电站防汛和大坝安全管理工作，将此作为安全生产工作的重中之重常抓不懈。公司大坝安全管理按照专业化管理模式运作，具体业务由大坝管理中心负责。按照公司《事权界定手册》、《水电站大坝安全管理制度》规定，公司水电站大坝安全管理工作由公司总经理全面领导，分管水电与新能源安全生产的副总经理分口负责运行水电站大坝安全；分管水电与新能源基建工程的副总经理分口负责水电在建工程大坝安全。公司水电与新能源生产部归口管理公司大坝安全工作，部门设置分管水工专业副主任 1 人，大坝安全高级主管 1 人，具体负责运行水电站大坝安全管理；水电与新能源工程部分口负责在建水电站大坝安全管理，部门设置分管水电建设工程大坝安全的主任、副主任各 1 人，主管和专责各 1 人。运行水电站管理单位和在建水电站管理单位分别是所管水电站大坝安全的责任主体单位，均配备了分管大坝安全的副总经理、职能部门主任（副主任）和水工专责工程师 1 ~2 人，按公司授权负责做好所管水电站大坝安全管理工作。大坝管理中心主要任务是为公司大坝安全管理提供技术支持。大坝管理中心内设综合部和生产调度室（生产指挥）2 个管理部门，设置大坝信息部、监测系统维护部、大坝观测部、工程质量检测室 4 个专业部室，配备了符合岗位要求的大坝安全工作人员，目前定员 160 人，大专以上学历 135 人，中级及以上职称人员 30 人。大坝管理中心主要负责青海境内黄河干流水电站大坝安全监测工作，大坝监测自动化系统的维护工作，公司所属电站大坝监测信息分析和上报，负责数字地震台网管理及地震监测资料的分析和上报，开展建设工程的质量检测工作。

公司及各水电站管理单位依据国家有关法律法规、集团公司管理制度要求，建立了完善的防汛与大坝安全管理制度体系。公司大坝安全管理机构健全，职责明确，岗位责任制落实。黄河公司大坝安全管理机构见图 2。黄河公司大坝管理中心大坝安全管理体系见图 3。

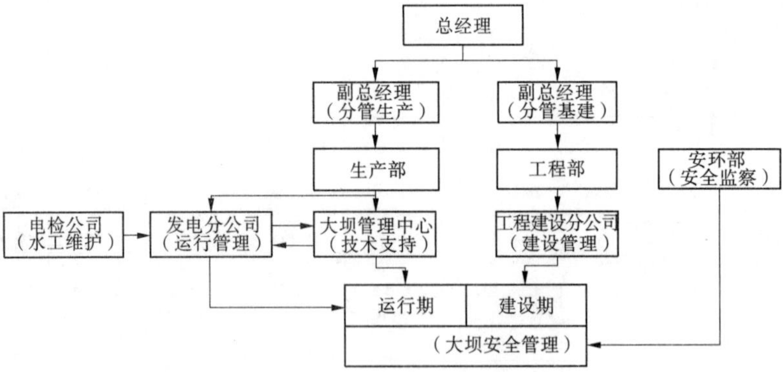

图 2　黄河公司大坝安全管理机构

3　水电站大坝运行情况

公司大中型运行水电站设置的大坝安全监测设施、监测项目符合现行《混凝土坝安全监测技术规范》《土石坝安全监测技术规范》规定，监测系统布置和测量精度总体满足大坝安全监控要求，监测系统运行良好。混凝土坝主要监测项目有坝体变形、渗流、应力应变、温度、环境、滑坡等项目；当地材料坝主要监测项目有渗流，压力（应力），坝的表面变形、内部

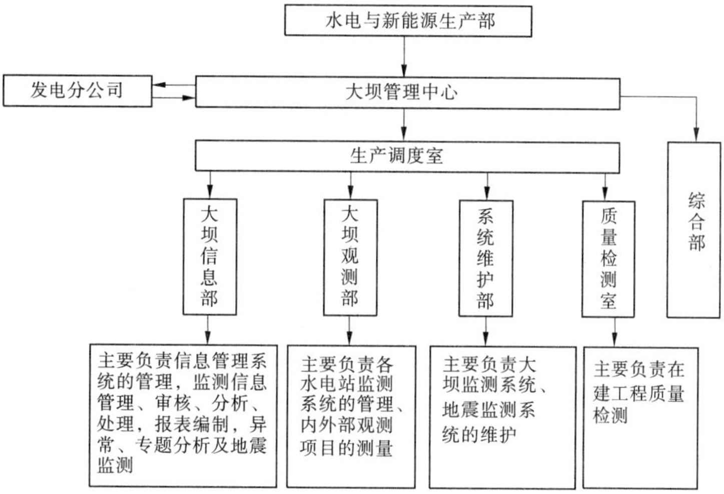

图3　黄河公司大坝管理中心大坝安全管理体系

变形、裂缝、接缝、混凝土面板变形及岸坡位移等项目。黄河干流10座运行水电站监测项目测点总数17 484个,完好测点总数16 542个。现有监测资料分析成果表明,公司各水电站大坝运行性态正常。公司典型水电站大坝监测资料分析简要结论如下。

3.1　龙羊峡水电站大坝

大坝变形符合相应水位、气温等条件下的变化规律,坝基稳定,大坝整体性良好;坝基扬压、渗漏无异常,坝基断裂部位渗流无异常;坝体各部位基本无渗漏;坝肩岩体实测性态稳定,重要构造带变形监测无异常。大坝运行正常。

库区地质巡视和滑坡变形、裂缝监测表明近坝库岸目前仍处于稳定或基本稳定状态。但农场、龙西滑坡体地下水位测值存在趋势性小幅抬升现象,应加强监测和分析。

3.2　拉西瓦水电站大坝

大坝坝体水平位移监测资料反映拱坝拱冠、左右1/4拱部位径向位移的变化主要受温度变化的影响,呈明显的年周期变化,即温度升高,各测点向上游位移;温度降低,各测点向下游位移,符合温度作用下的一般规律。与库水位具有明显的相关性,水位升高,坝体向下游位移,水位降低,坝体向上游位移。大坝及基础变形规律正常。

基础扬压力及渗透压力总体分布规律良好,两岸地下水位分布规律符合一般规律,大坝及基础渗流量小于理论计算值;大坝接缝在完成接缝灌浆后,变化稳定;大坝及基础应力应变分布规律较好,量值满足设计指标及相应的规程规范;大坝及基础温度场分布规律正常。

左右岸高边坡大部分测点测值趋于稳定或呈稳定的年周期性变化,水库蓄水及库水位抬升未对坝址区边坡变形产生显著影响,两岸边坡目前处于整体稳定状态。

3.3　李家峡水电站大坝

混凝土拱坝变形规律符合正常规律,即径向位移的变化主要受气温变化的影响,呈明显的年周期变化,即温度升高,各测点向上游和河床位移;温度降低,各测点向下游和两岸位移。受水压力影响水位升高向下游位移,反之向上游位移。坝基变形总体平稳;坝体、坝基渗漏量较小,渗流监测未见明显异常;巡回检查未发现明显异常现象。

3.4 公伯峡水电站大坝

混凝土面板堆石坝累计沉降量为 888 mm,与国内同类坝相比,沉降量较小。2012 年年内沉降 14 mm,相对历年年沉降量较小。主坝渗漏量一般在 7 L/s,堆石坝浸润线较低,渗压水位稳定,无明显绕坝渗流现象。面板裂缝、垂直缝、周边缝监测中部分测点测值仍趋势性变化,变化趋势与历年基本一致。进水口、溢洪道坝段变形规律与历年基本一致,渗流未发现明显异常,库区古什群倾倒体有向左岸上游变化趋势。坝前左岸滑坡体巡视未发现异常变化情况。

3.5 积石峡水电站大坝

混凝土面板堆石坝坝体累计沉降量最大值为 702 mm。堆石坝、进水口坝段、溢洪道堰闸坝段位移变化符合坝体受水位、温度影响下的变化规律,大坝整体性良好,坝体变形未发现异常。两岸边坡稳定。两岸山体高陡,地下水位较高,应注意跟踪监测和分析。

4 大坝安全管理主要特点和具体做法

4.1 主要特点

公司大坝安全管理具有“专业化、信息集中化、例行工作规范化、异常诊断程序化”等显著特点。

4.1.1 管理专业化

公司所管水电站按照坝型可分为重力坝、拱坝、当地材料坝(堆石坝、土石坝)三种类型。水电站主要分布在青海、甘肃和宁夏三省境内,大部分水电站地处少数民族地区,距离城市较远,工作和生活条件相对艰苦。近年来公司加快水电建设速度,对大坝安全监测和管理人员数量和素质要求不断提高。观测人员分散在各水电站,人员数量日益紧张,迫切需要改变常规的大坝安全分散管理模式,集中专业人员开展大坝安全监测、信息统一管理和对水电站大坝安全进行远程控制管理。考虑以上因素,公司 2011 年成立了大坝管理中心,集中专业人员从事大坝安全监测、系统维护、资料分析等工作,实行大坝安全专业化管理。大坝安全专业化管理优势主要体现在三方面:一是有效节约了人力资源和观测仪器设备。专业化管理后,根据各电站现场实际工作量和大型测量工作需求,可以合理调配观测人员和仪器设备,提高了工作效率和设备利用率。二是优化观测方法,安全监测和信息处理迅速。如:近年来,通过采用 GPS 观测方法,替代传统的龙羊峡库区及坝址区岩体地表变形 50 km 水准网水准测量作业方式,在满足规范要求的测量精度前提下,由原来观测 1 次耗时 30 d 减少到 5 ~ 6 d,工作人员由 15 人减至 6 人,大大提高了工作效率,测量计算成果快,判别迅速。三是监测管理趋于精细,体现不同坝型结构差异化的特点。观测人员工作范围由单站转向多站,增进了相互间技术交流,对于不同坝型监测工作关注重点认识加深,使得监测管理差异化更加精细。

4.1.2 信息集中化

黄河干流 10 座运行水电站除苏只电站外均建立了安全监测自动化系统。按照原国家电监会 2006 年 9 月颁布的《水电站大坝运行安全信息报送办法》要求,在各站大坝安全监测自动化系统基础上,黄河公司于 2007 年 9 月正式启动大坝安全信息管理分系统建设,2010 年 11 月顺利完成,实现了公司大坝安全信息化建设初期规划目标。龙羊峡、李家峡、公伯峡、盐锅峡、八盘峡、青铜峡 6 座大坝安全信息通过互联网向原国家电监会大坝安全监察中心大坝安全信息管理主系统直接报送，苏只实行电子邮件报送。2011年后又逐步将班多、拉西瓦、积石峡3座水电站大坝安全信息纳入了集中管理。公司建立大坝安全信息管理分系统，为坝群安全信息集中处理与分析提供了专业化工作平台，目前公司所管黄河干流10座运行的大中型水电站大坝安全信息在西宁中心站实现了监测数据统一管理、统一处理、资料集中分析，初步形成了大坝安全远程管理与现场巡视检查相结合、信息实时监测分析与例行工作相结合的大坝运行安全监控和管理新模式。信息集中化优势主要体现在三个方面：一是能够及时发现大坝监测异常信息和运行中出现的问题；二是能够迅速判断洪水、地震等非常时期大坝运行状态；三是在确保大坝监测资料质量的前提下，最大限度地减轻现场观测人员劳动强度，提高工效。

黄河公司大坝安全信息管理分系统网络架构、信息传输流程见图4、图5。

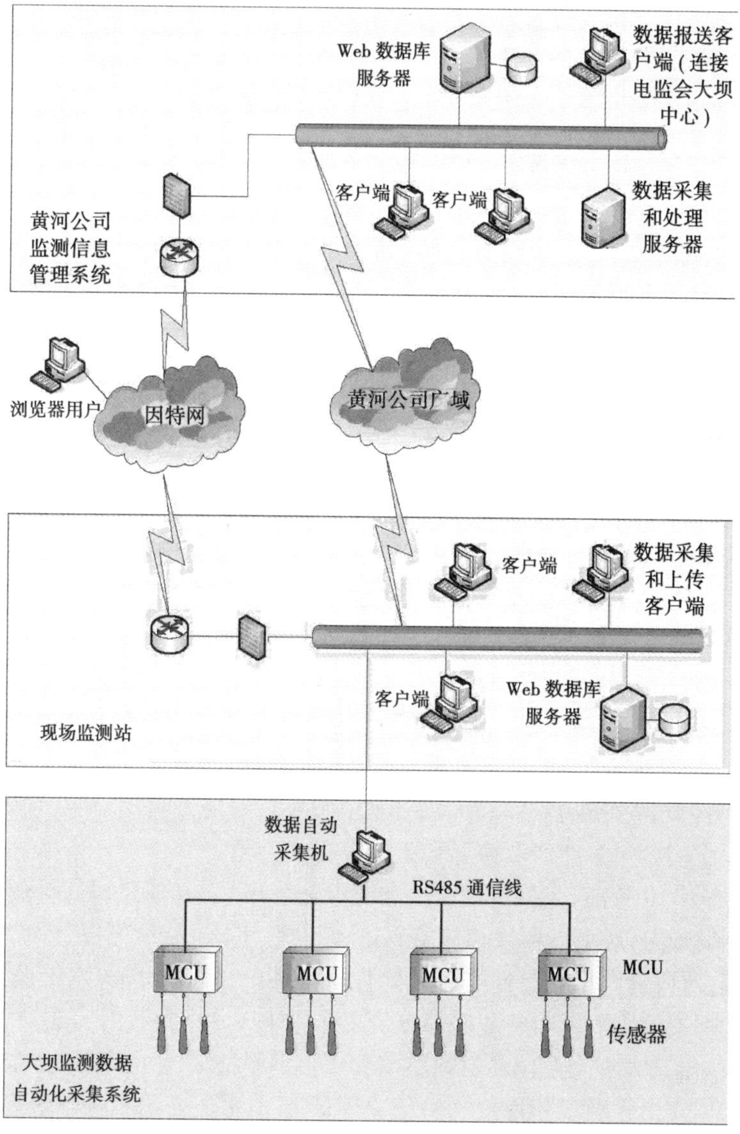

图4 黄河公司大坝安全信息管理分系统网络架构

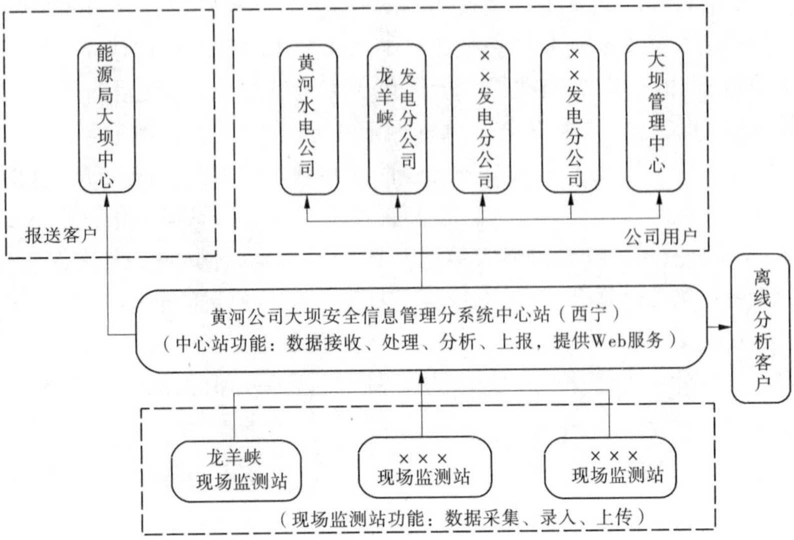

图5　黄河公司大坝安全信息管理分系统信息传输流程

4.1.3　例行工作规范化

公司严格贯彻落实国家有关法律法规和集团公司相关规定，建立健全大坝安全管理制度体系，以管理标准和制度为基础，规范大坝安全例行工作。目前公司已发布实施的相关管理制度与应急预案共8部，分别是：《大坝安全管理制度》《防汛管理制度》《水电站防汛应急预案》《水电站垮坝应急预案》《水电站水库地震事件信息通报规定》《地震灾害专项应急预案》《地质灾害专项应急预案》《气象灾害专项应急预案》。对指导水电站（水库）大坝安全管理与防汛工作发挥了重要作用。水电站管理单位均按照公司要求建立了完善的制度体系，"五规五制"齐全。公司大坝管理中心和陇电分公司、宁电分公司等单位依据大坝安全监测规范规程和公司大坝安全管理制度，严格开展大坝安全监测工作。依据《水电站大坝安全监测工作管理办法》相关要求，公司建立完善了大坝安全信息月报、水工监测月报、年度监测资料整编分析和大坝运行特殊工况专题分析报告制度。

（1）大坝管理中心每月5日前汇总上报梯级电站"大坝安全信息月报"，每月10日前编制上报各水电站"水工监测月报"，及时进行监测资料简要分析，提出各水电站重点关注问题和监测意见，指导现场监测工作，发现异常及时报告。

（2）为服务公司生产经营活动，大坝管理中心每月编制2期"公司大坝安全运行情况报告"，在每月2次的公司生产经营协调会上通报有关情况。

（3）每年3月10日前，大坝管理中心和陇电分公司、宁电分公司等单位按照监测规范、规程和公司制度规定，对上一年度监测资料进行整理、审核、入库，完成上年度大坝安全年度监测资料整编，对所管大坝运行性态进行定性分析评价，编制刊印"水工监测年报"。运行水电站年度大坝安全监测资料整理整编分析工作每年3月中旬按时完成。

（4）结合水电站大坝安全监测资料整编和年报编制情况，大坝管理中心编制"黄河公司梯级水电站大坝安全管理工作年报"，每年3月20日前报送公司水电与新能源生产部，分送有关领导和各发电分公司。公司大坝安全例行工作做到了规范化管理，最大限度保证了水电站运行安全。

4.1.4　异常诊断程序化

大坝异常情况是指大坝运行过程中偏离于正常变化趋势的现象。异常识别诊断是大坝安全管理的首要任务。为做好监测数据异常管理工作,大坝管理中心设置了资料审核人员和资料分析人员,每天监视检查大坝安全监测数据库资料,以及时发现各水电站大坝异常信息。发现异常信息后,立即按规定的流程开展异常诊断分析,逐级过滤大坝观测数据异常排查。异常信息经诊断分析确认为异常情况后,立即启动异常跟踪监测和巡视手段,并编制异常报告报告公司生产部和电站管理单位,对异常采取进一步的处理措施。目前,结合所管各水电站大坝实际情况,通过对设定时间段内数据库所有测值数据进行扫描,形成了异常逐级过滤的模式。通过积累和提炼经验,制定了异常管理制度和诊断流程,极大地提高了异常排查的速度。每年资料审核查出的异常在 100 条左右,被分析人员确认的异常在 10 条以内,大坝中心组织内部人员对被确认的异常进行分析,每年认定的异常为 0 ~3 个。

4.2　具体做法

4.2.1　重视大坝安全管理"三支队伍"建设,保障公司大坝安全

公司大坝安全管理目标是体现流域梯级电站群管理特点,管理水平达到国内领先水平。具体措施是用 3 ~5 年时间,逐步建立起资料分析、自动化监测系统维护、现场监测与测量"三支队伍",努力建设一支技能水平高、动手能力强的技能人才队伍,打造一支专业素质高、善于解决问题的专业技术人才队伍,培养一支具有广阔视野、能够驾驭复杂局面的管理人才队伍,充分发挥公司大坝安全信息管理系统西宁中心站资料分析中心的核心作用,借助公司大坝安全信息管理分系统和网站的技术共享平台,重心转向监测资料分析和自动化监测系统维护,指导水电站现场监测工作有效开展,大坝监测实现现场少人值守,实现公司大坝安全管理模式由现场作业型向分析监测型转变。为实现既定目标,培养和建立"三支队伍"尤为迫切。

(1)为培养现场监测与测量人才队伍,大坝管理中心定期组织观测人员开展技能培训和交流学习,立足"干中学",提高观测人员技能水平。公司每年举办一次技术比武活动,对优胜者进行表彰奖励,激发观测人员学习和提高业务技能的热情与积极性,促进了人才培养。

(2)为培养资料分析人才队伍,公司通过组织专业技术人员参与大坝安全定期检查,承担监测资料专题分析报告编写,参与开展科技项目研究等形式,培养和锻炼了一批资料分析人员,为大坝安全评判和管理提供了技术保障。近年来,公司陆续组织开展了"大坝安全信息管理系统建设及应用研究"、"李家峡大坝原型观测试验和提高水库非汛期运行水位研究"、"拱坝超深强透水贯穿性断层渗流特性及影响研究"等课题,使专业人员拓展和深化了大坝安全管理内容和对大坝运行性态的认识,提升了管理水平。同时,公司开展李家峡大坝原型观测试验科技项目研究,对于提前分析评价设计洪水情况下李家峡大坝安全性态具有重要意义,同时为提高水库水能利用效率,做好公司径流式水电站水库群经济运行工作,提供了技术支持。"李家峡大坝原型观测试验和提高水库非汛期运行水位研究"成果获得集团公司 2012 年度科学技术进步二等奖和黄河公司 2012 年度科学技术进步一等奖;"大坝安全信息管理系统建设及应用研究"成果获得黄河公司 2012 年度科学技术进步二等奖。

(3)为培养自动化监测系统维护人才队伍,公司重点安排大坝管理中心于 2009 ~2012 年承担了八盘峡、盐锅峡、李家峡、龙羊峡 4 座水电站大坝监测系统改造工程土建施工和设

备安装任务，负责在设备厂家技术人员指导下完成系统调试。公司为现场观测人员提供了难得的锻炼和学习提高的机会，搭建了培训平台。在 4 座大坝监测自动化系统改造工程完工后，公司水电与新能源生产部分别组织龙羊峡、李家峡、盐锅峡水电站相关人员召开了大坝安全监测自动化系统改造工程经验交流会，参与工程改造的主要人员均准备了书面专题发言材料并进行交流，共有 50 人次参加了交流会，通过交流，检验了培训效果，达到了提炼经验，总结提高的目的，收到了良好效果。

4.2.2 开展大坝安全年度详查、注册、定检工作，保障充分发挥工程效益

公司积极主动配合国家能源局大坝安全监察中心，规范开展大坝安全注册、大坝安全定期检查等工作，及时发现大坝缺陷和隐患。每年汛前与汛后，依据《水电站大坝运行安全管理规定》和《黄河水电公司大坝安全管理制度》相关要求，公司及时组织开展大坝安全年度详查，对大坝及附属建筑物进行全面的现场检查。对检查发现的问题及时进行分析、提出处理措施并安排专项资金进行处理。

公司坚持水库经济运行必须遵循确保大坝安全和防汛安全的原则，开展龙羊峡水库按设计汛期防洪限制水位运行分析论证，实现了 2012 年以来龙羊峡水库汛期限制水位按照 2 588 ~2 594 m 之间动态控制，充分发挥了龙羊峡水库防洪减灾效益，保证了梯级水电站安全满发多供。

近十年来，按照国家能源局大坝安全监察中心统一部署，公司配合大坝安全监察中心组织完成了龙羊峡、李家峡、公伯峡、金沙峡 4 座大坝安全首次定期检查；完成了盐锅峡、八盘峡、青铜峡 3 座大坝第 3 次安全定期检查；正在开展苏只大坝第 1 次、龙羊峡大坝第 2 次、青铜峡大坝第 4 次安全定期检查。目前已完成定期检查的大坝，定检结论均为正常坝。2014 年后，公司每年将有 4 ~5 座水电站开展每 5 年一次的大坝安全定期检查。通过大坝安全定期检查，掌握了各水电站大坝安全运行性态，建立和完善了大坝安全技术档案。与此同时，公司积极配合国家能源局大坝安全监察中心，开展公司水电站大坝安全注册和换证工作，目前具备注册条件并已完成注册的龙羊峡等 7 座水电站大坝注册等级均为甲级坝。班多、金沙大坝安全注册正在办理。

4.2.3 构建“四库一网”水库地震监测系统，实施老坝安全监测系统更新改造，保障大坝安全

2005 年以来，公司与青海省地震局合作研发，采用“四库一网”的地震监测模式，建立了龙羊峡、拉西瓦、李家峡、公伯峡水电站数字地震监测台网，在西宁建立了统一的梯级水电站数字地震监测台网中心，实现了地震信息远程监测。同时实现了与青海省地震局地震台网中心的数据和信息共享，提升了公司黄河干流梯级水电站地震监测能力和水平，为大坝安全应急管理提供了技术支持。公司设立专业负责水库微震监测管理的职能机构，负责水库微震实时监测和系统运行维护管理。建立了梯级水电站地震监测信息月报制度和年度地震监测资料汇编制度。近年来，公司投资 1 800 余万元，重点安排对龙羊峡、李家峡、盐锅峡、八盘峡、青铜峡 5 座水电站大坝安全监测自动化系统进行更新改造并已按期完成竣工验收。通过构建“四库一网”水库地震监测系统和提升大坝安全监测自动化水平，能够实时掌握大坝运行性态，提高了公司应对流域大洪水、地震等非常情况时的大坝安全监测应急管理水平，提升了公司大坝安全应急保障能力。

4.2.4 认真开展大坝隐患排查，及时消除工程缺陷

近年来，结合大坝安全年度详查结果，依据《水电站大坝除险加固管理办法》和公司相

关制度规定,完成了龙羊峡、李家峡、公伯峡等电站水工建筑物消缺与补强加固。主要项目有龙羊峡主坝2 585 m以上部位防渗补强处理,李家峡水电站右中孔泄水道底板抗冲耐磨层处理、大坝2 087 m左右岸扬压力异常补充帷幕灌浆,公伯峡面板坝周边缝水下检查与缺陷处理,青铜峡水电站河西下导墙护岸铅丝笼块石护脚加固处理等,30余项缺陷得以消除。

公司高度重视当地材料坝运行中出现的异常变化迹象。2011年针对公伯峡水电站运行中出现的混凝土面板堆石坝周边缝局部变形偏大超过设计控制值、进水口坝段向下游位移偏大、面板水面附近裂缝逐年增多等一些异常情况,委托设计单位分析大坝运行性态,及时组织设计、科研、水下工程等单位专家进行咨询和会诊,确定公伯峡水电站水工建筑物水下检查的主要内容、范围检查及技术要求。委托青岛太平洋海洋工程有限公司对公伯峡水电站混凝土面板堆石坝周边缝、面板压性缝、面板裂缝、进水口坝段伸缩缝、左溢洪道孤岛裂缝、右岸两块典型防渗面板等部位进行了水下检查,对发现的3#面板周边缝两处混凝土破损缺陷及时进行了处理。处理后,主坝渗漏量明显减小,由原来的19 L/s下降为7 L/s。目前坝体渗漏量基本稳定在7 L/s左右。近3年的运行实践证明,这次水下检查方法得当,缺陷处理方案合理,施工工艺、程序满足方案要求,处理效果显著,达到了预期的目的。大坝定检专家组认为公伯峡大坝出现的异常情况属局部问题,不影响公伯峡大坝整体安全运行,一致同意公伯峡大坝评为正常坝。大坝管理中心现按规定继续跟踪监视大坝异常变化情况,及时分析监测数据,确保大坝安全运行。

4.2.5　及时完成汛期水毁工程修复

2012年7~8月黄河上游来水特丰,唐乃亥断面7月25日出现最大洪峰流量3 430 s/m³,为1989年以来最大洪水。期间梯级水电站群持续泄洪。其中龙羊峡水库7月23日至8月29日泄洪38 d。泄洪造成各水电站普遍出现水工建筑物、进厂公路、河岸护坡水毁破坏等问题,其中李家峡水电站左底孔泄水道两侧边墙局部气蚀淘空破坏尤为严重。部分水电站泄洪闸门启闭操作频繁,闸门水封损坏。依据检查结果,公司召开专题会议安排部署对各电站水毁工程修复施工和部分水电站消能防冲设施水下检查,安排专项资金限期修复。水电与新能源生产部责成专人组织协调、督办落实修复项目方案制定、审查,招投文件编制、审查、评标,现场施工、管理、验收等各环节工作,在2013年汛前按期完成了班多水电站右孔泄洪闸闸室段底板局部冲坑修复、龙羊峡水电站左中孔泄水道侧墙局部气蚀破坏修复、李家峡左底孔泄水道两侧边墙局部冲蚀破坏修复、盐锅峡水电站第6孔非常溢洪道底板补强处理等9座水电站17项水下检查和水毁工程修复项目,确保了电站安全度汛。

4.2.6　高度重视小水电大坝安全管理

大通河流域5座运行水电站分别为东旭二级、卡索峡、青岗峡、加定和金沙峡水电站。工程建设期间,青岗峡和金沙峡水电站设计有大坝安全监测项目,青岗峡水电站未按监测设计进行施工,金沙峡水电站实施的部分监测项目已全部失效,其他3座电站没有大坝安全监测设计,大坝安全只有巡视检查手段。根据黄河公司要求,业主单位青海黄河中型水电开发有限公司委托西北勘测设计研究院进行5座大坝补充监测设计,经审查后实施,项目投入资金190万元,补设的监测项目分为环境量监测、变形监测、渗流监测三大类。现5座大坝安全监测工作正常开展,监测数据实行统一管理,监测资料由黄河公司大坝管理中心负责分析,大坝运行状态得到有效监控。

公司重视小电站大坝除险加固工作,近年来完成了大通河青岗峡电站引水隧洞补强加固,金沙峡水电站右岸副坝渗漏通道封堵和坝前防渗缺陷处理、土坝坝顶恢复防浪墙,东旭二级水电站左岸浆砌石挡墙加固修复等10项除险加固工程,及时消除了大坝安全隐患。

5 坝群技术管理经验

黄河公司成立以来,注重规范开展水电站大坝安全监测、资料整理整编与分析、大坝安全年度详查等例行工作,积极主动配合国家能源局大坝安全监察中心开展大坝安全注册和大坝安全定期检查,及时发现和消除大坝缺陷与隐患,保证了梯级水电站坝群安全健康运行。同时,积累了一些坝群技术管理经验。

(1)投入运行时间较长且已进入稳定运行期的大坝,应对大坝安全监测项目进行全面评价,在评价的基础上对监测项目进行优化调整。公司结合大坝定检,采用先进成熟的监测技术和设备,对龙羊峡、李家峡、盐锅峡等大坝安全监测项目进行了优化调整,保证大坝安全监测设施满足大坝安全监控要求,也在一定程度上减轻了观测人员劳动强度。

(2)公司近年来新投运的拉西瓦等工程实践经验证明,新投运工程要特别重视初期蓄水过程和首次蓄水至高水位的巡视检查、监测、分析工作,以确保大坝和两岸高边坡安全。

(3)要重视当地材料坝渗流控制效果的分析评价工作。一是注意总渗漏量的大小和变化趋势,当渗漏量发生突变时(无论减少还是增加),应立即对大坝进行全面巡视检查,并利用监测资料进行分析排查。检查坝体浸润线变化情况,检查坝坡稳定情况,检查渗漏水水质变化情况。二是对于建在深覆盖层上的大坝,要注重分析检查深覆盖层防渗工程工作状况。三是对于面板坝,一要检查周边缝变形情况,二要检查面板间是否有挤压破坏情况,三要检查分析渗透压力变化情况,必要时要进行水下检查。四是注意检查当地材料坝与其他坝连接部位的变形稳定和渗漏情况。五是注意观察库区水面是否有旋涡等异常情况。

(4)对于混凝土高坝,垂线监测直观性强,应保证设施完好可靠,观测环境满足要求,自动化、人工观测相互间可以对比印证。

(5)要重视各类坝型防渗帷幕防渗效果的分析评价工作,定期对水质、析出物进行分析;对排水孔应定期检查扫孔。

(6)对于老坝,在重视巡视检查、监测的同时,也要重视大坝材料性能检测工作,如裂缝、碳化检测等。

(7)大坝观测环境对观测精度影响较大,许多测值异常与观测环境有关,对不符合要求的要尽快改善。

(8)根据黄河上游洪水特点,发生大洪水时会连续长时间泄洪,泄水建筑物安全泄洪也是保证大坝安全的关键。一要及时消除缺陷,泄水建筑物体型平整度不符要求的一定要进行处理。二要加强巡视检查和流态观察观测,尽可能安排轮换泄洪进行检查。三要在泄洪结束后进行全面检查,有冲蚀破坏的要及时修复。四要重视泄洪雨雾对电站运行包括出线设备的影响,编制预案明确防范措施。

(9)水电站大多处于深山峡谷,应重视高陡边坡坍塌、落石问题,汛前集中清理危石;规定风、雨天气通行路线和不得开展观测作业的区域、时段等。

6 结 语

黄河公司为适应水电开发快速发展需要,保证流域梯级水电站群大坝运行安全,成立了大坝管理中心,集中专业人员从事大坝安全监测、系统维护、资料分析等工作,实行了大坝专业化管理,同时注重大坝安全信息化建设,建立了大坝安全信息管理分系统,在黄河干流9座运行水电站建立了安全监测自动化系统,实现了大坝安全监测数据统一管理、统一处理、资料集中分析,初步形成了大坝安全远程管理与现场巡视检查相结合、信息实时监测分析与例行工作相结合的大坝运行安全监控和管理新模式,在保证大坝安全监测质量的前提下,极大地提高了工作效率和设备利用率,实现了新型、高效的管理模式在流域性梯级水电站群大坝安全管理中的应用,对其他流域性水电开发公司有一定借鉴和推广应用价值。大坝安全专业化管理、信息集中管控应是流域性水电开发公司坝群安全管理的主导方向。积极主动配合大坝安全监察部门的工作是水电企业应尽的责任。

参考文献

[1] 李季. 龙羊峡大坝高水位运行期变位规律分析[J]. 大坝与安全,2008(1):38-40.
[2] 李季,苏怀智,赵斌. 龙羊峡近坝库岸滑坡成因机理研究[J]. 水电能源科学,2008(2):115-118.

贵州董箐水电站软硬岩混凝土面板堆石坝工作性态分析

杨宁安　陈　洪

（贵州黔源电力股份有限公司董箐电站建设公司　贵州　黔西南　562202）

摘要：董箐面板堆石坝主堆石及次堆石区全部采用溢洪道开挖砂岩和泥岩混合料填筑，泥岩含量一般为25%～32%，相对较高，国内外资料显示，全断面高比例采用软岩填筑面板堆石坝的坝高不过100 m级，尚无150 m级的先例。为了解和掌握董箐水电站混凝土面板堆石坝运行状态，为此分别在大坝不同高程布置了水管式沉降仪，在面板上布置电平器条带，周边缝布置三向测缝计，垂直缝布置单向测缝计、大坝表面布置六条视准线等监测大坝运行状态。本文对董箐水电站混凝土面板堆石坝施工及运行初期位移、渗流渗压、面板应力应变、周边缝、脱空变形和垂直缝、表面变形、挠度变形观测资料进行了初步分析，坝体变位规律良好，符合堆石坝变形特性，实测变形量较小，董箐水电站工程于2009年12月投产运行，经历了高水位运行的检验，至2014年3月，坝体最大沉降为2 072 mm，占坝高的1.38%，总体变形不大。稳定渗漏量约20 L/s；周边缝、垂直缝及挠度变形均在设计范围内；水下面板检查未发现集中渗漏及其他异常情况，坝体运行正常。

关键词：水电站　混凝土面板堆石坝

1　概　述

董箐水电站位于贵州省西部的北南盘江（茅口以下）下游，镇宁县与贞丰县交界的北盘江上，其上游为马马崖水电站，下游为龙滩电站。电站枢纽由钢筋混凝土面板堆石坝、左岸开敞式溢洪道、右岸放空洞、右岸引水系统、右岸岸边地面厂房等建筑物组成。电站正常蓄水位490 m，水库总库容9.55亿m^3，装机容量为880 MW（4×220 MW）。董箐水电站挡水建筑物是混凝土面板堆石坝，最大坝高150 m，坝顶高程494.5 m，坝顶全长678.63 m，上游坝坡1∶1.4，下游403.5 m高程以上坝坡1∶1.4，综合坝坡1∶1.5，378 m高程以下采用1∶0.5坡比混凝土挡墙，下游坝坡设三层10 m宽坝后公路。坝体自上游至下游依次分为盖重区（1B）、黏土铺盖区（1A）、垫层区（2A、人工加工灰岩料）、过渡区（3A、灰岩料）、排水堆石区（3F、灰岩料）、堆石区（3B、砂泥岩料）、下游干砌石护坡区（P、灰岩料），见图1。

董箐面板堆石坝主堆石区全部采用溢洪道开挖砂岩、泥岩料，由于泥岩含量一般为25%～32%，相对较高，为确保董箐水电站混凝土面板堆石坝安全运行，为此分别在大坝EL.378 m、EL.403.5 m、EL.425 m、EL.455 m布置8套水管式沉降仪，在左7、右2、右11面板布置3个电平器条带，周边缝布置9套三向测缝计，垂直缝布置26套单向测缝计，横右0－22.5安装1套光纤陀螺轨道。监测大坝运行状态，通过监测，验证设计所提参数的合理性，为大坝填筑施工提供技术指导，同时，及时了解和掌握大坝运行性态，为大坝安全运行提供技术保证。

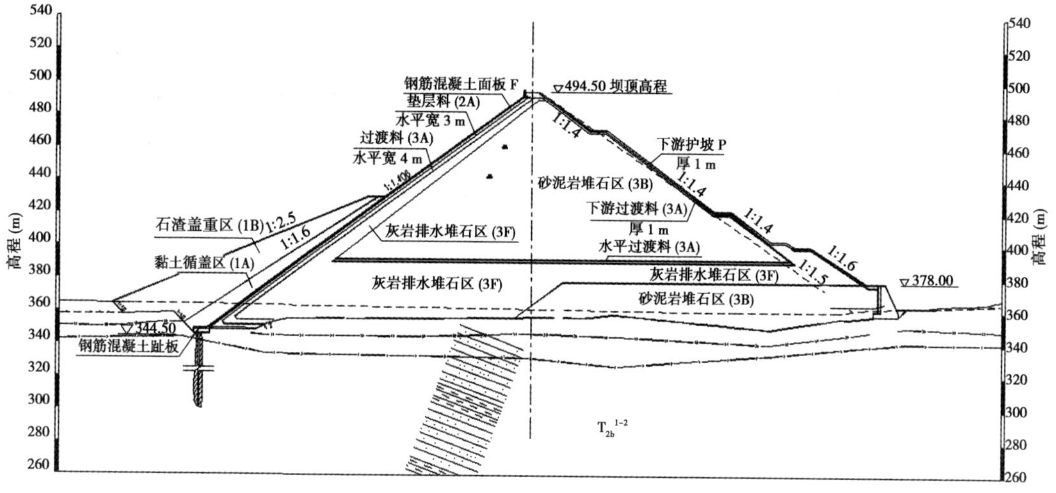

图 1　大坝典型断面示意图

2　大坝施工过程及蓄水过程

大坝填筑于 2006 年 12 月 31 日开工，2008 年 12 月 20 日大坝全线填筑至设计高程 491.2 m。

2009 年 8 月 20 日，水库开始蓄水，进入初蓄期。2009 年 11 月 23 日达到死水位附近 484.0 m，之后，水库水位保持在 480 ~ 490 m 区间运行。

3　坝体变形

堆石体内部变形监测共分 EL. 378 m、EL. 403. 5 m、EL. 425 m、EL. 455 m 四层布置，随坝体施工进度埋设。2007 年 6 月第一层（高程 378 m）沉降仪开始观测，到 2009 年 8 月下闸蓄水，施工期观测时段为 26 个月。其他各高程观测时段长短不一。

3.1　施工期变形

施工期大坝变形速率的最主要影响因素是坝体填筑上升速率，即上层加载速率。随着坝体填筑升高，上层堆石料的自重会持续对下部坝体加载巨大的压重，从而使大坝持续沉降压缩，同时水平方向产生向上、下游的推力，使坝轴线以上堆石体向上游位移，坝轴线以下向下游位移。

（1）378 m 高程最大沉降值发生在 0 – 069，即坝轴线下游 69 m 处，以 0 – 069 为界，向上游和下游逐渐减小。沉降收敛时间大约在 8 个月。

（2）各高程垫层料部位沉降和水平位移变形均较小，堆石区变形相对较大。

（3）大坝各高程沉降规律基本一致，403. 5 m、425 m、455 m 高程最大沉降均发生在坝轴线附近 0 – 004. 5 处，向上游和下游逐渐减小。403. 5 m、425 m、455 m 高程沉降收敛时间分别大约为 12 个月、10 个月、6 个月。

（4）最大沉降值均发生在大坝最大坝高断面处，沿坝轴线向左、右两岸随坝高不同而逐渐减小。

（5）由各测点变形过程线可见，各测点变化规律基本一致。

(6)由表 1 可见,坝体 88% 的变形发生在施工期。

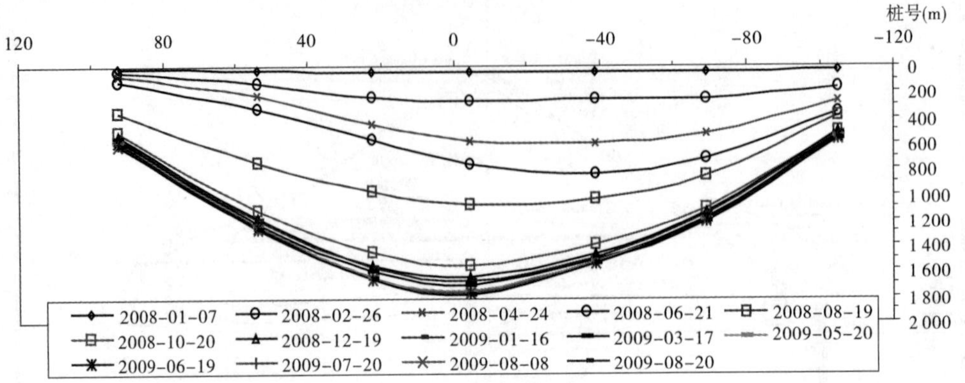

图 2　EL. 425 m,横右 0 - 22.5 水管式沉降仪测点沉降沿坝轴线分布曲图

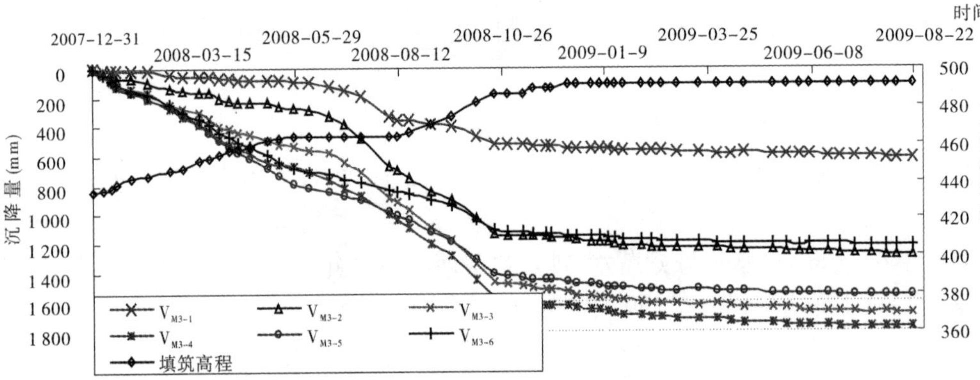

图 3　EL. 425 m,横右 0 - 22.5 水管式沉降仪测点沉降变化过程线

3.2　运行初期变形

蓄水后水位上升时期,坝体变形主要受水荷载影响,在库水位上蓄期各高程位移变化主要取决于上部水头,经过 3 个月左右的快速位移后,在库水位相对稳定情况下,各层位移速率趋于减小。蓄水后坝轴线以上的坝体变形速率明显大于下游测点,特别是面板后位于垫层料内的第一个测点位移受水荷载影响最大。

(1)蓄水后水位上升时期坝体沉降和水平位移较快,水位稳定以后坝体变形速率趋于减小。

(2)2010 年以后,库水位基本稳定,坝体变形主要受堆石体流变影响。

(3)截至 2014 年 3 月,坝体累积沉降 2 072.0 mm,累积沉降为最大坝高的 1.38%,发生在坝体最大断面,425 m 高程坝轴线附近,约 1/2 坝高处。

(4)由表 1 可见,大坝运行初期,坝体沉降变形不大,约占总变形量的 12%。

(5)从位移时间分布看,蓄水后前 3 个月,坝轴线以上尤其是面板后沉降变形和水平位移速度较大,3 个月以后速度减小。

(6)从坝体内部沉降分布图(见图 4)可见,各高程最大沉降均发生在坝轴线附近,向上、下游变形逐渐减少。

(7)大坝表面位移观测成果显示，坝后坡观测墩水平位移都趋向下游方向，垂直方向都呈沉降趋势。

表1　大坝施工期及运行初期最大沉降变形值统计

高程(m)	施工期最大沉降变形值(mm)	占坝高百分比	运行初期最大沉降变形值(mm)	备注
EL. 378	1 157. 2	0. 77	206. 8	运行初期:2009-08-21 ~ 2013-06-25
EL. 403. 5	1 473. 3 (大坝最大断面)	0. 98	197. 3	运行初期:2009-08-21 ~ 2013-07-24
EL. 425	1 782. 8 (大坝最大断面)	1. 1	289. 2	运行初期:2009-08-21 ~ 2013-06-25
EL. 455	1 570. 6 (大坝最大断面)	1. 0	320	运行初期:2009-08-21 ~ 2013-06-24

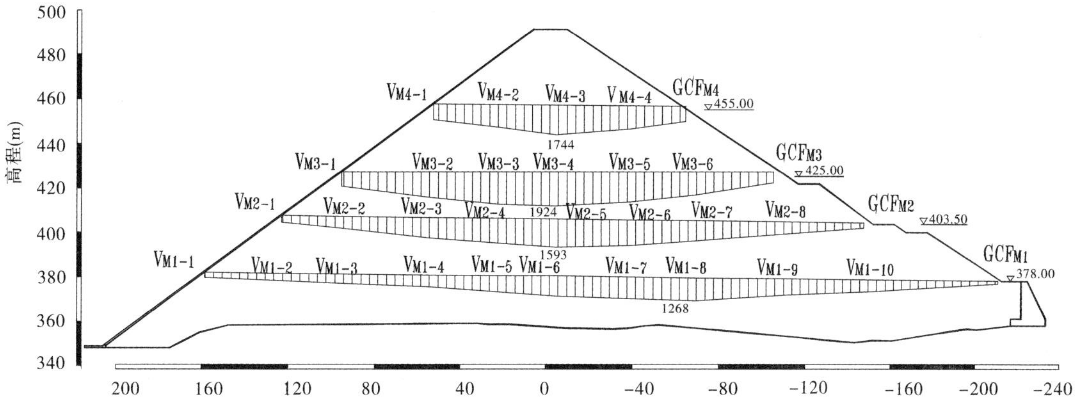

图4　2010年1月25日坝体内部沉降分布图

三期面板顶部表面变形观测：垂直位移都呈沉降趋势，水平位移呈向下游位移趋势，靠近坝体中部的观测墩变形较大，两岸位移小。

4　大坝面板变形

4.1　挠度变形

蓄水以后挠度变形增大面板向坝内挠曲变形，挠度最大位置在440 ~ 450 m高程，主要发生在水位上升阶段。

右2面板挠度变形最大，挠度最大位置在450 m高程左右，累积最大挠度651. 0 mm。

4.2　周边缝变形

蓄水后两岸面板周边缝都相对于趾板呈张开、沉降及向下剪切变形。

左岸周边缝EL. 410 m、横左0 + 180位置ZBJ5 - 1 ~ 3变形最大，累积张开、剪切、沉降变形分别为18. 1 mm、13. 4 mm、26. 0 mm，右岸周边缝EL. 401 m、横右0 - 190位置ZBJ3 - 1 ~ 3变形最大，累积张开、剪切、沉降变形分别为23. 9 mm、25. 6 mm、43. 5 mm。周边缝变形

主要发生在上游铺盖施工期和蓄水后水位上升时期，目前未见增大趋势。

4.3 垂直缝变形

一期面板 410 m 横右 0 - 120 m 累积压缩 - 6.77 mm。

二期面板 470 m 高程两岸垂直缝多数有张开变形，中间面板垂直缝压缩变形。蓄水后开度增加最大的测缝计位于横左 0 + 180，累积张开 18.64 mm。横左 0 + 15 累积压缩 - 6.99 mm。

三期面板 487 m 横左 0 + 180 累积张开 19.76 mm。三期面板 487 m、横右 0 ~ 345 m 垂直缝累积张开 12.38 mm。

气温降低，高程面板垂直缝开度有所增加，变化量值小。

左右岸垂直缝多数呈张开的变化趋势，中间面板垂直缝压缩。

4.4 面板脱空

2008 年 5 月至 12 月一期面板顶部产生较大脱空现象，2009 年 2 月已经采取了回填灌浆的处理措施。二期面板右 11、EL. 470 m 脱空变形 16.3 mm，左 7、右 2 未发生脱空。2010 年 3 月防浪墙施工时，右 11 面板脱空略有增加，施工结束后基本稳定。

4.5 应力应变

面板底层纵向和横向筋计应力不大，最大拉应力 49.4 MPa。

387 m 高程三向应变计和 413 m、483 m 高程双向应变计都呈压缩状态，一期面板最大应变为右 11 面板 413 m 纵向 - 470.9 με（压缩）。三期面板 483 m 应变计，最大应变为右 11 面板横向 - 330.7 με（压缩）。

4.6 面板水下检查

2012 年 6 月对董箐水电站大坝面板进行了一次全面彻底的水下录像检查，主要检查面板间伸缩缝、二期面板与三期面板之间接缝以及面板表面裂缝。本次水下检查面板伸缩缝鼓包上有 8 处较小渗漏，二期面板与三期面板之间接缝基本保持完好。面板无结构性裂缝和挤压破坏。

5 渗流渗压

2009 年 8 月蓄水以后，随着库水位上升，坝基水位随之逐渐上升，2009 年 11 月以后坝基水位基本稳定，坝体内水位近似水平线，水位坡降约 1 m。

2009 年 10 月 23 坝后量水堰开始过水，水库蓄水至 474.55 m 高程，此时坝中总量水堰测得渗漏量为 21.85 L/s。在经历了 2010 年 6 月 25 ~ 30 日连续降雨 181 mm 后，水库水位上升至 489.79 m 高程，坝中总量水堰测得最大渗漏量为 77 L/s。坝体渗漏量主要与降雨有关，降雨量大则渗漏量增加，旱季渗漏量减小。蓄水运行期间，渗漏量变化不大，稳定渗漏量 14 ~ 30 L/s。

6 结　语

（1）通过对大坝变形分析，董箐面板堆石坝的变形虽较硬岩料填筑的同规模坝体变形稍大，但因为是含泥岩料筑坝，所以其变形符合一般规律。施工期影响坝体沉降变形的主要因素是坝体填筑升高、自重荷载增大。

（2）2009 年 8 月下闸蓄水，11 月下旬达初蓄期最高水位，库水位上升时期，坝体内部变形，面板周边缝、垂直缝变形，坝体表面变形等变形速率较大。2010 年以后库水位基本稳定，坝体变形速率减小。坝内水位基本稳定，坝体渗漏量与库水位变化关系不明显，而与降雨量关系较大。

(3)大坝表面位移观测显示，坝后坡观测墩水平位移都趋向下游方向，垂直方向都呈沉降趋势。

(4)在国内外已建的高面板堆石坝工程中，如董箐面板堆石坝采用全断面泥岩和砂岩混合料填筑没有先例，从原岩料上来讲，董箐坝更为不利，但坝体最大沉降在正常范围内，坝体渗漏量小，面板无结构性裂缝和挤压破坏。说明在董箐坝中的砂岩、泥岩混合料的应用是非常成功的。

参考文献

[1] 曹克明，等. 混凝土面板堆石坝[M]. 北京：中国水利水电出版社，2008.
[2] 关志诚. 混凝土面板堆石坝筑坝技术与研究[M]. 北京：中国水利水电出版社，2005.

国内高心墙堆石坝安全监测技术及运行经验总结

何福娟　李运良　史鹏飞

（中国电建集团贵阳勘测设计研究院有限公司　贵州　贵阳　550081）

摘要：近年来，随着一批200 m级高心墙堆石坝的相继建成，国内外坝工界对高心墙堆石坝安全监测技术有了新的认识，既有成功的经验，也发现了不少问题。本文对小浪底、瀑布沟、糯扎渡等国内几座典型高心墙堆石坝的监测重点、采用的监测技术和设备以及运行期存在的问题进行了系统分析和总结，为我国今后300 m级高心墙堆石坝的顺利建设提供借鉴。

关键词：高心墙堆石坝　安全监测技术　运行经验

1　引　言

心墙堆石坝具有对坝址地质条件适应性强、坝料可就地取材、施工工艺易于掌握等特点，在土石坝中占有很大比例。进入21世纪以来，随着我国社会经济的迅猛发展和大型水利水电工程建设的需要，目前心墙坝的研究水平和建设技术正向300 m级高度进军。随着我国坝工建设的发展，大坝工程安全监测技术将迎来新的发展机遇。但在每级坝高的提升中，我国都无相应的成熟经验，国外可借鉴的经验也较少，为确保大坝的安全，需要在大坝填筑施工过程中全面、及时地进行安全监测，并利用监测资料对坝料特性和坝体应力变形特性进行系统的分析和预测，为大坝的安全评价和安全控制提供可靠的依据。本文对已建的三座典型高心墙堆石坝的重点监测设计及运行情况进行分析总结，为我国今后300 m级高心墙堆石坝的顺利建设提供借鉴。

2　高心墙堆石坝安全监测设计及存在问题

2.1　安全监测设计及实施情况

根据《土石坝安全监测技术要求》（DL/T 5259—2010）规定，心墙堆石坝安全监测包含大坝的变形、渗流渗压、应力应变及温度等内容。其中渗流渗压、应力应变及温度监测，可选用的监测仪器类型较少，可选仪器均为常规使用仪器，且这些仪器技术成熟、测值稳定，在300 m级高坝中也可放心使用。而变形类监测仪器，由于受仪器使用条件的限制，在高坝中的使用有待进一步研究。目前我国已建的高心墙堆石坝，针对坝体变形监测尤其是坝体内部变形监测仪器的使用都进行过专门的研究。

我国目前已建或拟建的高坝中，具有代表性的工程主要有小浪底工程、瀑布沟工程、糯

∗**基金项目**：国家重点基础研究发展计划暨973计划课题（2013CB036404）；国家科技支撑计划课题（2013BAB06B02）；流域水循环模拟与调控国家重点实验室人才培育课题；流域水循环模拟与调控国家重点实验室自主研究课题。

扎渡工程、长河坝工程、两河口工程和双江口工程，其中小浪底和瀑布沟工程坝高虽然低于200 m，但建在深厚覆盖层上，覆盖层厚度达到70 m以上，因此极具代表性。

我国已建或拟建的高心墙堆石坝所采用的坝内变形监测内容和监测仪器的选用情况见表1。

表1　我国已建或拟建高心墙堆石坝坝体内部变形监测内容

序号	工程名称	最大坝高（覆盖层厚度）（m）	监测内容	监测方法
1	小浪底	160(70)	水平位移	竖向埋设测斜管、测斜仪、堤应变计
			垂直沉降	测斜仪、沉降环、钢弦式沉降仪
2	瀑布沟	186(77.9)	水平位移	引张线式水平位移计、测斜管、测斜仪
			垂直位移	电磁式沉降仪、水管式沉降仪、振弦式沉降仪
3	糯扎渡	261.5	水平位移	引张线式水平位移计、测斜管、测斜仪
			垂直沉降	电磁式沉降仪、横梁式沉降仪、水管式沉降仪、振弦式沉降仪
4	长河坝	240(70)	水平位移	引张线式水平位移计、测斜管、测斜仪、土体位移计
			垂直沉降	水管式沉降仪、电磁式沉降仪、振弦式沉降仪
5	两河口	295	水平位移	引张线式水平位移计、测斜仪、土体位移计
			垂直沉降	水管式沉降仪、电磁式沉降仪、横梁式沉降仪
6	双江口	314	水平位移	引张线式水平位移计、测斜管、测斜仪
			垂直沉降	水管式沉降仪、电磁式沉降仪、电位器式位移计、横梁式沉降仪

注：表中前三个工程为已建项目，后三个工程为拟建项目。

在水平位移监测仪器中，引张线式水平位移计和测斜管为传统监测仪器，在我国已建心墙堆石坝中应用较多、技术较为成熟，在高心墙坝中也延续了仪器的使用。小浪底工程施工较早，引张线式水平位移计还未开始使用，只采用测斜管对水平位移进行监测，后期建设的瀑布沟和糯扎渡工程在水平位移监测时，均采用了测斜管和引张线式水平位移计。

根据目前的监测仪器技术水平，引张线式水平位移计的最佳管线使用长度为≤400 m，测斜管的最佳管线使用长度为≤150 m。两种仪器在瀑布沟工程和糯扎渡工程中的使用情况为：引张线式水平位移计使用较好，测斜仪使用时测头易发生脱落。即将建设的长河坝、双江口等高心墙堆石坝进行坝体内部水平位移监测设计时，除了改进传统仪器，也在考虑其他监测方法和监测仪器的可行性，如土体位移计、串联杆式水平位移计等。

坝体内部沉降分为心墙沉降和坝壳料的沉降，在已建心墙堆石坝中，大多数工程只对心墙和下游堆石料进行沉降监测，仅有糯扎渡水电站工程在对心墙和下游堆石料进行沉降监测的同时，也对上游的堆石料进行了监测。但由于受监测仪器的限制，上游坝料的监测只限于施工期，蓄水后仪器停止工作。

针对心墙堆石坝的沉降监测，已建工程中较多使用的监测仪器为电磁式沉降仪和水管式沉降仪。沉降环与测斜管相结合布置，在应用于高坝时，由于土体压力较大，测斜管易发生挤压破裂现象，导致沉降仪无法进行观测。水管式沉降仪最佳使用管线长度为≤400 m，管路较长时，会出现仪器无法测读、精度达不到设计要求等情况，因此在后期拟建的高心墙堆石坝中往往采用多种型式的沉降仪，形成横纵监测网格，在对监测成果互校的同时，尽量增加仪器的存活率，保证变形的可测性。

2.2 监测仪器存在问题

已建成的高心墙堆石坝中，安全监测仪器的存活率都不高，尤其是坝体内部变形监测仪器。小浪底工程可作为分析和引用依据，或分析参考依据的仪器占仪器总数的83.17%；瀑布沟大坝（含围堰和基础防渗墙）仪器完好率为68.93%；糯扎渡截至2012年2月20日，安全监测工程心墙堆石坝共安装埋设监测仪器为设计量的70.7%，仪器完好率为93.7%。

仪器损坏的主要原因有以下几点：①仪器本身质量问题，例如稳定性和耐久性较差。②电缆因变形过大受到损伤或绝缘降低，造成无法测读。③仪器监测的物理量超出仪器本身量程。这类问题在小浪底工程中较为突出，坝体内部变形的沉降计因坝体沉降量超出仪器设定量程失效，蓄水后左岸山体发生较大的渗漏导致量水堰失效。④监测仪器的发展不满足工程需要，滞后于坝工技术的发展。在我国对心墙土石坝的内部变形进行监测时，通常选用的仪器为测斜管和沉降环，但在大坝的实际运行过程中，测斜管极易损坏。瀑布沟心墙部位安装的测斜孔，活动式测斜仪探头均无法到达孔底，监测数据规律性较差，心墙中下部沉降因堵管无法正常观测；小浪底有1/2的沉降环因测斜管管体挤裂或弯曲变形造成管体不畅而无法正常观测。

3 高心墙堆石坝安全监测运行经验总结

3.1 坝体变形情况

3.1.1 小浪底工程

小浪底坝体内部变形观测从1995年开始，外部变形观测从1998年开始，表面观测的监测数据主要反映大坝运行期的变形情况。表面变形最大部位发生在坝顶下游侧视准线河床部位的测点，大坝变形主要受时效和库水位变化的影响，以时效影响为主。监测点在每年调水调沙期库水位骤降时垂直位移速率加快，持续影响时间为2～3周，这一变化呈逐年减小趋势。竖向位移已经趋于稳定，向下游的水平位移仍在发展，位移速率呈逐渐减小的趋势。

在2001年7月坝顶下游侧发现纵向裂缝。通过探坑发现，裂缝沿坝轴线方向平直无弧形、缝面基本竖向、裂缝两侧无错台。说明坝顶下游侧的纵向裂缝不是坝壳失稳产生的滑动裂缝，而是由于坝顶部位不均匀变形产生的张性裂缝。经分析，纵向裂缝产生的原因主要有几个方面：①坝顶不均匀变形是裂缝产生的直接原因；②库水位的骤升、骤降加剧了不均匀变形的发生；③深厚覆盖层导致河床部位坝体变形较大；④大坝填筑上升较快，坝壳料填筑过程中未按照规范的要求加水碾压等。采取工程处理措施后，裂缝经过一段时间的调整，目前已趋于稳定。

从整个大坝的变形监测资料来看，大坝变形渐趋平稳，大部分沉降已经完成，大坝整体稳定性较好，坝体纵向裂缝属于沉降裂缝，不影响大坝安全。

3.1.2 瀑布沟工程

瀑布沟坝体表观位移在河床中部最大，由河床中部向两岸岸坡递减；位移方向为两岸岸坡指向河床中部，施工期上游坝面测点朝向上游，下游坝面测点朝向下游，蓄水后位移方向均指向下游。心墙沉降变形以靠近河床中部为最大，由河床向岸坡呈递减变化，心墙最大沉降出现在1/3坝高以下，主要变形发生在施工期，蓄水后变形大约为施工期的1/4；下游堆石区沉降变形主要发生在坝体填筑施工期，蓄水期变化量大约为施工期的1/3，同一断面、同一高程反滤层(靠近心墙部位)沉降变形最大。向下游向的水平变形主要分为三个时段，分别发生在施工期至一期蓄水末、二期蓄水水位上升期、二期蓄水高水位以后，向下游向水平变形主要受库水水位的影响，蓄水完成后，变形基本趋于收敛。

施工期心墙内部发生了较大的不均匀变形，心墙与岸坡混凝土接触区5 m范围内沿坝轴线方向的拉伸变形较大，部分已超过仪器量程，蓄水后坝基廊道与高塑性黏土间的错动变形已趋于稳定。

此外，大坝在运行过程中两次发现纵向裂缝，经过物探监测裂缝深度均在1～2.5 m，主要可能是蓄水速率过快、下游坝坡沉降拉裂、车辆频繁过坝扰动等造成的，在采取工程处理措施后，目前大坝运行正常。

3.1.3　糯扎渡工程

糯扎渡工程于2004年4月开始筹建，2006年1月开始准备期建设，2007年11月截流，预计2014年7月竣工。本文中的监测数据为参考2012年6月底的数据，该时段为水库蓄水期，2012年12月底水库蓄水完成。

上游堆石体各测点沉降与坝体填筑和上游水位上升紧密相关，坝体沉降随填筑面和上游水位抬升而增加，坝体最大位移出现在靠近心墙的堆石体中部，最大沉降为2 516.80 mm，占当时上游堆石体最大高度259.5 m的0.97%。

心墙沉降变化受坝体填筑进程控制，主要变形发生在填筑期，随填筑高程增加而增加，观测初期位移变化速率相对较大，之后随坝体填筑进程同步变化。断面内最大沉降发生在心墙中部，沿高程向呈中部大、顶部和底部小的分布特征，随坝体填筑，最大位移出现的区间也逐步上移，心墙施工完成后，最大沉降大致发生在1/2坝高附近。同一高程，沿坝轴线方向，心墙沉降呈河床中部大、两岸岸坡小的分布特征；垂直坝轴线方向，心墙沉降大于反滤，且位移随填筑高程增加而持续增加。主要监测断面最大累积沉降量和沉降率分别为2 475 mm(1.38%)、3 552 mm(1.36%)、2 192 mm(1.39%)。

下游堆石体最大沉降集中于堆石体中部的1/2坝高处，最大沉降分布在靠近心墙的下游堆石体中上部，沉降与填筑过程紧密相关，沉降随堆石体填筑高程增加而增加。沉降值最大为2 281.81 mm(0.88%)。

心墙左右岸位移各指向对岸，表明岸坡心墙向河床中部位移；堆石体水平位移呈河床中部大、两岸岸坡小的分布特征，越靠近下游坡面水平位移越大。

3.2　坝体渗漏情况

3.2.1　小浪底工程

工程于1999年10月25日下闸蓄水，自下闸蓄水后，随着水库运行水位的不断升高，左岸山体渗流不断出现新的情况。当库水位首次超过240 m和250 m时，左岸山体渗流量出现明显增大现象，结合左岸山体地质条件和专家咨询意见，本着“堵排结合”的原则，采取工程措施对左岸山体渗漏进行了处理。

2002年2月21日库水位为240.37 m时，渗流量达1 700.8 m^3/d，30号排水洞、地下厂房顶拱及上边墙的渗流量明显增加，库水位为 240.87 m 时，渗流量高达 9 224 m^3/d。针对如此情况，对左岸进行了补强灌浆和对渗漏通道的封堵。防渗处理后在库水位 240 m 时，渗水量减少幅度达 52.7%，防渗处理效果明显。但当库水位超过 240 m 时，左岸山体渗流量随库水位上升明显增加，且速率较快。如 30 号排水洞，当库水位为 240.35 m(9 月 2 日)时，渗流量为 4 607 m^3/d；库水位为 250.15 m 时(9 月 12 日)，渗流量为 8 419 m^3/d；库水位为 260.96 m 时(10 月 7 日)，渗流量为 10 454 m^3/d；库水位为 265.69 m 时，渗流量达 11 462 m^3/d。针对这一情况，重新对左岸岩体进行了工程处理。处理完成后，库水位 259 m 时，左岸山体总渗流量由处理前的 12 424 m^3/d 减少到 7 127 m^3/d，减幅达 42.6%，渗流量明显减少，说明防渗处理措施得当，防渗处理效果显著。

从 2004 年到 2010 年，最高库水位变化不大，均位于 250.34 m 和 263.41 m 之间，但年最大渗流量最逐年明显减小，由 2004 年的 35 028 m^3/d 逐渐减少到 2010 年的 19 373 m^3/d，减少达 44.7%。可能是泥沙淤积形成天然铺盖以及细颗粒对岩体裂隙的淤堵等因素引起的。

黄河小浪底水利枢纽工程已经受较长时间、较高水位运行考验，渗漏问题经补强处理，效果明显，目前渗流量已趋稳定，工程运行基本正常。

3.2.2　瀑布沟工程

在蓄水过程中两岸山体曾出现较大渗流，后对两岸山体帷幕进行补强灌浆及在下游补打排水孔，效果明显，处理后测得左岸总渗流量 74.35 L/s，右岸总渗流量 28.02 L/s，总渗流量为 102.37 L/s，总渗流量在可控的范围内，两岸山体的防渗效果良好，帷幕起到了很好的防渗作用。

心墙浸润线分析表明，水位下降约为上下游水位差的 50%，防渗效果良好。左右岸山体防渗帷幕后水头折减符合一般规律，基础防渗墙运行未见异常。

3.2.3　糯扎渡工程

在水库蓄至水位 694.32 m 过程中，上游反滤料内的渗压计测值随库水位变化，折算水头略低于上游库水位，蓄水对心墙渗流尚未产生直接影响，心墙后水位则比较低。防渗帷幕后水头增量在 5.79 m 以内，坝基测压管目前实测水头在 2.59 m 以内，坝基量水堰当前最大测值为 0.68 L/s，坝后量水堰处于无水状态，绕坝渗流监测孔水位变化很小。

3.3　高心墙堆石坝运行情况总结

小浪底和瀑布沟大坝均建在深厚覆盖层上，在运行期坝顶均出现过裂缝，可能是坝体的不均匀沉降引起的，裂缝经过处理后，目前两座大坝的运行状况良好。

小浪底工程在蓄水后左岸发生过较大的渗漏，瀑布沟在蓄水的过程中也出现过渗漏现象，但渗流量较小，经过“排堵结合”的处理方式，目前两座大坝的渗流量在正常范围内。

4　结　论

经过以上对我国已建高心墙堆石坝安全监测仪器以及安全监测运行经验的分析总结，可以得出以下结论：

(1)针对高心墙堆石坝，传统的监测仪器在使用时，会有管线长度、监测精度等方面的限制，因此在高坝进行监测仪器的选用时，必须对传统监测仪器进行改进，同时研究新型监测仪器使用的可行性。

（2）界面位移一般采用大量程测缝计和大量程位移计进行监测。在使用时应注意对实际变形和仪器量程的把握，预留足够的变形量，预防超量程导致仪器的损坏，同时应关注仪器的保护。

（3）高心墙堆石坝坝体内应力、变形均较大，极易导致监测仪器的损坏，因此在安全监测设计时，在关键部位应进行多种仪器多个测点结合布置，保证关键部位测值的准确性。

（4）心墙堆石坝坝体内部心墙沉降变形均大于其他堆石料的变形，这与心墙材料的特性有关；心墙堆石坝的变形最大发生在1/2～1/3坝高，变形主要发生在施工期和蓄水期，沉降变形约为坝高的1.5%。

（5）已建堆石坝的坝体及坝基的防渗性能较好，没有发生心墙裂缝和水力劈裂。小浪底和瀑布沟蓄水时发生的渗漏，均发生在两岸。说明在高水头的作用下，可能会对两岸山体内的薄弱岩层进行击穿，形成渗漏通道，因此在选取坝址时，应对山体的地质情况进行详细的了解，尽量避开薄弱岩层，无法避开时必须采取有效的工程措施进行处理。

（6）坝体的不均匀沉降容易导致坝顶裂缝的发生，在小浪底和瀑布沟均发生过这一问题，因此在材料选取时不同材料的压缩模量不宜相差太大，在施工中也要严格控制施工质量，同时对基础的处理也应引起重视。

（7）坝基的不均匀沉降可能会导致坝顶裂缝发生，影响坝体结构安全，因此在深厚覆盖层上筑坝时，应对基础做好处理措施。

参考文献

[1] 张宗亮. 200 m级以上高心墙堆石坝关键技术研究及工程应用[M]. 北京：中国水利水电出版社，2011.
[2] 李珍. 小浪底观测工作实践[M]. 北京：中国水利水电出版社，2009.
[3] 郝长江. 水电工程安全监测设计研究与实践[M]. 武汉：长江出版社，2009.
[4] 王德厚. 大坝安全监测与监控[M]. 北京：中国水利水电出版社，2004.
[5] 何勇军，等. 大坝安全监测与自动化[M]. 北京：中国水利水电出版社，2008.
[6] 钮新强，等. 水库大坝安全评价[M]. 北京：中国水利水电出版社，2007.

贵州乌江三岔河流域引子渡水电站汛期高水位运行初探

肖　鹏　醋院科

（贵州黔源电力股份有限公司　贵州　贵阳　550002）

摘要：本文对贵州乌江三岔河流域水文地理特征、普定及引子渡水电站工程概况进行了介绍，对引子渡水电站汛期长时间低水位运行状态进行了归纳，总结出引子渡水电站汛期运行水位在1 060～1 065 m的占比最高，达14.6%；其次是1 070 m及以上达12.5%；若引子渡水电站按1 065～1 070 m控制运行水位，从溢洪风险、发电效益两方面对历年实际运行情况进行分析，发现低于此水位造成的电量损失约2.5亿kWh，其中汛期损失电量高达76%。作为水电站来说，汛期发电效益尤为显著，争取汛期满发、超发是水力发电企业优化调度的第一目标。对于引子渡水电站而言，也不例外。为此，本文选取贵州乌江三岔河流域历史与设计洪水资料，对普定、引子渡水电站进行洪水联合调度演算，探讨在不同洪水情况下引子渡水电站的溢洪风险和发电效益，综合权衡，提出了引子渡水电站汛期可适当抬高运行水位的建议。

关键词：贵州乌江三岔河流域　引子渡水电站　汛期　高水位运行

1　流域与工程概况

1.1　三岔河流域概况

三岔河为贵州乌江干流上游，也称乌江南源，发源于贵州省威宁县香炉山麓盐仓，自西北向东南流，在平坝县吴家渡附近折向北流，于化屋基与乌江北源六冲河汇合后始称乌江（见图1）。三岔河全长325.6 km，落差1 398.5 m，平均比降为0.429%，流域面积为7 264 km^2。三岔河流域属于亚热带季风气候区，雨量充沛，引子渡坝址以上多年平均降雨量1 212.4 mm。流域汛期5～10月多暴雨和阵雨，其中以5～7月最为集中。年最大洪峰主要集中在6～7月，其次为8月和9月。暴雨历时短，雨量集中，干流河谷深切，比降大，槽蓄作用小，洪水过程涨率较大，但因地处岩溶地区，落水较缓，洪水峰顶持续时间一般为1～3 h，退水时间为2～3 d。一次洪水过程的洪量主要集中在3 d、5 d，其中三日洪量占五日洪量的74.7%。

1.2　普定、引子渡水电站概况

普定水电站位于三岔河上游，坝址以上控制面积为5 871 km^2，占三岔河流域面积的80.8%，多年平均流量123 m^3/s。普定水库正常蓄水位1 145 m，死水位1 126 m，防洪限制水位1 142 m，总库容4.02亿m^3，调节库容2.48亿m^3，调洪库容1.08亿m^3，水库具有不完全年调节能力；电站以发电为主，装机容量84 MW，多年平均发电量3.16亿kWh。

引子渡水电站是乌江干流梯级规划的第二级，上游为普定水电站，下游为乌江东风水电站，坝址以上控制流域面积为6 422 km^2，多年平均流量142 m^3/s；普定—引子渡区间流域面积551 km^2，占三岔河流域面积的7.6%，区间多年平均流量19 m^3/s。引子渡水库总库容5.29亿m^3，正常蓄水位1 086 m，死水位1 052 m，属不完全年调节水库。电站以发电为主，

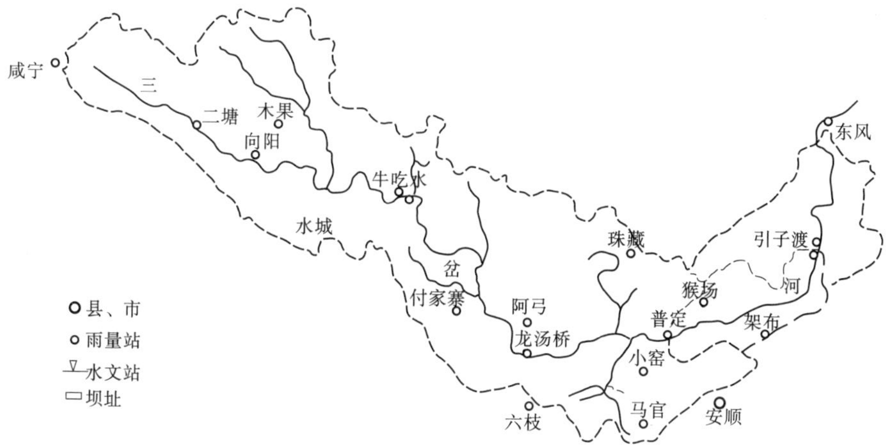

图1 贵州乌江三岔河流域水系

装机容量360 MW,多年平均发电量9.78亿kWh。

引子渡水库为大V型,根据引子渡水库水位—库容关系曲线,当库水位为1 055 m时,较正常蓄水位库容差为3.04亿m^3;当库水位上升至1 065 m时,较正常蓄水位库容差为2.31亿m^3,仅比1 055 m时少24%库容(0.73亿m^3);当库水位上升至1 070 m时,较正常蓄水位库容差为1.85亿m^3,比1 055 m时少39%库容(1.19亿m^3)。所以,若引子渡水库水位从1 055 m抬升10~15 m,其较正常蓄水位的库容差将比1 055 m时少24%~39%。

2 引子渡水电站运行现状分析

2.1 历年水位分析

引子渡水电站于2003年12月投运,统计2004~2011年逐月平均水位运行情况,发现引子渡水库大部分时间处于低水位运行。在统计8年96个月平均水位序列中,有73个月平均水位低于1 070 m,占统计时段的76%;水位低于1 065 m以下的月份高达66个月,占统计时段的68.8%;水位低于1 055 m以下的有23个月,占统计时段的24%(见表1、表2)。

表1 引子渡水库历年逐月平均水位统计表 (单位:m)

年	1月	2月	3月	4月	5月	6月	7月	8月	9月	10月	11月	12月	年平均
2004	1 053.4	1 052.6	1 052.6	1 052.6	1 057.8	1 062.9	1 073.3	1 078.3	1 079.0	1 064.4	1 054.4	1 055.1	1 061.4
2005	1 053.1	1 053.2	1 053.0	1 057.1	1 055.2	1 068.0	1 076.3	1 064.1	1 062.4	1 065.6	1 072.8	1 064.4	1 062.2
2006	1 056.3	1 058.0	1 059.4	1 056.7	1 053.7	1 056.9	1 056.5	1 058.3	1 069.6	1 077.5	1 079.4	1 080.3	1 063.6
2007	1 075.7	1 070.7	1 057.3	1 053.1	1 053.1	1 061.9	1 068.6	1 077.7	1 070.9	1 060.5	1 059.0	1 054.4	1 063.5
2008	1 053.5	1 054.2	1 063.1	1 064.1	1 056.0	1 061.5	1 076.2	1 071.1	1 075.1	1 080.1	1083.9	1 083.4	1 068.6
2009	1 078.9	1 067.0	1 064.1	1 060.6	1 060.4	1 055.4	1 061.1	1 063.0	1 063.3	1 057.1	1 058.2	1 058.5	1 062.2
2010	1 056.5	1 055.9	1 054.0	1 053.1	1 054.0	1 056.3	1 064.0	1 059.8	1 063.3	1 076.7	1079.8	1 079.1	1 062.7
2011	1 067.6	1 072.6	1 066.2	1 053.7	1 053.2	1 061.0	1 057.1	1 053.2	1 052.7	1 054.8	1 057.0	1 054.6	1 058.6

表 2　引子渡水库历年逐月平均水位分析

平均水位	1～4 月		5～10 月(汛期)		11～12 月		统计	
	发生次数	占比(%)	发生次数	占比(%)	发生次数	占比(%)	发生次数	占比(%)
1 055 m 及以下	13	13.5	7	7.3	3	3.1	23	24.0
1 055～1 060 m	8	8.3	11	11.5	5	5.2	24	25.0
1 060～1 065 m	4	4.2	14	14.6	1	1.0	19	19.8
1 065～1 070 m	3	3.1	4	4.2	0	0.0	7	7.2
1 070 m 及以上	4	4.2	12	12.5	7	7.3	23	24.0

综合分析引子渡水库历年逐月平均水位运行情况，发现其大部分时间处于低水位运行的主要原因有以下几点：

(1)近年来贵州乌江三岔河流域来水整体偏枯，除 2008 年来水偏丰外，从 2005 年开始流域出现偏枯水年 7 次，在 2011 年更是出现特枯水年。

(2)在枯期(1～4 月、11～12 月)水库调度过程中，引子渡水电站负荷安排不尽合理，库水位或过早消落，或消落过快，水库处于低水位运行。

(3)由于工业化、城镇化快速发展，社会用电需求增加，负荷偏紧，电网需要水电站加大出力顶峰，在此大环境下，受来水总体偏枯影响，引子渡水库水位消落后，必然处于低水位运行。

(4)在汛期(5～10 月)水库调度过程中，为避免水电站发生溢洪，维持水库于低水位、低风险状态运行。

2.2　历年溢洪分析

尽管引子渡水电站大部分时间处于低水位运行，但自投产发电以来其也发生过溢洪。经统计，引子渡水电站在 3 年里发生过溢洪，分别为 2004 年、2007 年及 2008 年，其溢洪水量分别为 0.87 亿 m^3、4.24 亿 m^3、0.47 亿 m^3，总溢洪水量 5.58 亿 m^3，占统计时段内总入库水量(272.72 亿 m^3)的 2.0%。

2004 年 7 月 22 日引子渡水电站溢洪，总溢洪水量约 0.87 亿 m^3。7 月 20 日引子渡库水位为 1 075 m 左右。若其库水位保持在 1 070 m 左右(1 070 m 至 1 075 m 之间库容差约 0.5 亿 m^3)，则可减少溢洪约 0.5 亿 m^3；且 7 月 20 日至 23 日引子渡水电站均未满发，若保持 3 台机满发，则发电水量较实际发电水量将多 0.41 亿 m^3；可见，2004 年引子渡水电站溢洪是可以避免(减少)的。

2007 年 7 月 29 日～8 月 5 日，引子渡水电站连续溢洪，总溢洪水量约 4.24 亿 m^3。本场洪水为复峰型洪水，洪峰 2 312 m^3/s，洪量 8.8 亿 m^3，峰值达 3 年一遇洪水，洪量超 5 年一遇；本场洪水降雨开始于 7 月 21 日，此时上游普定水电站库水位接近 1 141 m，较汛限水位仅差 1 m，引子渡水电站于 7 月 26 日开始满发。若从 23 日普定水电站开始溢洪后，引子渡水电站保持满发，也可相应减少引子渡水电站溢洪 0.5 亿 m^3。

2008 年 11 月 3 日引子渡水电站溢洪，总溢洪水量约 0.47 亿 m^3，此场洪水洪峰 1 329 m^3/s。因为 2008 年总体来水偏丰，汛末普定、引子渡水库基本处于满库状态，无调节库容；加之三岔河流域在枯期(11 月)发生洪水较为罕见，引子渡水电站必会产生溢洪。

综上分析，若扣除可避免（减少）的溢洪水量，引子渡水电站自投运以来产生溢洪水量为4.21亿m^3，占统计时段内入库水量的1.5%，其占比很小。

2.3　低水位运行分析

水电站的发电效益在汛期尤为显著，因此争取汛期满发、超发便成为水力发电企业优化调度的第一目标。对于引子渡水电站而言，也不例外。汛期，在上游普定水电站的错峰拦蓄调节作用下，引子渡水电站的防洪能力得以提高，可以在适当高水位下与普定电站保持同步运行。

若引子渡水电站运行水位按1 065～1 070 m控制，此水位下平均耗水率为4.3 m^3/kWh。根据2004～2011年引子渡水电站的实际运行情况，还原计算出水位在1 065～1 070 m情况下的理论发电量，因水位低于1 065 m，水头低，实际耗水率较4.3 m^3/kWh偏大，因此损失电量约2.5亿kWh。其中枯期损失电量0.6亿kWh；汛期损失电量1.9亿kWh，占总损失电量的76%。可见，若可以在汛期适当抬高水位运行，引子渡水电站不仅可以减少电量损失，而且可以节水增发电量，实现经济运行，创造可观效益。

3　引子渡水电站高水位运行分析

3.1　分析方法

在上游河道适当位置，兴建能调蓄洪水的综合利用水库，利用水库库容拦蓄洪水，削减进入下游河道的洪峰流量，可以达到减免下游洪水灾害的目的[1]。引子渡水电站上游为普定水电站，坝址以上流域面积5 871 km^2，多年平均流量123 m^3/s，调节库容2.48亿m^3，水库具有不完全年调节性能，对下游引子渡水库具有显著的库容补偿作用[2]。普定水电站坝址以上流域面积占引子渡水电站坝址以上流域面积的91.4%，引子渡水电站的运行调度必须考虑普定水库的调蓄作用。进行普定、引子渡水库联合演算时，流域洪水经上游普定水库调蓄、削峰，演算至引子渡水电站，引子渡水电站的入库流量为普定水库调蓄后出库加普定—引子渡区间流量。

（1）预见期：贵州乌江三岔河流域水情自动测报系统成熟，站点分布合理，洪水预报软件经过多年运行，预见期在5～10 h。

（2）普定水库汛期按汛限水位1 142 m控制[3]，当联合演算超过1 142 m时，水库开闸泄洪，并维持汛限水位及以下运行。

（3）发电流量：调洪演算期间，普定电站按三台机组最大出力运行；引子渡水电站机组负荷的增减视普定出库及区间入库情况而定，引子渡水库洪水预报预见期按7 h考虑。

（4）普定—引子渡区间流域面积占普定坝址以上流域面积的9.4%，洪水调度演算期间，引子渡区间洪水过程按对应的普定设计洪水过程线参考流域面积比进行修订。

（5）为便于对比分析，本文中普定水电站起调水位按1 130 m、1 135 m、1 140 m控制，引子渡水电站起调水位则按1 065 m、1 070 m、1 075 m控制，如此研究九种情况下两水电站的联合调度演算结果。

（6）联合调度演算基于水量平衡原理，在某一时段内进入水库的水量与下泄的水量之差，等于该时段内水库蓄水量的变化值；在确定起调水位后，以洪水过程作为输入，先对上游水库进行调洪演算，调洪演算过程中电站按最大出力发电，从而可以计算出两电站在时段末的水位和时段内的最高水位，以及溢洪水量。

$$W_I - W_O = \Delta W_S \quad [4] \tag{1}$$

$$\Delta W_S = V_{t_2} - V_{t_1} \tag{2}$$

$$V_t = f(z_t) \tag{3}$$

式中：W_I 为给定时段内进入水库的水量；W_O 为给定时段内从水库中输出的水量；ΔW_S 为给定时段内水库中蓄水量的变化量，可正可负，当 ΔW_S 为正值时，表明时段内蓄水量增加，反之，蓄水量则减少；V_{t_2}、V_{t_1} 为时段末、时段初的水库蓄水量；z_t 为 t 时刻水库水位。

通过水量平衡方程和水库特性曲线，即可计算出普定、引子渡水电站在调洪演算过程中的最高水位、溢洪量等数据，进而可以分析出电站的风险和效益。

3.2　分析计算

3.2.1　资料选取

贵州乌江三岔河流域洪水主要集中在6～7月，洪水陡涨陡落，峰顶持续时间一般为1～2 h，一次洪水过程洪量主要集中在3～5 d内，洪水峰型以单峰居多。

普定水电站实测入库洪水分析：1994年到2011年共18年数十场较大入库洪水过程中，只有10场洪水洪峰大于2 000 m^3/s，其中有4场洪水洪峰流量大于2 500 m^3/s，3日洪量大于3.0亿 m^3 的洪水有5场。

普定水电站坝址历史洪水分析：由于普定水电站坝址与木浪水文站面积相差仅2%，且在普定水电站技施阶段洪水分析采用的是木浪水文站的历史洪水，因此分析木浪水文站的洪水统计情况有助于摸清三岔河流域的洪水组成特征。根据建库前木浪水文站1962～1992年31年间百余场洪水统计情况，有22场洪水洪峰大于2 000 m^3/s，洪峰大于2 500 m^3/s 的洪水9场。

从三岔河流域1962年以来的洪水统计资料可知，流域形成洪峰大于2 500 m^3/s 的洪水合计有13场，绝大多数洪水为小于 $P=50\%$（两年一遇洪水，洪峰为2 080 m^3/s）洪水。为此，本文选取较为常见的、小于两年一遇及以下的普定水电站坝址设计洪水资料，对普定、引子渡水电站进行联合调洪演算。

3.2.2　结果分析

根据选取的普定水电站坝址 $P=50\%$、$P=20\%$ 的设计洪水过程线，按照联合调度计算方法，进行了多种起调水位情况下的联调演算，计算结果见表3、表4。

3.2.2.1　分析 $P=50\%$（两年一遇）的洪水过程演算结果

（1）当普定水库起调水位为1 135 m及以下，引子渡水库对应起调水位为1 070 m及以下时，计算结果显示，引子渡水库最高水位为1 085.1 m，各种情况均不会发生溢洪，此时水电站机组负荷还有一定余量。

（2）当普定水库起调水位为1 135 m，引子渡水库对应起调水位为1 075 m时，引子渡水库最高水位将超过1 086 m，会有少量溢洪产生。

（3）当普定水库起调水位为1 140 m，不论引子渡水库起调水位为1 065 m或1 070 m，引子渡水库都会产生溢洪。

3.2.2.2　分析 $P=20\%$（五年一遇）的洪水过程演算结果

（1）不论普定水库为上述何种起调水位，引子渡水库均有溢洪产生。其溢洪量在0.6亿～2.8亿 m^3，相对而言，引子渡水库起调水位控制在1 070 m以下时产生的溢洪较少。

（2）当普定水库为1 135 m及以上起调水位时，即使引子渡水库起调水位控制在1 055

m 也会产生溢洪约 0.45 亿 m^3。

小结：若发生一般性洪水（$P=50\%$），引子渡水库维持在 1 070 m 左右，与普定水库保持同步运行，此情况下引子渡水库产生溢洪可能性极小，即使遭遇 2 年一遇洪水，不利工况下引子渡水库仅有 0.5 亿 m^3 溢洪。

表 3　普定、引子渡水库联调演算成果（$P=50\%$ 洪水过程）

联调结果	普定	引子渡			普定	引子渡			普定	引子渡		
		方案 1	方案 2	方案 3		方案 1	方案 2	方案 3		方案 1	方案 2	方案 3
起调水位(m)	1 130	1 065	1 070	1 075	1 135	1 065	1 070	1 075	1 140	1 065	1 070	1 075
最高水位(m)	1 142	1 082	1 085.5	1 085.6	1 142	1 082	1 085	1 086	1 142	1 086	1 086	1 086
洪峰(m^3/s)	2 080	1 775	1 775	1 775	2 080	2 276	2276	2276	2 080	2 276	2 276	2 276
最大下泄(m^3/s)	1 430	0	0	0	1 884	0	0	467	1 884	123	556	990
溢洪水量(亿 m^3)	1.9	0	0	0	2.5	0	0	0.3	3.2	0.04	0.5	1.0
发电水量(亿 m^3)	1.2	1.8	1.8	2.4	1.2	2.4	2.5	2.6	1.2	2.6	2.6	2.6
洪水总量(亿 m^3)	4.6	3.5	3.5	3.5	4.6	4.1	4.1	4.1	4.6	4.8	4.8	4.8
水量利用率(%)	58.7	100.0	100.0	100.0	45.7	100.0	100.0	92.7	30.4	99.2	89.6	79.2

表 4　普定、引子渡水库联调演算成果（$P=20\%$ 洪水过程）

联调结果	普定	引子渡			普定	引子渡			普定	引子渡		
		方案 1	方案 2	方案 3		方案 1	方案 2	方案 3		方案 1	方案 2	方案 3
起调水位(m)	1 130	1 065	1 070	1 075	1 135	1 065	1 070	1 075	1 140	1 065	1 070	1 075
最高水位(m)	1 142	1 086	1 086	1 086	1 142	1 086	1 086	1 086	1 142	1 086	1 086	1 086
洪峰(m^3/s)	2 920	3 188	3 188	3 188	2 920	3 188	3 188	3 188	2 920	3 188	3 188	3 188
最大下泄(m^3/s)	2 714	600	970	1 193	2 714	1 024	1 224	1 836	2 714	1 524	2 203	2 727
溢洪水量(亿 m^3)	3.7	0.6	1.1	1.6	4.2	1.2	1.6	2.1	4.9	1.9	2.3	2.8
发电水量(亿 m^3)	1.2	2.6	2.6	2.6	1.2	2.6	2.6	2.6	1.2	2.6	2.6	2.6
洪水总量(亿 m^3)	6.3	5.4	5.4	5.4	6.3	5.9	5.9	5.9	6.3	6.6	6.6	6.6
水量利用率(%)	41.3	88.7	79.6	70.4	33.3	79.7	72.9	64.4	22.2	71.2	65.2	57.6

3.2.2.3　电量分析

结合前述低水位运行分析，在引子渡水库投运后的 8 年中，汛期处于 1 065 m 以下运行时，因高耗水率而造成的损失电量高达 2.5 亿 kWh，年均损失电量 0.31 亿 kWh。

当引子渡水库维持在 1 065 ~ 1 070 m 运行时，即使发生两年一遇洪水，其不利工况下溢洪水量为 0.5 亿 m^3，溢洪水量折合损失电量 0.12 亿 kWh，较统计的汛期长时间处于低水位、高耗水情况下所损失电量 1.9 亿 kWh 仍要少 93.7%。

同时，引子渡水库水位在 1 055 m 左右运行，其耗水率为 4.9 m^3/kWh；当其在 1 070 m

附近运行时，耗水率为4.2 m^3/kWh，较前者低了0.7 m^3/kWh。

小结：贵州乌江三岔河流域发生$P=50\%$（两年一遇）及以下的一般洪水过程，引子渡水库水位在1 065～1 070 m运行时，水量利用率可达100%；按多年平均月来水量计算，低水位（1 055 m）情况下5～7月发电量约为4.5亿kWh，水位抬高至1 065～1 070 m，发电量约为5.3亿kWh，较之低水位（1 055 m）情况可增发电量0.8亿kWh。

当主汛期三岔河流域发生$P=20\%$（五年一遇）洪水过程时，若引子渡水库按1 070 m运行，发生溢洪水量约2.3亿m^3，而处于低水位（1 055 m）运行时也会产生1.0亿m^3溢洪；在此情况下，高水位运行将比低水位运行多溢洪1.3亿m^3，溢洪水量折合损失电量约0.3亿kWh，较统计的汛期长时间处于低水位、高耗水情况下损失电量1.9亿kWh仍然少1.6亿kWh。

4 结 论

通过选取设计洪水过程，对普定、引子渡水电站进行洪水联合调度演算，综合分析引子渡水电站的溢洪风险和效益得失，可得出如下结论：

（1）贵州乌江三岔河流域引子渡水电站汛期长时间低水位运行不经济。汛期是水电站满发、增发的高盈利期，水电站长时间处于低水位运行，尽管降低了溢洪风险，但是在低水位下耗水率高，节水发电效益不显著；在上游普定水电站调蓄作用下，引子渡水电站的防洪能力得以提高，所以引子渡水库的汛期运行水位可以适当抬高，从而获得更大的发电效益。

（2）三岔河流域多数情况下发生的洪水都是频率小于两年一遇（$P=50\%$）及以下的一般洪水，对于一般洪水，引子渡水库水位抬升至1 065～1 070 m间运行时，通过普定与引子渡水库的联合调度，一般情况下引子渡水库不会产生溢洪，在不利工况下即使产生溢洪，也较少。

（3）三岔河流域发生$P=20\%$（五年一遇）及以下的洪水过程，引子渡水库水位在1 065～1 070 m运行时，水库会发生溢洪，但溢洪水量折合损失电量较汛期长时间处于低水位、高耗水情况下的损失电量仍要少。

（4）在普定、引子渡水电站的联合调度过程中，通过适当抬高引子渡水电站汛期运行水位，不仅可以节水增发，为企业增加经济收入，还能提高电力供应的保障程度，实现节能发电调度。

参考文献

[1] 梁忠民，钟平安，华家鹏. 水文水利计算[M]. 2版. 北京：中国水利水电出版社，2008.
[2] 周之豪，沈曾源，施熙灿，等. 水利水能规划[M]. 2版. 北京：中国水利水电出版社，1997.
[3] 贵州黔源电力股份有限公司. 贵州黔源电力股份有限公司水库调度手册[Z]. 贵阳. 2009.
[4] 芮孝芳. 水文学原理[M]. 北京：中国水利水电出版社，2004.

贵州乌江清水河大花水电站大坝建设及运行管理

万恩富

（贵州乌江清水河水电开发有限公司　贵州　贵阳　550002）

摘要：大花水电站碾压混凝土双曲拱坝最大坝高 134.5 m，厚高比 0.171，是目前国内外和强岩溶地区已建成的最高碾压混凝土双曲薄拱坝。本文简要地介绍了大花水电站大坝混凝土施工、缺陷处理以及安全监测等方面的内容。大花水电站大坝在施工过程中采用了一系列的新技术，取得了一系列的新成果，主要包括高掺粉煤灰，高速皮带机运送混凝土，以及碾压混凝土缓降垂直运输装置用于大坝施工，创造了拱坝碾压混凝土 1 个月连续上升 33.5 m 的新记录。大花水电站大坝混凝土施工质量优良，虽然出现的裂缝较多，但瑕不掩瑜。为了对大坝裂缝有一个整体的认识，本文简要分析了大坝裂缝成因，以及针对不同性质的裂缝采取的超细水泥灌浆及化学灌浆方法，处理效果良好。

关键词：大花水　双曲拱坝　裂缝　缺陷处理

1　工程概况

大花水水电站位于清水河中游，支流独木河河口 1.9 km 的河段，是一座以发电为主，兼顾防洪及其他效益的综合水利水电枢纽。为清水河干流水电梯级开发的第三级，水库正常蓄水位 868.00 m，死水位 845.00 m，调节库容为 1.355 亿 m^3，多年平均径流量为 24.1 亿 m^3，具有季调节能力，电站装机容量 200 MW，多年平均发电量 7.38 亿 kWh。

拦河大坝为抛物线双曲拱坝 + 左岸重力墩，三个溢流表孔 + 两个泄洪中孔布置在拱坝上。拱坝坝顶 873.00 m，坝底 740 m，坝顶宽 7.00 m，坝底厚 25.0 m，厚高比 0.186，坝顶轴线弧长 198.43 m，最大中心角 81.528 9°，最小中心角 59.440 4°，坝体呈不对称布置，中心线方位角 N2.50°E。重力墩顶部 873.00 m，底部高程 800.00 m，上游面铅直，下游坡比 1∶0.8，顶部宽 20.0 m，底宽 78.40 m，重力墩顶长 89.13 m。

拱坝坝体大体积混凝土为 C20 三级配碾压混凝土，坝体上游面采用二级配碾压混凝土自身防渗。重力墩坝体 820 m 高程以下大体积混凝土为 C20 三级配碾压混凝土，坝体上游面采用二级配碾压混凝土自身防渗；坝体 EL. 820 m 高程以上大体积混凝土为 C15 三级配碾压混凝土，坝体上游面采用 C20 二级配碾压混凝土自身防渗。

2　大坝建设

2.1　大坝碾压混凝土施工

2.1.1　配合比

大坝碾压混凝土所使用的主要施工配合比见表 1。

表1 碾压混凝土施工配合比

工程部位	设计指标	级配	砂率(%)	单位材料用量(kg/m³)				
				水	水泥	粉煤灰	砂	石
迎水面防渗	$C_{90}-20$	二	37	92	92	92	799	1 377
拱坝坝体内部	$C_{90}-20$	三	33	79	79	79	733	1 505
重力坝内部	$C_{90}-15$	三	34	82	60	89	754	1 480

2.1.2 入仓方式

坝址处两岸山坡陡峭、河谷深切,采用低线4#公路汽车直接入仓和左右上坝公路加真空溜管或缓降溜管入仓方案。拱坝755 m以下混凝土入仓采用低线公路自卸车直接入仓;拱坝755~784 m高程碾压混凝土采用低线公路运输,坝后右侧边坡填路自卸汽车直接入仓;784 m高程以上右块碾压混凝土采用自卸汽车运至右岸经缓降管直接入仓;左块采用左岸胶带机经重力墩缓降管进料;重力坝碾压混凝土采用873 m供料线经真空溜管入仓,仓内自卸汽车转料。

2.1.3 模板

拱坝使用大模板,面板尺寸为1.8 m×3.0 m,面板采用3 mm厚钢板,钢板与次梁之间用螺钉连接,支撑桁架由槽钢组成,整块模板重1.5 t。该套模板有如下特点:①上下模板联接为Y式承插对位,可缩短立模时间;②拉模采用锥头螺栓与拉模埋筋连接,脱模时大模板退位迅速,拉模杆不易丢失;③大模板各部件之间全采用螺栓连接,拆装方便;④两翼可调。

上游坝面两岸岸坡建基面附近用散木板和定型小钢模拼装,其余排列安装大钢模。下游坝面750 m以下靠建基面部份用散模及定型小钢板拼装,756 m以上使用3 m×1.8 m大模板。

为加快施工进度,底层及中层廊道施工模板全部采用预制混凝土模板,预制拱廊道主要件长度为0.5 m,厚40 cm,跨度3 m,采用吊车吊装就位,预制件之间空隙用水泥砂浆进行嵌缝。

2.1.4 施工作业

2.1.4.1 铺料与平仓

混凝土料在仓面上采用自卸车两点叠压式卸料串联摊铺作业法,铺料条带从上游向下游,垂直于水流向布置,自卸车在仓面卸料时,将料卸在已平仓的条带上,使用平仓机平仓辅以人工分散集中骨料,平仓后整个仓面略向上游倾斜,以利雨天施工时仓面排水。

2.1.4.2 碾 压

采用2台三一重工和2台BW-75S(小碾)平行于坝轴线进行混凝土碾压。大碾碾压遍数:无振2遍,有振8遍,无振2遍;小碾为:无振2遍,有振24~30遍,无振1~2遍。

碾压混凝土的*VC*值对碾压的质量影响极大,应随着气候条件变化而作相应的变动,大花水工程使用的碾压混凝土仓面*VC*值5~12 s最佳,一般为10±5 s。

2.1.4.3 变态混凝土的施工

变态混凝土的施工宽度一般不小于50 cm。在每层碾压混凝土摊铺完后在其上挖一深度为10 cm、宽度为5~7 cm的2~3条小槽,将配制好的浆液均匀地将浆液洒在已挖好的沟槽中,待10~15 min后开始振捣,振捣后的混凝土必须完全泛浆,表面平整无大的振捣棒孔洞。

变态混凝土和碾压混凝土的结合部,在变态混凝土施工完后,用小碾碾压密实且保证仓面平整。

2.1.4.4　层间结合处理

大坝的防渗主要是以坝体上游自身二级配碾压混凝土防渗为主，在拱坝的上游面从坝底到坝顶有7.0~4 m厚的二级配富胶凝材料的碾压混凝土作大坝防渗主体，为保证层间结合良好，在碾压混凝土上升时，在下层碾压混凝土初凝前覆盖上层并碾压，使上下层骨料相互交错，胶凝材料相互掺入，从而提高层间结合效果。同时在二级配防渗区，为保证不渗水，在每一条带摊铺碾压混凝土前，再喷洒2~3 mm厚的水泥煤灰净浆，以增加层间结合。

2.1.5　温度控制措施

温控的关键点在于夏天控制坝内的最高温升、冬天防止内外温差过大使大坝开裂和冻坏表面混凝土，在实际施工中采取了以下温控措施。

2.1.5.1　减少混凝土水化热温升

在满足混凝土强度、抗掺性、抗冻性、耐久性等技术指标的前提下，进行优化配合比设计，尽量采用低水化热的水泥，减少水泥用量，改善骨料级配，掺用掺和料、外加剂等，并对混凝土配合比通过充分的优化对比试验，以减少混凝土水化热升温，达到降低水泥水化热温升的目的。

2.1.5.2　降低混凝土浇筑温度

降低骨料温度：在运输骨料的皮带机上搭设凉棚防雨防晒；成品骨料堆高大于6 m，并有足够的储备，堆存时间不少于5~7天；对骨料仓进行喷雾，保持粗骨料处于湿润状态。

减少混凝土的温度回升：高温季节对运输车辆采取保护措施避免阳光直射，混凝土从出机到入仓之间的时间间隔一般控制在40 min左右；混凝土入仓之后立即平仓、碾压；高温季节仓面喷雾，降低仓面温度。

2.1.5.3　表面保护

混凝土浇筑间歇期采取洒水养护、顶面覆盖保温被等措施，防止阳光直射及温度倒灌，混凝土拆模时间根据混凝土已达到的强度及混凝土内外温差而定，避免在夜间气温骤降期间拆模。

2.1.5.4　埋设冷却水管

高温季节埋设冷却水管，冷却水管采用PVC塑料管，管径2.54 cm，间距1.5 m×1.5 m，蛇形布置。混凝土浇筑完毕24 h后即通水冷却，前10天每天变换一次通水方向，以后每两天变换一次通水方向。

2.1.6　试验检测成果

碾压混凝土压实容重及相对压实度：拱坝二级配为2 462 kg/m^3，99.7%；拱坝三级配为2 460 kg/m^3，99.7%；重力墩二级配为2 460 kg/m^3，99.6%；重力墩三级配为2 453 kg/m^3，99.5%。

碾压混凝土抗压强度：拱坝二级配混凝土C_{90}20F100W8为32.8 MPa，重力墩二级配混凝土（C_{90}20F100W8）为31.4 MPa；拱坝三级配混凝土C_{90}20F100W8为31.1 MPa，重力墩三级配混凝土（C_{90}20F100W8）为29.3 MPa；重力墩三级配混凝土（C_{90}15F50W6）为28.1 MPa。

2.2　大坝建设中的亮点

2.2.1　高速皮带机应用

大坝工程主要布置了两条混凝土供料线。第一条供料线为845 m混凝土供料线，主要输送重力墩 840 m、拱坝 766 m 高程以下混凝土。第二条供料线为 873 m 混凝土供料线，主要输送重力墩 840 ~ 873 m 高程混凝土和拱坝 766 ~ 873 m 高程混凝土。

845 m 供料线皮带宽 800 mm，长 312 m，带速 3 m/s，设计混凝土运输量为 280 m^3/s；873 m 供料线皮带宽 1 000 mm，带速 3.5 m/s，总长 327 m，设计混凝土运输量为 400 m^3/h。皮带机在大坝碾压混凝土施工的运用中通过对机头、机尾及清扫器设置方面进行改进，解决了高速皮带机在输送混凝土过程中出现的混凝土漏浆、骨料分离、二次破碎、混凝土损失，以及皮带的使用寿命等缺陷，保证了混凝土的质量，降低了施工成本。

2.2.2　缓降溜管应用

拱坝两岸边坡陡峭，边坡高 130 m 以上，两坝肩开挖面坡度达 70°，施工单位比较过真空溜管、门(塔)机、缓降溜管等几种垂直运输方式。对于真空溜管而言，两坝肩开挖面坡度超过其允许的坡度，若使用真空溜管，需搭设承重排架，排架将埋入混凝土，浪费大量的钢材，且影响碾压混凝土的快速施工。另外，由于地形限制不能使用门(塔)机这样的施工设备，且门(塔)机运输能力较小。为了解决混凝土垂直运输难题，施工单位将缓降溜管工艺应用于碾压混凝土筑坝施工。缓降溜管是用于竖井工程常态混凝土浇筑的一项新工艺，安装固定简单，仅需打几根锚杆用钢丝绳固定溜管即可。在碾压混凝土施工过程中，施工单位根据碾压混凝土垂直运输的需要，对缓降溜管进行了改造，解决了混凝土堵管、骨料分离等难题，大大提高了工效，降低了成本。

2.2.3　碾压混凝土高掺粉煤灰

在碾压混凝土施工过程中，在进行充分试验论证的基础上，对拱坝碾压混凝土配合比进行了优化，提高粉煤灰掺量，粉煤灰掺量达胶凝材料的 55%，减少了水泥用量，突破了夏季高温季节碾压混凝土连续施工的技术难题，保证了工程质量，加快了施工进度。

大花水大坝工程采用全自动称量拌和系统、高速皮带机水平运输混凝土、缓降溜管的垂直运输混凝土，对碾压混凝土配合比进行优化等措施，使得大坝碾压混凝土在 34 天连续上升 33.5 m，刷新了碾压混凝土连续上升的新纪录。

3　大坝裂缝处理

3.1　裂缝情况

2005 年 10 月 17 日，拱坝 755.00 m 坝面清理时发现在拱冠附近沿坝身上、下游坝面存在一条裂缝，裂缝初始表面宽度 0.2 mm 左右，裂缝深入基岩建基面，为贯穿性裂缝。在大坝工程的后续施工过程中，陆续发现裂缝共计 36 条。裂缝主要分布在重力坝上游面，拱坝 740.00 ~ 755.00 m，拱坝 805.00 m 以上左右两端，如图 1 所示。

3.2　裂缝成因

经过分析认为，导致大花水电站大坝混凝土裂缝的原因有以下几点：

(1)大花水碾压混凝土拱坝在施工过程中，混凝土入仓温度与气温相近，而局部区域通水冷却不及时，没能起到“削峰”作用，导致夏季浇筑碾压的混凝土内部最高温度超过 40 ℃，部分区域混凝土最高温度接近 60 ℃。温度峰值较高致使该区域混凝土内部产生较高的温度应力。施工期温度应力超标是导致大坝裂缝产生的重要原因。

(2)坝体诱导缝设置间距过大，通水冷却系统运行不完善。

(3)左岸坝基地质条件较差，进行开挖换填混凝土处理。

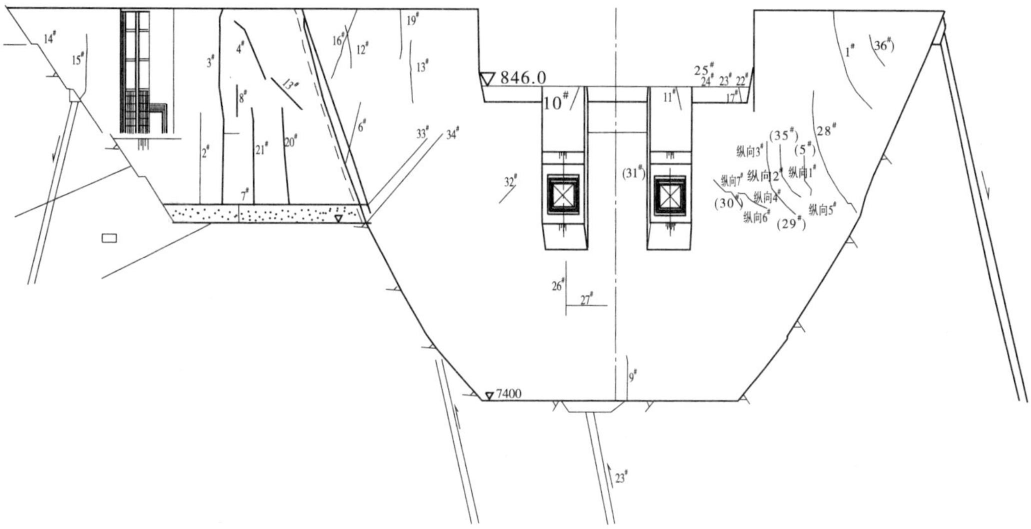

图 1　大花水电站大坝裂缝分布图

(4)755.00 m 以下已施工完毕的混凝土未达设计龄期,即受河床过水冷击。

(5)施工过程中,在碾压混凝土入仓温度较高的情况下,坝身上升速度过快。右坝块 858 ~872 m 平均每天坝体上升速度达到 2 m,其余部分坝体上升速度均大于 1 m。

(6)左、右拱坝上升至 872 m 高程时,溢流表孔段高程为 846 m,高差达 26 m,且间隙时间较长,外侧端部没有约束。

(7)施工过程中,坝体混凝土的养护和温度控制措施跟不上,紧接着进入冬季低温季节,表面保温措施不到位。

3.3　裂缝处理

已发现的坝体裂缝仅有 1#、3#、7#、9#、10#、11#、16#、17#等 8 条裂缝为贯穿性裂缝,可能会对坝体结构及永久运行安全产生较大的危害,其余为表面裂缝或一般性裂缝。

3.3.1　灌浆材料

裂缝处理灌浆材料主要有 P. O52.5 超细水泥和 PSI－CW 环氧灌浆材料。PSI－CW 环氧灌浆材料具有良好的亲水性、高渗透、可灌性好、凝固时间可调、固结体无毒、操作方便的特点。

3.3.2　处理工艺

处理工艺见表 2。

3.4　处理效果

裂缝处理后,采取钻孔取芯及钻孔压水两种方法进行检查,检查结果表明处理效果满足预期要求。

为了监测裂缝处理效果,在坝体 755 m、810 m、846 m、872 m 埋设了共 14 支测缝计,用以监测裂缝开合度变化。监测结果表明,由于受气温影响,位于坝体表面的的测缝计开合度随气温的变化呈现出气温升高开合度变小,气温降低开合度变大,但总体变化不大;坝体内部测缝计开合度基本无变化。

表 2　处理工艺

编号	裂缝处理
1#、16#	钻孔灌注超细水泥处理。其施工顺序及施工方法：沿缝开倒梯形槽→装 GBW 止水条→回填 PSI - GX 聚合物砂浆进行裂缝表面嵌缝处理→钻孔及清洗→灌注超细水泥→封孔→裂缝表面涂刷 PCS 柔性保护层。灌浆材料采用超细水泥 P. O52. 5；水灰比为 0. 5∶1，一个比级进行灌注，灌浆压力为 0. 5 MPa；灌浆自下而上，即先下层（低高程）后上层。灌浆结束标准：在设计压力下，不吸浆，继续灌注 30 min 结束，并闭浆 8 h 以上
3#、10#、11#、17#	化学灌浆处理。化学灌浆施工工艺主要为：探缝→钻过缝斜孔→沿缝开 V 型槽→钻骑缝孔→裂缝及钻孔清洗→连通性检查→埋设灌浆嘴→PSI - 130 堵漏剂封缝及封孔→化学灌浆。化学灌浆采用 PSI - CW 环氧灌浆材料，灌浆施工初始压力为 0. 2 MPa，最大灌浆压力不超过 2. 0 MPa。灌浆顺序：不同高程灌浆孔自下而上；相同高程的灌浆孔先深孔后浅孔、先中间后两边。灌浆结束标准：灌浆设备处于保压不吸浆状态或者裂缝开合度不大于 0. 02 mm
7#	裂缝处理分两期进行，一期进行超细水泥灌浆，二期进行化学灌浆。在进行上部混凝土施工前先进行超细水泥灌浆，灌浆从裂缝两端到廊道部位每孔逐个进行，灌浆压力不大于 1. 2 MPa，但灌浆压力达不到 0. 5 MPa 孔应重复灌浆，直至灌浆压力大于 0. 5 MPa。超细水泥灌浆完成后，将原灌浆孔扫孔后在孔内预埋 ϕ10 mm 灌浆铜管，并全部引至廊道内，后期进行化学灌浆
9#	为加快工程进度，在 EL. 755 m 以上碾压混凝土施工时，EL. 755 m 以下不同高程钻孔布置 4 层化学灌浆铜管，引至 EL. 755 m 廊道，作为后期灌浆用。由于已埋设灌浆铜管多数因施工原因被破坏，该裂缝采取廊道内及下游坝面钻孔（过缝斜孔）进行化学灌浆处理。化学灌浆施工方法及施工程序基本同 3#裂缝。 9#裂缝进行化学灌浆处理以后，沿廊道上游侧有 3 个深孔存在孔内返水现象，在廊道上游侧裂缝两边布置深孔灌注超细水泥处理

大坝从 2007 年 8 月 16 日下闸蓄水至今，坝体未见渗漏，处理效果良好。

4　大坝运行管理

4.1　大坝巡检

对大坝安全检查分为日常巡查、年度详查、定期检查和特种检查，检查周期汛期为 2 次/月，枯期为 1 次/月，特殊情况下加密检查。大坝检查的部位及内容如下。

（1）坝面：上下游混凝土表面有无裂缝、错动、毁坏、剥蚀、露筋、渗漏、钙化等。

（2）坝肩：两岸坝肩有无滑动、坍塌及渗漏等。

（3）坝体前后 300 m 禁区：有无人员钓鱼、捕鱼、放牧等。

（4）坝体廊道、左右两岸各高程灌浆廊道：主要检查各廊道裂缝、剥蚀、露筋、伸缩缝开合情况，渗漏水流量大小变化、浑浊情况、颜色、析出物等；各廊道的钙化现象描述；各廊道排水系统有无堵水、淤沙现象；各廊道内监测测站照明设施是否完好，墙面屋顶是否渗水、地面是否集水等。

（5）泄水建筑溢流面：溢流面磨损、泄洪时导墙振动、闸墩有无损坏等。

（6）坝顶房屋建筑：检查墙壁有无渗水、脱落现象等。

（7）进水口：排架表面是否有裂缝；检查流态是否平顺，是否存在大量浮渣影响发电等；

从检查情况看，大坝总体运行正常，对大坝坝体廊道及监测站出现的渗水等问题，及时安排检修维护专项资金，进行整治。

4.2　大坝安全监测

大花水电站大坝安全监测共埋设仪器396支（台/个），仪器主要布置在大坝、两岸及帷幕。监测项目有大坝变形监测、大坝应力应变监测、渗流渗压监测等。

4.2.1　大坝变形监测

变形监测包括坝体水平位移、坝体沉降及坝肩变形监测等项目。

左右岸向最大水平位移发生在大坝右端监测点TP7，向左岸位移值为14.3 mm；上下游向最大水平位移发生在大坝中部监测点TP5，向上游位移值为16.3 mm；坝体竖向位移无明显变化，最大竖向位移发生在大坝中部监测点TP5，向下下沉位移值为4.0 mm。

4.2.2　大坝应力应变监测

大坝应力应变监测包括锚索、钢筋及混凝土应力应变，结构缝开合度监测等项目。

(1)坝体无应力计的膨胀变形在97.90×10^{-6}以下，压缩变形亦不大；混凝土拉应变最大为125.07×10^{-6}、压应变最大为223.75×10^{-6}，膨胀变形和收缩变形各占一半，近几年来测值变幅不大，已呈规律性变化。

(2)锚索预应力未见明显损失，钢筋计无明显变化。

(3)各接触缝与结构缝开合度无明显张开，裂缝开合度无明显变化

4.2.3　渗流渗压监测

渗流渗压观测包括大坝坝基扬压力，大坝及坝基渗漏量观测。

(1)左岸873廊道的渗压计测值随库水位波动，相应帷幕局部存在薄弱区。

(2)拱坝坝基扬压力略有增大，重力墩坝基扬压力基本稳定。

(3)渗漏量：左岸810廊道在0.004～0.951 L/s；右岸818廊道测值在0.057～0.462 L/s；底层755廊道测值在4.764～27.325 L/s之间。

4.2.4　大坝边坡监测

大坝两端边坡岩体有一定的位移，但位移增量不大，不同深度处存在软弱面，无明显滑动面，不足以影响工程安全。

5　结　语

大花水电站碾压混凝土双曲拱坝最大坝高134.5 m，厚高比0.171，是目前国内外和强岩溶地区已建成的最高碾压混凝土双曲薄拱坝。大花水电站大坝在施工过程中采用了一系列的新技术，取得了一系列的新成果，主要包括高掺粉煤灰，高速皮带机运送混凝土，以及碾压混凝土缓降溜管用于大坝混凝土施工，创造了拱坝碾压混凝土1个月连续上升33.5 m的新记录。大花水电站大坝混凝土施工从原材料控制、施工工艺控制，以及碾压混凝土浇筑完成后钻孔取芯均表明混凝土施工质量优良。

大花水电站建成运行以来，经历了7个汛期，2014年水位超设计洪水位，坝体运行正常，各项监测数据变幅在合理范围内。

向家坝水电站右岸边坡安全监测成果分析

周小燕　王　波　陈良勇

（长江电力股份有限公司向家坝电厂　四川　宜宾　644600）

摘要：右岸边坡包括右岸进水口边坡、出水口边坡、高程 288 m 以上坝基边坡，是向家坝水电站右岸工程重要的施工区域，边坡稳定与否将直接影响向家坝工程的顺利施工及后期安全运行。介绍了右岸边坡安全监测仪器的布置、实施情况，对已获取的观测结果进行分析，对边坡目前的稳定状态给予了评价。监测结果表明，开挖支护控制较好，目前边坡已处于稳定状态。

关键词：向家坝水电站　右岸边坡　安全监测　深部变形　应力　地下水位

1　工程概况

1.1　工程简介

向家坝水电站坝址位于金沙江下游河段，左岸为四川省宜宾县，右岸为云南省水富县，是金沙江下游河段规划的最末一个梯级电站。工程的开发任务以发电为主，同时改善上游库区通航条件，结合防洪和拦沙，兼顾灌溉，并具有为上一级电站进行反调节的作用。本工程为一等大(I)型工程，工程枢纽布置由大坝、厂房和升船机等建筑物组成，坝型为混凝土重力坝。大坝挡水建筑物从左至右由左岸非溢流坝段、冲砂孔坝段、升船机坝段、左岸厂房坝段、泄水坝段及右岸非溢流坝段组成，坝顶高程 384.00 m，最大坝高 162 m，坝顶长度 909.26 m。发电厂房分别设置于右岸地下和左岸坝后，左右岸各安装 4 台单机容量为 800 MW 的水力发电机组，总装机容量为 6 400 MW。电站主要供电华中、华东地区，并兼顾川、滇两省用电需要，是实施国家“西电东送”战略、送电距离最近、建设条件最好的骨干电源点。

1.2　右岸边坡简介

向家坝水电站右岸边坡包括右岸进水口边坡、出水口边坡、高程 288 m 以上坝基边坡。边坡开挖方式为分层开挖、逐层开挖、逐层加固。从边坡开挖过程中的稳定性看，边坡整体稳定性较好，但局部稳定性较差，边坡浅部有张开的夹泥卸荷裂隙发育，倾向坡外，延续性较好，强度低且有利于地表水的入渗，对边坡稳定不利；泥质岩石含量较高，强度低，易风化崩解，且边坡浅部煤层采挖较严重，上覆岩体已发生轻微变形松弛；考虑边坡开挖、施工爆破造成的节理裂隙或卸荷裂隙贯通、持续暴雨或水库水位骤降及施工因素对边坡稳定性的影响，根据已建工程的实践经验，边坡采取了以下工程处理措施：

（1）边坡开挖时采用先进的控制爆破技术。

（2）开挖边坡周边设置截水沟。

（3）清除边坡上部和附近的覆盖层，设置系统锚杆，挂钢筋网。

(4)边坡涉及有煤层开采的区域或岩体较破碎的设置区域网格梁,煤洞范围采取局部回填混凝土的措施,回填范围 10~20 m,同时布置带反滤层的排水孔,采取合理的排水和防渗措施,在 T33 岩层范围的各级马道设置 2000 kN 的预应力锚索。通过对边坡的加固治理,边坡稳定与否将直接影响向家坝工程的顺利施工及后期安全运行。为此,对该边坡进行安全监测是必要的。

1.3 监测项目工作内容

右岸边坡安全监测主要包括内部变形监测、应力应变监测和渗流监测,其主要项目工作内容包括:

(1)内部变形监测:①四点式多点位移计;②测斜孔。

(2)应力应变监测:①锚杆应力计;②钢筋计;③锚索测力计。

(3)渗流监测:地下水位孔。

1.4 监测仪器设计与布置

进水口边坡共设置 C1—C1 ~ C5—C5 共 5 个监测断面,C1—C1 和 C2—C2 分别布置在进水口正向坡的①排沙洞和②排沙洞中心线,C3—C3 布置在拐角最高边坡处,C4—C4 和 C5—C5 分别布置进水口侧向坡及外侧坡处;出水口边坡共设置 3 个监测断面(D1—D1 ~ D3—D3),分别布置在①、②尾水洞轴线、右侧边坡中部;右岸坝基高程 288 m 以上坝基边坡共布置 2 个监测断面。各监测断面仪器布置数量统计见表 1。

表 1　右岸边坡监测仪器分布位置汇总

断面	锚杆应力计(支)	钢筋桩钢筋计(支)	锚索测力计(台)	多点位移计(套)	钻孔测斜仪(孔)	地下水位孔(孔)
C1—C1	15		1	1	1	2
C2—C2	17	2	1	2	2	3
C3—C3	24	8	4	3	3	3
C4—C4	10	2	1			
C5—C5	10		4		1	
D1—D1	19	8	1	2	2	1
D2—D2	19	6	1	3		3
D3—D3	24	4		2		1
G1—G1	10		2	1		
G2—G2	11		2	2		

2 监测成果分析

由于 2013 年前半年受施工影响部分测点无法采集到数据,为了反映数据的整体代表性,在此对 2012 年底之前的数据进行分析,由于篇幅所限,选取部分典型监测断面的典型监测项目进行分析。

2.1　锚杆应力计

图 1 为 C3—C3 监测断面的锚杆应力计应力分布。

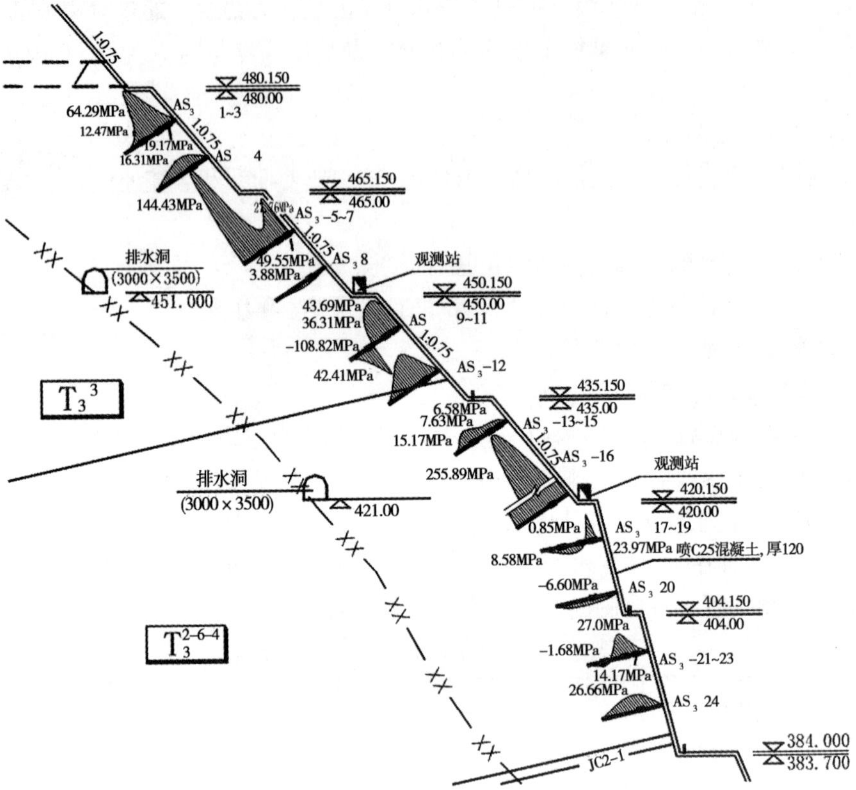

图 1　C3—C3 断面锚杆应力计应力分布图

从图 1 可以看出，C3—C3 监测断面的最大锚杆拉应力出现在位于高程 424 m 的测点 ASC3－16，拉应力值为 255.89 MPa，最大锚杆压应力出现在位于高程 445 m 的测点 ASC3－9，压应力为－108.82 MPa。该断面的其他锚杆应力计应力当前测值为－8.58～144.43 MPa。

具有代表性的锚杆应力计应力温度过程线如图 2 所示，主要有两种典型锚杆应力变化趋势，其一是 ASC3－4 测点的应力—温度相关图所示的类型，主要表现为锚杆受力不大，其应力变化主要受温度影响，其变化与温度呈负相关关系；其二是 ASC3－2 测点的应力—温度相关图所示的类型，主要表现为边坡治理初期锚杆应力增加较大，支护完毕后，锚杆应力基本趋于稳定。从图 5 也可以看出，目前边坡锚杆应力已趋于稳定。

2.2　锚索测力计

表 2、图 3 分别为高程 288 m 以上坝基边坡两个监测断面部分锚索测力计观测成果和锚索荷载时间过程线，各测点锁定荷载均为 2 000 kN，当前锚索测力计荷载为 1 918.6～2 205.2 kN，荷载损失率为－0.91%～8.47%。从观测成果可以看出，锚索锁定后均体现出一定的荷载损失，目前各锚索测力计测值均比较平稳，呈缓慢波动的特性。

2.3　深部变形

较典型的多点位移计位移—时间过程线如图 4 所示，测斜孔深度位移曲线如图 5 所示。

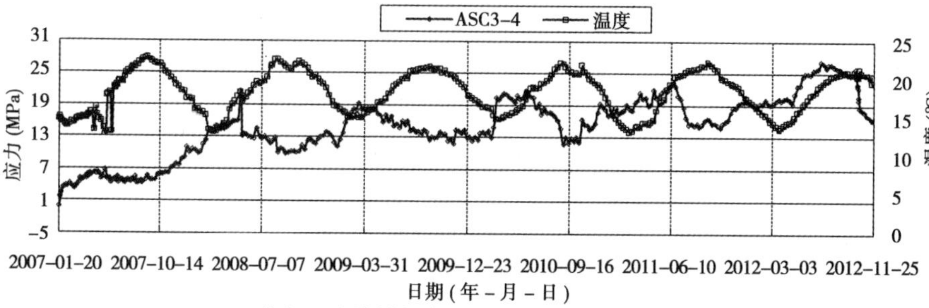

(a) 进水口边坡锚杆应力计 ASC3-4 应力过程线

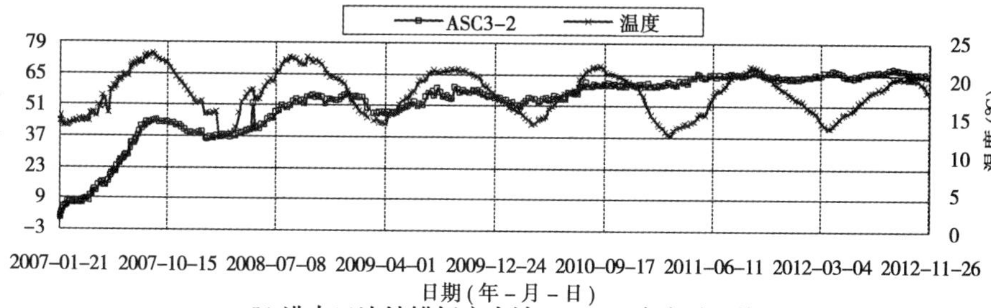

(b) 进水口边坡锚杆应力计 ASC3-2 应力过程线

图 2　C3—C3 断面锚杆应力典型测点应力温度相关过程线

多点位移计为四点式多点位移计，锚头埋设深度分别为孔口、4 m、12 m 和 24 m，测值为相对孔底最深处的锚头位置的变形量。从图 4 可以看出，前期围岩变形呈缓增趋势，各深层位移量相对较小，总体变形趋于平稳。

表 2　高程 288 m 以上坝基边坡锚索测力计观测成果

仪器编号	平面位置		高程 (m)	锁定荷载 (kN)	观测值 (kN)	损失率 (%)
	X(m)	Y(m)				
D_g^P-1	35440487.2	3169778.0	333.0	2096.2	1920.4	8.39
D_g^P-2	35440486.7	3169719.0	363.0	2 230.9	2 207.7	1.04
D_g^P-3	35440510.3	3169699.9	375.0	2 059.1	2 075.8	-0.81
D_g^P-5	35440541.3	3169684.9	367.0	2 084.4	2 005.1	3.80
D_g^P-6	35440546.4	3169695.4	334.0	2 022.3	1 968.8	2.65

注：1. 观测值为 2012 年 11 月 28 日测值；
2. 损失率 =（锁定荷载 - 当前荷载）/锁定荷载。

C3—C3 断面与多点位移计 M_{C3}^4-1 对应的测斜孔为 INc - 4 测点，该测斜孔孔深为 39.5 m，目前孔口累计位移为 3.15 mm，测斜仪的系统误差为 6 mm/30 m，该测点合位移的变化大多属于观测误差。

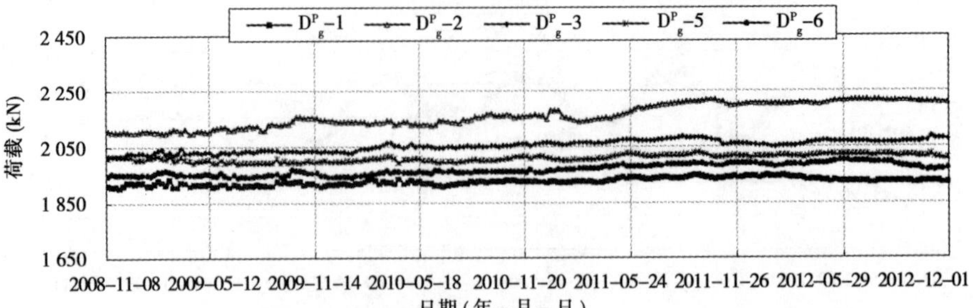

(b) 右岸坝基边坡锚索测力计 D^P_g-1~3、D^P_g-5~6 荷载过程线

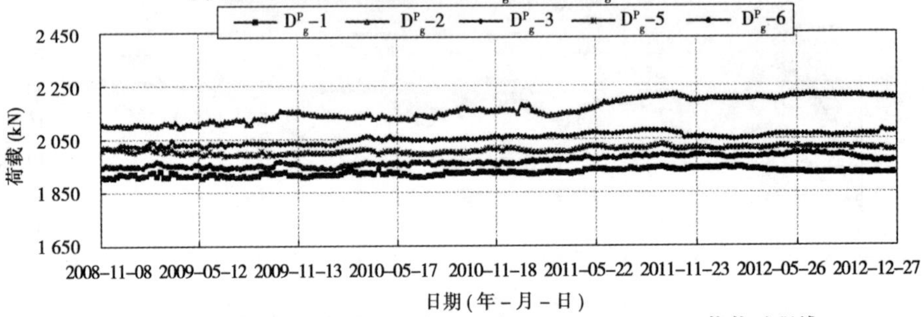

(b) 右岸坝基边坡锚索测力计 D^P_g-1~3、D^P_g-5~6 荷载过程线

图 3　高程 288 m 以上坝基边坡锚索测力计荷载过程线

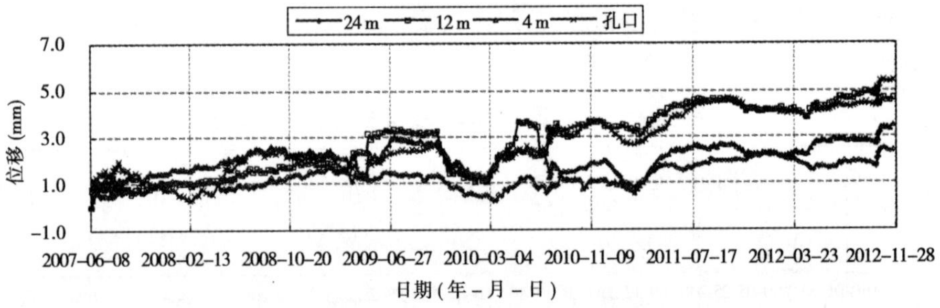

图 4　多点位移计 M^4_{C3-1} 测点时间—位移过程线

2.4　地下水位

右岸进水口边坡共安装 9 个地下水位孔，典型水位孔地下水位过程线如图 6 所示，从图 6 可看出：右岸进水口边坡地下水位基本稳定，各测点变化规律基本一致，地下水位变化主要受降雨量影响。

3　结　语

从各项监测结果来看，典型监测断面的边坡位移、深部变形、锚杆应力及锚索荷载测值均不大，变化较平稳。地下水位与降雨密切相关，通过对右岸边坡的加固治理，已经达到了设计目的，无大规模的滑坡趋势，不同监测项目的监测数据所反映的状况具有一致性，目前边坡总体处于稳定状态。

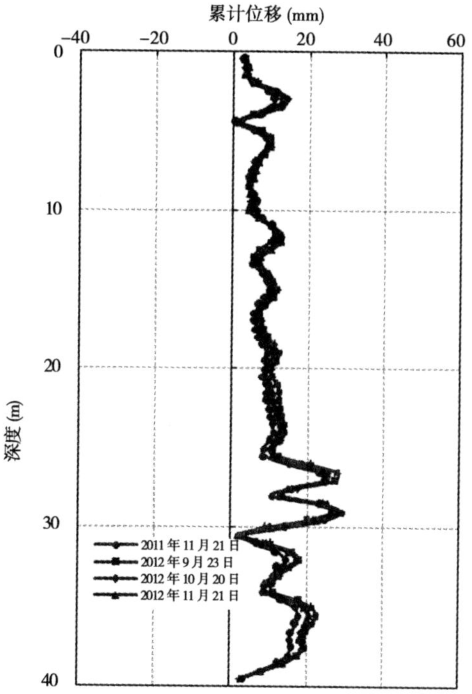

图5　C3—C3断面测斜孔 INc-4测点位移—深度曲线

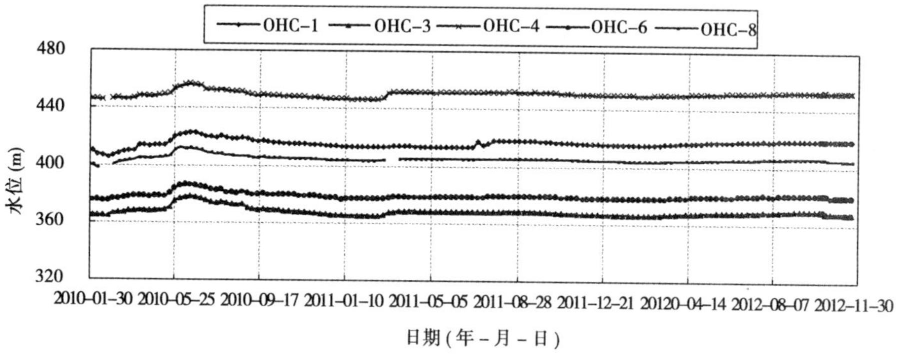

图6　进水口边坡地下水位观测孔测值过程线

参考文献

[1] 中水科技中南院向家坝安全监测联合体. 金沙江向家坝水电站右岸地下引水发电系统安全监测工程2012年度安全监测报告[R]. 北京:北京中水科水电科技开发有限公司,2012.

[2] 王志远,沈慧,关于围岩及边坡监测资料分析中一些问题的思考[J]. 水电自动化与大坝监测,2011(2).

[3] 曹文贵. 柘溪水电站扩机工程进水口、厂房高边坡稳定分析与支护设计优化研究[R]. 湖南大学岩土工程研究所,2004.

墩墙混凝土结构裂缝成因探讨

李海枫　杨　波　周秋景

（中国水利水电科学研究院　北京　100038）

摘要：本文采用有限元方法重点研究某水电站泄洪坝段墩墙开裂问题，研究成果表明，墩墙侧面出现的裂缝属于早期表面裂缝，是层间长间歇、外界气温骤降、表面未及时有效保温、仓面呈反“凹”型等因素综合作用结果；墩墙部分区域早期温升过快以及外界气温骤降下未及时表面保温形成较大内外温差是导致出现裂缝的主要原因，泄洪坝段仓面反“凹”体型使得墩墙受到底面与上游面的双重约束也是墩墙出现裂缝不可忽视的因素。

关键词：泄洪坝段　墩墙　裂缝成因

1　概　述

目前，在水利水电工程中，船闸边墙、导流墙、闸墩等墩墙型混凝土结构在施工期经常出现开裂现象，这些裂缝呈现“上不着顶，下不着底”、“中间宽、两头尖”的“枣核”型分布形态[1,2]，混凝土内外温差和变形约束是产生这种类型裂缝的两个主要因素[3]。西南地区某水电站在泄洪坝段浇筑过程中，墩墙部位局部混凝土出现这类裂缝，经检查，裂缝最长约9.5 m，宽度最大约0.8 mm，属于典型的浅表层裂缝[4]。

裂缝存在会对结构产生不利影响，尤其是在高速水流作用下，表面裂缝使得空蚀作用加大，同时脉动压力易造成缝端应力集中，使得裂缝处于不稳定状态且易发生扩展现象，因此需对裂缝成因进行定性分析，确定最主要致裂因素，为类似工程防裂提供经验。本文首先拟定典型浇筑块，采用有限元方法定量分析施工进度、反“凹”型结构形状、过渡混凝土设置、冷却及保温措施、环境条件变化等因素对裂缝产生的影响程度，进而确定主要影响因素，然后进行典型坝段施工仿真模拟，并与实际裂缝分布情况进行对比分析，验证裂缝成因分析的正确性[5]。

2　墩墙裂缝分布特点及其成因初步分析

某水电站在泄水坝段浇筑过程中，泄1、泄2、泄3、泄4、泄5、泄6、泄8、泄9、泄10、泄11和泄12坝段局部混凝土均出现开裂问题。2011年5月12日首先发现有开裂现象，5月12～20日普查中，共发现泄水坝段乙、丙块共7个仓次21条裂缝。2011年5月23日至8月25日，在泄水坝段乙、丙块后续施工过程中，再次在26个仓次发现79条裂缝。裂缝主要集中在中孔墩墙部位，其中长度最长约9.5 m，宽度最大约0.8 mm，对发现仓面裂缝均采用钻孔压水法进行缝深检查，检查结果显示最大缝深不超过2.5 m。泄11丙－6开裂情况见图1。

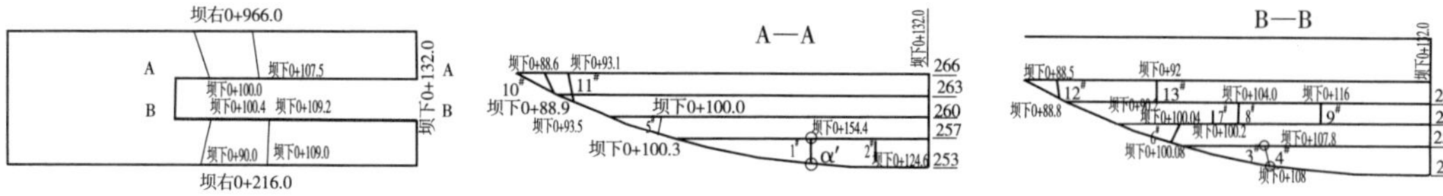

图1　泄11丙-6开裂情况

说明：缝宽0.02~0.14 mm，墩墙1#、3#、4#缝已延伸至地板，仓面未冲洗，无法检查。2#裂缝距离1.2 m处向上延伸1.1 m（可见高度），仓面已发现裂缝，共5条，仓面裂缝已处理。6~25日发现5#、6#缝，缝长分别是1.6 m、1.8 m，缝宽分别是0.07 mm、0.03 mm，均已延伸至底板。仓面红色线为250仓面裂缝，缝宽0.03~0.1 mm，缝长分别是7.3 m、7.1 m、7.3 m、7.0 m，经压水均不漏水，7#缝长1.5 m，缝宽0.01 mm；8#缝长约2 m；较高缝宽无法测量；9#缝裂高，缝长缝宽无法测量，10#缝长2.2 m，缝宽0.04 mm；11#缝长4.6 m，缝宽0.05 mm；12#缝长2.2 m，缝宽0.1 mm；13#缝长3.0 m，缝宽0.02 mm

根据裂缝产状、分布规律、发生部位及浇筑间歇期等情况综合分析，导致泄洪坝段出现裂缝的可能因素主要涉及施工进度（长间歇问题）、结构体型（仓面呈反“凹”型）、材料方面（设置过渡层材料）、环境因素（外界气温骤降）以及表面养护等方面。

3　不同因素对浇筑块温度应力影响分析

3.1　计算条件

由于仓面为反“凹”型结构，上游侧体积宽大，下游侧墩墙细长；对于侧墩墙而言，在施工过程中，不仅受到底部老混凝土约束，而且还受到上游侧混凝土约束，即受到底面与上游侧面的双重约束；而墩墙出现裂缝多由墩墙过流面向仓面延伸，根据裂缝所在区域的结构特点，采用一简化计算模型——侧面带约束的L形浇筑块进行裂缝成因分析。L形浇筑块长30 m，底宽10 m，上宽7 m，高6 m，台阶高3 cm；底部为一矩形基础，尺寸为70 m×50 m×20 m；为考虑外界气温影响，表层网格厚度为0.2 m，其他区域采用渐变网格；基础为老混凝土，表层1 m内为C9055抗冲耐磨混凝土，其余为$C_{90}30$混凝土。计算模型见图2。

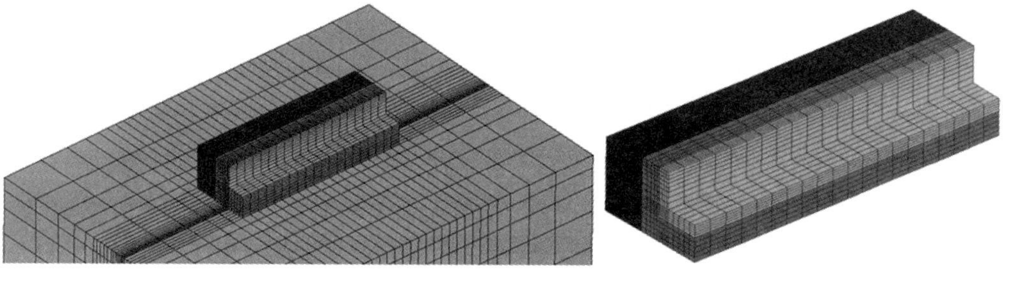

（a）浇筑块+基础有限元模型　　（b）L形浇筑块

图2　计算模型

鉴于泄洪坝段裂缝属于早期浅表层裂缝，结合以往经验，应重点研究结构体型、材料因素以及外界气温等因素的影响。另外，浇筑块分两层浇筑，层厚3 m，层间间歇28 d；计算时间取11#坝段丙块251.00~257.00 m高程的实际浇筑时间，即2011年3月31日至6月10日；计算步长取1 d。

3.2　不同外界气温影响分析

浇筑块顶面和侧面特征点应力时间历程曲线见图 3、图 4。由特征点应力时间历程曲线可知，当外界温度取月均气温时，浇筑块顶面和侧面特征点的应力最大不超过 0.3 MPa；而外界气温取实测日气温且考虑日温度变幅时，浇筑块特征点的最大应力达到了 1.5 MPa 左右。可见，当考虑日温度变幅时，应力增大近 1.2 MPa。

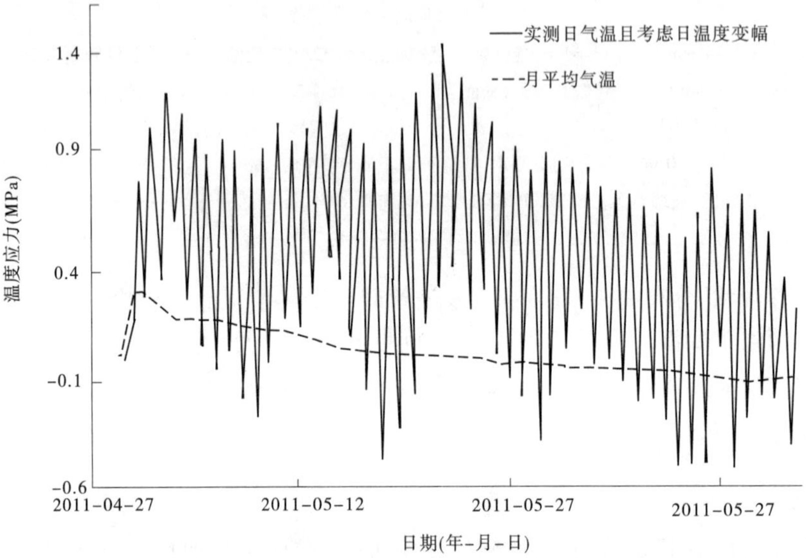

图 3　不同外界温度时浇筑块顶面特征点温度应力时间历程曲线

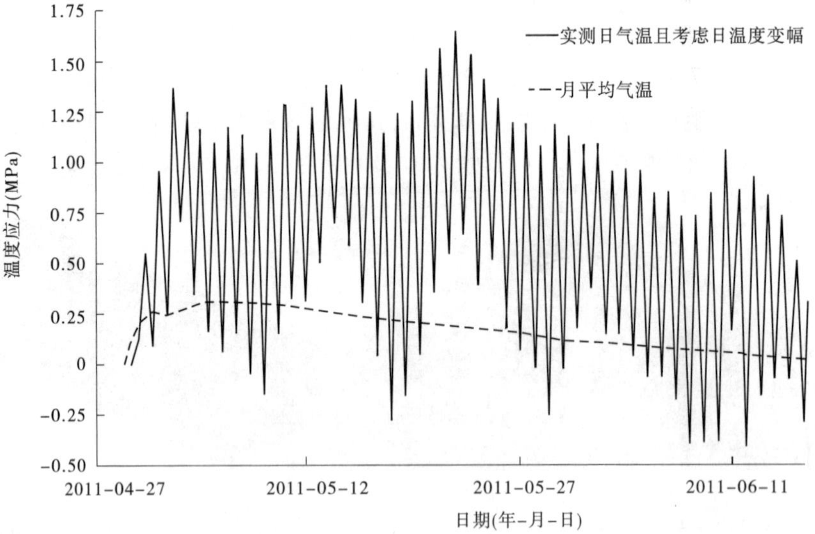

图 4　不同外界温度时浇筑块侧面特征点温度应力时间历程曲线

3.3　是否设置过渡混凝土影响分析

对于位于 $C_{90}55$ 抗冲耐磨混凝土表面的表面点（见图 5），温度变化受外界气温影响较大，是否设置过渡混凝土对温度变化影响不大，两者温度变化基本一致；但是应力变化有所区别，7 d 龄期内，两者应力变化基本一致，但是 7 d 以后，设置过渡混凝土后，应力状况得到一定改善，拉应力要小于不设置过渡混凝土的情况。对于位于 $C_{90}55$ 抗冲耐磨混凝土中部的内部点而言(见图6)，是否设置过渡混凝土对其温度和应力影响很小。对于处于混凝土界面上的材料界面点而言(见图7)，设置 $C_{90}40$ 过渡混凝土后，由于 $C_{90}40$ 过渡混凝土要比 $C_{90}30$ 混凝土的绝热温升高，该点的温度要略高于不设置过渡混凝土；随着温度降低，该点受力由受压变成受拉，且拉应力逐渐升高，早龄期应力与不设置过渡混凝土基本一致，后期应力有所差别，但很小，基本在 0.08 MPa 以内。由此可知，设置 $C_{90}40$ 过渡混凝土后，能够在一定程度上减小 $C_{90}55$ 抗冲耐磨混凝土早期温度应力，但不是很明显。

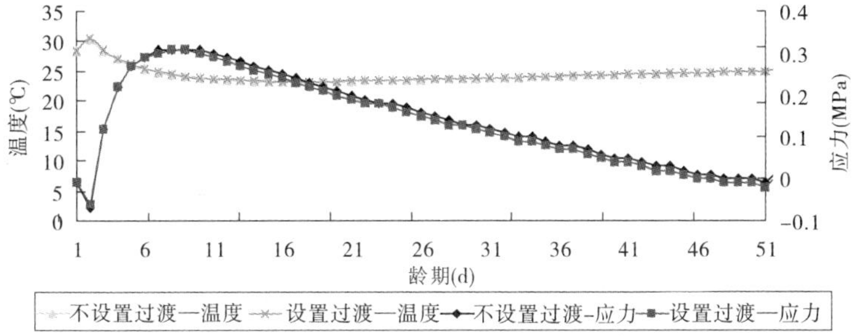

图5　表面点的温度应力时间历程曲线

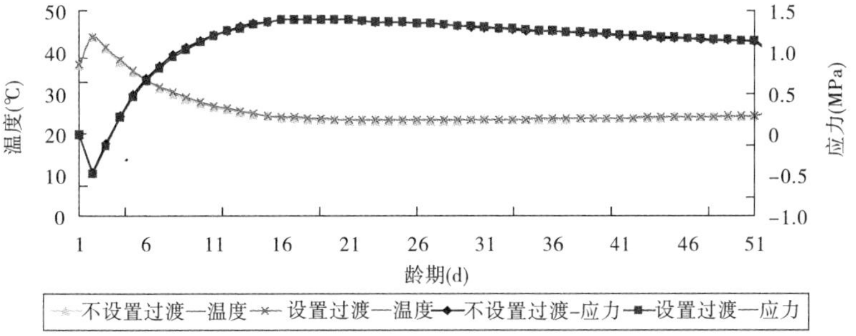

图6　内部点的温度应力时间历程曲线

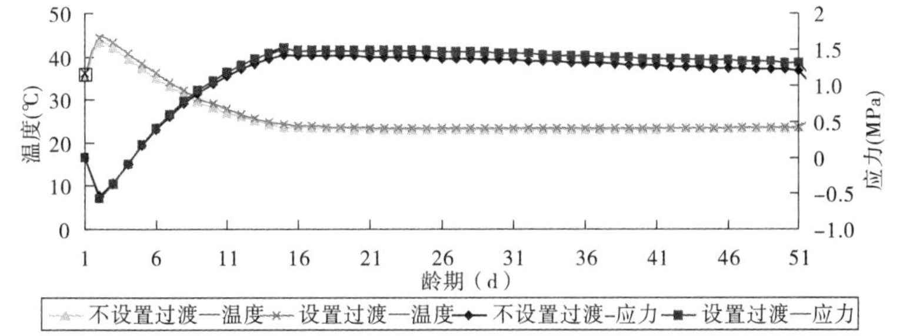

图7　材料界面点的温度应力时间历程曲线

3.4　不同长宽比的影响分析

浇筑块侧面特征点顺河向应力与长宽比关系曲线(见图8)可知，特征点不同龄期顺河向应力均随着长宽比的加大而逐渐增大，但当长宽比达到 4.0 以后，这种变化趋势趋于平缓。5 d 龄期时，长宽比为 2.0 时，特征点顺河向应力为 0.16 MPa。长宽比为 3.0 时，约为 0.18 MPa；长宽比大于 4.0 以后，应力为 0.19 MPa 左右。7 d 龄期时，长宽比为 2.0 时为 0.135 MPa，3.0 时为 0.19 MPa，大于 4.0 以后为 0.22 MPa 左右。14 d 龄期时，长宽比为 2.0 时为 -0.03 MPa，3.0 时为 0.12 MPa，大于 4.0 以后为 0.19 MPa 左右。由此可见，浇筑块长宽比对浇筑块早龄期顺河向应力有一定影响,顺河向应力随着长宽比加大而逐渐增大,当长宽比超过4.0以后,长宽比对浇筑块顺河向应力影响很小。

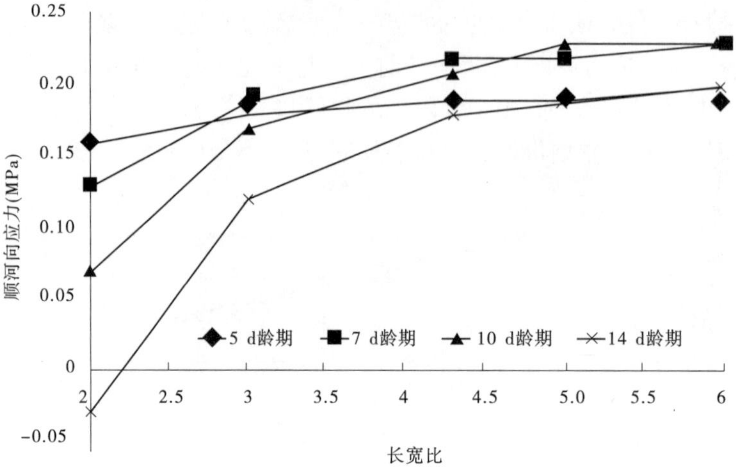

图8 早龄期特征点顺河向应力与不同长宽比关系曲线

4 典型泄洪坝段墩墙裂缝成因分析

4.1 计算条件

根据裂缝统计资料可知,乙块墩墙裂缝主要出现在282.00~295.00 m高程,丙块墩墙裂缝主要出现在257.00~266.00 m高程,而这些高程混凝土浇筑时段基本在4月至9月。根据裂缝发生时间及位置,选择11#坝段并按照实际浇筑进度进行仿真计算[6,7],进而分析裂缝成因。

4.2 抗裂安全性能分析

由安全系数包络图(见图9)可知,当边界温度采用实测日气温且考虑日温度变幅时,乙块292.00~297.00 m高程、丙块253.00~258.0 m高程范围的浇筑块的最小安全系数均小于1.65;按照《混凝土重力坝设计规范》(SL 319—2005)的规定,抗裂安全系数一般取1.5~2.0,鉴于本工程重要性以及裂缝危害性,允许抗裂安全系数取1.65~1.8,由此可知,现有浇筑块的抗裂安全余度不足,开裂风险较大。实际上,这些区域也正是出现裂缝的位置。

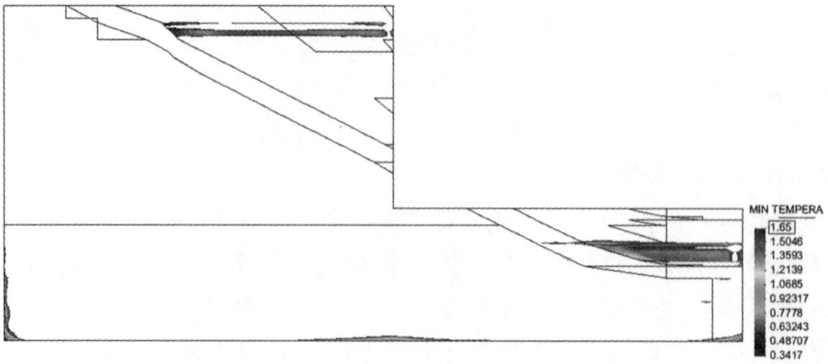

图9 坝体最小安全系数包络图(允许安全系数取1.65)

4.3　裂缝成因分析

鉴于11#坝段丙块裂缝主要出现在257.00～263.00 m高程，故选择位于253.6～257.0 m高程的泄11丙-6(浇筑日期为2011年4月28日)进行分析。由浇筑块顺河向应力云图(见图10)可知，浇筑块1 d龄期时表面大部分区域顺河向处于受拉，最大拉应力达到1.00 MPa；3 d时受拉区域扩大，最大拉应力可达1.40 MPa；4 d时最大拉应力进一步增大，达到2.0 MPa。由此可知，1 d、3 d和4 d龄期时应力均超过该龄期允许拉应力，这和实际发现裂缝的时机基本吻合。由丙块257.00～263.00 m高程浇筑块安全系数云图(见图11)可知，1 d、3 d和4 d龄期的安全系数小于1.8，表面开裂可能性较大；对比泄11丙块实际开裂情况(见图12)，该区域正是实际出现裂缝的位置。综合以上，这属于典型的早期表面裂缝，裂缝出现的位置与时机与实测结果基本吻合。

结合丙块浇筑进度，253.60～257.00 m高程混凝土于2011年4月28日浇筑，层间间歇超过了28 d，底部已形成老混凝土，对上部形成强约束；另外，丙块区域表面为抗冲耐磨混凝土，早期温升较快，7 d龄期内昼夜温差均在12 ℃左右，最大可达14 ℃，而进入4月下旬后，墩墙侧面及仓面未进行有效保温，内外形成较大温差；并且仓面为反"凹"型结构，墩墙表面混凝土在内外温差作用下发生收缩变形时受到底部和上游侧的双重约束，使得混凝土早期表面应力过大，超过允许拉应力，进而导致该浇筑块出现开裂。

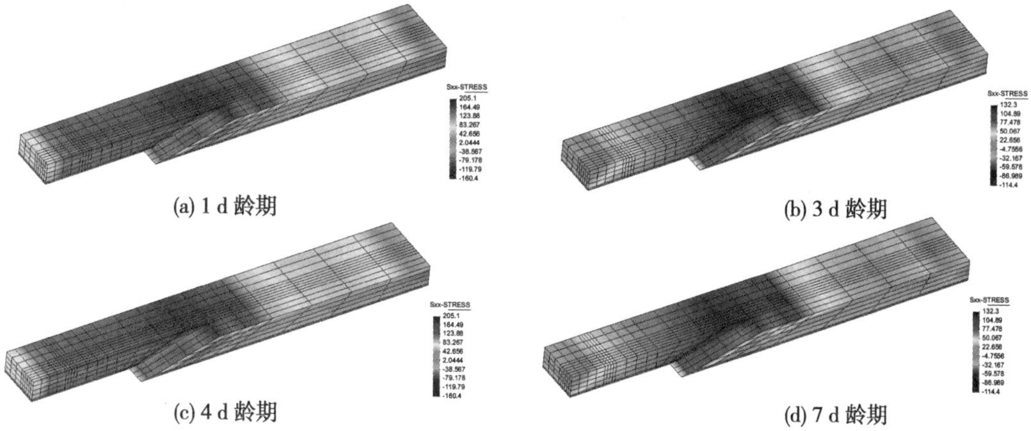

图10　丙块253.60～257.00 m高程浇筑块不同龄期顺河向应力云图　(单位:0.01 MPa)

5　结论与建议

综合来看，墩墙侧面出现的裂缝属于早期表面裂缝，是层间长间歇、外界气温骤降、表面未及时有效保温、仓面呈反"凹"型等因素综合作用结果；其中，墩墙部分区域早期温升过快以及外界气温骤降下未能及时表面保温形成较大内外温差是导致出现裂缝的主要原因，泄洪坝段仓面反"凹"体型使得墩墙受到底面与上游面的双重约束也是墩墙出现裂缝不可忽视的因素；而C_{90}55与C_{90}30混凝土之间未设置C_{90}40过渡混凝土虽然能在一定程度上减小温度应力，但对裂缝的产生影响较小。

加强表面保温，降低内外温差，从而减小温度应力是防止混凝土表面裂缝的重要措施，低温季节、寒潮来临之前应做好表面保温，包括廊道表面保温、廊道口的密封工作等，并切实保证保温效果。另外，加强早期养护也是避免出现干缩裂缝的必要措施；建议把养护与表面

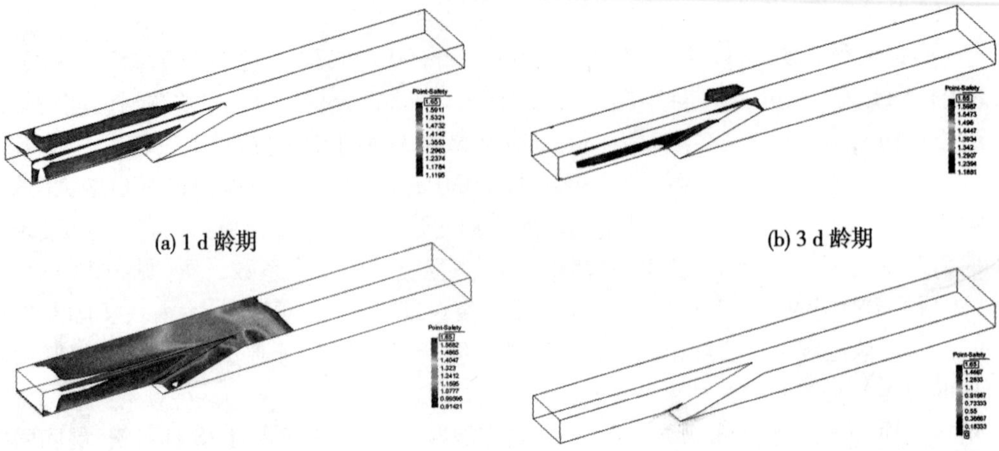

(a) 1 d 龄期　(b) 3 d 龄期

(c) 4 d 龄期　(d) 7 d 龄期

图 11　丙块 253.60 ~ 257.00 m 高程浇筑块不同龄期抗裂安全系数云图(允许安全系数取 1.65)

保温结合起来,如仓面洒水、覆盖保温被或不吸水的泡沫塑料板等,侧面采用内贴聚苯乙烯泡沫塑料板等[8]措施。

参考文献

[1] 朱岳明,等. 墩墙混凝土结构水管冷却分析[J]. 工程力学,2004,21(5):182-187.

[2] 刘有志,朱岳明,张国新,基于现场实验的墩墙混凝土真实温度应力性态及开裂机理分析[J]. 2008,27(5):47-52.

[3] 丁兵勇,朱岳明,墩墙混凝土结构温控防裂研究[J]. 三峡大学学报:自然科学版,2007,29(5):402-406.

[4]《三峡水利枢纽混凝土工程温度控制研究》编辑委员会. 三峡水利枢纽混凝土工程温度控制研究[M]. 北京:中国水利水电出版社,2001.

[5] 中国水利水电科学研究院. 某水电站泄洪坝段裂缝成因研究报告[R]. 2013.

[6] 朱伯芳. 大体积混凝土温度应力与温度控制[M]. 2 版. 北京:中国水利水电出版社,2012.

[7] 张国新. SAPTIS:结构多场仿真与非线性分析软件开发及应用(之一)[J]. 水利水电技术,2013,44(6):640-647.

[8] 朱伯芳,许平. 加强混凝土坝面保温,尽快结束“无坝不裂”的历史[J]. 水力发电,2004(3).

从二滩大坝监测谈施工期大坝安全监测管理的几个问题

王锋辉　阳新峰

（雅砻江流域水电开发有限公司　四川　成都　610051）

摘要：监测设计、施工、运行管理是水电站大坝安全监测工作的三个重要环节。精心设计、精心施工、精心管理是对各个环节工作具体的要求。施工是落实设计思想，从设计转到运行期的重要阶段。安全监测工程的施工几乎贯穿于主体工程施工全过程，进度控制不具有独立性。大坝安全监测施工作为施工期一项重要的工作，在过程中施工期往往比较长，存在现场监管不受重视、现场情况比较复杂、各单位监测专业技术力量配备不足等问题，造成施工期大坝安全监测上出现一些如失误、错误甚至无法弥补的问题，给后期运行中大坝安全监测作用的发挥带来一定的影响。本文介绍了二滩水电站大坝安全监测运行期发现的一些问题，总结了施工期水电站大坝安全监测管理中需要注意事项，并对开展好施工期水电站大坝安全监测管理工作必须注意的几个问题提出了合理建议和解决办法，对水电站大坝施工期安全监测管理有一定借鉴作用。

关键词：施工期　大坝　安全　监测　管理

1　概　述

大坝安全监测是一种反映大坝工作性态的有效手段，它承担着反映大坝工作状况及变化规律的重任，同时也反映大坝出现异常前的种种蛛丝马迹，据此及时预警，为采取必要的预防和改进措施，避免或减少工程质量和安全事故的发生提供第一手的资料，其次也为反馈设计和施工以及运行管理提供可靠资料。

二滩水电站是我国20世纪末建成投产的最大水电站，二滩拱坝是我国首座超过200 m的高拱坝。二滩拱坝监测设计遵循以安全监测为主，仪器少而精，一种仪器多用途，重点部位多方法监测，监测内容相互检查校核的布置原则[1]，系统规模庞大，共设计埋设安装26类1 022支（台、点）监测仪器，观测大坝的变形、渗流渗压、应力应变、特殊监测等。仪器的安装工作主要由Ⅰ标承包商EJV负责，部分技术有特殊要求的由业主负责。二滩水电站监测仪器的安装、埋设工作自1995年4月开始，至1999年10月全部结束。经竣工检测，149支仪器不同程度存在问题，仪器的绝对完好率为85%，其中完全损坏或失去测读意义的104支，其余像强震仪、引张线、多点位移计等仪器，是可以通过更换或修复来恢复其功能的，通过更换和修复，最终可使二滩拱坝监测系统仪器完好率提高到95%以上[2]。

二滩水电站大坝监测总体上来说仪器的安装埋设质量是比较高的，但施工期存在的一些问题，对后期监测资料的分析和对大坝工作性态的评价还是造成了一些不利的影响，在此加以分析和总结，以供其他工程借鉴。

2　施工期大坝安全监测管理中存在的主要问题

2.1　到货检验管理中存在的问题

二滩大坝安全监测仪器多为进口仪器，长途运输可能对仪器造成一定的损坏，根据《混凝土坝安全监测技术规范》（DL/T 5178—2003），仪器进场需要全面检验，而对于国外承包商，厂家却没有这样的规定，且现场也没有针对进口仪器的检验设备。后经和国外厂家协商，提供了专门的现场检验设备，同时根据现场需要，自制了部分检验设备，使这一问题得以解决。经过检测，发现有部分仪器在运输过程中出现了损坏，比如测缝计，由于包装不当，运输过程中发生损坏，为此给厂家提出了包装建议，变更包装方式后，没有再发生仪器运输过程中损坏的现象。由于国外的仪器大多是振弦式仪器，对于该类仪器现场检查率定还没有对应的合格标准，因此只能靠自己摸索，经过摸索，提出了5% F. S. 的标准限值，误差超过这一限值的将被视为不合格仪器，必须更换，这一标准也得到了厂家的认可。经过检验，发现了部分超限的仪器，顺利实现了退回厂家更换，从而保证了埋入现场的仪器全部合格。

到货检验还包括监测仪器配套材料的检验。2004 年二滩水电站大坝相继出现了两条垂线突然断裂。经现场检查，断口锈蚀严重，线体几乎有 2/3 断面被锈蚀，剩余断面因无法承受垂线的配重而被拉断。随后，对其他垂线线体进行了全面现场检查，发现垂线线体均存在不同程度的锈蚀，因此初步判定是提供的垂线线体因钢丝材质有问题，经送质监部门监测，证实了材料并非因钢丝，所以才造成锈蚀严重而出现断裂。后对全部垂线线体进行了更换，采购了正规厂家生产的因钢丝，入场时进行了现场取样送检，合格后才进行更换，截至目前，没有再次发生垂线线体断裂现象。因此，在施工期，监测仪器进场时，同时也要做好配套材料的检验工作，以减少后续的运行风险。

2.2　仪器的埋设管理中存在的问题

埋设就是把合格的监测仪器，按照设计的意图，根据其安装埋设的方法，安装埋设到被监测的建筑物上，以便掌握建筑物的工作性态。

2.2.1　防止安装、埋设错误或不当

首先应熟悉设计图纸，了解设计意图，比如二滩的压应力计，根据设计的意图，是用于监测拱坝的拱推力，那么安装时压应力计仪器的平板面应该和拱推力的方向垂直，然而现场在安装时，却将压应力计的平板面埋设成和梁面垂直，结果反映出来的成为仪器所在部位以上梁的混凝土压力和设计意图大相径庭，从而导致仪器无效。

再如垂线坐标仪的安装埋设，应该有一定的预判性。也就是说将来向某一个方向变形会大一些，那么就应该有意识给该部位留出足够的变形空间，而让垂线稍靠变形较小的一侧。二滩大坝垂线坐标仪在安装时，由于没有充分考虑到这一点，而将垂线安置在坐标仪的中心位置，结果蓄水后，大坝变形，出现了垂线触壁现象，不得不调整坐标仪，这就使系统误差累积而无法消除。

2.2.2　防止仪器安装埋设质量问题

部分渗压计从安装到目前读数基本不变，不能反应基岩的渗压变化，有的监测成果比测点高程还低。经分析认为，灌浆造成渗流通道阻塞，所以无法正确反映渗压变化，渗水由其他通道渗漏走，造成观测孔干孔，监测成果低于测点高程。因此，在现场的安装过程中还需要密切注意，防止渗压计埋设中的质量问题，从而不能真实反映渗压变化。

垂线的配重不足造成观测精度不够。二滩电站布设有多条正倒垂线,用于观测坝体的变形。二滩垂线观测具有分段多、线体长的特点。竣工后长时间监测发现,垂线监测数据存在大量毛刺,对数据分析造成了一定影响。后经专业单位现场检测,发现正垂线配重普遍不足,线体无法快速归位,从而造成监测数据精度下降。而倒垂线也普遍存在浮力不足的问题,经现场检查发现,倒垂线浮力箱内使用的不是防止挥发的阻尼液,而是普通的水,由于电站所处干热河谷,浮箱内的水迅速蒸发而造成线体松弛,影响观测精度。严格按照规范要求重新进行了正垂线配重,并将正垂桶和倒垂浮力箱内的阻尼液全部更换为不易挥发的阻尼液,从而大大提高观测精度。另外,在制度上规定,定期对阻尼液进行检查,发现不足及时添加,从而避免了此类问题的再次发生。

2.2.3　防止已安装埋设仪器被破坏

监测仪器的安全保护和现场施工是一对矛盾共同体,施工安全需要监测成果的指导,然而仪器安装和保护却对施工进度存在一定的干扰,加之施工和仪器安装分由不同的队伍进行,之间沟通若不到位,对仪器的安全就存在很大的威胁,二滩电站施工期曾出现多支仪器被施工损坏或观测电缆被钻断的情况,部分仪器按要求进行了恢复,但为之付出了不小的代价,而部分仪器由于恢复成本太高而不得不弃用,从而影响监测系统的完整性。

2.3　进度管理中存在的问题

部分监测仪器安装埋设滞后。1997 年 6 月 18 日,二滩水电站上游围堰拆除,大坝开始部分档水,而正、倒垂线均未安装,坝顶施工尚未完成,有关位移测点也无法设置,因此在上游围堰拆除前,只有采取了临时措施,借助施工测量控制网建立了大坝变形临时监测网,临时监测网用精密大地测量方法对大坝坝体进行水平位移和垂直位移监测。

2.4　初期监测资料管理中存在的问题

二滩水电站大坝安全监测采用外委的方式由Ⅰ标承包商负责安装和埋设,测读 7 d 后交由工程师监测管理。移交时连同仪器基本资料、厂家率定卡、现场率定卡、现场读数一并签字移交,然而由于各种原因,还是导致部分仪器的资料出现丢失,给后期数据分析带来麻烦,特别是部分仪器的初始读数丢失,给后续分析时基准值的选取带来麻烦。

3　施工期监测管理的几点建议

3.1　做好到货检测

仪器出厂经过长途运输到达现场,首先应检查随厂家的仪器说明书、出厂检测记录、仪器卡等,这些都是现场安装埋设、今后资料分析不可或缺的宝贵资料,一旦丢失,会给今后仪器的监测数据分析带来诸多不便。另外,仪器长途运输难免出现各种各样的问题,有的外观出现损坏,有的需要通过检测,特别是一些精密、灵敏的仪器,比如二滩水电站就发现个别震弦式仪器出现损坏,对于一些特殊材质,要送专业的检测机构进行监测,防止以次充好或者外观像但实际不是合同要求的材质,如二滩水电站出现的垂线材质问题。

3.2　加强现场安装埋设的监理

现场要严格按照规程、规范的要求开展埋设工作。埋设前要做好仪器的到场率定,确保把合格的仪器埋设到现场。埋设前要熟悉设计文件,了解设计意图,严格按照设计图纸现场埋设,防止出现埋设错误。埋设前要做好埋设舱面验收,有预埋的要做好预埋件的保护。对于变形监测仪器,如垂涎坐标仪等,安装时要有一定的预判,也就是靠向变形较小的一侧,防止出现触壁需要再调整而影响观测数据误差消除。

3.3 高度重视初期监测资料的采集和管理

初值的获得对后期的资料分析非常重要。埋设初期，一定要按照规范要求进行初始数据采集，并及时分析，判断仪器工作状态。施工方按照合同要求的时间完成读数后，移交监测监理，监测监理一定要对移交的资料造单签收，认真核对，防止资料不全。监测监理一定要将监测数据及时录入计算机进行管理，并对后续的监测数据每次现场采集回来后及时录入并分析，发现异常后要及时进行现场复测，同时由专业人员及时对录入的数据分析判断，在判定工程运行特性的同时，也可以防止现场采集数据造假。

3.4 加强施工期仪器设备的保护

由于施工期条件复杂，施工各方各管一块，对于监测不太关心，加之施工期人员复杂，如果保护不到位，势必造成仪器设备的损坏，给监测工作开展带来不必要的麻烦，因此一定要采取措施做好现场监测仪器设备的保护工作。首先，一定要做好仪器的安装记录，准确记录仪器的安装信息，标明仪器的出线布设图，现场要有明显的标识，提示相关施工单位注意保护监测设施和仪器。安装埋设的仪器位置和出线布设等相应的资料要复印给相关的施工单位，明确保护要求，防止施工过程中碰坏、震动损坏或仪器出现被施工钻断，对于要钻孔施工的部位，必须要和现场监理一起确定位置，防止钻断仪器出线。对于破坏的仪器，容易分辨的，要求按原设计恢复，对于不容易分辨的，虽然采取所示找到，但对于成批钻断的仪器，很难分清，难免出现张冠李戴，对后期资料分析带来影响。在合同中应对各方有关于监测仪器保护的约束条款，并标明处罚条款，一旦出现哪一方施工损坏，要按合同条款做出相应的处罚，以提高各方的责任心。

3.5 做好监测工程进度控制

大坝监测项目的施工与大坝主体工程交叉进行，监测项目的施工往往受大坝主体工程施工进度的制约，协调工作量比较大，监测监理一定要熟悉现场施工进度，根据现场施工计划编制合理的监测仪器施工计划，加强和施工各方的协调，合理利用施工间隙，及时敦促监测仪器埋设施工单位做好相关准备，提前做好仓面验收，并做好相应的保护，及时组织安装。另外，及时根据现场工程的进度调整监测仪器安装计划，使之和现场施工进度相适应。一定要密切关注仪器的订货和到货情况，要防止现场已经具备条件而仪器还没有到货，从而影响现场施工进度，引起不必要的争议，对于关键项目，特别是一些基准获取的监测项目，更是要做到进货控制，提前做好各项准备，因为一旦失去条件，将很难挽回，影响后期的资料分析，即便采取辅助措施，但为此要付出更多的代价，增加成本。

4 结 语

安全监测意义重大，不仅对工程本身而言，对设计、对施工、对安全管理技术的发展都有着非常重要的意义。而要发挥安全监测的作用，管好施工期大坝安全监测工作的基础，施工期安全监测管理工作到不到位，不仅直接影响施工期大坝安全施工，对今后运行期大坝安全管理也将带来长期的不利的影响。二滩水电站大坝安全监测管理工作，是按照 FIDIC 条款要求开展的，总体上来说，安全监测管理作用发挥得比较好，但还是出现了一些问题，这是 FIDIC 条款和我国实际相结合过程中不可避免的问题。针对以上问题，还需要在今后的工程实践中不断地探索、实践、总结，找出与我国实际相结合的适应我国水电工程管理特点的管理方式,发挥好安全监测的在工程建设和管理中的作用。

参考文献

[1] 本书编写组. 二滩工程竣工总结[M]. 北京:中国水利水电出版社,2005.
[2] 二滩水电站竣工安全鉴定监测专业汇报材料[R],2000.

天荒坪抽水蓄能电站上水库运行维护经验

焦修明　黄小应　周俊杰

（华东天荒坪抽水蓄能有限责任公司　浙江　安吉　313302）

摘要：本文从沥青混凝土防渗护面日常维护、水库自动化监测及运行水位控制等方面介绍了天荒坪电站上水库运行管理经验，分析了抽水蓄能电站上水库沥青混凝土防渗护面及库底廊道产生裂缝的原因，给出了裂缝处理的方式方法，对类似工程的运行管理提出参考性的建议。

关键词：天荒坪抽水蓄能电站　上水库　运行管理　渗水　裂缝

1　引　言

抽水蓄能电站由于其运行方式的特殊性，上水库在运行中不仅水位变化频繁，变幅大，而且升降速度快，对水库防渗要求极高。天荒坪抽水蓄能电站上水库采用沥青混凝土作为防渗护面，总面积达 28.5 万 m^2，采用如此大规模的沥青混凝土作为水库防渗护面的工程实例在我国当属首次。沥青混凝土护面具有柔性好，适应基础变形能力强，防渗性能优越，无接缝和易于修补等优点，目前国内抽水蓄能电站采用沥青混凝土作为防渗护面越来越多。而为排除面板的渗透水和地下水，以释放沥青混凝土底部的扬压力，防止水库运行水位骤降导致防渗结构被反顶破坏，在库底布置排水廊道系统。本文通过对近几年天荒坪电站上水库的运行管理进行总结，对沥青混凝土面板防渗护面及库底廊道开裂原因进行分析并给出处理方法和建议，对类似工程的设计和运行有一定借鉴意义。

2　工程概况

天荒坪抽水蓄能电站于 1998 年建成并投入使用。电站枢纽工程由上水库、下水库、输水系统、地下厂房洞室群和开关站组成。电站在电网中担负调峰填谷等任务，上下水库均具有日调节性能。

上水库布置了主坝、东副坝、北副坝、西副坝和西南副坝 5 座坝体，均采用土石坝坝型，见图 1。库底分为北库底和南库底，北库底地基大部分为弱风化岩，少量全强风化岩（土），南库底地基以全风化岩（土）为主，地质条件复杂。经过多方面的论证和比较，上水库防渗体系除进出水口外，其余部位均采用沥青混凝土防渗护面设计。沥青混凝土面板采用简式结构，由沥青混凝土整平胶结层、沥青混凝土防渗层和沥青混凝土封闭层组成，见图 2。其中，整平胶结层是防渗层的基础层，该层为半开级配的沥青混凝土，库坡的厚度为 10 cm，库底 8 cm。防渗层是面板防渗的核心，为密级配的沥青混凝土，其厚度为 10 cm；封闭层的主要作用是为了保护防渗层，延缓老化，同时也有封闭沥青混凝土防渗层表面缺陷，提高面板抗渗性的作用，使用的材料为沥青玛琋脂，厚度为 2 mm。

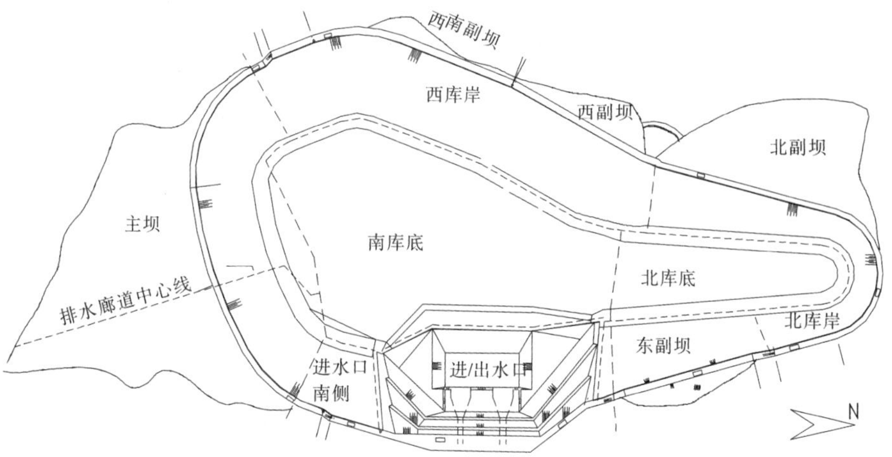

图1 天荒坪抽水蓄能电站上水库布置图

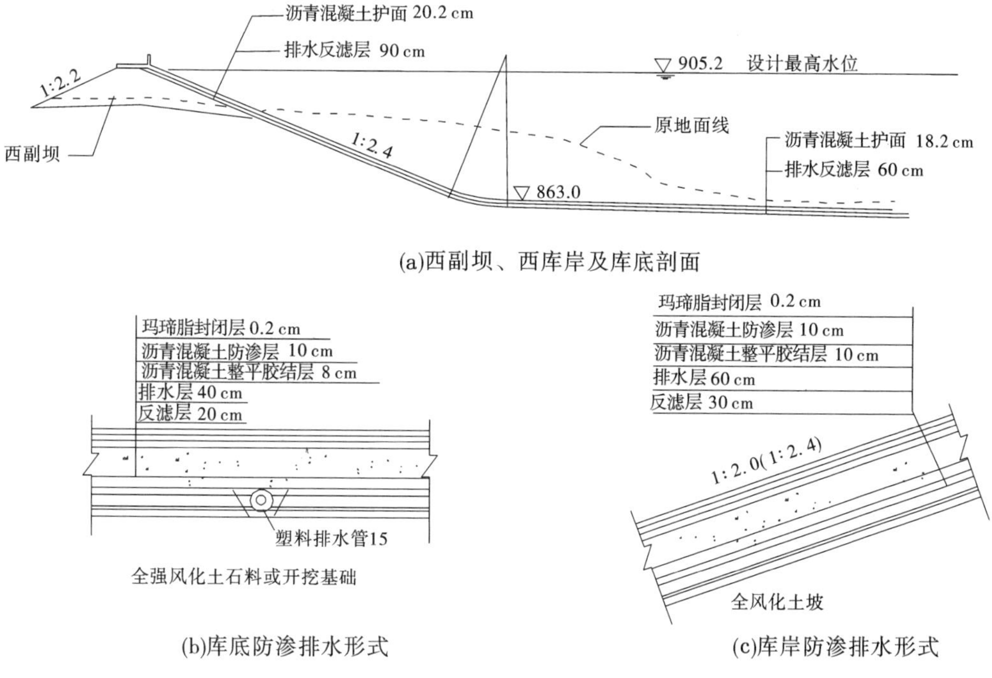

图2 沥青混凝土防渗结构剖面图

另外，为了排除面板的渗透水和地下水，以释放沥青混凝土底部的扬压力，防止水库运行水位骤降导致结构被反顶破坏，在库底布置了排水系统。整个上水库的排水系统主要由岸坡及库底排水垫层、库底 PVC/REP 排水花管、库底排水观测廊道组成。库底排水管布置于排水垫层内，内径 20 cm，管端接入排水观测廊道内。廊道内还布设排水孔与库底排水系统相连接。渗漏水和地下水均经过排水系统，汇集排入主坝坝脚的集水池。

上水库的开挖填筑通过国内邀请招标由中国水利水电第五工程局中标承建，沥青混凝土防渗护面工程由德国 Strabag 公司中标承建。该工程于 1993 年 12 月 1 日开工建设，1997 年 9 月 9 日建成并通过分部工程验收。1997 年 10 月 6 日上水库利用施工供水系统开始初次前期蓄水，至 2001 年 7 月以后，库水位陆续蓄至 EL. 903. 5 高程，上水库工作深度 42. 20 m，正常运行时水位日变幅 29. 43 m。

3 上水库的日常维护和监测

3.1 沥青混凝土防渗护面维护

抽水蓄能电站上水库具有海拔高、气候恶劣、夏季气温高、紫外线强、冬季气温又很低、运行水位变化频繁等特点，对沥青混凝土护面的耐久性是一种考验。为减少沥青混凝土结构的老化、开裂，提高电站的运行效益，沥青混凝土护面在运行期间的维护成了非常重要的工作。

由于电站的运行特点，上水库的变幅接近 28 m。正常运行情况下，早晨水库水位处在最高点 903.5 m，下午水位在 890 m 左右，从 903.5 m 到 890 m 这一库岸环形条带的沥青混凝土防渗护面是逐步暴晒于阳光之下的。903.5 m 至 908.3 m 间的防渗护面则一直受到阳光照射。由于沥青混凝土吸热性能好，沥青混凝土防渗护面表面温度比周围环境高得多。在 7 月中旬到 8 月中旬这段时间内，沥青混凝土护面表面温度可达到 60 ℃以上。为防止在高温季节时上库沥青混凝土护面的沥青流淌，延长沥青混凝土的使用寿命，我们经过不断的摸索，最终研制成一套方便、有效的环库喷淋降温系统。当气温超过 25 ℃时，它就会自动开启，利用上水库的渗水，对环库水面以上沥青混凝土防渗护面进行喷淋冷却。该套系统喷淋均匀，冷却效果好，有效解决了上水库高温时沥青流淌问题。

3.2 上水库的监测

天荒坪抽水蓄能电站上水库的日常监测工作包括外部变形监测、库底渗透压力监测、库周地下水位监测、渗水监测以及人工巡视检查。几年来我们积累了丰富的监测资料，为上水库的运行管理提供了可靠的依据。其中渗水监测是运行监测中的重中之重，因为一旦上库沥青混凝土出现裂缝，马上就反映在廊道渗水总量的变化上。上库在蓄水期间，曾经有 4 次都是因为上库廊道单孔渗水出现异常，而对水库进行放空，并发现库底裂缝，所以我们十分重视廊道的渗水观测。最初廊道的渗水观测采用人工观测，后来几经改进，终于找到一种灵敏度很高的量水堰计，接入水工自动化观测系统，并在电站其他类似部位推广应用。目前，上水库的渗水总量已经做到了实时监测。另外，我们还将对上库库底廊道单孔流量监测进行自动化改造，安装电磁流量计，以提高自动化监测水平。

通过对渗水资料的分析，发现上库廊道渗水量与库水位、降雨、库水温都有关系。我们判断上库沥青混凝土是否已经开裂的标准，主要是在排除降雨影响情况下，少数单孔渗水突变，出水变浑则防渗护面就很可能已经开裂。

3.3 运行水位的控制

运行水位除满足发电运行要求外，还要考虑到沥青混凝土防渗护面的变形能力。在蓄水初期，应更多的考虑沥青混凝土防渗护面。目前，天荒坪电站上水库最高运行水位达到 EL.903.5，水位变幅接近 28 m，最大运行水位变化速率 7 m/h 左右。

天荒坪电站上水库正常设计运行水位是 905.2 m，但是由于库底固结尚未完成，在蓄水期间沥青混凝土防渗护面多次出现开裂，至今上水库的最高水位没有到过 905.2 m。目前，在夏季，水温较高，上库的运行最高水位控制在 903.5 m，正常日变幅 28 m。但当库水温低于 15 ℃时，考虑到沥青混凝土防渗结构柔性变差，降低上库运行最高水位，一般控制在 902.3 m 上下。在第 2 年的 4、5 月当水温超过 15 ℃时开始逐步抬高最高运行水位。

最高运行水位也不是一步蓄到位，而是逐步抬高，在水位较低时上升较快，在水位较高时上升得慢。我们在最高运行水位900 m以上再抬高水位时，一般每天上升20～30 cm，且每上升1～2 m还安排一定的稳压时间，天荒坪电站上水库最高运行水位在895 m、900 m、901 m、902 m等不同高程都维持过较长时间，以使沥青混凝土防渗护面逐步适应基础的沉降。

4　沥青混凝土护面开裂的原因分析及处理

天荒坪电站上水库自1998年9月底至2001年5月7日，共放空5次，其中，前4次放空均为沥青混凝土防渗护面拉裂渗水异常被迫放空修补，而2001年5月初的一次放空为计划例行检查。5次放空，共发现裂缝34条(处)，总长约50 m，均发生在南库底区域。其中贯穿裂缝14条，由于沥青混凝土局部施工缺陷而产生的渗水点11处，详见表1。

表1　上水库沥青混凝土护面裂缝一览

次数	裂缝编号	日期(年-月-日)	库水位(m)	裂缝条数(处)		裂缝性状(cm)			
				总数	贯穿裂缝	总长	最大长度	最大宽度	渗水点(处)
第1次	0#	1998-09-19	889.50	1	无	40	40	0.5	
第2次	1#～9#	1998-09-29	889.51	9	9	1 820	15.5	2.0	
第3次	10#～16#	1999-09-24	898.97	7	3	940	560	1.4	2
第4次	17#～25#	2000-09-26	904.97	9	2	1 510	250	1.5	2
第5次	26#～33#	2001-05-09	903.50	8	无	200	200	0.3	7

4.1　原因分析

沥青混凝土面板开裂的原因很多，主要是复杂的地质条件造成库盆的不均匀沉降。出现裂缝的部位，全风化岩体的厚度较薄，适应变形的能力较低。弱风化岩、土的交替使得地基弹性模量不均匀，而回填层中的大粒径块石加剧了这种不均匀性(原施工交通便道的回填石块未完全清除)，加上局部区域的排水垫层料厚度较薄，借以依赖的垫层料对不均匀变形的调整作用减弱。

另外，从运行方式来看，蓄水初期蓄水速率过快，也是沥青混凝土开裂的原因。如在第1次放空检修完后，回充水时水位上升速率达15.32 m/d，蓄至EL.889.50 m。因水库蓄水初期下卧层中全风化岩(土)自然排水固结尚未结束，水荷载作用下的基础沉降变形才刚刚开始，受快速加、卸荷载的冲击，引起了基础的快速变形。在多种因素的作用下，上水库沥青混凝土发生了1998年9月29日(第2次)的面板裂缝，渗漏水量达50～60 L/s。

4.2　开裂后的处理

沥青混凝土出现裂缝最直接反映在廊道渗水量的变化上。一旦发现稍有异常，即应降低水位，为放空水库作准备。同时做好放空检修的人力、设备、材料准备，确保在最短的时间内检修完毕，将损失减到最小。当放空水库后，立即组织清扫库底、查找裂缝，并对裂缝部位进行适当的开挖及回填，然后按照严格的施工工艺对沥青混凝土护面进行修补。

上水库经过5次放空修补，自2001年5月以来连续13年安全运行，排除降雨的影响，实测最大渗水总量约为3.3 L/s，渗漏出水点主要集中于靠近进出水口区域的排水廊道。上水库渗水总量小，且库底渗透压力监测值均较小，表明库盆沥青混凝土裂缝修补效果良好。

上水库沥青混凝土面板裂缝分布位置图见图3，局部裂缝大样图见图4。

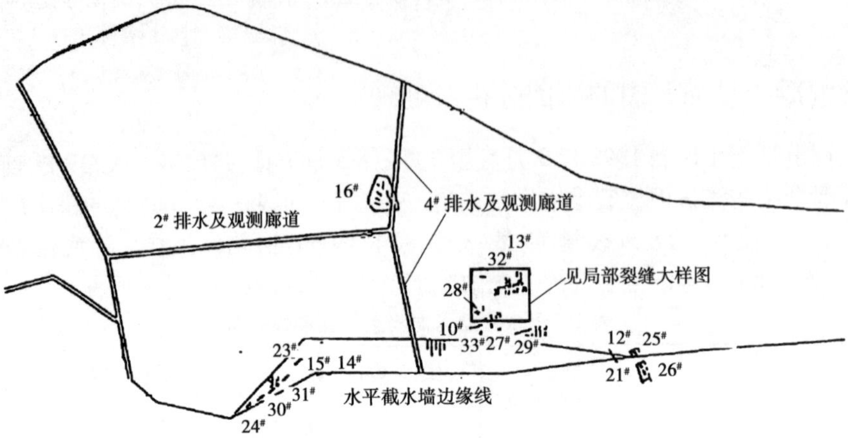

图3　上水库沥青混凝土面板裂缝分布位置图

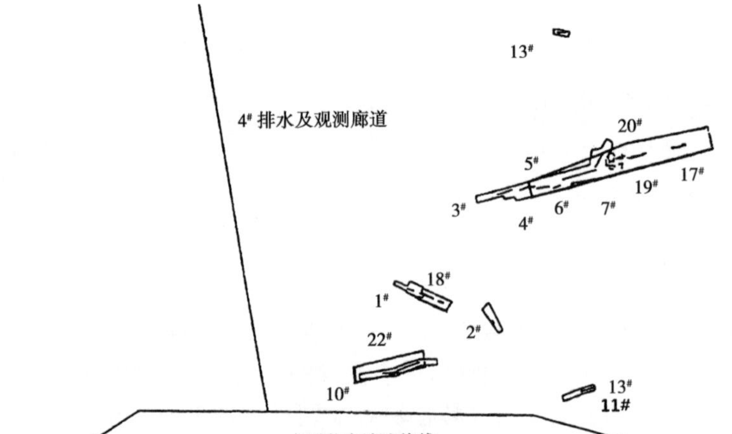

图4　局部裂缝大样图

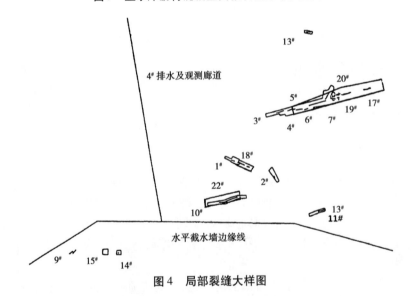

5　库底廊道裂缝的原因分析及处理

上水库库底及坝体内布设了排水与观测廊道，廊道结构型式为城门洞型，见图5。除不同廊道交接处部分范围内采用全断面现浇混凝土外，廊道的其余部位均采用下部底座（廊道底板和边墙）为现浇混凝土，而上部（拱体）为预制混凝土的结构。在电站运行期间，廊道顶拱沿轴线方向出现大量纵向裂缝，裂缝宽度一般在0.3 mm以上，且裂缝的宽度与上水库的水位呈同步变化，这些裂缝对廊道及上水库的安全运行构成了威胁。

裂缝主要是由于廊道预制拱顶与现浇底座混凝土界面间存在相对滑动，廊道的整体性差，通过拱高和拱跨变形测量也发现预制拱两端在荷载作用下向两边滑动，见图6，导致顶拱受拉开裂。

针对这一问题，委托专业加固公司对产生裂缝部位的廊道进行钢结构加固，通过粘钢和

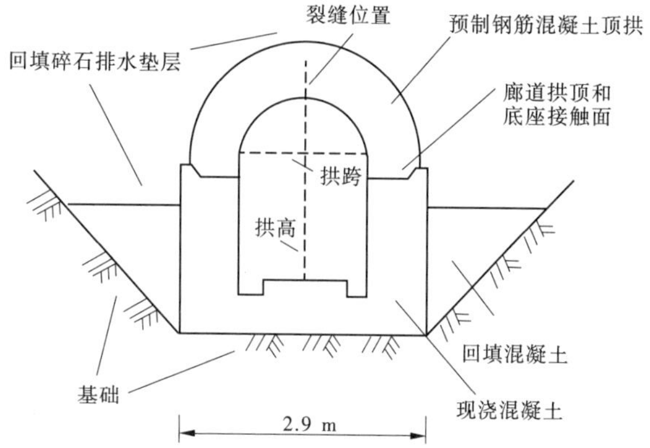

图5　库底廊道横截面示意图

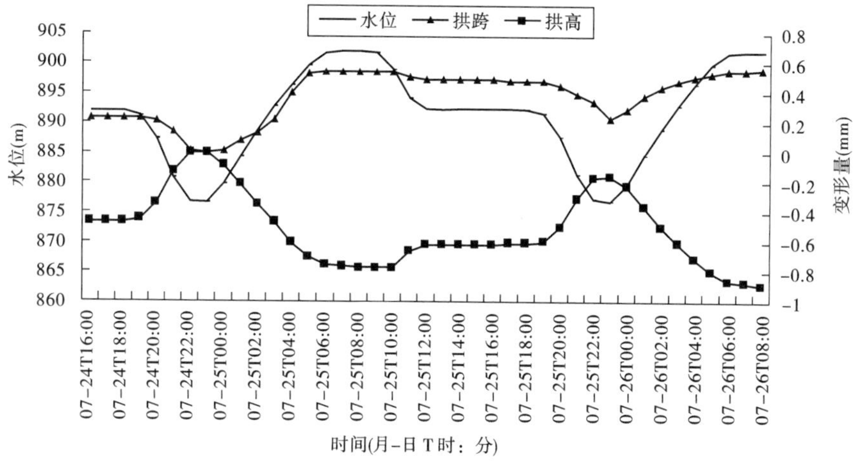

图6　库底廊道加固前拱高、拱跨变形与水位关系曲线

植筋等方式，约束预制顶拱与现浇底座之间的相对滑动，提高廊道的整体性，改善廊道的受力条件，见图7。上库廊道补强加固自2001年始，前后分批共进行了5次加固，加固总长度982.5 m。加固以后，从测缝计所测得的数据与未加固前比较，曲线明显趋于平缓，高低水位时测值的差值减小，随水位变化裂缝开合度减小，见图8。证明加固效果良好，达到了提高整个廊道刚度和结构稳定性的效果。

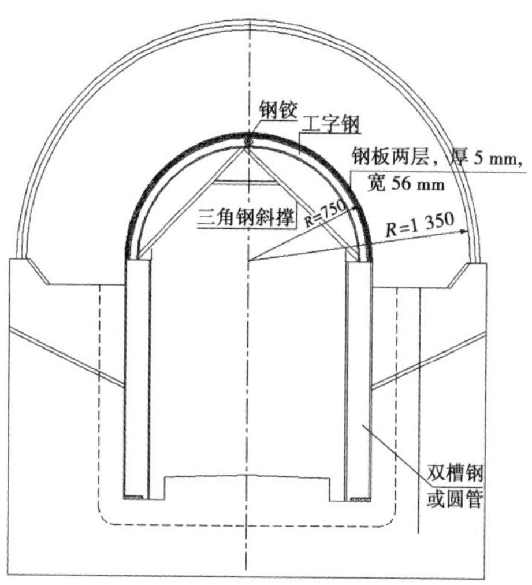

图7　库底廊道加固结构图

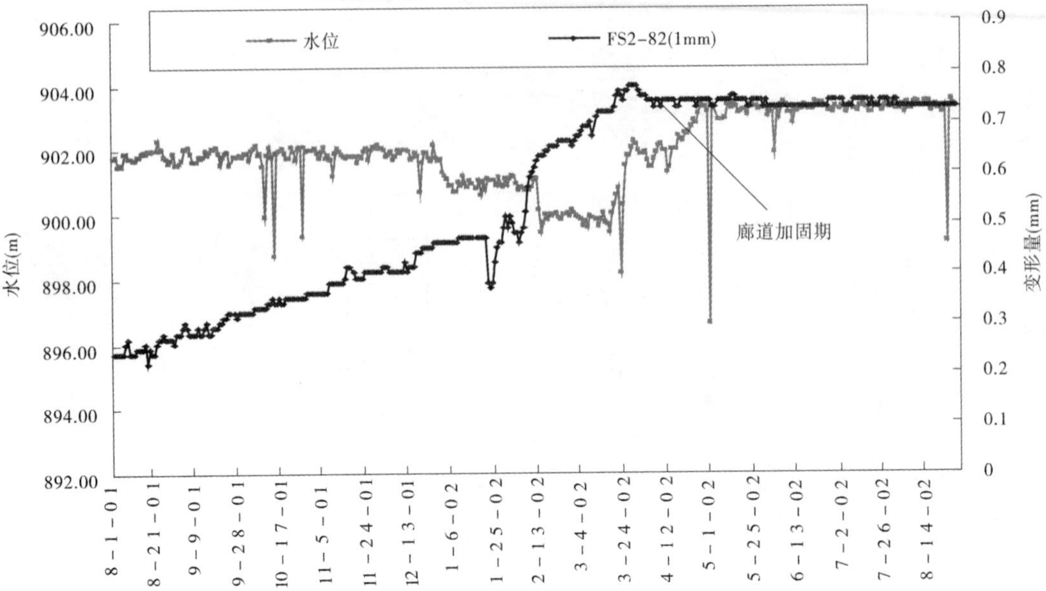

图 8　上库水位与加固前后裂缝曲线

6　结　语

(1)上水库从蓄水期试验到运行至今,虽然出现多次库底开裂问题，但经过几次修补，上水库经连续 5 年安全运行,全库渗水总量保持在 3.5 L/s 左右,表明沥青混凝土防渗效果是很好的,针对天荒坪抽水蓄能电站上水库十分复杂的地质条件,采用沥青混凝土防渗护面结构是正确的;相应的护面设计、排水和监测系统设计、对坝基和防渗护面的基础处理、沥青混凝土的施工质量等总体上是好的。天荒坪抽水蓄能电站的上库设计是成功的。

(2)在今后类似工程实践中,应充分重视局部区域基础软硬不均所带来的不利影响,严格控制回填料的施工质量,把握好水库初期蓄水速率。这样可以减少沥青混凝土防渗结构的开裂,即使开裂了,其应力、应变均能得到释放调整,最后总能趋于稳定。

(3)在水库的日常运行管理中,应做好日常观测工作并加强巡检,以便及时发现缺陷,并做好及时消缺工作,把事故造成的破坏降低到最低限度。

(4)采用沥青混凝土护面的类似工程一旦出现渗水异常,排除降雨影响情况下单孔渗水突变情况,应及时放空水库进行修补,以免使工程遭到更大的破坏。

(5)类似工程的廊道宜采用整体现浇的钢筋混凝土闭合框架结构,以提高其整体性。

黄河上游梯级水电站群大坝安全管理远程诊断

王雪梅　张　毅　孔庆梅

（黄河上游水电开发有限责任公司　青海　西宁　810008）

摘要：黄河上游水电开发有限责任公司管理着黄河上游干流10余座梯级水电站群。高坝大库水电站有6座，且均处于地质条件复杂、高海拔与高地震烈度的区域环境中，管理难度大。保证梯级水电站群大坝安全运行是一项艰巨而繁重的任务。如何及时发现大坝运行中存在的问题，准确判断大坝运行中存在的异常和隐患，实现坝群的远程诊断，是大坝安全管理人员共同关注的问题。本文介绍了青海黄河水电公司大坝安全管理远程诊断中及时、准确发现大坝运行中存在异常和隐患的实际做法，为流域水电开发公司大坝运行安全管理提供借鉴。

关键词：水电站　大坝　安全管理　远程诊断

1　概　述

黄河上游水电开发有限责任公司（简称黄河公司）管理着黄河上游干流10余座梯级水电站群。目前已经投产发电的有班多、龙羊峡、拉西瓦、李家峡、公伯峡、苏只、积石峡、盐锅峡、八盘峡和青铜峡等水电站。这些水电站均处于地质条件复杂、地震烈度高的环境中，管理难度很大。因此，要保证梯级电站坝群安全运行是一项艰巨而繁重的任务。如何及时发现大坝运行中存在的问题，准确判断大坝运行中存在的异常和隐患，满足流域化水电站大坝统一管理的需要，满足特殊情况下（如遭遇大洪水、地震发生、气候异常、出现高水位、水工建筑物运行异常等）的观测资料及时分析，及时掌握各水电站水工建筑物运行等情况，达到对水电站大坝安全运行实时监控的目的。通过长期的实践，我们总结出了以运用大坝自动化观测和借助大坝安全信息管理系统达到对水电站大坝进行远程诊断，实现上述目标的一些实际做法。

2　大坝安全信息管理系统的建立及其功能

黄河公司2007年下半年启动建设大坝安全信息管理系统，系统包括1个西宁中心站（负责信息的统一管理和发布）、每个水电站1个现场观测站（负责信息的采集并上传中心站）；中心站与现场站之间采用虚拟专网通信；主系统软件采用国家能源局大坝安全监察中心的Damsafety2010，辅助软件为南京南瑞集团公司的DSIMS，两套软件互为备份，软件均采用windows系统和SQL server数据库。至2011年，陆续接入了龙羊峡、李家峡、公伯峡、苏只、盐锅峡、八盘峡、青铜峡7座水电站大坝的安全信息，班多、拉西瓦、积石峡水电站大坝的安全信息也已经通过人工方式纳入系统之中。

该系统由中心站、现场监测站、报送客户、浏览用户、离线分析客户和传输子系统六部分组成。

主要工作流程:及时发现信息错误和异常情况(见图1);发现异常进行分析;判断异常情况可控,转入重点关注,随时进行分析;判断异常情况不可控,上报,采取措施(包括专家咨询、深度分析);按规定发布信息和提供查询服务。

软件分析功能包括测值图形显示、测点之间的相关分析、测值回归分析等。

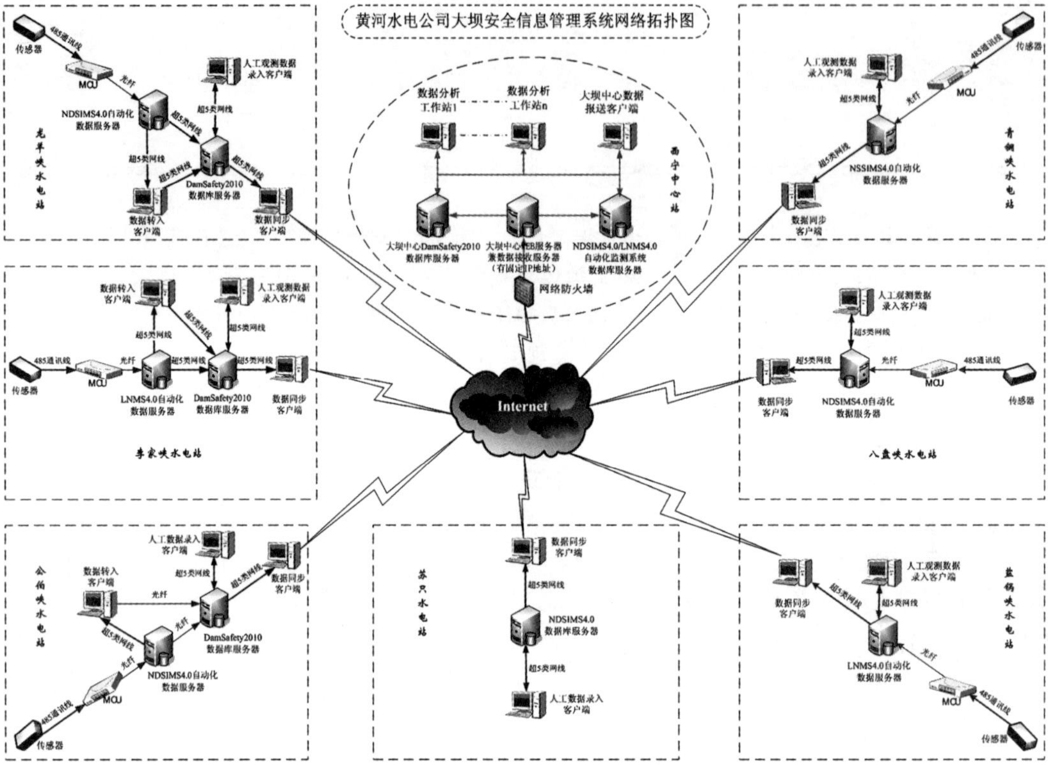

图1　大坝安全信息管理系统网络拓扑图

2.1　借助 Web Services 技术,实现远程采集和传输

运用计算机技术建立计算机网络系统,对大坝变形、渗流、应力及环境量等所有观测项目的远距离自动观测和数据采集,并采用互联网方式实现远程连网,实现观测数据的传输和网上信息查询与调用,并能同时进行成果计算。

采用国家能源局大坝中心研制开发的"DamSafety2005 水电站大坝安全信息管理系统"软件和南瑞集团公司"多坝集成管理 DSIMS 4.0 系统"软件,可以直接将观测信息传输到西宁中心站的南瑞集团公司大坝安全信息管理网络系统中,能源局大坝中心管理系统直接从南瑞集团公司大坝安全信息管理网络系统中提取观测信息,从而实现能源局大坝中心和南瑞集团公司管理系统对观测信息的双系统管理。能源局大坝中心需要报送的信息由能源局大坝中心管理系统实现网络直报。黄河水电公司、黄河水电公司各发电分公司、黄河水电公司大坝管理中心进行大坝安全管理所需的信息可以在"黄河水电公司大坝安全信息管理专业系统网"上浏览下载。大坝管理系统结构见图2。

2.2　借助 DamSafety2005 系统软件,实现大坝观测数据的远程管理

自动化监测系统采集的监测数据,按指定的规则整理计算后,转入到西宁中心站服务器

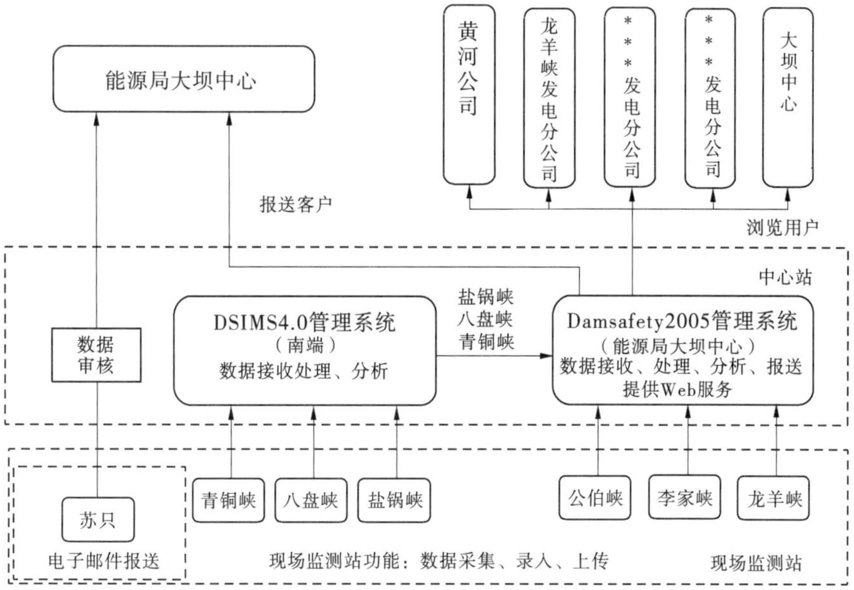

图2　大坝安全信息管理系统结构图

上的整编数据库中,实现数据管理。

(1)对数据库和系统设置进行管理(创建和修改服务器上的整编数据库,更改测点属性,自定义测点集)。

(2)设置报警条件和计算公式。

(3)查看管理日志对监测数据进行管理。

(4)查询数据和导出数据。

(5)整编观测数据。大坝安全规范化管理要求将大坝监测成果按规定的格式进行整编,便于以表格的形式存档和报送。用户可以制作出符合工程习惯的报表和整编表。可以选择不同的报表类型(如周报表、月报表、逐日年报表、单测点年度逐日统计表、多测点年度逐日统计表等)。进行大坝安全观测数据的远程集中管理。

3　运用远程诊断的方法,及时发现大坝运行中的异常

以往国内大多数水电站的大坝观测资料每隔数年或在一些特殊(如大坝定检)情况下才组织分析,分析中经常发现一些异常情况难于解释、难于回溯,影响对大坝运行性态的判断。问题判断的时效性差。现在借助大坝安全信息系统实现了远程诊断,可以及时发现大坝运行中存在的异常和隐患。

3.1　远程诊断中异常数据的判识

资料错误和异常判断的依据:拟定相应的标准——观测资料是否出现规律性改变或量值较大的改变,巡视检查是否发现新出现的缺陷或老缺陷的发展等,进行异常的判断。

异常认定的依据:采用相关分析和回归分析,结合以往分析、研究成果,以及必要的现场检查进行判断。

异常判识的方式:规律性判断、极值判断、突跳值判断等。

3.1.1　出现与已知原因量无关的变化速率

图 3 为某大坝面板测斜仪长序列监测情况。由此图可以看出，在大坝面板观测中测斜仪 IN－31 测点，在 2012 年、2013 年、2014 年变化速率不同以往。在此期间，库水位等相关量值均无变化。IN－31 测点在 2012 年、2013 年、2014 年的变化量分别为 20.98 mm、12.53 mm、32.16 mm。

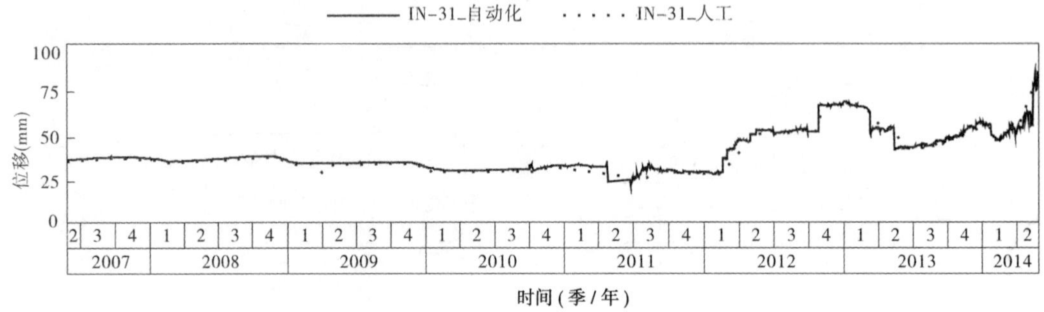

图 3　某大坝面板测斜仪 IN－31 测点测值过程图

3.1.2　变化趋势突然加剧或变缓，或发生逆转

图 4 为某大坝体填筑完成后电磁沉降仪的观测情况。由此图看出，2004 年 8 月份坝体沉降量加剧。经分析，此时水库开始蓄水。水库蓄水后坝体沉降量出现了明显加速增大的趋势，其后逐渐向稳定方面趋近。各测点测值表现为越高的位置沉降量越大。

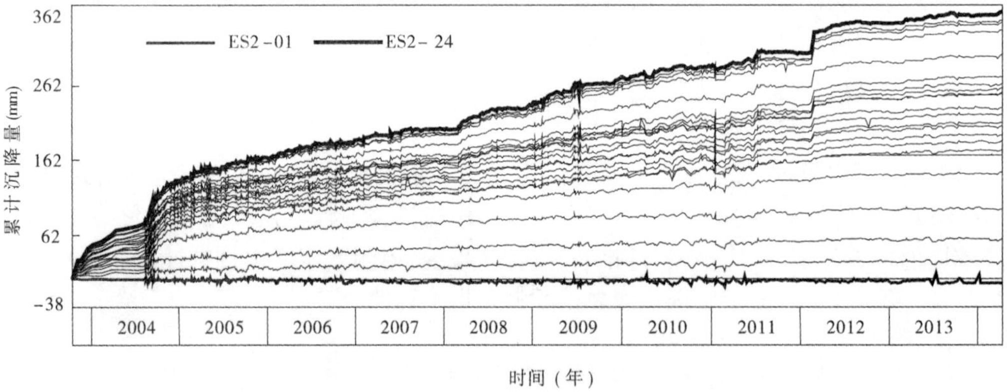

图 4　某大坝体填筑完成后电磁沉降仪的观测过程图

3.1.3　出现超过历史极值(最大值、最小值)、设计计算值、安全监控限值或数学模型预报值

图 5 为某大坝面板周边缝采用三向测缝计监测的工作状态，监测量包括缝的开合度(X 方向)、面板法向的错动(Z 方向)、顺坡向错动(Y 方向)。监测仪器采用南瑞公司的 3DM－200 电位器式测缝计，量程为 225 mm。本工程周边缝设计标准为张开(X 方向)20 mm、沉陷(Z 方向)40 mm、剪切(Y 方向)40 mm。

由此图看出，测缝计 JB－3－03、JB－3－04 在面板法线方向错动量值分别为 －58.6 mm、－77.8 mm，超出周边缝变形控制标准。

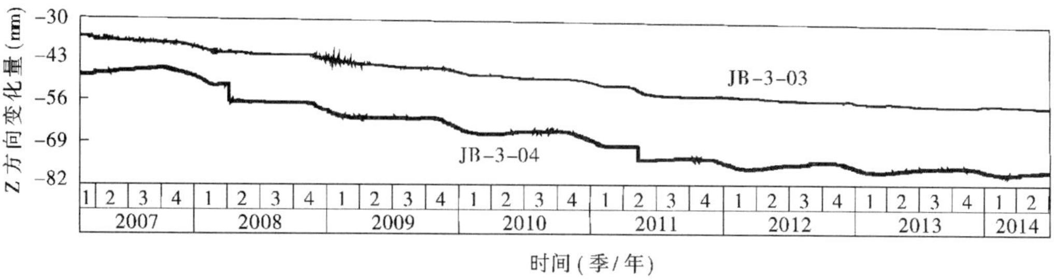

图5　某大坝主坝面板周边缝测值过程图

3.1.4　通过与历史的或相邻的观测数据相比较,判断数据的合理性

图6为某大坝渗漏量观测情况。可见,2005年11月WE43－6量水堰水位突增至10 000 m L/s,大大超出历史的和相邻测点的观测数据值。经分析:2005年库水位达到历史最高(2 597.62 m高程),且在高水位期间,有外来水源进入2 443 m高程基础廊道。经将外来水引排后,WE43—6量水堰观测值稳定,渗流量稳定在900 m L/s左右。

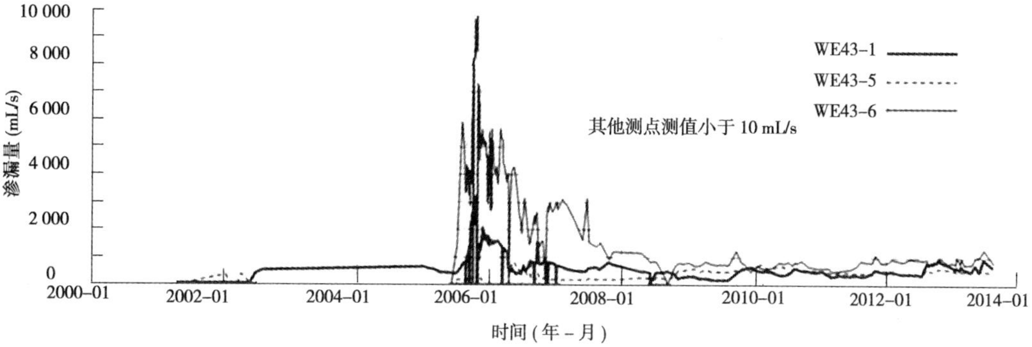

图6　2 443 m高程廊道渗漏量测值过程线

3.1.5　通过所测数据的物理意义,判断数据的合理性

图7为某大坝引水管道下部混凝土温度变化情况。由此图可以看出,仪器埋设初期大坝引水道下部混凝土温度达到27℃左右,2004年8月下闸蓄水后,该部位温度逐渐降低并趋于稳定,温度值为14～15 ℃。从长序列过程线看,虽然测值表现出趋势性,但就物理意义判断,变化规律是合理的。不是异常。

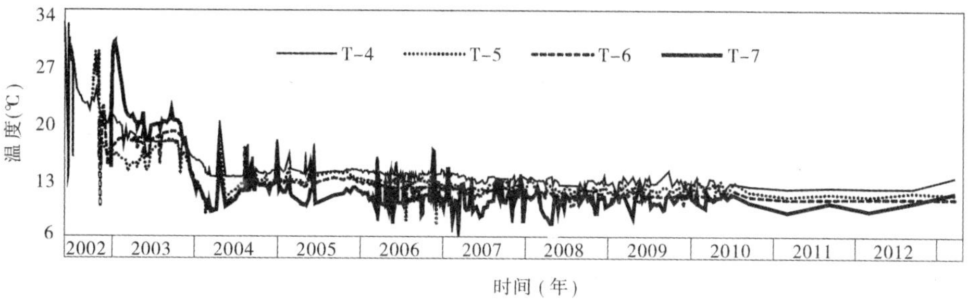

图7　某大坝引水管道下部混凝土温度过程图

3.2　远程诊断中异常问题的处理

3.2.1　运用数据审核的方法，排查异常数据

编制《大坝安全监测资料审核标准》，按照标准及时对水电站群大坝按其主要观测项目和重点监测部位进行观测数据审核。从过程图和长序列观测资料判断观测值是否在正常变化范围之内。运用系统库中的观测成果和过程线图查看各监测量的变化规律和趋势，判断有无突跳、台阶、趋势性等异常的观测值，以随时发现大坝运行中存在的问题和异常。并按照《大坝安全监测资料审核标准》的要求编制数据异常报告。报告内容包括异常测值发生的时间、部位、原因分析、处理建议等。

3.2.2　建立反馈机制，对异常问题多重过滤

借助系统功能进行异常问题多重过滤，防止在资料审核过程中忽略一些不太明显的异常问题。并将系统运行管理人员分为资料审核人员和分析人员两类，分工筛查和判断异常问题。异常问题多重过滤流程见图8。

资料审核、初步分析、深入分析或专题分析逐级反馈。如：库水位发生较大变化时，将扬压力测值换算为扬压力系数进行异常判断。又如，坝基渗流量增大，将检查坝面变化情况等。

实践证明，通过异常问题多重过滤的审核方式，可以整体提高大坝运行中存在问题的分析判断的准确性，使得大坝安全工作更加可控。

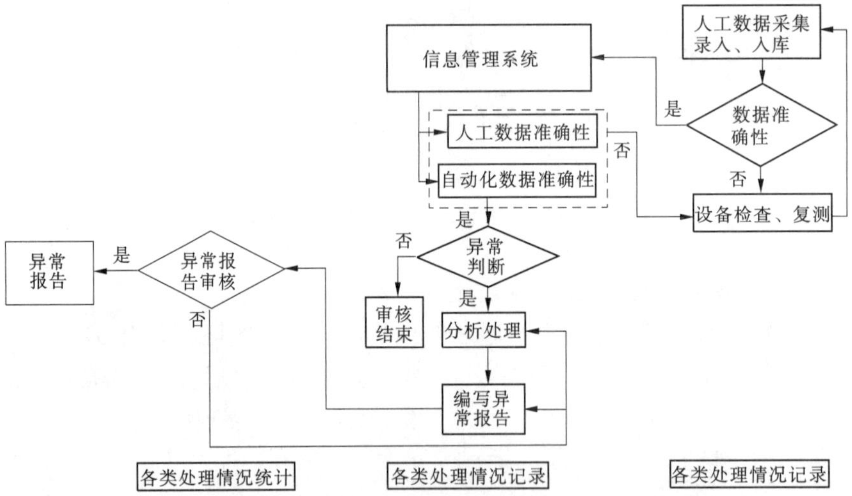

图8　异常问题多重过滤流程

4　结　语

以往国内大多数水电站的大坝观测资料每隔数年或在一些特殊情况下才组织分析，影响对大坝工作性态的判断，问题判断的时效性也较差。黄河水电公司借助大坝安全信息管理系统实现了远程诊断，不仅对黄河上游干流水电站群大坝安全运行进行及时的诊断，也整体提高了对大坝特殊情况下（如遭遇大洪水、地震发生、气候异常、出现高水位、水工建筑物运行异常等）运行中存在问题的及时性判断，提高了对大坝运行中异常和隐患的准确性判断，使得大坝安全管理工作更加可控。实现了大坝安全管理从“观测”到“监测”的转变，从

实质意义上实现了“大坝安全监测”的理念。

参考文献

[1] 国家能源局大坝安全监察中心. 黄河上游水电开发有限责任公司大坝安全管理分系统手册[M]. 2013.

[2] 中国水电顾问集团西北勘测设计研究院. 黄河公伯峡水电站面板堆石坝安全监测资料分析报告[R]. 2012.

浅析思林水电站水工枢纽重点工程运行情况

罗通强　高　洪

（思林发电厂　贵州　思南　565109）

摘要：通过对思林水电站水工建筑物在施工期、首次蓄水期、运行期等不同条件下的运行情况，系统地对思林水电站工程施工期及大坝蓄水运行期的枢纽建筑物安全监测数据进行初步分析、判断；对照相应的主要监测项目的监控设计参考指标，目前监测仪器工作良好，测值可靠，水工建筑物工作情况在设计预期范围内，水工枢纽工程建筑物运行情况良好。

关键词：监测设施　监测成果　监测成果评价　枢纽工程运行评价

1　工程简介

思林水电站大坝于2006年11月正式开工，至2008年12月底各坝段封顶(浇筑高程为452 m)。于2009年12月31日4台机组全部投入商业运行。水电站位于贵州省思南县境内的乌江中游河段，为乌江干流规划梯级电站的第八级。电站距上游构皮滩水电站89 km，距下游沙沱水电站115 km，距省会贵阳市直线距离328 km。

思林水电站枢纽由碾压混凝土重力坝、泄洪建筑物、右岸引水发电系统和左岸通航建筑物组成。大坝最大坝高117 m，坝顶高程EL. 452 m，坝顶宽17 m，最大坝底宽80. 61 m，坝顶全长310 m。在河床溢流坝段设7孔溢流表孔，每孔设13 m×22. 5 m(宽×高)的弧形工作闸门。

地下厂房布置在右岸山体内，埋深80～150 m，距岸最短距离为140 m，主厂房轴线方向N5°S，平面尺寸189. 8 m×27 m×74. 76 m(长×宽×高)，主变洞平行于主厂房布置，外形尺寸为188 m×17 m×23. 03 m(长×宽×高)。

引水隧洞进水口距大坝上游面69 m处，底板高程400 m，采用3条内径12. 6 m和1条8. 8 m的引水隧洞。

尾水隧洞轴方向为N85°E～N55°E，内径10. 6 m，洞间中心距30 m，4条尾水洞总长976 m，埋深20～160 m。

左、右岸坝肩开挖边坡的高度分别约为140 m和110 m，尾水边坡高差约90 m，这些边坡均是监测的重点部位。

2　监测设施布置情况

思林水电站安全监测由碾压混凝土大坝监测、引水发电系统监测、通航建筑物监测、左右岸边坡监测、通航及尾水边坡监测以及导流洞堵头监测等组成。其中：大坝监测包括变形监测、应力应变监测、渗流渗压监测、温度监测及水力学专项监测；引水发电系统包括隧洞围岩位移及锚杆应力监测、锚索锚固力监测、混凝土结构监测、渗压及岩锚梁监测；通航建筑物监测包括基础锚杆应力、基础扬压力、温度、结构应力应变及结构缝监测；左右岸、通航及尾水边坡监测包括变形监测及锚索锚固力监测；导流洞堵头监测包括混凝土温度、基础扬压力、接触缝监测。

3　建筑物监测初步成果

3.1　大坝监测成果

3.1.1　大坝变形

3.1.1.1　水平变形

根据垂线观测数据初步分析（见图1及表1）：大坝上下游方向位移量主要是受环境温度影响较大，随气温变化，气温升高，偏向上游，气温降低偏向下游；大坝左右岸位移值变形规律不明显，或偏向左岸或偏向右岸，测值均稳定在2 mm以内；大坝水平位移满足设计限值，大坝下闸蓄水后，对大坝水平变形有影响，但不大，大坝自身平衡稳定能力较高。目前，上下游方向位移最大值为10.66 mm，左右岸方向位移最大在2.00 mm以内。

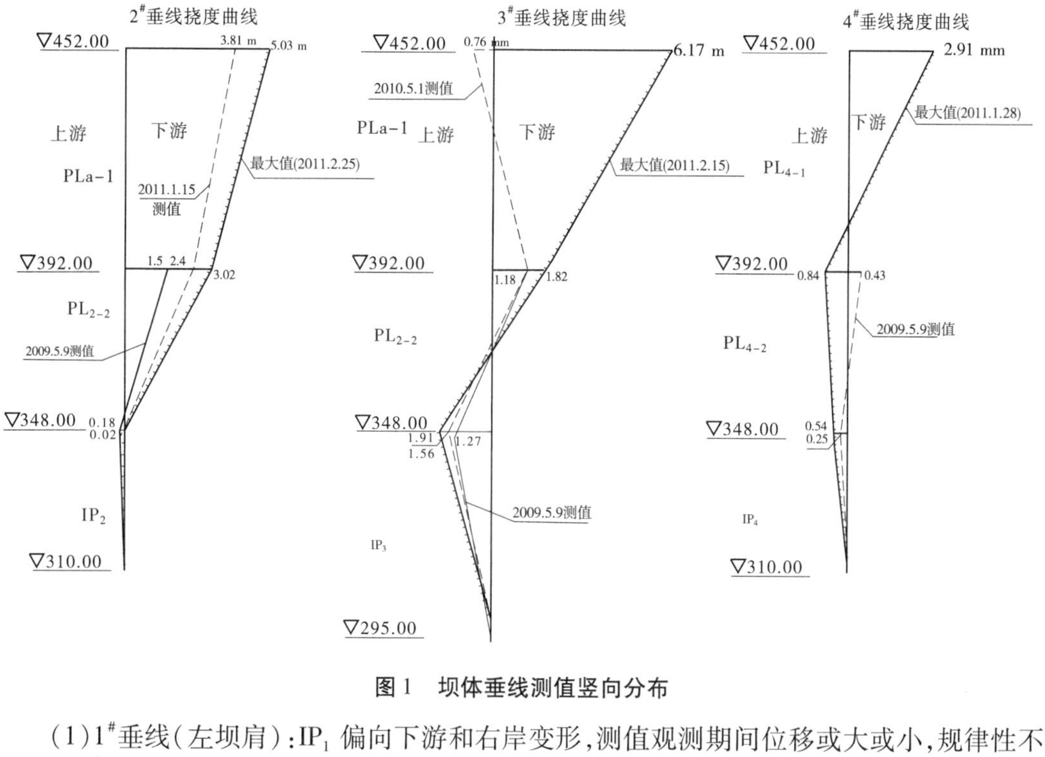

图1　坝体垂线测值竖向分布

（1）1#垂线（左坝肩）：IP_1 偏向下游和右岸变形，测值观测期间位移或大或小，规律性不明显，但目前均已稳定，位移值均不大于0.50 mm。

（2）2#垂线（5#坝段）：IP_2 向上游、向下游、向左岸、向右岸均有变形。目前来看，主要偏向下游和右岸变形，位移值不大于0.1 mm，当前测值0.05 mm。PL_{2-2}（EL.392 m）主要偏向下游和右岸变形，目前位移值分别为4.06 mm和－0.86 mm；PL_{2-1}（EL.452 m）主要偏向下游和右岸变形，位移值分别为1.35 mm和－0.33 mm；对2#垂线进行计算，坝顶高程上下游方向绝对位移值5.46 mm。2#垂线各个高程测点左右岸方向位移值不大，均在1.00 mm以内。根据其过程线分析,最大绝对位移值 5. 85 mm,发生日期为 2014 年 1 月 21 日。

(3)3#垂线(9#坝段):IP_3(EL. 348 m)上下游方向位移主要朝下游变形,当前测值 2. 40 mm,左岸变形当前测值 0. 13 mm;PL_{3-2}(EL. 392 m)上下游方向位移当前测值为 3. 33 mm;PL_{3-1}(EL. 452 m)目前偏向下游和右岸变形,位移值为 4. 93 mm 和 -0. 91 mm。对 3#垂线进行计算显示坝顶高程上下游方向绝对位移值 10. 66 m。3#垂线各个高程测点左右岸方向位移值不大,在 1. 00 mm 以内。其最大绝对位移值 12. 58 mm,发生日期为 2014 年 2 月 9 日。

(4)4#垂线(13#坝段):IP_4 目前偏向下游和右岸变形,位移值很小,当前位移值分别为 0. 04 mm 和 -0. 09 mm。PL_{4-1}本月上下游方向相对位移值为 1. 84 mm;PL_{4-2}当前上下游方向相对位移值为 0. 13 mm;对 4#垂线进行计算,坝顶高程上下游方向绝对位移值 2. 01 mm。PL_{4-1}、PL_{4-2}左右岸方向位移值不大,均在 1. 00 mm 以内。根据其过程线分析上下游最大绝对位移值 4. 03 mm,发生日期为 2011 年 3 月 5 日。

表 1 思林水电厂 2014 年 1 ~ 5 月垂线观测值

月份	1 月		2 月		3 月		4 月		5 月	
	X(mm)	Y(mm)	X(mm)	Y(mm)	X(mm)	Y(mm)	X(mm)	Y(mm)	X(mm)	Y(mm)
测值	-0. 15	0. 18	-0. 07	0. 22	0. 17	0. 38	0. 05	0. 4	0. 06	-0. 43
	-0. 07	0. 16	-0. 09	0. 18	0. 02	0. 14	0. 05	-0. 12	-0. 08	-0. 16
	2. 26	-0. 13	2. 21	-0. 11	2. 22	-0. 16	2. 4	0. 13	-2. 34	0. 11
	0. 06	-0. 41	0	-0. 76	0. 13	-1. 22	0. 04	1. 66	-0. 06	2. 21
	0. 3	0. 35	0. 35	0. 29	0. 1	0. 32	-0. 1	-0. 3	-0. 1	-0. 28
	2. 1	-0. 43	1. 81	-0. 77	1. 56	-0. 14	1. 35	-0. 33	0. 87	-0. 11
	3. 82	-0. 83	3. 86	-0. 85	3. 86	-0. 85	4. 06	-0. 86	3. 9	-0. 77
	4. 7	-0. 93	4. 62	-0. 84	3. 48	-0. 83	4. 93	-0. 91	4. 78	-0. 84
	4. 91	0. 99	5. 72	-0. 57	4. 47	0. 27	3. 33	-0. 19	2. 14	-0. 96
	2. 79	0. 36	2. 36	0. 67	1. 97	0. 85	1. 84	0. 81	1. 42	0. 84
	0. 16	-0. 99	0. 1	-1. 09	-0. 01	-1. 04	0. 13	-0. 93	0. 17	-0. 93

3.1.1.2 竖向变形

蓄水前监测数据显示坝基各点沉降量很小,沉降量最大为 0. 45 mm。蓄水后 348 廊道测点沉降量均较蓄水前略有增加。

下游 351 纵向灌浆排水廊道内的 7 个静力水准仪测点(LSB -1 ~ LSB -7)自安装后,普遍呈沉降变形,有逐渐增长的趋势,目前测值稳定在 3 mm 左右。可见坝下游不同坝段变形趋势一致,均呈微沉降变形。

351 横向排水廊道内的 3 个静力水准仪测点(LS1 -1 ~ LS1 -3)自安装后,普遍呈抬升变形,同样有逐渐增长的趋势,目前测值稳定在 -2 mm 左右。

上游 348 横向灌浆廊道内的 8 个静力水准仪测点(LSA -1 ~ LSA -8)自安装后,位于不同坝段的测点变形有所不同,有 3 个测点是呈抬升变形,5 个测点是呈沉降变形,但变形均不大，结合8个测点来看，坝体左右两岸与河床中部为抬升变形，二者连接的坝段呈沉降变形，河床中部位移值相对较大，为0.5 mm，靠两岸位移值较小，为0.1 mm左右。目前，最大累计沉降量为3.24 mm（LSB-3）；其余测点沉降值为-0.32~2.64 mm。

大坝真空激光准值系统于2009年9月底施工完成，共8个测点。从监测成果来看坝顶中部位移大于坝顶两侧水平位移量，与理论变形相符；同时真空激光测值与垂线位移变化一致。

3.1.2　温度

（1）基岩温度。埋设于大坝最高坝段的基岩温度计分别位于坝基EL335 m高程以下1 m、3 m、7 m、12 m，于2006年10月埋设，初期温度变化较大，目前测值稳定在18.95~19.10 ℃，表现为受气温影响不大，浅部基岩温度高，深部基岩温度低，已基本趋于稳定。大坝基础垫层温度计实测温度为17.75~25.60 ℃，月温度变幅不大。

（2）大坝温度。大坝碾压混凝土最高温度为41.40 ℃，目前大坝温度为12.55~21.20 ℃，局部测点受环境温度影响，整体温度变化趋势平稳。

3.1.3　应力应变

大坝应变计主要埋设在5#、8#、9#坝段，其中8#、9#坝段EL.341.00 m高程以下布置单向应变计，5#、9#坝段布置三向（水平、竖直、45°）应变计组，各应变计组配套1支无应力计；15#、16#坝段各埋设1支无应力计监测混凝土自身应变；消力池两个监测断面埋设有双向、单向应变计及无应力计。

目前，坝体应变计测值稳定，混凝土应变变化量甚微。闸墩结构钢筋应力均在35.0MPa以内；预应力锚索测力计除有一台衰减率为15.00%左右（衰减主要发生在安装初期），其余测点衰减率均在11%以内；当前锚索锚固力已稳定。

大坝消力池两断面，目前应变计资料显示均为压应变，测值为-243.42~-9.94 $\mu\varepsilon$，月内变幅不大。

3.1.4　缝开合度

目前坝体混凝土与基岩面结合处的20支裂缝计开合度均为-0.24~1.21 mm。大坝接触缝开合度比较小，基础垫层最大开度为0.61 mm（K8C-3）；岸坡2009年蓄水以来，测值一直很稳定，最大1.23 mm。其中开度>0.6 mm的接触缝有5个测点：3个测点在EL.365.00 m高程4坝段混凝土与基岩的接触缝，开度较大测点均发生在2007年汛后。目前，基岩面与混凝土交接处的接触缝大部分处于闭合或微开状态，开合度变化量很小。

大坝坝块之间横缝测缝计共计39支。测点处开度<0.50 mm占总数的84.6%；开度在1.00~3.50 mm占总数的7.7%，计3支，其中1支埋设于EL.365.00 m高程横缝上（坝横0+000.00，坝纵0+004.00），另外2支埋设在EL.431.00 m高程（坝右0+113.50，坝纵0+000.50和0+008.00），该横缝为15#、16#坝段常态混凝土先浇块与14#碾压混凝土浇筑块间，受不同混凝土温度变化的影响较大。目前，最大开度为2.65 mm（EL.431.00，坝纵0+000.50），其余测点处的横缝缝宽处于闭合状态。

3.1.5　渗流渗压

（1）坝基共埋设8支渗压计，埋设初期，渗压计测值变化受施工因素以及地下水位等影响，各测点渗透水压不一致。2007年6月进入汛期后，上游围堰过水，各测点渗透压力均大幅增加，7月底各测点水压均达到最大值，渗透水压为458 kPa。汛后渗透水压又减少为200~

300 kPa,表现与基坑水位变化有很大关系;同时与大坝浇筑高度呈正相关性。进入汛期,雨水不断增多,地下水位不断上升,各部位渗透水压增大。目前,最大渗透水压为 344.70 kPa (EL.335.00,坝左 0 + 020.00,坝纵 0 + 003.00),最大的水头月变化量为 2.07 m (EL.335.00,坝左 0 +051.00,坝纵 0 +001.00)。

(2)在大坝坝体碾压混凝土层间 EL.356.00 m、EL.372.00 m 高程于 2007 年埋设 4 支渗压计(Pbc -1 ~ Pbc -4)。渗压计埋设以来,坝体的渗透水压一直很稳定,最大水压仅为 -9.28 kPa。

3.2　帷幕监测成果

3.2.1　防渗帷幕监测成果

自 2009 年 3 月 28 日下闸蓄水以来,两岸帷幕后的渗压计测值基本上都随着库水位的变幅而变幅,但幅度明显小于库水位变幅幅度。上游帷幕线外侧渗压计扬压力基本与库水位变化一致;同断面渗压计扬压力值由大坝上游向下游递减。目前,扬压力水位高程为 EL426.44 ~ EL442.44 m;大部分测点扬压力受水头折减影响,略低于库水位;大坝基础上游帷幕线内侧渗压计蓄水后测值大部分变化很小。各个测点水头均略有减小;最大水头测点为 P6F -3,当前扬压力为 210.24 kPa(其相应水位为 365.51 m),折减系数为 -0.01;根据扬压力与库水位的时间过程曲线图分析,二者相关性明显;其余测点扬压力值都较小。目前,量水总堰本月最大渗漏量约为 1.28 L/s,大坝总渗漏量很小。

3.2.2　绕坝渗流监测成果

大坝下闸蓄水后,左右岸坝后水位孔测值随库水位变幅并不明显,测值曲线较平缓,根据水位孔过程曲线初步分析水库蓄水与扬压力几乎无相关性,主要受山体和地下水位的影响,可见蓄水后左右岸库水绕坝渗流情况不明显,水位孔仅反映地下水位情况。目前,受近期降雨影响地下水位上升,渗透水位为 363.42 ~401.71 m。

3.3　引水发电系统监测成果

3.3.1　引水隧洞围岩稳定监测成果

多点位移计分别布置在 1#、2#引水隧洞 A—A(引 0 +080.00)、B—B(引 0 +170.00)、C—C 断面(引 0 +259.46)断面,其中 A、B 断面位于上平段,C 断面在压力钢管段,共 15 套多点位移计。每套按不同深度埋设了 4 个测点,用以观测围岩不同深度处与孔口间的相对位移。

(1)1#引水隧洞 3 个监测断面的多点位移计测值较小,最大累积位移量 6.55 mm;锚杆应力计应力值为 -11.68 ~68.03 MPa。多为正值,隧洞充水前后测值变化不大,变幅在 0.20 mm 以内,说明多点位移计测点普遍以小位移向山体外移动,变幅不受隧洞充水影响。1#引水隧洞 3 个监测断面的锚杆应力计除了 C—C 断面的 PR1C -1 由初期受拉到后期受压外,其余锚杆应力计均为受拉状态,测值多在 20 MPa 左右,最大不超过 35 MPa。

(2)2#引水隧洞 3 个监测断面的多点位移计测值差异较大,断层经过的 A—A 断面的多点位移计向山体外移动较大,最大值有 6 mm;其余 2 个断面顶拱多点位移计测点小幅度向山体内移动,最大位移为 0.8 mm 左右。A—A 断面锚杆应力计呈受拉状态,受断层影响,2008 年 6 月到最大值达 143.27 MPa,当前该锚杆应力值为 68.03 MPa,已收敛;其余断面锚杆应力计测值较小,为 -11.68 ~34.11 MPa。应力值表现与温度呈负相关性,即温度下降,应力值增大;温度上升,应力值则减小。

3.3.2　引水隧洞结构监测成果

(1)接缝开度受温度影响:高温时,接缝呈压紧闭合;低温时,接缝呈收缩张开。目前测缝计多已稳定,普遍呈小开度的张开状态。

(2)钢筋应力与温度基本上呈负相关性,温度越低,钢筋应力越大,反之温度越高,钢筋应力越小。目前钢筋多呈受拉状态,最大应力值72.24 MPa(Ry2A-4)。

(3)钢板应力计测值多为正值,为受拉状态,呈增长趋势,也有受压,但程度很小。1#引水洞0+237.25断面顶拱、左侧各埋设一支钢板计,引0+271.00断面顶拱、左侧、底部各埋设1支钢板计。当前应变量为-440.57~349.15 με,应变量均不大。2#引水洞0+245.15断面顶拱,引0+278.90断面顶拱、左侧、底部各埋设1支钢板计。当前该两监测断面钢板计主要受拉应变,应变量为26.01~610.63 με,应变值均在设计指标范围内。可见钢板受力在可承受范围内,受力情况良好。

(4)引水隧洞渗压计渗透压力自下闸蓄水后变化并不明显,1#、2#引水隧洞上平段渗压计埋设初期渗透水压力较小(主要受地下水影响),渗透水压为10.0~107.36 kPa;充水发电后1#引水隧洞A断面渗透水压一直稳定在10.64~28.81 kPa,2#引水隧洞A、B断面在充水后渗透水压均跳增至199.1~333.9 kPa。

(5)隧洞衬砌内的无应力计测值受混凝土温度的影响,混凝土自身体积变形热胀冷缩,初期混凝土温度较高,后期温度逐渐下降,目前温度多稳定在15 ℃左右,混凝土呈收缩状态。应变计测值受温度和水荷载等因素影响,目前呈受压状态。

3.3.3　地下厂房结构监测成果

(1)由主厂房上游墙下部基岩与混凝土接缝上的4支测缝计测值发现,接缝开度很小,趋于稳定,目前最大开度为0.65 mm;厂房蜗壳钢板与混凝土接缝上的测缝计测值发现,测值均为-1.71~-1.39 mm,说明充水发电后缝宽受钢管内压影响闭合更加明显,二者接合牢固,呈受压状态。

(2)肘管部位的钢板应力计测值为负值,该部位受压,测值与温度呈负相关,随着温度降低,测值增大,最大值为-318.84 με,蜗壳部位GBZC3-3钢板计埋设后一直为拉应变,应变量为704.00 με,换算成应力测值均小于设计值210 MPa,可见不论是肘管部位还是蜗壳部位的钢板受力均在可承受范围内,受力情况良好。

(3)厂房岩体地下水受大坝蓄水影响,随着库水位上涨而增大,最终达到稳定饱和,月内变幅在1.00 m以内。厂房底板渗压计渗透压力随着埋深而增大,最大水头值为27 m左右。

(4)厂房混凝土自身体积变形受混凝土温度变化影响,高温膨胀,低温收缩,目前混凝土处于低温平稳状态,混凝土自身体积为收缩变形。

(5)厂房肘管弯曲段上部混凝土内钢筋受拉,其钢筋应力较大,最大值达80 MPa左右。蜗壳四周钢筋呈受压或受拉状态,钢筋应力较小,大部分在10 MPa以内,个别达到27 MPa。

3.4　边坡监测成果

3.4.1　左坝肩及引航道边坡

根据左坝肩及引航道边坡6个监测断面的测斜孔和多点位移计观测,测斜孔无明显的滑移面,目前边坡多点位移计各断面位移量均小于1 mm,最大位移量距孔口20 m处L_2=0.88 mm(EL.405.00 m高程,M4L3-13-16),从各断面多点位移计位移量表明:该边坡位移量小,处于相对稳定状态。

3.4.2　右岸及进水口边坡

进水口边坡原设计布置 2 个监测断面、3 个测斜孔、4 套多点位移计、3 个表面观测墩,从资料上看测斜孔无明显的滑移面,多点位移计目前其孔口的位移量为 1.8 ~ 3.0 mm,位移增长缓慢,处于相对稳定状态。

3.4.3　尾水出口边坡

尾水边坡 3 个监测断面 7 套多点位移计,自埋设初期至今,各监测断面多点位移计各测点深度的位移量很小,在 0.70 mm 以内。左、引航道边坡多点位移计大部分测值不大,位移值在 2.00 mm。尾水边坡多点位移计位移量均在 1.00 mm 以内,测斜孔滑移面处于相对稳定状态,仍将加强观测,及时进行数据分析。进水口边坡 2—2 断面多点位移计 M4R2 - 5 ~ 8 在 2011 年初位移值达到峰值 5.32 mm(1#测点,2011 年 4 月 10 日);该测点位移量在大坝进入运行期后呈年周期性变化,当前最大位移值 4.49 mm,位移值已趋于稳定。

4　思林水电站水工枢纽监测成果及工程运行评价

根据思林枢纽工程建筑物的安全监测设计等级及其特点,对建筑物进行了变形、渗流渗压、应力应变、温度等内容的安全监测工作,并针对建筑物在不同时期,从施工、首次蓄水、运行期全过程充分考虑设置监测项目、监测断面和测点数量,监控建筑物运行安全,做到一个项目多种用途,在不同时期能反映出不同重点,明确了各时段的监测目的;做到及时提供监测数据,为施工服务、检验施工工程质量。

通过对思林水电站枢纽建筑物投产以来监测成果的初步分析,监测数据未发生较大范围的不正常波动,目前监测仪器工作良好,测值可靠。总体上,监测成果真实地反映出了枢纽建筑物在施工期、首次蓄水期、运行期等不同工况下的运行情况。对监测成果历史数据的分析总结,可对枢纽建筑物结构设计理论进行有效验证,判断建筑物当前工作情况基本在设计预期范围内。迄今为止,思林水电站枢纽工程整体运行情况良好,整体安全情况是可控的。

参考文献

[1] 电力行业大坝安全监测标委会. DL/T 5178—2003 混凝土坝安全监测技术规范[S]. 北京:中国电力出版社,2003.

[2] 电力行业大坝安全监测标委会. DL/T 5209— 2005 混凝土坝安全监测资料整编规程[S]. 北京:中国电力出版社,2005.

漫湾电站大坝安全监测系统改造实践综述

龚友龙 郭 俊 沈凤群 赵盛杰 岳宏斌

（华能澜沧江水电有限公司 漫湾水电站 云南 景东 676200）

摘要：漫湾电站是澜沧江中游河段最先开发的大型水电站，为“一厂三站”式分布，远方集中控制。漫湾电站布置了较为完整的大坝安全监测系统，其监测自动化系统始建于1999年，初期将水平位移、挠度、扬压力、绕坝渗流及一期工程内观项目纳入分布式大坝安全监测系统。2005年，电厂委托南京达捷大坝公司实施了二期自动化系统工程。后又将一期、二期系统进行整合完善，实现了系统的集中管理、统一运行。作为已运行近20年的电厂，漫湾电站大坝安全监测系统经过多年的维护整合与不断完善，其系统整体供电、通信、数据采集基本正常，但仍存在诸多不足。本次对系统全面改造升级，旨在根据系统配置、监测原理及主要功能，解决铟钢测距及厂坝分缝观测精度不高、基础廊道静力水准传感器灵敏度下降、扬压力及绕坝渗流测点压力计设备老化、电源及数据通信模块异常、水情数据和二期部分内观测点未接入自动化系统等方面问题，以达到“实用、可靠、先进、经济”的原则，满足水电厂现代化管理的需求。本文通过阐述大坝安全监测自动化系统的改造情况，对系统存在的主要问题及处理措施进行了分析总结，主要介绍漫湾电站大坝安全监测系统改造的做法和经验，为部分已建电厂大坝安全监测工作逐步走向自动化、精细化提供借鉴。

关键词：漫湾电站 安全监测 系统改造

漫湾电站位于云南省景东县与云县交界的澜沧江中游，是一座以发电为主，兼有防洪、通航等综合利用的水力发电工程。电站初期装机容量1 250 MW，二期工程完成后，总装机容量为1 550 MW，坝后式厂房。坝址以上控制流域面积11.45万km^2，水库正常蓄水位994.0 m，相应库容9.2亿m^3，属不完全季调节水库。电站为大(Ⅰ)型工程，拦河坝按Ⅰ级建筑物设计。枢纽主要建筑物有拦河坝、发电厂房及开关站等。拦河坝为混凝土实体重力坝，坝顶高程1 002.0 m，最大坝高132.0 m，坝顶全长418.0 m，共分19个坝段。

大坝监测自动化系统作为准确及时了解掌握大坝运行状态的重要设施，能够为大坝科学运行与安全管理提供信息和决策依据。本着综合规划、实用合理的原则，漫湾电站布置了较为完整的大坝安全监测系统，漫湾电站安全监测项目在施工期采用人工观测。1999年漫湾电站实施大坝安全监测自动化系统一期工程，后经过了多年的不断更新、不断完善，目前，大部分监测项目已接入自动化系统。本文通过阐述大坝安全监测自动化系统的改造情况，对系统存在的主要问题及处理措施进行了分析总结。

1 监测系统构成概况

漫湾电站大坝安全监测系统主要监测项目有枢纽区水平、垂直位移监测网、大坝水平和垂直位移、坝基扬压力、渗透流量、绕坝渗流、坝体倾斜、左岸边坡位移、库首1#松动体位移、厂坝接缝、坝体内部应力应变及温度监测等。系统通过多年的建设与完善，目前漫湾电站建成了拥有73台DAU2000数据采集单元、131个采集模块、1 200余个监测点的自动化监测系统，实现了安全监测自动化数据采集，并完成了与大坝中心数据采集系统的对接，能够按要求向大坝中心报送大坝安全监测数据，实现了大坝安全监测信息化统一管理。整个系统采用了南京南瑞集团公司的DAMS－Ⅳ型模块化智能分布式大坝监测系统，由传感器、数据采集单元(DAU)、信息管理系统及通信网络构成，系统网络结构图如图1所示。

2　系统历次改造情况

1999年漫湾电站实施了大坝安全监测自动化系统一期工程，包括变形、渗压及内部观测三部分。变形包括坝体水平位移、挠度、部分沉降、倾斜及厂房结构缝监测等共105个测点；渗压包括扬压力、绕坝渗流监测等共37个测点；内部观测包括应力、应变、温度监测等共286个测点。系统采用了南瑞公司的DAMS－Ⅳ型分布式大坝监测系统。

2005年8月，电厂委托南京达捷大坝公司完成了二期自动化改造工程。此次改造安装了13套MCU－2型测控装置，22个智能数据采集模块，接入了265支测量正常的内观仪器，系统于8月28日投入试运行。

2006年8月，电厂再次对系统进行完善，将南瑞DSIMS3.0软件升级为DSIMS4.0大坝安全信息管理软件；从大坝现场到生活区通信方式由拨号上网改为光纤通信；对南瑞和达捷的两套系统数据库进行整合，数据库更换为SQL Server2000，增加数据自动导入软件，将达捷公司采集的数据自动导入到DSIMS 4.0系统的数据库中，进行统一管理。

2007年5月，漫湾二期监测自动化系统在一期自动化系统基础上进行适当改造，将二期监测自动化系统的数据自动采集和资料管理等接入一期自动化系统内，二期监测内容主要有应力、应变、温度、位移、渗压等，内部观测仪器有两种类型：差阻式和振弦式。二期监测共布置了5个自动化监测站，由16台DAU2000数据采集单元、20个NDA模块组成，共接入429支内观仪器，采用光纤通信和无线通信的方式接入一期自动化系统，实现统一管理、统一运行。

2010年10月，由南京南瑞集团公司再次对自动化系统进行改造。对仪器绝缘进行全面检查、率定，对各观测线体进行全面检查、试验；针对原大坝1#垂线长度超过100 m，因线体过长，影响了观测精度，同时不符合规范要求，对其进行了分段改造，；对数据采集单元进行升级，更换为新型DAU2000采集单元，一期更换模块18个，二期更换原有达捷内观模块22个；在961廊道、908纵向廊道，908廊道、基础廊道安装静力水准仪共计58台，增加厂房拱顶振弦式表面测缝计9支，增加渗流监测设备5台，各监测项目接入自动化系统。通过改造全面解决了部分仪器配套设备损坏或老化的问题，保证系统采集数据缺失率、系统平均无故障工作时间、测控装置和控制系统故障率达到规范要求，进一步完善漫湾大坝大安全监测自动化系统。

3　系统问题及处理措施

漫湾水电站大坝作为一座已运行20年的大坝，受当时设计水平和施工技术的制约，工程或多或少都存在一些对工程安全构成潜在威协的隐患， 因此对大坝安全实施长期有效的

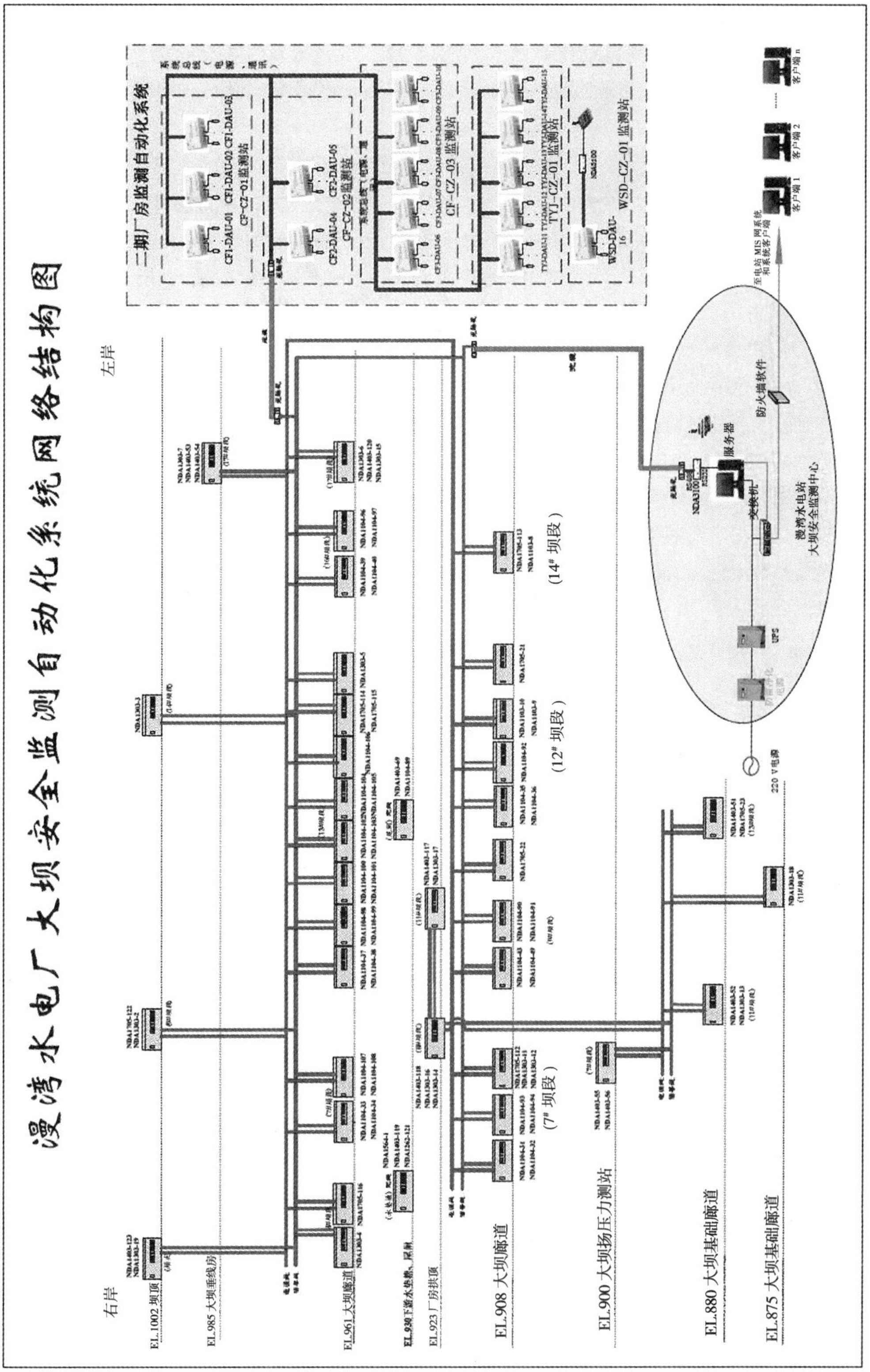

图1 漫湾水电厂大坝安全监测自动化系统网络结构

监测，以保证大坝的安全稳定运行就显得尤为重要。围绕完善相关系统，不断提高运行水平的目的要求，大坝安全监测自动化系统经过多年的不断完善及维护整合后运行良好，系统整体供电、通信、数据采集正常，但仍存在着项目或测点设置不够全面，观测设备陈旧老化、精度较低等问题。

3.1　二期内观监测

目前，漫湾电站二期工程引水洞、厂房、调压井、电梯交通洞、事故排烟洞、排风洞等230个内观测点（不含失效测点）仍未接入自动化系统，这些测点均为差阻式仪器，用于监测各关键部位的应力应变及裂缝开合度，现场共设有12个监测站，分别接入20个MJ20密封型手动集线箱，采用差阻式数字读数仪进行人工数据采集，采集频率为每月一次，该项监测耗费大量人力、物力的同时，无法实现实时数据采集。

为了充分运用施工期预埋的内管设备监测二期建筑物的安全运行状况，实现对二期建筑物结构变形的实时监测，同时对成活的内观测点进行有效保护，对这部分测点进行自动化改造。拆除现场20个MJ20密封型手动集线箱，增加9个DAU2000数据采集单元、16个NDA1104模块、2个NDA1403模块，将各测点接入大坝安全监测自动化系统。自动化采集单元安装采用壁挂安装方式，采集单元里安装采集模块、电源模块、加热器、接线端子等。通过此项改造，保证了二期内观测点正常数据采集的可靠性。

3.2　铟钢测距及厂坝分缝

为观测岸坡坝段与岸坡间相对纵向位移，系统在961 m高程廊道及908 m高程廊道左右进山洞设有4根铟钢丝测距线，共8个测点。铟钢丝测距仪的一端锚固在岩壁上，另一段吊以重锤。同时，漫湾电站一期厂房为坝后式厂房，为监测一期厂房与大坝的相对位移，在厂房上游侧桥机轨道以上墙面设置有3个厂坝分缝测点。目前，以上11个测点均采用传统的千分尺进行人工观测，影响观测精度的同时，无法实现实时数据采集。

为提高铟钢测距及厂坝分缝监测的精度，实现对以上两个项目的实时监测，在测点安装NVJ－25振弦式表面测缝计进行测量，并在大坝961 m高程廊道及908 m高程廊道左右岸观测间内安装4个NDA1403模块，同时将位于主厂房上游侧桥机轨道以上的厂坝分缝测点ID2、ID3、ID6测量数据接入位于厂顶拱的DAU117（NDA1403）的空余通道，实现上述测点的自动化测量。

3.3　渗透流量监测

漫湾电站渗透流量监测共有20个测点，其中7个测点接入自动化系统，除位于水垫塘排水廊道的LL01－SDT采用容积式流量计外，其余自动化测点均采用振弦式量水堰仪（量程150 mm，精度0.5%F.S，温度系数$<0.05\%$ F.S/℃）进行监测。但渗流观测系统存在个别关键渗漏点缺测及自动化程度不高的问题。

实践证明，水工建筑物显著渗漏点的渗水变化情况直接反映着建筑物的渗流稳定情况，目前系统有以下3处显著的单点渗水未纳入常规监测，分别位于1号机组盘形阀室、961高程廊道4#坝段、961廊道13#坝段，为实时掌握各关键部位单点渗水的变化情况，在以上3个渗水点处安装振弦式量水堰仪（见图2），对这些测点进行例行监测，监测数据分别接入位于二期厂房CF3－DAU10－61（NDA1403）和961高程17#坝段的DAU6－120（NDA1403）的空余通道。同时将一期坝体及基础廊道采用人工观测的渗流监测点进行自动化改造，统一安装振弦式量水堰仪进行监测。其中位于基础廊道的WE1、WE2、WE3、WE11共4个测点监测数据统一接入位于900 m高程7#坝段的DAU11－55(NDA1403)的空余通道;位于930廊道的WE6、位于961廊道的WE13、WE14、WE15共4个测点监测数据统一接入位于961高程17#坝段的DAU6－120(NDA1403)的空余通道;位于二期一层排水洞的PSD－WE01、PSD－WE02两个测点改造完成后安装一块NDA1403模块进行监测数据采集。

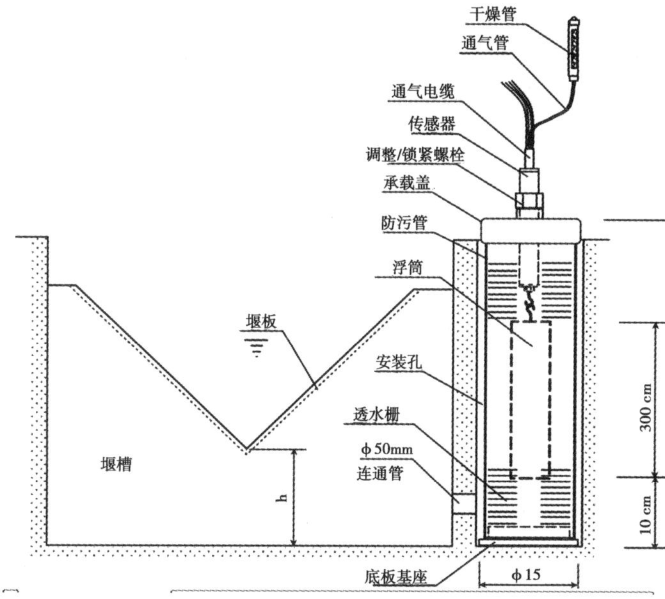

图2 振弦式量水堰仪

3.4 静力水准监测

为全面监测大坝基础的垂直位移,系统于1999年在基础廊道8#～13#坝段之间设置有一条静力水准路线,该水准路线全长170 m,共设置7个静力水准测点,于1999年投入运行,采用的是20世纪90年代的生产的半自动化观测的静力水准。该仪器依据连通管原理的方法,用电容传感器,测量每个测点容器内液面的相对变化,再通过计算求得各点相对于基点的相对沉陷量。电容式静力水准仪由主体容器、连通管、电容传感器等部分组成。虽然在一期自动化改造中已接入自动化系统,但因为设备不稳定,故障频发,不能保证观测数据的连续性和观测精度。

为解决该静力水准监测设备存在的问题,保证监测数据准确可靠。将老式的半自动静力水准仪更换为新型的20 mm智能型电容式静力水准仪,更换原有废旧的管路设备,并将锈蚀严重的碳钢底盘更换为新型的不锈钢底盘,拆除原有的数据采集模块DAU10－13(NDA1303),安装一块智能电容式数据采集模块NDA1705进行数据采集。

4 系统维护管理

4.1 系统检查及资料整理

漫湾电站大坝安全监测系统实行专人负责管理,运行管理人员每天对自动化监测的系统进行检查,每月定期对现场的仪器设备进行一次现场检查和维护,并做好相应记录。同时每年对系统监测资料进行整理分析和整编归档,制作过程线图、报表等,统计自动化系统故障,编写系统运行报告等,并报送大坝中心。

4.2　异常故障处理

系统常年运行,异常故障在所难免。如发生故障情况,需从监测管理中心设备、采集计算机、数据采集装置、监测仪器等多方面进行故障查找和处理。当整个系统通信呼叫不通时应先检查系统电源是否正常。系统供电正常的情况下,出现整个地段通信呼叫不通时,需检查中继模块是否正常。如果发生单个 NDA 模块呼叫不通时及时检查接通信端子是否松脱,保险管(0.5～1 A)是否熔断,重新拔插模块通信端。输入交流电(175～235 V)是否正常,电池直流电压 +6.5 V 是否正常,电源指示灯是否亮,输出直流电压 7.5 V 是否正常(正常情况下电池电压≥6 V;充电回路输出电压 7.5 V 左右)。

测量模块运行状态的判断:当某个测点出现测值异常时,先检查电缆线头接触是否正常,有无松脱,然后该端子插入正常通道中,检查仪器是否正常,如果测值依然异常,说明该测点仪器有问题,最后将正常测点端子插入测点出现异常的通道中,如果测值依然异常,说明该通道有问题。从而逐步排除故障,及时处理。

5　结　语

漫湾电站大坝安全监测系统的改造是一个理念持续革新、技术不断完善的工程,经历了多系统的整合升级,原有人工数据采集方式转接入自动化系统,采集模块、电源模块、通信系统的优化升级,测控装置和控制系统的更新换代等不断的改造升级和发展完善的过程,通过各项检查和测试,现今系统运行稳定、可靠,达到了“实用、可靠、先进、经济”的原则,满足了水电厂现代化管理的需求。系统经过近 20 年的长期运行,在设计、施工、运行和管理等方面获得了大量宝贵资料,积累了许多实践经验,后续漫湾电站将继续按照水电厂生产业务的需求和相关专业技术规范要求,借鉴智能电网中智能调度和智能变电站相关建设经验,逐步实现一体化基础支撑、一体化管控平台、标准化信息集成的自动化改造,为智能水电厂的建设创造有利条件。

参考文献

[1] 夏鹏,陈宏伟. 漫湾水工监测自动化系统维护安装调试报告[R]. 南京南瑞集团公司,2013.

糯扎渡水电站心墙堆石坝安全监测关键项目与技术创新

邹　青[1]　葛培清[2]　谭志伟[1]　何　滨[2]　张礼兵[1]

（1. 中国电建集团昆明勘测设计研究院有限公司　云南　昆明　650051；
2. 华能澜沧江水电有限公司糯扎渡水电工程建设管理局　云南　思茅　665625）

摘要:本文对糯扎渡心墙堆石坝的关键监测项目及采用的技术方法进行了简要论述,总结了不同监测手段的技术特点及适应性,重点介绍了几项在国内首次应用的创新性技术手段,为今后高心墙堆石坝安全监测技术发展方向起到一定的借鉴和参考作用。

关键词:糯扎渡　心墙堆石坝　关键监测项目　沉降　渗流量　技术创新

1　引　言

糯扎渡水电站以发电为主要目标,兼顾下游防洪任务,电站装机容量为 5 850 MW(9 × 650 MW),保证出力 2 406 MW,多年平均发电量 239.12 亿 kW · h,水库总库容 237.03 亿 m^3,防洪库容 20.02 亿 m^3,调节库容 113.35 亿 m^3,库容系数 0.21,具有多年调节特性。工程属大(1)型一等工程,永久性主要水工建筑物为一级建筑物。枢纽建筑物由心墙堆石坝,左岸开敞式溢洪道,左、右岸泄洪隧洞,左岸地下引水发电系统及地面副厂房,出线场,下游护岸工程等建筑物组成。

糯扎渡心墙堆石坝最大坝高 261.5 m,是国内在建最高的心墙堆石坝,在同类坝型中居国内第一、世界第四。为确保大坝的安全运行,对大坝布置了完善的监测系统进行安全监测,不仅是为了验证设计和施工质量,也是为了保证大坝的运行安全,发现问题,及时处理。

2　糯扎渡心墙堆石坝安全监测关键项目及技术手段

2.1　沉降变形监测

沉降变形监测是糯扎渡大坝安全监测的主要项目之一,大坝施工期能采集到有效沉降数据,对控制筑坝速度、保证施工质量、合理调配施工机械等具有指导性的作用;运行期如果大坝沉降过大,就有可能发生裂缝和滑坡破坏。沉降变形是反映大坝工作性态是否正常的最主要方面之一。

糯扎渡心墙堆石坝沉降监测技术手段主要有以下 3 种:①电磁式沉降仪监测技术;②水管式沉降仪监测技术;③振弦式沉降仪监测技术。其中电磁式沉降仪用于心墙沉降监测,水管式沉降仪用于下游堆石体沉降监测,振弦式沉降仪用于上游堆石体沉降监测。以上监测技术在不同时期通过工程应用均取得了较好的监测效果,原理简单、计算方便。下面对这些监测技术方法的测量原理、观测手段、技术特点进行简单介绍和分析。

2.1.1　电磁式沉降仪监测技术

测量原理:在坝体内部监测部位垂直埋设测管,沿测管外壁一定间距布设若干沉降感应环,用沉降探头感应并确定每个沉降环的位置,以此计算坝体沉降量。观测原理如图 1 所示。

技术特点:测量原理简单;仪器设备随坝体填筑埋设,沉降环与周围土体紧密性较好,能较好反映坝体沉降。只能进行人工测量,测量精度受电磁沉降仪配套钢尺的影响;需采用水准测量对管口高程进行校测。

观测:每次观测前,需测定沉降管管口高程,并检验仪器设备的工作性能,然后进行正常的观测操作。将沉降仪探头放进沉降管,先自上而下依次测读每个沉降环的下行深度 L_1,然后自下而上依次测读每个沉降环的上行深度 L_2,沉降环深度应为 $(L_1+L_2)/2$。重复测量 2 次,每个环测点的读数差不得大于 2 mm,若大于 2 mm 应检查原因,并进行复测。

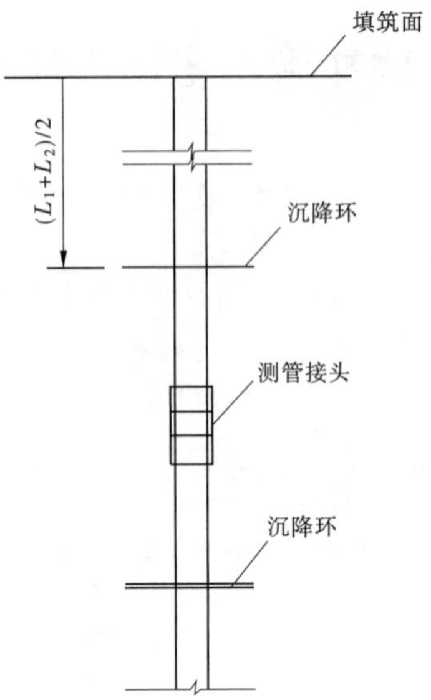

图 1　沉降环观测原理示意图

2.1.2　水管式沉降仪监测技术

测量原理:利用液体在连通管两端口处于同一水平面的原理进行观测。在坝体内设置沉降测头,测头内安置一容器,配有两根进水管、一根排水管、一根排气管,四根管顺坡引到坝体外观测房,进水管与观测房内测量装置(标有刻度的玻璃管)相连通,通过连通平衡使得玻璃管中液面与测头内容器液面处于同一水位高程。排水管是将测头容器内超过限定水位的多余液体排出,固定测头容器内水位,通过观测房测量装置上的玻璃管水位即可推算测头高程。排气管将容器与观测房大气相通,使得容器内液面与玻璃管内液面均为相同大气压的自由液面。观测原理如图 2 所示。

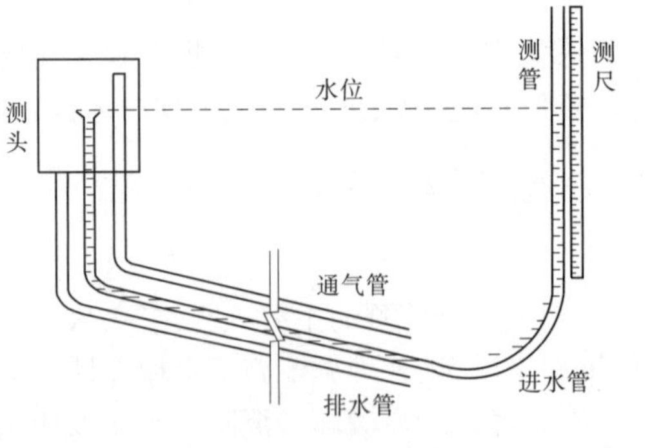

图 2　水管式沉降仪观测原理示意图

技术特点:测量原理简单,测量结果直观。用测量精度高的传感器测量玻璃管中水柱高度,可实现自动化监测。管路须可靠连接;对液体有特殊要求,需采用排气的蒸馏水;管内环境适宜微生物的生存,易产生影响管道畅通的物质,导致测量系统失效;观测程序和维护措施复杂,要求观测人员具备较高的职业素质,如向测头的进水速度应小于排水管的排水能力、玻璃量测管内水位稳定的判定标准、保证注入液体的品质、阀门开闭顺序等,若不注意这些细节,将造成测量系统工作失常;实现自动化监测,需配备高精度的压力传感器(精度为 1 mm 水头)。

观测：等待玻璃量测管与测头进水管中的水位稳定后玻璃量测管中的水位读数即为观测值。正常观测需重复测读 2 次，读数差不得大于 2 mm，若读数差大于该值，要检查原因并进行复测。

2.1.3　振弦式沉降仪监测技术

振弦式沉降仪监测原理与水管式沉降仪类似，主要是利用连通管原理，将压力传感器封装在沉降盒中，利用压力传感器所测水头计算沉降。该仪器与水管式沉降仪所不同之处在于只设一根连通管，没有排水管和排气管。观测原理如图 3 所示。

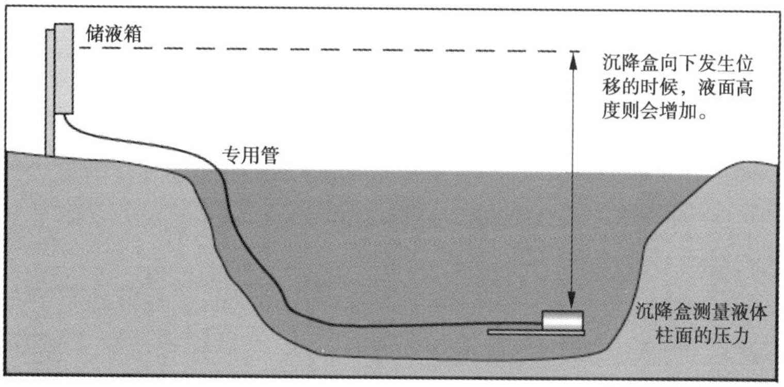

图 3　振弦式沉降仪观测原理示意图

用振弦式读数仪测量传感器的频率读数，将频率读数代入计算公式计算出物理量——压力，将压力值换算为以 mm 水头为单位的值。通过水准测量测得储液罐液面高程，减去压力水头值即为沉降盒的测量高程，初始高程减去测量高程即为沉降量。

2.2　渗流监测

水库建成蓄水以后，在上下游水位差的作用下，水不断通过坝体、坝基向下游渗透。对于土石坝，不仅会造成部分水量从水库渗向下游；同时由渗流引起的沿渗流方向的渗流力对坝体和坝基也会产生不同程度的影响。

渗流情况对坝体的稳定及发挥水库的蓄水效益有重大的影响。因而，在大坝设计中都把渗流问题作为设计的重要内容之一。土石坝的渗漏大多数发生在水库蓄水初期，但也有约 1/4 发生在安全运行多年的大坝，不能认为土石坝已经受到多年蓄水考验就安然无恙了。

糯扎渡心墙堆石坝渗流监测项目包括以下四个子项：坝体浸润线监测、坝基渗流压力监测、绕坝渗流监测及渗流量监测。因为渗流量的观测既直观又能全面综合地反映大坝的工作状况，因此渗流量是糯扎渡大坝关键监测项目之一。

为了减少工程量，利用大坝下游围堰修建坝后量水堰。先开挖大坝下游围堰，然后浇筑混凝土形成堰槽，最后安装梯形量水堰板。由于当渗流量低于 10 L/s 时，梯形量水堰实测误差较大，为了能准确测到小渗流量，同时取到与梯形量水堰测值相互印证的作用，在梯形量水堰下游还设置了一座三角形量水堰。梯形量水堰布置见图 4。

3　糯扎渡心墙堆石坝监测技术创新

3.1　四管式水管式沉降仪

采用四管式水管式沉降仪监测心墙堆石坝下游堆石体内部沉降，以适应下游堆石体超

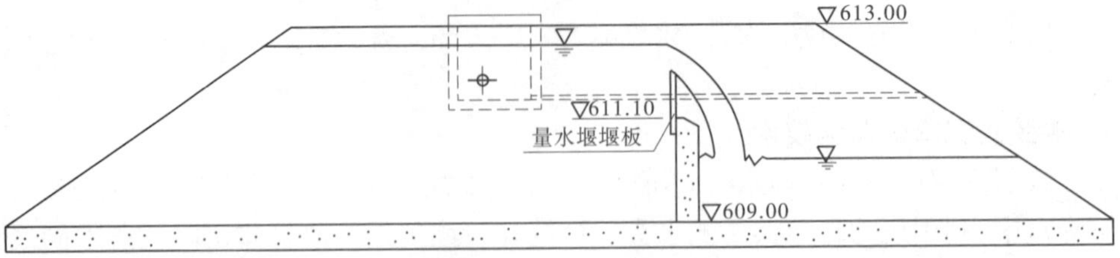

图 4　坝后梯形量水堰布置示意图

长监测管线(超过 300 m)的内部沉降监测,该成果已获得国家知识产权局颁发的实用新型专利证书。

土石坝下游堆石体内部沉降监测通常采用水管式沉降仪,该仪器在 300 m 以内的管线中有较好的应用案例,一般采用三管式水管式沉降仪,即一根进水管、一根进气管和一根排水管。对于高坝 300 m 以上的监测管线,水管式沉降仪在应用过程中常常出现因线路过长带来监测精度下降、观测困难等难题。

糯扎渡大坝下游堆石体内部沉降监测管线超过了 300 m(约 320 m),为提高仪器精度和可靠性,将水管式沉降仪由传统三管式改进为四管式,即两根进水管、一根进气管和一根排水管,改进后的管路具有以下优点:①两根进水管同时观测的情况下,观测房中两根水管水位之差应为恒定值,同步观测可以减少人为误差,提高精度;②两根进水管可以相互备份,即当其中一根进水管堵塞,另一根进水管可以替代,提高了仪器可靠性;③当观测系统最薄弱的环节——排气管堵塞,传统三管式便无法观测,但采用两根进水管的情况下可以将其中一根进水管作为排气管,大大提高整条管线的可靠性。

四管式水管式沉降仪及现场安装埋设见图 5。

图 5　四管式水管式沉降仪及现场安装埋设

3.2　弦式沉降仪

首次采用弦式沉降仪对上游堆石体内部沉降变形进行监测,由于弦式沉降仪最大测量范围有限(小于 70 m),蓄水后主要采用渗压计,通过水位换算测得堆石体的沉降。

由于受施工及蓄水的影响,心墙堆石坝上游堆石体内部沉降监测难度较高,目前国内已建的心墙堆石坝基本未对上游堆石体内部沉降进行监测。从工程的重要性来看,上游堆石体蓄水后大部分位于水下,可能产生湿陷变形,运行期水位变化对上游堆石体变形影响较为直接,因此上游堆石体的内部变形监测十分重要。

针对上述问题，糯扎渡首次采用弦式沉降仪对上游堆石体内部沉降变形进行监测。由于弦式沉降仪最大测量范围有限（小于 70 m），蓄水后低部高程观测房将位于水下，为保证监测数据的完整性，分别在沉降测头对应位置布置渗压计，在岸坡稳固岩体相同高程对应布置渗压计，通过岸坡渗压计与堆石体渗压计测值之差得到堆石体沉降值。

弦式沉降仪及现场安装埋设见图 6。

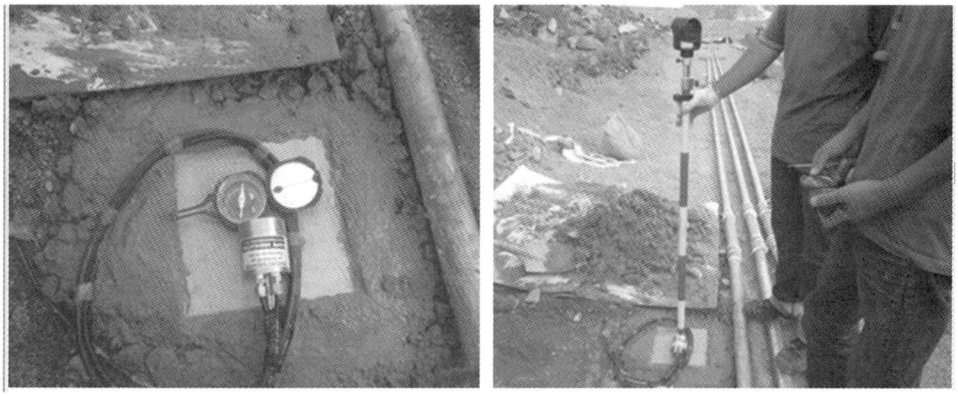

图 6　弦式沉降仪及现场安装埋设

3.3　电磁沉降仪

土石坝心墙沉降监测通常采用电磁沉降仪进行人工监测，传统的电磁沉降仪主要有两大缺点：①电磁沉降仪对测斜管的埋设精度要求高，测斜管受挤压、过度弯曲、卡孔等因素都可能导致无法正常观测，高心墙堆石坝表现更为明显；②电磁沉降环为磁性体，长时间位于土下可能导致磁性体消磁，不利于永久监测。

针对上述问题，糯扎渡在电磁沉降监测上进行了相应改进和创新：①提高测斜管与周围土体变形协调性：主要是在每两节测斜管设置一个伸缩节以适应坝体变形，每个伸缩节外设置一根等长度 PVC 保护管以提高伸缩节的强度，埋设方式采用预留坑和人工回填，埋设过程中严格控制导槽方位角，较好地解决了测斜管的埋设问题。②提高耐久性：主要是将磁性沉降环改进为不锈钢环，测头通过感应不锈钢体后电流信号的改变监测沉降，具有测量精度高、长期可靠性好的优点。

电磁沉降仪及测斜管现场安装埋设见图 7。

图 7　电磁沉降仪及测斜管现场安装埋设

3.4　心墙与反滤层之间的错动变形监测

对心墙堆石坝来讲,心墙与反滤层之间的错动变形是变形协调分析中重要的一项内容。受监测手段制约,目前国内对心墙与反滤层之间的错动监测尚无先例。糯扎渡率先将剪变形计引入心墙与反滤层之间的错动变形监测。剪变形计采用土体位移计改装,在位移计两端设置上下锚固板,其中上锚固板位于心墙,下锚固板位于反滤。心墙与反滤层之间产生相对错动变形主要由堆石体与心墙间的变形差异导致。根据实测成果,剪变形计错动变形均为受压,即心墙沉降大于反滤层沉降,表明心墙与堆石体之间的差异变形主要被反滤层进行了消解,大坝整体具有变形协调性。

剪变形计及现场安装埋设见图8。

图8　剪变形计及现场安装埋设

3.5　心墙与混凝土垫层之间相对变形监测

心墙与混凝土垫层之间相对变形监测主要采用土体位移计组,其监测能了解心墙与垫层交界部位的拉伸变形情况和出现拉裂缝的可能性,并以此判断工程安全状况。

由于在心墙与混凝土垫层交界部位变形梯度大,以往工程常常出现因变形梯度过大导致传感器失效的情况。

针对上述问题,糯扎渡进行了相应的改进和创新:①采用500 mm超大量程的电位器式位移计,避免仪器量程估计不足带来仪器失效;②位移计分段设置,具体采用3 m、8 m、18 m、30 m、45 m的递增方式,使得仪器能够监测到相应于最大拉应变16%的位移,大大提高了仪器成活率。

土体位移计组及现场安装埋设见图9。

3.6　心墙空间应力监测

对于超高心墙堆石坝来说,因坝高带来的材料、力学等问题往往超过人们的一般认识,研究心墙应力分布可以为反演分析中对本构模型优化调整提供依据。因此,在糯扎渡大坝心墙布置了多组六向土压力计组,监测心墙的空间应力分布情况。从监测成果与计算成果对比分析可以看出,计算成果与监测成果在量值、变化规律上吻合程度较高,计算反演的参数较好地反映了心墙实际应力情况。心墙空间应力监测为高坝工作状态分析和反馈设计提供了可靠的基础资料。

六向土压力计组空间布置及现场安装埋设见图10。

图 9　土体位移计组及现场安装埋设

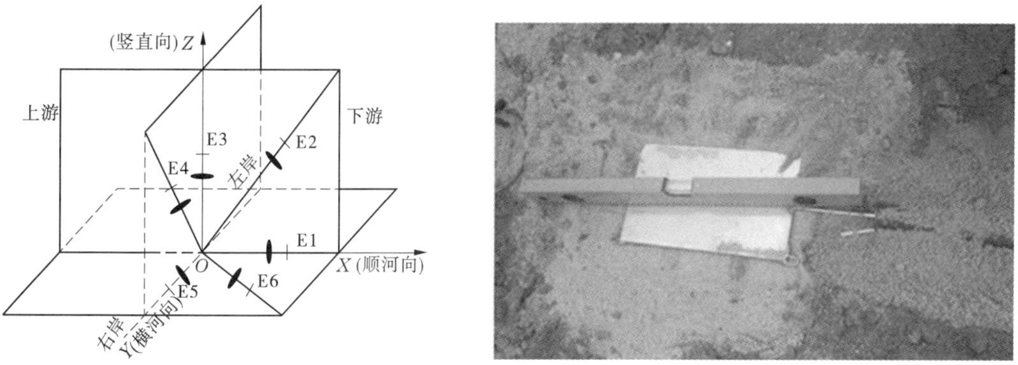

图 10　六向土压力计组空间布置及现场安装埋设

4　结　语

糯扎渡水电站为巨型工程，心墙堆石坝坝高为国内已建和在建同类坝型之首，工程的安全至关重要。为此，糯扎渡大坝布置了系统全面的安全监测体系，整个监测系统规模巨大，监测项目齐全，仪器设备种类多样、数量众多，监测范围覆盖面广，施工技术难度大。

针对糯扎渡大坝工程的安全监测关键项目，研究采取了相应的监测技术手段。工程开工至今除采用了大量常规的监测技术和手段外，还开展了一系列新型监测技术的研究及现场生产性试验，取得了多项技术创新成果并付诸实施，部分成果已获得国家知识产权局颁发的实用新型专利证书。这些成果对于拟建的超高心墙堆石坝（如大渡河双江口和雅砻江两河口水电站等）可提供较好的参考和借鉴，具有广阔的推广和应用前景。

参考文献

[1] 张宗亮. 200 m 级以上高心墙堆石坝关键技术研究及工程应用[M]. 北京:中国水利水电出版社,2011.
[2] 贡保臣,刘爱梅. 堆石坝内部沉降观测方法浅析[J]. 水力发电,2007.
[3] 刘伟,温丽丽,覃珊珊. 心墙堆石坝上游堆石体内部沉降变形监测方法探讨[J]. 水电自动化与大坝监测,2013.
[4] 梅孝威. 水工监测工[M]. 郑州:黄河水利出版社,2003.

青海黑泉水库混凝土面板坝变形监测成果分析

马正海　庞蕴晖

（青海省黑泉水库管理处　青海　西宁　810001）

摘要：青海省黑泉水库位于青海省大通县境内，湟水河支流北川河上游宝库河上，距省会西宁市约75 km。是一座以灌溉、城市及工业用水为主，兼顾防洪、发电的大(2)型水利枢纽工程，也是“引大济湟”工程规划中的一期工程。本文介绍黑泉水库混凝土面板堆砂砾石坝安全监测系统的布置情况及监测方法，分析大坝运行10余年内部沉降监测、外部表面变形监测、面板裂缝监测、近坝区岸坡位移等监测成果，并与同地区同类型的面板坝运行进行比较，结合工程设计、施工质量资料，对水库大坝安全稳定性进行防汛评价，总结大坝运行管理经验教训，对今后运行提出建议及意见，为同类水库大坝管理工作人员提供参考。

关键词：黑泉水库　混凝土面板坝　安全监测　成果分析

1　工程概况

黑泉水库位于青海省大通县境内，湟水河支流北川河上游宝库河上，距省会西宁市约75 km。是一座以灌溉、城市及工业用水为主，兼顾防洪、发电的大(2)型水利枢纽工程，也是“引大济湟”工程规划中的一期工程。水库总库容1.82亿 m^3，兴利库容1.32亿 m^3。工程建成后近期可扩大灌溉面积22 000 hm^2，改善灌溉面积20 000 hm^2，并向西宁市提供城市及工业用水1.35亿 m^3；可使北川地区的防洪标准由5年一遇提高至20年一遇。坝后电站装机容量14.5 MW，多年平均发电量5 413万kW·h。

水库系多年调节水库，坝址以上控制集水面积1 044 km^2，多年平均年径流量10.1 m^3/s。枢纽工程由拦河坝、右岸溢洪道和导流放水洞、左岸灌溉发电洞及坝后电站组成。拦河坝为混凝土面板砂砾石坝，主要水工建筑物大坝、溢洪道、放水洞、灌溉发电洞为2级建筑物，设计洪水标准采用500年一遇洪水、洪水流量629 m^3/s、设计洪水位2 892.01 m，校核洪水标准采用5 000年一遇洪水，洪水流量986 m^3/s、校核洪水位2 894.12 m，考虑到大坝下游75 km为西宁市，采用10 000年一遇洪水复核、洪水流量1 064 m^3/s。正常蓄水位、汛限水位均为2 887.75 m，正常蓄水位时水库面积5.26 km^2。挡水建筑物抗震设计采用水平峰值加速度0.203 g，相应烈度为8.2度。

2　大坝变形监测及关键项目控制指标

2.1　大坝变形监测项目

黑泉水库大坝变形监测项目有大坝内部沉降监测、外部表面变形监测、岸坡位移监测、调压井高边坡锚索张拉力监测、面板裂缝监测。

内部变形监测点在坝轴线桩号0+289.80 m，共布设4层水管沉降仪测点，高程分别为

2 795.00 m、2 827.00 m、2 851.00 m 及 2 875.00 m，相应测点数分别为 3 个、4 个、4 个、3 个，共 14 个水管式沉降仪测点。分别布置在过渡层 5 个、主堆区 8 个、覆盖层 1 个。

外部表面变形监测点自坝轴线桩号 0 +080.00 m 开始向右，每隔 50 m 在坝顶及下游 3 条马道上各布置一个表面标点，共计 27 个。在坝顶及各马道的两岸岩石上布置 8 个校核兼工作基准点。变形监测点布设见图 1。放水洞出口设量水堰 1 处。

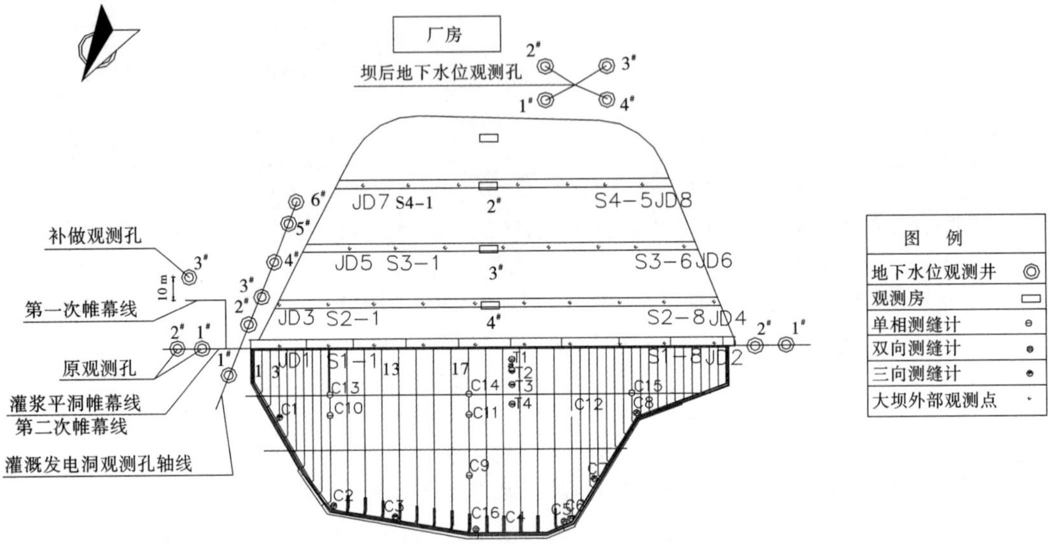

图 1　黑泉水库大坝观测设备布置示意图

岸坡位移监测点分别在大坝上游近坝区左右岸各设 4 个标点，2009 年调压井（大坝下游左岸）高边坡补设 4 个标点。

调压井高边坡锚索张拉力监测点采用 XYJ 三弦式荷载传感器与震弦式测力计读数仪的插孔对应连接，读出仪器读数，设 2 个测点。

面板缝监测分为大坝面板周边缝和面板板间缝监测。周边缝共有 32 支测缝计分别设在：①左岸趾板监测点在坝轴线，桩号分别为 0 +089.00 m、0 +136.00 m，相应高程分别为 2 837.00 m、2 794.35 m，各布置一组三向测缝计，共 6 支；②河床趾板监测点在坝轴线桩号分别为 0 +179.30 m、0 +272.80 m、0 +279.40 m、0 +335.60 m 及 0 +337.60 m 处，相应高程为 2 782.15 m、2 772.57 m、2 772.57 m、2 779.18 m 及 2 779.73 m 处各布置一组测缝计，其中除桩号 0 +272.80 m 处为两向组外，其余均为三向组，共 14 支；③右岸趾板监测点在坝轴线桩号分别为 0 +376.00 m、0 +417.00 m，相应高程分别为 2 802.79 m、2 835.50 m 处，各布置一组三向测缝计，共 12 支。板间缝共有 12 支测缝计分别设在：①面板接缝监测点在坝轴线桩号分别为 0 +244.30 m、0 +135.00 m、0 +244.40 m 及 0 +355.00 m，相应高程分别为 2 807.00 m、2 837.00 m、2 837.00 及 2 837.00 m 处，各布置板间测缝计 1 支，共 4 支；②面板与垫层接缝监测点在坝轴线桩号为 0 +284.40 m 处，高程分别为 2 846.00 m、2 870.00 m、2 881.00 m 及 2 888.00 m 处，面板与垫层间各布置一组两向测缝计，共 8 支。

2.2　大坝变形监测设备运行状况

黑泉水库大坝安全监测设备埋设及运行情况看，目前设备完好率为 64.53%。

2.3　大坝变形监测数据收集

黑泉水库大坝安全监测数据均采用人工现场采集值，2009 年恢复了自动化采集系统后裂缝、渗压监测可以用计算机采集。为了保证所采用的监测数据的连续性，本次分析采用的数据均为人工现场采集值。

2.4 关键项目监测控制值

设计单位对黑泉水库大坝三维数值分析计算中周边缝三向最大变位计算结果见表1。

表1　周边缝三向最大变位计算结果

项目			竣工期	蓄水期
周边缝变位（mm）	竖剪		3.5	4.37
	横剪		4.1	7.14
	拉、压	拉	1.3	5.23
		压	6.1	4.58

根据以上计算结果，并参考国内同类工程和黑泉水库大坝现有实测资料，确定的黑泉水库大坝周边缝最大变位监控技术指标见表2。

表2　黑泉水库大坝周边缝最大变位监控技术指标

项目	允许值（mm）	
周边缝变位（mm）	竖剪	10
	横剪	15
	拉、压	10

3 大坝变形监测资料分析

3.1 坝体内部变形监测资料

大坝水管式沉降仪S1、S3、S7一直正常，监测资料连续、完整，S4、S5、S6、S9、S10、S11、S14由于仪器原因监测中断多年，在2009年修复后，监测数据与损坏前监测数据衔接不理想，但恢复监测后数据变化相对稳定。从内部沉降监测数据（见表3）结果看，水管式沉降仪2006年以后年最大沉降变化量均较小；大坝最大沉降量551 mm，占坝高的0.45%，在坝轴线位置，与国内同类型大坝内部沉降量（见表4）比较，结合监测数据看大坝沉降变化量正常，坝体已经趋于稳定。

表3　黑泉水库沉降仪监测数据统计

监测项目	运行期(2006～2013年)			
	最大值(mm)	日期	最小值(mm)	日期
S1(mm)	7	2007	1	2008、2009
S3(mm)	13	2010	2	2009
S7(mm)	12	2010	6	2008

表 4　国内部分混凝土面板坝沉降变形统计

坝名	坝高(m)	坝长高比	堆石类型	蓄水前沉降量(mm)	蓄水后沉降量(mm)	总沉降量(mm)
天生桥	178	6.56	灰岩			3 320/1.86%
小干沟	56.5	1.9	砂砾石	256/0.49%	18/0.03%	274/0.5%
黑泉	123.5	3.55	砂砾石			551/0.45%
阿利亚	160	5.6	玄武岩	3 580/2.24%	200/0.13%	3 781/2.37%
塞沙娜	110	2.0	石英岩	449/0.41%	114/0.11%	563/0.52%

3.2　裂缝监测资料

由表 5 可知,周边缝、板间缝缝变位观测如下:

(1)河床部位面板隆升在 0.06 mm 内,缝变位在缝压缩 0.17 mm 内,面板向右岸剪切在 0.03 mm 内。

(2)右岸靠河谷下部面板隆升在 0.03 mm 内,缝变位在缝压缩 0.2 mm 内,面板向河谷下剪在 0.55 mm 内。

(3)右岸坡中上部面板沉降在 0.54 mm 内,缝变位在缝拉开 0.14 mm 内,面板向河谷下剪在 0.59 mm 内。

(4)左岸坡中下部面板沉降在 0.12 mm 内,缝变位在缝拉开 0.13 mm 内,面板向左岸剪切在 0.12 mm 内。

(5)左岸坡中上部面板沉降在 0.18 mm 内,缝变位在缝压缩 0.2 mm 内,面板向左岸剪切在 0.08 mm 内。

(6)坝中部垂直缝缝变位在缝压缩 0.08 mm 内。

(7)面板受拉区垂直缝缝变位在缝压缩 0.32 mm 内。

(8)面板脱开缝缝变位观测:T1、T2、T3、T4 测缝计测得面板与垫层脱开的宽度非常小,均小于 0.2 mm,在控制范围之内,且缝变位过程线图显示变化过程均较平滑,无突升、突降现象,比较有规律,说明面板与垫层的接触面基本未发生脱开现象。

从表 5 中数据可以看出,大坝周边缝、板间缝各正常测点的各向位移变化量均远小于控制值。这说明周边缝、板间缝性态正常,面板与垫层接触良好,水库大坝面板稳定。

表 5　黑泉水库测缝仪监测数据统计

监测部位		运行期(2006~2011 年)			
		最大值(mm)	日期(年-月-日)	最小值(mm)	日期(年-月-日)
TS 测缝计 C3	X	-2.998	2006-01-05	-3.67	2006-12-07
	Y	-2.148	2009-01-07	-5.64	2006-02-28
	Z	0.935	2006-12-14	0.301	2009-01-07
TS 测缝计 C5	X	1.23	2010-02-03	-1.4	2007-03-07
	Y	1.252	2009-01-07	-1.398	2010-01-06
	Z	-0.67	2006-01-05	-0.675	2008-01-03

续表 5

监测部位		运行期(2006～2011 年)			
		最大值(mm)	日期(年-月-日)	最小值(mm)	日期(年-月-日)
TS 测缝计 C10	X	-0.201	2006-01-05	-0.239	2009-10-14
TS 测缝计 C12	X	-1.515	2010-11-09	-4.253	2009-03-05
	Y	3.318	2010-11-09	-2.883	2009-04-02
GK 测缝计 C2	X	-0.127	2006-01-05	-0.153	2010-05-07
	Z	1.409	2010-04-08	1.284	2006-05-24
GK 测缝计 C16	X	0.12	2010-09-09	0.063	2006-01-18
	Z	-0.247	2009-04-02	-0.257	2007-06-08
3DM 测缝计 C1	X	-0.463	2008-05-04	-0.487	2007-10-06
	Y	-0.367	2008-10-06	-0.398	2007-03-08
	Z	0.989	2008-03-05	0.954	2006-02-22
3DM 测缝计 C4	X	-0.243	2008-04-09	-0.309	2006-01-26
	Y	0.267	2008-03-05	0.221	2006-01-12
	Z	-0.678	2007-11-16	-0.723	2007-06-08
3DM 测缝计 C6	X	-1.982	2007-10-10	-2.03	2010-12-09
	Y	5.466	2006-11-16	5.448	2006-01-05
	Z	-1.884	2006-11-16	-1.904	2006-02-06
3DM 测缝计 C8	X	0.26	2010-04-14	0.179	2006-12-14
	Y	-0.605	2006-12-21	-0.709	2008-09-04
	Z	1.88	2010-04-08	1.691	2006-01-18
3DM 测缝计 C9	X	-0.21	2007-05-09	-0.22	2010-12-09
3DM 测缝计 C11	X	-0.285	2009-09-09	-0.295	2006-01-05
脱开缝 T1	X	0.025	2008-01-03	0.009	2010-12-09
	Z	0.017	2007-01-11	0.012	2008-05-04
脱开缝 T2	X	0.009	2008-01-03	-0.006	2010-12-09
	Z	-0.001	2007-01-11	-0.007	2008-01-03
脱开缝 T3	X	0.01	2008-01-03	-0.009	2010-12-09
	Z	0.006	2010-12-09	-0.001	2006-04-19
脱开缝 T4	X	-0.01	2007-10-10	-0.028	2010-12-09
	Z	-0.104	2010-11-09	-0.12	2007-08-08

3.3 大坝表面变形监测资料

黑泉水库大坝表面变形监测点共有 27 个，从 2007 年 11 月至 2013 年 5 月期间的监测数据看，竖向最大位移量为 11 mm，横向最大位移量（见图 2）为 61.18 mm，纵向最大位移量（见图 3）为 20.4 mm，最大位移量均发生在 S_{2-8}点，且在冬春季。

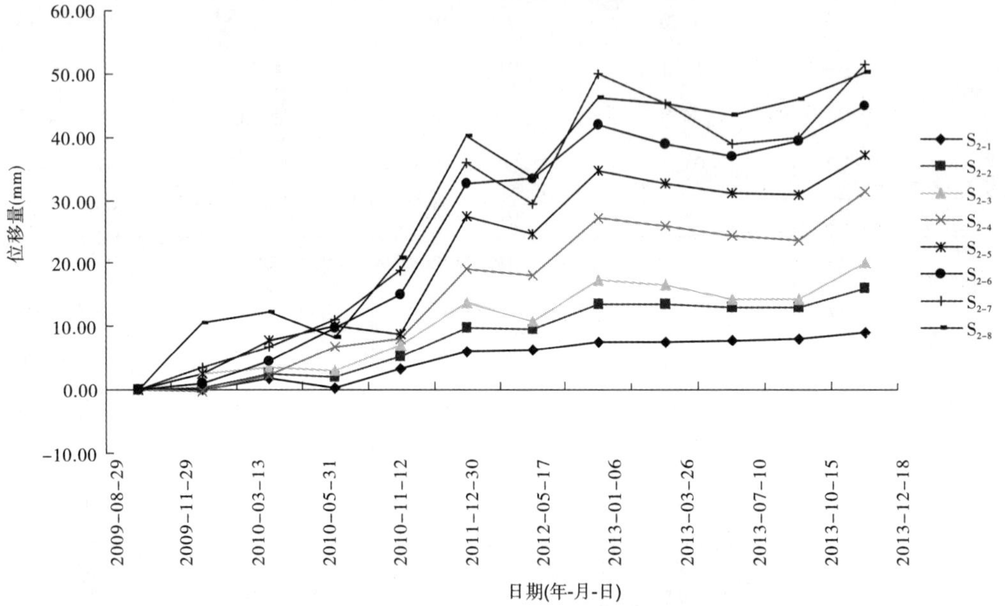

图 2　黑泉水库大坝横向位移 S_{2-1}至 S_{2-8}变化图

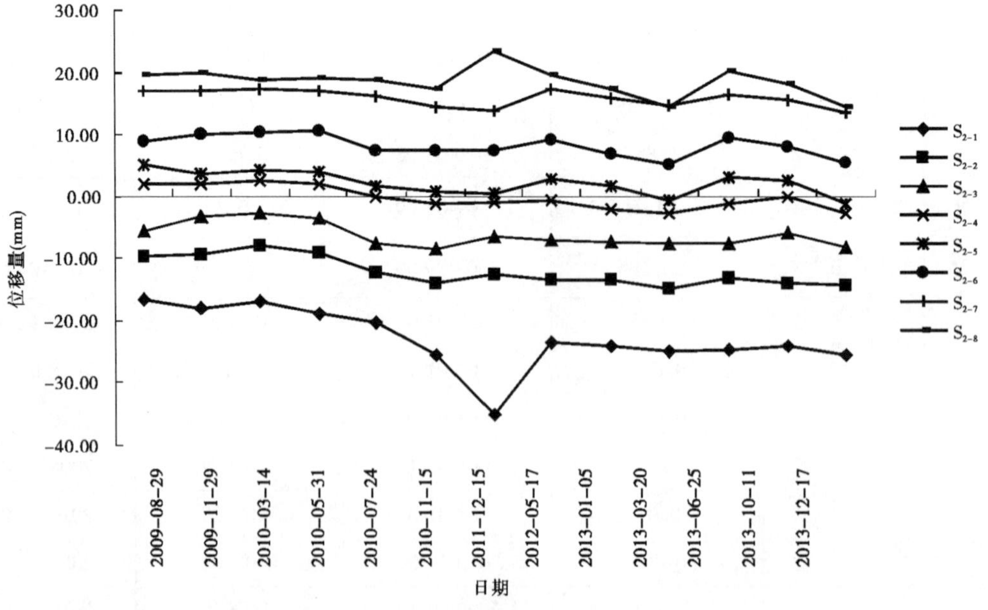

图 3　黑泉水库大坝小纵向位移 S_{2-1}至 S_{2-8}变化图

S_{2-8}点位移量变形较大的原因与该点的控制网点的变化有一定的关系，2009 年该点的左侧控制点由于基础变化不能满足控制网布设规定进行了补做，并且该点的观测距离最远，导致该点的监测数据变化量较大。

3.4　上游近坝岸坡位移监测资料

黑泉水库岸坡变形监测点共有9个，从2008年8月至2013年12月期间的监测数据看 X 方向最大位移量在 $-7.7\sim19$ mm，Y 方向最大位移量在 $-17.9\sim21$ mm，Z 方向最大位移量在 $-35.3\sim38$ mm，冬春季监测数据的变化量稍大一点。

3.5　下游左岸锚索张拉力监测资料

2009年至2013年间对大坝下游左岸锚索张拉力的监测数据见表6。从表6可以看出，预应力年损失率为2.91%，年损失率呈逐年下降的趋势，结合197#监测点2013年预应力损失见图4。从图3中数据看，锚索预应力损失变化基本平稳，说明岸坡运动平稳，锚索已经趋于稳定。

表6　黑泉水库调压井高边坡锚索预应力年损失率统计表

仪器编号	监测年份	年损失率(%)
197#	2009	2.26
	2010	1.32
	2011	0.57
	2012	0.66
	2013	0.57
202#	2009	2.91
	2010	0.47
	2011	1.04
	2012	0.66
	2013	0.85

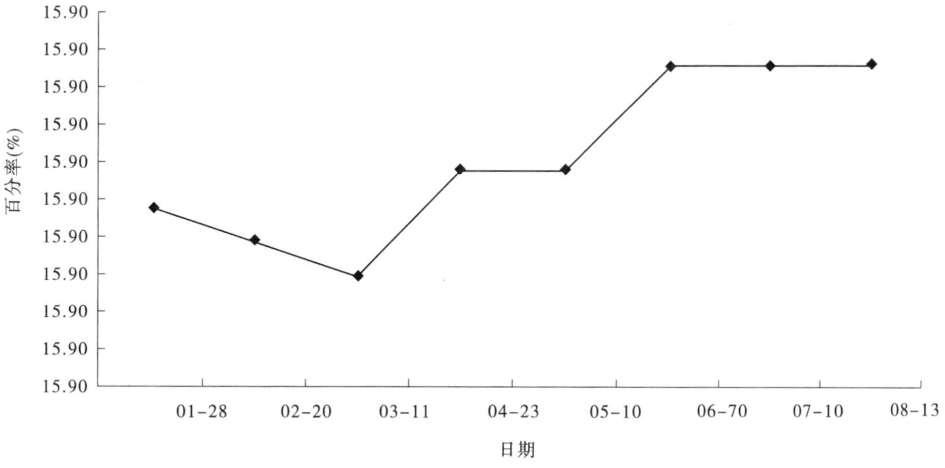

图4　197#损失百分率(%)(2013年)

4 结论及建议

(1)从以上变形监测资料分析认为:①大坝周边缝、板间缝各正常测点的各向位移变化量均远小于控制值。这说明周边缝、板间缝性态正常,面板与垫层接触良好,水库大坝面板稳定。②大坝面板混凝土、坝体填筑质量好,大坝已经趋于稳定。③大坝表面变形及岸坡位移观测的三向位移值均较小,大坝及近坝区岸坡稳定。④水库科学调度情况下能够满足防汛要求。

(2)为了减少监测过程中的仪器、人为、环境因素的误差,应进一步提高大坝安全监测自动化水平,以保证监测数据的可靠性、稳定性、准确性。

参考文献

[1] 南京水利科学研究院.黑泉水库管理处的黑泉水库大坝安全鉴定报告[R].

苗尾左坝基边坡监测与加固机理研究

张玉龙[1]　聂成良[1]　鲁米香[2]

(1. 中国电建集团昆明勘测设计研究院有限公司　云南　昆明　650051；
2. 云南民族大学　云南　昆明　650221)

摘要：苗尾水电站左坝基边坡变形体地质条件复杂，绿泥绢云板岩为主夹砂质绢云板岩、变质石英砂岩、变质钙质砂岩，表层覆盖层风化严重，且边坡内部存在对坡体不利的F_{144}断层，监测成果表明，施工期内该部位经历了多次突变，但鉴于坡度稍缓后该部位未发生意外，根据监测数据，采用动态设计的方法对该部位采取了相应的减载开挖及加强支护等工程措施，文章依据边坡监测资料分析了该边坡变形数据及支护方案的有效性，可为类似工程边坡支护提供工程经验。

关键词：监测　加固机理　地质条件　边坡

目前，我国十三大水电基地之一的澜沧江干流水电基地中下游段[1]开发基本完成，上游苗尾目前正在如火如荼的开发过程中，而该部位地质条件较差，因此处理复杂地质条件下边坡开挖支护成为目前的首要工作。影响边坡稳定的因素很多[2]，相应的影响因素应采取有针对性的边坡支护措施，目前的边坡支护方案如锚索抗滑桩[3]、预应力锚索框架梁[4-6]、框架预应力锚杆支护结构[7-10]等在传统边坡支护的基础上发展的新技术对于高边坡支护效果较好，并且已在相当多的工程边坡支护中予以应用。

苗尾水电站坝肩由千枚状绢云板岩及变质砂岩构成，且变质砂岩与变质板岩夹片岩，岩体倾倒变形严重，其中左坝肩倾倒变形岩层产状为N5°～20°W，NE∠30°～85°，原始地形情况下变形深度超过50 m，且断层F_{144}的存在对该左坝肩下游侧的稳定性尤为不利，左坝肩开挖过程中也出现了多次变形，监测资料也完整的显示了该部位的变形情况。在初期开挖坡比1∶0.7并在坡脚进行加固后出现多次加速变形，后采取了坡顶卸载并将坡比调整为1∶1.3的措施，鉴于左岸水工建筑物布置紧凑，该边坡稳定性至关重要，在原有1 000 kN锚索的情况下新增了1 000 kN锚索及上仰的1 500 kN由灌溉取水洞至边坡表面的对穿锚索。

为监测苗尾左坝基边坡变形情况及加固后的效果，在开挖初期设计了部分测点，卸荷开挖将原有监测点破坏后又增加了部分监测仪器，包括进行滑动面监测的边坡测斜孔，作者从监测资料方面对边坡变形进行分析，并对加固效果进行评估。

1　边坡开挖及支护概况

左坝基位于回槽子沟与坝址下游石沙场沟之间的回石山梁西面，山梁走向近东西向，回石山梁最高点高程1 568 m，其西面坡分布Ⅰ、Ⅱ、Ⅳ级阶地，台面前缘高程分别为1 316 m、1 337 m、1 410 m。1 400 m高程以上坡度为25°～30°，1 380～1 400 m及1 320～1 340 m高程为平缓台地，坡度为5°～15°，其南面山坡及石沙场沟下游山坡多为陡崖，近直立。

坝址左岸为由回石山梁组成的单薄山梁地形，三面临空，不利于地下水的赋存，在山梁临河侧地下水位均较低，水位高程为1 305～1 308 m，山梁北侧和东侧地下水位相对较高。从地下水长观孔水位分析，存在三个相对独立的水文地质单元，受该部位压性断层隔水性影响边坡地下水由表层松散体排除，另降雨过程中地下水的变化对边坡变形有明显影响。

苗尾水电站左坝基边坡开挖范围为高程1 455.00 m～1 365.00 m～1 280.00 m，其中高程1 365.00 m为上下游临时通道，左坝基下游侧为松散堆积体，再往下游方向为灌溉取水硐；上游侧为电站进水口边坡。

左坝基下游侧边坡于2012年开始进行开挖，原开挖顶部高程为1 455.00 m，初期1 415.00 m以上采用网格梁的支护方式，2012年10月中旬开挖至1 386.00 m后在1 415.00 m平台出现开裂，之后1 400.00 m至1 415.00 m采用了喷锚支护，1 394.00 m与1 390.00 m高程分别布置了15根及13根预应力锚索。

2012年11月29日该部位继续下挖导致表层裂缝迅速增加，而当天的表面变形监测变形速率明显增大，至2012年12月15日左右完成了1 390.00 m以上的15台锚索的张拉，并进行下游侧锚索及喷护施工，边坡暂时处于稳定状态并于2013年1月20日继续开挖至1 360.00 m；2013年1月底完成了1 376.00 m高程14根锚索张拉，该部位表层岩石风化严重，造成1376.00 m附近锚索损失较大，于2013年3月5日进行补偿张拉，并完成1 372.00 m的13根锚索施工及张拉。

2013年3月后继续进行1 365.00 m以下开挖，于1 365.00 m又新增20根预应力锚索，并全部张拉完成，1 384.00 m及1 380.00 m两个高程也分别增设了14根及13根预应力锚索，分别张拉下游侧松散体的各4根，上游侧未能进行张拉。

至2013年4月中旬监测成果显示变形又加剧，至5月10日确定了减载卸荷方案（见图1），即由1 455.00 m顶部整体开挖至1 441.00 m形成平台，对下部坡面削坡，重新布设了锚索及锚筋桩支护，增设了测斜孔，进行边坡内部滑动面监测。

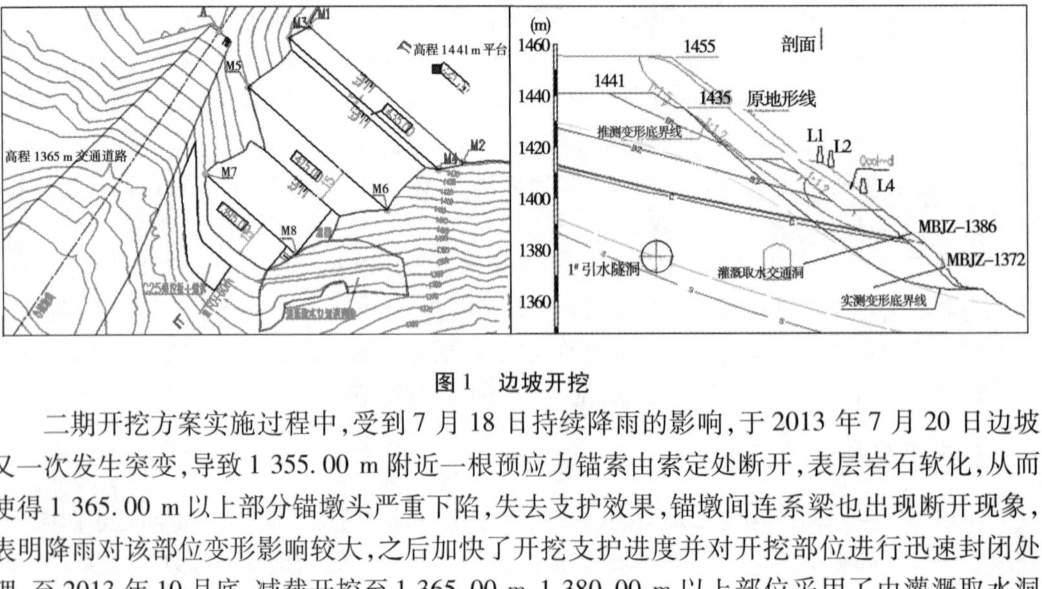

图1　边坡开挖

二期开挖方案实施过程中，受到7月18日持续降雨的影响，于2013年7月20日边坡又一次发生突变，导致1 355.00 m附近一根预应力锚索由索定处断开，表层岩石软化，从而使得1 365.00 m以上部分锚墩头严重下陷，失去支护效果，锚墩间连系梁也出现断开现象，表明降雨对该部位变形影响较大，之后加快了开挖支护进度并对开挖部位进行迅速封闭处理，至2013年10月底，减载开挖至1 365.00 m，1 380.00 m以上部位采用了由灌溉取水洞内部向边坡进行钻孔，安装 1 500 kN 的对穿锚索的支护方式，减载开挖期间在边坡内部安装了 5～15 m 深浅结合的排水孔。锚索被破坏见图 2。

图 2　锚墩头下陷(1 372.00 m)及锚索断裂(1 352.00 m)

2　监测成果分析

随着左坝基边坡变形的发展，整体监测实施分两个阶段进行，即卸荷开挖前及卸荷开挖后，根据现场具体情况对监测布置进行了动态调整。

2.1　前期监测成果分析

初期根据现场开挖进度在该部位安装了 7 个临时测点、4 台锚索测力计、2 套四点位移计及 22 个临时裂缝监测设施，监测设施的安装取得了可靠的监测数据，为后期卸荷开挖决策提供了精确的依据。

2.1.1　裂缝发展

左坝基下游侧边坡于 2012 年 10 月初开挖 1 390.00 m 高程以下，于 1 400.00 m 及 1 415.00 m 首先出现较小裂缝，之后开始实施 1 390.00 m 以上边坡支护，在完成锚筋桩施工但锚索尚未张拉后继续向下开挖，巡视检查发现裂缝有持续增加的迹象，随之在 1 415.00 m 平台及 1 400.00 m 临时马道安装了 10 个临时裂缝监测点。2012 年 11 月 29 日边坡表面裂缝突然增加并形成了连续的裂缝线，裂缝有 15～47 mm/d 的突变现象发生，之后要求完成1 390.00 m 以上锚索张拉后方可继续下挖。2012 年 12 月 15 日完成大部分锚索张拉并对裸露部位进行了喷锚处理。原裂缝也进行了填充，张拉过程中安装了 3 台锚索测力计进行预应力锚索荷载监测，期间临时表面变形监测成果趋缓后开始下挖边坡。开挖至 1 365.00 m并完成 1 376.00 m 监测锚索安装，1 380.00 m 高程以下未进行封闭处理。2013 年 2 月开始边坡 1 435.00 m 马道出现明显裂缝，向下游侧发展且其范围超过原1 415.00 m 以下的裂缝，2013 年 3 月底 1 455.00 m 平台出现裂缝，至 4 月中旬 1 350.00 m 以下开挖及降雨的发生致裂缝又有增加趋势，且多点位移计测值超出量程(100 mm)，表面变形又有突变。根据设计，该部位共布置临时裂缝监测点 22 个，2013 年 2 月底至 3 月底变形开始有所增加，1 415.00 m 平台的 J－5 及 1 400.00 m 马道的 J－6 与 J－7 突变明显，其中 J－6 开合度最大值达 115 mm，之后对该部位裂缝进行处理，临时裂缝不再监测。该边坡表面裂缝发展情况见图 3。

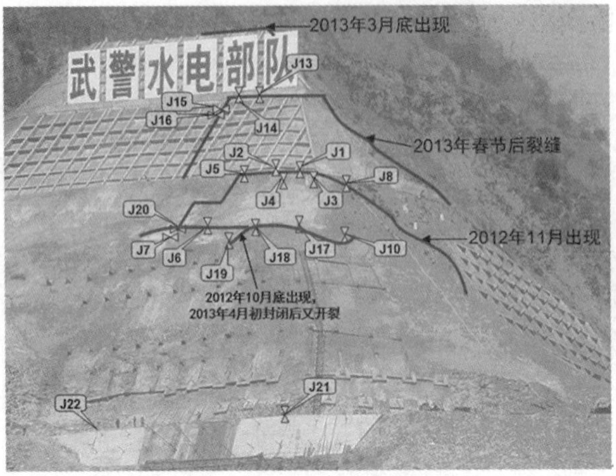

图3　裂缝发展及分布

2.1.2　变形监测

前期于 1 400.00 m 以上部位共计安装了 7 个临时测点，其中位于1 415.00 m 与 1 400.00 m 的 L01 ~ L04 变形最大，2012 年 11 月 15 日至 2013 年 5 月 5 日期间水平合位移及垂直位移均呈增加趋势：其中 2012 年 11 月 30 日坡脚方向的水平变形产生 25 ~ 100 mm 突变，之后测值增加相对较小；至 2013 年 3 月初，随着下部边坡开挖变形加剧，当月水平合位移变形速率为 2.74 ~ 7.94 mm/d，垂直位移速率为 1.09 ~ 4.57 mm/d；2013 年 5 月 5 日 L01 ~ L04 测点水平合位移为 215.5 ~ 530 mm，变形速率为 2 ~ 3.94 mm/d，变形整体朝临空面变形并偏向下游侧（与边坡坡向夹角为 15.6° ~ 23°），垂直位移为 102.6 ~ 320.3 mm，变形速率为 1.6 ~ 3.45 mm/d，变形整体向下沉降。倾伏角为 25.5° ~ 35.9°，表明表面变形的水平合位移总体占据主导（图 4）。

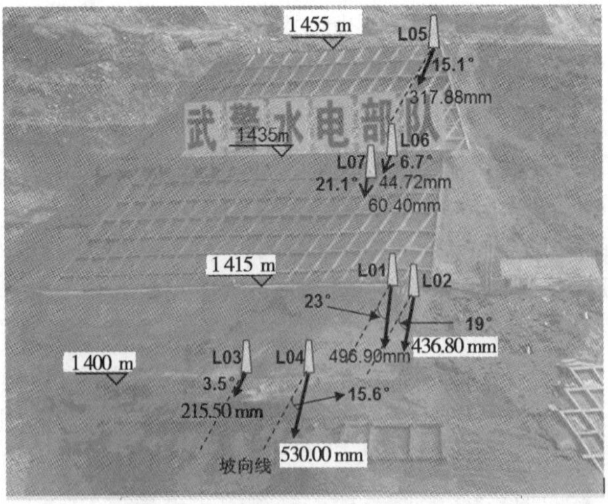

图4　表面变形位移矢量图

左坝基共安装有 2 套多点位移计，分别位于 1 386.00 m 与 1 372.00 m；经过 79 d 的持续监测，多点位移计 MBJZ－1386 于 2013 年 3 月 13 日超量程损坏，该监测仪器于 2013 年 2 月 23 日的 3.81 mm 达到损坏前最大变形量达到 89 mm，据监测数据判断，该部位变形范围在坡面~25 m范围内均匀变形，变形期集中发生在2月底至3月13日之间；MBJZ - L1372于2013年5月4日各测点测值为80.50~130.17 mm，最深测点传感器超量程（设计量程为100 mm），判断变形范围为边坡表面~20 m范围内。

2.1.3　支护效应监测

左岸坝基边坡共布置锚索测力计（1 000 kN）4台，编号为DBJZ - L1390、DBJZ - L1394 - 1、DBJZ - L1394 - 2、DBJZ - L1376。

初期锚索测力计DBJZ - L1376和DBJZ - L1394 - 2锁定荷载损失较大，均超过30%，其中DBJZ - L1376补偿张拉后锁定损失仍达22%，估计与边坡表面破碎承载力较小导致锚墩头在张拉过程中变形有关；2013年3月份监测锚索荷载呈增加趋势，为设计荷载的89.59%~117.61%，其中荷载最大值为锚索DBJZ - L1376，其锁定荷载为771.6kN（2013年3月5日重新补拉锚索），5月初荷载为1 176.1 kN，2个月内荷载增加404.5 kN，较锁定荷载增加52.4%；边坡监测锚索荷载在2013年4月14日之后均有突变现象发生，分析认为主要受EL.1 365 m以下边坡开挖以及降雨的影响；从空间分布来看，位于边坡上游侧的监测锚索荷载及增量小于下游侧监测锚索荷载，与变形监测资料规律一致。

随着开挖的持续，较高部位变形有所增加，表面裂缝渐退式发展，即由1 400.00 m高程向边坡后缘顶部发展，表面变形监测成果也印证了该变形情况，2013年4月开始的降雨加速了边坡变形，从而引起边坡支护锚索荷载增加，虽至5月初边坡无坍塌现象发生，但随着边坡内部应力的增加及裂缝扩展至原1 455.00 m平台，边坡表层松散体的整体平衡被打破，从而坡脚开挖及降雨的影响（该地区5月开始进入雨季）必然导致边坡失稳的可能性增加，最终经过严密的论证，确定了减载开挖并紧跟支护的方案。

2.2　减载期间及后期监测成果分析

卸荷减载方案确定后现行完成1 415.00 m至1 455.00 m的道路修建，正式开挖于2013年6月初开始，7月19日削坡至1 415.00 m，1 415.00 m平台部分未挖除，1 415.00 m平台大面积暴露，7月14日开始的断续降雨对边坡的稳定性造成了不利影响，同时1 350.00 m以下部位开挖扰动导致边坡于7月20日又发生突变，1 394.00 m下游侧监测锚索测力计DBJZ - L1394 - 2荷载消失，1 390.00 m锚索荷载增加至1 159. kN，之后持续几天时间内边坡部位有锚索断裂声响发生，尤其是1 350.00 m锚索直接断裂。

2013年5月31日至2013年7月16日各表面变形测点新增变形量较小，变形速率处于较低水平。2013年7月20日至2013年7月21日各测点变形发生突增，2013年7月21日下午16:00测得表面变形测点累计顺坡向变形量最大为1 074.1 mm（见图5），累计沉降变形量最大为735.8 mm（1 415.00 m部位的LTPBJZ - L01），水平变形速率最大达到487.2 mm/d（20日下午16时至21日上午9时）。

鉴于该部位边坡又一次突变的发生，相关各方商定对左坝基边坡所有开挖后暴露的部位加强防水措施，即采用彩条布进行覆盖，边坡顶部整体开挖至1 441.00 m，以减轻上部荷载对边坡稳定性的影响，另外在1 360.00 m以下部位采用堆渣压脚方式确保坡脚稳定。2013年9月25日边坡卸荷开挖至1 365.00 m，至10月底除1 380.00~1 395.00 m间对穿锚索尚未张拉完成外，其余各支护措施基本完成，初期测点自2013年8月5日后被挖除不再监测，替代测点监测成果显示自2013年8月10日以后变形趋稳，表明边坡防水及开挖效果明显，且随着后期监测锚索张拉的完成，DBJZ - L1390锚索测力计在2013年8月1日荷

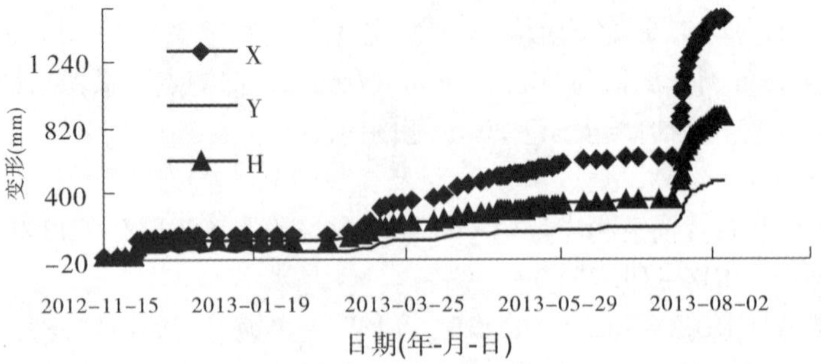

图 5　测点位移过程线

载达到 1 330.1 kN，荷载也有减小趋势，但因锚索变形后在无其他外界条件影响下有不可逆的趋势，荷载减小量也不明显，后期安装的锚索荷载基本处于稳定状态。

2.3　监测总结

2012 年 10 月中旬左坝基裂缝出现后的监测资料反映，自 2012 年 11 月至今该部位出现了 4 次加速变形，并且应力及锚索荷载突变时间与变形基本吻合，分别为 2012 年 11 月 29 日、2013 年 2 月底～3 月 15 日以及 2013 年 4 月 15 日与 2013 年 4 月底至 5 月初。

2012 年 11 月 29 日突变主要是因为高程 1 390 m 以上锚索虽已安装，但尚未张拉即开始进行高程 1 380 m 以下边坡开挖，导致该部位加速变形。

2013 年 2 月底～3 月 15 日开始进行高程 1 365 m 附近开挖工作，高程 1 376 m 锚索虽张拉但周边一直未进行封闭，估计降雨等入渗边坡恶化了承载条件，锚墩头出现变形导致该处锚索荷载急剧下降，其中监测锚索降至原锁定荷载的 2/3，后对该部位锚索基础进行处理并完成了补偿张拉。

2013 年 4 月 15 日至 7 月 19 日，边坡继续变形初步判断为与该阶段降雨及下部施工扰动有关。

2013 年 7 月 20 日边坡整体突变，导致产生锚索断裂等现象，各监测数据又有突变，自 2013 年 8 月 10 日以后边坡变形趋缓，内部应力基本稳定。

3　支护效果评价

图 1 中监测到的变形底界线与预测的变形底界线顶部在 1 410.00 m 高程以上基本吻合，1 410.00 m 以下基本与强卸荷底部相重合，即边坡变形底界线受“时效变形”[11]影响而发生变化，期间受到施工开挖及降雨的双重影响，前期即 2013 年 4 月以前主要受边坡开挖影响，之后地下水对滑动体产生的物理、化学及力学等多重作用导致滑动面软化进一步发展。

在治理前边坡裂缝发生的渐退式发展尚未倾倒，且各裂缝之间联系不紧密，可分别看作独立的倾倒体，一旦外界条件发生变化，各独立的倾倒体底部或者顶部超过变形极限，坍塌将会瞬间发生。

针对左坝基边坡监测异常及施工现场的各种情况，综合分析确定了对强倾倒变形体的支护方式：为保证锚索的有效性，表层强风化覆盖层全部清除，锚索贯穿边坡强倾倒破裂的 B 区，锚固定端深入边坡内弱倾倒变形的 C 区，适当提高锚墩头尺寸，锚墩头之间采用连系梁连接，从而避免了部分锚墩下陷失效而造成另一部分锚索荷载超出钢绞线极限而断裂，从而造成锚索整体失效的极端现象发生；锚索支护施工紧跟开挖进度，并且在进行坡脚填筑的措施确保了施工期边坡的稳定性，此外，采取防水措施减小了降水对边坡稳定性的影响；1 500 kN 上仰对穿锚索安装在 1 380. 00 m 以上，保证了边坡“腰部”的稳定；后期对坡脚（1 365. 00 m 以下）锚拉板加固措施的锚索进行了补偿张拉，从而限制了坡脚的变形；边坡排水孔深浅间隔布置有效的减小了降雨对边坡稳定性的影响。

边坡监测数据的完整性与及时性为边坡开挖支护措施提供了可靠的依据，监测成果显示，二期卸载开挖初期受降雨影响边坡发生了超过 487. 2 mm/d 的突变，且期间前期锚索有断裂现象发生，采取相应措施后，边坡变形及支护荷载变化都趋于稳定，至 2013 年 11 月初边坡治理基本结束后至 12 月初监测成果趋于稳定，后期开挖部位安装的测斜孔监测数据表明边坡内部滑动面无滑动趋势，说明有针对性的支护措施发挥了作用，边坡处于稳定状态。

4　结论及建议

（1）砂板岩部位采用预应力锚索支护应尽早完成表层的封闭处理，且宜采用网格梁并相应加大锚墩尺寸，以免表层风化后锚墩下陷从而失去支护效果。

（2）根据现场具体地质条件采用合适的支护方式，对于倒倾体宜采用部分上仰预应力锚索进行支护，且锚固段宜深入弱倾倒变形体内。

（3）监测成果显示边坡变形除受到工程施工影响外，降雨及地下水变化对边坡也有明显影响，良好的排水系统对边坡稳定性至关重要。

（4）临时监测为动态设计中设计方案的采取提供了有力的数据支持，可针对相应的变形情况采取有针对性防护措施。

参考文献

[1] 周建平，钱钢粮．十三大水电基地的规划及其开发现状[J]．水利水电施工，2011，124（1）：1-7.

[2] 李天斌．岩质工程高边坡稳定性及其控制[M]．北京：科学出版社，2009.

[3] 冯玉国，王渭明，刘军熙．预应力锚索抗滑桩结构稳健优化设计[J]．岩土工程学报，2009，31（4）：515-520.

[4] 刘兴宁，王国进，陈宗荣．动态设计中的小湾水电站边坡工程[J]．水力发电，2004，20（10）：30-32.

[5] 刘晶晶，赵其华，彭社琴，等．预应力锚索格构梁作用下边坡土中应力分布的室内模型试验研究[J]．水文地质工程地质，2006（4）：9-12.

[6] 朱宝龙，杨明，胡厚田，等．土质边坡加固中预应力锚索框架内力分布的试验研究[J]．岩石力学与工程学报，2005，24（4）：697-702.

[7] 李忠，朱彦鹏，余俊.基于滑面上应力控制的边坡主动加固计算方法[J]．岩石力学与工程学报，2008，27（5）：979-989.

[8] 梁凤英．边坡加固方法浅析[J]．山西建筑，2011，37（27）：72-73.

[9] 周勇，朱彦鹏，叶帅华．框架预应力锚杆柔性边坡支护结构设计和施工中的若干问题讨论[J]．岩石力学，2011. 32（增刊 2）：437-443.

[10] 祝介旺，庄华泽，李建伟，等．大型边坡加固技术的研究[J]．工程地质学报，2008，16（3）：365-370.

[11] 黄润秋．岩石高边坡发育的动力过程及其稳定性控制[J]．岩石力学与工程学报，2008，27（8）：1525-1544.

乌江渡大黄崖安全稳定分析

冀道文

（贵州乌江水电开发有限责任公司　贵州　贵阳　550002）

摘要：乌江渡大黄崖不稳定岩体位于乌江渡水电站近坝区左岸，距大坝 400 ~ 500 m。该山体系由溶蚀裂隙发育的石灰岩构成的高悬陡坡，受电站初期蓄水影响，导致岩体多次出现岩体急剧变形，90 年前后分层对黄崖进行减载爆破处理。1989 ~ 2013 年期间，黄崖爆破体的内部变形监测通过布置于观测交通洞的 5 条支洞的人工沉降测点实现。2011 年实现自动化监测。经过对二十多年的监测资料分析，黄崖已经趋于稳定。

关键词：大黄崖　监测　分析　稳定

1　概　述

大黄崖（地表受 L2 大裂隙隔离的岩体）不稳定岩体位于乌江渡水电站近坝区左岸，距大坝 400 ~ 500 m。该山体系由溶蚀裂隙发育的石灰岩构成的高悬陡坡，软弱的乐平煤组成平缓坡脚，地层倾向山里，崖顶高出水面 300 ~ 440 m。大黄崖地表见有多条陡倾角、空缝状张开大裂隙，最大水平延伸长度达 200 余 m。

大黄崖受电站初期蓄水水位骤升、骤降影响，导致岩体多次出现岩体急剧变形，变形较蓄水前猛增 17.7 ~ 33 倍。经分析，大黄崖中部反倾向结构面已处于渐进破坏状态，顶变位最大，且以崩塌为主。在上部高陡边坡岩体自重力作用下，大黄崖长期反复受地质环境条件改变影响，由崩塌发展为滑塌或滑坡，呈现渐进破坏性，难以排除。

1985 ~ 1990 年，分层对大黄崖进行减载爆破处理完成，共爆破石方 44.4 万 m^3。1989 ~ 2010 年期间，大黄崖爆破体的内部变形监测主要通过布置于高程 927.0 m 的 D75 观测交通洞的 5 条支洞（D75 - 1 ~ D75 - 5）的人工沉降测点实现。5 组测点均以布置在 D75 观测交通洞与各观测支洞连接处的工作基点为基准，采用 NA2 光学水准仪及配套的精密铟钢水准尺，按国家二等水准测量要求进行监测。

大黄崖测量自 1989 ~ 2010 年为人工沉降测量，2011 ~ 2013 年改为自动化测量。经过对二十多年的监测资料分析，大黄崖已经趋于稳定。

2　大黄崖变形测量数据分析

2.1　人工沉降测点测量分析

在对监测资料进行定性分析之前，首先对各观测支洞的人工沉降测点垂直位移（沉降变形）测值进行可靠性分析。以 D75 - 3、D75 - 4 观测支洞为例，其测点垂直位移变化过程线分别如图 1、图 2 所示。

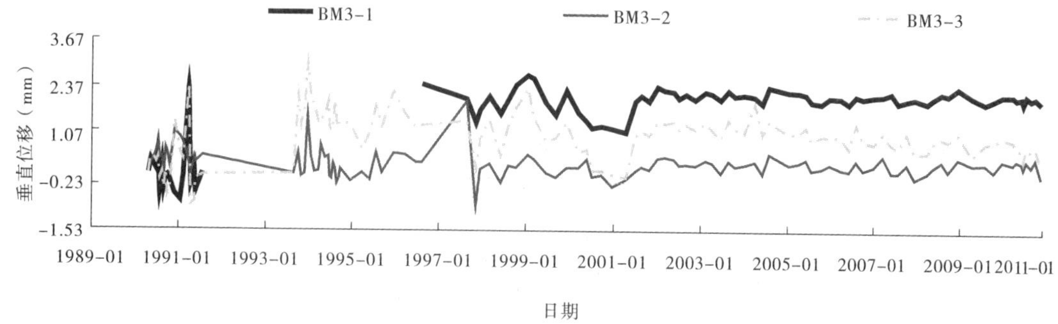

图 1　大黄崖 D75－3 观测支洞水准测点垂直位移变化过程线图

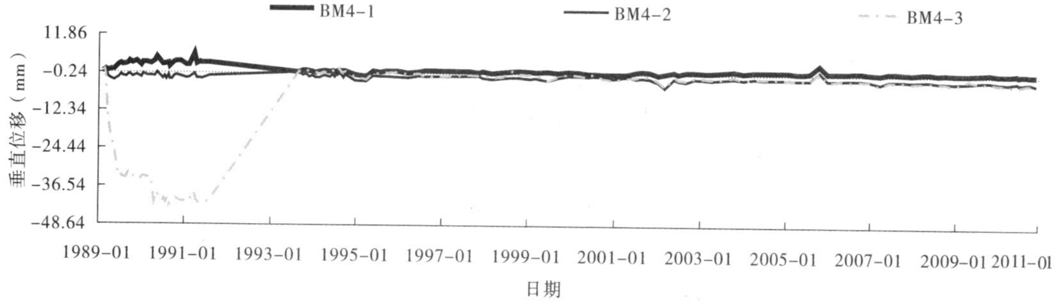

图 2　大黄崖 D75－4 观测支洞水准测点垂直位移变化过程线图

通过对时程变化过程线分析可知：

（1）1989 年 8 月～1990 年 1 月期间，各观测支洞的水准测点的垂直位移均出现不同程度的波动性变化。以图 1 所示的 D75－3 支洞测点为例，其在上述时段最大突变变幅约 2.5 mm。

（2）以图 2 所示 D75－4 支洞测点为例，在 1989 年 2 月～1993 年 1 月，其 BM4－3 测点出现较大幅度的尖点型突变，最大突变值发生于 1991 年 1 月，约为 45 mm。

通过查阅上述时段大黄崖不稳定岩体的外部环境及爆破扰动因素可知，在爆破开挖初期，各水准测点测值均出现了不同程度的波动性突变，这与岩体爆破减载因素有关，属正常岩体结构工作机理现象，对上述测值应予以保留；对于图 2 所示的 D75－4 支洞测点的尖点型突变，突变值最大达 45 mm 左右，与危岩体实际工作状态不符，应对上述数据予以剔除。

2.2　铟钢丝水平位移测量分析

大黄崖危岩体内部水平位移自动化监测通过布设于 D75－1～D75－5 观测支洞的 5 套（每套 3 个测点）铟钢丝水平位移计实现。每套铟钢丝水平位移计的测量端安装在各观测支洞 D75－1～D75－5 与交通洞 D75 的连接处，各测点等间距布置，最远测点布置在观测支洞的末端，以测量端为工作基准。大黄崖水平位移监测布置见图 3。

以 D75－1、D75－5 观测支洞的两套铟钢丝水平位移计为例，其测点垂直位移变化过程线分别如图 1、图 2 所示。

通过对时程变化过程线分析可知，大黄崖 D75－1 观测支洞的 K1 铟钢丝水平位移计在 2012 年 3 月、2013 年 1 月均出现尖点型突变，最大突变值约 13.5 mm（见图 4）；D75－5 观测支洞的 K5 铟钢丝水平位移计在观测初期出现波动型及尖点型突变，最大突变值约 7 mm（见图 5）。

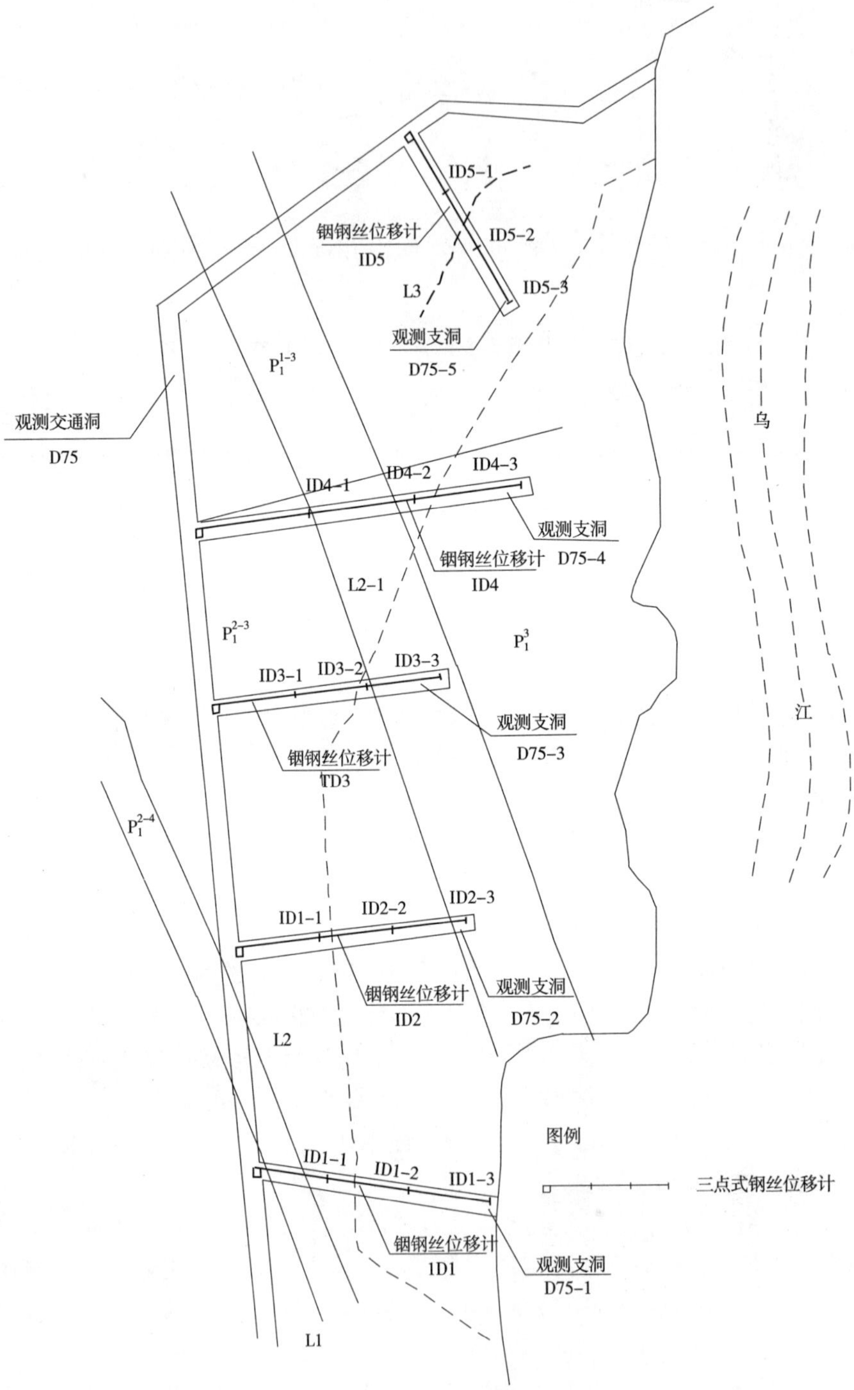

图3　大黄崖水平位移监测布置

将上述时段大黄崖不稳定岩体的外部环境因素与其他时段相比，均无明显差异；此时段前后较长时段内不稳定岩体未出现崩塌、滑坡等现象。因此，可初步认定，图4、图5所示的尖点型或波动型突变均为仪器扰动跳变所致，并非支洞测点垂直位移的真实反映，应予以剔除。

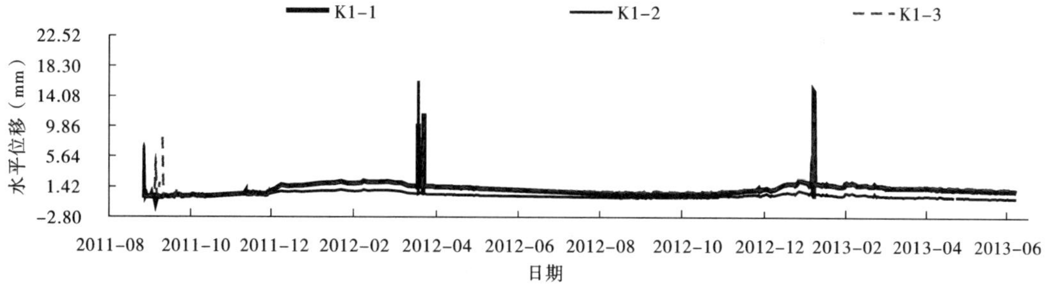

图4　大黄崖 D75－1 观测支洞铟钢丝水平位移 K1 测点变化过程线图

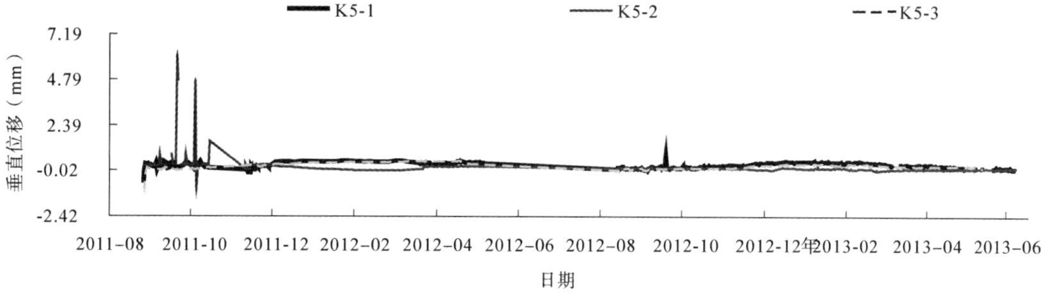

图5　大黄崖 D75－5 观测支洞铟钢丝水平位移 K5 测点变化过程线图

2.3　L2 裂隙裂缝计

为了解 L2 裂隙开合度变化情况，在 D75－1～D75－5 观测支洞 L2 裂隙通过处各布设 1 支振弦式裂缝计，实现裂隙开合度自动化监测。根据监测资料，D75－1～D75－5 观测支洞的 KS－1～KS－5 测点裂缝开合度变化过程线如图 6 所示。

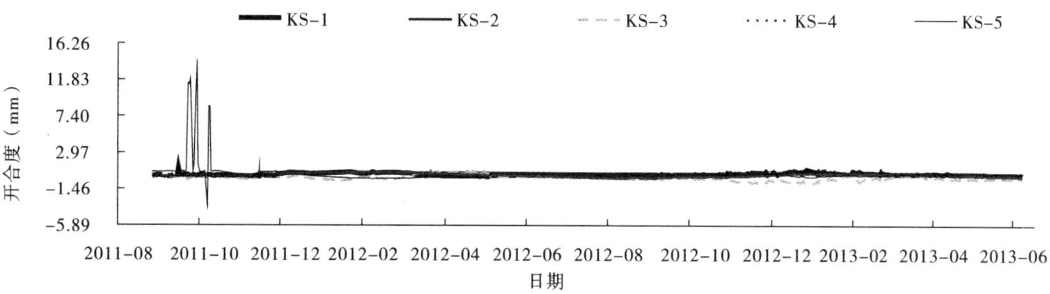

图6　大黄崖 D75－1～D75－5 观测支洞 L2 裂隙裂缝计接缝变化过程线图

通过对时程变化过程线分析可知，大黄崖 D75－1～D75－5 观测支洞的 KS－1～KS－5 裂缝计测值在观测初期出现变幅较大的波动型及尖点型突变，最大突变值约 14 mm。

将上述时段大黄崖不稳定岩体的外部环境因素与其他时段相比，均无明显差异；此时段前后较长时段内不稳定岩体未出现崩塌、滑坡等现象。因此，可初步认定，图 6 所示的尖点型或波动型突变均为仪器扰动跳变所致，并非支洞测点垂直位移的真实反映，应予以剔除。

2.4　静力水准＋双金属标测量分析

大黄崖危岩体内部垂直位移自动化监测通过布设于 D75 观测交通洞及 5 条观测支洞的 3 条静力水准线及 1 套双金属标（DS1、DS2）系统实现，以观测支洞 D75－3 与 D75－5 的连接交通洞处分为左右两部分。

以 D75－1、D75－3 观测支洞的静力水准测点和 SL3 左右端点为例，其测点垂直位移变化过程线分别如 7～图 9 所示。

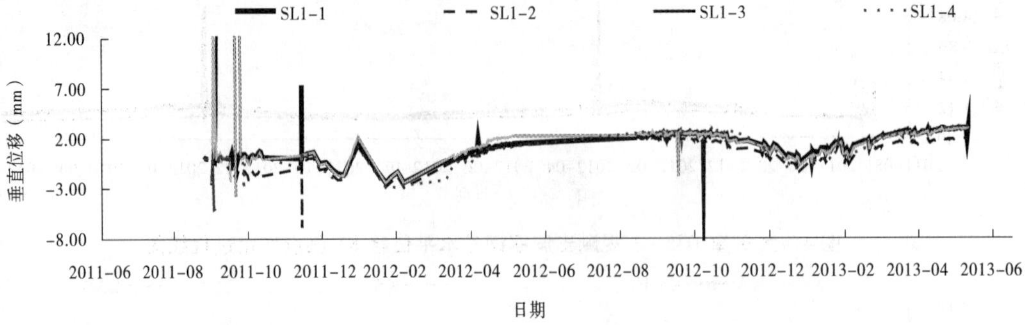

图 7　大黄崖 D75－1 观测支洞静力水准测点垂直位移变化过程线图

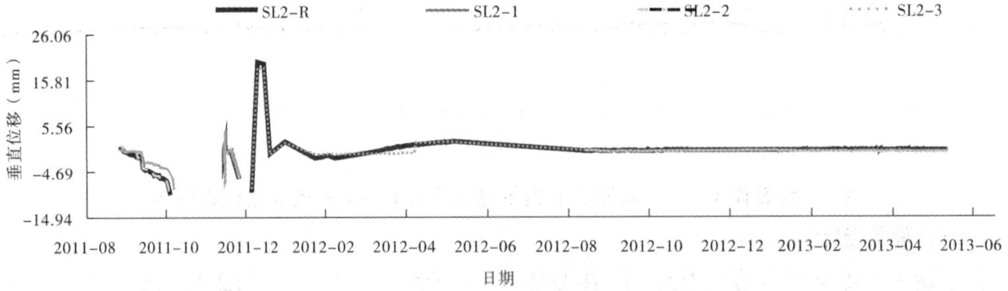

图 8　大黄崖 D75－3 观测支洞静力水准测点垂直位移变化过程线图

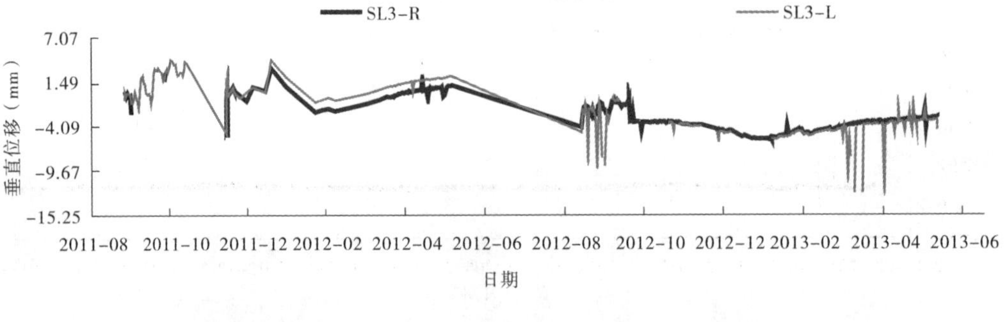

图 9　大黄崖 D75 观测交通洞静力水准 SL3 左右端点垂直位移变化过程线图

大黄崖静力水准测量各点均出现不同程度的须状测值，将上述时段大黄崖不稳定岩体的外部环境因素与其他时段相比，均无明显差异；此时段前后较长时段内不稳定岩体未出现崩塌、滑坡等现象。因此，可初步认定，图 6～图 8 中所示的尖点型突变为仪器扰动跳变所致，并非支洞测点垂直位移的真实反映，应予以剔除。

3　大黄崖危岩体内部变形特征

通过上述监测资料的可靠性分析，在适当剔除处理各测点测值粗差（或错误）、异常值的基础上，对目前大黄崖危岩体仍正常观测的水准测点、铟钢丝水平位移计、L2 裂隙裂缝计等监测项目的实测数据特征值进行统计分析如下。

1989～2010年期间，各水准测点垂直位移测值变化平稳，绝大多数测点年变幅在2.87～7.39 mm；除D75－4观测支洞BM4－3测点在观测初期受岩体爆破卸荷影响测值变化较大外，其他各测点逐年及多年垂直位移平均值介于－0.02～2.19 mm；各测点多年最大沉降量在1.12～5.67 mm，其中D75－5观测支洞BM5－3测点因测点损坏于2000年停测；除BM4－3、BM5－2和BM5－3测点外，绝大多数测点垂直位移在整个观测时段仅出现小测值抬升，其垂直位移最小值介于－0.68～－6.27 mm。

2011年8月起，大黄崖D75－1～D75－5观测支洞水平位移监测通过各观测支洞等间距安设的铟钢丝水平位移计实现。沿各观测支洞洞线方向，各铟钢丝水平位移计测值平均值在0.130～1.107 mm；最大值在0.324～2.487 mm，均在安全允许范围内变化；最小值在－0.004～－1.094 mm。

为监测大黄崖危岩体D75－1～D75－5观测支洞L2裂隙开合度变化，2010年大黄崖危岩体监测自动化改造中在各支洞L2裂隙上下盘分别安装埋设1支振弦式裂缝计。2011年至今，各观测支洞L2裂隙接缝开合度变幅较小，变幅在0.739～2.594 mm；除D75－3观测支洞L2裂隙平均值表现为闭合状态外，其他各支裂缝计平均值在0.202～0.324 mm。

大黄崖危岩体D75交通洞及观测支洞静力水准＋双金属标垂直位移监测系统起测于2011年8月27日。除个别年份短暂时段因仪器测值漂移等异常测值外，双金属标＋静力水准观测系统运行稳定性和准确性较好，各静力水准测点多年平均值介于－2.998 mm～1.428 mm；除SL2－5测点外，其他测点垂直位移最大值在0.604～5.478 mm，其中D75－4观测支洞的各测点测值相对较大；绝大多数测点垂直位移最小值均介于－0.111～－9.341 mm。

4　大黄崖危岩体内部变形随时间变化规律

经可靠性检验和粗差处理后的大黄崖危岩体人工沉降测点、铟钢丝水平位移计、L2裂隙裂缝计静力水准＋双金属标测值变化过程线图所示（以人工沉降测点D75－1、D75－5观测支洞的人工沉降测点为例，各测点垂直位移时程变化过程线分别如图10、图11所示为例），各观测支洞沉降测点组垂直位移变化统一表现为：沿各观测支洞洞线方向，靠近D75主洞的水准测点均表现为沉降位移。距离主洞越近，沉降变形越大。背离主洞方向，同组测点垂直位移由沉降向抬升过渡。同组水准测点变化过程线规律保持一致且位移差值较小，一般均保持在2.5 mm以内。

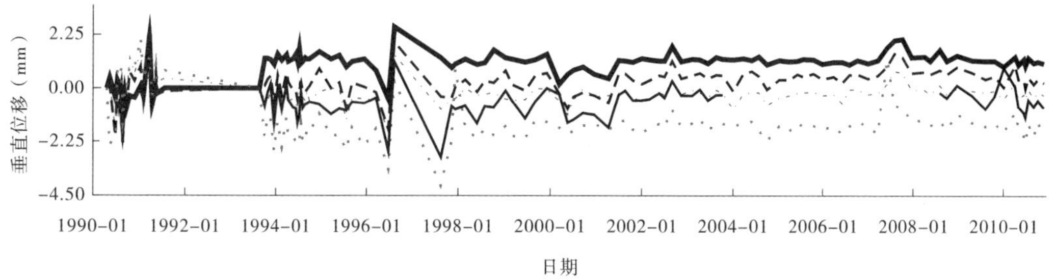

图10　大黄崖D75－1观测支洞水准测点垂直位移变化过程线图

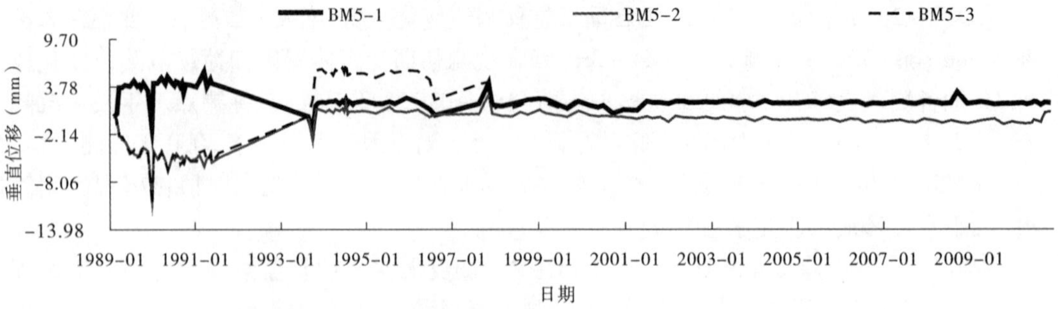

图11　大黄崖 D75－5 观测支洞水准测点垂直位移变化过程线图

5　结　语

大黄崖各观测支洞人工沉降测点垂直位移变化规律基本保持一致，自动化测量数据分析规律与人工测量一致，且均不呈明显的年周期性变化，与一般地下隧洞的变形规律相似，受爆破后岩体卸荷等因素影响，各测点在观测初期均出现变幅相对较大的波动或尖点型测值，伴随洞室围岩变形自稳调整，各测点位移变化时程过程线变化平顺，已基本趋于稳定。

参考文献

[1] 谭靖夷，黄广. 乌江渡工程施工技术[M]. 北京：水利电力出版社，1987.

[2] 乌江渡发电厂水工部. 乌江渡水电站第一次大坝安全定期检查资料汇编[G]. 1993.

[3] 乌江渡发电厂水工部. 乌江渡水电站第三次大坝安全定期检查资料汇编[G]. 2008.

[4] 中华人民共和国水利部. DL/T 5178—2003 混凝土坝安全监测技术规范[S]. 北京：中国电力出版社，2003.

[5] 刘剑鸣. 乌江渡水电站大坝安全监测系统更新改造规划设计报告[R]. 2010.

向家坝水电站消力池检修技术研究

杨　鹏

（向家坝水力发电厂　四川　宜宾　644612）

摘要：向家坝水电站是金沙江下游河段规划的最末端梯级水电站，拦河大坝为混凝土重力坝。泄洪建筑物主要由泄洪表孔、中孔及消力池构成。采用高低跌坎底流消能形式，泄洪消能建筑物具有高水头、大单宽流量、高泥沙的特点。向家坝水电站消力池于2012年10月首次运行，2012年年末、2013年年末对消力池进行了两次抽干检查及缺陷修补，本文就消力池运行后出现的缺陷情况、修补措施以及消力池检修施工组织情况作介绍。

关键词：消力池　抽水排砂　缺陷类型　修复措施

底流消能工在我国早期建设的中低水头工程中得到了广泛的采用，近20年来，结合宽尾墩等新型消能工的研究，底流消能得以在高水头和大单宽流量较大的工程中发挥了良好的消能作用，获得比较高的消能率，节省了工程投资，下游流态也比较稳定，已成为我国在泄洪消能技术研究与应用中的一大特色，但在已投入运行的工程中，多数水利枢纽消力池都发生过不同程度的破坏。向家坝水电站最大坝高为162 m，最大入池单宽流量达到了330 $m^3/(s \cdot m)$，因此为了确保向家坝水电站消力池的安全稳定运行，有必要对消力池主要缺陷、分布情况、修复措施等进行技术总结，确保向家坝水利枢纽的安全稳定运行，也为国内外其他高坝大流量采用底流消能水利枢纽提供工程借鉴实例。

1　工程概况

向家坝水电站拦河大坝为混凝土重力坝，最大坝高162 m。泄洪建筑物主要有表孔、中孔及消力池。布置在金沙江河床中部略靠右侧，采用高低跌坎底流消能形式。泄洪坝段前沿宽248.00 m，由12个表孔和10个中孔相间布置组成，下游由中导墙分成两个对称的消力池。表、中孔坝面泄槽由于溢流面高程不同用3 m宽的中隔墙分隔，中隔墙从上游闸墩起一直延伸至表中孔跌坎末端。向家坝水电站泄洪建筑物三维效果图见图1。

消力池设计主要考虑在消力池内形成一定的水垫深度，以保证下泄水流在池内形成淹没水跃，并且流态稳定，同时将消力池底板的临底流速及脉动压强控制在允许范围内，以保证消力池底板的安全。根据泄洪消能模型试验综合比较，确定消力池池长228 m，消力池总宽226 m，由10 m宽的中导墙分隔成两个对称的消力池，单池净宽108 m，消力池底板高程245.00 m，尾坎坎顶高程270.00 m，池内静水水深25 m。消力池左右导墙墙顶高程297.00 m，中导墙顶高程289.00 m。消力池尾坎顶宽3 m，尾坎下游设置长100 m的混凝土护坦，护坦厚1 m。根据基岩面出露情况，左消力池坎后护坦顶面高程250.00 m，右消力池坎后护坦

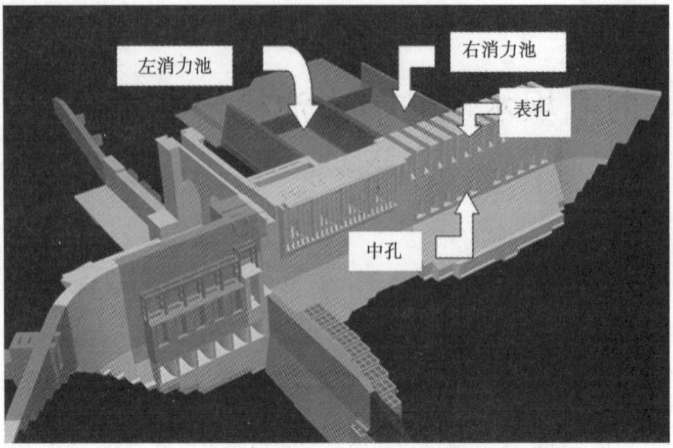

图1　向家坝水电站泄洪建筑物三维效果图

顶面高程260.00 m。消力池平面布置图见图2，消力池纵剖面图和横剖面图分别见图3～图8。

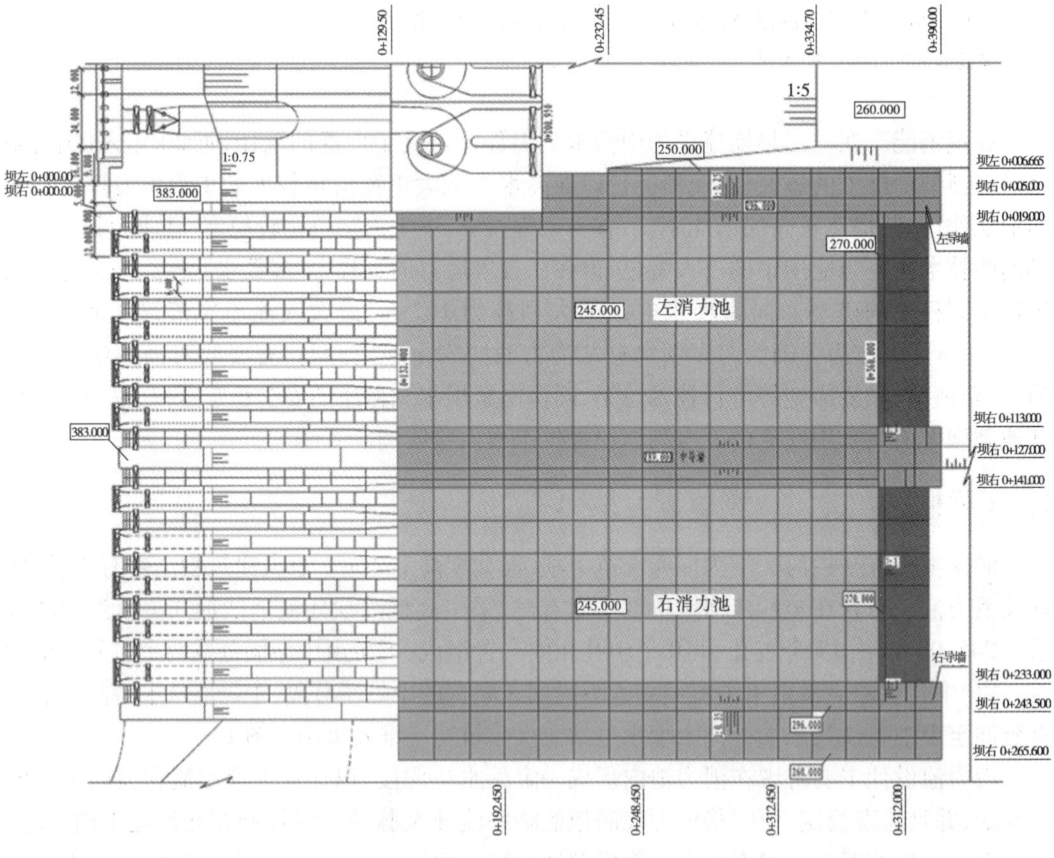

图2　消力池平面布置图

向家坝水电站坝高泄量大，采用底流消能是工程建设中的关键技术问题。它的特点是水力学指标高、泄洪频繁，还有泥沙磨损问题，现分述如下。

（1）泄洪消能水力学指标高。可行性研究阶段设计采用的泄洪消能布置方案，无论是

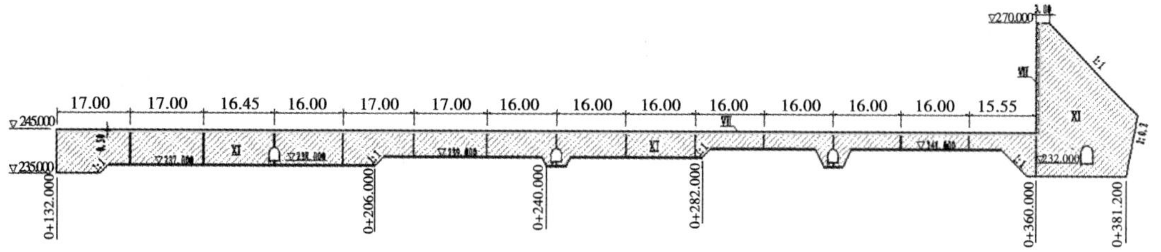

图3　左消力池底板纵剖面图

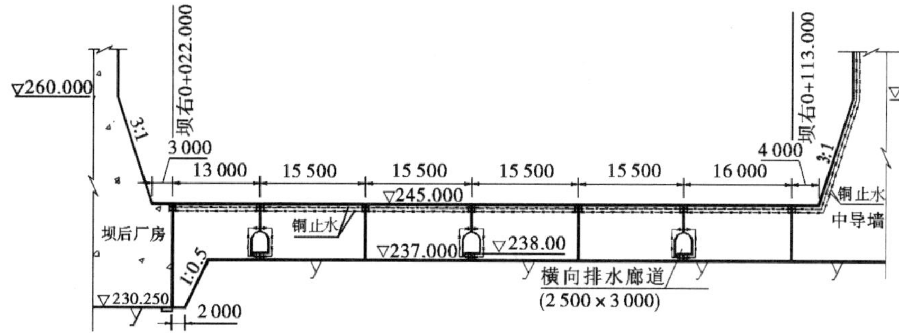

图4　左消力池(0 + 166.000)横剖面图

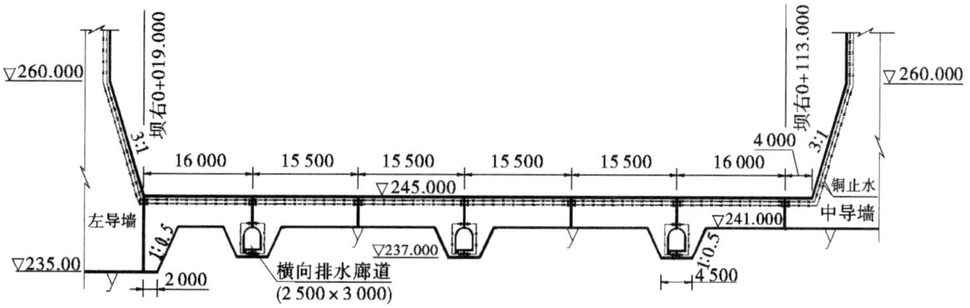

图5　左消力池(0 + 344.450)横剖面图

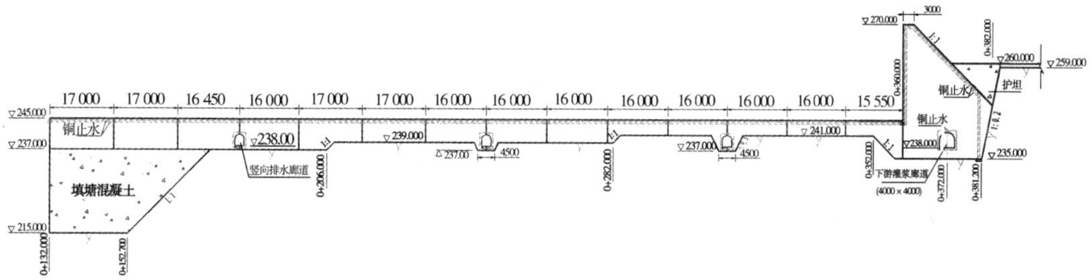

图6　右消力池底板纵剖面图

泄放常遇洪水入消力池的单宽流量(303.5 $m^3/(s \cdot m)$——中孔)和单宽泄洪功率(301 MW/m——中孔),还是校核洪水的入池单宽流量(331 $m^3/(s \cdot m)$——中孔,299 $m^3/(s \cdot m)$——表孔)和单宽泄洪功率(360 MW/m——中孔,325 MW/m——表孔)均为世界第一,超过已建的最大底流消能工程苏联的萨扬舒申斯克水电站万年一遇洪水(有修正保证值)的入池单宽流量(183.7 $m^3/(s \cdot m)$)和单宽泄洪功率(299 MW/m)。

向家坝上游常遇(汛限)洪水位和校核洪水位至消力池底板的水头落差分别为125 m

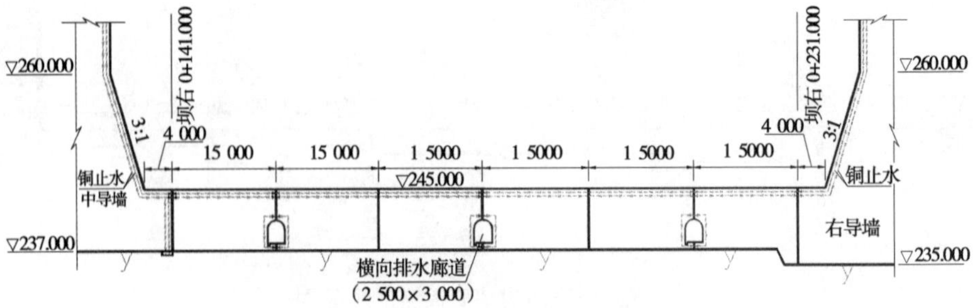

图 7　右消力池(0 + 198. 450)横剖面图

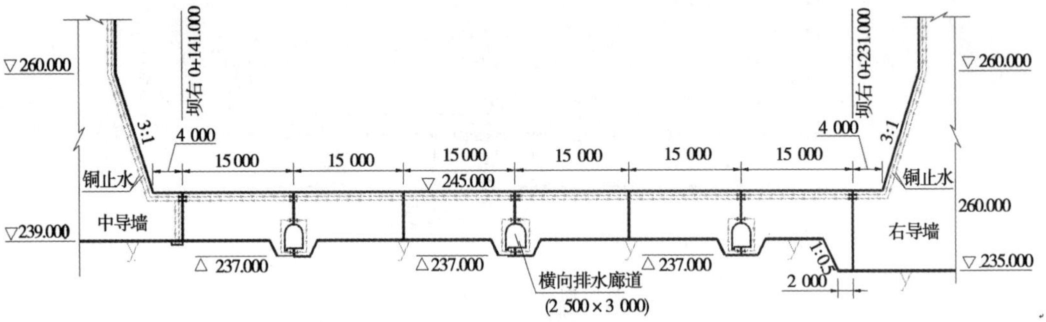

图 8　右消力池(0 + 232. 450)横剖面图

和 136. 83 m,入池流速超过 40 m/s,也居世界前列。可见,向家坝采用底流水跃消能的水力学指标是很高的。

(2)泄洪频繁。金沙江流域水量丰沛,洪水年际变化比较稳定。向家坝坝址处多年平均流量 4 920 m^3/s,多年平均径流量 1 550 亿 m^3,上游各梯级电站的调节库容与年径流量相比还是不大的。而向家坝水电站汛限水位 370 m 方案,调节库容只有 9. 03 亿。与此同时,为满足水利枢纽下游航运对水位变幅要求,泄洪设施也是向家坝电站切机补水唯一通道,故每年均要频繁泄洪。

(3)泥沙磨损问题。金沙江是多沙河流,溪洛渡等电站建成后虽可延缓向家坝库区的泥沙淤积(溪洛渡单独运行至 50 年,泥沙出库率约为 37. 3%),但经过几十年运行后部分悬移质泥沙将淤积在库区并推移至坝前。还有渡口至屏山是金沙江主要产沙区,全长约 723 km,向家坝至溪洛渡 156 km,屏山至溪洛渡 128 km,长度占主要产沙区的 17. 7%,这部分泥沙总是要淤积在向家坝库区的。同时,部分泥沙要通过中孔下泄到下游。因此,向家坝的泄洪消能建筑物还有泥沙磨损问题。如中孔要作局部开启运行,还有闸门的泥沙磨损问题。

通过对对比国内外采用底流消能工程表明,泄洪消能水力学指标高、每年泄洪运用频繁、泥沙磨损是造成泄洪消能建筑物(尤其是消力池)严重破坏的最主要原因。而这三个方面的因素,向家坝水电站与其他采用底流消能的大型工程相比最为突出,因此风险度也高。

向家坝水电站的泄洪消能建筑物采用中、表孔相间布置和高低跌坎底流消能,最大的优点是可以大幅度减小入池单宽流量和单宽泄洪功率、降低入池流速,还有布置紧凑、有利于拉沙。但这种布置除在下游坝面中、表孔出口连接困难外,还有类似于闸门间隔开启(中、表孔单独泄洪)和相邻闸孔闸门大级差开启(中、表孔联合泄洪)运行的弱点。此外,长隔墩形成的 22 条泄槽存在易遭空化空蚀、立轴旋涡的风险,若处置不当,很容易在闸墩后和消力池内造成复杂有害的三元流态，导致泄洪消能建筑物的严重破坏，如富春江和龚嘴水电站的鼻坎、坝趾和五强溪右消力池底板的严重破坏就是典型的例子，必须高度重视。

向家坝水利枢纽2012年10月开始下闸蓄水，消力池开始投运泄洪消能运行。为了安全起见，在2012年12月至2013年5月和2013年12月至2014年5月两次对消力池进行了抽干检查及缺陷修复检修，为消力池的安全运行提供了保障，也掌握了消力池运行后存在的缺陷类型、分部规律等工程实践

2　抽水排沙方法

汛后采用抽水排沙方案的前提是要注意结合机组发电的下泄流量，保证检修期间下游最高水位低于269 m(尾坎有1 m高的防浪超高)。当发电尾水流量超过269 m时，考虑尾坎围堰加高。

按二十年一遇的洪水考虑，从12月上旬到来年5月上旬，向家坝的洪峰流量最大值为3 360 m^3/s，下游水位不超过269.0 m，即检修期间，利用消力池下游尾坎坎顶高程270.0 m挡水(底板高程为245.0 m)，可以不用再加高下游围堰；但为了保险起见，两次检修过程当中，均在消力池尾坎顶搭设了0.5 m高的放浪围堰，以防止下游江水倒灌至消力池内，对消力池内检修工作造成影响。消力池抽排水期间，要保持底板廊道内的抽排系统正常运行，且监测基底扬压力在许可的范围内后，才能把消力池内的水抽干。

2.1　抽水排沙主要内容

消力池基坑排水主要包括两个方面：

(1)消力池内初期的抽水排沙；

(2)消力池检修期间的经常性排水，主要包括：降雨造成的池内积水；施工过程中的废水(包括表、中孔闸门漏水、施工废水等)；坡面汇水；其他。

2.2　消力池初期抽水排沙

2.2.1　消力池初期排水方法

消力池初期排水主要为排池内积水以及天然降雨。单池净宽108 m，消力池底板高程245.00 m，尾坎坎顶高程270.00 m，池内静水水深25 m。单池蓄水量为615 600 m^3。

两次检修均利用浮桶载水泵进行排水。利用4个浮桶临时安装4台混流式水泵，掉入检修消力池中，水泵进出水管采用管道连接排入下游河道。水泵的参数为：扬程约30 m，单泵流量300 m^3/h，9~10 d能抽排单池上部的24.8 m左右深积水(见图9)。

该方法的缺点为：

(1)设备体积大，重量重，吊运、组装困难；

(2)随着池内水位的变化，浮筒下降，要及时调整出水管方位；

(3)在检修工期较紧的背景下，检修人员通道爬梯吊装、设备吊装工期长。

该方法的优点的：

(1)可以采用较大泵体，减少泵的使用数量；

(2)不受积沙限制。

2.2.2　池内经常性排水方法

根据检修现场实际估算，表孔和中孔闸门最大漏水量约为50 m^3/h。施工弃水及降雨由于在整个施工期出现时间不固定，按最大流量25 m^3/h 考虑。两次检修期间，经常性排水

图 9　浮桶 + 混流式水泵排水方法工程实例

采用了 2 台排水强度为 75 m^3/h 水泵，一用一备，也采用浮筒 + 水泵排水方法。

经常性排水采用排水管路和集中固定式泵站排水，在基坑上游坎部位修建一道小围堰，拦截上游闸门漏水。在消力池内使用沙袋搭建围堰，将消力池分割若干区域及排水沟，集中清理底板遗留的积水。将消力池排水管路/沟与上游小围堰连通，把水引入下游消力池尾坎坡脚处已有的集水坑坑，抽排闸门漏水、雨水、施工废水等施工期明水，以保证缺陷普查和修补干地的需要。

2.2.3　池内排沙

由于向家坝电站下闸蓄水时间不长(2012 年 10 月下闸蓄水)，泄洪过程挟沙不是很多，经过前两次抽干检查，消力池内基本上没有积沙，故没有进行特别的排沙作业。

但从金沙江含沙量以及坝前泥沙淤积到泄洪孔口进口高程后，泄洪过程中挟沙量将增大，池内的积沙会比较严重，如果需要进行大面的修补和全面检查，必须首先考虑排沙。

如果仅进行池内局部修补，如消力池上游首部区域(该区域将是水流流态最为复杂的，也是维修的重点部位)，则无需排沙，仅需要将修补区域的泥沙推至其他区域即可。如果在后期的运行过程中发现池内积沙并不严重(厚度小于 0.2 m)，则均可采用分区检修，泥沙等小颗粒杂物倒换存放，可不进行出池排沙等工作。

3　消力池磨蚀及破坏情况

3.1　消力池结构及材料选择

消力池设计主要考虑在消力池内形成一定的水垫深度，以保证下泄水流在池内形成淹没水跃，并且流态稳定，同时将消力池底板的临底流速及脉动压强控制在允许范围内，以保证消力池底板的安全。根据泄洪消能模型试验综合比较结果，确定消力池池长 228 m，消力池总宽 226 m，由 10 m 宽的中导墙分隔成两个对称的消力池，单池净宽 108 m，消力池底板高程 245.00 m，尾坎坎顶高程 270.00 m，池内静水水深 25 m。消力池左右导墙墙顶高程 297.00 m，中导墙顶高程 289.00 m。消力池尾坎顶宽 3 m，尾坎下游设置长 100 m 的混凝土护坦，护坦厚 1 m。根据基岩面出露情况，左消力池坎后护坦顶面高程 250.00 m，右消力池坎后护坦顶面高程 260.00 m。

泄洪表孔反弧段底板、泄洪中孔钢衬段以下部位以及泄洪表孔和泄洪中孔之间的隔墙采用强度等级为 $C_{90}55$ 的混凝土；消力池上游段(桩号约为 0 + 240 m)底板采用强度等级为 $C_{90}50$ 的混凝土，左、右导墙和中隔墙上游段(桩号约为 0 + 240 m)迎水面采用强度等级为

$C_{90}55$ 的混凝土；消力池其余部位采用强度等级为 $C_{90}40$ 的混凝土。强度等级为 $C_{90}55$、$C_{90}50$、$C_{90}40$ 的抗冲耐磨混凝土未掺加硅粉。为进一步改善混凝土抗裂和抗冲磨性能，$C_{90}55$ 和 $C_{90}50$ 混凝土掺加 PVA 纤维。在施工过程中尽量采用三级配常态混凝土，不适合浇筑三级配常态混凝土的部位优先采用二级配常态混凝土。

根据泄洪消能深化研究阶段的消力池流态、底板时均压强及脉动压强分布区域特征，结合坝基深层抗滑稳定研究成果，确定消力池底板前 1/3 区域厚度为 10 m，中间 1/3 区域厚度为 6 m，后 1/3 区域厚度为 4 m。

消力池底板按照长方形进行分缝，顺水流方向尺寸 13 ~ 17.5 m 不等，垂直水流方向 10 ~ 15 m 不等。消力池底板前 2/3 区域采用键槽缝型式，后 1/3 区域采用平缝型式。消力池左导墙呈 L 形，分缝长 20 m，所有缝面均采用键槽缝。左导墙竖墙区域采用垂直键槽，水平底板采用水平键槽。消力池中导墙、右导墙分缝长度 19.05 ~ 23 m 不等，所有缝面均采用垂直键槽缝。

3.2　消力池运行情况

向家坝工程于 2012 年 10 月 10 日下闸蓄水，10 月 11 日泄洪中孔及消力池正式投入运行，10 月 17 日水库蓄至 353.00 m 水位，完成了初期蓄水过程。在此期间，中孔在低水位下工作弧门局部开启运行，肩负调节下泄流量的任务。在泄水过程中，消力池内流态均匀稳定，掺气充分，前 1/3 池长水流翻滚剧烈，为主消能区，后半池水面波动较小。中孔泄槽水面连续平顺，表面挟气均匀，无明显的表面激波、涌浪现象。因下游水位较低，消力池尾坎处存在水面二次跌落现象。

2013 年度泄洪的时段为 7 月 5 日至 10 月 27 日，总泄洪天数为 115 d。最大出库流量为 14 400 m^3/s，孔口最大下泄 11 300 m^3/s，最大泄量为 8 000 m^3/s 。中表孔闸门在整个汛期进行了超过 250 次的调度，10 个中孔和右池表孔均经历了全开运行的考验。经过两个汛期对消力池底板水流流速的在线监测，可监测到的池底流速为 6 ~ 8 m/s。

3.3　消力池磨蚀及破坏情况

3.3.1　2012 年汛后抽干检查及修补情况

2012 年汛后消力池抽干检查和实测资料显示，消力池底板面下游侧特别是靠近尾坎区域（桩号为坝下 0 + 210.95 ~ 0 + 360.95 m）表面以及过水前填补的胶泥面均很光洁，无打磨、冲刷的痕迹，表明消力池后池 2/3 部分基本无磨蚀迹象。消力池底板第 1 ~ 5 条带（桩号坝下 0 + 132 ~ 0 + 210.95，坝右 0 + 141 ~ 0 + 231）均呈现出不同程度的磨蚀，测量最大磨蚀深度为 70 mm。从现场底板磨蚀程度并结合相应板块磨蚀计的测值分析来看，大体上越靠近上游，磨损（蚀）程度越大；横向越临近消力池中心，磨损（蚀）程度越大。消力池导墙磨蚀情况也呈现出与底板磨蚀情况一样的规律，即导墙池首 1/3 区域有轻微磨蚀，平均磨蚀深度为 20 mm，施工遗留的定位锥孔被空。

2012 年汛后对抽干检查后暴漏的磨蚀缺陷进行了修补，消力池底板采取嵌填环氧砂浆处理，边界采取涂挂环氧胶泥进行过度，满足底板修补后平整度要求。消力池导墙及跌坎采取满刮环氧胶泥处理。

3.3.2　2013 年汛后抽干检查

2013 年汛后对消力池抽干现场检查和实测资料，消力池池首段（前池 1/3 区域）底板、侧墙及桩号中表孔跌坎立面均出现不同程度磨蚀情况，部分 2012 年汛后修补环氧砂浆和环氧胶泥被磨蚀，底板少量锚筋上弯段出露及部分深坑部位钢筋网出露。底板磨蚀较深区域均集中在前池 10 m 范围，靠近中部，两池磨蚀较深区域总面积约为 500 m^2，磨蚀深度基本在 10 cm 以内，个别测点达到 7. 3 cm；中表孔跌坎立面（桩号 0 + 132）底部磨蚀深度约在 2 cm 左右。与 2012 年磨蚀情况不同的情况是，2013 年度向家坝表孔投入运行，实现了中、表孔联合运行的状态，在单池边表孔出口的消力池导墙上，出现了剪切带，消力池导墙和底板的阴角区域磨蚀较深，最大深度约在 10 cm，表面钢筋出漏。

经过各方专家现场检查和实测数据（见图 10、图 11），确定消力池底板、侧墙、跌坎立面均属磨蚀缺陷，基本未出现明显的冲蚀、空蚀现象，消力池钢筋混凝土保护层净厚度为 12 cm，磨蚀属浅表层（ 磨蚀小于 5 cm ）或表层磨蚀（磨蚀 5 ～ 10 cm）。

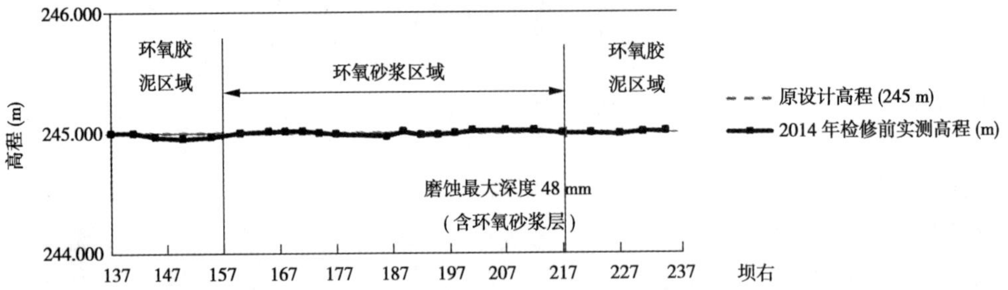

图 10　消力池底板 0 + 134 磨蚀深度测量数据

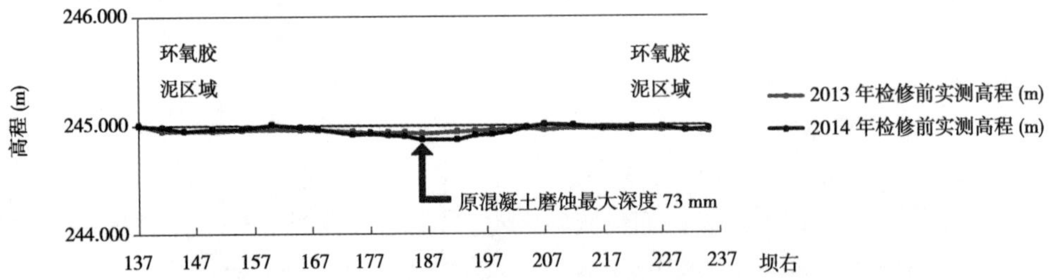

图 11　消力池底板 0 + 140 磨蚀深度测量数据

4　2013 年汛后缺陷修补措施

4. 1　主要修补材料的选择

2012 年消力池缺陷修补大量使用了杭州国电生产的电光牌 HK – EQ 双组分环氧胶泥和 HK – UW – 3 环氧砂浆材料进行修复。2013 年抽干检查，虽有部分修复的环氧砂浆或环氧胶泥脱落，但保留率较高，对消力池原浇筑的混凝土起到了很好的保护作用，因此决定 2013 年消力池检修仍然采用杭州国电生产的环氧材料进行修补或防护处理。与此同时，国内材料科研和生产单位供货周期较短，修补费用较国外进口材料较低，也是选择杭州国电生产的环氧材料一项考虑因素。

本次消力池检修所用修补材料主要有杭州国电生产的电光牌 HK – EQ 双组分环氧胶

泥和 HK－UW－6 环氧混凝土、HK－UW－3 底板环氧砂浆、HK－UW－7 立面环氧砂浆、HK－UW－8 剪切带找平环氧砂浆。

4.2　主要修复方案

2013 年修复方案在对比 2012 年修复效果的基础上，将消力池底板冲磨较深的区域由原环氧砂浆修复改为环氧混凝土修复，提高底板的抗冲磨性能。将消力池导墙、跌坎等立面冲磨较严重的区域（冲磨深度大于 3 cm）由原来的环氧胶泥修复改为环氧砂浆修复。

4.2.1　消力池底板

根据现场实际磨蚀情况，2013 年主要对消力池底板前池 1/3 磨蚀较为严重的区域进行修复。对底板磨蚀深度大于 3 cm 区域浇筑 HK－UW－6 环氧混凝土，浇筑高程按原设计体型控制；对底板磨蚀深度小于 3 cm 的区域浇筑 HK－UW－3 环氧砂浆，环氧砂浆浇筑厚度按 2 cm 控制，环氧砂浆和下游消力池底板平顺过度，坡度控制在 1∶20 以下。

4.2.2　消力池导墙

对导墙冲刷深度大于 0.5 cm 的区域用 HK－UW－7 环氧砂浆进行修补。环氧砂浆修补厚度按 1.6 cm 控制，分两层浇筑，单次浇筑厚度为 0.8 cm。冲刷深度小于 0.5 cm 的区域满刮环氧胶泥，环氧胶泥厚度按 1.5 mm 控制。

对于消力池导墙高程 261 m 处（边表孔流道出口）的剪切水流冲刷区，先将剪切带上松散的颗粒进行清除，再对基面进行清洗。对冲刷深度超过 5 mm 的部位用 HK－UW－8 环氧砂浆进行填筑，然后对剪切冲刷区满刮环氧胶泥，胶泥厚度按 1.5 mm 控制。

对中表孔流道跌坎冲刷深度大于 0.5 cm 的区域用 HK－UW－7 环氧砂浆进行修补，修补厚度按 0.8 cm 控制，一次浇筑成型。

5　结　语

（1）向家坝水电站采用的高低跌坎底流消能方式属于国内首例，通过对比两次抽干检查结果表孔，该泄洪消能建筑物体型的设计，很好地减小消力池内池底流速，降低消力池底板的冲蚀破坏。

（2）经过第二次抽干检查情况，验证了第一次抽干检修方案是可行、可靠的，可以很好地保证消力池安全稳定的运行。

（3）伴随着向家坝水利枢纽建设施工已近尾声，并水库水位已经达到设计水位，则进入消力池的施工弃渣或库区漂浮物等较坚硬的磨蚀介质将大量减少，可以大大降低对消力池的磨蚀破坏。

（4）为了确保消力池长周期安全运行，有必要在消力池运行的前 5～10 年内，在枯水期对消力池进行抽干检查，及时修复相关缺陷，掌握消力池破坏类型及分布规律，优化修复方案，优化闸门调度，确保消力池运行状态可控、在控。

当前国内外高坝大库水利枢纽较多，由于地址条件、周边环境等边界因素的影响，采用底流消能方式成为首选或是必选方案，在已投入运行的水利工程中，多数消力池均发生不同程度的损坏，严重影响整个水利枢纽的安全运行。向家坝电站两次对消力池进行抽干检查及修复，很好地验证了采用高低跌坎底流消能的可靠性。与此同时，在消力池抽干检查方式、修补方案、状态检修的管理理念等具有很好的借鉴意义。

参考文献

[1] 孙志恒,俞洪明,等. 向家坝水电站消力池抢修及检修技术研究报告[R].

超高心墙堆石坝渗压计埋设方法与心墙内部渗透压力影响机理研究

冯小磊[1]　葛培清[2]　马能武[1]　刘德军[1]

（1. 长江空间信息技术工程有限公司　湖北　武汉　430010；
2. 华能澜沧江水电有限公司糯扎渡建管局　云南　普洱　665625）

摘要：糯扎渡心墙堆石坝最大坝高261.5 m，为目前国内已建最高心墙堆石坝。本文首先介绍了糯扎渡心墙堆石坝渗压计埋设方法的试验研究，论证了心墙内部渗压计的测值可靠性，提出了改进的双层保护钢管渗压计埋设方法。分析了影响心墙内部渗透压力变化的主要因素，通过模型分析研究各种影响因素在不同阶段对心墙内部渗透压力的影响程度，评价了大坝在不同阶段的运行性态，为糯扎渡水电工程运行期安全评价提供参考依据，并为类似工程施工期及运行期安全评价提供借鉴。

关键词：心墙堆石坝　渗透计　埋设方法　渗透压力

1　工程概述

糯扎渡水电站心墙堆石坝坝顶高程821.5 m，坝顶长630.06 m，坝体基本剖面为中央直立心墙形式，即中央为砾质土直心墙，心墙两侧为反滤层，反滤层以外为堆石体坝壳。坝顶宽度为18 m，心墙基础最低建基面高程为560.0 m，最大坝高261.5 m，上游坝坡坡度为1∶1.9，下游坝坡坡度为1∶1.8[1]。糯扎渡水电站心墙堆石坝为目前国内已建最高心墙堆石坝，渗流渗压监测作为评价大坝的关键项目一直受到各方关注，自2007开始，心墙堆石坝先后埋设200余支渗压计，积累了大量监测数据，为指导施工、验证设计和工程安全运行评价等提供了科学依据。

糯扎渡大坝已历经2008～2012年填筑施工期，2011年9月～2011年12月第一阶段蓄水期（库水位610～666 m），2012年1月～2012年8月第二阶段蓄水期（库水位666～765 m），2013年7月～2013年10月第三阶段蓄水期（库水位765～812.5 m）及之后的首次回落期，监测成果表明，各项测值均在设计允许范围内，大坝运行安全。

2　渗压计埋设方法试验研究

埋设在黏土心墙中的渗压计可能受到心墙碾压的影响，传感器结构产生应变，从而影响到渗压计的测值；另外，超高心墙堆石坝上部土石压力较大，同样可能对渗压计传感器产生影响。由于EL. 626.1 m高程心墙内部渗压计渗透压力折算水位高于心墙面填筑高程，为验证仪器测值的可靠性，糯扎渡水电工程在EL. 660 m高程心墙堆石坝内除采用常规方法进行渗压计埋设外，还在相应仪器附近采用钢套管保护的方法埋设了部分试验渗压计，两种方法埋设的渗压计在同一高程、同一部位对应埋设，通过对比分析两种不同埋设工艺渗压计的监测成果,研究心墙填筑及土石压力是否对常规方法埋设的渗压计渗透压力产生影响,两种不同渗压计埋设方法见图1、图2。两种不同方法埋设渗压计布置情况见表1。

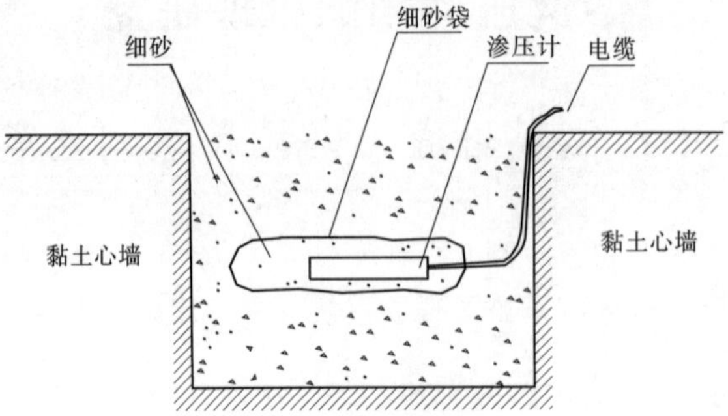

图1 常规埋设示意

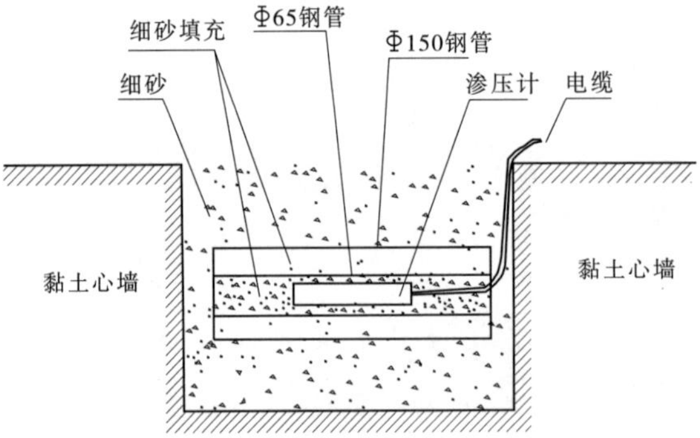

图2 双层钢管保护埋设示意

表1 渗压计布置情况统计

双保护钢管埋设渗压计	常规方法埋设渗压计	埋设位置			埋设介质
SY－P－01	DB－C－P－23	坝0＋310.687	坝上0－50.154	高程660.065 m	上游坝Ⅰ料
SY－P－02	DB－C－P－24	坝0＋310.108	坝上0－39.123	高程659.456 m	上游反Ⅰ料
SY－P－03	DB－C－P－25	坝0＋310.086	坝上0－18.420	高程659.392 m	心墙黏土料
SY－P－04	DB－C－P－26	坝0＋310.107	坝下0＋0.023	高程659.425 m	
SY－P－06	DB－C－P－27	坝0＋310.110	坝下0＋18.518	高程659.305 m	
SY－P－07	DB－C－P－28	坝0＋310.095	坝下0＋40.093	高程659.085 m	下游反Ⅰ料

选取心墙堆石坝不同施工时段,对两种埋设方法的渗压计渗透压力折算水位进行对比分析,对比结果见表2。

表2　不同时段渗透压力折算水位对比分析表

双保护钢管埋设渗压计	观测日期（年-月-日）	折算水位常规方法	埋设渗压计	观测日期（年-月-日）	折算水位（m）	对比时段	水位偏差（m）
SY－P－01	2012-12-14	773.75	DB－C－P－23	2012-12-14	771.54	大坝填筑到顶	2.21
SY－P－02	2012-12-14	769.75	DB－C－P－24	2012-12-14	771.97	大坝填筑到顶	－2.22
SY－P－03	2012-12-14	781.15	DB－C－P－25	2012-12-14	781.63	大坝填筑到顶	－0.48
SY－P－04	2012-05-14	776.16	DB－C－P－26	2012-05-14	775.87	大坝填筑至799 m	0.28
SY－P－06	2014-05-19	752.64	DB－C－P－27	2014-05-19	752.65	初期蓄水完成	0
SY－P－07	2014-05-19	无渗透压力	DB－C－P－28	2014-05-19	无渗透压力	初期蓄水完成	0

从表2可以看出，在大坝填筑至EL.799 m、大坝填筑至坝顶EL.821.5 m及初期蓄水完成后各阶段，两种方法埋设渗压计渗透压力折算水位偏差均不大，最大偏差在2.2 m左右，初步分析偏差产生的主要原因与两支仪器埋设位置略有分开有关。由此可以判断，施工过程的碾压和上部约160 m高土石压力未对常规方法埋设的渗压计测值产生影响，双层保护钢管埋设渗压计可作为改进方法应用于超高堆石坝中。上述结论为判断仪器测值可靠性提供了试验依据，并为类似工程渗压计埋设提供施工技术依据。

3　心墙内部渗透压力分析

3.1　填筑施工期

糯扎渡心墙堆石坝心墙掺砾黏土料内部埋设大量渗压计，监测心墙内部渗透压力。填筑施工期间，心墙内部渗透压力主要表现为超孔隙水压力，个别测点渗透压力折算水位高于心墙填筑高程，如EL.626.1 m高程心墙内部渗压计DB－C－P－15～17折算水位在823～827 m，高于最大坝顶高程。选取EL.701.8 m渗压计DB－C－P－35作为进行分析，其渗透压力变化过程如图3、图4所示，从图中可以看出，填筑施工期，心墙填筑高程是影响心墙内部渗透压力变化的主要因素；至2012年12月，心墙堆石坝已填筑至坝顶，并已完成第二阶段蓄水，库水位已高于765 m死水位高程，但该阶段库水位对心墙内部渗透压力影响仍很小；时间因子反映心墙内部渗透压力随土体固结而缓慢消散，符合一般规律；心墙内部温度常年变化幅度在1.5 ℃以内，温度变化较小，因此温度因子对渗透压力影响较小，可忽略不计。

对比分析上、下游坝壳区渗压计监测成果，上下游坝壳区渗透压力初期随坝区填筑快速增加，由于心墙及上、下游围堰的阻渗作用，上游围堰防渗墙高于下游围堰防渗墙，因此上游坝壳区渗压水位高于下游坝壳区渗压水位；当上、下游坝壳区渗压水位高于上、下游围堰防渗墙时，上、下游坝壳区的渗压水位变化趋于稳定，主要受汛期降雨影响，表现为季节性周期变化；蓄水开始后，上游坝壳区渗透压力主要受库水位影响，下游坝壳区渗透压力无明显变化，如图5、图6所示。

上下游坝壳区材料渗透系数较大，地下水与大气的连通性较好，水压只与水深有关；而心墙掺砾土料渗透系数很小，位于心墙料中的水就如置于密封体内的水，其水压与密封体内的压力有关[2]。因此，心墙内的渗压计与心墙以外的渗压计虽然都是测定水的压力，但两者也有本质区别，一个是大气状态下的水压，一个是密封体内的水压，因此施工期心墙内部

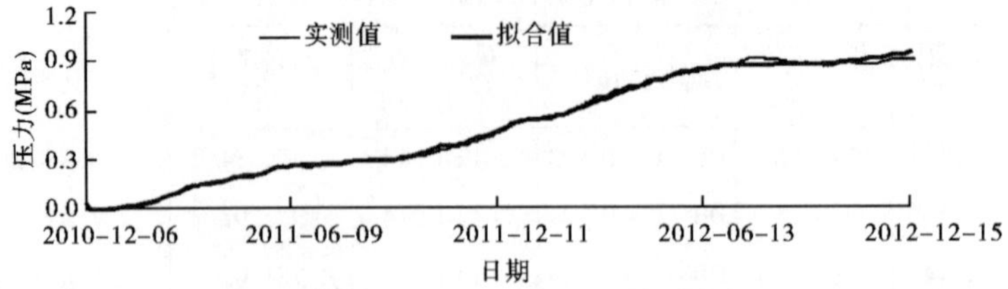

图 3　心墙内部渗压计 DB - C - P - 35 渗透压力与其拟合值过程线

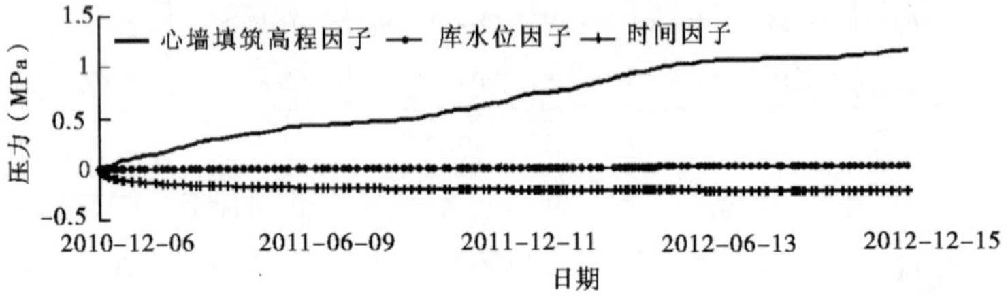

图 4　心墙内部渗压计 DB - C - P - 35 渗透压力统计模型各因子分量过程线

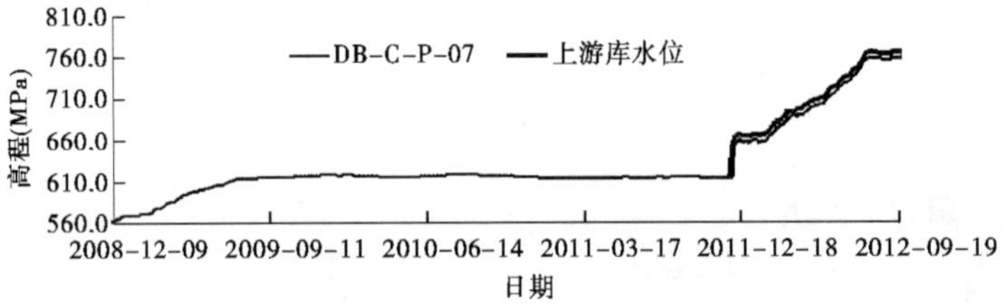

图 5　上游坝壳区渗压计 DB - C - P - 07 渗透压力折算水位变化过程线

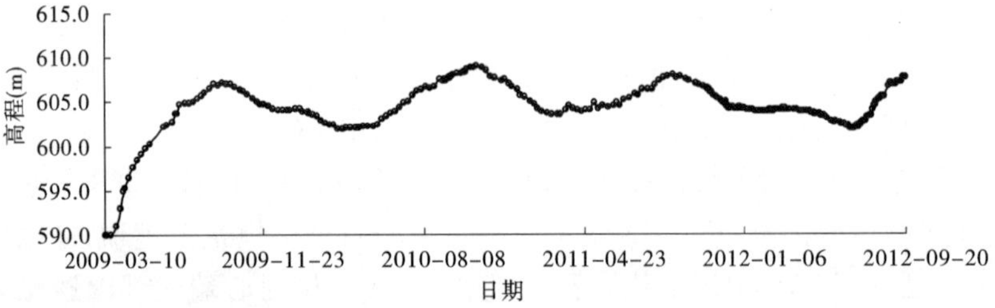

图 6　下游坝壳区渗压计 DB - C - P - 13 渗透压力折算水位变化过程线

部分测点渗透压力折算水位高于大坝填筑高程属于正常现象，符合一般规律，EL. 626. 1 m 高程心墙内部渗压计渗透压力测值应是真实可靠的。

3.2　初期蓄水期

2012 年 12 月，心墙堆石坝填筑至坝顶高程，并已完成一、二阶段蓄水，库水位抬升至死水位，从填筑施工期统计模型分析，一、二阶段蓄水对心墙渗透压力影响较小。

心墙填筑至坝顶后至 2013 年 7 月第三阶段蓄水前，受土体固结影响，心墙内部渗透压力逐渐消散；第三阶段蓄水开始后，心墙内部渗透压力变化开始受库水位变化影响。为了更直观地表达渗透压力受库水位变化影响，选取渗透压力折算水位作为效应量进行分析，渗压计 DB - C - P - 35 渗透压力折算水位变化过程如图 7、图 8。从图中可以看出，心墙填筑至坝顶后，并经过一、二阶段蓄水后，库水位开始对心墙内部渗透压力产生影响，成为影响渗透压力变化的主要因素，符合大坝浸润线形成的过程规律[3,4]；该阶段心墙内部渗透压力继续随土体固结而缓慢消散，从时间因子分量变化过程可以反映，符合一般规律；心墙已填筑至坝顶,不再作为影响因子进行考虑。

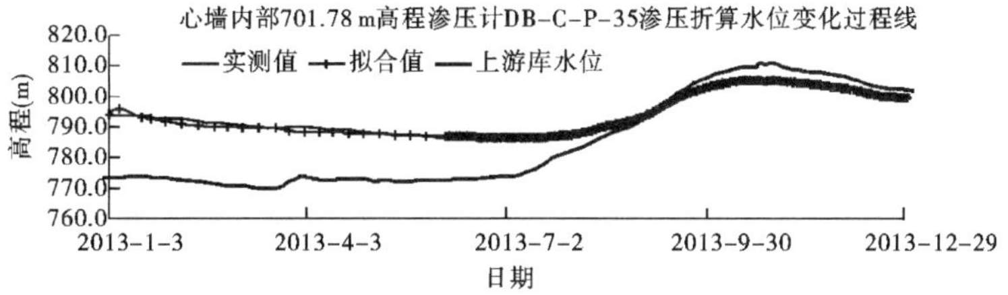

图 7 心墙内部渗压计 DB - C - P - 35 渗透压力折算水位变化过程线

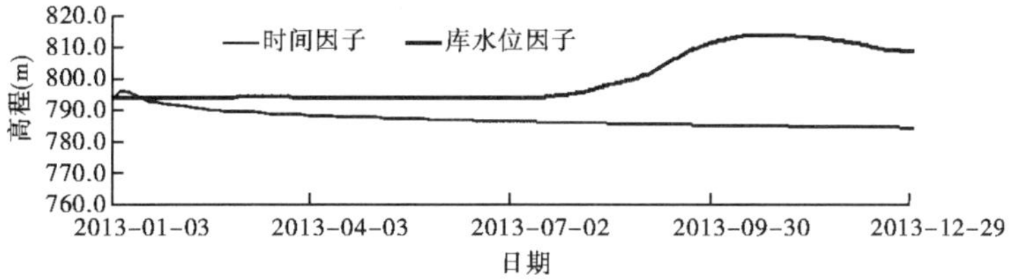

图 8 心墙内部渗压计 DB - C - P - 35 渗透压力折算水位统计模型各因子分量过程线

从上述分析可以判断,库水位抬升、回落已成为影响心墙内部渗透压力变化的主要因素,而时间因子的影响将会随着心墙土体固结逐渐趋于稳定而逐渐减弱,因此通过水位变化可以先期预测心墙内部渗透压力的变化,与实测值进行比较,可作为评判大坝运行性态的重要参考依据。

4 结 语

通过渗压计埋设方法的试验研究和不同阶段心墙内部渗透压力分析,可以得出如下结论:

(1)糯扎渡大坝心墙内部埋设的渗压计测值可靠,渗压计改进双层保护钢管埋设工艺为类似堆石坝渗压计埋设方法提供了施工技术依据。

(2)心墙内部渗透压力主要表现为超孔隙水压力,施工期渗透压力主要受大坝填筑高程影响,即仪器上部荷载压力影响,上部荷载压力越大,渗透压力越大。

(3)糯扎渡大坝一、二阶段蓄水期间,库水位尚未对心墙内部渗透压力有明显影响,第三阶段蓄水时,库水位成为影响渗透压力变化的主要因素,符合大坝浸润线形成的一般过程规律。

(4)时间因子反映了心墙内部渗透压力随土体固结而缓慢消散,且时间因子的影响会随着心墙土体固结的逐渐稳定而逐渐减弱。

(5)截至 2013 年 12 月底,糯扎渡大坝坝后量水堰监测大坝总渗流量小于 5 L/s,远小于设计预警值,表明心墙防渗效果良好。

参考文献

[1] 谭志伟,邹青,刘伟. 糯扎渡水电站高心墙堆石坝监测设计创新与实践[J]. 水力发电,2012,38(9).
[2] 马能武,唐培武,葛培清,等. 黏土心墙堆石坝施工初期渗流控制及渗压监测[J]. 人民长江,2010,41(20).
[3] 蒙富强. 基于ANSYS的土石坝稳定渗流场的数值模拟[D]. 大连:大连理工大学,2005.
[4] 邱珍锋,马伟,向袆. 正交各向异性土石坝非饱和稳定渗流分析[J]. 嘉应学院学报:自然科学版,2013,31(5).

猫跳河四级窄巷口水电站渗漏稳定及渗漏处理工程设计

单承康

（中国电建集团贵阳勘测设计研究院有限公司　贵州　贵阳　550081）

摘要：猫跳河四级窄巷口水电站处于岩溶强烈发育区，工程于1965年动工兴建，1972年竣工。电站建成后水库深岩溶区渗漏严重，初期渗漏量约20 m^3/s，经1972年和1980年两次库内堵洞渗漏处理后，渗漏量仍为17 m^3/s左右，水库渗漏影响到建筑物的安全。针对电站岩溶发育情况，通过大量的勘测设计工作，拟订了中间拦截防渗处理方案，施工过程中采取分期分区的设计思路，成功地解决了建筑物的渗漏稳定问题，渗漏量减小为1.54 m^3/s，达到了预期效果。

关键词：猫跳河四级窄巷口水电站　岩溶　建筑物渗漏稳定　水库渗漏处理

1　工程概况

猫跳河四级窄巷口水电站位于乌江右岸一级支流猫跳河下游，处于深山峡谷及岩溶强烈发育区，为猫跳河上第四个梯级水电站。水电站水库正常蓄水位1 092 m，相应库容7.08×10^6 m^3，厂房尾水位1 026.6 m，多年平均流量44.9 m^3/s，引用流量96.9 m^3/s，电站装机容量3×15 MW（现增容为3×18 MW）。电站枢纽由溢流式双曲拱坝、右岸引水系统、右岸岸边式厂房及开关站、左岸导流兼放空洞组成，最大坝高54.77 m。工程等级为三等，主要建筑物级别为3级。

窄巷口水电站工程于1965年动工兴建，1970年9月首台机发电，1972年工程竣工。工程建成至今已运行40余年，取得了较好的经济、社会效益。电站建成后水库深岩溶区渗漏严重，初期渗漏量约20 m^3/s，约占多年平均流量的45%，经1972年和1980年两次库内堵洞渗漏处理取得一定效果，但渗漏量仍为17 m^3/s左右。

窄巷口水电站的岩溶渗漏问题，是在极其复杂的地质条件和社会环境下造成的，不论是岩溶发育的规律方面、地下水动力条件类型方面、渗漏形式方面，还是渗漏量占多年平均径流量的比例，都具典型性。长期渗漏不仅浪费了水能资源，也逐渐威胁到枢纽建筑物的安全。

2　工程地质条件

猫跳河进入峡谷期后，由于受右岸支流大桥河的影响，干流从窄巷口进口至坝址下游K_{11}花鱼洞之间，形成一向北凸出的弧形河湾，河道长1.7 km，弦长1.2 km。河湾地带发育有下坝小河，其在距猫跳河干流1.3 km处潜入地下，进口高程约1 189 m，最后从K_{11}花鱼洞流出。下坝小河下游侧1 km处，与之平行发育有方家山冲沟，出口高程1 100 m，汛期呈70 m高的瀑布泄入猫跳河。窄巷口水电站库首左岸岩溶水文地质图见图1。

2.1　地层岩性与构造

猫跳河流域在地层分布上，基本上为单一的层序，从元古界上板溪群拉揽岩组的板岩、

图1　窄巷口水电站库首左岸岩溶水文地质图

千枚岩、变质砂岩到新生代第三系砂岩、砾岩均有沉积，除缺失古生界奥陶系、志留系，以及部分泥盆系、石炭系地层外，其余各系地层测区均有分布，其中部分侏罗系、第三系为陆相红色沉积，其他时期则为海相沉积，尤以碳酸盐类沉积为主。

2.2　岩溶

库坝区出露的寒武系至二叠系地层中，白云岩、白云质灰岩及灰岩等可溶性碳酸盐岩厚度占地层总厚度达86%，砂页岩、泥灰岩等非可溶岩类仅占14%，属可溶性碳酸盐岩夹非可溶岩岩层组合结构。岩溶十分发育，岩溶形态多样。

地表岩溶与地下岩溶形态均较发育，构成地上、地下二元结构特征。在左岸1 km^2 范围内，有洼地、漏斗、落水洞、干谷、溶洞及伏流暗河等负形态54个，勘察阶段37个钻孔揭露岩溶洞穴74个，还有若干锥状石峰分布。地表岩溶地貌组合形态为峰丛洼地类型，而地下则由巨大的洞穴系统与分散的溶蚀孔、洞联合组成。

2.3　渗漏分区

根据岩溶水文地质条件,在防渗线上划分三个渗漏区,分别为右岸绕坝渗漏区,坝基渗漏区和左岸渗漏区。

右岸绕坝渗漏区:渗漏形式为脉管性渗漏与裂隙性渗漏。

坝基渗漏区:渗漏形式以溶蚀裂隙渗漏为主 。

左岸渗漏区:渗漏处理前,左岸防渗线空库时存在7个纵向径流带,水库蓄水后发展归并为4个较大范围的集中渗漏带。

3　处理方案设计

近坝区的渗漏对左右坝肩稳定、发电进水口稳定、导流兼放空洞洞口段稳定构成威胁,对基础拱桥的安全有一定影响。渗漏水量随库水位的升降而变化,并随水库运行时间的延续而增大,这种不稳定增大的渗漏,不仅淘刷、侵蚀扩大本已存在的复杂的岩溶渗漏通道,还可能沿软弱构造面扩展新的岩溶裂隙管道,长时间的渗漏将对原本安全的建筑物构成威胁。

3.1　处理方案比选

窄巷口水电站解决了近坝区渗漏问题也就解决了建筑物安全稳定问题,根据水库渗漏特性和枢纽布置,进行了以下三个方案的研究对比。

3.1.1　全库盆防渗

在水库正常蓄水位以下,采用铺盖对窄巷口至坝前约1 250 m长库段进行封堵。该方案需放空水库、修筑围堰、排水、清淤、库盆整治、铺盖填筑等,工作面需在无水状态下完成,期间影响上下游多个梯级电站甚至全流域发电,施工条件及施工环境较差,存在铺盖稳定问题等。该方案仅解决渗漏问题及缓解岩溶地质条件的恶化,不能提高建筑物的安全稳定性。

3.1.2　堵主要漏水进口+近坝帷幕防渗

在水库正常蓄水位以下,对库盆内主要漏水进口进行封堵,近坝利用防渗帷幕解决建筑物的渗透稳定问题。该方案需放空水库、修筑围堰、抽水、清淤、漏水进口整治、填筑、固结灌浆等,工作面需在无水状态下完成,期间影响上下游多个梯级电站发电,施工条件及施工环境较差,存在漏水进口难以查明、封堵效果不好、易产生新的漏水通道等问题。

3.1.3　中间拦截防渗

在水库现有运行条件下,利用现有防渗灌浆设施在帷幕线上进行防渗处理。该方案可在低水位运行时(枯水期)施工,低高程岩溶管道封堵完成后,高高程岩溶管道封堵时应控制库水位,宜在枯水期施工,若在汛期施工对电站发电有一定影响。能彻底解决建筑物渗漏稳定和水库渗漏问题。

根据猫跳河四级窄巷口水电站的岩溶水文地质特点及近年岩溶地区基础处理技术的发展和成功经验,考虑施工环境影响,对窄巷口水电站的渗漏稳定及渗漏处理,确定采取中间拦截防渗方案。

3.2　中间拦截防渗处理方案

中间拦截防渗处理方案分为两期施工,一期重点解决坝基及近坝库岸渗漏稳定问题,按三区进行;二期以处理左岸岩溶管道集中渗漏为主,最终形成防渗帷幕总体,确保库首及坝址区安全并达到减小渗漏的目的(分期分区见示意图2)。

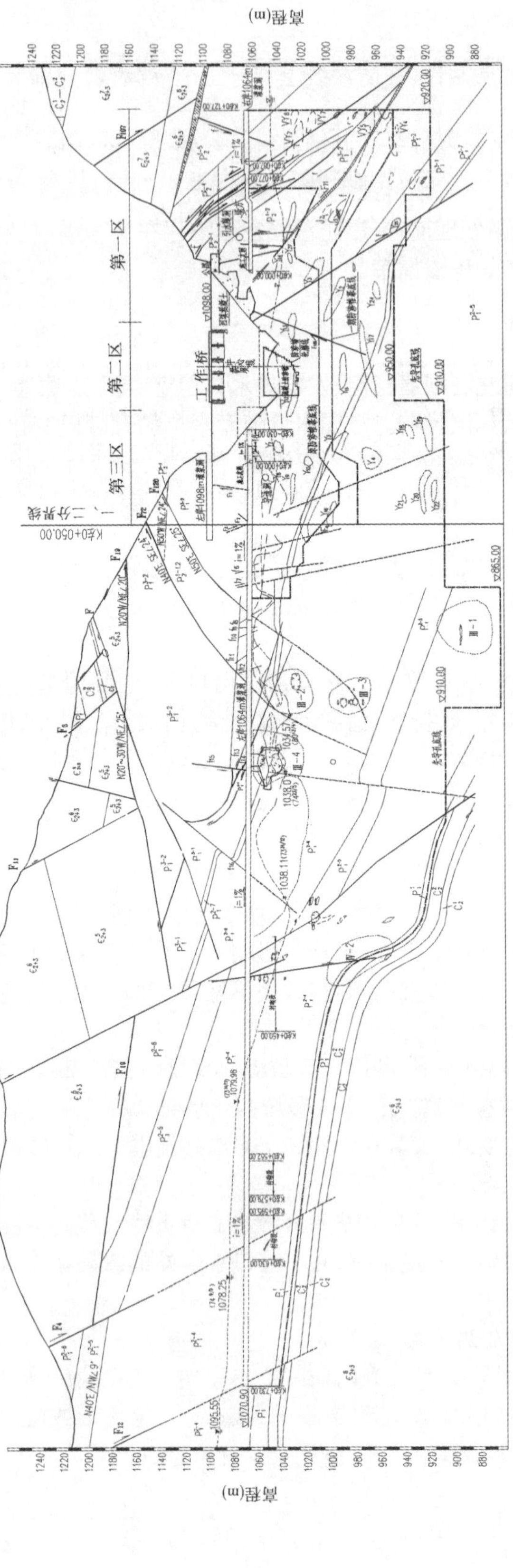

图 2　窄巷口水电站渗漏稳定及渗漏处理分期分区示意图

3.2.1　一期渗漏稳定处理范围

第一区为右岸及右坝肩部分，第二区为左岸及左坝肩部分，第三区为河床部分，总处理面积约为55 100 m^2，其中解决渗漏稳定采用帷幕灌浆方式，防渗面积为32 990 m^2。

3.2.2　二期渗漏处理范围

二期处理范围内渗漏水受P_1^1隔水层阻截区域，渗漏下限至950～1 070 m高程；不受P_1^1隔水层阻截区域，主要渗漏范围在950 m高程以上，局部可能达860 m高程。二期工程以封堵岩溶管道为主，采用岩溶探测技术确定防渗处理范围，采用岩溶封堵技术确定渗漏处理措施。总处理面积约为59 530 m^2。

4　监测设计

K_{11}花鱼洞流量监测：渗漏水流的主要集中出口，为准确反映溶洞封堵效果，通过在K_{11}花鱼洞出口设置水尺及下游河道设置流量监测设施，进行施工期、运行期不同库水位下的流量监测工作。

一期监测设计：利用电站现有监测设施，在进行隧洞开挖及高压灌浆时，加强对建筑物的安全监测，确保施工期建筑物的安全。一期工程完成后，布置水位观测孔进行长期观测。

二期监测设计：在主要渗漏通道封堵体下游侧设观测孔，其余部位充分利用原有的部分先导孔作为水位观测孔，进行长期观测。

根据监测数据，窄巷口水库渗漏量由处理前的17 m^3/s左右减少到处理后的1.54 m^3/s，堵漏效果显著。

5　结　语

（1）通过一期渗漏稳定处理工程，不仅减少了渗漏量，对防止近坝区域岩体进一步溶蚀也起到了积极作用，可以避免出现因渗漏而产生的稳定问题。一期工程的实施较好地解决了建筑物渗漏稳定问题，有效提高了拱坝运行的安全性。

（2）二期处理工程本着以封堵岩溶管道为主的主导思想，有针对性、分步骤进行。随着左岸大型岩溶管道的成功封堵，截断了水库与下游K_{11}花鱼洞之间的集中渗漏通道，解决了溶蚀区域渗漏问题。二期工程的实施有效解决了本工程严重的岩溶渗漏问题。

（3）通过渗漏稳定及渗漏处理工程的实施，水库渗漏量由处理前的17 m^3/s左右降低至1.54 m^3/s，堵水率达90%，堵漏效果非常明显。

（4）窄巷口水电站渗漏稳定及渗漏处理工程的成功实施，不仅意味着圆满解决了水库建成40余年来的渗漏问题，更标志着复杂岩溶地质条件下的工程勘察设计及处理技术水平上了一个新的台阶。

水库运行管理风险及其控制措施

喻蔚然[1,2] 马秀峰[1,2]

（1. 江西省水利科学研究院 江西 南昌 330029；
2. 江西省大坝安全管理中心 江西 南昌 330029）

摘要：相对于建设过程，水库运行的时间更长，各种风险交替存在，对管理者的技术性和协调性要求更高。本文在剖析水库运行管理的主要环节和工作内容的基础上，总结归纳了其中存在的制度风险、自然风险、技术风险和管理风险，针对水库的运行调度、检查监测、维修养护等主要日常工作，提出了相应具有可操作性的风险控制措施，为水库管理者提供参考。

关键词：水库 管理 风险源 控制

据第一次水利普查成果，我国水库总数达98 002座[1]。庞大的水库群成为了国家重要的基础设施，发挥着防洪、灌溉、发电、供水、养殖等效益。与此同时，水库的风险也与日俱增。从1954年到2000年，我国已经发生的垮坝3 462座[2]，其他大大小小的安全事故不计其数。面对灾难，人们往往把矛头对准了工程质量，设计、施工、监理、监督单位均成为了被审查的对象。固然有许多事故确与质量有关，但是从统计中不难发现，真正在建设阶段和初始运行阶段发生事故的水库数量不多，绝大多数事故发生在正常运行阶段，与水库管理存在失误有关[3-5]。水库管理人员必须了解和辨识出存在的风险源，掌握有效的控制措施，才能保证水库的安全运行。作者总结了多年水库运行管理的经验，针对性地提出了可行的控制措施，以供参考。

1 运行管理主要环节和工作内容

水库从建成蓄水之日起即开始运行，水库运行管理是与水库运用有关的各项管理活动的总称，包括运行调度、安全管理、综合管理、经营管理等[6]。这些活动是一个连续的过程，既相互独立又有联系。每一个环节都包含有若干具体工作，根据管理职责及要求，在不同层次需要有严格的管理方法，并在各层次、各阶段进行实施。如图1所示。

2 风险源识别

水库运行管理的环节较多，加上水库管理机构、管理人员的素质差异，在运行管理过程中不可避免地会产生诸多问题，风险由此产生。归纳起来，风险源大致可分为以下四大类。

2.1 制度风险

应该说，水库大坝安全管理并不缺乏法律法规和相关规章制度，包括基本制度和内部制度。各管理单位对有关制度都有所了解和接触。即使这样，制度风险依然存在，主要体现在执行力上。

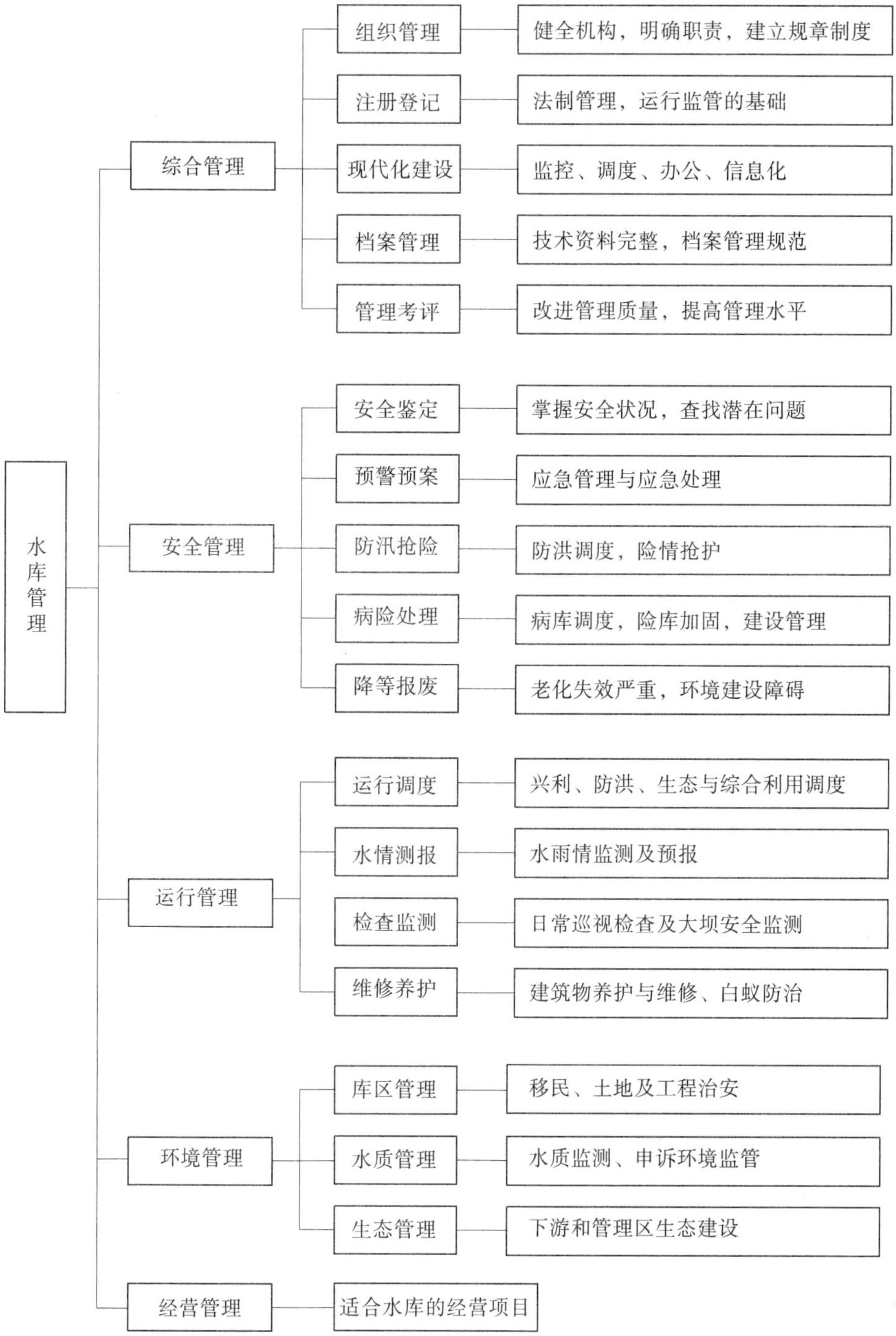

图1　主要环节和工作内容

一是不愿意执行。如注册登记制度,虽然只是给水库"上户口",但也是掌握水库大坝的安全状况、加强水库大坝的安全管理和监督的一个重要手段,是水库管理的基础性工作。某些水库管理单位认为注册登记与大坝安全管理无关,故不愿意付出精力去执行。

二是选择性执行。某些水库管理单位技术人员少或者经费有限,往往选择一些简单易操作,时间花费少的工作去执行,而没有真正按照制度的要求去做。

三是执行不到位。管理工作内容多,要求高,规程规范相对细致繁杂。水库管理人员在操作过程中不按照规定执行,随意性大,因而虽然制度得以执行,但执行不到位,效果差,不能满足安全运行管理的要求。

2.2 自然风险

对于正常运行的水库大坝,一般性的雨雪等自然气候基本对大坝安全无任何影响。此处自然风险指超标准的暴雨、洪水等自然天气以及山体崩塌、泥石流等不良的地质条件或地质灾害。

自然风险的影响是巨大的,水库发生险情往往含有恶劣天气的影响。近些年,全国各地发生了多次极端天气,如超强台风、超历史记录的大暴雨、流域性大洪水、冰冻灾害等,造成了许多水库大坝出现漫坝、渗漏、滑坡甚至垮坝的险情,严重威胁大坝安全,大大增加了水库运行的风险。

2.3 技术风险

主要体现在日常技术管理过程中,如运行调度、安全检测、维修养护等。

2.3.1 调度风险

防洪调度直接影响的是水库水位的高低以及高水位时运行时间的长短,进而间接影响大坝安全。其风险表现在两个方面:

(1)调度不合理。水库未制定合理的调度规程,无调度计划,缺乏预报调度的手段,不能保证调度的合理性。一旦遭遇大洪水,将造成洪水下泄不及时,大坝长时间高水位运行,对大坝安全产生重大影响。

(2)无调度。许多小型水库无管理机构,基本无法实现有效调度,完全依靠建筑物本身抵挡洪水,当发生暴雨山洪,溢洪道难以及时下泄时,漫坝则不可避免。甚至水库管理人员为了自身利益,不仅不控制水位运行,而且人为抬高溢洪道或者设置渔网等阻碍洪水,极大地威胁大坝安全。

2.3.2 检查监测风险

检查监测的目的是随时了解建筑物本身质量和运行状态,进而掌握工程的安全性态,是保证工程安全运行的必要措施。其风险在于监测活动是否到位、监测的准确性是否满足要求,具体表现为:

(1)巡视检查不到位。包括不定期巡视检查、检查范围不足、检查情况不记录、不汇报,都将对巡查的效果乃至大坝安全产生影响。

(2)不定期开展仪器观测。定期开展仪器观测有利于掌握渗流、变形的规律,有利于及时发现问题及时处理问题。而长期不开展仪器观测或偶尔开展仪器观测的行为不能从观测中获取大坝安全信息,造成有问题不能及时发现,最终不利于大坝的安全管理。

(3)观测资料不进行整编分析。观测资料不能及时整编分析,就相当于没有进行安全观测,无法掌握大坝安全性态和发展规律,即使从表面发现了不利现象,也无法从本质上了解其原因,从而不能有针对性地进行处理。

(4)不作年度安全评价。年度安全评价是对大坝当年的工作状态作出综合评价,同时也对工作中的不到之处加以提醒,以便在今后的工作中改进,起到了承上启下的作用。不进行年度安全评价,就容易忽视管理中出现的问题,积小患为大患。

2.3.3　维养风险

对水库建筑物维修养护,可直接提高工程耐久性,有利于延长工程寿命,降低工程风险,实现可持续发展。维养风险主要体现在质量达不到安全运行要求。具体表现在:

(1)工程维修养护虽然有较明确的规定,但是没有制定统一的质量标准,且基本没有质量检测,仅凭目测进行外观评价和维养验收。

(2)大多数管理单位的维修养护技术方案可操作性差,甚至存在维修养护范围、项目、内容模糊的现象,工程量则基本为估算,准确度差。

(3)专业的维修养护队伍缺乏,现维修人员多为管理单位兼职,其支出难以在维修养护经费中列支,这种无偿服务的机制影响兼职人员的工作积极性。队伍的基础条件薄弱,设施设备、维修器械、交通工具等缺乏,养护手段落后,因而技术水平、组织施工能力等未能完全满足维修养护工作的需要。

(4)维修养护经费不足且下达滞后。工程维修养护高峰期通常在秋季,而维修养护经费下拨较晚,致使维修养护合同支付不能及时兑现,维修养护人员工资、材料费和机械使用费不能按时支付,对维修养护工作的正常开展造成一定影响。

2.4　管理风险

水库运行管理活动本身涉及两个因素:人和物,即管理者和管理设施。这两个因素发生风险则必然给水库安全带来风险。

1)思想意识风险

在部分管理者的思想意识中,“重建轻管”仍然存在着:一是认为水库加固完成了,大坝就安全了,而忽略了水库运行管理是个长期的、动态的过程,会随着时间、外部环境的变化而相应变化,这种变化多数是从有利转向不利的。二是认为防汛安全是主要的,其余是次要的,忽略了各方面的管理工作是相辅相成的,缺少了合理调度、维修养护、人员培训、信息建设等工作,防汛安全也难以得到保证。三是认为管理体制不落实,经费来源不稳定,没办法管理,将造成管理队伍人员不整、人心涣散、工作开展困难的情况加剧。

2)人员素质风险

大多数水库管理单位地处偏远,效益不佳,少有大学生愿意就业,因而人才断档严重,现有的技术人员年龄偏大,且数量有限,具有工程师以上职称的很少,比例很低,甚至有的水库一个都没有,拥有操作、维修闸门、启闭机等特种设备的资格证书的人员数量更少。小型水库管理人员大多为乡镇水务站、聘用的安全员,文化素质低,缺乏水库管理的基本知识,更遑论防汛抢险以及处理简单的病险等有一定技术要求的工作。这些管理人员仅能应付一般的风险状况,若面对较高风险状况,则难以应付,对水库大坝的安全运行是极大的风险。

3)管理设施风险

此处管理设施主要指与安全运行有关的设施、设备,如防汛车辆、防汛物资、备用电源、通信设备、监控设备等。主要体现在防汛抢险过程中。管理设施的准备与否、准备的数量多少、设施的有效性如何都对水库大坝的防汛安全起着关键性的作用。许多险情就是因为物资、设备准备不充分而造成严重的灾情。

3　风险控制措施

风险是客观的也是不确定的，风险发生与否，在何时、何地发生，发生的形式、规模，人们是难以事先确定和控制[7]。但是通过对风险事件的识别，采取有效的预防和控制手段，是完全能够将风险控制在一定的范围之内，将损失降到最低。水库运行管理是由一个个具体的环节和工作组成的，风险体现在各个管理工作中。管理工作内容的不同，风险控制的措施也有所不同，重点突出预防措施。

3.1　运行调度

水库调度包括防汛调度、兴利调度、生态调度，三者之间各有侧重，相对独立，但有时存在矛盾。这需要采取一系列的风险控制措施加以应对，保证大坝安全的条件下进行合理的调度。主要控制措施：

(1)按照水利部《水库调度规程编制导则》的要求，制定完善的调度规程，从制度上规定调度的原则、目标、任务和方法，绘制调度图。在实际运行过程中，应编制调度规划、计划，严格按照调度规程的要求进行调度，制定应急预案。

(2)建立健全管理机构，充实管理人员，妥善解决经费；明确责任主体，全面落实安全管理责任制；建立有责、权、利统一的运行和制约机制，在水行政主管部门、水库管理方和上下游受益的群众之间形成“效益共享、风险共担”的关系，在有效的监督和指导下进行调度。

(3)建立科学规范的水库运行调度体系。一是制定调度方案(预案)时，对提高水库效益的一些调度措施如分期防洪调度、预报调度、适当超汛限水位时，一定要经过详细研究，全面论证，经专家鉴定、上级主管部门批准，才能付诸实行；二是要规范调度指令的生成、决策、下达、执行、监督、反馈调整程序，用合理的程序来减少人为失误可能造成的风险；三是要严格执行操作技术规程或运用办法，避免操作不规范可能带来的风险。

(4)有条件的水库应建立可靠的水库防洪预报调度自动化系统，提高灾害预测预报、洪水演进仿真运行、工程防洪能力监测评估、实时信息获取及处理的水平，尽可能降低认识上的风险，并增加灾害的预警时间。

3.2　检查监测

检查监测是及时真实地揭露大坝存在病险隐患的主要手段，工作是否能够得到落实或落实的好坏直接关系到水库的安全运行。主要控制措施：

(1)制定管理职责、监督管理、奖励与处罚等规定，实行监测岗位责任制，责任具体落实到人，并签订责任书。健全问责制度，强化责任追究。

(2)完善工作规程，明确工作时间、方式、路线、范围、技术要求等，检查监测活动必须严格按照规程和国家有关规范的要求进行。至少要配置两名技术人员，互相校核。主管领导应熟悉业务，能对检查监测结果作出初步判断和结论。

(3)每次检查监测都应做好相应的记录，并应将本次检查监测结果与以往结果进行比较。监测资料及时进行统计分析，以判断水库有无异常和不安全部位，每年整编刊印。

(4)在定性、定量分析的基础上，管理单位应编制大坝安全年度报告，主要是对大坝当前的工作状态(包括整体安全性和局部存在问题)作出综合评估，并为今后工作提出指导性意见。

(5)规范监测设施的管护,建立完备的技术档案,定期巡查和维护监测设施,并定期送检和验校仪器设备,定期对仪器设备进行保养、率定、校验,确保设备的长期运行和性能稳定。

3.3 维修养护

维修养护是增强工程耐久性、保证工程安全运行的重要措施。主要控制措施有:

(1)必须编制维修养护规划和年度计划。详细列出各部位存在的突出问题,分建筑物确定维修养护项目,依据养护定额和养护工程的数量确定每个分项的工作量,要附详细的工程量计算表。单价在维修养护定额中有的,尽量直接采用,没有的项目要根据基本建设定额进行单价分析后确定单价。维修养护内容应该尽量详细、具体,施工部位、养护标准、质量等要详细描述。工期安排要详细明确、合理。

(2)实行水管单位负责、监理单位控制、维修养护单位保证和质量监督机构检查相结合的质量管理体系。

(3)严格执行维修养护经费使用管理规定,制定维修养护经费使用管理办法及程序,严格支付手续,控制不合理的项目费用支出。加强资金监管力度,由注重事后监督转变到资金使用全过程的监督,由突击性监督检查转变到规范化的经常性监督,由外部监管为主转变到内外并重的监管。

(4)规范验收程序,杜绝"走过场"的现象。

3.4 综合管理

技术业务的管理是否到位直接影响的是水库运行的风险,而其他管理工作则间接地在具体工作上产生作用,体现在制度、管理者以及突发事件上。

水库运行过程中面临的风险种类繁多,各种风险之间的相互关系错综复杂,必须重视水库运行期间的风险管理。首先要规范风险评价,建立风险评价制度,形成一套系统的、完整的分析方法和技术、评价和管理体系,配置人员专门负责水库风险管理,加强风险管理各环节间的联系。其次要在科学分析的基础上,适度确定防洪工程标准及合理确定工程功能,合理承担洪水风险,实现人与自然和谐相处。

要做好水库的各项管理工作,管理单位必须要有一支工种齐全、技术业务素质较高的人员队伍,应制订职工年度培训计划,分批次分岗位对专职管理和技术人员岗位培训,让他们掌握应有的基本知识和技术能力,并提高他们的待遇。

突发事件一旦来临有时危害相当严重,甚至威胁大坝安全。制订科学完备的大坝应急预案,是提高水库管理单位及其主管部门应对突发事件能力,降低水库风险的重要控制措施,在突发事件发生时能起到至关重要的作用。

4 结 语

水库在长期的运行管理过程中不可避免地会遇到各种各样的风险,有自然因素造成的风险,有技术操作失误的风险,有制度缺陷引起的风险,还有管理意识薄弱、管理人员素质低带来的风险。这些风险可能出现,也可能不出现;可能衰退,但也可能增大。作为水库管理者,必须做好对风险的监控,其中风险控制是最为主动、积极的处理方法,是风险监控的主要手段。水库运行管理过程的风险源主要存在于具体的日常工作中,如运行调度、检查监测、维修养护等。本文针对每一项具体的工作,宏观地提出了针对性的和可操作的风险控制措施，这些措施既相对独立，又相互联系，有助于水库管理者认识、掌握和控制风险。

参考文献

[1] 中华人民共和国水利部，中华人民共和国国家统计局．第一次全国水利普查公报[EB]. 2013.
[2] 李雷，王仁钟，盛金保，等．大坝风险评价与风险管理[M]．北京：中国水利水电出版社，2006.
[3] 殷小林．基于 Fuzzy_AHP 的水库运行风险分析[D]．云南：昆明理工大学，2012.
[4] 吴焱．F 水库工程建设运行过程风险管理研究[D]．天津：天津大学，2012.
[5] 高俊．云南省水库安全管理的对策研究[D]．云南：云南大学，2011.
[6] 傅琼华，喻蔚然，马秀峰，等．江西省水库管理手册[R]. 2011.
[7] 范道津，陈伟珂．风险管理理论与工具[M]．天津：天津大学出版社，2012.

混凝土面板接缝GB板损坏原因分析及处理措施

马正海

（青海省黑泉水库管理处　青海　西宁　810001）

摘要：从工程区自然条件及其设计、施工、调度运行方面分析造成混凝土面板接缝GB盖板损坏原因；与同地区、同坝型水库的运行条件进行比较；总结工程在调度运用方面存在的不足；咨询国内目前处理混凝土面板坝板间缝的新技术、新材料、运行管理技术，结合工程实际条件提出合理的处理措施和建议。

关键词：黑泉水库　接缝盖板损坏　原因分析　处理措施

1　概　况

1.1　工程概况

黑泉水库位于青海省大通县境内，湟水河支流北川河上游宝库河上，距省会西宁市约75 km。是一座以灌溉、城市及工业用水为主，兼顾防洪、发电的大(2)型水利枢纽工程，也是“引大济湟”工程规划中的一期工程。水库总库容1.82亿m^3，兴利库容1.32亿m^3，调洪库容0.29亿m^3，防洪库容0.1亿m^3，死库容0.17亿m^3。工程建成后近期可扩大灌溉面积22 000 hm^2，改善灌溉面积20 000 hm^2，并向西宁市提供城市及工业用水1.35亿m^3；可使北川地区的防洪标准由5年一遇提高至20年一遇。坝后电站装机容量14.5 MW，多年平均发电量5 413万kWh。

水库系为多年调节水库，控制集水面积1 044 km^2，多年平均年径流量10.1 m^3/s。枢纽工程由拦河坝、右岸溢洪道和导流放水洞、左岸灌溉发电洞及坝后电站组成。拦河坝为混凝土面板砂砾石坝，坝高123.5 m，坝长438 m，主要水工建筑物大坝、溢洪道、放水洞、灌溉发电洞为2级建筑物，设计洪水标准采用500年一遇洪水，洪水流量629 m^3/s、设计洪水位2 892.01 m，校核洪水标准采用5 000年一遇洪水，洪水流量986 m^3/s、校核洪水位2 894.12 m，采用10 000年一遇洪水复核、洪水流量1 064 m^3/s。正常蓄水位、汛限水位均为2 887.75 m，正常蓄水位时水库面积5.26 km^2。挡水建筑物抗震设计采用水平峰值加速度0.203 g，相应烈度为8.2度。

1.2　水文气象条件

工程处于高海拔山区，空气稀薄，气温低，气温年较差、日较差大。气温的分布，受地势影响明显，海拔愈高，气温愈低。黑泉水库年平均气温2.8 ℃，极端最低气温－33.1 ℃，极端最高气温29.3 ℃，年均相对湿度66%，年日照时数2 590 h，年均风速2.4 m/s，最大风速17 m/s，最大冻土层厚度1.5 m。

该区年平均降水量400～600 mm，从源头到下游递减，年均蒸发量1 273 mm。降水垂直变化明显,受山系阻挡,山区降水量较丰富,一般在 500 mm 以上,最高可达 700 ~ 800 mm。降水量随季节变化显著,暖季降水充沛,5 ~ 9 月的 5 个月,降水量集中了全年的 80% ~ 90%,冷季降水稀少。宝库河流域来水特点为:年降水量较少(400 ~ 600 mm),年蒸发量较大(1 273 mm),多年平均流量为 10.1 m^3/s,多年平均来水量为 3.2 亿 m^3,多年输沙量为 20.7 万 t。

2 面板接缝止水设计及施工要点

2.1 接缝止水设计

黑泉水库混凝土面板设计共计 41 块,中部受压区缝间距为 16 m,两岸张拉缝间距为 8 m,接缝见图 1。混凝土面板周边缝长 645.96 m,面板与防浪墙间水平缝长 438.6 m,面板垂直缝 40 条,其中挤压缝 13 条、张拉缝 27 条、水平施工缝 2 条。

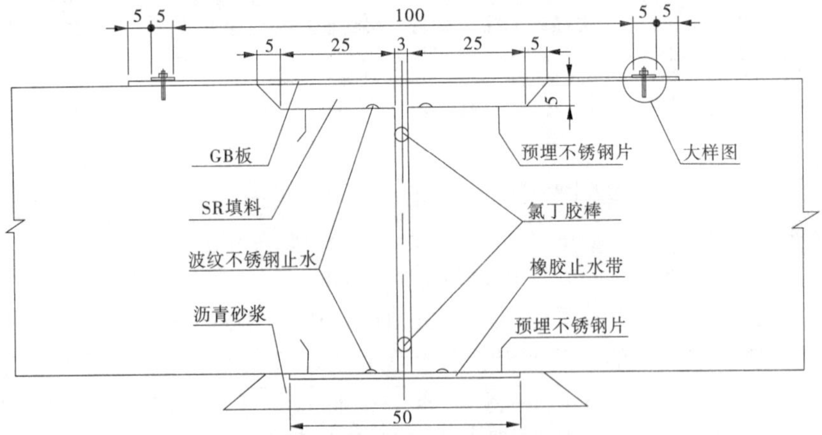

图 1 板间缝止水剖面结构图

(1)周边缝采用双金属止水结构系统见图 2,顶部和底部设不锈钢波纹止水,中部灌注聚氨酯材料,顶部止水在混凝土浇筑完毕后进行焊接封口,上填粉煤灰,加盖镀锌铁皮罩。

(2)面板垂直伸缩缝根据受力情况采取不同的接缝方式,挤压缝一侧缝面沥青乳 1 ~ 2 mm,底部设一道波纹不锈钢止水,止水片下设 PVC 垫片并黏合在水泥砂浆垫座上,顶部设 GB 填料,并用 GB 板覆盖。张拉缝与周边缝相接 20 m 范围内接缝结构与周边缝相同,20 m 以上范围内取消粉煤灰及镀锌铁皮罩,其余止水结构与周边缝相同。

(3)面板与防浪墙底板间水平缝按周边缝设置止水结构,取消粉煤灰及镀锌铁皮罩。2 889.00 ~ 2 893.00 m 高程间防浪墙布设二布一膜土工布,以增强止水效果。

(4)水平施工缝中不设止水,要求钢筋连续通过水平缝,浇筑下期面板时对缝面凿毛、清洗。

2.2 施工要点

周边缝止水处理时面板坝的关键部位,不锈钢止水片焊缝较多,只有严格按照其施工工艺和操作规程方可保证焊缝质量。黑泉水库坝基反渗水不彻底,在一定程度上影响了渗水点处止水片的焊缝质量。

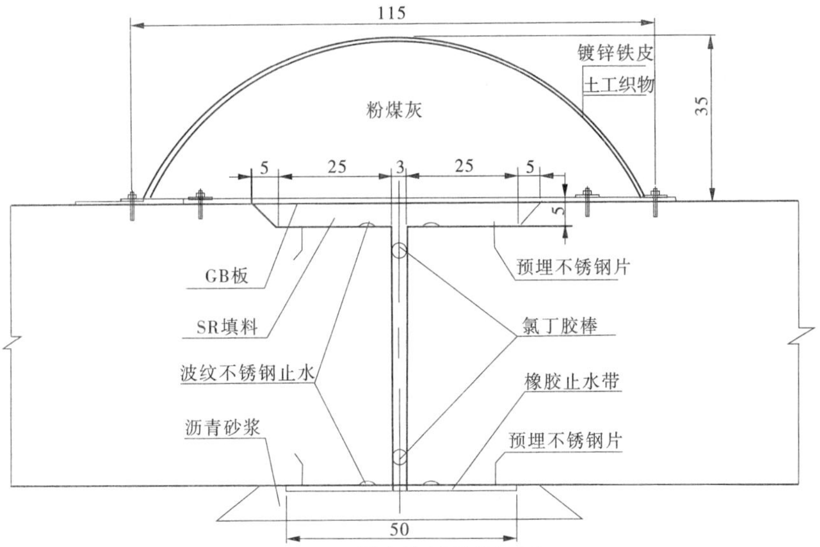

图2　周边缝剖面结构图

3　黑泉水库GB板运行状况及损坏原因分析

3.1　GB板运行状况

黑泉水库自2001年下闸蓄水投入试运行以来，已安全运行12年。目前，黑泉水库管理组织机构完善，水库管理人员基本能满足水库运行管理需要；水库日趋调度科学、合理，工程运行良好，并逐步发挥工程效益；大坝养护修理及时，保持工程设施完好；大坝安全监测内容、项目、方法、频次均满足有关规范规定，大坝处于正常运行状态，2011年黑泉水库大坝鉴定为"一类坝"。

随着时间的推移，面板接缝GB板损坏将日趋严重，且水位变化区损坏更为明显。根据2012年汛前检查情况看，面板板间缝（面板垂直伸缩缝）部分GB板脱开或撕裂、扁铁压板撕裂变形、固定螺栓在冰块下滑力作用下被拔出或拉细拉长，其中扁铁损坏长度合计205.64 m，占2 867.70 m以上板间缝扁铁总量的6%，GB板脱开、断裂长度合计53.9 m，占2 867.70 m以上接缝GB板总量的3.2%，但从历年水库大坝安全监测数据分析，大坝位移、渗压、渗流及岸坡位移等变化正常，符合一般变化规律。2012年和2013年连续两年对冰冻破坏的GB板进行了更换处理，处理总长达700 m。

3.2　GB板损坏原因分析

（1）黑泉水库地处高寒地区，且在峡口，风速大，冻土较深，年冰冻期长达5个月以上，水库冰冻厚度达1.0 m。在冬季，扁铁、固定扁铁外露膨胀螺栓头、GB板与水库厚冰层结成密实的整体，在峡口较大风浪的推动下撞击止水系统，当发电水位降低时，冰层下沉形成曳拉力，致使表面止水设施遭到破坏。

（2）扁铁、固定扁铁外露膨胀螺栓头、GB板与水库厚冰层结成密实的整体时，多年来因水位反复涨落，造成膨胀螺栓机械性疲劳，随着时间的推移接缝止水锚固系统失效。

（3）固定扁铁的膨胀螺栓孔、GB板接头、GB板与面板表面未封闭，空隙中的冰长期、反复膨胀引起混凝土疏松，一定程度上导致膨胀螺栓失效，扁铁、GB 板脱开。

(4)施工质量加剧了止水锚固系统系统的失效进程，施工过程中止水各组件不到位，造成膨胀孔角度、位置偏移，膨胀螺栓未锚固住 GB 板，使止水系统质量无法保证。GB 板的搭接方式采用高位压低位不太合理，使 SR 填料容易流失。GB 板压板(扁铁)不平整，翘起部分在冬季容易与冰块结为整体，造成扁铁机械性拉长，随着运行时间破坏将越来越严重。

(5)水库运行管理过程中的调度水平同样影响了止水系统的正常工作状态，水库运行水位涨落幅度大，冰冻破坏范围增大，黑泉水库运行以来水位涨落 15 ~ 17 m。

4　同地区同类坝型工程的运行条件对比

青海省建有小干沟水电站、黑泉水库、公伯峡水电站、积石峡水电站等同类坝，但运行条件各不相同，黑泉水库为多年调节水库，在四座大坝中运行条件最为不利，公伯峡水电站、积石峡水电站水库为日调节水库，调节性能差，二库水位变幅不大；小干沟水库长期运行以来由于上游水利工程建设影响调节能力很低，水库依靠上游工程的调节年水位涨落变化不大。黑泉水库投入运行以来年水位涨落变化大，冰冻期水位涨落最大达到 15 m，随着“引大济湟”各自工程逐步建成投入使用后水库水位变幅将得到有效控制。

5　国内面板坝板间缝处理方法

(1)黑龙江莲花水电站大坝采用沿扁钢切槽，将防渗系统下沉封闭方法，见图 3。

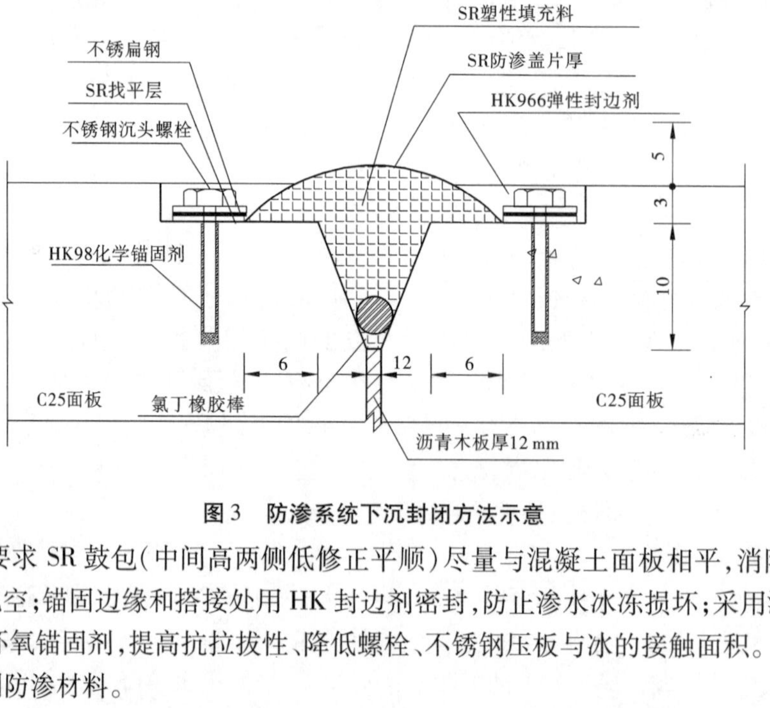

图 3　防渗系统下沉封闭方法示意

该方法要求 SR 鼓包(中间高两侧低修正平顺)尽量与混凝土面板相平，消除粘贴锚固后 SR 盖片脱空；锚固边缘和搭接处用 HK 封边剂密封，防止渗水冰冻损坏；采用沉头式膨胀螺栓和 HK 环氧锚固剂，提高抗拉拔性、降低螺栓、不锈钢压板与冰的接触面积。

(2)涂刮防渗材料。

①积石峡水库大坝采用 SR 防渗体系表面整体刷涂 HK966 弹性涂料(包括 SR 盖片及两侧各 20 cm 宽混凝土面)，提高整体平顺性和密封性，降低与冰的附着力。

②目前水利工程中采用的刮涂集综合防水、耐磨、抗冲击于一身的弹性聚脲材料用于冰冻区防渗值得思考。

(3)石头峡水库取消了周边缝不锈钢铁皮罩、土工织物及粉煤灰部分,改用 SR 盖片封盖,边缘封边剂密封,防止渗水冰冻损坏。

(4)黑泉水库结合实际,水库大坝面板 GB 板维修用原材料更换,膨胀螺栓改进用 HK 环氧锚固剂见图 4,提高抗拉拔性,螺栓外露 2 cm,不锈钢压板和 GB 板边缘用封边剂密封,防止渗水冰冻损坏,由于 2012 ~2014 年冬季水库水位涨落幅度不大,更换的 GB 板未发生破坏现象,处理效果比较理想。

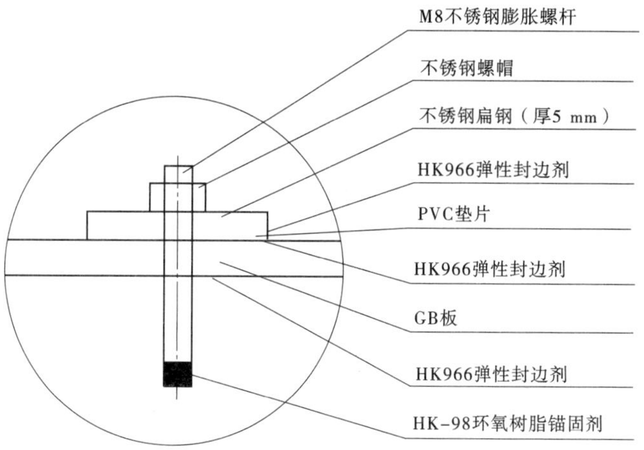

图 4　固定螺栓图

6　结论及建议

(1)黑泉水库面板 GB 板损坏除自然气候等客观因素外,也与人为主观因素有关,与设计、施工、运行条件均有原因。锚固系统中膨胀螺栓头设计外露过多及螺栓孔和 GB 板周边围封闭给冰冻破坏起到了推波助澜的作用;GB 板施工安装不到位,搭接方式不合理,加速了 SR 填料的流失;运行过程中水位涨落幅度大,导致损坏范围增大。

(2)面板 GB 板修复时改进锚固系统,膨胀螺栓改用沉头螺栓,螺栓孔、GB 板与混凝土面注胶封闭,以减少冻胀破坏。

(3)科学调度,合理控制冰冻期水库水位变幅,尽可能减少冻胀破坏的范围。

参考文献

[1] 陈乔. 面板堆石坝耐寒性接缝止水结构试验研究[J]. 华东工程技术,2010(1).

第三篇　水利水电工程的新技术、新产品和新工艺

面板坝接缝盖板柔性全封闭试验研究

孙志恒　邱祥兴

（中国水利水电科学研究院　北京　100038）

摘要：目前面板坝接缝表层止水是采用卷材防护，该防护型式存在盖板周边与面板之间有空隙、周边缝与垂直缝之间异性搭接困难、螺栓在水位变化区容易发生冰冻拉拔脱落、钢板压条会锈蚀等缺陷。本文利用SK水工柔性高性能防护涂料替代原防水卷材，提出了接缝柔性全封闭止水结构，并对这种结构进行了室内外试验，证明了该结构具有施工方便、止水效果好及耐老化的特点。

关键词：面板接缝　防护盖板　高性能防护涂料

1　前　言

混凝土面板坝具有投资省、工期短、安全性好、施工方便、适应性强等优点，在国内外得到了普遍的推广和应用。但是，在混凝土面板防渗体系中，接缝止水仍然是薄弱环节。2000年以后建设的高混凝土面板坝中，除水布垭周边缝在约1/2坝高以下采用了三道止水，其余均只设两道止水，取消了中部止水带，由此可见接缝表层止水是整个止水体系中的一个重要部分。我国目前接缝表层止水表面普遍采用柔性防水卷材作为防护盖板，常用的有三元乙丙(EPDM)板、橡胶板和复合SB橡胶板等。洪家渡面板坝工程中提出了三复合盖板，并把盖板作为一道止水进行要求，其橡胶板由三元乙丙橡胶板和强度较高的橡胶板复合硫化而成。但是混凝土面板施工中表面的平整度很难控制，平整度误差通常至少在1 cm以上，膨胀螺栓间距通常最小为15 cm，盖板与混凝土表面间存在缝隙。混凝土面板周边缝缝口是曲折多变的，存在数多个T形或L形折角，在施工过程接头定做和角钢安装很难保证质量，缝隙和缺陷的存在会增加库水渗漏量。防护盖板通过螺栓及角钢固定在混凝土表面，紧固螺栓施工工艺麻烦，安装较难，难以保证质量。螺栓在寒冷地区水位变化部位容易发生冰冻拉拔脱落，且钢板或角铁压条抗锈蚀能力较差，长期在水中及水位变化区容易生锈，耐久性较差。为此，本文提出了面板坝接缝柔性全封闭止水结构，即将SK水工柔性高性能防护涂料刮涂在塑性填料和混凝土表面，固化后形成全封闭的柔性防渗涂层，与混凝土粘接成一体，既可以作为一道独立的表层止水层，又可以保护下部GB、SR、IGAS等塑性填料，是一种能够对面板接缝实行有效的柔性全封闭的表面止水结构。

2　SK水工柔性高性能防护涂料

面板坝接缝柔性全封闭止水柔性材料选用SK水工柔性高性能防护涂料。该涂料为单组分，由异氰酸酯预聚体和封闭的胺类化合物、助剂等构成的液态混合物，采用涂刷、辊涂或刮涂方法施工，在空气中水分作用下，封闭的胺类化合物产生端氨基并与预聚体产生交联点而形成的弹性涂层。其主要技术指标见表1。

表1　SK 水工柔性高性能防护涂料主要技术指标

项目	技术指标
拉伸强度	≥15 MPa
扯断伸长率	≥300%
撕裂强度	≥40 kN/m
硬度，邵 A	≥40
附着力(潮湿面)	≥2.5 MPa
吸水率(%)	<5
颜色	浅灰色，可调

SK 水工柔性高性能防护涂料为脂肪族材料，具有以下优点：①耐老化性能好，不变色，②无毒，可用于饮用水工程；③防渗、抗冲磨性能好；④强度高、延伸率大，与基础混凝土粘接好；⑤耐老化，耐化学腐蚀；⑥材料抗冻性能好，在 -45 ℃条件下，材料仍为柔性；⑦对混凝土裂缝及接缝表面封闭时可以复合胎基布增强；⑧局部缺陷修补使用同一种材料，施工简单、方便，便于推广。

将 SK 水工柔性高性能防护涂料用于混凝土面板坝接缝表层防护盖板，涂料与混凝土之间的黏结强度至关重要，为此专门研制了潮湿型界面剂，在混凝土表面先涂刷薄层界面剂，再涂刷 SK 水工柔性高性能防护涂料，黏接强度会大大提高。为了验证水位以上、水位变化区及水位以下 SK 水工柔性高性能防护涂料与面板混凝土之间的黏接强度及耐久性，在北京十三陵抽水蓄能电站上库混凝土面板表面做了局部涂刷 SK 水工柔性高性能防护涂料试验，并进行了跟踪测试。试验从 2008 年开始，一直跟踪测量到 2014 年。从表 2 所示的测量结果看出，无论在水上、水下还是水位变化区，经过 7 年的运行表明，SK 水工柔性高性能防护涂料与面板混凝土之间的黏接强度大于 2.0 MPa，随着时间的推移，黏接强度基本上没有变化，涂层耐久性很好。

表2　SK 水工柔性高性能防护涂料与面板混凝土现场粘结强度　　(单位：MPa)

检测年份	水上	水位变化区	水下
2008	3.15	—	—
2010	3.88	3.68	2.50
2011	3.44	2.96	—
2012	3.37	3.35	2.21
2014	3.02	2.22	2.26

3　柔性全封闭止水结构迎水面压水试验

该试验的目的是研究在正常运行的情况下，由于面板接缝张开，面板接缝柔性全封闭止水结构在无 PVC 棒或橡胶棒支撑的最不利情况下结构独立承受迎水面水压的能力。模型为4 个内径为48 cm 的钢桶,桶内分别浇筑4 个混凝土试块,中央预留一道长约25 cm、宽约2 cm 的贯穿槽,在槽表面嵌填 GB 柔性填料,以槽为中心,在 40 cm(槽长度方向)×25 cm(槽宽度方向)的范围内,涂刷界面剂、SK 水工柔性高性能防护涂料,并复合10 cm 宽的胎基布(见图1)。

将与钢法兰浇筑在一起的混凝土板与上部带有钢盖板的法兰连接在一起,上部有钢盖板的法兰有进水口和水压力表,试验装置见图2。水压力采用自动加载设备,由模型进水口处自动加压设备施加稳定的水压力,该设备可以自动加载,保持试验期间水压力处于设置值稳压状态。试验起始水压力从 0.2 MPa 开始,按 0.1 MPa/h 的速度逐渐加大水压力。

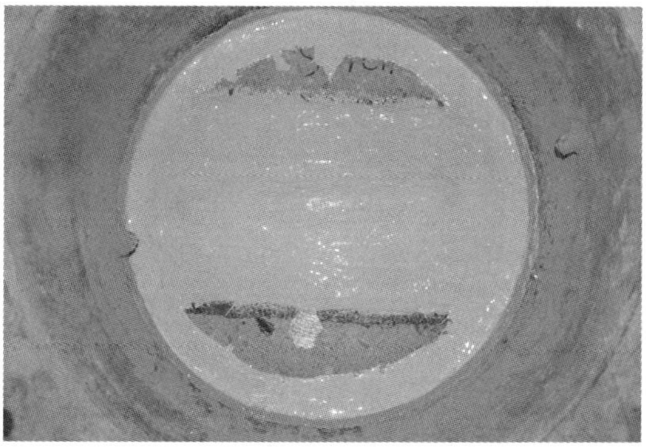

图1　试件成型后的情况

图2　迎水面加压试验装置

试验结果表明:在迎水面水压作用下,GB 柔性填料首先被挤进槽内,槽中心涂层随之被压进槽内,向内凹陷,随着水压的增大,凹陷程度进一步增大,直到超过涂层的本体强度,涂层薄弱部位出现小孔或被撕开。中心涂层厚度大于 2.5 mm 时,仅依靠复合胎基布的涂层就可以独立承受 0.6 MPa 的迎水面水压力;涂层厚度大于 4 mm 时,复合胎基布的涂层就可以满足 1.5 MPa 的迎水面压力的要求;5 mm 以上厚度的复合胎基布的涂层可以独立承受超过 2.0 MPa 的压力。

实际设计中,接缝表面的“V”型口处有 PVC 棒,且棒上部有足够的塑性填料。如果面板接缝的张开位移超过一定范围,导致 GB 填料下方临空,水压力持续作用下,GB 填料将被挤入接缝内,当 GB 填料面积足够大时,可将接缝填满,能有效的止水,而不会出现表层止水向内凹陷的情况。因此,正常运行条件下,表层止水涂层始终处于向外凸起的状态,水压力作用下为受压,不会向内凹陷,本试验模拟的工况是实际工程运行中的最不利工况。

4　仿真模型试验

仿真试验的目的是了解面板接缝表层柔性全封闭止水结构在内水压力作用下承受三维位移的情况。要求模型的接缝模拟面板接缝的情况,在模型内腔充满水的条件下可以前后及左右自由错动,并且能够满足内腔在 1.50MPa 的水压力作用下接缝可以自由开合。接缝处表层止水先在 V 型槽内放置 PVC 圆棒,表层嵌填 GB 塑性填料, GB 表面分层涂刷 SK 水工柔性高性能防护涂料,为了保证涂层的厚度和均匀性,在涂料内部分层粘贴了两层胎基布。

将模型腔内加满水维持 1 天,前后错动 17 cm、左右错动 21 cm。装上大模型盖及用于控制张开位移的四个千斤顶。腔内先加压力到0.3 MPa,张开位移为4 mm,维持2天,再用自动加压设备继续加内水压力,8小时从0.3 MP加至1.55 MPa ,张开位移为12 mm,关闭加压设备,维持1.5 MPa水压力。15个小时后内水压力降到0.5 MPa,模型四周有大量的GB挤出。继续连续加压到到1.45 MPa,模型南侧拐角出现响声,并出现渗漏,压力下降到0.35 MPa。打开模型盖将水抽出检查发现,南侧拐角涂层表面受拉出现一道裂缝,拐角处涂层下部脱空。

图3　试验结束卸载后的情况

分析认为由于模型在内水压力作用下张开,接缝底部无约束(实际工况是接缝底部有紫铜片),导致在高压水的作用下涂层下部的GB严重流失(见照片4)。拐角处涂层由受压变为受拉(实际面板坝接缝不会出现这种工况),导致涂层集中受拉破坏。从卸载抽水后的情况来看,接缝中间部位(直线段)涂层在1.5 MPa内水压力作用下受压,由于发生了左右及前后剪切位移,接缝中间段GB表面涂覆的涂层发生扭曲变形,但仍处于受压状态(见照片5)。

图4　在持续荷载作用下接缝张开后GB填料挤出

图5　卸载抽水后模型内部情况

通过仿真模型试验可以看出,本模型只在接缝表面做了柔性全封闭止水结构止水,可以模拟现场实际情况,在承受1.5MPa的内水压力作用下张开位移。由于模型背面没有约束(无紫铜片止水),接缝发生张开位移后,在1.5 MPa内水压力持续作用下,涂料下部的GB填料大量流失,导致模型拐角部位表层涂层集中受力,其试验工况较现场实际情况更不利。当接缝发生张开位移后,涂层下部的GB涂料在内水压力作用下向缝内充填,如果接缝底部有约束来控制GB的流失,GB填料是一道有效的止水屏障。

5　现场试验

辽宁蒲石河抽水蓄能电站上库挡水建筑物为钢筋混凝土面板堆石坝，坝顶高程395.50 m，最大坝高78.5 m，年最高气温达35 ℃，最低气温 -38 ℃，上水库总库容为1 351万 m^3。蒲石河抽水蓄能电站上水库正常蓄水位392.00 m，死水位360.00 m，每天水库水位陡降、陡升最大落差达32 m，面板堆石坝冬季运行与检修受冰冻影响较常规电站更为严重。

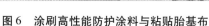

图6　涂刷高性能防护涂料与粘贴胎基布

图7　运行四年后接缝覆涂型止水结构

2010年6月，采用柔性全封闭止水结构在蒲石河蓄能电站上库混凝土面板坝进行了现场试验，试验选择面板36板与37板之间的一条张性接缝，缝长31m。混凝土面板坝接缝表面V型槽内嵌填橡胶棒及GB柔性填料，GB柔性填料表面涂刷SK水工柔性高性能防护涂料(内部复合胎基布)，现场施工见图6。运行四年后检查发现，蒲石河抽水蓄能电站上库面板接缝采用柔性全封闭止水结构运行情况良好(图7)。

6　结　语

SK水工柔性高性能防护涂料作为表层止水材料具有拉伸强度高、延伸率大、与基础混凝土粘接好、耐老化性能好、耐冲击性能好等特点。通过对混凝土面板堆石坝接缝柔性全封闭止水结构室内外试验研究表明，该结构具有表面防护可靠、止水效果及耐久性好、易于施工、经济效益显著等优势。SK水工柔性高性能防护涂料作为面板接缝表层防护涂层可以单独作为一道独立的防水结构层，大大提高了面板接缝止水的可靠性，并且便于维修，值得推广应用。

参考文献

[1] 孙志恒，李萌，倪燕，等. SK柔性防护涂料在伸缩缝及裂缝快速修复中的应用[J]. 大坝与安全，2011，(1)：48-51.

[2] 郭卫平，张军. 潘口水电站面板堆石坝防渗系统设计土石坝技术[C]//2010年论文集. 中国电力出版社，2010.

[3] 300 m级高面板堆石坝防渗和止水系统适应性研究专题研究成果报告[R]. 中国水利水电科学研究院，2010.

文登抽水蓄能电站上水库库区开挖与坝体填筑方案设计

许要武　王　珏　李云龙

（国网新源控股有限公司技术中心　北京　100161）

摘要：对于抽水蓄能电站上水库，挖填平衡是一个很重要的研究课题。为了充分利用当地材料，降低工程造价要求，抽水蓄能电站上水库常常要结合地形、地质条件，同时综合考虑运距、施工以及料渣场布置等因素，进行一系列方案的技术、经济比选工作后得到适宜的推荐方案。本文以文登抽水蓄能电站科研阶段研究为例，结合坝体填筑需求对不同的库区开挖方案进行研究比选，结合库区开挖成果不同的大坝坝体填筑方案进行研究比选，在实现上水库库区的挖填基本平衡的目标下，得出推荐的上水库库区开挖方案、大坝坝体填筑方案。

关键词：上水库　开挖　填筑　分区设计　挖填平衡

文登抽水蓄能电站位于威海地区文登市界石镇，电站总装机容量 1 800 MW，安装 6 台单机容量 300 MW 的单级混流可逆式水泵水轮机组，电站额定水头 471 m。

文登抽水蓄能电站上水库库岸由库区西侧泰礴顶主峰及左右两岸东西向近于平行的山脊组成，具备布置库盆的天然地形条件，可采用开挖和筑坝方式兴建。相关勘察成果表明，上水库防渗形式可采用局部防渗方案。在库盆东侧沟口相对较窄处布置一座钢筋混凝土面板堆石坝，以利用库盆开挖石料填筑坝体。文登抽水蓄能电站上水库部分主要工程参数如下：上水库正常蓄水位 625 m，死水位 585 m，正常蓄水位以下库容 924 万 m^3。坝顶高程 628. 6 m，坝顶宽 10 m，长 472 m，坝轴线处最大坝高 101 m，坝顶至下游坝趾基岩面的最大填筑高差约 154 m，坝顶至沟底趾板基础的高差约 80. 6 m。

1　库区开挖方案

1. 1　库区开挖主要原则

上水库总调节库容 870 万 m^3，天然调节库容 496 万 m^3，不足调节库容 374 万 m^3 由库区开挖获得。同时，为了堆石坝体填筑的需要，库区开挖应以较小的开挖获得较多的上坝料为原则，使开挖更为有效。

结合上水库库盆地形地质条件，库区开挖主要考虑以下因素：

（1）北库岸应保留山脊，不宜改变自然分水岭；西库岸山脊宽厚，山坡较陡，以不形成高边坡增加支护难度为原则；

（2）南库岸山体单薄，在满足水道系统进/出水口布置基础上尽量减少岸坡开挖；

（3）北库岸和西库岸开挖边界应尽可能远离昆嵛山自然保护区和泰礴顶电视转播台。

根据地质建议稳定开挖坡比，对库盆内覆盖层全部清除外，环库公路高程 628. 0 m 至库底开挖高程 583.0 m 之间开挖边坡坡比为 1∶1，环库公路以上开挖边坡坡比 1∶0.75。

1.2　库区开挖方案拟定

综合考虑上述考虑因素，上水库库区开挖拟定 4 个开挖方案：

方案一：环库北岸、西岸和南岸均进行开挖，库底开挖至 583.0 m。以满足开挖调节库容和堆石坝填筑料需要为原则。

方案二：区别于方案一，调整库区开挖范围。由于库区西南侧小山体岩体风化层较厚，开挖弃渣较大，保留该部位小山体不进行开挖。

方案三：区别于方案一，在满足开挖调节库容基础上，缩小库区开挖范围。堆石坝填筑料不足部分由深挖库底获得，其库底深挖 10 ~ 573.0 m。为减少死库容占用水量，开挖库底回填弃渣至高程 583.0 m。

方案四：区别于方案一，调整库区开挖范围。对南库岸山体只进行进/出水口开挖，开挖调节库容和坝体填筑料均由北库岸和西库岸开挖获得，以北库岸分水岭为界。

上述 4 个开挖方案平面布置见图 1 ~ 图 4。

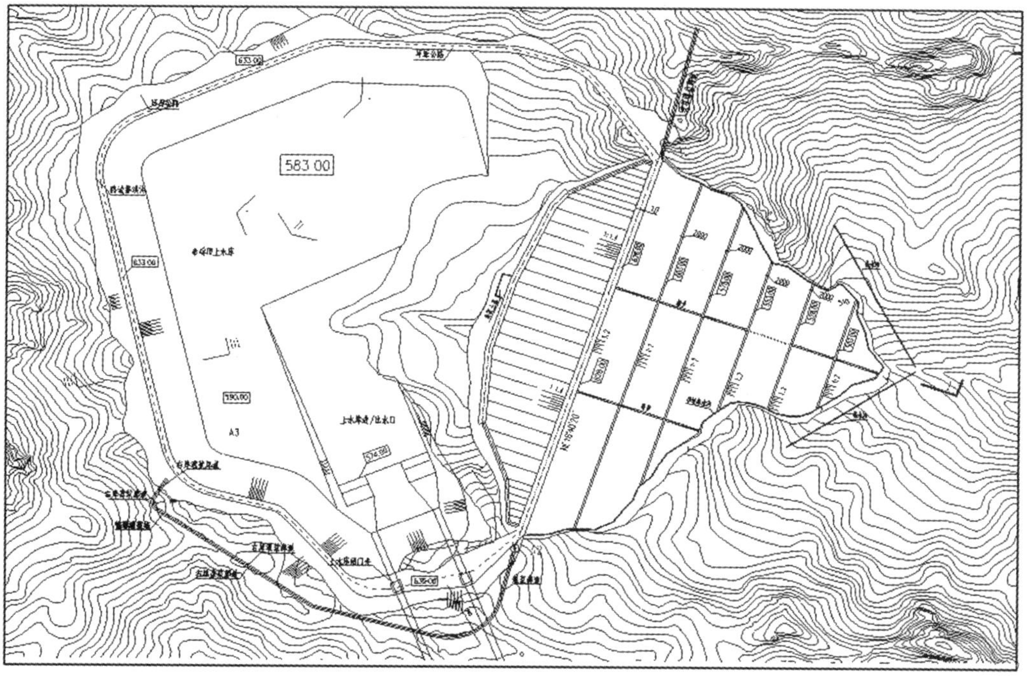

图 1　上水库库区开挖布置图(方案一)

各开挖方案平面布置图如下。

1.3　库区开挖方案比选

库区开挖方案一 ~ 方案四均能满足开挖调节库容和坝体填筑 473 万 m^3(填筑方)的要求。其中，从库区开挖满足开挖调节库容的要求来看，方案一总开挖与开挖调节库容的比值为 1.43，均较方案二 ~ 方案四小，为较优的开挖方案；部分库区开挖石英二长岩和二长花岗岩全风化料，经坝体经稳定及应力变形计算可以作为填筑料筑坝(堆石坝下游坝坡 1∶2)，因此从库区开挖满足坝体填筑要求来看，方案一 ~ 方案四石方开挖与总开挖比值在 0.83 ~ 0.90，各方案相差不大，均能较好地满足坝体填筑料的需求。

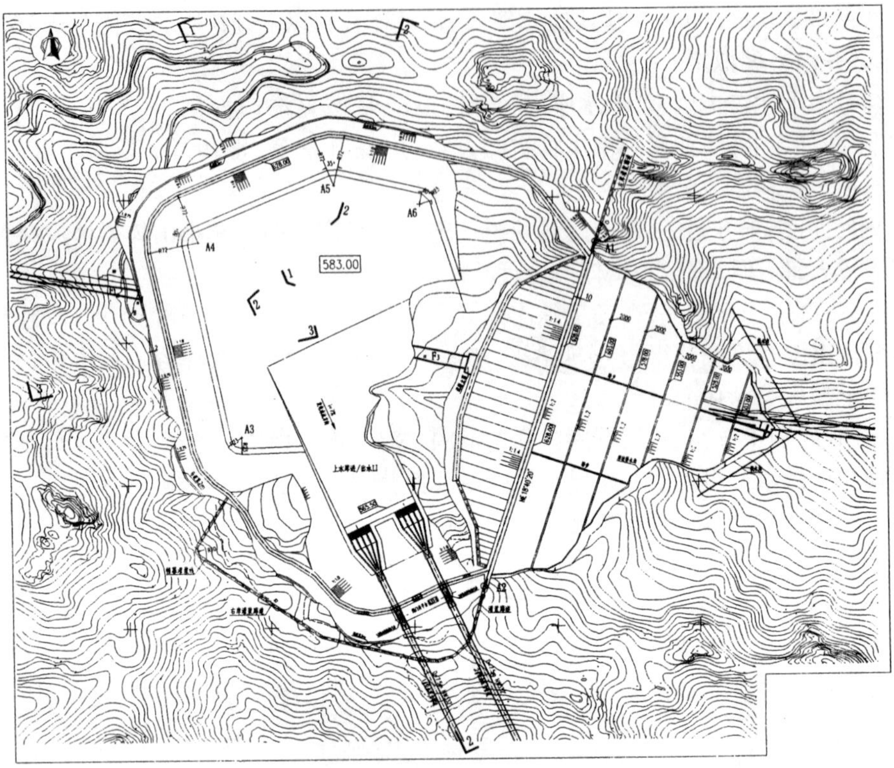

图2　上水库库区开挖布置图(方案二)

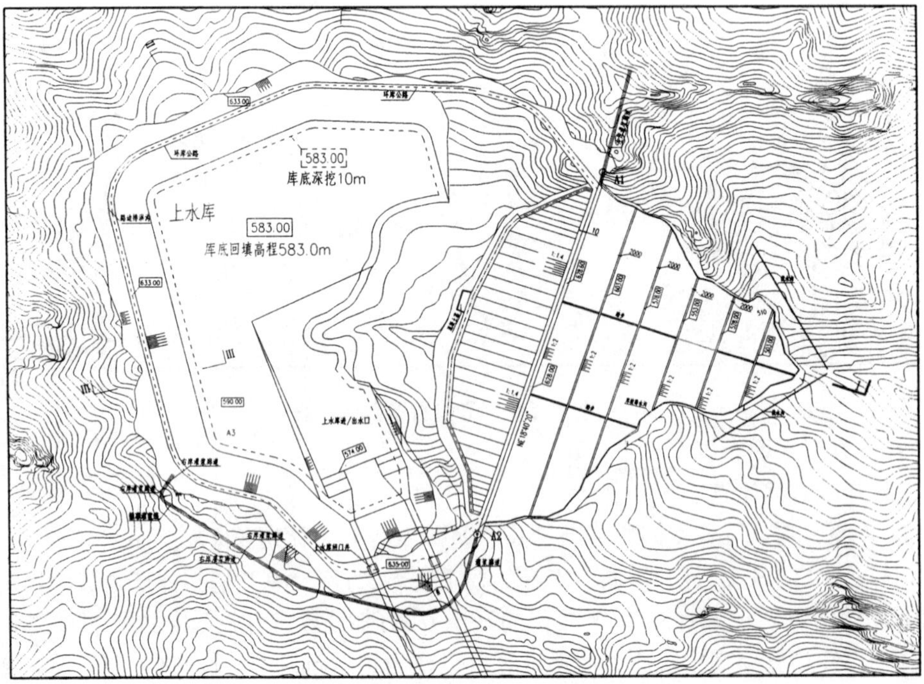

图3　上水库库区开挖布置图(方案三)

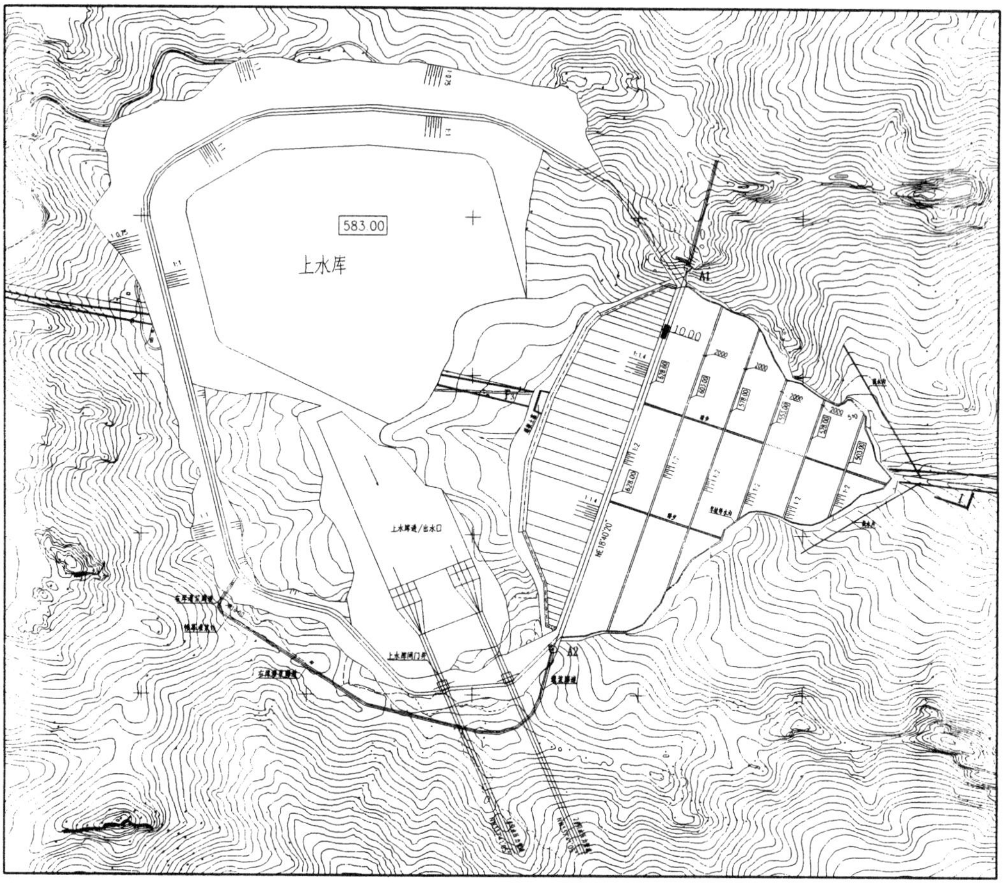

图4　上水库库区开挖布置图(方案四)

从库区开挖边坡支护来看,方案一~方案三开挖边坡支护工程量相差不大,且最高支护边坡高度为42 m和52 m,支护难度不大;而方案四北库岸山体最高开挖边坡高度达到102 m,支护难度较大,相应支护工程量也较前三个方案大。

从各方案工程投资来看,方案一投资最少,为19 696万元,分别比方案二~方案四节省1 158万元、5 536万元和11 588万元。

各方案库区开挖、库底回填弃渣、边坡支护工程量及投资见表1。

表1　上水库库区开挖各方案开挖、底库回填弃渣、边坡支护工程量及投资表

项目			单位	方案一	方案二	方案三	方案四
开挖量(自然方)	总开挖量		万 m^3	538	573	660	816
	土方开挖(覆盖层)		万 m^3	90	72	80	85
	石方开挖		万 m^3	448	501	580	731
	其中	弱风化及以下岩体	万 m^3	242	258	332	417
		强风化岩体	万 m^3	134	143	143	232
		全风化岩体	万 m^3	72	100	105	82

续表 1

项目		单位	方案一	方案二	方案三	方案四
开挖分析	开挖调节库容	万 m^3	374	379	375	377
	总开挖/开挖调节库容		1.43	1.51	1.76	2.16
	石方开挖/总开挖		0.83	0.87	0.88	0.90
	库底回填弃渣	万 m^3	0	0	80	0
边坡支护	锚杆（φ22，长 4.1 m，入岩 4 m）	根	10 070	10 878	9 800	15 316
	喷混凝土（C20，一级配，厚 0.1 m）	m^3	9 424	9 979	8 990	14 051
	钢筋网（φ8@20×20 cm）	t	366	394	355	555
	最高开挖边坡高度	m	42	52	42	102
工程投资		万元	19 696	20 854	25 232	31 284

注：表中数据为方案比较阶段采用值。

1.4　库区开挖方案结论

综合上述分析，方案一能较好地满足开挖调节库容和坝体填筑的要求，开挖边坡支护难度和工程量较小，且工程投资最少，故上水库库区开挖推荐方案一。

2　坝体填筑方案

2.1　坝体填筑主要原则

面板堆石坝为当地材料坝，工程投资、施工工期等方面均有较大的优势。工程经验表明，面板堆石坝坝料的开采、运输费占大坝投资的 60% ~75%，因此提高料场开挖料及建筑物开挖料利用率是节约工程投资的主要途径。

坝体主堆石区作为支承面板的主体，一般需要采用较好的硬岩堆石。

软岩的利用一般放在坝体下游的次堆石区，随着筑坝技术的进步，目前软岩堆石料的填筑范围正在逐步扩大。坝体下游次堆石区软岩堆石料利用一般原则是：

（1）保证软岩料区的下边界线在大坝运行时处于干燥区，以便坝体排水畅通，并避免软岩遇水产生湿化变形等；

（2）软岩料区的下边界线应保证坝体下游边坡的稳定，且在其外侧留有不小于 2 m 新鲜硬岩填筑区，以防止软岩料的继续风化；

（3）软岩料区的上边界线应保证其上有层度不小于一定厚度的新鲜硬岩填筑层覆盖；

（4）软岩料区的上边界线应通过计算分析，在保证坝体施工期、运行期的沉降量以及面板的应力在合理范围内的前提下，尽量往坝上游侧靠近，以期能够最大限度地利用软岩材料。

文登抽水蓄能上水库大坝坝型为钢筋混凝土面板堆石坝坝型，堆石坝的填筑料采用库区开挖料。根据库区开挖推荐方案计算结果，上水库库区共开挖(含进出水口开挖)545万 m^3(自然方)，其中全风化岩石72万 m^3，强风化岩石134万 m^3，弱风化及以下岩石249万 m^3；另外，土方开挖90万 m^3。

考虑技术和经济因素，坝坡及坝体分区设计应保证坝体稳定和应力变形满足规范要求的基础上，尽可能减少库区开挖弃渣、减小补充料场规模等，以达到节省投资和减少对自然生态环境破坏的目的。由于上水库坝基部位宫院子沟坝轴线处平均坡降较大，为18%～20%，堆石坝下游坝坡应考虑适当放缓，以满足坝体稳定及应力变形的要求。

2.2 坝体填筑方案拟定

根据上述原则，分别考虑库区开挖全、强风化岩石不上坝，部分强风化岩石上坝，强风化岩石和部分全风化岩石混合上坝，拟定了3个坝坡和坝体分区设计方案进行比较：

坝体填筑方案一：坝体上游坝坡1∶1.4，下游坝坡1∶1.6。上游主堆石区(3B区)采用弱风化及以下岩石上坝，下游次堆石区(3C区)也采用弱风化及以下岩石上坝。

坝体填筑方案二：坝体上游坝坡1∶1.4，下游坝坡1∶1.8。上游主堆石区(3B区)同方案一，下游次堆石区(3C区)采用弱风化及以下岩石上坝，次堆石区(3D区)采用弱风化和部分强风化岩石混合上坝。

坝体填筑方案三：坝体上游坝坡1∶1.4，下游坝坡1∶2.0。上游主堆石区(3B区)同方案一，下游次堆石区(3C区)采用弱风化及以下岩石上坝，次堆石区(3D区)采用强风化岩石及部分全风化岩石混合上坝。

各方案坝体典型剖面见图5～图7。

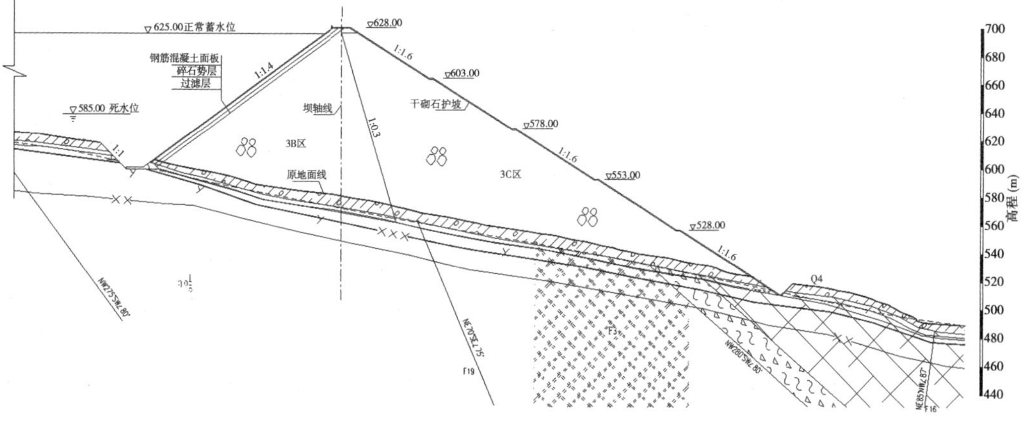

图5 上水库堆石坝下游坝坡1∶1.6坝体典型横剖面图(方案一)

2.3 坝体填筑方案比选

各方案总填筑量、分区填筑量、补充料场开挖量、库区开挖弃渣及工程投资见表2。

对上述各方案坝体分区筑坝料级配及孔隙率等进行了合理的设计，其坝体稳定及应力变形均能满足规程规范的要求。从表2可以看出，方案一需补充苇夼沟料场开挖85万 m^3

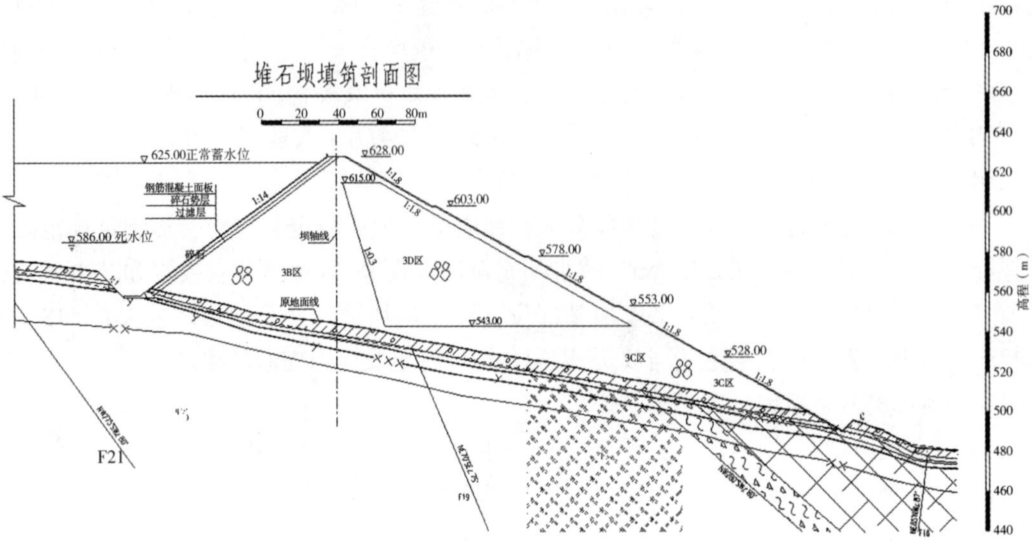

图6 上水库堆石坝下游坝坡1∶1.8坝体典型横剖面图(方案二)

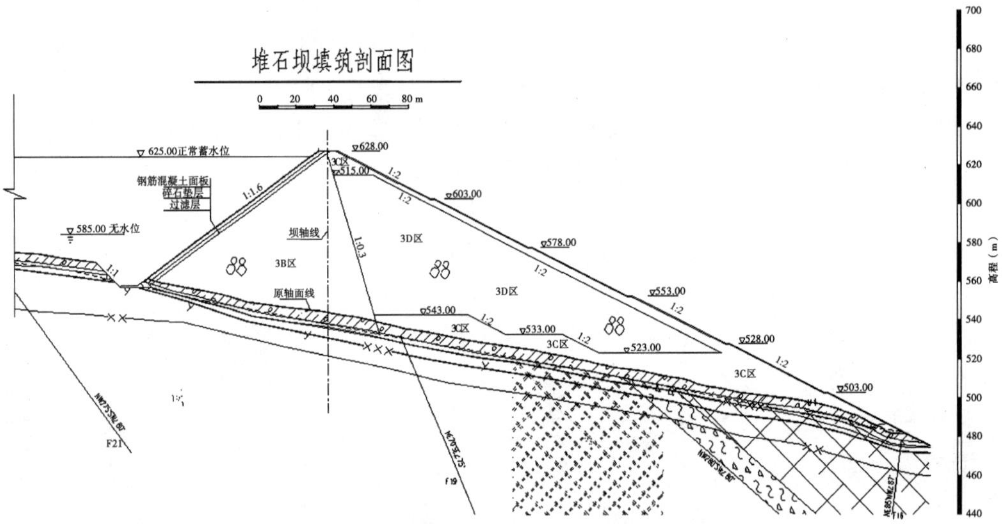

图7 上水库堆石坝下游坝坡1∶2.0坝体典型横剖面图(方案三)

(自然方),而方案二和方案三均无需开辟补充料场,全部坝体填筑料来自上水库库区开挖;从库区开挖弃渣量来看,方案三弃渣量为170万m^3(自然方),较方案一215万m^3(自然方)和方案二198万m^3(自然方)小;从工程投资来看,方案二和方案三相当,仅相差175万元,均比方案一节省。

从现场施工方面考虑,库区开挖料主要为石英二长岩和二长花岗岩,实际开挖过程中全强风化界限难以控制,而方案三适当放缓下游坝坡有利于现场坝体填筑料质量控制和保证施工进度。

表2　各方案坝体填筑、补充料场开挖、库区开挖弃渣及投资表

项目		单位	方案一	方案二	方案三
总填筑量(填筑方)		万 m^3	416	438	473
分区填筑量（填筑方）	垫层区(2A)	万 m^3	9.5	9.5	9.5
	过渡层区(3A)	万 m^3	12.7	12.7	13.1
	主堆石区(3B)	万 m^3	191.6	198.6	194
	下游堆石区(3C)	万 m^3	198.9	83.6	75
	下游次堆石区(3D)	万 m^3	0	130	177
	块石堆砌 P	万 m^3	3.3	3.6	4.4
补充料场开挖量(自然方)		万 m^3	85	0	0
库区开挖弃渣(自然方)		万 m^3	215	198	170
工程投资		万元	22 625	18 153	18 328

2.4　坝体填筑推荐方案

综合上述分析，方案三虽然坝体填筑量较方案一和方案二大，但无需另开辟新料场，且库区开挖弃渣也最小，现场施工筑坝料质量控制也较为方便，工程投资也较省，故本阶段推荐方案三(下游坝坡1∶2)作为上水库坝坡及坝体分区设计方案。

在坝体填筑的推荐方案中，上水库堆石坝坝体上游坡比1∶1.4；下游坡比1∶2。下游坝坡高程603 m、578 m、553 m、528 m和503 m处各设一条马道，马道宽2 m。坝体下游坝坡设干砌石护坡，下游坝坡周边设浆砌石排水沟，沟宽1 m，将坝体渗水导入下游主沟。堆石坝填筑料分区自上游向下游依次为：排水垫层区2A、过渡层区3A、主堆石区3B、下游堆石区3C和3D及下游干砌石护坡P。坝体分区详见图8。

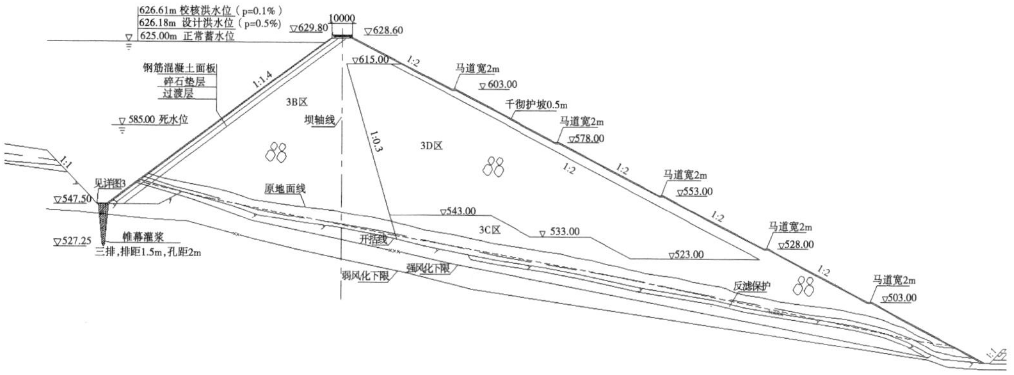

图8　上水库钢筋混凝土面板堆石坝填筑分区图

2.5 相关计算与分析

2.5.1 坝体沉降计算分析

上水库筑坝材料来源于上水库库区开挖的石英二长岩和二长花岗岩，根据开挖料主要物理力学特性，参照已建堆石坝工程建设经验，经南京水利科学研究院进行的材料力学试验，得出各区物理力学试验参数。南京水利科学院进行堆石坝三维有限元应力和应变计算分析后结果表明：邓肯 E－B 模型，竣工期坝体最大沉降量为 702 mm，蓄水至正常蓄水位 625.0 m，运行期坝体最大沉降量为 732 mm，均发生在坝体的中部偏下游侧的 3D 区，坝体最大沉降量与坝高（坝轴线处）的比值分别为 0.70% 和 0.72%。

可以得出，针对选定的坝体填筑推荐方案，其坝体最大沉降量计算量值在一般工程经验范围内。

2.5.2 坝坡稳定分析

2.5.2.1 计算方法、计算工况、安全系数控制值

坝体上、下游坝坡抗滑稳定分别采用刚体极限平衡法进行静力稳定、动力有限元法进行动力稳定计算分析。堆石料抗剪强度采用非线性指标。

上水库挡水坝为 1 级建筑物，根据《碾压式土石坝设计规范》（DL/T 5395—2007）和《水工建筑物抗震设计规范》（DL 5073—2000），面板堆石坝坝体计算工况及安全系数控制值见表 3。

表 3　上水库堆石坝抗滑稳定计算工况及安全系数控制值

<table>
<tr><th>坝坡</th><th colspan="2">计算工况</th><th>安全系数控制值</th></tr>
<tr><td rowspan="8">上游坡</td><td rowspan="2">正常运行工况</td><td>正常蓄水位 625.0 m</td><td rowspan="2">1.50</td></tr>
<tr><td>死水位 585.0 m</td></tr>
<tr><td>非常运行工况Ⅰ</td><td>建成无水</td><td>1.30</td></tr>
<tr><td rowspan="4">非常运行工况Ⅱ</td><td>正常蓄水位 625.0 m + 设计地震（P_{100} = 2%）</td><td rowspan="4">1.20</td></tr>
<tr><td>正常蓄水位 625.0 m + 校核地震（P_{100} = 1%）</td></tr>
<tr><td>死水位 585.0 m + 设计地震（P_{100} = 2%）</td></tr>
<tr><td>死水位 585.0 m + 校核地震（P_{100} = 1%）</td></tr>
<tr><td rowspan="4">下游坡</td><td>正常运行工况</td><td>正常蓄水位 625.0 m</td><td>1.50</td></tr>
<tr><td>非常运行工况Ⅰ</td><td>建成无水</td><td>1.30</td></tr>
<tr><td rowspan="2">非常运行工况Ⅱ</td><td>正常蓄水位 625.0 m + 设计地震（P_{100} = 2%）</td><td rowspan="2">1.20</td></tr>
<tr><td>正常蓄水位 625.0 m + 校核地震（P_{100} = 1%）</td></tr>
</table>

2.5.2.2 计算剖面及计算结果

选择最大坝高处的坝体横剖面进行上、下游坝坡稳定计算。各种工况下，坝坡抗滑稳定计算成果见表 4。

表4　上水库堆石坝坝坡稳定计算成果

坝坡	计算工况		静力工况 简化毕肖普法	动力工况 拟静力法	动力工况 动力有限元法	规范允许值
上游坡	正常运行工况	正常蓄水位625.0 m	7.00			1.50
		死水位585.0 m	2.34			
	非常运行工况Ⅰ	建成无水	2.16			1.30
	非常运行工况Ⅱ	正常蓄水位625.0 m+设计地震（$P_{100}=2\%$）		6.21	2.09	1.20
		正常蓄水位625.0 m+校核地震（$P_{100}=1\%$）		5.85	1.89	
		死水位585.0 m+设计地震（$P_{100}=2\%$）		1.84	1.58	
		死水位585.0 m+校核地震（$P_{100}=1\%$）		1.73	1.35	
下游坡	正常运行工况	正常蓄水位625.0 m	2.24			1.50
	非常运行工况Ⅰ	建成无水	2.24			1.30
	非常运行工况Ⅱ	正常蓄水位625.0 m+设计地震（$P_{100}=2\%$）		1.71	1.69	1.20
		正常蓄水位625.0 m+校核地震（$P_{100}=1\%$）		1.62	1.47	

针对选定的坝体填筑推荐方案，上水库面板堆石坝在各种工况下，静、动力坝坡稳定安全系数均满足规范要求，坝坡稳定可靠。

3　结　论

抽水蓄能电站上水库的库区开挖、坝体填筑方案的选择，需要结合地形地质条件、考虑坝体填筑需求，以及坝料开采、运输、施工简便、施工工期、工程投资等诸多因素来确定。文登抽水蓄能电站上水库库区开挖、坝体填筑推荐的方案中，库区开挖区域、库区开挖料均能较好的满足坝体填筑要求，坝体填筑方案充分利用了库区开挖料，库区开挖、填筑基本达到挖填平衡，无需另开辟新料场，且库区开挖弃渣量小，工程投资也较省，因此作为上水库库区开挖及坝体填筑方案设计是合理、可行且经济的。

水工混凝土新技术发展综述

佟志强[1] 田育功[2]

(1. 汉能控股集团发电集团 北京 100107;2. 云南汉能投资有限公司 云南 临沧 677506)

摘要:在水利水电工程建设中,水工混凝土发挥了巨大作用。水工混凝土工作环境复杂,需要长期在水的浸泡下和经受高速水流的侵蚀下以及各种恶劣的气候和地质环境下工作,为此对水工混凝土耐久性能和温控防裂性能提出了比其他混凝土更高的要求。本文主要针对水利 SL 与水电 DL 工程标准统一、水工混凝土设计指标、原材料对水工混凝土性能影响、提高混凝土耐久性技术创新、多元复合材料抗磨蚀混凝土以及组合混凝土坝与温控防裂等新技术进行阐述,使水工混凝土在水利水电工程中的技术支撑作用发挥更大。

关键词:水工混凝土 标准统一 强度等级 内控指标 耐久性能 抗磨蚀混凝土 组合混凝土坝

1 概 述

改革开放30多年来,中国的水利水电工程建设取得了举世瞩目的辉煌成就,其建坝速度、高度、类型、装机容量以及南水北调工程已经遥居世界第一,中国已经成为名副其实的水利水电大国、强国。近年来,我国已建和在建的高坝大库中主要以混凝土坝为主,混凝土重力坝以举世瞩目的三峡、龙滩、光照、向家坝、官地、金安桥等200 m级重力坝为代表,混凝土拱坝以锦屏一级、小湾、溪洛渡、拉西瓦、二滩等250~300 m级拱坝为代表,凸显了混凝土坝以其布置灵活、安全可靠的优势在高坝大库挡水建筑物中的重要作用。

水工混凝土是典型的大体积混凝土,与普通混凝土、公路混凝土、港工混凝土等混凝土有着明显的不同。水工混凝土有其自身的特点:水工混凝土工作环境复杂,需要长期在水的浸泡下、高水头压力下、高速水流的侵蚀下以及各种恶劣的气候和地质环境下工作,为此对水工混凝土耐久性能(以抗冻等级F表示)提出了比其他混凝土更高的要求。水工混凝土已经不是单纯的水、水泥、骨料、掺合料、外加剂等几种材料的简单组成,现代水工混凝土已经融入多元材料组合理念,已经发展成为多元复合材料。大坝混凝土是典型的大体积混凝土,它具有长龄期、大级配、低坍落度、双掺掺合料和外加剂、水化热低等特点,不论在温和、炎热、严寒的各种恶劣环境条件下,其可塑性、使用方便、经久耐用、适应性强、安全可靠等优势,是其他材料无法替代的。

随着水工混凝土新技术的不断创新发展,各种筑坝技术百花齐放、百家争鸣,根据筑坝技术和施工方法的不同,水工混凝土已经从过去单一的常态混凝土发展到近年来的碾压混凝土、胶凝砂砾石、堆石混凝土、自密实混凝土、高流态混凝土等不同种类的混凝土。

由于篇幅所限,本文主要针对水工混凝土设计指标、原材料对水工混凝土性能影响、提高混凝土耐久性能技术创新、多元复合材料抗磨蚀混凝土以及组合混凝土坝与温控防裂等新技术进行阐述,使水工混凝土在水利水电工程中的技术支撑作用发挥更大。

2　水工混凝土有关标准与设计指标分析

2.1　水利 SL 与水电 DL 工程标准统一

技术标准是一个国家科技进步的具体体现。我国的水利水电工程技术标准虽然较齐全,但由于电力体制的改革以及标准归属的政府行为,导致了水利 SL 与水电 DL 工程标准分割的各自为政局面,没有形成合力,水利水电工程标准的统一问题,直接关系到水利水电的可持续发展。

我国的许多水利水电工程采用相同的标准,据初步统计有 20 多个标准相同,比如《混凝土重力坝设计规范》《混凝土拱坝设计规范》《碾压式土石坝设计规范》《混凝土面板堆石坝设计规范》《水利水电工程施工组织设计规范》《水工混凝土结构设计规范》《水工混凝土试验规程》《水工隧洞设计规范》等,被分为水利 SL 行业标准和电力 DL 行业标准,其基本的术语符号、混凝土强度符号、设计指标、目次章节等的不一致,给设计、科研、施工及管理等带来了诸多的不便,直接影响水利水电工程技术进步发展。

欧美、日本等国家成为世界发达国家和强国与先进的技术标准分不开,与欧美等先进国家标准体系相比,我国的水利水电工程标准制定方面存在着较大差距。比如美国"试验与材料"和"水利水电工程"多年来一直采用 ASTM 标准和 USACE 标准,英国 BS 通用标准、法国的 NF 标准、德国 DIN 标准以及日本混凝土 JIS 标准等,它不受政府控制但得到了政府的大力支持。这些先进国家技术标准的制定、使用和修订长达 100 年以上,有着十分良好的系统性、长期性和连续性。

比如近期欧盟对手机充电器制定统一标准就值得借鉴。2014 年 3 月 13 日欧洲议会在召开的全体会议上以 550 票赞成、12 票反对、8 票弃权的结果通过了一项立法草案,强制手机充电器统一标准,该标准从 2007 年生效。欧盟统一手机充电器,不但解决了不同品牌手机就得准备各种不同充电器的尴尬局面,而且将大幅减少电子垃圾,也有利于欧盟无线电市场的健康发展。

我国的水利水电工程技术标准从早期的 SD、SDJ 标准到 SL、DL 标准,与我国水利水电大国的地位和加入 WTO 的要求极不相称,也影响到"走出去"海外市场的开发。特别是技术标准的修订往往滞后于 5 年,需要认真研究和反思。水利水电工程 SL 与 DL 标准的统一需要进行改革,废除行业行政羁绊,为我国水利水电工程标准的统一性、先进性、系统性和及时修订搭建一个良好的平台。

2.2　水工混凝土强度等级与标号分析

1987 年之前,我国的混凝土抗压强度分级指标采用 "标号 R"表达。1987 年国家标准《混凝土强度检验评定标准》(GBJ 107—87)改以"强度等级 C"表达。此后,工业、民用建筑部门在混凝土的设计和施工中均按上述标准,以混凝土强度等级 C 代替混凝土标号 R。

按照国际标准化组织《混凝土按抗压强度的分级》(ISO 3893—1977)的规定,水工混凝土为了与其他标准协调,将原规范的混凝土标号改为混凝土强度等级。比如电力标准《水工混凝土结构设计规范》(DL/T 5057—1996)、《水工建筑物抗冰冻设计规范》(DL/T 5082—1998)、《混凝土重力坝设计规范》(DL5108—1999)、《水工混凝土施工规范》(DL/T 5114—2001)以及《水工混凝土结构设计规范》(SL 191—2008)等标准中, 混凝土强度等级均采用混凝土(concrete)的首字母C表示,如$C_{90}15$、$C_{90}20$、C20、C30等,脚标表示设计龄期为90 d,无脚标的表示设计龄期为28 d,后面数字表示抗压强度为15 MPa、20 MPa、30 MPa。

但是水利SL标准在混凝土坝设计规范中水工混凝土仍采用标号R,比如《混凝土重力坝设计规范》(SL 319—2005)条款8.5.3:“选择混凝土标号时,应考虑由于温度、渗透压力及局部应力集中所产生的拉应力、剪应力。坝体内部混凝土的标号不应低于$R_{90}100$,过流表面的混凝土标号不应低于$R_{90}250$”;《混凝土拱坝设计规范》(SL 282—2003)条款10.1.1:“坝体混凝土标号分区设计应以强度作为主要控制指标。坝体厚度小于20 m,混凝土标号不宜分区”。

水工混凝土强度等级符号应用不统一,一方面与我国改革开放方针和走出去的战略不相符,另一方面也严重制约束缚了水工混凝土技术创新发展。比如某水利工程,大坝为碾压混凝土拱坝,采用水利SL标准,碾压混凝土设计指标$R_{90}150$、$R_{90}200$,而常态混凝土设计指标$C_{90}20$或C20。在一个工程中混凝土设计指标采用两种符合标示,显得格格不入和十分别扭,同时混凝土强度等级与标号并非相等关系,即$C_{90}15 \neq R_{90}150$。《混凝土重力坝设计规范》(DL 5108—1999)在条文说明中对此做了很好的诠释,条款8.4.3抗压强度的标准值:

大坝常态混凝土强度的标准值可采用90 d龄期强度,保证率为80%。大坝混凝土强度等级与大坝常态混凝土标号之间的对应关系见表1。

表1　大坝混凝土强度等级与大坝常态混凝土标号之间的对应关系

大坝混凝土强度等级C	C7.5	C10	C15	C20	C25	C30
对应的原大坝常态混凝土标号R	R113	R146	R212	R275	R330	R386

大坝碾压混凝土强度的标准值可采用180 d龄期强度,保证率为80%。大坝混凝土强度等级与大坝碾压混凝土标号之间的对应关系见表2。

表2　大坝混凝土强度等级与碾压混凝土标号之间的对应关系

大坝混凝土强度等级C	C5	C7.5	C10	C15	C20
对应的原大坝碾压混凝土标号R	R106	R154	R200	R286	R368

分析表明,大坝混凝土强度等级C与原大坝常态(碾压)混凝土标号R并非对应关系。按照国际标准化组织ISO 3893—1977规定,应取消SD标准中水工混凝土标号R,水工混凝土应采用统一的强度等级C表示,如$C_{90}15$、$C_{90}20$ 、C20、C30等。

3　原材料对水工混凝土性能影响

3.1　大型工程对水泥内控指标要求[1]

水泥在水利水电工程、工业及民用建筑、道路等建筑工程中是最重要的建筑材料,应用十分广泛。目前,水工混凝土常用的水泥品种主要有:普通硅酸盐水泥及中热硅酸盐水泥、低热硅酸盐水泥等。按照国家最新标准GB 175—2007通用硅酸盐水泥,普通水泥强度等级取消了32.5和32.5R,由于取消了低等级水泥,掺合料在混凝土中的应用上有更大的突破。

GB 200—2003 中热硅酸盐水泥标准规定其强度等级仅 42.5 一种等级。为了降低水泥的水化热，对中热硅酸盐水泥的矿物组成提出了较高的指标要求，要求硅酸三钙（C_3S）的含量在 50% 左右，铝酸三钙（C_3A）含量小于 6%，铁铝酸四钙（C_4AF）含量大于 16%。由于硅酸三钙（C_3S）和铝酸三钙（C_3A）含量降低，水化较为平缓，对混凝土裂缝的愈合有利。

《水工混凝土施工规范》（DL/T 5144—2001）以及大量的科研成果和工程实践表明：水泥细度与混凝土早期发热快慢有直接关系，水泥细度越小，即比表面积越大，混凝土早期发热越快，不利温度控制；适当提高水泥熟料中的氧化镁含量可使混凝土体积具有微膨胀性能，部分补偿混凝土温度收缩；为了避免产生碱—骨料反应，水泥熟料的碱含量应控制在 0.6% 以内，同时考虑掺合料、外加剂等原材料的碱含量，要求控制混凝土总碱含量小于 3.0 kg/m^3；由于散装水泥用水泥罐车运至工地的温度是比较高的，规范规定“散装水泥运至工地的入罐温度不宜高于 65 ℃”。

比如三峡工程主要使用中热硅酸盐水泥，供应厂家多达 3 ~ 4 家，为此严格限定每一个厂家供应的水泥所使用的工程范围和部位，保证了大坝混凝土质量和外观颜色的一致；要求中热水泥比表面积控制在 280 ~ 320 m^2/kg、熟料 MgO 含量指标控制在 3.5% ~ 5.0% 范围、进场水泥的温度要求不允许超过 60 ℃，控制混凝土总碱含量小于 2.5 kg/m^3。

近年来，大型水利水电工程纷纷效仿三峡工程做法，大坝混凝土对水泥的比表面积、氧化镁、三氧化硫、碱含量、水化热、抗压强度、抗折强度以及铝酸三钙（C_3A）、铁铝酸四钙（C_4AF）和进场工地水泥温度等指标，提出了严格的控制指标要求，有效降低了混凝土水化热温升并控制了水泥质量波动。比如拉西瓦、小湾、溪洛度、锦屏、金安桥等工程，根据工程具体情况，对中热水泥提出了特殊的内控指标要求，并派驻厂监造监理，从源头上保证了水泥出厂质量。

3.2　人工砂石粉含量对混凝土性能影响[2]

大量的工程及试验证明，人工砂中含有较高的石粉含量能显著改善混凝土性能。特别是碾压混凝土用的人工砂中含有较高的石粉含量，能显著改善碾压混凝土的工作性、抗骨料分离、液化泛浆、可碾性、密实性以及层间结合质量等，同时提高了硬化混凝土抗渗性能、力学指标及断裂韧性。石粉可作掺合料，替代部分粉煤灰。适当提高石粉含量，亦可提高人工砂的产量，降低成本，增加了技术经济效益。因此，合理控制人工砂石粉含量，是提高混凝土质量的重要措施之一。

《水工混凝土施工规范》（DL/T 5144—2001）和《水工碾压混凝土施工规范》（DL/T 5112—2009）中，分别对人工砂石粉含量控制指标范围进行了修订，提高了人工砂石粉含量控制范围。提高常态混凝土人工砂石粉含量 6% ~ 18%，碾压混凝土人工砂石粉含量 12% ~ 22% 。

比如，蔺河口碾压混凝土拱坝，当石灰岩人工砂石粉含量控制在 15% ~ 22% 时，混凝土的各项性能最优；棉花滩采用花岗岩加工人工骨料，人工砂采用干法生产，石粉含量在 17% 左右；百色工程采用辉绿岩人工骨料干法生产，石粉含量高达 20% 左右，且人工砂 <0.08 mm 微粉占石粉含量的 30% 左右，为此采用小于 0.08 mm 微石粉替代部分粉煤灰，碾压混凝土可碾性、液化泛浆和层间结合质量得到显著提高。石粉最大的贡献是提高了混凝土浆体含量，有效改善了碾压混凝土的施工性能和抗渗性能，石粉已成为碾压混凝土中必不可少的组成材料之一。

3.3　水工混凝土掺合料研究与应用[3]

掺合料是水工混凝土胶凝材料重要的组成部分，为此水工混凝土先后制定颁发了掺合料技术标准，比如《水工混凝土掺用粉煤灰技术规范》（DL/T 5055—2007）、《水工混凝土掺用天然火山灰质材料技术规范》（DL/T 5273—2012）、《水工混凝土掺用石灰石粉技术规范》（DL/T 5304—2013）等标准，为掺合料应用提供了技术支撑。

在大坝常态混凝土中，掺合料掺量一般占到胶凝材料的30%左右，碾压混凝土中掺合料掺量一般高达胶凝材料的50%～65%，由于大坝混凝土掺用较高的掺合料，有效降低了水泥用量，直接降低了碳排放量和热效应产生，符合绿色混凝土发展方向，掺合料对水工大体积混凝土性能的影响主要表现：

（1）掺合料最大的贡献是微集料作用，有效改善拌和物的和易性，增加内聚力，减少离析；

（2）延缓水泥水化热温峰出现时间，降低水化热，减少大体积混凝土的温升值，与水工大体积混凝土强度发展规律相匹配，可以减少温度裂缝；

（3）特别是在碾压混凝土中有效提高了浆体含量，对提高碾压混凝土可碾性、液化泛浆、层间结合质量十分关键。

水工混凝土掺合料品种主要有粉煤灰、粒化高炉矿渣、磷矿渣、火山灰、凝灰岩、石灰岩、铜镍矿渣等磨细粉。粉煤灰作为掺合料在水工混凝土中始终占主导地位，粉煤灰不但掺量大、应用广泛，其性能也是掺合料中是最优的。掺合料可以单掺，也可以复合掺。比如，大朝山碾压混凝土采用磷矿渣＋凝灰岩各50%的复合掺合料，简称PT掺合料；景洪、戈兰滩、居甫度、土卡河等工程采用铁矿渣＋石灰石粉各50%的复合掺合料，简称SL掺合料；龙江、等壳、腊寨等工程采用天然火山灰质掺合料；藏木、大华桥等工程采用石灰石粉作掺合料；新疆冲乎尔采用铜镍矿渣等掺合料。上述掺合料其性能、掺量均与二级粉煤灰相近，使用效果良好。

掺合料一般具有活性，也有非活性。所谓活性掺合料和非活性掺合料，是为了区别掺合料活性的大小而人为划分的界线。实际上，矿物质材料只要粉磨至足够的比表面积都会具有一定的与水泥的某些水化产物发生化学反应的活性，差别只是活性的大小、活性发挥的早晚以及某些矿物的某些成分对水泥石和混凝土性能的改善可能起不利的影响。水工混凝土使用的掺合料其比表面积不宜过大，需要控制在一定的范围，过细的掺合料虽然活性较大，但相应的需水量大、干缩大，反而对水工混凝土抗裂性能不利。

4　提高混凝土耐久性能技术创新

4.1　提高混凝土耐久性能意义及影响因素分析

水工混凝土耐久性能主要用抗冻等级（符号F）进行评价，抗冻等级是水工混凝土耐久性能极为重要的控制指标之一。近年来，不论是南方、北方或炎热、寒冷地区，水工混凝土的设计抗冻等级大都达到或超过F100、F200，严寒地区的抗冻等级达到F300，甚至F400。而混凝土耐久性能与含气量密切相关，但新拌混凝土出机含气量与实际浇筑后的硬化混凝土含气量存在很大差异，对大坝混凝土钻孔取芯，芯样的抗冻性能、极限拉伸值大都达不到设计要求，严重影响建筑物的耐久性能。通过保持混凝土含气量提高混凝土耐久性能技术创新研究与应用，在混凝土中掺入稳气剂，明显改变了硬化混凝土气孔结构，对提高混凝土耐久性能效果十分显著。

水工混凝土在实际的生产工艺(拌和、出机、运输、入仓、平仓、振捣以及硬化等)过程中,由于水泥水化反应、气候环境以及施工条件等因素的影响,新拌混凝土的坍落度和含气量损失不可避免。大量试验结果表明:在混凝土中掺入一定引气剂,混凝土含气量伴随着坍落度经时损失而降低;随着骨料级配的增大而降低;随着时间的延长而降低;随着浇筑振捣而降低。一般硬化混凝土含气量比新拌混凝土出机含气量约降低50%。

室内新拌混凝土抗冻试验是在标准环境、设备条件下,混凝土拌和物剔除了大于30 mm骨料粒径,含气量在没有损失的情况下进行抗冻试件成型,放到标准养护室达到设计龄期时进行抗冻试验。而实际的大坝混凝土为全级配混凝土,全级配大骨料粒径的混凝土由于经时损失和在高频振捣器的强力振捣作用下,含气量急剧损失,与室内混凝土含气量相差很大,达不到设计要求的混凝土含气量,所以实际大坝混凝土的抗冻性能明显降低,达不到设计要求的抗冻等级,严重影响混凝土耐久性能。

4.2　保持混凝土含气量提高混凝土耐久性的应用[4]

保持混凝土含气量,提高混凝土耐久性技术创新为中国水利水电第四工程局专利。"保持混凝土含气量提高混凝土耐久性的方法"课题研究依托黄河拉西瓦水电站工程。拉西瓦水电站大坝为混凝土双曲拱坝,最大坝高250 m,装机4 200 MW。工程地处青藏高原,海拔高,昼夜温差大,严寒干燥、光照强烈,风力大,自然条件十分恶劣,所以混凝土耐久性要求很高,混凝土设计抗冻等级F300。中国水电四局试验中心从2005年开始至2007年,历时3年多时间,在室内进行了大量的试验研究,优选了稳气剂品种和掺量。同时委托北京工业大学对硬化混凝土的气孔结构进行测试:空气量、气泡数、气泡间隔系数、平均气泡直径、气泡直径范围等。

为了使研究成果转化为生产应用,2007年1月13日和2007年10月31至11月2日,在拉西瓦大坝工程非溢流坝段9# -09仓号和大坝工程溢流坝段12# -40仓号,分别进行了掺稳气剂保持混凝土含气量现场应用试验。在不改变大坝混凝土配合比的基础上,在混凝土中掺入稳气剂,研究掺稳气剂对大坝混凝土耐久性性能的影响。试验条件:甘肃祁连山牌P. MH42.5水泥,甘肃连城Ⅰ级粉煤灰、拉西瓦天然骨料、天然砂FM=2.87、ZB-1A缓凝高效减水剂、DH-9引气剂、WQ-X稳气剂。限于篇幅,仅对C_{180}25W10F300大坝混凝土试验结果进行分析。

《水工混凝土施工规范》(DL/T 5144—2001)对混凝土坍落度控制进行明确,条款6.0.7"混凝土的坍落度,应根据建筑物的结构断面、钢筋含量、运输距离、浇筑方法、运输方式、振捣能力和气候条件决定,在选定配合比时应综合考虑,并宜采用较小的坍落度。混凝土在浇筑地点的坍落度,可参照表6.0.7选用"。拉西瓦大坝混凝土坍落度的确定,充分考虑了青藏高原的气候特点,新拌混凝土从拌和、运输、入仓、平仓到振捣需要一定的时间,坍落度经时损失大,故新拌混凝土出机坍落度按70~90 mm控制,浇筑地点的坍落度按40~60 mm控制。

保持混凝土含气量(C_{180}25W10F300)试验配合比见表3,保持混凝土含气量现场应用新拌混凝土坍落度、含气量测试结果见表4。

表 3　保持混凝土含气量($C_{180}25W10F300$)试验配合比

试验编号	级配	水胶比	砂率(%)	粉煤灰(%)	水(kg/m^3)	ZB-1A(%)	DH_9(%)	稳气剂WQ-X(%)	表观密度(kg/m^3)	坍落度(mm)
SKB0-1	Ⅲ	0.45	29	35	86	0.55	0.011	0.00	2 430	40~60
SKB1-1	Ⅲ	0.45	29	35	86	0.55	0.011	0.010	2 430	40~60
SKB2-1	Ⅲ	0.45	29	35	86	0.55	0.011	0.020	2 430	40~60
SKB0-2	Ⅳ	0.45	25	35	77	0.50	0.011	0.00	2 450	40~60
SKB1-2	Ⅳ	0.45	25	35	77	0.50	0.011	0.010	2 450	40~60
SKB2-2	Ⅳ	0.45	25	35	77	0.50	0.011	0.020	2 450	40~60

表 4　保持混凝土含气量现场应用新拌混凝土坍落度、含气量测试结果

试验编号	稳气剂WQ-X(%)	坍落度测试结果(mm)				高频振捣后含气量(%)			
		出机	15 min	30 min振捣	60 min振捣	出机	15 min	30 min振捣	60 min振捣
SKB0-1	0	91	76	34	15	6.0	5.0	3.7	2.1
SKB1-1	0.010	95	81	55	33	6.8	5.4	4.8	4.2
SKB2-1	0.020	99	70	53	35	6.6	5.5	5.0	4.5
SKB0-2	0	75	50	25	10	6.0	5.1	3.5	2.0
SKB1-2	0.010	80	68	50	30	7.2	5.8	5.0	4.1
SKB2-2	0.020	86	62	50	34	7.4	5.9	5.2	4.6

结果表明:掺稳气剂后,新拌混凝土和易性明显优于不掺稳气剂的混凝土,且黏聚性好,易于振捣。新拌混凝土在 60 min 时经过 8 棒机械振捣车振捣后,三级配、四级配混凝土经检测:不掺稳气剂的基准混凝土坍落度降至 10~15 mm,含气量降至 2.0%~2.1%;而掺稳气剂混凝土坍落度仍可以达到 30~35 mm,含气量仍保持在 4.1%~4.6%,结果充分表明掺稳气剂混凝土的坍落度经时损失小,保持混凝土含气量效果显著。掺稳气剂混凝土力学性能、极限拉伸、弹性模量均呈增大趋势;掺稳气剂 90 d 龄期混凝土经冻融试验后,抗冻等级达到 F550 以上,比不掺稳气剂的混凝土抗冻等级提高了 60%。同时还进行了掺稳气剂混凝土 28 d 龄期冻融试验,结果表明抗冻等级达到 F300;掺稳气剂混凝土抗渗性能试验结果表明:当最大水压力达到 2.3 MPa 时,仍能满足抗渗要求,抗渗等级达到了 W22,比不掺稳气剂的混凝土抗渗等级提高了 50%。

保持混凝土含气量提高混凝土耐久性能是一项重要的技术创新,在混凝土中掺入稳气剂,明显改变了硬化混凝土气孔结构,对提高混凝土耐久性能效果十分显著,具有非常重要的现实意义。

5　多元复合材料抗磨蚀混凝土新技术

5.1　抗磨蚀混凝土破坏的主要原因

水工泄水建筑物的溢洪道、泄洪洞、泄水孔、溢流坝、消力池、水垫塘等表面抗冲磨防空蚀混凝土(简称抗磨蚀混凝土)易遭受高速水流及高速含沙水流的冲磨和气蚀破坏,多年来一直未能得到较好的解决,影响了大坝的安全运行。水工泄水建筑物表面抗磨蚀混凝土破坏一方面与水工设计和水力设计有关,另一方面与抗磨蚀混凝土配合比设计及施工质量有关。《水工建筑物抗抗冲磨空蚀混凝土技术规范》(DL/T5027—2005)条款 6.3.3:"各个等级抗磨蚀混凝土都应通过配合比优化试验,选择抗磨蚀性、和易性、体积稳定和经济性较优的配合比。配合比试验中应使用粉煤灰、硅粉、磨细矿渣,其最大掺量不宜超过表 6.3.3 规定。"即活性掺合料占胶凝材料最大掺量分别为粉煤灰 25%、磨细矿渣 50%、硅粉 10%、粉煤灰 + 磨细矿渣 + 硅粉 50%、粉煤灰 + 硅粉 35%。

硅粉混凝土强度很高、抗磨蚀性能良好,但新拌硅粉混凝土施工难度大,主要表现在硅粉混凝土表面失水快、抹面困难、干缩大、裂缝多,达不到设计要求的抗磨蚀混凝土表面平整度。同时由于抗磨蚀混凝土与基层混凝土设计指标不相匹配,基层混凝土设计指标一般为三级配、$C_{90}25$ 或 $C_{90}20$,抗磨蚀混凝土设计指标一般为二级配、C35 ~ C50。由于基层混凝土强度较低与抗磨蚀混凝土高等级强度性能不同,特别是抗磨蚀混凝土与基层混凝土未能同仓浇筑,往往是基层混凝土浇筑后间歇很长时间,才在长间歇的基层混凝土上面浇筑抗磨蚀混凝土,两种不同性能混凝土层间结合面差,形成弱面,在高速水流空蚀和悬移质水流的冲蚀下,这是导致抗磨蚀混凝土发生破坏最主要的原因。

5.2　抗磨蚀混凝土与基层混凝土同仓浇筑工艺

传统的抗磨蚀混凝土施工方法大都采用先浇筑基层混凝土,然后浇筑高等级抗磨蚀混凝土,由于两种混凝土设计指标、级配、配合比不同,性能存在着较大差别,其变形性能、弹性模量、应力状态等性能的不同,两种混凝土层间结合极容易产生两张皮的现象,对防空蚀十分不利。工程实践证明,只要抗磨蚀混凝土与基层混凝土分开施工,不论锚筋和抗磨蚀混凝土分布钢筋设计多合理,但抗磨蚀混凝土破坏均是从基层混凝土与抗磨蚀混凝土的结合层破坏,抗磨蚀混凝土本身并未被冲坏。

工程实例:针对抗磨蚀混凝土与基层混凝土层间结合不良的问题,笔者在万家寨、拉西瓦等工程泄水建筑物抗磨蚀混凝土施工中,采用基层混凝土与抗磨蚀混凝土一起浇筑的方案,很好的解决了基层混凝土与抗磨蚀混凝土层间结合难题。抗磨蚀部位基层混凝土与抗磨蚀混凝土施工时形成最后一个升层 2 ~3 m 仓面,不论是平面按台阶法施工或侧墙立面按一个整仓施工时,首先浇筑基层三级配混凝土,待到抗磨蚀混凝土浇筑层时,连续在基层混凝土浇筑 50 cm 左右厚度的抗磨蚀层混凝土,有效地解决了基层与抗磨蚀混凝土层间结合问题,工程实践证明效果良好。

5.3　HF 新型水工抗磨蚀混凝土技术[5]

近 20 年来,一种新型的抗冲磨防空蚀混凝土——HF 混凝土,以其良好的使用效果逐渐被越来越多的工程认可和采用,预示着一种新的水工泄水建筑物抗磨蚀混凝土新技术的来临。HF 混凝土已应用并经过多年过水考验,经受 40 m/s 以上流速的工程 4 个(西安金盆水库泄洪洞及溢流洞 41.71 m/s、福建洪口水库泄水表孔 43 m/s、贵州光照水电站泄水表孔 40

m/s、云南德泽牛栏江泄洪隧洞最大流速 41.28 m/s)，工程最大流速 43.0m/s，最大推移质粒径 800 ~1 000 mm，水流最大含沙量 961 kg/m³。

HF 混凝土是支拴喜博士经过近 20 年的长期试验研究并在工程应用中逐渐改进、优化、完善而成的新型水工抗磨蚀混凝土。HF 混凝土由 HF 外加剂、优质粉煤灰(或其他符合要求的掺合料如硅粉、磨细矿渣等)、符合要求的砂石骨料和水泥等组成，并按规定的要求进行配合比设计和结构设计、抗裂设计，按规定的工艺和质量控制体系组织施工浇筑的混凝土。HF 混凝土是水利水电工程中被广泛应用的抵抗水流冲刷、泥沙磨损、高速水流空蚀破坏的水工抗冲耐磨护面材料，是水利水电工程泥沙磨损破坏和高速水流空蚀破坏的集成解决方案。该技术已在刘家峡、大峡、洪家渡、光照、深溪沟、瀑布沟、董箐、下板地等 200 多个工程应用，经多年的运行考验，效果良好。这项技术已得到越来越多的设计、施工、监理及工程业主的认可和欢迎。

HF 混凝土已被《混凝土坝养护修理规程》(SL 230—1998)列为常用抗冲耐磨材料之一(见常用水工抗冲耐磨材料选用表)，并被《水闸设计规范》(SL 265—2001)推荐为多泥沙河流使用效果好的抗磨蚀护面材料，水闸设计规范条文说明 7 结构设计："四川省近几年修建的水闸及其他溢流建筑物，其过流及消能结构部位均采用了 HF 混凝土(是一种高强粉煤灰混凝土)，经试验检验，这种 HF 混凝土如果配制得当，不仅可以提高混凝土的强度，提高其抗冲耐磨能力，而且还可以改善其施工性能。"

随着 HF 混凝土技术的日益完善和成熟，工程使用效果逐步显现，越来越多的大中型工程从原来的硅粉混凝土、纤维混凝土、高性能混凝土等传统抗磨蚀混凝土逐步向 HF 混凝土新技术发展，使水工抗磨蚀混凝土走向一个过程可控、结果可以预测的规范化应用。

6 组合混凝土坝与温控防裂技术创新探讨[6]

6.1 组合混凝土坝的特点

混凝土坝是典型的大体积混凝土，温控防裂问题十分突出，所谓"无坝不裂"的难题一直困扰着人们，"温控防裂"已成为制约混凝土坝技术发展的瓶颈。为此，有关混凝土坝设计规范中均把"温度控制与防裂措施"列为最重要的章节之一，几十年来大坝的温度控制与防裂一直是坝工界所关注和研究的重大课题。科学的进行无裂缝混凝土坝的技术创新研究，是混凝土坝研究的一个重要方向。

目前，大级配贫胶凝碾压混凝土、胶凝砂砾石和堆石混凝土等不同种类混凝土筑坝技术日趋成熟，组合混凝土坝的建坝条件已经具备。所谓"组合混凝土坝"，主要借鉴混凝土面板堆石坝设计理念，施工采用碾压混凝土快速筑坝技术优势，其实质就是按照坝体材料分区，采用不同种类混凝土各自具有的筑坝技术优势，犹如"金包银"施工方式。比如：在大坝基础、坝体内部可采用大级配贫胶凝碾压混凝土、胶凝砂砾石或堆石混凝土，其绝热温升是很低的；坝体防渗区、外部高应力区、廊道及重要结构等部位可采用常态混凝土。采用组合混凝土坝技术，可以拓宽筑坝材料范围，简化温控或取消温控，防止大坝裂缝产生，破解"无坝不裂"的难题，也可减少开挖弃料，为又好又快的建坝理念提出新的技术创新观点。

6.2 组合混凝土坝的筑坝技术创新探讨

采用组合混凝土坝，其实质就是在坝体内部采用大级配贫胶凝碾压混凝土、胶凝砂砾石或堆石混凝土等作为大坝稳定体，达到有效降低水泥用量和水化热温升、扩大利用开挖料范围的目的。组合混凝土坝内部采用大级配贫胶凝混凝土，其设计强度是不高的，特别是早期混凝土强度发展十分缓慢。因此，有必要将大级配贫胶凝混凝土抗压强度按 180 d 或 365 d 龄期设计，以充分利用高掺合料混凝土后期强度。根据有关资料，国外的碾压混凝土坝其抗压强度设计龄期一般采用 180 d 或 365 d，在组合混凝土坝的内部大级配贫胶凝混凝土设计龄期、设计指标问题上，可进行必要的研究论证，有所创新。

组合混凝土坝组合原则一般为两种混凝土组合。大坝内部采用大级配贫胶凝碾压混凝土、胶凝砂砾石或堆石混凝土，根据料源情况和布置特点优选其中的一种混凝土；坝体上游防渗区可采用富胶凝二级配或三级配碾压混凝土及变态混凝土，也可采用高等级的钢筋混凝土进行防渗；坝体外部、廊道及复杂结构部位采用常态混凝土。组合混凝土坝的施工浇筑顺序：一般先浇筑方量大的内部大级配混凝土，由于内部混凝土采用大级配贫胶混凝土，汽车可以直接在仓面行驶，仓面摊铺机动简单、灵活方便。组合混凝土坝是典型的“金包银”混凝土坝，对于“金包银”混凝土坝而言，两种不同混凝土性能衔接至关重要。早期国外的碾压混凝土坝主要采用“金包银”施工方法，国内个别坝也采用“金包银”施工方法，“金包银”施工由于两种混凝土性能不同，几年后防渗区常态混凝土与内部混凝土易发生两张皮脱开的现象。

笔者在广东台山核电松深水库碾压混凝土重力坝施工咨询中，提出了防渗区常态混凝土与碾压混凝土错缝施工技术。该水库大坝为碾压混凝土重力坝，坝体上游防渗体采用 2 m 厚度的常态混凝土，即所谓的“金包银”坝。松深碾压混凝土重力坝溢流表孔采用台阶法消能，台阶高度 90 cm，所以浇筑升层模板按照 1.8 m 设计。防渗区常态混凝土与碾压混凝土同步浇筑上升，防渗区常态混凝土宽度先按照设计 2.0 m 铺筑，到第二升层时防渗区宽度采用 2.5 m，第三升层仍采用 2.0 m，犹如砌砖墙错缝一样，防渗区常态混凝土与碾压混凝土如此循环错缝衔接施工，有效解决了两种不同性能混凝土易形成两张皮和脱空开裂的现象。

组合混凝土坝施工，特别需要注意的是，防渗区混凝土浇筑必须与内部混凝土保持同仓、同层、同步浇筑上升，采用错缝衔接技术施工，是保证“金包银”坝混凝土整体性的关键。

7 结 语

(1)水工混凝土已经从过去单一的常态混凝土发展到近年来的碾压混凝土、胶凝砂砾石、堆石混凝土、自密实混凝土、高流态混凝土等不同种类的混凝土。

(2)水利水电工程标准统一需要进行改革，形成合力，要破除水利 SL 与水电 DL 工程标准各自为政、条块分割的局面。水工混凝土应采用统一强度等级 C 表示，取消 SD 标准中大坝混凝土标号 R，为水工混凝土技术创新提供技术支撑。

(3)质量优良的原材料是保证混凝土质量、大坝整体性能、耐久性能的基础，对水泥、掺合料及石粉等原材料，需要按照规范标准、结合工程实际制定内控指标，这样可以从源头上保证混凝土的质量。

(4)保持混凝土含气量提高混凝土耐久性能是一项重要的技术创新，在混凝土中掺入稳气剂，明显改变了硬化混凝土气孔结构，对提高混凝土耐久性能效果十分显著，具有非常重要的现实意义。

(5)抗磨蚀混凝土与基层混凝土同仓浇筑，是解决抗磨蚀混凝土层间破坏的关键；随着 HF 混凝土技术的日益完善和成熟，越来越多的大中型工程从原来的硅粉混凝土、纤维混凝土、高性能混凝土等传统抗磨蚀混凝土逐步改变为 HF 混凝土技术。

(6)组合混凝土坝可以简化温控或取消温控措施,防止大坝温度裂缝产生,是破解“无坝不裂”难题的途径之一;组合混凝土可以拓宽混凝土骨料料源范围,减少弃料,不但可以显著加快建坝速度,而且节约投资。

参考文献

[1] 陈文耀,李文伟. 三峡工程混凝土试验研究及实践[M]. 北京. 中国电力出版社,2005.

[2] 田育功. 石粉在碾压混凝土中的研究与利用,碾压混凝土快速筑坝技术[M]. 北京. 中国水利水电出版社,2010.

[3] 田育功. 碾压混凝土掺合料研究与应用,碾压混凝土快速筑坝技术(P160 - 191)[M]. 北京:中国水利水电出版社,2010.

[4] 田育功,保持混凝土含气量提高混凝土耐久性方法,大坝技术及长效性能研究进展(P130 - 139)[M]. 北京:中国水利水电出版社,2011.

[5] 支拴喜,等. 新型水工抗冲耐磨混凝土的研究与应用[J]. 四川水力发电,1995(12):83-87.

[6] 田育功,党林才. 组合混凝土坝研究与技术创新[J]. 水力发电,2013(5):37-40.

新疆克孜尔大坝强震动监测台阵建设

胡　晓　张艳红　苏克忠

（中国水利水电科学研究院工程抗震研究中心　北京　100048）

摘要:克孜尔水库大坝是我国在活断层上建成的第一座大型水库,其区域地质构造复杂,新构造运动强烈,地震活动性大且震级高,频度大。大坝设计烈度高达8.5度。建立大坝强震安全监测系统是非常必要的。克孜尔水库大坝强震安全监测系统的台阵设计包括两个密切相关的局部场地效应台阵和土石坝地震反应台阵,共24个通道。监测仪器选用了稳定性好、性能指标先进的数字固态强震加速度仪。克孜尔大坝取得的强震动记录资料对确定地震动和大坝反应特征提供定量数据,又可检验抗震理论和工程抗震措施是否符合实际,从而推动大坝抗震设计技术的发展。

关键词:克孜尔大坝　强震动　监测仪器　监测台阵　监测记录分析

1　克孜尔大坝的基本情况

克孜尔水库位于新疆维吾尔自治区阿克苏地区拜城县境内,坝址在木扎提河与支流克孜尔河的汇合处,西距拜城县约60 km,东距库车约70 km,是一座以灌溉、防洪为主,兼有发电、水产养殖和旅游开发等综合效益的大型水利枢纽工程。流域面积为17 000 km^2,水库总库容6.4亿m^3,工程总投资3.83亿元,是目前新疆已建的最大水库工程。1985年10月开工,1995年10月全部建成。

水利枢纽由主坝、副坝、溢洪闸、泄水排沙(兼施工导流)洞和水电站组成。主坝最大坝高45.1 m,坝顶高程1 154.6 m,坝长972.8 m,系黏土心墙砂砾料坝,位于右岸。副坝最大坝高34.4 m,坝顶长1 310 m,也为黏土心墙砂砾料坝,位于左岸。溢洪闸共5孔,位于左岸,堰顶高程1 141.7 m,最大过流量4 516 m^3/s。泄水排沙兼导流洞也设在左岸,进口高程1 117.0 m,最大泄量1 342 m^3/s。水电站位于左岸副坝后,引水洞进口高程1 123 m,装机容量4×6 500 kW。

克孜尔水库工程区位于塔里木中—新生代盆地北缘与天山隆起南麓接壤的构造边缘地带,有较大的活断层发育,现今构造运动强烈,F_2克孜尔活断层,长度约110 km,属逆掩兼走滑性质,横穿主、副坝之间。在活断层上筑坝在我国尚属首例。

克孜尔水库工程区位于天山山前地震带中段,地震异常活跃,集中分布在拜城盆地及库车坳陷内。据新疆防御自然灾害研究所,克孜尔水库地震危险性分析及对策研究后确认[1]:“水库场区的基本烈度应为8度”。根据《水工建筑物抗震设计规范》(SL 203—97)[2]:一般采用基本烈度作为设计烈度。考虑到工程区构造稳定条件较差,主坝设计烈度采用8.5度。

鉴于克孜尔水库的工程规模，以及其特殊工程地震地质条件，在克孜尔水库大坝建设强震动监测台阵就非常必要[3]。在对国内外的强震监测仪器的充分调研的基础上，引进了具有先进水平的美国 Kinemetrics 公司生产的固态数字化强震监测仪 K_2，在完成对该仪器的检查验收、率定和考机后，对克孜尔水库大坝现场进行了详细的查勘，完成了强震监测台阵设计。在新疆克孜尔水库工程管理局完成观测墩、观测室施工和电缆铺设的基础上，进行了大坝强震安全监测设备的安装与调试。强震监测仪安装、调试完毕后次日，就发生了 3.8 级和静地震，大坝强震安全监测台站已安装的各测点均自动进行了完整、清晰的记录，说明克孜尔水库大坝强震安全监测系统运行良好。强震监测仪试运行完成后，移交给新疆克孜尔水库工程管理局投入正式运行。运行几年来，仪器正常，记录了每次附近发生的地震，为大坝的安全运行提供科学支撑。

2　克孜尔大坝强震安全监测台阵设计

根据水利部《水工建筑物强震动安全监测技术规范》(SL 486——2011)的规定[3]，土石坝反应台阵测点应布置在最高坝断面或地质条件较为复杂的坝断面。测点应布置在坝顶、坝坡的变坡部位、坝基和河谷自由场处，有条件时坝基宜布设深孔测点。对于坝线较长者，宜在坝顶增加测点。测点方向应以水平顺河向为主，重要测点宜布置成水平顺河向、水平横河向、竖向三分量。对土石坝的溢洪道宜布置测点。根据以上条款的规定，为了监测克孜尔大坝在强震作用下的安全，取得强震时建筑场地地面运动和大坝结构反应的全过程，仅靠单台仪器记录是远远不够的，需要根据强振动监测目的去设计和布置由多台仪器组成的仪器群才能完成。这种服务于同一监测目的的仪器群，称为一个监测台阵。台阵设计的目的是寻求用最低限度的测点，最合适的仪器型号，测得比较完整的、具有高精度的强震数据，即技术上可行，经济上合理的台阵布设方案。它包括确定台阵的类型和规模，给出仪器的布设方案，台阵的设置方法，提出对仪器性能、仪器安装和维护管理技术的具体要求。

根据克孜尔水库区域构造稳定性差，坝区工程地质条件复杂，土石坝筑在活断层上的特点[1]，克孜尔水库应建立两个密切相关的台阵，即局部场地效应台阵和土石坝地震反应台阵。

局部场地效应台阵，主要用于监测建筑场地局部地形、土质岩性、构造断层变化而引起的地震动变化。为此，我们在右岸坝肩基岩布置了测站 3－1，参见图 1。在主坝坝基基岩布置了深孔测站 2－4，该深孔的深度超过 1 倍坝高以上，可以作为坝体和包含坝基的地震动输入点。在主坝坝基砂砾石层布置了测站 2－3，在主、副坝间基岩的断层 F_2 上布置了测站 1－1。测站 3－1 与测站 2－3 记录对比可看出地形影响，测站 2－4 与测站 2－3 记录对比可看出坝基土质岩性影响，测站 2－4 与测站 1－1 记录对比可看出活断层 F_2 影响。

土石坝地震反应台阵，集中布置在主坝最高挡水坝段桩号 0＋220 断面上，沿不同高程分布，包括在主坝坝基覆盖层布置了深孔测站 2－4，在主坝坝基砂砾石层布置了测站 2－3，在主坝坝坡高程 1 135 m 布置了测站 2－2，在主坝坝顶高程 1 154 m 布置了测站 2－1。可全面了解地震波从基岩通过覆盖层在坝体不同高程上的反应。另外，在易于发生地震纵向裂缝的坝头附近布置了一个测站，即主坝右坝头附近布置了测站 3－2，副坝右坝头附近布置了测站 1－2。

局部场地效应台阵和土石坝地震反应台阵共计布置了 8 个测站，每个测站都有南北向，

图 1 右岸坝肩基岩布置的测站

东西向,竖向三个方向,总共 24 个通道,参加图 2、图 3。

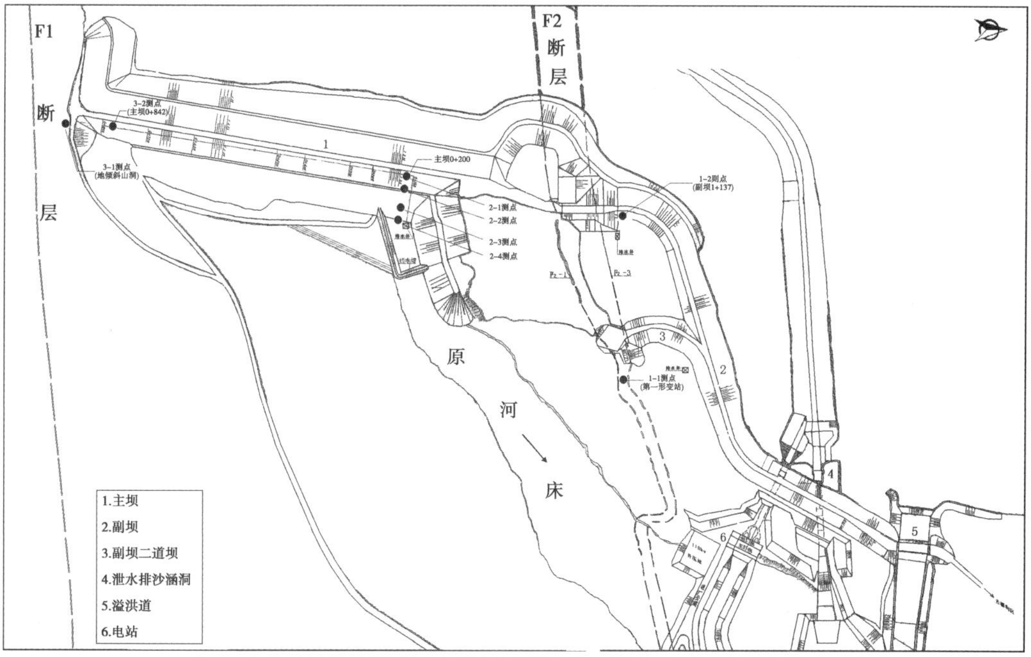

图 2 强震动测点平面布置

克孜尔大坝强震安全监测系统主要由三大部分组成:拾震系统、传输系统和记录系统。现将各系统安装情况分述如下:

拾震系统,即 FBA 系列力平衡式加速度计。这是用来直接测量地震时地震动的装置,均用螺栓固定在专门建造的观测墩上。观测墩出露部分尺寸为 40 cm×40 cm×20 cm。埋藏部分深入坝体 80 cm,采取现混凝土,并预插钢筋,以使观测墩的墩体与被监测的坝体连成一体。

为了保护加速度计,兼使环境温度不低于仪器要求,在观测墩外建起 2 m×2 m×2 m 的小屋,屋内还有取暖设备。

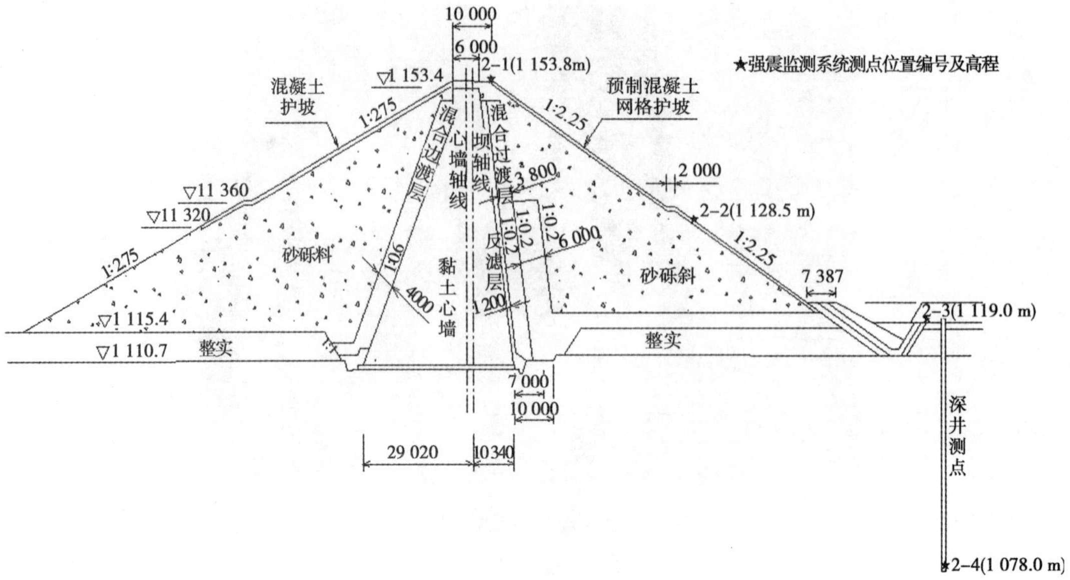

图 3　最高坝断面强震动测点布置

信号传输系统,将拾震器所产生的电压信号进行数字化后,通过有线屏蔽防水电缆与记录系统相连。电缆采用 19 芯屏蔽防水电缆。铺设在大坝电缆沟内。每个拾震器须接 6 芯电缆,其中 2 芯作为传输信号线,1 芯作为标定线,3 芯作为电源线。3 个拾震器共须接 18 芯电缆,多余的 1 芯可作为备用及安装时通信用。

记录系统,即 K2 型数字固态强震加速度仪。将通过有线屏蔽防水电缆传输的地震数字信号和相应的绝对时间记录到固态存储器上。还可通过调制解调器自动拨号远程传输至台站管理中心和上级主管机关,台站管理中心和上级主管机关也可通过调制解调器自动拨号对台站进行管理。记录系统安装在记录室内。

记录室分设在主坝 0 + 200 坝顶,右岸位移观测洞,主、副坝间 F_2 活断层位移观测室。记录室的基本要求是:要有抗御设计地震的能力,备有 220 V ± 10% 市电电源,备有补充的 ± 12 V直流电源,备有通信电话线或通信光缆,室温不应低于 0 ℃,湿度不大于 90% 。

K2 型数字固态强震加速度仪的安装是通过地脚螺栓与地面固定。在检查交流电源,备有补充的 ± 12 V 直流电源符合要求后,接入电源接口,再将拾震器、数据传输、GPS 天线接口全部接好。确认连接无误后,打开直流稳压电源开关,强震加速度仪开始工作。打开计算机,查看记录仪各个通道的波形及其振动方位的对应关系。如发现相位相反时,可用改换信号线极性的办法来调整。

3　克孜尔大坝监测台阵仪器的技术指标

大坝强震安全监测是利用仪器来监测强震时建筑场地地面运动和大坝结构反应的全过程,为了能有把握地获取地震加速度记录,挑选最佳的监测仪器是十分重要的一环。“工欲利其事,必先利其器”[4]。所谓“最佳仪器”是指仪器性能稳定、指标先进、数据处理速度快、性能价格比合理。目前,国内外均已经选用固态数字强震加速度仪,这是以微处理器为基础,采用 16 – 24 位 A/D 变换,仪器动态范围大到 110 ~ 130 dB,智能化程度高,有很强的与计算机通信的能力,属于最新的第四代强震仪产品。如美国的 K2 型,我国的 EDS – 24 型,

GDQJ-1 型,DAR-12 型。EDS-24 型三峡大坝选用,,DAR-12 型二滩大坝选用[5]。克孜尔水库大坝选用了美国的 K2 型数字固态强震加速度仪,基本性能和技术指标如下:

A. 传感器系统

类型:FBA 系列力平衡式加速度计

满量程:2 g(标准),4 g,1 g,0.5 g(可选)

主频:50 Hz,100 Hz(可选)

阻尼比:70%

动态范围:>135 dB

B. 记录系统

通道数:3,6,12

动态范围:>110 dB

频响:DC-80 Hz

分辨率:19 位

噪音:3.5 μV

采样率:100,200,250

输入:+/-2.5 V

输出方式:RS-232

C. 触发系统

类型:IIR 带通滤波器

触发带宽:0.1-12.5 Hz

触发模式:阈值. 触发,STA 与 LTA,比值. 触发,手动. 触发等

预存能力:60 s

延迟能力:0~60 s

D. 存储能力:

类型:2 个 PCMCIA 卡

记录能力:40 min

E. 时间服务系统

类型:标准件为 TCXO,可选件为 GPS

GPS:集成系统,提供时间、内部晶振的校准及位置信息

精度:5 μs

F. 软件系统

类型:微软视窗系统软件:QuickTalk QuickLook,同时提供 DOS 系统下的通信软件

工作环境

-20 ℃ ~ +60 ℃。

4 利用振动台对监测仪器的检验

克孜尔水库大坝选用的数字固态强震加速度仪安装前,在中国水利水电科学研究院 5 m×5 m三向六个自由度大型振动台上作了检验,图 4 展示了数字固态强震加速度仪和力平衡加速度计在振动台上进行检验的情况。中国水利水电科学研究院具有世界先进水平的

大型三向振动台的主要参数如下：

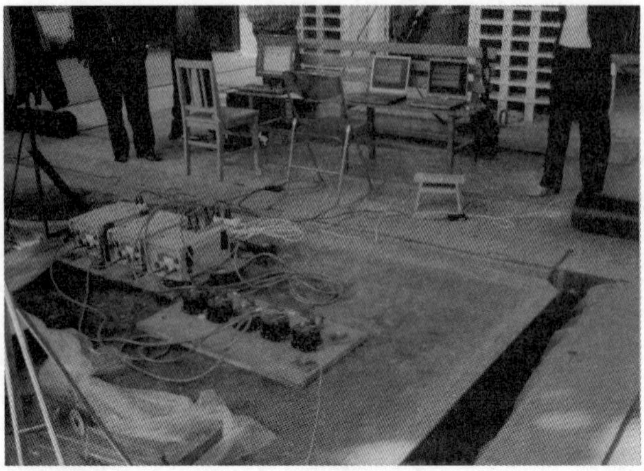

图4　强震仪与力平衡加速度计在振动台上进行各项参数设置和率定

台面尺寸：	5 m×5 m
最大载重量：	20 t
工作频段：	0.1～120 Hz
振动方向：	两个水平向和竖向的平动以及绕三个轴的转动，共三向六自由度
振动波形：	各种地震波、随机波
最大加速度：	水平向 1.0 g，竖向 0.7 g
最大速度：	水平向 ±400 mm/s，竖向 ±300 mm/s
最大位移：	水平向 ±40 mm，竖向 ±30 mm
最大倾覆力矩：	35 t·m

振动台采用三参数宽频域闭环模拟控制回路和数控系统并配备有多通道的 CDSP 数据采集处理系统。CDSP 系统集数据采集、处理分析和绘图等多种功能为一体，除通用的时域、频域数据处理功能外，CDSP 系统还具有模态参数识别、振型动画图形和按给定反应谱生成人工模拟地震波等功能。

图5～图7给出了振动台人工波三向输入 X、Y、Z 三向强震仪传感器加速度时程曲线阵列图，从图中可以看出各通道传感器记录波形一致，传感器的灵敏度也基本一致。通过振动台的测试，确认了各通道传感器的灵敏度详细数值。

图8则给出了加速度水平向传递函数幅值及相位曲线，从传递函数的幅值及相位曲线上可知该强震仪的频谱至少可以达到 70 Hz，满足大坝强震监测的技术要求。

5　地震动监测记录分析

克孜尔大坝强震台阵建置完成以来，记录了附近发生的地震，为大坝的抗震安全运行与管理提供了定量数据，发挥了很好作用。表1给出了克孜尔大坝强震监测台阵在主、副坝间 F_2 活断层位移观测室和副坝顶部记录到的 2013 年 1 月 15 日发生的一次小震，其最大加速度峰值发生在副坝顶部仅为 1gal。这次地震的加速度时程曲线参见图9，反应谱曲线参见图10。从中可以看到虽然这次地震加速度峰值很小，但强震仪记录到的波形完整、清晰，表明该仪器具有动态范围宽，触发记录性能稳定，工作状态可靠。

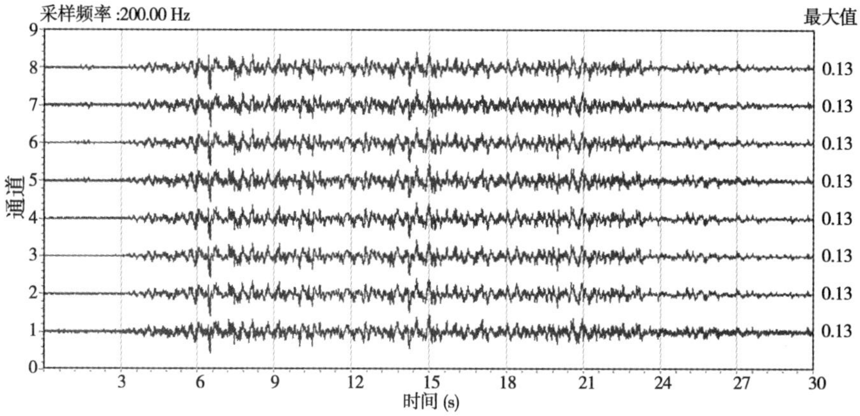

图5　振动台人工波三向输入 X 向传感器加速度时程曲线阵列图

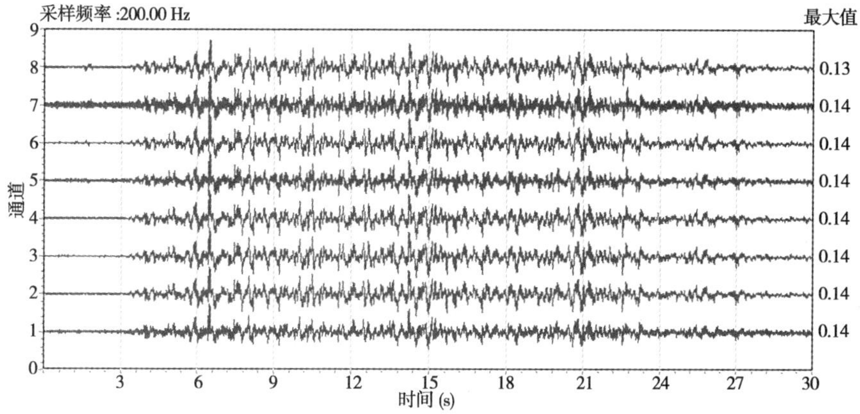

图6　振动台人工波三向输入 Y 向传感器加速度时程曲线阵列图

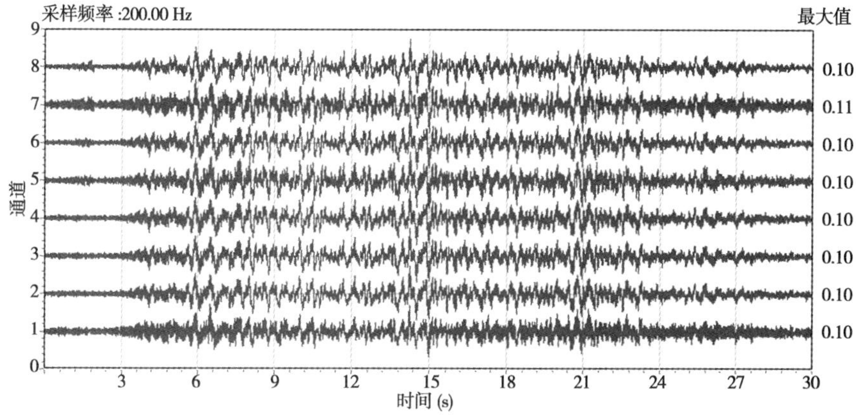

图7　振动台人工波三向输入 Z 向传感器加速度时程曲线阵列图

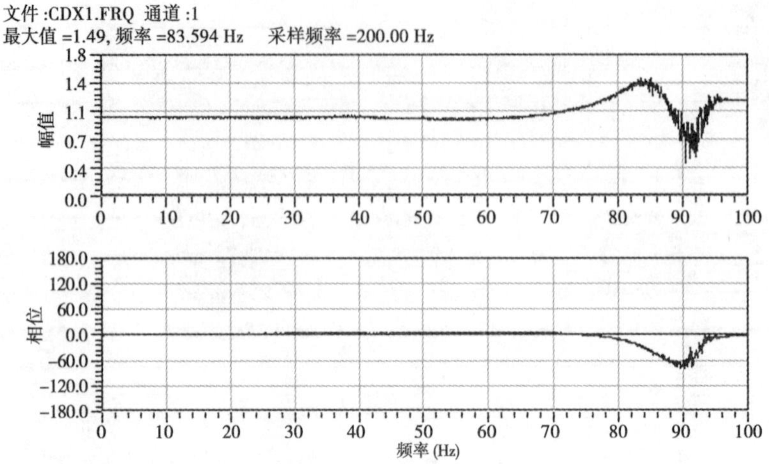

图 8　加速度水平向传递函数幅值及相位曲线

表 1　克孜尔水库大坝强震记录　（触发时间:2013 - 01 - 15 08:55:55）

通道号	编号	高程（m）	位置	方向	最大加速度（gal）
1	1 - 1	1 147. 8	第一形变站观测室	南北	0. 569
2	1 - 1	1 147. 8	第一形变站观测室	东西	0. 845
3	1 - 1	1 147. 8	第一形变站观测室	竖向	0. 648
4	1 - 2	1 153. 8	坝顶	南北	1. 003
5	1 - 2	1 153. 8	坝顶	东西	0. 846
6	1 - 2	1 153. 8	坝顶	竖向	0. 583

6　结　语

(1)克孜尔水库大坝是我国在活断层上建成的第一座大型水利水电工程,其区域地质构造复杂,新构造运动强烈,地震活动性大且震级高,频度大。大坝设计烈度高达 8. 5 度。因此,建立大坝强震安全监测系统是非常必要的。

(2)克孜尔水库大坝强震安全监测系统的台阵设计包括两个密切相关的局部场地效应台阵和土石坝地震反应台阵,共 24 个通道。其中,在大坝强震动监测台阵中布置测点在活断层上,在国内尚属首次。另外,在土坝坝基覆盖层打深孔,布置井下测点其深度超过 1 倍坝高,作为地震动输入。监测台阵设计测点布设合理,考虑内容丰富。监测仪器选用了稳定性好、性能指标先进的数字固态强震加速度仪。

(3)克孜尔水库大坝强震安全监测系统没有漏记附近发生的地震。其强震动记录资料对确定地震动和大坝反应特征提供定量数据,又可检验抗震理论和工程抗震措施是否符合实际,从而推动大坝抗震设计技术的发展。

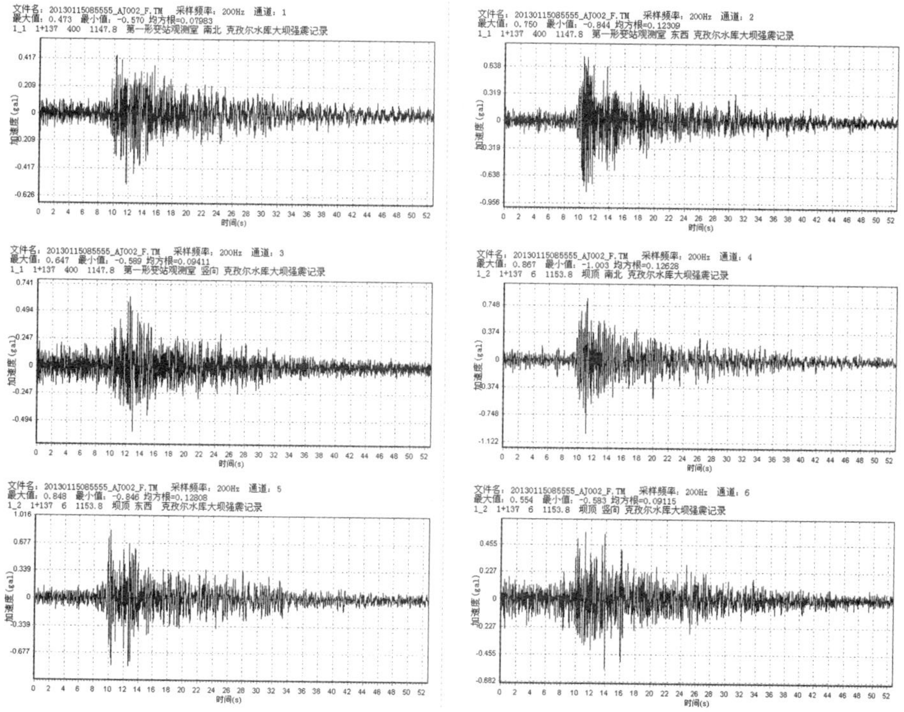

图9 克孜尔水库大坝强震动加速度时程曲线

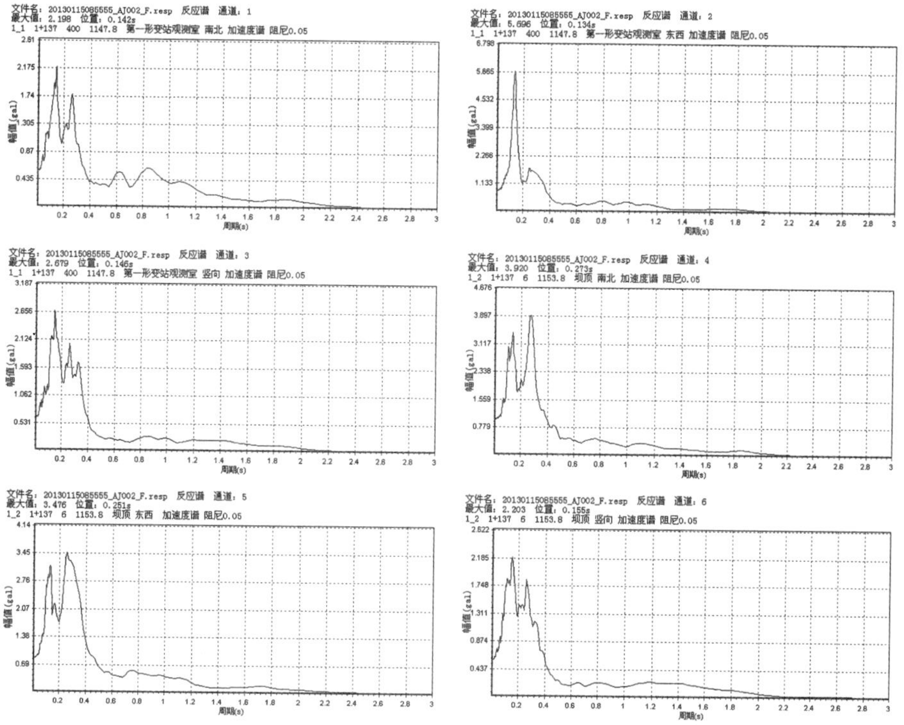

图10 克孜尔水库大坝强震动加速度反应谱曲线

参考文献

[1] 新疆防御自然灾害研究所. 克孜尔水库地震危险性分析及对策[R]. 1999.
[2] SL 203—97 水工建筑物抗震设计规范[S]. 北京:中国水利水电出版社,1997.
[3] 中华人民共和国水利部. SL 486—2011 水工建筑物强震动安全监测技术规范[S]. 2011.
[4] 苏克忠,张力飞,等. 大坝强震安全监测[M]. 北京:中国水利水电出版社,1996.
[5] 陈厚群,苏克忠,等. 中国水工结构重要强震数据及分析[M]. 北京:地震出版社,2000.

守口堡胶结颗粒料坝层面抗滑稳定研究

杨会臣[1,2]　贾金生[1,3,4]　郑璀莹[1,3]　冯　炜[1,2]　鲁一晖[1,2]

（1. 中国水利水电科学研究院　北京　100038；
2. 北京中水科海利工程技术有限公司　北京　100038；
3. 中国大坝协会　北京　100038；
4. 流域水循环与调控国家重点实验室　北京　100038）

摘要：胶结颗粒料坝是我国学者首先提出的一种新型环保、安全、经济的筑坝方式，主要包括胶凝砂砾石坝、堆石混凝土坝、硬填料坝、对称梯形坝、胶结土坝等，目前在国内外已修建了数十座工程，取得了较好的效果。国际坝工界对该种坝型非常关注，国际大坝委员会已成立了胶结颗粒料坝专委会对该种坝型进行研究和推广。守口堡水库拦河枢纽工程采用该种坝型，为我国第一座该坝型永久工程。胶凝砂砾石坝采用碾压施工，因此层面稳定是坝体稳定的重要影响因素。目前，国内外对该问题的研究尚属空白。本文基于守口堡胶结颗粒料坝，采用实验室实测胶凝砂砾石层面参数，并参照碾压混凝土原位试验结果，选定层面稳定计算参数，采用刚体极限平衡方法分析了层面的整体稳定性，并利用直接约束算法，采用接触模型，计算了层面上表面及内部各点的抗滑稳定安全特性。计算表明：由于较大的坝体断面，即使在对冷缝缝面不作任何处理情况下直接铺筑，坝体层面抗滑稳定可满足工程要求。有限元法计算分析表明，在坝踵和坝趾局部范围内，单点的抗滑安全系数较低，尤其是较低高程层面，从提高安全性，尤其是减少层面渗漏对坝体长期安全性影响角度考虑，需对冷缝逢面进行处理。

关键词：胶结颗粒料坝　室内试验　刚体极限平衡　直接约束法　层面抗滑稳定

1　研究背景

胶结颗粒料坝由胶凝材料胶结颗粒料筑成的坝，是传统土石坝、砌石坝、混凝土坝等筑坝技术构成的筑坝技术体系的有益补充，包含胶凝砂砾石坝、堆石混凝土坝、硬填料坝、砌石坝、胶结土坝等[1]。胶结颗粒料坝强调“宜材适构”的筑坝理念，注重就地取材、减少弃料，具有快速施工、易于维护、节能环保和经济等优点，推广应用前景广泛。

守口堡水库位于黑水河上游段，坝址区砂砾石等天然建筑材料丰富，因此坝型选用胶结颗粒料坝，为我国第一座胶结颗粒料坝永久工程，最大坝高 61.6 m，工程采用上下游 1∶0.6 的等坡比体型断面，坝顶宽度 6.0 m，上游面采用 1.5 m 厚的 C25 混凝土防渗保护层，下游面采用 1 m 厚的 C15 混凝土保护层，典型断面如图 1 所示。

基金项目：973 科研项目（2013CB035903）；国家十二五科技支撑项目（2013BAB06B02）。

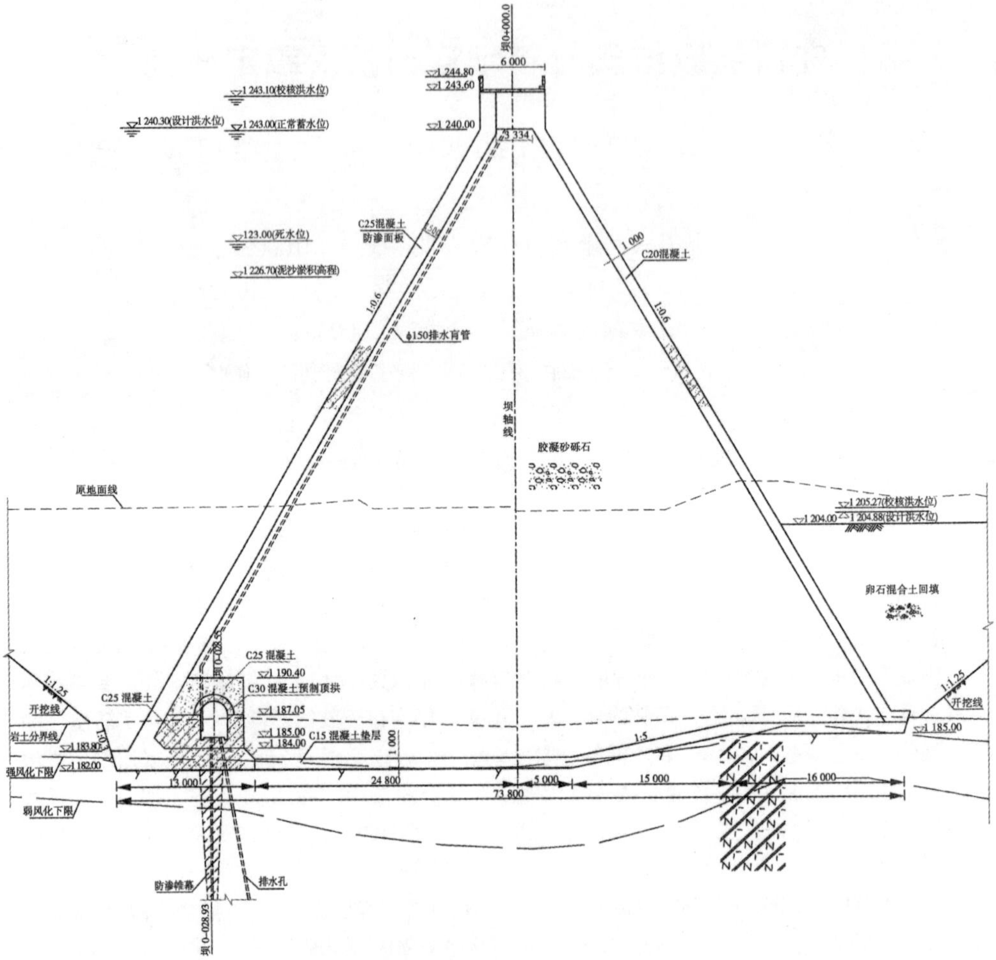

图1　守口堡大坝典型断面图

工程主要筑坝材料为胶凝砂砾石，采用成层铺筑碾压施工，层面的稳定性是坝体结构设计的关键。目前，国内外对胶凝砂砾石材料层面抗剪性能、坝体层面抗滑稳定等的研究尚属空白，本文基于守口堡工程现场胶凝砂砾石料，进行了材料层面抗剪试验，实测胶凝砂砾石层面参数，并参照碾压混凝土原位试验结果，选定层面稳定计算参数，采用刚体极限平衡方法分析了层面的整体稳定性，并利用直接约束算法，采用接触模型，计算了层面上表面及内部各点的抗滑稳定安全特性。

2　胶凝砂砾石碾压层面参数确定

守口堡水库坝址区河床覆盖层地层岩性为第四系洪冲积卵石混合土、混合土卵石等，厚0～20 m，筑坝材料选取坝基开挖砂砾料及上游1 km范围河床覆盖层料，现场开挖砂砾石料探明储量100万 m^3，可满足筑坝需求。根据料场勘探资料，开挖料剔除150 mm以上粒径后，存在砂率大，40 mm以上大石偏少，含泥量较多的特点，材料试验采用外掺25%道路开挖石进行，试验材料配合比详见表1。

表1　胶凝砂砾石材料配合比

级配类别	配合比材料用量(kg/m³)					抗压强度(MPa) 180 d 龄期
	用水量	水泥	粉煤灰	砂砾石料	外掺石	
最粗级配	90 ~ 111	50	40	1 830 ~ 1 870	450 ~ 470	12.5 ~ 13.7
平均级配	101 ~ 118			1 800 ~ 1 840	440 ~ 470	9.4 ~ 13.9
最细级配	108 ~ 127			1 790 ~ 1 830	440 ~ 460	9.3 ~ 12.2

胶凝砂砾石用于层间结合的抗剪试件，尺寸为150mm立方体，分两次成型。按配合比要求拌制胶凝砂砾石，取试件1/2高度所需的胶凝砂砾石装入试模，放入养护室养护至要求的间隔时间后，取出试模，按要求进行层面处理，再成型上半部，并养护至试验要求龄期，试件制作数量为一组15个。

层面抗剪性能试验(如图2所示)选取的层面工况为：①间隔时间小于12 h(终凝时间)，直接铺筑上层胶凝砂砾石；②过了终凝时间(12 h)后成为冷缝，对层面清理，不刮毛，加垫层砂浆铺筑；③对冷缝层面清理，轻微刮毛，不露出石子，加垫层砂浆铺筑；④对冷缝层面清理，刮毛，露出石子，加垫层砂浆铺筑；⑤对冷缝层面清理，刮毛，露出石子，不加垫层砂浆直接铺筑；⑥对冷缝层面不处理，不加垫层砂浆直接铺筑，相应的试验结果见表2[2]。

图2　胶凝砂砾石层面抗剪试验

表2　层面抗剪试验结果

工况	层面间隔时间(h)	龄期(d)	抗剪断参数		抗剪参数
			摩擦系数 f'	黏聚力 c'(MPa)	摩擦系数 f
工况1	5	90	1.02	0.67	0.74
	4	170	1.08	0.44	0.68
	7	320	1.08	0.47	0.72
工况2	17	90	0.88	1.35	0.70
工况3	46	120	0.93	1.66	0.87
工况4	46	120	1.30	1.66	0.93
工况5	24	320	1.12	0.86	0.86
工况6	24	320	0.97	0.43	0.75

根据层面抗剪材料试验结果,不加砂浆垫层直接铺筑,层面间隔时间小于终凝时间时,的取值为1.02~1.08,为0.44~0.67 MPa,f为0.68~0.74,层面间隔时间超过终凝时间时,层面清理并加垫层砂浆铺筑情况下,f'的取值为0.88~1.30,c'为1.35~1.66MPa,f为0.70~0.93;层面清理并凿毛处理,不加垫层砂浆铺筑情况下,f'的取值为1.12,c'为0.86 MPa,f为0.86;层面不处理、不加垫层砂浆铺筑情况下,f'的取值为0.97,c'为0.43 MPa,f为0.75。

目前,尚无实际胶凝砂砾石坝工程碾压层面的实测参数。由于胶凝砂砾石与碾压混凝土性能存在一定的相似性,对部分已建碾压混凝土工程的碾压层(缝)面参数进行分析,详见表3[3]。守口堡工程胶凝砂砾石材料设计强度为6 MPa(180 d),其层面抗剪参数,可对比100号碾压混凝土参照取值。表3中坑口、铜街子和棉花滩三座工程的100号碾压混凝土层面抗剪断参数f'、c'的均值分别为1.30 MPa、1.33 MPa。考虑按强度比例进行折减,对强度系数为C6的胶凝砂砾石,抗剪参数折减后f'、c'的取值为0.87 MPa、0.89 MPa。

工程层面抗滑稳定计算参数最终取用值见表4。

表3 国内部分工程碾压层(缝)面抗剪断参数表

工程名	标号	胶凝材料用量(kg/m^3)		取样方式	抗剪断强度	
		水泥	粉煤灰		f'	c'(MPa)
坑口	R_{90}100(层面)	60	80		1.12	1.17
铜街子	R_{90}100(层面)	65	85	现场原位试验	1.54	1.23
岩滩	R_{90}150(层面)	55	104	现场原位试验	1.17	1.36
普定	R_{90}150(层面)	54	99	芯样	1.82	2.75
高坝洲	R_{90}150(层面)	88	88	现场原位试验	1.7	1.58
	R_{90}150 (铺浆层面)				1.22	1.78
	R_{90}150(缝面)				0.92	2.28
江垭	R_{90}150(缝面)	64	96	芯样	0.97	0.9
	R_{90}150(层面)				0.97	0.93
	R_{90}150(铺浆层面)				1.17	0.99
	R_{90}150(平层铺筑层面)				1.4	1.03
	R_{90}150(斜层铺筑层面)				1.27	1.15
大朝山	R_{90}150(层面)	67	101	芯样	2.14	4
	R_{90}150(缝面)				1.88	3.5
棉花滩	R_{180}150(层面)	64	96	芯样	1.2	2.8
	R_{180}150(缝面)				1.37	2.55
	R_{180}150(层面)	51	96		1.26	2.06
	R_{180}100(层面)	48	88		1.24	1.58

表4　层面抗剪参数取用值

层面情况	摩擦系数 f'	黏聚力 c'(MPa)	摩擦系数 f(*)
终凝前直接铺筑	1.06	0.53	0.57
冷缝缝面处理、加垫层砂浆铺筑	0.93	1.66	0.70
冷缝缝面处理、不加垫层砂浆铺筑	1.12	0.86	0.69
冷缝缝面不处理、不加垫层砂浆铺筑	0.97	0.43	0.6
参照碾压混凝土原位抗剪试验参数	0.87	0.89	

*考虑尺寸效应和施工影响，按抗剪试验结果考虑0.8的折减系数。

3　层面抗滑稳定分析

层面的抗滑稳定计算采用抗剪断强度公式，同时采取抗剪强度计算公式进行复核，并利用有限元方法，采用接触模型，计算了层面内部的抗滑稳定特性。

计算荷载包括坝体自重、上下游静水压力、淤沙荷载和扬压力等，荷载按照规范规定的方法计算。排水管距坝面水平距离为2.5 m，按照规范，排水管处折减系数取为0.25。层面选择1 226.7 m高程层面（淤沙高程）和1 183.0 m高程层面（建基面上1 m）作为抗滑稳定的计算层面。

基本组合与地震工况下，层面抗滑稳定结果详见表5。计算表明，地震工况下，1 183 m高程层面抗滑稳定安全系数最小，抗剪断安全系数为3.05，抗滑稳定安全系数为1.35。由于坝体断面肥大，无论在基本组合还是地震工况下，坝体层面抗滑稳定都具有较大的安全裕度。

表5　基本组合与地震工况下刚体极限平衡方法层面抗滑稳定计算结果

层面高程(m)	层面工况	抗剪断安全系数 K'		抗滑安全系数 K	
		基本组合	地震	基本组合	地震
1 226.7	终凝前直接铺筑	19.16	10.93	3.25	2.28
	冷缝缝面处理、加垫层砂浆铺筑	46.41	28.99	3.99	2.80
	冷缝缝面处理、不加垫层砂浆铺筑	27.68	17.20	3.93	2.77
	冷缝缝面不处理、不加垫层砂浆铺筑	16.17	9.82	3.42	2.40
	参照碾压混凝土原位抗剪试验	26.99	21.02	—	—
1 183.0	终凝前直接铺筑	4.99	3.38	1.57	1.35
	冷缝缝面处理、加垫层砂浆铺筑	9.05	6.43	1.93	1.66
	冷缝缝面处理、不加垫层砂浆铺筑	6.44	4.58	1.90	1.63
	冷缝缝面不处理、不加垫层砂浆铺筑	4.35	3.05	1.65	1.42
	参照碾压混凝土原位抗剪试验	5.87	5.21	—	—

采用有限元方法，计算坝体内应力分布，研究层面内部抗滑稳定情况。层面之间采用接触模型，应用直接约束算法[4]，通过接触力求解，确定层面各点及整体抗滑稳定，有限元计算及接触模型如图3所示。根据材料试验结果，胶凝砂砾石容重取为2 400 kg/m^3，弹性模量为15 GPa。

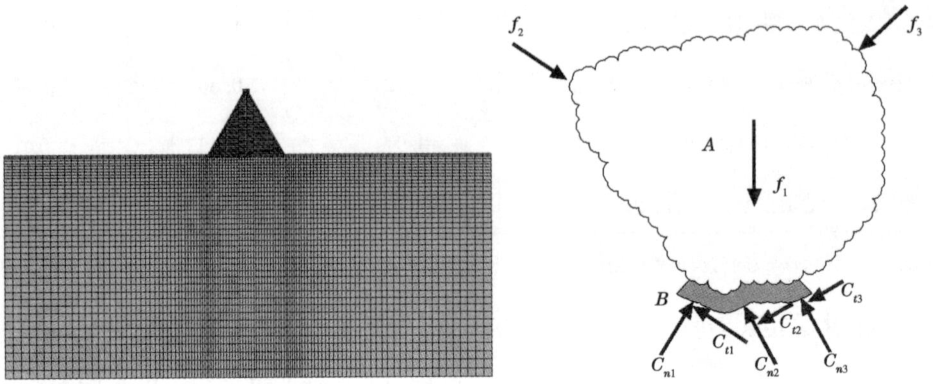

图3　层面抗滑稳定有限元模型与任意接触体示意图

经过有限元计算，求得基本组合荷载工况下个层面的层面接触力，点抗剪断参数按最不利参数，即冷缝缝面不处理、不加垫层砂浆铺筑情况的参数进行计算。对各结点接触力求和后计算所得层面整体抗滑安全系数分别为：1 226.7 m层面，抗剪断安全系数K'和抗滑稳定安全系数K分别为15.74和3.29；1 183.0 m层面，抗剪断安全系数K'和抗滑稳定安全系数K分别为4.29和1.62。

高程1 226.7 m层面和1 183.0 m层面接触力分布、点抗剪断安全系数和抗滑安全系数分布如图4所示。计算表明，1 226.7 m高程层面无论是单点还是层面整体抗滑，均大于规范要求的层面抗滑稳定安全系数要求，但是在坝踵和坝趾区，单点抗滑稳定安全系数较小，接近规范要求值，内部由于切向接触力非常小，抗滑安全具有非常大的富余度。1 183.0 m高程层面，在坝踵和坝趾区，单点抗滑稳定安全系数较小，个别点出现层面抗滑稳定安全系数低于规范要求，根据分析，有应力集中的影响因素，坝体内部的点抗滑稳定安全系数具有较大的裕度。

综上所述，有限元法计算分析表明，即使在对冷缝缝面不作任何处理的情况下直接铺筑，由于坝体断面大，层面整体抗滑还是能够满足规范要求的；但是在坝踵和坝趾局部范围内，单点的抗滑安全系数较低，尤其是1 183.0 m高程，个别点抗滑安全系数低于规范要求，虽然有应力集中带来的影响，但从提高安全性，尤其是减少层面渗漏对坝体长期安全性影响角度考虑，需对冷缝逢面进行处理。

对冷缝缝面进行刮毛处理、不加垫层砂浆铺筑情况下的点抗滑安全系数进行计算，如图5所示，层面点抗滑安全系数均有所提高，各点均能满足规范要求的层面抗滑稳定安全系数。

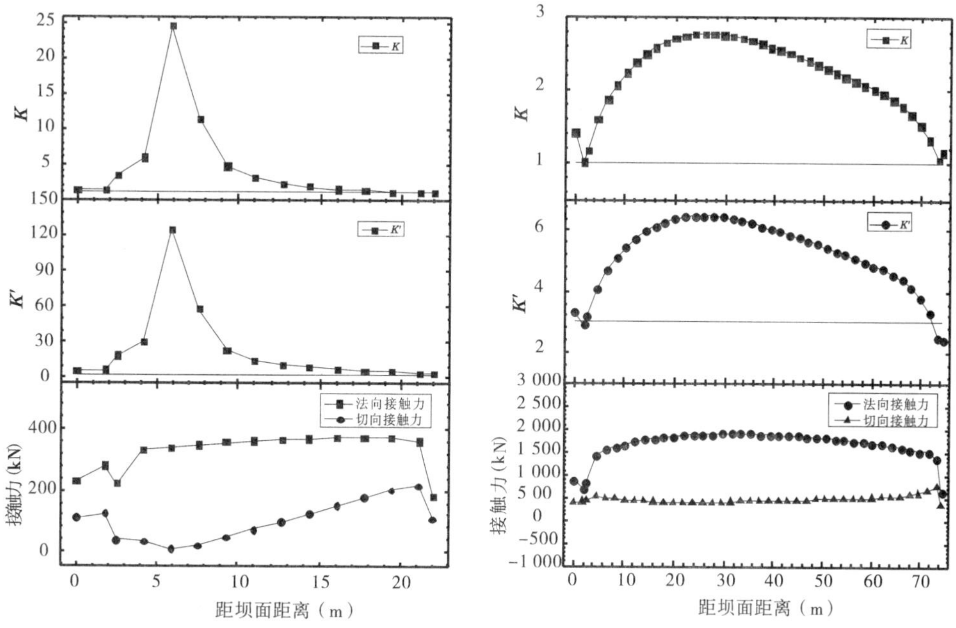

(a)1 226.7 m高程　　(b)1 183.0 m高程

图4　层面接触力及抗滑稳定安全系数分布(冷缝不处理)

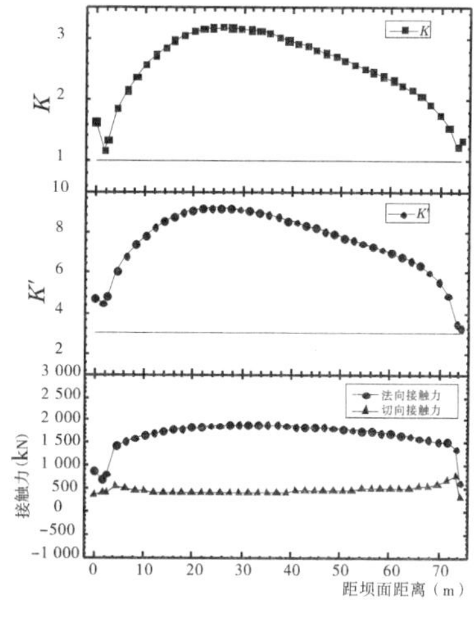

图5　层面接触力及抗滑稳定安全系数分布(冷缝刷毛处理,1 183.0 m 高程)

4　结　论

本文通过对胶凝砂砾石层面抗滑参数室内试验数据的分析及与碾压混凝土已有工程经验的对比,合理确定了坝体层面抗滑稳定分析的参数。刚体极限平衡方法计算结果表明,由于较大的坝体断面,即使在对冷缝缝面不作任何处理情况下直接铺筑,守口堡坝体层面抗滑稳定可满足工程要求。有限元法计算分析结果表明,在坝踵和坝趾局部范围内,单点的抗滑安全系数较低,尤其是较低高程层面,从提高安全性,尤其是从减少层面渗漏对坝体长期安全性影响角度考虑,需对冷缝逢面进行处理。

参考文献

[1] Jia Jinsheng, Zheng Cuiying, Ma Fengling, et al. Studies on Cemented Material Dam and its Application in China. [C] // The 6th INTERNATIONAL SYMPOSIUM ON ROLLER COMPACTED CONCRETE (RCC) DAMS. Zaragoza, Spain, 2012.

[2] 山西守口堡胶凝砂砾石坝材料试验研究报告[R]. 北京:中国水利水电科学研究院,2013.

[3] 中华人民共和国水利部. SL 314—2004 碾压混凝土坝设计规范[S]. 北京:中国水利水电出版社,2004.

[4] Wertheimer, TB. Numerical Simulation Metal Sheet Forming Processes. VDIBERICHET, Zurich, Switzerland, 1991.

守口堡水库胶凝砂砾石坝设计

杨晋营 燕荷叶 王晋瑛

(山西省水利水电勘测设计研究院 山西 太原 030024)

摘要:守口堡水库胶凝砂砾石坝为我国正在实施的第一座永久性工程,在设计和试验方面做了大量研究工作。通过工程类比、胶凝砂砾石坝材料试验、坝体体形及断面尺寸研究、坝体稳定和应力分析研究,确定了守口堡水库胶凝砂砾石坝较经济的坝体断面和结构。

关键词:守口堡水库 胶凝砂砾石坝 设计

1 引 言

胶凝砂砾石坝是近年来出现的一种较为经济、施工简便且地基适应性强的新坝型,可就地取材,使用高效率的土石方运输机械和压实机械快速施工。与面板坝相比可以缩小坝体断面;与碾压混凝土坝相比不仅可以简化施工、缩短工期和减少费用,而且胶凝砂砾石坝强度要求的岩基条件更灵活[1]。目前,在法国、希腊、日本和土耳其等国家已建成了10余座工程,其中土耳其的两座坝坝高都超过100 m。在我国福建、贵州、四川等地也相继进行了一些围堰工程试验性应用,但在永久工程中尚无应用。

守口堡水库位于山西省大同市阳高县城西北约10 km的黑水河上游。水库总库容为980万 m^3,工程等别为Ⅳ等,主要建筑物为4级。枢纽大坝原设计为碾压混凝土重力坝,坝顶长366 m,最大坝高64.6 m。泄水建筑物集中布置于坝体,坝体中部设有6孔净宽9 m的溢流表孔,4孔冲沙泄洪底孔对称布置于溢流表孔两侧,断面尺寸为4.0 m×4.8 m。

山西省水利水电勘测设计研究院从2010年6月开始,与中国水利水电科学研究院联合展开了守口堡水库应用胶凝砂砾石筑坝技术的专题研究,旨在通过专题研究确定更适宜的坝型,达到节省投资、加快施工进度、减少弃料、保护环境的目的,并填补我省乃至全国在永久工程中应用胶凝砂砾石坝技术的空白。

2 守口堡水库工程条件

守口堡水库坝址区属U形河谷,河谷宽约220.0 m,地面高程1204~1210 m,地形较平坦,场地开阔,施工条件好,有利于施工布置和大型机械作业。

从坝轴线工程地质条件来看,基岩覆盖层厚度6~19.5 m,基岩埋深较浅。下伏基岩为含辉石斜长角闪岩,基岩面高程1185.739~1199.620 m。强风化层厚度0.90~5.00 m,弱风化层厚度4.30~8.75 m,厚度不大;坝基无软弱夹层和大断裂发育,不存在深层滑动和浅层滑动问题。这些条件适宜于建重力型坝体。

守口堡水库坝址区砂砾料储量丰富,河谷地形开阔,开采条件好。运距近,交通便利。

经计算，有用层储量 100 万 m^3，其中粗骨料 64.14 万 m^3，细骨料 35.86 万 m^3。颗粒组成为漂石含量 6.63%，卵石含量 13.24%，砾石含量 49.96%，砂粒含量 28.59%，粉粒含量 1.59%，粒径大于 2 mm 的能占到 70% 以上。无论是储量，还是颗粒组成，均满足胶凝砂砾石筑坝的材料要求。

3　胶凝砂砾石性能试验研究[2]

为研究守口堡水库胶凝砂砾石材料性能、强度、配合比，山西省水利水电勘测设计研究院委托中国水利水电科学研究院结构材料所和北京中水科海利工程技术有限公司，对守口堡水库胶凝砂砾石建坝方案涉及的材料进行了试验研究。包括配合比、强度、弹性模量、泊松比、抗剪断参数等。共做了 3 次试验，前两次研究了减水剂、粉煤灰掺量、砂率和水泥品种对胶凝砂砾石性能的影响，胶凝砂砾石用水量与强度的关系，提出了适宜的胶凝材料用量及单点对应强度，第三次研究了胶凝砂砾石性能、保护层和垫层胶凝砂砾石、胶凝砂砾石抗剪断室内试验等，提出了适合实际施工的配合比控制范围。

（1）第一次试验研究推荐两个配合比，一个配合比为原级配砂砾料掺用 42.5 普通硅酸盐水泥 50 kg/m^3、粉煤灰用量 40 kg/m^3 的 7 号配合比，其 180 天龄期大小试件抗压强度都达到 7.5 MPa。另一配合比为原级配砂砾料中掺加 30% 粒径 40 ~ 80 mm 粗骨料，普通硅酸盐水泥用量 40 kg/m^3、粉煤灰用量 45 kg/m^3 的 10 号配合比，其 180 天龄期大小试件抗压强度超过 7.5 MPa。从水泥品种的影响来看，32.5 复合水泥与 42.5 普通硅酸盐水泥对胶凝砂砾石强度的影响区别较小，但由于复合硅酸盐水泥中熟料含量较低且波动较大（50% ≤ 水泥 + 熟料 < 80%），对强度及耐久性影响较大，建议采用 42.5 普通硅酸盐水泥。

（2）第二次试验胶凝材料用量为 80 kg/m^3（42.5 普通硅酸盐水泥 40 kg/m^3、粉煤灰 40 kg/m^3）时，其 180 天龄期 300 mm 大试件抗压强度为 6 MPa。胶凝材料为 90 kg/m^3（42.5 普通硅酸盐水泥 50 kg/m^3、粉煤灰 40 kg/m^3）时，其 180 天龄期大、小试件抗压强度都达到 7.5 MPa。考虑到砂砾石级配波动大，砂率较高，含泥量较大等因素，且配合比试验是采用平均级配砂砾石料进行的，强度波动范围将会较大。因此，为保证施工质量，推荐胶凝材料用量为 90 kg/m^3（42.5 普通硅酸盐水泥 50 kg/m^3、粉煤灰用量 40 kg/m^3）的配合比。

（3）第三次试验结果：采用的水泥用量为 50 kg/m^3，粉煤灰用量为 40 kg/m^3，外掺 25%（原砂砾石料重量比）的开挖料，最粗、平均、最细级配砂砾石料经过外掺后，适宜的用水量区间为 101 ~ 118 kg/m^3，180 天抗压强度为 9.4 ~ 13.9 MPa，平均级配的胶凝砂砾石在适宜用水量范围内，180 天最低强度 9.4 MPa 大于配制强度 8.5 MPa 的要求。即在施工适宜的用水量范围内，胶凝砂砾石强度均满足设计要求。当开挖料不足时，可优先保证坝体基础和下部满足外掺 25% 开挖料的要求，坝体上部区域外掺开挖料的比例可适当降低至 15% ~ 25% 之间。

综合试验结果，根据坝基及上坝公路开挖料可利用量、坝体胶凝砂砾石方量及计算坝体应力等情况，设计选用胶凝砂砾石设计配合比为：胶凝材料水泥（强度等级 42.5）用量 50 kg/m^3，粉煤灰（Ⅱ级）用量 40 kg/m^3。砂砾石料为坝轴线上游 1km 范围内剔除 150 mm 以上粒径的河床砂砾石，外掺 15% ~ 25% 开挖石料（高程 1207.5 m 以下坝体胶凝砂砾石掺 25% 开挖石料，1207.5 m 以上坝体胶凝砂砾石掺 15% 开挖石料，其中石料粒径不大于 150 mm），用水量为 90 ~ 120 kg m^3。

4　坝体断面尺寸研究

4.1　胶凝砂砾石坝断面形式

胶凝砂砾石坝为介于重力坝与土石坝之间的坝型，使用一种特性介于混凝土和土石之间的筑坝材料，即碾压堆石坝工艺生产的水泥胶结砂石料。而这种新材料的出现，应该有一种新的坝体形式与之相适应，以达到最优组合。

重力坝的基本断面是三角形，上游面一般是铅直的或略向上游倾斜，或为折坡。土石坝的基本断面是梯形，上、下游坝坡比相对要缓很多。胶凝砂砾石坝是介于重力坝和土石坝之间的坝型，断面形式也介于两种坝型之间，是上、下游坝坡比较小的梯形坝。

从体型上看，梯形坝抗倾覆能力强。日本大坝工程技术中心研究成果表明[1]，梯形坝与岩基不需要连接，在正常条件及发生地震时，坝基可保持压应力，形成了阻止倾覆的有利条件。而直三角形坝的设计是通过连接坝体和岩基以抵抗拉应力，地震时坝趾和坝踵临近区域倾向于拉应力。这是梯形坝和直三角形坝的主要区别。

4.2　守口堡水库胶凝砂砾石坝坡比分析

4.2.1　基本断面的确定

胶凝砂砾石坝的稳定性主要靠坝体的重量来保证，而坝体的重量主要决定于坝的形状和尺寸。和重力坝相同，设计胶凝砂砾石坝的断面，需首先粗略选取一个基本断面，并根据运用的需要（溢流坝还是非溢流坝），把基本断面修正为实用断面。然后进行详细的应力和稳定分析，据此，再修改实用断面，使之既能满足安全要求，又能节省工程量，而且便于施工。

从目前国外已建成的胶凝砂砾石坝来看，所采用的结构形式比较单一，剖面一般为对称剖面，上游面板防渗，上、下游坡比一般为1∶0.5～1∶0.8。因此，参照已建工程，在研究守口堡水库胶凝砂砾石坝的基本断面时，坝坡比初步确定在1∶0.5～1∶0.8之间。考虑坝上交通要求，确定坝顶宽度为6.0～7.0 m。

4.2.2　稳定计算方法

胶凝砂砾石坝与基岩的结合面也有一定的凝聚性，在水压力等水平荷载作用下，靠自重等作用在结合面上产生的摩擦力与凝聚力来维持抗滑稳定。梯形坝设计的具有比直三角形坝长的坝底层，并且是两侧对称的形状，计算结果标明，坝体底层出现的都是压应力。相应地，因为在底部任何部位上的摩擦力会有助于保持稳定，大坝以坝体和岩基的摩擦力充分抗滑。

工程初步设计阶段，国内尚无针对胶凝砂砾石坝稳定计算的技术标准，借鉴国外胶凝砂砾石坝的设计经验，胶凝砂砾石坝坝基抗滑稳定条件基本上类似于碾压混凝土坝，为此，守口堡水库胶凝砂砾石坝体抗滑稳定采用了重力坝稳定计算方法——刚体极限平衡法，这与已颁布的《胶结颗粒料筑坝技术导则》(SL 678—2014)相一致[3]。

考虑到胶凝砂砾石长期耐久性研究尚无成熟的结论，而胶凝砂砾石坝是一种新的坝型，缺乏足够的实践经验，为保障长期安全性，可适当提高稳定控制标准。对于守口堡水库胶凝砂砾石坝，在《混凝土重力坝设计规范》(SL 319—2005)规定的安全系数基础上[4]，再适当提高取值，以确保安全余度超过重力坝。

守口堡水库工程等别为Ⅳ等，主要建筑物为4级，胶凝砂砾石坝稳定安全系数取值如下：

坝体抗滑稳定安全系数 K' 在基本荷载组合时不小于 3.5，校核洪水工况下荷载组合不小于 3.0，地震工况下荷载组合不小于 2.8，并同时满足抗滑稳定安全系数 K 在基本荷载组合时不小于 1.05，校核洪水工况下荷载组合和地震工况下不小于 1.0。

以上取值标准高于土耳其 Cindere 胶凝砂砾石坝，但低于日本胶凝砂砾石坝的标准。

4.2.3　不同坡比情况下大坝的稳定分析

参照《混凝土重力坝设计规范》（SL 319—2005），守口堡水库胶凝砂砾石坝体抗滑稳定分别进行了坝基面抗剪断和抗剪计算。根据坝基岩性，坝体与坝基接触面的抗剪断摩擦系数取 0.8，坝体与坝基接触面的抗剪断凝聚力取 500 kPa，坝体与坝基接触面的抗剪摩擦系数取 0.5；

取挡水坝段最大坝高断面、不同的上下游坡比 1∶0.55、1∶0.6、1∶0.7、1∶0.8 进行计算，均能满足要求。结果如下：

（1）基本荷载组合工况 抗剪断安全系数 K' 均大于 3.77，抗剪安全系数 K 均大于 1.22。

（2）校核洪水工况 抗剪断安全系数 K' 均大于 3.53，抗剪安全系数 K 均大于 1.15。

（3）地震工况 抗剪断安全系数 K' 均大于 3.39，抗剪安全系数 K 均大于 1.04。

4.2.4　允许应力研究

4.2.4.1　胶凝砂砾石允许应力

胶凝砂砾石坝是介于混凝土重力坝和土石坝之间的一种坝型，坝体属于弹塑性体。现行《碾压式土石坝设计规范》（SL 274—2001）和《混凝土面板堆石坝设计规范》（SL 228—2013）有坝体应力应变分析要求[5,6]，土石坝主要是计算坝体的沉降，面板堆石坝主要是计算坝体的变形，对允许应力没有要求。碾压混凝土重力坝施工方法与胶凝砂砾石坝施工方法类似，《碾压混凝土重力坝设计规范》（SL 314—2004）对坝体混凝土有允许应力要求[7]，允许应力与常态混凝土重力坝要求相同。从材料试验结果来看，尽管胶凝砂砾石属于弹塑性体，抗压强度小于混凝土，但要高于碾压式土石坝体抗压强度很多。因此，按允许应力控制坝体应力安全是可行的。

中国水利水电科学研究院根据室内试验抗压强度推导了坝体原型抗压强度[8]。考虑到胶凝砂砾石耐久性需继续研究，参照混凝土重力坝设计规范取值，即抗压安全系数在基本组合不小于 4.0，校核洪水工况下荷载组合不小于 3.5，以保证胶凝砂砾石坝原型抗压强度高于混凝土重力坝。

4.2.4.2　胶凝砂砾石设计强度要求

胶凝砂砾石坝体的应力计算先后采用了材料力学法和有限元等效应力法，计算结果表明，守口堡胶凝砂砾石坝应力水平较低，考虑材料抗压安全系数，6 MPa 设计强度可满足要求。

根据胶凝砂砾石配合比试验，初步拟定的配合比为：采用的水泥用量为 50 kg/m^3，粉煤灰用量为 40 kg/m^3，外掺 25%（原砂砾石料重量比）的开挖料，最粗、平均、最细级配砂砾石料经过外掺后，适宜的用水量区间为 101 ~ 118 kg/m^3，180 天抗压强度为 9.4 ~ 13.9 MPa，平均级配的胶凝砂砾石在适宜用水量范围内，180 天最低强度 9.4 MPa 大于配制强度 8.5 MPa 的要求。均大于 6 MPa 设计强度。

4.3.5　大坝坡比优化

守口堡水库胶凝砂砾石坝的断面较大、坝轴线较长，进行断面优化，可有效减少工程量。

为了寻找守口堡胶凝砂砾石坝满足应力、稳定条件、体型最小的断面，编制了相应的程序。目标函数是断面最小，即最经济。约束条件包括基本组合和特殊组合下的抗剪断、抗滑稳定满足重力坝设计规范要求、坝踵无拉应力和坝体主压应力小于允许应力等，上下游坡比取值范围为1∶0.25～1∶1.0，$f'=0.80$，$c'=500$ kPa，$f=0.50$。

根据守口堡胶凝砂砾石坝断面分析的结果，最优断面，即面积最小的断面，为上游较缓、下游较陡的断面。这主要是因为守口堡水库淤沙高程较高，泥沙压相对较大，上游较缓的断面对稳定相对有利。最优断面上游坡比为1∶0.6，下游坡比为1∶0.2783。该断面设计地震工况下的抗滑稳定系数和坝踵竖向正应力为控制性指标。最优断面不同荷载工况下的稳定、应力结果见表1。

表1　最优断面强度稳定结果

指标	设计水位(浪压力)	设计水位(冰压力)	校核水位	设计地震工况
抗剪断稳定系数	3.235 2	3.228 6	3.011 4	2.972 5
抗滑稳定系数	1.090 1	1.087 9	1.020 3	1.007 1
坝踵竖向正应力(MPa)	0.089 5	0.085 2	0.020 3	0.002 2
坝趾竖向正应力(MPa)	1.372 9	1.377 1	1.459 6	1.477 7
坝踵主压应力(MPa)	0.247 5	0.241 8	0.153 5	0.128 8
坝趾主压应力(MPa)	1.479 2	1.483 7	1.572 6	1.592 2

注：压应力为正。

考虑到守口堡工程的实际情况，同时参考国内外已建胶凝砂砾石坝上下游坡比的取值，为使坝体在各种荷载工况下具有更好的应力条件和较大的抗滑稳定安全余度，并具有更好的抗倾覆性，守口堡工程拟采用上下游等坡比的断面，坡比为1∶0.6，应力、稳定结果见表2。

表2　坡比1∶0.6坝体稳定、应力计算结果

设计指标	上游坡比	设计水位(浪压力)	设计水位(冰压力)	校核水位	设计地震工况
抗剪断稳定系数	上游1∶0.6 下游1∶0.6	4.079	4.070 7	3.788	3.663 7
抗滑稳定系数		1.312 7	1.31	1.223 8	1.183 6
坝踵竖向正应力		0.532 7	0.530 3	0.5	0.472 8
坝趾竖向正应力		0.794 2	0.796 6	0.837 5	0.864 7
坝踵主压应力		0.598 6	0.595 3	0.554 2	0.517 1
坝趾主压应力		1.080 1	1.083 4	1.139	1.176

守口堡上下游坡比为1∶0.6，基本组合工况下，坝体沿建基面的抗滑稳定安全系数大于1.31，抗剪断安全系数大于4.08，参照混凝土重力坝规范，具有一定的安全余度。

5 坝体结构设计

5.1 坝体断面设计

守口堡水库胶凝砂砾石坝按挡水坝段、溢流坝段、底孔坝段布置，最大坝高 61.6 m，坝顶宽 6 m。

挡水坝段上下游坝面在高程 1240.0 m 以下坡比均为 1∶0.6，以上为竖直。溢流坝段为开敞式溢流堰，溢流表孔为 6 孔，每孔净宽 9.0 m，堰面曲线采用幂曲线，下游采用挑流消能方式。底孔坝段孔口尺寸为 4.0×4.8（宽×高）m，进口设事故检修平板门，出口设弧形工作门，下接挑流消能工。

5.2 坝体材料分区

大坝主体为胶凝砂砾石，上下游防渗保护均采用常态混凝土。各部位材料要求满足强度、抗渗、抗冻、抗侵蚀、抗冲耐磨等要求。

坝体材料分为五个区，Ⅰ区为坝体下游外部表面混凝土保护层；Ⅱ区为上游坝体外部表面混凝土防渗层，上下游厚度分别为 1.5 m、1.0 m；Ⅲ区为垫层混凝土；Ⅳ区为坝体内部胶凝砂砾石；Ⅴ区为泄洪冲沙底孔周边混凝土和溢流表孔表层混凝土，厚度为 50 cm。坝体剖面见图 1。大坝混凝土分区性能要求见表 3。

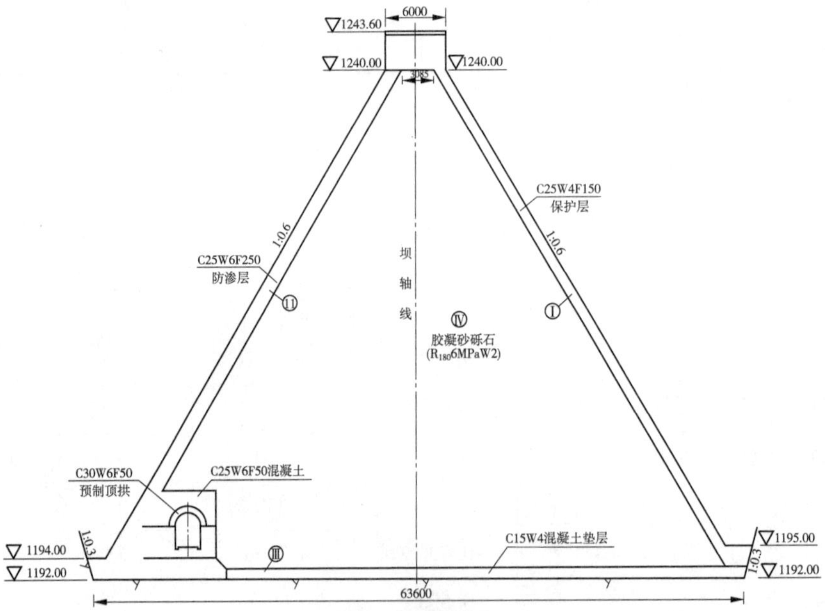

图 1 坝体剖面

表 3 大坝混凝土分区性能要求表

分区	强度	抗渗	抗冻	抗冲磨	备注
Ⅰ	C25	W4	F150	—	下游保护层
Ⅱ	C25	W6	F250	—	上游防渗层
Ⅲ	C15	W4	—	—	坝体基础垫层
Ⅳ	R_{90} 6 MPa	W2	—	—	坝体内部
Ⅴ	C40	W6	F250	抗冲磨	底孔周边和表孔溢流面

5.3　防渗与排水

5.3.1　坝体防渗

根据国内外胶凝砂砾石试验结果，胶凝砂砾石筑坝材料的抗渗透溶蚀性能和抗冻融性较差，而守口堡水库位于严寒地区，防渗体和保护层的设置是必要的，国外现有的胶凝砂砾石坝均采用常态混凝土面板防渗，参考碾压混凝土坝二级配防渗全断面碾压的做法，守口堡胶凝砂砾石坝考虑采用混凝土面板和二级配碾压混凝土防渗两种方式，均按水头设计，面板防渗参考浆砌石坝，防渗厚度为水头的1/30～1/60，考虑抗冻要求（坝址处冻土深度为1.43 m），最大厚度为1.5 m。二级配碾压混凝土防渗参考《碾压混凝土重力坝设计规范》（SL 314—2004），防渗层厚度为水头的1/15～1/30，厚度为2～4 m。

常态混凝土面板和二级配变态碾压混凝土均可作为防渗体，只是常态混凝土水泥用量大，为防止裂缝需在表面铺设温度钢筋，而变态混凝土水泥用量较小，无需设温度筋，施工相对简单；但均需支模和振捣，综合比较后，设计选用常态混凝土防渗。

5.3.2　坝体排水及分缝止水

为了降低坝体内的扬压力，减小渗水对坝体的不利影响，在靠近坝体上游面防渗层后布设排水管，至基础廊道。排水管采用PE盲管，管径150mm，间距3m。

胶凝砂砾石坝胶凝材料少，水泥水化热低，参考国外已建成坝，坝体胶凝砂砾石不设横缝，只在上游防渗层和下游保护层设伸缩缝，沿坝轴线方向每15m设置一道，坝上游横缝内设两道止水，一道铜片、一道橡胶止水。下游水位以下横缝内设一道橡胶止水。

6　坝基处理措施

6.1　大坝建基面的设置

根据《混凝土重力坝设计规范》（SL 319—2005）规定，当坝高50～100 m时，大坝建基面可在微风化至弱风化中部基岩上。这样就需要挖除河床覆盖层、强风化及部分弱风化岩石，使坝体座落在弱风化基岩中部。由于胶凝砂砾石坝坝体断面大，基底应力小，对坝基要求相对降低，可以将大坝建基面适当放宽。从结构计算分析和基础适应性研究结果看，坝体座落在强风化下部完全满足要求，因此将建基面设置在弱风化顶部。

6.2　基础垫层的设置

基岩和胶凝砂砾石坝属于两种不同的介质，二者之间需要设置一个过渡层来调整两种介质的性能差异。根据已建工程经验，在建基面上铺设一层混凝土作为垫层，可起到介质过渡作用。同时，垫层带来的好处还有以下几点：

（1）可以利用垫层找平建基面；

（2）增强胶凝砂砾石坝的整体性；

（3）可作为坝基固结灌浆和帷幕灌浆平台和压重，方便施工。

考虑垫层厚度过小，难以起到过渡作用；垫层厚度过厚，影响坝身结构，初步确定垫层厚度为1.0 m。

6.3　基础防渗处理

坝基岩体在高程1149～1196 m以上岩体属中等透水性，厚度3～28 m，以下为弱透水岩体。在高程1143～1149 m的岩体透水率小于5 Lu为相对隔水层。

帷幕灌浆设单排，深入相对隔水层3 m，轴线距坝上游坝踵面10 m，帷幕深度20～40

m,孔距2 m。帷幕防渗标准为5Lu。

坝下基础在上下游全部进行固结灌浆,深度6 ~8 m,排距、孔距3 m,梅花形布设。

坝基排水孔距帷幕轴线2 m,伸入基岩22 m,孔距2 m。坝体、坝基排水经廊道通至集水井,并抽排至下游坝外。

7　结束语

守口堡水库胶凝砂砾石坝为我国正在实施的第一座永久性工程,在设计和试验方面做了大量研究工作,这在国内是前所未有的。经过技术经济比较,守口堡水库胶凝砂砾石坝较原设计碾压混凝土重力坝节省投资1700多万元。同时,在设计方面有以下突破:

(1)上下游坝坡比为1:0.6,小于国外已建50 m以上坝高坝坡比,从断面体积上节省了胶凝砂砾石用量。

(2)大坝建基面坐落在弱风化层上部,减少了坝基开挖量、减小了坝体体积。

(3)胶凝砂砾石中砾石最大粒径控制在150mm以下,国外已建工程多数控制在80mm以下。

参考文献

[1] Engineering Manual for Construction and Quality Control of Trapezoidal CSG Dam, Japan Dam Engineering Center, 2007. 9.

[2] 冯炜,马峰玲,等. 山西守口堡胶凝砂砾石坝材料试验研究报告[R]. 北京:中国水利水电科学研究院,2014.

[3] 中华人民共和国水利部. SL 678—2014 胶结颗粒料筑坝技术导则[S]. 北京:中国水利水电出版社,2013.

[4] 中华人民共和国水利部. SL 319—2005 混凝土重力坝设计规范[S]. 北京:中国水利水电出版社,2005.

[5] 中华人民共和国水利部. SL 274—2001 碾压式土石坝设计规范[S]. 北京:中国水利水电出版社,2001.

[6] 中华人民共和国水利部. SL 228—2013 混凝土面板堆石坝设计规范[S]. 北京:中国水利水电出版社,2013.

[7] 中华人民共和国水利部. SL 314—2004 碾压混凝土重力坝设计规范[S]. 北京:中国水利水电出版社,2005.

[8] 贾金生,马锋玲,郑璀莹,等. 守口堡水库胶凝砂砾石坝结构分析报告[R]. 北京:中国水利水电科学研究院,2012.

大中型堆石混凝土工程快速施工关键技术的探讨

陈长久[1] 安雪晖[1] 周 虎[1] 金 峰[1] 黄绵松[1] 申若竹[2]

(1. 清华大学 水沙科学与水利水电工程国家重点实验室 北京 100084;
2. 北京华石纳固科技有限公司 北京 100083)

摘要:堆石混凝土技术是近年发展起来并被广泛关注的一项大体积混凝土施工技术。该技术利用高自密实性能混凝土充填堆石空隙形成完整密实的混凝土结构,具有工艺简单、缩短建设周期、节约投资、节能环保等优势,已经在中小型水利工程建设中积累了大量的工程经验。然而,国内大中型水利水电工程建设施工组织设计相对复杂,对施工速度及工期要求质量高,堆石混凝土技术在大中型工程中应用的经验不多。本文以某工程为例,从堆石混凝土施工组织、模板安装、堆石料筛选及清洗等方面对大中型堆石混凝土工程快速施工进行探讨,意在为同类工程施工提供借鉴和参考。

关键词:堆石混凝土 大中型工程 快速施工

1 概 述

堆石混凝土技术(Rock - Filled Concrete,简称 RFC)是一种新型大体积混凝土施工技术。该技术首先将粒径大于 300 mm 的大块石/卵石直接入仓,形成有自然空隙的堆石体,然后在堆石体表面浇注满足性能要求的高自密实性能混凝土(High Self - Compacting Concrete,简称 HSCC),依靠其自重,充填堆石空隙,形成完整、密实、低水化热、满足强度要求的混凝土[1]。堆石混凝土施工流程如图 1 所示。

实际工程应用表明,堆石混凝土技术具有工艺简单、缩短建设周期、节约投资、节能环保等优势[2],主要应用于小型水利水电的主体工程以及大中型项目的临时部位和附属部位等,已在国内 22 各省的 60 多个工程中得到成功应用[3],带来了显著的社会、经济效益。堆石混凝土技术通过全国范围内推广应用,已经在中小型水利工程建设中积累了大量的工程经验[4-7],可结合各地施工条件的不同,进行灵活的施工组织设计,满足工程建设需要。

然而,国内大中型水利水电工程建设施工组织设计相对复杂,对施工速度及工期要求质量高。堆石混凝土技术在大中型工程中应用的经验不多,为了更好地满足工程需要,更大地发挥堆石混凝土机械化快速施工、节能环保的优势,本文以某大型堆石混凝土工程为例,对该技术在大中型水利水电工程中应用时组织快速施工方案及涉及到的一些关键技术问题进行探讨。

2 工程概况

某大型水电站拦河闸坝基础采用堆石混凝土,起止高程为 EL. 494 ~ EL. 524 m,最大浇筑高度 30 m。分 3 区浇筑,上下游长度 49 m,左右方向 104.5 m,单仓最大尺寸为 49 m×39 m,如图 2 所示。

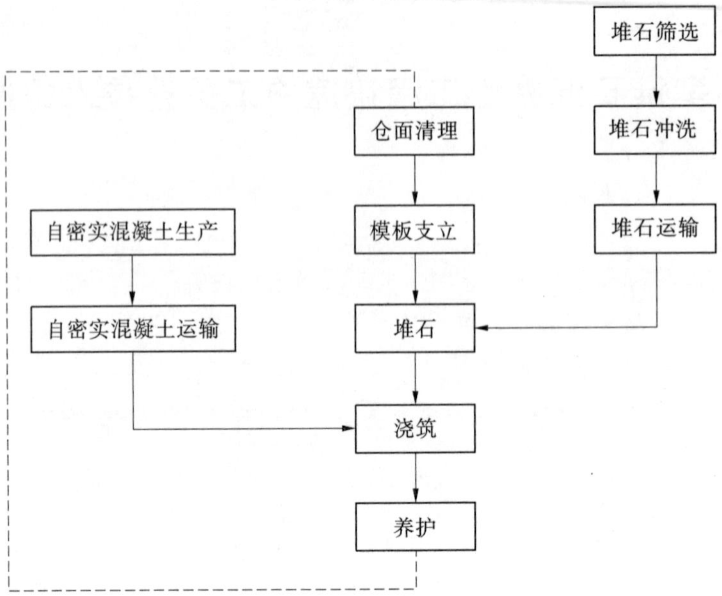

图 1　堆石混凝土施工流程

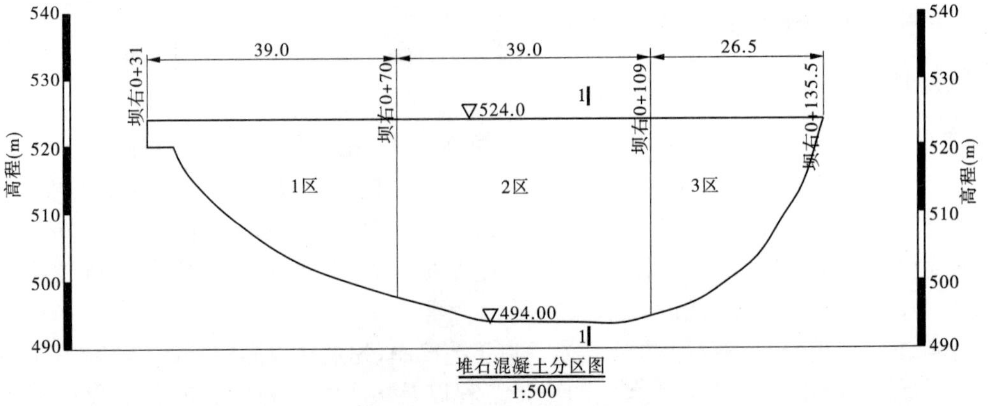

图 2　堆石混凝土浇筑分区图

工程总计需要浇筑堆石混凝土 11.66 万 m^3，其中堆石 6.41 万 m^3，自密实混凝土 5.25 万 m^3，堆石率达 55%。工程施工在一期基坑开挖完成并支护后进行，施工工期从 2014 年 4 月 21 日开始，到 2014 年 7 月 16 日结束，总工期 87 天(包括固结灌浆占压工期)，浇筑峰值达 6 万 m^3/月。

本工程堆石混凝土上游回填砂卵石，下游回填掺入 3% 水泥的砂卵石，回填施工与堆石混凝土施工同期进行，共计回填方量 11.72 万 m^3。

工程堆石料源为基坑开挖料，料源逊径较多且含泥量高。堆石料入仓前需经过筛选和清洗。

根据工程压缩的施工工期，要求堆石混凝土必须快速施工。为达到堆石混凝土连续、高强、快速施工的目的，主要从以下几方面进行研究和实施：①科学进行分层分仓设计，合理安排浇筑顺序，配备满足工程进度的相应施工设备，确保堆石混凝土连续、高速施工；②优化模板安装工序;③堆石料筛选;④堆石料清洗。

3　快速施工方案

3.1　分层分仓设计

由于该工程堆石混凝土浇筑量大、工期紧迫,为保证混凝土施工质量,需针对不同的浇筑高程、浇筑设备能力等合理地划分浇筑仓。对堆石混凝土而言,大仓面有利于仓面设备效率的发挥,减少坝段之间的模板使用数量,同时也有利于仓面的管理。

工程按照结构缝分3区浇筑,不另设施工缝,最大仓号为39 m×49 m。浇筑层厚采用1.5~2 m一层,考虑到自卸汽车卸料的自然堆积高度和仓面的大小,本工程高程506 m以下采用2 m分层,高程506 m以上采用1.5 m分层。

3.2　进度安排

一期基坑开挖完成并验收合格后即可开始进行堆石混凝土施工。堆石混凝土施工先从一期基坑开挖最低处开始,依次往上浇筑至混凝土设计顶面线。堆石混凝土按通仓浇筑,同一高程分区不跳仓,按照立模、堆石、浇筑、等强、回填的顺序进行施工。

2 m高仓面工期安排为堆石2 d,浇筑2 d;1.5 m高仓面工期安排为堆石1.5 d,浇筑1.5 d。充分考虑堆石混凝土施工中各仓面堆石与高自密实性能混凝土浇筑工序的搭接,采用边堆石边浇筑高自密实性能混凝土的施工方法,具体施工进度安排如表1所示。

表1　堆石混凝土施工进度安排

序号	起止高程(m)		工期(d)	开始时间	完成时间
1	494	498	15	4月21日	5月5日
2	498	500	7	5月6日	5月12日
3	500	502	6	5月9日	5月15日
4	502	504	7	5月13日	5月20日
5	504	506	7	5月17日	5月24日
6	506	507.5	7.5	5月20日	5月27日
7	507.5	509	5.5	5月25日	5月30日
8	509	510.5	7.5	5月29日	6月5日
9	510.5	512	7	6月3日	6月10日
10	512	513.5	9	6月6日	6月15日
11	513.5	515	7	6月12日	6月19日
12	515	516.5	9	6月15日	6月24日
13	516.5	518	7.5	6月21日	6月28日
14	518	519.5	9	6月25日	7月3日
15	519.5	521	7.5	7月1日	7月8日
16	521	522.5	9	7月4日	7月13日
17	522.5	524	7.5	7月10日	7月17日

3.3　生产施工设备配置

根据进度安排，堆石混凝土日最大堆石量为1 949 m^3/d，混凝土日最大浇筑量为900 m^3/d，日最大回填量为3189 m^3/d。需对生产施工设备进行合理的配置与管理。

3.3.1　堆石运输设备

该工程采用自卸汽车运输堆石料，共配置12台20 t自卸汽车。每台20 t自卸汽车一次可运输9m^3 石料（松方），料源地距离施工现场1.5 km，一次往返时间约为30分钟，每台20 t自卸汽车每小时运输堆石18 m^3（松方）；12台自卸汽车理论上每小时可运输216 m^3 堆石料，堆石运输密实度与仓号堆石料铺摊密实度按1∶0.7进行测算，堆石每天按工作16小时计算，则每天可完成2 420 m^3 堆石，配置可满足施工强度要求。

根据挖掘机及装载机的生产效率，对仓面内配置2台挖掘机，2台装载机进行仓内堆石工作，可满足日最大堆石量的要求。

3.3.2　高自密实性能混凝土生产系统

本工程高自密实性能混凝土由布置在左岸EL.549.5平台的一座2×3强制式拌和站进行生产，每小时可生产240 m^3 高自密实性能混凝土，拌和系统可满足自密实混凝土生产强度。

3.3.3　高自密实性能混凝土运输系统

专用自密实混凝土采用混凝土罐车进行运输，共配置6台8 m^3 混凝土罐车。每车可运输高自密实性能混凝土6 m^3，一次往返时间约为30分钟，则每台混凝土罐车每小时往返2次可运输高自密实性能混凝土12 m^3，每小时共可运输72 m^3 高自密实性能混凝土，每天按工作20小时计算，则每天可完成1 440 m^3 自密实混凝土运输，配置可满足运输强度要求。

3.3.4　高自密实性能混凝土浇筑系统

考虑到现场施工条件，高自密实性能混凝土采用天泵浇筑。共配置2台47 m臂长天泵，每小时可完成泵送混凝土量120 m^3，按照70%的效率计算，每小时可浇筑混凝土84 m^3，每天按工作20小时计算，则每天可完成1 680 m^3 自密实混凝土浇筑，满足浇筑强度要求。

4　优化模板安装工序

模板安装是堆石混凝土快速施工的重要环节。根据施工部位结构特点及连续施工的需要选用不同模板类型，简化模板安装工序，在保证浇筑质量的同时提高施工效率。

4.1　下游侧模板

堆石混凝土下游面回填掺入3%水泥的砂卵石，因此无需设立模板，堆石堆积成自然稳定坡度后覆盖掺入3%水泥的砂卵石即可，如图3所示。

4.2　上游侧模板

上游侧模板采用预制块和悬臂模板。506.00 m高程以下采用预制块模板，预制尺寸为2 m×1.5 m×0.5 m，堆码在桩号0+00位置，作为堆石结构的一部分浇筑在混凝土内，无需拆模，预制块外侧堆填砂卵石进行巩固。

506高程以上采用3m悬臂模板，立模1次可浇筑2层堆石混凝土。

4.3　分缝模板

堆石混凝土按通仓浇筑，同一高程分区不跳仓，横缝间采用沥青模板隔缝。具体施工方法为在已浇仓面缝面两侧埋设插筋，插筋排距与模板厚度一致，将整块沥青模板卡在插筋

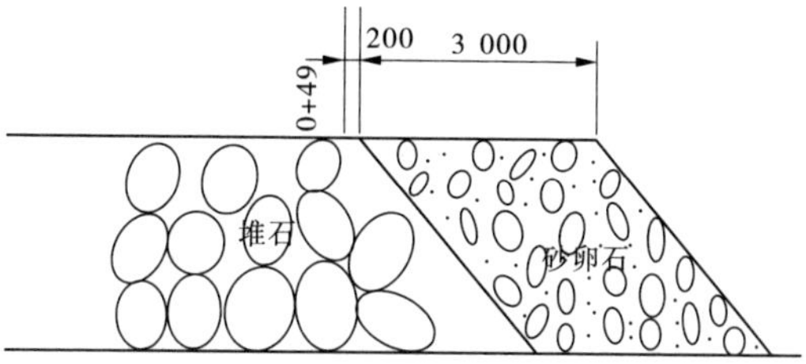

图3　下游侧模板示意图

内,拼缝部位用油毡铺设。模板安装完毕后,模板两侧同时施工,如图4所示。

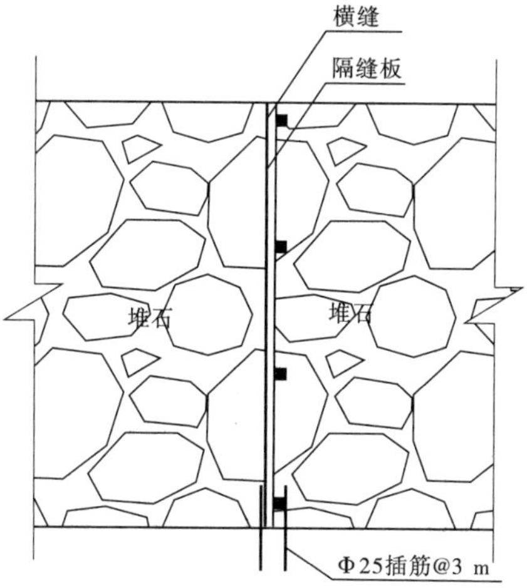

图4　分缝模板示意图

5　堆石料粒径控制

由于该工程的堆石料为基坑开挖石料,逊径块石较多,为确保堆石粒径大于30 cm的要求,在备料场内设置3个钢筛,筛除逊径石块。使用时,通过挖掘机将堆石料置于钢筛上,粒径不达标的堆石料被网孔(30 cm×30 cm)筛除,落入筛底,大块堆石依靠自重沿筛网滑下落在筛分装置前,可直接装车运走。该工序实现了机械化作业,操作方便且筛分效果好,保证了施工质量。钢筛示意图如图5所示。

6　堆石料清洗

基坑开挖石料含泥量较高,需对堆石料进行清洗。根据取料的道路布置,在明渠出口左侧的坡道上设置一个清洗平台,用于料场石料清洗。冲洗平台布置3根Φ80花管,水压大于0.2 MPa,对经过清洗平台的自卸汽车内的堆石进行清洗。同时车箱内设置装有花管的钢栅,预留接口,汽车行驶至清洗平台后连接花管对车内堆石进行清洗,确保堆石料各面均清洗干净。如图6所示。

为防止自卸汽车将路边泥土带入浇筑仓内,在进仓道路铺设27 m长的钢栅,钢栅两侧布置冲洗管路对进仓自卸汽车的轮胎进行冲洗。

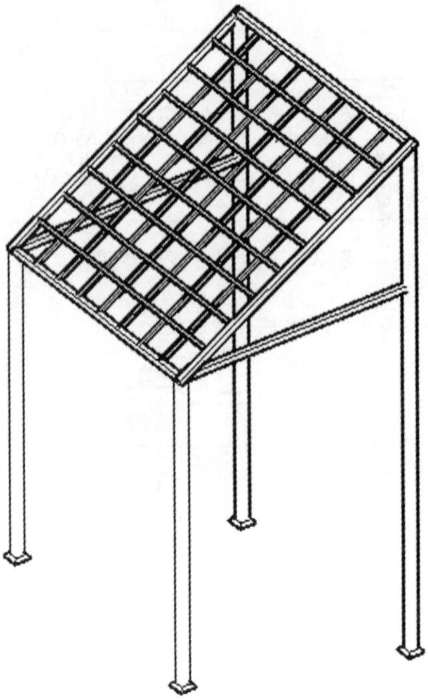

图 5　钢筛示意图

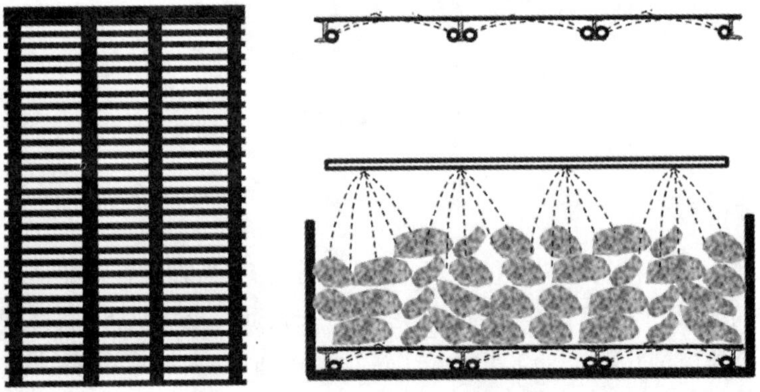

图 6　车箱内格栅冲洗示意图

7　结　论

某大型水电站拦河闸坝基础的堆石混凝土施工,其最大的特点是工期紧,浇筑强度高,从开浇到完成仅有 3 个多月工期。该工程突破传统堆石混凝土施工方法,在经过充分试验研究的基础上创造性地提出和采用新的施工技术,丰富和发展了堆石混凝土施工技术。得出如下几点结论:

(1)合理地进行分层分仓设计及科学安排施工进度,配备相应生产施工设备,可满足本工程的施工强度,以使浇筑峰值达 6 万 m^3/月。

(2)本工程采用大仓面通仓浇筑,充分考虑堆石混凝土施工中各仓面堆石与高自密实性能混凝土浇筑工序的搭接,采用边堆石边浇筑高自密实性能混凝土的施工安排,以加快施工速度，保证施工进度。

(3)堆石混凝土快速施工的关键技术在于模板安装、堆石粒径控制及清洗等工序，本工程对这些关键工序进行了优化，在保证浇筑质量的同时提高施工效率。根据施工部位结构特点及连续施工的需要选用不同模板类型，简化模板安装工序；采用钢筛筛除逊径堆石，该工序实现了机械化作业，操作方便快捷且筛分效果好；同时对堆石料清洗工序进行创新，首次提出安装车内格栅冲洗装置及自卸汽车轮胎冲洗装置，既保证了入仓堆石的质量又提高了施工效率。

自 2014 年 4 月堆石混凝土开始浇筑以来，上述技术在施工中得到了全面应用，取得了较大的综合经济效益，为该水电站拦河闸坝主体工程的顺利实施起到重要作用。快速施工研究应与实际工程紧密结合，对实践经验的总结是快速施工研究的重要方面，根据施工中各因素对施工的影响来制定工期，选择合理的施工方法。该工程的研究思路可为大中型堆石混凝土工程快速施工提供借鉴和参考。

参考文献

[1] 黄绵松，周虎，安雪晖，等. 堆石混凝土综合性能的试验研究[J]. 建筑材料学报，2008，11(2)：206-211.

[2] 金峰，安雪晖，石建军，等. 堆石混凝土及堆石混凝土大坝[J]. 水利报，2005(11)：78-83.

[3] 金峰，黄绵松，安雪晖，等. 堆石混凝土技术应用进展[C]//雅砻江虚拟研究中心 2014 年度学术年会论文集. 郑州：黄河水利出版社，2014：167-172.

[4] 史铁军. 堆石混凝土施工技术在清峪水库中的应用[J]. 山西水利，2010，01：49-50.

[5] 杨会峰. 自密实堆石混凝土在恒山水库除险加固工程中的应用[J]. 山西水利科技，2010，08(3)：54-58.

[6] 赵云云. 堆石混凝土在吉利水电站工程的应用[J]. 甘肃水利水电技术，2011，47(11)：14-15.

[7] 宋殿海，刘剑. 自密实堆石混凝土在宝泉抽水蓄能电站的应用[J]. 水力发电学报，2007，33(9)：26-28.

2.5 级配全断面碾压混凝土在赛珠拱坝中的运用

陈海坤

（中国电建集团贵阳勘测设计研究院有限公司　贵州　贵阳　550002）

摘要：目前我国建设的碾压混凝土拱坝一般都采用标准的三级配 RCC 做坝体、二级配 RCC 做上游防渗结构，最大粒径为 40～80 mm。为了简化坝体材料分区、克服两种级配 RCC 给施工和设计带来的不便，充分发挥碾压混凝土快速施工的特点，本文结合赛珠水电站工程 RCC 拱坝设计，在国内首次系统全面地开展了拱坝全断面采用 2.5 级配 RCC 的研究，并成功运用于工程。为同类工程设计与施工提供了可资借鉴的经验，具有广阔的应用前景。

关键词：2.5 级配　RCC 拱坝　全断面碾压　研究与运用　赛珠水电站

1　引　言

赛珠水电站位于云南省禄劝县，是洗马河干流规划中的第二个梯级电站，枢纽由碾压混凝土拱坝、坝身泄洪系统、右岸引水系统、地下厂房等建筑物组成。拱坝最大坝高 68 m，碾压混凝土量约为 10 万 m^3。通过系列研究，赛珠拱坝在国内率先采用全断面 2.5 级配 $C_{90}20$ W8F100 碾压混凝土做为筑坝材料，克服了常规两种级配 RCC 给施工和设计带来的不便，充分发挥了碾压混凝土快速施工的特点，在这方面赛珠工程进行了有益的尝试并成功运用于工程实际，目前赛珠大坝工程已经受了五年多的运行检验。

我国的混凝土级配，习惯上分为二级配、三级配、四级配，即按粗骨料最大粒径 40 mm、80 mm、150(120)mm 分成不同的组合。目前国内建设的碾压混凝土拱坝通常在坝体用三级配 RCC，在迎水面采用富胶凝材料的二级配碾 RCC 自身作为防渗体系。多座碾压混凝土拱坝运行实践证明其防渗体系是成功的，二级配碾压混凝土防渗结构成了碾压混凝土坝的主流。但在一个断面上采用两种配比的 RCC，这种形式的全断面碾压混凝土坝还是给施工和设计带来了一些麻烦，而且随着国内 RCC 坝施工水平的提高，三级配 RCC 本身的渗透系数已达到 10^{-8}～10^{-9}cm/s，国内外大量的现场及室内试验资料表明，碾压混凝土自身的抗渗性能较好，可达 W8～W12，完全可以作为防渗结构。至于层间渗漏问题，基本上与骨料级配无关，自普定坝开始，在二级配防渗体层面铺设砂浆或净浆以加强其抗渗性能，取得了良好效果。

根据上述情况，为了简化坝体材料分区、克服两种级配 RCC 给施工带来的不便，充分发挥碾压混凝土快速施工的特点，我们以赛珠水电站工程为研究背景，研究取消上游二级配防渗体加三级配碾压混凝土的分区型式，取而代之采用 2.5 级配全断面碾压混凝土，即粗骨料分为三级，最大粒径 60 mm，分别为小石(5～20 mm)、中石(20～40 mm)、大石(40～60

mm)。通过系统全面地开展研究,使2.5级配全断面碾压混凝土在拱坝筑坝技术中成为现实,亦是经济可行的。

2 坝体2.5级配碾压混凝土材料特性研究

2.1 原材料特性研究

赛珠大坝水泥选用昆明骏丰水泥有限责任公司生产的P·O 42.5水泥;粉煤灰经研究比选,优先选用普坪村火电厂生产的Ⅱ级粉煤灰;由于工程采用单一级配碾压混凝土,设计要求高,经研究后择优选用昆明绿色高新材料股份有限公司生产的FDN-MTG缓凝高效减水剂及上海麦斯特建材有限公司生产的AIR202引气剂;研究用的骨料由坝址下游右岸的人工砂石料场取料加工而成,为非活性骨料。人工砂的颗粒级配较好,细度模数平均为2.72,石粉含量适中(平均为14.2%)。粗骨料粒形好,组合级配空隙率小。

2.2 配合比特性研究

2.2.1 混凝土配合比的基本参数选定

本工程采用2.5级连续级配,大石(60~40 mm)、中石(40~20 mm)、小石(20~5 mm),经不同组合试验,确定最优骨料级配为,大石:中石:小石=35:35:30,混凝土单位用水量最少,和易性好,混凝土成本低;混凝土最优砂率为35%;通过试验确定,减水剂FDN-MTG的掺量为0.6%;引气剂AIR202的掺量为15/万。

2.2.2 混凝土配合比及其性能试验成果

根据本工程采用同一级配碾压混凝土的要求,着重研究了2.5级配C_{90}20W8F100碾压混凝土和变态混凝土的配合比。经大量的室内试验,最后使用的配合比及其各项性能见表1~表4。

表1 2.5级配碾压及变态混凝土配合比试验结果

<table>
<tr><th rowspan="3">混凝土种类</th><th rowspan="3">水胶比</th><th rowspan="3">砂率(%)</th><th colspan="6">材料用量(kg/m³)</th><th rowspan="3">减水剂</th><th rowspan="3">引气剂掺量</th><th rowspan="3">VC值(s)</th><th rowspan="3">含气量(%)</th></tr>
<tr><th rowspan="2">水</th><th rowspan="2">水泥</th><th colspan="2">粉煤灰</th><th rowspan="2">砂</th><th rowspan="2">石子</th></tr>
<tr><th>用量</th><th>掺量(%)</th></tr>
<tr><td>2.5级配碾压混凝土</td><td>0.46</td><td>35</td><td>81</td><td>88</td><td>88</td><td>50</td><td>764</td><td>1 452</td><td>0.6%</td><td>15/万</td><td>3.5</td><td>4.1</td></tr>
<tr><td>2.5级配改性变态混凝土</td><td>0.46</td><td>35</td><td colspan="8">净浆配比:$W/(C+F)=0.43$,$C/(C+F)=0.50$,$W=517$ kg/m³,$C=601$ kg/m³,$F=601$ kg/m³,减水剂掺量0.6%,不掺引气剂,净浆掺量为混凝土体积的6%</td><td>坍落度5.6 cm</td><td>4.8</td></tr>
</table>

表1~表4的混凝土配合比及其性能试验结果表明,设计的配合比是合理的,VC值较低,可碾性好。浆体富裕,有利于坝体碾压混凝土的密实及其层面结合。2.5级配碾压混凝土和变态混凝土的各项性能指标均能满足设计要求,耐久性较好,温控防裂方面也较为有利。

表2 2.5级配碾压及变态混凝土力学性能试验结果

混凝土种类	抗压强度(MPa)			抗拉强度(MPa)			极限拉伸值($\times10^{-4}$)			抗压弹模(GPa)			抗冻等级	抗渗等级
	7 d	28 d	90 d	7 d	28 d	90 d	7 d	28 d	90 d	7 d	28 d	90 d		
2.5级配碾压混凝土	12.5	20.1	27.4	0.96	1.69	2.28	0.60	0.71	0.82	27	33	37	F100	W8
2.5级配变态混凝土	13.2	21.0	27.6	1.01	1.71	2.30	0.61	0.70	0.82	28	33	38	F100	W8

表3 2.5级配碾压及变态混凝土热学性能

混凝土种类	比热(kJ/(kg·℃))	导热系数(kJ/(m·h·℃))	导温系数(m^2/h)	热膨胀系数($\times10^{-6}$/℃)
2.5级配碾压混凝土	0.97	8.79	0.003 9	4.88
2.5级配变态混凝土	0.99	9.02	0.003 8	5.15

表4 2.5级配碾压及变态混凝土绝热温升(℃)

配合比	1 d	2 d	3 d	7 d	14 d	21 d	28 d	拟合公式
2.5级配碾压混凝土	4.9	8.1	12.5	15.2	17.6	19.6	20.5	$T=22.8\ d/(d+2.90)$
2.5级配变态混凝土	6.9	12.6	18.5	24.1	26.0	28.3	29.2	$T=31.3d/(d+2.26)$

3 全断面采用2.5级配RCC在赛珠拱坝中的运用

赛珠拱坝于2007年3月采用常态混凝土找平河床建基面后即开始铺筑碾压混凝土，2007年12月大坝混凝土基本全部完成，2008年3月下闸蓄水，同年8月工程完建。拦河大坝由于全断面采用2.5级配碾压混凝土，与同标号同级配的变态混凝土同时填筑，同层上升，施工简便，亦节省了时间。现大坝已经受了5年多的考验，大坝应力处在容许范围内，大坝变形较小，坝肩稳定，大坝渗漏量亦较少，整个坝体在施工期间乃至运行期至今未出现一条危害性裂缝，大坝性态正常、各项主要监测指标均稳定、正常，运行情况良好。

3.1 碾压混凝土现场质量控制

赛珠大坝为全断面采用2.5级配RCC的双曲拱坝，现场*VC*值根据气温和天气变化实行动态控制，仓面混凝土*VC*值控制在4~9 s，出机口*VC*值控制在3~6 s，既保证了混凝土较好的可碾性，又有利于改善层间结合质量。大坝全断面采用2.5级配$C_{90}20$碾压混凝土自身防渗，上、下游及拱端为0.3~0.8 m厚2.5级配变态混凝土。同时为加强防渗效果，在上游面2 m范围内的每一碾压层面撒铺了水泥粉煤灰净浆，以增强碾压层面防渗效果。从现场碾压测试结果看，碾压出的混凝土表面平整光滑、密度较大，达到设计要求的压实度，且表面泛浆效果好。经检测混凝土含气量控制在2.4%～3.3%，压实度在97.5%～100%，平均98.9%，压实度保证率99.6%，碾压混凝土的强度及抗冻、防渗性能均达到控制要求。

3.2　碾压混凝土各项性能成果

赛珠工程坝体2.5级配碾压混凝土90d强度平均值为29.8 MPa，标准偏差最大值为2.4 MPa；2.5级配变态混凝土90 d强度平均值为28.9 MPa，标准偏差最大值为2.5 MPa。抗压强度值均满足设计要求。经检测，抗渗指标满足W8设计要求，抗冻等级满足F100设计要求，极限拉伸值≥0.75×10^{-4}。实施时采用在碾压混凝土中预埋高密度聚乙烯冷却水管降温技术，解决了施工期水化热温升对拱坝的影响、碾压混凝土拱坝的接缝灌浆和接触灌浆问题。在施工期拱坝上的两条诱导缝基本完全拉开，其余部位在施工期间乃至运行期至今未出现一条危害性裂缝，说明诱导缝防裂效果明显、碾压混凝土抗裂性优良。

经钻孔芯样质量监测，碾压混凝土芯样整体质量较好，芯样表面光滑致密，骨料分布均匀，看不出明显分层情况。混凝土透水率除个别点达到1.2 Lu外，其余均在0.5 Lu以下。混凝土芯样力学性能绝大部分试验数据满足或超过设计要求，其中芯样抗压强度为21.7～30.1 MPa，平均24.5 MPa；抗渗与极限拉伸值也优于设计要求。大坝蓄水后，发现基础廊道两侧墙面及坝内交通井壁墙面局部有渗水及滴水现象，通过廊道对两侧灌浆处理，滴水消失，局部渗水现象明显得到改善，实践证明全断面采用2.5级配RCC作为防渗结构是完全可行的。碾压混凝土层面结合总体良好，总体质量达到同等常态混凝土水平。

4　拱坝全断面采用2.5级配RCC的优点

通过在赛珠大坝上全断面采用2.5级配碾压混凝土，取得了较好的效果。为进行2.5级配RCC与常规二、三级配RCC的技术经济性比较，现将其材料用量、各项性能指标等对比资料列于表5。综合比较看来，赛珠拱坝全断面采用2.5级配RCC，具有如下优点：

表5　赛珠大坝2.5级配RCC与常规二、三级配RCC的技术经济比较

混凝土类别	砂率(%)	材料用量(kg/m^3)						混凝土绝热温升(28 d)(℃)	混凝土抗压强度(90 d)(MPa)	混凝土抗拉强度(90 d)(MPa)	混凝土抗压弹模(90 d)(GPa)	容重(kg/m^3)	*VC*(s)
		水	水泥	粉煤灰		砂	石子						
				用量	掺量(%)								
二级配RCC	37	86	93.5	93.5	50	801	1 390	21.3	27.2	2.36	36.5	2 420	3.3
三级配RCC	33	77	85.6	85.6	50	728	1 505	20.1	27.6	2.20	37.4	2 440	4.0
2.5级配RCC	35	81	88	88	50	764	1 452	20.5	27.4	2.28	37.0	2 436	3.5

(1)2.5级配碾压混凝土由于减去了60～80 mm的大粒径，可减少混凝土骨料的分离，并且有较好的工作度，改善了混凝土的和易性。从砂率相近的三级配和2.5级配的试验比

较中,可以看出2.5级配RCC和易性更好的优越性。

(2)2.5级配碾压混凝土的各项力学性能、热学性能指标与常规二级配和三级配碾压混凝土接近,具有高强度、中等弹模、低热量的特性,完全满足设计要求。其绝热温升与三级配RCC接近,较二级配RCC要低,实施时采用在碾压混凝土中预埋高密度聚乙烯冷却水管降温技术,在温度控制措施及温控投资方面总体相当甚至略优。2.5级配RCC亦具有良好的变形性能和耐久性能,在这些方面总体与常规组合级配相当甚至更优。

(3)从设计方面看,2.5级配RCC拱坝与二、三级配组合的RCC拱坝结构设计理念基本没有区别,差别主要在于混凝土分区和防渗设计上。实践证明,2.5级配RCC拱坝分区设计简单、防渗结构型式简单,坝体强度满足设计要求,具有良好的抗渗、抗冻及防裂性能,全断面采用2.5级配作为防渗结构完全可行。相比之下,为真实反映大坝混凝土的实际性能指标,常规二、三级配组合的RCC设计显得较为麻烦,而全部采用2.5级配RCC则更适应设计条件。

(4)采用2.5级配碾压混凝土,由于其品种单一,简化了施工措施,仓面快速施工不再受不同级配混凝土的干扰,拌和楼也不再受改换混凝土品种的影响而减慢混凝土的拌制速度,也避免了常规组合级配存在防渗层与坝体内部RCC之间结合质量的问题,这对碾压混凝土的快速施工非常有利,也有利于保障混凝土的施工质量。

(5)从胶凝材料用量来看,2.5级配RCC水泥用量均较二级配少5.5 kg/m^3,粉煤灰少5.5 kg/m^3,增加砂石用量约25 kg/m^3。按赛珠工程的具体概算单价分析成果,二级配RCC单价为204.69元/m^3,三级配RCC单价为192.32元/m^3。采用2.5级配RCC后,单价为197.53元/m^3。可见,其单价比二级配要低7.16元/m^3,但比三级配RCC多5.21元/m^3。如果计入混凝土品种单一而减少的施工干扰,拱坝采用全断面2.5级配RCC筑坝在经济上是合算的。

综上所述,采用2.5级配RCC后,由于其品种单一,除施工简单方便外,还具有较好的施工特性,与常规组合级配相近的力学、热学和变形、耐久性能,混凝土分区及防渗设计简单、更为适应设计条件等优点,经济性方面总体上亦是合算的。

5 结 语

赛珠拱坝在国内首次系统全面地开展了2.5级配碾压混凝土的研究,克服了拱坝全断面采用2.5级配碾压混凝土设计和施工可能存在的缺点和困难,成功运用于工程实际,为同类工程设计与施工提供了可资借鉴的经验。通过系统研究及工程运用,2.5级配全断面碾压混凝土应用于100 m级拱坝具有良好的适应性。由于全断面采用单一品种的混凝土,与同标号同级配的变态混凝土同时填筑,同层上升,施工干扰大为减少,充分发挥了碾压混凝土快速施工的特点。除施工简单方便外,还具有较好的施工特性、与常规组合级配相近的性能、混凝土分区及防渗设计简单,更为适应设计条件等优点,亦是经济可行的,具有广阔的应用前景。

参考文献

[1] 贾金生,陈改新,马锋铃,等,译. 碾压混凝土坝发展水平和工程实例[M]. 北京:中国水利水电出版社,2006(5).

[2] 姜福田．碾压混凝土[M]．北京:中国铁道出版社,1991.
[3] 王圣培．中国碾压混凝土筑坝技术要点分析[J]．中国水利．2007(21):1-3.
[4] 李春敏,等．析我国碾压混凝土拱坝技术[J]．水利水电技术．2001(11)．(32):7-8.
[5] 陈海坤．洗马河二级赛珠水电站碾压混凝土大坝设计[J]．贵州水力发电,2010,24(5):32-36.

胶凝砂砾石本构特性试验研究

何鲜峰[1,2] 高玉琴[1,2] 李 娜[1,2] 周 莉[3]

(1. 黄河水利科学研究院 河南 郑州 450003;
2. 水利部堤防安全与病害防治工程技术研究中心 河南 郑州 450003;
3. 黄河水利委员会建设与管理局 河南 郑州 450003)

摘要:随着我国新一轮水电开发热潮的兴起,大量水利、水电工程相继开工,其中不少采用堆石坝坝型。堆石坝以及围堰工程采用散粒堆石体碾压施工,具有成本较低、施工方便的特点,但由于散粒堆石体摩擦角较小且无黏聚力或黏聚力很小,随着围堰的增高,坝体(围堰)断面将不断加大,不仅耗费大量的人力、物力和财力,还会延长工期。如果能提高散粒体的黏聚力和摩擦角,则会在减小结构断面尺寸的同时大幅降低工程成本。虽然碾压混凝土具有施工便捷,材料强度高的特点,但碾压混凝土作为一种低水灰比混凝土材料,胶体材料比例相对仍然较大,成本偏高。显然,仅添加微量胶体材料且不改变施工工艺就能改善散粒堆石体的力学指标是最理想的选择。然而,散粒堆石体填充微量胶体材料后效果如何,目前还缺乏相关研究成果。本文通过开展大型三轴剪切试验,得到了这种新材料的受力变形规律,并在此基础上建立了描述其大变形特性的分段本构模型。

关键词:胶凝砂砾石 三轴试验 力学性能 本构关系

1 概 述

胶凝砂砾石坝因其具有施工迅捷、节省材料、便于施工导流、适应软弱地基、保护环境等特点,在堤坝工程建设中具有广阔的应用前景。然而,由于这种新材料20世纪90年代才开始在一定范围内应用[1-6],与已广泛使用的碾压混凝土坝和面板堆石坝相比,其基本理论及设计技术尚不成熟。其中胶凝砂砾石力学性能研究是胶凝面板堆石坝设计技术发展的基础和关键。由于胶凝砂砾石对堆石料的来源无特殊要求,使得堆石料中细粒含量、含水率差别较大,而细粒含量和含水率往往会影响到这类材料的力学性能,因此其力学特性较为复杂[7]。为此,本文对胶凝砂砾石的力学特性、本构模型进行了试验研究。

2 试验方案

2.1 试验内容

通过开展多围压条件下的大型三轴固结排水剪试验,得到材料的应力、应变过程,为研

中央级公益性科研院所基本科研业务费专项资金(HKY-JBYW-2014-04,HKY-JBYW-2010-2),水利部公益性行业专项(201401022、201301061)、水利部重点科技推广项目(1261420162562)。

究其本构关系提供基础数据。试验围压共分三级，分别为400 kPa、600 kPa、800 kPa，固结比为1.0。试样干密度为2.05 g/cm^3，外形尺寸为Φ300 mm×700 mm。

2.2 试验材料

（1）胶体材料。试验用胶体材料包括水泥、粉煤灰和水。试验用水泥为天瑞集团郑州水泥有限公司生产的P·O42.5普通硅酸盐水泥，其技术特性见表1。试验用粉煤灰为郑州金龙源粉煤灰有限公司生产的Ⅰ级粉煤灰，主要技术指标见表2。拌和与养护用水均为饮用自来水。

表1　试验用水泥特性表

细度	标准稠度用水量(%)	凝结时间(min)		安定性	强度(MPa)			
比表面积(m^2/kg)		初凝	终凝		抗折强度		抗压强度	
					3 d	28 d	3 d	28 d
369	27.4	170	210	合格	6.2	8.8	30.1	49.1

表2　粉煤灰技术指标表

技术性质	细度	需水量比	含水率	烧失量	三氧化硫	游离氧化钙	碱含量
含量(%)	11.3	80	0.2	4.29	1.75	0.41	1.21
Ⅰ级粉煤灰标准	≤12.0	≤95	≤1.0	≤5.0	≤3.0	—	—

（2）骨料。试验用骨料为某水库围堰填筑料。对料场多组散状料筛分后，得到材料的上包线和下包线。试验采用下包线级配制作试样。考虑到原材料有超粒径含量，受试验设备允许粒径限制，根据相关文献[8]将超粒径材料按比例等质量替换。替换后的颗粒级配见表3。

表3　替换后骨料颗粒级配

级配定名	颗粒组成(%)				
	60～40(mm)	40～20 mm	20～10 mm	10～5 mm	<5 mm
下限级配	8.75	18.83	18.61	14.16	39.65

2.3 试验设备

本文开展的三轴试验在黄河水利科学研究院的1 000 kN电液伺服粗粒土静、动三轴试验机上进行。该试验机的主要技术指标见表4。

表4　试验用大型三轴试验机技术指标

参数	技术指标	参数	技术指标	参数	技术指标
试样几何尺寸	ϕ30 cm×75 cm(径×高)	轴向固结荷载	0～500 kN	活塞行程	0～250 mm
轴向静荷载	0～1 000 kN	围　压	0～2 000 kPa	控制方式	自　动
轴向动荷载	0～±300 kN	激振频率	0.01～5 Hz	采集方式	自　动

3　试验过程及成果

3.1　试样制作与试验

试样制作前，根据材料设计用量，称重拌匀后分 5 层在制样筒内装填压实。鉴于试样需经 60 d 成型养护，为此特制了活动底座用于成型。制样时在成型筒内衬一层 0.2 mm 厚薄铁皮，分层压实成型后，移至养护室内拆除成型筒。然后在薄铁皮外用橡皮筋绑扎结实，并在薄铁皮外部用塑料膜密闭，常温养护。试样达到龄期后移至试验台，拆除塑料膜和薄铁皮，套上橡皮膜，开展固结排水剪（CD）试验。试验前先进行真空饱和，饱和完成后安装围压罩，为试样施加围压，并根据固结比进行固结，之后以 0.02 mm/s 的加荷速度进行三轴排水剪切，并实时记录试验过程应力、应变和孔压变化，当轴向应变值达到 20% 时结束试验。

3.2　试验成果

3.2.1　应力应变过程

根据试验数据，经整理后得到试样的应力—应变曲线如图 1 所示。从中可以发现，胶凝砂砾石的应力应变过程基本可分为三个阶段：近似直线阶段、曲线上升段、曲线下降段。①近似直线阶段：试样轴向应力从开始加载至达到极限强度 65% ~80% 的较低应力水平时，胶凝砂砾石的应力—应变过程与弹性材料类似，呈近似直线发展，而且围压越高斜率越大。其终点记为“弹性极限强度”。在该阶段内，胶凝砂砾石可近似视为线弹性材料。②曲线上升段：随着轴向应力进一步增加，胶凝砂砾石塑性变形速率逐步增大，应力—应变过程线从近似直线状态向曲线状态变化，并逐步向应变轴偏转；在材料接近强度极限时，塑性变形迅速增加，曲率变化急速增大。当应力达到材料强度极限时，试样内部发生剪切破坏，难以承受更大荷载。③曲线下降段：试样轴向应力在达到材料强度极限后，材料塑性变形迅速发展，应力随应变的快速发展而逐步下降。当应力水平达到残余强度时，基本维持不变，材料应变继续发展，这与其他研究成果基本一致[9-11]。

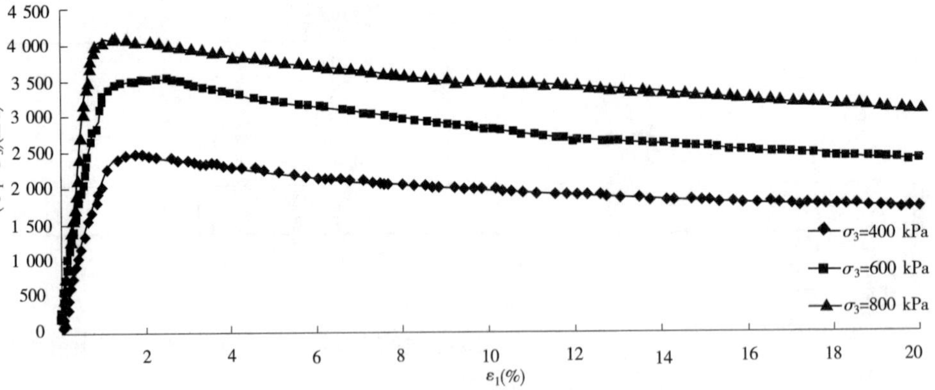

图 1　试样三轴试验应力—应变过程线（60 d）

试验结束后的破坏形态一般为上中部隆起。围压较小时，隆起部位在试样上部，随着围压增加，隆起部位逐步下移。

3.2.2　体变过程

根据试验过程中试样排水体积和轴向应变，整理后得到不同围压状态下的试样体变—

应变关系曲线如图2所示。根据试样体变—应变曲线,结合应力—应变曲线可以发现,试样在试验初期处于剪缩状态。当试样应力达到极限强度时,剪缩状态发展到极致。之后,随着试样内部发生剪切破坏,应力水平逐步下降,塑性变形迅速增大,试样的剪缩特性不断减弱,并逐渐发展到剪胀状态。从图2还可以发现,随着围压的增加,试样的剪胀点在应变轴上逐步后移。

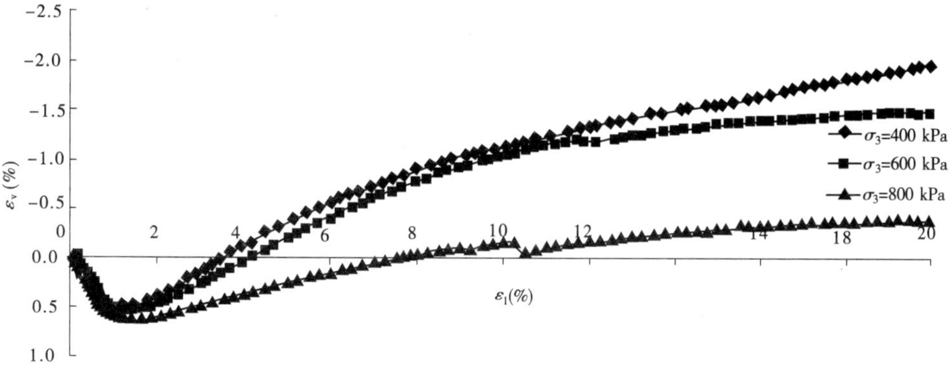

图2　试样体变—轴向应变曲线(60 d)

上述现象产生的原因是由于胶凝砂砾石胶体含量较少,内部颗粒的胶结作用相对较弱,在受到外部荷载作用时,除发生剪切变形外,还会发生体积变形。这种变形可能是膨胀,也可能是压缩,发生剪胀还是剪缩的关键取决于材料当前的应力状态。

4　本构模型

从胶凝砂砾石的应力—应变和体变—轴向应变关系曲线(见图1、图2)来看,这种材料具有明显的非线性特征,且变形范围较大。为了模拟材料破坏前后的大变形现象,本文尝试建立分段本构模型:峰值强度前采用考虑体变的改进 $K \sim G$ 模型,峰值强度后软化段采用挖掘模型。

4.1　峰值强度前本构模型的建立

4.1.1　切线体积模量 K_t

在各向等压固结试验条件下,根据增量广义 Hooke 定律,有:

$$K_t = \frac{\Delta p}{\Delta \varepsilon_v} \tag{1}$$

该式体现了 $p \sim \varepsilon_v$ 关系曲线的切线斜率具有 K_t 的物理意义。因此,根据孔隙比 e 与压力 p 间的 $e \sim p$ 关系,可推出 $\mathrm{d}p/\mathrm{d}\varepsilon_v = K_t$。根据试验结果可得到材料 $e \sim p$ 关系为

$$e = e_0 - \lambda \ln p \tag{2}$$

进而可得到切线体积模量 K_t

$$K_t = \frac{\mathrm{d}p}{\mathrm{d}\varepsilon_v} = \frac{1 + e_0}{\lambda} p \tag{3}$$

式中,e_0 为起始孔隙比;λ 为试验常数。根据本文试验成果得到的试验常数为 $e_0 = 5.896$,$\lambda = 1.258$。

4.1.2　切线剪切模量 G_t

Domaschuk 等人采用 p 等于常数的大型三轴试验来测定 G_t,由于本文试验条件不同于

Domaschuk 等人的试验,因此不能直接沿用其结果。但从试验结果整理的($q/3$) ~ $\bar{\varepsilon}$ 曲线(见图3)看,胶凝砂砾石($q/3$) ~ $\bar{\varepsilon}$ 曲线峰值前与双曲线近似,故考虑用邓肯双曲线来描述该关系。

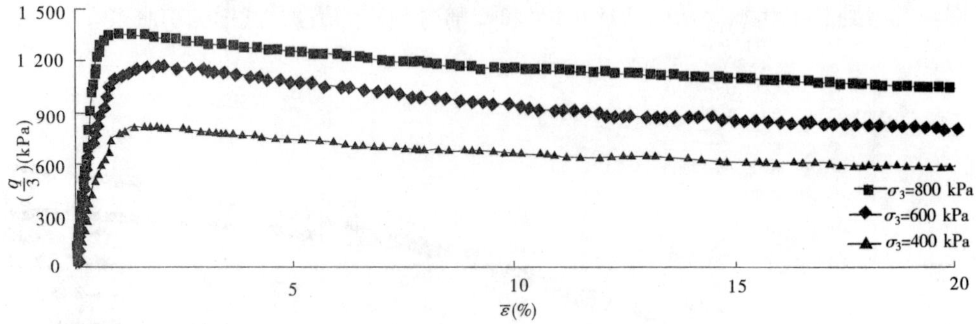

图3　胶凝砂砾石 $q/3$ ~ $\bar{\varepsilon}$ 曲线(60 d)

进一步分析表明,根据增量广义 Hooke 定律,有

$$G_t = \frac{\Delta \frac{q}{3}}{\Delta \bar{\varepsilon}} = \frac{\partial(\frac{q}{3})}{\partial \bar{\varepsilon}} \tag{4}$$

对于某一剪切应力 $q/3$,$q/3$ ~ $\bar{\varepsilon}$ 关系可表示为:

$$q/3 = \frac{\bar{\varepsilon}}{a + b\bar{\varepsilon}} \quad 或 \quad \frac{\bar{\varepsilon}}{q/3} = a + b\bar{\varepsilon} \tag{5}$$

式中,a、b 为试验常数。

以 $\bar{\varepsilon}/(q/3)$ 为纵坐标,$\bar{\varepsilon}$ 为横坐标,则双曲线转换为直线。参考 E ~ B 模型中参数 a、b 求法[8],取应力水平70%和80%两点的连线求得 a、b 。其中 a 为直线在纵坐标上的截距,b 为直线的斜率。由 a 和 b 可求得初始切线剪切模量 G_i 和主应力差的渐近值 $(q/3)_{ult}$ 。

根据式(5),可求得 $\bar{\varepsilon}$:

$$\bar{\varepsilon} = \frac{a}{\frac{3}{q} - b} \tag{6}$$

将式(4)带入式(5),则有

$$G_t = \frac{a}{(a + b\bar{\varepsilon})^2} \tag{7}$$

将式(6)带入式(7),可得:

$$G_t = \frac{1}{a}[1 - b(\frac{q}{3})]^2 \tag{8}$$

当 $\bar{\varepsilon} \to \infty$ 时,

$$b = \frac{1}{(q/3)_{b\to\infty}} = \frac{1}{(q/3)_{ult}} \tag{9}$$

定义破坏比 R_f:

$$R_f = \frac{(\frac{q}{3})_f}{(\frac{q}{3})_{ult}} \tag{10}$$

式中，$(\frac{q}{3})_f$ 为试样破坏时的应力差，kPa。

则：

$$b = \frac{1}{(\frac{q}{3})_{ult}} = R_f \frac{1}{(\frac{q}{3})_f} \tag{11}$$

而

$$a = \frac{1}{G_i} \tag{12}$$

把式(11)、式(12)带入式(8)，可得到切线剪切模量：

$$G_t = G_i[1 - R_f \frac{\frac{q}{3}}{(\frac{q}{3})_f}]^2 \tag{13}$$

(1)G_i 与 σ_3 关系。

分别取应力水平70%和80%对应的 $\bar{\varepsilon}$ 和 $\frac{\bar{\varepsilon}}{q/3}$ 值，做两点连线，即可求得各围压下的试验参数 a、b、G_i 及 $(q/3)_{ult}$，根据本文试验成果得到的参数值见表5。

表5 60 d龄期不同围压下的试验参数

围压 σ_3 (kPa)	a	b	G_i(kPa)	$(q/3)_{ult}$(kPa)
400	0.000 314 7	0.001 165 8	3 177.63	857.78
600	0.000 188 6	0.000 801 9	5 302.23	1 247.04
800	0.000 122 0	0.000 629 8	8 196.72	1 587.81

对 G_i 和 σ_3 进一步做无量纲化处理，可得 $(G_i/P_a) \sim (\sigma_3/P_a)$ 关系曲线(见图4)，经回归分析，可得 $(G_i/P_a) \sim (\sigma_3/P_a)$ 间关系满足下式：

$$\frac{G_i}{P_a} = k_1 e^{n(\frac{\sigma_3}{P_a})} \tag{14}$$

则初始切线剪切模量 G_i 的表达式为：

$$G_i = k_1 P_a e^{n(\frac{\sigma_3}{P_a})} \tag{15}$$

式中，k_1、n($k_1>0$，$n>0$)均为试验常数。这与相关研究结果一致[7, 10]。

(2)$(\frac{q}{3})_f$ 与 σ_3 关系。

根据不同围压下的试样破坏强度，经整理可得到无量纲化后 $((\frac{q}{3})_f/P_a) \times (\frac{\sigma_3}{P_a})$ 与 $(\frac{\sigma_3}{P_a})$ 间关系曲线如图5所示。进一步分析二者间关系，发现可表示为：

$$((\frac{q}{3})_f/P_a) \times (\frac{\sigma_3}{P_a}) = k_2(\frac{\sigma_3}{P_a})^m \tag{16}$$

经整理可得到：

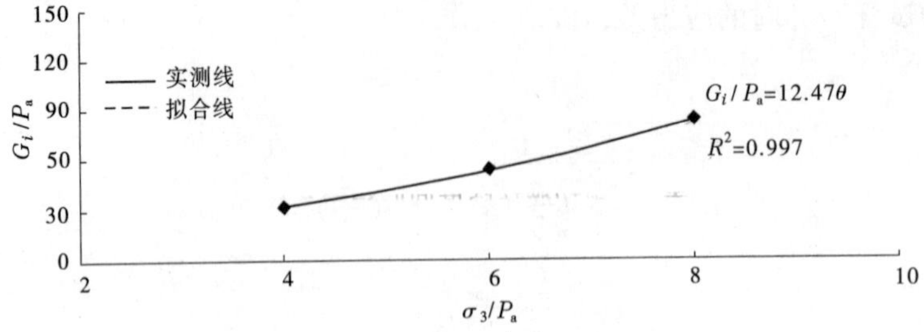

图4　$(G_i/P_a) \sim (\sigma_3/P_a)$关系曲线

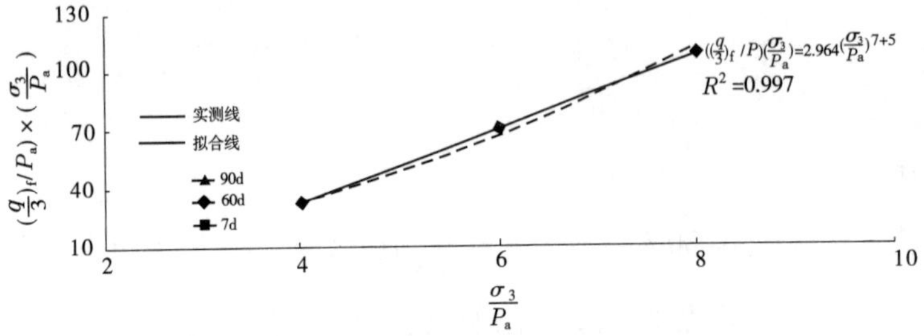

图5　$((\frac{q}{3})_f/P_a)\times(\frac{\sigma_3}{P_a}) \sim (\frac{\sigma_3}{P_a})$关系曲线

$$(\frac{q}{3})_f = k_2 P_a (\frac{\sigma_3}{P_a})^{m-1} \tag{17}$$

式中，k_2、$m(k_2>0, m>0)$均为试验常数。式(17)及图5表明，剪切破坏强度$(\frac{q}{3})_f$随围压的增加而增大。

(3)R_f的确定。

根据不同围压下的试样三轴试验结果，得到剪切破坏强度$(\frac{q}{3})_f$和剪切强度渐进值$(\frac{q}{3})_{ult}$，利用式(10)得到相应的破坏比R_f。

将式(15)和式(17)代入式(13)，可得到：

$$G_t = k_1 P_a e^{n(\frac{\sigma_3}{P_a})}\left[1 - R_f \frac{q/3}{k_2 P_a (\frac{\sigma_3}{P_a})^{m-1}}\right]^2 \tag{18}$$

式(18)表明，G_t随应力水平的增加而降低，随围压的增加而增大，这一规律与邓肯模型结论一致，但这里G_t表达式更为简练，仅有k_1, k_2, m, n四个无量纲参数。根据本文试验成果得到的模型参数见表6。

表6　模型参数表

k_1	k_2	m	n
12.47	2.964	1.745	0.236

4.2　峰值强度后本构模型的建立

首先对不同围压下试件的剪切破坏强度$q/3$和$\bar{\varepsilon}$间关系(见图6)进行回归分析，经优

化分析，得到优化模型

$$\left(\frac{q/3}{P_a}\right) = Ae^{-\bar{\varepsilon}/t_1} + k_0 \tag{19}$$

式中：A、t_1、k_0 为回归常数，根据本文试验成果得到的回归常数见表7。

表7　剪切破坏强度回归模型系数表

围压 σ_3(kPa)	系数 A	t_1	k_0
400	3.49	10.60	5.23
600	5.98	12.53	6.72
800	4.78	14.51	9.19

表7数据表明，系数 A、t_1、k_0 与围压存在内在关系，为进一步研究 A、t_1、k_0 随围压的变化规律，分别绘制 A、t_1、k_0 与 σ_3 的关系曲线(见图7～图9)。其中 σ_3 做无量纲化处理后作横坐标；对 A 做变换，取 $A(\frac{\sigma_3}{P_a})^2$ 为纵坐标，t_1、k_0 未做处理。上述数据经回归分析后可得到 A、t_1、k_0 与围压 σ_3 的关系公式，拟合结果见图7～图9。

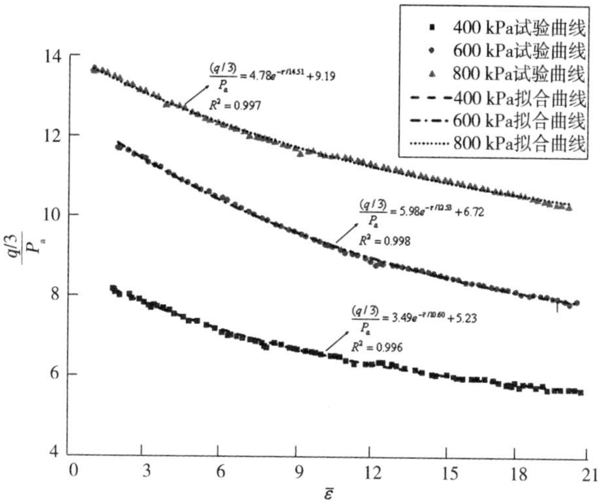

图6　60 d试件软化曲线拟合结果

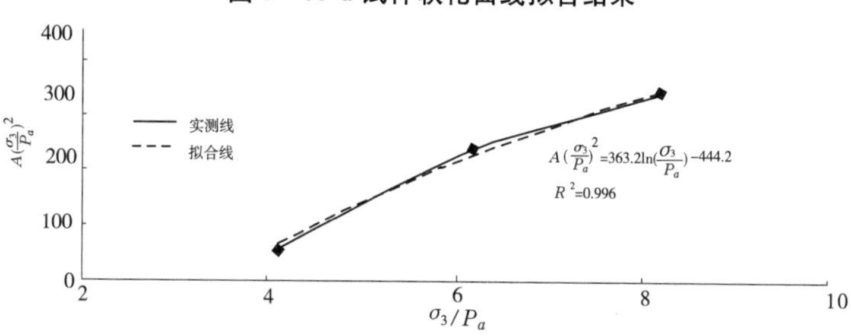

图7　系数 A 与 σ_3/P_a 关系曲线

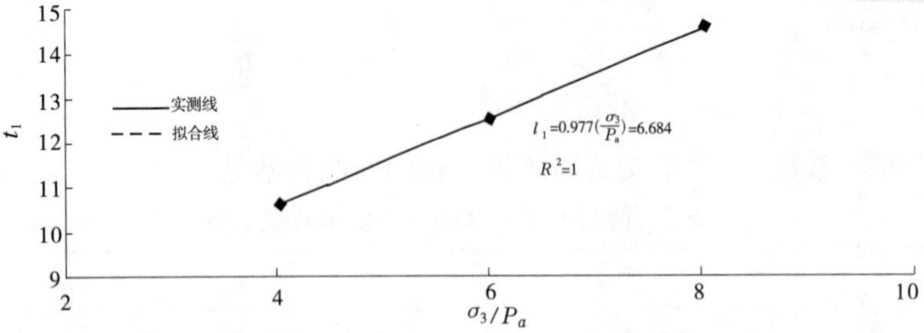

图 8　系数 t_1 与 σ_3/P_a 关系曲线

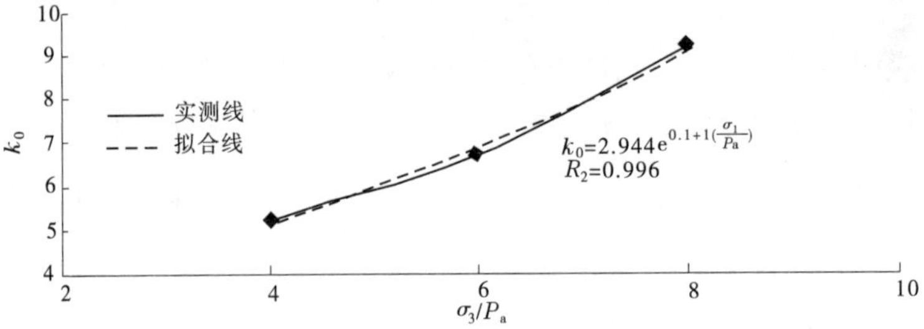

图 9　系数 k_0 与 σ_3/P_a 关系曲线

$$A(\sigma_3)=\frac{A_1\ln(\frac{\sigma_3}{P_a})+A_2}{(\frac{\sigma_3}{P_a})^2} \tag{20}$$

$$t_1(\sigma_3)=t_2(\frac{\sigma_3}{P_a})+t_3 \tag{21}$$

$$k_0(\sigma_3)=k_{01}e^{a(\frac{\sigma_3}{P_a})} \tag{22}$$

式中，A_1、A_2、t_2、t_3、k_{01}、a（且 $A_1>0$、$A_2<0$、$t_2>0$、$t_3>0$、$k_{01}>0$、$a>0$）为回归系数。

将式(20)～式(22)带入式(19)，整理后得到胶凝砂砾石峰值强度后剪应力 $q/3$ 与剪应变 $\bar{\varepsilon}$ 间数学模型为：

$$\frac{q}{3}=P_a\left[\frac{A_1\ln(\frac{\sigma_3}{P_a})+A_2}{(\frac{\sigma_3}{P_a})^2}e^{-\frac{\bar{\varepsilon}}{t_2(\frac{\sigma_3}{P_a})+t_3}}+k_{01}e^{a(\frac{\sigma_3}{P_a})}\right] \tag{23}$$

该模型共有 6 个无量纲参数 A_1、A_2、t_2、t_3、k_{01}、a，均可利用胶凝砂砾石大型三轴试验成果，按上述方法得到。根据本文试验成果得到的模型参数如表 8 所示。

表 8　60 d 龄期峰值强度后模型参数

参数	A_1	A_2	t_2	t_3	k_{01}	a
参数值	363.2	-444.2	0.977	6.684	2.944	0.141

5 结 语

(1)根据大型三轴试验成果,尝试建立了胶凝砂砾石两阶段本构模型,解决了材料强度破坏前后的大变形描述问题。在破坏强度前,建立了双模量改进 $K \sim G$ 模型;在破坏强度后,通过数据挖掘建立了非线性软化模型。

(2)本文所建本构模型较好的解决了胶凝砂砾石在剪切破坏前后的大变形模拟问题,可满足胶凝砂砾石坝体应力、应变仿真分析需求。

参考文献

[1] 王晓强. 胶凝砂砾石坝材料的渗透溶蚀研究及工程应用[D]. 北京:中国水利水电科学研究院, 2005.

[2] 贾金生, 马锋玲, 李新宇, 等. 胶凝砂砾石坝材料特性研究及工程应用[J]. 水利学报, 2006(5):578-582.

[3] 何光同, 李祖发, 俞钦. 胶凝砂砾石新坝型在街面量水堰中的研究和应用[C]//碾压混凝土及筑坝技术发展研讨会论文集. 2006.

[4] 刘正启. 日本长岛坝的施工[J]. 水利水电快报, 1994(5):6-10.

[5] 杨令强, 马静, 刘景华, 等. CSG 材料与土体材料联合筑坝仿真研究[J]. 中国农村水利水电, 2007(4):87-90.

[6] 何蕴龙. Hardfill 筑坝技术 02[J]. 2009.

[7] 吴梦喜, 杜斌, 姚元成, 等. 筑坝硬填料三轴试验及本构模型研究[J]. 岩土力学, 2011,32(8):2241-2250.

[8] 中华人民共和国水利部. SL237—1999 土工试验规程[S]. 北京:中国水利水电出版社,1999.

[9] 孙明权, 杨世锋, 张镜剑. 超贫胶结材料本构模型[J]. 水利水电科技进展, 2007,27(3):35-37.

[10] 何蕴龙, 刘俊林, 李建成. Hardfill 筑坝材料应力—应变特性与本构模型研究[J]. 四川大学学报:工程科学版, 2011,43(6):40-47.

[11] 何鲜峰, 高玉琴, 乔瑞社. 胶凝砂砾料大型三轴力学特性试验研究[C]// 第四届中国水利水电岩土力学与工程学术讨论会暨第七届全国水利工程渗流学术研讨会. 郑州, 2012.

超高砾石土石心墙坝防渗土料勘察与确定方法——以长河坝水电站为例

胡金山　凡　亚　闵勇章　刘永波　曹建平

（中国电建集团成都勘测设计研究院有限公司　四川　成都　610072）

摘要：砾石土心墙坝为当地材料坝，最大限度利用当地天然材料是其一大特点。天然砾石土料往往级配分布不均，而超高砾石土心墙坝对防渗土料级配要求严，一般要求土料中大于5 mm的颗粒含量（下文简称P5含量）范围为30%～50%，P5含量越高土料防渗性能及压实性能往往达不到要求，P5含量越少土料力学性能又不能达到要求。如何查明防渗土料在料场分布特征从而充分利用天然土料成了超高土石坝的关键技术之一。通过绘制不同深度P5含量等值线图，准确地对料场进行分区分层，并通过相应物理力学试验，准确查明料场不同级配土料分布特征、力学特性，为料场合理开采提供了地质依据。

关键词：超高砾石土心墙坝　砾石土　P5含量　分级储量

1　概　述

超高砾石土心墙坝一般指坝高大于200 m的砾石土心墙坝。砾石土心墙坝为当地材料坝，最大限度利用当地天然材料是其一大特点。天然砾石土料往往级配分布不均，而超高砾石土心墙坝中防渗土料既要达到防渗要求，同时对土料力学特性要求也高，因此对土料颗粒级配要求严，甚至超出现有规范要求。一般要求土料中大于5 mm的颗粒含量（下文简称P5含量）范围为30%～50%（建材规程要求宜为20%～50%[1]），P5含量超50%时土料防渗性能及压实性能往往达不到要求，P5含量偏少土料力学性能又不能达到要求。如何查明防渗土料在料场分布特征从而充分利用天然土料成了超高砾石土心墙坝的关键技术之一。

针对超高砾石土心墙坝对防渗土料严格要求，对砾石料场勘察及分析也势必提出新的要求。除根据现有土料勘察规程进行勘察外，还须根据土料技术要求提出不同P5含量土料在平面上及深度上空间分布特征及其分级储量，为土料场合理开采及土料充分利用提供充分地质依据。

2　砾石土料场勘察与分级储量

大渡河长河坝水电站大坝为砾石土心墙堆石坝，最大坝高240 m，坝基下尚余约50 m厚覆盖层。设计需要碎砾石土心墙防渗料压实方约为430万m^3，主要砾石土料场为汤坝料场和新联料场，其中汤坝土料场作为先期填筑唯一料场。

汤坝土料场位于坝区上游金汤河左岸与汤坝沟之间的边坡上，距坝址22 km。料场土料主要属冰积堆积含碎砾石土，少量为坡洪积堆积。地形坡度一般20°～30°，局部10°～

15°及35°~40°,分布高程2 050~2 260 m,面积57.5万m^2,多为耕地和极少量农舍。

2.1 料场成因分区

首先根据土体成因将料场分成冰积堆积区及坡洪积堆积区。土料物理力学特性及其空间分布与土料成因密切相关。通过勘探与试验,坡洪积堆积区位于料场下游部分,面积11.8万m^2。有用层厚度一般2~7 m,平均厚5.5 m,总储量为64.4万m^3,有用料太少,不利于集中开采。该区土料天然密度2.12 g/cm^3,干密度1.98 g/cm^3,天然含水量平均值为7.2%,孔隙比0.36,塑性指数11.0,黏粒含量2%~12%,平均值6.31%,小于5 mm颗粒含量25%~55.0%,平均值37.15%,小于0.075 mm颗粒含量6%~33.0%,平均值22.2%,不均匀系数2 473,曲率系数16。可以看出,该区土料物性变化大,粒径偏粗,P5含量平均都大于60%,不宜做防渗土料,且无用料方量与有用层储量之比偏高,有用料较少,区内多房屋及坟地与耕地,开采价值不高,代价太大,不利于集中开采,予以放弃。

而冰积堆积区无论从有用层厚度、面积及土料物理力学特性等方面均优于坡洪积堆积区。冰积堆积区面积45.7万m^2。有用层厚一般7~16 m,平均厚10.7 m,总储量为450万m^3。试验资料表明,土料天然密度2.06 g/cm^3,干密度1.86 g/cm^3,天然含水量平均值为10.7%,孔隙比0.45,塑性指数14.3,黏粒含量4.0%~18.0%,平均值9.86%,小于5 mm颗粒含量35.0%~74.0%,平均值53.17%,小于0.075 mm颗粒含量19.0%~45.0%,平均值28.6%,不均匀系数1 800,曲率系数0.2。该区土料从物性上看具有较好的防渗抗渗性能,质量满足要求。对土料采用2 000 kJ/m^3击实功能进行试验,击实后最大干密度2.194 g/cm^3,最优含水量7.6%,最优含水量略低于天然含水量。渗透变形试验表明,土料破坏坡降$i_f>10.59$,破坏类型为流土,其渗透系数$K=8.67\times10^{-7}\sim1.05\times10^{-6}$ cm/s,属极微透水,0.8~1.6 MPa压强下,压缩系数$a_v=0.016$ MPa,压缩模量$E_s=76.6$ MPa。室内直剪试验测得其内摩擦角$\varphi=28.3°\sim28.5°$,$c=0.030\sim0.050$ MPa。综上所述,汤坝土料场冰积堆积区土料具有较好的防渗及抗渗性能,具有较高的力学强度,质量满足规范要求。但土料颗粒级配变化范围大,分布不均匀,其P5含量从65%至26%不等,有相当一部分土料不在P5含量30%~50%区间内,不满足超高砾石土心墙坝防渗土料要求,不能直接上坝。

因此,对超高砾石土心墙坝,有必要查出P5>50%(偏粗料)、P5=30%~50%(合格料)、P5<30%(偏细料)分布范围及其分布特征,为土料合理开采提供地质依据。

2.2 料场不同P5含量土料分区、分级分布特征

为查明不同P5含量土料平面及空间上分布特征,并查明不同P5含量土料分区分级勘探储量,提出了基于不同P5含量等值线法对土料场颗料级配进行分区、分级,包括以下步骤:

(1)分析土料颗粒级配试验成果,得出每一个勘探竖井中不同深度土料P5含量,将它们分为P5>50%(偏粗料)、P5=30%~50%(合格料)、P5<30%(偏细料)三个等级。

(2)绘制料场水平及剖面图,将各个勘测点标示在料场水平及剖面图上,勘测点在料场水平及剖面图上的位置与勘测点实际位置对应。

(3)在料场水平及剖面图上标示出各勘测点同一深度处P5含量。

(4)P5含量为30%~50%的勘测点为合格点,P5>50%为偏粗料,P5<30%为偏细料,用平滑的曲线将合格料、偏粗料、偏细料平面上及剖面上相连,该曲线即为不同P5含量的等值线。

(5)不同P5等值线或等值线与水平及剖面图边界围成的区域即为相应合格料、偏细料、偏粗料区域。

料场典型平面及剖面图分别见图1～图3。

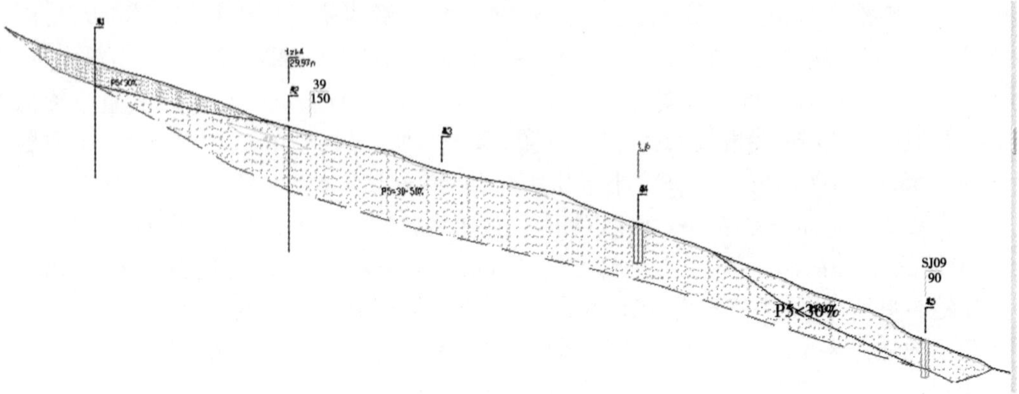

图1　典型剖面图

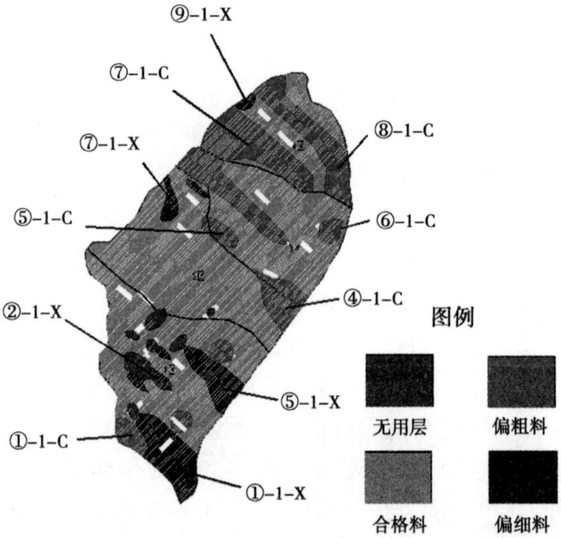

图2　汤坝土料场不同P5含量分区平面图(0～6 m)

汤坝料场属宽级配砾石土,虽总体上满足工程要求,但土料粗、细分布在空间上存在较强的不均一性。为了掌握料场直接上坝料、偏粗、偏细分布范围及含量,技施阶段通过对料源不断深入认识,结合施工剥离情况及料场开采需要,综合各个阶段勘察成果,根据《水电水利工程天然建筑材料勘察规程》(DL/T 5388—2007),通过上述基于不同P5含量等值线方法,对汤坝土料场进行了分级储量计算,并进行了土体颗粒级配分区,计算了剔除超径石150 mm后P5<30%、P5=30%～50%、P5>50%的分级储量(见表1)。其中,P5>50%的土储量为110万m^3,约占25%;P5<30%的土储量为47.5万m^3,约占10%;P5=30%～50%土储量289万m^3,约占65%。汤坝料场总储量448万m^3。从平面分布(投影)来看,约50%料场面积分布有P5>50%的土(其中20%在地表出露)。

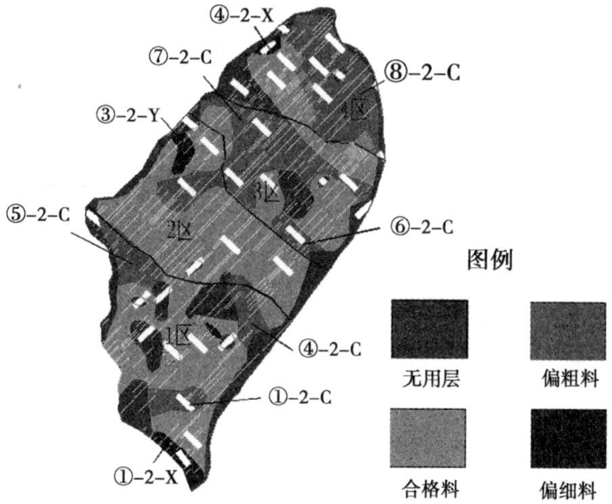

图3 汤坝土料场不同 P5 含量分区平面图(6 m 以下)

表1 不同 P5 含量土料分级储量表

P5 含量	<30%	30% ~50%	>50%
储量（万 m^3）	47.5	289	110
占总百分比(%)	10	65	25

另外通过上述方法查明了料场不同 P5 含量土料平面上及空间上分布特征。平面上根据料场地形条件、有用层厚度、土料物理力学性质特征，总体可将料场分为 4 个区(1、2、3、4 区)，同时根据料场特点每个区总体上又分地表 6m 以内及地表 6m 以下细分了不同亚区，计算了不同亚区土储量(见表 2)，根据汤坝土料颗分试验统计绘制了分层分区工程地质图(见图 2、图 3)。

表2 超径剔除 150 mm，P5 <30% 及 P5 >50% 的土亚区分层储量

一层(0 ~6 m)				二层(6 m 以下)			
亚区 P5 >50%	储量（万 m^3）	亚区 P5 <30%	储量（万 m^3）	亚区 P5 >50%	储量（万 m^3）	亚区 P5 <30%	储量（万 m^3）
① -1 -C 区	2.5	① -1 -X 区	8.4	① -2 -C 区	6.8	① -2 -X 区	1.2
② -1 -C 区	0.9	② -1 -X 区	0.4	② -2 -C 区	0.4	② -2 -X 区	0.09
③ -1 -C 区	0.5	③ -1 -X 区	0.6	③ -2 -C 区	0.01	③ -2 -X 区	0.9
④ -1 -C 区	4.5	④ -1 -X 区	0.4	④ -2 -C 区	10.1	④ -2 -X 区	0.8
⑤ -1 -C 区	1.5	⑤ -1 -X 区	3.3	⑤ -2 -C 区	3.2		
⑥ -1 -C 区	0.4	⑥ -1 -X 区	0.06	⑥ -2 -C 区	1.1		
⑦ -1 -C 区	20.7	⑦ -1 -X 区	1.3	⑦ -2 -C 区	24.5		
⑧ -1 -C 区	10.9	⑧ -1 -X 区	0.4	⑧ -2 -C 区	21.9		
		⑨ -1 -X 区	0.4				
总储量	41.9		15.26		68.1		2.99

注：表中数字字母含义，例如③ -1 -C，③表示 3 号亚区，1 表示第 1 层(0 ~6 m)，C 表示粗料；X 表示细料。

据图可知，汤坝土料场主要分成4个粗料集中区及3个细料集中区。粗料集中区主要集中在3、4区，细料集中区主要在1区。粗料集中区偏粗料方量（P5 > 50%）约78万 m^3，其中⑦-1-C亚区主要分布于3区上部，储量20.7万 m^3，天然状态下P5平均含量55.8%，剔除150 mm超径后为53.4%；⑧-1-C亚区主要分布于4区上部，储量10.9万 m^3，天然状态下P5平均含量60.5%，剔除150 mm超径后为59.2%；⑦-2-C亚区主要分布于3区中下部，储量24.5万 m^3，天然状态下P5平均含量58.8%，剔除150 mm超径后为56.3%；⑧-2-C亚区主要分布于4区中下部，储量21.9万 m^3，天然状态下P5平均含量58.1%，剔除150 mm超径后为56.4%。细料集中区偏细料（P5 < 30%）约12.9万 m^3。有部分的偏粗料及偏细料不集中，分散在合格料当中。

下面分区进行描述。

1区：

1区总储量总储量140万 m^3，其中细料集中区的储量约为14.39万 m^3，约占1区储量的10%，粗料集中区的储量约为23.3万 m^3，约占1区储量的19%，可以直接上坝的有用料占1区储量的71%。

1区一层（埋深0～6 m），下包线P5含量为55.3%，上包线P5含量为90%，P5含量平均为35.2%，总体为偏细料。根据试验资料统计，P5 < 30%的细料亚区有①-1-X、②-1-X、③-1-X、④-1-X、⑤-1-X区，其储量约为13.1万 m^3；P5 > 50%的粗料亚区有①-1-C、②-1-C、③-1-C区，其储量约为3.9万 m^3。

1区二层（埋深6 m以下），下包线P5含量为65.4%，上包线P5含量为35%，P5含量平均为52.9%，局部土料偏粗。根据试验资料统计P5 < 30%的细料亚区有①-2-X、②-2-X区，其储量约为1.29万 m^3；P5 > 50%的粗料亚区有①-2-C、②-2-C、③-2-C区及④-2-C和⑤-2-C区约90%的范围，其储量约为19.4万 m^3。

综合上述统计，1区大部分料可以直接上坝。但1区一层细料集中区储量相对较大，面积分布较广；1区二层粗料集中区储量较大，其面积分布也相对较广。该区地表全强风化基岩（无用层）分布较多，零散且无规律，地表6 m以下则更多，给料场开采带来较大的难度。

2区：

2区总储量134万 m^3，细料集中区的储量约为2.6万 m^3，约占2区储量的2%，粗料集中区的储量约为10.3万 m^3，约占2区储量的9%，可以直接上坝的有用料占2区储量的91%。

2区一层（埋深0～6 m），下包线P5含量为58.6%，上包线P5含量为34.0%，P5含量平均为45.7%。根据试验资料统计P5 < 30%的细料亚区有⑦-1-X、⑧-1-X两个区，其储量约为1.7万 m^3；P5 > 50%的粗料亚区只有④-1-C区的大部分范围、⑤-1-C的小部分范围，其储量约为2.9万 m^3。从颗分统计及储量计算上分析，该部位的砾石土料过筛后基本上可以直接上坝。

2区二层（埋深6 m以下），下包线P5含量为55.6%，上包线P5含量为25.0%，P5含量平均为44.6%。根据试验资料统计P5 < 30%的细料亚区仅有③-2-X区，其储量约为0.9万 m^3；P5 > 50%的粗料亚区有④-2-C和⑤-2-C区10%的范围、⑦-2-C区约20%的范围，其储量约6.4万 m^3。计算统计该部位的P5不达标料只有7.3万 m^3，量较小，砾石土过筛后基本上可以直接上坝。

综合上述统计,2 区土料基本上可以直接上坝。2 区一层只有少量的粗料集中区,储量及分布面积均比较小;2 区二层粗料集中区储量及分布面积相对一层较大,但总量还是较小。

3 区:

3 区总储量 84 万 m^3,基本上无细料集中区,粗料集中区的储量约为 36.5 万 m^3,约占 3 区储量的 44%,可以直接上坝的有用料占 3 区储量的 56%。

3 区一层(埋深 0~6 m),下包线 P5 含量为 61.2%,上包线 P5 含量为 33.0%,P5 含量平均为 49.7%。根据试验资料统计 P5<30% 的细料亚区只有⑥-1-X 区,其储量约为 0.06 万 m^3;P5>50% 的粗料亚区有④-1-C 和⑦-1-C 区的小部分范围、⑤-1-C 的大部分范围、⑥-1-C 区,其储量约为 13.4 万 m^3,分布范围约 3.2m^2,约占 3 区总面积的 31%。

3 区二层(埋深 6 m 以下),下包线 P5 含量为 64.3%,上包线 P5 含量为 31.0%,P5 含量平均为 52.9%,砾石土料总体偏粗。根据试验资料统计该区无 P5<30% 的细料亚区;P5>50% 的粗料亚区有⑥-2-C 区、⑦-2-C 区约 80% 的范围,其储量约 23.1 万 m^3,分布面积约 4.6 m^2,约占 3 区总面积的 45%,约一半范围为粗料。

综合上述统计,3 区土料只有约一半的储量可以直接上坝。3 区料细料集中区较少,料源偏粗,粗料集中区分布面积较大。下部料总体较上部料粗,下部粗料分布范围较上部粗料分布范围大,且分布区域也相对集中。

4 区:

4 区总储量 90 万 m^3,细料集中区的储量约为 1.2 万 m^3,约占 4 区储量的 1%,粗料集中区的储量约为 51.1 万 m^3,约占 4 区储量的 57%,可以直接上坝的有用料占 4 区储量的 42%。

4 区一层(埋深 0~6 m),下包线 P5 含量为 60.3%,上包线 P5 含量为 31.0%,P5 含量平均为 51.1%,总体偏粗。根据试验资料统计 P5<30% 的细料亚区只有⑨-1-X 区,其储量约为 0.4 万 m3;P5>50% 的粗料亚区有⑦-1-C 区的大部分范围及⑧-1-C 区,其储量约为 23.3 万 m^3,分布面积约 5.3 万 m^3,约占 4 区总面积的 63%。

4 区二层(埋深 6 m 以下),下包线 P5 含量为 62.8%,上包线 P5 含量为 39.0%,P5 含量平均为 51.9%,砾石土料总体偏粗。根据试验资料统计该区仅有④-2-X 区,其储量约为 0.8 万 m^3;P5>50% 的粗料亚区只有⑧-2-C 区,但其范围较大,面积约 4.58 m^2,约占 4 区总面积的 55%,储量约 21.9 万 m^3。

综合上述统计,4 区土料只有小部分的储量可以直接上坝。4 区总体只有少量的细料集中区,储量及分布面积均较小,粗料集中区分布面积超过一半,分布范围也较集中。

3　土料综合利用

根据已查明的料场土料偏粗料、合格料、偏细料分布特征及其分区分级储量,施工采取不同的处理措施。对合格料区域采用平铺立采方式剔除超径石后直接上坝,同时将偏粗料和偏细料采用掺拌方式将两种料按一定比例掺拌,以满足土料技术要求。可以看出,该料场偏粗料相对较多,采用纯掺拌方式仍有较多偏粗料不能利用,因此对偏粗料集中区域可采用剔除某一颗粒粒径方式以达到土料级配要求(主要针对 4 区土料,如剔除 80 mm 以上粒径土料)。

4 结　语

天然砾石土料场土料往往属宽级配土,其土料分布多不均匀,对土料要求很高的超高砾石心墙坝,要求查明不同 P5 含量土料分布特征及其分级储量,这时光靠传统方法无法完成此任务。长河坝水电站汤坝砾石土料场在传统料场勘察方法基础上,基于不同 P5 含量等值线方法,将料场中同一地质成因的土料进行不同 P5 含量土料分区分级,查明了偏粗料、合格料、偏细料分布特片及其分区储量,为料场合理开采及土料充分利用提供了充分地质依据,取得了较好的效果,该方法值得其它超高土石坝借鉴。

参考文献

[1] 水电水利工程天然建筑材料勘察规程[M]. 北京:中国电力出版社,2007.

大体积混凝土防裂智能监控系统及工程应用

李松辉　张国新　刘　毅

（中国水利水电科学研究院　结构材料研究所　北京　100038）

摘要：防裂是混凝土坝建设中的一个重要任务。绝大多数混凝土坝裂缝都与温度应力有关，因此温度控制是防裂的主要手段。本文在总结国内几十座混凝土坝温控防裂实践经验的基础上，以现有温控防裂理论为技术支撑，紧密结合大体积混凝土温控防裂工作中的关键技术问题，采用理论分析、数值计算、软硬件研发、室内试验、现场试验等多种手段，围绕大体积混凝土防裂智能监控的理论方法、模型、关键技术及系统进行研究与开发，形成了智能化监控感知—分析—控制的三步曲，开发出一套具有完整自主知识产权的大体积混凝土防裂智能化监控系统。该系统在鲁地拉、藏木、锦屏一级等工程获得成功应用，以混凝土温控施工监控的智能化促进温控施工的精细化，达到大体积混凝土防裂的根本目的。

关键词：大体积混凝土　温度控制　防裂　智能监控

1　引　言

大体积混凝土裂缝是长期困扰工程界的问题之一，裂缝的出现会影响工程的安全性和耐久性，增加后期修补费用，带来经济损失和不利社会影响。温度控制是混凝土防裂的主要手段，近期建设的高混凝土坝多存在浇筑仓面大，混凝土标号高，筑坝条件恶劣等特点，这些特点增加了混凝土的开裂风险，提高了温控防裂难度，仅靠传统的防裂方式，已难以保证大坝不出现危害性裂缝，近期建设的某高坝的经验教训也充分说明了这一点[1]。

现有温控模式存在“不完整、不及时、不准确”的问题。即：①监测断面有限，监测仪器和频次偏少，每天只能获取典型断面的有限数据，即“不完整”；②监测体系不够自动化、实时化，每天测得数据量有限且不能及时反馈，而温度控制是涉及气象、水文、材料、施工、结构等跨专业的复杂问题，在条件变化或出现问题需要决策时，一般也难以实时给出及时有效的解决方案，即“不及时”；③现场资料一般由施工单位提供，监测数据往往需要经过人工采集和后处理，即“不准确”[1-4]。

本文在总结国内几十个混凝土坝温控防裂实践经验的基础上，以现有温控防裂理论为技术支撑，紧密结合大体积混凝土温控防裂工作中的关键技术问题，采用理论分析、数值计算、软硬件研发、室内试验、现场试验等多种手段，围绕大体积混凝土防裂智能监控的理论方法、模型、关键技术及系统进行研究与开发，形成了智能化温控感知—分析—控制的三步曲，开发出一套具有完整自主知识产权的大体积混凝土防裂智能化监控系统，并在鲁地拉、藏木、锦屏一级等工程获得成功应用。

2　大体积混凝土防裂智能监控理论方法

大体积混凝土防裂智能监控理论方法首先要解决的是确定感知量、分析量和控制量的问题,如图1所示。在感知信息方面,提出了大体积混凝土智能监控的理念,形成了大体积混凝土温控全要素监测的理论方法;在计算分析方面,形成了大体积混凝土热力学参数反分析、温控施工效果评价、通水流量预测、温度应力、缝开度分析等方法;在反馈控制层面,形成了智能通水理论、裂缝自动监控、预警信息自动发布、表面保温等方法。

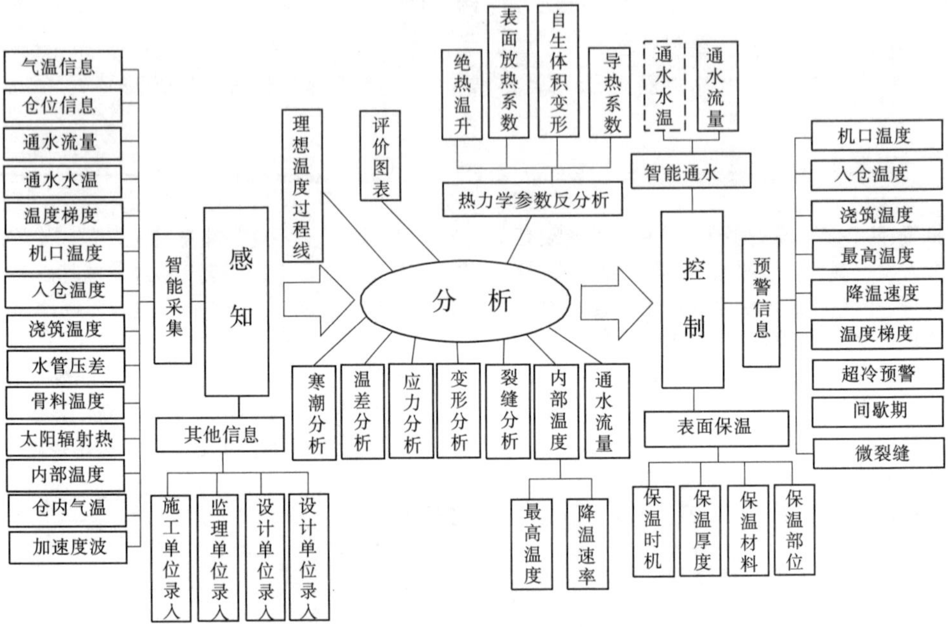

图1 大体积混凝土智能化温控理论方法层面结构图

2.1 混凝土智能温控的理念的提出

2002年,水利部设立了科技创新项目"混凝土高坝施工期温度控制决策支持系统",中国水利水电科学研究院依托该项目开发了国内第一个"混凝土高坝施工期温度与应力控制决策支持系统",并用于周公宅拱坝;2007年,朱伯芳院士首先提出了数字监控的理念,该理念提出了将仪器监测与数字仿真相结合,解决了长期以来大坝施工期工作性态仪器监控与数字仿真相脱离的问题[3]。但是,数字监控存在管理不闭环、调控不智能问题,为此本文作者进一步提出了智能监控的理念[4],通过信息实时采集与传输、信息高效管理与可视化、温度应力仿真分析与反分析、温控效果评价与预警、温控施工智能控制(含智能通水),裂缝自动监控与预警、以温控施工监控的智能化促进大体积混凝土温控施工的精细化。

2.2 大体积混凝土温控信息自动采集方法

根据已有工程的经验教训,传统意义上片面强调对混凝土基础温差和最高温度的控制难以保证最大温度应力小于抗拉强度,需要全过程控制温度变化的时间梯度和空间梯度。为此,本文提出了温控全要素监测的概念,提出了智能化监控系统中应该监测的温控要素,这些要素包括出机口温度、浇筑温度、入仓温度、大坝内部温度发展过程、水管通水流量、通水水温、温度梯度、降温速率、气温及太阳辐射热等。同时,还提出了与智能化温控相配套的安全监测设备布设原则,以及温度分布、温度梯度及保温效果监测方法。

2.3 大体积混凝土关键热力学参数反分析方法

要实现大体积混凝土的智能化温控,温度场和应力场仿真预测结果的准确性至关重要,而仿真计算结果准确与否与所采用的关键热、力学参数的选择紧密相关,为此本文作者提出了根据混凝土内部温度监测曲线反演混凝土绝热温升的方法,根据混凝土温度梯度监测数据反演导热系数和放热系数的方法,以及根据无应力计监测数据反演线膨胀系数的方法,大体积混凝土智能通水反馈控制方法,为大体积混凝土反馈仿真预测结果的准确性和可靠性提供了重要保证。

3　大体积混凝土防裂智能化的关键技术

基于大体积混凝土智能监控理论研究出一整套大体积混凝土防裂动态智能化温控的理论模型,主要解决采用何种技术实现感知、分析和控制的问题,见图2。

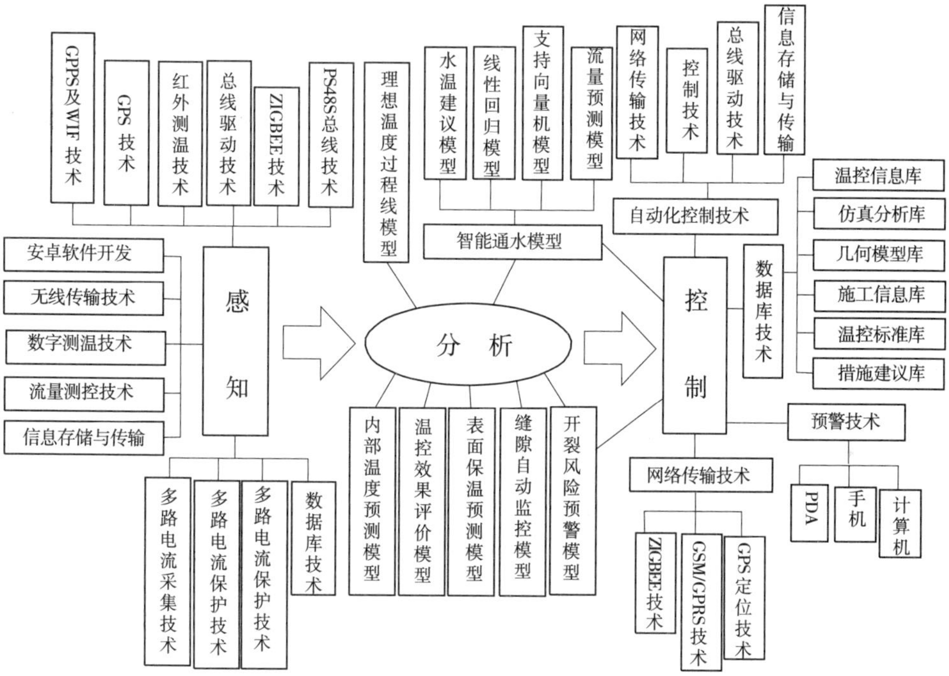

图2　大体积混凝土智能化温控关键技术层面结构图

在感知信息方面,采用数字测温技术、无线传输技术、红外测温技术、数据库技术等;在计算分析方面提出了理想温度过程线模型、智能通水模型、内部温度预测模型、温控效果评价模型等;在反馈控制方面,采用了自动化控制技术、数据库技术及网络传输技术等。

3.1　大坝混凝土理想温度控制曲线模型

所谓理想温度过程线,是指大坝混凝土在冷却过程中所遵循的一条降温曲线,按照这条曲线进行降温,大坝混凝土由于温度变化导致的开裂风险相对最小。按照碾压混凝土重力坝、常态混凝土重力坝、碾压混凝土拱坝和常态混凝土拱坝分类提出了不同的理想温度控制曲线模型。图3、图4为二期冷却及三期冷却理想温度过程线,图中Tm、Tc1、Tc2、Td等控制指标按照不同工程的特点通过仿真计算得到。

3.2　基于实时监测资料的混凝土温控效果评价模型

根据实时监测到的气温、骨料温度、出机口温度、入仓温度、浇筑温度、通水冷却流量和

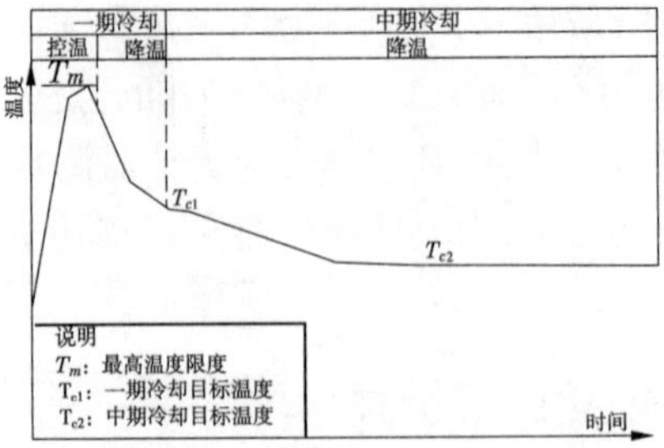

图 3　二期冷却理想温度过程线

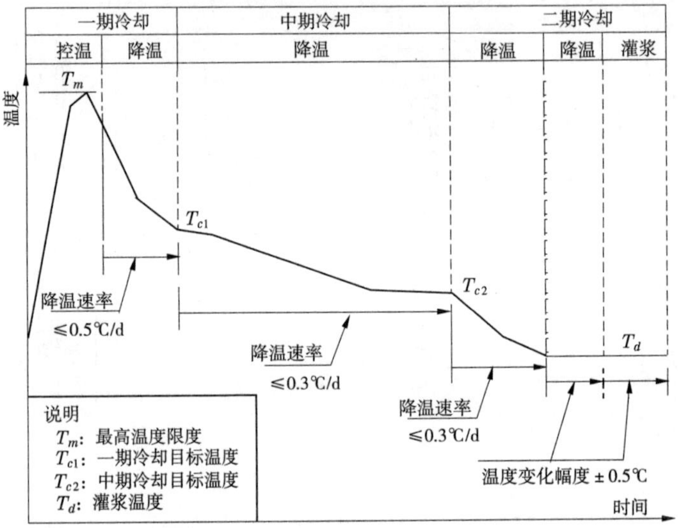

图 4　三期冷却理想温度过程线

水温、水管进出口压差、混凝土内部温度等信息，建立统计模型，用来评价温控施工效果以及偏差程度，以图表形式表示。如：温控综合曲线，该曲线包括浇筑仓各温度计平均温度过程线，仓面气温过程线，通水冷却进水口和出水口水温。从该图表可以评估某一浇筑仓的内外温差、降温速率等指标是否满足设计要求，也可以用来分析通水冷却措施的合理性。

3.3　基于实时监测资料的混凝土温度过程预测模型

该方法的预测流程如下：根据当天的温度监测资料、外界气温资料、混凝土绝热温升资料等预测模型预测混凝土内部第二天温度增量，将预测温度增量与当天实测温度叠加得到第二天的预测温度值；第二天根据实测温度与预测温度的对比对预测模型中绝热温升等参数进行修正，运用修正后的模型继续预测第三天的温度增量，以此类推，最终实现大体积混凝土内部温度过程的精准预测。这一预测模型的精度将随着实测资料的积累而不断提升。

该模型的基本公式如下：

$$T_1(t) = T_w + (T_0 - T_w)\varphi(t) + \theta_0\Psi(t) + \Delta T_{外界} \tag{1}$$

运用该模型进行现场试验，结果表明：一冷平均误差 0.09 ℃，方差 0.01 ℃；中期冷却平均误差 0.06 ℃，方差 0.002 ℃；二期冷却平均误差 0.04 ℃，方差 0.004 ℃，预测精度满足现场控制要求。

3.4　混凝土表面开裂风险预测预警模型

该模型包括长周期表面温度应力计算模型、根据天气预报进行昼夜温差应力预测的模型以及考虑表面保温效果的温度应力计算模型。主要用于表面开裂风险的评估，评估方式如下：首先根据混凝土热、力学参数资料和多年平均气温情况预先计算长周期表面温度应力，然后根据天气预报计算短周期表面温度应力，两者相叠加并与当时龄期的混凝土强度相对比，可以得到相应的安全系数，如果安全系数低于标准，则还需计算应采取的保温措施。

3.5　混凝土智能通水反馈控制模型

该模型的主要功能是根据理想温度过程线已知降温目标的条件下预测通水水温和流量。该模型需考虑绝热温升、温度梯度及降温速率等多种因素。

3.6　混凝土裂缝监控与预警控制模型

微震技术作为一种行之有效的监测手段，混凝土在外界力的作用下，其内部将产生局部弹塑性能集中现象，当能量积聚到某一临界值之后，就会引起微裂缝的产生和扩展，微裂隙的产生与扩展伴随着弹性波或者应力波的释放并在周围快速传播，这种弹性波称其为微震。本文将该技术引用到大体积混凝土裂缝监控与预警控制，研发了滤波、裂缝监控与预警模型，主要思想如下所述：在混凝土内部宏观裂缝产生之前会出现微裂缝，并释放能量发生微震动，利用该技术可以实时监测裂缝发生的部位、时间、强度，从而判断宏观裂缝发生的可能（部位、时间、强度），预先提出预警并采取相应的措施。

4　大体积混凝土防裂智能化的关键技术的实现

研发出了整套大体积混凝土温控防裂智能化温控关键设备及拥有自主知识产权的软件系统，见图5。在感知信息方面，研发了集高精度的数字测温技术、流量测量与控制技术于一体的测控装置，大容量数据无线实时传输装置等硬件设备，信息采集软件子系统及信息传输软件子系统；在计算分析方面，基于智能化温控理论方法和模型，开发了仿真分析及反分析子系统、温控管理及效果评价子系统、智能保温子系统、开裂风险预警子系统等；在反馈控制方面，研发了智能通水子系统、裂缝监控与预警控制子系统、干预反馈子系统、预警发布子系统，并形成了现场派遣科研直接参与工程建设的机制。

4.1　大体积混凝土温控硬件设备研发

考虑施工现场的复杂环境，研发出了多款适合混凝土施工期复杂环境的温度实时监测设备，实现了混凝土骨料、出机口温度、入仓温度、浇筑温度、内部温度等信息的实时采集和存储。例如：骨料温度监测设备将采用高精度红外探头对骨料温度进行非接触测量，混凝土机口、入仓、浇筑温度监测设备了研制适合插入混凝土结构牢固、热响应速度快的数字温度传感器，并将信息通过 ZigBee 等无线通讯方式传输到中心数据库；大坝混凝土内部温度信息监测设备，将根据大坝现场电源供应不稳定、数据传输线布设困难、现场大型机械设备众多等环境特点，开发出了一种自带锂电池、可以定时存储测温数据，并可以定时苏醒通过 ZigBee、GSM/GPRS 等无线通讯手段与中心数据库通讯，实现“无人值守”的温度监测与反馈控制设备。图6为数字温度传感器。图7为智能监控流量温度专用配电箱，内有测控单元装置，可实现20支温度计的自动测量，8套水管的自动控制[5]。

4.2　大体积混凝土智能监控软件系统

大体积混凝土防裂智能监控系统：是一个以大体积混凝土防裂为根本目的，运用自动化

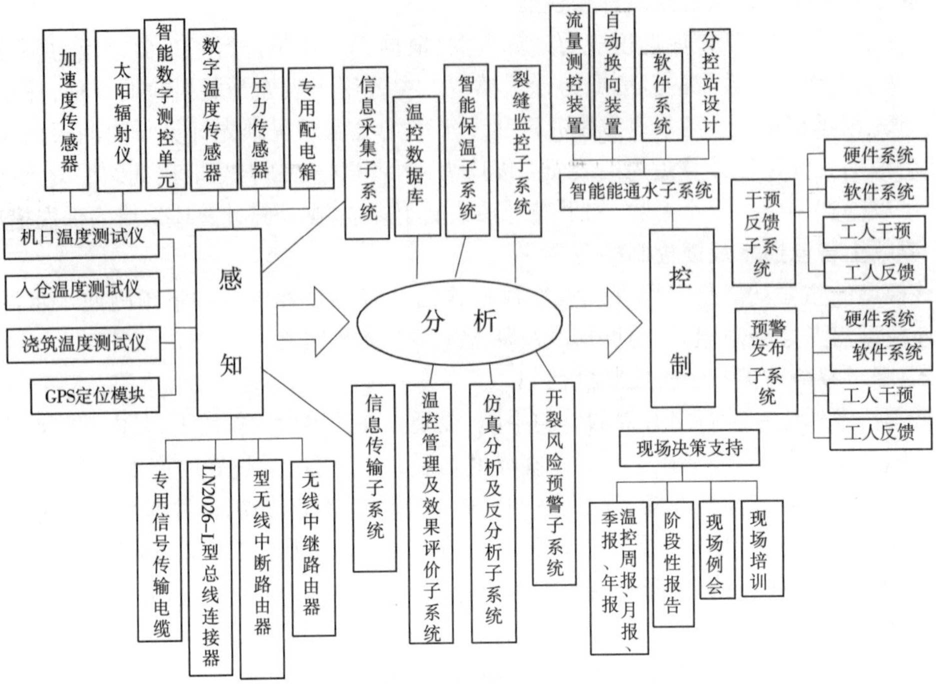

图5　大体积混凝土智能化温控系统层面结构图

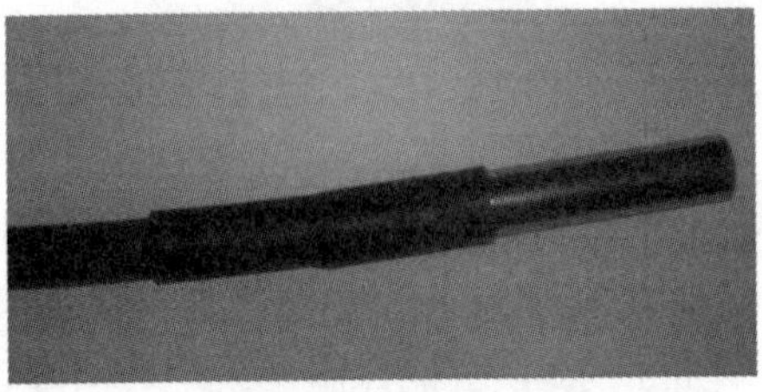

图6　数字温度传感器

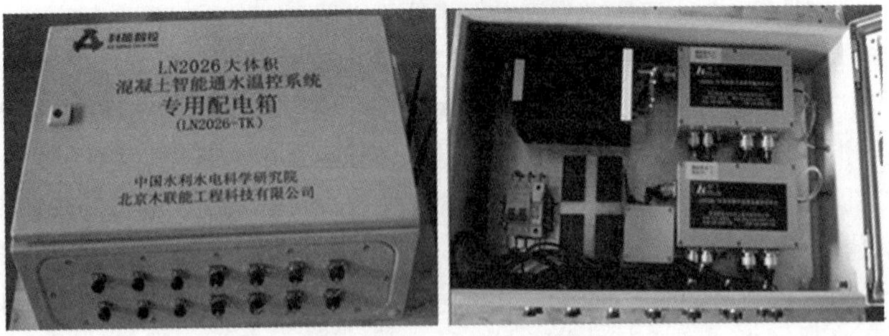

图7　智能监控专用配电箱

监测技术、GPS技术、无线传输技术、网络与数据库技术、信息挖掘技术、数值仿真技术、自动控制技术，实现温控信息实时采集、温控信息实时传输、温控信息自动管理、温控信息自动评价、温度应力自动分析、开裂风险实时预警、温控防裂反馈实时控制、裂缝自动监控与预警等动态智能监测、分析与控制的系统。软件系统的总体框图如图8所示。

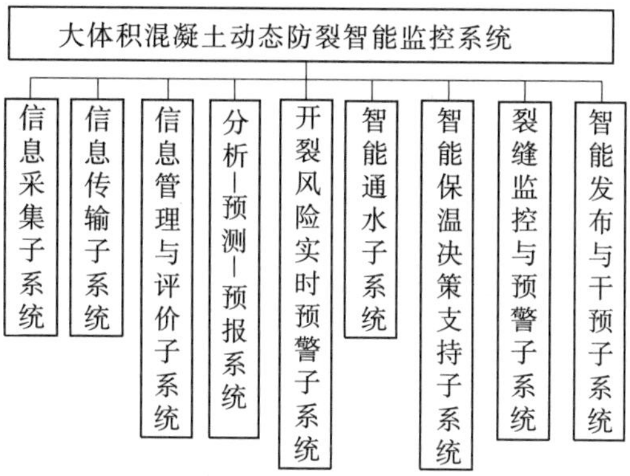

图 8 大体积混凝土动态防裂智能监控软件系统组成图

5 工程应用

5.1 系统在鲁地拉工程中的应用

鲁地拉水电站工程位于云南省大理州宾川县与丽江区永胜县交界的金沙江中游河段上，是金沙江中游河段规划 8 个梯级电站中的第 7 级电站。坝高 140 m，具有底宽大，无纵缝、地震烈度高、温控要求高、干热河谷，夏季气温高，昼夜温差大，温控难度大等特点；基于此选择了 10#、15#、19#三个典型坝段进行数字监控系统应用，10#、11#缺口回填坝段进行智能监控系统应用。

2010 年 10 月至 2012 年 10 月，大体积混凝土数字监控系统及智能监控系统在鲁地拉工程获得成功应用，图 9 ~ 图 14 为系统现场布置及结果图；通过项目的实时，成功实现了以下功能：

①温控资料的自动采集与自动分析；②大坝全过程温控信息的可视化统计与查询；③当前大坝混凝土开裂风险的预警和报警；④分析成果及预警信息的自动发布；⑤缺口坝段实现了通水的智能控制，实现了连续上升高度 26.4 m，使得大坝混凝土内部温度过程在“无人干预”的情况下全面满足温控技术要求，缺口坝段未发现裂缝[5-7]。

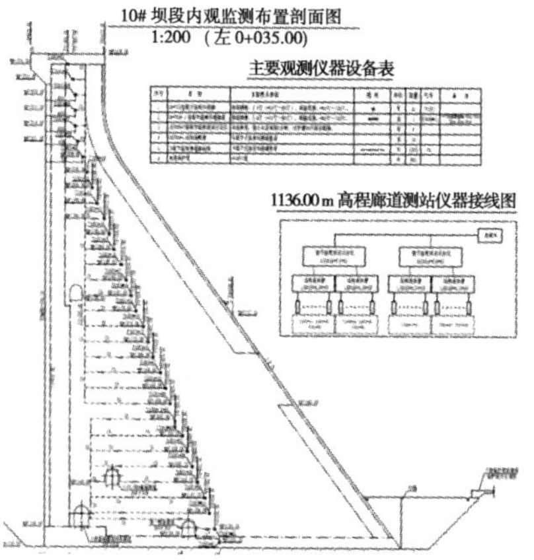

图 9 现场温度计布置图

图 10 现场仪器埋设图

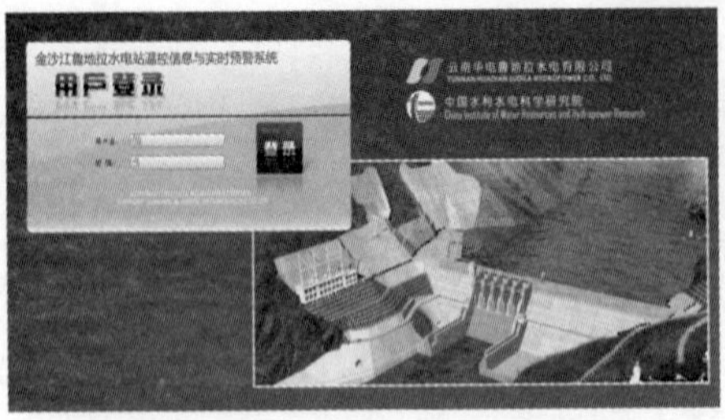

图 11　系统登录界面图

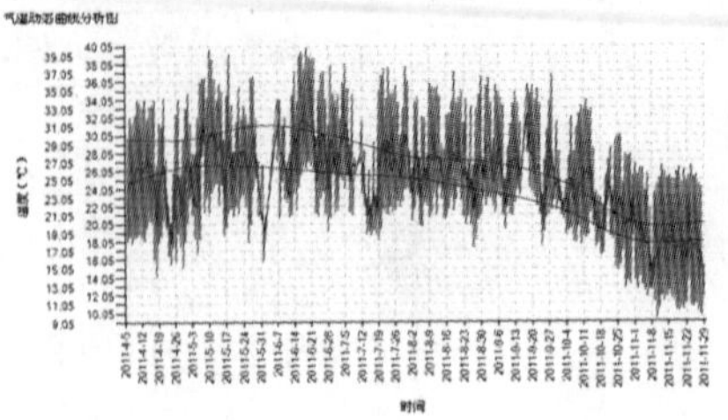

图 12　气温动态分析图

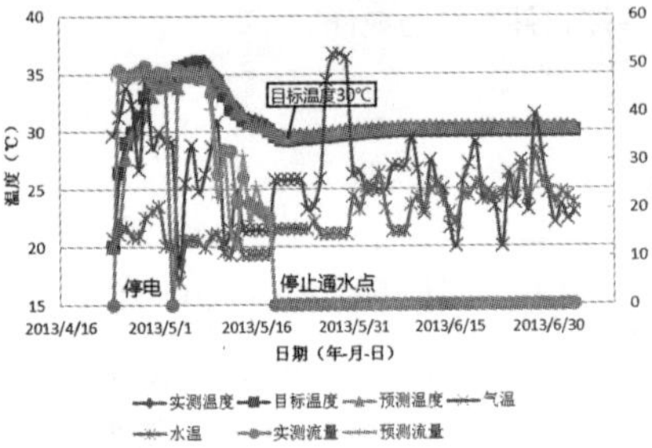

图 13　10# –3 智能通水结果图

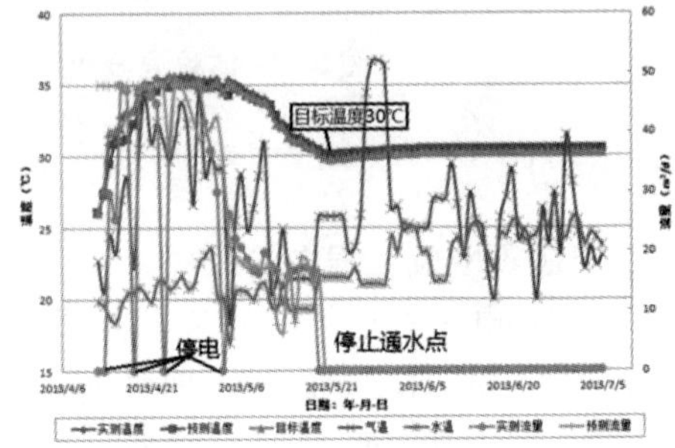

图 14　10# –5 智能通水结果图

根据《鲁地拉水电站枢纽工程蓄水安全鉴定报告》[8]，截至 2013 年 3 月，鲁地拉大坝混凝土裂缝约 46 条，表面裂缝 1 条，浅层裂缝 6 条，深层裂缝 30 条，贯穿裂缝 6 条，劈头裂缝 3 条。深层、贯穿及劈头裂缝发生在 4# ~ 8#、11# ~ 18# 坝段。应用温控系统进行监控的 10# 坝段、19# 坝段未发现深层、贯穿及劈头裂缝，15# 坝段 1 110 m 层面裂缝是汛期缺口提前过流所致，15# 坝段 1 124 m 层面裂缝出现在变态混凝土与碾压混凝土交界处、为施工质量问题所导致，不是温度裂缝。这充分说明了智能温控系统防治裂缝的有效性。

5.2　系统在藏木工程中的应用

藏木水电站是目前西藏最大的水电开发项目，也是雅鲁藏布江干流上规划建设的第一座水电站，坝高 116 m，为混凝土重力坝，氧气稀薄，施工条件差、温差大、蒸发量大的特点。

2011 年 11 月至 2013 年 12 月，智能温控系统在藏木大坝 10# 坝段成功应用。图 15 ~ 图 19 为现场设备安装布置、软件界面及温度过程流量过程结果图，由图可知：通过本系统的实施，成功实现了复杂条件下的全过程水管冷却降温智能控制，实测温度与理想温度过程线基本吻合。同时，本系统还为业主单位增加了第四方监督，确保了工程现场监测数据的实时性、准确性与可靠性[5]，为业主的现场施工管理提供了有力的数据支持，对保证工程实现三期截流节点目标、蓄水发电及大坝后期运行安全提供了重要保障。

6　结　语

信息化技术、数字化技术、数值仿真及大数据技术的迅速发展为大坝实现温控防裂的智能化监控提供了机遇。利用先进的 GPS 技术、软件技术、网络技术、数据库技术、自动化监测和数值仿真技术，开发包含大体积混凝土温控信息实时采集与传输、温控信息高效管理与可视化、温度应力仿真分析与反分析、温控效果评价与预警、温控施工智能控制（含智能通

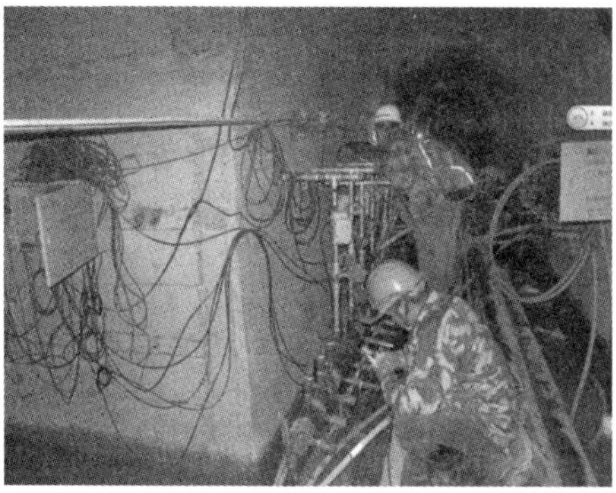

图 15　设备现场安装图

图 16　设备现场布置图

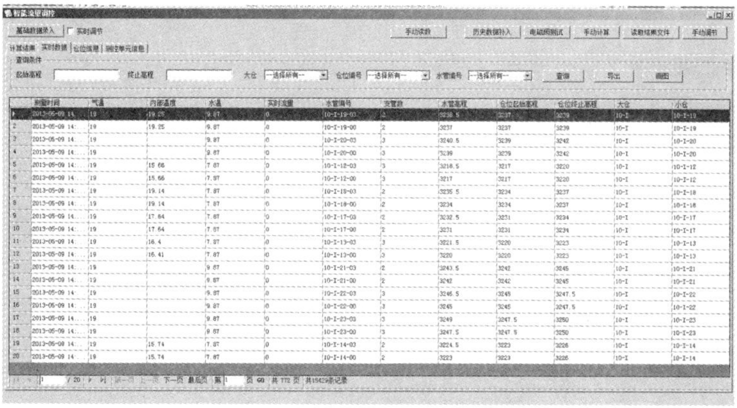

图 17　软件界面实时监测结果图

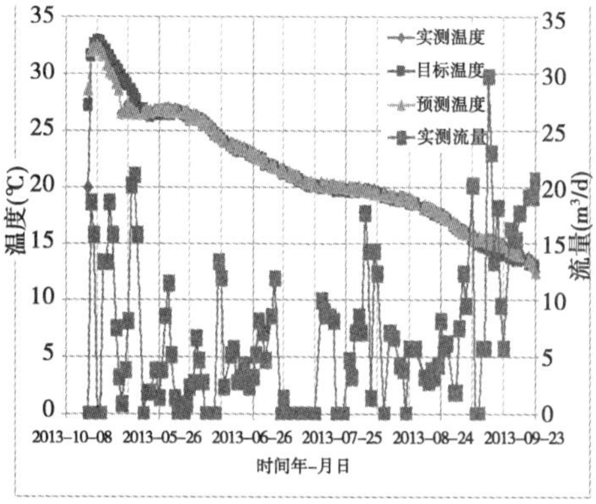

图 18　10[#]－Ⅰ－23 仓温度流量过程结果图

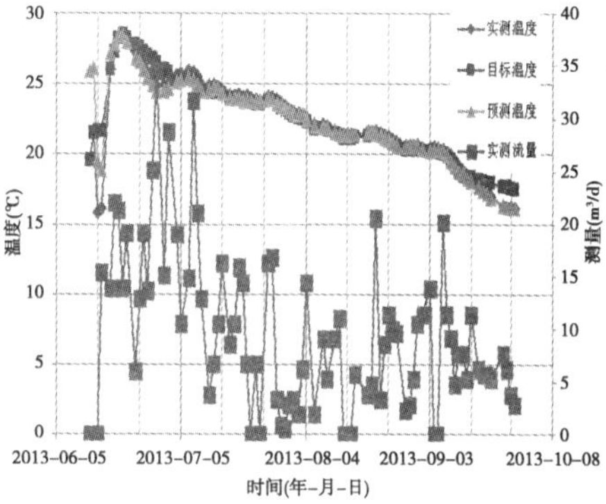

图 19　10[#]－Ⅰ－27 仓温度流量过程结果图

水)、裂缝自动监控与预警等功能于一体的大体积混凝土智能化监控系统,实现了大体积混凝土各种施工监测数据的自动获取和高效管理、施工期安全状况的实时评估和预测以及温控施工质量与安全风险的预警和决策支持,通过温控施工监控的智能化促进温控施工的精细化,最终实现大体积混凝土防裂的目的。

参考文献

[1] 张国新,刘毅,李松辉,等.“九三一”温度控制模式的研究与实践[J]. 水力发电学报,2014,33 (2): 179-184.

[2] 朱伯芳. 小温差早冷却缓慢冷却是混凝土坝水管冷却的新方向[J],水利水电技术,2009(1):44-50.

[3] 朱伯芳,混凝土坝的数字监控[J]. 水利水电技术,2008,39(2):15-18.

[4] 张国新,刘有志,刘毅,“数字大坝”朝“智能大坝”的转变－高坝温控防裂研究进展[J]. 中国大坝协会2012 学术年会;

[5] 郭晨,张国新,魏永新,等. 大体积混凝土冷却通水自动控制系统在鲁地拉水电站的应用研究[C]//2013 年大坝安全监测专委会年会暨大坝安全评价技术交流会,2013 年 8 月,辽宁丹东,521-524.

[6] 张国新,刘毅,李松辉. 大体积混凝土防裂动态智能温控系统[R]. 北京:中国水利水电科学研究院研究报告,2014.

[7] 张国新,李松辉,刘毅,等. 数字监控系统及其在鲁地拉工程中的应用[C]//2012 年度碾压混凝土筑坝技术交流研讨会论文集,2012:22-28.

[8] 中国水电工程顾问集团公司. 金沙江鲁地拉水电站枢纽工程蓄水安全鉴定报告[R]. 2013(5).

原位大直剪试验在长河坝大坝工程中的研究与应用

樊　鹏

（中国水利水电第五工程局有限公司　四川　成都　610042）

摘要：在原位测定具有天然沉积结构的坝基覆盖层及实际施工条件下（原级配、实际的碾压参数）的坝体堆石料及心墙料的抗剪强度，复核心墙料及堆石料设计技术要求及填筑标准的合理性，为大坝工程结构设计与安全复核提供客观、真实的依据，可供同类工程参考。

关键词：坝基及坝料　原位大直剪　试验成果及分析

1　工程概况

长河坝水电站系大渡河干流水电规划“三库22级”的第10级电站，位于四川省康定县境内。坝址控制流域面积56 648 km^2，坝址处多年平均流量约843 m^3/s。总库容为10.75亿m^3，具有季调节能力。电站总装机容量2 600 MW，多年平均发电量107.9亿kW·h。

本工程为一等大（1）型工程，开发任务为发电，采用堤坝式开发。枢纽建筑物由拦河大坝、泄洪消能建筑物、引水发电建筑物和水库放空建筑物等组成。拦河大坝采用砾石土心墙堆石坝，最大坝高240 m。

本文通过介绍长河坝水电站在采用的新型现场张拉式直剪试验法在原位测定具有天然沉积结构的坝基覆盖层及实际施工条件下（原级配、实际的碾压参数）的坝体堆石料及心墙料的抗剪强度，复核心墙料及堆石料设计技术要求及填筑标准的合理性，为大坝工程结构设计与安全复核提供客观、真实的依据，也为同类工程的设计积累经验和提供参考。

2　新型直剪试验法

2.1　新型直剪试验法原理

新型现场直剪试验法示意图见图1，该试验法将格子状的剪切框（亦称加载框）直接埋于要测定强度的地基中，然后在格子状剪切框内的试样上先放上一块厚的铁板，再在铁板上根据所要施加的垂直荷载堆上重铁块。水平方向上用一条链条拉剪切框，从而使试样受剪。剪切力用一只荷重计（Load cell）来测量。在铁板的后侧中央部位设置一只水平位移计，用于测量试样的剪切位移，同时在铁板的前后对角线上各设置一垂直位移计，试样的垂直位移取2只垂直位移计的平均值。

2.2　新型直剪试验法特点

（1）试验条件与现场完全吻合。

对于开挖面，剪切框直接压入拟测试的地面，剪切框内的试样是原状样；对于覆盖层地基，埋有剪切框的地基能够保持覆盖层的原位结构性；而对于填土工程，剪切框在填筑过程

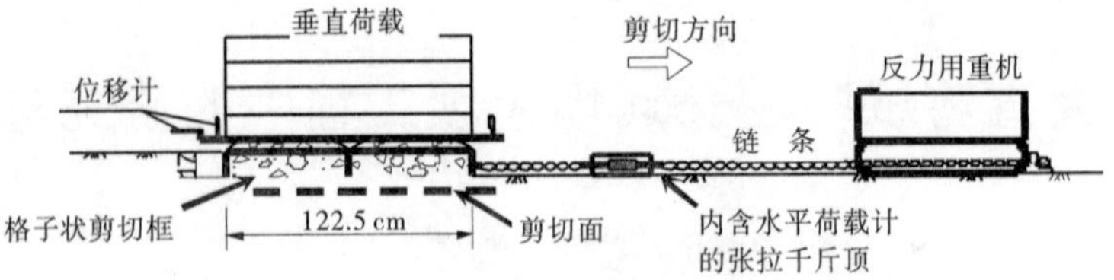

图1　新型现场直剪试验法示意图

中或填筑完毕后埋入，按实际的施工进行碾压，剪切框内试样的压实密度即为实际施工达到的密度，克服了传统试验方法中存在制样与实际情况不可能相符的问题。因此，本试验法测定的强度能够反映现场的真实情况。

(2)克服了常规直剪试验中剪切盒内壁摩擦的影响。

常规直剪试验采用推动下剪切盒的方式使试样受剪，用以量测水平剪力的量力环与上剪切盒必须是刚性接触，如图2所示。由于刚性接触处的摩擦限制了上剪切盒的上下自由运动，试样剪切过程中的体积变化在剪切盒内壁产生了一个无法测定的摩擦力，该摩擦力使得剪切面上的正应力与实际施加的正应力不一致，而常规直剪试验结果整理时，根据实际施加的正应力计算抗剪强度，因此，存在较大误差。新型张拉式直剪试验法由于采用了柔性的链条或钢丝绳张拉剪切框，剪切过程中剪切框能够随试样体积变化而上下一起运动，试样与剪切框之间无相对运动，因此无剪切框内壁摩擦影响，剪切面上的正应力能精确地计算出来，所测得的抗剪强度参数更为真实。

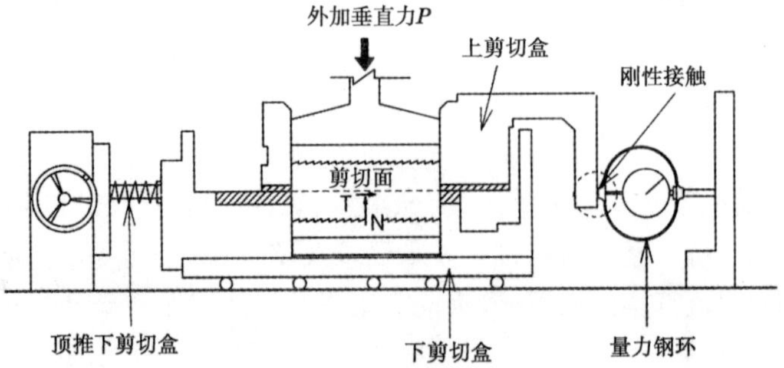

图2　常规直剪仪示意图

(3)剪切过程中，剪切面积保持不变，因而能避免常规直剪试验中垂直压力偏离剪切面中心问题，基本消除正应力不稳定的问题。

(4)适用范围广，从大颗粒的堆石材料到极细的黏土材料均适用。仅仅改变剪切框的尺寸，对于从大颗粒的堆石材料到极细的黏土材料，几乎所有的地基材料本试验法都能用同样的原理测定出其抗剪强度。目前试验允许的颗粒最大粒径可达30～40cm，能有效地减少大幅度缩尺对抗剪强度试验结果的影响。

(5)可测定出抗剪强度随深度方向上的不均匀性

本试验法不仅仅能测定出地基表面的抗剪强度，还能在施工过程中在不同深度预先设置剪切框，从而测定出抗剪强度随深度方向上的不均匀性。

3　新型直剪试验法在长河坝水电站中的应用

结合工程需要采用新型直剪试验法在长河坝水电站主要应用试验内容有：

(1)坝基覆盖层天然条件下的强度特性；

(2)实际施工条件下大坝堆石料的强度特性；

(3)实际施工条件下大坝心墙料的抗剪强度。

其中,(1)试验在下游堆石区的开挖基坑中进行,(2)(3)试验在江嘴碾压试验场进行。

按以上试验内容,本项目共进行了5组现场直剪试验,每组4个样,具体见表1.

表1　完成的试验工作

试料	试验组数	试样数	试验地点	试验时间
覆盖层②	1	4	下游堆石区基坑	2012. 5. 20
堆石料	2	8	江嘴碾压试验场	2012. 5. 19
砾石土心墙料	4	16	江嘴碾压试验场	2013. 1. 9－13

3.1　长河坝坝基覆盖层剪切特性试验

长河坝坝体建于深厚覆盖层上,坝址区河床覆盖层结构较复杂,厚度60～70 m,局部达79. 3 m,根据钻孔揭示物质组成、结构特点,自下至上由老至新分为3层:第①层漂(块)卵(碎)砾石层(fglQ3),分布河床底部,厚3. 32～28. 50 m;第②层含泥漂(块)卵(碎)砂砾石层(alQ41),厚5. 84～54. 49 m,分布在河床覆盖层中部及一级阶地上,②层中上部广泛分布可能液化的②－C砂层,厚0. 75～12. 5 m;第③层漂(块)卵砾石(alQ42),分布河床浅表,厚4. 0～25. 8 m。

本次试验对覆盖层②进行了现场直剪试验,试验在下游堆石区基坑中进行。

3.1.1　试验过程

试验采用120 cm×120 cm的剪切框,进行了4个竖向应力作用下的试验。试验的具体步骤如下：

(1)剪切框的压入。在试验现场,用反铲开挖至需测定的天然覆盖层深度,并形成一个工作面;然后将四个剪切框"一"字排开;排好后通过反铲将其压入覆盖层中;

(2)压入剪切框后,移除剪切框周围,特别是剪切框前缘的覆盖层砂砾石料,以便于进行剪切。

(3)依次在剪切框上施加不同的垂直荷载,架设测试水平位移和垂直位移的位移传感器。用链条连接剪切框与水平拉力千斤顶,安装用于量测水平拉力(剪切力)的压力传感器。位移计和压力传感器连接到数据采集盒上。

(4)匀速(控制在2 mm/min左右)摇动千斤顶开始剪切。每一级荷载以千斤顶不能再有行程而终止试验。

(5)当每一个剪切框剪切试验完成后,卸去荷重、荷载架,传力板以及垂直与水平位移观测仪表。

3.1.2　试验结果

3.1.2.1　应力－位移关系

试验过程中通过水平向拉力传感器记录水平拉力数据,并有水平向位移传感器记录剪切位移，竖向位移传感器记录产生的竖向位移。从试验结果中可以看出，4 个试样在剪切过程中首先体积压缩，然后有一定的剪胀，呈现出密实试样的剪切性状，符合现场的实际情况，因为试验区域的基坑表面不断地有重型施工机械的碾压。

3.1.2.2 抗剪强度

读取对应于每个竖向应力试样的最大剪应力(峰值强度)，整理得到的抗剪强度指标列于表 2。其摩尔库仑强度指标为：$c = 8.4$ kPa，$\varphi = 36.8°$。大渡河上游丹巴水电站工程天然状态下覆盖层摩尔库仑强度指标的试验值为 $c = 0 \sim 4.6$ kPa，$\varphi = 31.0° \sim 35.0°$。相比较而言，试验区域基坑内的覆盖层表面由于受到重型施工机械的碾压，比丹巴工程天然状态下覆盖层要密实，其抗剪强度指标略高合理可信。另，由表 2 可知其强度非线性的指标 $b = 0.823$，说明强度非线性不明显，这是由于本次试验的河床砂砾石颗粒强度高及形状滚圆无棱角，而所施加的竖向应力较小，不足以引起颗粒破碎，因此由本试验法测得的强度非线性不明显。

对于本次试验所测试的覆盖层②，分别取表部、中部及底部试料(对应于三种干密度 2.15、2.27、2.23 g/cm^3)进行了室内大三轴试验。每种干密度进行三个试样试验，分别施加围压 500 kPa、1 000 kPa 与 2 000 kPa。在干密度为 2.15 g/cm^3 时的抗剪强度指标为：$c = 116$ kPa，$\varphi = 36.7°$；在干密度为 2.27 g/cm^3 时的抗剪强度指标为：$c = 137$ kPa，$\varphi = 38.7°$；在干密度为 2.23 g/cm^3 时的抗剪强度指标为：$c = 141$ kPa，$\varphi = 39.0°$。与现场直剪试验结果相比，φ 值较为接近，而凝聚力 c 值则相差较大。其原因主要有两点：一是室内三轴试验试样是重塑样，在制样过程中破坏了覆盖层的原状结构；二是室内三轴试验施加的围压比现场直剪试验要大得多，三轴试样在高围压下仅发生剪缩，且产生了一定程度的颗粒破碎。

表 2 盖层抗剪强度指标

试样	竖向应力 (kPa)	最大剪应力 (kPa)	抗剪强度指标	
			摩尔库仑式	幂指数式
覆盖层②	28.31	30.28	$c = 8.4$ kPa $\varphi = 36.8°$	$A = 1.859$ $b = 0.823$
	41.92	46.28		
	55.53	51.38		

3.2 长河坝堆石料剪切特性试验

堆石料直剪试验在位于江咀的试验场进行。堆石料碾压试验比较了二种碾压参数：一种为铺层厚 100 cm、26 t 振动平碾静碾 2 遍后动碾 8 遍；另一种为铺层厚 120 cm、26 t 振动平碾静碾 2 遍后动碾 10 遍。针对二种碾压参数各进行了一组直剪试验。

3.2.1 堆石料第一组试验

3.2.1.1 试验情况

堆石料第一组试验剪切框埋设于堆石料分层碾压的第三层内部，铺料厚度 100 cm。其具体步骤为：

(1)剪切框预埋。在铺料的过程中将 4 个 120 cm × 120 cm 剪切框“一”字型排放在铺层的中部。

(2)堆石料碾压。按照碾压参数对埋有剪切框的铺料进行碾压。碾压完成后测定碾压表面的高程，清除掉剪切框上部以及剪切框周围的堆石料，特别是剪切框前缘的土石料，以便于进行剪切试验。

（3）依次在剪切框上施加不同的垂直荷载（用重铁块或混凝土块施加），架设测试水平位移和垂直位移的位移传感器。用链条连接剪切框与水平拉力千斤顶，安装用于量测水平拉力（剪切力）的压力传感器，位移计和压力传感器连接到数据采集盒上。

（4）匀速（控制在 2 mm/min 左右）摇动千斤顶开始剪切。每一级荷载千斤顶都要保证有足够的行程。

（5）当每一个剪切框剪切试验完成后，卸去荷重、荷载架，传力板以及垂直与水平位移观测仪表，准备进行下一个试验直到试验完成。

3.2.1.2 试验结果

（1）剪切过程中剪应力及竖向位移的变化。通过试验数据得出堆石料在剪切过程中发生了明显的剪胀，其峰值强度随竖向应力的增大而增大。

（2）抗剪强度。堆石材料在剪切过程中没有明显的峰值，属于应力增长型，且在剪切位移约为 5 mm 时，剪应力增长速率已经很小，故选取剪切位移为 5 mm 时对应的剪应力作为峰值强度。读取对应于每个竖向应力试样的最大剪应力（峰值强度），整理得到的抗剪强度指标列于表 3。

表 3 堆石料第一组剪切试验强度指标

试验	竖向应力（kPa）	最大剪应力（kPa）	抗剪强度指标	
			摩尔库仑式	幂指数式
堆石料第 1 组试验	69.83	85.07	$c=10.3$ kPa $\varphi=44.7°$	$A=1.145$ $b=0.996$
	41.92	45.9		
	97.05	103.745		
	83.44	94.66		

3.2.2 堆石料第二组试验

第二次试验剪切框埋设于堆石料分层碾压的第 3 层内部，铺料厚度 120 cm。其试验步骤与铺料厚度 100 cm 时的试验（第一组试验）完全相同。

表 4 为第二组试验按两种方式拟合得到的强度参数汇总，其中，选取剪切位移为 10 mm 时对应的剪应力作为峰值强度（此时应力增长率已经很小），按摩尔库仑式直线拟合得到的强度参数为：$c=25.4$ kPa，$\varphi=46.4°$。

3.2.3 堆石料两组试验结果对比分析

两组试验得到的强度指标基本相同，摩尔库仑强度指标第一组试验为：$c=10.3$ kPa，$\varphi=44.7°$；第二组试验为：$c=25.4$ kPa，$\varphi=46.4°$。据相关资料，长河坝坝体静动力变形稳定计算时所采用的堆石强度指标为：$c=35$ kPa，$\varphi=40.1°$。本试验结果大于设计值，验证了设计的安全性。

表 4　堆石料第二组剪切试验强度指标统计

试样	竖向应力 (kPa)	最大剪应力 (kPa)	抗剪强度指标	
			摩尔库仑式	幂指数式
堆石料第 2 组试验	41.92	65.28	$c=25.4$ kPa $\varphi=46.4°$	$A=1.733$ $b=0.952$
	55.53	67.2		
	69.83	111.36		
	83.44	115.2		

第二组试验(碾压厚度为 1.2 m)的堆石料略高些,原因有两个:(1)与两组试验位置堆石料的级配有关。第一组试验(碾压厚度为 100 cm)堆石料平均粒径 $d_{50}=90$ cm,$C_u=39$,第二组试验(碾压厚度为 120 cm)堆石料平均粒径 $d_{50}=85$ cm,不均匀系数 $C_u=49$,第二组试验堆石料级配要好些。因此,级配对碾压堆石料的强度影响较大。(2)第二组试验堆石料实测的干密度为 2.21 g/cm^3,比第一组试验的 2.22 g/cm^3 要小些。因此,实际施工中,只要堆石料的级配控制的好,采用 120 cm 的铺层厚度、多碾压 2 遍,可以达到 100 cm 铺层厚度的效果。

3.3　长河坝心墙料剪切特性试验

长河坝心墙采用汤坝料场的砾质黏土。物性指标为:天然密度 2.06 g/cm^3,干密度 1.86 g/cm^3,天然含水量平均值为 10.7%,剔除明显偏离实际的大于 15% 和小于 5% 的试验值,其天然含水量统计平均值为 10.2%,孔隙比 0.45,塑性指数 14.3,黏粒含量 4.0% ~ 18.0%,平均值 9.86%,小于 5 mm 颗粒含量 35.0% ~ 74.0%,平均值 53.17%,小于 0.075 mm 颗粒含量 19.0% ~ 45.0%,平均值 28.6%,不均匀系数 1 800,曲率系数 0.2。室内直剪试验测得其内摩擦角 $\varphi=28.3° \sim 28.5°$,$c=0.030 \sim 0.050$ MPa。

经试验研究,心墙料的碾压参数确定为:铺层厚 30 cm,采用 26 t 凸块碾碾压,每层静碾 2 遍、动碾 12 遍。本次试验复核该碾压参数下心墙料所能达到的强度。试验在碾压试验场进行,共进行了两次试验,一次在心墙料第 2、3 层界面,另一次在第 4 层内部。每次分别进行了 2 组试验。

3.3.1　第一次试验

第一次试验在第 2 层与第 3 层界面上进行,具体为:(1)在心墙料第 2 铺层碾压完的表面,将拟进行的 2 组试验所用的 8 个剪切框按 2 列排列好;(2)在每个剪切框位置,将表层凸块碾碾压形成的凹凸坑挖除,约 5 cm 深,然后将剪切框埋设在该位置,将剪切框定位,尔后进行第三层的铺料和碾压;(3)碾压结束后,人工找出埋设于第三层底部的 8 个剪切框;(4)以每列 4 个剪切框为一组,分别施加 4 个不同的竖向荷载进行张拉剪切,共进行了二组试验。

砾石土心墙料由于细粒含量较高,存在实际意义上的黏聚力,抗剪强度通常采用传统的摩尔 - 库仑准则。相应的强度指标汇总于表 5 中。

表 5　碾压心墙料强度指标统计结果

试验组号	竖向应力(kPa)	最大剪应力(kPa)	抗剪强度指标
C1－1	66.11	114.58	φ=39.72° c=55.67 kPa
	127.50	147.22	
	196.11	238.89	
	241.94	246.53	
C1－2	59.51	63.89	φ=39.38° c=48.93 kPa
	127.50	142.36	
	196.11	175.00	
	241.94	209.72	

3.3.2　第二次试验

第二次试验在砾石土心墙料铺料的第4层内部进行，将剪切框埋设于第4层浅表面内部后进行碾压。与第一次试验不同的是本次试验剪切框设置在第4层的浅表面，试样的剪切破坏面发生在第4层的碾压层内，而第一次试验剪切面已跨入下部的碾压层，也就是说第一次试验中剪切带区域的试样受到两个铺料层的碾压，而第二次试验中剪切带区域的试样仅受到所在铺料层(第4层)的碾压。

第二次试验也进行了两组，试验编号记为C2－1与C2－2。其抗剪强度指标汇于表6中。两组试验的强度指标基本相同，其均值为：φ=37.15°，c=32.27 kPa。

表 6　心墙料碾压强度指标统计结果

试验组号	竖向应力(kPa)	最大剪应力(kPa)	抗剪强度指标
C2－1	66.11	94.44	φ=37.51° c=27.83 kPa
	127.50	162.50	
	196.11	220.83	
	241.94	236.11	
C2－2	59.51	81.25	φ=36.79° C=36.70 kPa
	127.50	125.69	
	196.11	198.61	
	241.94	208.33	

3.3.3　结果对比分析

第一次试验得到的土体强度参数平均值为φ=39.55°，c=52.3 kPa，第二次试验得到的土体强度参数平均值为φ=37.15°，c=32.27 kPa，前者比后者要大，其理由前已述及。对于汤坝料场心墙料，前期的试验成果表明：采用2 688.2 kJ/m^3击实功能对不同P5百分数含量进行击实试验，击实后最大干密度1.99～2.25 g/cm^3，最优含水率12.7%～6.0%。室内直剪试验测得其内摩擦角φ=30.4°，凝聚力c=70 kPa。本次现场试验测定的抗剪强度比室内试验的要大，这主要是现场试验的试样是全料原级配，含有一定量的粗砾石，而室内试验对原级配进行了缩尺，粗颗粒显然要少，体现出了缩尺效应。

4 结 语

本文详细介绍了张拉式新型现场直剪试验法，进行了长河坝基础覆盖层②、坝体堆石料、心墙料的直剪试验，其主要成果与结论为：

(1)新型现场直剪试验法能够测定具有天然沉积结构的坝基覆盖层强度。对于长河坝基础覆盖层②，测得的摩尔库仑强度指标为：$c=8.4$ kPa，$\varphi=36.8°$。与室内高压三轴试验结果相比，内摩擦角 φ 接近，但凝聚力 c 值要小，其主要原因是室内三轴样为重塑样，无法反映覆盖层的天然沉积结构，且室内三轴试验施加的围压高，产生了一定的颗粒破碎。

(2)堆石料铺料厚度 1.0 m 经碾压后的强度参数为：$c=10.3$ kPa，$\varphi=44.7°$；铺料厚度 1.2 m 经碾压后强度参数为：$c=25.4$ kPa，$\varphi=46.4°$。两组试验得到的强度指标基本相同，大于设计值($c=35$ kPa，$\varphi=40.1°$)，验证了设计的安全性。

(3)心墙全级配料按目前确定的碾压参数(26 t 凸块碾静碾 2 遍、动碾 12 遍)碾压后，达到的抗剪强度为：$\varphi=37.15°\sim39.55°$，$c=32.27\sim52.3$ kPa。

新型现场张拉式直剪试验法在原位测定具有天然沉积结构的坝基覆盖层及实际施工条件下(原级配、实际的碾压参数)的坝体堆石料及心墙料的抗剪强度，复核心墙料及堆石料设计技术要求及填筑标准的合理性，为大坝工程结构设计与安全复核提供客观、真实的依据，也为同类工程的设计积累经验和提供参考。

参考文献

[1] 河海大学. 长河坝水电站坝体填筑料大型现场直剪试验报告[R]. 南京:河海大学.

丹江口水利枢纽初期工程表面防护处理

夏 杰 杨宏伟 黄朝君 于 杰 杜宝平 田 凡

(南水北调中线水源有限责任公司 湖北 丹江口 442700)

摘要:丹江口初期大坝已运行40多年,碳化层厚度达2~4 cm,大坝上游面裂缝检查发现Ⅰ、Ⅱ类裂缝较多,为满足蓄水后水位升高、水压增大后带来的一系列问题,需提高初期大坝表面防水性和耐久性,采用涂刷防护材料的方式进行防护处理。本文简要介绍丹江口大坝初期工程外露的上、下游及闸墩表面防护材料比选及具体实施情况。

关键词:丹江口混凝土坝 上、下游表面 防护 处理

1 概 述

丹江口水利枢纽于1958年9月开工建设,1973年底初期工程竣工。丹江口大坝加高工程是在丹江口水利枢纽初期工程基础上进行的改扩建工程,丹江口大坝现已完成加高,坝顶高程由162 m抬高至176.6 m,正常蓄水位由157.0 m抬高至170.0 m,相应库容由174.5亿m^3增加至290.5亿m^3。

丹江口初期大坝已正常运行40多年,碳化层厚度达2~4 cm,大坝上游面裂缝检查发现Ⅰ、Ⅱ类裂缝较多,为满足蓄水后水位升高、水压增大后带来的一系列问题,需提高初期大坝表面防水性和耐久性,采用涂刷防护材料的方式进行防护处理。在难以对初期大坝迎水面浇筑混凝土进行加厚的情况下,对丹江口大坝初期工程外露的上、下游及闸墩表面进行防护是必要的。本文简要介绍丹江口大坝初期工程外露的上、下游及闸墩表面防护材料比选及具体实施情况。

2 比选试验及防护处理范围

初期大坝上游面防护材料比选试验总体上分为现场与室内参数测定等项目。现场试验比选主要针对不同材料在初期大坝上游面实地区域进行涂刷,对初期大坝混凝土表面处理要求及处理工艺进行比较;对区域涂刷后的混凝土表面进行取样,配合室内试验检测其渗透深度;配合对裂缝的修复状况以及涂刷区域的防水性能、耐久性等进行测试。室内试验主要是对各类材料开展性能试验,主要包括黏结强度、抗碳化性能、抗渗性、抗冻融、裂缝修复能力、涂料渗透深度检测等。

试验场地在丹江口初期大坝右10、右11坝段上游面高程142.0~150.0 m区域选取,准备涂刷条带共12个,条带按宽×高(1 m×5 m)选取。试验共有7种防护材料参加了比选:“水泥基渗透结晶型”类的有PSI-200-Ⅱ水泥基渗透结晶型防水材料、马贝卓能K11刚性防水浆料渗透结晶Ⅱ型、CPC混凝土复合防护涂料、MAXCELL玛克水水泥基渗透结晶型防

水材料、凯顿百森 T1 共 5 种，“聚脲类”有 H52－2 环氧无毒涂料、CKT 混凝土表面保护材料 2 种。先后进行了现场涂刷试验、黏结试验，并对涂刷部位钻孔取芯取样交南科院开展室内试验。试验成果见表 1。

表 1　丹江口初期大坝上游面防护材料试验成果表

材料名称	黏结强度（MPa）		抗碳化		涂料渗透深度（扫描电镜试验情况）
	现场	室内	碳化深度（mm）	与空白的百分比值	
1. H52－2 聚脲类环氧无毒防护涂料	≥2.8		0	0	
2. CKT 聚脲类混凝土表面保护材料	1.1		0	0	
3. CPC 水泥基渗透结晶型混凝土防碳化涂料	1.25	1.3	0	0	自端面 0.1～1 cm 可见密集纤维状凝胶，1～2 cm 转稀疏，2～3 cm 较难找到
4. PSI－200－Ⅱ水泥基渗透结晶型防水材料	≥2.0	1.3	7.4	61.6	0～2 cm 密集，2～3 cm 转稀疏，3～4 cm 难找到
5. 马贝卓能 K11 刚性防水浆料渗透结晶Ⅱ型	0.8	1.5	7.5	63.0	0～1 cm 密集，1～2 cm 转稀疏，2～3 cm 难找到
6. MAXCELL 玛克水水泥基渗透结晶型防水材料	≥2.1	1.6	7.3	61.3	0～1 cm 密集，1～2 cm 转稀疏，2～3 cm 难找到
7. 凯顿百森 T1 水水泥基渗透结晶型防水材料	≥2.6	1.9	6.6	55.0	0～2 cm 密集，2～3 cm 转稀疏，3～4 cm 难找到
空白（混凝土芯样）		12	100.0		自端面起 0～1 cm 段未见纤维状凝胶

注：1. 依照《水泥基渗透结晶型防水材料》（GB 18445—2001），分别对防护材料 3、4、5、6、7 进行了黏结强度试验，材料 1、2 无法按照本方法进行次试验；

2. 室内黏结强度为湿基面黏结强度。

3. 抗渗性能试验结果表明，7 种材料都起到提高混凝土芯样抗渗等级的效果，涂刷防护材料后芯样抗渗等级达到 W22 以上，打磨防护材料后芯样抗渗等级依然在 W22 以上。

4. 抗冻性能试验结果表明，依照《水运工程混凝土试验规程》相关规定判断，涂刷受检的 7 种防护材料后，芯样抗冻仍达到 F200 等级，裂缝修复能力方面未能提高到 F250。

5. 裂缝修复能力试验表明，对于缝宽超过 0.5 mm 的贯穿性裂缝，7 种材料均无修复能力；

6. 黏结强度现场检测方法为现场试验采用拉拔方式，室内试验黏结强度为湿基面黏结强度；抗碳化试验方法为以防护材料完全封闭现场取得的混凝土芯样表面后按照各种防护材料的要求养护至规定龄期，将处理后的芯样置于试验条件下的碳化箱中 28 d，再将试件劈开测试其碳化深度；渗透深度试验方法为将现场涂刷试验所取的混凝土芯样沿法线劈开，对劈裂面从有防护材料涂刷过的芯样端面向混凝土内部连续取样，所取样品放入扫描电镜，观察混凝土芯样自端面起到内部水泥水化产生的变化情况，根据纤维状 C－S－H 凝胶形貌判断渗透深度。

根据初期大坝表面情况、加高工程运行的特征水位及防护材料试验结论(详见表1),确定了防护材料类型及涂刷范围如下:对大坝上游面高程149 m以下至水库低水位136 m以增强防渗性为主,并兼顾Ⅰ、Ⅱ类裂缝的修复,采用具有一定渗透深度的上海凯顿百森T1水泥基渗透结晶型防护材料;对大坝上游面高程149~162 m范围、下游面高程88.3~107 m范围以增强混凝土抗碳化性能为主,采用长江科学院研制的聚脲类(CKT)防护材料;通过测定混凝土表面受水下高速流动介质磨损的相对和测定混凝土及各种抗冲磨材料的抗冲磨性能,对闸墩表面采用美国CTI公司生产的CO-MA-SEAL^{R}系列渗透结晶型抗冲磨防护涂料。

3　水泥基渗透结晶型材料防护施工

对上游面149.0~136.0 m高程区域表面采用凯顿百森T1水泥基渗透结晶型材料进行涂刷施工,材料性能指标及抽检数据见表2。

表2　水泥基渗透结晶型防护材料主要性能指标

项目	设计指标		抽检结果	试验方法
抗压强度(MPa)	7 d	≥12.0	41.4	按GB/T 17671标准方法进行
	28 d	≥18.0	41.5	
黏结强度(与混凝土基面,MPa)		≥1.0	1.25	按JTJ 270—1998标准方法进行
抗渗压力(MPa)	28 d	≥1.2	1.3	按GBJ 82标准方法进行
第二次抗渗压力(MPa)	56 d	≥0.8	0.9	按GB 18445—2001中6.2.8.5计算
渗透压力比(%)	28 d	≥200	325	按GB 18445—2001中6.2.8.4计算

3.1　表面清理及缺陷处理

清除混凝土基面浮土、水泥浮浆、水生附着物、返霜、油漆油脂等,表面预处理时,不得使用酸洗。对基层表面的突起、起壳、分层及严重碳化疏松等部位采用钢丝刷或砂轮机清除并形成毛面。切割并磨平凸起的钢筋头和管件。混凝土的缺陷、裂缝、蜂窝麻面的松动石子必须先行处理,填补较大的蜂窝麻面采用预缩砂浆进行局部修补,修复表面处理成毛面。基面最后采用高压冲毛水枪(采用饮用水)从上至下或从左至右对基面进行反复冲洗,且使混凝土毛细管畅通。使处理的混凝土基层坚固、平整、干净、不松脱、不起砂、不脱层,充分湿润确保材料最大程度的渗透,以达到做到毛、潮、净的要求。

3.2　材料配制

将水泥基渗透结晶型防护材料以粉∶水=5∶2的体积比搅拌配制,采用电动搅拌机在专用的容器内拌制直至浆料搅拌均匀,并做到随拌随用。材料从加水混合算起,在25 min内用完。

3.3　材料刷涂

在涂刷前,根据单个坝段面积大小、工作船和排架的实际长度、涂刷能力、库前水位情况分阶段、分条带进行。使用半硬的毛刷将涂料采用圆形涂刷方法涂到混凝土基面上,涂膜多遍完成,每遍涂刷时交替改变涂层的涂刷方向,前遍涂膜干燥成膜后再涂刷下一遍,同层涂膜的先后搭接宽度为30~50 mm。涂料施工时,控制涂层厚度(均满足设计大于0.8 mm厚度要求)，单位面积材料用量控制不少于 1.2 kg/m^2。

3.4 养护

防护材料施工完成，待涂层初凝达到足够硬度后立即进行养护，前期利用交通船由专人采用喷雾器现场及时进行喷雾养护，后期在坝面进行长流水养护，养护总天数不少于 28 d。

4 聚脲类材料防护施工

对上游面 149 ~ 162 m、下游面 88.3 ~ 107 m 高程区域表面采用改进后的 CKT 聚脲类材料防护处理，材料主要性能指标及抽检数据见表 3。

表 3　聚脲类材料主要性能指标

序号	测试项目			设计指标	选用材料抽检	
	项目		单位		A	B
1	加热伸缩率	伸长	%	≤1.0	—	—
		收缩		≤1.0	—	0.2
2	黏结强度(28 d)		MPa	≥3.5	3.7、3.8	3.6、3.7
3	吸水率		%	5	2.5、2.2	2.5、2.4
4	热处理(拉伸强度保持率)		%	≥85	—	91、90
5	碱处理(拉伸强度保持率)		%	≥85	—	87、88
6	酸处理(拉伸强度保持率)		%	≥85	—	90、90
7	盐处理(拉伸强度保持率)		%	≥85	—	92、91
8	人工气候老化(拉伸强度保持率)		%	≥85	—	88、88
9	硬度(邵氏 A)		—	≥80	>100、>100	91、91
10	耐磨性(750 g / 500 r)		mg	≤40	14	15
11	耐冲击性		kg · m	≥0.6	12	1.2

4.1 基层混凝土表面处理

处理方式及要求与水泥基渗透结晶型材料防护施工的表面清理及缺陷处理基本相似。

4.2 材料配制

聚脲类防护材料采用双组分，使用前需把 A、B 组分按照一定的比例混合并充分搅拌均匀。先期混合材料每次拌制量应与涂刷面积、施工人力和操作速度相匹配，混合拌制施工时间需限制在 2 h 以内；超过限制时间作废料处理。

4.3 材料涂刷

施工前保证施工基面的坚固、平整、干净、保持干燥；待基面干燥后，先刮涂聚脲混凝土表面保护材料界面剂，界面剂的刮涂尽量均匀且平整无流挂。待界面剂基本表干后，用角磨机打毛，并清理干净，然后进行聚脲材料涂刷。聚脲材料的施工应按从上到下、从左到右的顺序涂刷，涂刷施工时在相应的方向多次反复涂刷，保证涂层的厚度均匀和表面平整。聚脲类材料施工时，必须控制涂层的厚度。即在规定的施工面积上测算得出的涂料用量，均匀地涂刷直至涂料用完。聚脲混凝土表面保护材料厚度控制在 1.0 ~ 1.5 mm 的范围内。聚脲混凝土表面保护材料适宜在5～40 ℃的环境温度下进行施工。如环境温度超出此范围，必须对材料采取保温、加温方式满足条件。遇寒潮或雨雪应停止施工，已施工的应采取保温或防雨水冲刷措施。聚脲施工与混凝土基面清理同时进行时，两施工部位需间隔不小于50 m。上道施工工序不合格不得进入下道工序施工，若发现缺陷存在，及时进行修复处理。

4.4 养护

施工完成后，1 d内如遇寒潮或雨雪天气需要采用塑料薄膜覆盖保护，避免材料表面受损。喷涂施工完成1 d后即可进入自然养护，14 d后即可投入使用，冬季适当延长。涂层养护开始的两昼夜内，应避免受到暴风、暴晒、雨淋及负温受冻。

5 抗冲磨型材料防护施工

对闸墩表面采用CO－MA－SEAL®系列渗透结晶型抗冲磨防护涂料防护处理，材料性能指标及抽检数据见表4。

表4　抗冲磨型材料主要性能指标及抽检数据

试验项目		设计指标	选用材料抽检
项目	单位		
抗压强度比	%	≥102	102
拉伸强度(28 d)	MPa	≥1.5	3.94
渗透深度	mm	≥1	2.5
48 h吸水量比	%	≤10	10
抗透水压力比	%	≥300	300
抗冻性(－20～20 ℃,15次)	—	表面无粉化、裂纹	表面无粉化、裂纹
耐热性(80 ℃,72 h)	—	表面无粉化、裂纹	表面无粉化、裂纹
耐碱性(饱和氢氧化钙浸泡168 h)	—	表面无粉化、裂纹	表面无粉化、裂纹
耐酸性(1%盐酸溶液浸泡168 h)	—	表面无粉化、裂纹	表面无粉化、裂纹
抗冲磨(失重率,28 d)	%	≤5.29	1.84、2.68

5.1 基面处理

处理方式及要求与前二者防护材料施工的表面清理及缺陷处理基本相似，但修复后的表面轮廓线应满足过流面设计要求，严格控制表面不平整度。过流面不允许有垂直升坎或跌坎，理论线的偏差不得大于3 mm/1.5 m，过水混凝土凹凸不能超过6 mm，凸部应磨平，磨成不大于1∶20的斜度。

5.2 材料配制

抗冲磨防护材料无需稀释或配比，直接使用。使用前充分摇匀，使用金属扇形喷嘴的低压喷雾器进行均匀喷涂。

5.3 喷(刷)涂施工

界面剂或喷涂抗冲磨材料与混凝土基面清理同时进行时，两施工部位需间隔不少于1个相邻闸墩面。汛期和夜间不得进行材料喷涂施工。施工前应保证施工基面的坚固、平整、干净、饱和面干；采用低压喷雾器喷涂一遍，48 h 后再喷涂一遍，立面采用从低往高喷涂方法；抗冲磨材料的覆盖率为：① 喷涂第一遍 CM－DPS 用量控制标准为 3 m^2/kg；② 喷涂第二遍 CM－DPS 用量控制标准为 4 m^2/kg；③ 喷涂 ACM 用量控制标准为 5 m^2/kg。表面抗冲磨材料适宜在 0～35 ℃的环境温度下进行施工，当基面温度过高时，应喷水润湿使基面降温，待表面风干后再继续施工

5.4 养护

防护涂层养护开始的两昼夜内，应避免受到暴风、暴晒、雨淋及负温受冻；在冬季，应注意防冻；在夏季应防止阳光暴晒。施工完成第一遍防水材料后，1 d 内如遇雨雪天气应适当补喷。第二遍防水材料后喷涂施工完成 1 天后即可进入自然养护，7 d 后即可投入使用，冬季适当延长。

6 结 语

水泥基渗透结晶型材料防护施工于 2012 年 7 月 18 日完成，聚脲类材料防护施工于 2013 年 5 月 15 日完成，抗冲磨型材料防护施工于 2013 年 7 月 28 日完成，均提前于 8 月底的丹江口大坝加高工程蓄水验收。初期大坝表面防护处理完成后的涂层性能及混凝土试件检测数据均满足设计指标，施工质量均达到设计预期要求，在有效提高初期大坝表面防水性、耐久性及强度的同时，兼顾了初期大坝表面缺陷处理及修复，达到了提高丹江口混凝土大坝使用寿命及运行安全可靠性的目的。

参考文献

[1] 赵光治，黄莉．双组分刮涂型聚脲防护材料在丹江口大坝中的应用[J]．大坝与安全，2013(4)．

[2] 杨小云，于杰，蔡德培，丹江口大坝加高工程初期工程老坝体裂缝等缺陷检查与处理单位工程验收建设管理工作报告[R]．丹江口：南水北调中线水源有限责任公司，2014．

火电厂废弃灰渣用于大坝混凝土粉煤灰掺合料的生产实践及性能研究

李小群　赵红卫　刘英强

（大唐观音岩水电开发有限公司　云南　昆明　650011）

摘要：观音岩水电站大坝混凝土用粉煤灰采用了临近火电厂废弃灰渣堆坝进行生产，磨细混合加工出合格的Ⅱ级粉煤灰用于大坝混凝土掺合料，整个过程进行了严密的取样试验和科学论证。本文首先介绍了观音岩粉煤灰加工系统的工艺组成及技术特点，其次对各阶段灰渣试验进行了描述，结果证明其可用可靠，与Ⅱ级飞灰性能极为接近。观音岩的成功应用将为各地推广作出典范。

关键词：火电厂　废弃灰渣　粉煤灰

大唐观音岩水电站总装机容量3 000 MW，大坝为混凝土重力坝及黏土心墙堆石坝，需混凝土800万m^3，用于混凝土的粉煤灰掺合料约80万t。目前，分选粉煤灰已经在水电工程和工民建中得到广泛、全面的应用，磨细粉煤灰也在水电工程中得到了一定程度的应用；而堆灰场的电厂灰渣尚未见用于水电工程大体积混凝土掺合料。因此，堆灰场的电厂灰渣用作水电工程大体积混凝土掺合料的可行性研究具有重要意义，如果可行，则不仅可以节省水电工程投资，改善混凝土性能，还可以节约堆渣土地，有利环保。火电厂排灰工艺分两种，一种是烟道排出的干灰（细度40%～50%），另一种是煤粉在炉膛燃烧时结成团状熔融物跌入炉膛底部冷水槽，水淬后破碎脱水的渣粒（细度为70%左右）。攀钢发电厂堆灰场由这两种物料混合组成（前者占75%左右，后者占25%左右）总称"灰渣"。这就是观音岩水电站大坝混凝土所用的掺合料。

鉴于电站周围的粉煤灰供应能力无法满足大坝高峰期建设需要，大唐观音岩公司把目光转向了附近攀钢发电厂多年堆存的废弃灰渣坝，对其进行了周密的试验论证，最终成功建厂利用，生产出大坝可用的Ⅱ级粉煤灰。本文分两部分，首先介绍了观音岩粉煤灰加工系统的工艺组成及技术特点，其次对各阶段灰渣试验进行了描述，结果证明其可用可靠，与Ⅱ级飞灰性能极为接近。观音岩的成功应用将为各地推广作出典范。

1　观音岩粉煤灰渣加工系统工艺及特点

1.1　工艺组成

首先从灰坝里开采原料灰渣，运至堆灰库；经皮带机运至烘干机烘干；经伽马在线分析仪实时分析含碳量和含水率，高碳灰和低碳灰分别进入高低碳库；低碳灰直接进行粉磨，风选成品灰后进入成品库，高碳灰经过电选除碳后，出来的低碳灰进行粉磨。在外供优质低碳原状灰供货充足时，原料灰烘干后可以不经过电选除碳，经在线分析仪读取含碳量后，直接与外供优质低碳原状灰经定量给料机按比例掺拌混合后，粉磨风选出成品粉煤灰。加工系统设计年产 50 万 tⅡ级粉煤灰。观音岩粉煤灰加工厂总布置图（见图 1）。

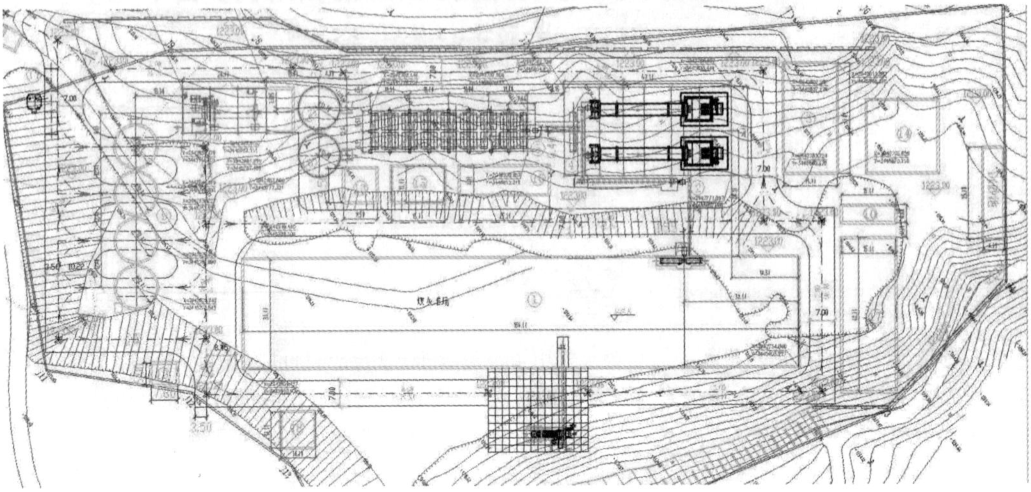

图 1　观音岩粉煤灰加工厂总布置图

1.2　工艺特点

鉴于原料为灰坝采集的灰渣，重点介绍灰坝开采及堆灰、回转烘干、在线分析、电选除碳、掺拌、粉磨及风选系统。

1.2.1　灰坝开采及堆灰

1.2.1.1　开采

鉴于灰坝（见图 2）开采涉及安全问题，公司委托灰坝原设计单位作出了一个合理安全的开采方案并经当地政府环保评审通过，开采过程中确保灰场的整体安全，并满足环保、水保要求。为保证开采边坡安全，开采时形成的灰渣边坡不陡于设计值，且为压实灰渣边坡。同时剖面上应遵循分级、分层开采的原则，每层开采厚度约 2 m，每级子坝储灰共分五层开采，每层未开采完时不能开采下一层。在开采过程中加强管理和监测，不损坏灰场内已建成的排洪系统。

图 2　电厂废弃灰坝

1.2.1.2　堆灰

运至堆灰库（见图 3）的原料灰渣，由于板结，在入库前需要经过粗碎破碎和过筛，并吸附去除金属杂物。

图3　堆灰库

鉴于灰坝露天环境，雨季开采的灰渣含水量高达20%～40%，需要建设一个原料堆灰库来自然脱水。经试验，7 d的堆存自然脱水，晾晒和自然重力作用可以将含水率40%的灰渣脱水10%～20%，减少了后续烘干的能耗。

1.2.2　回转烘干

系统安装两台回转烘干机（见图4），在末端安装破碎振动筛，未完全烘干的大颗粒粉块击碎后返回继续烘干。由于采取了循环煤粉燃烧加热设计，烘干炉膛温度可以高达600～1 000 ℃，在原料含碳量较高时（如11%～15%），高温可以将燃料煤粉及原料中的碳微粒燃烧，除了烘干水分外（水份小于1%），还能将含碳量降低2%～3%。

1.2.3　在线分析

烘干后的原料经过皮带运输，采用伽马在线分析仪（见图5）检测粉料的含碳量及含水率。含碳量低的进入下一道粉磨工序，含水率监控数据可以反馈给烘干机。

图4　烘干机

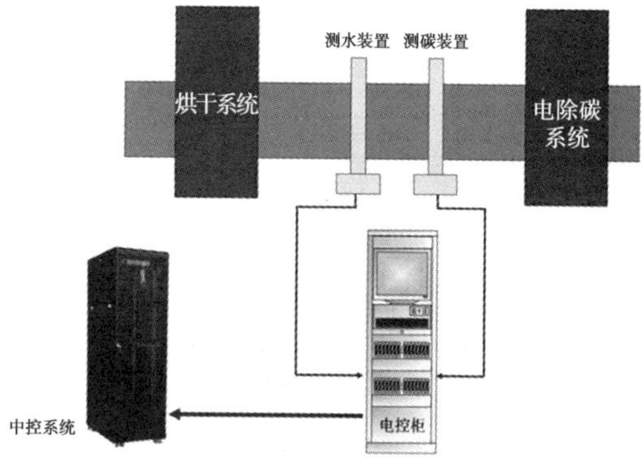

图5　在线分析

系统测量数据实时性好。测量系统可直接在皮带上进行检测，在线实时测量粉煤灰的烧失量、含水率和SO_3含量。在线分析仪测量结果的精准度高，能够直接对粉煤灰流进行非接触测量，避免了化学分析方法中采样和制样过程对分析结果带来的误差，测量结果更加可信，烧失量及含水率的测量误差均为0.5%。测量系统采用模块化设计，安装简便，操作简单易学。

1.2.4　电选除碳

电选除碳(见图6)是利用高压静电对低碳灰的吸附原理进行高低碳灰的分离。粉煤灰含水率直接影响脱碳灰的产率,当含水率增大时,脱碳灰的产率呈明显下降趋势,当原灰含水率达到1.2%时,脱碳灰的产率下降了43%(与含水率0.5%原灰比较)。随着含水率增加,分散性明显变差,团聚严重,这种物理变化也不利于后续的风选和磨细作业。原状灰烧失量较高时,电选脱碳灰的效果也随之变差。在原灰含水率小于0.5%时,达到国标Ⅱ级灰标准烧失量要求,脱碳灰产率为49%左右;达到国标Ⅰ级灰标准烧失量要求,脱碳灰产率最高为34%左右。经试验,含水率小于1%时可以达到理想产率和产量(见表1)。

表1　含水率、产率试验(原灰烧失量11.39%)

编号		产品灰	试验条件	产率(%)	烧失量(%)	含水率(%)
B-1	1	高碳灰	21 kV,80 r/min	63.31	14.48	0.5
	2	脱碳灰		36.69	5.52	
B-2	1	高碳灰		84.35	13.12	0.8
	2	脱碳灰		15.65	4.83	
B-3	1	高碳灰		88.76	13.48	1.2
	2	脱碳灰		11.24	4.42	

1.2.5　掺拌

在市场优质低碳原状灰充足时,原料灰渣烘干后可经在线分析仪读取含碳量后,直接与市场低碳原状灰经定量给料机按比例混合,保证达到Ⅱ级灰的烧失量要求,经粉磨风选出成品粉煤灰。混合比例根据灰渣和市场低碳原状灰烧失量来调配,可以大大提高产量。市场优质低碳原状灰可由其他替代物,如磷矿渣(含碳量为零,二氧化硅为主要成分),观音岩工程亦曾经考虑。

1.2.6　粉磨及风选系统

含碳量及含水率达标的原料灰渣经过球磨机粉磨后进入风选系统,成品灰经过链斗式提升机进入成品库,粗灰返回磨机入口。实践证明,由于球磨机内部温度较高,能够将粉料含水率减少0.2%~0.5%(见图7)。

图6　电选除碳机

图7　粉磨、风选及成品库

2　粉煤灰灰渣成品性能试验

根据不同细度灰、炉渣试验结果，灰、炉渣较优细度按比表面积大于500m2/kg控制，对按此标准磨制后的灰、炉渣进行品质检测。

2.1　灰、渣化学成分检测

灰、渣化学成分检测结果列于表2，结果显示化学成分接近。

表2　灰、渣化学成分

样品名称	检测项目(%)										
	SiO_2	Fe_2O_3	Al_2O_3	CaO	MgO	K_2O	Na_2O	碱含量	SO_3	LOSS	Cl^-
灰	52.68	3.30	28.83	2.84	3.58	1.43	0.33	1.27	0.21	3.95	0.002
渣	51.46	3.42	26.10	4.12	3.46	1.43	0.32	1.26	0.14	6.89	0.007

2.2　灰、渣品质检验

灰、渣物理性能检测结果列于表3、表4。结果显示，加工后的灰比表面积较渣大，需水量比较渣小。由于此次磨细灰的比表面积较渣大，活性指数比渣稍大。

表3　灰、渣物理性能

样品名称	密度(kg/m^3)	细度(%)	含水率(%)	需水量比(%)	安定性	比表面积(m^2/kg)
灰	2.45	5.5	0.4	100.0	合格	643
渣	2.37	30.5	0.5	102.4	合格	512

表4　灰、渣活性指数

水泥名称	掺合料		抗压强度(MPa)			抗折强度(MPa)			活性指数(%)		
	名称	掺量(%)	7 d	28 d	90 d	7 d	28 d	90 d	7 d	28 d	90 d
丽江中热	—	0	35.4	57.2	68.5	6.9	9.2	10.1	100	100	100
	灰渣	30	22.1	41.2	61.8	5.0	7.3	9.4	62.4	72.0	90.2
	炉渣	30	21.8	40.1	56.1	4.7	6.8	9.3	61.6	70.1	81.9

2.3　扫描电镜分析

灰、渣形貌分析见图8 、图9扫描电镜(SEM)照片。

由图8、图9扫描电镜照片可以看出，灰、渣样品颗粒形状基本相同，主要由球形和不规

(a)放大1 000倍　(b)放大2 000倍

(c)放大5 000倍　(d)放大5 000倍

图 8　灰(细度 15% ~20%)颗粒 SEM 照片

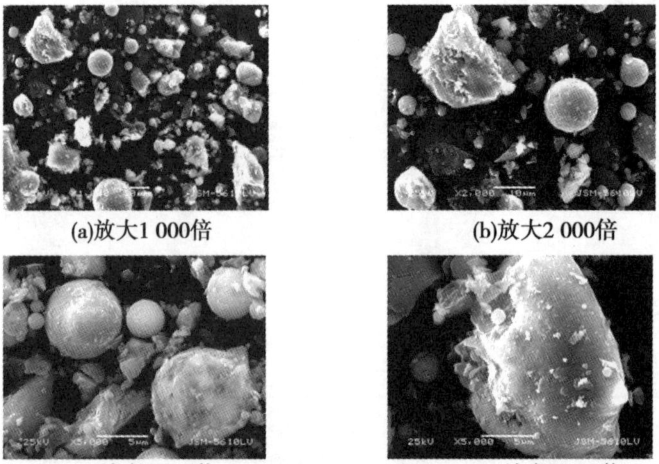

(a)放大1 000倍　(b)放大2 000倍

(c)放大5 000倍　(d)放大5 000倍

图 9　渣(细度 20% ~25%)颗粒 SEM 照片

则块状颗粒组成,只是所含玻璃体的含量和颗粒大小有所不同,但差别不大。

2.4　不同细度灰渣活性指数及需水量比

不同细度炉渣需水量比在 100.8% ~102.4%之间,灰的需水量比低于渣需水量比。细度对需水量比大小影响不是很大,特别是细度在 15%以下时,需水量比没有明显变化。

从试验结果来看,比表面积增大,灰和渣活性指数增大;比表面积相接近的灰和渣,活性指数差别不大。试验结果表明,不同细度灰渣需水量比在 98.0% ~100.4%之间,

粉煤灰的需水量比一般与粉煤灰细度呈反比,细度越大,需水量比越小。需水量比还与粉煤灰中球形颗粒有关,球形颗粒越多,起到润滑效应越大,需水量比就越小,减水效果就越好。相反,球形颗粒越少,需水量比就越大。灰玻璃体含量较渣稍大,灰的需水量较渣低,磨细灰减水效果好于磨细渣,见图 10 不同细度灰、渣活性指数及需水量比。

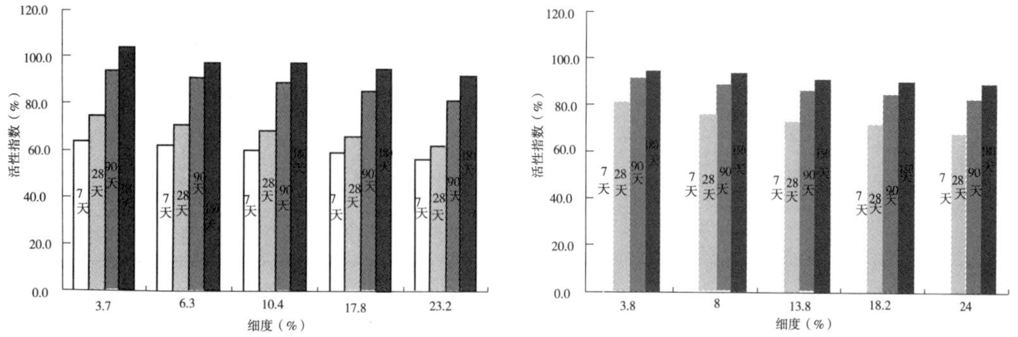

(a)不同细度炉渣活性指数

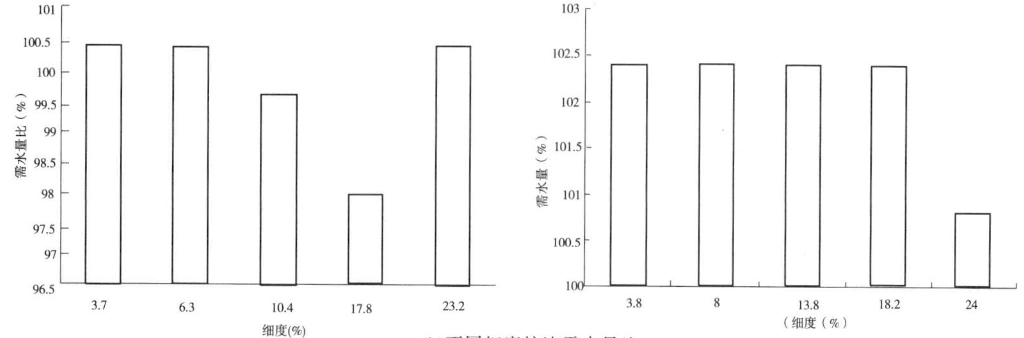

(b)不同细度炉渣需水量比

图10　不同细度灰、渣活性指数及需水量比

3　碾压混凝土性能试验

由试验结果可以看到：

(1)掺粉煤灰、磨细灰的碾压混凝土抗压强度差别不大，掺磨细渣90 d、180 d龄期抗压强度稍低。掺粉煤灰碾压混凝土抗压强度长龄期发展系数总体较大，其余依次为磨细灰、磨细渣（见表5）。

表5　碾压混凝土抗压强度及抗渗

设计指标	级配	掺合料		试验编号	水胶比	抗压强度（MPa）				抗渗等级	渗径（mm）
		品种	掺量			7 d	28 d	90 d	180 d	90 d	90 d
$C_{90}20W6$ F100	三	Ⅱ级灰	50%	GYR－2F	0.50	15.4	24.4	34.9	38.1	＞W6	55.8
		磨细灰		GYR－2H		15.0	28.8	39.0	40.1	＞W6	89.5
		磨细渣		GYR－2Z		14.8	25.7	34.8	36.4	＞W6	66.7

(2)碾压混凝土7 d、28 d、90 d、180 d龄期劈拉压比平均值分别为6.5%、7.3%、7.2%、7.3%，轴拉压比平均值分别为8.0%、9.4%、9.0%、9.2%。混凝土轴拉压比高于劈拉压比（见表6）。

表6 碾压混凝土劈拉、轴拉、静压轴拉弹强比

掺合料	劈拉强度(MPa)				轴拉强度(MPa)				静压弹强比($\times10^3$)				轴拉弹强比($\times10^3$)			
品种	7 d	28 d	90 d	180 d	7 d	28 d	90 d	180 d	7 d	28 d	90 d	180 d	7 d	28 d	90 d	180 d
Ⅱ级灰	1.04	2.04	2.82	2.87	1.09	2.29	3.38	3.75	1.7	1.4	1.3	1.2	2.1	1.4	1.3	1.3
磨细灰	0.91	1.93	2.90	2.93	0.96	2.69	3.24	3.40	2.0	1.3	1.2	1.2	2.0	1.2	0.9	0.9
磨细渣	0.90	1.65	2.62	2.72	1.14	2.20	3.05	3.27	1.9	1.5	1.3	1.3	2.3	1.4	1.1	1.1

(3) 碾压混凝土7 d、28 d、90 d、180 d静压弹强比平均值分别为2.0×10^3、1.5×10^3、1.2×10^3、1.3×10^3；轴拉弹强比平均值分别为2.2×10^3、1.4×10^3、1.1×10^3、1.1×10^3。总体看来，7~90 d龄期静压弹强比及轴拉弹强比随龄期增长而降低，90 d后弹强比不再降低(见表6)。

(4)强度等级为$C_{90}20$的碾压混凝土90 d龄期极限拉伸值在75.8×10^{-6}~88.2×10^{-6}之间。掺磨细渣的碾压混凝土极限拉伸值稍低，掺粉煤灰、磨细灰的相差不大(见表7)。

表7 碾压混凝土弹性模量、极限拉伸值

掺合料	试验	静压弹模($\times10^4$ MPa)				轴拉弹模($\times10^4$ MPa)				极限拉伸值($\times10^{-6}$)			
品种	编号	7 d	28 d	90 d	180 d	7 d	28 d	90 d	180 d	7 d	28 d	90 d	180 d
Ⅱ级灰	GYR-2F	2.57	3.46	4.56	4.66	3.19	3.43	4.55	4.88	37.4	67.1	81.1	88.8
磨细灰	GYR-2H	2.93	3.83	4.60	4.99	3.02	3.42	3.68	3.79	39.4	76.3	85.8	87.7
磨细渣	GYR-2Z	2.78	3.89	4.60	4.84	3.44	3.58	3.71	3.86	36.6	58.6	75.8	83.3

(5)碾压混凝土掺合料掺量越大，干缩率越小；掺粉煤灰、磨细灰混凝土干缩率相差不大，掺磨细渣混凝土干缩率较大(见表8)。

表8 碾压混凝土干缩率

掺合料	试验	干缩率($-\varepsilon\times10^{-6}$)									
品种	编号	3 d	7 d	14 d	28 d	60 d	90 d	120 d	150 d	180 d	210 d
Ⅱ级灰	GYR-2F	18	37	51	77	83	91	98	104	110	115
磨细灰	GYR-2H	19	39	61	92	104	119	124	130	135	139
磨细渣	GYR-2Z	10	48	87	143	163	176	179	185	190	—

(6)碾压混凝土90 d龄期抗渗等级均满足设计要求(见表5)。

(7)碾压混凝土90 d龄期抗冻等级均满足设计要求(见表9)。

(8)$C_{90}20$三级配碾压混凝土90 d龄期试件碳化28 d的碳化深度在19.5~36.0 mm之间，掺磨细渣碾压混凝土抗碳化能力稍差(见表10)。

表 9 碾压混凝土抗冻

掺合料品种	试验编号	相对动弹模(%)				质量损失率(%)				抗冻等级(90d)
		25 次	50 次	75 次	100 次	25 次	50 次	75 次	100 次	
Ⅱ级灰	GYR - 2F	96.03	95.69	94.22	91.90	0.03	0.06	1.54	2.83	>F100
磨细灰	GYR - 2H	93.82	93.63	93.70	93.61	0.39	0.55	1.26	1.47	>F100
磨细渣	GYR - 2Z	94.42	93.27	93.24	92.94	0.21	0.28	0.64	0.80	>F100

(9)现有结果显示,掺粉煤灰碾压混凝土自生体积变形为微膨胀型;$C_{90}20$ 三级配碾压混凝土在大约 120 d 后表现为微膨胀变形;掺磨细渣的 C9020 三级 配碾压混凝土大约 70 d 后表现为微膨胀变形;掺磨细灰的碾压混凝土自生体积变形基本呈微收缩变形。碾压混凝土自生体积变形观测至 180 d 龄期,变形值在 $-12\times10^{-6}\sim16\times10^{-6}$之间(见图 11)。

表 10 碾压混凝土碳化深度

设计指标	级配	掺合料		试验编号	水胶比	碳化深度(mm)			
		品种	掺量			3 d	7 d	14 d	28 d
$C_{90}20$W6 F100	三	攀钢Ⅱ级	50%	GYR - 2F	0.50	13.0	19.0	26.0	28.0
		磨细灰		GYR - 2H		6.0	10.0	18.0	25.5
		磨细渣		GYR - 2Z		15.0	18.5	29.0	36.0

(10)$C_{90}20$ 三级配碾压混凝土,掺 50% 灰渣,28 d 绝热温升实测值为 18.68℃,拟合计算值为 18.67℃,最终计算值为 21.41℃(见图 12)。

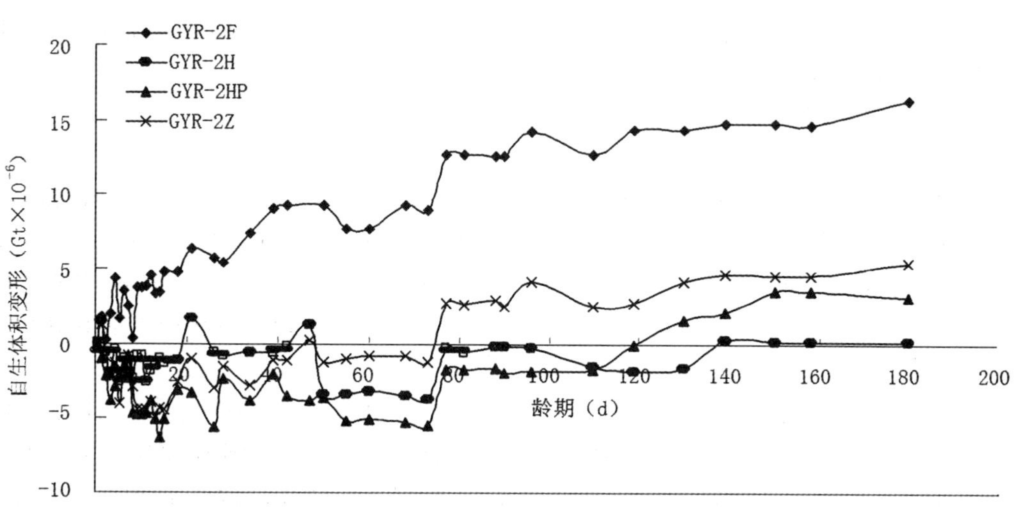

图 11 三级配碾压混凝土自生体积变形与龄期曲线

(11)碾压混凝土线膨胀系数在 4.7×10^{-6}/℃ ~5.6×10^{-6}/℃之间,属正常范围。

以上分析可以进一步看到:

(1)灰渣按比表面积大于 500 m^2/kg 加工后,SO_3 含量、烧失量、需水量比、安定性及灰

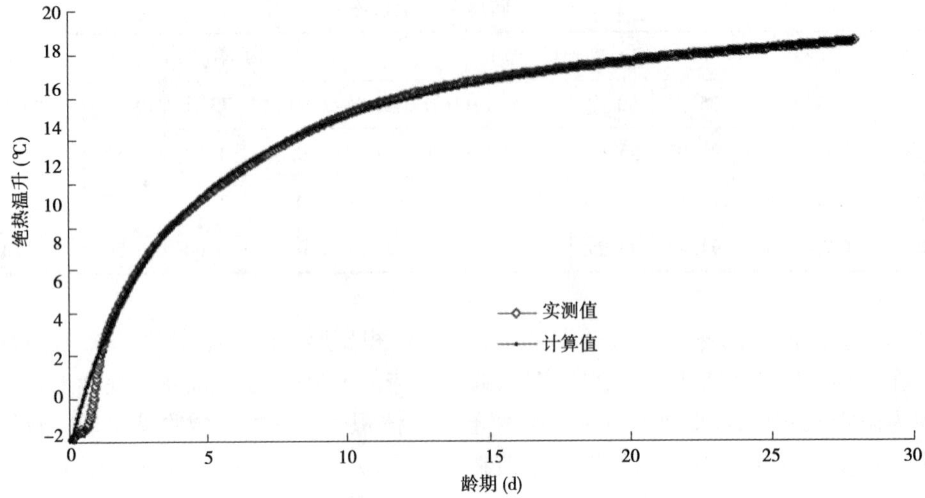

图 12　$C_{90}20$ 三级配碾压混凝土(掺灰渣)绝热温升历时曲线

渣细度均满足《水工混凝土掺用粉煤灰技术规范》(DL/T 5055—2007)中Ⅱ级粉煤灰控制标准,与攀钢Ⅱ级粉煤灰在品质上差别不大。

(2)掺灰渣的常态混凝土、碾压混凝土用水量与掺粉煤灰用水量相当,配合比参和数和拌和物性能与掺粉煤灰混凝土相比没有明显差别。

(3)掺灰渣的常态混凝土、碾压混凝土抗压强度、极限拉伸值、干缩率、抗渗、抗冻等性能与掺粉煤灰差别不大,抗压强度龄期发展系数较粉煤灰小。

(4)现有结果显示,掺粉煤灰的常态、碾压混凝土自生体积变形均为微膨胀变形,掺灰渣的碾压混凝土自生体积变形为微收缩变形,常态混凝土后期才表现为微膨胀变形。

(5)综上所述,按一定细度加工后的灰渣混凝土与掺攀钢Ⅱ级粉煤灰的混凝土没有明显差别,可作为大坝混凝土的掺合料。

4　总　结

本文针对观音岩水电站工程实际,采用现存的灰坝废弃灰渣加工获得工程用粉煤灰,从灰坝开采、烘干分离、在线分析、电选除碳、低碳掺拌及粉磨分选等方面进行了工艺生产创新尝试,尤其是通过电选除碳及高温烘干除碳、低碳灰掺拌等工艺优化,提高了产量,降低了能耗。生产工艺取得了成功,并进行了大规模生产应用,为在类似大坝工程中推广使用作出了有益创新。

产品通过普通火电厂分选Ⅱ级灰、灰坝废弃磨细灰及废弃磨细渣的品质对比检验及配合比对比试验,可以看出磨细灰渣各项指标与传统火电厂分选Ⅱ级灰相比没有明显差别,可以作为Ⅱ级粉煤灰在大体积混凝土中掺用,为利用火电厂废弃灰渣及为大体积混凝土温控抗裂作出有益尝试。

参考文献

[1] 中华人民共和国发展和改革委员会. DL/T 5055—2007 水工混凝土掺用粉煤灰技术规范[S]. 北京:中国电力出版社,2007.

［2］中华人民共和国国家经济贸易委员会. DL/T 5112—2009 水工碾压混凝土施工规范［S］. 北京：中国电力出版社，2007.
［3］中华人民共和国国家能源局. DL/T 5433—2009 水工碾压混凝土试验规程［S］. 北京：中国电力出版社，2007.
［4］大唐观音岩水电开发有限公司粉煤灰加工系统 60 万 t/y 粉煤灰生产线工程可行性研究报告［R］. 昆明：云南省建筑材料科学研究设计院.
［5］观音岩水电站攀钢 504 电厂麻地湾堆灰场电厂灰渣拟作为大坝混凝土掺合料的可行性研究（第三部分）掺合料及混凝土试验研究［R］. 昆明：中国电建集团昆明勘测设计研究院.

响洪甸水库泄洪建筑物抗冲磨混凝土试验研究

王　慧[1]　周虹均[1]　狄正烈[1]　孔楠楠[2]　詹炳根[1]

(1. 合肥工业大学 土木与水利工程学院　安徽　合肥　230009;
2. 安徽省水利科学研究院　安徽　蚌埠　233000)

摘要:结合响洪甸水库工程实际情况,在基准配合比基础上通过掺入外加剂和外掺料,测试抗冲磨混凝土各项性能指标,优选出性能优良、满足设计和施工要求的抗冲磨混凝土配合比。分析研究混凝土的抗冲磨性能与混凝土的抗压、抗冲、抗渗、抗冻等性能之间的关系以及橡胶粉、硅粉对混凝土抗冲磨性能的影响。外掺料采用超细粉煤灰,外加剂采用 WHDT 新型高性能混凝土增强密实(抗裂)剂并复合高效减水剂。研究表明,高性能外加剂通过提高混凝土中凝胶量,改善水泥石及其骨料界面的结构,增强凝胶的黏结力,使混凝土具有良好的密实性,可提高混凝土的抗冲磨性能及抗裂、防水及其耐久性能。胶粉混凝土具有极好的抗冲磨性能,不但强于普通混凝土,且优于硅粉混凝土,在工程中具有一定的应用推广价值。

关键词:水工混凝土　抗冲磨　外加剂　橡胶粉

含沙高速水流对水工建筑物过流面混凝土的冲刷磨损和空蚀破坏,是水工泄流建筑物如溢流坝、泄洪洞(槽)、泄水闸等常见的病害。不仅直接或间接影响工程的安全运行,而且维修费用大。近年来,高性能混凝土在水利工程中的研究与应用日益增多。但由于高性能混凝土应用领域十分广泛,且各领域对其性能要求又存在较大差异,因此外掺料的合理用量长期以来已成为一个较为棘手而复杂的问题。响洪甸水库是以防洪、灌溉、发电为主要功能的大型水库,也是治理淮河的重要水利工程之一,其新建泄洪建筑物过水水流最大流速大于 25 m/s,含砂量约 2 kg/m^3,泄洪隧洞进口水流空化数大于 1.5,要求过流断面混凝土应具有一定的抗冲磨和抗气蚀性能。

1　冲磨破坏机理

1.1　冲磨破坏机理

高速水流挟带的泥沙和碎石具有一定的动能,在随水流流过混凝土表面时会把部分能量传给材料,造成材料质点剥落。这种破坏与砂石特征、水流流速及过水表面体型特征等条件有关。悬移质或推移质的砂石磨损均是以不同冲角作用于材料表面的磨粒磨损。大粒径的推移质砂石,以滚动、跳跃冲砸、滑动摩擦等方式作用于混凝土表面,既有摩擦作用对表面的微切削,又有冲击力对混凝土表面冲磨,破坏能力更大。

1.2　混凝土表面冲磨破坏形式

混凝土是由胶凝材料和砂石骨料组成的多相复合材料。在悬移质和推移质泥沙的作用下,组成材料中抗冲耐磨性较差的部分将首先被冲磨掉,抗冲磨性能较强的部分则凸现出来,并承受较多的冲磨作用。若粗骨料的抗冲磨性能优于水泥石,则挟沙水流先把水泥石冲掉，粗骨料逐渐裸露出来，裸露的骨料承受的冲刷作用力大于表面水泥石，并随着凸出程度的增加，两者承受作用力差距越大，最终水泥石不足以黏结骨料，粗骨料必将脱落。因此，混凝土的抗冲磨强度取决于组成材料的抗冲磨强度及其在混凝土中所占的比例。

2　原材料与试验方法

2.1　原材料

（1）水泥：巢湖 P. O 42.5，28 d 强度抗折强度 8.24 MPa、抗压强度 48.8 MPa，性能符合国家标准要求。

（2）石子：5～16 mm 和 16～40 mm 两种规格。按 1∶1 配成连续级配。针片状颗粒含量 4.1%，压碎指标值 4.78%，堆积密度 1 783 kg/m^3，表观密度 2 570 kg/m^3。

（3）砂子：天然中砂，细度模数 3.0，级配属Ⅱ区中砂，堆积密度 1 473.6 kg/m^3。

（4）粉煤灰：淮南平圩一级，细度 10.3%，需水量比 93.7%，烧失量 2.16%，含水量 0.42%。

（5）外加剂：WHD 密实剂，ART 高效减水剂。

（6）试验混凝土标号 C35，抗渗等级 W8，抗冻等级 F100，冲磨失重率小于 4.2%。

2.2　试验方案

2.2.1　试验配合比

根据工程技术目标初步选定抗冲磨混凝土的水胶比范围为 0.30～0.45。保证用水量基本不变，制订试验方案研究不同配合比下混凝土的抗冲磨性能、抗渗性、抗冻性以及胶粉材料对混凝土抗冲磨性能的影响。

方案一：改变水胶比，进行试拌调整。具体配比情况见表 1。

表 1　抗冲磨混凝土配合比

编号	水胶比	混凝土中各材料用量(kg/m^3)						
		水	水泥	砂	石料	粉煤灰	WHD	减水剂 ART
KM1	0.34	163	362	629	1 118	98	11.65	2.32
KM2	0.39	170	340	720	1 170	85	10.63	4.25
KM3	0.43	163	296	741	1 122	76	9.06	1.09
KM4	0.45	177	295	796	1 056	79	9.41	1.53

方案二：选取方案一中满足工程要求的配合比作为基准配合比，拟选取 8 目橡胶粉分别按水泥用量的 9%、12%、15%、18%，16 目胶粉分别按水泥用量的 6%、9%、12% 以内掺方式掺入，研究橡胶粉的颗粒粒径和掺量对混凝土抗冲磨性能的影响。另外，为了和胶粉混凝土进行对比，设计了内掺 9% 硅粉混凝土。硅粉具有形态效应、微集料效应和火山灰效应，掺入混凝土后，可以大幅度提高混凝土强度，改善耐久性，提高混凝土的力学性能。

2.2.2　试验方法

配制不同配合比下的混凝土，制作标准试样并养护 28 d，测试试样抗压强度、弹性模量、抗冲磨性、抗冻性。

试验依照《水工混凝土试验规程》（SL 352—2006），采用水下钢球法进行，试验所用仪器为南京水科院研制的 HKS－Ⅱ型混凝土抗冲磨试验机。

试验结果处理：

(1)抗冲磨强度：

$$f_a = TA/\Delta M \quad (1)$$

式中：f_a 为抗冲磨强度，即单位面积上的被磨损单位质量所需时间，h/(kg · m^{-2})；T 试验累计时间，h；A 为试件受冲磨面积，m^2；ΔM 为经 T 时段冲磨后，试件损失的累计质量，kg。

(2)磨损率：

$$L = (M_0 - M_T)/M_0 \quad (2)$$

式中：L 为磨损率(%)；M_0 为试验前试件质量，kg；M_T 为试验后试件质量，kg。

3　试验结果分析

3.1　混凝土性能分析

(1)抗压强度。由试验结果(见表 2)可知，抗压强度随水胶比的增大而减小。KM2～KM4 三种配合比情况下抗压强度相差不大，KM1 数值较三组大。

表 2　混凝土抗冲磨试验结果

编号	含气量(%)	抗压强度(MPa)	弹性模量(GPa)	冲磨失重率(%)	抗冻性(质量损失量)(%)	抗渗等级
KM1	3.7	44.2	31.5	2.34	1.52	>W8
KM2	4.5	40.9	30.3	3.93	2.89	>W8
KM3	3.4	40.3	31.4	3.94	2.88	>W8
KM4	3.5	40.0	31.3	4.40	2.15	>W8

根据相关研究成果[3~4]，抗压强度影响因素有水泥强度、水灰比、骨料状况、混凝土的硬化时间、温度、湿度及施工条件等，而最重要的因素为水灰比。硬化后的水泥石是由晶体、凝胶体、未完全水化的颗粒、游离水及气孔等组成的不均质体，其中晶体、凝胶体和水化颗粒起增加强度作用，影响强度的是游离水和气孔。随着用水量减少(水灰比变小)，游离水随之减少，晶体和凝胶体增加，从而增加混凝土强度。通过试验 KM1 配合比能较好满足工程设计要求。

(2)抗冲磨性。从试验结果可以看出：KM1 配合比冲磨失重率最小，抗冲磨性较其他三组的好。可见，在原材料固定时可以通过减小水灰比，选取均匀骨料增强混凝土密实性，提高抗冲磨性。

但是配制混凝土时应注意不能选取过小的水灰比，否则，水泥浆过于黏稠，使得相同坍落度下骨料含量相对较小，水泥浆量过多，抗冲磨强度将减小[5]。

(3)抗渗、抗冻性。从试验结果可知：混凝土在 4 种配合比下抗渗等级>W8，均能满足抗渗要求。抗冲磨混凝土密实度高，内部孔隙少，与普通混凝土相比具有更高的抗渗性。因为粉煤灰的二次水化作用可改善混凝土孔结构，降低孔隙率，有效提高混凝土抗渗等级。

抗冻机理[8]表明，抗冻能力与混凝土内部密实度有关。混凝土中水泥石内孔隙自由水的存在是混凝土产生冻害的原因。孔隙中的自由水反复冻融，对孔隙壁不断产生胀压力，最终使混凝土胀裂。而稳定分布于混凝土中的封闭气泡,在自由水冻结时被压缩,可大为减轻冰冻给孔隙带来的胀压力,提高混凝土抗冻性。因此,可以通过两个途径提高混凝土的抗冻性能:减小水灰比(小于0.35)和增加含气量(加引气剂)。显然前种方法不经济,高水泥用量将导致水化温升。通常建议采用加引气剂,增加含气量的方法。由表2可知,各组含气量在3%~5%,混凝土具有较好的抗冻性能,100次冻融循环后相对弹性模量均大于60%,满足工程技术指标。

3.2　外掺剂影响分析

表3为方案二试验结果,掺量分别为9%、12%、15%及18%的8目橡胶粉混凝土KC8-9、KC8-12、KC8-15、KC8-18,其抗冲磨强度分别是基准混凝土KC0的2.60、2.83、3.25、4.33倍。掺量分别为6%、9%及12%的16目橡胶粉混凝土KC16-6、KC16-9、KC16-12,其抗冲磨强度分别是基准混凝土2.71、4.06、1.91倍。硅粉混凝土KCS的抗冲磨强度是基准混凝土提高1.86倍。由此可以得出,橡胶粉混凝土具有极好抗冲磨性能。同时,8目橡胶粉混凝土随着掺量的增加抗压强度递减,抗冲磨强度递增。16目橡胶粉混凝土随着掺量的增加抗压强度递减,抗冲磨强度出现波动,当掺量为9%时,抗冲磨强度最大。

表3　混凝土抗冲磨试验结果

编号	冲磨失重率(%)	抗冲磨强度($h/(kg \cdot m^2)$)	抗冲磨强度相对倍数	抗压强度(MPa)		强度相对倍数
				7 d	28 d	
KC0	2.34	7.83	1.00	40.8	44.2	1.00
KCS	1.92	14.53	1.86	45.1	62.8	1.29
KC8-9	1.46	20.35	2.60	35.1	39.1	0.80
KC8-12	1.35	22.12	2.83	32.1	37.1	0.76
KC8-15	1.18	25.43	3.25	28.7	35.6	0.73
KC8-18	0.89	33.91	4.33	22.8	30.1	0.62
KC16-6	1.43	21.20	2.71	34.7	39.6	0.81
KC16-9	0.94	31.79	4.06	28.0	34.5	0.71
KC16-12	1.99	14.96	1.91	26.1	31.5	0.65

混凝土是一种以胶凝材料、水、砂石骨料及掺和料、外加剂混合而形成的一个多相体。决定该多相体的抗冲磨性能主要有两个方面,一个是组成材料本体的抗冲磨性能,另一个是各种材料相互结合是否牢固的性能。掺入硅粉是由于改善了水泥石自身的抗冲磨性和硬度,以及改善水泥石与骨料界面的黏结,从而使粗骨料在磨损作用时难以被破坏。橡胶粉的掺入是从提高组成材料本体方面改善混凝土的抗冲磨性能,但降低了水泥石及其与骨料界面的黏结强度,使材料相互结合牢固的性能减弱。

橡胶粉混凝土与基准混凝土和硅粉混凝土不同的是,其抗冲磨强度与抗压强度无直接联系。与相同水泥用量的基准混凝土和硅粉混凝土相比,橡胶粉混凝土虽然强度降低很多,但其抗冲磨强度却提高很大一部分。如KC8-18,强度只有基准混凝土的62%,是硅粉混凝土强度的48%,但其抗冲磨强度却是基准混凝土的4.33倍,硅粉混凝土的2.33倍。冲磨后 KC8 – 18 表面依然平整,没有出现低强度混凝土的水泥石凹坑、骨料凸起的现象。

橡胶粉的加入,减小了水泥石的孔隙率,提高了密实度,并且在水泥的胶结作用下与孔隙四周形成一种结构变形中心,这个中心具有一定强度,能够约束微裂缝的产生和发展,并且吸收应变能,降低了水泥石的刚性。当混凝土受到不同直径的介质冲击力作用时,能够吸收震动能,提高了混凝土的抗冲击性能。

4 结 论

(1)抗冲磨混凝土采用较小的水灰比可以保证其具有较好的抗压强度、抗冲磨性和耐久度。但不宜过小,实际工程中应通过试验确定适宜的水灰比。

(2)高性能外加剂通过提高混凝土中凝胶量,改善水泥石及其骨料界面的结构,增强凝胶的黏结力,使混凝土具有良好的密实性,可提高混凝土的抗冲磨、抗裂及其耐久性能。

(3)橡胶粉的加入虽然降低了混凝土抗压强度,但改善了混凝土的脆性提高了混凝土的抗冲磨性能。橡胶粉混凝土具有极好的抗冲磨性能,在工程中具有一定的应用推广价值。

参考文献

[1] 中华人民共和国水利部. SL352—2006 水工混凝土试验规程[S]. 北京:中国水利水电出版社,2006.

[2] 尹延国,胡献国. 含沙高速水流状态下水工混凝土的磨损问题探讨[J]. 混凝土与水泥制品,1999(3):14-16.

[3] 李金玉,曹建国. 水工混凝土耐久性的研究和应用[M]. 北京:中国电力出版社,2004.

[4] 杨华全,李光伟. 水工混凝土研究与应用[M]. 北京:中国水利水电出版社,2005.

[5] 李光伟,杨元慧. 溪洛渡水电站抗冲磨混凝土性能试验研究[J]. 水电站设计,2004(9):92-97.

[6] 何真,胡曙光,梁文全,等. 水工混凝土磨蚀磨损研究[J]. 硅酸盐学报,2000(12):79-81.

[7] 宋少民,刘娟红,金树新. 橡胶粉改性的高韧性混凝土研究[J]. 混凝土与水泥制品,1997(1):10-11.

[8] 郭宏星. 含气量对混凝土抗冻性能的影响[J]. 北京:科技信息,2007(29):151-152.

X型宽尾墩+台阶坝面联合消能工体型设计

黄 琼 卢 红

（中国电建集团贵阳勘测设计研究院有限公司 贵州 贵阳550081）

摘要：X型宽尾墩+台阶坝面联合消能工是一种新型消能工，本文提出了X型宽尾墩+台阶坝面联合消能工适用条件及体型参数确定，说明了X型宽尾墩+台阶坝面联合消能工的消能机理及优点和在工程中的应用情况，为今后类似工程提供设计依据。

关键词：X型宽尾墩 台阶坝面 收缩比

1 概 述

宽尾墩消能工属中国首创，20世纪70年代初林秉南、龚振赢提出了将闸墩尾部加宽，使墩后水流横向收缩，形成窄而高的射流消能方式，与消力戽和消力池等常规消能工联合消能，取得极好的效果。80年代，随着碾压混凝土（RCC）坝的推广应用，台阶式分层碾压能结合坝体进行，施工方便，RCC台阶溢洪道得到了迅速发展。台阶溢洪道的显著特点是沿坝坡逐级掺气、减速、消能。许多试验表明，消能台阶的消能率比光滑混凝土泄槽要高4%～8%，因而使下游要求的消力池长度大大减短。

20世纪90年代以来，碾压混凝土坝在我国的迅速发展，坝面阶梯式消能工的设想已付诸于工程实际，国外在研究使用阶梯式消能工时，其单宽流量都不大，基本上是为45～75（$m^3/(s\cdot m)$），而我国泄水建筑物往往流量很大，如果采用台阶消能工就必须要加其他辅助消能工，如宽尾墩+台阶式坝面联合消能工，宽尾墩的作用，使传统消力池二元水流转变为三元水流，增加掺气、提高消能率的同时，消力池长度也被大幅度地减小。

以前的宽尾墩都是Y型，即宽尾墩的底部直接接到溢流面上，Y型宽尾墩只适用大单宽深尾水的泄洪，当下游河道尾水深度较小或较高的库水位单孔开启时，大单宽泄洪消力池底板脉动压强剧增，甚至破坏消力池底板结构的稳定；在小流量泄洪时，Y型宽尾墩难以形成良好的宽尾墩纵向拉开水舌，水流成一集中水股砸向坝面，使坝面冲击压强急剧增加，严重时，坝面被砸出许多小坑，这些小坑在大洪水泄洪时会引起坝面空蚀破坏问题；在常遇洪水泄洪时，无水坝面很大，台阶消能未能充分利用。在继承传统宽尾墩优点同时，结合台阶坝面的使用，X型宽尾墩作为一种新型消能工，在乌江索风营水电站泄洪建筑物水力学模型试验中首次被提出，索风营水电站单宽流量达到245 $m^3/(s\cdot m)$。X型宽尾墩，即在Y型宽尾墩的底部切了一刀，宽尾墩不直接接到溢流面上，充分利用台阶坝面的消能作用，从宽尾墩射出的水流与台阶坝面下泄的水流结合，能达到更好的紊动消能，对减轻下游水位波动和河床的冲刷更为有利。X型宽尾墩体型泄洪消能效果好、设计简单、施工方便、工期短和投资省的目的。

2　X 型宽尾墩 + 台阶坝面联合消能工的适用条件

(1)碾压混凝土重力坝的最大坝高 130 m(含 130 m)。坝高超过 130 m 应做专门研究。

(2)对于百米级高坝,表孔泄流坝段的单宽流量的范围为 100 ~ 260 $m^3/(s \cdot m)$。

(3)对于中坝,其单宽流量的范围为 80 ~ 140 $m^3/(s \cdot m)$。

(4)表征下游尾水水深程度的参数 h_d/P_d 的范围为 0.28 ~ 0.85。

3　X 型宽尾墩的体型参数

宽尾墩体型及位置可由以下四个基本参数表示。

收缩比:

$$\beta = \frac{b}{B} \tag{1}$$

尾部折射角:

$$\theta = \arctan\left(\frac{B-b}{2L}\right) \tag{2}$$

宽尾墩始扩点位置参数:

$$\xi_1 = \frac{x}{H_d};\xi_2 = \frac{y}{H_d} \tag{3}$$

来流相对临界水深:

$$h_k = \frac{q^{2/3}}{g^{1/3}H} \tag{4}$$

式中:B 为闸室过流宽度,m;b 为宽尾墩收缩后的过流宽度,m;L 为宽尾墩纵向水平投影长度,m;x、y 为宽尾墩始扩点相对于堰顶的坐标位置,m;H_d 为堰面设计水头,m;g 为重力加速度,m/s^2。

通过模型试验及数值分析研究发现,收缩比 β 的取值范围为 0.33 ~ 0.65,若 $\beta > 0.65$,消能率降低,冲刷加剧;若 $\beta < 0.33$,水舌虽薄但落点不一定很远。β 取值并不能用一个固定的解析式求解得到,对某一具体工程条件而言,一般都在一定范围之内。而且比较合理的 β 取值应满足以下原则:不影响泄流能力,闸室水面较低,消能率较高,下游河道消能防冲效果较好。建议 θ 取值为 16° ~ 24°,ξ_1 与 ξ_2 取值应以不影响泄流能力为原则,建议 $\xi_1 > 0.85$,$\xi_2 > 0.37$。

X 型宽尾墩体型及其在堰面上相对位置主要根据以下原则确定:第一,宽尾墩不能对堰面的过流能力产生太大影响;第二,宽尾墩在台阶坝面所形成的纵向拉开水舌要适应不同下泄流量范围与消力池消能的要求;第三,宽尾墩底部体型要满足台阶面消能,以及台阶面与宽尾墩本身防空蚀破坏的要求。

X 型宽尾墩体型详解见图 1。

(1)X 型宽尾墩体型分上、中、下三部分,上面宽尾墩初始点位置由宽尾墩始折点参数 ξ_1 与 ξ_2 取值决定,一般情况下,$\xi_1 > 0.85$,$\xi_2 > 0.37$;中部面由收缩比 β 和折射角 θ 确定,一般情况下,$0.33 < \beta < 0.65$、$16° < \theta < 24°$,只要确定其中一个参数,另一个可利用关系式(3-5)计算,最终体型应通过试验进行调整;下部面与堰面应成收缩式夹角布置,且末端高点与堰面之间的距离不要超过 3.5m,低点与堰面的距离为高点的一半左右,以台阶面的单宽流

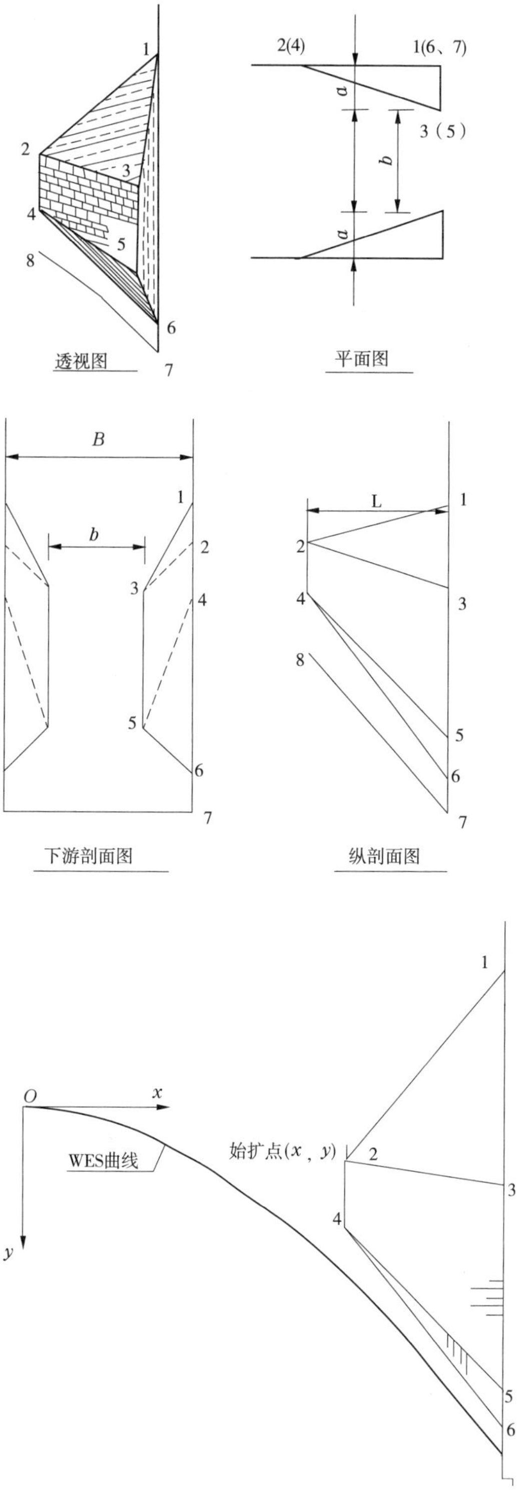

图1　X型宽尾墩体型详图

量为 30 ~60 $m^3/(s \cdot m)$控制 X 型宽尾墩体型比较合理。

为了对收缩比β、折射角θ与工程条件之间的关系进行研究，韩立对使用宽尾墩的部分工程资料进行了综合分析研究，提出一个β、θ与工程基本条件之间的经验关系式，即：

$$\beta = 0.2\frac{H_d}{Z_a \tan\theta} - 0.06 \tag{5}$$

式中：H_d 为堰面定型设计水头，m；Z_a 为堰顶距宽尾墩末端之间的高差，m。

由于 H_d 一般随工程而定，而 Z_a 又确定了宽尾墩在堰面上的位置，所以这一规律基本反映了β、θ与工程基本条件之间的关系。

(2)堰面末端掺气坎随宽尾墩体型、堰面与台阶面之间的位置关系，有不同的设置方式。在 X 型宽尾墩 + 台阶面 + 消力池联合消能的体型中，对于坡比为 1∶0.7 的台阶面，台阶高度 0.9 ~1.2 m，采用掺气挑坎时，坎高只需 0.25 ~0.30 m，采用跌坎时，坎高则需 0.8 ~1.0 m；对于坡比为 1∶0.75 的台阶面，台阶高度 0.9 ~1.2 m，采用掺气挑坎时，坎高需要 0.45 ~0.6 m，采用跌坎时，坎高则需 1.0 ~1.1 m。

掺气坎体型见图 2。

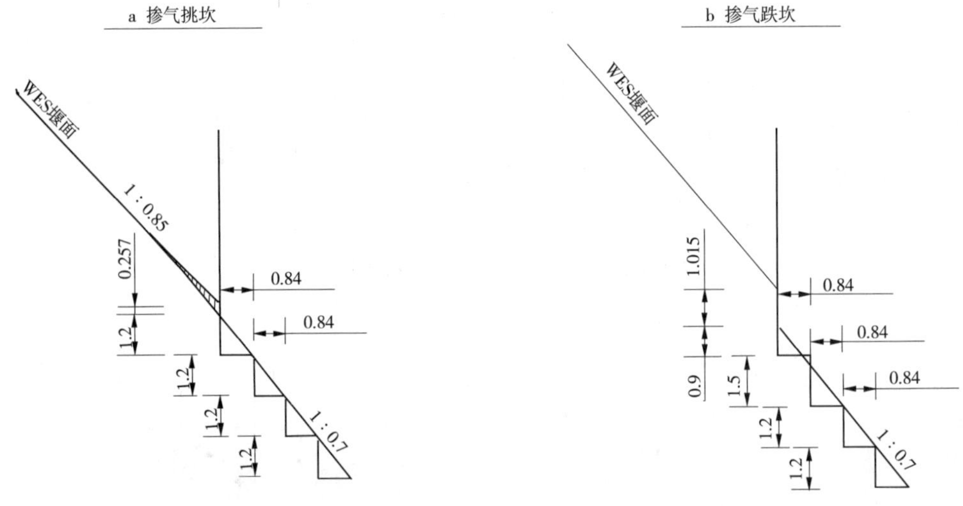

图 2　掺气坎体型图

4　X 型宽尾墩 + 台阶坝面联合消能消能机理及优点

4.1　X 型宽尾墩 + 台阶坝面联合消能工的消能机理

传统宽尾墩 + 消力池联合用时，宽尾墩底部水流仍未脱离坝面，也可认为是一种“底流 + 挑流”的复合消能形式，但这种底流又受到宽尾墩的横向收缩，在一定程度上，底部水流具有压力射流特征出现，因此也不能被认为是完整的“底流 + 挑流”水流流态。X 型宽尾墩底部开口面的存在，使底部水流在横向无收缩的条件下沿坝面滑行而下，相对于传统宽尾墩底部的收缩射流而言，这部分水流使宽尾墩底部水流特征发生了改变，水流呈现一种接近完全坝面过流流态的形式。X 型宽尾墩底部水流在改变坝面压强、流速、掺气浓度等水力参数的变化规律的同时，又为上部宽尾墩挑流水舌提供宽厚水垫，形成较为完整的“底流 + 挑流”流态。该底流不仅为上部挑流水舌提供水垫，且底部滑行流的水平拖曳作用，使缩窄挑射水流出现部分向下游移动趋势,这种移动的水垫可有效减小水舌对消力池底板的冲击压强,因此也可称为“动水垫”。“动水垫”对消力池底板所承受的水舌冲击压强减缓作用非常明显。模型试验对Y型宽尾墩与X型宽尾墩在消力池底板的冲击压强进行了测试比较,研究结果发现,在消力池前30 m范围内,X型宽尾墩底部水流可使水流最大冲击压强相对于传统宽尾墩至少减小约30%。

4.2　X型宽尾墩+台阶坝面联合消能工的消能优点

X型宽尾墩+台阶坝面联合消能工这种新型消能工体型具有以下优点:

(1)小流量过流时,台阶坝面大面积过水,充分发挥台阶坝面的消能作用;

(2)大流量过流时,下部开口过一部分水流,宽尾墩中上部过一部分水流,下部水流对上部宽尾墩纵向拉开的水舌产生一定的上托作用,既可减小宽尾墩过流时台阶坝面出现的负压,又可避免水流集中对台阶坝面的冲蚀作用;

(3)减小了宽尾墩纵向拉开水舌下落时对消力池底板的冲击力;

(4)出宽尾墩片状水舌流量减小,对下游岸坡的雾化影响也相应减弱;

(5)根据测试成果分析,小流量泄洪时台阶溢流面消能率大于50%,随着单宽流量的增加,X型宽尾墩消能率快速增加,并超过Y型宽尾墩5%以上。大单宽泄洪时,台阶面消能率为10%~20%,宽尾墩大于50%,消力池15%~25%。X型宽尾墩+台阶面+消力池联合消能,只要体型设计合理,其总消能率达90%以上。

5　工程应用

乌江索风营水电站首次采用X型宽尾墩+台阶坝面联合消能工,索风营大坝为碾压混凝土重力坝,大坝由左右岸挡水坝段和河床溢流坝段组成,坝顶全长164.58 m,河床溢流坝段长83 m。最大坝高115.8 m,最大底宽97 m。泄水建筑物采用溢流表孔型式,共设5个泄洪表孔,每孔净宽13 m,闸墩厚3 m,堰顶高程818.5 m,堰面采用WES曲线,经斜线段后与反弧段相连,后接消力池。表孔设5扇13 m×19 m(宽×高)的弧形工作闸门和一扇平板检修闸门。闸墩采用新型X型宽尾墩,与台阶溢流坝面和消力池进行联合消能。索风营水电站X型宽尾墩的体型见图3、图4。索风营水电站于2007年建成,2007年7月底至8月初,水库水位达到正常蓄水位,2#、3#、4#表孔连续宣泄洪水,下泄流量约4 700 m^3/s。由于水库为日调节水库,水库建成后每年都要宣泄洪水,经过几年的运行,新型消能工的消能效果良好,泄水建筑物无破坏痕迹,索风营水电站泄洪如图5所示。

目前已推广应用于乌江思林、沙沱等水电工程的泄洪消能中,思林水电站坝高117 m,最大下泄流量32 584 m^3/s,河谷宽300 m,下游尾水位高,本工程堰上水头与及单宽泄量均比较大,最大堰上水头30.77 m,最大单宽泄量362 $m^3/(s·m)$,思林水电站X型宽尾墩的体型见图6。

沙沱水电站坝高101 m,溢流表孔共7孔,最大下泄流量为32 035 m^3/s,布置在河床中部主河道上,每孔净宽15 m,闸墩宽5.0 m(边墩宽4.0 m),溢流前沿总宽143 m,堰顶高程342.00 m,堰上设孔口尺寸15 m×23 m(宽×高)的弧形工作闸门,最大单宽泄量362 $m^3/(s·m)$,思林水电站X型宽尾墩的体型见图7。

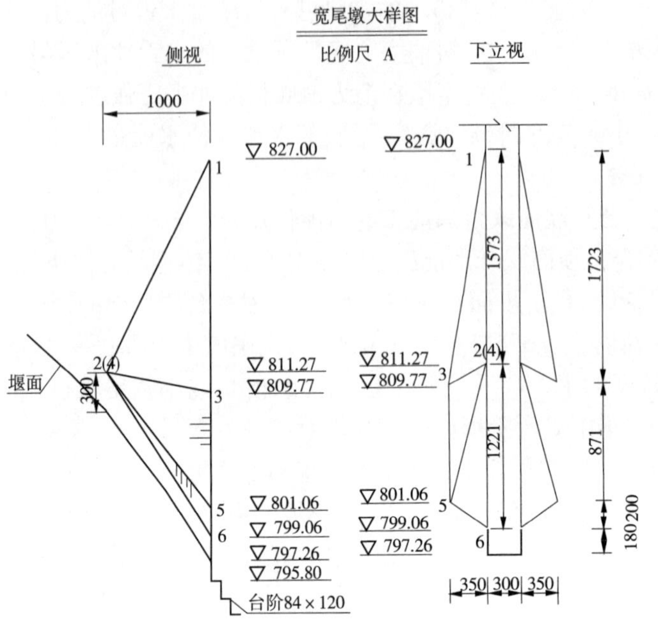

图 3

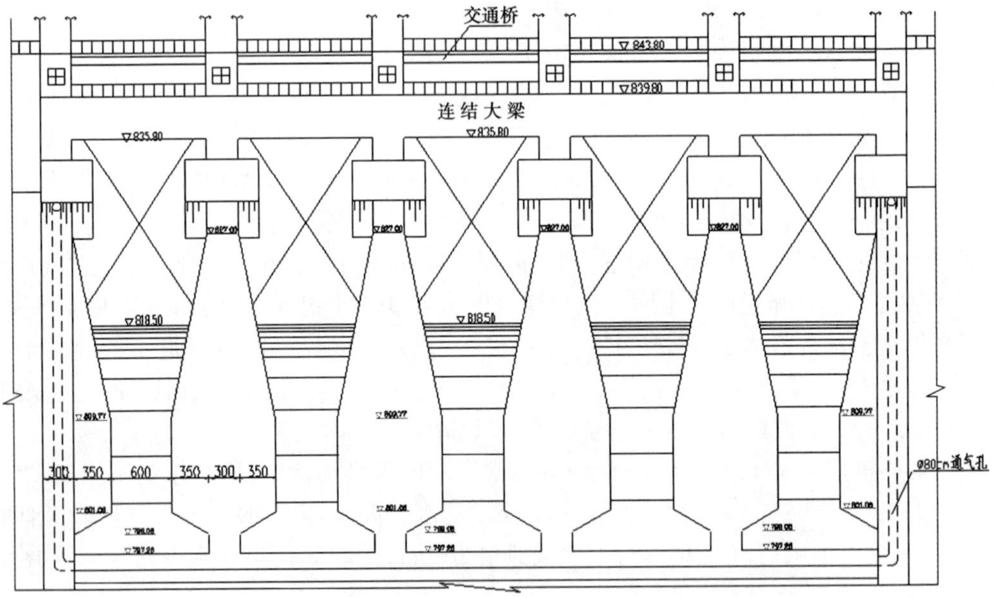

图 4　索风营水电站表孔闸墩下游立视图

图5　索风营水电站泄洪照片

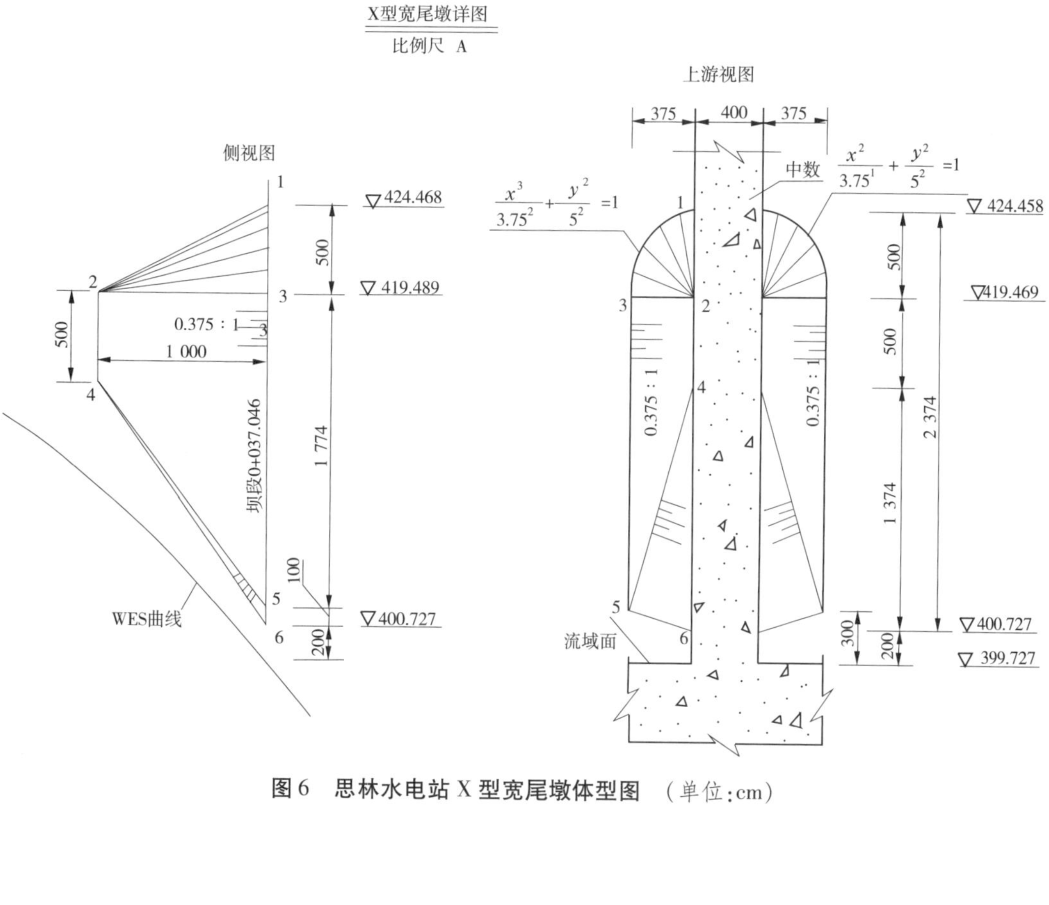

图6　思林水电站 X 型宽尾墩体型图　（单位：cm）

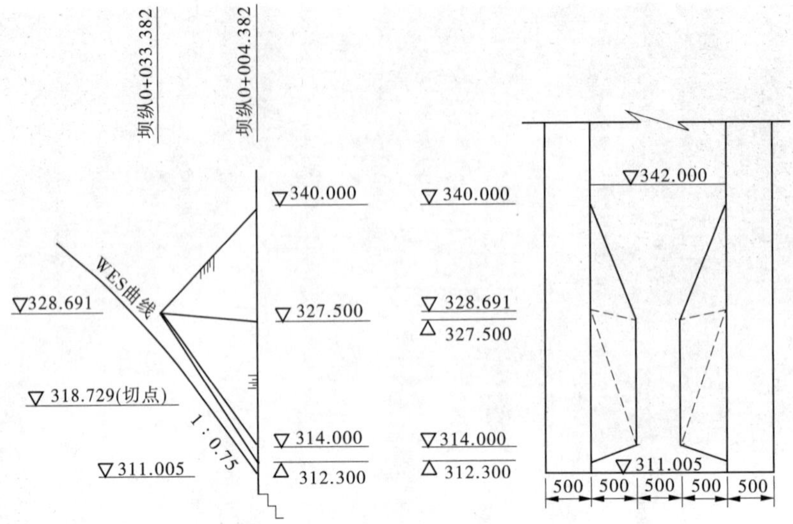

图7　沙沱水电站X型宽尾墩体型图　（单位:cm）

表1　已建、在建工程X型宽尾墩体型参数

工程	总泄量	单宽泄量	收缩比 β	尾部折射角 θ	ξ_1	ξ_2
索风营	16 300	245	0. 46	19. 29	1. 01	0. 36
思林	32 584	358	0. 42	20. 55	0. 88	0. 16
沙沱(在建)	32 035	308	0. 33	24. 2	1. 29	0. 63

6　结　语

X型宽尾墩+台阶坝面+消力池的联合消能型式，能较好地解决窄河谷、单宽流量较大而下游水位又较深的泄洪消能问题。通过大量的技术分析与试验研究后，该消能方式在索风营工程首先应用，经过一段时间中小流量的运行，效果良好，为其他类似工程提供经验，目前已推广应用于乌江思林、沙沱等水电工程的泄洪消能中，应用前景广阔。

参考文献

[1] X型宽尾墩+台阶坝面联合消能技术研究成果报告[R]. 贵阳:中国水电顾问集团贵阳勘测设计研究院,2007.

长河坝水电站大坝砾石土心墙料含水率调整工艺及设备选择

熊　亮

（中国水利水电第五工程局有限公司　四川　成都　610066）

摘要：土料的含水率对压实效果影响较大，必须将其含水率调整至最优含水率左右，土料才能碾压密实，从而保证获得较高的压实度和较好的防渗效果。本文对天然土料的减水工艺进行了系列试验论证，最终在取得满足设计要求的砾石土料含水率的同时大大提高了土料的调水效率。

关键词：长河坝水电站　天然土料　减水工艺　推土机挂犁铧

1　概　述

1.1　工程概况

长河坝水电站位于四川省甘孜藏族自治州康定县境内大渡河上游金汤河口以下4～7 km河段，是大渡河流域水电梯级近期开发的大型水电工程之一。电站装机容量2 600 MW，正常蓄水位1 690 m，总库容为10.75亿m^3，具有季调节能力。

大坝为砾石土心墙高堆石坝，最大坝高240 m，设计需要碎砾石土防渗料压实方约为430万m^3，主要料场为汤坝料场和新莲料场。

汤坝料场位于坝区上游金汤河左岸与汤坝沟之间的边坡上，距下坝址22 km，有17 km重丘4级公路与沿大渡河省道S211公路连接，开采条件较好，但运距相对较远。料场土料主要属冰积堆积含碎砾石土，少量为坡积堆积。地形坡度一般为20°～30°，局部10°～5°及35°～40°，分布高程2 050～2 260 m，面积51万m^2，多为耕地和极少量农舍。

1.2　砾石土料设计技术要求

砾石土料设计技术要求如下；

（1）填筑料最大粒径宜不大于150 mm和铺土厚度的2/3；粒径大于5 mm的颗粒含量不宜超过50%，不宜低于30%；小于0.075 mm的颗粒含量不应小于15 %；小于0.005 mm的颗粒含量不小于8 %。

（2）颗粒级配应连续，并防止粗料集中架空现象。

（3）碾压后的砾石土心墙料渗透系数不大于1×10^{-5}cm/s，抗渗透变形的破坏坡降应大于5，其渗透破坏型式应为流土。

（4）砾石土心墙料的塑性指数宜大于10，小于20。

（5）碾压后的砾石土心墙料压实度以全料压实度和细料压实度进行双控制，全料的压实度应不低于0.97（击实功2 688 kJ/m^3），土料P5含量分别为30%、40%、50%时压实后干密度分别不小于2.07 g/cm^3、2.10 g/cm^3、2.14 g/cm^3，其他P5含量土料控制干密度可根据上述控制干密度内插；细料压实度不低于 1.00（击实功 592 kJ/m^3），压实后干密度不小于 1.82 g/cm^3。全料压实度 = 挖坑灌水法得到的全料干密度/室内大型击实试验所得全料最大干密度；细料（<5 mm 料）压实度检测宜采用三点击实法。

（6）汤坝心墙防渗土料全料填筑含水率应为 $\omega_0-1\%\leqslant\omega\leqslant\omega_0+2\%$，$\omega_0$ 为最优含水率。

1.3　土料含水率调整的必要性

汤坝土料场料源质量分布不均匀，土料的天然含水率与最优含水率均有不同程度差值，极少处于允许范围。结合前期汤坝土料场复勘成果、近期开采过程中料源检测情况及现阶段新增探坑所确定含水率偏高土料范围，表明现阶段汤坝土料场内 70% 土料含水率偏高。土料的含水率对压实效果影响较大，必须将其含水率调整至最优含水率左右，土料才能碾压密实，从而保证获得较高的压实度和较好的防渗效果，因此土料含水率的调整是土石坝填筑的关键工序。

汤坝土料场未发现含水率偏低土料，本文主要介绍砾石土料的减水工艺。

2　土料调水量的计算

2.1　砾石土料填筑含水率确定

天然土料的最优含水率与 P5 含量的关系需经过系列的击实试验求得，不同砾石含量的土料均对应不同的最优含水率，P5 含量与最优含水率的关系见图 1。

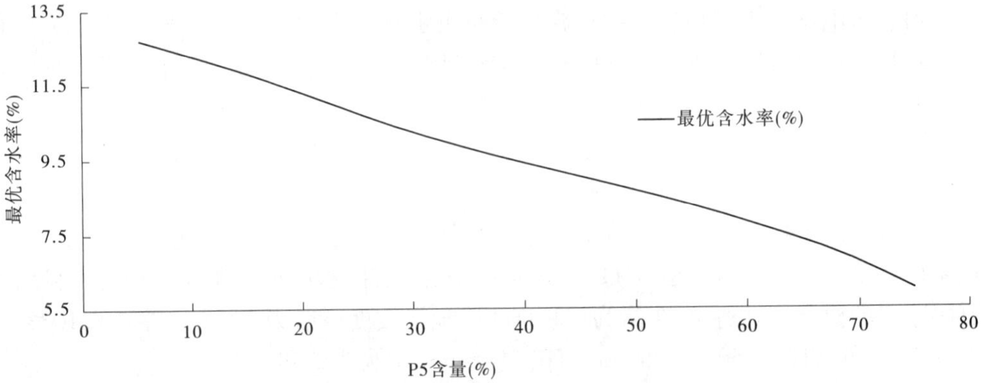

图 1　P5 含量与最优含水率关系曲线

砾石土料 P5 含量与含水率在上述情况下，通过系列碾压试验能获得满足设计要求的压实度，同时获得砾石土料的填筑含水率为 $\omega_0-1\%\leqslant\omega\leqslant\omega_0+2\%$，$\omega_0$ 为最优含水率。

2.2　砾石土料减水量的确定

考虑土料调水完成后需经过装车、运输（28 km）、摊铺、碾压几个重要工序，将损失部分水分，为此在确保土料填筑含水率控制在最优含水率的 −1% ~ +2% 范围内，土料调水完成后的含水率应按最优含水率的 +1% ~ +2% 范围进行控制。

一般调水过程中含水量检测消耗时间较长，导致各调水时段土料的含水率不能及时获得。为此，长河坝水电站砾石土料含水率均采用快速检测方法求得，具体方法如下：

（1）测定粒径小于 5 mm 土料与粒径大于 5 mm 土料所占的百分数。

（2）大于 5 mm 土料的含水率采用饱和面干含水率代替，小于 5 mm 土料的含水率采用酒精燃烧法获得；

(3)根据两者的含水率及对应的砾石含量按照加权法计算全料的含水率。

待调水土料的含水率检测完成后,根据各土料最优含水率的 +1% ~ +2% 确定土料的调水量。

3　土料调水工艺选择

3.1　工艺流程

汤坝土料场含水率调整总体工艺流程见图 2。根据已建类似工程经验,并结合汤坝土料场砾石土料料源质量分布情况及含水率的差异,拟订了三种具体调水工艺。

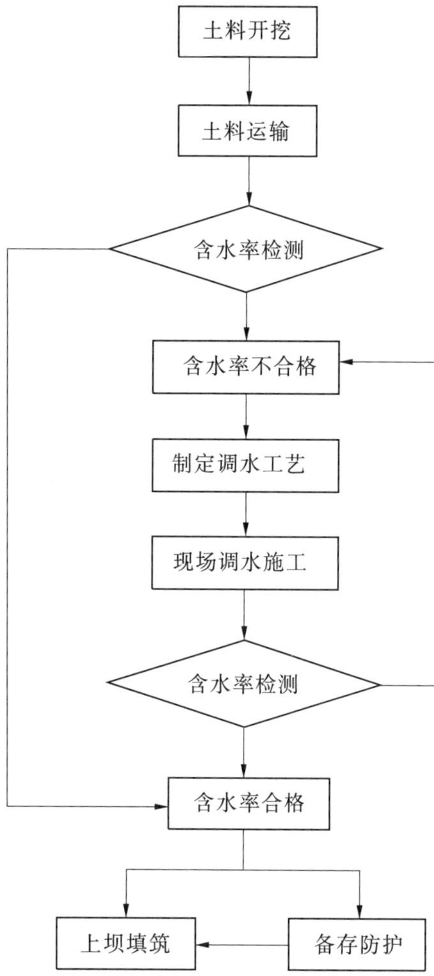

图 2　汤坝土料场土料含水率调整工艺流程

(1)常规调水工艺。

常规调水工艺为推土机将待调水的土料按照确定的厚度(50 cm)进行平面摊铺,在自然条件下进行含水调整。调水过程中试验检测人员进行含水率的跟踪检测,检测合格后进行运输上坝填筑。

(2)农用四铧犁调水工艺。

农用四铧犁调水工艺为推土机将待调水的土料按照确定的厚度(50 cm)进行平面摊

铺,铺筑完成后采用农用四铧犁进行翻土调水。调水过程中试验检测人员进行含水率的跟踪检测,检测合格后进行运输上坝填筑。

(3)推土机挂松土器调水工艺。

推土机挂松土器调水工艺为推土机将待调水的土料按照确定的厚度(50 cm)进行平面摊铺,铺筑完成后采用推土机挂松土器进行翻土调水。调水过程中试验检测人员进行含水率的跟踪检测,检测合格后进行运输上坝填筑。

3.2 调水工艺试验

根据不同调水工艺,结合生产进行了现场生产性调水试验,其试验统计见表1。

表1　生产性调水试验统计

试验编号	调水工艺	P5含量(%)	实际含水率(%)	最优含水率(%)	施工含水率(%)	摊铺厚度(m)	温度(°)	风速(m/s)	日照	翻土频率(h/次)	调水周期(h)	调整后含水率(%)
1	常规	38.5	15.8	9.1	10.1~11.1	0.5	10~25	3~10	一般	—	46.0	10.4
	农用四铧犁	42.1	15.2	8.8	9.8~10.8	0.5	10~25	3~10	一般	6	36.0	10.3
	推土机挂松土器	39.7	15.9	9	10.0~11.0	0.5	10~25	3~10	一般	6	34.5	10.5
2	常规	36.4	15.4	9.3	10.3~11.3	0.5	10~25	3~10	一般	—	47.5	10.5
	农用四铧犁	44.5	14.7	8.6	9.6~10.6	0.5	10~25	3~10	一般	6	34.5	9.8
	推土机挂松土器	46.8	14.2	8.4	9.4~10.4	0.5	10~25	3~10	一般	6	32.0	10.0
3	常规	38.5	16.1	9.1	10.1~11.1	0.5	10~25	3~10	一般	—	51.5	10.4
	农用四铧犁	35.9	15.8	9.3	10.3~11.3	0.5	10~25	3~ ~10	一般	4	30.5	10.5
	推土机挂松土器	44.5	15.1	8.6	9.6~10.6	0.5	10~25	3~10	一般	4	28.5	9.9
4	常规	39.6	14.3	9	10.0~11.0	0.5	10~25	3~10	一般	—	46.5	10.4
	农用四铧犁	42.2	14	8.8	9.8~10.8	0.5	10~25	3~10	一般	4	29.5	10.2
	推土机挂松土器	38.4	14.5	9.1	10.1~11.1	0.5	10~25	3~10	一般	4	30.0	10.5

上述试验检测成果表明,各调水工艺均能将土料含水率调整至施工含水率范围内。但由于调水工艺的差异,土料的调水效率明显不同。现场调水过程中对各调水工艺进行了对比分析,其各调水工艺的优缺点见表2。

表 2　调水工艺对比分析

调水工艺	优点	缺点
常规	操作简单，不另外增加工艺，不增加专用设备	调水周期较长，调水强度不宜得到保障
农用四铧犁	操作简单，较常规调水工艺含水率调整效率明显，土料质量易于得到控制	农用四铧犁动力不足，一次翻土深度不宜过深，每次翻土只能进行表层土料的翻松。由于调水场地的起伏，调水设备在调水面上行走困难
推土机挂松土器	操作简单，较常规调水工艺含水率调整效率明显，土料质量易于得到控制。由于单位宽度推土机行走的次数少，不至于将已经翻松的土料压实，特别在翻晒时能取得更好的效果	推土机带有的松土器只有三根宽度约为 10 cm 的齿钩，一般解决相对强度较低的岩石刨松，作为土料的翻松时，由于齿钩间间距大，只能刨开一条小沟，存在动力浪费的问题

3.3　工艺选择

长河坝水电站为砾石土心墙堆石坝最大坝高 240 m，技术标准高。另外，受发电工期与度汛工期的限制，施工强度高于已建同类工程，结合前期料场复勘及上坝过程中料原检测情况统计，汤坝土料场砾石土料绝大部分含水率高于施工含水率要求，需对含水偏高的土料进行规模化调水施工，其调水强度方能满足大坝填筑需求。

综合已建类似工程经验及各调水工艺的优缺点，为确保砾石土料的调水强度及调水质量满足上坝填筑要求，长河坝水电站采用推土机挂松土器翻土的方式进行含水偏高土料的调整。

4　调水设备改进与论证

为了提高调水效率及调水质量，结合推土机的动力及调水试验过程中暴露出的问题对调水设备进行了改进：

(1)根据 SD220 推土机的动力和机身宽度，设计制作了 5 个犁铧的松土器，两次翻土能将待调水土料全部刨松，且翻土深度可达 50 cm。

(2)将翻土板设计制作为倾斜，满足翻料的作用，能将下部的土料翻到表面，提高了土料调水效率。

调水设备改进后，进行了调水效率及调水质量的论证，见表 3。

表3　调整后的效率和质量论证

调水工艺	P5含量（%）	实际含水率（%）	最优含水率（%）	施工含水率（%）	摊铺厚度（m）	温度（°）	风速（m/s）	日照	翻土频率（h/次）	调水周期（h）	调整后含水率（%）
推土机挂犁铧	45.3	14.2	8.5	9.5～10.5	0.5	10～25	3～10	一般	6	28	10.0
推土机挂犁铧	37.5	14.8	9.2	10.2～11.2	0.5	10～25	3～10	一般	4	20	10.7
推土机挂犁铧	38.7	14.7	9.1	10.1～11.1	0.5	10～25	3～10	一般	2	15	10.5

注：铺料厚度根据犁铧的最大工作深度确定。

砾石土料采用推土机挂犁铧的工艺进行调水时，在含水偏高土料铺料厚度固定为0.5 m及外界环境不变的情况下，翻土频率固定为4 h/次。考虑土料的摊铺、调水、装运等工序，含水偏高土料在一个工作日内能将含水率调整至施工允许范围内。

为提高调水效率，减小调水场地的使用面积，结合大坝填筑过程中砾石土料的供料需求，对调水场地规划为三个作业区循环流水作业。各作业区调水面积一致，面积大小根据调水强度及土料需求量确定，调水分区规划见图3。

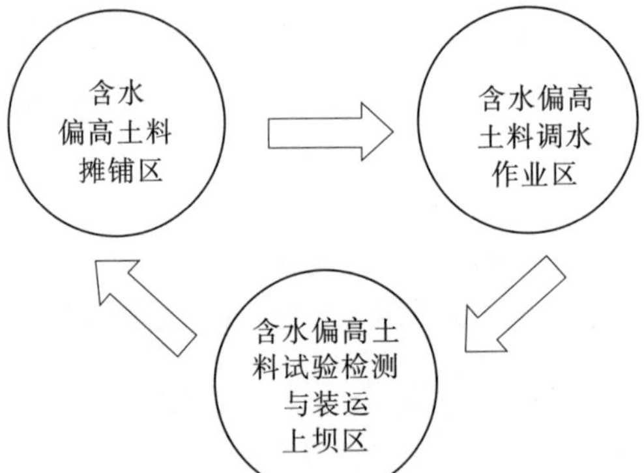

图3　调水分区规划

5　结　语

推土机挂犁铧的土料翻土设备已设计制作完成，并在长河坝碎石土料的含水量调整中投入运用，运用结果说明，调水设备改进后其调水质量及调水强度均满足上坝填筑要求。目前，共完成40于万 m^3 含水偏高土料的调整，该部分土料上坝碾压后现场检测结果表明含水率及压实度均满足设计要求。

采用推土机挂犁铧进行含水偏高土料的调整，能有效的利用推土机的动力，避免浪费，翻土效率得到了显著的提高。同时减小调水场地，减少设备配置，节约设备运行时间，降低燃油消耗和燃气的排放，有利于环境保护，能取得较好的综合效率，可为类似工程提供参考依据。

机制变态混凝土在碾压混凝土大坝防渗层中的应用

傅　建　陈　悦　马源青　黄　骞

（中国华电额勒赛下游水电项目（柬埔寨）有限公司　北京　100031）

摘要：额勒赛下电站碾压混凝土重力坝防渗层变态混凝土施工时厚度达到3 m，现场人工加浆不仅工程量大、效率低，而且很难保证其均匀性，存在一定的局限性。本文根据现场实际情况并结合国内变态混凝土施工经验，对碾压混凝土大坝上、下游防渗层变态混凝土采用在拌和楼集中拌制，取得良好效果，可为类似工程提供借鉴。

关键词：机变混凝土　大坝　防渗层　应用

1　工程概况

额勒赛下游水电项目位于柬埔寨王国西部国公省，首都金边以西约180 km，国公市以北20 km的额勒赛河上，分上、下二级电站开发。上电站为面板堆石坝，下电站为碾压混凝土重力坝，均为坝后引水式地面厂房，装机四台共338 MW。下电站枢纽建筑物主要包括碾压混凝土重力坝、左岸引水系统及左岸地面厂房等。重力坝坝顶高程为110.5 m，坝顶宽6.0 m，最大坝高58.5 m。泄洪建筑物采用坝身孔口，集中布置在主河床范围内，设置五个13.0 m×14.0 m（宽×高）的溢流表孔。大坝内部采用碾压混凝土，大坝上游面高程82 m以下、下游面高程65.8 m以下为3 m宽二级配碾压混凝土防渗层，其中上、下游面和廊道周边50 cm采用变态混凝土，其他部位采用常态混凝土，混凝土分区见图1。

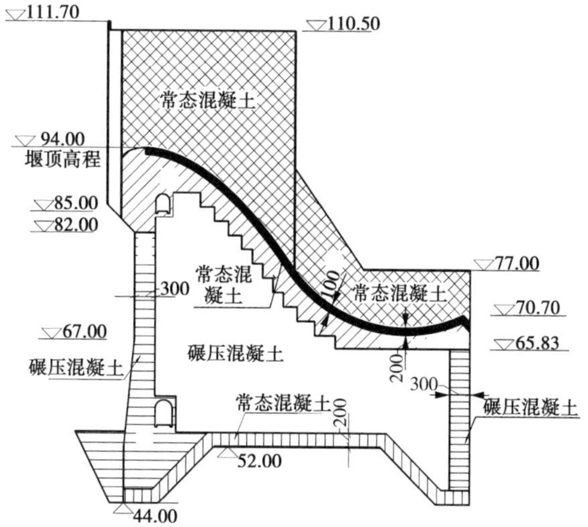

图1　大坝混凝土分区示意图

受大坝上游排水廊道、检修廊道布置、坝后坡比及翻转模板拉筋安装等因素影响,实际施工时大坝上、下游变态混凝土宽度均为 3 m,变态混凝土浇筑工程量加大。在进行第一次碾压混凝土生产性试验及补充生产性试验时,按国内常规采用的人工现场加浆方式施工。根据取芯检查结果,部分芯样混凝土中净浆注入量偏少,净浆均浮在混凝土表面,未渗透到浇筑层底部,造成混凝土振捣不密实,芯样成型不好,空隙较多,层间结合较差。

由于柬埔寨受多年战乱影响,其工人身体素质、技能、组织纪律、责任心等与国内工人存在较大差距,人工加浆的波动性较大,不利于变态混凝土质量控制。为确保防渗层变态混凝土均匀性,本文结合现场实际情况,对变态混凝土不密实、层间结合差等产生的原因进行了分析研究,提出采用机制变态混凝土并对施工工艺进行了改进。

2 气候条件

工程区地处柬埔寨西南部,属热带季风气候,降水充沛,干、湿季节分明,旱季从 11 月至次年 4 月,雨季从 5 月到 10 月,大约 80% 的降水量发生在雨季,流域多年平均降水量为 2 690 mm(工程区年均降水量约 4 600 mm)。年平均气温为 27. 3 ℃,极端最高气温为 38. 2 ℃,现场实测最高温度 42 ℃,极端最低气温为 14. 3 ℃。室外日相对湿度平均值 95%,月相对温度湿度平均值 90%,相对温度极值 98%。月蒸发量在 99. 5 ~ 155. 9 mm 之间变化,多年平均蒸发量为 1 504 mm。

3 变态混凝土施工工艺研究

变态混凝土施工工艺研究主要包括浆液配合比和加浆工艺研究,其中变态混凝土配合比研究主要分两部分,一是确定浆液配合比参数,二是确定加浆量。

3.1 浆液配合比

变态混凝土是在碾压混凝土里面加浆,由于本项目碾压混凝土中粉煤灰的掺量较高,因此加浆浆液直接采用水泥净浆。经二级配碾压混凝土、浆液和二级配变态混凝土室内性能试验,最终配合比见表 1、表 2。

表 1 C20(二)碾压混凝土配合比

W/C	砂率(%)	每立方米混凝土材料用量(kg)								设计工作度
		水	水泥	粉煤灰	砂	小石	中石	缓凝剂	引气剂	
0. 55	35	110	100	100	712	533	799	2. 20	0. 20	1 ~ 5 s

表 2 浆液配合比

每立方米混凝土材料用量(kg/m^3)				浆液比重(g/cm^3)	抗压强度	
水灰比	水	水泥	高效减水剂 GK - 4A		28 d	90 d
0. 45	585	1300	7. 80	1. 86	50. 9	57. 6

3.2 加浆量

在第一次碾压混凝土生产性试验时,每方混凝土加浆量选择 40 L、45 L、50 L,坍落度按

3～5 cm 控制。从所取芯样情况来看，由于天气炎热，水分损失快，加浆量 40 L/m³、45 L/m³、50 L/m³ 均偏少，变态混凝土取样坍落度低于 3 cm，不利于振捣密实，需加大注浆量。

第二次补充生产性试验在总结第一次生产性试验的基础上，每方混凝土加浆量加浆为 50 L、60 L，坍落度按 3～5 cm 控制。从取芯样情况来看，芯样密实性均很好，坍落度满足设计要求；从抗压强度看，加浆少的芯样强度略偏高，但均满足设计要求。

室内试验选用掺加 45 L、55 L、65 L 浆液进行变态混凝土拌和物性能和力学性能试验，见表 3。试验成果表明，变态混凝土采用加浆量为 55 L 时，混凝土力学性能和变形性能、耐久性指标均好于其他两种加浆量。因此，二级配变态混凝土施工采用加浆量为 55 L，坍落度按 3～5 cm 控制。

表 3　C20 变态混凝土性能试验成果表

试验编号	加浆量（L/m³）	坍落度（mm）	抗压强度（MPa）			劈拉强度（MPa）			抗冻等级		抗渗等级	
			28 d	90 d	180 d	28 d	90 d	180 d	90 d	180 d	90 d	180 d
BT－01	45	22	14.6	21.4	25.8	—	—	2.41	>F50	>F50	>W6	>W6
BT－02	55	30	16.5	24.0	28.3	—	—	2.55	>F50	>F50	>W6	>W6
BT－03	65	31	12.2	18.9	23.4	—	—	2.17	>F50	>F50	>W6	>W6

3.3　加浆工艺研究

选择不同的加浆工艺对变态混凝土的施工进度、质量将产生较大的影响，因此选择经济、快速的施工工艺是变态混凝土施工的关键。

3.3.1　人工加浆

在第一次碾压混凝土生产性试验和第二次补充性生产试验时，加浆方式按国内常规采用挖槽加浆、打孔加浆两种方式进行对比。从钻孔取芯情况来看，上述两种加浆方式的大部分芯样密实性均较好，坍落度、强度均满足设计要求。但检查同时也发现，少部分混凝土芯样中净浆注入量偏少，净浆均浮在混凝土表面，未渗透到混凝土底部，造成振捣不密实，芯样成型不好，空隙较多。分析原因与当地工人缺乏操作经验、认识不足和现场管理不到位，导致槽深、孔深不够，打孔间排距不均匀等有关。其次，由于灰浆浆液稳定性差，实际施工时存在放置时间过长，灰浆沉淀后均匀性较差。考虑到大坝上、下游防渗层变态混凝土工程量大，且受模板拉筋安装影响，碾压混凝土无法使用平仓机平仓，需全部采用人工平仓、加浆、振捣，工人劳动强度高、效率低。为确保施工质量，需对变态混凝土加浆工艺进行改进。

3.3.2　机制变态混凝土

在借鉴国内其他工程经验的基础上，本项目大坝变态混凝土正式施工时，经过初期尝试后，采用与人工加浆相同的配合比在拌和楼集中一次性拌制，自卸汽车运输、小型挖机配合入仓，再用高频振动棒将混凝土振捣密实。机制变态混凝土采用 HZS180 型混凝土搅拌站拌和，经拌和时间试验，搅拌时间控制在 50 s。机制变态混凝土坍落度仍按 3～5 cm 控制。

采用拌和楼集中拌制的变态混凝土均匀性好，坍落度和强度都满足设计要求，克服了人工加浆变态混凝土的不足，也大大减少了现场工人劳动强度。浇筑后的混凝土表面光洁，成型较好，无明显的峰窝、麻面。取芯检查表明混凝土内部密实、层间结合都很好，表明改进施工工艺后的变态混凝土各项性能指标满足设计要求，确保了工程质量及施工进度。

4　机制变态混凝土质量控制要点

变态混凝土在碾压混凝土大坝中,主要应用于上、下游防渗层,因此变态混凝土除宽度、强度指标及抗渗指标等必须满足设计要求外,现场应严格按混凝土配合比拌制,并加强结合部位处理。

4.1　严格按配合比拌制

根据规范规定,变态混凝土所用灰浆的水胶比不宜大于同种碾压混凝土的水胶比,因此机制变态混凝土需严格按照试验确定的配合比拌制,重点防止加大水胶比拌制成混凝土。另外,变态混凝土中水泥用量与相邻的碾压混凝土中的水泥用量差别较大,因此必须严格控制变态混凝土的水泥用量,以防止两种混凝土因水泥用量不同造成的水化放热差异引起坝体温度裂缝。

4.2　加强结合部位处理

变态混凝土与碾压混凝土结合区域是现场施工的薄弱部位,也是施工过程中质量控制的重点。首先,两种混凝土的初凝时间必须匹配;其次,碾压混凝土铺料后应先进行碾压,再施工防渗层部位变态混凝土,变态混凝土振捣完成后再对接合部位碾压混凝土进行复碾。

5　结　语

采用机制变态混凝土后,大大改善了人工加浆变态混凝土施工的缺点,提高了施工效率,减轻了工人劳动强度,确保了混凝土质量的均匀性。通过浇筑后及水库蓄水运行半年来看,碾压混凝土大坝上下游防渗层表面基本未发现温度裂缝,混凝土内部未发现明显渗漏点,说明机制变态混凝土在本项目运用是成功的,可为类似工程提供借鉴。

参考文献

[1] 额勒赛下游水电站下电站大坝工程碾压混凝土现场生产性试验成果最终报告(180 天成果报告)[R].
[2] 额勒赛下游水电站下电站大坝工程碾压混凝土第二次现场生产性试验成果报告(180 天成果报告)[R].

数字化监控系统在长河坝大坝填筑施工中的应用

孙国兴　韩　兴　张　鹏　裴　伟

（中国水利水电第五工程局有限公司　长河坝施工局　四川　康定　626001）

摘要:20 世纪 50 年代以来,国内外的土石坝得到了飞速发展。目前,我国土石坝筑坝技术正处于 200 m 级向 300 m 级跨越阶段。土石坝填筑质量的核心是施工过程参数控制,数字化监控技术可以全方位、自动化地监控大坝填筑各个环节的质量,提升高土石坝的施工管理水平。长河坝水电站是国内在建的最高土石坝,工程从开始施工就采用 GPS 数字化监控系统。随着高土石坝技术和数字化监控技术的发展,对其具体的使用方法进行探讨和研究,将对以后高土石坝的数字化施工提供宝贵经验。本文主要分析了 GPS 数字化碾压与监控系统的应用。

关键词:长河坝水电站　GPS 数字化监控　高土石坝

1　工程概况

长河坝水电站位于四川省甘孜藏族自治州康定县境内,为大渡河干流水电梯级开发的第 10 级电站,正常蓄水位下库容为 10.4 亿 m^3,是一等大(1)型水电工程。长河坝水电站枢纽建筑物主要由砾石土心墙坝、泄洪系统、引水发电系统组成,电站装机容量 2 600 MW。

长河坝坝顶高程 1 697 m,最大坝高 240 m,坝顶宽 16 m,长 502.85 m,上下游坝坡均为 1∶2。心墙顶高程 1 696.40 m,顶宽 6 m,心墙上、下游坡度均为 1∶0.25。心墙上、下游侧均设反滤层,上游为反滤层 3,厚度 8 m,下游设 2 层反滤,分别为反滤层 1 和 2,厚度均为 6 m。心墙底部在坝基防渗墙下游亦设厚度各 1 m 的 2 层水平反滤层,与心墙下游反滤层相接。心墙下游过渡层及堆石与河床覆盖层之间设置反滤层 4,厚度为 1 m。上、下游反滤层与坝壳堆石间均设置过渡层,水平厚度均为 20 m。堆石与两岸岩坡之间设置 3 m 厚的水平过渡层。

2　数字化监控系统介绍

数字化监控是信息技术发展的产物,它可以记录和处理大量信息,随着科技的发展覆盖的范围越来越广,功能也越来越丰富。长河坝水电站在施工过程中,充分发挥了数字化监控系统的作用,主要包括以下内容。

2.1　GPS 监控系统

GPS 监控系统主要包括:①上坝运输过程实时监控系统,见图 1;②填筑碾压过程实时监控系统,见图 2。因使用需求不同,碾压监控系统精度可达厘米级,为 1 ~ 2 cm;上坝运输系统约 5 m。

2.2　施工现场信息 PDA 采集系统

该系统通过手持 PDA,可以实现现场试验数据与现场照片的实时采集,运输车辆调度信息的实时更新,现场采集与分析的数据传输至中心数据库内,可以进行相关的统计和分析。

2.3　土石料运输车辆自动加水与监控系统

在土石坝填筑过程中,上坝堆石料往往需要进行加水作业。该系统通过在车辆上安装射频卡,可读取车辆编号、载重等数据,自动计算加水量,并在电子显示牌上显示需加水量、加水状态等信息,并将数据收集至中心数据库内。通过在加水管路上安装电磁阀门,可实现上坝堆石车辆自动加水与监控,并统计加水系统过车次数以及加满水次数,计算加水合格率,保证施工质量。

2.4　坝区气象数据采集与分析系统

本系统主要是采集坝区降雨量数据,可分析出受降雨影响的砾石土仓面和相应降雨量的大小。

2.5　实时视频监控系统

通过在坝区各个作业面安装高清摄像头,实现了整个施工区域的施工动态实时监控。该系统建立有视频存储服务器,可对3个月内的视频数据进行下载和回放。

3　GPS 监控系统介绍

在大坝施工过程中,GPS 监控系统可实时地监控各种坝料的运输填筑信息和各个仓面的碾压情况,对各种坝料的料源地和碾压参数进行严格控制,对提升大坝填筑质量起到了很好的监督和管控作用。

3.1　上坝运输过程实时监控系统

所有运输上坝的车辆都安装车载 GPS,通过车载 GPS 实时发送车辆状态的信息,可实现料场至坝面的全过程监控。该系统主要可实现以下功能:①料源匹配动态监控与报警;②坝面卸料地点监控与报警;③各分区不同来源的各种坝料的上坝强度统计;④运输道路行车密度统计;⑤车辆空满载状态监测。

3.2　填筑碾压过程实时监控系统

所有使用的碾压设备均安装高精度 GPS 移动终端,通过基站进行信号处理和信息传送,可实现现场分控室对碾压设备的碾压过程进行实时监控。该系统可实现以下功能:①实时监控碾压轨迹、碾压速度,当碾压速度超标时,通过监控终端显示和手机 PDA 短信自动报警;②监测碾压遍数和振动状态,可随时生成碾压遍数图形报告、高振遍数图形报告、静压遍数图形报告,随时对施工碾压仓面进行监控,指导现场碾压施工;③监测压实厚度,在仓面碾压完成后,可生成厚度报告,监控坝料铺料厚度;④保留所有仓面碾压数据,包括碾压时间段、碾压机械配置、碾压时间、具体碾压情况,可根据此分析碾压机工作效率,合理配置碾压机械,提升管理水平。

4　GPS 监控系统的运行

4.1　系统建设

GPS 监控系统主要由施工设备监控终端、手持数字终端、卫星定位基准站、监控中心(总控中心和现场分控站、控制箱)、通信网络和应用软件等组成。

在选址时,宜在施工管理办公区布置总控中心;宜在大坝施工作业区,交通便利区域布

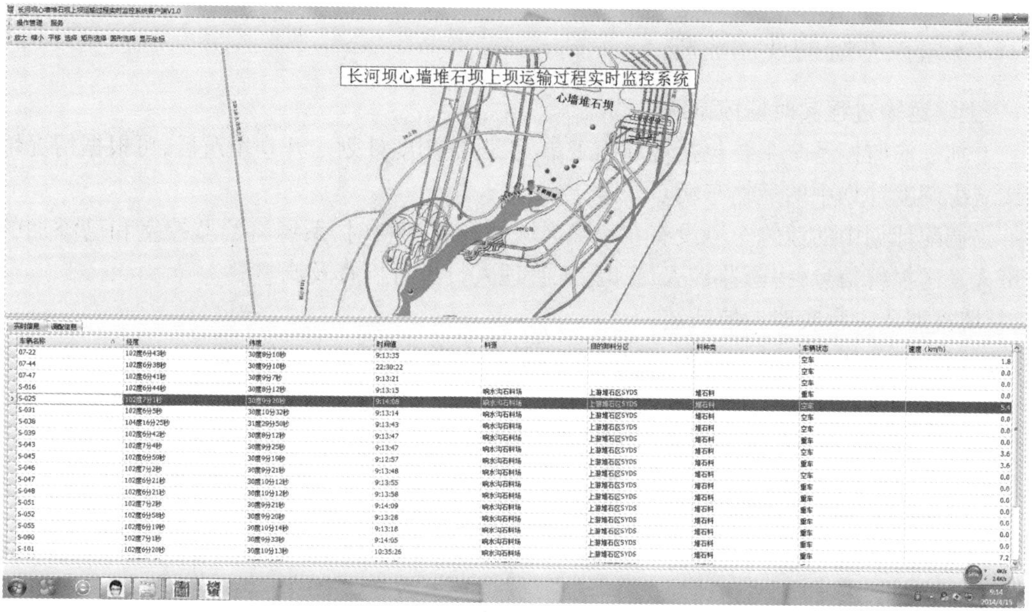

图1　长河坝心墙堆石坝上坝运输过程实时监控系统界面

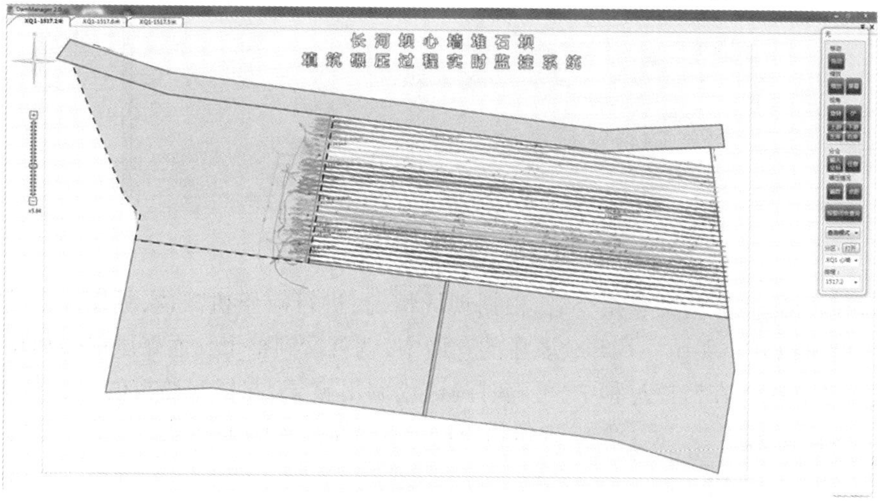

图2　长河坝心墙堆石坝填筑碾压过程实时监控系统界面

置现场分控站；应在施工控制区地势较高、交通便利、接收卫星信号较连续的地方布置卫星定位基准站。

系统各组成部分的使用性能应相互匹配，选用的监控仪器应技术先进、性能稳定，通信网络信号应覆盖整个工程的施工作业。

4.2　系统运行

系统运行包括总控中心、现场分控站、机载控制箱、定位基准站、监控终端、监控结果和预警纠偏等的运行管理。

应有专门的部门负责系统的运行、维护和管理，人员应经过培训考核。

当系统遇到信号异常或其他原因导致系统无法正常工作时，施工时应有专人负责质量控制和过程施工参数记录。

5　GPS 监控系统的使用流程

5.1　上坝运输过程实时监控系统

上坝运输监控系统主要包括规划施工单元、设置调度计划。开仓填筑后，可根据情况增加或减少调度计划中的运输车辆。

当调配计划中的运输车辆没有在正确区域装料或卸料时，系统将给监控室和已添加的值班人发送报警信息，提醒监控人员和施工管理人员进行检查及调整。

5.2　填筑碾压过程实时监控系统

碾压监控主要包括以下步骤：建仓、车辆派遣和开仓、过程中监控、关仓。

建仓坐标由测量现场测取，在监控软件上输入坐标和仓面信息，包括仓面名称、碾压参数、错距宽度和设计铺料厚度等内容（见图 3），即完成建仓操作。

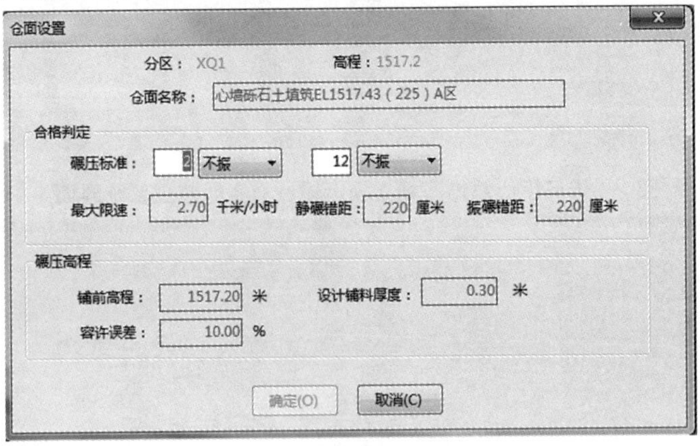

图 3　仓面设置界面

监控员接到现场质检开仓指令后，根据现场情况，进行碾压机派遣，见图 4。碾压机派遣完成后，就可以开仓碾压。在开仓碾压的仓面中，就可看到整个仓面碾压情况和仓面里所有碾子的碾压状态。在监控过程中，可随时调进或调出碾子，并根据监控的碾压状况，指导现场碾压，保证无漏压、欠压。碾压达到相应的合格率后，经监理确认，就可以进行关仓操作。

6　系统前期运行存在的问题及解决措施

6.1　存在的问题

在日常使用过程中，使用强度最高的是碾压监控。从平时的使用情况来看，虽然很好地控制了大坝填筑碾压质量，但在实际应用中也存在一些问题，主要有如下几个方面：

（1）信号问题。由于坝区的河谷地形，工作面狭窄，不利于信号传送。在监控过程中，偶尔会出现信号跳跃、信号丢失、信号延迟等问题。信号跳跃指监控碾压轨迹错位，信号丢失即监控记录的碾压轨迹有遗漏，信号延迟是指监控画面与碾压机实际碾压位置不符。

（2）断网断电。因工地处于施工状态，监控室会出现不确定的断网、断电现象。断网、断电以后，所有与监控相关的操作都无法进行，包括开仓、调配碾子、过程监控等，出现报警也无法通知。现场缺乏必要的应急措施。

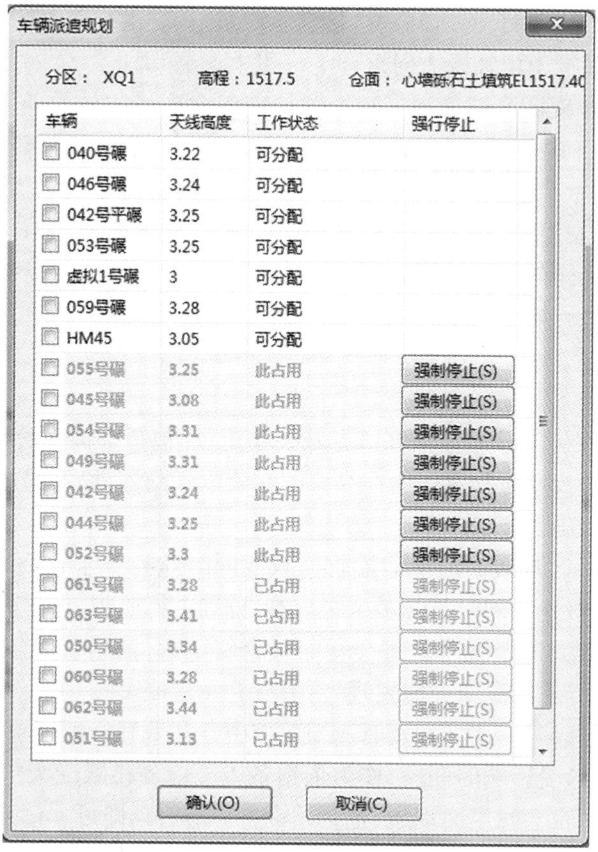

图4　碾压机械派遣界面

(3)查找功能。碾压机所在仓面查找：由于全断面填筑时监控仓面较多，碾子调动频繁。进行碾压机派遣时无法看出已占用的碾子在哪个仓位，只能通过现场施工员来快速查找，给监控员操作带来不便。

开仓状态仓面查找：在实际操作中，会同时开很多仓面进行监控，上下层不同部位同时处于开仓碾压状态的仓面无法在软件的初始界面上看出。希望能以文字方式显示所有处于开仓状态的仓面，便于监控员进行操作。

(4)统计功能。无法自动统计汇总各种坝料碾压完成后的仓面信息，包括仓面名称、开关仓时间、合格率、碾压层厚等。这给软件使用过程中的数据统计增加了很大的工程量。

6.2　解决措施

针对系统前期运行存在的问题，为保证大坝填筑质量，提升大坝施工形象，我们主要从以下方面采取了各种措施。

6.2.1　建仓

(1)规范仓面名称。建仓时，输入的仓面名称采用统一格式，包括填筑部位、料别、高程、层数、分区，方便监控员查找仓面及以后统计、分析和识别。

(2)控制仓面面积和搭接。当填筑仓面面积大于15 000 m^2 时，宜分区建仓碾压。当仓面面积过大时，仓面轨迹传输速度会受影响，导致信号延迟。分区施工后，信号延迟大大减少，保证了监控的正常运行。

为控制同层坝料但不同仓面之间的搭接碾压质量，在提供仓面坐标时，使仓面顺水流方向重合 20 cm 以上，平行于坝轴线方向重合 1 m 以上。

(3)监控仓面需和现场填筑范围一致。监控应包含现场整体填筑范围，各种坝料间仓面需接合无空白。施工时应根据分区要求进行建仓操作，不建议局部建仓碾压，以反映坝面整体的填筑碾压情况。

(4)建仓时边界部位的处理。由于信号器的安装位置与碾轮不在同一位置，在碾压边角部位时会造成现场已碾压，但监控却无显示的情况。对此我们结合现场实际情况，在建仓时，把左右岸方向的边界缩小 1.5 ~ 2 m。这样既不影响边角部位碾压质量，也能提高仓面碾压的合格率。

6.2.2　过程中监控

(1)做好记录。在施工日志上做好所有开关仓记录，包括仓面名称、高程、开仓日期、关仓日期，方便监控员查找仓面和碾子所在仓位。在断电断网恢复后，根据记录及时进行补建仓面，并经监理工程师确认。

(2)同时运行多个客户端。由于监控软件只能同时监控一个仓面，仓面之间进行切换需要耽搁一定时间。对此可同时打开多个客户端，分别进行监控，可提高作业效率。

(3)信号异常情况判断及处理。每个仓面开仓碾压后，需结合现场通过监控确认碾压机信号正常。避免因异常情况未及时发现，对碾压仓面造成影响。

当出现信号跳跃或信号丢失时，及时通知总控中心并做好详细记录，包括受影响仓面名称、仓面内碾压机编号、受影响时间段，作为依据备查。信号跳跃受天气和地形影响。如果基站意外断电后来电，也会发生此现象，把基站设备重新启动即可。信号丢失一般是由于碾压机上安装的信号传输器接口松动，应及时通知总控中心维修。信号延迟一般与传输数据量过大有关，因此要控制建仓面积。

对于受信号影响导致碾压合格率不达标的仓面，联系监理工程师进行确认，关仓后排除受影响区域。

(4)增加虚拟碾子。由于所有已开仓的仓面中必须要占用至少 1 个碾子。实际施工时，由于施工原因可能需要碾子临时调出，有些未碾压完仓面就必须临时关仓，容易造成遗漏。对此，可增加虚拟碾子，虽然现实中并不存在，但可以调入仓面内，保证未碾压完的仓面处于开仓状态。

(5)碾压宜采用“大错距”法碾压。为便于实现监控系统碾压轨迹清晰，目前振动碾碾压采用“大错距”法碾压，即每碾压两遍错一碾轮宽，如此循环碾压够规定遍数，每一错距碾轮之间搭接 20 ~ 30 cm。

6.2.3　碾压合格标准

关于合格标准，应以碾压质量控制指标为主要约束条件，同时兼顾施工效率。长河坝水电站的碾压合格率为：心墙料超过设计碾压变数的合格率达 95% 以上，其他坝料的合格率达 90% 以上。实践表明，以仓面内“达到规定碾压遍数的面积大于 90%，且达到小于规定遍数 2 遍的面积大于 95%”作为压实遍数合格标准是合理可行的。

7　结　语

GPS 监控系统已在梨园水电站、糯扎渡水电站、长河坝水电站得到了很好的应用。因为其全方位实时控制的特点,有效减少了坝面的漏压、欠压现象,严格控制了铺料厚度,提高了大坝整体和边角部位的填筑施工及碾压质量,对大坝填筑的质量控制起到了很大的促进和监督作用。为减少断电对系统正常运行造成的影响,应在监控室和基站建设过程中配置备用电源,保证监控数据完整和监控系统的正常运行,这在施工中是十分有必要的。

另外,为减少断网等情况对系统正常运行造成的影响,在系统数据传输路径上应寻求多条或更可靠、更易维护的数据传输途径。例如:将目前数据传输必须依赖 GSM 网络和宽带网络方式改为依靠现场建立的无线局域网络的形式。使用无线局域网络进行数据传输,可提高系统运行速度和系统运行的持续性、可靠性。

由于施工办公环境限制,GPS 监控系统总控站及分控站距离填筑现场有一定距离,监控员与现场施工人员只能通过对讲设备进行沟通。GPS 碾压监控系统若能与视频监控系统相结合,将大大提高工作效率,指导现场施工。

随着科技的发展,相信数字化监控系统会更好的融合,不只是在水电工程,在所有施工作业中都会发挥更大的作用。

参考文献

[1] 朱自先,黄宗营,蒙毅. 糯扎渡心墙堆石坝填筑施工质量控制[J]. 水利水电技术. 2010,41(5).

高寒坝体复合土工膜防渗施工技术

马正海

（青海省黑泉水库管理处　青海　西宁　810001）

摘要：从温泉水库坝体防渗复合土工膜的设计、选型、施工工艺，及其强度高及变形、防渗、负温性能好的特点，复合土工膜防渗可在高海拔、高寒冷、高烈度地震区应用，也可用于防洪抢险工程。

关键词：复合土工膜　高寒地区　坝体防渗　温泉水库　技术

1　工程概况

青海省格尔木温泉水库位于青海省柴达木盆地南缘格尔木河支流雪水河上，该工程为格尔木河流域开发的龙头工程，为下游梯级电站起部分调节作用，增加保证出力，提高发电质量，并兼顾防洪，水库枢纽由大坝、放水洞、溢洪道三部分组成，大坝为复合土工膜防渗斜墙砂砾石均质坝，上游边坡 1∶3，下游边坡 1∶2.5，复合土工膜单幅宽 4 m，长 50 m，坝面共铺设复合土工膜 2.86 万 m^2，接缝总长 1.39 万 m。水库总库容 2.55 亿 m^3，坝长 880 m，坝顶宽 8 m，坝顶高程 3 960.8 m，最大坝高 17.5 m。水库设计水位 3 956.4 m，设计洪水位 3 957.3 m，库区处于昆仑山口大断裂Ⅷ度地震区边缘。

温泉水库地区具有典型的高原干旱寒冷气候特点，年平均气温 -2.9 ℃，年内仅 5 ~ 9 月峰平均气温在 0 ℃以上，1 月平均气温 -14.8 ℃。库区冻土历时 7.5 个月为 10 月上旬至第二年 5 月中旬，实测最大冻深 3.31 m。多年平均降水量为 287 mm，集中在 7 ~ 9 月份，多年平均蒸发量为 1 469.8 mm，为降水量的 5 倍多。

2　复合土工膜设计指标及选型

2.1　设计指标

温泉水库大坝防渗用两布一膜复合土工膜，其主要的技术指标是：断裂强度（25 ± 10%）kN/m，断裂延伸率≥50%，渗透系数 $<1\times10^{-11}$ cm/s，并在 1.05 MPa 水压下 48 h 不透水。

2.2　选型

根据设计指标的要求，经试验比对采用的规格为膜厚 0.6 mm，两侧布为 200/250 g/m^2，其主要技术指标见表 1。

表1　复合土工膜技术指标

规格	试验项目		技术指标
布 200/250 g/m^2 膜厚 0.6 mm	厚度(mm)		2.644
	单位面积质量(g/m^2)		1 302
	抗拉强度(kN/m)	纵向	26.55
		横向	36.43
	延伸率(%)	纵向	64.84
		横向	69.17
	黏接强度(kN/m)		19.98
	抗渗强度(MPa)		>1.47
	渗透系数(cm/s)		3×10^{-12}

3　复合土工膜铺设

3.1　施工工艺

施工准备(坝体填筑、削坡、铺垫层细沙、场外拼接复合土工膜、检测质量)、场外拼接、土工膜铺设、外观检查、场内拼接、接缝检查验收、保护层(细沙层、砂砾石层)覆盖。

3.2　施工技术指标

在温泉水库地区特殊气候条件下,探讨黏接的工艺条件,为保证黏接质量和施工进度,对黏接温度、是否压重进行了对比试验,试验结果见表2。

表2　复合土工膜在不同黏接条件下的黏接强度

黏接面加压条件		黏接温度(℃)	试件宽度(cm)	黏接强度(kN/m)	备注
加重(kg/cm)	加压时间(h)				
0.04	4	15	5	17.65	强度值为本12个试样的平均值
		20		18.25	
		25		20.65	
		30		20.85	
0.06	48	20±2		20.8	

表2中数据显示,在相同条件下,黏接温度高、压重大时,黏接强度越高,根据温泉水库的气候条件,结合试验确定复合土工膜黏接的工艺条件如下:①黏接温度不低于15 ℃,严禁

有风和阴雨天拼接；②对齐接缝，严禁防渗膜外露；③黏接时底面垫木板，缝面涂胶两边，对齐粘合，用木榔头砸实2~3遍；④平地拼接停置4 h方可卷起待用；⑤坝面接缝8 h后方可摊铺细沙过渡层。

3.3　质量保证措施

3.3.1　坝面铺设

将2幅(8 m)的复合土工膜场外拼接好运至铺设现场对好位置，沿坝面自上而下铺开，至坝脚按设计要求留足埋入截水墙所需的长度；坝面复合土工膜铺设不得过紧，需松弛；顶部剩余部分暂时用土掩埋，以防老化和人为损伤。在场内施工过程中要求：①施工人员作业时须穿软底鞋，不允许穿戴钉鞋在土工膜上作业；②初步定位后，与已铺设复合土工膜对缝，缝面擦拭干净后涂胶粘缝；③粘缝固化4 h，检查粘合质量。漏粘或粘缝不牢部位作记号补粘直至检查合格；④做好现场记录，统计铺设部位、数量以备检查；⑤经检查无误后，方可在复合土工膜上摊铺细沙过渡层。

3.3.2　细部控制

(1)坝面防滑槽提高复合土工膜抗滑能力，在上游坝面3 952 m、3 956 m高程各设纵向防滑槽，其细部结构相同，槽深25 cm，槽宽40 cm，并且在铺设时留有一定的松弛量。温泉水库大坝在施工过程中复合土工膜随坝体沉降自由伸缩，有利于控制复合土工膜不会产生大的张拉力，复合土工膜铺设过程中坝体沉降量占总沉降量的90%以上，且沉降速度较快。

(2)左岸山体为岩石，将风化层全部清除后，将复合土工膜用混凝土镶在新鲜岩石中，深入基岩0.5 m；右岸山体为红色黏土岩，将复合土工膜用混凝土镶在黏土岩中，深1.5 m，混凝土墙厚不小于0.25 m，两岸基础开挖力求平缓过渡至3 957.3 m高程。

(3)防渗墙衔接：温泉水库基础防渗采用摆喷混凝土防渗墙，与复合土工膜衔接，将防渗墙挖出深0.5~1.0 m，墙体两边宽1.0 m槽，用二期混凝土浇筑。

3.4　施工特点

温泉水库复合土工膜施工具有以下特点：

(1)铺设面积大，黏接缝多。坝面共铺设复合土工膜2.86万m^2，黏接缝总长1.39万m；

(2)高海拔、高地震、高寒区。库区海拔4 000 m，位于地震烈度8度区边缘，库区极端最低温度−40 ℃，最大冻深3.31 m。

(3)复合土工膜的膜与膜、布与布、膜与布的结合均采用胶接法。

4　质量评定

(1)施工过程中黏接质量共检测122组，平均强度18.32 kN/m，合格率96.6%。

(2)现场冻融试验表明，工程环境温度不会对复合土工膜强度和延伸率产生较大的影响，试验成果见表3。

表 3　现场冻融试验成果表

试验条件	试验项目		技术指标	备注
浸水 210 d/年，冻结 150 d/年，温度 −18 ℃ ~ 10 ℃。	单位面积(g/m^2)		1 276	冻结温度以气象观测地温资料分析，技术指标为 10 个试样平均值。
	厚度(mm)		2.539	
	拉伸强度(kN/m)	纵向	21.69	
		横向	25.3	
	延伸率(%)	纵向	49.4	
		横向	57.5	
	顶破强度(N)		1 875	
	抗渗强度(MPa)		>1.47	
	黏接强度(kN/m)		17.7	

5　工程运行情况

5.1　浸润线、坝体水位

浸润线、坝体水位(0+675 断面)观测分析情况见表 4。

表 4　温泉水库坝体渗压水位观测值

水库水位(m)	渗压水头高程(m)	坝坡浸润高(m)	观测孔水位(m)	下游坡脚水位(m)
3 949.87	3 948.21	3 948.19	3 947.56	3 947.49
3 952.00	3 948.96	3 948.91	3 947.76	3 947.52
3 956.40	3 950.70	3 950.57	3 948.19	3 947.58
3 957.30	3 951.13	3 950.97	3 948.28	3 947.59

根据表 4 结果计算得不同特征水位时防渗体对库水位的消刹情况见表 5。

表 5　防渗体对库水位的消刹率

水库水位(m)	3 949.87	3 952.00	3 956.4	3 957.3
消刹值(m)	1.68	3.09	5.83	6.33
消刹率(%)	39.0	48.0	53.8	53.9

温泉水库复合土工膜防渗效果观测是以坝体中埋设的渗压仪为主，坝体水位观测为辅。表 4 与表 5 中的观测数据表明坝体浸润线与水库水位有关，水库水位消刹率正常，坝体防渗效果好。

5.2　坝体温度观测分析情况

温泉水库大坝埋设有 6 支温度观测点，据观测水下部位温度变化在 5.2 ~ 10 ℃之间，水上部位温度变化在 −2.7 ~ 20 ℃之间，根据冻融试验 −2.7 ℃温度不会对复合土工膜的膜体强度和延伸率产生大的影响，因此温泉水库大坝复合土工膜温度工作场是比较理想。

5.3 强地震活动

2001 年 11 月 14 日昆仑山口发生 8.1 级地震，温泉水库震感明显，地震发生后管理单位组织人员对水库枢纽进行检查、监测，发现下游地震监测站记录到多次有感地震。地震使管理房墙体多处出现裂缝，裂缝最大宽度 3 cm，但坝体渗压、水位、温度及坝后水位、渗漏量监测值均正常，水库枢纽各建筑物没有异常。

5.4 超设计标准洪水考验

2011 年上半年，格尔木降水量已达到 59.1 mm，较上年同期偏多 263%，比近 30 年平均值偏多 220%，其中 6 月降雨量占上半年降雨量的 71.4%；2011 年 7 月 6 日，温泉水库水位 3 957.58 m，超汛限水位 1.18 m，入库洪峰流量超水库 2000 年一遇校核洪水标准；2011 年 7 月 10 日 7 时温泉水库水位达到历史最高值，水位达到 3 957.87 m，超校核洪水位 0.57 m。温泉水库水库高水位运行期间，水库基本上处于满库运行状态，对大坝渗压、水位、温度进行了监测，监测数据变化正常，坝后水位、渗漏量变化无异常，复合土工膜经受了超标准洪水考验。

6 结 论

温泉水库坝体防渗复合土工膜的设计、选型、施工工艺合理；复合土工膜具有强度高及变形、防渗和负温性能好的特点；复合土工膜防渗技术成功应用于高海拔、高寒冷、高烈度地震地区；可应用于防洪抢险工程中。

参考文献

[1] 马正海．温泉水库运行管理报告[R]．青海省温泉水库大坝安全鉴定报告，2001.
[2] 钱启立，范双柱．梨园水电站大坝围堰填筑施工工艺[J]．水利水电技术，2013(5).
[3] 徐祥东．复合土工膜坝体防渗设计与施工技术探讨[J]．科技与生活，2011(2).
[4] 李红．浅谈复合土工膜防渗结构设计与施工技术[J]．科学之友，2010(20).

长河坝水电站特种沥青防渗卷材铺设施工简述

张　鹏　李二伟　孙国兴　芦亚涛

（中国水利水电第五工程局　长河坝施工局　四川　康定　626001）

摘要：本文详细论述了特种沥青防渗卷材的铺贴工艺，不仅对“先膏后膜”和“膜膏一体”两种不同的防渗卷材铺贴工艺进行了比较，而且详细阐述了长河坝水电站副防渗墙明浇段的垂直面上采用“膜膏一体”方式铺贴特种沥青防渗卷材的施工工艺流程。在防渗卷材铺贴施工过程中，根据不同时期不同的后续工序要求，还在不同施工部位选择设计了不同的施工作业平台以辅助防渗卷材铺贴的施工。

关键词：特种沥青防渗卷材　垂直面　铺贴　工艺

1　工程概况

长河坝水电站是大渡河梯级开发中的第10级电站，位于四川省甘孜藏族自治州康定县境内，长河坝水电站枢纽工程建筑物主要由砾石土心墙坝、泄洪系统、引水发电系统组成；总装机容量2 600 MW；主要建筑物工程为一等大(1)工程。长河坝水电站大坝为砾石土直心墙堆石坝，坝顶高程1 697 m，坝顶宽度16 m，最大坝高240 m，坝基河床覆盖层深约50 m。

大坝设置两道防渗墙，主防渗墙位于坝轴线上，副防渗墙位于主墙上游侧，主副墙轴线相距14 m。副防渗墙高程1 457～1 466.3 m为刺墙，其尺寸为161.7 m×1.2 m×9.3 m(长×宽×高)。因基础的不均匀性沉降、昼夜温差约20°(施工时段白天平均温度36°，夜间平均温度12°)、薄壁结构会造成副防渗墙明浇段混凝土出现裂缝，因此在副防渗墙明浇段表面设置一道防渗系统，以防止副防渗墙明浇段变形后形成涌水通道，进而破坏黏土心墙。按照设计要求，在副防渗墙刺墙表面铺贴特种沥青防渗膜，范围为高程1 456.8 m以上副防渗墙外表面(盖过副防墙槽孔段与现浇段施工缝并伸入下部20 cm)，两岸盖过副防渗墙刺墙与两岸混凝土板相交线，并覆盖相交线外混凝土板表面2 m范围，副防渗墙刺墙与两岸混凝土板相交线处设置SR止水带。

2　特种沥青防渗膜及沥青膏设计要求指标

特种沥青防渗膜(CF－16水工改性沥青防渗卷材)具有抗老化、抗流淌性能，施工方便及速度快，可以用来修补混凝土面板等优点，在多个水电站工程上成功应用，防渗效果良好。因此，长河坝副墙刺墙拟采用CF－16水工防渗卷材，其基本性能见表1。

表 1　特种沥青防渗膜主要性能指标

规格	5 mm 厚,宽 1.05 m,长 15 m
密度	>1.3 g/cm^3
混凝土裂缝止水	CF－16 水工防渗卷材,厚度 5 mm 混凝土裂缝宽度 1.5 mm,水头 300 m,72 h 不渗漏
伸长率	>20%
流淌	环境温度 90 ℃,坡度(1:0)不流淌
冻融循环	200 次无起泡、流淌、裂缝、起皱现象
渗透系数	<1×10^{-9} cm/s
拉力	纵向 500 N/50 mm,横向 400 N/50 mm
低温性能	－5 ℃具有柔性,弯曲不脆裂

沥青膏质量要求:应与混凝土、防渗卷材在热融状态下结合良好,不发生化学反应,低温－5 ℃具有柔性,高温 90 ℃工况下不会沿铅直坡度流淌,涂层厚度应控制在 6±2 mm。

3　特种沥青防渗膜施工

长河坝水电站副防渗墙特种沥青铺贴施工工艺流程为:现场试验→作业平台设计→混凝土基面处理→喷涂冷底子油→防渗卷材铺贴→质量检测。

3.1　现场试验

为了确定施工相关参数,验证该工艺的适用性,检查铺贴效果,长河坝电站选择副防渗墙上游侧高程 1 459～1 462 m,纵 0＋197～纵 0＋214 作为试验区。通过现场试验确定了:长河坝副防渗墙刺墙防水卷材铺设单块防渗卷材裁剪尺寸 1.05 m×2.1 m,这个尺寸不仅能最大限度将每卷 15 m 的卷材裁剪利用,而且其质量和长度易于工人操作,更能保证防渗卷材铺贴的质量;每块防渗卷材铺设上热涂体积为 0.02 m^3 的沥青膏即可保证沥青膏涂层厚度 6±2 mm 的设计要求以及防渗卷材与混凝土明浇段的黏结力;每块防渗卷材固定裁剪长度后,能保证搭接缝之间相互错开的技术要求;现场验证了“膜膏一体”工艺能保证防渗卷材的铺设平整度、黏结效果及沥青膏的厚度等质量和进度要求(见图 1)。

在同类工程中防渗卷材铺设工艺一般为先在墙体上涂抹沥青膏,然后将防渗卷材铺贴在墙上,即“先膏后膜”铺贴方式;而在长河坝水电站副防渗墙刺墙特种沥青防渗卷材铺贴施工中,通过前期分析和现场试验确定,铺设工艺为先将防渗卷材裁剪成 1.05 m×2.1 m 的单块,然后将融化的沥青膏定量倒在防渗卷材上,快速涂抹均匀,然后将其铺贴到墙体上,即“膜膏一体”的铺贴方式,现将这两种工艺优缺点进行比较(见表 2)。经比较论证后,长河坝水电站副防渗墙明浇段防渗卷材铺设工艺采用了“膏膜一体”的施工工艺。

图1　长河坝水电站副防渗墙明浇段防渗卷材生产性工艺试验成果

表2　"先膏后膜"和"膜膏一体"铺贴防渗特种防渗卷材比较

项目	先膏后膜	膜膏一体
沥青膏	反复多次涂抹，厚度和平整度控制难度大，且易形成冷缝、气泡等现象；在反复涂抹过程中，沥青膏浪费严重	一次成膜，厚度和平整度易控制；能通过防渗卷材的面积推算沥青膏用量，利与控制沥青膏厚度，沥青膏浪费较小
外观质量	凹凸不平	外观平整
黏结强度	受热易脱落	黏贴紧密
低温施工性	沥青膏涂抹完成后，先涂抹好的沥青膏遇墙体吸热固化，需要加热，且影响黏结效果	0～5 ℃正常施工，施工中热量损失小，可象贴膏药一样容易施工
安全性	掉落沥青膏易烫伤工人	防渗卷材平铺后涂抹沥青膏，不存在掉落沥青膏的情况
可操作性	对人工操作要求速度快，涂抹沥青膏厚度和平整度控制难，操作要求高	将称量好的沥青膏均匀涂抹在裁剪好的卷材上，即可保证其厚度和平整度，操作简单

3.2　作业平台设计

为了方便施工，且不影响后续土工膜和大坝的填筑施工，长河坝水电站在不同施工时期不同部位选择了不同的作业平台辅助防渗卷材施工。副防渗墙明浇段在高程1 456.8～1 461 m高程施工防渗卷材时采用ϕ48架管搭设排架作为作业平台；副防渗墙明浇段上游侧高程1 461～1 466.3 m采用移动式作业平台，移动式作业平台采用货车车厢内放置沥青炉及相关材料，在车厢外侧焊接作业平台；副防渗墙明浇段下游侧高程1 461～1 466.3 m高程采用了能及时拆解和组装、可移动的脚手架。防渗卷材施工平台布置见图2。

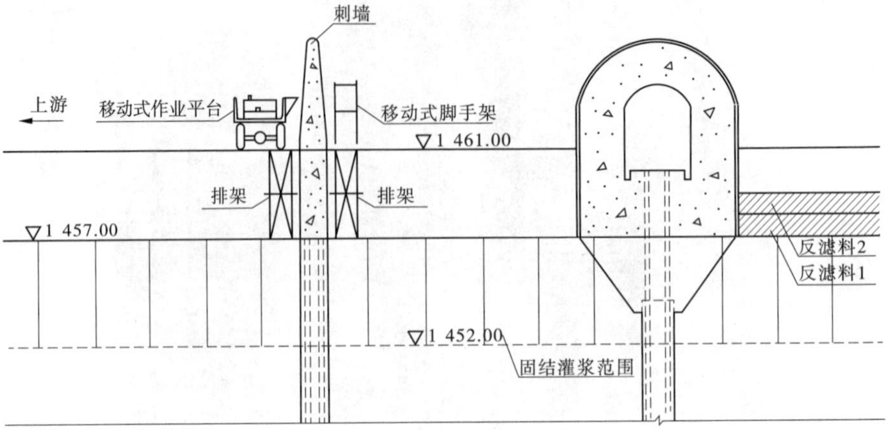

图 2　防渗卷材施工平台布置

3.3　混凝土基面处理

混凝土表层状态直接决定了沥青膏在其表面的附着能力,混凝土表面的水分、灰尘、油污、脱模剂、疏松层、水泥浮浆都会对防渗卷材的附着力产生极大的影响,必须对表层进行处理。新混凝土应在养护 28 d、完全固化、表面干燥后进行防渗卷材的施工。施工前由人工利用电动钢丝刷、角磨机对廊道外表面混凝土面进行打磨,要求外表面平整、干净,无浮土、浮浆,无钢筋头等尖锐凸起且无明显错台,施工顺序是:打磨→修补→清洗。

打磨:对混凝土表面进行打磨,除去未清洁掉的水泥浮浆、表面疏松层、毛刺等,一方面,暴露出气泡及麻面以便修补;另一方面,可以打磨出坚固混凝土面,保证沥青膏的黏结强度。

修补:对于混凝土表面外露钢筋头、表面的蜂窝、麻面、气泡密集区、错台、挂帘、表面缺陷、表面裂缝等缺陷,应进行切割、打磨和修补处理,以保证防渗卷材基层面平顺和致密。混凝土基面处理完毕后,应保持其表面干燥、洁净。对混凝土表面凹陷部位用浆砂体填补平整,找平材料干燥后,再涂刷冷底子油。

清洗:指清除混凝土表面的灰尘、油污、盐析、脱模剂。清洗的方法包括扫除、水洗、洗涤剂清洗和溶剂清洗。如果采用洗涤剂清洗,清洗后必须用清水将残留洗涤剂冲洗干净。

3.4　涂刷冷底子油

使用毛刷在洁净的混凝土表面刷冷底子油,涂刷时要均匀一致,无露底,色泽呈黑褐色,操作要迅速,一次涂好,切勿反复涂。冷底子油施工前,必须保证混凝土表面干燥、清洁,局部潮湿可采用喷灯烤干。涂刷冷底子油的面积应当与当班铺贴防渗卷材的面积相当,以防灰尘污染。

3.5　防渗卷材铺设

(1)施工条件。日平均气温不低于 +5 ℃,晴天,风力不大于 4 级,且尽量不在夜间施工,如需夜间施工,应有足够照明。

(2)铺设方法。铺设采用水平方向铺设,铺设完成后可进行覆盖保护,减少卷材在阳光下曝晒而导致的老化现象,且铺设高度应高于填筑面至少 2 m,避免填筑污染已清理好的混凝土基面。首先裁剪特种沥青防渗卷材为 1.05 m×2.1 m 的尺寸,人工切除条幅边缘的不规则松散部分;然后将其平放在木板上,把卷材的隔离膜剥开撕掉,再在其上热涂体积为 0.02 m^3 的沥青膏,快速用抹子均匀平铺;待温度稍微冷却后,提起卷材,以沥青膏不流消为标准,抬起木板将其托举,调整好搭接宽度后,将其铺压到墙体上。然后用橡胶辊碾压其背面,以排除卷材下面的空气,使其黏结牢固及平整。相邻沥青膜之间搭接宽度为15cm,搭接缝之间应当相互错开。如接缝表面变冷,应加热后再摊铺相邻防渗材料。加热接缝缝面时,应严格控制加热温度和加热时间,防止因温度过高而使防渗材料老化。见图3。

图3　长河坝水电站副防渗墙明浇段防渗卷材铺设过程

3.6　质量检测

混凝土基面、冷底子油和防渗卷材的外观检查采用目视检查法,混凝土基面应洁净、无混凝土缺陷、平整、干净,无浮土、无浮浆,无钢筋头等尖锐凸起且无明显错台;冷底子油应均匀连续、无漏涂、色泽呈黑褐色;防渗膜表面平整,搭接满足不小于15 cm,搭接缝之间相互错开。沥青膏厚度检验可采用针测法,在防渗卷材铺设完成后,在其表面选测量点,然后用针刺的长度减去防渗卷材的厚度5 mm即为沥青膏厚度。

4　结　语

通过现场试验和现场施工的实践证明,采用"膜膏一体"工艺铺设防渗卷材不仅铺设工艺简单、铺设速度快、成膜平整、沥青膏厚度均匀、铺设后不脱落。在不同施工时期、不同施工部位灵活选用不同形式的作业平台,不仅能保证防渗卷材的铺设进度,而且不影响土工膜铺设和大坝的填筑,可供同类工程借鉴。

混凝土坝设计分析一体化平台开发

黄　涛[1]　张国新[1]　刘　毅[1]　贺光明[2]　魏鲁双[3]

(1. 中国水利水电科学研究院　北京　100038；
2. 长沙远胜科技有限公司　湖南　长沙　410001；
3. 华北水利水电大学　河南　郑州　450045)

摘要:国内水利专业软件发展数量众多,但其缺乏规范化、通用性和商业化。本文介绍了基于AutoCAD二次开发技术的大坝设计与分析一体化软件平台研发,包括重力坝子系统、拱坝子系统、土石坝子系统。一体化软件平台完成了数据及接口的标准化,选专业测试机构进行测试,并根据测试报告,对软件平台进一步修改和完善,编写了软件开发报告和用户手册。软件平台已在国内二十余家设计单位试应用,取得良好效果和有价值的反馈建议。

关键词:混凝土坝　设计分析　一体化平台开发　AutoCAD　二次开发

1　引　言

自20世纪60年代以来,我国水利水电专业软件已得到了长足的发展,涌现了一大批水平较高并应用于实际水利工程的专业软件[1-3],如STAB、EMU、AutoBanK、SAPTIS、TFINE等,为我国水利水电事业的发展做出了重大贡献。我国水利水电软件行业的发展还存在一些不足之处。相比国外成熟的通用软件ANSYS、ABAQUS、ADINA、FLUENT等[4],我国水利软件存在通用性差、商业化程度不高。相对于工民建行业中的板、梁、柱为主的结构,各种结构可以简化的组合,PKPM系列软件取得重大成果;而水利行业面对的对象要复杂得多,如水工结构有大坝、水闸、堤防、渠道、隧洞等结构差异性很大,其通用性软件的开发难度大。2010年水利部统计了各流域机构、各省厅上报的水利行业在用的707个软件产品,其中只有一款多年前新疆等几个设计院联合研发《水利水电工程设计计算程序集》国产专业软件在不同省的行业用户中广泛使用,无法满足当前水利行业的需求。为了满足本单位自己的需求,软件重复性开发现象比较普遍,且程序标准化规范化程度不一,如拱坝应力分析与体型优化程序[1,2,5]就有ADASO、ADAO、ADAO-HH、ADSC-CK等,导致不同程序的计算结果不同。另外,软件开发以DOS版本为主,软件图形界面简单,交互功能少,前后处理简陋。上述问题严重影响我国水利水电软件的自身发展,同时也影响了我国水利水电行业的国际影响力和竞争力。

综上所述,一方面是水电规划设计实践对水利水电专业软件的需求,另一方面我国水利

基金项目:水利部公益性科研专项(201201050);973项目(2013CB036406,2013CB035904);十二五科技支撑项目(2013BAB061B02);中国水科院科研专项;流域水循环模拟与调控国家重点实验室科研专项。

水电专业软件的现状不容乐观,因此发展综合的、集成化、标准化的水利水电专业软件平台,已经成为了我国水利水电事业发展的迫切需要。

2　大坝设计与分析一体化软件平台

大坝设计与分析一体化软件平台能实现主要挡水建筑物的设计建模,并能根据要求自动给出设计图纸;能在专业软件的支持下,自动完成大坝应力和稳定分析,制作相应的分析成果图表;能在一个平台下自动生成并输出计算报告书。按照不同的坝型分为重力坝子系统、拱坝子系统和土石坝子系统。

2.1　重力坝子系统

重力坝子系统是集重力坝截面设计、计算分析、图纸输出为一体的重力坝辅助设计平台。具有文件管理模块、模型设计模块、计算分析模块、图纸输出模块、设计报告书生成模块5大模块,30多个子功能。

文件管理模块:采用单一项目的文件管理,对每一个项目的数据信息、模型信息、图纸信息进行统一管理。主要功能包括负责对项目文件新建、打开、保存、另存为、关闭及退出操作。以及对项目信息进行引入、导出操作。

模型设计模块:模型设计功能是计算分析及成果输出的基础。主要包括设计参数采集功能、截面定义及网格划分功能、边界条件定义功能、图形信息提取及输入数据文件生成功能。

计算分析模块:提供了结构力学法和有限元分析法两种方法计算坝体应力及稳定验算的功能。

图形输出模块:根据计算分析结果输出数据,进行应力图及位移图的输出功能。具体包括x向正应力云图、y向正应力云图、剪应力云图以及主应力云图、x向位移云图、y向位移云图、节点位移图。

设计报告书生成模块:根据模型设计功能模块生成的计算输入数据及计算分析模块生成的计算输出数据,依据规范要求对设计项目各项指标进行验证,并生成设计报告书。

2.2　拱坝子系统

拱坝子系统是集拱坝三维设计、计算分析、图纸输出、计算报告输出为一体的三维拱坝辅助设计平台。具有包括文件管理模块、模型设计模块、图纸输出模块、计算分析模块等6大模块,30多个子功能。

文件管理模块:系统采用单一项目的文件管理,对每一个项目的数据信息、模型信息、图纸信息进行统一管理。主要功能包括负责对项目文件新建、打开、保存、另存为、关闭及退出操作,以及对项目信息进行引入、导出操作。

模型设计模块:系统模型设计功能也就是建模功能是系统的核心,是详图设计功能的基础。模型设计功能采用统一的建模思想,统一的数据管理方法,以及统一的建模流程。主要包括几大部件模型设计功能,坝体三维实体模型设计功能、泄水建筑物三维实体模型设计功能、廊道及交通系统三维实体模型设计功能、接缝灌浆系统三维实体模型设计功能。

图形输出模块:根据三维实体模型及模型设计信息,进行三维模型到二维工程图的输出功能。具体包括坝段高程体型图、接缝灌浆图、拱坝布置图。

定位模块:提供拱坝设计任意空间点获得功能以及拱坝设计任意工作平面设置功能。

同时显示查询点及工作平面功能。

模型辅助设计模块:提供合适的工具,方便进行拱坝三维可视化 CAD 设计,包括选择模型方便,任意实体的位置操作等等功能。

计算分析模块:提供了包括拱梁法和有限元分析法两种计算分析功能,能自动生成计算分析报告。

2.3 土石坝子系统

土石坝子系统是集土石坝模型设计、渗流计算、稳定分析、图纸输出融为一体的土石坝辅助设计平台。具有文件管理模块、模型设计模块、渗流计算模块、稳定分析模块、图纸输出模块、设计报告书生成模块 6 大模块,30 多个子功能。

文件管理模块:采用单一项目的文件管理,对每一个项目的数据信息、模型信息、图纸信息进行统一管理。主要功能包括负责对项目文件新建、打开、保存、另存为、关闭及退出操作。以及对项目信息进行引入、导出操作。

模型设计模块:模型设计功能是计算分析及成果输出的基础。主要包括设计参数采集功能、截面定义及网格划分功能、边界条件定义功能、图形信息提取及输入数据文件生成功能。

渗流计算模块:确定坝体浸润线及其下游逸出点的位置,绘制坝体及坝基内的等势线分布图或流网图;确定坝体与坝基的渗流量;确定坝坡出逸段与下游坝基表面的出逸比降,以及不同土层之间的渗透比降;确定库水位降落时上游坝坡内的浸润线位置或孔隙压力;确定坝肩的等势线、渗流量和渗透比降。

稳定分析模块:采用瑞典圆弧法、简化毕肖普法、摩根斯顿 - 普赖斯法、美国陆军工程师团法计算指定滑弧的抗滑稳定安全系数;或者在指定范围内自动搜索最不利滑弧。

图形输出模块:根据计算分析结果输出数据,进行等值线图、节点流速、节点流量图的输出功能,具体包括等压线图、等势线图、水力坡降等值线图以及节点流速图、节点流量图、体积力图、滑弧安全系数描述图。

设计报告书生成模块:根据模型设计功能模块生成的计算输入数据及计算分析模块生成的计算输出数据,依据规范要求对设计项目各项指标进行验证,并生成设计报告书。

3 大坝设计与分析一体化软件平台的标准化和测试

本软件基于 AutoCAD 平台开发,为增加软件平台的普适性,软件建立了一套标准化的数据及其接口,凡按照该标准建立的设计分析数据,均可应用本软件的分析软件进行分析;为方便用户使用,按照软件工程要求编写了软件开发报告和用户手册;选择业内的软件测试机构,针对软件的功能需求,采用黑盒测试技术,按照测试结果对软件进行进一步的修改完善,进而完成软件的认证和著作权登记。

3.1 建立了大坝设计与分析的标准化数据与接口

大坝设计与分析一体化软件平台提供两套数据:一套是图形数据,面向用户,在图形界面进行交互,比较直观;另外一套是标准数据,面向核心计算程序,以文本文件型式保存,相对抽象。用户只需了解前台运行的图形数据格式,标准数据文件由程序自动管理,在后台流动。

前台数据以 AutoCAD 的不同类型图元表示,例如:材料分区以“region”实体表示,“region”实体能正确显示带有孔洞的任意形状闭合区域,只要在这些“region”实体上附加容重、黏聚力、摩擦系数等材料属性,即能正确描叙任意形状及材料分区的大坝断面。

后台数据文件由系统依据约定的标准格式自动创建;对于熟悉后台标准数据文件格式的高级用户,可以直接创建、编辑这些数据文件。只要用户提供的数据符合标准格式,核心计算程序同样可以读取这些输入文件进行分析,并生成正确的计算结果。

3.2　编写了软件开发报告和用户手册

大坝设计与分析一体化软件平台在不同的阶段、针对不同的对象编写了需求分析报告、软件开发报告及用户手册。

需求分析报告是对设计院用户进行广泛调查后,对他们反馈的意见进行归纳和汇总形成的报告书。需求分析报告主要用来确定整个平台的菜单分布、模块组成。

软件开发报告记录了每个子模块程序实现过程中采用的技术、依据的原理、所达到的目标。

用户手册用于指导用户操作平台各步骤,帮助用户利用平台的工具完成各项设计任务,生成设计成果。

3.3　软件平台的标准化测试

软件测试主要根据用户需求说明书和软件需求规格说明书以及用户手册的文档进行系统测试。对大坝设计与分析一体化软件平台中的重力坝子系统、拱坝子系统、土石坝子系统进行包括功能测试、用户界面测试、安装测试、卸载测试以及算例测试等内容。通过测试对平台的软件能力、缺陷限制等状态进行了分析评定,形成建议性的总结,对平台的后续开发发展提出了建设性的意见。通过对软件平台的标准化测试工作,软件平台整体上在功能性、易用性、可靠性以及兼容性等软件指标上,达到了软件平台的要求。

4　典型工程的应用

本软件完成开发后,在南充市水利电力勘测设计研究院等国内二十余家设计院得到应用。

4.1　重力坝典型应用

利用重力坝子系统,结合工程设计经验,进行王家湖重力坝可视化设计工作,包括王家湖重力坝模型设计、应力计算、稳定分析、计算成果出图以及生成设计报告书等工作,其计算截面模型见图 1。

4.2　拱坝典型应用

利用拱坝子系统,结合工程设计经验,进行拉西瓦拱坝可视化设计工作,包括拉西瓦拱坝模型设计、应力计算、稳定分析、计算成果出图以及生成设计报告书等工作,如图 2 所示。

4.3　土石坝典型应用

利用土石坝子系统,结合工程设计经验,进行跃进水库大坝可视化设计工作,包括跃进水库大坝模型设计、渗流计算、稳定分析、计算成果出图以及生成设计报告书等工作,如图 3 所示。

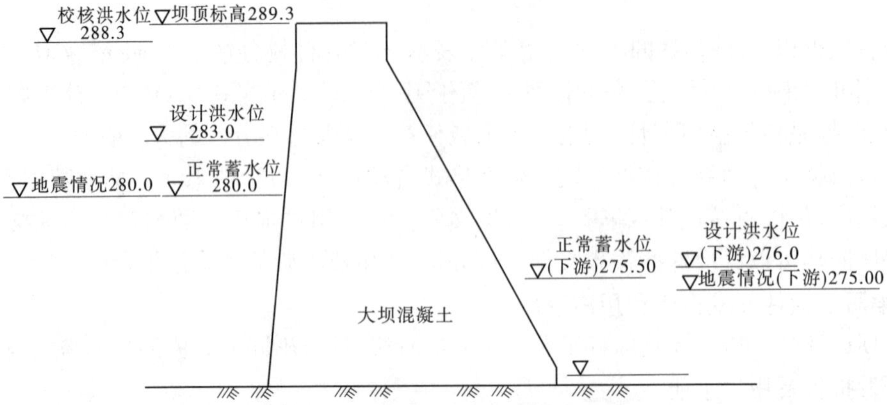

图1　王家湖重力坝计算截面模型

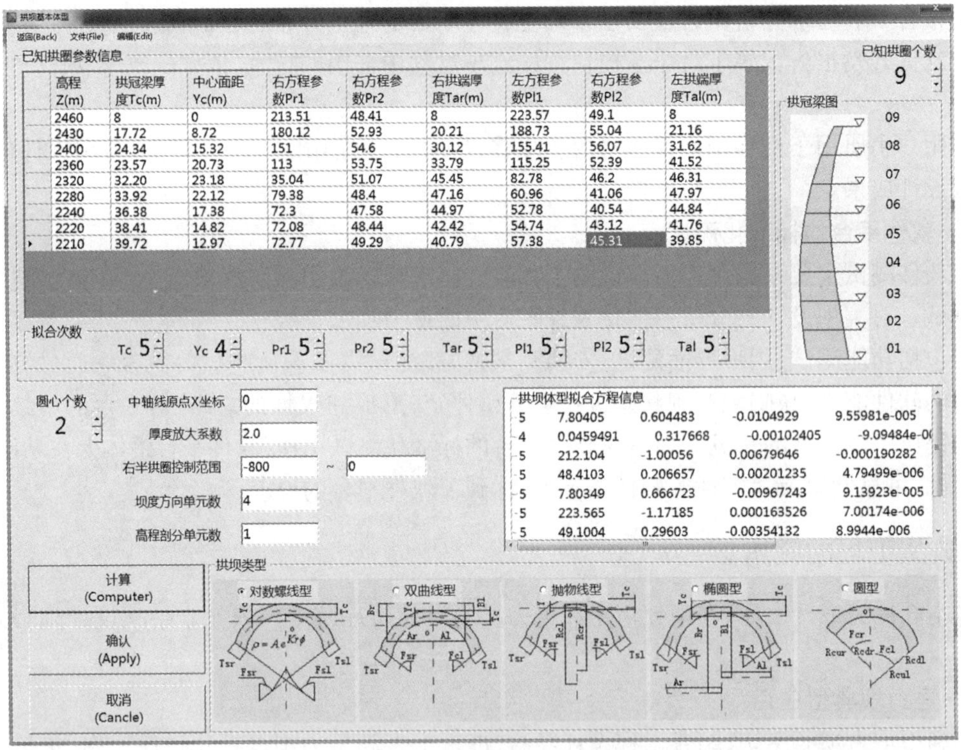

图2　拉西瓦拱坝体型参数界面

5　结　语

本文论述了大坝设计分析一体化平台开发，包括重力坝、拱坝和土石坝三个子系统，介绍各子系统设计、计算分析、图纸输出、计算报告书生成等功能模块的主要特点。软件平台实现了数据及其接口标准化；按照软件工程要求编写了软件开发报告和用户手册；选择业内的软件测试机构，针对软件的功能需求，采用黑盒测试技术，实成了平台测试并根据测试结果对软件进行进一步的修改完善，进而形成了具有完全自主知识产权的大坝设计分析一体化软件。软件平台已经在国内二十余家设计院得到应用，取得良好应用效果和有价值的反

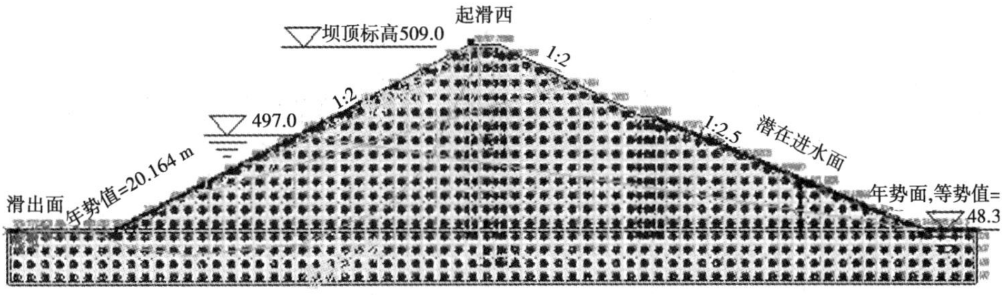

图3 跃进水库大坝计算截面模型

馈。

水利水电专业软件的国产化研发还方兴未艾,为促进水利水电专业软件的研发,下一阶段,将在以下几个方面继续努力:

(1)密切关注水利行业对专业软件的市场需求,开展水利水电专业软件发展状况年度调研,密切跟踪软件技术的新发展,明确水利专业软件的发展方向。

(2)致力于大坝软件推广应用以及水工建筑物一体化设计与模拟软件的滚动研发。包括以下几个具体工作:①在实际应用中做好技术支持,建立售后专业服务队伍,及时快速解决用户在使用中提出的各种问题;②根据用户的新需求进行滚动开发(比如增加拱坝稳定分析功能等),探索水利专业软件商业化开发的模式。进一步增加软件系统功能;③着手研发堤防、水闸等一体化设计与模拟软件。

参考文献

[1] 水工设计手册:第2卷 混凝土坝[M]. 北京:中国水利水电出版社,2011.
[2] 水工设计手册:第5卷 基础理论[M]. 北京:中国水利水电出版社,2011.
[3] 张国新. Saptis:结构多场仿真与非线性分析软件开发及应用(之一)[J]. 水利水电技术,2013,44(1):31-36.
[4] 中国水利发电工程学会水工及水电站建筑物专业委员会. 高拱坝建设中的重大工程技术问题研究[M]. 北京:中国水利水电出版社,2010.
[5] 朱伯芳,高季章,陈祖煜,等. 拱坝设计与研究[M]. 北京:中国水利水电出版社,2002.

静态爆破逆序开挖在高边坡倒悬体施工中的应用

岳　龙

（贵州乌江水电开发有限责任公司洪家渡发电厂　贵州　黔西　551501）

摘要：在临近已建水库大坝进行岩石高边坡开挖施工中，采用炸药明爆施工将存在巨大的安全隐患，易造成山体滑坡、飞石破坏水工建筑物结构等重大安全事故；采用静态爆破的施工方法，并结合逆序开挖工艺，能有效控制岩石块体的大小，解决倒悬体开挖向边坡临空面弃渣，杜绝产生大块体落石及飞石至坝后坡及厂房平台砸坏厂房等问题。本文通过洪家渡左坝肩高边坡倒悬岩体开挖工程实例，阐述静态爆破的工作原理及开挖工程中的施工方法、技术要求及取得的成果，以便在今后类似的工程中进行推广应用。

关键词：高边坡　静态爆破　逆序开挖　施工方法　成果应用

1　工程概况

洪家渡水电站坝址处河谷狭窄，两岸边坡陡峻，其中左岸坝后厂房及大坝之间为高约260 m、宽约250 m的自然边坡（左坝肩边坡）。自然边坡下部为大坝、观测设施、进厂交通路线及泄洪洞闸门操作室进出口等重要建筑物和设施，边坡离厂房水平距离仅约80 m。边坡近于垂直、岩层裸露、卸荷裂隙发育（如图1所示），曾多次发生过自然掉石现象，严重威胁现场人员生命安全及电厂安全生产工作。

同时，左坝肩边坡顶部1 264～1 290 m高程、坝轴线纵下0～30 m至纵下0～90 m桩号部位为一倒悬体（外挑长度最长处达6.0 m，如图2、图3所示），沿倒悬体上游内侧发育有一条卸荷裂隙（距边缘约4.6 m，长约30 m）。倒悬体岩体破碎，受下部岩体支撑，随着时间推移，岩体风化加剧，卸荷裂隙会进一步加深，倒悬体存在失稳可能。为保障电站的安全、稳定运行，需采取工程措施将倒悬体挖除。

2　工程地质

洪家渡水电站左坝肩边坡岩性为永宁镇组第一段（T_1yn1-1～T_1yn1-6）厚层、中厚层夹薄层灰岩、白云质灰岩、泥质灰岩，岩石坚硬、性脆、层面清晰。岩层产状NE 40°～70°，NW∠30°左右（倾向上游偏左岸）。T_1yn灰岩风化程度微弱，微风化带垂直深度5～20 m，自然边坡灰岩陡壁上分布有卸荷裂隙，宽0.2～1.5 m，垂直发育深度40～60m，卸荷带宽度20～25 m，主要沿NW70°～80°与NW10°～30°两组构造裂隙发育。边坡表面局部形成倒悬体，多个部位有岩块掉落痕迹，且倒悬体下部岩层多呈分离状，极易掉落，造成安全事故。

图1 左坝肩边坡正面图

图2 倒悬体正面图

图3 倒悬体侧面图

3 技术方案前提

3.1 要求

因左坝肩高边坡下部是电站大坝、厂房等重要水工建筑物及电力生产重要设备、设施，同时，进出厂房的必经通道也位于倒悬体下部，要求技术方案所制订的工程措施不能危及电厂现场生产人员的生命安全，不能对电站重要建筑物及生产设施造成破坏，影响电厂正常的安全生产活动。同时，技术方案的制订也必须保证工程自身施工人员在260 m高边坡及危岩体部位的安全施工。

3.2 目标

通过工程措施挖除高边坡顶部倒悬体,控制工程实施过程中可能产生的落石块体大小,保证电站现场生产及施工人员的人身安全,保障设备的安全稳定运行。

3.3 限制

限制倒悬体开挖向边坡临空面弃渣,所有开挖石渣必须从山体内侧运输至指定地点,限制产生大块体落石及飞石至坝后坡及厂房平台。

4 技术方案比选

目前,岩石开挖分为爆破法和非爆破法。在爆破法中,普通爆破有很强的破坏性,具有巨大冲击波、满天粉尘、飞石等特点,巨大的冲击波对周围环境会造成很大的安全隐患;控制爆破技术随着现代科学的不断发展虽然已得到了广泛的应用,它能将炸药所产生的能量控制在恰到好处的程度,使它既能达到预定的爆破目的,又能将炸药爆破时所产生的飞石、地震波、冲击波以及声响控制在理想的限度内,但是控制爆破产生的振动、冲击、飞石等对周围造成的影响并没有完全消除。显然爆破法不满足本工程的施工要求。

非爆破法包括松土法、破碎法和静力爆破。

4.1 松土法

松土法是充分利用岩体自身存在的各种裂面和结构面,用推土机牵引的松土器将岩体翻碎,再用推土机或装载机与自卸汽车配合,将翻松的岩块搬运出去。但松土法的作业效率与岩石性质、岩体的裂面和风化程度有关,而本工程中岩石为白云质灰岩,岩石坚硬、性脆,松土法不适合。

4.2 破碎法

破碎法是用破碎机凿碎岩块,凿子装在推土机或挖掘机上,利用活塞的冲击作用,使凿子产生冲击力,因此其破碎岩块的能力取决于活塞的大小。破碎法宜用于岩体裂缝较多,岩块体积较小,抗压强度低于10 MPa的岩石。因破碎法开挖效率低,也不宜用于本工程的主要开挖工作。

4.3 静力爆破

静力爆破是使用静力破碎剂加水发生水化反应产生体积膨胀(膨胀压力可达30~50 MPa),从而达到分裂岩石的目的。静力破碎剂可广泛应用于混凝土构筑物的无声破碎与拆除及岩石开挖,解决了爆破工程施工中遇到不允许使用炸药爆破而又必须将混凝土或岩石破碎的难题,是国际上流行的新型、环保、非爆炸施工材料。结合本工程实际及静力爆破的特点,洪家渡水电站左坝肩高边坡倒悬体开挖采用静力爆破法施工。

5 施工方案

5.1 总体方案概述

在倒悬体下部岩面建立钢栈桥作业平台,钢栈桥上架设钢管脚手架并锚固于岩体上作为施工作业面及垂直面安全防护措施;倒悬体表面利用SNS主动防护网及Φ25钢丝绳进行主动防护。施工作业平台及安全防护措施完成后进行倒悬体静态爆破分裂岩体,岩石分裂后利用塔吊、人工及机械相结合进行清除,并转运至指定渣场。

5.2　钢栈桥施工

钢栈桥由水平锚杆、主梁、次梁、支撑梁、拉梁、钢板等组成，其中水平锚杆为 $\Phi36$、L = 4.5 m锚杆，外露 22 cm（每根主梁用上、下两根水平锚杆与岩体连接）；主梁为 25a 工字钢、长 3.6 m，支撑梁为 22a 工字钢（L = 3.1 m），并用 L = 3.0 m、Φ30 锚杆（外露 0.5 m）与岩体连接；次梁为 12.6 槽钢，钢板厚度为 10 mm，钢栈桥结构如图 4 ~ 图 6 所示。

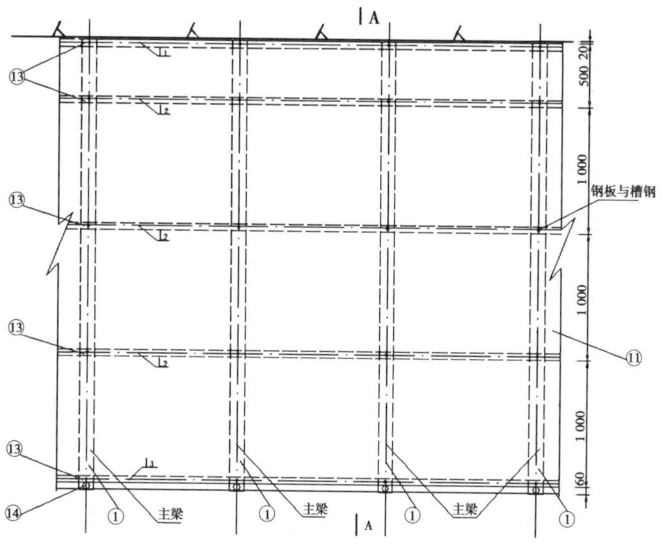

图 4　钢栈桥平面图

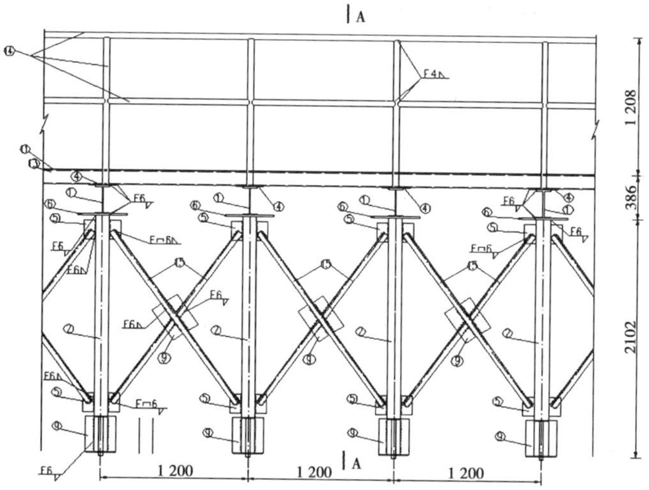

图 5　钢栈桥立面图

5.3　倒悬体静态爆破施工

5.3.1　施工工艺流程

施工准备→布孔→钻孔→膨胀剂拌制→膨胀剂灌注→膨胀等待→二次破碎清理。

（1）施工前准备：包括钻孔施工准备及材料准备等，装孔操作前确定已准备好以下材料物品：膨胀剂、洁净水、水桶、拌和盆、手提式搅拌机、防护眼镜、橡胶手套、备用洁净水和毛巾等。

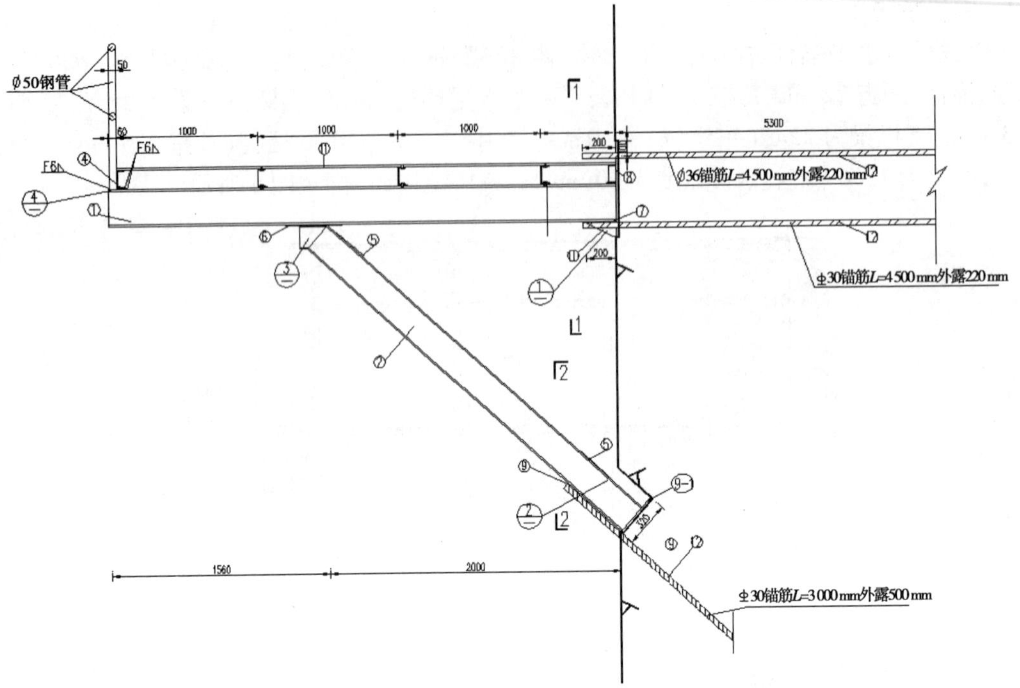

图 6　钢栈桥剖面图

(2)孔位布置:钻孔前,现场施工人员按照设计的静态破碎方案结合现场地形条件实测出各孔位,偏差不能大于 5 cm,并进行标记。

(3)钻孔:采用 3 m^3 移动空压机配合 YT－28 手持式风钻钻孔,成孔直径 50 mm。现场施工须严格控制钻孔位置、深度,确保达到设计要求。终孔后,孔内的余水和余渣用高压风吹洗干净,孔口旁清理干净无土石渣,并封好孔口,待装膨胀剂。

(4)膨胀剂拌制:按水与膨胀剂重量比 0. 25∶1下料拌制。拌制时,先分若干次把水倒入容器中加入相应数量的膨胀剂,然后用手提式搅拌机搅拌成具有流动性的浆体。在搅拌时须带橡胶手套及防护眼罩。

(5)填充灌注:拌制膨胀剂浆液以及灌入孔内须控制在 10 min 以内。

(6)膨胀等待:膨胀剂浆液填充灌注完成后,马上采用彩条布或草垫进行遮盖,防止喷孔、雨水冲刷流入孔内、地表水流入孔内、同时还能起到保护孔内药剂温度的养护作用。

(7)二次破碎清理:当岩石边坡沿钻孔装药线开裂后,岩石内只是产生裂开,边坡孔底高程局部没完全断裂的部位,人工清渣时,还需用挖机、风镐在岩石破裂脆弱地带进行凿缝破碎,进行清理。

5.3.2　倒悬体开挖步骤

倒悬体开挖采用从上而下、由外向里、分层推进,循环分裂,直至倒悬体全面处理。在施工过程中,随时检查安全防护的防护情况,并随作业面进行相应调整,如图 7、图 8 所示)。

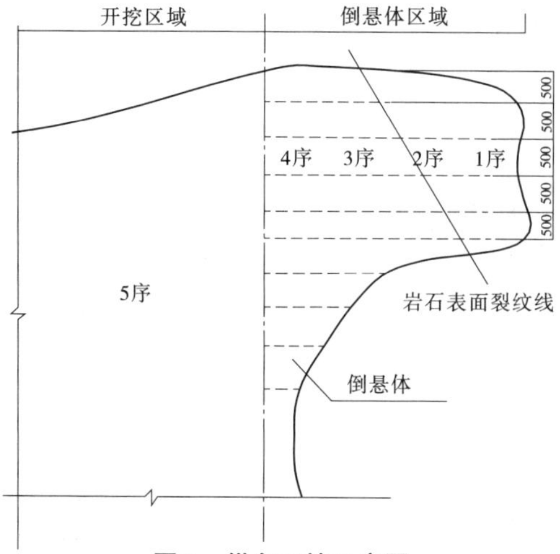

图7　纵向开挖示意图

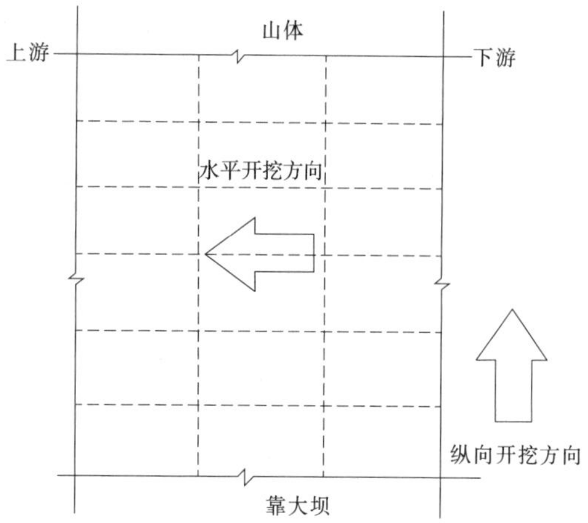

图8　水平开挖示意图

开挖顺序为：先进行5序区域的开挖，将高度降低4 m左右，再进行1序区域的开挖，纵向开挖，从上而下、由外向里、循环分裂，按照纵向施工，层层推进；再进行2、3、4序区域的施工。直至倒悬体全面处理。采用纵向、由外向里的方式开挖；荷载由外向内，层层递减，能有效的保持倒悬体的稳定性。

6　技术特征及性能指标

6.1　膨胀剂性能指标

洪家渡水电站左坝肩倒悬体静态爆破开挖使用的膨胀剂主要成分为氧化钙，其密度为3.85 g/cm^3，该膨胀剂遇水反应后其体积增大49.5%，同时每摩尔(mol)释放出65 kJ的热量。因此，膨胀剂的温度升高、体积膨胀、压力增大。膨胀压力在炮孔周围的介质中沿径向产生压应力，在切向产生拉应力。拉应力一旦超过介质的抗拉强度，则介质将产生径向裂缝，一般每孔可产生2～4条裂缝。岩石为脆性材料，其抗拉强度较小，一般为2～7 MPa，即使坚硬的大理岩、花岗岩的抗拉强度也不过10 MPa左右，而膨胀剂所产生的膨胀压力可达30～50 MPa，所以，一般的岩石均可拉裂。膨胀剂水化反应时间为10～60 min，适用环境温度为－16～35 ℃。

6.2　静态爆破炮孔布置参数

静态爆破炮孔布置参数如表1所示。

表1　静态膨胀剂的炮孔布置参数表

爆破对象		孔径(mm)	孔距(mm)	孔深(mm)	单耗(kg/m^3)	
					切割	破碎
整体岩石	软岩石	30～42	40～60	(1.00～1.05)H	12～15	20～28
	中软岩石	30～42	30～50	1.05H	16～24	32～40
	硬岩石	38～50	20～30	(1.05～1.10)H	20～28	40～48

注：H为爆破体厚度，根据岩层的厚度确定。

本工程的目的是在确保安全的前提下，尽快将倒悬体挖除。由于倒悬体有可能坠落，因此要控制分裂后的块体大小；而分裂块体后的大小取决于孔距、孔深；因此，为了尽量减小分裂块体，同时又保证开挖效果，初定单次分裂岩体厚度H=0.70 m，钻孔直径42 mm，孔距

0.3 ~ 0.50 m，钻孔深度 0.7 ~ 1.0 m，每次开挖的长度控制在 9 m 以内（注：开挖长度不影响分裂块体的大小）。之后，根据前期开挖效果及统计数据再对技术参数进行调整。

7　技术要求

（1）破碎前应了解岩石性质、节理、走向及地下水情况。

（2）布眼。布眼至少需要一个及以上临空面，钻孔方向应尽可能做到与临空面平行，临空面（自由面）越多，单位破石量就越大，经济效益也更高。切割岩石时同一排钻孔应尽可能保持在一个平面上。

（3）钻孔。钻孔直径与破碎效果有直接关系，钻孔过小，不利于药剂充分发挥效力；钻孔太大，孔口难以堵塞。

（4）装药。装药采用"由上到下，分层破碎"的施工方式，方便工人操作。每次拌药量不能超过实际完成的工作量。各灌装小组在取药、加水、拌和、灌装过程中应基本保持同步，可以让每个孔内药剂的最大膨胀压基本保持同期出现，有利于岩石的破碎。

（5）药剂反应时间的控制。药剂反应的快慢与温度有直接的关系，温度越高，反应时间越快，反之则慢，但药剂反应时间过快易发生冲孔伤人事故。夏季气温较高，破碎前应对被破碎物遮挡，药剂存放低温入，避免暴晒。将拌和水温度控制在 15 ℃以下。冬季则加入促发剂和提高拌和水温度，但拌和水温最高不可超过 35 ℃。反应时间一般控制在 30 ~ 60 min 较好，条件较好的施工现场可根据实际情况缩短反应时间，以利于施工。

8　质量控制

（1）静力爆破剂的质量控制。

对进场材料必须进行检验，确保其符合无声破碎剂（JC 506—2008）强制性行业标准，不合格产品不得使用。

（2）打孔质量控制。

根据调查情况，编写实施性施工方案，按方案中的设计孔位布置图进行测量放线，严格控制孔深、角度等技术参数。

（3）装药的质量控制。

禁止边打孔边装药，打孔要一次完成，装药要一次完成。禁止打孔完成后立即装药，应用高压风将孔清洗完成后，待孔壁温度降到常温度后方可装药。灌装过程中，已经开始发生化学反应的药剂不允许装入孔内。

（4） 药剂反应时间控制。

药剂反应时间一般控制在 30 ~ 60 min，控制参数可根据现场的施工条件试验测定相关的施工参数。

9　成果及推广应用

本工程通过尝试在高边坡倒悬体开挖过程中应用静态爆破逆向开挖的工艺，严格控制了岩体开挖对边坡下部重要水工建筑物及重点设备的影响，充分解决了本工程的实际限制要求问题——限制倒悬体开挖向边坡临空面弃渣，所有开挖石渣必须从山体内侧运输至指定地点，限制产生大块体落石及飞石至坝后坡及厂房平台对建筑物和设备造成影响；充分发挥了静态爆破施工无震动、无飞石、无噪声、无污染的优点，保障了边坡的稳定。

从本工程施工过程看，静态爆破施工方法在某些特殊情况下与常规炸药爆破相比更具有优越性，它既保证了安全要求，又缩短了施工工期，极大地降低了工程施工成本。由于它可在无振动、无飞石、无噪声、无污染的条件下破碎或切割岩石或混凝土构筑物，极适合于城市建设中各类钢筋混凝土基础、建筑物的拆迁及桥梁、码头、道路、涵洞的改扩建。

静态爆破是一种新型的爆破方法，它是常规炸药爆破的一种发展和延伸，虽然静态爆破技术现阶段在我国还没有炸药爆破技术那样广泛应用，但其前景将非常光明。

参考文献

[1] 任兴普，等. 乌江洪家渡水电站左坝肩边坡综合治理设计报告[R]. 2010

“π”型 PVC 止水带的研究与应用

董昊雯　周风华

（黄河勘测规划设计有限公司　河南　郑州　450003）

摘要：止水带主要用于混凝土结构现浇时设置在施工缝、沉降缝、变形缝处，与混凝土浇筑为一体，防止接缝处渗漏。传统 PVC 止水带采用中间圆孔、两翼端鱼尾状、中间圆孔至翼端均布小突肋的断面型式。在平面和斜坡施工时，止水带下部混凝土不易振捣密实，往往存在空隙，当混凝土结构缝受力变形拉开时，止水带中间圆孔首先变形，止水带即与混凝土脱离，同时拉长导致厚度变薄，拉力随即传递到圆孔两侧的若干个小突肋，乃至翼端，造成接缝漏水。本文介绍一种新型 PVC 止水带（专利号：ZL 2010 2 0155091. 3），其底部为一平面，中间设有圆孔，上表面自中间圆孔到两翼端之间依次均布设一对凸肋和一对垂直向上的翼板，两翼端为平板锚固端，便于施工安装和止水带固定。翼板高度大于等于 65 mm，翼板顶端两侧和中部两侧分别设有对称的翼板凸肋。在平面和斜坡施工时，将“π”型 PVC 止水带置于混凝土浇筑层底部，依靠翼板止水，翼板两侧混凝土易于振捣密实，从而保证了止水效果。“π”型 PVC 止水带不仅施工方便，而且防渗效果好，通过蟒河口水库防渗面板工程实例分析和运行效果检验，认为“π”型 PVC 止水带是岩基上防渗面板接缝最有效、最可靠的止水型式，具有广泛的推广应用前景。

关键词：“π”型　PVC 止水带　防渗面板　应用　蟒河口水库

1　研究背景

止水带主要用于混凝土结构现浇时，设置在施工缝、沉降缝、变形缝处，与混凝土浇筑为一体，防止接缝处渗漏。传统 PVC 止水带采用中间圆孔、两翼端鱼尾状、中间圆孔至翼端均布小突肋的断面型式，如图 1 所示。这种结构的 PVC 止水带存在下述缺陷：在平面和斜坡施工时，止水带下部混凝土不易振捣密实，往往存在空隙，当混凝土结构缝受力变形拉开时，止水带中间圆孔首先变形，止水带即与混凝土脱离，同时拉长导致厚度变薄，拉力随即传递到圆孔两侧的若干个小突肋，乃至翼端，造成接缝漏水。

图 1　传统 PVC 止水带

2　主要研究内容

2.1　PVC 止水带型式

为了确保止水带两侧混凝土振捣密实，加强止水效果，根据岩石边坡钢筋混凝土面板特点，研究提出一种新型止水带——“π”型 PVC 止水带。

“π”型 PVC 止水带横截面形状左右对称，底板为平面，两翼端为平板锚固端，中间设有圆孔，上表面自中间圆孔到两翼端之间依次均布设有一对凸肋和一对垂直向上的翼板，翼板顶端两侧和中部两侧分别设有对称的翼板凸肋,如图2所示。翼板的高度大于等于65 mm,中间圆孔与凸肋之间的距离大于等于70 mm。

"π"型PVC止水带由于采用底部平面,两翼端为平板锚固端,便于施工安装和止水带固定;上表面设置翼板,同时在翼板顶端两侧和中部两侧分别设置对称的翼板凸肋,在平面和斜坡施工时,将PVC止水带置于混凝土浇筑层底部,依靠翼板和底板顶面止水,翼板两侧混凝土易于振捣密实,从而保证了止水效果。翼板的高度大于等于65 mm,中间圆孔与凸肋之间的距离大于等于70 mm,这样可以减少中间圆孔至翼端的凸肋数量,增加中间圆孔与第一凸肋的距离,使之成为变形区,利用PVC的高弹性和压缩变形性的特点,从而起到有效的紧固密封作用。

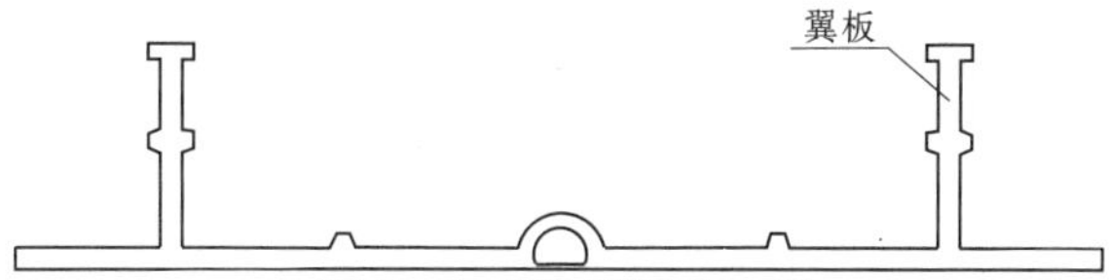

图2　"π"型PVC止水带

2.2　物理力学性能

传统PVC止水带拉伸强度不小于14 MPa,扯断伸长度不小于300%,硬度(绍尔A)不小于65度。

"π"型PVC止水带两侧翼板的高度大于等于65 mm,为保证翼板的止水效果,止水带不仅要有足够的硬度,而且需满足现场拼接、安装的要求。因此,要求止水带硬度(绍尔A)不小于90度,不大于100度。

2.3　制作与安装

(1)PVC止水带的搭接长度为30 cm,采用焊接方式,接头采用与母体材质相同的焊接材料。安装时应防止变形和撕裂,安装好的止水带应加以固定和保护。

(2)浇筑面板混凝土前应对止水带进行检查和清洗,止水带必须干净,不得留有泥土、水泥浆、油渍以及其他与止水带黏接的杂物。止水带应定位支撑好,保证混凝土分缝每一侧埋入的宽度大致相同,并保证止水带在全长范围内都垂直于混凝土面板分缝。

(3)混凝土浇筑时,在止水带附近应仔细、认真振捣,严禁大粒径骨料堆积在止水带周围,要防止止水带产生变形和变位,并防止止水带遭到破坏,必须保证接缝两侧混凝土的密实性和良好的防渗性能。为保证止水带两侧混凝土的密实性,浇筑时应有专人进行人工辅助振捣,尤其应防止止水带下部形成气泡、泌水等空腔,影响止水带与混凝土的结合,形成漏水通道。

3　工程应用实例

蟒河口水库位于河南省济源市西北15 km的北蟒河出山口,设计洪水位为315.16 m,校核洪水位为317.45 m,正常蓄水位为313 m,正常蓄水位以下库容为905万m^3,总库容为1 094万m^3,属中型Ⅲ等工程。大坝采用碾压混凝土重力坝,最大坝高77.6 m,为3级建筑物。大坝由挡水坝段、溢流坝段和引水坝段组成,坝顶长度220.5 m。左坝肩及右岸单薄分水岭均采用钢筋混凝土面板防渗。左坝肩防渗面板与坝体相连接,坡高约60 m,右岸单薄分水岭防渗面板坡高约80 m,防渗面板总面积约18 000 m^2。工程总布置见图3,防渗面板剖面见图 4。

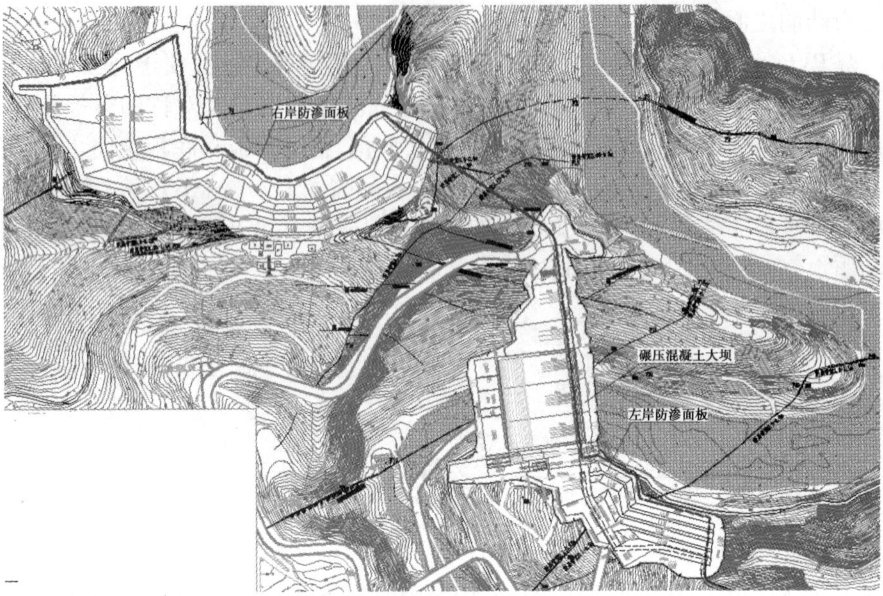

图 3　蟒河口水库工程总布置图

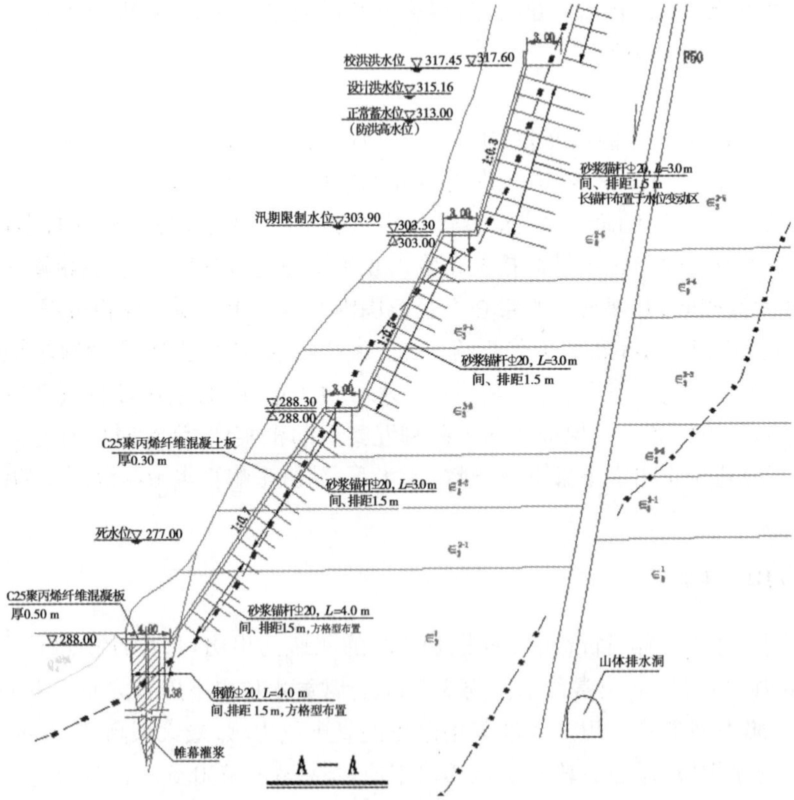

图 4　防渗面板剖面图

两岸防渗面板开挖坡比为1∶0.3～1∶0.7，单级坡高15～20 m。钢筋混凝土面板厚30 cm，采用C25聚丙烯纤维混凝土，面板分缝间距10 m，缝间设置"π"型PVC止水带，临水面采用聚硫密封胶封口。止水型式见图5。

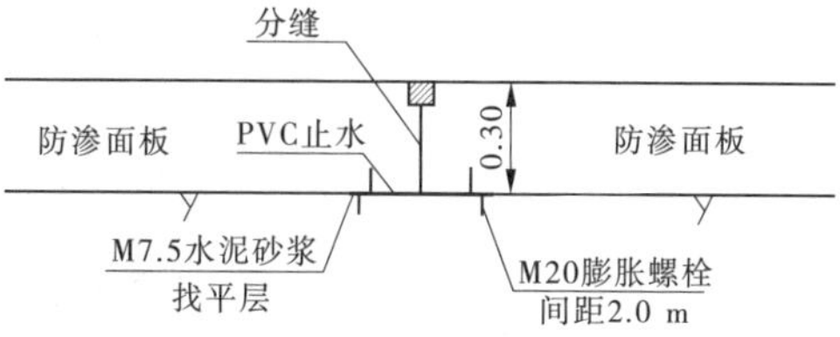

图5　防渗面板间止水典型图

PVC止水带施工时，首先在岩基上铺设水泥砂浆垫层，垫层宽度要求宽于止水带宽度，并严格控制垫层的平整度，保证PVC止水带底部平面与砂浆垫层结合紧密。对于陡坡及开挖平整度较差的部位，可以在止水带两侧锚固端采用膨胀螺栓固定，并用细钢筋作为托架，支撑止水带。PVC止水带施工安装过程详见图6。

图6　"π"型PVC止水带施工安装过程

4　应用效果

"π"型PVC止水带已于2010年获得国家实用新型专利（专利号：ZL 2010 2 0155091.3）。

蟒河口水库采用钢筋混凝土防渗面板与帷幕灌浆组合的防渗型式，防渗面板位于岩基上，使用了7 800 m"π"型PVC止水带，不仅保证了止水带底部混凝土的密实度，而且有利于翼板两侧混凝土振捣密实，有效保证了防渗面板的止水效果。蟒河口水库于2011年8月完工，经过水库试蓄水检验，在库水位上升和下降过程中，防渗面板未发现反向地下水渗出现象，山体内排水洞亦未见集中渗漏情况，表明面板接缝处防渗效果良好。蟒河口水库工程已于2014年通过竣工验收。左岸防渗面板蓄水前、后分别见图7、图8，右岸防渗面板蓄水后见图9。

图 7　左岸防渗面板蓄水前

图 8　左岸防渗面板蓄水后

图 9　右岸防渗面板蓄水后

5　结　语

"π"型 PVC 止水带是一种适用于岩基上混凝土面板接缝的新型止水结构，不仅施工方便，而且防渗效果好，通过蟒河口水库防渗面板工程实例分析和运行效果检验，认为"π"型 PVC 止水带是岩基上防渗面板接缝最有效、最可靠的止水型式，具有广泛的推广应用前景。"π"型 PVC 止水带在蟒河口水库工程中的成功应用，对推动止水技术的进一步发展起到了积极作用。

土石坝心墙分界面双料摊铺器的研制与应用

韩　兴　刘东方

（中国水利水电第五工程局有限公司　长河坝施工局　四川　康定　626001）

摘要：长河坝大坝是目前国内在建的300 m级超高砾石土心墙堆石坝之一，大坝属超现行规范标准高坝。大坝填筑施工过程中，心墙区砂－土分界面填筑施工是影响大坝填筑施工质量及进度的关键环节。采用双料摊铺器一次性拖拉摊铺完成心墙区砂－土分界面的施工方法是高堆石坝不断提高的施工及质量标准要求下研究的一种填筑施工新方法。该方法简化了心墙分界面施工工序，加快了施工进度，保证和提高了施工质量，取得了较好的效果。

关键词：土石坝　心墙分界面　双料摊铺器　施工技术

1　工程概况

长河坝水电站位于四川省甘孜藏族自治州康定县境内，为大渡河干流水电梯级开发的第10级电站，工程区地处大渡河上游金汤河口以下4～7 km河段上，坝址上距丹巴县城82 km，下距泸定县城49 km，距成都约360 km。水库正常蓄水位1 690 m，正常蓄水位以下库容为10.15亿m^3，总库容为10.75亿m^3。调节库容4.15亿m^3，具有季调节能力，电站总装机容量2 600 MW。

拦河大坝为砾石土直立心墙堆石坝，坝顶高程1 697.00 m，最大坝高240 m，坝顶长502.85 m，上、下游坝坡均为1:2，坝顶宽度16 m。心墙顶高程1 696.40 m，顶宽6 m，心墙上、下游坡度均为1:0.25，底高程1 457.00 m，底宽125.70 m。心墙上、下游侧均设反滤层，上游为反滤层3，厚度8.0 m，下游设2层反滤，分别为反滤层1和2，厚度均为6.0 m。

大坝结构见图1。

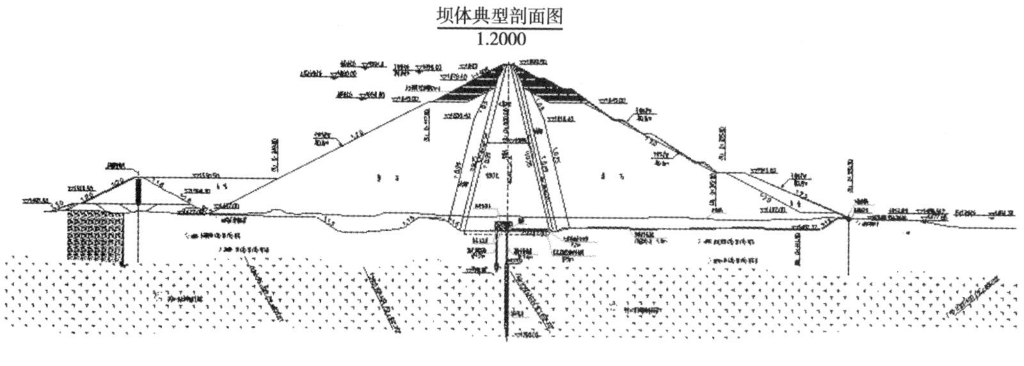

图1　长河坝砾石土直心墙坝典型结构图

2　双料摊铺器的设想

高堆石坝反滤料设计宽度大，采用"先砂后土法"施工，反滤料单料摊铺器一次摊铺成型困难。本工程原施工方案中反滤料与砾石土结合部位的填筑时拟采用我单位自行研制的获得国家专利的专利产品—反滤料摊铺器。反滤料摊铺器是一钢结构的框架无底箱体，由角钢和钢板制作而成。其尾部梯形出料口宽度和高度分别为反滤料设计宽度和其施工填筑厚度。反滤料由自卸汽车直接卸入其内，由推土机或反铲牵引，一次将反滤料摊铺成型。

坝体填筑初期笔者随同技术人员根据本工程特点加工完成了反滤料摊铺器(宽度 6 m，以适应一次摊铺反滤料 1、2、3)，并进行了试验性摊铺。摊铺过程中由于摊铺器宽度较大，箱体内料堆摩擦阻力相对较大，摊铺器在拖行前进过程中出现左右摆动，摆动过程使连接架一侧受拉成倍增加致使连接架焊接处开焊。摊铺器拖拉成型面边线扭曲，成波浪形。且"先砂后土法"存在砂－土之间呈锯齿状施工缝，不能达到理想的"砂－土"间平顺、准确的成缝，对于高堆坝反滤料设计宽度较大一次性摊铺成型方案不可行。

3　双料摊铺器的设计

为解决土石坝砂－土分界面常规施工方法存在的问题，技术人员结合现场施工情况拟考虑采用先单独施工反滤料与砾石土料边界部位再进行其他剩余大面填筑的施工方案。在反滤料摊铺器的设计基础上研制加工一种能够同时完成砂－土边界区土料及反滤料各一定宽度的双料摊铺器进行砂－土分界面摊铺施工，将分界面一次摊铺成型。

双料摊铺器的设计及制作：

双料摊铺器采用钢板加工，是以槽钢或工字钢作为其肋以保障其整体性，并通过焊接而成的箱式无底结构。摊铺器设计尺寸为高 1 m、宽 3 m、长 4 m，以满足装载机的斗容量和卸料方便。再在摊铺器中间增加料仓分隔钢板，且料仓分隔板在出料口高程以下段根据填筑料边界设计坡比焊接布置。双料摊铺器料仓由设定坡度的分隔钢板分成两个料仓。两料仓仓面尺寸均为宽 1.5 m、高 1 m、长 4 m。

考虑不同料种碾压后沉降量不同，为保障碾压施工质量，在制作两侧料仓出料口高度时参考了对应料种生产性碾压试验确定的沉降率。出料口高度即为两种料的摊铺成型厚度。同时考虑分隔钢板部位脱空造成分界部位料物坍陷，在摊铺器料仓分隔板两侧料仓出料口顶部各留有梯形缺口(补偿料口)以保证料种分缝部位碾压效果。摊铺料仓采用方钢三角架连接推土机，推土机沿砾石土料与反滤料边线牵引摊铺器前进一次完成摊铺。双料摊铺器设计结构见图 2。

4　双料摊铺器的应用

双料摊铺器加工制作完成后，技术人员又进行了现场摊铺试验。双料摊铺器能同时摊铺砾石土及反滤料两种料，摊铺面边线整齐，不再有砂－土相互侵占。首次摊铺速度既为 5 m/min(操作人员熟练后摊铺速度还会提升)，且施工质量易于保证，试验证明本方案可行。技术人员根据现场试验结果制定了新的心墙区填筑施工工艺，具体施工工艺如下：

(1)层面处理及验收。

每层分界面铺筑前，人工将层面上的杂物清理干净，经监理工程师验收合格后方可进行

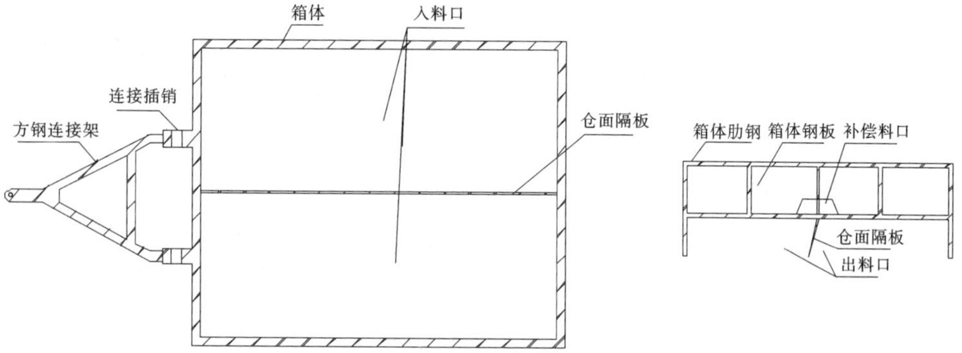

图2 双料摊铺器制作加工结构图

下道工序施工。

(2)测量放线。

层面验收合格后,测量人员使用手持式 GPS 测量仪按设计图纸放出心墙土料及反滤料的铺料边线,并将边线用白灰标记。同时,施工人员在距离料种分缝线 1.85m(推土机中线之履带板边缘距离)处平行放线并白灰洒线,画出推土机行走轨迹引导线。以保证推土机行走路线顺直。

(3)双料摊铺器就位。

用反铲挖掘机将双料摊铺器吊装至分界区左、右岸一侧对应摊铺位置,使双料摊铺器的料种分割板与料种分界线重合,双料摊铺器方钢连接架方向朝向铺料方向,并连接在推土机机身后面的连接插销上。

(4)卸料。

装有反滤料及砾石土料的自卸汽车后退法将砾石土料及反滤料分别卸在分界区各自准备摊铺的位置。反滤料应采用单车分堆卸料的方式卸料,以保证卸料堆占地尺寸满足摊铺作业要求,便于后续摊铺作业施工。

(5)摊铺。

由推土机沿分界线牵引双料摊铺器一次完成铺料,摊铺过程中装载机或液压反铲及时跟进给料。铺料箱偏离白灰线距离超过 5 cm 时应及时用挖机调整。如此连续作业,将分界面铺筑完成。在靠近岸坡处,摊铺器难以铺筑的局部地方,用反铲进行摊铺。砂－土分界面完成摊铺后,进行心墙区剩余部位的填筑施工。进占法填筑心墙土料,后退法填筑上、下游侧反滤料。

(6)碾压。

当整段分界面(3 m 宽)铺筑完成后,采用 26 t 自行式振动平碾(碾宽 2.2 m)沿铺筑方向(振动轮中线对准分缝线)碾压静碾 2 遍＋振碾 12 遍(就砾石土的碾压参数碾压,本次碾压完成后不再进行跨缝碾压),振动碾行走速度控制在 2.5±0.2 km/h。

(7)检测。

分界面碾压完成后,试验人员采用试坑灌水法进行检测压实度/相对密度及其颗粒级配。取样频次:1 次/500 m^3,每层至少 1 次。

5 应用效果

(1)成功实现砂－土边界填筑松坡平齐施工,并且首次 100% 按照设计体型完成心墙土

图 3　双料摊铺器摊铺砂 - 土边界区实况

料与反滤料设计收坡坡比的填筑施工。

(2)砂 - 土分界部位一次摊铺成型使得填料尺寸清晰,避免了料种相互侵占,减少了浪费。

(3)心墙土料及反滤料分界部位采用双料摊铺器完成摊铺,解决了常规施工方法中推土机摊铺边界部位粗颗粒易于集中等问题,提高接缝施工质量。

(4)有效解决了常规施工方法最在的施工干扰问题,能有效控制填筑面摊铺层厚。根据不同料种碾压沉降量设置的不同铺料厚度以及创造性的增设补偿料口都很大程度上提高了分界部位碾压质量。对土石方填筑特别是双料分界部位填筑施工具有极大的实用及推广价值。

6　结　语

采用新研制的双料摊铺器进行砂 - 土分界区摊铺作业,砂 - 土各 1.5m 范围一次摊铺后再进行大面填筑的施工方法是传统的施工方法的一次技术革新。解决了常规的砂 - 土分界面施工方法存在的料种间相互侵占、填筑料尺寸不规范、施工效率低、施工干扰大、质量隐患多等诸多问题。减少了边界处理工序,节约了施工成本,提高了边界部位施工质量。

值得注意的是采用后退法进行分界区土料卸料时,上料路线必须进行专项规划,尽量避免重车在心墙土料上行走对土料造剪力破坏。摊铺作业完成后应及时用凸块碾对车辆行驶及装载机上料压光土料面重新刨毛处理。

笔者认为,双料摊铺器及其心墙分界面施工新方法适用于高土石坝不断提高的施工进度及质量要求,可在高土石坝施工中大力推广。

参考文献

[1] 中国水利水电第五工程局有限公司,等 . DL/T 5129—2013　碾压式土石坝施工规范[S]. 北京:中国电力出版社,2014.

[2] 张永春 . 碾压式土石坝的反滤料层简易施工方法[J]. 四川水利发电,2006(4).

MPS 多脉冲电渗透立体防潮系统在光照水电站大坝的应用

莫　非　汤世飞

（贵州黔源电力股份有限公司光照发电厂　贵州　晴隆　561400）

摘要：结合光照水电站大坝内部防渗除湿工程实践，介绍一种用于将混凝土表层、垂线井结露、空气的水分排出以降低大坝内部环境湿度、使建筑物内部保持干燥状态的防潮技术——MPS 多脉冲电渗透立体防潮系统及其工程应用效果，并对该技术原理进行分析和探讨。工程应用表明，MPS 系统拥有防渗效果显著并且持久、长期运行成本较低等优点，辅助以关键部位除湿、排水技术的综合运行，彻底解决了建筑物内部环境潮湿的问题，为监测设施的正常运行创造了良好的条件。

关键词：光照大坝　永久观测房　防渗　多脉冲电渗透防水　MPS 系统

1　工程概况

光照碾压混凝土重力坝为目前世界已建成最高碾压混凝土重力坝，由河床溢流坝段和两岸挡水坝段组成，最大坝高 200.50 m，坝顶宽 12 m，坝底最大宽度 159.05 m。坝体上游面从坝顶至 615 m 高程为垂直，615 m 高程至坝基为 1∶0.25 斜坡，下游坝坡 1∶0.75。坝体采用二级配碾压混凝土防渗，首次在大坝上应用超高掺粉煤灰碾压混凝土筑坝技术，与常规碾压混凝土相比（C15 三级配）每方混凝土：水泥用量从 60.8 kg 降为 40 kg，减少 34%；粉煤灰掺量从 91.2 kg 增加到 120 kg，增加 32%。坝顶高程为 EL.750.50 m，坝内布设 4 层观测、灌浆、交通廊道，高程分别为 EL.702.00 m、EL.658.00 m、EL.612.00 m、EL.559.50 m，共修建 15 个观测房，安装大量变形观测设施，包括正倒垂线、真空激光准直系统等。大坝观测房布置图见图 1。

2007 年光照水电站投产，大坝上游汛期水位最高为 EL.745 m，坝体承受较高水头，同时内外温差大，坝内渗漏明显，夏季墙体、垂线井“结露”现象严重，空气湿度大，致使垂线坐标仪等观测仪器无法正常读数，真空激光准直系统设备运行故障频发、可靠性降低。针对坝内渗水问题曾多次采用化学注浆方法进行处理，但始终无法彻底解决内部墙面潮湿，环境湿度较大的难题。2009 年 3 月电站开始实施 MPS 多脉冲电渗透防水系统（以下简称“MPS 系统”），对环境最潮湿的 1 号观测房和 8 号观测房进行除湿效果试验，经过 1 年的运行，防渗除湿取得良好效果，彻底解决了房内墙体结露、潮湿发霉的问题，环境湿度得以显著降低。在总结成功经验基础上，2010 年光照水电站开始在其他 13 个观测房内推广使用 MPS 系统并结合现场来水特点，并巧妙利用家禽引水器设计了垂线竖井排水系统，辅助以除湿设备，形成了以 MPS 电渗透防水技术为主的立体防潮除湿系统，彻底解决了坝内潮湿问题，为观测设施的正常运行创造了良好条件。

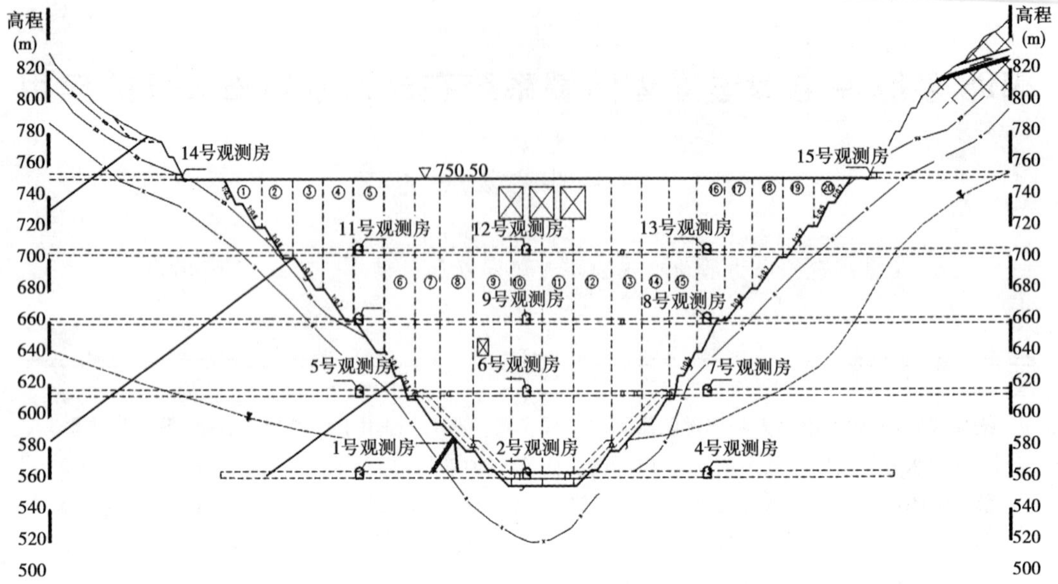

图1　光照大坝观测房布置图

2　混凝土渗水的原因

混凝土渗水的原因很多,常见的有以下几种:

(1)混凝土毛细管现象:混凝土硬化后不可避免的含有大量孔隙,在水中必然具有一定的渗透性。研究发现:当相对湿度在80%~100%时,水泥浆体内部毛细孔负压可达0~30 MPa。而国家标准中规定的混凝土抗渗等级所对应的水压差也仅为0.4~1.2 MPa。因此,一般情况下,毛细孔压力对混凝土抗渗性的影响远大于水压力对抗渗性的影响。例如,在高低水位之间和临近水面的部位等,不同尺寸毛细孔的吸附作用也不同,液体在毛细孔中上升的高度有时可以达到1~2 m,特别是在高水头作用下,毛细管现象容易引起渗水。

(2)裂缝渗水:由于混凝土本身的材料特性是抗拉强度较低,所以外墙随环境温度变化发生热胀冷缩效应,这种温度效应会使得混凝土产生受拉微裂缝,从而导致墙面渗水。混凝土材料在浇筑后还会发生干缩效应,也会使得混凝土墙体产生干缩裂缝。二是泵送混凝土收缩裂缝引起渗水,由于泵送混凝土具有收缩特性,而现浇混凝土相对较薄弱,因此在施工中产生裂缝的概率较高。

(3)混凝土施工质量问题引起渗水。在混凝土施工过程中,因混凝土振捣不密实,产生蜂窝、空洞、烂根等质量问题,时间一长就形成收缩裂缝,引起渗水。

(4)外墙预留孔及预埋管件引起渗水。施工预留孔在后补时,未能填嵌严实,形成渗水通道。或者是混凝土外墙穿墙套管预留孔嵌填不密实造成渗水。

3　影响坝内环境潮湿的主要因素及对应措施分析

大坝廊道内部为半封闭环境,一方面混凝土凝固过程中挥发一定的水分和热量,在施工期使坝内温热、潮湿;另一方面光照水电站大坝为超高掺粉煤灰碾压混凝土重力坝,坝体承载水压大,材料特殊,坝内混凝土渗漏水明显;另外垂线井等一些金属设施由于本体温度低于环境温度也会产生结露。坝内墙面渗漏水主要分为集中点状漏水和均匀的面状渗水，对于不同的渗漏水方式采取的处理措施不同，集中点状漏水一般采取引排措施，而均匀的面状渗水采用 MPS 多脉冲电渗透防水系统更为有效。大坝内部在不同时期的环境温度、湿度有较大差别，前期温度高、湿度大，采取空气抽排及除湿措施对改善坝内设备运行环境条件比较有效，运行一段时期后由于混凝土水化热减小，内部温度下降，相对湿度有所降低，此时采取自控除湿措施能取到很好的效果。坝内金属设施在大坝的不同运行时期均会产生结露现象，特别是垂线的钢管竖井，凝结水顺钢管流下严重影响观测设施的正常运行，同时也是环境潮湿的重要水分来源，在不影响设施正常运行的情况下，合理设置相应的收集、排水系统是解决问题的有效手段。大坝内部在环境温度、渗漏水、结露等因素的相互作用下，经常处于非常潮湿的状态，对坝内观测设施可靠运行极为不利，因此研究系统的改善坝内潮湿环境条件的手段非常必要。

4 MPS 多脉冲电渗透防水系统介绍

4.1 电渗透防水原理

MPS 多脉冲电渗透防水系统(Multi Pulse Sequencing system)也称多脉冲电渗透主动防渗除湿技术(见图 2)，它是根据液体的电渗透(Electro - Osmosis)原理(见图 3)，在结构墙体内侧渗水表面安装正极，在墙体的外侧土壤或水中(即迎水面或潮湿一侧)安装负极。采用一系列正、负脉冲电流形成的低压电磁场，将结构(如混凝土、砖石结构)内毛细管中的水分子电离，并将其引向墙体的外侧，即安装负极的一侧，从而阻止了水分子侵入结构内，并能够抵抗 600 m 以上高压水的侵入。只要 MPS 系统连续工作，水分子就朝向负极方向移动，使墙体长期保持干燥状态。

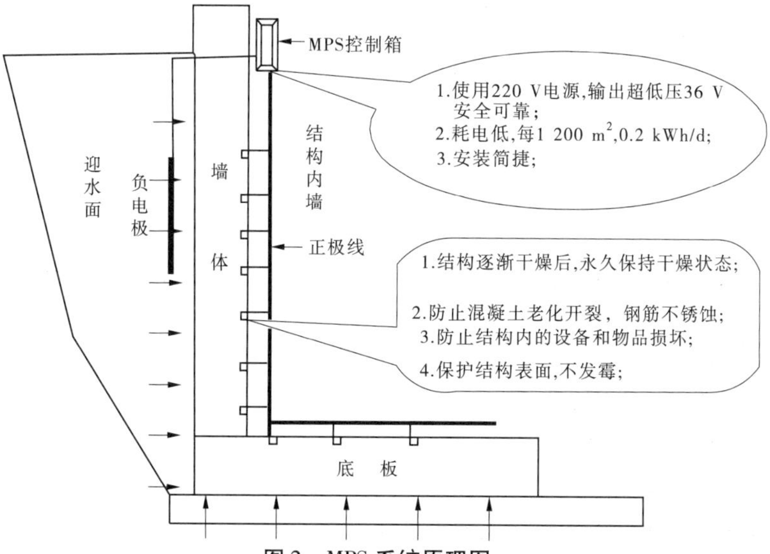

图 2 MPS 系统原理图

4.2 MPS 系统主要工艺

MPS 系统主要工艺过程有材料准备，基面处理，安装正极线，安装负极和系统调试。主要安装程序见图 4。

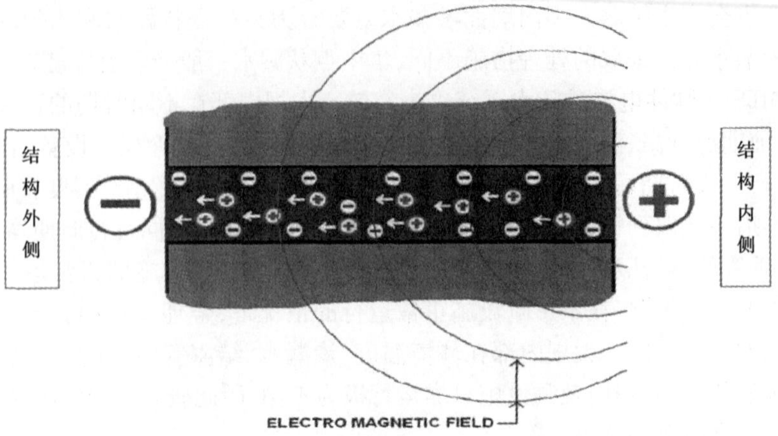

图 3 电渗透原理(电磁场作用下毛细孔中水分子向负极移动)

4.2.1 材料准备

钛金属线,直径 ϕ2.00 mm,用于正极金属网;负极棒,直径 ϕ14 mm 镀铜棒;接线端子及带黏合剂的热缩管;接线箱;连接线;其他材料,如密封材料,注浆材料等。

4.2.2 基面处理

清理干净潮湿墙面的起壳、剥落及酥松的砂浆抹面等破坏部位,对混凝土中较大的蜂窝、孔洞、破损和施工及变形裂缝等。裂缝渗水量大的部位可做临时灌浆处理,堵住渗水通道,便于后续施工。

4.2.3 安装正极线

(1)正极线布线布线间距为 800 ~ 1 000 mm,距离拐角为 100 ~ 150 mm,在放线部位做出标记,方便后续开槽施工。

(2)开槽。在放线标记位置,采用切割机切槽,槽深 20 mm,槽口宽 8 ~ 10 mm,槽断面为矩形。

(3)安装正极线。

埋线前清理槽内的灰尘,在槽内临时固定正极钛线,然后使用灰刀,把专用密封材料挤入槽内并抹平覆盖正极钛金属线。

(4)连线。

将所有正极钛线与连接线连接,确保接头密封防水;将正极连接线连接至接线箱内的端子上。

4.2.4 安装负极

(1)钻孔。按设计确定的负极位置和孔径采用机械方式钻孔。

(2)清孔。采用高压水枪清洗负极孔,利用水的冲力将孔内混凝土碎块、尘土和其他杂质排除,冲洗完成后自然晾干或人工烘干。

(3)负极埋设。在负极孔内注入导电砂浆,将负极铜棒插进孔内,铜棒紧靠墙内侧一端用导线与电渗透脉冲发生装置连通。铜棒插入负极孔后,用导电砂浆将孔内空隙填实。

4.2.5 系统调试

安装接线箱及 MPS 控制装置,接通电源进行系统的测试,直至系统正常运行。

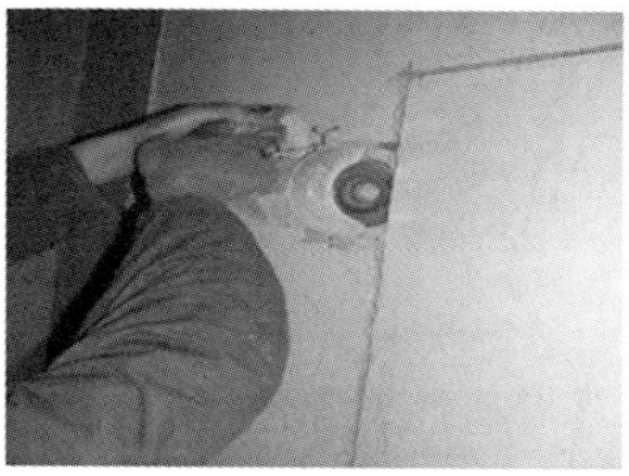

(a)切割正极线槽

(b)安装正极线

(c)覆盖正极线

(d)安装负极棒

(e)安装MPS控制箱

图4　MPS 系统主要安装程序

4.3　MPS 系统特征参数

4.3.1　干燥时间

MPS 从安装调试正常后，根据结构的潮湿程度，干燥时间为 1 ~3 个月。

4.3.2　工作运行时间

MPS 系统工作运行时间：至少为 30 年，到期更换新的 MPS 控制装置后，系统可继续工作。

4.3.3　耗电量

结构彻底干燥以后，每布置 1 200 m^2 范围的 MPS 系统，耗电量低至 0. 2 kWh/d。

4.4　MPS 系统适用范围

MPS 电渗透防水系统适用于排除面状的墙面非流淌性少量渗漏及潮湿水分，对大量的流淌性的渗水或点式的渗漏效果不佳，同时由于该系统埋设于墙面，因而无法弃除空气中的水分，是控制影响环境湿度的水分来源的重要措施。

5　应用效果评价

MPS 系统在光照水电站经过近 5 年的运行，防渗效果良好，取得了突出的工程效益和经济效益。

(1)较好的解决了混凝土墙面面式渗水导致墙面潮湿的问题。运行中经过连续观察，大坝观测房内墙面湿度明显降低，内壁没有明显渗水，墙面没有结露现象，为进一步降低环境湿度，给大坝观测仪器运行创造良好了工作环境。

(2)运行维护工作量小。采用钛金属丝作为正极，铜棒作为负极并与钛丝相连，系统使用寿命不低于 30 年，光照水电站使用的多组 MPS 系统已连续运行 4 年以上未发生故障。

防渗效果较好且不易复发渗漏,相对于采用化学灌浆、电加热等处理方法,MPS 系统经济效益更好。

6　垂线井结露水的收集、排除措施

垂线作为大坝位移变化量观测的重要设施,对监测大坝的运行状态起着重要作用。在混凝土重力坝内部一般设有多组正、倒垂线,其中倒垂线的垂线井通常采用钢管埋设于混凝土内部,内部易产生结露现象,凝结水顺钢管内壁流下,直接落到下方的垂线坐标仪上,影响该设备的运行,同时也是环境潮湿水分的重要来源。根据垂线对垂线井内径的要求及结露水处于钢管内壁情况,光照水电站经过不断的分析和实践,最后对家禽饮水器进行改造,根据垂线井内壁及垂线变化量的大小,将家禽饮水器中间凸起部位进行切割,以形成满足垂线变化所需的空间,同时在集水槽底部开孔安装排水软管,以排除收集倒的积水。将改装好的排水器安装于垂线井下端,这样就可顺利将井内壁产生的水完整收集并及时排除,同时由于集水器内孔的大小通过切割调整比较容易,因而能够很好满足垂线在不同状态下的运行需要,该装置制作简单,具经济又实用。

7　除湿机的使用

墙面渗漏水通过 MPS 系统和引排方式的处理,加以改造后的家禽引水器收集和排除垂线井的结露水,基本解决了导致坝内局部范围潮湿的内部来水问题,但仍无法控制空气的湿度。为给监测设施创造良好的运行环境并利用管理,光照水电站在大坝内部设置观测房,将观测设施集中安装在观测房内,开始使用抽风设备进行空气调节,经 1 年的运行实践,发现该措施对降低观测房内部空气湿度效果不明显,且排风设施维护工作量大,运行控制不方便。后经研究,在观测房内安装自动控制除湿设备,按照观测设施对环境干燥度的要求,设置空气湿度控制,然后通过除湿机自动运行来除去空气中多余的水分。经过 4 年的运行观察,除湿机在大坝内部观测房环境湿度控制上取得了显著成效,长时间保证了房内空气环境的干燥,同时由于是自动控制运行,设备效率高,维护量小。

8　结　语

对于混凝土坝来说,由于设计、施工方面的原因和混凝土毛细孔现象的存在,混凝土结构内部渗水和潮湿是普遍存在的问题,也是保证观测设施可靠运行所必须解决的问题。传统的化学灌浆法、电加热法等不能从根本上解决问题,光照水电站通过不断的研究和实践,在运用 MPS 电渗透防水技术的基础上,巧妙利用家禽引水器设计了竖井排水系统,辅助以除湿设备,形成了以 MPS 电渗透防水技术为主的立体防潮除湿系统,经长期运行检验,彻底解决了坝内观测房等封闭空间潮湿问题,为观测设施的正常运行创造了良好条件,为混凝土坝工程的防渗除湿处理提供了一个全新的思路。

光照水电站大坝工程实践表明,MPS 系统能够适应近 200 m 的高水头下超高参粉煤灰碾压混凝土环境,且具有维护工作量小、长期运行成本较低等优点。对于防渗和空气湿度控制要求高的混凝土建筑物而言,应用该技术进行防水防潮处理,具有较高的综合价值。

参考文献

[1] 梁志勤,李曜良. MPS 多脉冲防水系统在地铁隧道的应用[J]. 中国建筑防水,2011(5).

[2] 沈小东,张宇宁,马立强,等. 电渗透防水防潮技术的工程应用[J]. 后勤工程学院学报,2013(4).
[3] 王刚,张超,胡伟耀,等. 多脉冲电渗透技术在地下综合管沟防水中的应用[C]//中国土木工程学会隧道与地下工程分会防水排水专业委员会,上海市隧道工程轨道交通设计研究院. 中国土木工程学会隧道与地下工程分会防水排水专业委员会第十五届学术交流会论文集,2011.

第四篇　水电开发与生态文明建设的理念和实践及其他

光照水电站叠梁门分层取水工程运行分析

张志强[1]　冯顺田[2]　汤世飞[2]

（1. 贵州黔源电力股份有限公司　贵州　贵阳　550000；
2. 贵州黔源电力股份有限公司光照发电厂　贵州　晴隆　561400）

摘要：大型水库的下泄低温水将对下游河段水环境和水生环境造成负面影响，采取叠梁门分层取水措施是减轻这一影响的有效途径之一。光照水电站大坝为目前世界已建成的最高碾压混凝土重力坝，是原国家环保总局最早提出要求采取分层取水措施的大型水电项目之一，也是最早将这一重大环保措施运用于实践的大型水电站，通过5年多的运行和监测，电站在叠梁门运行管理、分层取水数据采集、水温效果监测中取得了一定的经验，将有助于该项环保设施的技术改进和推广运用，以及推动我国水电建设领域环保事业的发展。

关键词：光照水电站　叠梁门　分层取水　运行分析

大型水库的下泄低温水将对下游河段水环境和水生环境造成负面影响，采取多层取水叠梁门方案是减轻这一影响的有效途径之一。本文通过叠梁门结构、工作原理的分析，介绍多层取水叠梁门方案下的库区水温结构、坝前温度分布，通过分析光照水电站坝前及尾水水温观测数据，结合光照水电站叠梁门在投运5年多来的水温观测结果，对其运行效果进行初步评价，结合叠梁门在运行管理中暴露出的问题，研究叠梁门经济运行管理经验，提出叠梁门的优化调度建议，即在满足生态环境要求的前提下，合理降低叠梁门高度，减小水头损失，以争取发电效益的最大化。

1　光照水电站概况

光照水电站是国家第二批“西电东送”项目，位于北盘江中游的贵州省关岭县和晴隆县交界处，是贵州黔源电力股份有限公司控股开发的北盘江主干流（茅口以下）的龙头电站。电站最大坝高200.5 m，为目前世界已建成的最高碾压混凝土重力坝，装有四台260 MW的水轮发电机组，总装机容量为1 040 MW，保证出力180.2 MW，设计多年平均发电量为27.54亿kWh。电站水库具有不完全多年调节性能，正常蓄水位为745 m，相应库容为31.35亿m^3，调节库容为20.37亿m^3。工程于2003年5月开始进行前期准备工作，2004年10月实现大江截流，2007年12月30日导流洞下闸蓄水，2008年8月5日、10日，10月27日和12月18日四台机组相继投产发电。

2　光照水电站叠梁门分层取水工程简介

光照水电站为国内第一座采用叠梁门方式实施分层取水的大型水电站，该工程的建设实施,开创了我国大中型水电工程通过工程措施解决环境保护难题的先河,对于推动我国水电站建设领域环境保护事业的发展具有十分重要的意义,并将产生积极和深远的影响。该工程是根据国家环保部在《关于北盘江光照水电站环境影响报告审查意见的复函》(环审2004107号文)中提出的"鉴于水库下泄低温水的影响,应调整水工建筑物设计形式,采取分层取水方案"要求实施的。分层取水方案为:在原单层进水口的结构上增加布置一道钢筋混凝土墙,墙上开设从进水口底板至顶部的6个取水孔,各个取水孔内均设叠梁门,叠梁门门顶高程根据满足下泄水温和进水口水力学要求确定。该设计经大量科研、水工模型试验验证并优化,成功解决了过栅流速、有害旋涡、流态等复杂技术难题,用叠梁门和钢筋混凝土墙挡住水库中下层低温水,根据水库水位运行变化情况或水温需要,提取或放下相应数量的叠梁门,从而达到引用水库表层高温水发电,提高下泄水温的目的。采取该叠梁门分区取水措施,全年平均下泄水温可提高到14.6 ℃,较原设计方案提高3.1 ℃,效果明显,能根据水库水位变化情况从水库表层取水发电,有效缓解下泄水体对下游生态的影响。

3　叠梁门工作原理

光照水电站叠梁门组由门库、门槽、闸门、启闭机等组成,闸门尺寸7.5 m×3 m,共120节,主要技术参数详见表1。

表1　光照水电站叠梁门主要技术参数

技术指标	参数	技术指标	参数
结构型式	垂直、平面、滑动式	支撑型式	滑动支承
孔口尺寸	潜孔7.5 m×60 m(宽×高)	门体吊点	双吊点,吊点间距4.05 m
门体底坎高程	670.00 m	启闭条件	动水启闭(水压差4 m)
设计压差	4 m	孔口数量	6孔
门体支承	主支承自润滑材料滑道、反向弹性滑块、侧向简支轮	闸门自重	171(t/扇)
止水型式	采用无止水	门体主要材料	Q345B
门槽主要材料	Q235C	门槽埋件数量	6孔
门体数量	6扇(每扇分相同的20节)		
生产厂家	中国水利水电第九工程局	投运时间	2008年

叠梁门分层取水是根据水位变化,调整叠梁门节数,以保证发电引水主要来自门顶高程水体,有效减少底层低温水流的下泄,从而提高水电站下泄水温。从叠梁门前纵剖面流速分布图(详见图1)上可以看出,通过叠梁门的分层取水作用,上游门顶以上高程水流流速大,下泄水流主要来自门顶以上高程水既是水库表层水。光照水电站在拦污栅与进水口检修闸门之间设置六个高程670~750.5 m的取水孔,根据水位情况在孔内放置叠梁闸门以挡住水库中下层低温水,取水库上层水发电,有效减小发电下泄低温水对下游生态的影响。根据水位和流量的变化利用双向门式启闭机液压自动抓梁相应调节进水口叠梁闸门节数以保持进水口叠梁闸门门顶水头18~20 m。叠梁闸门设计为动水启闭。

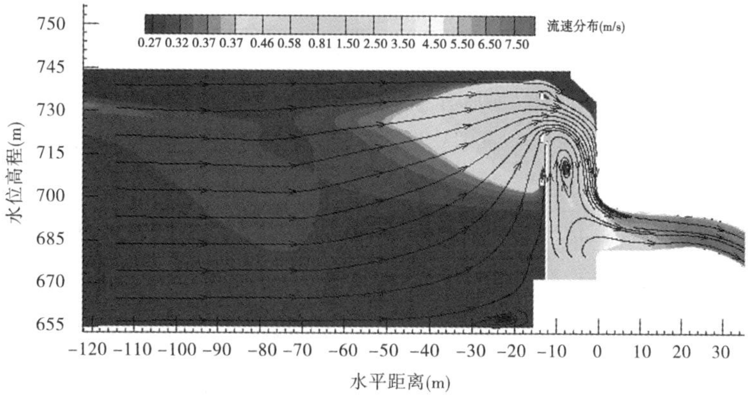

图1　叠梁门前纵剖面流速分布图

4　国内外分层取水研究概况

叠梁门分层取水效果的定量评价包括分层取水水体与库水体的关系、取水范围(取水深度,长度,宽度)以及下泄水体对下游水温影响的预测等。美国陆军工程兵团、中国水利水电科学研究院等研究机构采用物理模型试验对取水水体与库水体的关系进行了研究,但尚存在物理模型难以逾越的问题:模型水体有限,无法形成温度及密度的分层,未反应出温度变化后运动黏滞系数的影响。因此,研究成果目前仍难以定量评价叠梁门分层取水的效果。

5　水温监测情况分析及叠梁门运行效果评价

光照水电站水温监测分别在坝上游500 m处水库中部,布设垂直的测点,在下游尾水处设置下泄水温测点,通过短信方式每1小时发送一次测量数据。通过2013年4月至2014年3月月度观测的平均温度统计表(见表2),可以看出水库上层水温在垂直方向上变化较为明显,水库上层水温随四季气候变化而变化。12月到次年5月,库水温较低,水温随深度的变化较小;6月至11月,上层库水温明显增高,且水温随深度的变化较大,水库50 m以下水体温度较为稳定,受气候影响变化不大,常年稳定在16 ℃左右。

表2　坝前水温观测结果　　(单位:℃)

坝前水深(cm)	观测时间									
	2013年4月	2013年5月	2013年6月	2013年7月	2013年8月	2013年9月	2013年11月	2013年12月	2014年1月	2014年2月
0.5 m	20.3	23.6	26.6	28.4	27.9	25.9	23.4	20.8	17.9	15.9
5 m	19.6	22.2	24.3	24.9	26.2	25.8	23.1	20.5	18.1	16.1
10 m	17.7	18.7	21.1	22.6	22.9	22.8	22.0	20.3	17.9	15.8
15 m	15.8	16.2	19.7	21.9	22.3	22.2	21.9	20.4	18.1	16.0
20 m	15.3	15.4	17.8	20.7	21.8	21.8	21.5	20.4	18.0	15.9
25 m	15.3	15.3	16.6	19.6	21.5	21.6	21.3	20.3	18.1	16.0

表2

坝前水深（cm）	观测时间									
	2013年4月	2013年5月	2013年6月	2013年7月	2013年8月	2013年9月	2013年11月	2013年12月	2014年1月	2014年2月
30 m	15.0	15.0	15.8	17.5	19.7	21.0	20.7	19.9	17.9	15.8
40 m	15.0	15.0	15.6	16.3	16.8	18.8	19.9	19.5	17.9	15.9
50 m	14.9	15.0	15.6	16.0	16.3	17.2	18.5	18.5	17.6	16.0
60 m	14.7	14.8	15.3	15.7	15.9	16.2	16.4	16.6	16.5	15.8
70 m	14.8	14.8	15.3	15.7	15.9	16.1	16.4	16.4	16.3	15.7
80 m	14.9	15.0	15.5	15.8	15.9	16.2	16.4	16.5	16.4	15.8
光照坝下气温(℃)	27.6	27.5	30.0	31.4	29.1	25.1	23.6	18.5	12.7	18.9
光照尾水水温(℃)	16.3	18.5	19.8	21.2	22.6	22.6	20.0	17.9	16.0	15.6

对发电下泄水体水温进行观测,并与库水温、环境温度比较可直观地判断出叠梁门在调节发电引水水体温度上所起到的作用。从表3中可以看出,采取叠梁门工程措施后发电尾水水温与叠梁门门顶水温基本保持一致,光照水电站水库上层水温随四季气候变化而变化,冬季与夏季水温差异明显。在环境温度较高的4月至11月,由于叠梁门的运用,有效阻挡了水库下层低温水的下泄,发电引水多为上层高温水,发电引用水经叠梁门调节后下泄水体温度较水库底层水温增高明显,对保护下游生态取到了积极作用。12月到次年3月,库水位水温较低,水温随深度的变化较小,由于水库不同高程水温相差较小,上层水温与底层水温差仅为1~2 ℃,叠梁门的运行对下泄水温的影响较小,对水温的调节作用有所降低。

表3　气温、水温监测数据对比表　（单位:℃）

时间（年-月）	气温	水库表层平均水温	叠梁门门顶平均水温	水库底层平均水温	尾水平均水温
2013-04	27.6	20.3	15.52	14.9	16.3
2013-05	27.5	23.6	15.78	15.0	18.5
2013-06	30.0	26.6	18.72	15.5	19.8
2013-07	31.4	28.4	21.28	15.8	21.2
2013-08	29.1	27.9	22.00	15.9	22.6
2013-09	25.1	25.9	21.98	16.2	22.6
2013-11	23.6	23.4	20.38	16.4	20.0
2013-12	18.5	20.8	18.00	16.5	17.9
2014-01	12.7	17.9	15.96	16.4	16.0
2014-02	18.9	15.9	15.13	15.8	15.6

6　叠梁门的运用对电厂不利影响分析

一方面叠梁门的运行管理本身是一个烦琐、且工作量较大的项目。光照水电站进水口分为六个孔，每个孔均设置叠梁门，宽 7.5 m，高 60 m，叠梁门每节高 3 m，重 171 t，共计 120 节。为保持叠梁门门顶处于合理水头，需根据水位变化情况及时调整叠梁门节数。备用叠梁门全部放置在门库中，利用双向门机进行吊装，叠梁门的吊装需要 3 个人协调工作，完成一节过程需要 45 min 左右，因此每次叠梁门的操作非常耗时、耗力。另一方面由于叠梁门的使用减小了引水发电系统进水口的过水面积，使得进水口处水流增大，导致一定的引水发电水头损失。表 4 为某水电站典型工况下叠梁门引起的水头损失表，从表 4 中可以得出叠梁门会造成 1 ~ 2 m 的水头损失。光照水电站还未开展相关测试工作，取水头损失为 1.0 m，根据电站发电耗水率表查得发电耗水率相差在 0.02 ~ 0.03 m^3/(kWh) 之间，以 0.025 m^3/(kWh) 的耗水率计算，每年电站设计发电量为 27.5 亿 kWh，则由叠梁门造成的水量损失在 0.69 亿 m^3，电量损失约为 0.26 亿 kWh。因此，叠梁门的使用造成的电站经济损失是一个不可忽略的问题，因此综合分析电站水温监测结果，研究叠梁门的经济运行方案具有较大的经济意义。

表 4　某水电站典型工况下叠梁门引起的水头损失

方案	库水位 (m)	单机引水流量 (m^3/s)	叠梁门门顶高程 (m)	放置叠梁门数量 (节)	数模水头损失 (m)	物模水头损失 (m)
1	458	432	437.4	8	1.08	—
2			440.2	9	1.1	1.03
3			443	10	1.18	1.23
4	451	403.75	431.8	6	0.92	—
5			434.6	7	1	—
6			437.4	8	1.02	—
7			440.2	9	1.26	—
8			443	10	1.89	—
9	447	430.25	429	5	0.96	—
10			431.8	6	1.14	—
11			434.6	7	1.26	—
12			437.4	8	1.62	1.63
13			440.2	9	2.77	—

7　叠梁门的经济运行管理分析

在充分发挥叠梁门保护下游生态的功能基础上，综合分析其最经济的运行方式，不但可以减少人力的投入，更重要的是能够最大化地减小因叠梁门运行而导致的发电水头损失，从而提高水电厂经济效益。根据水库不同时间和空间水温分布情况，由于光照水电站地区冬季气温偏高，12 月到次年 3 月，水库表层水温与底层水温相当，叠梁门分层取水意义不大，通过对坝前水温的及时监测，在无特殊气候条件下，可考虑降低叠梁门高度或暂时取消叠梁门运行。4 月至 11 月，坝前水温在 5 ~ 50 m 空间内的分布基本上满足线性关系，因此在此范围内可以实现对下泄水温的有效控制，通过对水库水温的及时监测，掌握坝前水温的分布情况，从而有目标地调整叠梁门的高度，在水温高差不明显的区域，可适当降低叠梁门高度，减小水头损失。

8 结　论

(1)光照水电站叠梁门分层取水工程的实际运行情况表明，该项工程在运行成效上与设计初衷基本一致，通过水温监测所取得的运行数据分析，证明了叠梁门分层取水工程在提高水电站发电下泄水温，减小因筑坝引水发电而对下游河道生态环境的影响方面有着积极的作用。

(2)通过对水库水温变化情况的时时监测，可以及时分析出叠梁门有效的运行高度，从而尽可能地减小该项工程对引水发电带来的不利影响，提高电厂发电效益。

(3)通过研究叠梁门的自动化运行，可以尽可能地降低目前光照水电站叠梁门操作所带来的巨大人力的需要和耗时。

(4)由于光照水电站水库水位一直未能到达正常高水位，目前水温观测的数据还不能完全反映出叠梁门对下泄水温的调节作用，因此对叠梁门分层取水工程运行效果的完整评价有待进一步的观测。

参考文献

[1] 张博庭. 用科学的态度对待水库的低温水问题[J]. 水力发电，2006，32(6).
[2] 常理. 光照水电站水库水温分析预测及分层取水措施[J]. 水电站设计，2007(3).
[3] 徐茂杰. 大型水电站取水口分层取水水温数值模拟[D]. 天津：天津大学，2008.
[4] 王鳌然. 水电站进水口分层取水水温试验研究[D]. 天津：天津大学，2008.

关于水电开发与生态保护的理念与实践

黄志斌

（云南金沙江中游水电开发公司　云南　昆明　650228）

摘要：水电开发与生态保护本是一对孪生兄弟，两者天生并无利害冲突，它们相辅相成，相得益彰，均是人类社会在开发自然，获取资源，创造美好生活品质过程中，必须善待的客观事物。对两者进行综合分析、科学判断、扬长避短、兴利除弊，是人类社会发展到一定阶段的必然要求。将两者简单地对立起来、势不两立本身就是粗浅、幼稚的。国内外水电开发的经验证明，水电开发与生态保护两者是可以统筹兼顾、实现双赢的。本文拟从国家能源安全和生态环保问题的主线展开，正视水电开发在国家能源结构中的客观地位，阐明在水电开发中必须兼顾生态环保才是硬道理的观点；多角度分析两者失衡的原因，并提出了追求两者双赢的解决方案。

关键词：水电开发　生态保护　效应　失衡　双赢

1　概　述

开发水电必然对生态环境产生影响是客观存在的。这种影响无非会生产三种生态效应：即正效应、平衡效应与负效应。国内外水电开发的经验证明：水电开发对生态环境的正效应总是远大于负效应的。水电人也是在最大限度追求其正效应、千方百计克服其负效应的进程中不断追求和探索的。这在水电开发程度较高的欧美等国，早已获得了双赢的成果已是不争的现实。然而正值水电开发热潮中的发展中国家，却在两者的抉择中有失偏颇，顾此失彼的案例并不鲜见。但若因此就怀疑、否定水电开发对生态环境的正效应，则将步入形而上学的误区，延缓恰当地利用水电清洁可再生能源和改造自然、保护生态环境的步伐。其结果可能将是“拣了芝麻，丢了西瓜”。

2　水电开发对生态环境的正效应

水电开发实质就是拦河筑坝利用了河流的落差，即抬高或利用水的势动能，水力发电本身只是利用其势能或动能驱动水轮机带动发电机，并不消耗水量，也无废弃物产生，形成的水库具有拦蓄洪水、调节径流，以丰补枯等重要生态功能。

第一，水资源是人口众多、严重缺水的我国的重要战略资源。水是生命的源泉，电是社会发展的命脉。水库能存储水资源供给邻近区域城市、乡村工农业及民众生活用水，是大中城市及乡村民众的生命之源；我国是一个缺水国家。随着人口的增长和全球气候变化，两方面因素的叠加会造成更为严重的水资源短缺。根据《中国水资源公报》，2011 年我国水资源总量为 2.3 万亿 m^3，人均水资源量仅 1 700 m^3/a，按照联合国定义属于水资源紧张国家。同时，我国水资源时空分布不均，南多北少，西多东少，夏多冬少，富水的地方（如西南的河渠和西北的河渠）往往是人口稀少、经济薄弱的区域，缺水的地方（如海河、黄河、淮河区域）

往往是人口稠密、经济发达区域,水资源和用水矛盾更加突出。

第二,水电是清洁、环保、可再生能源,节能减排的生力军。利用水力发电是给人类带来光和热的能源产业,水电可再生而不喧嚣,清洁、环保、可持续,是营造人类宜居良好生态环境中最亲密的伙伴。水电的发电完全是一个物理过程,既不消耗水量,不污染一立方水,不释放一公斤废气,也不排放一立方固体废物;它是靠太阳照射地球所产生的大气环流搬运、通过降雨、融雪等方式永续不断形成的地表水资源,因此又是可再生的能源。通过发展水电减少煤炭消耗,促进节能减排,减轻环境污染可以减少与煤炭发电伴生的 SO_2、氮氧化物等有害气体和温室气体 CO_2 的排放。根据统计 2012 年全国水电发电量 8 641 亿 kWh,按每 kWh 电耗煤 0.34 kg 计,可减少煤炭消耗近 3 亿 t,可减少 587.6 万 t SO_2 有害气体和 5.39 亿 t CO_2 温室气体的排放。水电开发大规模地替代了化石能源,减轻了煤炭、石油大量消耗给环境造成的污染压力和温室气体效应,已成为我国实现节能减排目标的生力军。

第三,水电资源是服务国家能源安全的战略资源。当前,我国正面临新一轮经济增长,城市化进程加速,消费结构升级,环境污染形势严峻,经济社会发展对能源的依赖程度不断增大,能源需求增长迅猛而能源生产增速受限。而水电是迄今为止人类掌握的最便捷、最成熟、最高效的清洁能源开发技术。它能提供清洁电能支持经济发展,比风、光、核能及潮汐、地热发电等能源技术值优价廉;还能根据电网需求灵活发电,解决电网调峰、蓄能、保障电网安全运行作用十分重要。

第四,水电对周边环境生态的正效应最大。水电开发不仅能够产生发电效益,其水库具有开发性移民、防洪、灌溉、航运、供水、养殖、旅游、拦沙,对改善水质、改善区域气候、改善河道航运、开发库区旅游、帮助移民脱贫致富、加强水土保持、改善生态环境等综合效益;还能带动当地基础设施建设、建材、加工、运输、餐饮、服务等多种产业的发展,提供新的就业机会;对发展地方经济、增加地方税收收入都有明显的拖动作用。

列举上述水电开发的正效应,可以毫不夸张地说:如果没有半个多世纪以来我国建成的上万座大中型水库及电站,沿江河民众的生活用水用电、防洪安全都难以得到保障,生态环境保护、可持续的发展从何谈起?因此,水电人一直豪迈地以"建设一座电站、带动一方经济、保护一片环境、造福一方百姓、共建一方和谐"的理念辛勤地工作着。

3　生态环境保护理念的升华

对生态环境来说,所谓生态,即泛指一切生物生存环境之状态。对人而言主要是指人类"栖息地"的环境状况。众所周知,人类是喜水而居的高等动物。从原始的临水而居逐步进化到发明水车、水轮机等水利工具,以及都江堰等水利工程,凝结着人类智慧与河流水生态的巧妙结合,这是人类巧夺天工的杰作与范例。我国近代规划建设的众多大型水电工程,也是遵循这些杰作与范例的思路展开的。至新中国成立以来兴建的绝大多数水利水电工程一直在拦洪调蓄,兴利除弊,默默地守护、保障着当地民众安居乐业,真正起到了防范水灾的生态屏障作用,可谓"生态卫士"。为了追求生态文明,建设美丽中国,仍必须持续地关注、改善与水电开发攸关的生态环境。

第一,必须学会敬重自然、尊重自然规律、合理开发利用自然资源。坚持"在开发中保护,在保护中开发的"的双赢理念,主动保护我们赖以生存的地球生境,用良好生境保护的成果来回馈和促进水电开发,形成良性互动。假如守着奔流不息的涛涛江水而不去兴利除弊，开发水电清洁能源，创造绿色宜居生态，则会加重对一次能源的消耗和依赖。风沙、洪水、雾霾、酸雨、光化学烟雾等环境灾害将会接踵而来，因此，必须坚持在水电开发中超前、主动、合理地保护生态环境才是硬道理的生态理念。

第二，必须认识到水电开发与生态环境保护是一对孪生兄弟。两者天生并无利害冲突，它们唇齿相依，相得益彰，均是人类社会在开发自然，获取资源，创造美好生活品质过程中，必须善待的客观事物，对两者进行综合分析、科学判断、扬长避短、兴利除弊，是人类社会发展到一定阶段的必然要求。只有把生态环保从过去的后置、被动、补救型转变为超前、主动、促进型，实现工程建设项目与绿色生态环保并举，做到从被动环保到主动环保的转变。有效落实环境保护与水电工程建设"三同时"，才能实现社会、环境、经济效益三得益，形成工程建设项目与生态环保共同发展的良好格局。

第三，水电开发与生态保护是我国西部大开发的战略部署。我国的西部地区经济社会发展较为落后，但水力资源十分丰富，西部 12 个省区水力资源约占全国的 79.3%，主要分布在川、滇、藏等省区。目前西部水电已开发量仅占西部水电技术可开发量的 20% 左右，开发潜力巨大，前景广阔。"西电东送"是国家深入实施西部大开发战略的重要举措。西部地区的水电开发，将为西部地区的经济发展带来了前所未有的历史机遇，将其水能资源优势转化成经济优势，极大地促进当地经济社会发展。在向东部地区输送了经济、高效、清洁的电力，助推东部地区经济社会发展的同时，也减轻了东部地区的环保和节能减排压力，改善了东部地区的生态环境。水电开发与西电东送使东、西部地区紧密联系在一起，形成了优势互补、发展了共赢的局面。

第四，水电开发是当今最有效的生态环境保护方式。鉴于任何人类文明活动必然都会对自然生态环境产生负面影响，大型水电当然也不例外。但是，客观的全面地分析，我们不难发现：相对于开矿山、种粮食、修公路、建城市、发展工业等等各种人类文明活动来说，建造水库所产生的湿地作用绝不会比其他任何一种文明活动的生态环境影响更差。与其他各种能源开发利用方式相比，尽可能合理地开发利用水电是迄今为止最有效的生态环境保护方式。

除对上述四点必须有清晰的认识之外，还应当厘清一些理念误区：

(1)误认为"原生的"就是"生态的"。

我国西部有着堪称"世界屋脊"雪域高原、一望无垠的荒芜戈壁和人迹罕至的茫茫沙漠，它们都是原生的，但却不是生态的，也就不是宜居的。同理，河流也不是原始的最好，我国历史上长江、黄河等从高原的山岭重丘向平原的缓坡台地泛滥成灾的惨痛教训就是直接的证据。因此，原生的不一定是适合生态的。依靠江河上已建的水利水电工程进行防洪度汛是我国每年确保中下游江泛平原地区免受水灾之患的最大生态建设举措。如果放纵河流保持原生态，每年的洪水灾害将侵蚀现有的生态文明建设成果，江岸民众也决不会答应。河流必须在人类智慧和能力的安排下顺从地流淌，才是生态环境保护的真谛。

(2)误以为水污染是水库本身所产生。

水污染在水电库区主要表现为库区水质富营养化、水体有害污物含量增加、水面白色污染及漂浮物聚集。主要来源通常是人类活动的多种排弃物。实际上这是降雨将地表垃圾污物冲刷、汇流入库，在水库中停留、聚集表现的结果。假如没有水库，这些污染仍存在于水体中，跟随江水随波逐流进入大洋，仅是停留、聚集地点不同和水体体量大小有差异。《中国环境状况公报》数据显示，近年来Ⅰ～Ⅲ类水体比例在增加，劣Ⅴ类水体比例在减少，达到Ⅱ类水体标准的水样数量比例由2002年的24.8%下降到2009年的8.6%。可见我国水环境恶化趋势尚未得到根本扭转，水污染导致的水质型缺水正是威胁城市水安全的主要因素。水库往往成了"背黑锅"的角色。值得一提的是，大中型水电站通常都在库区设置了拦污排、清污机和清污船，安排专人在坝前将漂浮污物打捞上岸，集中处理或填埋，对控制或减轻下游水污染起到了积极作用。

(3)误将区域干旱、高温、地震、极端天气等灾害频发归咎于水电开发。

首先表明是对水电开发正面效应宣传不够。提高公众的科学素养，使其正确认识水电开发对于生态环境保护的实际意义和重要性。其次是目前我国的水电开发程序，缺乏合理的公众参与机制，从而给国内外的一些伪环保人士、政治投机分子、别有用心的NGO组织，留下了一系列可乘之机。由于公众对水电的认知理解不够全面，少数人利用国际上对水坝的认识曾有过的反复，通过误导甚至造谣、煽动，把反对水电开发当成哗众取宠、获取个人名利的机会，还有的把反水坝变成反政府、反华的舞台。其实以世界眼光看，大凡水电利用比例较高的国家，往往也是全球生态环境最好的国家。不管是在挪威、在欧洲、在北美，还是在我国的"后花园"贵州省，世界上几乎所有国家和地区的水电开发程度都与其生态环境成正比——水电开发程度越高、生态环境越好。合理的开发利用水电是最有效的生态环境保护方式。上述误区不攻自破。

(4)误以为风、光、核电等新能源可很快替代水电。

事实上新能源与价廉物美的水电相比，其他可再生能源在成本、技术和能量密度上尚存诸多问题，导致其开发成本偏高，投资风险偏大。审视我国在新能源方面的科技投入和工业基础，应该清醒地揭露发达国家的宣传误区或怂恿冲动，避免去投入巨资跟风、去拔苗助长忽悠，忽视或耽误开发水电可再生能源的实际进程。再就是新能源较高的上网电价通过政策干预实现了电网包销，从而挤占了水电的上网份额，导致水电汛期被迫大量弃水。

4　水电开发中"措施环保"的实践

进入二十一世纪，我国社会经济发展迅猛，开发资源的大规模和高速度，已对生态环境的保护和可持续发展带来了新的挑战。政府环保部门对环境事件的监督和检查力度在不断加强，公众对生存环境和生活质量的要求越来越高，社会舆论对大型水电建设项目的关注和对其负面影响的关切，形成了开发水电项目必须保护生态环境的强大现实效应。环保形势呼唤着水电建设管理者环保观念的转变。

(1)主动环保，越早越好。

第一大型水电开发项目抓生态环保最大的优势就是环保投资足额有保障，第二是与工程建设同步实施环保措施的时间充裕。第三是水电建设者对美化水电建设环境的本质需求，为何不主动环保，与水电工程同步推进环保措施早日见效？大型水电建设工期快的5～7年，慢的8～10年才能建成投产，主动环保搞得越早，常年身处深山峡谷的水电建设者就能早日分享环保措施带来的绿色成果！客观上存在主动环保的动因，水电建设环境措施搞得好与差也逐渐成为业内比评的话题。主动环保带给建设者的回报甚丰，环保措施发挥效益也有足够的成长时间，要变穷山恶水为美丽山川，我们得出的结论是：主动环保，越早越好！

(2)真抓实干,主动采取措施搞环保。

主动环保、水保是为了彰显金沙江水电人尊重科学,强调可持续发展,精心营造秀美山川的水电情结。将水电开发与环境保护当作和谐完美的作品来雕琢。坚持在开发中保护,在保护中开发。不仅是为了水电项目的环保、水保竣工验收,主要为了体现水电人临水情畅,让河川听从人类的巧安排,大兴水利,根除水患。适应国家能源需求及企业的可持续发展、创建环境友好型企业的本质要求。

依靠水电人提炼的"真抓实干、主动环保"的理念,在工程建设管理中的各个环节体现环境友好的要求与措施,确保环保的"三同时"措施尽早发挥效益。积极推动污染防治策略逐步从末端治理向源头及全过程控制转变。

在金沙江中游开发建设的水电项目上真抓实干:新建土建项目从枢纽布置格局和施工辅企布置这一源头开始,在施工规划中就强调采取节能降耗,生态环保、技术经济的措施要求来调整各相关设施的功能和布置——措施环保。如原设计在梨园水电站左岸上下游各规划了一座混凝土拌和楼,考虑到拌和系统的进料场地、储料罐、砂仓及拌和楼布置、砂石系统和所需混凝土建筑物位置的距离、系统占地面积、物料倒运距离、汽车运输与皮带运输方式选择等因素,比选后果断将两座拌各楼和二为一,布置在左岸坝肩(见图1)。

此处离已布设的砂石系统成品料仓最近,输送拌制好的混凝土到大坝、厂房、进水口、引水隧洞等运距最短,巧妙地利用竖井减少绕路输送混凝土至引水隧洞内,用皮带+溜管+缓降器解决高差输送混凝土到厂房。这一系列优化措施,不仅减少了现场占地和运距,又缩短了混凝土的入仓时间,还降低了物料倒运及油料消耗。同时还将左岸下游原拌和楼用地改为大型转轮拼装场,使得拼装后的大型转轮入厂运距大大缩短。环保主张的节能降耗真正落实到了具体工程措施上,措施环保即可在工程建设发挥积极作用。

梨园水电站弃渣场位置的调整更能说明"措施环保"的重要作用。按设计方案:梨园工程土石方开挖总量约3 000万m^3(松方),扣除大坝填筑利用量,总弃渣量约2 297万m^3(松方)。尤其因为梨园工程河道两岸坡高崖陡+冰水堆积体和冲淤堆积体,如此庞大的弃渣量,如果堆存不当,都将给当地环境带来灾难性影响。原设计在大坝上游的库区两岸各布设了一个容量分别为1 750万m^3(右岸堆顶高程1 700 m)和1 350万m^3(左岸堆顶高程1 770 m)的弃渣场,远高于正常蓄水位高程1 618 m。高高耸立在库区的这两个弃渣场的稳定性将成为电站运行期的重大安全隐患。即使花费大量投入来进行渣场基础加固,也难保水库消落时堆渣发生失稳意外。为此,我们通过现场踏勘,收集了施工地形、地质和道路信息资料,提出了在大坝下游右岸沟壑中新设梨园大沟和右岸下游弃渣场,弃渣总容量可替代上游库区两岸的弃渣场。这一调整将弃渣场由库区内迁到了库区外,既确保了弃渣场的稳定,减少了加固费用,又缩短了弃渣运距,主动的措施环保就是如此给力(见图2)。

在工程施工中我们还自觉采取废水处理,砂石系统防尘、降噪,隧洞降尘排烟,生活垃圾处理等污染物防治措施,还对每个主体施工项目分别增列了总价0.10%~0.15%的环境保护措施费和水保措施费,由现场监理监督使用。

(3)转变观念,实现双赢。

无论从微观还是宏观来看:水电与环保相互促进,唇齿相依,相得益彰,不是可有可无,而是缺一不可。水电人正在切实转变以往"重工程、轻环保"的传统观念。各项目单位已把环保"三同时"工作纳入基建工作的重要日程中,像抓主体工程一样主动抓环保设施的建设。

图1 混凝土拌和系统布置优化

图2 弃渣场布置优化

水电大坝对河流生态环境确实有一些负面影响。如(1)原始的河道急流变成了库区的静水,(2)库尾泥沙淤积易影响船只通航,(3)大坝阻拦了洄游性鱼类的繁殖途径,(4)下泄的清水会下切河床,(5)水库蓄水初期会诱发地震,(6)水库留存的污物加剧了库区水体污染状况等等。但这些负面影响与消耗燃煤的火力发电、燃油发电产生的大量气态和固体废弃物相比,显然水电对环境的影响和危害要小得多、少得多。尽管如此,水电人必须正视和珍重公众对环境保护的正当诉求,勇于应对水电对生态环境造成的负面影响,采取必要措施消除或减轻它,力争实现水电开发与生态保护双赢的结果。

事实上,上述的不利影响在环保部批复的水电项目环境影响报告书中都有相应的解决方案和减缓措施的,如解决鱼类过坝问题,我们采取了濒危鱼类增殖站,人工放流 + 捕捞过坝或增设鱼道措施等,并对放流鱼苗进行标记追踪来评估鱼类放流成果等等,

5 结 语

在梨园水电工程建设中,我们认真落实水、气、声、固体废物、景观、文物、植物与植被、水生生态等各项保护措施,加强环境监测和环境监理,尽力减少水电开发可能带来的不利环境影响,促进人与自然的和谐。

鉴于电站地处云南滇西北金沙江中游干热河谷地带,降雨偏少、气温偏高、蒸发量大、水土流失严重、工程开挖扰动面积较大等,给植被恢复和水土保持带来了严峻挑战。

为此,我们采取了下述积极的应对措施:(1)在大坝上埋设取水钢管自流取水,为大坝下游植被恢复提供补水条件,(2)收集储存开挖过程中的土料,为工程施工收尾后的边坡绿化奠定基础,(3)优选速生、耐旱、覆盖效果好且适于当地干热河谷地带生长的草本、木本植物,如扭长茅、翼叶三黄麻等,建立起苗圃植种场进行大面积繁植,(4)根据工程建设进展,分阶段实施环保绿化工程,如进场公路周边绿化为Ⅰ期,建筑物完工后形成的永久边坡治理为Ⅱ期,施工后期临时施工辅企占地植被恢复为Ⅲ期,基本确保了工程建设与环保措施同步进行。(5)启动了鱼类增殖、珍惜植物园以及人工网捕过坝的码头等建设,(6)开展了陆生、水生生物监测和水质监测等。力争在电站建成之时,同步完成绝大部分环保措施。

参考文献

[1] 环保发展 水电先行. 中国泵阀商务网,http://www.bF35.com[CB/OL]. 2013-08-30.
[2] 挪威水电开发给中国怎样的启示? [N]. 云南电力报,2007-09-10.

[3] 生态环保怎样实践[N]. 云南日报,2013-08-28.
[4] 水电开发与自然环境和谐发展的生动实践[N]. 中国电力报,2014-05-20.
[5] 吴晓青. 我国水电开发与生态环境保护[N]. 人民日报,2011-09-29.
[6] 环境保护部国家能源局. 关于深化落实水电开发生态环境保护措施的通知,环发〔2014〕65 号.
[7] 黄志斌. 真抓实干——让水电开发与环保水保同行[J]. 水力发电,2012. 38(11):8-10.
[8] 中国电建集团昆明勘测设计研究院. 金沙江中游河段梨园水电站可行性研究报告[R]. 2009.
[9] 黄志斌. 环境友好的大坝建设与管理技术[C]//李菊根,贾金生. 堆石坝建设和水电开发的技术进展. 郑州:黄河水利出版社,2013.

老挝南椰Ⅱ水电站开发建设关键技术研究

陈先明[1] 王宗敏[1] 王小兵[1] 祁雪春[1]
李 凯[1] 陈育全[1] 张崇祥[2] 代艳华[2]

(1. 中国水利电力对外公司 北京 100120;
2. 中国电建集团昆明勘测设计研究院 云南 昆明 650051)

摘要:老挝南椰Ⅱ水电站位于老挝川圹省查尔平原的东南部,是以发电为主的水电站,装机容量 3×60 MW,多年平均发电量 7.21×10^8 kWh。在水电站开发建设过程中,成功解决了开发方案、全风化料筑坝、溢洪道挑流消能方式等系列关键技术。南椰河主河道不具备建坝条件、径流量不足、季节流量变化大,通过开发方案研究,确定采用长距离引调水开发方式,即把南椰河的水通过 8.15 km 的引支流隧洞调到具备建坝条件的南森河,再通过约 11 km 长的引水洞引到南乡河,最终汇流到南椰河下游。工程利用 1.577×10^8 m^2 库容及 491 m 落差进行发电,有效提高了发电效益。针对电站坝区石料来源受限、黏土料丰富以及坝基全风化覆盖层较厚、部分坝基础坐落于全风化基岩上的情况,开展了全风化岩筑坝技术的研究工作;通过全风化开挖料的动力试验及相应的静力、动力计算和系统分析,表明利用开挖料及近坝区风化料填筑大坝是安全可行的,不但有效节约了电站建设成本,而且拓宽了当地材料坝筑坝材料。针对溢洪道小流量问题,提出了燕尾式挑流鼻坎的消能方式,通过实验研究表明该挑流方式能使水流纵向拉开,降低单位面积的入水量,减少下游冲刷,降低溢洪道的起挑水位,能有效解决小流量泄洪等问题,具有一定的创新性和推广应用价值。

关键词:南椰 水电站 关键技术

1 工程概况

老挝南椰Ⅱ水电站位于老挝川圹省查尔平原的东南部,距首都万象公路里程约 474 km。水电站以发电为单一开发目标,枢纽主要建筑物包括黏土心墙土石坝(高 70.5 m)、右岸开敞式溢洪道、右岸泄洪冲沙兼导流洞、右岸引水隧洞(长 10.94 km)及调压井(高 136 m、直径 7 m)、压力管道(主管长 1 203 m、内径 3.4 m)、地面发电厂房(81.22 m×55.8 m×44.7 m)、引支流坝(高 20.0 m)及引支流隧洞(长 8.15 km)等。水库控制流域面积 693 km^2,总库容 1.577×10^8 m^3、调节库容 1.19×10^8 m^3,为多年调节水库。电站运行水头 430~491 m,装机容量 3×60 MW,保证出力 56.0 MW,多年平均发电量 7.21×10^8 kWh。

电站开发建设过程中,根据地形地质、水文气象、生态保护、建设环境等条件,通过现场调查、试验研究、工程类比、计算分析等综合技术手段,对电站开发方案、全风化料筑坝技术、溢洪道挑流消能方式等开展了深入研究,取得了良好的技术经济效果。

2　长距离引调水开发方案研究

2.1　开发方式选定

根据南椰河水力资源特点,可分为三个河段。南椰河孟昆以上河段长约 20 km,落差约 90 m、比降约 4.5‰,河道平缓、河谷开阔,耕地和居民点多,且水量较小,不宜进行水电开发;南椰河在孟昆下游与另一条支流南森河汇合后,南椰河转为由北向南流并进入峡谷段,至南乡河汇口段长约 35 km,落差约 702 m、比降约 20‰,河道比降较大、河谷狭窄,沿岸耕地和居民点极少,是南椰河水力资源较为集中的河段,具备较好的水电开发条件;南乡河汇口至湄公河汇口河段长约 140 km,落差约 210 m、比降约 1.5‰,河道比降很小、河道平缓,开发条件很差。

为合理利用河段的水能资源,研究选定在南森河中段开阔地段筑坝建库,形成年调节能力的调节水库;南森河中段河道高程在 820 m 左右,具备从南椰河引水进入该河段的高程条件,综合考虑整个南椰河流域的水资源情况,充分利用河段的落差、水量及水库的调节能力,使工程经济性最好,开发方案为混合式一级开发方案。即在南森河(Nan Sen)汇口以上南椰河(Nam Ngiep)干流河段的合适地段兴建引水坝,将南椰河的水引入南森河上的水库。水库汇集南森河和南椰河两条河流的来水后,引水到南乡河(Nam Siam)进行发电(见图 1、图 2)。

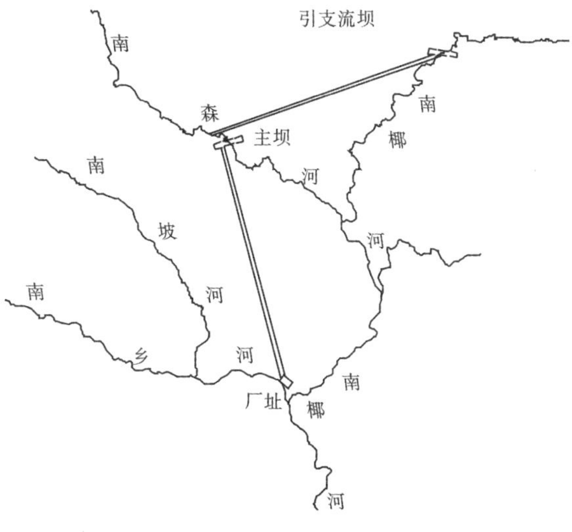

图 1　南椰河流域水系概况图

2.2　引水规模选择

根据南椰河来水特性及引水规模与多年平均引水流量的关系,拟订了 17 m^3/s、23 m^3/s、29 m^3/s、35 m^3/s、40 m^3/s 五个方案进行综合比选(见表 1、表 2、图 3)。

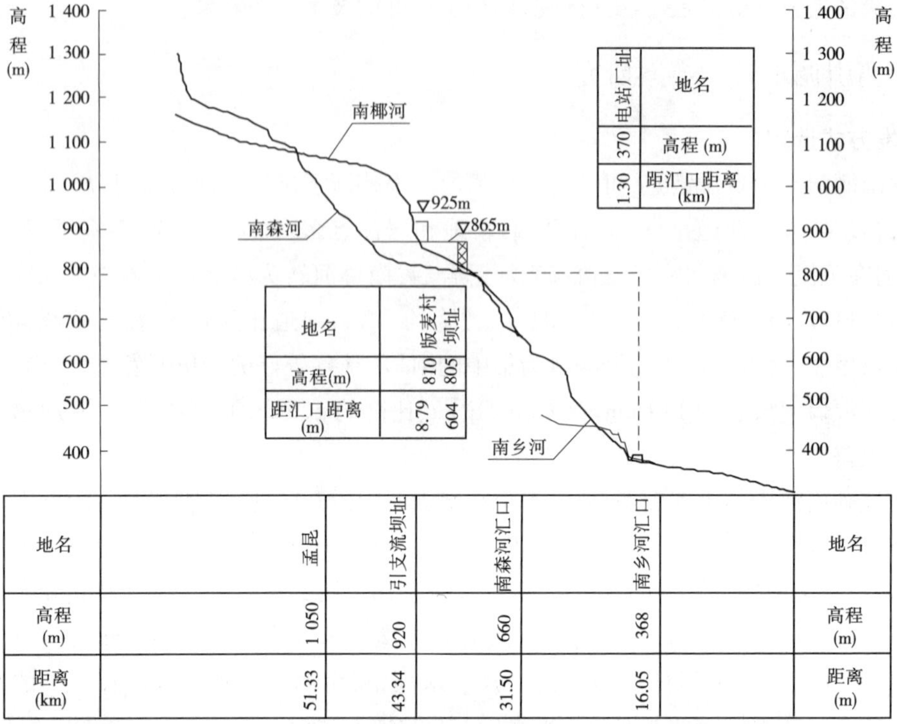

图 2　南椰河流域水系高程纵剖面图

表 1　引水规模比选方案能量指标

序号	项目	单位	引水规模比较方案				
			方案一	方案二	方案三	方案四	方案五
1	引水规模	m^3/s	17	23	29	35	40
2	多年平均流量	m^3/s	19.52	20.26	20.70	20.97	21.11
	差值	m^3/s		0.74	0.44	0.27	0.14
	其中:主坝	m^3/s	11.30	11.30	11.30	11.30	11.30
	引支流坝引水	m^3/s	8.22	8.96	9.40	9.67	9.81
3	正常蓄水位	m	865	865	865	865	865
4	正常蓄水位相应库容	亿 m^3	1.518	1.518	1.518	1.518	1.518
5	死水位	m	835	835	835	835	835
6	死库容	亿 m^3	0.323	0.323	0.323	0.323	0.323
7	调节库容	亿 m^3	1.195	1.195	1.195	1.195	1.195
8	库容系数	%	19.4	18.7	18.3	18.1	18.0
9	装机容量	MW	180	180	180	180	180
10	保证出力	MW	56.2	56.2	56.2	56.2	56.2
11	多年平均发电量	亿 kWh	6.90	7.10	7.19	7.23	7.25

续表1

序号	项目	单位	引水规模比较方案				
			方案一	方案二	方案三	方案四	方案五
	差值	亿 kWh		0.20	0.09	0.04	0.02
	其中:汛期电量(6~10月)	亿 kWh	3.58	3.77	3.85	3.88	3.90
	差值	亿 kWh		0.19	0.08	0.03	0.02
	枯期电量(11~5月)	亿 kWh	3.32	3.33	3.34	3.35	3.35
	差值	亿 kWh		0.01	0.01	0.01	0

表2 南椰河引水规模与平均引水流量关系表 (单位:m^3/s)

引水规模	11	13	17	20	23	26	29	32	35	40
年平均引水流量	7.40	7.89	8.61	8.95	9.21	9.40	9.56	9.68	9.78	9.88
差值		0.50	0.71	0.34	0.26	0.19	0.16	0.12	0.10	0.10
汛期平均引水流量	10.13	11.29	12.93	13.70	14.29	14.73	15.09	15.36	15.60	15.88
枯期平均引水流量	5.44	5.47	5.52	5.56	5.59	5.60	5.61	5.62	5.62	5.62

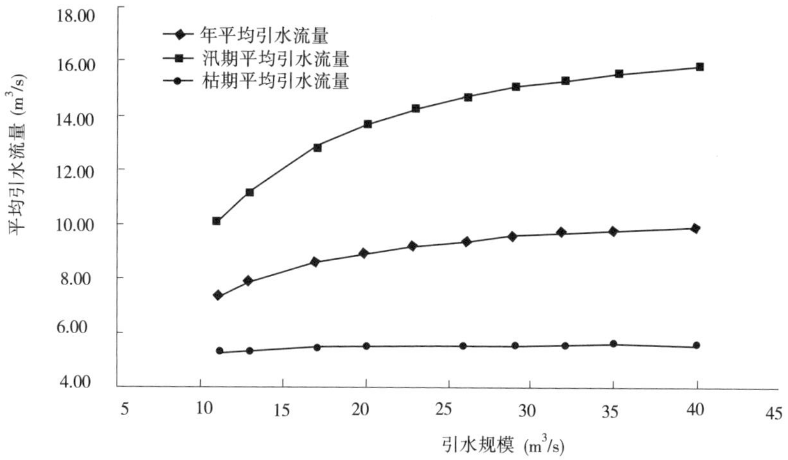

图3 南椰河引水规模与平均引水流量关系图

从表1、表2及图3可以看出,引水规模从17 m^3/s增加到40 m^3/s时,多年平均引水量增加1.27 m^3/s,增加的引水量不大;电站装机容量均按180 MW考虑,随着引水规模的增加,电站保证出力和发电量有所增加;而引支流隧洞洞径增加、工程量增加。其中以35 m^3/s增加到40 m^3/s时,引支流隧洞工程量增加相对较多,增加的工程可比投资也相对较大。从静态经济指标看,从17 m^3/s增加到35 m^3/s时,引支流隧洞可比投资和补充单位电度投资均较小,增加引水规模是经济的。从35 m^3/s增加到40 m^3/s时,由于增加的引水量和电量不多,而引支流隧洞可比投资增加较多,引水坝引水规模不宜超过35 m^3/s。因此,最终选定南椰河引水坝引水规模为35 m^3/s。

3 黏土心墙土石坝全风化料筑坝技术研究

3.1 坝体断面设计

坝址区基岩均为上古生界深成侵入的中—粗粒花岗岩（$\gamma1$），河床部位一带覆盖薄、岩体风化浅、岩质坚硬、完整；岸坡均为第四系残坡积（Qe^{dl}）覆盖，两岸风化较厚，865 m 及 900 m 高程的全风化埋深 40 ~ 50 m；按其性状差异，分为全风化上段及全风化下段，其抗压缩变形性能、抗渗稳定条件均较差，坝基清挖及处理量较大。通过对面板堆石坝、黏土心墙堆石坝、黏土心墙土石坝三种坝型的比选，从对地基变形的适应能力、开挖料的合理利用、石料场永久的治理、下游农田的破坏和泥石流灾害及经济技术比较，最终选择了黏土心墙土石坝。设计中充分利用黏土心墙土石坝的分区特点，大量采用了全风化开挖料作为坝体填筑料具体分区见图 4。

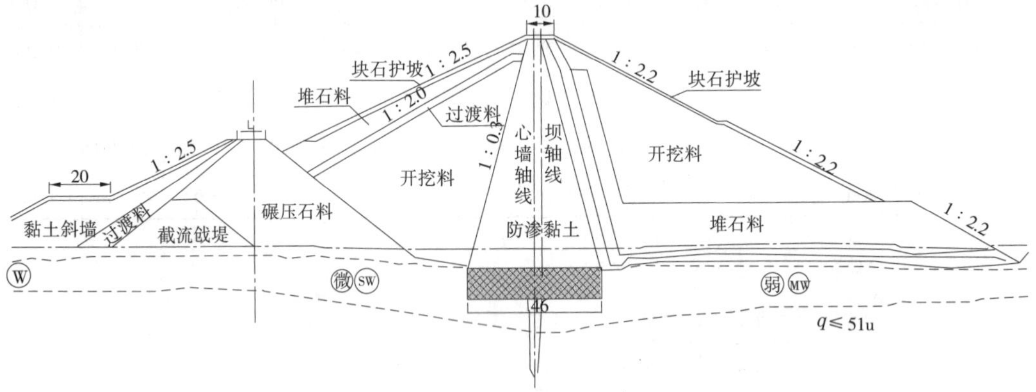

图 4 大坝分区断面图

3.2 开挖料特性

坝基、坝肩、溢洪道开挖料主要为全风化花岗岩，作为坝体主要填筑料在国内外已建大坝工程中尚属首例，主要特征是其细粒含量较高，可能导致坝体变形较大；同时上游坝壳开挖料在地震作用下存在震陷和地震液化的可能性，通过动力试验、湿化变形试验、地震液化试验结果，表明全风化下的动模量最小，全风化上 + 坡积层的最大，但由于三种土料的最大干密度差别较小，导致三种土料的动模量差别并不显著；三种土料的残余体积变形参数有较大差别，而残余剪切变形参数差别较小。渗透试验表明全风化下的渗透系数较大，从而导致在试验过程中排水较快，故而出现了较大的残余体变；浸水引起的体应变主要与围压有关，与应力水平的关系较小，剪应变主要与应力水平有关，随着应力水平的增加而增加，与围压关系较小；作用的动剪应力大，达到破坏的振次少；作用的动剪应力小，达到破坏的振次多；围压增加时，要达到相同的振动次数需要更大的动应力，但动剪应力比会相应减小；而围压和固结应力对动剪应力比影响较小。

3.3 坝体计算分析

为了验证全风化花岗岩作为填筑料的可行性，对坝体应力应变、坝坡稳定、地震液化、渗透破坏等进行了计算分析研究：

（1）静力有限元应力应变分析：静力有限元计算的时候，针对上游开挖料的湿化问题分别进行了计算。计算参数见表 3。

表 3 Duncan E – B 模型参数

材料名称	ρ(g/cm^3)		c (kPa)	φ_o	$\Delta\varphi$	K	n	R_f	K_b	m	S_{r0}	n_s	k_v (cm/s)
	干	湿											
心墙土	1.54	1.91	40	33.82	0	174.78	0.482	0.741	75.0	0.403	0.85	0.47	1.17e – 6
反滤Ⅰ	1.86	—	0	47.75	6.82	983.21	0.30	0.81	370.0	0.23			
反滤Ⅱ	2.06	—	0	55.91	12.39	1 110.0	0.32	0.79	420.0	0.22			
开挖料	1.68	2.01	40	36.5	0	244.44	0.332	0.761	91.89	0.479	0.88	0.38	1.17e – 6
堆石料	2.13	—	0	48.96	8.06	1 271.95	0.35	0.80	464.12	0.23			
全风化上	1.44	1.74	30.42	10.13	0	313.20	0.46	0.86	120.0	0.27			5.0e – 4
全风化下	1.53	1.87	34.91	2.92	0	442.09	0.30	0.80	210.0	0.17			3.0e – 4

不考虑上游开挖料的湿化变形，最大顺河向位移表现为指向上游变形的最大值为 0.254 m，坝体最大竖向位移为 1.164 m，坝体最大大主应力 1.74 MPa，坝体最大小主应力 0.53 MPa，坝体沉降量属中等偏上，可适当提高开挖料及心墙黏土料的碾压标准。坝体上游开挖料的湿化模型参数通过试验来确定，c_w = 0.061 2%、n_w = 1.252、d_w = 0.31%。上游堆石料的湿化模型参数则通过工程类比确定，计算采用的参数为：c_w = 0.054 7%、n_w = 1.367、d_w = 0.265%。

考虑湿陷后，上游坝脚部位表现为指向下游的变形，最大值为 0.57 cm，其他部位表现为指向上游的变形，最大值发生在坝顶，其值为 3.2 cm；在垂直向，湿陷引起的最大沉降为 7.05 cm。由于开挖料填筑时其饱和度已较高，蓄水后其最大湿陷仅为大坝最大沉降的 6.7% 左右，因此上游坝壳料湿化不会对大坝安全产生危害。

(2)坝坡稳定计算：考虑到开挖料为全风化花岗岩，而全风化花岗岩的离散性较大，因此将防渗黏土料、开挖料、全风化上和全风化下的强度指标降低 20%（计算结果见表 4）。

表 4 坝坡稳定计算成果

工况		基本参数		强度降低 20%		规范允许值
		上游坡	下游坡	上游坡	下游坡	
竣工期	无地震	2.276	2.573	1.749	1.996	1.25
	发生 50 年超越概率 10% 地震 a_h = 71.865gal	2.062	—	1.598	—	1.15
	发生 50 年超越概率 5% 地震 a_h = 99.809gal	2.022	—	1.559	—	
蓄水期	无地震	2.563	2.412	1.965	1.981	1.35
	发生 50 年超越概率 10% 地震 a_h = 71.865gal	2.179	2.216	1.672	1.798	1.15
	发生 50 年超越概率 5% 地震 a_h = 99.809gal	2.084	2.167	1.611	1.757	

坝坡稳定分析表明上、下游坝坡的抗滑稳定安全系数均满足规范要求,且有较高的安全储备,不会发生失稳破坏。

(3)渗流计算:核算坝体最大总渗漏量在5.3 L/s,心墙防渗体和排水渗控设计措施下,起到了明显的防渗效果,心墙内的渗透梯度得到较好的控制,心墙下游侧坝体内浸润线近乎平直,位于坝体底部堆石体中,逸出点位置很低,基本与坝下游面尾水位持平;通过坝体的渗流基本由坝体下游堆石体中自由逸出。

(4)开挖料液化计算:采用综合总应力和有效应力两种判别方法进行计算,有效应力判别法计算结果偏于安全,而总应力判别法计算的结果则偏于危险,但两种判别方法计算的结果都表明开挖料不存在液化的可能性。

(5)动力计算:由动力试验结果可知,全风化下模量较低而残余变形较大,故计算开挖料选用全风化下的参数,其他参数根据工程类比确定。计算采用的参数见表5。

表5　大坝动力计算参数

材料名称	k_2	λ_{max}	k_1	n	c_1(%)	c_2	c_3	c_4(%)	c_5
心墙土	350	0.33	6.0	0.50	0.32	1.20	0	20.0	1.5
反滤Ⅰ	1 500	0.23	15.3	0.44	1.12	1.0	0	4.90	0.90
反滤Ⅱ	2 100	0.21	20.0	0.35	0.90	0.96	0	3.80	1.00
开挖料	405.41	0.280 5	6.63	0.55	0.405	1.307	0	16.72	1.569
堆石料	2 500	0.20	25.5	0.30	0.65	0.90	0	2.60	1.05
全风化上(坝基)	450	0.30	8.0	0.50	0.80	1.0	0	12.0	1.0
全风化下(坝基)	550	0.30	10.0	0.50	0.75	1.0	0	10.0	1.0

表6　大坝动力计算结果

<table>
<tr><th rowspan="4" colspan="2">类别</th><th rowspan="2" colspan="3">3向输入地震波</th><th colspan="7">0+229断面</th></tr>
<tr><th colspan="2">动力反应放大倍数</th><th colspan="2">动位移(cm)</th><th colspan="3">永久变形(cm)</th></tr>
<tr><th rowspan="2">x向</th><th rowspan="2">y向</th><th rowspan="2">z向</th><th rowspan="2">顺河向</th><th rowspan="2">垂直向</th><th rowspan="2">顺河向</th><th rowspan="2">垂直向</th><th colspan="2">顺河向</th><th rowspan="2">垂直向</th></tr>
<tr><th>向下游</th><th>向下游</th></tr>
<tr><td rowspan="8">场地谱</td><td rowspan="3">$P_{50}=10\%$
$a_h=71.865\text{gal}$</td><td colspan="3">th11</td><td>2.33</td><td>2.03</td><td>3.26</td><td>1.02</td><td>-0.38</td><td>0.40</td><td>2.35</td></tr>
<tr><td colspan="3">th12</td><td>2.34</td><td>2.02</td><td>2.50</td><td>0.87</td><td>-0.40</td><td>0.36</td><td>2.02</td></tr>
<tr><td colspan="3">th13</td><td>1.85</td><td>1.96</td><td>2.67</td><td>0.82</td><td>-0.27</td><td>0.37</td><td>2.00</td></tr>
<tr><td colspan="4">变幅(%)</td><td>26.5</td><td>3.6</td><td>30.4</td><td>24.4</td><td>32.5</td><td>11.1</td><td>17.5</td></tr>
<tr><td rowspan="3">$P_{50}=5\%$
$a_h=99.809\text{gal}$</td><td colspan="3">th21</td><td>1.58</td><td>2.46</td><td>3.51</td><td>1.04</td><td>-0.37</td><td>0.53</td><td>2.67</td></tr>
<tr><td colspan="3">th22</td><td>1.95</td><td>2.42</td><td>3.31</td><td>1.10</td><td>-0.57</td><td>0.55</td><td>2.87</td></tr>
<tr><td colspan="3">th23</td><td>1.91</td><td>2.20</td><td>4.09</td><td>1.38</td><td>-0.54</td><td>0.57</td><td>3.15</td></tr>
<tr><td colspan="4">变幅(%)</td><td>23.4</td><td>11.8</td><td>23.6</td><td>32.7</td><td>35.1</td><td>7.5</td><td>18.0</td></tr>
</table>

地震时程曲线分别取 50 年超越概率 10%、50 年超越概率 5% 场地谱加速度时程曲线。水平向地震基岩峰值加速度分别为 71.865gal、99.809gal，垂直向地震基岩峰值加速度取水平向的 2/3。计算结果如表 6 所示。计算结果表明，校核地震工况下坝体的动力反应加速度、动位移、永久变形、心墙抗剪安全性和设计地震相比变化不大，大坝是安全可靠的。

4 溢洪道燕尾形挑流鼻坎的创新设计

南椰Ⅱ水电站属二等大(2)型，为二级建筑物，按 500 年一遇洪水设计，10 000 年一遇洪水校核，最大泄量 1 746 m^3/s，采用溢洪道与泄洪洞联合泄洪。采用岸坡式溢洪道，设(1～10)m×13 m 溢流表孔，最大泄量 1 020 m^3/s。溢洪道引渠底板高程 845.00 m，堰顶高程 852.00 m，正常蓄水位 865.00 m，泄槽过流断面净宽 10 m，前段为缓坡 i = 5.5%，后段为陡坡 i = 20%，以半径 25 m 的反弧段与明渠连接；出口采用挑流消能。

4.1 挑流鼻坎初步方案

溢洪道地质条件较差，全风化覆盖较深，挑流鼻坎底板高程较低，下游水位较高，原设计采用常规挑流鼻坎，挑角 32°。常规挑流鼻坎体形见图 5。

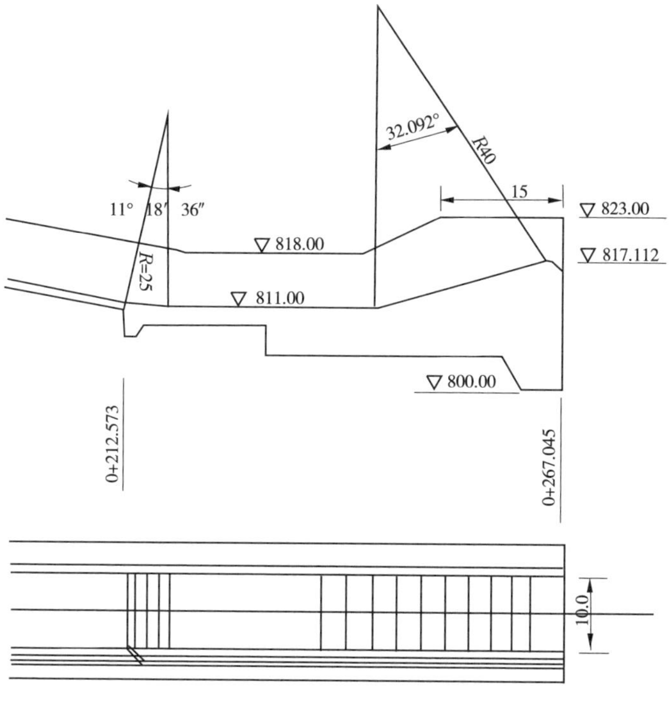

图 5 常规挑流鼻坎

模型试验发现，按常规挑流鼻坎，挑射落点集中，在设计及校核工况下，水舌入水长度为 16～18 m，入水宽度 20 m，入水角 35°，落点两侧形成大范围旋涡，同时起挑水位较高，小流量无法挑出去，贴壁水流对下游护坦的冲刷破坏较严重(见图 6)。

4.2 挑流鼻坎优化方案

经过反复分析和试验比较，提出了燕尾形优化方案。

该方案挑坎出口段中间开口，开口前窄、后端宽，形似燕尾，称为燕尾形挑坎，从而使水流纵向拉开，降低单位面积入水量，以减少冲刷，同时也降低溢洪道的起挑水位。通过分析

图6　溢洪道水舌形态(常规挑流)

研究最终确定开口前、后端的宽度分别为5 m及8 m,开口前端的挑角20°,末端挑角为45°。燕尾形挑坎体形见图7。分别对溢洪道泄量为100 m^3/s、400 m^3/s、800 m^3/s、943 m^3/s等几种工况进行了试验,出口水舌流态见图8。

从图8可以看出,挑坎水舌在小流量时能顺利挑出,在大流量下水舌拉伸效果明显。流量小于400 m^3/s时,水流从挑坎中间的锲形开口挑出,入水角度较小;流量大于400 m^3/s后,两侧的挑坎分担了部分流量,形成中间水舌纵向拉伸、两侧挑起的水舌形态,水舌与下游河道衔接顺畅,主流入水角度小。

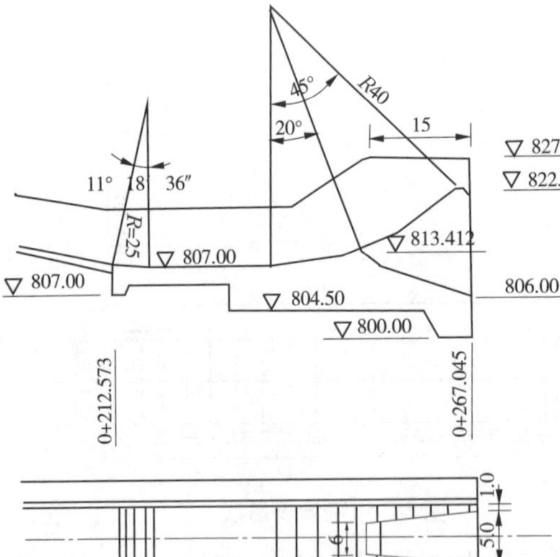

图7　燕尾形挑坎

5　结　语

通过对南椰Ⅱ水电站长距离引调水开发方案、全风化岩筑坝技术、溢洪道燕尾形挑流方

(a) Q=100 m³/s

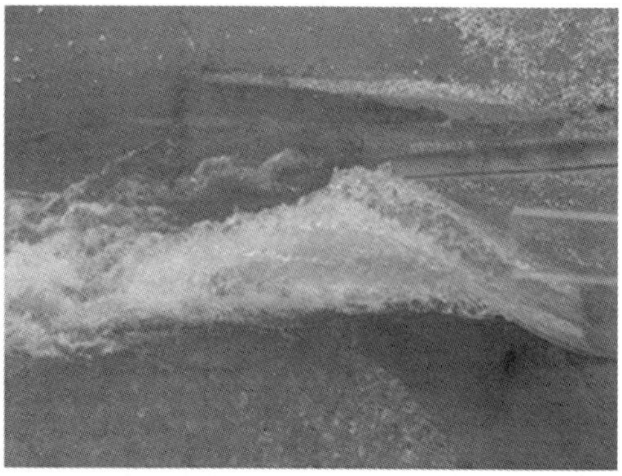

(b) Q=400 m³/s

(c) Q=800 m³/s

(d) Q=943 m³/s

图 8　溢洪道出口水舌流态

式等方面的持续深入研究，充分认识到科技创新对项目开发建设的重要性。在常年流量小、季节流量变化大的河流上采用跨河流、长引调水开发方案对合理利用资源、提高综合发电效益是十分有益的尝试。利用全风化开挖料筑坝技术的试验研究，不仅为本工程开挖料的利用提供了可靠的理论依据，大大降低了筑坝成本，也为类似工程提供可靠的试验依据，更加拓宽了当地材料坝坝料的使用前景。首次提出、首次采用的溢洪道燕尾形挑流方式，对于降低起挑水位、有效解决小流量的泄洪问题起到了突破性作用，对其他工程也具有较大的指导意义，有一定的创新性和较好的推广应用前景。

落实和创新环保措施，推进三峡工程文物绿色保护

梁福庆

（国务院三峡办移民管理咨询中心　湖北　宜昌　443003）

摘要：在阐述落实和创新环保措施、推进三峡工程文物绿色保护意义和作用的基础上，总结了落实和创新环保措施、推进三峡工程文物绿色保护的7条主要做法，归纳了落实和创新环保措施、推进三峡工程文物绿色保护的5个主要成效，提出了有关结论及建议。

关键词：环境科学　三峡文物　创新环保措施　绿色保护

1 前　言

长江三峡地区是中华民族文明的发祥地之一，因三峡工程建设影响而开展的三峡工程文物保护是我国规模最大、保护范围最广、参与人数最多的民族文化保护工程之一。落实和创新环保措施，推进三峡工程文物绿色保护是贯彻落实生态环境保护基本国策，建设生态三峡工程的重要内容。推进三峡工程文物绿色保护是指在确保三峡文物古迹保护安全前提下，集合多种学科的共同参与，综合采取经济、技术、工程和生态方法，努力降低地下文物发掘、地面文物复建对环境的影响，防止造成环境的重大污染和破坏，并重视文物保护的生态环境配套建设和可持续发展建设，达到文物保护的自然环境同人文环境、经济环境协调可持续发展。

从1993年至2010年近18年来，党和国家高度重视推进三峡工程文物绿色保护工作，国家和库区各级政府及有关部门、文物保护单位以对国家对人民对历史高度负责的态度，认真落实和创新环保措施，推进三峡工程文物绿色保护工作，三峡库区1 087处文物保护任务全部按时顺利完成（地面项目346处，地下项目723处、考古发掘面积172万m^2，完成文物保护包干资金5.058 7亿元（静态资金））[1]。涪陵白鹤梁、云阳张飞庙、忠县石宝寨、秭归屈原祠等四个重点项目及忠县"汉代双阙"、巫山大昌古镇古民居、奉节瞿塘峡壁石刻、巴东清风亭、秭归青滩民居等地面文物保护任务按时高质量完成，一大批具有三峡地区传统风貌的古代建筑、摩崖造像、碑碣、诗文题刻、洪水水文题刻、古代栈道等历史文化遗产和遗迹得到妥善保护，并为库区旅游可持续发展创造了物质条件；库区地下考古发掘出土文物24余万件，其中有6万余件属于较珍贵文物，并初步构建了完整的三峡文化历史序列，为研究三峡地区文化发展、文明进程、环境变迁、社会状况的演变积累了大量实物资料；文物保护投资控制在包干范围内，落实和创新环保措施基本到位，没有发生任何文物保护重大质量事故和环境安全问题，取得了显著的文物绿色保护效益。三峡文物保护工程因而成为我国文物保护实践科学发展观的典范工程。

2 主要做法

2.1 及时建立健全了适合我国国情的管理体制

我国及时建立健全了以国务院三峡工程建设委员会统一领导的三峡文物保护管理体制,国务院三峡建委办公室、原国务院三峡建委移民开发局、国家文物局、湖北省、重庆市政府及文物主管部门,库区区(县)政府及文物管理部门统筹分工,各自落实文物保护工作责任制,组织推动和监督落实有关文物环保措施。这种适合我国国情,适合三峡文物绿色保护需要的管理体制,在认真落实和创新环保措施,推进三峡工程文物绿色保护方面发挥了重要作用。[2]

2.2 适时编制了三峡环境影响报告和三峡文物保护规划

1993 年,国家环保部门编制了《长江三峡水利枢纽环境影响报告书》,提出了库区文物保护包括四个重点文物保护项目(涪陵白鹤梁、云阳张飞庙、忠县石宝寨、秭归屈原祠)的环境保护要求,指导三峡工程文物保护工作有序落实和创新环保措施,确保三峡工程文物保护对环境影响在可控范围内[3]。

1998 年,国家文物局组织编制了《长江三峡工程淹没及迁建区文物古迹保护规划报告》,开创了我国文物保护工作先规划、后实施的先河,建立了适合大型文物保护工程的新秩序。同时,三峡文物保护规划对落实文物保护的环保措施也提出了相应的要求[4]。

2.3 制定出台了三峡库区文物保护管理办法及相关规范

2000 年后,重庆市、湖北省先后出台了三峡文物保护管理办法,库区有关区(县)政府、文保单位也相应制订出台了实施办法或实施细则,指导文物保护工作顺利进行,并具体落实文物保护的环保工作。

2008 年,国家文物局正式出台了田野考古工作规程及其有关实施规定,要求制订的地下考古发掘方案必须包括文物保护预案、防灾预案和安全预案以及生态环境保护,并对考古发掘现场的废弃物清理、有害物质消毒、生活废物处理等环境维护和治理,以及发掘后的现场清理、回填复原、恢复耕种或恢复植被等环境清理和生态环境保护都有原则规定。同时,各地文物管理部门时常检查、监督考古发掘单位严格执行田野考古工作规程,推动了地下文物发掘现场管理及环保措施的具体落实。

2.4 建立健全了先进的管理机制和管理办法

近 18 年来,在三峡工程文物保护实施中,借鉴和引进了国内外工程建设和其他行业的先进管理机制和管理办法,包括项目法人制、项目合同制、工程招投标制、工程监理制和质量终身责任制以及竣工验收、财务审计等,特别是借鉴世界银行监测评估制度的综合监理应用,标志着三峡文物保护工作的管理水平包括环境保护管理水平,已在我国文物保护领域达到了国内领先水平。同时,文物保护工程切实加强现场施工管理,努力做到文明施工,妥善处理好施工产生的污水、弃土、固废、粉尘、垃圾、有害气体、噪声等,施工现场的内外环境得到了较好保护,避免了对环境的污染或水土流失。与其同时,强化文物保护项目竣工验收的环保检查,确保环保措施落实到位[5]。

2.5 集合多种学科共同参与,应用先进的高新技术和环保材料

一是在三峡文物保护中,集合考古学、建筑学、民族学、文化学以及水下考古、航空考古、地质勘探、地理测绘、生命科学、现代医学、环境保护、生态文明等多学科的共同参与和协作,

提高了三峡工程文物保护工作的效率与质量。二是综合采取经济、技术、工程和生态方法，认真落实和创新环保措施，推进三峡工程文物绿色保护工作。三是引进和采用了物理勘探、电子测绘、质子激发 X 光技术、DNA 技术、地层提取技术、遥感考古、环境测绘、地形地貌测探、碳十四测年法、原子吸收光谱、原子发射光谱、X 射线荧光光谱、红外照相技术、孢粉分析法、田野考古软件、信息技术、纳米材料等高新技术、科学手段和环保材料，提高了文物保护工作效率和质量，减少了文物保护工程对环境的影响。四是地面文物复建大量运用绿色环保的新技术、新工艺和新材料，提高了文物保护工程的环保质量。[6]

2.6　大型地面文物保护普遍落实了环评制度和环保措施

库区在制订大型地面文物保护方案时，同步开展环保评价工作，将文物保护与环境保护有机结合起来，基本做到"三同时"（同步规划、同步设计、同步实施），对文物保护工程项目可能造成的环境危害进行超前性预测评价，明确环境保护也是评价文物保护工程质量等级的重要条件之一，切实用严格过硬的制度和机制确保文物保护工程中的环保措施得以贯彻落实。同时，库区大型地面文物保护项目尤其是地面文物集中复建区普遍落实了水土治理、地灾防治、生物绿化、污水处理、固废处置、垃圾回收等环保措施，并保障正常运行，切实减少了对环境的影响。其中，涪陵白鹤梁、云阳张飞庙、忠县石宝寨、秭归屈原祠等四个重点文物保护工程基本落实了环保"三同时"制度及有关环保措施，现场施工管理有序，施工区内外环境得到了较好保护，基本达到了三峡环境影响报告的有关要求，并顺利通过了包括环保内容的项目建设竣工验收。涪陵白鹤梁水下博物馆现已成为世界上第一座水文博物馆，是一项领先于世界、充分实践了我国科学发展观的典范工程。

2.7　地面文物保护工程不断适应和满足国家新的环保要求

在长达 18 年的三峡工程地面文物文物古迹保护工程期间，国家对环境保护有更高、更科学的法律、法规相继出台，环境控制标准在不断地提高和更新，特别是在饮用水卫生、污水排放、空气质量、环境噪声、节能减排等方面控制标准都有较大提高。三峡工程地面文物古迹保护工程与时俱进按照新标准落实环保措施，重点放在施工现场科学管理上，并大量采用更环保的节能减排、污水处理、弃土处理、绿化、防火、防虫、防潮、防噪声等新技术、新工艺和新材料，既提高了文物保护工程落实环保措施的质量，又提高了施工区域环保标准不断适应和满足生态环境要求，并为文物古迹保护工程竣工运行创造了更好条件。

3　主要成效

3.1　创新了我国现代文物保护理念，提升了人们文物环保自觉意识

一是在三峡工程文物保护中，"保护为主、抢救第一、合理利用、加强管理"的文物保护方针和"不改变文物原状"的原则得到了全面贯彻和切实执行，重视文物保护生态环境建设和服务设施配套建设的文保生态文明理念，则被人们广泛肯定和接受。二是库区各地通过长期、深入地宣传贯彻文物保护法、环境保护法，努力落实有关环保法规和环境评价报告要求，极大地提高了人们的环保意识，在文物保护工作中落实和创新环保措施、推进三峡文物绿色保护已初步成为人们的基本共识和自觉行为。

3.2　切实保障了文物古迹的主体安全和环境安全

库区在文物保护工作中，通过认真落实环保法规、规范和环境评价报告要求，综合采用经济、技术、工程和生态方法，努力运用绿色环保的新技术、新工艺和新材料进行文物保护，

加强对文物保护的现场施工管理,做到科学管理,文明施工,并注意文物保护复建区的地质灾害防治,水土综合治理和生态环境配套建设,努力将文物保护对环境的影响降至可控范围内,切实保障了三峡文物古迹的主体安全和环境安全。

3.3 取得了显著的文物保护环保成效

近18年来,库区各地坚持用科学发展观统揽三峡工程文物保护工作,遵循生态经济规律、社会发展规律和自然规律,结合文物古迹保护自身特点,有针对性的落实和创新环保措施,完全落实了三峡工程环境影响报告提出的环保措施要求,取得了显著的文物保护环保成效,三峡工程文物保护任务全部按期完成,文物保护投资控制在包干范围内,没有发生一起文物保护项目重大质量事故和环境安全问题。

3.4 促进了文物与环境和谐,提升了文物价值

近18年来,库区通过认真落实环保法规、环境评价报告和文物保护规划要求,不断落实和创新环保措施、推进三峡工程文物绿色保护,初步做到了文物保护与生态环境和谐,文物与环境协调可持续发展,从而极大提升了文物价值。库区国家级文物保护单位从1处增加到7处,新增了6处;省(市)级文物保护单位从近10处增加到36处,新增了20多处。

3.5 公众总体认可和基本满意三峡文物保护落实和创新环保措施工作

2013年4~5月,国务院三峡办移民管理咨询中心在三峡库区11个区(县)进行了“三峡工程建设期(1993~2009年)文物景观环境保护公众意见专题调查”。调查活动采用现场访谈和问卷调查两种方式(其中,现场访谈对象118人,定向发放和收回调查问卷180份)。调查对象包括移民、文化、文物、旅游、博物馆等部门的领导、专家、职工,以及调查现场的工人、居民、农民和移民等。调查内容主要包括三峡工程建设对文物古迹、自然景观及旅游有何影响,对文物古迹、自然景观环保的措施、效果是否满意,三峡工程建设对促进旅游发展、移民就业是否满意,有关意见,建议等五个方面。经汇总统计,调查对象对三峡工程文物保护落实和创新环保措施工作满意的占22.78%,基本满意的占72.22%,不满意的占5%。调查结果反映了库区公众对三峡工程文物保护落实和创新环保措施工作是总体认可和基本满意的。

4 结论及建议

4.1 结论

(1)认真落实和创新环保措施,推进三峡文物绿色保护是推进三峡工程文物保护可持续发展的重要措施。

通过有序开展三峡文物环保工作,配套落实和创新环保措施,可以确保三峡工程文物保护对环境影响在可控范围内,保障文物古迹主体安全和环境安全,促进文物与社会、环境协调发展,提升文物价值,推进三峡工程文物保护可持续发展。因此,认真落实和创新环保措施,推进三峡文物绿色保护工作是有效提升三峡文物保护效益,推进三峡工程文物保护可持续发展的重要措施。

(2)进一步落实和创新环保措施,推进三峡文物保护可持续发展还有大量完善工作。

通过三峡文物保护调研和公众意见调查,三峡工程文物保护落实环保措施工作还存在如下不足和问题:文物保护的环保宣传教育与公众需求还有一定差距,地下文物考古发掘及地面文物复建保护尚缺乏统一的环保检测标准,少数地面文物复建区存在整体环境不配套

问题,涪陵白鹤梁水下博物馆保护壳体内置水体的水质存在潜在污染问题,云阳张飞庙存在地质灾害隐患等。这些不足和问题,需要在三峡后续工作中进一步统筹安排,妥善解决。

4.2 建议

(1)坚持用科学发展观统揽三峡后续文物保护工作,更好地落实和创新环保措施,有序推进三峡后续文物绿色保护,加快建设美丽三峡库区。

(2)进一步加强文物现代保护理念和三峡文物景观环保的宣传教育,大力提升公众的环保共识和自觉行动,齐心协力推进三峡后续文物景观保护工作更好地落实和创新环保措施。

(3)加强三峡后续文物景观保护的环保科研工作,适时出台三峡后续地面文物复建、地下文物考古发掘、景观保护的环境保护具体规定及检测标准。

(4)重视三峡地面文物复建区的整体环境配套问题,努力解决好古建筑复建内外布局配套、整体环境协调的问题。同时,加大文物辅助展品征集力度,转变文物再利用模式,丰富文物资源利用内涵,提高文物资源的旅游经济价值。

(5)大力加强三峡水库消落区和生态屏障区的文物景观保护及环境保护,提升其环境保护质量和效益。

(6)尽快开展涪陵白鹤梁水下博物馆保护壳体内置水体的水质监测及潜在污染防治研究,防止水质污染,确保涪陵白鹤梁水下博物馆保护壳体运行安全。

(7)进一步加强云阳张飞庙等大型地面文物复建项目、文物复建区的环境地质勘测、地灾预防预警和防治工作,确保大型地面文物复建项目及复建区域环境安全。

(8)支持库区地方政府的非物质文化遗产保护及地方博物馆建设,进一步开发和丰富三峡文物资源,提升文物效益,促进三峡旅游协调可持续发展。

参考文献

[1] 梁福庆. 三峡库区文物保护及其开发[J]. 重庆社会科学. 2009(06):. 85-88.

[2] 徐光冀. 三峡工程中文物保护成果及其基本经验[J]. 中国文物科学研究. 2006(2):1-5.

[3] 原国家环保总局. 长江三峡水利枢纽环境影响报告书[R]. 北京,1992.

[4] 国务院三峡工程建设委员会办公室,国家文物局. 长江三峡工程淹没及迁建区文物古迹保护规划报告[M]. 北京:中国三峡出版社,2010.

[5] 梁福庆. 长江三峡库区文物保护回顾及后续保护对策[J]. 重庆三峡学院学报. 2009(1):. 1-5.

[6] 郝国胜. 三峡文物保护回眸[J]. 瞭望新闻周刊. 2006(21):60-63.

丰满流域2010年特大洪水人类活动影响评估

李文龙[1]　郭希海[2]　王　进[1]

（1.新源控股公司丰满发电厂　吉林　吉林　132108；
2.国家电网公司东北分部　辽宁　沈阳　110180）

摘要:2010年7月,丰满水库流域发生了超百年一遇特大洪水,洪水中发生了以大河水库为代表的小型水库垮坝问题和以民立为代表小流域支沟洪水问题,造成水库被动附加洪量现象;同时,根据气象预报8月4~5日水库流域有强降雨过程,流域内各水利工程,采取主动预泄腾库容,也造成丰满水库大量附加洪量。评估2010年丰满水库流域特大洪水人类活动影响,将为今后水库洪水预报、防洪调度决策提供支持。本文针对水毁被动泄洪造成的附加洪量提出了典型子流域附加洪量类推法,评估次洪被动附加洪量7.6亿m^3;针对流域内预泄调度造成的附加洪量提出了产流系数突变法,评估次洪主动附加洪量9.67亿m^3。

关键词:人类活动　附加洪量　产流系数　垮坝

1　问题提出

1.1　2010年丰满水库流域特大洪水综述

2010年7月和8月,丰满水库流域连降暴雨,水库流域发生大特大洪水,局部地区洪灾严重。

2010年7月27~29日,连续受三个华北气旋影响,水库流域遭受强降雨袭击,流域平均降雨达93.4 mm,其中横道子站24 h降雨量达218 mm。强降雨导致流域发生了"20100729"特大洪水,经还原计算丰满天然入库12 h洪峰流量20 700 m^3/s,为154年一遇,继1995年之后,丰满流域又发生了一场超百年一遇特大洪水。

2010年典型洪水是以局地特大暴雨、局部流域山洪为主的洪水过程,呈现典型的成灾特征,是丰满水库流域暴雨洪水的最新特征。

1.2　2010年人类活动影响情况

1.2.1　以大河水库为代表的小型水库垮坝现象

在丰满流域"20100729"特大洪水中,发生了以大河水库为代表的小型水库垮坝问题。7月28日6:00,吉林省桦甸市常山镇大河水库发生溃坝,据吉林省水利厅审定最大溃坝流量达5 800 m^3/s,400万m^3库容化作洪水,进入丰满水库;发生了以民立为代表小流域支沟洪水,民立流域平均降雨255 mm,来水3.2亿m^3,产流系数达1.21,附加洪量达0.56亿m^3。

这场典型洪水,从桦甸市区沿丰满水库左岸库区至丰满水库坝址,场次降雨超过200 mm,造成永吉县城进水、旺起摩天水库垮坝、大河水库垮坝等灾害。在特大洪水面前,防洪标准较低的小型水库发生垮坝是必然的,吉林市"20100729"次洪小型水库发生水毁统计达

51 座。

在实际调度过程中，由于小型水库省、市甚至县防汛部门，都无法掌握其实时运行情况，同时，它们防洪标准低，泄洪设施的可靠性差，对丰满水库洪水预报调度影响较大。

1.2.2　为防洪安全，流域内水利工程泄洪、腾库容的行为更为严重

点绘"红—丰区间 2010 年雨洪对应图"（见图 1），由图可见：7 月 29 日洪水过程包含小型水库垮坝叠加洪量；8 月 2 ~5 日洪水过程，无雨成峰，反映出流域内各类水利设施泄洪对丰满水库来水的影响。

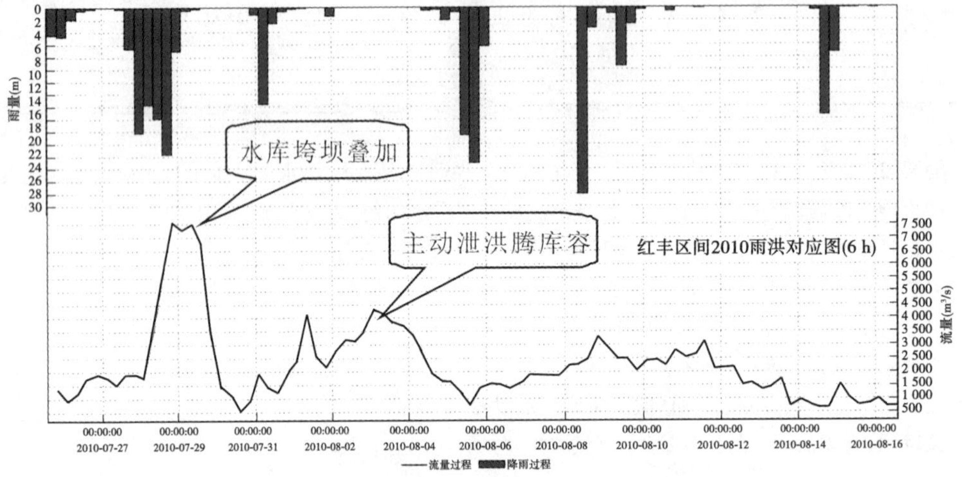

图 1　红—丰区间 2010 年雨洪对应图

1.3　2010 年人类活动影响评估的意义

2010 年暴雨洪水中，流域小水库、塘坝泄放水量较大、部分塘坝垮坝，部分时段最大产流系数高达 2.83，人类活动产生的附加洪量巨大，严重影响丰满水库的防洪安全。

无论是水库垮坝造成的附加洪量，还是主动预泄产生的附加洪量，都是丰满水库无法准确、及时掌握的，均对水库防洪决策产生较大影响。

评估 2010 年丰满水库流域特大洪水对人类活动的影响，将为今后水库洪水预报、防洪调度决策提供支持。

本文作者提出了产流系数突变法和典型子流域附加洪量类推法，用以客观评估 2010 年丰满水库流域特大洪水人类活动影响情况。

2　产流系数突变法评估"20100729"次洪附加洪量

2.1　产流系数突变法评估次洪附加洪量的基本原理

（1）产流系数突变法评估次洪的附加洪量，依据的是产流系数变化的基本规律。

产流系数一般维持阶段性稳定性，当产流系数发生突变时，即发生了流域内人类活动影响，各种水利工程、水田拦蓄或泄洪附加洪量，导致产流系数发生跳变；

（2）次洪产流系数的最大值是 1，如果计算结果超过 1，则超出的部分是人类活动的附加洪量。

2.2　2010 年红—丰区间流域产流系数计算

依据丰满水库、红石水库 2010 年汛期实际运行资料还原计算红—丰区间流量，依据

红—丰区间流域36个遥测雨量站实测降雨计算场次降雨。各场次洪水之间进行次洪分割，后场洪水扣减前场洪水退水和基流，计算产流系数见表1。

表1　2010年红—丰区间场次洪水产流系数计算

场次洪水起讫时间	区间来水（亿 m^3）	降雨（mm）	流域面积（km^2）	产流系数
6月26日~7月18日	4.11	125.7	23 500	0.14
7月17~30日	20.2	181.7	23 500	0.48
7月30日~8月6日	14.96	22.5	23 500	2.83
8月3~15日	13.38	105.5	23 500	0.54
8月13~29日	18.41	127.8	23 500	0.61

2.3　产流系数突变法评估"20100729"次洪附加洪量

红—丰区间流域产流系数变化见图2，经历了6月26日~7月18日的0.14、7月17~30日的0.48、7月30日~8月6日的2.83、8月3~15日的0.54、8月13~26日的0.61。

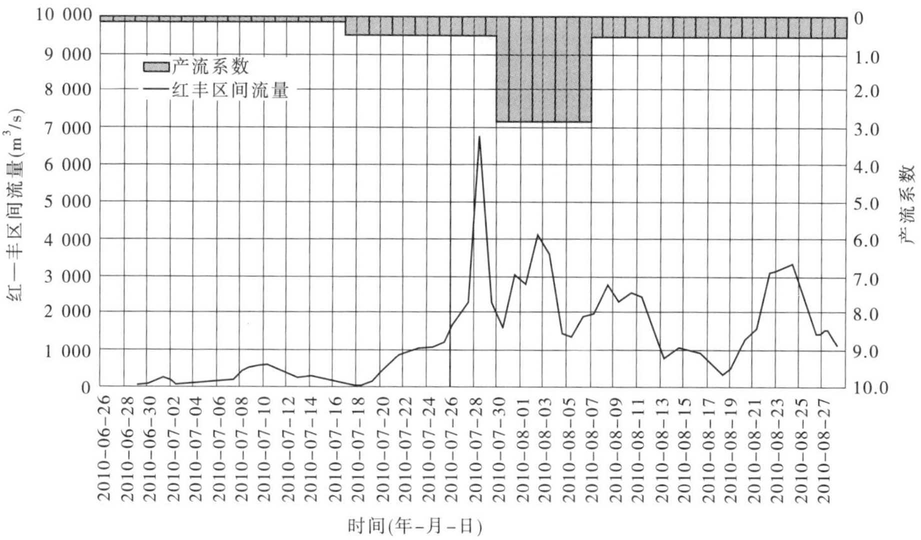

图2　红—丰区间2010年产流系数变化过程图

在5次洪水中，产流系数突破1的是7月30日~8月6日洪水，产流系数2.83。在本次洪水中，存在8月2~5日，红—丰区间的水利工程泄洪、腾库容的主动泄洪行为。根据气象预报，8月4~5日，二松流域将有一场强降雨过程，流域内水库、塘坝等各类水利设施为确保安全，进行了主动泄洪行为，根据资料显示8月2日，无雨成峰现象是主动泄洪行为的明证。

这种主动泄洪行为直接导致产流系数超过1，按产流系数突变法的基本原理，计算结果超过1，则超出的部分是人类活动的附加洪量。依此计算，产流系数为1时，降雨22.5 mm，区间来水5.29亿 m^3，则附加洪水9.67亿 m^3。由于主动泄洪行为，产流系数迅速从0.48上升至2.83。

3　典型子流域附加洪量类推法评估“20100729”次洪附加洪量

3.1　典型子流域民立站流域的代表性问题

民立站位于辉发河支流金沙河上，距河口距离 12 km，控制流域面积 1 037 km^2。

如图 3 所示，红—丰区间 2010-07-20 3:00 至 2010-07-29 13:00 遥测降雨等值面图，在图中用红线标出民立流域，该流域的大部分面积处于 200 ~ 300 mm 之间，部分面积大于 300 mm，能很好的代表大于降雨 200 mm 及以上的流域面积。从图 3 中求取大于 200 mm 的流域面积 14 100 km^2，占红—丰区间流域面积的 60%。

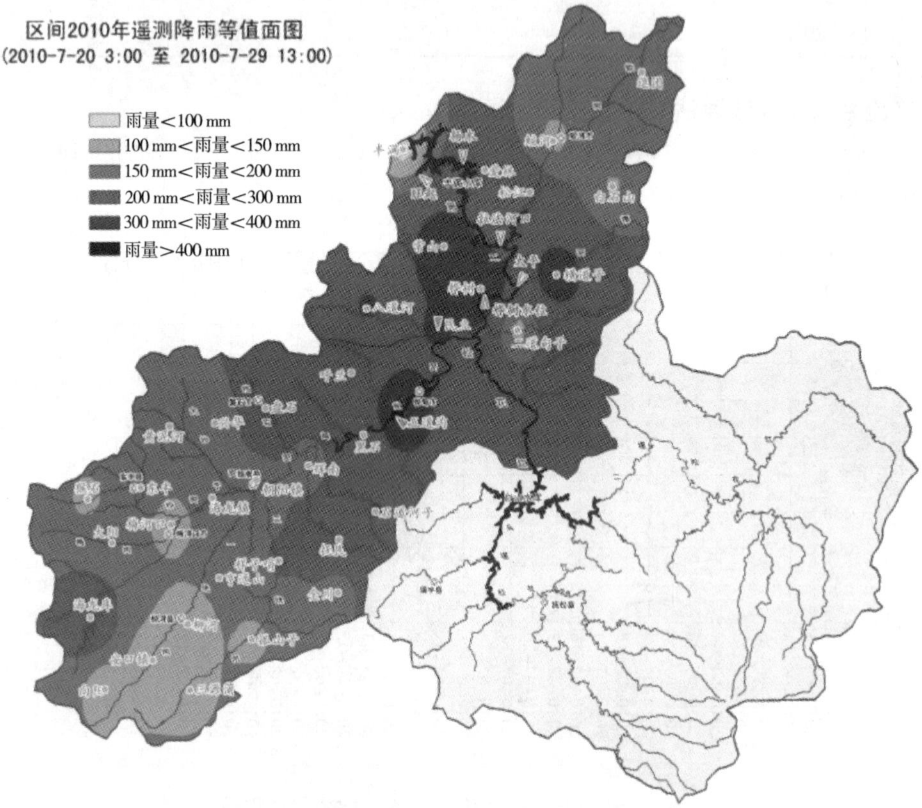

图 3　红丰区间“20100729”遥测降雨等值面图

3.2　民立站流域在“20100729”次洪中附加洪量

（1）民立流域内有民立和八道河子两个雨量站，八道河站 2010 年 7 月 20 日至 2010 年 7 月 29 日累计降雨 208.9 mm，民立站 3 01.3 mm，本次洪水两站场次平均降雨 255 mm。

（2）出口断面民立站，为控制站，7 月 21 日，典型流域开始降大暴雨，流量开始加大；7 月 28 日次洪暴发，产生 2 620 m^3/s，比历史最大洪峰 1953 年 8 月 20 日的 1 910 m^3/s 多 37%；至 8 月 5 日，次洪结束，期间断面过水量 3.2 亿 m^3。

（2）民立站流域在“20100729”次洪中附加洪量计算，以流域平均 255 mm、过程水量 3.2 亿 m^3、控制流域面积 1 037 km^2 计算，产流系数 1.21。产流系数超过 1 的部分是人类活动的附加洪量。依此计算，产流系数为 1 时，来水 2.64 亿 m^3，则附加洪水 0.56 亿 m^3。

3.3　典型子流域附加洪量类推法评估“20100729”次洪中附加洪量

用典型子流域民立站控制流域面积 1 037 km^2 来代表大于 200 mm 的流域面积 14 100 km^2 进行评估，得出次洪附加洪量 7.6 亿 m^3。

4　综合结论

根据产流系数突变法的基本原理，评估“20100729”次洪附加洪水 9.67 亿 m^3；用典型子流域附加洪量类推法评估次洪附加洪量 7.6 亿 m^3。采用评估的附加洪量部分都是产流系数 1 以上的部分，因此真实可信，是附加洪量的底限。

综合结论，“20100729”次洪附加洪水 7 亿～10 亿 m^3，次洪区间实际来水 43.5 亿 m^3，次洪附加洪量比例为 16%～23%，远超以前的评估结论。次洪人类活动影响近 10 亿 m^3 的评估结论，对未来丰满水库的防洪决策起到支持作用；同时，采用的人类活动影响评估方法，对相关水库人类活动影响评估工作有借鉴意义。

参考文献

[1] 水利电力部. 中国历史大洪水[M]. 北京：中国书店，1988.
[2] 水利部松辽水利委员会. 东北地区 1995 年大洪水[M]. 长春：吉林人民出版社，2000.

大型水电工程施工期间环境影响及保护
——以乌东德水电站为例

翟红娟　阮　娅　许秀贞

（长江水资源保护科学研究所　湖北　武汉　430051）

摘要：乌东德水电站位于云南省禄劝县与四川省会东县界河的金沙江干流上，是金沙江下游河段规划建设的四个水电梯级——乌东德、白鹤滩、溪洛渡、向家坝中的第一个梯级。乌东德水电站正常蓄水位975 m，总库容为74.08亿m^3，具有季调节性能，最大坝高265 m，装机容量10 200 MW，多年平均发电量401.1亿kW·h，为Ⅰ等工程，是“西电东送”最大水电基地的重要电源之一。大型水电工程在施工期间将对环境产生一定程度的影响，本文以乌东德水电站为案例，介绍大型水电工程施工期间对水环境、陆生生态、环境空气、声环境、固体废物、水生生态、社会环境等的影响，并提出有效的保护措施。乌东德水电站在施工期间的评价重点为施工布置的环境合理性分析以及施工对水环境、环境空气、声环境、固体废物和生态环境的影响。经预测分析，乌东德水电站施工期间正常工况下，对水环境没有不利影响，对环境空气影响较大，主要污染物是粉尘，来自于砂石加工系统、边坡爆破开挖、交通运输、存弃渣等作业，导致声环境超标的主要污染源是砂石加工系统。针对不利环境影响提出了相关的环境保护措施，并进行了防治效果分析。本文的研究将为其他大型水电工程施工期间环境影响的预测和保护提供参考。

关键词：乌东德　施工　环境影响

1　工程概况

金沙江乌东德水电站地处东经101°14′~103°3′，北纬25°20′~27°12范围内，位于金沙江干流下游四川省和云南省的界河上，右岸隶属云南省昆明市禄劝县，左岸隶属四川省会东县，是金沙江下游河段四座水电站（乌东德、白鹤滩、溪洛渡、向家坝）中最上游的梯级电站，乌东德水电站上距攀枝花市213.9 km，下距白鹤滩水电站182.5 km。乌东德水电站的开发任务以发电为主，兼顾防洪，并促进地方经济社会发展和移民群众脱贫致富，电站建成后可发展库区航运、具有改善下游河段通航条件和拦沙等作用。乌东德水电站为Ⅰ等大(1)型工程，电站装机容量10 200 MW，多年平均发电量389.3亿kW·h。

2　施工布置

根据施工组织设计，主体工程施工区实行封闭管理，工程施工总布置为：3个砂石加工系统、3个混凝土生产系统、4个施工营地、7个施工工厂、3个存料场，4个主要弃渣场，大坝上下游各布置一座水厂，左右岸各布置高、中、低不同高程的4层道路。

3　施工区环境现状

乌东德水电站工程影响区位于川滇山地，属具强烈构造侵蚀作用为主的高中山地貌，地

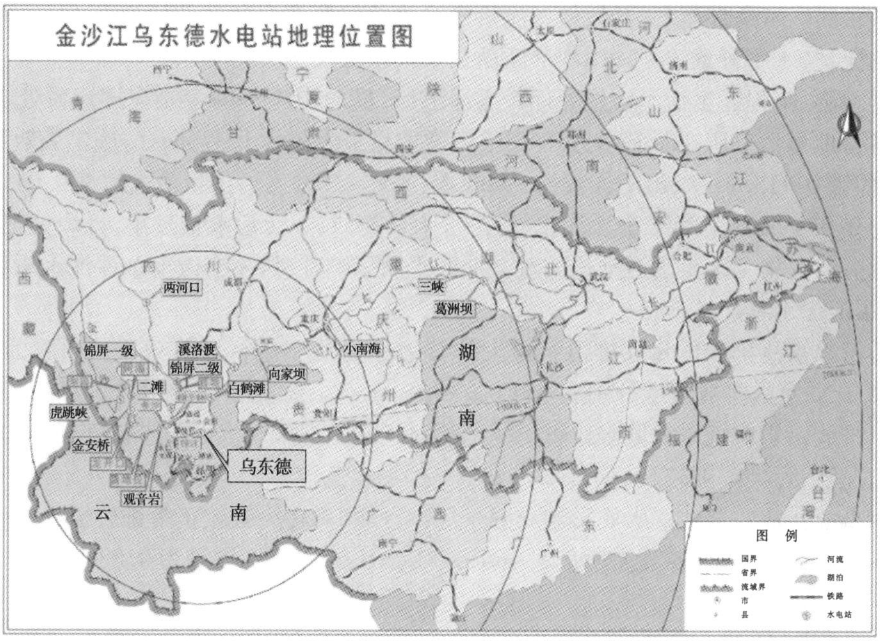

图1　乌东德水电站地理位置图

势上总体呈西高东低之势。乌东德坝址控制流域面积 40.61 万 km^2,多年平均流量 3 850 m^3/s,多年径流量 1 220 亿 m^3,多年平均含沙量 $1.02kg/m^3$,多年平均悬移质输沙量 1.22 亿 t,多年平均推移质输沙量 234 万 t。工程评价区位于金沙江两岸,属干热河谷地貌,植被以干热河谷稀树灌木草丛、山地灌丛和栽培植被为主。评价区无国家和省级重点保护的野生两栖动物、爬行动物,国家Ⅱ级重点保护鸟类 4 种,四川省级重点保护鸟类 1 种,无国家重点保护野生动物及云南省、四川省省级重点保护野生动物分布。工程所在金沙江江段未发现国家级保护的野生鱼类,省级保护鱼类 7 种。工程所在金沙江干流总体水质良好,达到《地表水环境质量标准》(GB 3838—2002)Ⅲ类水标准[1]。工程区环境空气质量现状达到《环境空气质量标准》(GB 3095—1996)二级标准。声环境现状满足《声环境质量标准》(GB 3096—2008)2 类标准。

4　施工区环境影响

4.1　水环境影响

乌东德水电站枢纽工程建设期间将产生一定的污废水,主要包括砂石料冲洗废水、混凝土拌和楼料罐冲洗废水、机械冲洗废水及生活污水等。其中砂石料冲洗废水以及混凝土拌和系统冲洗废水均考虑处理后回用,在正常工况下不会对附近金沙江水质带来不利影响,但在处理系统事故排放的情况将对金沙江水质造成一定的影响。其中生活污水分别预测达标排放和事故排放对水质的影响,砂石料冲洗废水预测事故排放对水质的影响。

4.1.1　生活污水达标排放

根据工程施工组织设计和工程分析,枢纽工程施工期间生活营地主要分布在新村、海子尾巴、金坪子以及马头上四个施工区。根据生活污水中特征污染物及金沙江水体水质现状情况,选择预测因子为 COD、NH_3-N。预测模型采用非持久污染物岸边排放二维稳态混合衰减模式预测。考虑最不利情况，设计流量选取排放口所在金沙江江段90%保证率下的最枯月平均流量，水质背景浓度采用坝址断面枯水期水质实测数据。

根据预测，工程区生活污水经处理排入河道后，横向影响范围主要在排污口处15 m范围内。各营地排污口所在断面岸边COD浓度增加量最大的为1.37 mg/L，施工人数约7 250人，最小的为0.115 mg/L，施工人数约1 000人；NH_3-N浓度增加量最大的是0.045 mg/L，最小的为0.034 mg/L。由于金沙江流量较大，水量充沛，生活污水量较小，且均处理达标后排放，因此，工程施工区生活污水排放对金沙江水质影响甚微，不会改变金沙江水质类别。

4.1.2 生活污水事故排放

生活污水事故排放预测以排污量最大的营地作为典型进行计算分析。预测因子选取COD，NH_3-N，事故排放浓度分别取400 mg/L、35 mg/L。根据预测，事故排放情况下，施工区排污口排放污水对近岸水域水质影响范围相对正常工况较大。污染带长度约1 705 m，相对正常工况下，污染范围较长，但金沙江流量较大，水流湍急，污染带最宽处不超过25 m。生活污水事故排放对金沙江水质影响局限于局部区域，其污染带较正常排放情况下增长，距离排污口5 m范围内COD浓度增量5.466 mg/L，NH_3-N浓度增量为0.088 mg/L，增加较为明显。

4.1.3 砂石料废水事故排放

工程布置3处砂石加工系统，下白滩、施期大坝以及海子尾巴三处砂石加工系统均为二班制生产，用水量分别为870 m^3/h、700 m^3/h和210 m^3/h，相应废水产生量分别为730 m^3/h、560 m^3/h和202 m^3/h。悬浮物浓度按45 000 mg/L计算。

砂石料冲洗废水中主要污染物为SS，因此以SS为预测因子。采用导则推荐的非持久性污染物岸边排放二维稳态混合衰减模式进行预测，水质背景浓度采用坝址断面枯水期水质实测数据，初始浓度取值68 mg/L。

预测结果表明，在90%保证率最枯月平均流量条件下，下白滩砂石料冲洗废水事故排放在金沙江中形成的污染带长度约16.0 km，施期大坝砂石料冲洗废水事故排放污染带长度约11.1 km，海子尾巴砂石料冲洗废水事故排放污染带长约6.0 km。根据分析，江段水质距离排污口越近，SS浓度增量越大，三处砂石料加工系统事故排放后，距离排放口5 m处的SS增量最大分别为640 mg/L、593 mg/L及403 mg/L，随着向下游的延伸，增量逐渐减小。由于下游右岸施期砂石料加工厂距离坝址约6.5 km，而左岸上游下白滩砂石料加工系统在坝址上游2.7 km，而其影响范围为长16.8 km，宽约45 m。由于施工江段江面宽度在120～150 m范围，因此两个砂石料加工系统在同时发生事故排放时，不会发生叠加影响。

砂石料冲洗废水事故排放的情况下，对金沙江局部水域影响较大，形成较明显的污染带，与金沙江江水完全混合后影响相对较小，但需注意安全生产，避免砂石料加工系统发生事故排放时产生叠加影响。

4.2 声环境

乌东德水电站施工区声环境敏感目标有3个，分别是卧嘎村、三台村二组和二坪子村。噪声源分析包括施工机械及辅助企业噪声、交通噪声和爆破噪声分析，其中施工机械及辅助企业噪声源分析包括砂石料加工系统、弃渣场等，交通噪声为场内交通车辆运输噪声，爆破噪声为石料场开采爆破噪声。由于爆破噪声源为不连续噪声源，不能进行CadnaA噪声软件预测，故爆破噪声的影响预测利用公式预测，施工机械及辅助企业噪声和交通噪声源噪声影响预测采用 CadnaA 噪声软件预测。

卧嘎村、二坪子村声环境昼间和夜间均达标，三台村二组昼间声环境超标，超标户数为 6 户，夜间达标。经预测，二坪子村昼间受爆破噪声影响叠加值为 76 dB，二坪子村居民点执行《声环境质量标准》（GB 3096—2008）的 2 类标准，昼间噪声限值为 60 dB，因此在石料场开采爆破期间，二坪子村昼间噪声超标，二坪子村临路第一排居民约 5 户居民受爆破噪声影响较大，爆破噪声影响具有间歇性。

4.3　空气环境

乌东德水电站施工区大气环境敏感目标包括 3 个居民点，分别是卧嘎村、三台村二组和二坪子村，大气污染源主要包括施工作业面、施工爆破和场内交通系统。

施工作业面对大气环境产生影响的主要是砂石加工系统和存弃渣场。边坡开挖排放的主要污染物为粉尘，砂石加工系统排放的污染物主要是粉尘，在粗碎、中碎、细碎、筛分的运输过程中均会产生粉尘污染。弃渣场和存料场在堆渣和存料的过程中易产生粉尘。砂石加工系统、弃渣场和存料场为面源污染，大气环境评价为三级评价，采用导则推荐的 SCREEN3 估算模式进行贡献值预测。经估算模式预测（表 5.3-2），下白滩砂石加工系统的施工粉尘对三台村二组居民基本无影响，且三台村二组位于砂石加工系统东北方向，施工区常年主导风向为西南风，因此砂石加工系统产生粉尘对三台村二组影响较小。其余施工作业面附近不存在环境空气敏感目标。

采用 ADMS 模式进行交通运输扬尘的贡献值预测。根据对施工区场内交通与敏感保护目标的位置关系分析，卧嘎村距离交通道路较近，约 105 m，存在约 30 m 的高差，在采取洒水措施的情况下，交通运输扬尘的贡献值约为 0.007 2 mg/m^3。卧嘎村将会受到交通运输扬尘的影响，尤其是在气候干燥条件下，更易引起扬尘，采取洒水等除尘措施后 TSP 含量大大降低。

4.4　生态环境

4.4.1　陆生生态

工程实施后使评价范围的植被类型面积和生物量发生变化，施工生态评价区施工活动结束后，使区域内生产能力由现状的 679.36gC/(m^2·a)降低为 432.03gC/(m^2·a)，评价区生态系统的生产力平均减少 247.33gC/(m^2·a)，减小幅度占原来生产力现状的 36.41%。因此，工程对评价范围内生态系统生产力产生了一定的影响。

工程实施前后，除建设用地，其余自然植被的景观优势度没有发生明显变化。建设用地的景观优势度变化明显由施工期前的 5.22% 上升到 27.93%。灌丛和灌草丛仍为评价区优势度最高的景观类型，为评价范围内的模地。因此，施工生态评价区施工活动结束后，原拼块的优势度变化不显著。

乌东德水电站施工生态评价区对植被的影响主要表现在包括大坝施工、场内交通工程、存弃渣场和料场、施工临时设施、导流洞施工等。主要影响类型是施工占地、施工破坏等。乌东德水电站施工生态评价区在施期存料场征地范围内存在 1 株古树黄葛树，在工程堆存石料以及车辆运输等施工活动中将对该古树产生影响。

乌东德施工区对动物的影响主要是施工活动产生的生产废水、生活污水、弃渣淋溶液等改变了河道水体的混浊度及理化性质，对两栖类和爬行类有一定影响；施工作业和交通运输可能对爬行类和一些小型兽类造成伤害；施工爆破和机械噪声对兽类有驱赶作用；这种影响为暂时的,施工活动结束后影响即可消失,对其生存不会造成威胁。施工生态评价区及附近可能分布有4种国家Ⅱ级重点保护鸟类,均为猛禽,飞行能力强,活动范围大,偶尔会在施工生态评价区上空飞行,施工生态评价区未发现这些鸟类的栖息地和越冬场地。施工过程中,施工噪声和扬尘污染、地表的扰动会影响鸟类正常活动,由于鸟类活动范围较大,这些动物可迁徙到周边区域活动,且这些鸟类只是偶尔出现在施工生态评价区,施工活动不会对这4种保护鸟类产生较大的影响。

4.4.2 水生生态

乌东德施工对水生生物的影响主要表现为:砂石料加工冲洗废水、施工机械停放场维修废水、混凝土拌和系统冲洗废水、施工人员生活污水以及鲹鱼河渣场弃渣对水生生物的影响。除鲹鱼河弃渣场滩地弃渣外,其余项目均在陆地上施工,主要涉及陆域部分。施工废污水均经处理回用,对水生生态影响较小。鲹鱼河弃渣场在弃渣过程中,废弃的土石方堆放在鲹鱼河河滩地上,遇暴雨季节产生水土流失,对鲹鱼河水质产生污染,对水生生物生境将产生一定影响,应做好渣场的水土流失防治工作。

4.4.3 水土流失

工程建设可能造成的水土流失主要表现在:工程建设中的开挖、填筑、弃渣、不良地质区地质灾害等环节。工程扰动原地貌面积为1 256.36 hm^2,损坏水土保持设施面积657.71 hm^2,工程弃渣总量3 012.24 万 m^3,建设过程中可能造成的水土流失总量258.63 万 t,新增水土流失量233.83 万 t。

4.5 固体废物

本工程施工期需处理生活垃圾量约38 027 t。生活垃圾如不妥善处理,对周边环境将产生不利的影响。拟将生活垃圾外运至会东县垃圾处理场进行处理。

乌东德施工区有一硫铁矿厂,位于施工区生活水厂上游50 m处,该厂已于2009年停产,硫铁矿厂区生产设备和原料早已搬迁完毕,但有硫铁矿厂废渣堆放在厂址附近。对硫铁矿废渣进行了浸出毒性试验,试验检测结果表明,项目硫铁矿尾矿和低品位原矿混合样不属于危险废物,属第Ⅱ类一般工业固体废物。如不处理,经氧化和遇雨淋溶,形成的含酸废水将流进金沙江,对施工区生活取水口水质以及周边环境产生污染。

4.6 社会经济

工程区所处地理位置相对偏远,区域经济以农业为主,工业与商品流通发展滞后,经济水平不高。乌东德水电站工程建设将投入巨大的建设资金,创造大量就业机会,施工人员的进驻也将拉动当地消费,促进地方农业、餐饮业和其他服务业的发展。工程建设有利于当地社会经济的发展。

4.7 人群健康

工程施工高峰人数1.2万人,施工期间大量施工人员进驻工地,增大了虫媒、介水传染病等传染病在施工区暴发流行的可能性。另外,如果施工区生活垃圾管理不善,容易引起传染病在施工区传播,并进一步污染施工区环境质量。

5 环境影响保护措施

5.1 水环境保护

海子尾巴砂石料加工系统废水采用“网格絮凝+平流沉淀”进行处理,下白滩砂石料废水采用"机械絮凝+辐流沉淀池"进行处理,施期大坝砂石料加工废水采用DH高效旋流污水净化器进行处理,处理达标后回用于砂石料系统生产用水;采用中和沉淀法对混凝土拌和罐冲洗废水进行处理后回用于混凝土拌和罐冲洗用水或施工道路洒水;车辆冲洗含油废水采用二级隔油沉淀工艺处理达标后回用,浮油交由有资质的单位进行处理;生活污水经隔油池和化粪池后进入成套设备进行生化处理,出水经消毒后回用于营地绿化用水及道路浇洒。

5.2 声环境保护

优化施工方法,合理安排施工时间,采用低噪设备和技术,加强施工机械保养;在二坪子村、卧嘎村、三台村二组所在路段两端各设置限速标志1个,禁鸣标志1个,共设限速标志6个,禁鸣标志6个;优化爆破炸药量和爆破方法,禁止夜间爆破;现场作业人员配备防噪用具;在满足运行安全及正常生产的前提下,粗碎车间、中细碎车间钢结构加夹心板隔声防护棚进行围护,且在粗碎车间、冲洗筛分车间、棒磨机车间靠磨槽沟侧各施工一道隔声墙,降低及切断噪声向靠山侧传播。

5.3 空气环境保护

优化施工工艺,采用除尘设备,运输车辆安装尾气净化器,保证尾气达标排放。对交通道路及施工作业面洒水降尘。给现场作业人员配备防尘用具,加强劳动保护。

5.4 固体废物处置

在施工区设置垃圾桶、配备垃圾车,对施工区生活垃圾集中收集,运至会东县垃圾填埋场进行处理;拟将硫磺厂废渣运至施期表土堆存场附近填埋,并进行防渗处理,废渣清理完毕后,对硫磺厂堆渣场原址进行土地整治,恢复植被。

5.5 生态保护

5.5.1 陆生生态保护

对施工营地、业主营地、场内施工道路结合水土保持植物措施进行生态修复。选择适宜于干热河谷的林草种,发展多层次多种结构的人工混交植被类型,从而实现工程影响区植被的恢复与重建。

对受施期存料场影响的1株古树进行就地保护。

防止爆破噪声对野生动物的惊扰,根据动物的生物节律安排施工时间和施工方式,避免在晨昏和正午开山施炮。对施工人员进行宣传教育,提高保护意识。建立生态破坏惩罚制度,严禁施工人员非法猎捕野生动物。

5.5.2 水生生态保护

加强工程施工期间的水生生物管理,对施工人员开展水生生态保护及有关法律、法规的宣传教育。鲹鱼河渣场弃渣要做到先拦后弃,加强水土流失防治。

加强渔政管理,建立良好的渔业捕捞制度,制定禁渔区和禁渔期、加强水环境保护等,维护良好的渔业环境。加强渔政部门的能力建设,提高渔政部门的执法力度。

5.5.3 水土保持

本工程防治责任范围为工程建设区和由于工程建设活动而可能造成水土流失及其危害的直接影响区,水土保持措施拟以工程措施为主,辅以陆生生态修复,工程措施包括修建挡墙、护坡、排水沟等;生态修复措施针对不同区域进行分区修复,主要包括植物群落配置、立地条件改造等,使得工程建设区新增水土流失得到控制和治理,原有水土流失得以改善。

5.6 人群健康保护

在工程准备期,结合场地平整工作,对施工营地进行一次性清理和消毒,开展灭鼠、灭蚊和灭蝇活动。施工人员进场前进行卫生检疫,每年定期对施工人员健康情况进行一次抽检。加强生活饮用水保护和食品卫生管理与监督。

6 与常规电站施工环境影响保护的区别

乌东德水电站作为Ⅰ等大(1)型工程,施工占地范围大,影响范围广,但由于其坝址处于高山峡谷地区,两岸用地紧张,施工布置紧凑[2],环境影响措施的选择和布设对用地有一定要求,需结合用地选用占地面积小且处理效果好的工艺,以保证在达到处理效果的同时具有可操作性。由于乌东德水电站所处地区的特殊地形地貌,施工布置与环境敏感保护目标之间具有一定高差,声环境保护措施的布设需要结合实际地形和环境特点,不能一味的仅考虑对环境敏感目标设置隔声屏或隔声窗等措施。本工程则是结合实际地形和环境特点,采取对声源进行隔离的措施。本工程中下白滩砂石加工系统对三台村二组的声环境有影响,但鉴于该地形特征不能对三台村二组设置隔声屏或隔声窗,则通过对砂石加工系统布设隔声棚和隔声墙,以达到保护三台村二组声环境的目的。

参考文献

[1] 阮娅,傅慧源.许秀贞.乌东德水电站蓄水对攀枝花河段水环境的影响[J].人民长江,2008,390(27):114-117.

[2] 廖仁强,李伟,向光红.乌东德水电站枢纽布置方案研究[J].人民长江,2009,40(23):5-21.

三峡水利枢纽工程环境监理工作研究

黄　凡[1]　周建兰[2]　王新平[1]

(1. 长江水资源保护科学研究所　湖北　武汉　430051；
2. 湖北省水利水电规划勘测设计院　湖北　武汉　430064)

摘要：三峡工程环境监理机构为业主提供"一站式"环境管理服务，除承担施工项目环境监理任务外，还代业主开展全方位的环境管理工作，包括环境监测管理、环境统计、综合管理等。环境监理通过组织体系建设、教育培训和建立奖惩机制确保了工作的有效开展，落实了各项环境保护措施，保护了施工区环境。

关键词：三峡工程　环境监理　环境管理

1　前　言

近年来，随着我国国民经济的快速发展，建设项目的数量明显上升，环境监管任务十分繁重。以往建设项目的环境管理，较重视项目前期的环境评价和竣工后的环保验收。这种管理模式对工业污染型的建设项目是有效的，但对交通、铁路、水利、水电、石油开发及管线建设等工程效果不佳。这些生态影响类工程的环境影响主要发生在施工筹建期、施工期，在这期间由于环境管理力量薄弱，未能有效实施环境评价中提出的各项环境保护措施，到竣工验收时环境污染和生态破坏已经发生，已无法弥补和挽救。业内环保专家把这种重视建设项目的环评审批和竣工验收而忽视施工期的环境管理现象，形象地喻为两头重而中间轻的"哑铃现象"。为了弥补这种哑铃型环境管理模式的不足，一些建设项目尝试开展了环境监理工作。

2　工程概况

2.1　枢纽工程概况

长江三峡水利枢纽工程主要建筑物由大坝、水电站、通航建筑物三大部分组成，坝址位于湖北省宜昌市三斗坪镇。大坝为混凝土重力坝，坝顶高 185 m，坝顶长 2 309 m。工程正常蓄水位 175 m，总库容 393 亿 m^3。长江三峡水利枢纽工程按照明渠通航、三期导流的施工方案分三期进行建设，1993 年至 1997 年为一期工程阶段，1998 年至 2003 年为二期工程阶段，2003 年至 2009 年为三期工程阶段。2010 年，三峡水库成功蓄水至 175 m，标志着三峡工程的防洪、发电、通航、补水等各项功能均达到设计要求，其综合效益开始全面发挥。

2.2　环境影响研究

长江三峡水利枢纽对生态与环境的影响广泛而深远，其生态与环境问题为国内外广为关注。在三峡工程可行性研究阶段，中国科学院环境影响评价部和长江水资源保护科学研究所组织长期从事三峡工程生态与环境研究的科研、工程技术人员共同编写完成了《长江三峡水利枢纽环境影响报告书》。此后，长江水资源保护科学研究所又编写了《三峡工程施工区环境保护实施规划》，进一步分析工程施工活动可能产生的生态与环境影响，有针对性地提出了施工区环境保护保护目标、措施和要求，并且提出了在施工区实行环境监理制度的设想。该规划于1994年经国家环境保护局和国务院三峡工程建设委员会办公室联合审查批准，成为三峡工程施工期环境保护工作的指导性文件。

3　环境监理概述

在三峡一期、二期工程中，施工项目的环境保护措施主要由工程监理负责监督承包商按照合同要求执行。各专业服务单位按合同规定实施相应的环境保护工程、环境监测与管理措施，并接受工程建设部和中国三峡总公司的监督检查。

2005年，三峡总公司开始在三期工程建设中引入环境监理制度。在施工区设置环境监理机构，在公共管理部领导下开展工作。环境监理按照国家环保法律法规、设计文件的要求，监督施工建设中各项环保措施的落实，协助业主从整体上加强施工区的环境保护工作。

3.1　监理机构

三峡工程施工区环境监理工作由长江水资源保护科学研究所承担。环境监理人员于2005年进驻现场开展工作，成立了长江水资源保护科学研究所三峡工程环境监理部(以下简称环境监理部)，实施总监负责制。

根据三峡工程施工区环境管理工作需要，环境监理机构除了承担施工项目环境监理任务外，还协助业主进行施工区环境保护管理工作，包括环境监测管理、环境统计、综合管理等。与工作任务相对应，监理部下设施工现场环境监理组、环境监测管理组、环境统计组、综合管理组等4个监理工作组开展工作。

3.2　施工项目环境监理

施工项目环境监理范围包括主体工程施工区(三峡大坝、电站厂房、船闸、升船机、地下电站、电源电站等项目施工区)、施工辅助项目区(砂石料加工系统、混凝土拌和系统、料场渣场等)、施工附属区(生活营地、生活垃圾填埋场、修理厂、仓库等)。

施工项目环境监理内容主要是检查施工中各类环境保护措施的执行情况，对发现的问题及时要求整改，避免造成环境污染。水质保护措施的监理重点为砂石料冲洗废水、混凝土拌和系统废水、基坑废水的充分沉淀和达标排放、生活污水处理厂的正常运行等；大气保护措施的监理重点为道路洒水降尘、混凝土拌和系统除尘措施、洞穴施工的通风措施、燃油机械的维护和尾气净化、物料的封闭运输等；声环境保护措施的监理重点在于降噪技术措施、敏感区域和敏感时段的施工控制、施工人员防护等；固体废物管理的监理重点在于施工弃渣的规范弃置和生活垃圾的及时清运；水土保持措施的监理重点是料场渣场防护、临时占地的植被恢复；人群健康措施的监理重点是施工人员体检、食堂卫生、餐饮从业者健康、生活营地杀虫灭鼠等。

施工项目环境监理工作由环境监理和工程建设监理共同完成。环境监理对施工现场进行巡视检查，对主体施工区和砂石料加工系统、混凝土拌和系统、弃渣场等重点单位每周巡查不少于3次，对施工附属区域每周巡查1次。工程建设监理常驻各个施工现场，根据施工合同要求对各项施工活动进行监理，其中也包括对各项环境保护措施执行情况的监理。在重要项目施工中,工程建设监理能够实施旁站监理。

环境监理通过巡视检查发现的问题,在现场告知建设监理和承包商,提出整改建议,并由建设监理监督承包商实施整改,环境监理进行确认;工程建设监理发现施工活动中存在环境问题,可直接通知承包商整改;对现场不能有效处理的问题,由环境监理上报业主并提出解决问题的建议。

3.3　环境监测管理

环境监理对三峡工程施工区每月的水质、空气、噪声监测工作实施现场跟踪检查和不定期抽查;审查监测报告;每年度定期对监测单位的合同执行情况和实验室环境、仪器设备的检定情况、质量保证体系进行检查;对原始记录、资料的保密和归档等进行抽查。

3.4　环境统计

环境监理对主要施工项目的环境保护设施运行情况进行核查记录;统计每月施工生产量及水、电、油的消耗量;统计各项目污染物的排放量;统计水、气、声、固废、人群健康等方面投入的环保资金;建立施工区环境保护工作的基础数据库。

3.5　综合管理

环境监理根据业主的需要编制各类环保工作文件;协助制定施工区环境保护管理实施细则、环境保护工作考核办法等环境管理规章制度;对各承包商、建设监理单位的环境保护工作情况进行考核;面向各施工单位和建设监理单位开展环境保护基础知识培训;对卫生防疫及环卫绿化工作进行管理;接待与环境保护相关的各级检查和考察学习;参与相关高校在施工区的环境保护现场教学;接受参建各方对于环境问题的投诉,处理施工区内的环境纠纷。

4　环境监理工作研究

4.1　新型监理模式

2002 年,我国在 13 个重点建设项目中开展了环境监理试点工作,国家环境保护总局在《关于在重点建设项目中开展工程环境监理试点的通知》中指出,“建设单位应委托具有工程监理资质并经环境保护业务培训的第三方单位对设计文件中环境保护措施的实施情况进行工程环境监理”。

这一时期,建设项目由业主成立施工期环境管理工作,安排环境监理、环境监测、环保宣传培训及环保专项工作。环境监理的工作内容一般只限于对施工单位各项环保措施的执行情况实施监理,环境监理机构的作用和地位与工程监理类似。例如,小湾水电站工程中,在三家主要的工程监理单位设置专职环保副总监及 1 至 2 名环保监理工程师,其他监理单位设置 1 名兼职环保监理工程师,各监理单位分别在所负责的施工项目中,针对施工活动的环境保护措施开展环境监理工作。又如,在百色水利枢纽工程中,设立专门的环境与水土保持监理部,监理人员对工程中各个施工项目的环境保护与水土保持措施(设施)进行核查监理。

在三峡工程中,环境监理为业主提供的是“一站式”环境管理服务,在这种模式下,环境监理机构的地位得到了提升,工作内容从对施工活动的环境监理拓展到了对工程项目的全面环境管理。在三峡工程中,通过业主授权,环境监理成为业主环境管理机构的重要组成部分,环境监理不仅对各个施工单位的环境保护工作实施监理,还对多家工程建设监理单位进行环境保护工作的指导，对环境监测单位开展合同管理，对坝区急救中心的卫生防疫工作实施监督，对环境设施维护单位的绿化保洁工作进行检查（环境监理工作关系见图1）。业主在工程施工期间的各类环境管理工作，都可交由环境监理机构负责实施。这一方面，使环境监理机构在环境管理领域的专业能力得到了充分发挥，另一方面，业主在节约了人力物力的同时，顺利完成了施工期复杂的环境管理任务。

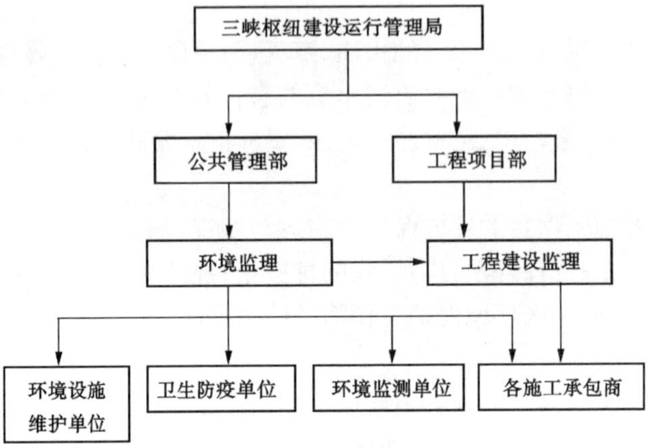

图1　三峡三期工程环境监理工作关系图

4.2　有效的工作方法

2005年三峡工程引入环境监理制度，新制度要在众多的施工项目和参建单位中顺利实施并不容易。在实践中，组织建设、教育培训和建立奖惩机制成为克服困难，开展工作的有效手段。

4.2.1　组织建设

三峡水利枢纽工程规模庞大，施工项目众多。要做好施工项目的环境保护工作，必须依靠参建各方的共同努力。环境监理进场后把协助各施工承包商和工程建设监理单位完善环境管理组织体系作为了首要工作。

三峡三期工程施工中，中国葛洲坝水利水电工程集团有限公司三峡工程施工指挥部、宜昌三峡工程建设三七八联营总公司、中国人民武装警察部队水电三峡工程指挥部、宜昌青云水利水电联营公司这些主要的施工承包商均按照环境监理的要求，发文明确了由各项目经理作为施工项目的环境保护工作总责任人，安环部或质安部部长具体负责环境保护工作，各施工班组安排有环保工作责任人。同时，各施工项目部都安排了专人与环境监理建立工作联系。

在长江水利委员会三峡工程建设监理部、长江三峡技术经济发展有限公司三峡经理部、西北勘测设计研究院三峡工程建设监理中心、华东勘测设计研究院三峡工程建设监理中心这些主要的建设监理机构中，都由总监或副总监对环境保护工作负责，各个施工项目的监理工程师负责该项目的环境保护监督管理工作。各建设监理单位都与环境监理部进行了工作对接，指定专门的监理工程师协助环境监理开展工作。

参建单位的环境管理组织体系得到完善后，在项目施工中形成了环境监理巡视检查与建设监理现场监督的双重监理管理，同时各施工项目的环保工作都有明确的责任人，发现问题可以很快找到承包商的相关责任人进行处理。对施工项目的管理工作真正做到了全面覆盖,责任到人。

4.2.2　教育培训

三峡工程在2005年开始引入环境监理制度,当时,各承包商和建设监理单位都感到陌生。为了使各参建单位尽快熟悉环境监理制度,顺利开展工作,环境监理部组织了面向施工承包商和建设监理单位的集中培训。培训内容包括建设项目环保法律法规、三峡施工区环境管理文件、建设项目的环境评价、环境监理和竣工环保验收、三峡工程施工区环境保护实施规划等。环境监理还在各个施工单位进行了专题讲座,讲述施工环保措施要点以及环境月报的填报方法。通过培训讲座,参建单位的环保工作人员了解了施工环境监理制度,知晓了相关工作程序,明确了各类施工项目中需要采取的环保措施,能够有效地配合环境监理开展工作配合,环境保护工作能力得到了进一步提高。

4.2.3　奖惩机制

环境监理协助业主根据已有的《三峡工程施工区环境保护管理实施办法》新编制定了《三峡工程施工区环境保护管理实施细则》和《三峡三期工程施工区环境保护工作考核办法》,进一步完善了三峡工程环境管理制度。根据这两项文件的规定,承担枢纽工程建设环境保护设施(措施)的施工项目部、监理单位,须从其合同经费预提的质量保证金中提取5% ~10%的经费作为环境保护保证金。受业主委托,环境监理部负责定期对各施工项目部、监理单位的环境保护工作进行考核,根据考核结果进行奖惩和环境保护保证金返扣,对环境保护工作成绩突出的有关单位和个人给予奖励。考核评优工作开展的第一年就有四家施工项目部和一家建设监理单位被评为先进单位,31位环保工作者被评为先进工作者,受到了表彰和奖励。考核评优工作有效地激发了环保工作者的工作热情,为施工区环保工作营造了良好的氛围。

5　结　语

实践表明,三峡工程施工区实施的环境监理制度强化了施工过程环境管理,使各参建单位的环境保护意识得到明显增强,各项环境保护措施得到切实执行,避免了施工期环境管理的"哑铃现象"。同期的环境监测结果显示施工区水环境质量、环境空气质量、声环境质量总体良好。已经实施的三峡电源电站及地下电站竣工环保验收都表明,工程建设在水环境保护、大气污染防治、噪声控制、固体废物处置、人群健康保护、水土保持、环境管理等方面切实执行了环评报告及批复意见提出的要求和措施,有效减免了不利因素可能造成的环境影响。

大型水利水电项目施工期环境保护工作涉及面广、专业性强、任务繁多,实施起来难度较大。三峡环境监理工作所尝试的"一站式"环境管理服务模式,在简化业主工作的同时增强了环境管理的专业性、科学性,或将成为水利水电环境监理工作的一个重要发展方向。

参考文献

[1] 国家环境保护总局. 关于在重点建设项目中开展工程环境监理试点的通知[S]. 环发〔2002〕141号, www. china - eia. com.
[2] 张晓光. 工程环境监理制度在小湾水电站的实践[J]. 水电站设计,2007,23(3):81-83.
[3] 赵松. 百色水利枢纽工程施工区环境管理[J]. 广西水利水电,2007,(5):34-36.
[4] 李仁,邹永庆. 长江堤防工程建设环境监理[J]. 人民长江,2003,34(4):29-30.

向家坝水电站 EL. 300 m 混凝土生产系统废水处理设计和生产实践

陈 雯 张 玲 陈 锋 胡 涛

（长江水利委员会长江勘测规划设计研究院 湖北 武汉 430010）

摘要：向家坝右岸 EL. 300 m 混凝土生产系统承担了向家坝工程近一半的混凝土供应任务，其生产废水含大量泥砂，需处理达标排放或回用。本文对该工程的废水处理设计方案进行了可行性分析，通过小型试验工程验证，最终确定选用"砂水分离装置 + 高效污水净化器 + 橡胶带式真空过滤机"方案，具有构筑物土建规模小、布置灵活、工艺先进、设备自动化水平较高等优点，经过 4 年运行检验，处理后废水的悬浮物浓度基本低于国家排放标准，处理后的污泥能够达到清运要求。

关键词：混凝土生产系统 二次筛分 废水处理工艺 高效污水净化器 橡胶带式真空过滤机

1 概 述

向家坝水电站位于金沙江下游河段，是金沙江水电基地下游 4 级开发中的最末一个梯级电站，装机容量640 万 kW。工程枢纽建筑物主要由大坝、左岸坝后厂房、右岸引水发电系统及升船机等组成。坝顶高程 384.0 m，坝顶长度 909.3 m，最大坝高 162.0 m，工程施工混凝土总量需求 1 369.0 万 m^3。其中，位于右岸田坝厂区内的右岸 EL. 300 m 混凝土生产系统，承担着二期大坝工程、坝后厂房、升船机、一期工程坝段缺口加高等工程约 735 万 m^3 常态和 7°温控混凝土生产供应任务，利用高程 320 m、320 ~ 316 m、303 m、300 m 平台分区布置，系统最大月浇筑强度 31.29 万 m^3/月。

右岸 EL. 300 m 混凝土生产系统采用二次筛分骨料拌和，骨料生产和拌和楼搅拌罐冲洗造成大量含泥废水，排水中含泥量是《污水综合排放标准》(GB 8978—1996)一级排放标准 70 mg/L 的 200 ~ 800 倍。水电工程砂石混凝土系统生产废水处理和排放一直是水电项目环境保护的敏感问题，生产废水中悬浮固体物(SS)为第二类污染物，直接排放，会造成河道淤积、河床抬高、影响水生生物生存环境和施工区生态环境。因此，项目需配套建设废水处理厂。由于大型水电站混凝土生产系统生产废水泥沙悬浮物含量极高，沉淀及泥渣脱水困难，截至目前，生产废水处理设计，依然是国内外水电施工亟待解决的关键技术问题，攻克这项难题对水电事业发展和环境保护意义重大。

2 废水处理厂的处理规模

根据计算，右岸 EL. 300 m 混凝土生产系统废水处理设计规模一期 450 m^3/h，终期 1 200 m^3/h。配套建设的废水处理厂，土建要求按终期一次性完成，设备分期配置。废水中含泥量受料源性质、生产工艺影响较大,参考类似工程经验,废水浓度按 15 kg/m³ 计算,30 kg/m³ 校核,最终泥饼要求含水率≤30%,满足汽运条件送至指定弃料场存放。

3　废水处理方案可行性研究

3.1　常见废水处理方案的可行性分析

我国大(特大)型水电站砂石加工废水处理常见的废水处理工艺主要有:

方案 1:机械预处理 + 尾渣库自然沉淀。该方案利用天然地势兴建尾矿库拦渣坝形式或围堤,以自然形式沉淀、脱水。容积根据储存泥渣的天数、最高日处理水量、沉淀时间等因素确定,常需要足够大的场地和建库地势,适宜小规模施工废水处理或附近可利用的废弃尾矿库,否则建坝费用一次性土建投资大。优点是工艺简单、运行管理方便;缺点是排洪、排水、防渗问题使坝体存在安全隐患,易造成溃坝事故。

向家坝马延坡砂石加工系统是方案 1 的典型工程应用。该系统混凝土骨料生产规模为 2 670 万 t,设计处理能力为 3 200 t/h,废水处理规模为 4 320 m³/h。由于工程附近有一黄沙水库,自然条件非常适合改建为尾渣库,通过加高黄沙水库大坝获得更大库容进行废水自然沉淀和堆存废泥砂。由于右岸 EL. 300 m 混凝土生产系统没有这方面的地势条件,故不考虑方案 1。

方案 2:机械预处理 + 辐流沉淀絮凝沉淀法 + 机械脱水设备。该方案借鉴高浊度给水处理工艺,对废水采用分级处理,土建规模较大相应设备配置少,具有药剂投加量小、运行成本较低的优点;缺点是总体布置面积较大、废水处理运行过程易形成沉淀池淤塞、泥渣清理困难等问题。

溪洛渡电站马家河坝细骨料生产系统是方案 2 的典型工程应用。该系统人工砂生产能力为 370.0 t/h,废水处理规模为 660 m³/h。右岸 EL. 300 m 混凝土生产系统废水处理设计如果选用方案 2,其构(建)筑物规模见表 1。

表 1　方案 2 的水处理构(建)筑物技术参数表

序号	名称	规格、规模	单位	数量	备注
1	辐流沉淀池	1. 池体直径 30 m; 2. 单座处理水量 $Q=450$ m³/h,有效水深 3.2 m,池高 6.85 m,停留时间 4 h	座	3	配周边齿轮传动全桥式刮泥机
2	砂浆泵房	总加压泥砂量 190 m³/h,50BZB－A46 渣浆泵 3 台,两用一备单机性能:$Q=85\sim90$ m³/h,$H=60\sim80$ m,$N=55$ kW	座	1	半地下式,深 3.10 m
3	污泥脱水车间	1. 配置 XM(A)Z500/1500 箱式压滤机四台; 2. 单台性能:过滤面积 500 m²,处理污泥量 7.68 m³/(台·次)	座	1	一层高 5.5 m,二层高 3.80 m
4	调节水池	$V=100$ m³	座	1	池底深 0.5 m

续表 1

序号	名称	规格、规模	单位	数量	备注
5	加药间	1. 配置 $V=1.5\ m^3$ PAM 专用一体化溶解加药装置一套；PAM 投加量 10 mg/L； 2. 配置 $V=10\ m^3$ PAC 溶液制备和投加设备一套；PAC 投加量 20 mg/L	座	1	一层，地面式，重力投加
6	配水井	3.2 m	座	1	地面式
7	预处理车间	1. VDS512－4L $P=45$ kW，3 套，一期一套； 2. 单套处理规模 450 m^3	座	1	美国 Krebs 公司旋流器和 Sizetec 强力脱水筛

选用方案 2 需建设用地 8 500～9 000 m^2。系统总图布置中给定废水处理厂面积 10 000 m^2，但胶带机基础及场区排水箱涵横穿厂址中部，实际面积小于 8 000 m^2，布置上存在困难。需寻找一种新的废水处理工艺，既能满足设备分期配置又能实现随场地灵活布置。

3.2　废水处理新工艺研究

本项目对"砂水分离装置＋高效污水净化器＋橡胶带式真空过滤机"工艺进行了研究，实现了既能满足设配分期配置又能实现随场地灵活布置的需求。

3.2.1　高效污水净化器废水处理工艺

方案 2 中，辐流沉淀池设 3 座时的单池池体计算直径为 30 m，设置 2 座时的单池池体计算直径为 38 m，土建规模均较大。如果能采用一种设备，将混凝反应、离心分离、重力分离和污泥浓缩等技术组合一起，短时间内实现废水多级净化，则可大大减少占地面积，提高处理效率。DH 高效旋流净化器则是能满足上述要求的一种高效污水净化器，在同一罐体 20～30 min 完成污水多级高效净化，可处理进水悬浮物 40～60 000 mg/L 的各种高浊度废水，此外还具有排放污泥含水率低、耐负荷冲击力强、设备可重复利用的优点。

本项目为二次筛分冲洗废水，含泥 15 000～30 000 mg/L，≤60 000 mg/L，可以考虑采用 DH 高效旋流净化器。

3.2.2　橡胶带式真空过滤机泥饼脱水工艺

污泥(砂)机械脱水设备常用的有厢式压滤机、带式压滤机、螺旋离心机等。砂石混凝土系统传统泥砂脱水常用厢式压滤机，其优点是进浆浓度要求较低、料源适应性强、过滤效率高、滤饼含水率稳定≤30%、滤液悬浮物含量完全满足排放标准≤70 mg/L；其缺点是间歇运行，前面需设一定容积的污泥调节池，运行自动化程度较低，劳动强度大。本项目为二次筛分冲洗废水，排放泥砂浓度比砂石生产废水低，可以考虑连续运行的橡胶带式真空过滤机。

3.2.3　小型试验工程

"砂水分离装置＋高效污水净化器＋橡胶带式真空过滤机"工艺中的两项技术在水电行业的应用尚属首例，为了检验新技术及联合应用的新工艺可行性，在废水处理厂内先期进行了处理规模为 200 m^3/h 的废水处理试验，2009 年 1 月 21 日试验通过评审，2010 开始正式施工设计。

4　右岸 EL. 300 m 混凝土生产系统废水处理设计

4.1　工艺流程

本项目“砂水分离装置 + 高效污水净化器 + 橡胶带式真空过滤机”工艺流程见图 1。

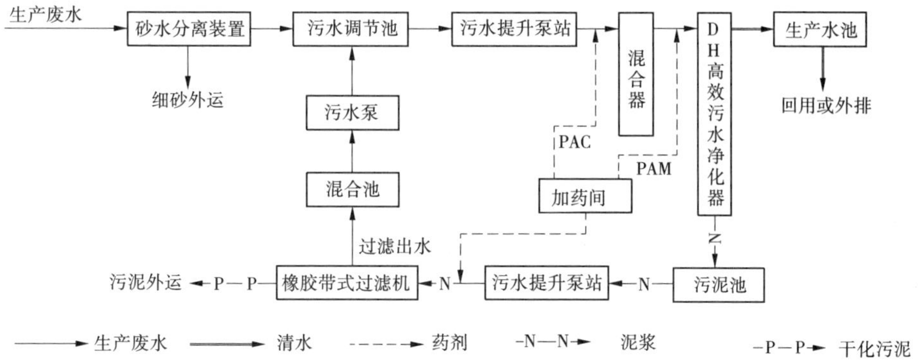

图 1　废水处理厂工艺流程图

4.2　主体构筑物设计

废水处理主体构筑物有废水预处理车间、污水调节池、污水加压泵房和配电间、净化器车间、污泥调节池、污泥加压泵房和配电间、加药间、污泥脱水车间、胶带机、生产水池、混合池，具体介绍如下。

(1)废水预处理车间：车间平面 9.7 m×9.2 m，主要进行粗颗粒分离，布置在废水处理厂进水起端，上下两层布置，上层设备间，一期采用砂水分离器 2 台，单台流量 250 m^3/h。下层为贮泥间。土建预留后期位置。

(2)污水调节池：设 3 座Φ9.0 m 半地下式钢筋混凝土水池，单座容积 250 m^3，池高 4.5 m，池底深 0.5 m，池底中心为深 1.35 m 锥形泥斗，池内装有叶轮Φ2.9 m 搅拌器防止污泥淤积。

(3)污水加压泵房和配电间：平面尺寸 17.0 m×5.5 m，内置 3 台提升泵(2 用 1 备)，D426×9 mm 钢管自污水调节池泥斗自流至污水加压泵站，其中 2 台流量 250 m^3/h，另 1 台利用原试验段污水泵，单机流量 233 m^3/h，水泵按提升至净化装置进口压力 0.35 MPa 设计。土建预留后期 2 台水泵位置。

(4)净化器车间：平面 27.6 m×8.0 m，设备露天布置，一期选用 DH 高效污水净化器 3 台(2 用 1 备，配套同规模高效混凝混合器)，其中 2 台处理量 250 m^3/h，外形尺寸Φ×高 =4.0 m×13.0 m，另 1 台利用原试验段净化器，处理量 200 m^3/h，外形尺寸Φ×高 =3.8 m×11.8 m。净化器和混合器设备材质为碳钢 Q235，内壁环氧沥青漆、外壁涂防锈漆和面漆防腐，车间预留后期 2 套设备位置。

(5)污泥调节池：设 3 座Φ5.6 m 半地下式钢筋混凝土圆形池，单座容积 70 m^3，池底深 2.65 m，池高 3.2 m，池底中心设深 0.65 m 倒锥形泥斗，池内装叶轮Φ2.0 m 搅拌器防止污泥板结。

(6)污泥加压泵房和配电间：平面 20.4 m×5.5 m，布置 3 台污泥提升泵(2 用 1 备)，D273×8 mm 钢管自污泥调节池泥斗自流至污泥加压泵站，其中 2 台水泵单机流量60 m^3/h，另一台利用原试验段渣浆泵，单机流量 30 m^3/h，水泵扬程 25 m，泵房预留后期 2 台渣浆泵位置。另设 2 台滤布清洗泵(一期 1 用 1 备)，将生产水池水送至污泥脱水车间。

(7)加药间：平面 20.0 m×5.8 m，设有机、无机溶药池各两 2 座。单池平面净尺寸 3.0 m×2.5 m，高 1.5 m，池内设加药搅拌装置，PAM 投加量 3.0 mg/L，PAC 投加量为 100 mg/L。

(8)污泥脱水车间：一层钢架结构，层高 6.0 m。一期采用橡胶带式真空过滤机 3 台，其中 2 台型号 DU54－3000，单台技术参数：过滤面积 54 m^2，产泥 7.5 t/h，单台配真空泵 2BE3－42(功率 160 kW)1 套、真空排液罐 3 套。另一台利用原试验段型号 DU10－01 压滤机，过滤面积 10 m^2，配置原有真空泵一套(功率 37 kW)、真空排液罐 3 套。为提高脱水处理负荷和污泥干化效率，进水管路设污泥混合器投加 PAM 助凝剂，投加量 10.0 mg/L。污泥脱水车间设有 2 套一体化溶解加药装置，单套容积 11.0 m^3。

(9)胶带机：污泥脱水车间脱水污泥由 1#、2#两条皮带机送堆场，皮带机带宽 0.8 m，带速 1.25 m/s，1#带机提升高度 2 m，带机水平长 61 m，2#带机提升高度 1.7 m，水平长 14.5 m。

(10)生产水池：ϕ5.6 m，高 4.5 m，为地上式钢筋混凝土圆形水池。主要储存净化器处理出水，直接排放或重复利用；同时也是污泥脱水车间滤布冲洗用水源。

(11)混合池：ϕ5.6 m、高 4.3 m，为地下式钢筋混凝土圆形水池，池深 3.0 m，主要贮存滤布压榨后的过滤出水和污泥堆场排水，这部分水含泥量≥70 mg/L，不能直接排放，由潜水泵 2 台(1 用 1 备)回至污水调节池重新处理。

4.3　废水处理厂布置

废水处理厂布置于右岸 EL.300 m 混凝土生产系统内，场区高程 303 m，四周紧邻高程 315 m 及高程 320 m 平台边坡挡墙、高程 303 m 胶凝材料罐、高程 303 m 综合楼和高程 303 m 空压机房。厂区平面 193.5 m×54.0 m，高程 303 m 冲洗筛分车间成品料至拌和楼的胶带机和基础横穿场地及上空，与胶带机平行走向的间隔 50 m 处是排水暗涵。构筑物平面依据流程布置，纵向设计满足废水重力流。废水处理厂布置见图 2。

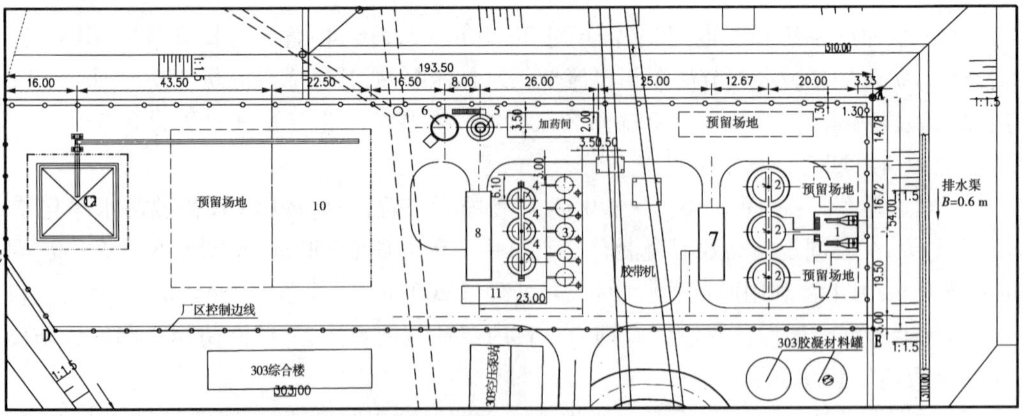

1—废水预处理车间；2—污水调节池；3—净化器车间；4—污泥调节池；5—混合池；6—生产水池；7—污水加压泵房；8—污泥加压泵房；9—加药间；10—污泥脱水车间；11—箱式变压器；12—堆场

图 2　废水处理厂总布置图

5　废水处理厂运行效果

废水处理厂于2010年4月正式投产，四年来运行稳定，2013年废水处理厂全年出水悬浮物统计见图3，处理后悬浮物浓度基本低于国家排放标准，带式压滤机泥饼2013年监测含水率24.3%～31.54%，达到污泥清运要求。

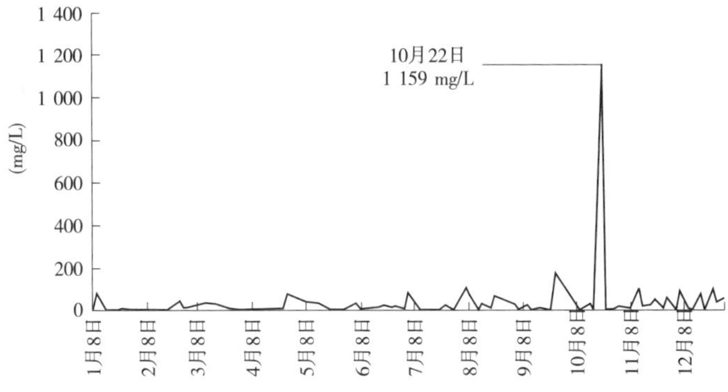

图3　2013年废水厂出水悬浮物数据统计图

6　结　语

"砂水分离装置＋高效污水净化器＋橡胶带式真空过滤机"工艺已应用于右岸EL.300 m混凝土生产系统，与"机械预处理＋辐流沉淀池＋机械脱水设备"工艺比较，具有构（建）筑物土建规模小（节省占地1/3）、布置灵活、工艺先进、设备自动化水平较高等优点；但也存在运行费较高的问题，在运渣费、设备维护费、人工费相同条件下，仅无机絮凝剂（PAC）、有机助凝剂（PAM）、电费三项费用做运行成本的比较核算，前者运行成本为0.85元/m^3（主要在药耗），后者运行成本0.49元/m^3；在项目建设投资方面，前者的土建及设备材料费用为1 070.14万，后者为1 013.33万，两种方案一次性投资接近。

综上所述，"砂水分离装置＋高效污水净化器＋橡胶带式真空过滤机"工艺，能够较好满足右岸EL.300 m混凝土生产系统总体布置和废水处理达标排放要求，充分利用了DH高效旋流净化器进水浊度≤60 000 mg/L处理能力，实现了工艺先进性，并减小了运行难度，对于水电工程二次筛分混凝土系统以及场地布置狭小的废水处理方案，该工艺具有一定优势，如果能加强生产运行管理，进一步降低能耗及药耗，该工艺则具有推广价值。

参考文献

[1] 于江，姚元军. 向家坝水电站混凝土生产系统的废水处理实践[J]. 水力发电，2011，37(3)：4-6.
[2] 朱传喜，林昌岱. 向家坝水电站马延坡砂石加工系统废水处理设计[C]//中国水利水电工程第二届砂石生产技术交流会，2008.
[3] 荣玉玺，孔繁忠. 向家坝右岸EL.300 m混凝土生产系统设计与生产运行. 第二届水电工程施工系统与工程装备技术交流会，2010.
[4] 毛新，刘清海. DH高效（旋流）污水净化器技术在向家坝水电站砂石料生产废水处理中的应用[C]//中国水力发电工程学会环境保护专业委员会2008年学术研讨会，2008.
[5] 陈雯，覃尚贵. 溪洛渡水电站人工骨料加工系统给排水设计[J]. 人民长江，2009，40(3)：38-39.

河流水电梯级开发环境影响回顾评价工作重点与探索

郭艳娜　李　鑫　张虎成　易旭敏　张　倩

（中国电建集团贵阳勘测设计研究院有限公司　贵州　贵阳　550081）

摘要：河流水电梯级开发环境影响回顾评价对验证环境影响评价预测结论、补充完善环保措施、优化环境管理具有重要意义。本文结合工作实践，分析和探讨了河流水电梯级开发环境影响回顾评价的目的、工作重点、工作内容，为开展河流水电开发环境影响回顾评价提供借鉴。

关键词：河流水电梯级开发　环境影响回顾评价　工作重点

近几十年来，我国水电工程处于快速发展期，河流水电梯级开发具有开发范围广、规模大、时间跨度长、投资多元化的特点，流域内会形成多个已建成运行电站、在建电站、筹建电站、未建电站等多阶段并存的开发格局。由于单个工程的环境影响回顾评价不能从全流域、宏观层次上系统地评价在时间和空间上具有长期性、累积性、不可逆性的环境要素的整体影响，因此开展河流水电开发的环境影响回顾评价工作显得尤为重要。笔者结合工作实践，分析和探讨了河流水电梯级开发环境影响回顾评价的目的、工作重点、内容，为开展河流水电开发环境影响回顾评价提供借鉴。

1　回顾评价工作的目的

环境影响回顾评价是河流水电开发规划环境影响评价和单个水电建设项目环境影响评价的延伸和发展，通常在水电开发完成或开发到一定程度后开展，从流域角度回顾总结河流水电开发过程中出现的环境问题和取得的环境保护经验，对验证环境影响评价预测结论、补充完善环保对策措施、优化环境保护管理、为其他项目环境保护提供借鉴具有重要意义[1~3]。

通过回顾评价，可以及时发现已建工程环境保护措施的实施效果、在建工程施工期污染防治和生态保护方面存在的问题，通过分析总结，进一步改善已建工程和拟建工程的环境保护工作，促进水电开发和谐有序发展。

2　回顾评价工作的重点

根据环境影响回顾评价工作特点和实际工作经验，河流水电开发环境影响回顾评价工作的重点主要包括以下几方面内容：

（1）关注长期的、累积性的影响，尤其是生态环境、水环境的累积影响。

（2）环境影响回顾分析评价。陆生生态环境影响回顾分析主要包括植物区系变化、陆生动物种群及栖息地变化、景观变化、水土流失变化等方面，水生生态环境影响回顾分析关注水文情势变化对鱼类生境、种群和数量变化的影响，水环境影响回顾分析关注水温影响和水质变化影响，社会环境影响回顾分析重点关注各梯级电站移民安置环保措施及效果、遗留问题的解决、移民安置中的生态问题等。

(3)关注已建工程环保措施落实情况,进行环保措施有效性分析,并从流域角度统筹提出优化方案。如北盘江干流(贵州省境内)水电开发环境影响回顾评价调查了已建光照、董箐水电站叠梁门分层取水措施的低温水减缓效果和光照鱼类增殖站的放流效果,优化了光照鱼类增殖站的放流鱼种,并提出了规划建设善泥坡鱼类增殖站、西泌河栖息地保护、马马崖一级、马马崖二级电站设置过鱼设施的环保措施。

(4)环境管理回顾分析。根据回顾和调查,总结对比分析各梯级建设和运行的环境管理体系及运行效果,并有针对性地提出优化的管理模式。

(5)从流域角度统筹提出后期开发工程环保措施、环境管理方面的优化建议和要求。如绰斯甲河环境影响回顾评价提出了由规划河段所在的地方政府、环保主管部门、水电开发业主共同组成流域环境管理机构和流域环境管理综合信息系统建设的规划。

3　回顾评价工作内容

本文结合工作时间,对河流水电开发环境影响回顾评价工作内容进行总结,主要包括以下几个方面[4~6]。

3.1　构建回顾评价指标体系

在开展河流水电开发环境影响回顾评价时首先应构建评价指标体系。根据河流水电开发及环境保护回顾分析的情况,在提出评价指标体系时,应重点选择具有整体性、长期性、累积性、代表性,且便于监测或调查的环境因子,同时避免指标繁杂和互相交错。评价指标可结合河流水电开发实际状况和受影响区域的环境现状特征从表1中选择。

表1　河流水电梯级开发环境影响回顾评价指标体系

系统	环境要素	参考评价指标
水环境	水文情势	＊成库河段长度(km)、脱(减)水河段长度(km)、保留的天然河道长度(km)及所占河流长度的比例(%); ＊梯级水库正常蓄水位(m)、死水位(m); ＊梯级水库水域面积(km^2)、蓄水容积(亿 m^3)、水深(m)、流速(m/s); ＊流量、径流量时空分布及其变化情况(m^3/s,%); ＊冰情及其时空变化情况
	泥沙情势	＊河道输沙量及其沿程变化(万t,%)
	洪水	＊洪水过程及时空变化
	取用水	＊生态流量(m^3/s)下放量及占天然河道流量的比例(%); ＊各类河道取用水需求变化及其保障情况
	水温	＊梯级电站库区水温结构、下泄水温时空分布及沿程变化(℃)
	总溶解气体	＊气体过饱和变化情况
	水质	＊河流废(污)水受纳量(t/a)、梯级电站废(污)水排放量(t/a)、主要污染物浓度(mg/L)及其变化情况(%); ＊水电梯级建设前后水环境容量变化、水质达标情况、水体富营养化变化情况
	地下水	＊地下水水位变化(m)、水质变化、土壤潜育化、盐碱化等变化情况

续表 1

系统	环境要素	参考评价指标
水生生态	鱼类资源	* 鱼类区系组成、种群结构、物种种类、数量时空变化情况
	珍稀、濒危与特有水生生物物种	* 珍稀、濒危与特有水生生物物种的种群和数量时空变化情况
	重要生境	* 未进行水电梯级开发的河段占河流总长度的比例(%); * 水电梯级建设前后河流水生生态环境敏感区、鱼类"三场"及珍稀、濒危与特有鱼类水生生境的结构、功能变化情况
陆生生态	陆生植被	* 水电梯级建设前后区域植被类型、面积及其演替趋势变化; * 水电梯级建设前后陆生植物种类、数量、生产力变化情况
	珍稀、濒危、特有、保护动植物	* 珍稀、濒危、特有、保护动植物物种的种群结构、数量、生存状况及其水电梯级建设前后时空变化情况; * 古树名木的分布、数量变化情况及生存状况
	重要生境	* 水电梯级建设前后河流陆生生态环境敏感区及珍稀、濒危、特有、保护动植物生境的结构、功能变化情况
	土地利用	* 区域土地利用格局变化情况; * 区域土壤资源生产力、土壤质量变化情况
	景观生态	* 区域景观生态优势度、异质性、连通性及其变化情况; * 陆生生态系统结构、功能完整性、稳定性及其变化情况
	水土流失	* 区域水土流失时空变化情况
社会环境	经济社会发展	* 梯级水库发电、防洪、供水、灌溉、通航等的功能效益发挥情况; * 对优化区域能源结构的积极作用; * 对国民生产总值贡献率及以产业结构的影响; * 对基础设施及城镇化发展的影响; * 对旅游事业发展的影响; * 对经济社会可持续性发展能力的作用
	土地资源利用	* 水电梯级建设前后区域耕地、林地、草地、湿地等用地情况格局变化的影响
	水资源利用	* 城镇与工业用水保证率; * 灌溉用水保证率; * 水资源利用率; * 河流水资源综合利用的可持续性发展能力
	移民安置	* 与水电梯级开发相关的移民安置人数及所占区域人口比重(%); * 移民安置的资源环境承载能力变化情况; * 移民生产方式、生活质量及人均收入变化情况
	民族文化	* 对民俗宗教、文物景观、非物质文化遗产等的影响程度; * 对少数民族地区经济社会稳定与发展的影响

3.2　河流水电规划开发及环保工作回顾调查

这部分主要包括如下两方面的内容：

(1)调查河流水电开发规划方案、规划环评工作开展情况及相关批复情况，同时应兼顾调查主要支流的水电开发规划及其实施情况。

(2)调查各梯级电站工程尤其是控制性梯级电站的工程特性、建设情况及环境影响评价、环境保护设计和“三同时”制度执行情况。

3.3　环境调查与监测

通过收集资料和现场实际调查的方法开展水环境、水生生态环境、陆生生态环境、社会环境的调查与监测，关注河流水电开发涉及的生态敏感保护目标的变化情况。

3.4　环境影响回顾分析

(1)水环境影响回顾分析，水文情势影响回顾分析主要体现在河流梯级水库运行对径流变化的影响，以及对下游生产用水、生活用水、生态用水、景观用水等方面的影响分析。对水温的影响主要关注大型水电项目，回顾分析大型水电站库区水温结构变化、下泄水温的沿程变化及对下游生产生活用水及鱼类的影响等。水质的影响主要分析水质是否达标、超标的原因、水环境容量以及水质变化回顾等。

(2)生态环境影响回顾分析，水生生物的影响重点关注水生生物多样性的变化、水生生物的历史演变、鱼类种群变化、珍稀特有鱼类的变化及与梯级电站建设的关系。陆生生态影响侧重于生物种类的变化趋势、多样性指数的变化、土地类型变化、珍稀特有植物的变化等重点内容，也是具有长远性和累积性的影响研究。

(3)社会环境影响回顾分析，对社会经济的影响分析主要体现在水电开发带来的直接经济利益方面。社会环境影响关注的重点是移民安置工作及水电建设对当地社会经济发展的带动作用，需回顾分析移民新的居住环境、生产力水平是否因水电建设而降低以及水电建设对当地就业、城镇建设、旅游发展的作用。

3.5　环保措施效果分析

调查已建工程、在建工程是否按照规划环评、项目环评要求落实了相应的环境保护措施，需要对各梯级电站采取的环保措施进行调查、说明、对比、分析和评价，说明这些环保措施的运行状况、运行效果、并从宏观角度提出适合流域的优化方案。从整体性、宏观的角度评价河流水电开发环境保护措施体系的总体保护效果。北盘江干流(贵州省境内)水电开发环境影响回顾评价对已建光照、董箐水电站叠梁门分层取水措施的有效性、光照鱼类增殖站放流效果进行了重点分析。

3.6　改进措施及建议

根据河流水电开发环境影响回顾评价结果以及河流水电开发环境影响的对象、范围、时段、程度等，从保障河流健康、维护区域生态环境良性循环发展、持续利用的角度提出后续梯级开发的优化方案或需采取的有效可行的补救措施。北盘江干流(贵州省境内)水电开发环境影响回顾评价根据最新环保政策要求，从流域角度统筹提出了鱼类保护对策的措施；从水电开发生态优先、河流适度开发的角度分析石板寨梯级和马马崖二级规划的开发任务不合理，提出了石板寨梯级不作开发，马马崖二级暂缓开发的要求；提出了尽快开展光照、董箐水电站环境影响后评价、北盘江干流水库生态联合调度研究工作。四川绰斯甲河水电开发环境影响回顾评价根据最新的水电开发环保政策要求等，对规划阶段提出的水电开发时序进行了环境合理性分析，从项目特点、当地环境特征、环境敏感保护目标等方面，优化了开发时序，从流域角度统筹提出了鱼类保护措施（栖息地保护、过鱼设施、增殖放流），促进了水电开发和环境保护的协调发展。

4 探索思考

为进一步贯彻落实“在做好生态保护和移民安置的前提下积极发展水电”的原则共识和遵循“生态优先、统筹考虑、适度开发、确保底线”的新形势下水电开发的指导方针，随着我国水电开发的持续进行，河流水电梯级开发环境影响回顾评价工作将在众多大中型河流内开展。开展工作时，需根据河流及梯级电站开发状况、工程特点，抓住回顾评价工作的主线，即在调查不同历史时期流域环境资料、电站建设期环境本底资料、运行期影响实测资料的基础上，进行统计和对比分析，回顾长期性、累积性的影响，回顾分析已实施的环境保护措施的可行性以及有针对性得提出补充建议。

参考文献

[1] 魏密苏. 环境影响后评价在环境影响评价中的意义和作用[J]. 环境，2007(9)：98-99.

[2] 林生，刘阳生，邹伟，等. 小水电资源区域开发环境影响回顾性评价案例分析——以海南省为例. 环境科学与管理[J]. 2010，35(1)：170-175.

[3] 蔡文祥，朱剑秋，周树勋. 环境影响后评价的最新进展与建议[J]. 环境污染与防治，2007，29(7)：548-551.

[4] 王敏，张垚，肖志豪，等. 基于“3S”技术的生态环境影响回顾性评价——以巫水流域水电梯级开发为例[J]. 华中师范大学学报：自然科学版，2013，47(5)：687-691.

[5] 韩国刚，宋鹭，吕巍，等. 水电及水库项目环境影响后评价研究[J]. 电力科技与环保，2010，26(4)：1-3.

[6] 郑艳红，付海峰. 水电开发项目环境影响后评价及评价指标初探[J]. 水力发电，2009，35(10)：61-63.

信息化项目管理在水电工程建设中的应用与展望

张发勇 祝熙男 欧晓东

（贵州乌江水电开发有限责任公司沙沱电站建设公司 贵州 铜仁 565300）

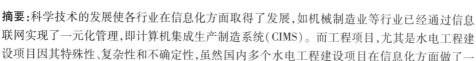

摘要：科学技术的发展使各行业在信息化方面取得了发展，如机械制造业等行业已经通过信息联网实现了一元化管理，即计算机集成生产制造系统（CIMS）。而工程项目，尤其是水电工程建设项目因其特殊性、复杂性和不确定性，虽然国内多个水电工程建设项目在信息化方面做了一定的探索和努力，如GPS三维施工机械控制系统、工程机械远程动态实时施工管理系统、监测系统、仿真系统等，但在项目全过程全方位的信息一体化方面存在较大的发展空间。随着测量技术、信息技术和自动化的迅猛进步，信息化项目管理将成为水电工程建设项目管理的发展方向并带来显著的管理效益。

关键词：信息化 水电工程 项目管理

20世纪90年代以来，信息技术不断创新，信息产业持续发展，信息网络广泛普及，信息化成为全球经济社会发展的显著特征，并逐步向一场全方位的社会变革演进。我国坚持站在国家战略高度，把信息化作为覆盖现代化建设全局的战略举措。

信息化影响着各行业的发展，工程建设领域在信息化的推动方面取得了显著的发展。一些发达国家对施工项目信息化给予了高度重视，日本1995年就提出实现建设领域信息化的口号。同时，发达国家一直领导建筑业信息化工作，并迅速向纵深发展，国外大公司开始推出基于BIM技术的设计软件和施工管理软件并在工程中应用。相比之下，我国虽然进行着世界上最大规模的基本建设，但信息化水平与国外相比总体上还有较大的差距[1]。在此背景下，在工程建设领域需主动迎接信息化发展带来的新机遇，积极推进信息化，力争跟上时代潮流。

1 水电工程建设信息化项目管理现状

1.1 水电工程建设特点

水利水电工程建设具有实践性、复杂性、风险性、多样性和不连续性等特点，主要表现在以下几个方面：①工程量大，工期长，投资大；②自然条件影响大，需要考虑防洪、度汛等措施；③所涉专业多，技术复杂；④各项目布置特点各异，临时设施布置差异更大，没有可以直接参照的工程经验；⑤移民问题复杂。

1.2 水电工程建设项目管理的问题

与加工运动关系简单的机械制造业相比，建设施工项目需设备人员围绕作业对象移动施工。水电工程建设的施工环境更为复杂，工程布置特点的多样性致使施工的规律性降低，虽然目前测量技术、通信技术、设备自动化、定位系统等取得了长足的发展和应用，但水电工程建设项目尚未实现一元化管理，在施工过程中只有依靠密集投入机械操作手和作业工人凭技艺推进项目建设。该管理模式下主要问题有以下两个方面：

(1)信息孤岛，具体表现为：项目各方孤立运行，没有能够形成一个有机的整体，项目相关各方关联互动不足、信息不能有效共享互换，信息交流一致性差；各方各管理层与作业层脱节，生产流程、供应流程和财务流程不能协调一致；项目各方指令与反馈的业务流程相互脱节，上报生产情况和接收上级的指令和计划流程耗时过长；信息接收方较为单一，有时候得到重要信息的环节，可能会因认识不够而忽略掉该信息从而造成重大损失。

(2)过度依赖个人因素，具体表现为：在作业层面，过多依靠工人的职业素养，如碾压作业中碾压遍数、碾压速度完全依赖操作手或者是监督人员；在管理层面，过于依赖管理人员的经验，比如在做决策时，有经验管理者在管理过程中通过总结、记忆、学习，形成了有效的管理效果，但作为基于经验的决策，往往会缺乏必要的第三方质疑或监督，且这类人员的调离往往给项目带来严重影响。

1.3 水电工程建设项目管理的目标

总体来说，水电项目建设管理中，最需要实现的目标如下：

(1)具有清晰的战略目标，项目各参与方有着明确的目标，各参与人员清楚自己工作的要求，各项工作有督促管理；

(2)管理者随时可以掌握即时现状，检查各标段的进度偏差、费用偏差、危险源控制、质量控制等；

(3)气象信息、水情信息、安全监测、抽样检测等专业服务信息能够传递到位，物资供应、水电供应、后勤保障到位；

(4)工程建设、工程档案、验收结算全面同步推进；

(5)提供人才培训平台，使新成员能够从全局的角度快速掌握项目管理情况。

显然，实现上述目标的手段是信息化项目管理。

2 水电工程建设信息化项目管理的实施

2.1 信息化管理的组织与参与

信息化项目管理是在项目管理这一系统工程基础上的全面提升，需要以项目为核心，以技术为支撑，以信息为载体，以自动化为手段，全面整合现有 GPS 三维施工机械控制系统、工程机械远程动态实时施工管理系统、监测系统、仿真系统等信息化应用。这一过程涉及面广，从行业现状及发展需要出发，需由水电项目建设方统筹已有信息化成果，结合流域开发规划，积极利用当前有利政策，设计并实现信息化平台，提供统一的数据接口。此外，要在项目启动前期，对设计、监理、施工等各方的信息管理提出要求。在项目推进过程中，参建各方提供实时的格式化的数据，建设方根据需要完善信息化平台，实现全过程的信息化管理。

2.2 信息化管理架构

结合水电工程建设项目管理的特点，信息化管理体系需要包括各标段施工管理，以及水情、监测、试验检测、气象等专业保障，此外还有水电、物资、通信等后勤服务，以及移民、政策等与行政管理部门相关的工作协调。对此，可建立以信息协同工作平台为中心的信息化管理框架(见图1)，各自系统通过管理人员和工作平台，设定数据边界、即时更新状态数据，提供交互式即时数据，系统可以进行自动的对比和预报，管理人员可以进行主动的分析与决策。

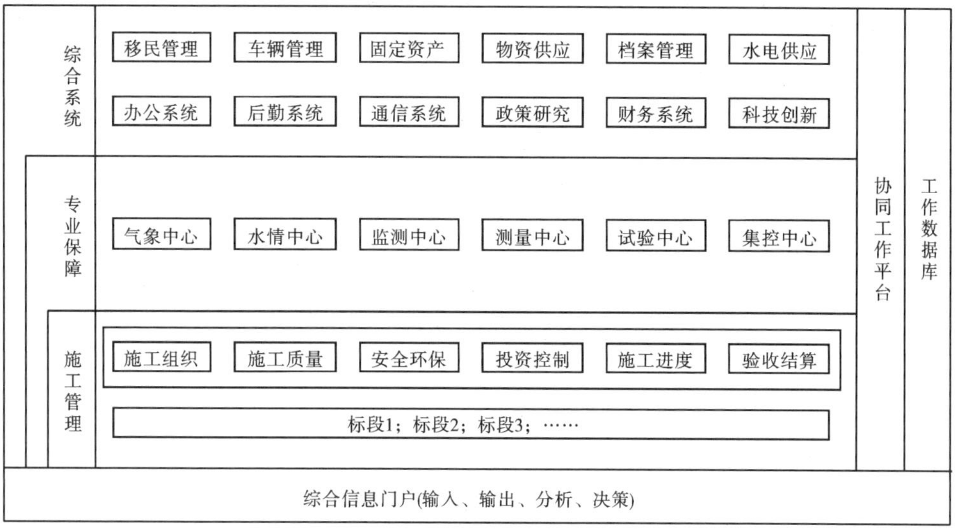

图1　信息化项目管理体系

2.3　信息化管理的效用

通过这一系统,在管理上可以实现两方面的改进:①最大程度统筹全局,各子系统协调运行,围绕项目目标相互配合,影响大局的子系统会被自动甄别并修正;②优化各单位管理层级,全面透明的系统使信息在各层级之间展示,上级可以监督到所以下级,而下级可以将信息推送到所有上级,可有效消除各级人员不作为的现象。

3　水电工程建设信息化项目管理案例分析

以水电工程建设中常见的大坝碾压混凝土施工为例,简述信息化管理的实现途径和管理效果。

3.1　信息内容

碾压混凝土在水电工程建设中广泛采用,具有结构简单、施工快速、经济等显著特点,但碾压混凝土有着严格的温控要求,且需要连续浇筑。如表1所示,将碾压混凝土施工相关信息分为技术要求、施工情况、监测数据、试验数据、天气情况和其他信息。技术要求主要为设计及规范相关要求,这类信息是工程技术方面的限制条件,可以在施工前形成,主要由设计及相关科研单位完成;施工情况主要是原材料到工程实体过程中的所有信息,检测数据主要为混凝土内部观测仪器布置情况及测值;试验数据主要指原材料、半成品、成品的过程试验结果;天气情况主要是晴雨、气温、风速等信息,这几类信息主要是在施工过程中产生,主要由施工方、检测、试验等项目参与方形成,项目参与各单位参与;其他信息主要指防洪度汛、工作面移交等影响施工安排的相关事项,这类信息是工程组织方面的限制条件,主要由建设方形成。

表 1　碾压混凝土施工信息组成

<table>
<tr><th>编号</th><th>信息类型</th><th>名称</th><th>内容</th><th>备注</th></tr>
<tr><td rowspan="4">1</td><td rowspan="4">技术要求</td><td>形体轮廓线</td><td>坐标</td><td rowspan="4">边界数据</td></tr>
<tr><td>材料分区</td><td>坐标、材料类型</td></tr>
<tr><td>温控要求</td><td>温度梯度限值、入仓温度限值、冷却水管布置方案…</td></tr>
<tr><td>约束区</td><td>坐标</td></tr>
<tr><td rowspan="6">2</td><td rowspan="6">施工情况</td><td>原材料供应</td><td>料仓编号、库存量、产品批次、生产时间</td><td rowspan="6">实时数据</td></tr>
<tr><td>进度计划</td><td>时间、各坝段高程</td></tr>
<tr><td>施工设备布置</td><td>拌和楼、自卸汽车、平仓机、振动碾等设备编号、坐标及工作状态</td></tr>
<tr><td>人员布置</td><td>现场质检、安全、调度等人员姓名及工作状态</td></tr>
<tr><td>冷却水管布置</td><td>编号、坐标、通水时间、通水流量、进出水温度</td></tr>
<tr><td>成品</td><td>坐标、验收时间，验收结果</td></tr>
<tr><td rowspan="2">3</td><td rowspan="2">监测数据</td><td>监测仪器</td><td>编号、坐标、安装时间、各时刻测值</td><td rowspan="2">实时数据</td></tr>
<tr><td>仿真</td><td>坐标、参数、各时刻计算值</td></tr>
<tr><td rowspan="3">4</td><td rowspan="3">试验数据</td><td>水泥、粉煤灰、砂石骨料、水、外加剂等原材料</td><td>批次、检测时间、检测结果</td><td rowspan="3">实时数据</td></tr>
<tr><td>混凝土拌和物</td><td>取样位置、检测时间、检测结果</td></tr>
<tr><td>混凝土压实度</td><td>检测时间、坐标、结果…</td></tr>
<tr><td rowspan="2">5</td><td rowspan="2">天气情况</td><td>气温</td><td>时间、气温</td><td rowspan="2">实时数据</td></tr>
<tr><td>晴雨</td><td>时间、天气状态</td></tr>
<tr><td rowspan="2">6</td><td rowspan="2">其他</td><td>防洪度汛</td><td>时间、各坝段高程</td><td rowspan="2">边界数据</td></tr>
<tr><td>工作面提交</td><td>时间、各坝段高程</td></tr>
</table>

3.2　信息的动态应用

在参建各方有组织地提供信息的基础上，信息平台按预定模式，处理相关数据，提供统一、标准、实时的边界数据与状态参数。

（1）实现全面的过程数据管理，参建各方按职责录入即时信息，各级管理人员可以随时掌握现场情况，若有异常系统可报警提示。

（2）可实现基于三维模型的即时可视化进度、安全、温控及各类检测成果，与设计初始技术结果作对比，优化设计技术要求。

（3）数据的可追溯性，有利于对项目管理的失误和成功进行剖析，检验每一个决策的正确与否和执行情况。

（4）同步协调施工档案、验收结算、材料供应核销等各方面数据的管控，提供统一的数据口径,降低统计、校核等环节人员投入,让管理人员投入精力于数据分析、优化和决策。

4　结语与展望

信息化作为覆盖现代化建设全局的战略举措,我国是有着大量基础建设任务的国家,面对水电工程建设具有实践性、复杂性、风险性、多样性等特点,需顺应国家战略,结合现有信息技术应用基础,构建信息化平台,实现信息化项目管理,为分析和决策提供准确快速的数据,为改进提供全面的数据支持,从而全面提升行业管理水平和技术水平。

参考文献

[1] 信息化发展纲要编写组. 以信息化推动建筑业跨越式发展——《2011～2015 年建筑业信息化发展纲要》解读[J]. 建筑,2011(15):6-10.

丰满水电站重建工程环评工作关键技术研究与创新

赵再兴　魏　浪　常　理

（中国电建集团贵阳勘测设计研究院有限公司　贵州　贵阳　550081）

摘要：丰满水电站是我国最早建成的大型水电站，对工程区环境已产生了深远影响，也是首个采用大坝部分拆除并重建的方式进行全面治理的大型水电工程，工程建设方式特殊，运行期将形成独有的两坝并存现象，对环境的影响特殊、敏感、复杂。本项目环境影响评价中独创性的对水电站大坝拆除期水文情势影响、两坝并存条件下大型封冻水库水温影响、水电站运行对雾凇景观的影响等方面进行了深入的研究，对行业内同类工程案例提供了重要的应用示范及借鉴。

关键词：水电站　重建　水温　封冻　雾凇

1　工作背景

始建于1937年的丰满水电站位于吉林省吉林市，坐落在美丽的松花江上，是我国最早建成运行的大型水电站，被誉为"中国水电之母"。由于日伪时期的工程设计和施工存在诸多问题，丰满水电站存在无法根除的先天性缺陷，后经多次续建、改造、扩建，丰满水电站一直在不断的加固与维护补强中运行，但始终未能彻底根除，大坝的安全指标已不能满足国家的规范要求，对下游的生产生活安全产生了极大的威胁。2009年7月，经过前期深入设计及多方案的比选，在集国内著名院士、设计大师、专家论证意见后，确定采取重建方式对丰满水电站进行全面治理，在原坝址下游120 m新建一座大坝（见图1），同时对原大坝进行部分拆除的方案（见图2）。

图1　新坝轴线

图2　原坝拆除部位

这是国内首例对大坝进行部分拆除并重建的大型水电站案例，工程建设方式与常规在河流中筑坝的水电开发工程大相径庭，对环境的影响较为特殊、复杂，尚无先例可供借鉴。丰满水电站运行以来，对工程区环境已产生了深远影响，已形成较为稳定的环境系统，同时涉及著名的吉林雾凇景观等敏感目标。在本项目影响评价工作中，通过对工程及主要环境敏感因素和影响特征的全面调查分析，采取多项创新的技术方法开展了本工程特别关注的大坝拆除期水文情势变化影响、两坝并存条件下大型冰封水库水温影响、吉林雾凇景观影响等环评关键技术研究，较好的处理了此类工程环境影响评价难点问题。

2 主要技术内容要点

2.1 大坝拆除期水文情势变化影响研究

丰满水电站大坝全面治理工程实施后，不改变水库特征水位，水库正常蓄水位及死水位均不变，仅坝址下移 120 m。在老坝部分拆除期间，将对丰满水库水位临时降低至 243 m 水位后逐渐回蓄，会短期使上下游水文情势及水环境产生一定改变。环评工作中根据工程的特殊施工方式，将拆除过程分为降水位期、回蓄期，从对库区生态环境影响的关键时段和因素出发，与历史运行过程中的水库平均状况进行综合比较分析。

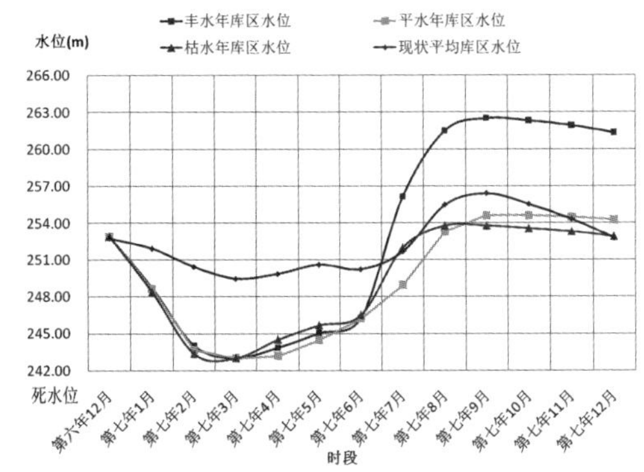

图 3 老坝拆除阶段库区水位变化

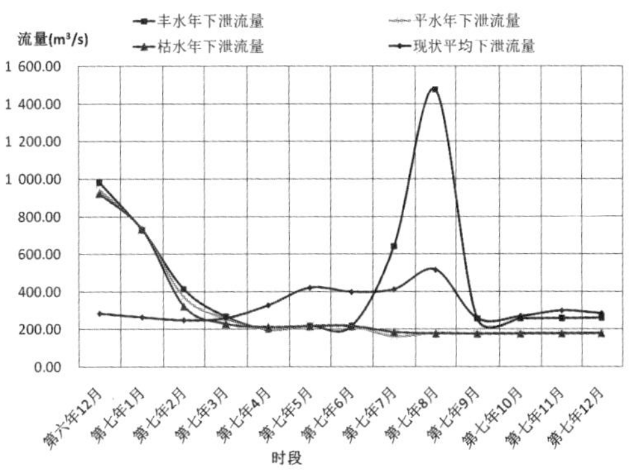

图 4 老坝拆除阶段下泄流量变化

在降水位阶段，丰满库区水位从 11 月至次年 3 月逐步降低到 243.0 m，并维持 1 个月时间。库区最低水位较现状平均水位降低 6.44 m，但仍在死水位以上。库区水域面积、库容随着水位的降低而持续下降，较现状平均状况将分别最大减小约 28.10%、31.52%（见图 3）。降水位时段集中控制在库区冬季冰封期，是对库区生态系统稳定性的干扰影响最小的时段。降水位期间丰满将加大下泄流量，在降水位期的最后 1 个月，水库基本不发挥调蓄作用，将按上游来水情况进行发电，平均发电流量 224.8 m^3/s，基本能够满足下游生态环境用水需求。

老坝部分拆除完成后回蓄期的第一年内，水库水位可回升到现状平均水位 252 m 以上，期间汛期过程的入流增加能够进一步加快回蓄过程，使水库水位恢复至正常调度运行的范围内，因此对库区生态环境的影响将与现状维持一致。回蓄期丰满电站不能达到保证出力要求，将按照下游生态环境用水最小 161 m^3/s 的要求下泄流量（见图4），期间在 5、6 月下游灌溉用水高峰期不能满足 361 m^3/s 的基本要求，环评提出并制定了与上游白山水库联合调度的保障方案。

2.2 两坝并存条件下大型封冻水库水温影响研究

丰满水库为典型的水温分层型水库，存在夏季低温水下泄对水生生态的影响；冬季水库为冰封形态，水库水温为逆温分布，下泄水温高于天然水温，坝下河段形成了东北地区少有的不封冻河段。重建工程实施后，原大坝部分拆除后将留存在新坝之前，形成特有的两坝并存现象，将改变坝前的水体运动状态，对上下游水温结构影响复杂（见图 5、图 6）。环评工作中开展了水温专项研究，建立了适合丰满水库的水温预测的水库立面二维水温模型耦合的冰盖生长和消融数学模型，同时在研究工作期间 2010 年 6 月至 2011 年 2 月于现场进行了观测试验，验证了模型的适用性。

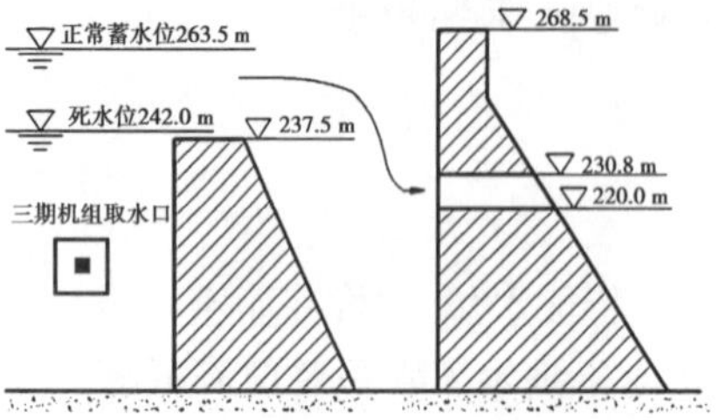

图 5　坝前取水口位置关系

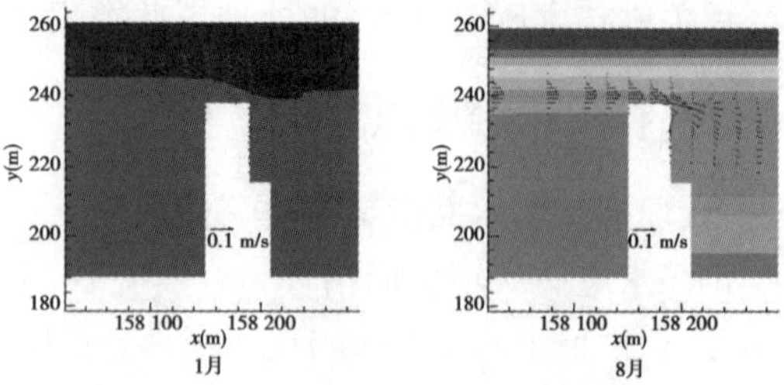

图 6　坝前水温结构预测成果

根据环评预测结果，本工程实施后水库水温结构仍为稳定分层型。因老坝具有前置挡墙作用，5 月至 8 月平均下泄水温较原丰满水电站同期下泄水温增高 2.3 ℃，有利于减缓现有夏季低温水影响；12 月至 3 月下泄水温存在降低现象，平均偏低 1.3 ℃，可能改变天然河道封冻状态。

由于老坝拆除高程对水库水温结构及下泄水温影响较为敏感，环评对老坝拆除高程提出了 240 m、237.5 m 和 235 m 方案进行综合比较分析，从施工角度方面认为 235 m 方案存在较多的施工环境影响问题，237.5 m 方案有利于维持下游河段不封冻河长及雾凇条件的形成，与现状相比在一定程度上夏季会改善下游鱼类生境的水温条件，240 m 方案对改善鱼类生境的水温效果更为明显，但对下游河段封冻形态一定影响。环评中以维持下游不封冻河长为控制目标推荐 237.5 m 老坝拆除方案。此外，还提出了冬季电站运行优先利用三期机组进行发电调度优化方案，进一步减少冬季不利影响。

2.3　水电站运行对雾凇景观影响研究

吉林雾凇景观是丰满水电站运行以后产生的独特景观，主要依托于当地独特的气候、地理条件而形成，丰满水电站运行下泄的水温、流量也是其形成的重要条件（见图 7）。环评工作中调查收集了吉林雾凇景观近 50 年的观测资料（见图 8），采用统计分析、相关性分析的方法，确定了雾凇景观的形成主要受外界气象条件的影响，在外界特定的气候条件不变情况下，丰满坝址下游江段维持不封冻形态，即能够形成雾凇景观的边界条件。根据吉林雾凇的形成规律、机理以及与水电站运行的关系，确定了从丰满水电站运行相关的水温条件方面开展研究的技术路线。

图 7　雾凇景观照片

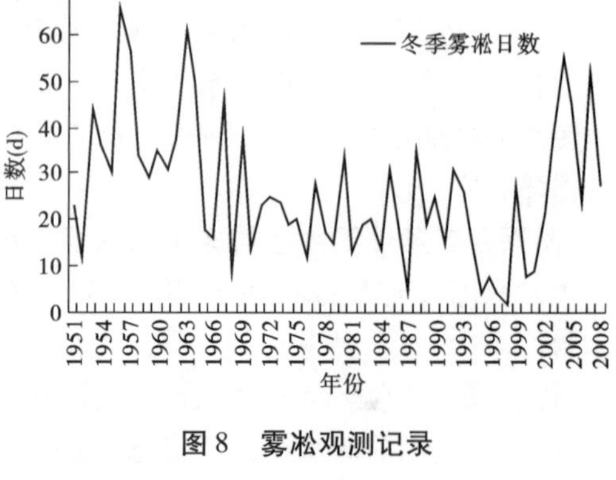

图 8　雾凇观测记录

根据丰满水库两坝并存条件下的水温影响研究，运行期冬季丰满水库存在低温水下泄的影响，在不利情况下会影响冬季下游不封冻河段形态，从而间接影响雾凇形成范围。

在老坝拆除高程确定在237.5 m的情况下，环评中预测了丰满水库在高水位、中水位和低水位、不同机组运行工况下，坝下河段不封冻河段范围的变化情况。得到了在水库运行水位较低、完全采用新机组发电情况下，可能对雾凇景观形成范围产生一定的不利影响；采用原有三期机组参与运行有利于提高下泄水温，仅在低水位年的情况下会出现下游河道封冻距离缩短，但影响范围及时间均有限的评价结论。此外，制订了保障雾凇景观的电站运行调度方案，提出在雾凇出现频率较高的1月至2月，水库应尽可能保持高水位运行，采用三期机组＋新机组组合运行、优先利用三期机组方案；在吉林市雾凇冰雪节期间，加大三期机组发电泄流量等措施，以减缓丰满下游江段可能出现封冻距离缩短的影响，同时提出开展雾凇景观长期监测等要求。

3　主要创新及意义 丰满水电站为已经建成运行近70年的大型水电站，丰满水电

（1）针对大型水电站大坝部分拆除、重建工程的环境影响进行了深入研究，特别是大坝拆除过程中对水文情势改变的影响、两坝并存条件下对上下游水温的影响，能够对未来拟采用此类工程方案的项目建设环境影响研究提供经验和应用条件。

（2）目前，国内大中型水库水温影响的研究对象基本为不封冻水库，本项目对封冻型水库的水温影响进行了深入研究，开展了系统的观测工作，建立了封冻型水库的水温预测模型，这次目前国内首次针对封冻型水库水温结构情况开展的系统研究，对我国目前在西藏等高寒地区大型水电站建设项目的水温影响研究提供了较好的研究应用案例。

（3）针对丰满水电站重建后水文情势、水温的改变，与雾凇景观的形成关系进行了深入研究评价，进一步对丰满水电站运行与雾凇景观形成的各项水文气象条件的相互关系及影响情况进行了深入研究，充实了此方面的应用研究工作。

参考文献

[1] 丰满水电站大坝全面治理工程环境影响报告书[R].贵阳：中国电建集团贵阳勘测设计研究院，2011.
[2] 丰满水电站大坝全面治理工程水环境影响研究报告[R].成都：四川大学，2011.
[3] 丰满水电站大坝全面治理工程气候影响分析报告[R].长春：吉林省气候中心，2011.

小水电开发建设环保工作思考和实践

王连光

（贵州北源电力股份有限公司　贵州　贵阳　550002）

摘要：环境保护是指人类为解决现实的或潜在的环境问题，协调人类与环境的关系，保障经济社会的持续发展而采取的各种行动。作为可再生能源的水电，其开发建设总体不会对环境造成破坏，但建设过程中难免对局部环境、水流等带来影响，稍有不慎更不利于建设单位自身形象。芙蓉江流域小水电开发建设对环境保护工作做了有益的尝试，也取得了明显的效果，本文就环境保护的有关工作进行了探讨。

关键词：环境保护　芙蓉江流域　小水电开发　设计优化　水土流失

1　基本情况

1.1　芙蓉江小水电情况

芙蓉江发源于贵州省绥阳县枧坝，是乌江流域左岸的一级支流，经正安、道真两县进入重庆市后在武隆县江口镇汇入乌江，全长231 km，贵州境内长195 km。由贵州北源电力股份有限公司开发建设的电站共有三个，分别是：鱼塘水电站，装机容量2×37.5 MW，大坝坝型为混凝土面板堆石坝，坝高75 m，岸坡式溢洪道；清溪水电站，装机容量2×14 MW，大坝坝型为碾压混凝土双曲拱坝，最大坝高80.5 m；牛都水电站，其装机容量2×10 MW，大坝坝型为常态混凝土双曲拱坝，最大坝高53.5 m。基本资料见表1。

表1　鱼塘、清溪、牛都水电站基本资料

类型	装机容量（MW）	坝型	坝高（m）	总库容（万 m^3）	土石方开挖（万 m^3）	混凝土（万 m^3）
鱼塘水电站	75	面板堆石坝	75.5	12 130	110	21.44
清溪水电站	28	碾压混凝土双曲拱坝	80.5	9 870	50.8	13.6
牛都水电站	20	常态混凝土拱坝	53.5	3720	31.33	

1.2　小水电环境保护面临的问题

小水电由于其自身的特点，相对大型水电站工程，在开发建设工程中环境保护往往面临以下问题：一是重视不够，没有树立真正的环保意识，致使环保工作开展不得力；二是组织机构不健全，在建设过程中，没有监督部门和专职人员管理；三是资金不到位，工程建设时又处于停工状态,“三同时”工作不能正常开展;四是工程投资少,环保资金投入不够,承建单位积极性不高,致使环保项目开展难度极大。

2　采取的措施

2.1　组织保障和监测

项目业主在电站开发建设中,自筹建开始即由公司副总负责电站的环保等前期工作,并自始自终不间断分管,保证了工作的连续性和可控性。为保证工程建设的具体措施能够落实,并能全过程监管,公司成立有安全环保部负责监管工程建设中环保项目落实情况的检查管理。三个电站建设均紧紧依靠上级主管公司,全力做好资金保障、技术支持,使得工程建设进度均在计划范围内,没有发生因为资金短缺而影响工程进展的情况。

在每年的6月5日“世界环境日”期间,组织设计、监理和施工单位学习环保的相关知识、开展以环保为主题的活动,进一步树立环保理念。

每个电站开工建设后,随即按照国家规定,委托有资质的单位进行施工区域的环境影响如噪声、粉尘、施工废水处理排放及水土保持监测等,发现问题及时制定措施进行改进处理,真正做到工程建设全过程监控。

2.2　工程设计优化过程中贯彻环保理念

鱼塘水电站设计推荐的南家槽料场要经过两个村寨且距村寨较近,开采范围高程较高。在料石的开采过程中存在以下不利因素,开挖料石的飞石控制难度大,开采噪音影响大,爆破震动对附近村民住房也将产生影响,右岸山体的植被较好,要将开采后的料石运输到坝体上还需要经由下游进场公路(约4.5 km)才能到达,料石运输过程中不安全因素十分突出,运输成本也将成倍增加。

相应的苦唐料场布置在左岸河岸处,其前端河岸属悬崖,植被稀疏,料场到大坝的距离为700 m,靠芙蓉江河左岸附近无村民居住,石料开采过程不存在对当地农户的影响,不安全因素也大为降低。

经过对南家槽料场和苦唐料场在环境影响、施工安全和建设成本的等方面的分析比较和论证,选择左岸上游距坝体约0.7 km的苦唐料场作为鱼塘水电站主体工程用石料的主要料场,其他作为备用料场。

通过对设计单位推荐的右岸南家槽料场调为主料场调整到左岸的苦唐料场位主料场后,不但减少了料石开采对周围环境的影响,有力的降低了安全风险和料石运输成本,同时保证了大坝料石需用的强度,从而确保了2005年10月大坝下闸蓄水和首台机组并网发电的既定目标。取得了明显的社会效益和较好的经济效益。电站于2006年2月第二台机组并网发电。

清溪水电站通过设计优化,两岸坝肩采取径向开挖的方式,减少岩石开挖量,也减少对山体植被的破坏;将原布置的右岸下厂房交通道路改为交通洞,虽然增加了部分工程投资,但避免了对植被的破坏和道路开挖的石渣下河。其中洞挖石料2.2万m^3作为加工人工砂石料的毛料,减少了毛料开采量。

规划弃渣场时,利用部分库区死水位下有利地形堆放开挖石渣,采用块石钢筋笼护脚,保证了堆渣体的稳定,虽然减少了死水位以下的库容,但减少石渣堆放所占用的土地,共计堆放约3.1万m^3。该电站于2009年7月5日两台机组并网发电。

牛都水电站工程虽对外交通较好，但电站规模小，207 省道改线、工程区自然环境及条件发生了较大的变化，原设计渣场及土料场位置被占用、石料场（Ⅱ号）已封山育林、植被良好。针对工程区实际情况，结合枢纽建筑物布置，对料场、渣场及场内公路等布置进行了大量的优化设计，将原布置在右岸的营地、料场、砂石加工与混凝土拌和系统调整到左岸，将原布置的右岸下厂房公路调整为自大坝右坝头通过交通洞到厂房，避免了对植被的破坏，避免道路开挖石渣下到河床，枢纽区工程占地节约 29.3 亩，不仅保护了周边的生态环境，减少工程量，同时减少工程区环保的治理费用，节省工程投资。

经现场踏勘和比选后，将工程区弃渣采取分区堆放，大坝施工区的弃渣场选择在坝址左岸上游的 300 m 库区河湾处槽谷地带，堆渣高程 586 ~ 609 m，容量约 15 万 m^3（占正常库容 0.54‰），减少了工程占地和弃渣运距。该弃渣场主要容纳坝基、取水口、导流隧洞、场内公路、石料场剥离层、砂石料加工及混凝土拌和系统场地平整等开挖的工程弃渣。该弃渣场占地 14.1 亩（全部为库区淹没占地）。

厂房施工区开挖弃渣运至库区弃渣场距离较远，且存在跨河运输，结合厂区下游沿河岸的地形条件，在厂房下游右侧沿河湾地带设厂区弃渣场，堆渣高程 569 ~ 582 m，容量约 4.1 万 m^3。该渣场主要堆放发电厂房、引水隧洞及进厂交通洞等建筑物的弃渣。对厂区弃渣场，堆渣完毕后渣顶可恢复使用面积 8.1 亩，结合厂区布置，可作为绿化休闲用地或耕地恢复均可。该电站于 2014 年 5 月 30 日两台机组并网发电。

2.3 充分利用当地天然材料

鱼塘水电站坝址以下 500 m 河段分布有一定数量的砂砾石料，根据国内外面板堆石坝的成功经验，经论证后将其用于坝体次堆石区的填筑，共计利用量约 4.8 万 m^3，有效缓解了建设过程中石料的紧张状况，厂房尾水河道也得到了清理，同时减少了料场开采量和河道清理弃渣的堆放所占用的土地，效益显著。

2.4 坚持不发生新的水土流失

芙蓉江流域三个电站开发建设中，枢纽工程开挖岩石边坡及时进行喷护封闭处理，特别是页岩边坡开挖完成后第一时间进行锚喷支护，以减少风化影响；土质边坡除严格按设计进行开挖外，进行稳定、保护等综合治理，弃渣场设挡渣墙、排水沟，工程完工后没有因为边坡发生跨塌或弃渣场堆放治理不好而发生跨塌造成新的水土流失。

枢纽工程边坡开沿口线布置高 1.3 m，上部厚 0.2 m，底部厚 0.6 m，内设分布钢筋的混凝土挡墙，既起到保护当地村民在山上放牧时安全的作用，又起到拦截山上水流的作用，其作用得到了充分的发挥。

电站在发电后，及时组织进行营地周边、弃渣场地的植树、植草等绿化工作，目前鱼塘、清溪水电站植被长势良好，环境得到了得到很好的改善，牛都水电站正在进行相关的工作。

2.5 采取措施保证生态用水

鱼塘水电站为坝后式电站，其发电尾水即回水到大坝下游坝脚，没有河床断流情况；清溪电站大坝到厂房的直线距离约 300 m，根据设计资料，发电尾水能够回至坝后 190 m 左右处，经研究决定在距坝后约 200 m 的位置设一道 2.5 m 高的混凝土挡墙，既解决了泄洪的石渣不被冲到下游河道，也解决了河道断水的问题；牛都水电站厂房距大坝约 500 m，在靠左岸的 5 号坝段 EL.592.7 m 埋设一根 $D = 800$ mm 的钢管作为生态引用水管，设计下放流量 3.14 m^3/s（多年平均流量 31.4 m^3/s 的 10%）。蓄水期间，三个电站采取在枢纽工程最低的高程位置（如溢洪道顶部）用抽水机自上游库区抽水至下游，保证下游河道的生态水流，通过以上技术措施很好的解决了电站在蓄水期间和运行期间河道的生态用水。

3　结　语

芙蓉江鱼塘、清溪、牛都水电站属小型电站，在建设过程中，项目业主高度重视，通过环境影响的监测，现场的强化管理和一系列工程技术措施，较好的解决水土流失、生态用水、建设期间的环境影响等，最大可能的减少了对周边植被的破坏，取得了一定的经济效益和社会效益。

参考文献

[1] 张全意，黄小镜. 牛都水电站工程建设对周边生态环境的保护.
[2] 贵州省芙蓉江流域清溪水电站工程设计报告[R]. 遵义：遵义水利水电勘测设计研究院. 2006.
[3] 中华人民共和国水利部. SL 303—2004　水利水电工程施工组织设计规范[S]. 北京：中国水利水电出版社，2004.

三峡左岸电站调速系统及其辅助设备事故反措措施和改进优化

陈雍容　徐　亮　周立成

（三峡水力发电厂 电气维修部自动分部　湖北　宜昌　443002）

摘要：三峡电厂具有单台机组容量大、设备参数繁多、元器件自动化程度高等特点，三峡电厂机组的安全运行对整个电网具有重大影响，因此保证机组设备处于良好的运行状态十分必要，是提高三峡电厂安全运行程度、经济可靠指标的关键。本文根据三峡电厂左岸电站调速系统及其辅助设备各类事故隐患入手，查明缺陷，预知故障，进行必要的技术改进优化，全面提高机组运行可靠性以及安全性。

关键词：三峡电站　调速系统　事故反措　冗余结构

1　三峡左岸电站调速系统及其辅助设备事故反措的特点

三峡电厂左岸调速器是由法国 ALSTOM 制造，采用型号为 DIGIPID1500。机组调速系统主要由调速器电气部分和机械液压部分构成。包括调速器电气柜、调速器控制柜、集油槽辅助控制箱和压油泵控制箱等电气控制部分以及泵电机组、压油罐及隔离阀、集油槽、电液转换单元等机械液压执行机构[1]，如图 1、图 2 所示，具有冗余度高、组网能力强、可扩展性、配置先进、功能齐全等特点。

三峡电厂机组设备具有单机容量大、参数多、自动化程度高、设备种类复杂、实现功能繁多等特点[2]，一旦发生机组非停事件，直接影响电厂安全运行生产以及发电经济效益，还将对整个电网造成冲击以及严重的社会影响。因此在日常维护过程中，需要建立完善的事故反措方案，提早预见生产隐患，优化调速系统，预防生产事故的产生，确保设备良好的运行与监测状态，提高三峡电厂运行管理的经济性、安全性以及可靠性[3]。

设备的可靠运行离不开良好的合理运行操作和设备岁修质量，也离不开日常维护工作中设备状态的实时检测，只有用心观察机组运行状态，认真研究设备技术资料，提前预知问题并解决，发现萌芽状态的设备缺陷，进行相应技术改进与维修维护，才能避免缺陷的持续扩大，继而造成更大不良影响。状态检修就是确保机组设备安全可靠运行的一个重要手段，其基本思想是形成从事后维修向预防维修发展的维修方式[4]，通过这种维修方式，生产得以合理安排，可以避免和减少机组停机、设备故障等状况发生，有效提高设备管理水平。建立完善的事故反措方案是准确进行状态检修的前提，通过准确的状态诊断基础，来形成完善和准确的状态监测。

2　左岸电站水轮机调速系统电调部分开停机回路优化

三峡左岸电站水轮机调节系统由调节控制器、液压随动系统和调节对象组成，形成相应

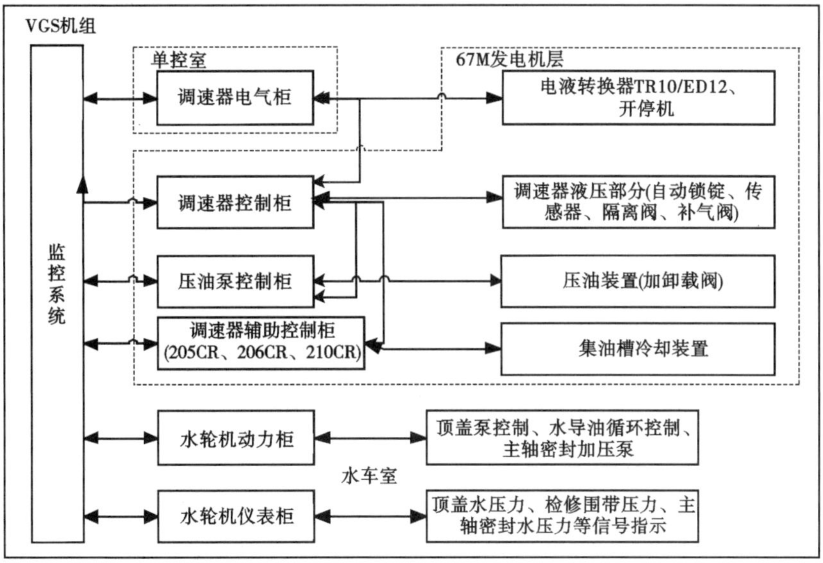

图1　VGS 机组调速系统及其辅助设备组成概览

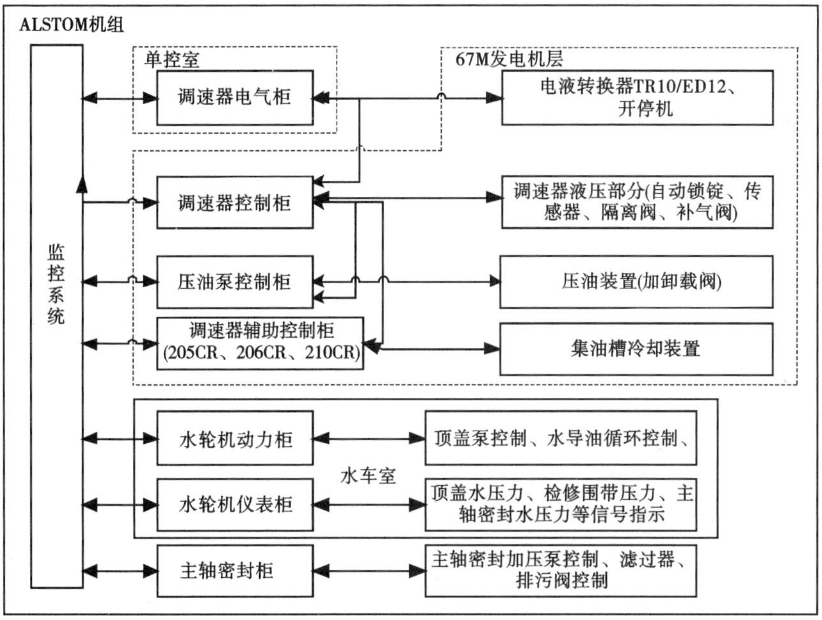

图2　ALSTOM 机组调速系统及其辅助设备组成概览

的闭环控制(图3所示),通过水轮机调节系统根据机组转速的变化不断地改变水轮机过流量来实现水轮机调节。

水轮机调速系统中的电调部分涉及水轮机正常运转的方方面面,为提高机组运行的可靠性,减少因元器件误动导致的非停,针对“三峡左岸调速器电气柜内的RONSG和RONSG2两个开机令继电器其中一个出现触点接触不良或者损坏时,将使调速器停机阀误动作导致机组停机”问题,特进行电气回路的优化,在调速器停机阀回路中增加RS触发继电器来提高动作可靠性。

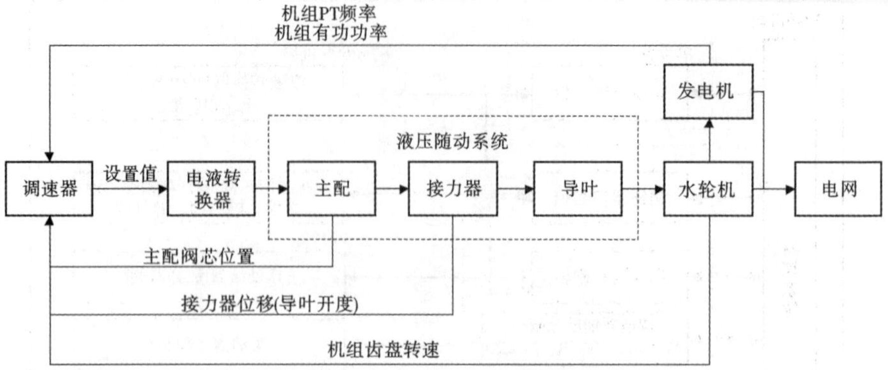

图3　调速器系统控制框图

2.1　存在的电气不足与反措依据

当调速器开机条件满足后,调速器接收来自监控系统的开机令(脉冲量)使继电器RONSG(用于控制器1500N开机),RONSG1(用于控制器1500S/1000E开机与开停机电磁阀动作回路),RONSG2(用于开机令自保持)同时励磁,其中RONSG2继电器的接点串入开机回路,从而形成开机令自保持回路。但是,这个回路存在三个问题:

(1)机组运行期间,若继电器RONSG接点误动作或者线圈接触不良,会使调速器的主用控制器1 500 N开机令消失,调速器控制器会切至备用1 500 S运行,整个开机回路的可靠性会有所降低。

(2)若在机组正常运行期间,继电器RONSG2接点误动作或者线圈接触不良,会导致调速器三套控制器的开机令都无法保持,从而会使调速器停机阀误动作造成机组非正常停机。

(3)假如机组在正常运行的情况下,调速器三套控制器均故障,则会使整个调速器开机回路断开,开机令无法保持(相当于给停机令),而此时监控系统也会根据机组保护信息动作停机流程,这样就出现了二次重复发停机令的情况。

2.2　RS继电器自保持回路的设计和优化

采用RS型双线圈继电器来代替原来的继电器来提高整个回路的可靠性以及独立性。RS继电器为双线圈继电器,其特点在于当一组线圈(A1/A2)励磁后(继电器状态为被置为1),若发生线圈失电继电器失磁的情况,依靠继电器本身的机械自锁机构来保持继电器状态为1,使回路接通。只有在另一组线圈(B1/B2)得电接通的情况下,才会将继电器状态置为0,从而断开相应的回路,同时线圈(B1/B2)串入的回路就会保持接通。

利用这样的原理,可将原来开机令自保持回路中的继电器接点取消,取而代之的是通过RS型继电器线圈(A1/A2)励磁动作机械自锁机构来保证开机令的有效性,同时用RS型继电器线圈(B1/B2)来接收停机令,进而复归开机令。RS型继电器逻辑图,见图4。

通过上述理论分析后,绘制出改进后的三峡左岸调速器电气柜开停机回路原理图(见图5)。

3　左岸电站水轮机调速系统液压控制部分电源冗余回路优化

三峡左岸机组液压系统控制柜(PG2)安装有3块交直流冗余供电电源(24 VPS1、48 VPS2、48 VPS3),其中24 V电源作用为向液压系统ABBPLC和通信模块供电。CA10变送

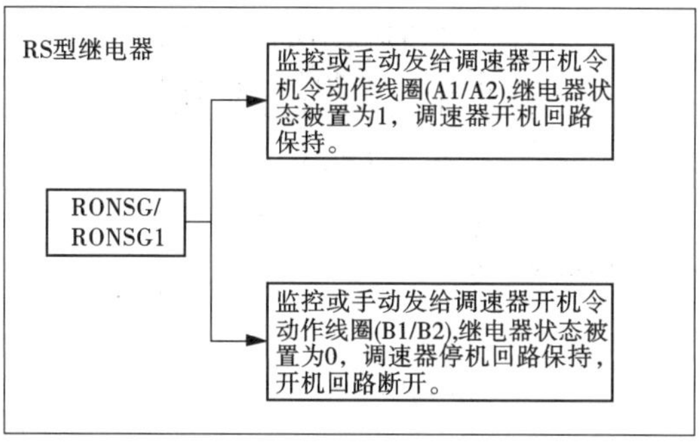

图 4　RS 型继电器(RONSG/RONSG1)逻辑图

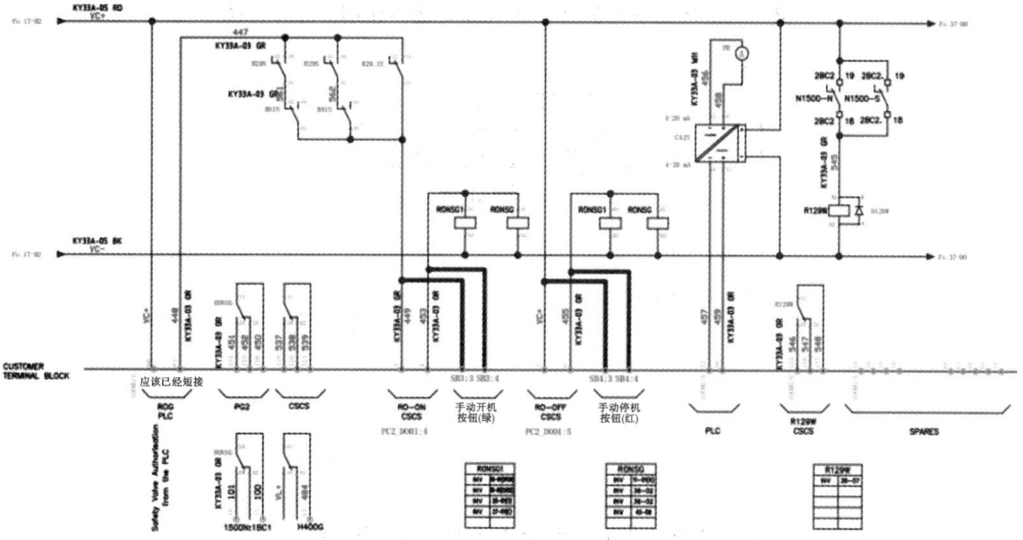

图 5　改进后的三峡左岸调速器电气柜开停机回路原理图

器内三组开关接点用来控制在 PLC 失效的情况下液压系统的加卸载。开关电源模块的损坏为一个逐渐过程,往往是电源其中一路输入先损坏,由于原设计的原因此时无法在监控报出,通过此方案的改进确保了提前发现由于电源故障所造成的液压系统 PLC 失电,防止了非计划停机。

3.1　现状描述与改进原因

原设计中,报警回路为输入 220 VAC 故障与输入 220 VDC 常闭接点故障报警并联再和输出 24 VDC 常闭接点串联,这就导致了在 220 VAC 或 220 VDC 有一路故障并且输出 24 VDC 正常的情况下,液压系统无法报出电源故障。只有 220 VAC 和 220 VDC 均故障或者输出 24 V 电源故障时,监控系统才能显示液压系统电源故障,此时液压系统 PLC 已经由于 24 V 电源故障失电而失去控制。24 V 电源报警回路图如图 6 所示。

3.2　改进措施

(1)报警回路改进。

针对上述情况,分别将 220 VAC 输入、220 VDC 输入、24 VDC 输出报警常闭接点改为串联的形式,当任一路故障信号的情况下,监控系统即可收到电源故障报警信号。24 V 电源报警回路改进如图 7 所示。

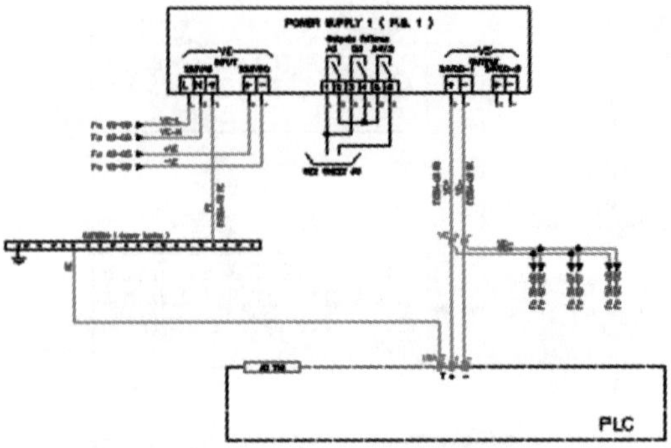

图 6　液压系统控制柜 24 V 电源报警控制回路原设计图

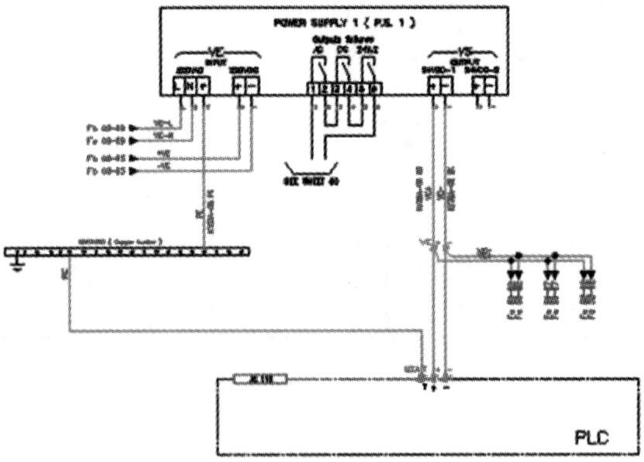

图 7　液压系统控制柜 24 V 电源报警控制回路改进后

(2)液压系统 PLC 失电情况下常规回路控制油泵加卸载功能验证。

左岸调速器液压系统的加卸载设计有在液压系统 PLC 失电的情况下，由控制柜柜内的 2[#]管道压力变送器 CA10(系统压力 <6.3 MPa 卸载，系统压力 >6.1 MPa 加载)来控制压油泵加卸载的功能。为确保今后在遇到突发故障时压油泵能够正常动作加卸载，试验验证在 24 V 电源失电的情况下，控制柜内的 CA10 变送器能够正常控制压油泵加卸载，以确认在失去 PLC 控制的情况下液压系统压力能维持正常，预防和避免机组停机。

4　左岸电站水轮机辅助系统动力柜电源回路改造优化

水轮机动力柜是水轮机辅助系统核心设备，于 2002 年左岸电站 ALSTOM 机组投产使用时，一并由法国 ALSTOM 配套提供，柜内安装有水导油循环系统控制回路、顶盖水泵控制回路以及水车室内电源、环吊、照明等系统控制回路的相关设备，水轮机动力柜的正常运转对机组安全运行发电有直接影响，其控制的水导油循环系统出现某些严重故障会触发监控系统快速停机流程(MARK2)停机以及水机后备，引起机组停运，所以，水轮机动力柜的日常维护、回路优化、相关改造十分重要，需要持之以恒的进行。

4.1　现状描述与改进原因

水轮机动力柜受外方盘柜整体设计制约，虽然进行过多次局部技术改造，仍发生多次影响机组运行的事故，严重影响机组正常运行。特别是动力柜内电源回路，存在以下问题急需解决：

(1)为水轮机动力柜提供两路动力电源的400 V厂用电自用电侧已经具备可靠完善的备自投功能，动力柜自身也具备双路动力电源切换回路。当机组进行400 V侧自用电倒换时，因为一段失电，动力柜将进行电源切换，而400 V侧备自投动作时，两端供电恢复，动力柜因为该变化又将进行电源切换，动力柜双路电源切换回路与400 V侧备自投存在配合差，加上柜内切换回路线路复杂，使用元器件繁多，可靠性无法完全保证，而水导油泵的启停涉及停机流程，多次启停带来不必要的风险，影响系统安全运行。

(2)为动力柜内相关控制回路供电的是48 VAC，且柜内两套380 V交流电转48 V直流电转换装置供电都是取自第二路动力电源，两路动力电源若同时消失，双路动力电源切换回路中的母联开关此时若有故障无法正确动作，将导致控制回路电源失电，所辖设备无法运转，酿成安全生产事故。

4.2 改进措施

水轮机动力柜电源回路的改进：

(1)取消动力柜柜内双路动力电源切换回路和母联。采取简洁优化的供电方式，第一路动力电源直接给1#水导油泵、1#顶盖排水泵、交流220 V转直流24 V电源转换装置U1、加热器/降温风扇/照明等设备供电；第二路动力电源直接给2#水导油泵、2#顶盖排水泵、交流220 V转直流24 V电源转换装置U2、水轮机仪表柜、水车室环吊等设备供电。

(2)增加一路直流220 V供电。从机组单元控制室内直流配电盘柜直接提供一路直流220 V，通过电缆将直流220 V电送至动力柜以及仪表柜。直流220 V经由空气开关QF7、QF8直接一并送至直流220 V转直流24 V电源装置U3、U4，第一路动力电源交流220 V转直流24 V电源转换装置U1与U3的直流24 V电源经冗余装置UK1给1#顶盖水泵控制回路、1#水导油泵控制回路、柜面指示灯控制回路供电；第二路动力电源220 V转直流24 V电源转换装置U2与U4的直流24 V电源经冗余装置UK2给2#顶盖水泵控制回路、顶盖水位信号控制回路、2#水导油泵控制回路供电。经由UK1与UK2装置的两路直流24 V电源再经冗余装置UK3给公共部分的水导油泵信号回路(油位、油流)以及PLC回路供电。使得水轮机动力柜内电气元件均采用国内标准直流24 V电源，且将柜内直流24 V电源分为三段共8个2P直流开关控制，确保了各直流24 V电源开关的独立可靠性，大大增加机组安全运行的可靠性。

改造后的水轮机动力柜相比原动力柜，有了较大的改进，采取合理的两路动力电源分段供电方式以及引进直流电源，保证电源冗余，避免因失电引起的机组不正常运行状态。

5 结　语

调速系统及其辅助设备是一个庞大系统，其可靠将对机组的稳定运行做出重要贡献，因此，日常工作中对调速系统及其辅助设备进行精心维护十分有必要。以上所举相关技术改造只是三峡左岸电站日常维护工作的一部分，三峡电厂的精益运行需要维护人员用善于发现问题的火眼金睛、用心观察机组运行状态，认真研究设备技术资料，提前预知问题并解决，保证机组安全、和谐、精益的运行管理。

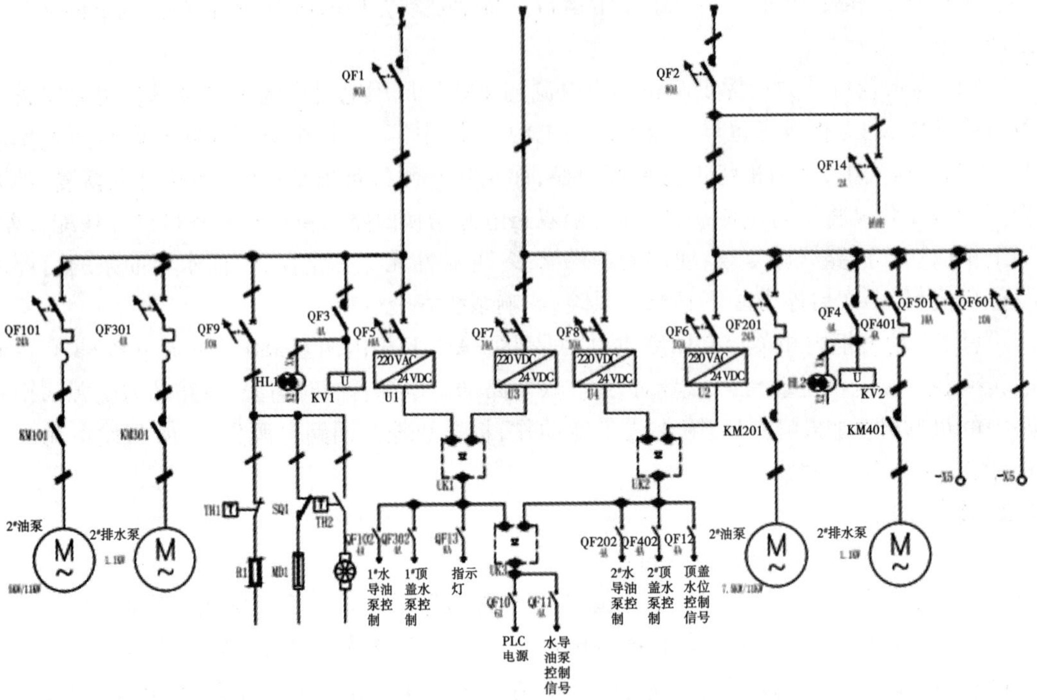

图 8　动力柜电源回路改进后整体图示

参考文献

[1] 魏守平. 水轮机调节[M]. 武汉:华中科技大学出版社,2009.

[2] 商用设备维护维修(经典维修案例),百度文库,(http://wenku.baidu.com/view/fc79c56d561252d380eb6e92.html).

[3] 李从国,杨晓梅,吕文九. 电厂状态检修的现状及发展探析[J]. 山东电力高等专科学校学报,2004.

[4] 李瑞琦. 大同电厂设备检修管理优化研究[D]. 北京;华北电力大学(北京)硕士论文,2009.

[5] 周立成,詹福伟,陈雍容. 三峡水力发电厂左岸 ALSTOM 机组水轮机动力柜改造[C]//中国水力发电工程学会信息化专委会、水电控制设备专委会 2013 年学术交流会论文集,2013.

丰满流域2010年特大洪水、特丰水年的天文背景研究

李文龙[1]　郭希海[2]　窦建云[1]

(1.新源控股公司丰满发电厂　吉林　吉林　132108;
2.国家电网公司东北分部　辽宁　沈阳　110180)

摘要:本文介绍了丰满水库流域2010年特大洪水、特丰水年情况,尝试从天文背景的角度,解析2010年特大洪水、特丰来水的成因。从日、地、月三球运动关系中寻找影响因素,基于日地关系,建立丰满水库年入库流量与太阳黑子关系分布图法,得出2010年丰满水库来水处于分布图的特丰水区,该区特丰水出现的概率为35%,是正常出现概率的3.4倍;同时,丰满流域前3位特大洪水均出现在该区。基于月地关系,建立月球赤纬角运行轨迹、相位、角度综合分析法,研究得出2007~2020年与1951~1964年月球赤纬角运行轨迹段相似度最高,两段中相同相位、角度值相似的2010年、1954年为丰满水库有资料记录以来第一位、第二位特丰水年。研究得出2010年丰满水库流域第一位特丰水年与1954年第二位特丰水年,存在相似的天文条件,两年同处于太阳黑子特丰水区,两年月球赤纬角相位、角度值、所在运行轨迹段三者高度一致。相似的天文条件产生相似的灾害,出现了丰满水库第1位、第2位特丰水年,出现了第1位特大洪水和第11位大洪水。

关键词:洪水　天文背景　太阳黑子相对数　月球赤纬角

1　丰满流域2010年特大洪水、特丰水年情况

2010年7月和8月,丰满水库流域连降暴雨,水库流域发生特大洪水,局部地区洪灾严重。2010年7月27~29日,连续受三个华北气旋影响,水库流域遭受强降雨袭击,导致流域发生了"20100729"特大洪水,经还原计算丰满天然入库12 h洪峰流量20 700 m^3/s,为丰满流域1856年以来第1位大洪水。

2010年丰满流域平均降水量为1 078 mm,为多年均值738 mm的146%,比正常年份多46%。丰满水库年总入库水量为240.6亿 m^3,为多年均值127.2亿 m^3 的189%,属特丰水年,为有资料记录以来第1位。

2　丰满流域2010年特大洪水、特丰水年的天文背景研究

2.1　天文背景综述

特大旱、涝灾害的形成,主要由天体运行、地球自转和公转、太阳活动、月球运动等天文因素造成。

太阳是大气环流能量的源泉,太阳活动对地球上的洪水影响最大。太阳是离地球最近的恒星,是空气、陆地和海洋加热的主要能源,也是大气运动和洋流流动的原动力,太阳辐射的变化必然会引起气候的改变。太阳活动的增强与减弱,不但大气运动将随着增强与减弱,而且大气环流型式也会发生相应的改变,各种水文要素也随之发生变化。

月球运动引起的潮汐周期变化及地壳形变不仅是地震的重要成因,而且也是强降水的主要成因。旱涝、天文现象有关要素例如潮汐、厄尔尼诺、水文、各类自然灾害的观测和各种资料的积累表明,月球对旱涝灾害影响巨大,它是左右着地球上自然灾害发生和发展的重要组成部分。

地球的任何一场水旱灾害都会发现太阳、月球等天体影响的存在,2010 年发生在丰满水库流域的第 1 位大洪水、第 1 位特丰水年亦不例外。

2.2　太阳活动与 2010 年丰满水库流域特大洪水、特丰水年分析

反映太阳活动的指标很多,但一般选太阳黑子相对数进行水旱灾害研究。因为黑子的多少基本上代表了整个日面辐射能量的变化,它反映了太阳活动的强弱。其次是它记录较长,有完整的可靠文字连续记录,可追朔到 1749 年,它不仅有年的而且还有月的,这样就为我们开展日地关系研究,提供了十分有利的条件。

2.2.1　太阳黑子相对数与 2010 年丰满水库特丰来水关系分析

太阳黑子活动深刻地影响着地球上旱涝灾害的发生、发展和变化,当然也是影响丰满水库来水的重要因素之一。

本次研究表明,太阳黑子相对数与丰满水库来水呈现明显的分区分布特征。点绘"丰满水库年入库流量与太阳黑子关系分布图",如图 1 所示。从图 1 上可以看出,丰满水库来水与太阳黑子相对数呈现明显的分区分布,可以划分成特丰水区、大变幅区、丰水区一、特枯水区一、丰水区二、特枯水区二。其中,特丰水区太阳黑子相对数范围为 4.4 ~ 21。处于该区域 17 年中,丰满水库来水 6 个特丰、2 个丰水、1 个偏丰、5 个平水、3 个枯水;在 78 年资料系列中,8 个特丰水年中本区占了 6 个,特丰水出现的概率为 35% ,是正常出现概率的 3.4 倍。

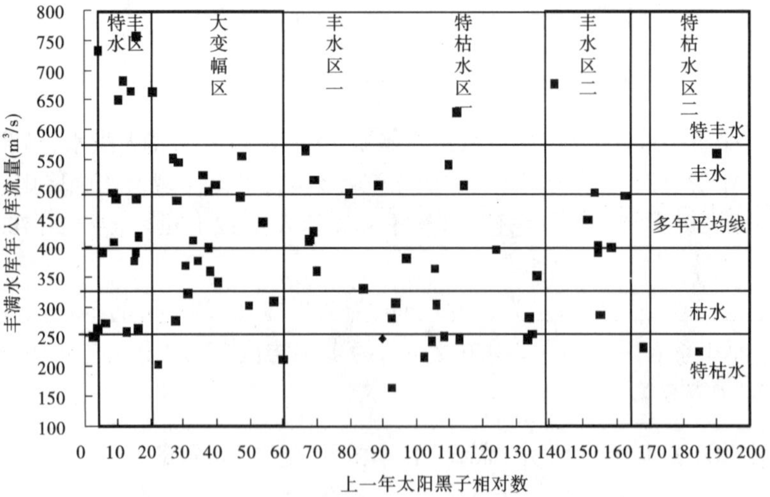

图 1　丰满水库年入库流量与太阳黑子关系分布图

丰满水库年入库流量与太阳黑子关系特丰水区统计结果见表 1。

点绘"丰满水库特丰水年太阳黑子相对数年平均值对应关系图",如图 2 所示。8 个特丰水年有 6 个太阳黑子相对数在 21 以下,处于太阳黑子谷年及附近;另外 2 个发生在创造 1700 年以来历史最大太阳黑子相对数的 1957 年前后发生,为 1956 年、1960 年,太阳黑子相对数均超 100,是太阳黑子的爆发导致了该阶段规律的变异。

表1　丰满水库年入库流量与太阳黑子关系特丰水区统计

序号	年份	太阳黑子年平均	年平均入库流量 (m^3/s)	与多年平均百分比 (%)	来水定性
1	1954	4.4	733	179	特丰
2	1964	10.2	649	158	特丰
3	1986	11.7	683	167	特丰
4	1953	13.9	665	162	特丰
5	2010	15.6	757	185	特丰
6	1995	20.7	664	162	特丰

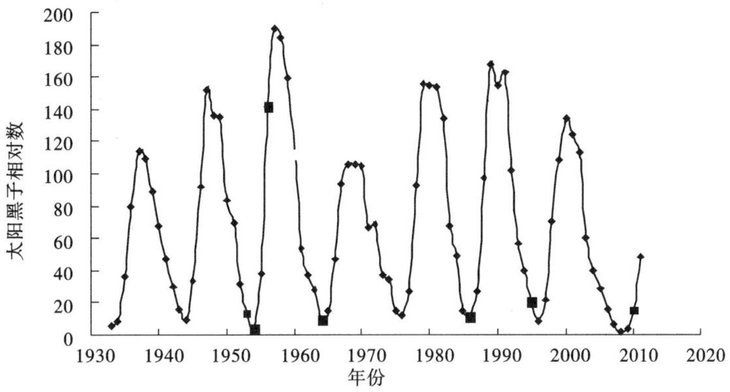

图2　丰满水库特丰水年太阳黑子相对数年平均值对应关系图

2.2.2　太阳黑子相对数与2010年特大洪水关系分析

本次研究太阳黑子相对数与丰满水库流域特大洪水的关系，丰满特大洪水排位情况见表2。

表2　丰满特大洪水排位表

排位	年份	太阳黑子相对数	Q_{12} (m^3/s)	$Q_{日}$ (m^3/s)	年份	W_3 ($\times 10^8$ m^3)	年份	W_7 ($\times 10^8$ m^3)	W_{11} ($\times 10^8$ m^3)
1	2010	15.6	20 700	16 795	1995	38.2	1995	55.5	75.0
2	1995	20.7	20 400	16 700	1953	32.0	1953	48.3	
3	1953	13.9	17 700	15 600	2010	27.3	2010	46.2	
4	1957	189.9	16 500	14 400	1957	25.7	1856	—	
5	1856	4.3	—	—	1856	—	1909	—	

续表 2

排位	年份	太阳黑子相对数	Q_{12} (m^3/s)	$Q_{日}$ (m^3/s)	年份	W_3 (10^8 m^3)	年份	W_7 (10^8 m^3)	W_{11} (10^8 m^3)
6	1960	112.3	15 600	12 800	1960	24.5	1923	—	
7	1909	43.9	—	—	1909	—			
8	1991	162.7	13 700	12 800	1951	24.0			
9	1951	69.4	13 400	10 400	1923	—			
10	1923	5.8	—	—	1991	23.4			

在太阳黑子相对数为4.4～21的丰满水库年来水特丰水区范围，丰满流域前3位特大洪水均出现在该区域；第5位大洪水1856年太阳黑子相对数4.3、第10位大洪水1923年太阳黑子相对数5.8，均处于该区，且1856年、1923年处于太阳黑子过程线谷底位置。

2.2.3　研究小结

太阳黑子相对数处于21以下，谷年及附近，丰满水库流域易发特丰来水、特大洪水。

2010年，太阳黑子相对数15.6，处于太阳黑子谷后2年，丰满水库来水处于特丰水区，发生了有资料记录以来第1位特丰水年，发生了丰满水库流域历史第1位特大洪峰。

2.3　月球运动与2010年丰满水库流域特大洪水、特丰水年分析

2.3.1　基本分析思想

以月球赤纬角反映月球运动，开展月地关系研究。以月球赤纬角最大值年下行第一年为 m_1，第二年为 m_2，以此类推，至月球赤纬角最小值年截止；以年月球赤纬角最小值年上行第一年为 M_1，第二年为 M_2，以此类推，至月球赤纬角最大值年截止，形成月球赤纬角年相位。将年月球赤纬角最大值连接成线，形成运行轨迹；以研究年份所在月球赤纬角所在轨迹段与历史片段进行相关性分析，挑选最相似的历史轨迹段。以最相似轨迹段、相位接近、月球赤纬角度数值接近的年份作为相似年，进行水库流域来水、洪水相关关系比对。

2.3.2　月球赤纬角与2010年丰满水库特丰来水关系

2.3.2.1　2010年月球赤纬角历史相似分析

2010年，月球赤纬角年最大值为24.1，相位为 m_4，处于2007～2020年月球赤纬角轨迹段，历史最相似1951～1964年月球赤纬角轨迹段。

2.3.2.2　丰满水库2010年入库流量月球赤纬角运行轨迹、相位、角度综合分析

(1)2007～2020年与1951～1964年月球赤纬角运行轨迹相似度最高；

(2)2007～2020年轨迹线上的2010年为有资料1933年以来第一位特丰水年，在1951～1964年轨迹线上，找到相同相位、年最大赤纬角接近的1954年为相似年，为1933年以来第二位特丰水年。两者来水分别为多年平均来水410 m^3/s 的185%、179%，来水数据基本一致，见表3。可见2010年、1954年，水库来水物理成因关系一致，均为月—地关系，月球运行导致丰满流域特丰来水。

表 3　2010 年月球赤纬角、相位、丰满水库年入流关系

年份	最大赤纬角	赤纬角相位	丰满水库年入流(m^3/s)	年份	最大赤纬角	赤纬角相位	丰满水库年入流(m^3/s)
1951	28.01	m_1	514	2007	27.85	m_1	274
1952	27.12	m_2	324	2008	27.01	m_2	251
1953	25.59	m_3	665	2009	25.46	m_3	263
1954	24.29	m_4	733	2010	24.14	m_4	757

2.3.3　月球赤纬角与 2010 年丰满水库特大洪水关系

点绘"2007 ~ 2020 年月球赤纬角月丰满水库大洪水对应关系图",如图 3 所示。2010 年月球赤纬角运行轨迹、相位、角度相似于 1954 年、1991 年,1954 年为第 11 位大洪水、1991 年为第 8 位大洪水,2010 年为第 1 位大洪水。

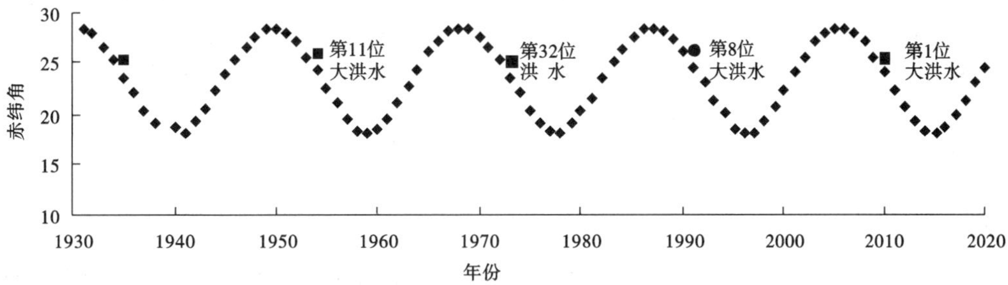

图 3　2007 ~ 2020 年月球赤纬角月丰满水库大洪水对应关系图

3　结　论

日、地、月三球运动变化,使到达地球的太阳能量数量发生变化,使地球的潮汐发生变化,从而影响地球的气候。2010 年丰满水库流域第一位特丰水年与 1954 年第二位特丰水年,有相似的天文条件,两年同处太阳黑子特丰水区(太阳黑子相对数范围 4.4 ~ 21)、两年月球赤纬角相位、角度值、所在运行轨迹段三者高度一致;相似的天文条件产生相似的灾害,出现了丰满水库第 1 位、第 2 位特丰水年,出现了第 1 位、第 11 位大洪水。

参考文献

[1] 翁文波原著. 吕牛顿,张清编. 预测学[M]. 北京:石油工业出版社,1996.

[2] 翁文波. 预测论基础[M]. 北京:石油工业出版社,1984.

[3] 翁文波. 翁文波学术论文选集[M]. 北京:石油工业出版社,1994.

[4] 李文龙,李秀斌. 基于可公度预报方法的洪灾预报技术实用化研究[M]. 长春:气象出版社,2010.

[5] 李文龙,李秀斌. 关于 2010 年长江大洪水的预测[M]. 长春:吉林大学出版社,2010.

水电站下泄低温水影响减缓工程措施实例效果研究

王志光　徐海洋　常　理

（中国电建集团贵阳勘测设计研究院有限公司　贵州　贵阳　550081）

摘要：水电站建设改变了原有河道的天然径流情况，使水面面积和体积加大，对水温的时空分布产生了一定的影响。水温的变化对水环境、水生生物产生了不利影响。为减缓水温尤其是低温水下泄不利环境影响，水电站工程通过实施工程措施来尽量引表层水发电、阻挡底层水进入进水口，从而达到减缓低温水下泄的目的。本文在北盘江光照、董箐水电站进水口水工模型试验成果、坝前和下游水温原型观测的基础上，分析了叠梁门分层取水口和进水口前置挡墙这两种低温水减缓工程措施的效果，为类似项目设计提供参考。

关键词：水电站　低温水　叠梁门　前置挡墙

1　前　言

一般来说高坝大库型水电站，由于其调节能力强，水库在某些季节会出现垂向水温分层现象。水库上层水体受日照、风、气温等外界因素影响大，其水温随季节性变化，且垂向温度梯度大，水库下层水体基本不受外界条件影响，其水温主要受水库水体混合交换影响，随季节性变化不显著，且垂向温度梯度小。

由于水电站进水口埋设深度有要求，引水发电的水主要来自水库坝前区域的底层水，受水库水温垂向分布差别影响，发电尾水水温在春夏季一般低于天然水温、秋冬季一般高于天然水温，在春夏季正好处于鱼类产卵繁殖期，低温水下泄将对下游河（库）水温产生较大影响，从而影响鱼类产卵繁殖，对鱼类资源保护不利。目前，国内水电站针对低温水影响采取的工程措施主要是在进水口前设置拦挡设施，阻挡底层水进入引水发电系统，达到取表层水的作用。国内水电站常用的低温水影响减缓工程措施主要有进水口采用叠梁门分层取水方式和进水后前设置挡墙来阻挡底层水下泄两种方式。这两种低温水影响减缓工程措施分别在北盘江光照水电站和董箐水电站上得到了落实，并经水温观测证明能够起到减缓低温水下泄水温的目的。

2　工程实例

2.1　光照水电站

光照水电站是北盘江干流的龙头梯级电站，电站枢纽由碾压混凝土重力坝、坝身泄洪表孔、放空底孔、右岸引水系统及地面厂房等组成。电站装机容量1 040 MW（4×260 MW），多年平均发电量27.54 亿 kWh。坝址处多年平均流量257 m^3/s。

为减缓低温水下泄影响,采用叠梁门分层取水方式,叠梁门分层取水方式是在原单层进水口结构上增加一道钢筋混凝土墙,墙上开设取水孔,各取水孔均设置叠梁门,叠梁门门顶高程根据满足下泄水温和进水口水力学要求确定,用叠梁门和钢筋混凝土墙挡住水库中下层低温水,水库表层水通过取水孔叠梁门顶部进入引水道。根据水库运行水位变化情况或下游水温的需要,提起或放下相应数量的叠梁门,从而达到引用水库表层高温水,提高下泄水温的目的。

六孔叠梁门后置分层取水工程的结构布置为:在原单层进水口的基础上向上游延长11.5 m,主要由直立式拦污栅、叠梁闸门、喇叭口段、检修闸门段等组成。进水口底板高程670 m,顶部平台高程750.5 m。进水口前缘总宽为75.5 m,顺水流向长34 m。进水口设1道直立式拦污栅,拦污栅共14块,每块宽3.5 m,拦污栅顶高程746 m、高76 m。在拦污栅与检修闸门之间设置4个钢筋混凝土隔墩,隔墩底部高程670 m、顶部高程750.5 m,垂直水流向宽度为4.95 m,顺水流向长度为6.5 m;隔墩之间设置横向钢筋混凝土连系梁,隔墩与拦污栅墩净距3 m、与进水室胸墙净距8 m;隔墩水流向设钢筋混凝土支撑梁与拦污栅墩及喇叭口胸墙连接。沿进水口中心线设钢筋混凝土隔墙,隔墙底部高程670 m、顶部高程750.5 m,将进水口分为2个相对独立的对称的进水室。4个隔墩与进水口两侧的边墙及中间的隔墙形成6个高程为670~750.5 m的取水口,每个取水口宽度为7.5 m,取水口内布置叠梁钢闸门,叠梁门分为20节,每节门高3 m,最高门顶高程730 m,底槛高程670 m;水库表层水通过取水口叠梁门顶部进入取水道,门顶最低运行水深15 m。在进水口紧贴大坝处设1个叠梁门库,门库底板高程685 m、顺水流向长15.58 m、垂直水流向宽10.8 m。引水隧洞进水口喇叭口段长12 m,上缘采用1/4椭圆曲线,两侧采用1/4圆曲线,喇叭口中后段设1道检修闸门,闸门尺寸8 m×10.4 m(宽×高)。

叠梁门操作采用2×320 kN门机启闭,根据水库水位的涨落情况控制叠梁门的启闭,原则就是在特定时期(3月~8月)保证叠梁门门顶水深控制在15~18 m,当叠梁门门顶水深小于15 m时,则提起一节叠梁门;当门顶水深大于18 m时,则放下一节叠梁门。

2.2 董箐水电站

董箐水电站为北盘江干流(茅口以下)四个梯级中的最后一个梯级,装机容量880 MW,多年平均发电量30.26亿kW·h。水库正常蓄水位490 m,死水位483 m,正常蓄水位相应库容8.82亿m^3,死库容7.39亿m^3,为日调节水库。董箐水电站工程主要由钢筋混凝土面板堆石坝、左岸开敞式溢洪道、右岸放空洞、右岸引水系统、右岸地面厂房和右岸预留斜面升船机组成。

为减缓低温水下泄影响,采用在进水口前设置挡墙的方式阻挡底层低温水下泄,在进水口前13.5 m处设置扶臂式钢筋混凝土挡墙,挡墙两侧与进水口边墩相接。墙高15 m、厚3 m,扶臂间距5 m,臂厚2 m。挡墙顶部高程均为470.00 m,挡墙底部为2 m厚钢筋混凝土基础,在拦污栅墩前缘设置一结构缝与进水塔分开。拦污栅前缘总宽89.2 m,栅顶高程485.00 m,栅体高30 m,进水塔顺水流向水平长19.15 m。进水口轴线高程459.50 m。闸门井内设一道平板事故检修门,孔口尺寸为7 m×9.25 m(宽×高)。

前置挡墙只起到拦挡底层水进入取水口的作用,不需要进行运行调度。

3　效果分析

3.1　光照水电站叠梁门分层进水口

光照水电站叠梁门分层进水口见图1。

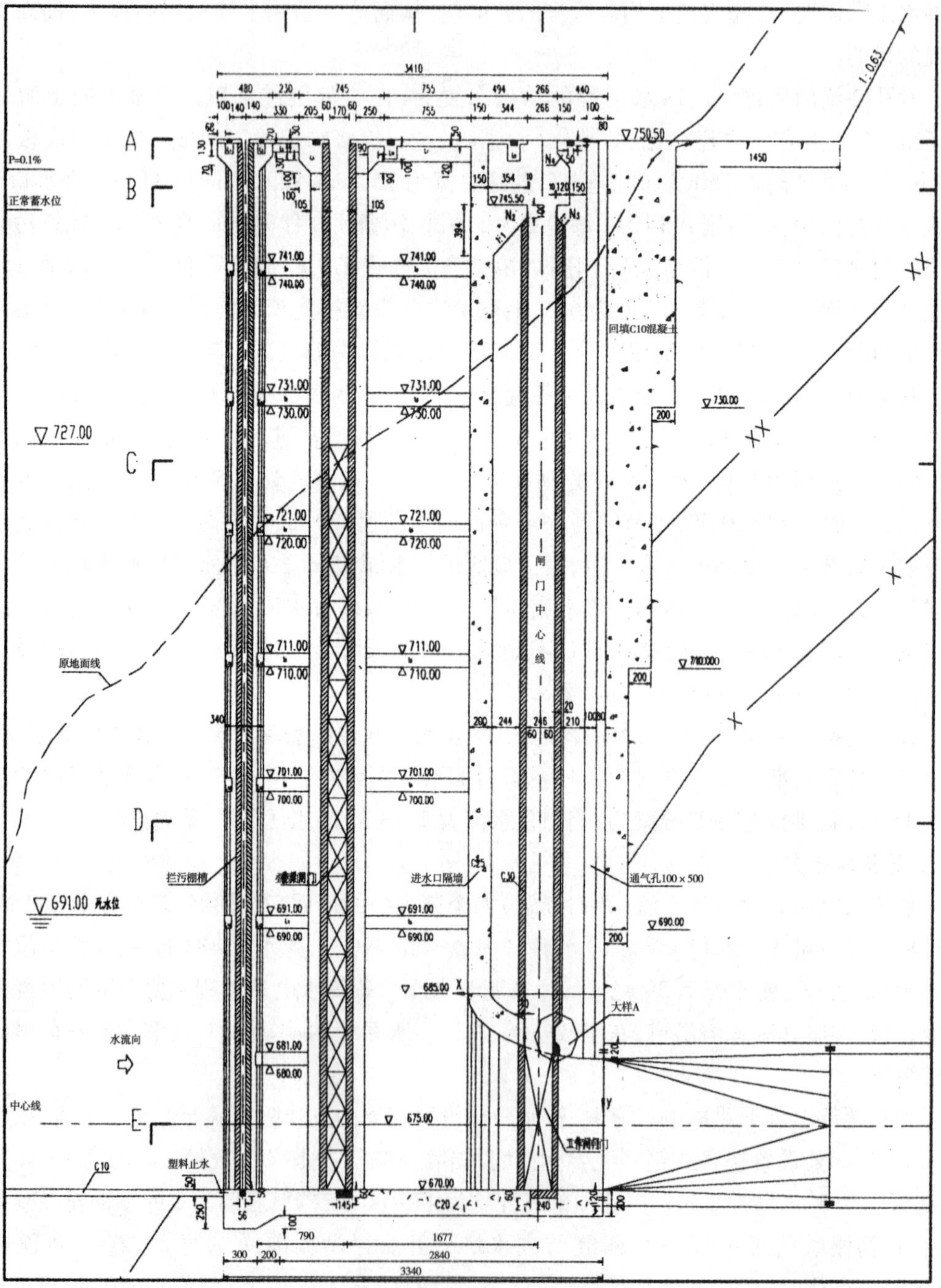

图1　光照水电站叠梁门分层取水进水口剖面图

3.1.1　通过对比机组冷却水供水水温差别

机组冷却水供水直接来自引水隧洞，因此机组供水水温能够反映取水水温。光照进水口设置了2个引水隧洞和2套叠梁门，各对应2台机组。

2010年3月坝前垂向水温范围为15.7～16.2 ℃，差别不大，实测下泄水温15.9 ℃。电站实测1#叠梁门顶691 m高程时1#机组供水水温17.1 ℃，2#叠梁门顶679 m高程时3#机组供水水温16.7 ℃、4#机组17.2 ℃，2个叠梁门高程差12 m，但二者供水水温差别不大，主要原因是坝前水温垂向分布差别很小，说明3月叠梁门没必要运行。

2010年10月实测的坝前垂向水温范围为16.1～22.9 ℃，实测1#叠梁门顶高程679 m，供水水温为21.3 ℃，2#叠梁门顶高程697 m、供水水温为22.4～22.5 ℃，两者相差1.1 ℃，说明叠梁门越高，引表层水越多，对应下泄水温越高，起到了减缓低温水下泄的作用。

3.1.2　两个叠梁门单独泄水水温差别来分析叠梁门效果

为直观地了解光照水电站分层取水措施的效果，调节2个叠梁门高度分别单独泄水发电，监测下游水温。具体方式为将1#引水洞叠梁门高程设置在709 m后对其进行单独泄水，其后将2号引水洞叠梁门高程维持在682 m后再对其进行单独泄水。监测时坝前水位为728 m。

1#引水洞（叠梁门高程709 m）单独泄水时下泄水温为22.1 ℃，2#引水洞（叠梁门高程682 m）单独泄水时下泄水温为21.3 ℃，两者高差17 m、温差相差0.8 ℃，可见抬高叠梁门实现了取表层水，起到了减缓低温水下泄的作用。

3.2　董箐水电站进水口前置挡墙

董箐水电站进水口见图2。

根据水力模型试验所得的垂向流速分布和坝前垂向水温分布，考虑不同深度的水体流速和水层高度，按照体积混合后计算未设置挡墙时的下泄水温，可以看出，2012年4月下泄水温较未设置挡墙时高2.7 ℃，5月高2.1 ℃，6月高0.7 ℃，7月高0.5 ℃，9月高0.2 ℃，说明，前置挡墙起到了阻挡底层水进入进水口的作用。

4　问题和建议

光照水电站叠梁门原设计具有动水启闭的功能，实际操作时只能在静水条件下启闭，影响电站正常发电运行，根据《北盘江光照水电站工程进水口分层取水方案专题研究报告》，在门顶水头15 m的情况下，六孔叠梁门方案年损失电量0.075亿kWh，在门顶水头18 m的情况下年损失电量0.063亿kWh，在门顶水头20 m的情况下年损失电量0.056亿kWh。

就设备而言，一方面叠梁门的运行管理本身是一个烦琐且工作量较大的项目。光照水电站进水口分为6个孔，每个孔均设置叠梁门，宽7.5 m，高60 m，叠梁门每节高3 m，重171 t，共计120节。为保持叠梁门门顶处于合理水头，需根据水位变化情况及时调整叠梁门节数。备用叠梁门全部放置在门库中，利用双向门机进行吊装，叠梁门的吊装需要3个人协调工作，完成一节过程需要45 min左右，因此每次叠梁门的操作非常耗时、耗力，特别是主汛期叠梁门的操作与发电发生较大冲突，未能保证特定季节取水深度在15～18 m。建议今后类似项目叠梁门设计中充分考虑实际操作的可行性，尽量降低叠梁门操作难度，提高操作工作效率。

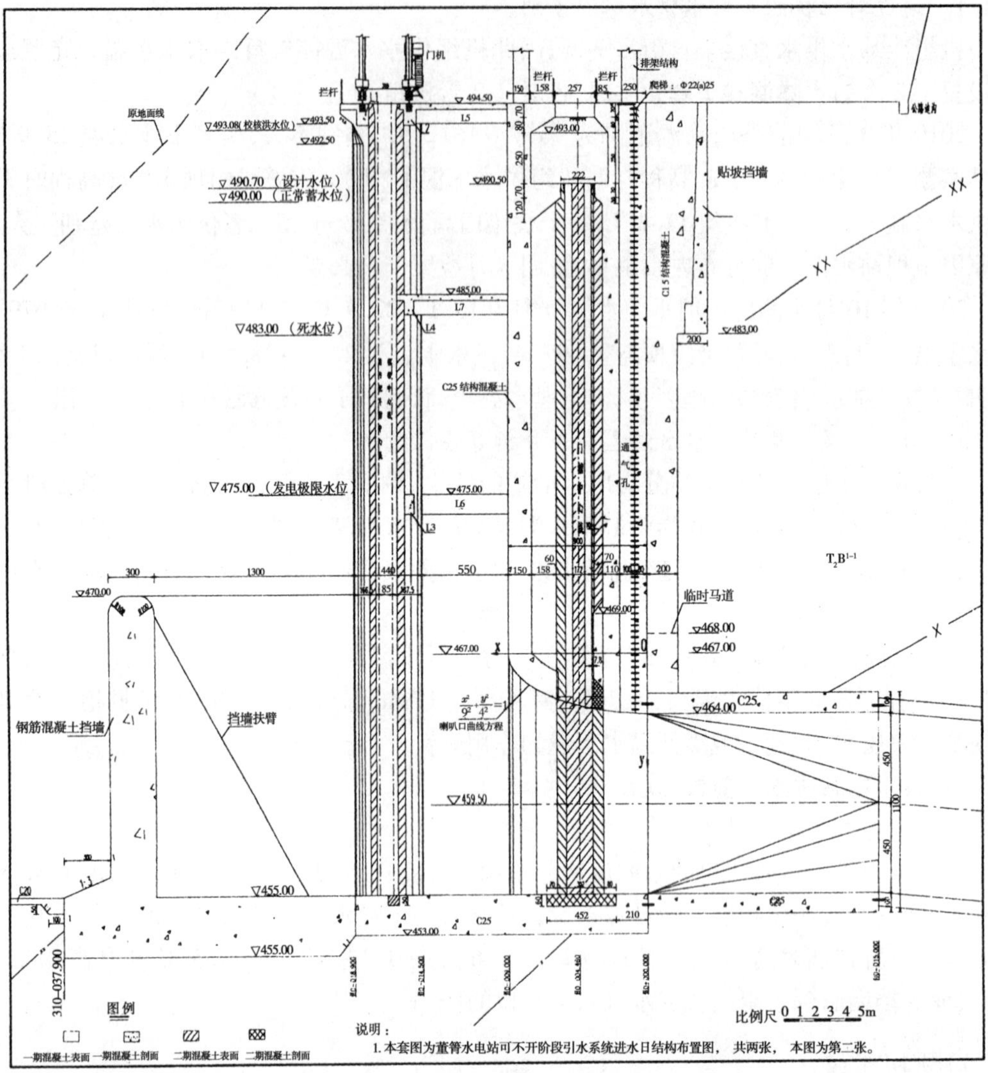

图 2　董箐水电站进水口剖面图

参考文献

[1] 黄永坚. 水库分层取水[M]. 北京：水利电力出版社，1986.
[2] 张大发. 国内外水库水温研究情况综述[J]. 东北水利水电，1987(3)：21-27.
[3] 国家环境保护总局环境影响评价管理司. 水利水电开发项目生态环境保护研究与实践[M]. 北京：中国环境科学出版社，2006.
[4] 蔡为武. 水库及下游河道的水温分析[J]，水利水电科技进展，2001(5)：20-23.
[5] 张大发. 水库水温分析及估算[J]. 水文，1984(1)：19-27.
[6] 北盘江光照水电站工程进水口分层取水方案专题研究报告[R].

马马崖一级水电站地下厂房开挖支护阶段工程建设管理

牛海波[1]　曾　旭[2]

(1. 贵州黔源电力股份有限公司马马崖电站建设公司　贵州　关岭　561301;
2. 青海黄河上游水电开发公司大坝中心　青海　西宁　810003)

摘要:贵州马马崖一级水电站地下厂房布置于泥晶和晶洞灰岩内,以Ⅲ围岩为主,裂隙和层间夹层发育,顶拱为缓倾角层状结构岩体。在开挖支护实施阶段,针对工程和地质特点,优化设计,加强过程的质量、进度和造价管理,使得厂房开挖支护施工质量和进度得到保证,同时节约了投资。

关键词:地下厂房　开挖支护　工程建设管理　马马崖一级水电站

1　工程概述

马马崖一级水电站位于贵州省关岭县与兴仁县交界的珠江北源北盘江中游尖山峡谷河段,是北盘江干流水电梯级开发的第二级,距上游光照水电站45 km,距下游马马崖二级水电站11 km。坝址控制流域面积16 068 km^2,多年平均流量307 m^3/s。水库正常蓄水位585 m,相应库容1.365亿m^3,死水位580 m,调节库容0.307亿m^3,水库具有日调节性能,开发任务以发电为主,航运次之。电站总装机容量558 MW,安装3台单机容量为180 MW的水轮发电机组和1台单机容量为18 MW的生态流量机组,保证出力97 MW,年利用小时2 797 h,年发电量15.61亿kWh,是贵州"西电东送"和"黔电送粤"的重点工程。

工程属Ⅱ等大(2)型工程,由碾压混凝土重力坝、坝身泄洪系统、左岸引水系统和地下厂房及右岸通航建筑物(预留)等主要建筑物组成。电站于2010年9月开始筹建,2012年7月通过国家核准,2012年9月实现大江截流,计划于2014年7月下闸蓄水,同年9月实现首台机组投产发电。

2　地下厂房开挖支护特点

2.1　地质条件

地下厂房埋深100~190 m,穿越中厚层夹厚层球粒状泥晶灰岩、薄层细晶灰岩和晶洞灰岩,中厚层夹薄层灰岩,顶部以薄层为主。厂区岩层单斜,产状N60°~75°W,NE∠9°~12°。厂区发育1条缓角小断层,斜穿地下厂房顶拱,其产状N17°W、SW∠12~25°,破碎带宽5~30 cm,影响带宽2~4 m,充填方解石、黏土,局部溶蚀破碎。厂区整体岩溶发育程度较弱,未发现较大溶洞,岩溶形态主要为溶蚀裂隙、晶孔、溶蚀破碎带或沿断层、裂隙溶蚀夹泥等;以Ⅲ围岩为主。

2.2　地下厂房结构特点

地下厂房洞室群布置左岸山体内,主要由主副厂房、安装间、主变洞、引尾水隧洞、施工支洞等组成。地下厂房包括主厂房、副厂房及安装间等部分，长 140.5 m，岩锚梁以上宽 24.9 m，岩锚梁以下宽 23.3 m，最大开挖高度 72.5 m；厂房顶拱断面形状为圆拱型（半径 14 m，中心角 116°），跨度为 24.9 m，顶拱高程 547 m。

地下厂房开挖支护工程量大，施工强度高，主要工程量为石方洞挖约 16.3 万 m^3，预应力锚索 92 根，预应力锚杆 808 根，各类普通锚杆 1.2 万根，钢筋网铺设 24.1 t，喷聚丙烯纤维混凝土约 3 400 m^3。

2.3　施工组织

根据地下厂房设计结构特点、左岸洞室群布置及施工顺序和设计技术要求，为最大的满足“平面多工序，立体多层次”要求，按照高程从上至下分别布置了 1[#]排风洞、厂变交通洞、母线洞、压力管道、尾水隧洞及尾水管五层施工通道，分为 8 层进行开挖，具体如图 1 所示，支护施工随开挖进度及时跟进。

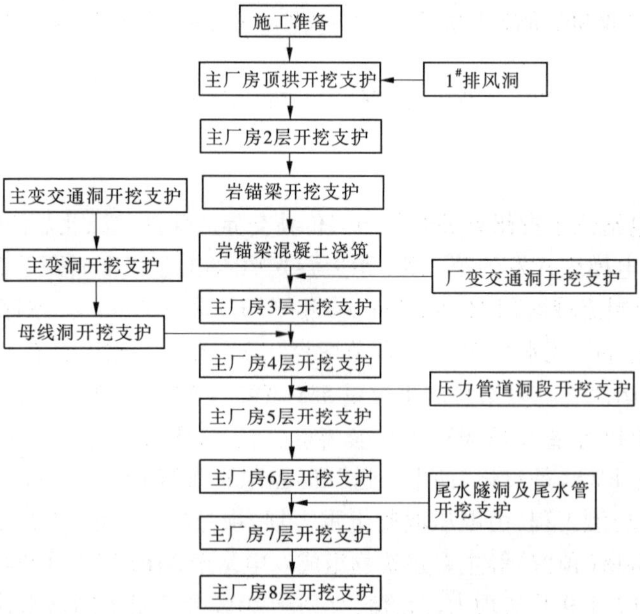

图 1　地下厂房分层施工示意图

3　工程建设管理

建设公司按照“服务、协调、督促、管理”的管理方针及“建设、监理、设计、施工”四位一体的管理理念，坚持“强业主，大监理”的管理模式，对地下厂房建设实行全面管理。

3.1　设计优化

设计是水电站建设的“龙头”，设计的优劣直接决定着水电站建设的投资、质量、进度和施工技术难度。目前，水电站设计单位往往面临设计任务繁重，一线设计人员经验不足、对现场实际情况生疏，设计方案偏于保守，不同设计专业间无法做到无缝对接等。建设单位不仅要考虑水电站建设的质量、进度、施工技术还要考虑投资和经济性。设计优化的目的主要是提高质量、缩短工期、降低施工难度、节约工程投资，它是设计工作的细化和提升。相对设计单位，建设单位的专业人才相对较少；因此，设计优化对建设单位提出了较高的专业知识要求[1]。

马马崖一级水电站地下厂房工程根据设计优化的目的,充分借鉴了以往类似工程实例,通过提前介入设计工作,把建设方的理念和意图充分渗透到设计过程中;深入了解施工一线,及时勘察地质情况,发挥建设方的主观能动性,及时召开设计方案讨论会;强化联系、协调措施,及时解决与实际情况不符的设计方案等;取得了良好的效果。

在工程动工前,根据已开工建设的与地下厂房相邻标段(进厂交通洞和排风洞工程)施工揭露的地质情况和特殊的缓倾角结构,同时为方便施工,降低施工技术难度,确保施工进度,针对招标阶段开挖支护方案进行了充分的讨论、优化:将圆拱型顶拱的半径 18.6 m 和中心角 80°修改为半径 14 m 和中心角 116°,顶拱高程 542.8 m 调为 547 m;取消了顶拱和尾水管边墙系统锚索支护共 177 根,顶拱系统支护 9 m 锚杆改为 12 m 预应力锚杆(部分为普通锚杆);顶拱喷钢纤维混凝土优化为喷聚丙烯纤维混凝土。

通过上述调整,顶拱的开挖结构形式得到了优化,更加有利于顶拱稳定;支护工程的施工技术难度得到大大的降低,工程量有所减少,更加有利于施工质量,施工进度也得到保证;同时,优化后设计方案的工程投资较招标方案也节约了约 130 万元。

3.2　质量管理

地下厂房跨度和洞室都较大,且地质条件复杂,溶岩夹层发育。在开挖过程中须确保变形受控、围岩稳定,对开挖及支护的质量有很高要求[2]。马马崖电站建设公司在借鉴其他工程质量管理经验的基础上,形成了自己管理模式。

(1)保证工程质量管理体系的运行。在前期的工程建设过程中,马马崖一级水电站已经组织建立起由业主、设计、监理、施工等各参建单位负责人成立的电站工程建设质量委员会,统一协调电站的质量管理工作。在厂房施工过程中,参建各方均建立健全了质量保障体系和监督体系,通过各种制度、措施保证体系的有效运行。

(2)严格执行相关规章制度。厂房开挖工程中严格执行《工程建设标准强制性条文》、《建设工程质量管理条例》等强制性规定。要求施工方严格按照批准的施工组织设计施工,并按照前期编制的《马马崖电站施工质量综合考核评分办法》、《工程质量管理实施细则》、《马马崖水电站工程质量工作例会制度》等质量管理制度执行。

(3)严格审查施工单位的地下厂房开挖支护专项施工方案。施工方案是施工质量的重要影响因素。监理单位须及时组织召开业主、设计、监理和施工单位参加的施工方案审查会。根据实际情况,充分讨论施工方案的可行性,形成审查的意见。会后,施工单位必须严格按照审查批复的施工方案施工。

(4)工程验收制度与日常巡查、专项检查相结合。全面推行"设计图纸技术交底制"、"三检制"、"监理旁站制"等。坚持工序质量控制,对于重要工序施工实行监理 24 h 旁站监理;坚持隐蔽工程、重要分部工程四方联合验收制度;建设方管理人员对施工工作进行日常巡查。

(4)充分发挥第三方检测作用。在施工方自检、监理单位抽检的基础上,通过电站已成立的第三方检测机构(中心试验室、锚杆无损检测单位和安全监测单位)对从工程原材料到现场施工质量、锚杆注浆质量、厂房下挖过程中的变形及位移作出全面统计,及时发现质量隐患和质量问题并采取对策,为工程质量控制提供了有力的技术支持。

(5)利用达标投产和创优工作,全面提升工程质量。对照达标投产和争创国家优质工程的各项工作要求，厂房在施工一开始就全面展开相关工作，形成了达标投产工作全过程、全方位的实施，实现了达标投产的日常化、程式化管理，厂房的开挖支护质量整体得到提升。

（6）实行施工主材发包人供应制度。建设方以定价的方式供应工程所需主材：水泥、钢筋和砂石料，可以从源头上控制施工质量；同时通过主材核销，可以从材料消耗上判断施工方是否存在偷工减料的行为，为工程质量控制提供参考。

（7）充分利用专家咨询和质量监督的作用。地下厂房开挖阶段，水电工程质量监督总站对马马崖电站进行了2次质量巡检，建设公司针对地下厂房开挖阶段的施工技术和质量控制难题聘请了1次资深专家现场指导施工，为地下厂房开挖支护的工程质量和技术难题把关。建设公司及时组织参建各方，逐条落实整改各项意见，使得工程质量管理工作和厂房开挖支护质量得到保证和提升。

地下厂房开挖支护工程，在参建各方的共同努力下，质量管理工作取得良好的效果。开挖控制较好，特别是厂房顶拱的开挖，在夹层缓倾角的地质条件下仍取得了较好的开挖质量，光爆孔半孔率达到90%，且顶拱开挖成型较好，岩面不平整度为5.4 cm；两侧边墙残孔率达到92%，岩面不平整度为3.8 cm，上下游高边墙开挖后岩面平整；厂房岩锚梁岩台开挖光爆孔平均半孔率达到96%，不平整度为3.1 cm；达到了预期的质量控制目标。地下厂房开挖工程共验收评定88个单元，合格率100%，优良率90%；喷锚支护工程共验收评定35个单元，合格率100%，优良率91%。

3.3　进度管理

地下厂房施工为引水发电系统土建工程的关键线路，其施工进度直接关系到整个标段的施工进度，影响着电站发电目标，因此建设单位应高度重视此阶段的工程进度。

（1）组织召开厂房开挖支护设计交底会。充分领会设计意图，是施工有序展开的保障。在设计单位的地下厂房开挖支护设计施工蓝图出图后，第一时间组织召开由业主、设计、监理和施工单位参加的厂房开挖支护设计交底会。由设计单位全面阐述设计意图，详细介绍设计方案，解答参建方的问题。其他单位，尤其是施工单位务必全面领会设计内容。对存在疑义的部分，设计单位须及时予以澄清。

（2）审查施工单位的地下厂房开挖支护专项施工组织设计。施工组织设计是施工进度的主要影响因素。建设单位应督促监理单位及时组织召开业主、设计、监理和施工单位参加的施工组织审查会。参照招投标文件及合同约定，充分讨论施工组织的可行性，理顺施工的关键线路，梳理难点，形成统一审查的意见。会后，施工单位必须严格按照审查批复的施工组织设计施工。

（3）监督施工单位开挖支护的主要设备按时进场。施工设备对开挖与支护效率起着决定性作用。开始阶段，施工单位未按照合同约定配置凿岩台车和湿喷台车，致使首层中导洞开挖支护进度迟缓。后经建设公司的严厉要求，凿岩台车和湿喷台车进场，施工进度得到极大改观。

（4）根据不同施工阶段和形势，适时进行进度计划修正。由于地下厂房开挖支护工程量巨大，时间跨度较长，地质条件复杂，实际的施工进度无法完全达到预期。根据施工形势或者节点，对前期施工进行总结，找出滞后或者提前的原因，解决滞后问题、总结提前经验，再对计划进行必要的修正，以期确保施工进度。

（5）建立月、周生产例会制度和厂房建设管理人员协调制度。地下厂房开挖支护施工过程中，难免会遇到各类问题，建设公司建立起月和周生产例会制度，编写报告，总结上月、上周生产情况，集中解决施工过程中产生的和需要协调的问题，安排下月、下周的施工进度计划；同时设置厂房建设专职管理人员岗位，歇人不歇岗，及时协调，包括地质条件变化、与其他标段的协调在内的各类问题，确保工程建设顺利展开。

地下厂房开挖支护历经 17 个月，在复杂的地质条件下和不利的外部环境下，针对前期进度滞后的问题，制定了对应的措施，后期进度明显加快，达到了预期效果，为电站的如期投产发电提供了有利条件。

3.4　造价管理

经济性是水电站建设的依据。地下厂房开挖支护阶段的造价管理属于工程建设实施阶段的工程造价控制，主要包括工程进度款的支付与控制和工程变更及索赔（补偿）控制。

（1）严格按照完成的合格工程量支付相应进度款，控制支付比例。工程量的确认应由熟悉并掌握合同和工程计量规则的技术人员负责；因地质原因导致超出设计的工程量，必须有设计人员签字确认；设计文件中没有明确的工程量，工程量的确认需得到业主、设计、监理签字认可；按照业主指令工程联系单实施的项目，所发生的工程量必须得到业主、监理认可。工程进度款是根据按月据按实际完成的工程量支付工程价款；根据施工单位交来的“月进度结算汇总表”和“月进度结算明细表”及有关凭证，按照确认的合格工程量，按月结算，同时扣留质保金。

（2）控制并及时处理变更和索赔。地下厂房开挖支护时间跨度大，地质、水文、不可抗拒的自然灾害以及其他无法预料因素的存在，不可避免的存在工程变更与索赔。对于发生的变更与索赔必须经审批程序确认，以合同及华电集团公司、黔源公司、马马崖电站建设公司管理办法为依据，采用先项目立项后确认费用的程序进行处理，实事求是地及时解决。

（3）工程管理人员加强相关知识学习，提高造价管理水平。优秀的工程管理人员应具备工程造价、合同管理和工程技术等多种知识。因此，工程技术管理人员须加强工程造价和合同管理知识的学习、计划经营及合同管理人员须加强工程技术知识的学习，提高自身的个人素质，做到多种知识结合运用。

地下厂房开挖支护阶段的变更及索赔，得到了及时的解决，为工程顺利展开提供了必要的资金支持；工程造价整体处于受控状态；同时，通过设计优化节约了部分投资。

4　结　语

马马崖一级水电站地下厂房开挖支护阶段是厂房建设的首要阶段，其质量、进度、造价等直接影响着地下厂房的顺利建设。通过对厂房开挖支护阶段的设计优化，质量、进度和造价的有序管理，马马崖一级水电站地下厂房开挖支护的工程建设实现了质量优良、进度可控、造价在控，为地下厂房工程下阶段的建设提供了有利条件，为电站的投产发电夯实了基础。

参考文献

［1］李章浩，唐世来．阿海水电站工程建设设计管理实践与探讨［J］．水力发电，2012，38（11）：28-30.
［2］封伯昊，陈东．糯扎渡水电站工程建设的质量管理实践［J］．水力发电，2012，38（9）：19-21.

数字大坝系统在鲁地拉水电站大坝碾压混凝土中的应用

赵银超　夏国文

（中国水利水电第八工程局有限公司　湖南　长沙　410007）

摘要：碾压质量控制和温度控制是碾压混凝土重力坝施工质量控制的两个主要环节，直接关系到大坝安全。常规的大坝混凝土温度采集主要依靠人工方式，不仅存在人为因素，而且数据分析滞后造成无法对大坝施工现场的实际情况做出快速反应，难以做到温控干预措施的实时性。采用常规的依靠监理现场旁站方式控制混凝土碾压参数，以及依靠取样的检测方法来控制施工质量，与大规模机械化施工不相适应，也很难达到工程建设管理水平创新。因此，通过采取计算机相关技术，以互联网为基础，借助于现代测绘技术、电子信息技术、管理科学等，实现工程建设管理的网络化、可视化、数字化与智能化，实时采集各种施工数据，通过计算分析提供反馈信息和决策支持，控制大坝施工质量，可极大地提高大坝实时碾压混凝土施工质量控制与管理水平。鲁地拉水电站碾压混凝土大坝施工就是通过数字大坝系统对碾压混凝土施工过程的质量控制及温度控制取得了很好的效果，值得在其他碾压混凝土大坝中推广应用。

关键词：数字大坝系统　鲁地拉水电站　碾压混凝土　应用

1　工程概况

鲁地拉拦河坝为碾压混凝土重力坝，坝顶高程 1 228.00 m，最大坝高 135 m，坝顶长 622 m（含进水口坝段）。混凝土总量 186 万 m^3，其中碾压混凝土 144 万 m^3。水电站建设规模大、投资大、工期紧、施工条件复杂，这给工程建设管理、施工质量和进度控制带来了相当的困难。因此，在建设过程中如何有效地进行动态施工质量监控，如何及时地动态调整与控制施工进度，如何高效地集成与分析大坝建设过程中的施工信息，如何实现远程、移动、实时、便捷的工程建设管理与控制，这是鲁地拉水电工程建设能否实现高质量、高强度安全施工的关键技术问题。本文通过碾压混凝土施工质量 GPS 监控子系统、混凝土温控信息远程自动监控系统、仓面小气候信息远程自动监测系统、大坝施工现场信息 PDA 实时采集子系统、灌浆信息自动监控与分析子系统、混凝土拌和楼信息远程自动采集子系统等组成数字化大坝系统对大坝碾压混凝土施工过程进行监控，达到施工质量的动态控制管理。

2　“数字大坝”综合信息集成系统介绍

建立基于 B/S 模式的“数字大坝”综合信息动态集成系统，实现大坝施工质量、温度、进度等信息的网络化存储、查询、输出及动态更新，具体包括：构建浇筑碾压质量数字大坝；动态集成管理大坝建设期混凝土温度监测数据；试验信息和现场记录信息的 IE 录入和查询；根据坝段、高程或仓面编号，实现仓面温湿度、风速、钻孔实验结果、新混凝土试样试验数据、坝面质量采样信息（*VC* 值、压实度等）的 Internet 存储、查询与动态更新，并可将上述信息以图形方式输出；工程枢纽布置的三维建模与场景漫游；施工进度数字大坝；混凝土拌和楼生产信息的在线查询与分析。

3　实施方案

3.1　各子系统主要功能

3.1.1　碾压混凝土坝浇筑碾压过程实时监控

(1)动态监测仓面碾压机械运行轨迹、速度和碾压高程以及振动状态。

(2)实时计算和统计仓面任意位置处的碾压遍数、压实厚度、仓面平整度。

(3)当出现碾压参数不达标情况时，系统自动给碾压机械操作、现场监理和施工人员发出不达标的详细内容以及所在空间位置等，指导施工管理人员及时进行整改。

(4)在每仓施工结束后，输出碾压质量图形报表，包括碾压轨迹图、碾压遍数图、压实厚度图和仓面平整度(高程)图等，作为质量验收的辅助材料。

(5)在总控中心和现场分控站对大坝混凝土浇筑碾压过程在线监控，实现远程、现场双监控。

3.1.2　混凝土温度信息远程自动监控

(1)通过手持式混凝土温度数字采集与无线传送设备，定时检测或随机抽检拌和楼出机口的混凝土温度、入仓混凝土温度以及浇筑温度，并通过 GPRS 无线网络，将检测的温度、时间、地点等信息传送至总控中心数据库。

(2)根据预先设定的温控标准，如设计控制温度，实时分析动态监测到的温度数据，当不满足温控制标准时，及时向相关现场人员发送报警信息。

(3)利用手持 PDA 及 PC 终端，现场监理、施工人员及业主有关部门可接收报警信息，据此可及时采取相应的调整措施。

(4)与混凝土内部温度监测系统建立数据连接，实现数据集成。

3.1.3　仓面小气候信息远程自动监测系统

通过仓面环境湿度、温度及风速采集与无线传送设备，定时检测浇筑块仓面的施工小气候要素，并通过 GPRS 无线网络，将检测的数据、时间、地点等信息传送至总控中心数据库；将仓面施工小气候数据在统一的 DBMS 管理下进行存储，并可按照查询条件输出历史数据供相关人员浏览查询。

3.1.4　混凝土拌和楼信息远程自动采集子系统

(1)识别混凝土拌和楼生产系统的数据存储格式，以备复制混凝土生产数据。

(2)定期将混凝土生产数据通过有线或无线方式、经数据接口上传至中心数据库进行备份。

(3)对混凝土生产数据进行综合管理，可按照查询条件输出历史数据供相关人员浏览查询，并可进行组分偏差等统计与分析工作。

3.1.5　大坝施工现场信息 PDA 实时采集子系统

(1)采集混凝土质量现场检测数据(即核子密度计检测数据)及施工仓面现场照片。

(2)采集新拌混凝土 *VC* 值、含气量、抗压强度信息、现场 *VC* 值、抗压强度质量检测数据。

(3)现场采集的数据通过 PDA，经 GPRS 网络无线传输至系统中心数据库，以备访问和查询。

(4)现场质量检测数据、混凝土试块质量检测数据等,也可以通过 IE 端登录,人工录入。

3.1.6　灌浆信息采集与分析子系统

(1)对灌浆施工过程进行实时监控,建立预警机制、针对灌浆异常情况进行实时报警。

(2)建立灌浆施工数据库,对灌浆记录仪采集的灌浆数据进行统一管理。

(3)将采集到的灌浆信息进行信息管理及数据汇总,作为灌浆施工验收的补充材料。

(4)建立基础面、混凝土垫层、固结灌浆孔布置、帷幕灌浆孔以及灌浆廊道布置等三维模型。

(5)建立三维模型与数据库信息的一一对应关系,实现灌浆工程动态信息的可视化查询。

(6)建立材料核销在线信息库,随时掌握灌浆材料的入库量,实际使用量以及剩余库存量。

(7)将灌浆工程施工周报和设计审核进行汇总到数据库,实现灌浆工程信息在线查询与下载。

3.2　主要技术方案

3.2.1　碾压混凝土施工质量 GPS 监控子系统

鲁地拉水电站大坝浇筑碾压质量 GPS 监控子系统由总控中心、无线网络、现场分控站、GPS 基准站和碾压机械监测设备等部分组成,系统总体技术方案见图 1。

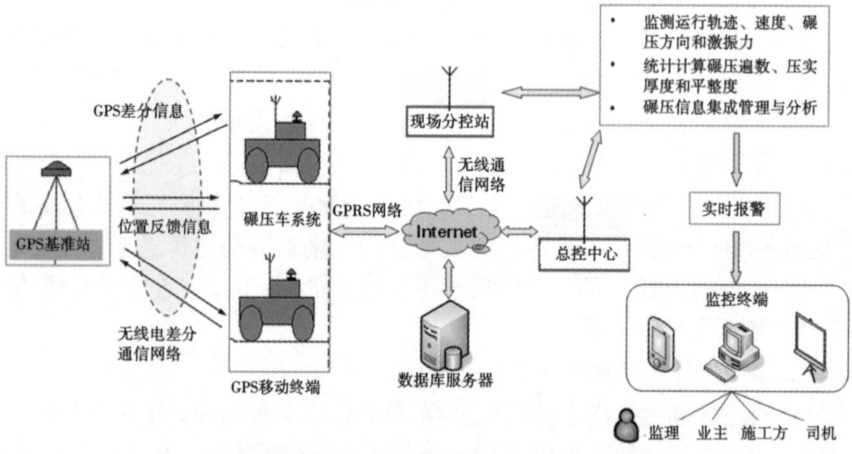

图 1　碾压混凝土施工质量 GPS 监控子系统总体技术方案

3.2.2　混凝土温控信息远程自动监控系统

混凝土温控信息远程自动监控子系统(T - Monitor)包括了两个主要模块,分别是温控信息数据采集与无线传送模块、温度比较与分析模块。该系统技术方案见图 2。

3.2.3　仓面小气候信息远程自动监测系统

该系统主要包括了两个主要模块,分别是仓面小气候信息采集及无线传送模块、控制标准分析与报警模块。该系统技术方案见图 3。

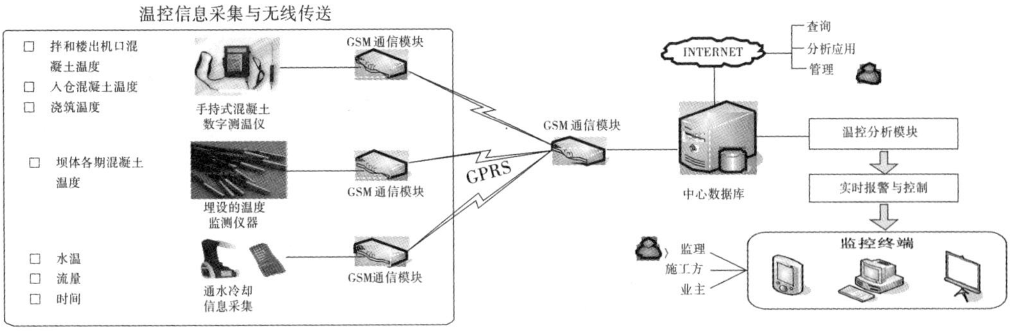

图2　混凝土温控信息远程自动监控子系统的技术方案

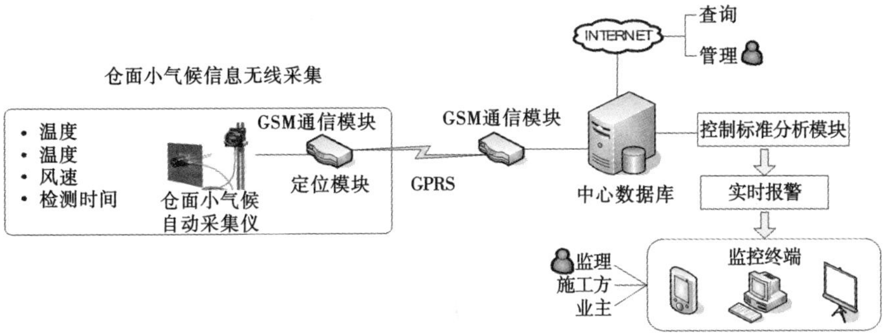

图3　仓面小气候信息远程自动监测系统的技术方案

3.2.4　大坝施工现场信息PDA实时采集子系统

大坝施工现场信息PDA实时采集子系统(Field－PDA)的总体技术方案如图4所示。

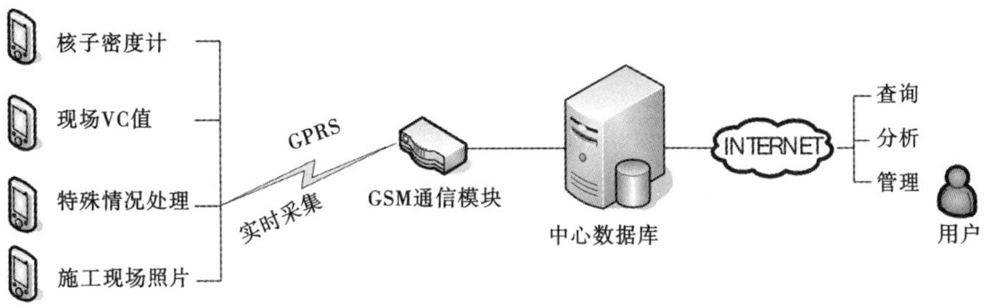

图4　Field－PDA系统总体技术方案

3.2.5　灌浆信息自动监控与分析子系统

灌浆信息自动监控与分析子系统包括了两个主要模块,分别是灌浆仪接口及存储模块、灌浆分析模块。该系统技术方案见图5。

3.2.6　混凝土拌和楼信息远程自动采集子系统

混凝土拌和楼信息远程自动采集子系统包括了两个主要模块,分别是混凝土拌和楼接口及无线传输模块、统计分析模块。该系统技术方案见图6。

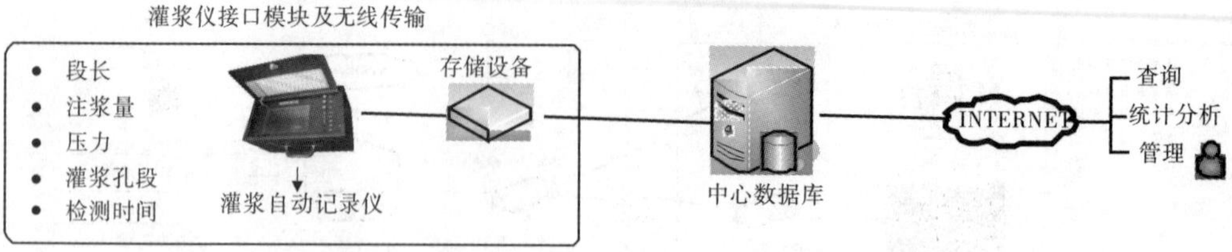

图 5　灌浆信息自动监控与分析子系统的技术方案

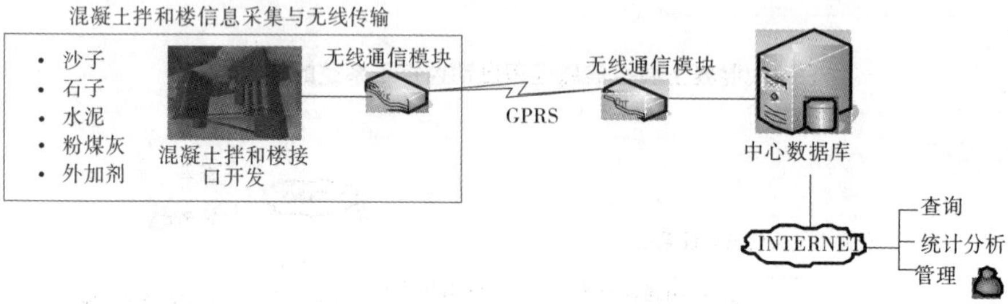

图 6　混凝土拌和楼信息远程自动采集子系统的技术方案

4　系统运行效果统计与分析

4.1　碾压机行驶超速统计与分析

数字大坝系统规定碾压机碾压时，连续 10 秒超过最大规定速度则进行超速报警，以保证碾压质量。数字大坝系统正式运行以来，共监控到碾压机超速行驶 474 次，平均每台班超速不足 0.3 次。碾压超速报警后，分控站监理及时通知现场施工、监理人员，并对超速条带进行相应处理，最后检测压实度均达到设计标准，不影响大坝碾压质量。见图 7。

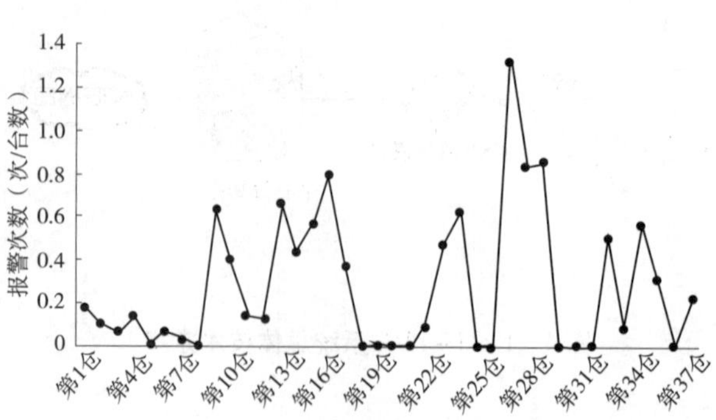

图 7　碾压时行驶超速统计结果

4.2　碾压机振动状态不达标统计与分析

数字系统对连续 5 m 条带振碾次数少于 6 遍进行报警，以保证碾压质量。数字大坝系统正式运行以来，共监控到碾压机振动状态不达标报警 92 次，平均每台班不超过 0.1 次。碾压时振动报警，分控站控制人员及时通知现场施工人员与监理人员，并对报警条带进行补碾或做相应处理，最后检测压实度均达到设计标准，不影响大坝碾压质量，保证碾压机振动状态处于受控状态。见图8。

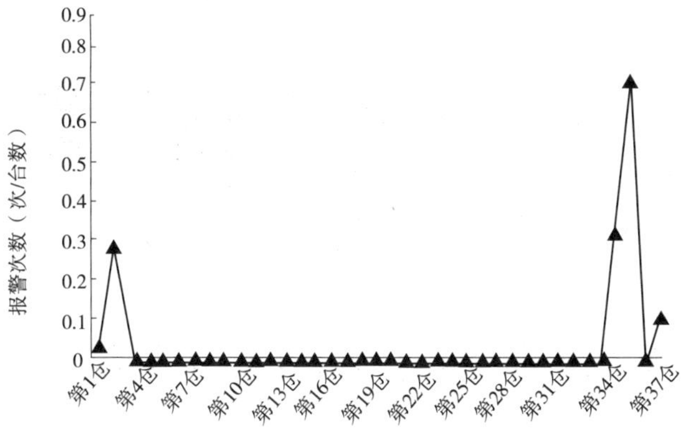

图8　碾压时振动异常报警统计结果

4.3　仓面碾压厚度不达标统计与分析

数字系统对连续5米条带碾压厚度超过40 cm的情况进行报警，以保证碾压质量。系统正式运行以来，共监控到仓面碾压厚度不达标1 493次，平均每台班超厚不足0.9次。碾压时超厚报警，分控站控制人员及时通知现场施工人员与监理人员，并对报警条带采用平仓机进行相应处理，最后检测压实度均达到设计标准，不影响大坝碾压质量，保证仓面碾压厚度处于受控状态。详见图9。

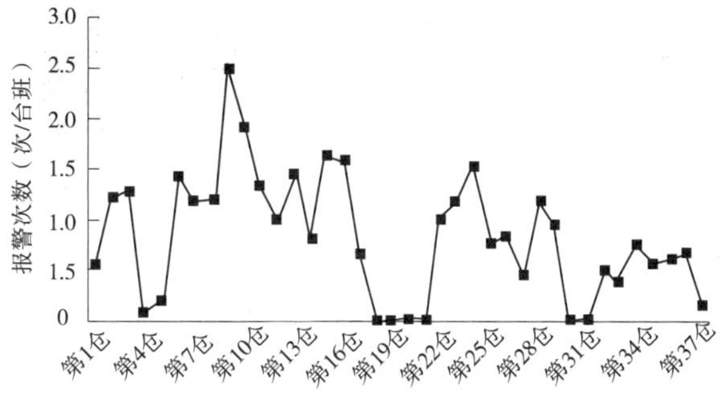

图9　仓面碾压超厚报警统计结果

4.4　仓面碾压遍数统计与分析

数字系统正式运行期间，共完整监控大坝碾压施工仓面42个，碾压层787个。所有监控的施工仓面的碾压层中，振动碾压6遍及以上区域所占比例最低为83.26%，最高为99.86%，平均为96.83%；振动碾压8遍及以上区域所占比例最低为80.21%，最高为99.82%，平均为94.31%，结果显示，随着系统的深入运行，振碾8遍及以上达标率呈上升趋势，并保持在较高水平。

根据统计结果分析，部分碾压层振碾遍数达标率偏低，但最后经过现场检测压实度，压实度值在设计范围之内，经分析，达标率偏低主要由以下原因造成：

(1)部分碾压层施工期间，由于现场仓面平整度不满足要求，现场需要进行补料调整仓面平整度，补料引起的升层较薄且无需振碾8遍及以上。

(2)个别碾压层施工期间,其相邻坝段高差过大,影响碾压机流动站设备定位精度,进而对系统监控结果造成一定影响。见图10。

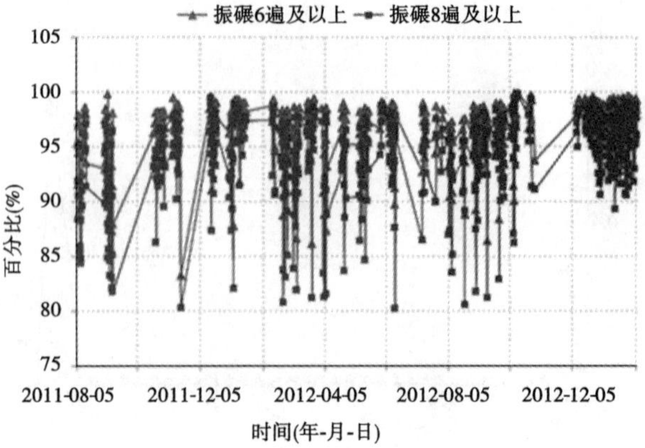

图10　仓面各碾压层振碾遍数百分比统计结果

4.5　仓面压实厚度统计与分析

对数字系统完全监控的共42个碾压仓面787个碾压层的压实厚度统计分析,压实厚度均值最小值为0.15 m,最大值为0.45 m,所有碾压层的平均压实厚度为0.30 m,满足设计要求。见图11。

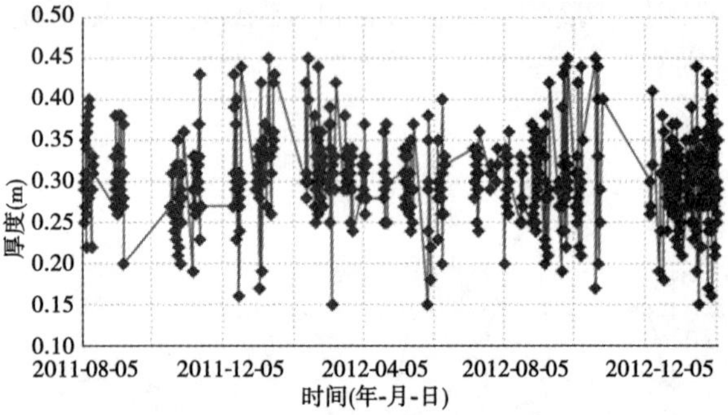

图11　仓面各碾压层压实厚度统计结果

4.6　混凝土温度实时监控

混凝土温度信息通过PDA实时录入到数字大坝系统中进行集成管理,系统运行至今,共采集混凝土出机口温度数据69条,混凝土入仓温度999条,混凝土浇筑温度858条。表1列出了春夏秋冬四季的温度均值情况。见图12~图14。

表1　混凝土温度综合统计

	春季	夏季	秋季	冬季
出机口温度均值(℃)	16.1	21.6	18.3	—
入仓温度均值(℃)	18.0	23.4	18.8	16.7
浇筑温度均值(℃)	19.0	23.4	20.2	15.8

注:1.3、4、5月为春季,6、7、8月为夏季,9、10、11月为秋季,12、1、2月为冬季。
2.出机口冬季温度采集值较少,不作均值分析。

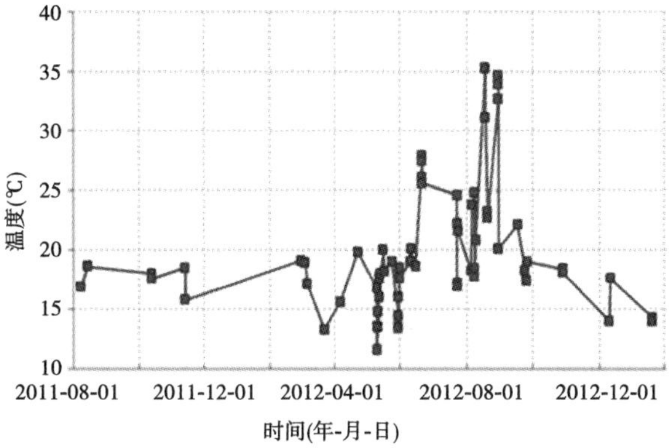

图 12　混凝土出机口温度检测结果

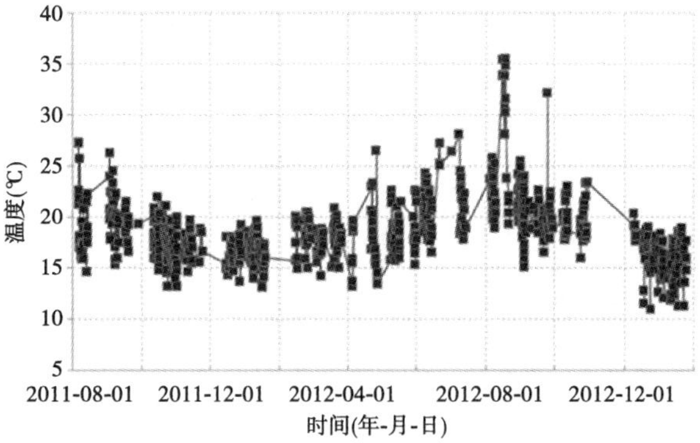

图 13　混凝土入仓温度检测结果

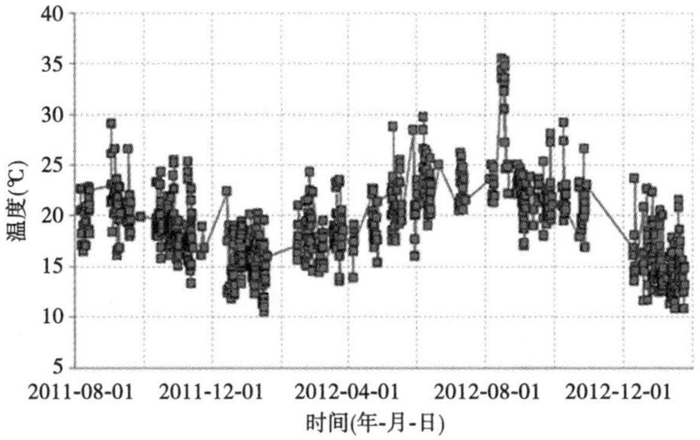

图 14　混凝土浇筑温度检测结果

4.7　仓面环境信息实时监控

通过在仓面放置小气候实时采集仪器,自动对施工仓面温度、湿度、风速信息进行检测,并实时录入到数字大坝系统中进行集成管理。系统运行期间,共采集仓面内温度数据 23173 条,湿度数据 15 838 条,风速数据 13 402 条。表 2 列出了春夏秋冬四季仓面内气温、湿度和风速的统计结果。

表 2　仓面小气候综合统计

项目	春季	夏季	秋季	冬季
仓面内气温(℃)	26.1	27.0	22.3	17.9
仓面内湿度(%)	29.4	67.2	59.2	38.8
仓面内风速(m/s)	0.47	0.16	0.20	0.63

注:3、4、5 月为春季,6、7、8 月为夏季,9、10、11 月为秋季,12、1、2 月为冬季。

4.8　核子密度计检测信息管理

核子密度计检测信息实时录入到数字大坝系统中,系统运行期间,共采集 1 122 条记录。经统计分析,一次合格率为 100%,压实度最小值为 98%,均值为 99.19%。经检测压实度不合格处,现场监理要求施工单位进行补碾直至压实度满足设计要求,核子密度计具体检测结果如图 15 所示。

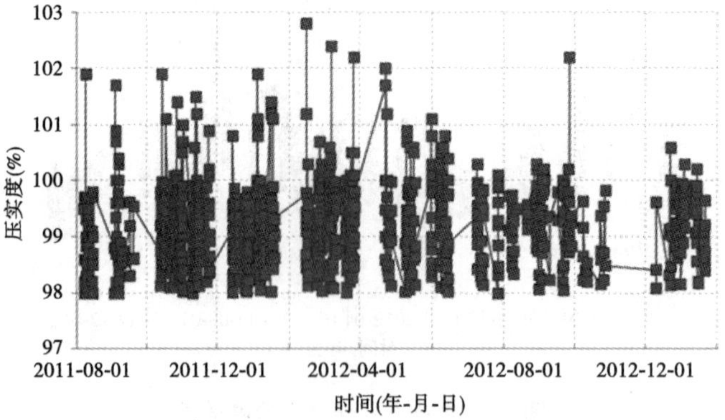

图 15　碾压混凝土压实度检测结果

4.9　拌和系统混凝土生产数据采集与分析

通过采集拌和混凝土生产数据,统计结果分析混凝土供应量最低月发生在 2011 年 2 月,月供应量 0.3 万 m^3,最高月发生在 2011 年 6 月,月供应量 12.20.3 万 m^3。详见图 16。

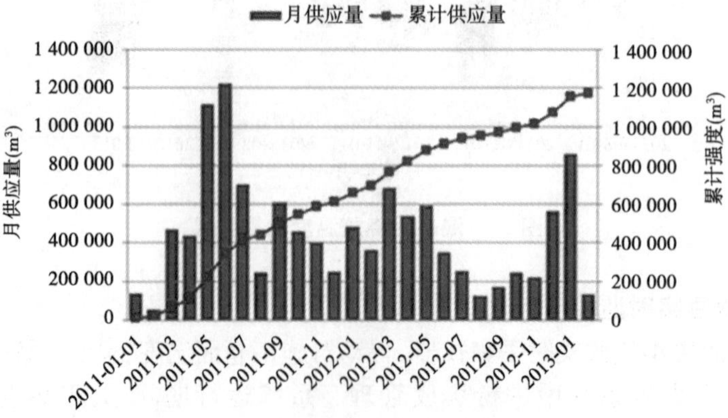

图 16　拌和系统混凝土供应量统计结果

4.10　灌浆信息采集与分析

4.10.1　灌浆提醒统计分析

根据坝基灌浆施工技术要求，监控系统设置相应的提醒条件，满足条件时发送提醒短信，及时反馈给施工和监理人员，使之做出相应调整。灌浆提醒系统运行期间，共发送提醒短信5 432次，针对短信提醒情况进行现场排查，及时采取相应措施，确保灌浆效果，不影响施工质量，详见表3。

表3　灌浆提醒统计表

提醒类别	判定准则	提醒次数
灌前涌水孔段提醒	涌水压力>0	900
灌前压水试验无压无回提醒	表压力值<0.10 MPa，并且进浆流量大于30 L/min时	69
抬动提醒	抬动值>0.20 mm，并且进浆流量大于10 L/min时	243
建议屏浆待凝提醒	某级浆液5 min注入量（即5 min内累计流量）≥300 L	468
浆液越级变浓提醒	某级浆液注入率（即单位注入量）≥30 L/min时	2 180
灌浆记录仪数据中断提醒	未结束孔段中断了0.5 h或者以上的灌浆	1 185
单耗异常提醒	某孔段单耗>1 000 kg/m	387

4.10.2　灌浆工程量综合统计分析

将采集到的灌浆信息进行数据汇总，得到灌浆工程量统计结果：Ⅰ序平均单耗610.9 kg/m，Ⅱ序平均单耗389.1 kg/mⅢ序平均单耗184.6 kg/m。统计结果显示，各排孔的平均单位注入量均呈现出随着灌浆孔序的不断加密而逐序减小的趋势，总体上看符合一般灌浆规律，表明先序孔的灌浆效果明显，后序孔起到了进一步充填、挤密压实的作用。详见图17。

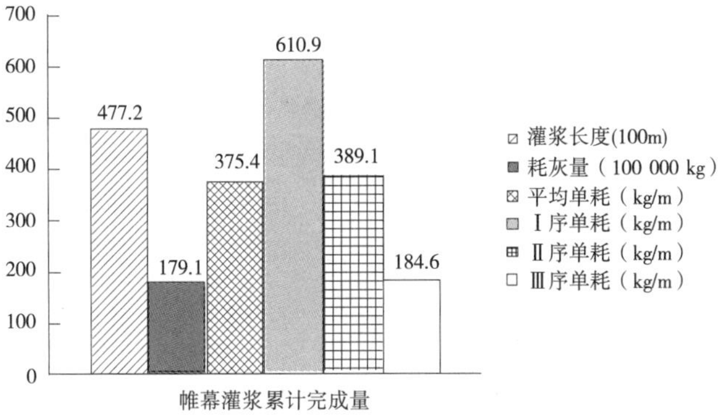

图17　灌浆工程量综合统计

4.10.3　灌浆单耗量分区间统计分析

通过读取灌浆施工数据库，对完整记录的6 598个孔段进行单耗量统计。统计显示，单耗量300 kg/m以下的孔段数比列为75%，300～400 kg/m孔段占6%，400～500孔段占5%，表明随着2、3序孔的增加，单耗明显降低，灌浆效果得到显著增强。详见图18。

4.10.4 终孔段透水率统计分析

对于已经完成210个灌浆孔,读取其终孔段灌前透水率,通过与孔内成像报告对比,可以为灌浆质量的完成情况提供依据,可以看出终孔段透水率合格(吕荣值<2)有186个,占所有完成孔段的比例为89%。

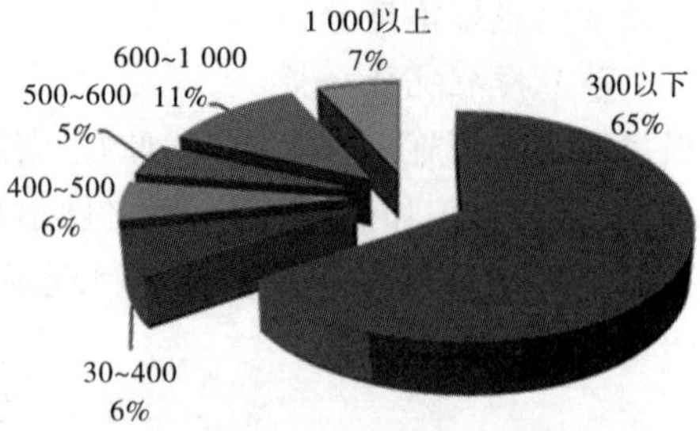

图18 单耗量分区间统计图

5 系统成本

根据设备及人员投入情况，以及系统建设的工作量，系统开发与建设总费用为721.08万元,后期维护费用为225.39万元,总计946.45万元(不含土建及施工区通信网络建设费用),见表4。

表4 系统成本核算表

序号	项目	(万元)			说明
		合计	硬件设备	开发服务	
1	碾压混凝土施工质量GPS监控子系统	281.89	199.42	82.47	按6台碾压机械,6台GPS计算
2	混凝土温控信息远程自动监控子系统	137.42	56.78	80.64	10台混凝土测温装置,20台内部温度监测仪器及无线发送模块,15台冷却水管信息采集与无线发送设备
3	仓面小气候信息自动监测子系统	67.36	11.67	55.69	含5台小气候自动监测仪计算
4	大坝施工现场信息PDA实时采集子系统	52.36	2.78	49.58	按5台PDA计算
5	灌浆信息自动监控与分析子系统	48.89	0	48.89	
6	混凝土拌和楼信息远程自动采集子系统	13.67	1.33	12.34	按3座混凝土拌和楼计算
7	“数字大坝”综合信息集成子系统	71.67	0	71.67	
8	现场人员维护费用	47.82	0	47.82	
9	开发建设费用总计	721.08	271.98	449.1	一年质保服务(2011.1—2011.12)
10	后期维护费用	225.39	93.27	132.12	服务器预计17个月
11	总计	946.45	365.25	581.22	

6 结　语

鲁地拉水电站碾压混凝土数字大坝系统是国内首次在碾压混凝土重力坝运用自动、数字化监控进行质量控制的一次成功尝试。随着数字大坝系统的使用,质量控制逐渐向精细化转变,通过对碾压混凝土坝及灌浆施工过程进行实时监测和反馈控制,减少了施工质量监控中人为因素,提高了施工过程的质量监控水平和效率;将浇筑施工质量监测、试验检测等信息进行集成管理,为大坝质量监控以及坝体安全诊断提供信息支撑平台,为大坝的竣工验收及今后的运行提供数据信息平台;实现了建设各方对工程质量精细管理,通过系统的自动化监控,不仅有效掌控大坝施工质量,而且可实现对大坝建设质量的快速反应,有效提升碾压混凝土坝工程建设的管理水平,实现了鲁地拉水电工程建设的创新管理,为打造优质精品工程提供强有力的技术保障;本系统可有效提高碾压混凝土坝施工质量监控的水平和效率,确保大坝施工质量始终处于受控状态,为碾压混凝土坝施工质量的高标准控制开辟了一条新的途径,取得了显著的经济效益和社会效益,具有广阔的应用前景。

参考文献

[1] 崔博. 心墙堆石坝施工质量实时监控系统集成理论与应用[D]. 天津:天津大学. 2010.
[2] 黄声享,刘经南,吴晓铭. GPS 实时监控系统及其在堆石坝施工中的初步应用[J]. 武汉大学学报(信息科学版),2005:813-816.
[3] 钟桂良. 碾压混凝土坝仓面施工质量实时监控理论与应用[D]. 天津:天津大学,2012.

浅析常年高水位运行工况下漫湾电站水库泥沙淤积变化趋势

丁玉江　郭　俊　熊成龙　张　润

（华能澜沧江水电有限公司漫湾水电厂　云南　临沧　675805）

摘要：漫湾水电站是澜沧中游河段最先开发的大型水电站，是澜沧江中下游河段"两库八级"开发方案的第3级，上游与小湾电站衔接，下游是大朝山电站。水库多年平均悬移质沙量5 047万t，实测最大含沙量14.3 kg/m³，平均含沙量1 kg/m³。漫湾电站水库已正常运行21年，随着水库自身逐年淤积，水库死库容和调节库容逐年减少。在水库运行的前20年，水库调度一直采用"蓄清排浑"的运行方式，每年汛期前后均会降低运行水位，利用左、右岸冲沙底孔进行水库冲沙，实现坝前各取水口的"门前清"，有效缓解了调节库容的损失幅度。

2010年以后，小湾电站龙头水库调节能力显现。因漫湾电站工程开发任务为发电，不承担下游防洪任务，为充分发挥电站发电能力，漫湾电站开始常年维持高水位运行，汛期维持正常蓄水位运行。小湾电站的投产发电，拦蓄了上游绝大部分的泥沙，漫湾电站水库入库泥沙较2010年以前大幅度减少，而常年高水位运行工况下水库泥沙淤积趋势也有所改变。本文结合2014年漫湾电站水库淤积测量成果，与往年水库淤积测量成果的对比，对比分析常年高水位运行工况下漫湾电站水库泥沙淤积情况的变化趋势，为水库调度提供依据，供水电同行借鉴。

关键词：漫湾　泥沙淤泥　水库调度

1　概　述

漫湾水电站是澜沧江中游河段最先开发的大型水电站，位于中国云南省西部云县和景东县交界处的漫湾河口下游1 km的澜沧江中游河段上，距临沧市140 km，至大理市200 km，距昆明市约500 km。该水电站以发电为单一开发目标，分两期开发，第一期工程装机125万kW，保证出力38.42万kW，年发电量63亿kWh；第二期工程装机容量30万kW，装机总容量达155万kW，保证出力79.6万kW，年发电量可达78.8亿kWh。电站最大坝高132 m，坝址控制流域面积11.45万km²，多年平均流量1 230 m³/s，正常蓄水位为994 m，死水位为982 m，非常洪水位997.5 m，总库容9.2亿m³，调节库容2.58亿m³，为季调节水库。水库面积23.9 km² 千年一遇设计洪峰流量为18 500 m³/s，5 000年一遇校核洪峰流量为22 300 m³/s，可能最大洪水流量25 100 m³/s。多年平均输砂量4 000万t，实测最大含沙量14.3 kg/m³，平均含沙量1 kg/m³。

漫湾水电站枢纽工程包括实体混凝土重力坝，坝后厂房，厂房两端的500 kV与220 kV变电站，厂后水垫塘，左岸泄洪洞及泄洪双底孔，左、右岸冲砂孔及进厂运输洞等。

漫湾水电站1986年5月1日正式开工，1987年12月实现大江截流，1993年6月第一台机组并网发电，1995年6月5台机组全部投产运行，二期工程已于2007年建成。

漫湾电站水库运行的前20年，水库调度一直采用"蓄清排浑"的运行方式，每年汛期前后均会降低运行水位，利用左、右岸冲沙底孔进行水库冲沙，实现坝前各取水口的"门前清"，有效缓解了调节库容的损失幅度。随着上游小湾电厂投产发电，2010年以后，小湾电站龙头水库调节能力显现，为充分发挥电站发电能力，漫湾电站开始常年维持高水位运行。由于水库运行方式的转变，水库泥沙淤积的情况也有所改变。

2014年，漫湾电站委托中国电建集团昆明勘测设计研究院有限公司测绘地理信息分院开展水库淤积测量工作，并进行水库冲刷、淤积量计算分析、库容计算分析等，旨在掌握水库泥沙运动规律，对水库泥沙问题进行预测和预报，以指导电站安全运行。

本次测量采用多波束测深系统采集水下高密度点云数据，岸上部分地形测量以GPS-RTK方式采集为主，全站仪采集方式为辅。坝前段2 km范围内测量比例尺为1:200，水库区测量比例尺为1:2 000。

2　泥沙分析

2.1　大坝坝前漏斗形状分析

2.1.1　分析方法

大坝前漏斗形状分析采用本次施测的水库水下地形图与2012年冲沙后施测的水下地形图进行比较。布设剖面线平行于坝轴线，B2—B26剖面间距为10 m，B1—B2间距为5 m，剖面布置示意图见图1，共计26条剖面。

布置范围距离坝址长度约240 m，剖面成果调制是从左岸至右岸，剖面图从下游往上游编号，根据两次测绘成果进行分析。

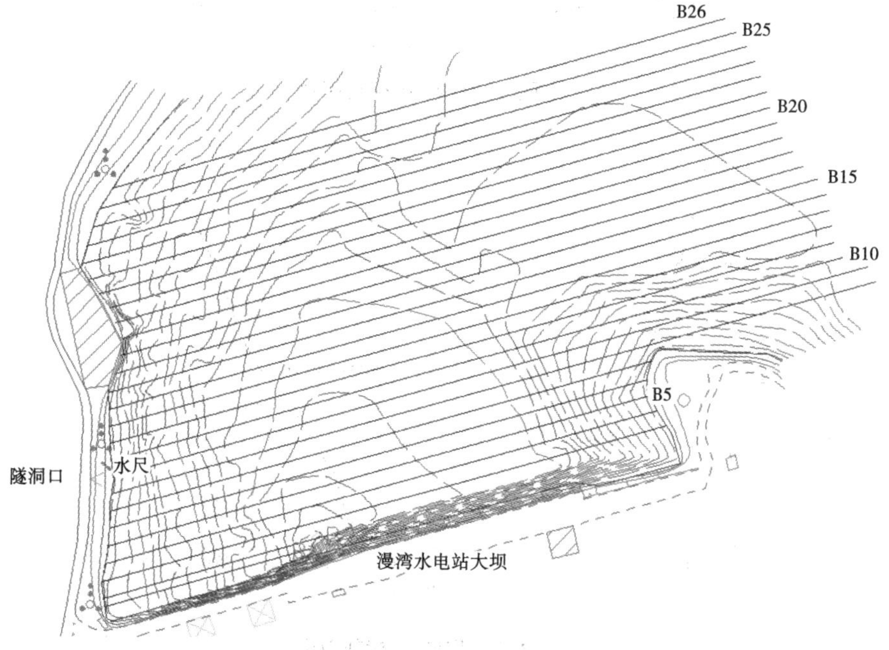

图1　坝前水下地形横剖面布置图

2.1.2　分析成果

(1)最深点比较。2012 年冲沙后测绘的最深点高程为 895.55 m,本次测绘的最深点高程为 897.72 m。自 2012 年水库冲沙至今,最低点高程淤积了 2.2 m。

(2)从剖面 B1(见图 2)至剖面 B3 可以看出,左岸冲沙底孔部位淤积了约 1.2 m,右岸冲沙底孔部位淤积了约 2.2 m,其他部位表现为少量冲刷。

(3)从剖面 B4(见图 4)至剖面 B8(见图 4)可以看出有一定的淤积,淤积量较小,平均淤积量约 1 m。剖面 B8 左岸有一定的冲刷,但冲刷量不大。

(4)剖面 B9 至剖面 B16(见图 5)表现为淤积,最大淤积厚度达到了 1.5 m;剖面 B17 至剖面 B26 右岸表现为淤积(如图 6、图 7 所示),平均淤积厚度 0.7 m,左岸表现为冲刷,但冲刷量较小。

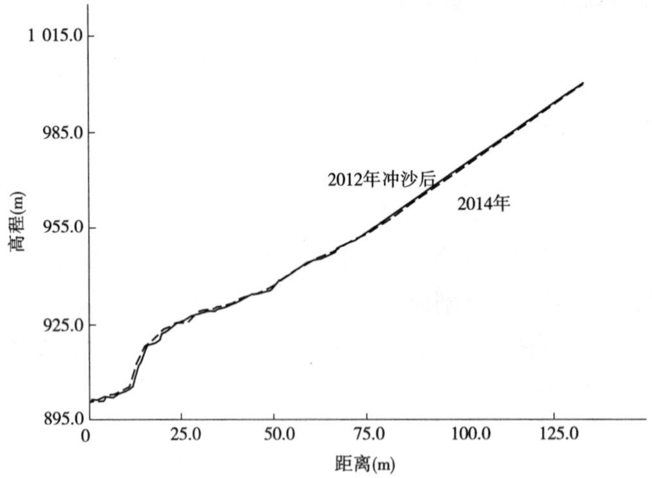

图 2　坝前 B1 横剖面图

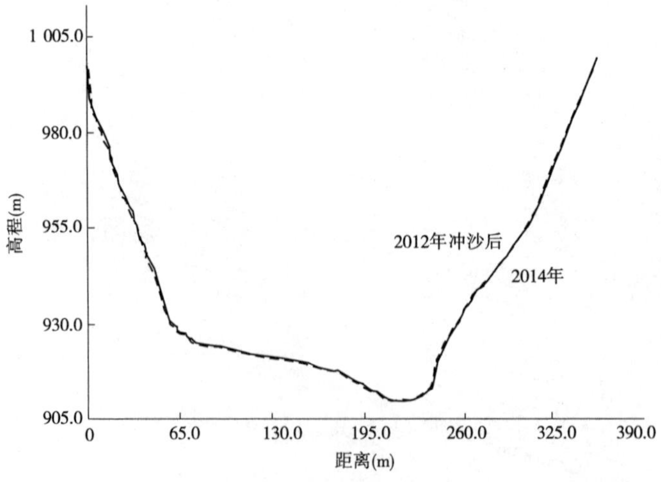

图 3　坝前 B4 横剖面图

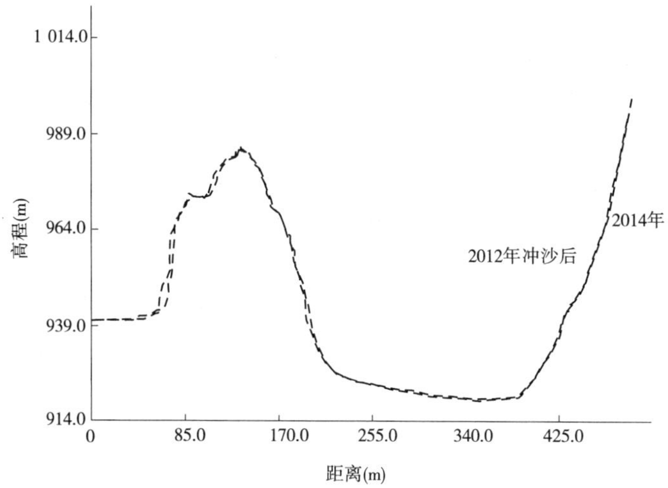

图4　坝前 B8 横剖面图

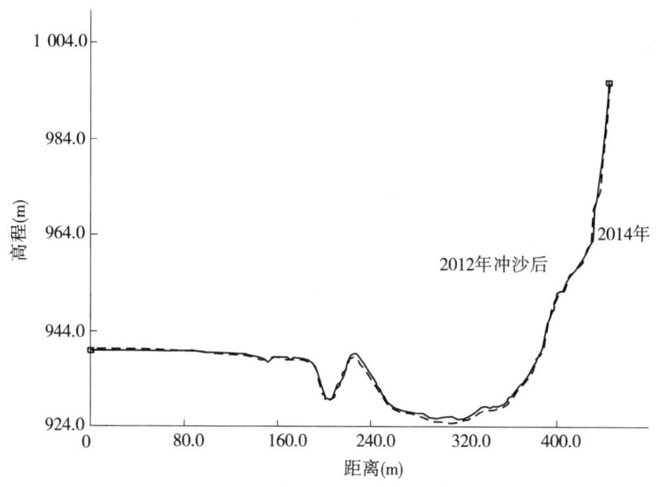

图5　坝前 B16 横剖面图

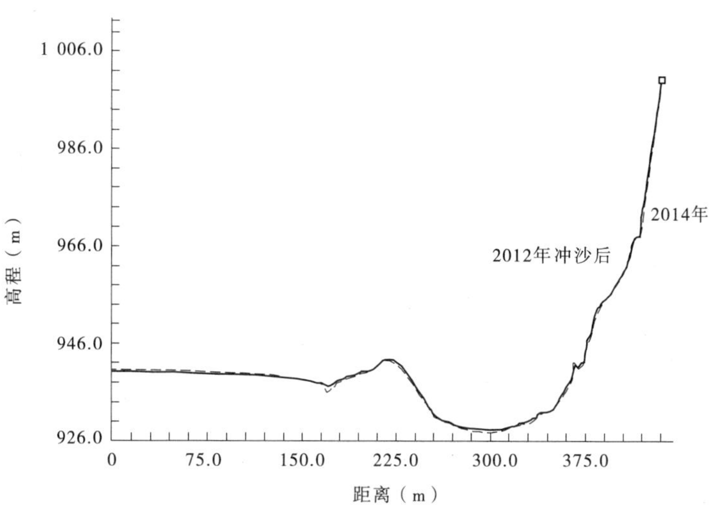

图6　坝前 B18 横剖面图

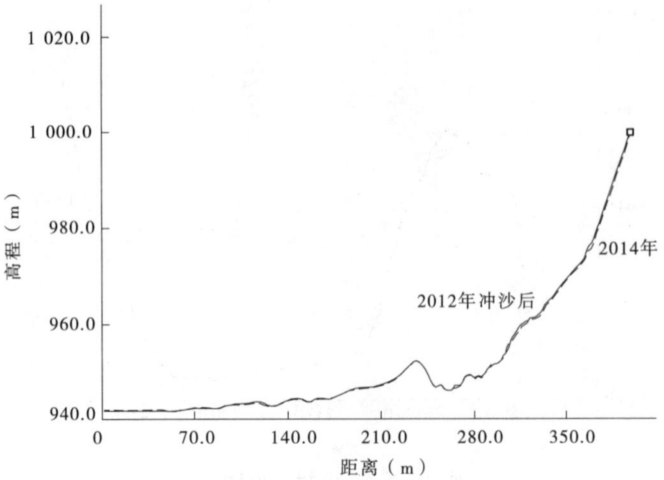

图7 坝前B26横剖面图

2.1.3 漏斗状冲刷淤积量计算

用本次测量数据与2012年冲沙后测量的横剖面进行比较，计算出冲刷淤积量（见表1）。

表1 漏斗状冲刷、淤积统计表量

剖面	高程段	冲刷面积（m^2）	冲刷量（m^3）	淤积面积（m^2）	淤积量（m^3）
B1	994 m以下	7.705 6	0	0	0
B2	994 m以下	35.189 7	98.936 9	4.973 7	8.289 5
B3	994 m以下	51.214 5	432.020 9	98.228 7	417.686 2
B4	994 m以下	30.959 7	410.870 7	80.037 6	891.331 5
B5	994 m以下	20.708 6	258.341 3	96.627 5	883.325 6
B6	994 m以下	13.535 8	171.222	127.869 4	1 122.485
B7	994 m以下	19.598 1	165.669 5	106.508 5	1 171.89
B8	994 m以下	135.297 8	687.964 3	108.978 4	1 077.435
B9	994 m以下	68.516 5	1 000.319	178.341 7	1 436.6
B10	994 m以下	43.777	561.467 5	145.610 7	1 619.762
B11	994 m以下	31.822 5	377.997 6	200.990 9	1 733.008
B12	994 m以下	10.007 2	198.916 8	202.949 3	2 019.701
B13	994 m以下	18.983 9	142.580 8	212.313 9	2 076.316
B14	994 m以下	25.694	223.389 5	172.623 1	1 924.685
B15	994 m以下	25.022 6	253.582 9	163.618 3	1 681.207
B16	994 m以下	22.932 9	239.777 5	130.411 9	1 470.151

续表 1

剖面	高程段	冲刷面积(m^2)	冲刷量(m^3)	淤积面积(m^2)	淤积量(m^3)
B17	994 m 以下	38.312 6	306.227 9	143.372 1	1 368.92
B18	994 m 以下	45.815 9	420.642 5	112.018 5	1 276.953
B19	994 m 以下	76.460 8	604.879 5	69.244 5	906.315 3
B20	994 m 以下	91.772 3	841.165 5	47.723 2	584.838 4
B21	994 m 以下	115.539 7	1 036.56	27.724 9	372.742 5
B22	994 m 以下	122.199 2	1 188.695	38.837 2	332.810 4
B23	994 m 以下	108.497 9	1 153.486	41.421 2	401.291 9
B24	994 m 以下	75.942 5	922.201 9	37.952 8	396.869 9
B25	994 m 以下	47.512 8	617.276 4	38.249 1	381.009 6
B26	994 m 以下	18.592 5	319.423 1	56.025 2	471.371 8
合计		1 301.613	12 633.61	2 642.652	26 026.99

坝前段漏斗形区域总淤积量为 26 026.99 m^3，总冲刷量为 12 633.61 m^3，总净淤积量为 13 393.38 m^3。

2.2　水库泥沙淤积趋势分析

2.2.1　水库泥沙淤积形态分析

根据 2005 年、2009 年和本次施测的纵横剖面成果绘制成图并进行泥沙淤积分析：

(1)水库干流深泓线纵剖面如图 8 所示。从淤积纵剖面看，水库泥沙淤积呈明显的三角洲淤积形态，前坡比降约为 2.6‰，顶坡比降约为 0.20‰，三角洲淤积面逐年抬高并向坝前推进，洲头距大坝约 16.9 km，洲顶高程约为 983.34 m，经过近 5 年的高水位运行，漫湾电站水库泥沙淤积趋势与 2009 年基本一致，水库尚未达到冲淤平衡状态。

(2)本次共测绘干流横剖面 72 条(见图 9 ~ 图 15)，编号为 LM09 ~ LM73、支流公郎河横剖面 8 条，编号 LMG01 ~ LMG04，共计 80 条。由于小湾水电站 2009 年下闸蓄水，据有关资料显示，小湾水库在坝址以上平均每年可拦蓄泥沙 4 800 万 t(约 3 200 m^3)，从而极大地缓解了漫湾水电站的泥沙问题。从水库泥沙淤积的横向分布来看，虽然水库常年处于高水位运行，但是相对于 2009 年成果，整个水库淤积量相对较小，坝前段(大坝—LM35 剖面)泥沙淤积较后段大，平均淤高约为 1.2 m，最大淤积高度为 6.1 m；库中段(LM36 ~ LM55)泥沙淤积相对较少，平均淤高约为 0.5 m；库尾段(LM56 ~ LM73)总体上表现为冲刷，主要表现在库岸两侧；坝前段(LM09 ~ LM35)的剖面基本上呈水平淤积，库中段的剖面呈现冲淤平衡，库尾段淤积较少，靠近小湾坝址的剖面出现两侧冲刷。

(3)漫湾水库库区支流较少，仅在库中有一条稍大的支流公郎河，该支流汇口距离漫湾坝址约 21 km。本次成果与前期相比(见 LMG01 ~ LMG04 剖面成果图)，LMG01 ~ LMG02 剖面间存在少量的淤积，平均淤积约 0.6 m，上游基本上表现为冲刷，但冲刷量较小，从冲刷淤积量情况上看，公郎河已基本上达到冲淤平衡。

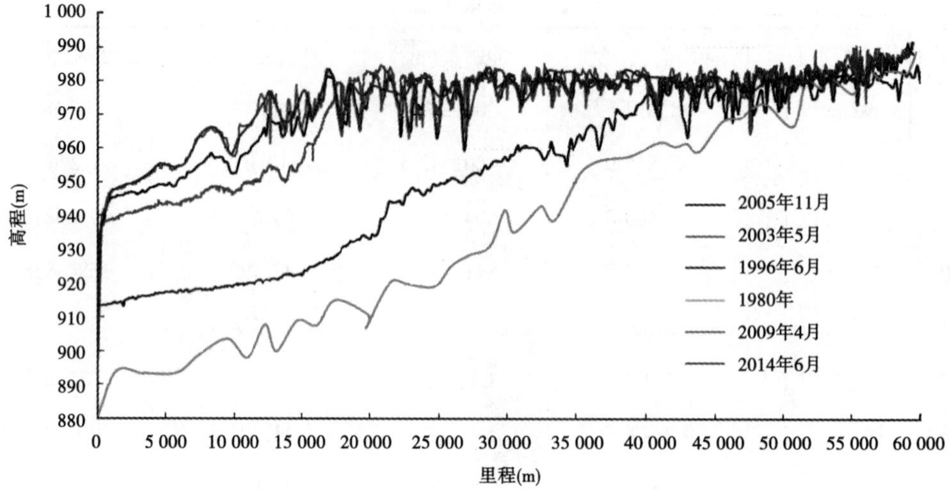

图 8　漫湾电站水库干流深泓线纵剖面

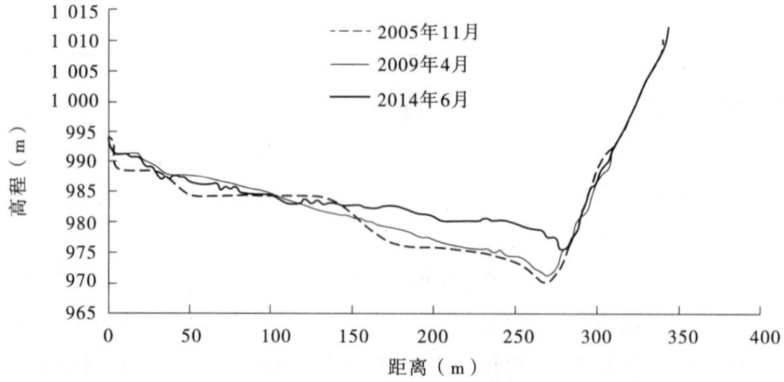

图 9　干流 LM31 剖面

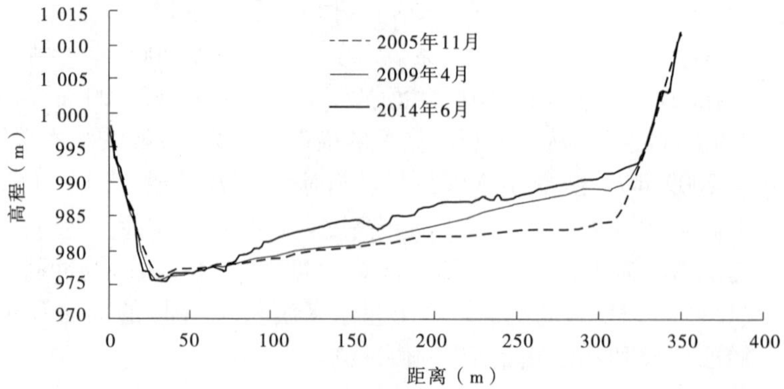

图 10　干流 LM35 剖面

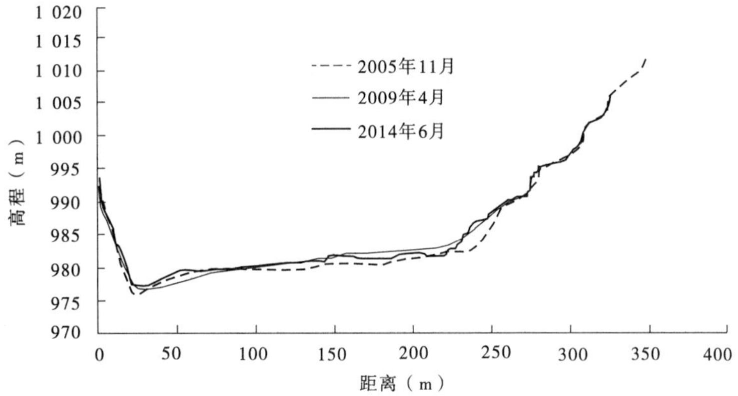

图 11　干流 LM41 剖面

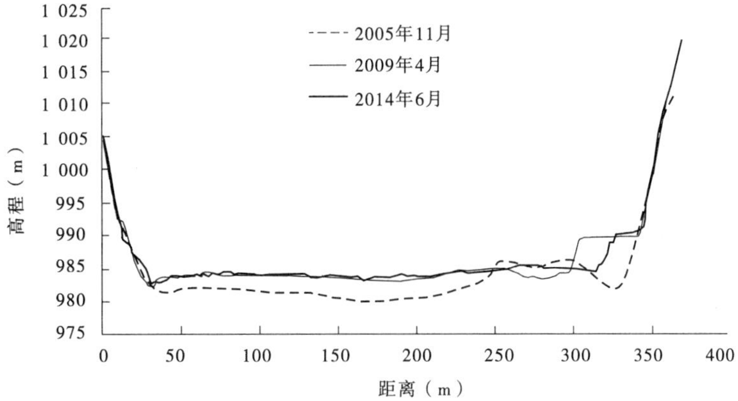

图 12　干流 LM49 剖面

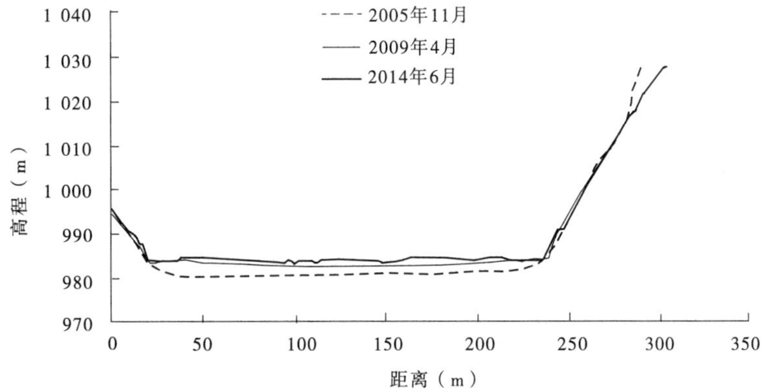

图 13　干流 LM54 剖面

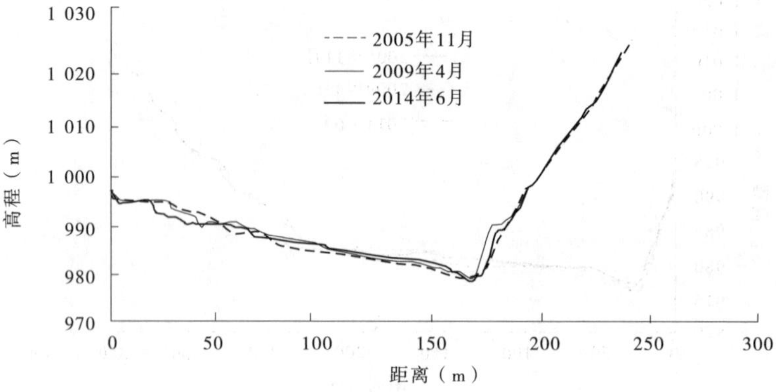

图14 干流LM69剖面

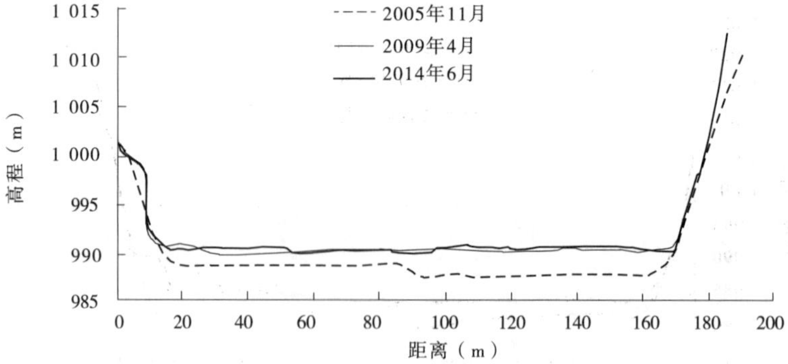

图15 支流LMG01剖面

2.2.2 泥沙淤积及库容损失

统计1980年、1996年、2005年、2009年和2014年实测库容和泥沙淤积量，见表2。

表2 历年库容统计表

高程(m)	建库前(万 m^3)	1996(万 m^3)	2005(万 m^3)	2009(万 m^3)	2014(万 m^3)
999.4			55 611.000 0	50 222.000 0	49 604.638 2
994	92 000.000 0	75 471.000 0	42 573.000 0	37 160.000 0	36 501.893 1
990	82 732.000 0	66 297.000 0	33 634.000 0	28 410.000 0	27 843.796 5
988	78 715.000 0	62 536.000 0	29 766.000 0	24 899.000 0	23 997.028 6
985	72 689.000 0	56 383.000 0	24 067.000 0	19 634.000 0	18 945.670 5
982	66 663.000 0	50 677.000 0	19 457.000 0	16 049.000 0	15 018.505 1
980	62 646.000 0	46 991.000 0	17 098.000 0	13 659.000 0	13 147.367 3
970	46 439.000 0	32 793.000 0	9 072.000 0	6 590.000 0	6 467.458 4
960	33 521.000 0	21 608.000 0	3 708.000 0	2 424.000 0	2 419.820 7

续表 3

高程(m)	建库前(万 m^3)	1996(万 m^3)	2005(万 m^3)	2009(万 m^3)	2014(万 m^3)
950	23 273.000 0	13 072.000 0	644.000 0	406.000 0	377.529 0
940	15 138.000 0	7 176.000 0	61.000 0	58.000 0	61.487 5
930	8 750.000 0	2 952.000 0	23.000 0	20.000 0	23.673 7
920	3 962.000 0	399.000 0	4.000 0	3.000 0	3.712 8
910	1 108.000 0	0.000 0	0.100 0	0.200 0	0.512 2
900	9.000 0	0.000 0	0.000 0	0.000 0	0.007 4
880	0.000 0	0.000 0	0.000 0	0.000 0	0.000 0

从表 2 中可以看出，漫湾水库经过近 21 年的运行，水库泥沙淤积总量(994 m 高程以下)已达 55 498 万 m^3，其中死水位 982 m 以下为 51 644 万 m^3，占总淤积量的 93.1%；汛期限制水位 988 m 以下为 54 718 万 m^3，占总淤积量 98.6%；有效库容内泥沙淤积 3 854 万 m^3，占泥沙淤积总量的 7.0%，有效库容的损失率为 15.2%。

由于小湾水电站 2009 年下闸蓄水，同时漫湾水电站开始常年高水位运行，尽管高水位运行不利于泥沙的顺利排出，但是由于小湾水电站的拦蓄作用，漫湾电站水库入库泥沙较之前大为减少，从而极大地缓解了漫湾水电站的泥沙问题。正常蓄水位以下库容、死库容和有效库容相对以往来说变化量减小。

2.2.3　与设计成果对比

漫湾电站泥沙设计主要考虑了以下两个方面：一是电站的保库防沙(特别是电站前期)，二是控制泥沙淤积对上游小湾电站的影响。针对漫湾水库库容小、来沙量大但又集中于汛期的特点，采用"蓄清排浑"的水库运行方式。汛期 6 ~ 9 月降低水库运行水位至汛期限制排沙水位(简称汛限水位)，10 月开始蓄水至正常蓄水位。

设计报告中推荐汛期限制水位为 985 m(现在漫湾水库汛期限制水位为 988 m)，根据中国电建集团昆明勘测设计研究院 1992 年所作《漫湾水电站库区泥沙模型试验报告》中 B 组试验成果相应的泥沙淤积和库容损失模型实验设计成果见表 3。

表 3　漫湾水库模型试验主要成果

项目	年限			
	5	10	15	20
淤积量(亿 m^3)	1.256	2.355	3.672	4.763
总库容损失率(%)			47.4	61.0
有效库容损失(万 m^3)			1 400	2 100
有效库容淤损率(%)			6.5	9.8
坝前淤积高程(m)	900	905	915	940

漫湾水库泥沙淤积呈三角洲形态，与设计成果模型一致。三角洲洲顶试验成果 15 年淤积约为 980 m，而由实测情况来看，水库运行近 21 年，库区泥沙淤积三角洲洲顶高程已达

983.34 m。实际泥沙淤积形态与模型试验形态基本一致,数值有一定差别。

漫湾水库实测与设计成果对比见表 4。由表 4 可知,从总淤积量、死库容损失来看,试验成果于实际成果相接近。水库运行近 21 年,有效库容实际减少 3 854 万 m^3,超过模型试验 20 年淤积水平(2 100 万 m^3),达到了 15.21%。

表 4　漫湾水库实测与设计成果对比

项目	设计成果				实测			
					1996 年	2005 年	2009 年	2014 年
年限	5	10	15	20	3	12	16	21
总库容累计损失率(%)			47.4	61	17.97	53.75	59.61	60.32
死库容累计损失率(%)			66.2	81.8	23.98	70.81	75.92	77.47
有效库容累计损失率(%)			6.5	9.8	2.14	8.86	16.68	15.21
坝前淤积高程(m)	900	905	915	940	913.3	940.7	941.1	941.4

水库运行 21 年坝前淤积高程(横剖面 LM09 的深泓点)为 941.4 m,与模型试验的结果比较接近。

3　结　语

通过 2014 年水库淤积测量成果对比 1980 年、1996 年、2005 年、2009 年水库淤积测量数据,可以看出漫湾水库整个水库泥沙主要淤积在死库容以下,2009 ~ 2014 年,漫湾电站开始常年高水位运行,但是由于小湾水电站 2009 年下闸蓄水,小湾电站的拦蓄作用极大的缓解了漫湾水电站的泥沙问题;2005 ~ 2009 年,漫湾水库淤积量约 5 413 万 m^3;2009 ~ 2014 年,漫湾水库淤积量约 659 万 m^3,漫湾电站水库在常年高水位运行工况下泥沙淤积较往年大幅减少,正常蓄水位以下库容、死库容和有效库容相对以往来说变化量减小。

此次测量主要通过水库库容的测量来判断水库泥沙淤积的趋势,后续漫湾电站将继续加强水库入库泥沙监测,通过将泥沙含量变化趋势与水库淤积变化趋势进行对比,掌握水库泥沙淤积变化规律,合理安排水库调度方式,确保水库安全运行。

参考文献

[1] 中国水电顾问集团昆明勘测设计研究院. 漫湾水电站库区泥沙模型试验报告[R].
[2] 中国电建集团昆明勘测设计研究院有限公司. 漫湾水电厂运行阶段 2014 年水库淤积测量技术总结报告[R].

漫湾水电站坝前漂浮物综合治理探讨

龚友龙　简树明　丁玉江　雷声声

（华能澜沧江水电有限公司漫湾水电厂　云南　临沧　675805）

摘要：漫湾水电站位于澜沧江中游，是云南省第一座百万千瓦级的大型水电厂，也是我国第一座由中央和地方合资建设的大型水电工程，其水库兼有的防洪、发电和旅游等功能，已经体现出巨大的经济价值，发挥了良好的综合效益。漫湾水电站为坝后式厂房，机组进水口布置在原河道的主流位置，上游流经多个城镇、村庄及林地，平时生活垃圾、工业污物及草根树枝等漂浮物很多，洪水期间尤为严重。大量的水面漂浮物，在很大程度上破坏了库区的水面景观及水质，同时不少漂浮物集中在机组进水口前沿、吸附在机组拦污栅栅体上，阻挡水轮机发电机组的进水口水流，减少了栅体过流面积，降低发电的有效水头，对机组的安全运行构成极大威胁并影响到机组发电效益。本文通过对漫湾电站水库坝前漂浮物来源组成、运移特性及其分布规律进行研究，结合水库来水特性、水流流态、调度方式与水位变化等因素，提出了对坝前漂浮物进行综合治理的措施思路。利用拦漂装置设置坝前滞漂区，设计新型全自动双体水面清污船实现坝前漂浮物的全面打捞，利用河岸胶带运输机进行漂浮物的自动化运输，然后经过系统分选回收和集中破碎后达到漂浮物的再生利用，安全、高效、环保的实现坝前漂浮物的综合治理，从根本上解决了漫湾水库坝前的漂污问题，显现出较好的环境效益、经济效益和社会效益。

关键词：漫湾电站　漂浮物　综合治理

1　概　况

华能漫湾水电站位于澜沧江中游，是云南省第一座百万千瓦级的大型水电厂，也是我国第一座由中央和地方合资建设的大型水电工程。漫湾电厂于1986年5月开工建设，1993年5月正式建厂，1993年6月30日首台机组投产发电，1995年6月28日一期工程5台25万kW机组全部投产运营。漫湾一期的建成投产，使云南电力工业实现了大电厂、大电网、大机组、超高压的历史性跨越，同时也揭开了澜沧江丰富水能资源开发的序幕。2007年5月18日漫湾电厂二期工程1台30万kW机组投产运营，出线接入漫湾一期500 kV GIS；2008年并购田坝电站1台12万kW机组，出线接入220 kVGIS。至此，总装机容量达到167万kW，为“一厂三站”式分布，实施远方集中控制。漫湾水利水电工程自建设以来，其水库兼有的防洪、发电和旅游等功能已经体现出巨大的经济价值，发挥了良好的综合效益。但是，水面漂浮物的不良影响也日益引起人们的重视，尤其是对于库区水质和机组运行的影响甚大。大量的水面漂浮物，特别是白色漂浮物，在很大程度上破坏了库区的水面景观同时影响水质，不少漂浮物集中在电厂进水口前沿、吸附在电厂拦污栅栅体上，阻挡水轮机发电机组的进水口水流，对枢纽的安全运行构成极大威胁并影响到机组发电效益。

2　漫湾库区漂浮物现状

2.1　库区漂浮物的来源及组成

漫湾水电站为坝后式厂房，机组进水口布置在原河道的主流位置，上游流经多个城镇、村庄及林地，平时生活垃圾、工业污物及草根树枝等漂浮物很多，洪水期间尤为严重。其漂浮物主要有三个来源[1]：①沿江城镇、村庄流入江中的垃圾；②汛期沿江田间地头随雨水冲刷带进江中的树枝、秸秆、柴草、树叶等；③过往船只（尤其以渔船居多）倾倒入江的垃圾。由于工业生活垃圾的排放和雨季径流冲刷的影响，漫湾库区漂浮物的组成较为复杂，漂浮物的成分以树根、秸秆、原木和废旧塑料制品居多，受汛期水流作用，漂浮物往往交织、混杂在一起。同时随着水位和季节的变化，漂浮物的种类和数量也发生变化，故难以确定其具体比例。

2.2　漂浮物的运移、分布规律

通常库区漂浮物的运移规律及坝前的滞留区域与库区的水位、流量、电站的运行调度等情况有关。通过对漫湾电厂的运行调度及水库的跟踪调查发现：在将近6个月的汛期中，坝前水位992 m和入库流量1 600 m^3/s为基本运行水位和主要运行流量，相应的漂污量也最大，是作为漂浮物运移、分布规律研究的主要控制因素。当坝前水位在990 m，入库流量为1 600 m^3/s，$1^\#$ ~ $6^\#$机组全开且无弃水时，水库坝前河段漂浮物运移轨迹及分布呈“右多左少”的态势。当坝前水位在992 m及以上时，漂浮物的运移及分布未发生明显变化。而当库水位在988 m及以下时，“右多左少”的态势发生改变。漂浮物在坝前各区分布、滞留情况在同种工况、不同时间表现出不同的特性，分布比例变化幅度较大，具有一定的随机性。一般规律是汛前期强度大于汛后期；一个洪峰的涨水时段多于落水时段。

2.3　目前治理措施及存在问题

漫湾水电站清污排漂设计原则是以人工清污为主，辅以机械清污。目前仅在二期工程即1号机组拦污栅外应急设置了钢结构形式的临时简易拦漂装置一套，并在1号机组进水口拦污栅前布置一台滑轨抓斗式清污机。1号机组进水口现有拦临时污漂装置于2007年汛末投运，设计使用年限为3 ~ 5年，如今已过了使用年限。现已出现钢丝绳、绳卡、螺栓、螺母、格栅钢结构锈蚀严重，浮箱损坏脱落较多，拦污效果下降等问题。而一期工程$2^\#$ ~ $6^\#$机组全部采用简易清漂船结合人工清污方式，虽然$2^\#$ ~ $6^\#$、$8^\#$机组进水口的高程比1号机组进水口高程要低得多，受漂浮物影响较小，但经现场水下检查发现仍有部分大型悬移漂浮物阻塞机组进水口拦污栅，严重时导致栅体变形或破坏，对机组的稳定运行及运行效率构成威胁。故考虑重新制定漫湾库区漂浮物的治理方案和措施。

3　漂浮物综合治理措施研究

治理漫湾电厂库区的漂浮物应贯彻标本兼治的原则。根据库区漂浮物的组成成分、分布及运移规律和处理现状，从环保和经济角度采取可行的治理措施。由于坝前漂污物分布比较分散，且主流随机摆动，难以找到一个漂污物比较集中的固定区域实施有效的捞漂措施。通过前期对库区漂污运动规律的研究，考虑在坝前河段或坝前采取一定的工程措施，以建立拦漂、滞漂区，并结合枢纽运行调度，使漂浮物更易汇集于某一指定区域，以利于捞漂工作的进行。本着在电站库区范围内进行水面漂浮物的收集、打捞及安全处理的原则。经过多种方案比较,专家咨询,考虑采用投资适中、运行较为便利、可靠性强的施工设计方案。

3.1　利用拦漂浮箱体设置滞漂区

通过查阅相关资料并结合实地考察,发现靠近码头的上游河段,有比较理想的河段、地形,经过采取工程措施,可以建立滞漂区。漂污在左岸坝前码头靠近下游水域,大部分偏向左岸运移,故考虑在此设置一道拦漂装置,使漂浮物能够在库区警示浮漂和拦漂体之间的固定区域内聚集,从而便于后续捞漂工作的进行[2]。

根据电站枢纽建筑物布置情况,拦污漂安装轴线位置为坝前左岸山体至右岸已被淹没旧公路的山壁,直线长度 870 m,可同时拦截电站一期和二期进水口污物。两端设置浮动式拦漂漂体及垂直导槽,拦漂两端均可在导槽内上下垂直升降,使拦漂整体在电站运行水位区间可随水位变化,上下自由浮动,拦漂工作范围为 EL. 985 m 至 EL. 994 m。同时中间设置 8 个锚固沉石用锚链与拦漂体连接,以减小两岸锚固墩的拉力,保证大流量高流速工况下深泓区拦漂装置的运行安全。初步预算,在 $H=992$ m,$Q=1\ 600\ m^3/s$ 条件下,漂污物 95% 以上被拦漂浮排滞留在坝前警示浮漂与坝前拦漂装置内,仅有少量自拦漂体左端部漏下。若在同一水位条件下,来流量增大,拦漂、滞漂效果更好[3]。其布置见图 1。

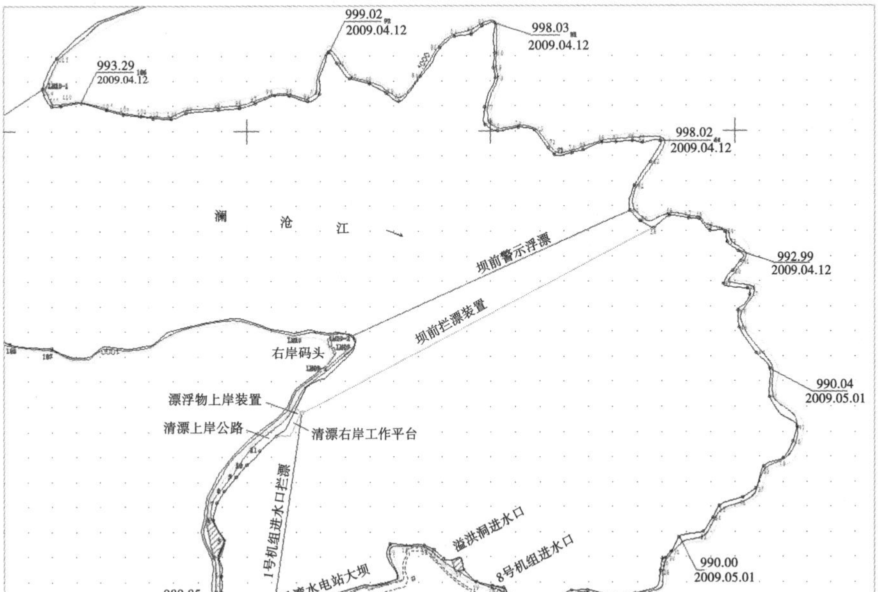

图 1　漫湾电站坝前拦漂清漂设施布置示意图

3.2　清漂工作船

综合水库漂浮物各类因素,为高效、省时的完成清漂任务,现漫湾水电站水库坝前漂浮物清理已实现机械自动化打捞,且库区水域条件能够满足清漂船航行和工作的要求。清漂船结构设计和制造符合国家(强制性)规范及行业标准,其他辅助设备按相关的技术要求和规范执行。清漂船由船体、驾驶室、动力系统、操作系统、收集装置、中部储存装置和独立垃圾输送装置等组成,为钢质双头双体结构、座舱双机双螺旋浆推进、液压舵操纵;收集系统采用液压驱动,电气化远程操作(见图 2)。

清漂船主要用来收集打捞毛竹、树枝及各类水面漂浮垃圾,同时能将收集的垃圾自动卸

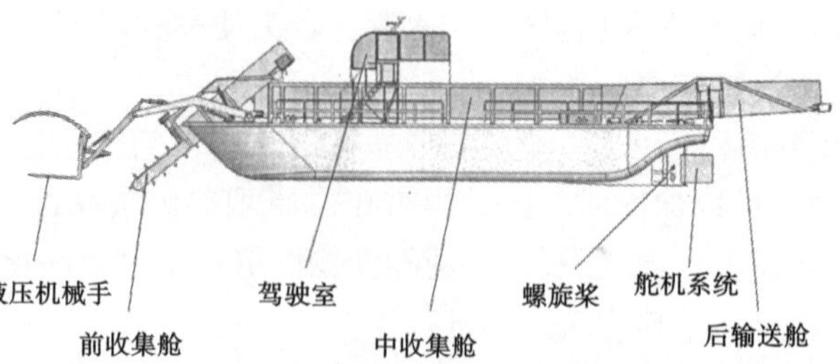

图 2　漫湾电站坝前清漂工作船示意图

载在指定位置，连续性良好。设三个收集舱，前收集舱安装在船的前舱，根据清漂情况可自由调节收集舱的入水深度，顺利的对漂浮物进行打捞，当收集到体积较大的树木或成堆毛竹时，可利用机械手进行抓卸；中收集舱和后收集舱均采用高强度尼龙输送带结构，其中，中舱主要用于过度及堆放垃圾，后舱可伸出船尾 4 m，方便将打捞上来的垃圾自动卸载到指定位置。清漂船的主要技术参数见表 1

表 1　漫湾电站清漂船主要技术参数

项目	参数	项目	参数
船体总长	25.60 m	船体总宽	7.10 m
船体总高	5.04 m	船体长	19 m
型深	2 m	片体宽	2.2 m
空载吃水	0.9 m	满载吃水	1.4 m
空载排水量	52.35 t	满载排水量	92.35 t
空载航速	15 ~ 18 km/h	工作航速	2 ~ 7 km/h(收集复杂大型垃圾时为 2 km/h)
发动机功率	110 kW/2 台	发电机组	90 kW/台
油泵机组	110 kW/台	收集最大深度	2 m
收集带宽度	2.6 m	推进方式	双机螺旋桨

3.3　上岸装置及清渣道路

为提升库区漂浮物清运效率，使运渣车辆可直接行驶至江边，清漂船直接将漂浮物通过后输送舱输送至槽型输送带，在拦漂装置右岸锚固墩与岸坡之间设置清漂工作平台，在工作平台布置漂浮物分选及粉碎装置，同时修筑永久道路与右岸码头公路相接，使漂浮物的清理实现机械化、自动化（详见图 1）。

4　漂浮物处理措施

作为困扰漫湾水电站的问题之一，库区漂浮物的治理一直受到各方关注。为了实现漂浮物处理达到生态、环保的目的，考虑将清理上岸的漂浮物就地进行粉碎，然后通过以下方式进行分类处理：

（1）卫生填埋。对于塑料、泡沫制品等生活垃圾，找到合适的位置进行深埋，以免对环境造成二次污染。

(2)再生利用。由于漫湾水电站坝址离云县距离约为50 km,而云县就有生产规模较大的水泥厂,通过调研可以达成协议,把清捞上来的漂浮物将就地破碎运至水泥厂,然后作为燃料进入分解炉和煤一起燃烧,废渣则和煤渣一起成为制作水泥的原料。

5 结　语

通过研究漫湾水电站库区漂浮物现状,提出了系统的、经济的综合治理措施,达到了"江面清,江岸洁"的景观效果,为大坝清除了隐患,为维护库区的生态环境和机组安全运行提供了可靠保障。

以上提出的综合治理措施仍有待进一步优化,尤其是滞漂区的设置,方案中拦漂装置深入江中,达深泓附近,该处流速较大,且漂体本身较长,其本身的结构设计仍需深化研究。

参考文献

[1] 陈燕,赵新泽,邓晓龙. 三峡库区漂浮物综合治理方案探讨[J]. 电力环境保护,2002,12:30-32.
[2] 潘晓曼,张文江,徐长明,等. 大峡水电站库区漂浮物清理工程设计简介[J]. 西北水电,2004.

岩滩水库可持续发展浅析

赵　林

（大唐岩滩水力发电有限责任公司　广西　河池　530811）

摘要：水利的可持续发展中，水库的可持续发展已是社会关注的热点问题。以岩滩水库为例，参照大坝安全鉴定报告，挑选若干指标，评价岩滩水库可持续发展水平，为水库的长期规划提供决策依据。

关键词：可持续发展　岩滩水库　评价指数

1　概　述

水是人类赖以生存的无可替代的宝贵资源，是社会经济发展的物质基础。经济发展和人类的生活离不开水的供给和保障。水利是国民经济和社会发展的基础，只有确保水利的可持续发展，才能保障经济、人口、资源、环境的协调发展。

水库作为最重要的水利建筑，是事先将天然的来水在时间上实现重新分配的重要措施，实现水利的可持续发展，水库的可持续发展是关键问题之一。在水资源日益紧张的今天，评价水库现状，研究水库的可持续发展是很有意义的。

新中国成立以来，建成大中小型水库 8 万多座，在发挥巨大的社会效益和经济效益同时也存在各种各样问题。由于种种原因，水利发展的模式基本属于粗放型，特别是新中国成立补期，兴建较多的小水库，由于技术和施工工艺落后，不少工程的安全标准不高，建设质量较差，配套设施不全，管理工作薄弱，水资源利用率低，水质污染严重，至今未能建立起良性运行的机制。大型水库在长期的运行中，存在着诸如工程质量、运行安全、水库管理、水库周边环境与经济及社会发展等问题，这些问题或多或少的限制了当前各水库的可持续发展。

本文以岩滩水库为例，参照大坝安全鉴定报告，挑选相关指标探讨岩滩水库的可持续发展情况，希望能为岩滩水库以后的运行管理有所裨益，促进水库的可持续发展。

2　工程概况

2.1　自然地理

岩滩水库坝址位于东经 107°30.9′，北纬 24°03′，位于红水河中游河段，枢纽以上控制集水面积 8 080 km^2，坝址距河源 1 200 km，红水河在黔、桂边界的蔗香以上分为南、北盘江，南盘江为干流，发源于云南省沾益县境内。岩滩以上流域位于云贵高原的东翼，流域东西长，南北短，上游较宽，下游略窄，流域四周有高山环绕，分水岭平均高程为 850 ~ 2 190 m。流域内地形复杂，有丘陵、山地和高原，流域平均高程为 1 400 m，流域地势呈西北高，东南低，向东南开口，红水河流域面积 130 870 km^2，河长为 1 553 km。

红水河流域属于亚热带气候，是高温多雨地区。年降雨量在中上游地区一般为1 100～1 300 mm；下游一般为1 500～1 800 mm。由于流域处在季风的控制之下，年雨量分配很不均匀，雨量多集中在5～9月，占全年雨量的80%左右。形成降雨的天气系统主要为锋面、涡切变，也是造成全流域较大洪水的主要原因。

2.2　工程参数

岩滩水电站一期工程是"七五"期间国家重点工程。工程按1 000年一遇洪水设计，5 000年一遇洪水校核，设计洪水位227.2 m，校核洪水位229.2 m，正常蓄水位223.0 m，死水位212.0 m；总库容34.3亿m^3，调节库容10.5亿m^3，属不完全年调节水库，是一座以发电为主、兼有航运的水电站。一期工程安装4台单机容量为30.25万kW混流式水轮发电机组，1992年9月第一台机组并网发电，1995年6月4台机组全部建成并网发电，总装机容量为121万kW。二期扩建工程已于2014年6月投产发电，安装两台单机容量30万kWh发电机组，建成后总装机容量为181万kW，保证出力606 MW，多年平均可发电量75.47亿kWh。

2.3　流域内水利工程建设情况

红水河流域以南盘江为干流规划十个梯级电站，依次为天生桥一级、天生桥二级、平班、龙滩、岩滩、大化、百龙滩、乐滩、桥巩、大腾峡电站，截至2013年除大藤峡水库未建外其余电站都已建成，而且上游北盘江还建设了光照和董菁两座电站，下游浔江建设了长洲水利枢纽，整个流域水利工程建设远远超出规划。与岩滩水库相接的上游166 km为在建的龙滩水电站，下游83 km为已建的大化水电站，各级电站及水库运行工况正常。

3　岩滩水库的相关评价指标

3.1　评价标准

根据《水库大坝安全评价导则》（SL 258—2000）（简称《导则》），对大坝工程性状各专项的安全予以评级，分为A、B、C三级。A级为安全可靠；B级为基本安全，但有缺陷；C级为不安全。各专项安全分级参照《导则》

遵照以上的评级标准，对《导则》以外其他评价指标也分为A、B、C三级。

3.2　评价指标

3.2.1　坝基和岸坡处理的质量评价指数

根据《红水河岩滩水电站设计报告》中对各建筑物区工程地质评价，两岸边坡稳定性较好，不会发生危及大坝安全的坍滑问题；其他建筑物区地坝基或经处理后，均达到设计要求。根据《岩滩水电站大坝安全首次定期检查报告》，坝址基岩为辉绿岩，抗压强度高、完整性较好，坝址的地质条件较好，水库不存在岩溶渗漏；总体设计方案合理并适应实际条件和规程规范；不存在未知的重大隐患。因此坝基和岸坡处理的质量评价指数可评为A级。

3.2.2　坝体工程质量评价指数

"岩滩水电站工程质量鉴定和工程安全鉴定"期间，对大坝常态混凝土原材料、强度保证率和离差系数，碾压混凝土的各项指标、参数抽查，工程土建质量合格。因此，坝体工程质量评价指数可评为A级。

3.2.3　大坝及设备维修指数

针对安全鉴定暴露出的问题，新制作了一扇机组进水口检修闸门及对消力戽坎后混凝土的冲刷淘空部位进行了水下修补等工作，每年按计划对各个机组进行检修并开展设备的升级改造工作,各项工作有完备的台账。因此大坝及设备维修指数可评为 A 级。

3.2.4　大坝安全监测指数

岩滩水库从 1986 年开始内部仪器观测,1992 年开始水平位移、垂直位移观测,1995 年开始扬压力观测,1996 年开始大坝渗流观测,2003 年开始坝址气温观测。观测资料完善。岩滩水电站大坝的水平位移、垂直位移、接缝开度、坝基扬压力等监测量变化总体上是正常的,坝体及坝基的工作状态是稳定的。分析结果显示:大坝变形主要受温度和库水位的影响,大坝水平位移、垂直位移无明显的时效位移,符合重力坝变形的一般规律。除左岸 27# 坝段扬压力略大于设计值外,其余坝段坝基扬压力均小于设计值。因此,大坝安全监测指数可评为 A 级。

3.2.5　水库大坝实际抗洪能力指数

大坝从开始运行至今,本流域仅发生相当于 5 年一遇的洪水。且龙滩水库为年调节性能水库,龙滩投入运行后,正常运行时其调蓄能力能够大幅度的降低洪峰流量,减轻岩滩水库防洪的压力,洪水峰值大幅度降低。因此,水库大坝实际抗洪能力指数可评为 A 级。

3.2.6　冲沙及淤积指数

设计要求,泄洪底孔在出库流量大于 11 000 m^3/s 或下游水位达到 173 m 以上时才能开启运行;左冲沙孔在出库流量大于 10 000 m^3/s 或下游水位达到 172 m 以上时才能开启运行;右冲沙孔在出库流量约等于 3 000 m^3/s 或下游水位 161 m 时才能开启运行,也可以出库流量约等于 11 600 m^3/s 或下游水位 174 m 时开启运行。因此,运行以来冲沙时间较少,坝前淤积增长较快。但在天生桥一级、龙滩水库运行后,水库淤积有所改变,目前水库坝前淤积均在设计允许范围之内。因此,冲沙及淤积指数可评为 A 级。

3.2.7　结构安全评价指数

混凝土坝结构安全评价主要是复核强度与稳定是否满足规范要求。自投入运行以来,水库区域内最大仅发生过一次 3.5 级地震。根据《水电站大坝安全检查施行细则》和“电力工业部关于开展第二轮水电站大坝安全定期检查工作的意见和通知”,故上次定期检查未对大坝稳定和应力复核问题进行专题论证。因此,结构安全评价指数可评为 A 级。

3.2.8　渗流安全评价指数

岩滩大坝 1999 年前总渗流量最大值为 3.77 L/s,多年平均为 3.12 L/s;2000 年后渗流量明显减小,最大值为 2.61 L/s,多年平均为 1.78 L/s。主要渗流来自渗流廊道 12# 坝 WL4、WL5 测点。大坝渗流量主要受上下游水位影响,上下游水位高,渗流量大,反之,渗流量小,受温度的影响较小。岩滩大坝渗流量呈减小的趋势性变化。因此,渗流安全评价指数可评为 A 级。

3.2.9　抗震安全评价指数

岩滩水库 1992 年开始蓄水,蓄水前后岩滩库区地震活动性发生明显变化,蓄水后,地震活动明显增强。1992 ~ 2002 年,地震活动明显增强,2002 年以后,岩滩水库地震活动水平减弱,较平静,与蓄水前活动水平相当。运行以来最大地震为 2008 年 6 月 16 日东兰的 ML3.5 级地震,远小于大坝设防的安全等级。因此,抗震安全评价指数可评为 A 级。

3.2.10　金属结构安全评价指数

金属结构安全评价的目的是复核水库大坝泄水输水建筑物的钢闸门启闭机与压力钢管等在现状下能否按设计条件安全运行。经过检查,岩滩水电站各类金属闸门及其启闭设备外观总体状况良好,不影响安全运行和使用的要求。机组进水口检修门焊缝检测结果超标缺陷严重,已重新制作了一扇机组进水口检修闸门。因此,金属结构安全评价指数可评为A级。

3.2.11　水资源量指数

岩滩水电站处于红水河干流,红水河水量充沛。2000~2006年平均年来水量487.2亿m^3,龙滩建成后,2007~2013年平均年来水量417.74亿m^3,因此水资源量指数可评为A级。

3.2.12　水资源量利用率指数

岩滩水库自1994年全部投产以来,平均水资源利用率88.51%;自龙滩水库2006年9月下闸蓄水以来,2007~2013年平均水资源利用率97.28%。因此,水资源量利用率指数可评为A级。

3.2.13　水质达标率指数

库区水水质基本上呈弱碱性、硬度不高,按水化学组成分类为弱矿化水,对混凝土无侵蚀,坝体水体环境良好。廊道水除右岸有5个取样点的水呈强碱性外,其余廊道水大多呈中性或弱碱性。廊道水水质硬度低,按水化学组成分类为弱矿化水,对混凝土无侵蚀。廊道坝段K^+、Na^+离子的含量比库水大,大坝坝身水K^+、Na^+离子含量又远远大于坝基排水,坝身渗水中的K^+、Na^+主要来自基岩或是混凝土中的骨料。其余分析指标显示结果无太大变化,波动均在合理范围之内。因此,水质达标率指数可评为A级。

4　结　语

参照上面的评价指数,岩滩水库可持续发展处于较高水平,取得了相当好的成绩。这与岩滩水库自投产以来,有着完善科学的管理机制是密不可分。其中对日常管理、巡回所发现的问题故障能够及时整改、处理,大坝监测及其他设备与时俱进升级改造,定期进行机组、大坝、金属结构检修,并有完备的技术资料,一方面保证了大坝的安全,一方面为研究水库的可持续发展提供了第一手资料。

但一个水库的可持续发展,绝不仅是《导则》中提出的几项安全评价。水库的可持续发展与当地经济、人口、资源、环境的关系密切,这就要求对水库管理,水库周边环境、生态,经济及社会发展进行评价,提出相关的评价指标。水库的可持续发展需要建立完善可行的评价体系,不是简单的评级能体现的。评价体系的建立是一个复杂的过程,需要对各项指标的权重、灵敏度进行分析研究。只有建立合理的评价体系,才能及时掌握水库的可持续发展现状,对完善水库的长期规划,实现水资源的优化配置等提供决策依据,促进水库的可持续发展。

参考文献

[1] 钱正英,张光斗.中国可持续发展水资源战略研究综合报告及各专题报告[M].北京:中国水利水电出版社,2001.

[2] 中国人民共和国水利部.SL 258—2000　水库大坝安全评价导则[S].北京:中国水利水电出版社,2001.

[3] 沈长松,王谊,等.影响水库可持续发展指标的灵敏度分析[J].三峡大学学报:自然科学版,2009,31(6).

[4] 吕金宝.基于大坝安全的沙河水库可持续发展指标体系研究[D].南京:河海大学,2007.

[5] 红水河岩滩水电站设计报告[R].南宁:广西电力工业勘察设计研究院,1994.

[6] 岩滩水电站大坝安全首次定期检查报告[R].河池:大唐岩滩水力发电有限责任公司,2009.

[7] 岩滩水电站大坝运行总结报告[R].河池:大唐岩滩水力发电有限责任公司,2009.

[8] 岩滩水电站扩建工程可行性研究报告[R].南宁:广西电力工业勘察设计研究院,2004.

皂市大坝下泄流量率定与分析

涂俊钦　杨开华　刘茂盛

（湖南澧水流域水利水电开发有限责任公司　湖南　长沙　410007）

摘要：皂市水库实际泄洪调度中发现下泄流量偏小，通过对闸门开度、下泄流量现地实测率定，并结合模型试验资料，修正了闸门集控系统将闸门开启高度作为过水断面高度、采用单一流量系数等错误，率定了泄流参数。分析认为闸孔出流流量系数主要与闸门开度相关，而与水头相关性相对较小，提出集控系统改用开度—流量系数相关线来计算下泄流量，并用开度界定自由堰流与闸孔出流工况。

关键词：闸门开度　过水断面　流量系数　皂市水库

1　实测下泄流量偏小

皂市水利枢纽工程位于湖南省石门县境内的澧水一级支流渫水下游，坝址控制流域面积 3 000 km^2，水库总库容 14.4 亿 m^3，其中防洪库容 7.8 亿 m^3，是澧水流域防洪骨干工程。皂市大坝为碾压混凝土重力坝，最大坝高 88 m，泄洪设 5 个表孔、4 个底孔。表孔堰顶高程 124 m，堰面采用 WES 曲线，堰顶偏下游设弧形工作闸门孔口尺寸 11 m × 19.5 m。底孔布置在表孔闸墩下部，为有压短管型式，进口高程 103 m，出口设弧形工作闸门孔口尺寸 4.5m × 7.2 m。表、底孔弧形工作闸门均采用液压启闭、远程集控。

水库 2008 年建成投运后的历次泄洪调度过程中，发现由大坝下游水文站测得的下泄流量较设计值偏小 13% ~ 26%。如果实际泄洪能力果真如此偏小，将直接危及水库大坝安全。经初步分析认为，可能存在水文站测量误差、闸门开度误差、流量计算公式选用参数偏小等方面的问题。

表 1　率定前底孔泄洪流量比较表

库水位(m)	117.95	118.02	125.48	125.77	132.13	134.98	136.25
底孔闸门开度(m/孔数)	3.5/1	3.0/2	7.2/4	3.0/2	5.0/2	2.4/2	5.0/2
设计下泄流量(m^3/s)	203	360	2 150	442	784	437	840
水文站实测流量(m^3/s)	156	271	1 806	370	681	323	721
较设计误差（%）	−23.0	−24.6	−16.0	−16.4	−13.1	−26.2	−14.2

2　闸门开度率定

为查找流量偏小原因，首先对底孔闸门的开度进行校测，发现集控系统原设置的闸门全开位 7.2 m 时并未全开，而是集控开度 7.97 m 时闸门才全开，相差 0.77 m。经与集控系统安装单位核实,集控系统闸门开度是闸门开启的高差,即闸门开启后的底缘高程减底坎高程。从底坎高程 101.02 m 至门洞出口顶高程 108.97 m,高差为 7.95 m,集控开度与理论计算只相差 2 cm。

设计对底孔流量是按短管自由出流计算,即

$$Q = \mu nbe \sqrt{2gH_0} \tag{1}$$

式中:Q 为流量;μ 为流量系数;n 为闸门孔数;b 为闸孔宽度;e 为闸孔开度;H_0 为出口孔口中心以上水头。

水力学中对过水断面的定义是:与元流或总流所有流线正交的横断面。在本底孔流量计算中,泄洪水流的总流的流向与溢流面是近似平行的,其过水断面就是与溢流面正交的断面。按图纸计算,闸门全开时与底坎的高程差为 7.95 m,与此对应的垂直溢流面的高度为 7.2 m。设计提出底孔的高度 7.2 m 是闸门全开时底孔过水断面的高度,与水力学公式定义的一致。而集控系统设置的开度与公式定义是不同,直接代入公式计算流量显然是错误的。本底孔的溢流面剖面是半径为 96 m 的弧形斜坡面,而不是水平面。因此,本底孔闸门的过水断面高度应该是闸门开启时的底缘点至溢流面弧线的垂直高度,亦即点到弧线的最小距离。

设计对表孔流量按自由堰流计算公式:

$$Q = mnb \sqrt{2g}H^{3/2} \tag{2}$$

式中:m 为综合流量系数;H 为计入行近流速的堰上水头。

自由堰流是表孔不受闸门控制的泄流工况,但实际运行时更多的是控泄工况,即闸孔出流,此时流量计算公式与底孔相同。因此,在表孔在控泄工况时也存在与底孔类似的开度问题。我们对表孔闸门的开度也进行了现地校测。

根据实测成果,集控系统显示的表、底孔开启高度(高程差)与现地实测的开启高度基本上一致,误差最大 3.8 cm,一般在 1~2 cm 内,说明集控系统的开度控制和测量是相当精确的。因为误差中还包括了混凝土浇筑、闸门安装等误差,以及开度测量本身的误差。为避免开度定义混淆,我们修改了集控系统的开度设置,按照设计图纸推导了换算公式,将集控系统表、底孔的原开度,统一换算为过水断面高度。

从修正开度与集控原开度(按整米开启)比较情况看,修正前后的最大差值,底孔约 0.7 m,表孔约 1.1 m,基本上是开度越大,差值越大,但差值占开度的比例越小,底孔为 20.6%~9.6%,表孔为 34.8%~6.2%。由于集控系统在流量计算时,误将闸门的开启高度直接作为过水断面高度输入公式进行计算,所以导致实际泄量偏小,且开度越小,误差率越大。

3 流量系数修正

3.1 底孔流量系数推求

在原集控系统中,底孔流量系数采用单一综合流量系数 0.66。根据 1:100 水工整体模型试验成果,用修正后的闸门开度反推流量系数(结果见表 2)。反推的流量系数最大的 0.934,最小的 0.736,均大于集控系统原设置的 0.66。流量系数最大值与最小值相差 0.198,但在同一开度时,库水位从 118~145 m 变幅 27 m,虽流量系数与库水位正相关,但变幅最大的仅 0.09(闸门全开时),其次只有 0.021(开度 1m 时),表明开度是影响流量系数的主要因素。

表 2　底孔(模型)流量系数推算表

闸门开度(m)		库水位	流量 (m^3/s)	流量系数		
原集控	修正后	(m)	模型试验	模型反推	平均	变幅
1	0.83	123.97	280	0.900	0.910	0.021
		129.18	314	0.910		
		137.16	357	0.910		
		144.70	398	0.921		
2	1.69	118.09	433	0.807	0.814	0.019
		125.10	518	0.804		
		133.50	619	0.823		
		145.41	725	0.820		
3	2.58	122.18	706	0.779	0.784	0.010
		129.54	831	0.782		
		135.64	924	0.784		
		142.89	1 026	0.789		
4	3.49	125.40	980	0.749	0.754	0.007
		132.42	1 135	0.756		
		137.07	1 220	0.755		
		144.32	1 347	0.756		
5	4.42	125.14	1 198	0.736	0.743	0.014
		128.58	1 296	0.739		
		137.68	1 532	0.747		
		144.39	1 684	0.750		
6	5.37	124.91	1 466	0.755	0.763	0.011
		133.91	1 778	0.764		
		139.24	1 933	0.765		
		144.51	2 077	0.766		
7.95	7.20	118.91	1 792	0.844	0.906	0.09
		123.35	2 160	0.883		
		128.52	2 509	0.904		
		133.21	2 793	0.917		
		139.51	3 128	0.928		
		143.50	3 323	0.933		
		145.15	3 398	0.934		

为便于集控系统自动计算，将表2中平均流量系数与开度绘制相关线，求得流量系数 μ 与开度 e 的关系式为

$$\mu = 0.0162e^2 - 0.1302e + 1.0025$$

用模型试验工况代入此关系式求得流量系数，再计算相应流量，与模型试验流量的最大偏差为6.6%（出现在低水头、闸门全开工况），一般在3%以下。因此，我们忽略库水位变化对流量系数的影响，而只考虑开度对流量系数的影响，完全可以满足水库洪水调度计算的精度要求。

3.2　表孔流量系数推求

表孔流量计算公式分自由堰流、闸孔出流两种工况。两者的转化取决于闸门底缘是否在泄流水面线以上，因此计算流量时首先要确定自由堰流时的水面线，才能判别是堰流还是孔流。模型试验对溢流面水面线没有进行观测，因而对界定堰流与孔流没有试验资料。《水工设计手册》提出参考的分界准则：对于曲线型实用堰，$e/H \leqslant 0.75$ 为孔流，$e/H > 0.75$ 为堰流。在工况不明确时，我们可以全都用孔流计算公式来进行流量计算。如果设闸门开度 $e = kH_0$，则孔流公式可化为：$Q = \mu nbkH_0\sqrt{2gH_0} = \mu knb\sqrt{2g}H_0^{3/2}$，其形式上与堰流公式（$Q = mnb\sqrt{2g}H^{3/2}$）相同，只是 H_0 与 H 定义不同。

用表孔模型试验控泄（即孔流）成果反推流量系数，其变化规律与底孔相同：流量系数主要与闸门开度相关。表孔控泄流量系数最大的0.731，最小0.665。模型报告只列有闸门开度10 m及以下的数据，试验报告认为闸门提至10 m以上时，一是闸门振动较大，为不利运行工况；二是流态复杂，孔流与堰流不易界定，因此建议10 m以上全开运行，以避开不利工况，并便于流量计算。

按《水工设计手册》的参考分界准则，推求表孔淌泄时的堰顶水面高度于表3。表3还用模型试验表孔控泄数据推求的 $e \sim \mu$ 关系式，计算相应的达到表孔淌泄（自由堰流）流量时的闸门开度 $e_{堰}$ 作为孔流、堰流判别的另一参考，即在一定的库水位下，闸门开度大于 $e_{堰}$ 表示闸门底缘可能已经在水面线以上，泄流为自由堰流。这可以为集控系统设置控泄工况的开度上限提供参考。

表3　表孔（模型）淌泄流量系数推算表

库水位(m)		128.86	131.38	134.44	137.81	140.75	143.50	144.72
流量(m^3/s)		1 101	2 119	3 633	5 645	7 634	9 632	10 588
堰流	m	0.42	0.43	0.44	0.45	0.46	0.46	0.46
	$0.75H$(m)	3.65	5.54	7.83	10.36	12.56	14.63	15.54
孔流	μ	0.698	0.689	0.697	0.722	0.751	0.780	0.793
	$e_{堰}$(m)	3.39	5.84	8.52	11.13	13.01	14.46	15.07

4　下泄流量实测率定

为复核水库下泄能力和闸门集控系统参数，进行了表、底孔在不同库水位、不同开度下的泄流量实测专题试验。为确保精度，试验设流量实测断面2处：1#断面设在大坝下游1 km

处；2#断面设在大坝下游 1.85 km 处（即皂市水文站测流断面），两个测验断面满足规范要求。测前对测验断面水准点、基线、水尺及大断面等均严格按规范要求进行校测。各次流量测验 1#、2#断面同步施测。

1#断面采用橡皮艇拖曳 RS－M9 型声学多普勒流速剖面仪进行测验，同时辅以简易缆道悬吊 WHR600－I 型声学多普勒流速剖面仪进行测验。每次测流均在流量相对稳定时进行 2 个测回施测，取均值作为实测流量值。2#断面采用缆道悬吊 LS25－1 型旋桨式流速仪进行流量测验。1#、2#断面实测流量各 14 次，上下断面成果标准差及系统误差分别为 2.0% 和 －0.4%，满足规范要求。根据测流设备的精度，选择 1#断面成果作为下泄流量复核的实测成果。

将模型试验成果与实测成果比较，总体上相差不大。底孔大多数工况是模型流量大于实测流量，最大偏差率为 13.3%，但其相应流量差值只有 24 m^3/s，底孔闸门开度越小，模型与实测相差越大，只有在闸门全开、库水位约 130 m 以上时才出现实测流量大于模型流量。表孔基本上是模型流量小于实测流量，最大偏差率为 －9.2%。因此，模型试验成果精度可满足洪水调度应用的要求。无论是表孔还是底孔，实测流量均大于设计流量，表明大坝泄洪能力满足设计要求。

表 4　下泄流量实测成果表

闸门开度（m）		库水位（m）	流量（m^3/s）			模型与实测偏差率（%）
			1#断面实测	模型试验	设计	
3#底孔	2.5 m	124.98	167	185		10.8
		129.95	180	204		13.3
		137.42	208	231		11.1
	5.0 m	124.95	324	340		4.9
		129.96	360	383		6.4
		137.40	419	435		3.8
	7.2 m（全开）	124.87	567	570	529	0.5
		129.87	668	645	604	－3.4
		137.32	785	746	701	－5.0
3#表孔	3.0 m	130.03	220	220		0.0
	3.0 m	137.18	393	357		－9.2
	6.0 m	137.28	680	679		－0.1
	全开（闸门不挡水）	130.00	315	304	296	－8.9
	全开（闸门不挡水）	137.21	1 053	1 068	989	－1.4